REGLAMENTO ELECTROTÉCNICO PARA BAJA TENSIÓN

RD 842/2002 de 2 de agosto de 2002 actualizado
según RD 560/2010, RD 1053/2014,
Reglamento Delegado 364/2016 (CPR),
RD 244/2019, RD 542/2020, RD 298/2021,
RD-Ley 29/2021, RD 450/2022, RD 145/2023,
RD 770/2025, Resolución de 20/03/2025,
Instrucciones Técnicas Complementarias (ITC-BT)
y Guía técnica de aplicación del REBT

BENILDE BUENO

REGLAMENTO
ELECTROTÉCNICO
PARA BAJA TENSIÓN

RD 842/2002 de 2 de agosto de 2002 actualizado
según RD 560/2010, RD 1053/2014,
Reglamento Delegado 364/2016 (CPR),
RD 244/2019, RD 542/2020, RD 298/2021,
RD-Ley 29/2021, RD 450/2022, RD 145/2023,
RD 770/2025, Resolución de 20/03/2025,
Instrucciones Técnicas Complementarias (ITC-BT)
y Guía técnica de aplicación del REBT

BENILDE BUENO

> En la parte inferior de la primera página del libro encontrará el código de acceso que le permitirá descargar de forma gratuita el material adicional en www.marketing.marcombo.com

> Con el código promocional **MCB** de este libro usted puede adquirir las normas UNE que desee con un **20 % de descuento especial** en https://tienda.aenor.com/

REGLAMENTO ELECTROTÉCNICO PARA BAJA TENSIÓN

RD 842/2002 de 2 de agosto de 2002 actualizado según RD 560/2010, RD 1053/2014, Reglamento Delegado 364/2016 (CPR), RD 244/2019, RD 542/2020, RD 298/2021, RD-Ley 29/2021, RD 450/2022, RD 145/2023, RD 770/2025, Resolución de 20/03/2025, Instrucciones Técnicas Complementarias (ITC-BT) y Guía técnica de aplicación del REBT

Revisora técnica: Benilde Bueno González

Primera edición, 2014
Novena edición, 2026

© 2026 MARCOMBO, S.L. www.marcombo.com
Gran Via de les Corts Catalanes 594, 08007 Barcelona
Contacto: info@marcombo.com

Diseño cubierta: ENEDENÚ DISEÑO GRÁFICO

ISBN: 978-84-267-3871-4
D.L.: B 13632-2024

Impreso en Printek
Printed in Spain

Libro ecológico
Impreso con papel procedente de bosques gestionados de manera eficiente, libre de cloro

Prólogo

El presente REBT tiene por objeto el estudio de la norma referente al:

> ➤ Real Decreto 842/2002, de 2 de agosto, por el que se aprueba el **Reglamento Electrotécnico para Baja Tensión**

Se incluyen, con este fin, las Instrucciones Técnicas Complementarias, resumen de la Guía Técnica de aplicación de las mismas, así como un resumen de una selección de las normas citadas[1] que se ha considerado necesario para su correcto estudio y aplicación.

Con el objetivo de agilizar la comprensión de la norma y encontrar de una manera rápida los datos más relevantes se subraya el texto y se incluyen notas y figuras explicativas que se podrán identificar del siguiente modo:

1) **Figuras de Autor:** irán referenciadas con texto en color marrón precedidas por el acrónimo "**F.A. nº:**" (F.A. 1, F.A. 2, F.A. 3, etc.)

2) **Notas de Autor:** textos en color marrón precedidos de la indicación "**Nota A.:**". Cuando la nota de autor sea de mayor extensión estará dentro de un recuadro con el icono "**Nota**".

3) **Resumen de la Guía Técnica de aplicación del REBT:** con textos color azul y el icono "**Guía**" se resumen de las partes más importantes. Si se quiere consultar el texto completo de la Guía se puede encontrar en el CD. La Guía Técnica solo tiene carácter aclaratorio y **no es vinculante**, como establece el art. 29 del REBT.

4) **Resumen de normas UNE:** las normas UNE que el REBT prescribe en sus ITC son obligatorias tal y como indica el art. 26 del REBT (pudiendo ser la aplicación de las normas total o parcial). Se señalan con el icono "**UNE**" y son resúmenes de las mismas.[2]

---

[1] **Nota del editor**: Las normas son susceptibles de revisiones periódicas para asegurar su actualidad y consonancia con los progresos de la industria y de la sociedad. Por esta razón, puede ocurrir que las modificaciones que se produzcan en el catálogo de normas UNE afecten a esta selección.

[2] **Nota del editor**: Para una mayor comprensión, utilización y aplicación de estos contenidos, se recomienda consultar las normas completas y otras relacionadas en https://tienda.aenor.com/

5) **Pictogramas:** se añadirán pictogramas que faciliten la localización del contenido del REBT, como por ej: 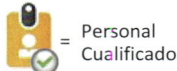 = Personal Cualificado

En www.marketing.marcombo.com se accede a la descarga de los textos publicados en el BOE del REBT, las ITC-BT y Guías Técnicas de aplicación, así como otros documentos citados o vinculados con el REBT.

Por la compra de este libro dispone del código **MCB** para adquirir las normas UNE que desee con un **20 % de descuento especial** en **https://tienda.aenor.com/** (sección **Normas > Buscador de normas**).

Índice

- **PREGUNTAS FRECUENTES SOBRE EL REBT** _____

➤ https://industria.gob.es/Calidad-Industrial/
seguridadindustrial/instalacionesindustriales/baja-
tension/Paginas/preguntas-frecuentes.aspx
Preguntas frecuentes acerca del REBT formuladas a la
Subdirección General de Calidad y Seguridad Industrial.

Índice detallado

ITCs

Capítulo III. REDES DE DISTRIBUCIÓN

Capítulo V. PREVISIÓN DE CARGAS E INSTALACIONES DE ENLACE

ITC-BT-10   Previsión de cargas para suministros en baja tensión 207

Capítulo III. REDES DE DISTRIBUCIÓN. ACOMETIDAS

ITC-BT-11   Redes de distribución. Acometidas 215

Capítulo V. PREVISIÓN DE CARGAS E INSTALACIONES DE ENLACE

Capítulo VI. INSTALACIONES INTERIORES O RECEPTORAS

Capítulo VII. PROTECCIONES

Capítulo VIII. INSTALACIONES INTERIORES EN VIVIENDAS

Capítulo IX. INSTALACIONES EN LOCALES ESPECIALES

Capítulo X. INSTALACIONES CON FINES ESPECIALES

Capítulo XI. INSTALACIONES DE RECEPTORES

Capítulo XII. INSTALACIONES ESPECIALES

REAL DECRETO 842/2002, de 2 de agosto,

por el que se aprueba el Reglamento Electrotécnico para Baja Tensión

Aplicación del REBT:

- AC ≤ 1.000 V
- DC ≤ 1.500 V

Real Decreto 842/2002

El vigente *Reglamento electrotécnico para baja tensión*, aprobado por Decreto 2413/1973, de 20 de septiembre, supuso un considerable avance en materia de reglas técnicas y estableció un esquema normativo, basado en un reglamento marco y unas instrucciones complementarias, las cuales desarrollaban aspectos específicos, que se reveló altamente eficaz, de modo que otros muchos reglamentos se realizaron con análogo formato.

No obstante, la evolución tanto del caudal técnico como de las condiciones legales ha provocado, al fin y a la postre, también en este reglamento, un alejamiento de las bases con que fue elaborado, por lo cual resulta necesaria su actualización.

La Ley 21/1992, de 16 de julio, de Industria, establece el nuevo marco jurídico en el que, obviamente, se desenvuelve la reglamentación sobre seguridad industrial. El apartado 5 de su artículo 12 señala que «los reglamentos de seguridad industrial de ámbito estatal se aprobarán por el Gobierno de la Nación, sin perjuicio de que las Comunidades Autónomas, con competencia legislativa sobre industria, puedan introducir requisitos adicionales sobre las mismas materias cuando se trate de instalaciones radicadas en su territorio».

Por otro lado, el Tratado de Adhesión de España a la Comunidad Económica Europea impuso el cumplimiento de las obligaciones derivadas de su tratado constitutivo y sucesivas modificaciones.

El conjunto normativo establecido por la Asociación Española de Normalización, UNE, con origen en los organismos internacionales de normalización electrotécnica, como la Comisión Electrotécnica Internacional (CEI) o el Comité Europeo de Normalización Electrotécnica (CENELEC), pone a disposición de las partes interesadas instrumentos técnicos avalados por una amplia experiencia y consensuados por los sectores directamente implicados, lo que facilita la ejecución homogénea de las instalaciones y los intercambios comerciales.

El Reglamento que se aprueba mediante el presente Real Decreto y sus instrucciones técnicas complementarias mantiene el esquema citado y, en la medida de lo posible, el ordenamiento del Reglamento anterior, para facilitar la transición.

La mayor novedad del Reglamento consiste en la remisión a normas, en la medida que se trate de prescripciones de carácter eminentemente técnico y, especialmente, características de los materiales. Dado que dichas normas proceden en su mayor parte de las normas europeas EN e internacionales CEI, se consigue rápidamente disponer de soluciones técnicas en sintonía con lo aplicado en los países más avanzados y que reflejan un alto grado de consenso en el sector.

Para facilitar su puesta al día, en el texto de las instrucciones únicamente se citan dichas normas por sus números de referencia, sin el año de edición. En una Instrucción a tal propósito se recoge toda la lista de las normas, esta vez con el año de edición, a fin de que cuando aparezcan nuevas versiones se puedan hacer los respectivos cambios en dicha lista, quedando automáticamente actualizadas en el texto dispositivo, sin necesidad de otra intervención. En ese momento también se pueden establecer los plazos para la transición entre las versiones, de tal manera que los fabricantes y distribuidores de material eléctrico puedan dar salida en un tiempo razonable a los productos fabricados de acuerdo con la versión de la norma anulada.

En línea con la reglamentación europea, las prescripciones establecidas por el propio Reglamento se considera que alcanzan los objetivos mínimos de seguridad exigibles en cada momento, de acuerdo con el estado de la técnica, pero también se admiten otras ejecuciones cuya equivalencia con dichos niveles de seguridad se demuestre por el diseñador de la instalación.

Por otro lado, a diferencia del anterior, el Reglamento que ahora se aprueba permite que se puedan conceder excepciones a sus prescripciones en los casos en que se justifique debidamente su imposibilidad material y se aporten medidas compensatorias, lo que evitará situaciones sin salida.

Se definen de manera mucho más precisa las figuras de los instaladores y empresas autorizadas, teniendo en cuenta las distintas formaciones docentes y experiencias obtenidas en este campo. Se establece una categoría básica, para la realización de las instalaciones eléctricas más comunes, y una categoría especialista, con varias modalidades, atendiendo a las instalaciones que presentan peculiaridades relevantes.

Se introducen nuevos tipos de instalaciones: desde las correspondientes a establecimientos agrícolas y hortícolas hasta las de automatización, gestión técnica de la energía y seguridad para viviendas en edificios, de acuerdo con las técnicas más modernas, pasando por un nuevo concepto de instalaciones en piscinas, donde se introducen las tensiones que proporcionan seguridad intrínseca, caravanas y parques de caravanas, entre otras.

Se aumenta el número mínimo de circuitos en viviendas, lo que redundará en un mayor confort de las mismas.

Para la ejecución y puesta en servicio de las instalaciones se requiere en todos los casos la elaboración de una documentación técnica, en forma de proyecto o memoria, según las características de aquéllas, y el registro en la correspondiente Comunidad Autónoma.

Por primera vez en un reglamento de este tipo, se exige la entrega al titular de una instalación de una documentación donde se reflejen sus características fundamentales, trazado, instrucciones y precauciones de uso, etc. Carecía de sentido no proceder de esta manera con una instalación de un inmueble, mientras se proporciona sistemáticamente un libro de instrucciones con cualquier aparato eléctrico de escaso valor económico.

Se establece un cuadro de inspecciones por organismos de control, en el caso de instalaciones cuya seguridad ofrece particular relevancia, sin obviar que los titulares de las mismas deben mantenerlas en buen estado.

Finalmente, se encarga al centro directivo competente en materia de seguridad industrial de Ministerio de Ciencia y Tecnología la elaboración de una guía, como ayuda a los distintos agentes afectados para la mejor comprensión de las prescripciones reglamentarias.

En la fase de proyecto, la presente disposición ha cumplido el procedimiento de información establecido en el Real Decreto 1337/1999, de 31 de julio, por el que se regula la remisión de información en materia de normas y reglamentaciones técnicas y reglamentos relativos a los servicios de la sociedad de la información, en aplicación de la Directiva del Consejo 98/34/CEE.

En su virtud, a propuesta del Ministro de Ciencia y Tecnología, con informe favorable del Ministro de Administraciones Públicas, de acuerdo con el Consejo de Estado y previa deliberación del Consejo de Ministros en su reunión del día 2 de agosto de 2002,

DISPONGO:

Artículo único. Aprobación del Reglamento electrotécnico para baja tensión.
Se aprueba el *Reglamento Electrotécnico para Baja Tensión* y sus instrucciones Técnicas Complementarias (ITC) BT-01 a BT-51*, que se adjuntar al presente Real Decreto.
* **Nota A.:** Se añade la **ITC-BT 52**, según RD 1053/2014, de 12 de diciembre.

Disposición transitoria primera. Carnets profesionales.
Los titulares de carnets de instalador autorizado o empresa instaladora autorizada, a la fecha de la publicación del presente Real Decreto, dispondrán de dos años, a partir de la entrada en vigor del adjunto Reglamento, para convalidarlos por los correspondientes que se contemplan en la instrucción técnica complementaria **ITC-BT-03** del mismo, siempre que no les hubiera sido retirado por sanción, mediante la **presentación ante el órgano competente de la Comunidad Autónoma** de una memoria en la que se acredite la respectiva experiencia profesional en las instalaciones eléctricas correspondientes a la categoría o categorías cuya convalidación se solicita, y que cuentan con los medios técnicos y humanos requeridos por la citada ITC-BT-03. A partir de la convalidación, para la renovación de los carnets deberán seguir el procedimiento común fijado en el Reglamento.

Disposición transitoria segunda. Entidades de formación.
En tanto no se determinen por las Administraciones educativas las titulaciones académicas y profesionales correspondientes a la formación mínima requerida para el ejercicio de la actividad de instalador, esta formación podrá ser acreditada, sin efectos académicos, a través de la correspondiente certificación expedida por una entidad pública o privada que tenga capacidad para desarrollar actividades formativas en esta materia y cuente con la correspondiente autorización administrativa.

Los requisitos de las entidades de formación serán establecidos mediante la correspondiente Orden ministerial.

Disposición transitoria tercera. Instalaciones en fase de tramitación en la fecha de entrada en vigor del Reglamento.

Se permitirá una prórroga de dos años, a partir de la entrada en vigor del reglamento anexo, para la ejecución de aquellas instalaciones cuya documentación técnica haya sido presentada antes de dicha entrada en vigor ante el órgano competente de la Comunidad Autónoma y fuera conforme a lo dispuesto en el *Reglamento electrotécnico para baja tensión*, aprobado por Decreto 2413/1973, de 20 de septiembre, sus instrucciones técnicas complementarias y todas las disposiciones que los desarrollan y modifican.

Disposición derogatoria única. Derogación normativa.

A la entrada en vigor del adjunto Reglamento, quedará derogado el *Reglamento electrotécnico para baja tensión*, aprobado por Decreto 2413/1973, de 20 de septiembre, sus instrucciones técnicas complementarias y todas las disposiciones que los desarrollan y modifican.

Disposición final primera. Habilitación normativa.

El presente Real Decreto se dicta al amparo del título competencial establecido en la disposición final única de la Ley 21/1992, de 16 de julio, de Industria, en concreto, de las competencias que corresponden al Estado conforme al artículo 149.1.1.ª y 13.ª de la Constitución, relativas a la regulación de las condiciones básicas que garanticen la igualdad de todos los españoles en el ejercicio de los derechos y en el cumplimiento de los deberes constitucionales, así como sobre las bases y condiciones de la planificación general de la actividad económica.

Disposición final segunda. Habilitación al Ministro de Ciencia y Tecnología.

Se faculta al Ministro de Ciencia y Tecnología para que, en atención al desarrollo tecnológico y a petición de parte interesada, pueda establecer, con carácter general y provisional, prescripciones técnicas, diferentes de las previstas en el Reglamento o sus instrucciones técnicas complementarias (ITCs), que posibiliten un nivel de seguridad al menos equivalente a las anteriores, en tanto se procede a la modificación de los mismos.

Disposición final tercera. Entrada en vigor.

El Reglamento electrotécnico para baja tensión, adjunto al presente Real Decreto, entrará en vigor, con carácter obligatorio, para todas las instalaciones contempladas en su ámbito de aplicación, al año de su publicación* en el «Boletín Oficial del Estado». No obstante, podrá aplicarse, voluntariamente, desde la fecha de dicha publicación.

* *NOTA A.:* Publicación del RD 842/2002 = 18/09/2002.

Dado en Palma de Mallorca a 2 de agosto de 2002.

JUAN CARLOS R.

El Ministro de Ciencia y Tecnología,
JOSEP PIQUÉ I CAMPS

Nota **Resumen de la modificación del RD 842/2002 por el RD 560/2010 ("Ley Omnibus")**

	Puntos modificados del RD 842/2002		Actualización por RD 560/2010
1			Se sustituye en todo el texto la expresión: «Instalador/es autorizado/s» por «empresa/s instaladora/s»
2	Artículo 22	Las empresas instaladoras solo tienen validez en la comunidad que se registre	Las empresas instaladoras tienen validez indefinida en la unión europea (s/Disposición adicional primera)
3	ITC-BT-03; pto. 2 y 3	Existe un carnet de instalador electricista y un certificado de empresa instaladora	Desaparece el carnet de instalador, quedando solo el certificado de empresa
4	ITC-BT-03; pto. 4	El carnet de instalador se obtiene por titulación o examen	Desaparece el examen
5	ITC-BT-03; pto. 5	Es necesario contratar un seguro de responsabilidad civil	Disposición adicional primera Será válido un seguro de un Estado miembro de la Unión Europea
6	ITC-BT-03; pto. 5	El carnet de instalador tendrá validez en el territorio español	Disposición adicional segunda Aceptación de documentos de otros Estados miembros de la Unión Europea
7	ITC-BT-03; pto. 5	Cada comunidad autónoma redacta un documento para el registro de instaladores	Disposición adicional tercera Se crea un modelo de declaración responsable
8			Disposición adicional cuarta Obligaciones de información y reclamaciones
9	ITC-BT-03; pto. 6	Para el cambio de comunidad es necesario solicitar un certificado de no sanción	Se elimina el certificado de no sanción
10	ITC-BT-03 Apéndice; pto. 1	Es necesario un instalador por cada 10 operarios	Solo es necesario un instalador por categoría
11	ITC-BT-03; Apéndice; pto. 2.1	Es necesario tener un local con una superficie mínima de 25 m²	No es necesario un local para ser empresa instaladora
12	ITC-BT-04; Pto. 5.4	Identificación del instalador	Identificación de la empresa y del instalador

REAL DECRETO 560/2010

Artículo séptimo. Modificación del RD 842/2002, de 2 de agosto por el que se aprueba el REBT

El presente RD:

- **AÑADE**:
  1) Cuatro disposiciones adicionales al RD 842/2002.

- **MODIFICA**:
  1) La expresión en todo texto de: "Instalador/es autorizado/s" por: "Empresa/s instaladora/s"
  2) El artículo 22 del REBT.
  3) La ITC-BT-03.
  4) El apdo. 5.4 de la ITC-BT-04

Real Decreto 560/2010. Artículo séptimo

Disposición adicional primera. *Cobertura de seguro u otra garantía equivalente suscrito en otro Estado.*

Cuando la empresa instaladora en baja tensión que se establece o ejerce la actividad en España, ya esté cubierta por un seguro de responsabilidad civil profesional u otra garantía equivalente o comparable en lo esencial en cuanto a su finalidad y a la cobertura que ofrezca en términos de riesgo asegurado, suma asegurada o límite de la garantía en otro Estado miembro en el que ya esté establecido, se considerará cumplida la exigencia establecida en el apartado 5.8. c) de la ITC-BT-03 aprobada por el Real Decreto 842/2002, de 2 de agosto, por el que se aprueba el *Reglamento electrotécnico para baja tensión*. Si la equivalencia con los requisitos es sólo parcial, la empresa instaladora en baja tensión deberá ampliar el seguro o garantía equivalente hasta completar las condiciones exigidas. En el caso de seguros u otras garantías suscritas con entidades aseguradoras y entidades de crédito autorizadas en otro Estado miembro, se aceptarán a efectos de acreditación los certificados emitidos por éstas.

Disposición adicional segunda. *Aceptación de documentos de otros Estados miembros a efectos de acreditación del cumplimiento de requisitos.*
A los efectos de acreditar el cumplimiento de los requisitos exigidos a las empresas instaladoras, se aceptarán los documentos procedentes de otro Estado miembro de los que se desprenda que se cumplen tales requisitos, en los términos previstos en el artículo 17 de la Ley 17/2009, de 23 de noviembre, sobre el libre acceso a las actividades de servicios y su ejercicio.

Disposición adicional tercera. *Modelo de declaración responsable.*
Corresponderá a las comunidades autónomas elaborar y mantener disponibles los modelos de declaración responsable. A efectos de facilitar la introducción de datos en el Registro Integrado Industrial regulado en el título IV de la Ley 21/1992, de 16 de julio, de Industria, el órgano competente en materia de seguridad industrial del Ministerio de Industria, Turismo y Comercio elaborará y mantendrá actualizada una propuesta de modelos de declaración responsable, que deberá incluir los datos que se suministrarán al indicado registro, y que estará disponible en la sede electrónica de dicho Ministerio.

Disposición adicional cuarta. *Obligaciones en materia de información y reclamaciones.*
Las empresas instaladoras en baja tensión deben cumplir las obligaciones de información de los prestadores y las obligaciones en materia de reclamaciones establecidas, respectivamente, en los artículos 22 y 23 de la Ley 17/2009, de 23 de noviembre, sobre el libre acceso a las actividades de servicios y su ejercicio.

Dado Madrid, el 7 de mayo de 2010.

JUAN CARLOS R.

El Ministro de Industria, Turismo y Comercio,
MIGUEL SEBASTIÁN GASCÓN

REAL DECRETO 1053/2014,

por el que se aprueba una nueva Instrucción Técnica Complementaria, ITC-BT-52, y se modifican otras ITC-BT del REBT.

Texto consolidado mediante:
- ➤ Real Decreto 450/2022
- ➤ Real Decreto-Ley 29/2021

El presente RD:

- **AÑADE**:
  1) **ITC-52**: VE

- **MODIFICA**:
  1) **ITC-02**: Normas
  2) **ITC-04**: Documentación
  3) **ITC-05**: Inspecciones
  4) **ITC-10**: Prev. Carga
  5) **ITC-16**: Contadores
  6) **ITC-25**: Vivienda

Real Decreto 1053/2014

La electricidad puede incrementar la eficiencia energética de los vehículos de carretera y contribuir a la reducción del CO_2 en el transporte.

El **Real Decreto-ley 6/2010**, de 9 de abril, de medidas para el impulso de la recuperación económica y el empleo, reformó la **Ley 54/1997**, de 27 de noviembre, **del Sector Eléctrico**, entre otros aspectos, para incluir un nuevo agente del sector, denominado «gestor de cargas del sistema», cuya función principal será «la entrega de energía a través de servicios de recarga de vehículos eléctricos que utilicen motores eléctricos o baterías de almacenamiento en unas condiciones que permitan la recarga conveniente y a coste mínimo para el propio usuario y para el sistema eléctrico, mediante la futura integración con los sistemas de recarga tecnológicos que se desarrollen». Ello no impide que los titulares de los aparcamientos de uso no público puedan realizar las instalaciones correspondientes y gestionar su propio suministro o realizar una repercusión interna de gastos.

La definición de la figura del gestor de cargas ha sido refrendada posteriormente por la nueva **Ley 24/2013**, de 26 de diciembre, **del Sector Eléctrico**, que en su art. 48 define los servicios de recarga energética y las obligaciones y derechos de los gestores de cargas.

Nota

Se recomienda:
1 punto de recarga cada **10** vehículos

Se obliga según condiciones de (en pág. siguiente):
✓ Disposición Adicional Primera y
✓ RD-ley 29/2021

General: 1 punto de recarga cada **40 plazas**
Org. Público: 1 punto de recarga cada **20 plazas**

A título indicativo, el número adecuado de puntos de recarga deberá ser equivalente, al menos, a **un punto** de recarga cada **10 vehículos**, teniendo asimismo en cuenta el tipo de vehículos, la tecnología de carga y los puntos de recarga privados disponibles.

El **art. 12 de la Ley de Industria**, en su apdo. 5, determina que los Reglamentos de seguridad industrial de ámbito estatal se aprobarán por el Gobierno de la Nación, sin perjuicio de que las comunidades autónomas con competencia legislativa sobre industria, puedan introducir requisitos adicionales sobre las mismas materias cuando se trate de instalaciones radicadas en su territorio. En desarrollo de la citada previsión legal se dictó el **RD 842/2002**, de 2 de agosto, por el que se aprueba el REBT.

Así, pues, este RD encuentra el marco adecuado en la Ley de Industria y en el REBT que se modifica y completa, para establecer las especificaciones técnicas que posibiliten la recarga segura de los vehículos eléctricos en cualquiera de las situaciones que cabe esperar. Para ello, mediante este RD se aprueba una **nueva** Instrucción Técnica Complementaria (**ITC**) que se añade a las ya incluidas en el REBT, aprobado por RD 842/2002, de 2 de agosto, denominada *ITC-BT-52* «*Instalaciones con fines especiales. Infraestructura para la recarga de vehículos eléctricos*», cuya finalidad es regular la alimentación eficiente y segura de las estaciones de recarga. Simultáneamente se modifican otras varias instrucciones en aquello que, consecuentemente, se ven afectadas.

En definitiva, este RD constituye una norma reglamentaria sobre seguridad industrial en instalaciones energéticas de acuerdo con lo establecido en la: **Ley 21/1992**, de 16 de julio, **de Industria** y la **Ley 24/2013**, de 26 de diciembre, **del Sector Eléctrico**, si bien, su disposición adicional primera también se debe poner en relación con la **Ley 38/1999**, de 5 de noviembre, de **Ordenación de la Edificación**, y Ley 2/2011, de 4 de marzo, de **Economía Sostenible**.

En su virtud, a propuesta del Ministro de Industria, Energía y Turismo, de acuerdo con el Consejo de Estado, previa deliberación del Consejo de Ministros en su reunión del día 12 de diciembre de 2014,

DISPONGO:

ARTÍCULO ÚNICO.
Aprobación de la ITC-BT-52, «Instalaciones con fines especiales. Infraestructura para la recarga de vehículos eléctricos», del REBT.

1. Se aprueba la **ITC-BT-52**, «Instalaciones con fines especiales. Infraestructura para la recarga de vehículos eléctricos», del REBT.

2. Las condiciones económicas del sistema se regirán por su normativa específica.

DISPOSICIÓN ADICIONAL PRIMERA.

Dotaciones mínimas de la estructura para la recarga del vehículo eléctrico en estacionamientos no adscritos a edificios:
*   1) de nueva construcción o sujetos a reformas importantes,*
*   2) y en vías públicas*

1. En aparcamientos o estacionamientos de <u>nueva construcción</u> o sujetos a reformas importantes no ubicados en un edificio ni adscritos al mismo y, por lo tanto, fuera del ámbito de aplicación del Documento Básico de Ahorro de Energía (DB HE) del Código Técnico de la Edificación, se deberá instalar como mínimo una estación de recarga **por cada 40 plazas** de estacionamiento, o fracción.

   Se considera que un estacionamiento es de nueva construcción cuando el proyecto constructivo se presente a la Administración Pública competente para su tramitación en <u>fecha posterior a la entrada en vigor de este real decreto</u>.

2. En la <mark>vía pública</mark>, deberán efectuarse las instalaciones necesarias para dar suministro a las estaciones de recarga ubicadas en las plazas destinadas a vehículos eléctricos que estén previstas en el **Planes de Movilidad Sostenible supramunicipales o municipales**.

REAL DECRETO-LEY 29/2021

Artículo 4. Dotaciones mínimas de recarga de vehículos eléctricos en:
    1) **aparcamientos adscritos** <u>a edificios de uso distintos al residencial</u> o
    2) **estacionamientos existentes** no adscritos a edificios.

Antes del 1 de enero de 2023, todos los edificios de uso distinto al residencial privado que cuenten <u>con una zona de uso aparcamiento con más de 20 plazas</u>, ya sea en el interior o en un espacio exterior adscrito, **así como** en los estacionamientos existentes no adscritos a edificios <u>con más de 20 plazas</u>, deberán disponer de las siguientes dotaciones mínimas de infraestructura de recarga de vehículos eléctricos:

➢ Con carácter general, se instalará <u>una estación de recarga</u> por cada **40 plazas** de aparcamiento o fracción, <u>hasta 1.000 plazas</u>, y una estación de recarga más por cada 100 plazas adicionales o fracción.

➢ En los edificios que sean titularidad de la Administración General del Estado o de los organismos públicos vinculados a ella o dependientes de la misma, se instalará <u>una estación de recarga</u> por cada **20 plazas** de aparcamiento o fracción, <u>hasta 500 plazas</u>, y una estación de recarga más por cada 100 plazas adicionales o fracción.

<u>**Se excluye**</u> de estas obligaciones a los edificios protegidos oficialmente por ser parte de un entorno declarado o debido a su particular valor arquitectónico o histórico, en la medida en que el cumplimiento de la exigencia pudiese alterar de manera inaceptable su carácter o aspecto, según determine la autoridad competente en materia de protección del patrimonio.

Esta infraestructura de recarga de vehículos eléctricos cumplirá con lo dispuesto en los reglamentos de seguridad industrial que le resulten de aplicación y en particular, para las instalaciones de baja tensión con el RD 842/2002, por el que se aprueba el REBT y su **ITC-BT-52**.

DISPOSICIÓN ADICIONAL SEGUNDA. Guía técnica.

El órgano directivo competente en materia de seguridad industrial del Ministerio de Industria, Energía y Turismo elaborará y mantendrá actualizada una Guía técnica, de carácter no vinculante, para la aplicación práctica de las previsiones de este real decreto, la cual podrá establecer aclaraciones a conceptos de carácter general incluidos en el mismo.

DISPOSICIÓN TRANSITORIA ÚNICA.
Plazo de terminación de las instalaciones en fase de ejecución antes de la fecha de entrada en vigor del real decreto.

Las instalaciones para la recarga del vehículo eléctrico que estén en ejecución antes de la fecha de entrada en vigor de este real decreto dispondrán del plazo de tres años desde la citada fecha, para su terminación y puesta en servicio sin tener que sujetarse a las prescripciones del mismo, para lo cual los titulares o, en su nombre, las empresas instaladoras que las ejecuten, deberán presentar a la Administración pública competente en el plazo de seis meses desde dicha entrada en vigor, una lista con las instalaciones en esta situación. A los efectos de acreditar la ejecución se tomará como referencia la fecha de la licencia de obra correspondiente. Los órganos competentes de las Comunidades Autónomas, en atención a situaciones objetivas, justificadas por el titular mediante un informe técnico, podrán modificar dicho plazo.

DISPOSICIÓN DEROGATORIA ÚNICA. Derogación normativa.

Quedan derogadas cuantas disposiciones de igual o inferior rango contradigan lo dispuesto en este real decreto.

DISPOSICIÓN FINAL PRIMERA. Modificación de la ITC-BT-02 del REBT.

En la tabla de la ITC-BT-02, «Normas de referencia en el Reglamento electrotécnico de baja tensión» del REBT, se añaden las siguientes normas:
NOTA A.: Nuevas normas incluidas en la ITC-BT-02.

DISPOSICIÓN FINAL SEGUNDA. Modificación de la ITC-BT-04 del REBT.

En el apartado 3 de la ITC-BT-04, "Documentación y puesta en servicio de las instalaciones", queda redactado como sigue:
NOTA A: Nuevo grupo "z" dentro del apdo. 3 incluidas en la ITC-BT-04.

DISPOSICIÓN FINAL TERCERA. Modificación de la ITC-BT-05 del REBT.

El apartado 4.1 de la ITC-BT-05, «Verificaciones e inspecciones» del REBT, pasa a tener la siguiente redacción:
NOTA A.: Listado de inspecciones iniciales y periódicas del nuevo grupo "z" incluidas en la correspondiente ITC-BT-05.

DISPOSICIÓN FINAL CUARTA. Modificación de la ITC-BT-10 del REBT.

La ITC-BT-10, «Previsión de cargas para suministros en baja tensión» del REBT, se modifica en los términos que se expresan a continuación:
NOTA A.: Modificaciones incluidas en la ITC-BT-10.

DISPOSICIÓN FINAL QUINTA. Modificación de la ITC-BT-16 del REBT.

La ITC-BT-16, «Instalaciones de enlace. Concentración de contadores» del REBT, es objeto de modificación en los términos que se expresan a continuación:
NOTA A.: Modificaciones incluidas en la ITC-BT-16.

DISPOSICIÓN FINAL SESTA. Modificación de la ITC-BT-25 del REBT.
La ITC-BT-25, «Instalaciones interiores en viviendas. Número de circuitos y características» del REBT, se modifica como sigue:
NOTA A.: Modificaciones incluidas en la ITC-BT-25. Se crea el circuito "C13" dedicado a la base de toma de corriente para recarga de vehículos eléctricos.

DISPOSICIÓN FINAL SÉPTIMA. Título competencial.
Este real decreto se dicta al amparo de lo dispuesto en el artículo 149.1.13ª y 25ª de la Constitución, que atribuyen al Estado las competencias exclusivas sobre bases y coordinación de la planificación general de la actividad económica y sobre bases del régimen energético, respectivamente.

DISPOSICIÓN FINAL OCTAVA. Habilitación para la modificación del contenido técnico de la ITC-BT-52.
Se autoriza al Ministro de Industria, Energía y Turismo, previo acuerdo de la Comisión Delegada del Gobierno para Asuntos Económicos, para modificar el contenido técnico de la ITC-BT-52, «Instalaciones con fines especiales. Infraestructura para la recarga de vehículos eléctricos» del REBT, con objeto de mantenerlo permanentemente adaptado al progreso de la técnica, así como a las normas del Derecho de la Unión Europea o de otros organismos internacionales.

DISPOSICIÓN FINAL NOVENA. Habilitación para el establecimiento de prescripciones técnicas provisionales.
El Ministro de Industria, Energía y Turismo, en atención al progreso de la técnica y a petición justificada de parte interesada, podrá autorizar, con carácter provisional, previo acuerdo de la Comisión Delegada del Gobierno para Asuntos Económicos, y mediante orden que se publicará en el «Boletín Oficial del Estado», prescripciones técnicas alternativas a las previstas en la ITC-BT-52, a condición de que posibiliten un nivel de seguridad al menos equivalente a las anteriores, en tanto se procede a la oportuna mocificación de dicha instrucción.

DISPOSICIÓN FINAL DÉCIMA. Entrada en vigor.
Este real decreto entrará en vigor a los seis meses de su publicación en el «Boletín Oficial del Estado».

Guía

Principales fechas en la aplicación del Real Decreto 1053/2014:

Publicación del Real Decreto 1053/2014 en el Boletín Oficial del Estado	31/12/2014
Entrada en vigor: a los seis meses de la publicación en el B.O.E.	31/06/2015
Límite presentación ante la Administración lista de las instalaciones en ejecución: **un año** desde la publicación en el B.O.E.	31/12/2015
Límite de terminación de una instalación incluida en la lista presentada ante la Administración: **tres años** desde la entrada en vigor	31/06/2018

Dado en Madrid, el 12 de diciembre de 2014.

FELIPE R.

El Ministro de Industria, Energía y Turismo,
JOSE MANUEL SORIA LÓPEZ

Nota

La ITC-BT-52 se aprueba mediante el **RD 1053/2014** y junto con el **RD-Ley 29/2021** y el **RD 450/2022** se especifican:

▪ DOTACIONES MÍNIMAS:

1.	Aparcamientos o estacionamientos colectivos interiores o **adscritos a edificios** o conjuntos inmobiliarios	Si hay preinstalación (apdo. 3.2 ITC-BT-52): - Ejecución de conducción principal por zonas comunitarias - Centralización de contadores: Módulos de reserva para 20 % de plazas no asociadas a vivienda (mínimo 1 módulo de reserva)
2.	Carácter general	1 estación de recarga por cada **40 plazas***
3.	Estacionamientos de organismos públicos	1 estación de recarga por cada **20 plazas***
4.	*Vía pública*	Según Planes de Movilidad Sostenible supramunicipales o municipales

* La **Ley 7/2021**, de cambio climático y transición energética, en su artículo 15 punto 10, indica que: "El Código Técnico de la Edificación establecerá obligaciones relativas a la instalación de puntos de recarga de VE en edificios de nueva construcción y en intervenciones en edificios existentes". Dotaciones mínimas en Documento Básico de Ahorro de Energía (**DB-HE6**) del **CTE** (página 774).

▪ CAMBIOS EN EL REBT:

	REBT - RD 842/2002	Modificaciones según RD 1053/2014
1	**ITC-BT-02:** Normas de referencia	Se añaden nuevas normas que afectan a la ITC-BT-52.
2	**ITC-BT-04 – Apdo. 3.1:** Instalaciones que precisan proyecto	Se añade el **grupo z** y se indican las instalaciones que precisan proyecto.
3	**ITC-BT-05 – Apdo. 4.1:** Inspecciones Iniciales	Se añaden un nuevo tipo de instalación que **precisa inspección**: "las estaciones de recarga para el vehículo eléctrico, que requieran la elaboración de proyecto para su ejecución".
4	**ITC-BT-10 – Apdo. 1:** Clasificación de los lugares de consumo	**Se añade una nueva clasificación** de un lugar de consumo: la de "Aparcamientos o estacionamientos dotados de infraestructura para la recarga de los Vehículos Eléctricos (VE)".
5	**ITC-BT-10 – Apdo. 2.1.2:** Electrificación elevada	Se considerará electrificación elevada con una instalación para la recarga del vehículo eléctrico **en viviendas unifamiliares**.
6	**ITC-BT-10 – Apdo. 5:** Cargas en viviendas de nueva construcción	Apartado nuevo: Se establecen las condiciones para la previsión de carga.
7	**ITC-BT-10 – Apdo. 6:** Previsión de carga	Antiguo apdo. 5 de la ITC-BT-10 Se añaden los puntos de recarga de VE en la previsión de carga para cálculo de acometidas e instalaciones de enlace.
8	**ITC-BT-16 – Apdo. 1:** Generalidades	El hilo de mando **(hilo rojo) se puede suprimir** cuando se instalen contadores con telegestión.
9	**ITC-BT-16 – Apdo. 3:** Concentración de contadores	**Se añaden unidades funcionales de medida** destinadas a los puntos de recarga de VE.
10	**ITC-BT-25 – Apdo. 2.3.2:** Electrificación elevada	Se añade el **circuito C_{13}** para la infraestructura de recarga de VE.
11	**ITC-BT-25 – Apdo. 3 y 4:** Electrificación elevada	Se añade el **circuito C_{13}** en la Tabla 1 y en la Tabla 2.

REGLAMENTO DELEGADO 364/2016,

que establece las clases posibles de reacción al fuego de los cables eléctricos

El presente RD:

- **MODIFICA:**
  1) **ITC-14:** LGA
  2) **ITC-15:** DI
  3) **ITC-16:** Contadores
  4) **ITC-20:** Ins. Interior
  5) **ITC-28:** L. Pública Conc.
  6) **ITC-29:** L. Riego Incen.

1. ¿QUÉ ES EL CPR?

Reglamento de Productos de la Construcción (CPR, del inglés Construction Products Regulation) es la nueva legislación europea en la que se establecen los requisitos básicos y características esenciales armonizadas que todos los productos destinados a la construcción deben cumplir con ámbito de aplicación en la UE.

El CPR especifica siete requisitos básicos de seguridad a cumplir por las obras de construcción y uno de ellos, es la **seguridad en caso de incendio.**

El Reglamento CPR define como producto de la construcción a todos aquellos destinados a incorporarse **de forma permanente** a las obras de construcción, en sentido amplio, no solamente edificios sino también obras de ingeniería civil. Por lo tanto, se incluyen, los cables de energía, de comunicaciones, datos y control. **Están excluidos** aquellos cables destinados a la conexión de aparatos o de cableado interno de equipos o aparatos eléctricos; también están excluidos los cables destinados a ascensores y montacargas.

Los cables son los únicos productos eléctricos considerados producto de la construcción.

2. FECHAS DE APLICACIÓN

- ➢ **10/06/2016:** Inicio del periodo de coexistencia (marcado CE voluntario).
- ➢ **01/07/2017:** fecha final periodo de coexistencia (marcado CE obligatorio). A partir del 1 de Julio de 2017 solamente se podrán poner en el mercado los cables eléctricos con marcado CE. Aquellos cables que se hayan comercializado antes de esta fecha y que estén almacenados en distribuidores e instaladores podrán ser utilizados hasta agotar sus existencias.

3. ADAPTACIÓN DEL REBT A LOS REQUISITOS CPR

El Ministerio de Industria publicó en julio de 2016 la aplicación de las clases de reacción al fuego establecidos en la Reglamentación europea al Reglamento Electrotécnico para Baja Tensión.

Se modifican las Instrucciones Técnicas Complementarios ITC-BT-14, 15, 16, 20, 28 y 29 en tanto a los requisitos relativos a las prestaciones de fuego de los cables eléctricos del siguiente modo:

INSTALACIÓN	ITC		Clase CPR mínima
ENLACE	ITC-BT-14	Línea general de alimentación	Cca -s1b, d1, a1
	ITC-BT-15	Derivaciones individuales	Cca -s1b, d1, a1
	ITC-BT-16	Contadores	Cca -s1b, d1, a1
INST. INTERIORES O RECEPTORAS	ITC-BT-20	Instalaciones interiores o receptoras	Eca
LOC. PÚBLICA C.	ITC-BT-28	Locales de Pública Concurrencia	Cca -s1b, d1, a1
LOC. CON RIESGO DE INCENDIO O E.	ITC-BT-29	Locales con riesgo de incendio o explosión	Cca -s1b, d1, a1

4. DESIGNACIÓN NORMALIZADA PARA CABLES POR EL CPR

DESCRIPCIÓN		CÓDICO	SIGNIFICADO	NORMA
1	Energía liberada y propagación del fuego	Aca	Incombustible	EN ISO 1.716
		B1ca	Combustible no inflamable. Con muy baja o nula propagación del fuego	UNE-EN 60.332-1-2
		B2ca	Combustible difícilmente inflamable. No propaga el fuego de forma continua y emite muy poco calor. Propagación del fuego muy limitada	UNE-EN 60.332-1-2
		Cca	Combustible difícilmente inflamable. No propaga el fuego de forma continua y emite muy poco calor. Propagación del fuego limitada	UNE-EN 60.332-1-2
		Dca	Moderadamente combustible	UNE-EN 60.332-1-2
		Eca	Combustible fácilmente inflamable	UNE-EN 60.332-1-2
		Fca	Cables sin comportamiento declarado	----
2	Opacidad de los humos	s1	Escasa producción y lenta propagación de humos	UNE-EN 61.034-2
		s1a	s1 y transparencia de humos superior al 80 %	UNE-EN 61.034-2
		s1b	s1 y transparencia de humos superior al 60 %	UNE-EN 61.034-2
		s2	Valores intermedios de producción y propagación de humos	UNE-EN 61.034-2
		s3	Cables sin comportamiento declarado	---
3	Desprendimiento de gotas durante la combustión	d0	Sin desprendimiento durante 1.200 s	UNE-EN 50.399-2-1
		d1	Sin desprendimiento durante más de 10 s	UNE-EN 50.399-2-2
		d2	Cables sin comportamiento declarado	---
4	Acidez de los humos	a1	Baja acidez (conductividad < 2,5 µS/mm y pH > 4,3)	UNE-EN 60.754-2
		a2	Valor intermedio de acidez (conductividad < 10 µS/mm y pH > 4,3)	UNE-EN 60.754-2
		a3	Cables sin comportamiento declarado	---

REAL DECRETO 244/2019,

por el que se regulan las condiciones administrativas, técnicas y económicas del <u>autoconsumo</u> de energía eléctrica

El presente RD:

- <u>**MODIFICA:**</u>
  1) **ITC-BT-40**: Instalaciones generadoras de BT

Real Decreto 244/2019

La incorporación al ordenamiento jurídico de las medidas de impulso del autoconsumo contenidas en el citado real decreto-ley se ha realizado principalmente mediante la reforma del artículo 9 de la Ley 24/2013, de 26 de diciembre, en el que se han introducido las siguientes modificaciones:

- <u>Nueva definición de autoconsumo</u>, recogiendo que se entenderá como tal el consumo por parte de uno o varios consumidores de energía eléctrica proveniente de instalaciones de generación próximas a las de consumo y asociadas a las mismas.
- Nueva definición de las modalidades de autoconsumo, reduciéndolas a solo dos: «<u>autoconsumo sin excedentes</u>», que en ningún momento puede realizar vertidos de energía a la red y «<u>autoconsumo con excedentes</u>», en el que sí se pueden realizar vertidos a las redes de distribución y transporte.
- Se exime a las instalaciones de autoconsumo sin excedentes, para las que el consumidor asociado ya disponga de permiso de acceso y conexión para consumo, de la necesidad de la obtención de los permisos de acceso y conexión de las instalaciones de generación.
- Se habilita a que reglamentariamente se puedan desarrollar mecanismos de compensación entre el déficit y el superávit de los consumidores acogidos al autoconsumo con excedentes para **instalaciones de hasta 100 kW**.
- En cuanto al registro, se opta por disponer de un registro de autoconsumo, pero muy simplificado.

En su virtud, a propuesta de la Ministra para la Transición Ecológica, con la aprobación previa de la Ministra de Política Territorial y Función Pública, de acuerdo con el Consejo de Estado y previa deliberación de Consejo de Ministros en su reunión del día 5 de abril de 2019,

DISPONGO:

- CAPÍTULO I: Disposiciones generales
- CAPÍTULO II: Clasificación y definiciones
- CAPÍTULO III: Régimen jurídico de las modalidades de autoconsumo
- CAPÍTULO IV: Requisitos de medida y gestión de la energía
- CAPÍTULO V: Gestión de la energía eléctrica producida y consumida
- CAPÍTULO VI: Aplicación de peajes de acceso a las redes de transporte y distribución y cargos a las modalidades de autoconsumo
- CAPÍTULO VII: Registro, inspección y régimen sancionador

Disposición adicional primera. Mandatos.

Disposición adicional segunda. Remisión de información.

Disposición transitoria primera. Adaptación de los sujetos acogidos a la modalidad de autoconsumo existentes al amparo de lo regulado en el RD 900/2015.

Disposición transitoria segunda. Configuraciones singulares de cogeneraciones.

Disposición transitoria tercera. Aplicación de peajes de acceso.

Disposición transitoria cuarta. Facturación de consumidores.

Disposición transitoria quinta. Elementos de almacenamiento.

Disposición transitoria sexta. Término de facturación de energía reactiva.

Disposición transitoria séptima. Adaptación de contadores tipo 4.

Disposición transitoria novena. Ubicación especial de equipos de medida.

Disposición derogatoria única. Derogación normativa.

Se derogan cuantas disposiciones de igual o inferior rango se opongan a lo establecido en el presente real decreto, y en particular: [...]

   b) Lo recogido en el apdo. 4.3.3 y en tercer párrafo del capítulo 7 de la **ITC-BT-40** RD 842/2002, de 2 de agosto, por el que se aprueba el REBT.

Disposición final primera. Modificación del Real Decreto 1164/2001, de 26 de octubre, por el que se establecen tarifas de acceso a las redes de transporte y distribución de energía eléctrica.

Disposición final segunda. Modificación de la ITC-BT-40 sobre instalaciones generadoras de baja tensión del Reglamento electrotécnico para baja tensión, aprobado por el RD 842/2002, de 2 de agosto, por el que se aprueba el REBT.

Disposición final tercera. Modificación del Reglamento unificado de puntos de medida del sistema eléctrico, aprobado por el RD 1110/2007, de 24 de agosto, por el que se aprueba el Reglamento unificado de puntos de medida del sistema eléctrico.

Disposición final cuarta. Modificación del RD 1699/2011, que regula la conexión a red de instalaciones de producción de energía eléctrica de pequeña potencia.

Disposición final quinta. Desarrollo normativo.

Disposición final sexta. Título competencial.

Disposición final séptima. Entrada en vigor: día siguiente a su publicación en el BOE.

ANEXO I: Cálculo de las energías y potencias a efectos de facturación y liquidación para el autoconsumo colectivo o asociado a una instalación a través de la red

Dado en Madrid, el 5 de abril de 2019.

FELIPE R.

La Ministra para la Transición Ecológica,
TERESA RIBERA RODRÍGUEZ

REAL DECRETO 542/2020,

por el que se modifican y derogan diferentes disposiciones en materia de calidad y seguridad industrial

El presente RD:

- **MODIFICA:**
  1) Artículo 14 de REBT
  2) Apdo. 5.5 de la ITC-BT 04
  3) Apdo. 3.2 de la ITC-BT 52

Real Decreto 542/2020

Artículo quinto. *Modificación del REBT aprobado por el RD 842/2002.*

El REBT, queda modificado como sigue:

- **Uno**. El artículo 14. «Especificaciones particulares de las empresas sumnistradoras», que pasa a denominarse: «Especificaciones particulares y Proyectos tipo de las empresas distribuidoras», queda redactado como sigue: *(Nota A.: incluido en el artículo 14)*

- **Dos.** El apartado 5.5 de la instrucción técnica complementaria ITC-BT-04 «Documentación y puesta en servicio de las instalaciones», queda redactado como sigue: *(Nota A.: incluido en la ITC-BT-04)*

Artículo undécimo. *Modificación de la ITC-BT-52*

El apartado 3.2 de la ITC-BT-52 queda modificado como sigue: *(Nota A.: incluido en la ITC-BT-52)*

Disposición final única. *Entrada en vigor.*

El presente real decreto entrará en vigor el 1 de julio de 2020.

Dado Madrid, el 26 de mayo de 2020.

FELIPE R.

La Vicepresidenta Primera del Gobierno y Ministra de la Presidencia, Relaciones con las Cortes y Memoria Democrática,
CARMEN CALVO POYATO

Nota

CAMBIOS EN EL REBT POR LA APLICACIÓN DEL RD 542/2020:

REBT - RD 842/2002	Modificaciones según RD 542/2020
Artículo 14: 1 Especificaciones particulares de las empresas distribuidoras.	El artículo 14 pasa a denominarse: **Especificaciones particulares y Proyectos tipo de las empresas distribuidoras** Se amplía y desarrolla la armonización y controles sobre la aprobación de Normas Particulares y Proyectos Tipo de las empresas de trasporte y distribución de energía eléctrica.
ITC-BT-04 – Apdo. 5.5: 2 Ejecución y tramitación de las instalaciones	Se permite **presentar la documentación técnica por medios electrónicos**, siendo entonces necesario presentar **una única copia** del certificado de instalación eléctrica, en lugar de los 5 certificados en caso de que sean impresos en papel. La administración enviará dicho certificado diligenciado por medios electrónicos a la empresa instaladora, quien deberá **entregar una copia (también electrónica)** del documento <u>al titular de la instalación</u> y conservar otra para su archivo.
ITC-BT-52 – Apdo. 3.2: 3 Instalación en apartamentos o estacionamientos colectivos en edificios o conjuntos inmobiliarios de propiedad horizontal	**1º)** Se requería como mínimo una preinstalación eléctrica para la recarga de vehículo eléctrico en instalaciones en edificios o conjuntos inmobiliarios de nueva construcción. **MODIFICACIÓN SEGÚN EL RD 542/2020:** <u>No es obligatoria la preinstalación eléctrica</u> para la recarga del vehículo eléctrico en instalaciones en edificios o conjuntos inmobiliarios de nueva construcción. ----- **2º)** Se debía prever en la preinstalación eléctrica para la recarga del VE: a) Derivaciones del sistema de conducción de cables de longitud inferior a 20 m. b) Sistemas de conducción de cables que permitiesen la alimentación de al menos el 15 % de las plazas de estacionamiento. **MODIFICACIÓN SEGÚN EL RD 542/2020:** En caso de hacerse una preinstalación eléctrica: a) No se establece ninguna longitud máxima en los cables de las derivaciones. b) No se establece ningún porcentaje mínimo de alimentación de plazas de estacionamiento en la dimensión de la conducción de cables.

REAL DECRETO 298/2021

Artículo primero. Modificación del REBT y de su ITC-BT-03

El RD 298/2021:

- **MODIFICA:**
  1) Apdo. 2 del Art. 2 del REBT
  2) Apdo. 3 de la ITC-BT-03
  3) Apdo. 4 de la ITC-BT-03
  4) Apdo. 5.2 de la ITC-BT-03
  5) Apdo. 5.6 de la ITC-BT-03
  6) Apdo. 5.8 de la ITC-BT-03
  7) Apéndice de la ITC-BT-03

- **AÑADE:**
  8) Apéndice II en ITC-BT-03

Real Decreto 298/2021

Establece un **criterio uniforme** en cuanto a los **medios humanos necesarios** para el desarrollo de la actividad o su ejercicio, así como las **vías de acceso a las profesiones** incluidas en los distintos reglamentos de seguridad industrial.

Disposición transitoria única. *Empresas previamente habilitadas.*
Las empresas habilitadas [...], dispondrán de un año, desde la entrada en vigor del presente real decreto, para adaptarse a las condiciones y requisitos establecidos en las modificaciones introducidas por el presente RD.

Disposición final segunda. *Entrada en vigor.*
El presente real decreto entrará en vigor *el 1 de julio de 2021*.

REAL DECRETO 770/2025

Artículo primero. Modificación del Apéndice I de la ITC-BT-03

Real Decreto 770/2025

Se modifica el **apartado 1**, «Medios humanos», del **apéndice I**, «Medios mínimos, técnicos y humanos, requeridos para las empresas instaladoras en baja tensión», de la **ITC-BT-03** «Empresas instaladoras en baja tensión»

Disposición final segunda. *Entrada en vigor.*
El presente real decreto entrará en vigor *el 4 de septiembre de 2025*.

Nota

CAMBIOS SIGNIFICATIVOS EN EL REBT POR LA APLICACIÓN DEL RD 298/2021:

	REBT - RD 842/2002	Modificaciones según RD 298/2021
1	**Artículo 2 – Pto2, apdo. b):** Campo de aplicación en instalaciones existentes.	Aplicación de la **reglamentación actual** en las modificaciones, reparaciones o ampliaciones, **sean o no de importancia.**
2	**ITC-BT-03 – Apdo. 3:** Clasificación de las empresas instaladoras	Se permite a las empresas de **categoría básica** realizar **instalaciones generadoras de BT** de potencia **inferior a 10 kW**.
3	**ITC-BT-03 – Apdo. 4 y 5:** Situaciones para la acreditación de las facultades de la persona instaladora en BT y la habilitación como Empresa instaladora en BT.	Actualización de normas y situaciones para la obtención de la acreditación como persona instaladora en Baja Tensión: **a)** Título universitario. **b.1)** Título de Formación Profesional. **b.2)** Certificado de profesionalidad. **c)** Competencia profesional adquirida por experiencia laboral. **d)** Cualificación profesional de persona instaladora en BT adquirida en otro u otros Estados miembros de la UE. **e)** Certificación otorgada por entidad acreditada.
4	**ITC-BT-03 – Apéndice I:** Medios humanos.	Especifica el tiempo mínimo que ha de contar la empresa instaladora con los servicios de la persona o personas instaladoras en BT. <u>IMPORTANTE:</u> Apéndice I actualizado según **RD 770/2025**.
5	**ITC-BT-03 – Apéndice II:**	Conocimientos mínimos necesarios para personas instaladoras en BT.

Nota

CAMBIOS EN EL REBT POR LA APLICACIÓN DEL RD 770/2025:

Se modifica el Apéndice I de la **ITC-BT-03**:

Pto.	RD 842/2002	RD 560/2010	RD 298/2021	RD 770/2025
A I	Necesario un instalador por cada 10 operarios	Solo es necesario 1 instalador por categoría	Mínimo 1 instalador a jornada completa (o equivalencias)	Mínimo 1 instalador (cualquier modalidad contractual)
A I	Necesario un local con un mínimo de 25 m²	No es necesario un local para ser empresa instaladora	---	---

Proyecto de
REAL DECRETO
por el que se aprueba una nueva ITC-BT-53, y se modifican artículos y otras ITC-BT del REBT.

BORRADOR

El presente RD:

- **MODIFICA:**
  1) Artículos 2, 6, 18, 20, 21, 25, 26, 27 y 28 del REBT.

  2) Las ITC-BT-01, 03, 04, 05, 06, 07, 11, 12, 13, 14, 15, 16, 17, 23 y 40.

- **AÑADE:**
  3) Nueva ITC-BT-53.

IMPORTANTE

Este Real Decreto **es un borrador**. Se ha añadido su contenido en el REBT señalado en color gris.

Las modificaciones que introduce en el REBT **no** son de obligado cumplimiento hasta que no exista una resolución al respecto por parte del Ministerio de Industria y Turismo, en la que deberá hacerse constar la fecha a partir de la cual serán válidas.

Proyecto de Real Decreto

El proyecto de real decreto introduce novedades en cuanto a exigencias técnicas con el objetivo de garantizar la seguridad de las instalaciones de acuerdo con la introducción del autoconsumo de forma generalizada.

Artículo primero. Se aprueba la **nueva ITC-BT-53**, relativa a instalaciones de sistemas en corriente continua.

Artículo segundo. Se introducen modificaciones en los artículos 2, 6, 18, 20, 21, 25, 26, 27 y 28 del REBT y sus instrucciones técnicas complementarias ITC-BT-01, 03, 04, 05, 06, 07, 11, 12, 13, 14, 15, 16, 17, 23 y 40.

Artículo tercero. Modificación de la ITC-RAT-09 del Reglamento sobre condiciones técnicas y garantías de seguridad en instalaciones eléctricas de alta tensión y sus Instrucciones Técnicas Complementarias ITC-RAT-01 a 23.

Disposición adicional primera. Se establece la equivalencia en España de seguros suscritos en otros Estados Miembros de la Unión Europea.

Disposición transitoria primera. Habilitación de los organismos de control en actividades que se vean afectadas por este real decreto durante un periodo transitorio de dieciocho meses.

Disposición transitoria segunda. Se define un plazo de <u>tres años</u> para que los titulares de las instalaciones de las que no se tenga constancia en el órgano competente en materia de industria de la Comunidad Autónoma correspondiente presenten la documentación necesaria <u>para su regularización</u>.

Disposición transitoria tercera. Inspecciones periódicas de las instalaciones existentes

1. Como norma general, y a no ser que en la instalación objeto de la inspección se hayan realizado las adaptaciones pertinentes, las instalaciones existentes a la entrada en vigor de este real decreto serán inspeccionadas de acuerdo con las exigencias técnicas de los reglamentos y de las ITC según las cuales fueron ejecutadas y puestas en marcha. La periodicidad y los criterios para realizar las inspecciones serán los indicados en la instrucción técnica complementaria **ITC-BT-05**, aprobada en este real decreto.

2. El plazo para realizar la primera inspección, a partir de la entrada en vigor del presente real decreto, <u>se contará a partir de</u>:
    - la última inspección periódica realizada o, en su defecto,
    - desde la fecha de la puesta en servicio de la instalación.

Disposición transitoria cuarta. Se detalla la normativa aplicable para instalaciones en ejecución a la entrada en vigor de este real decreto y qué se considera instalación en ejecución.

Disposición transitoria quinta. Especifica que las empresas instaladoras de baja tensión previamente habilitadas no deberán presentar la declaración responsable que establece la nueva ITC-BT-03.

Disposición derogatoria única. Se derogan todas aquellas disposiciones normativas de rango igual o inferior que se opongan a lo dispuesto en el real decreto.

Disposición final primera. Sobre el título competencial, que se basa en lo dispuesto en el artículo 149.1. 13ª de la Constitución.

Disposición final segunda. Por la que se establecen las habilitaciones en relación con el desarrollo y modificación del REBT y sus ITC.

Disposición final tercera. Entrada en vigor.

Dado Madrid, el xx de x de 20xx.

FELIPE R.

La Ministra de Industria, Turismo y Comercio,
MARÍA REYES MAROTO ILLERA

REBT - ARTICULADO

(Texto consol dado mediante
RD 560/2010, RD 542/2020, RD 298/2021 y RD 145/2023.
Incluye Borrador del Real Decreto)

Se incluye un resumen de la **Guía técnica** del REBT (referenciada en artículo 29).

La Guía Técnica establecerá aclaraciones a conceptos del REBT, pero **no es vinculante**.

El Reglamento está compuesto por 29 artículos:

Artículo 1. Objeto

El presente Reglamento tiene por objeto establecer las condiciones técnicas y garantías que deben reunir las instalaciones eléctricas conectadas a una fuente de suministro en los límites de baja tensión, con la finalidad de:

a) Preservar la seguridad de las personas y los bienes.

b) Asegurar el normal funcionamiento de dichas instalaciones y prevenir las perturbaciones en otras instalaciones y servicios.

c) Contribuir a la fiabilidad técnica y a la eficiencia económica de las instalaciones.

Artículo 2. Campo de aplicación

1. El presente Reglamento se aplicará a las instalaciones que distribuyan la energía eléctrica, a las generadoras de electricidad para consumo propio y a las receptoras, en los siguientes límites de tensiones nominales:

> **a)** *Corriente alterna*: igual o inferior a **1.000 voltios**.
>
> **b)** *Corriente continua:* igual o inferior a **1.500 voltios**.

2. El presente Reglamento se aplicará:

a) A las **nuevas instalaciones**, a sus modificaciones y a sus ampliaciones.

Según RD 298/2021

b) A las modificaciones, reparaciones y ampliaciones, sean o no de importancia, de las **instalaciones existentes** antes de su entrada en vigor, solo en lo que afecta a la parte modificada, reparada o ampliada, y siempre y cuando se tomen las medidas necesarias para garantizar las condiciones de seguridad del conjunto de la instalación.

c) A las **instalaciones existentes** antes de su entrada en vigor, en lo referente al **régimen de inspecciones**, si bien los criterios técnicos aplicables en dichas inspecciones serán los correspondientes a la reglamentación con la que se aprobaron.

Se entenderá por **MODIFICACIÓN O REPARACIÓN DE IMPORTANCIA,** a los efectos de la documentación exigible *(Nota A.: Consultar apdo. 3 y 4 ITC-BT-04)* y de la obligatoriedad de inspección inicial *(Nota A.: Consultar apdo. 4.1 ITC-BT-05)*, a las que:

1) afectan a <u>más del **50 %**</u> de la potencia instalada.

2) **Igualmente** se considerará modificación de importancia la que afecte a <u>líneas completas</u> de procesos productivos con nuevos circuitos y cuadros, aún con reducción de potencia.

Guía Se entiende por **potencia instalada** aquella <u>para la cual se proyectó inicialmente la instalación</u> eléctrica según la previsión de cargas correspondientes. Según el actual RBT será la potencia calculada según la previsión de cargas conforme los criterios de la **ITC-BT-10**.

3. Asimismo, se aplicará a las instalaciones existentes antes de su entrada en vigor, cuando su estado, situación o características impliquen un riesgo grave para las personas o los bienes, o se produzcan perturbaciones importantes en el normal funcionamiento de otras instalaciones, a juicio del Órgano Competente de la Comunidad Autónoma.

4. **Se excluyen** de la aplicación de este Reglamento las instalaciones y equipos de uso exclusivo en minas, material de tracción, automóviles, navíos, aeronaves, sistemas de comunicación, y los usos militares y demás instalaciones y equipos que estuvieran sujetos a reglamentación específica.

5. Las prescripciones del presente Reglamento y sus instrucciones técnicas complementarias (en adelante ITCs) son de carácter general unas, y específico, otras. Las específicas sustituirán, modificarán o complementarán a las generales, según los casos.

6. No se aplicarán las prescripciones generales, sino únicamente prescripciones específicas, que serán objeto de las correspondientes ITCs, a las instalaciones o equipos que utilizan "muy baja tensión" (hasta 50 V en corriente alterna y hasta 75 V en corriente continua), por ejemplo las redes informáticas y similares, siempre que su fuente de energía sea autónoma, no se alimenten de redes destinadas a otros suministros, o que tales instalaciones sean absolutamente independientes de las redes de baja tensión con valores por encima de los fijados para tales pequeñas tensiones.

Artículo 3. Instalación eléctrica

Se entiende por instalación eléctrica todo conjunto de aparatos y de circuitos asociados en previsión de un fin particular: producción, conversión, transformación, transmisión, distribución o utilización de la energía eléctrica.

Artículo 4. Clasificación de las tensiones. Frecuencia de las redes

1. A efectos de aplicación de las prescripciones del presente Reglamento, las instalaciones eléctricas de baja tensión se clasifican, según las tensiones nominales que se les asignen, en la forma siguiente:

	Corriente alterna (valor eficaz)	Corriente continua (valor medio aritmético)
Muy baja tensión	$U_n \leq 50$ V	$U_n \leq 75$ V
Tensión usual	$50 < U_n \leq 500$ V	$75 < U_n \leq 750$ V
Tensión especial	$500 < U_n \leq 1.000$ V	$750 < U_n \leq 1.500$ V

2. Las tensiones nominales usualmente utilizadas en las distribuciones de corriente alterna serán:

   a) **230 V** entre fases para las redes trifásicas de tres conductores;

   b) **230 V** entre fase y neutro; y

   c) **400 V** entre fases, para las redes trifásicas de 4 conductores.

3. Cuando en las instalaciones no pueda utilizarse alguna de las tensiones normalizadas en este Reglamento, porque deban conectarse a o derivar de otra instalación con tensión diferente, se condicionará su inscripción a que la nueva instalación pueda ser utilizada en el futuro con la tensión normalizada que pueda preverse.

4. La frecuencia empleada en la red será de **50 Hz**.

5. Podrán utilizarse otras tensiones y frecuencias, previa autorización motivada del Órgano competente de la Administración Pública, cuando se justifique ante el mismo su necesidad, no se produzcan perturbaciones significativas en el funcionamiento de otras instalaciones y no se menoscabe el nivel de seguridad para las personas y los bienes.

Artículo 5. Perturbaciones en las redes

Las instalaciones de baja tensión que pudieran producir perturbaciones sobre las telecomunicaciones, las redes de distribución de energía o los receptores, deberán estar dotadas de los adecuados dispositivos protectores, según se establece en las disposiciones vigentes relativas a esta materia.

Artículo 6. Equipos y materiales

1. Los materiales y equipos utilizados en las instalaciones deberán ser utilizados en la forma y para la finalidad que fueron fabricados y deberán cumplir con lo estipulado en las disposiciones europeas y, en su caso, las nacionales que no contradigan las anteriores y que sean de aplicación. Los incluidos en el campo de aplicación de la reglamentación de trasposición de las Directivas de la Unión Europea deberán cumplir con lo establecido en las mismas.

   Borrador Real Decreto

   En lo no cubierto por tal reglamentación se aplicarán los criterios técnicos preceptuados por el presente Reglamento. A tal efecto, se considerarán conformes los equipos y materiales amparados por certificados y marcas de conformidad a normas, que sean otorgados por las entidades de certificación a que se refiere el capítulo III del RD 2200/1995, por el que se aprueba el Reglamento de la Infraestructura para la Calidad y la Seguridad Industrial. En particular, se incluirán junto con los equipos y materiales las indicaciones necesarias para su correcta instalación y uso, debiendo marcarse con las siguientes indicaciones mínimas:

   a) Identificación del fabricante, representante legal o responsable de la comercialización.
   b) Marca y modelo.
   c) Tensión y potencia (o intensidad) asignadas.
   d) Cualquier otra indicación referente al uso específico del material o equipo, asignado por el fabricante.

2. Los órganos competentes de las Comunidades Autónomas verificarán el cumplimiento de las exigencias técnicas de los materiales y equipos sujetos a este Reglamento. La verificación podrá efectuarse por muestreo.

Artículo 7. Coincidencia con otras tensiones

Si en una instalación eléctrica de baja tensión se encuentran integrados circuitos o elementos sometidos a tensiones superiores a los límites definidos en este Reglamento, en ausencia de indicación específica en éste, se deberá cumplir con lo establecido en los reglamentos que regulen las instalaciones a dichas tensiones.

Artículo 8. Redes de distribución (ITC-BT-06 / ITC-BT-07 / ITC-BT-08 / ITC-BT-11)

1. Las instalaciones de servicio público o privado cuya finalidad sea la distribución de energía eléctrica se definirán:

   a) Por los valores de la tensión entre fase o conductor polar y tierra y entre dos conductores de fase o polares, para las instalaciones unidas directamente a tierra.

   b) Por el valor de la tensión entre dos conductores de fase o polares, para las instalaciones no unidas directamente a tierra.

2. Las intensidades de la corriente eléctrica admisibles en los conductores se regularán en función de las condiciones técnicas de las redes de distribución y de los sistemas de protección empleados en las mismas.

Artículo 9. Instalaciones de alumbrado exterior (ITC-BT-09)

Se considerarán instalaciones de alumbrado exterior las que tienen por finalidad la iluminación de las vías de circulación o comunicación y las de los espacios comprendidos entre edificaciones que, por sus características o seguridad general, deben permanecer iluminados, en forma permanente o circunstancial, sean o no de dominio público.

Las condiciones que deben reunir las instalaciones de alumbrado exterior serán las correspondientes a su peculiar situación de intemperie y, por el riesgo que supone, el que parte de sus elementos sean fácilmente accesibles.

Artículo 10. Tipos de suministro

1. A efectos del presente Reglamento, **los suministros se clasifican en** normales y complementarios.

Nota

La **ITC-BT-28**: "Locales de pública concurrencia" indica donde instalar suministros complementarios (que se añaden al ya existente suministro normal)

Tipos de suministro

1. *Suministros NORMALES:* efectuados por una sola empresa distribuidora por la totalidad de la $P_{contratada}$

2. *Suministros COMPLEMENTARIOS o de SEGURIDAD*
   (Entran en funcionamiento en caso de fallo del suministro normal, sin que exista acoplamiento entre ambos suministros)

   1. **Socorro:** $\geq 15\%\ P_{contratada}$
   2. **Reserva:** $\geq 25\%\ P_{contratada}$
   3. **Duplicado:** $> 50\%\ P_{contratada}$

A) Suministros normales son los efectuados a cada abonado por una sola empresa distribuidora por la totalidad de la potencia contratada por el mismo y con un solo punto de entrega de la energía.

B) Suministros complementarios o de seguridad son los que, a efectos de seguridad y continuidad de suministro, complementan a un suministro normal.

Estos suministros podrán realizarse:

✓ Por dos empresas diferentes o

✓ Por la misma Empresa, cuando se disponga, en el lugar de utilización de la energía, de medios de transporte y distribución independientes, o

✓ Por el usuario mediante medios de producción propios.

Se considera suministro complementario aquel que, aun partiendo del mismo transformador, dispone de línea de distribución independiente del suministro normal desde su mismo origen en baja tensión.

Se clasifican en suministro de socorro, suministro de reserva y suministro duplicado:

a) **Suministro de socorro** es el que está limitado a una potencia receptora **mínima** equivalente al **15** por 100 del total contratado para el suministro normal.

b) **Suministro de reserva** es el dedicado a mantener un servicio restringido de los elementos de funcionamiento indispensables de la instalación receptora, con una potencia **mínima** del **25** por 100 de la potencia total contratada para el suministro normal.

c) **Suministro duplicado** es el que es capaz de mantener un servicio **mayor** del **50** por 100 de la potencia total contratada para el suministro normal.

2. Las instalaciones previstas para recibir **suministros complementarios** deberán estar dotadas de los dispositivos necesarios para impedir un acoplamiento entre ambos suministros, salvo lo prescrito en las instrucciones técnicas complementarias. La instalación de esos dispositivos deberá realizarse de acuerdo con la o las empresas suministradoras. De no establecerse ese acuerdo, el órgano competente de la Comunidad Autónoma resolverá lo que proceda en un plazo máximo de **15 días** hábiles, contados a partir de la fecha en que le sea formulada la consulta.

3. Además de los señalados en las correspondientes instrucciones técnicas complementarias, los órganos competentes de las Comunidades Autónomas podrán fijar, en cada caso, los establecimientos industriales o dedicados a cualquier otra actividad que, por sus características y circunstancias singulares, hayan de disponer de suministro de socorro, de reserva o suministro duplicado.

4. Si la empresa suministradora que ha de facilitar el suministro complementario se negara a realizarlo o no hubiera acuerdo con el usuario sobre las condiciones técnico-económicas propuestas, el órgano competente de la Comunidad Autónoma deberá resolver lo que proceda, en el plazo de quince días hábiles a partir de la fecha de presentación de la controversia.

Artículo 11. Locales de características especiales (Capítulos IX y X: ITC-BT-30, 31...)

Se establecerán en las correspondientes instrucciones técnicas complementarias prescripciones especiales, en base a las condiciones particulares que presentan, en los denominados "locales de características especiales", tales como los locales y emplazamientos mojados o en los que exista atmósfera húmeda, gases o polvos de materias no inflamables o combustibles, temperaturas muy elevadas o muy bajas en relación con las normales, los que se dediquen a la conservación o reparación de automóviles, los que estén afectos a los servicios de producción o distribución de energía eléctrica; en las instalaciones donde se utilicen las denominadas tensiones especiales, las que se realicen con carácter provisional o temporal, las instalaciones para piscinas, otras señaladas específicamente en las ITC, y en general, todas aquellas donde sea necesario mantener instalaciones eléctricas en circunstancias distintas a las que pueden estimarse como de riesgo normal, para la utilización de la energía eléctrica en baja tensión.

Artículo 12. Ordenación de cargas (ITC-BT-10)

Se establecerán en las correspondientes instrucciones técnicas complementarias prescripciones relativas a la ordenación de las cargas previsibles para cada una de las agrupaciones de consumo de características semejantes, tales como edificios dedicados principalmente a viviendas, edificios comerciales, de oficinas y de talleres para industrias, basadas en la mejor utilización de las instalaciones de distribución de energía eléctrica.

Antes de iniciar las obras, los titulares de edificaciones en proyecto de construcción deberán facilitar a la Empresa suministradora toda la información necesaria para deducir los consumos y cargas que han de producirse, a fin de poder adecuar con antelación suficiente el crecimiento de sus redes y las previsiones de cargas en sus centros de transformación.

Artículo 13. Reserva de local

En lo relativo a la reserva de local se seguirán las prescripciones recogidas en la *reglamentación* por la que se regulen las actividades de transporte, distribución, comercialización, suministro y procedimientos de autorización de instalaciones de energía eléctrica.

Guía

Reglamentación: "Ley del sector eléctrico". **Real Decreto 1955/2000**, de 1 de diciembre, por el que se regulan las actividades de transporte, distribución, comercialización, suministro y procedimientos de autorización de instalaciones de energía eléctrica.

Artículo 14. Especificaciones particulares y Proyectos Tipo de las empresas distribuidoras

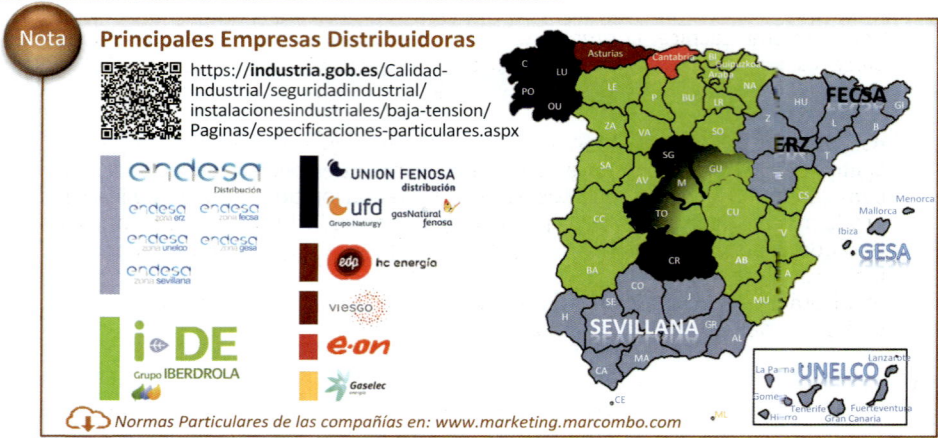

Nota

Principales Empresas Distribuidoras

https://**industria.gob.es**/Calidad-Industrial/seguridadindustrial/instalacionesindustriales/baja-tension/Paginas/especificaciones-particulares.aspx

Normas Particulares de las compañías en: www.marketing.marcombo.com

1. Las empresas distribuidoras de energía eléctrica podrán proponer especificaciones particulares sobre la construcción y montaje de:

   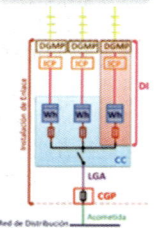

   ✓ Acometidas, ... ITC-BT-11
   ✓ Líneas Generales de Alimentación (**LGA**), ... ITC-BT-14
   ✓ instalaciones de Contadores (**CC**) y ITC-BT-16
   ✓ Derivaciones Individuales (**DI**). ITC-BT-15

   Estas especificaciones serán únicas para todo el territorio de distribución de la empresa distribuidora y recogerán las condiciones técnicas de carácter concreto que sean precisas para conseguir una mayor homogeneidad en la seguridad y el funcionamiento de las redes de distribución y las instalaciones de los consumidores.

   En ningún caso estas especificaciones incluirán marcas o modelos de equipos o materiales concretos que aboquen al consumidor a un único proveedor, **ni** prescripciones de tipo administrativo o económico, que supongan para el titular de la instalación privada cargas adicionales a las previstas en este reglamento, o en otra normativa que pueda ser de aplicación.

   En todo caso, las especificaciones incluirán la posibilidad de que, ante situaciones debidamente justificadas, previa acreditación de seguridad equivalente, el titular de la instalación pueda dar soluciones alternativas a situaciones concretas en que sea imposible cumplir los requisitos de las especificaciones aprobadas por la Administración.

2. Dichas especificaciones deberán ajustarse, en cualquier caso, a los preceptos del reglamento, y previo cumplimiento del procedimiento de información pública, deberán ser aprobadas y registradas por los órganos competentes de las Comunidades Autónomas, en caso de que se limiten a su ámbito territorial,

o por el Ministerio de Industria, Comercio y Turismo, en caso de aplicarse en más de una comunidad autónoma.

3. Una persona técnica competente de la empresa distribuidora de energía eléctrica **certificará** que las especificaciones particulares cumplen todas las exigencias técnicas y de seguridad reglamentariamente establecidas.

   Asimismo, dichas normas deberán contar con un <u>informe técnico de un órgano cualificado e independiente</u> que certificará que dichas especificaciones cumplen con todos los requisitos de la reglamentación de seguridad aplicable a productos e instalaciones de baja tensión, que no se incluyen prescripciones de tipo administrativo o económico que supongan una carga para el titular de la instalación privada y que tampoco se incluyen sobredimensionamientos técnicamente no justificados de la instalación, salvo aquellos derivados de la utilización de las series normalizadas de materiales.

4. Las empresas distribuidoras que quieran proponer las especificaciones particulares, a las que hace referencia el apartado 1, y que no se limiten al ámbito territorial de una única Comunidad Autónoma, deberán remitir solicitud de aprobación al Ministerio de Industria, Comercio y Turismo, acompañada de la siguiente documentación:

   a) El texto de las especificaciones para las que se solicita la aprobación.
   b) Certificado por persona técnica competente referido en el punto 3.
   c) Informe técnico emitido por un organismo cualificado, referido en el punto 3.
   d) Listado de las Comunidades Autónomas donde la empresa distribuidora lleve a cabo su actividad.

   Presentada la solicitud por medios electrónicos, el Ministerio de Industria, Comercio y Turismo realizará el trámite de información pública de dicha especificación y solicitará informe a la Comisión Nacional de los Mercados y la Competencia, al órgano competente de las Comunidades Autónomas en las que la empresa distribuidora desarrolle su actividad y a la Secretaría de Estado de Energía del Ministerio para la Transición Ecológica y el Reto Demográfico.

   Recibidos los informes, o cumplido el plazo marcado en el artículo 80 de la Ley 39/2015, de 1 de octubre, del Procedimiento Administrativo Común para su emisión, procederá a su aprobación siempre que se garantice el cumplimiento reglamentario, la uniformidad de los requisitos en todas las zonas de implantación de la empresa de distribución y que no se adopten barreras técnicas que aboquen al consumidor a un único proveedor, publicándose la resolución correspondiente en el «Boletín Oficial del Estado».

   Una vez presentadas las especificaciones ante el Ministerio de Industria, Comercio y Turismo, junto con los documentos mencionados, **el plazo** para la aprobación será de **tres meses**, considerándose el <u>silencio administrativo como aprobatorio</u>.

5. <u>Las normas</u> así aprobadas <u>se publicarán en la página web del Ministerio</u> de Industria, Comercio y Turismo, sin perjuicio de la publicidad que las empresas de distribución hagan de las mismas.

6. En caso de modificación o ampliación de especificaciones ya aprobadas, la empresa de distribución de energía eléctrica solicitará aprobación de la ampliación o modificación de dichas especificaciones, siguiendo el mismo procedimiento indicado anteriormente.

7. Igualmente <u>las empresas distribuidoras</u>, para aquellas instalaciones, o parte de las mismas, de carácter repetitivo, propiedad de las empresas distribución de energía eléctrica y que requieren proyecto de acuerdo a lo establecido en la ITC-BT 04, podrán proponer **proyectos tipo** para su aprobación por los órganos competentes de las Comunidades Autónomas, en caso de que se limiten a su ámbito territorial, o por el Ministerio de Industria, Comercio y Turismo, en caso de aplicarse en más de una comunidad autónoma. La aprobación de los proyectos tipo seguirán el procedimiento descrito en este artículo para las especificaciones particulares.

   Estos proyectos tipo, incluirán las condiciones técnicas de carácter concreto que sean precisas para conseguir mayor homogeneidad en la seguridad y el funcionamiento de las instalaciones de baja tensión, respetando los requisitos impuestos a las especificaciones particulares en este artículo.

   En cualquier caso, <u>los proyectos tipo deberán ser completados</u>, inexcusablemente, <u>con los datos específicos</u> concernientes a cada caso particular.

Artículo 15. Acometidas e instalaciones de enlace

1. <u>Se denomina acometida</u> **(ITC-BT-11)** la parte de la instalación de la red de distribución que alimenta la caja o cajas generales de protección o unidad funcional equivalente. La acometida será responsabilidad de la empresa suministradora, que asumirá la inspección y verificación final.

2. <u>Son instalaciones de enlace</u> **(ITC-BT-12)** las que unen la caja general de protección, o cajas generales de protección, incluidas éstas, con las instalaciones interiores o receptoras del usuario.

   Se componen de:

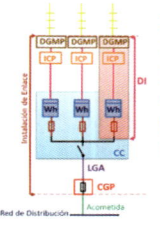

   1. Caja General de Protección..................................(**CGP**) ..... (ITC-BT-13)
   2. Línea General de Alimentación............................(**LGA**) .... (ITC-BT-14)
   3. Elementos para la ubicación de Contadores ....(**CC**)........ (ITC-BT-16)
   4. Derivación Individual ....(**DI**) .... (ITC-BT-15)
   5. <u>Caja</u> para Interruptor de Control de Potencia ......(**ICP**)....... (ITC-BT-17)
   6. Dispositivos Generales de Mando y Protección ...(**DGMP**) . (ITC-BT-17)

CGP: **Las cajas generales de protección** alojan elementos de protección de las líneas generales de alimentación **y** señalan el principio de la propiedad de las instalaciones de los usuarios.

LGA: **Línea general de alimentación** es la parte de la instalación que enlaza una caja general de protección con las derivaciones individuales que alimenta.

DI: **La derivación individual** de un abonado parte de la línea general de alimentación y comprende los aparatos de medida, mando y protección.

3. Las compañías suministradoras facilitarán los valores máximos previsibles de las potencias o corrientes de cortocircuito de sus redes de distribución, con el fin de que el proyectista tenga en cuenta este dato en sus cálculos.

Artículo 16. Instalaciones interiores o receptoras (ITC-BT-19, 20, 21...)

1. **Las instalaciones interiores o receptoras son** las que, alimentadas por una red de distribución o por una fuente de energía propia, tienen como finalidad principal la utilización de la energía eléctrica. Dentro de este concepto hay que incluir cualquier instalación receptora aunque toda ella o alguna de sus partes esté situada **a la intemperie**.

2. En toda instalación interior o receptora que se proyecte y realice se alcanzará el máximo equilibrio en las cargas que soportan los distintos conductores que forman parte de la misma, y **ésta se subdividirá** de forma que las perturbaciones originadas por las averías que pudieran producirse en algún punto de ella afecten a una mínima parte de la instalación. Esta subdivisión deberá permitir también la localización de las averías y facilitar el control del aislamiento de la parte de la instalación afectada.

3. Los sistemas de protección para las instalaciones interiores o receptoras para baja tensión impedirán los efectos de las sobreintensidades y sobretensiones que por distintas causas cabe agentes externos. Asimismo, y a efectos de seguridad general, se determinarán las condiciones que deben cumplir dichas instalaciones para proteger de los contactos directos e indirectos.

4. En la utilización de la energía eléctrica para instalaciones receptoras se adoptarán las medidas de seguridad, tanto para la protección de los usuarios como para la de las redes, que resulten proporcionadas a las características y potencia de los aparatos receptores utilizados en las mismas.

5. Además de los preceptos que en virtud del presente y otros reglamentos sean de aplicación a los locales de pública concurrencia, deberán cumplirse medidas y previsiones específicas, en función del riesgo que implica en los mismos un funcionamiento defectuoso de la instalación eléctrica.

Artículo 17. Receptores y puesta a tierra (ITC-BT-18 y Capítulo XI: ITC-BT-43, 44...)

Sin perjuicio de las disposiciones referentes a los requisitos técnicos de diseño de los materiales eléctricos, según lo estipulado en el **artículo 6**, la instalación de los receptores, así como el sistema de protección por puesta a tierra deberán respetar lo dispuesto en las correspondientes instrucciones técnicas complementarias.

Artículo 18. Ejecución y puesta en servicio de las instalaciones (ITC-BT-04 y 05)

1. Según lo establecido en el artículo 12.3 de la Ley 21/1992, de Industria, la puesta en servicio y utilización de las instalaciones eléctricas se condiciona al siguiente procedimiento:

   a) Deberá elaborarse, previamente a la ejecución, una documentación técnica que defina las características de la instalación y que, en función de sus características, según determine la correspondiente ITC, revestirá la forma de proyecto o memoria técnica.

   b) La instalación deberá verificarse por la persona instaladora, con la supervisión de dirección de obra en su caso, a fin de comprobar la correcta ejecución y funcionamiento seguro de la misma.

   c) Asimismo, cuando así se determine en la correspondiente ITC, la instalación deberá ser objeto de una inspección inicial, por un organismo de control.

   d) A la terminación de la instalación y realizadas las verificaciones pertinentes y, en su caso, la inspección inicial, la empresa instaladora ejecutora de la instalación, emitirá un certificado de instalación, en el que se hará constar que la misma se ha realizado de conformidad con lo establecido en el Reglamento y sus instrucciones técnicas complementarias y de acuerdo con la documentación técnica. En su caso, identificará y justificará las variaciones que en la ejecución se hayan producido con relación a lo previsto en dicha documentación.

   e) El certificado, junto con la documentación técnica y, en su caso, el certificado de dirección de obra y el de inspección inicial, deberá depositarse ante el órgano competente de la Comunidad Autónoma, con objeto de registrar la referida instalación, recibiendo las copias diligenciadas necesarias para la constancia de cada interesado y solicitud de suministro de energía. Las Administraciones competentes deberán facilitar que estas documentaciones puedan ser presentadas y registradas por procedimientos informáticos o telemáticos.

2. Las instalaciones eléctricas deberán ser realizadas únicamente por empresas instaladoras.

3. La empresa suministradora no podrá conectar la instalación receptora a la red de distribución si no se le entrega la copia correspondiente del certificado de instalación debidamente diligenciado por el Órgano competente de la Comunidad Autónoma.

4. No obstante lo indicado en el apartado precedente, cuando existan circunstancias objetivas por las cuales sea preciso contar con suministro de

energía eléctrica antes de poder culminar la tramitación administrativa de las instalaciones, dichas circunstancias, debidamente justificadas y acompañadas de las garantías para el mantenimiento de la seguridad de las personas y bienes y de la no perturbación de otras instalaciones o equipos, deberán ser expuestas ante el órgano competente de la Comunidad Autónoma, la cual podrá autorizar, mediante resolución motivada, el suministro provisional para atender estrictamente aquellas necesidades.

5. En caso de instalaciones temporales (congresos y exposiciones, con distintos stands, ferias ambulantes, festejos, verbenas, etc.), el órgano competente de la Comunidad podrá admitir que la tramitación de las distintas instalaciones parciales se realice de manera conjunta. De la misma manera, podrá aceptarse que se sustituya la documentación técnica por una declaración, diligenciada la primera vez por la Administración, en el supuesto de instalaciones realizadas sistemáticamente de forma repetitiva.

TEXTO DEL BORRADOR DEL REAL DECRETO:

1. Diseño de instalaciones.

Para cada instalación, y previamente a la ejecución de la misma, deberá elaborarse una documentación técnica que defina las características de la instalación, en la que se ponga de manifiesto el cumplimiento de las prescripciones reglamentarias. En función de las características de la instalación, según determine la correspondiente ITC, la documentación técnica revestirá la forma de proyecto suscrito por técnico facultativo competente, o memoria técnica que podrá suscribir, en su caso, el instalador. Cuando revista la forma de proyecto específico se mantendrá la necesaria coordinación con los restantes capítulos constructivos e instalaciones de forma que no se produzca una duplicación en la documentación.

La persona técnica titulada competente o la persona instaladora, según el caso, que firme dicha documentación técnica, será directamente responsable de que la misma se adapte a las exigencias reglamentarias.

2. Ejecución de las instalaciones.

Las instalaciones reguladas por este reglamento deberán ser realizadas únicamente por empresas instaladoras.

Cuando las instalaciones eléctricas concurran con las correspondientes a otras energías o servicios deberán adoptarse las medidas precautorias correspondientes, en especial por lo que se refiere a las canalizaciones y distancias en cruces y paralelismos, según lo establecido en los reglamentos específicos y las ITCs que les sean de aplicación.

3. Pruebas e inspecciones previas a la puesta en servicio de las instalaciones.

A la terminación de la instalación, la empresa responsable de la ejecución, con la supervisión del director de obra, en su caso, deberá comprobar la correcta ejecución y el funcionamiento seguro de la misma.

Si así lo estipulase la correspondiente ITC, en función de sus características, deberá efectuarse una inspección inicial de la instalación por parte de un organismo de control, el cual comprobará el cumplimiento de las correspondientes prescripciones de seguridad.

Borrador
Real
Decreto

4. Certificados.

Una vez finalizada la instalación y realizadas, en su caso, las pruebas previas con resultado favorable, deberá procederse como sigue:

a) La empresa responsable de la ejecución emitirá un <u>certificado de instalación</u> en el que se hará constar que la misma se ha realizado de conformidad con lo establecido en el reglamento y sus instrucciones técnicas complementarias, y de acuerdo con la documentación técnica. En su caso, identificará y justificará las variaciones que se hayan producido en la ejecución con relación a lo previsto en dicha documentación.

b) En los casos en los que la ITC correspondiente de este reglamento así lo requiera, el organismo de control que realice la inspección inicial emitirá un <u>certificado de inspección</u> con resultado favorable.

c) Además, en las instalaciones que necesiten **proyecto**, el director de obra emitirá el correspondiente <u>certificado de dirección de obra</u>, en el cual se hará constar que la misma se ha realizado de acuerdo con el proyecto inicial y, en su caso, identificando y justificando las variaciones que se hayan producido en su ejecución con relación a lo previsto en el mismo y siempre de conformidad con las prescripciones del reglamento y las pertinentes ITCs. Asimismo, hará constar que se han hecho las pruebas, verificaciones e inspecciones que correspondan en cada caso. En este caso el certificado se adjuntará a los certificados señalados en los párrafos a) y b) anteriores, según el tipo de instalación.

5. Comunicación a la Administración.

El certificado de instalación, junto con la documentación técnica y, en su caso, el certificado de dirección de obra y el de inspección inicial, deberá depositarse ante el órgano competente de la Comunidad Autónoma, con objeto de registrar la referida instalación.

El órgano competente de la Comunidad Autónoma emitirá acuse de recibo de la presentación de la documentación, facultando al interesado para la puesta en servicio, sin que ello suponga conformidad técnica por parte de aquél.

6. Puesta en servicio.

1. La empresa suministradora no podrá conectar la instalación receptora a la red de distribución si no se le entrega la copia correspondiente del documento emitido por el órgano competente de la Comunidad Autónoma, mediante el cual se acredite la presentación de la documentación preceptiva.

2. No obstante lo indicado en el apartado precedente, cuando existan circunstancias objetivas por las cuales sea preciso contar con suministro de energía eléctrica antes de poder culminar la tramitación administrativa de las instalaciones, dichas circunstancias, debidamente justificadas y acompañadas de las garantías para el mantenimiento de la seguridad de las personas y bienes y de la no perturbación de otras instalaciones o equipos, deberán ser expuestas ante el órgano competente de la Comunidad Autónoma, la cual podrá autorizar, mediante resolución motivada, el suministro provisional para atender estrictamente aquellas necesidades.

3. En caso de instalaciones temporales (congresos y exposiciones, con distintos stands, ferias ambulantes, festejos, verbenas, etc.), el órgano competente de la Comunidad podrá admitir que la tramitación de las distintas instalaciones parciales se realice de manera conjunta. De la misma manera, podrá aceptarse que se sustituya la documentación técnica por una declaración, diligenciada la primera vez por la Administración, en el supuesto de instalaciones realizadas sistemáticamente de forma repetitiva.

Artículo 19. Información a los usuarios (ITC-BT-04)

Como anexo al certificado de instalación que se entregue al titular de cualquier instalación eléctrica, **la empresa instaladora deberá confeccionar unas instrucciones** para el correcto uso y mantenimiento de la misma. Dichas instrucciones incluirán, en cualquier caso, **como mínimo**:

- **un esquema unifilar** de la instalación con las características técnicas fundamentales de los equipos y materiales eléctricos instalados;
- así como **un croquis** de su trazado.

Cualquier modificación o ampliación requerirá la elaboración de un complemento a lo anterior, en la medida que sea necesario.

Guía

La siguiente figura es un ejemplo de croquis de trazado de una instalación eléctrica empotrada.

Uno de los anexos a entregar al titular de la instalación (dentro de las Instrucciones generales de uso y mantenimiento para los casos de instalaciones domésticas) podrá consistir en un ejemplo de recomendaciones como el incluido en la Guía Técnica de aplicación del REBT.

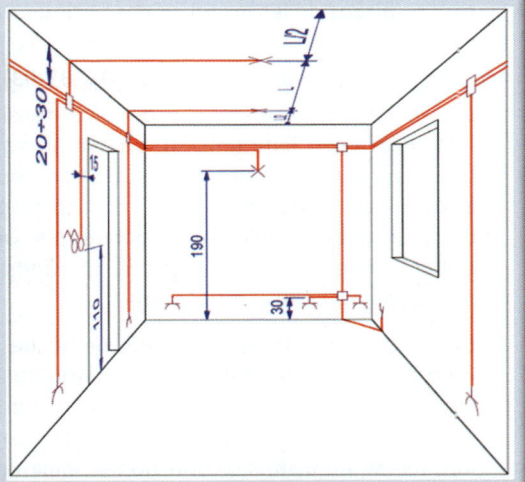

Artículo 20. Mantenimiento de las instalaciones

Los titulares de las instalaciones, o en su defecto, los usuarios de las instalaciones deberán mantener en buen estado de funcionamiento sus instalaciones, utilizándolas de acuerdo con sus características y absteniéndose de intervenir en las mismas para modificarlas. Si son necesarias modificaciones, éstas deberán ser efectuadas por una empresa instaladora.

Artículo 21. Inspecciones (ITC-BT-05)

Sin perjuicio de la facultad que, de acuerdo con lo señalado en el artículo 14 de la Ley 21/1992, de Industria, posee la Administración Pública competente para llevar a cabo por sí misma, las actuaciones de inspección y control que estime necesarias, el cumplimiento de las disposiciones y requisitos de seguridad establecidos por el presente Reglamento y sus instrucciones técnicas complementarias, según lo previsto en el artículo 12.3 de dicha Ley, deberá ser comprobado, en su caso, por un organismo de control autorizado en este campo reglamentario.

A tal fin, la correspondiente instrucción técnica complementaria determinará:

a) Las instalaciones y las modificaciones, reparaciones o ampliaciones de instalaciones que deberán ser objeto de inspección inicial, antes de su puesta en servicio.

b) Las instalaciones que deberán ser objeto de inspección periódica.

c) Los criterios para la valoración de las inspecciones, así como las medidas a adoptar como resultado de las mismas.

d) Los plazos de las inspecciones periódicas.

Artículo 22. Empresas instaladoras (ITC-BT-03)

1. Las instalaciones eléctricas de baja tensión se ejecutarán por empresas instaladoras en baja tensión, que serán aquellas personas físicas o jurídicas que hayan presentado la declaración responsable de inicio de actividad según se establece en la correspondiente instrucción técnica complementaria. Ello se entiende sin perjuicio del posible proyecto y dirección de obra por técnicos titulados competentes que, en su caso, requieran las citadas instalaciones.

2. De acuerdo con la Ley 21/1992, de 16 de julio, de Industria, la declaración responsable habilita por tiempo indefinido a la empresa instaladora, desde el momento de su presentación ante la Administración competente, para el ejercicio de la actividad en todo el territorio español, sin que puedan imponerse requisitos o condiciones adicionales.

Artículo 23. Cumplimiento de las prescripciones

1. Se considerará que las instalaciones realizadas de conformidad con las prescripciones del presente Reglamento proporcionan las condiciones de seguridad que, de acuerdo con el estado de la técnica, son exigibles, a fin de preservar a las personas y los bienes, cuando se utilizan de acuerdo a su destino.

2. Las prescripciones establecidas en el presente Reglamento tendrán la condición de **mínimos obligatorios**, en el sentido de lo indicado por el artículo 12.5 de la Ley 21/1992, de Industria.

3. Se considerarán cubiertos tales mínimos:

a) Por aplicación directa de las prescripciones de las correspondientes ITC; o

b) Por aplicación de técnicas de seguridad equivalentes, siendo tales las que, sin ocasionar distorsiones en los sistemas de distribución de las compañías suministradoras, proporcionen, al menos, un nivel de seguridad equiparable a la anterior. La aplicación de técnicas de seguridad equivalentes deberá ser justificado debidamente por el diseñador de la instalación, y aprobada por el órgano competente de la Comunidad Autónoma.

Artículo 24. Excepciones

Sin perjuicio de lo establecido en el apartado 1 del artículo 6, cuando sea materialmente imposible cumplir determinadas prescripciones del presente Reglamento, sin que sea factible tampoco acogerse a la letra b) del artículo anterior, el titular de la instalación que se pretenda realizar, deberá presentar, ante el órgano competente de la Comunidad Autónoma, previamente al procedimiento contemplado en el artículo 18, una **solicitud de excepción**, exponiendo los motivos de la misma e indicando las medidas de seguridad alternativas que se propongan, las cuales, en ningún caso, podrán rebajar los niveles de protección establecidos en el Reglamento.

El citado órgano competente podrá desestimar la solicitud, requerir la modificación de las medidas alternativas o conceder la autorización de excepción, que será siempre expresa, entendiéndose el silencio administrativo como desestimatorio.

Artículo 25. Reconocimiento mutuo

Sin perjuicio de lo establecido en el artículo 6, se considerarán conformes con este reglamento los productos comercializados legalmente en otro Estado miembro de la Unión Europea, en Turquía, u originarios de un Estado de la Asociación Europea de Libre Comercio signatario del Acuerdo sobre el Espacio Económico Europeo y comercializados legalmente en él, siempre que garanticen un nivel equivalente al exigido en el presente reglamento en cuanto a su seguridad y al uso al que están destinados. La aplicación de la presente medida está sujeta al Reglamento (UE) n.º 2019/515 del Parlamento Europeo y del Consejo, de 19 de marzo de 2019, relativo al reconocimiento mutuo de mercancías comercializadas legalmente en otro Estado miembro y por el que se deroga el Reglamento (CE) n.º 764/2008.

Artículo 26. Normas de referencia (ITC-BT-02)

1. Las instrucciones técnicas complementarias podrán establecer la aplicación de normas UNE u otras reconocidas internacionalmente, de manera total o parcial, a fin de facilitar la adaptación al estado de la técnica en cada momento. Dicha referencia se realizará, por regla general, sin indicar el año de edición de las normas en cuestión.

En la correspondiente instrucción técnica complementaria *(NOTA A.: es decir, en la ITC-BT-02)* se recogerá el <u>listado de todas las normas</u> citadas en el texto de las instrucciones, identificadas por sus títulos y numeración, la cual incluirá el año de edición.

Borrador Real Decreto

En la **ITC-BT-02** de este reglamento se recoge el listado de las <u>normas UNE</u> de referencia, identificadas por su título, numeración y año de edición, que resultan de obligado cumplimiento y establecen los procedimientos para realizar las inspecciones periódicas de los equipos a presión incluidos en el reglamento y sus instrucciones técnicas complementarias, <u>sin perjuicio</u>* de que en dichas instrucciones técnicas complementarias se establezca la aplicación de otras normas UNE específicas.

* **Nota A.: sin** perjuicio = sin excluir la posibilidad

Las ediciones concretas de <u>las normas UNE</u> que figuran en el anexo seguirán siendo <u>válidas</u> para la correcta aplicación de este reglamento y sus ITC, <u>incluso aunque hayan sido aprobadas y publicadas ediciones posteriores de las normas</u>, en tanto no se publique en el «Boletín Oficial del Estado» por el centro directivo competente en materia de seguridad industrial la **resolución** que actualice estas normas.

La misma resolución indicará las nuevas referencias y la fecha a partir de la cual serán de aplicación las nuevas ediciones y, en consecuencia, la fecha en que las antiguas ediciones dejarán de serlo.

2. Cuando una o varias normas varíen su año de edición, o se editen modificaciones posteriores a las mismas, deberán ser objeto de actualización en el listado de normas, mediante **resolución** del centro directivo competente en materia de seguridad industrial del Ministerio de Ciencia y Tecnología, en la que **deberá hacerse constar** la <u>fecha a partir de la cual la utilización de la nueva edición de la norma será válida</u> y la <u>fecha a partir de la cual la utilización de la antigua edición de la norma dejará de serlo</u>, a efectos reglamentarios.

A falta de resolución expresa, se entenderá que también cumple las condiciones reglamentarias la edición de la norma posterior a la que figure en el listado de normas, siempre que la misma no modifique criterios básicos y se limite a actualizar ensayos o incremente la seguridad intrínseca del material correspondiente.

Guía

Puesto que las prescripciones reglamentarias definen condiciones mínimas de seguridad, se asume que una norma en edición posterior a la que figura en la ITC-BT-02, ofrece un nivel de seguridad equivalente o superior al mínimo fijado en el Reglamento.

Artículo 27. Accidentes

A efectos estadísticos y con objeto de poder determinar las principales causas, así como disponer las eventuales correcciones en la reglamentación, se debe poseer los correspondientes datos sistematizados de los accidentes más significativos. Para ello, cuando se produzca un accidente que ocasione daños o víctimas, la compañía suministradora deberá redactar un informe que recoja los aspectos esenciales del mismo. En los quince primeros días de cada trimestre, deberán remitir a las Comunidades Autónomas y al centro directivo competente en materia de seguridad industrial del Ministerio de Ciencia y Tecnología, copia de todos los informes realizados.

TEXTO BORRADOR DEL REAL DECRETO:

Cuando se produzca un accidente o incidente que produzca daños importantes, perjuicios a las personas, los bienes o el medio ambiente, o con afectación a la prestación del servicio de suministro eléctrico, la compañía suministradora deberá notificar la incidencia lo más pronto posible y **no en más de 24 horas** al órgano competente de la Comunidad Autónoma.

Una vez notificada la incidencia, la compañía suministradora deberá remitir un **informe** acerca del accidente en un **plazo máximo de 7 días** a contar a partir de la fecha en que ocurrió, al órgano competente de la Comunidad Autónoma, adjuntando la copia de la información relevante de la instalación que obre en su poder (certificados de instalación, certificados de inspección o revisión periódica, actas o contratos de mantenimiento, etc.):

El contenido del informe al que se refiere el párrafo anterior deberá contener, como mínimo, la siguiente información:

1) Localidad y provincia.
2) Fecha.
3) Clase.
4) Posible causa.
5) Daños personales.
   a) Número de heridos leves.
   b) Número de heridos graves.
   c) Número de fallecidos.
6) Daños materiales.
7) Afectación medioambiental.
8) Afectación en el suministro (número de usuarios afectados).

Artículo 28. Infracciones y sanciones

Borrador
Real
Decreto

Las infracciones a lo dispuesto en el presente reglamento se clasificarán y sancionarán de acuerdo con lo dispuesto en el Título V de la Ley 21/1992, de Industria y en el Título VI, «Infracciones y sanciones», de la Ley 24/2013, de 26 de diciembre, del Sector Eléctrico.

Guía

Las infracciones se clasifican en: muy graves, graves y leves.

1. **Infracciones muy graves:** son las tipificadas como graves, cuando de las mismas resulte un daño muy grave o se derive un peligro muy grave e inminente para las personas, la flora, la fauna, las cosas o el medio ambiente.

2. **Infracciones graves** son, entre otras:
   - La fabricación, importación, venta, transporte, instalación o utilización de productos, aparatos y elementos sujetos a seguridad industrial sin cumplir las normas reglamentarias, cuando comporte peligro o daño grave para personas, la flora, la fauna, las cosas o el medio ambiente.
   - La puesta en funcionamiento de las instalaciones careciendo de la correspondiente autorización, cuando ésta sea preceptiva.
   - La ocultación o alteración dolosa de datos relativos a las empresas, por ejemplo fabricantes o empresas instaladoras, o la expedición de certificados no acordes con la realidad de los hechos.
   - El incumplimiento de las especificaciones dictadas por la autoridad competente en materia de seguridad industrial.
   - La inadecuada conservación y mantenimiento de las instalaciones, si de ello puede resultar un peligro para las personas, la flora, la fauna, las cosas o el medio ambiente.

3. **Infracciones leves:**
   - El incumplimiento de cualquier otra prescripción reglamentaria no citada anteriormente.
   - La no comunicación a la Administración competente, dentro de los plazos reglamentarios, de los datos relativos a las empresas, por ejemplo fabricantes o instaladores autorizados.
   - La falta de colaboración con las administraciones públicas en el ejercicio por éstas de sus funciones reglamentarias.

Artículo 29. Guía técnica

El centro directivo competente en materia de seguridad industrial del Ministerio de Ciencia y Tecnología elaborará y mantendrá actualizada una Guía técnica, de **carácter no vinculante**, para la aplicación práctica de las previsiones del presente Reglamento y sus instrucciones técnicas complementarias, la cual podrá establecer aclaraciones a conceptos de carácter general incluidos en este Reglamento.

ANOTACIONES

Instrucciones
Técnicas
Complementarias

ITC-BT-01

➤ Incluye Borrador RD

Norma	Apartado
UNE 21.302	---
GUIA-BT	Edición
No publicada	---

Terminología

NOTA A.: *El texto señalado en color gris pertenece al Borrador del RD (no vinculante).*

CONSIDERACIONES GENERALES

Las definiciones específicas de los términos utilizados en las ITC particulares pueden encontrarse en el texto de dichas ITC.

Para aquellos términos no definidos en la presente instrucción ni en las ITC particulares se aplicará lo dispuesto en la norma **UNE 21.302**.

DEFINICIONES

1. **Aislamiento de un cable:** conjunto de materiales que forman parte de un cable y cuya función específica es soportar la tensión.
2. **Aislamiento principal:** aislamiento de las partes activas, cuyo deterioro podría provocar riesgo de choque eléctrico.
3. **Aislamiento funcional:** aislamiento necesario para garantizar el funcionamiento normal y la protección fundamental contra los choques eléctricos.
4. **Aislamiento reforzado:** aislamiento cuyas características mecánicas y eléctricas hace que pueda considerarse equivalente a un doble aislamiento.
5. **Aislamiento suplementario:** aislamiento independiente, previsto además del aislamiento principal, a efectos de asegurar la protección contra choque eléctrico en caso de deterioro del aislamiento principal.
6. **Aislante:** sustancia o cuerpo cuya conductividad es nula o, en la práctica, muy débil.
7. **Alta sensibilidad:** se consideran los interruptores diferenciales como de alta sensibilidad cuando el valor de esta es igual o inferior a 30 mA.
8. **Amovible:** calificativo que se aplica a todo material instalado de manera que se pueda quitar fácilmente
9. **Aparato amovible:** puede ser:
   - Aparato portátil a mano, cuya utilización, es uso normal, exige la acción constante de la misma.
   - Aparato movible, cuya utilización, en uso normal, puede necesitar su desplazamiento.
   - Aparato semi-fijo, solo puede ser desplazado cuando está sin tensión.
10. **Aparato de caldeo eléctrico:** aparato que produce calor de forma deliberada por medio de fenómenos eléctricos.

    Destinado a elevar la temperatura de un determinado medio o fluido.
11. **Aparamenta:** equipo, aparato o material previsto para ser conectado a un circuito eléctrico con el fin de asegurar una o varias de las siguientes funciones: protección, control, seccionamiento, conexión.
12. **Aparato fijo:** es el que está instalado en forma inamovible.
13. **Bandeja:** material de instalación constituido por un perfil, de paredes perforadas o sin perforar, destinado a soportar cables y abierto en su parte superior.

14. **Base móvil:** base prevista para conectarse a, o a integrase con, cables flexibles y que puede desplazarse fácilmente cuando está conectada al circuito de alimentación

15. **Borne o barra principal de tierra:** borne o barra prevista para la conexión a los dispositivos de puesta a tierra de los conductores de protección, incluyendo los conductores de equipotencialidad y eventualmente los conductores de puesta a tierra funcional.

16. **Cable:** conjunto constituido por:
    - Uno o varios conductores aislados
    - Su eventual revestimiento individual
    - La eventual protección del conjunto
    - El o los eventuales revestimientos de protección que se dispongan.

    Puede tener, además, uno o varios conductores no aislados.

17. **Cable blindado con aislamiento mineral:** cable aislado por una materia mineral y que tiene una cubierta de protección constituida por cobre, aluminio o aleación de éstos. Estas cubiertas, a su vez, pueden estar protegidas por un revestimiento adecuado.

18. **Cable con cubierta estanca:** son aquellos cables que disponen de una cubierta interna o externa que proporcionan una protección eficaz contra la penetración de agua.

19. **Cable flexible:** cable diseñado para garantizar una conexión deformable en servicio y en el que la estructura y la elección de los materiales son tales que cumplen las exigencias correspondientes.

20. **Cable flexible fijado permanentemente:** cable flexible de alimentación a un aparato, unido a éste de manera que solo se pueda desconectar de él con ayuda de un útil.

21. **Cable multiconductor:** cable que incluye más de un conductor, algunos de los cuales puede no estar aislado.

22. **Cable unipolar:** cable que tiene un solo conductor aislado.

23. **Cable con neutro concéntrico:** cable con un conductor concéntrico destinado a utilizarse como conductor de neutro.

24. **Canal:** recinto situado bajo el nivel del suelo o piso y cuyas dimensiones no permiten circular por él y que, en caso de ser cerrado, debe permitir el acceso a los cables en toda su longitud.

25. **Canalización amovible:** canalización que puede ser quitada fácilmente.

26. **Canalización eléctrica:** conjunto constituido por uno o varios conductores eléctricos y los elementos que aseguran su fijación y, en su caso, su protección mecánica.

27. **Canalización fija:** canalización instalada en forma inamovible, que no puede ser desplazada.

28. **Canalización movible:** canalización que puede ser desplazada durante su utilización.

29. **Canal moldura:** variedad de canal de paredes llenas, de pequeñas dimensiones, conteniendo uno o varios alojamientos para conductores.

30. **Canal protectora:** material de instalación constituido por un perfil, de paredes llenas o perforadas, destinado a contener conductores y otros componentes eléctricos, y cerrado por una tapa desmontable.

31. **Cebado:** establecimiento de un arco como consecuencia de una perforación de aislamiento.

32. **Cerca eléctrica:** cerca formada por uno o varios conductores, sujetos a pequeños aisladores, montados sobre postes ligeros a una altura apropiada a los animales que se pretende alejar y electrizados de tal forma que las personas o los animales que los toquen no reciban descargas peligrosas.

33. **Circuito:** Un circuito es un conjunto de materiales eléctricos (conductores, aparamenta, etc.) de diferentes fases o polaridades, alimentadas por la misma fuente de energía y protegidos contra las sobreintensidades por el o los mismos dispositivos de protección. No quedan incluidos en esta definición los circuitos que formen parte de los aparatos de utilización o receptores.

34. **Conducto:** envolvente cerrada destinada a alojar conductores aislados o cables en las instalaciones eléctricas, y que permiten su remplazamiento por tracción.

35. **Conductor de un cable:** parte de un cable que tiene la función específica de conducir corriente.

36. **Conductor aislado:** conjunto que incluye el conductor, su aislamiento y sus eventuales pantallas.

37. **Conductor equipotencial:** conductor de protección que asegura una conexión equipotencial.

38. **Conductor flexible:** conductor constituido por alambres suficientemente finos y reunidos de forma que puedan utilizarse como un cable flexible.

39. **Conductor mediano:** (ver Punto mediano).

40. **Conductor de protección (CP o PE):** conductor requerido en ciertas medidas de protección contra choques eléctricos y que conecta alguna de las siguientes partes:
    • Masas.
    • Elementos conductores.
    • Borne principal de tierra.
    • Toma de tierra.
    • Punto de la fuente de alimentación unida a tierra o a un neutro artificial.

41. **Conductor neutro:** conductor conectado al punto de una red y capaz de contribuir al transporte de energía eléctrica.

42. **Conductor CPN o PEN:** conductor puesto a tierra que asegura, al mismo tiempo, las funciones de conductor de protección y de conductor neutro.

43. **Conductores activos:** se consideran como conductores activos en toda instalación los destinados normalmente a la transmisión de la energía eléctrica. Esta consideración se aplica a los conductores de fase y al conductor neutro en corriente alterna y a los conductores polares y al compensador en corriente continua.

44. **Conector:** conjunto destinado a conectar eléctricamente un cable a un aparato eléctrico.

    Se compone de dos partes:
    - Una toma móvil, que es la parte que forma cuerpo con el conductor de alimentación.
    - Una base, que es la parte incorporada o fijada al aparato de utilización.

45. **Conexión equipotencial:** conexión eléctrica que pone al mismo potencial, o a potenciales prácticamente iguales, a las partes conductoras accesibles y elementos conductores.

46. *Conjunto de aparamenta:* Cuadro eléctrico prefabricado que consiste en la combinación de uno o varios aparatos de conexión de baja tensión con los equipos asociados de mando, de medición, de señalización, de protección, de regulación y con todas sus conexiones internas mecánicas y eléctricas y sus elementos de construcción y protección contra los choques eléctricos, totalmente ensamblado previamente por un fabricante original que asume la responsabilidad del cuadro prefabricado terminado y que, según su tipo constructivo, puede estar preparado para trasladarse sin modificaciones, de una instalación a otra.

47. **Contactor con apertura automática:** contactor electromagnético provisto de relés que producen su apertura en condiciones predeterminadas.

48. **Contactor con contactos abiertos en reposo:** aparato de interrupción no accionado manualmente, con una sola posición de reposo que corresponde a la apertura de sus contactos. El aparato está previsto, corrientemente, para maniobras frecuentes con cargas y sobrecargas normales.

49. **Contactor con contactos cerrados en reposo:** aparato de interrupción no accionado manualmente, con una sola posición de reposo que corresponde a la apertura de sus contactos. El aparato está previsto, corrientemente, para maniobras frecuentes con cargas y sobrecargas normales.

50. **Contactor de sobrecarrera:** interruptor contactor de posición que entra en acción cuando un elemento móvil ha sobrepasado su posición de fin de carrera.

51. **Contacto directo:** contacto de personas o animales con partes activas de los materiales y equipos.

52. **Contacto indirecto:** contacto de personas o animales domésticos con partes que se han puesto bajo tensión como resultado de un fallo de aislamiento.

Borrador Real Decreto

53. **Corriente de contacto:** corriente que pasa a través de cuerpo humano o de un animal cuando está sometido a una tensión eléctrica.

54. **Corriente admisible permanente (de un conductor):** valor máximo de la corriente que circula permanentemente por un conductor, en condiciones específicas, sin que su temperatura de régimen permanente supere un valor especificado.

55. **Corriente convencional de funcionamiento de un dispositivo de protección:** valor especificado que provoca el funcionamiento del dispositivo de protección antes de transcurrir un intervalo de tiempo determinado de una duración especificada llamado tiempo convencional.

56. **Corriente de cortocircuito franco:** sobreintensidad producida por un fallo de impedancia despreciable, entre dos conductores activos que presentan una diferencia de potencial en condiciones normales de servicio.

57. **Corriente de choque:** corriente de contacto que podría provocar efectos fisiopatológicos.

58. **Corriente de defecto o de falta:** corriente que circula debido a un defecto de aislamiento.

59. **Corriente de defecto a tierra:** corriente que en caso de un solo punto de defecto a tierra, se deriva por el citado punto desde el circuito averiado a tierra o partes conectadas a tierra.

60. **Corriente de fuga en una instalación:** corriente que, en ausencia de fallos, se transmite a la tierra o a elementos conductores del circuito.

61. **Corriente de puesta a tierra:** corriente total que se deriva a tierra a través de la puesta a tierra.

    NOTA: la corriente de puesta a tierra es la parte de la corriente de defecto que provoca la elevación de potencial de una instalación de puesta a tierra.

62. **Corriente de sobrecarga de un circuito:** sobreintensidad que se produce en un circuito, en ausencia de un fallo eléctrico.

63. **Corriente diferencial residual:** suma algebraica de los valores instantáneos de las corrientes que circulan a través de todos los conductores activos de un circuito, en un punto de una instalación eléctrica.

64. **Corriente diferencial residual de funcionamiento:** valor de la corriente diferencial residual que provoca el funcionamiento de un dispositivo de protección.

65. **Cortacircuito fusible:** aparato cuyo cometido es el de interrumpir el circuito en el que está intercalado, por fusión de uno de sus elementos, cuando la intensidad que recorre el elemento sobrepasa, durante un tiempo determinado, un cierto valor.

66. **Corte omnipolar:** corte de todos los conductores activos. Puede ser:
    - Simultáneo, cuando la conexión y desconexión se efectúa al mismo tiempo en el conductor neutro o compensador y en las fases o polares.
    - No simultáneo, cuando la conexión del neutro o compensador se establece **antes** que las de las fases o polares y se desconectan éstas antes que el neutro o compensador.

CONEXIÓN	DESCONEXIÓN
1ª) **Neutro**	1ª) Fases
2ª) Fases	2ª) **Neutro**

67. **Cubierta de un cable:** revestimiento tubular continuo y uniforme de material metálico o no metálico generalmente extruido.

68. **Choque eléctrico:** efecto fisiopatológico resultante del paso de corriente eléctrica a través del cuerpo humano o de un animal.

69. **Dedo de prueba o Sonda portátil de ensayo:** en un dispositivo de forma similar a un dedo, incluso en sus articulaciones internacionalmente normalizado, y que se destina a verificar si las partes activas de cualquier aparato o materias son accesibles o no al utilizador del mismo. Existen varios tipos de dedos de prueba, destinados a diferentes aparatos, según su clase, tensión, etc.

70. **Defecto franco:** defecto de aislamiento cuya impedancia puede considerarse nula.

71. **Defecto monofásico a tierra:** defecto de aislamiento entre un conductor y tierra.

72. **Doble aislamiento:** aislamiento que comprende, a la vez, un aislamiento principal y un aislamiento suplementario.

73. **Elementos conductores:** todos aquellos que pueden encontrarse en un edificio, aparato, etc. y que son susceptibles de transferir una tensión, tales como: estructuras metálicas o de hormigón armado utilizadas en la construcción de edificios (p.e. armaduras, paneles, carpintería metálica, etc.) canalizaciones metálicas de agua, gas, calefacción, etc. y los aparatos no eléctricos conectados a ellas, si la unión constituye una conexión eléctrica (p.e. radiadores, cocinas, fregaderos metálicos, etc.), suelos y paredes conductores.

74. **Elemento conductor ajeno a la instalación eléctrica:** elemento que no forma parte de la instalación eléctrica y que es susceptible de introducir un potencial, generalmente el de tierra.

75. **Envolvente:** elemento que asegura la protección de los materiales contra ciertas influencias externas y la protección, en cualquier dirección, ante contactos directos.

76. **Factor de diversidad:** inverso del factor de simultaneidad.

77. **Factor de simultaneidad:** relación entre la totalidad de la potencia instalada o prevista, para un conjunto de instalaciones o de máquinas, durante un período de tiempo determinado, y las sumas de las potencias máximas absorbidas individualmente por las instalaciones o por las máquinas.

78. **Fuente de energía:** aparato generador o sistema suministrador de energía eléctrica.

79. **Fuente de alimentación de energía:** lugar o punto donde una línea, una red, una instalación o un aparato recibe energía eléctrica que tiene que transmitir, repartir o utilizar.

80. **Gama nominal de tensiones:** (ver Tensión nominal de un aparato).

81. **Impedancia:** cociente de la tensión en los bornes de un circuito por la corriente que fluye por ellos. Esta definición sólo es aplicable a corrientes sinusoidales.

82. **Impedancia del circuito de defecto:** impedancia total ofrecida al paso de una corriente de defecto.

83. **Instalación eléctrica:** conjunto de aparatos y de circuitos asociados, en previsión de un fin particular: producción, conversión, transformación, transmisión, distribución o utilización de la energía eléctrica.

84. **Instalación eléctrica de edificios:** conjunto de materiales eléctricos asociados a una aplicación determinada cuyas características están coordinadas.

85. **Instalación de puesta a tierra:** conjunto de conexiones y dispositivos necesarios para poner a tierra, individual o colectivamente, un aparato o una instalación.

86. **Instalaciones provisionales:** son aquellas que tienen, en tiempo, una duración limitada a las circunstancias que las motiven:
    Pueden ser:
    - **DE REPARACIÓN.** Las necesarias para paliar un incidente de explotación.
    - **DE TRABAJOS.** Las realizadas para permitir cambios o transformaciones de las instalaciones, sin interrumpir la explotación.
    - **SEMI-PERMANENTES.** Las destinadas a modificaciones de duración limitada, en el marco de actividades habituales de los locales en los que se repitan periódicamente (Ferias).
    - **DE OBRAS.** Son las destinadas a la ejecución de trabajos de construcción de edificios y similares.

87. **Intensidad de defecto:** valor que alcanza una corriente de defecto.

88. **Interruptor automático:** interruptor capaz de establecer, mantener e interrumpir las intensidades de corriente de servicio, o de establecer e interrumpir automáticamente, en condiciones predeterminadas, intensidades de corriente anormalmente elevadas, tales como las corrientes de cortocircuito.

89. **Interruptor de control de potencia y Magnetotérmico:** aparato de conexión que integra todos los dispositivos necesarios para asegurar de forma coordinada:
    - Mando.
    - Protección contra sobrecargas.
    - Protección contra cortocircuitos.

90. **Interruptor diferencial:** aparato electromecánico o asociación de aparatos destinados a provocar la apertura de los contactos cuando la corriente diferencial alcanza un valor dado.

91. **Línea general de distribución:** canalización eléctrica que enlaza otra canalización, un cuadro de mando y protección o un dispositivo de protección general con el origen de canalizaciones que alimentan distintos receptores, locales o emplazamientos.

92. **Luminaria:** aparato de alumbrado que reparte, filtra o transforma la luz de una o varias lámparas y que comprende todos los dispositivos necesarios para fijar y proteger las lámparas (excluyendo las propias lámparas) y cuando sea necesario, los circuitos auxiliares junto con los medios de conexión al circuito de alimentación.

93. **Masa:** conjunto de las partes metálicas de un aparato que, en condiciones normales, están aisladas de las partes activas.

    Las masas comprenden normalmente:

    • Las partes metálicas accesibles de los materiales y de los equipos eléctricos, separadas de las partes activas solamente por un aislamiento funcional, las cuales son susceptibles de ser puestas en tensión a consecuencia de un fallo de las disposiciones tomadas para asegurar su aislamiento. Este fallo puede resultar de un defecto del aislamiento funcional, o de las disposiciones de fijación y de protección.

    • Por tanto, son masas las partes metálicas accesibles de los materiales eléctricos, excepto los de Clase II, las armaduras metálicas de los cables y las condiciones metálicas de agua, gas, etc.

    • Los elementos metálicos en conexión eléctrica o en contacto con las superficies exteriores de materiales eléctricos, que estén separadas de las partes activas por aislamientos funcionales, lleven o no estas superficies exteriores algún elemento metálico.

    Por tanto son masas: las piezas metálicas que forman parte de las canalizaciones eléctricas, los soportes de aparatos eléctricos con aislamiento funcional, y las piezas colocadas en contacto con la envoltura exterior de estos aparatos.

    Por extensión, también puede ser necesario considerar como masas, todo objeto metálico situado en la proximidad de partes activas no aisladas, y que presenta un riesgo apreciable de encontrarse unido eléctricamente con estas partes activas, a consecuencia de un fallo de los medios de fijación (p.e. aflojamiento de una conexión, rotura de un conductor, etc.).

    NOTA: una parte conductora que sólo puede ser puesta bajo tensión en caso de fallo a través de una masa, no puede considerarse como una masa.

94. **Material de clase 0:** material en el cual la protección contra el choque eléctrico, se basa en el aislamiento principal; lo que implica que no existe ninguna disposición prevista para la conexión de las partes activas accesibles, si las hay, a un conductor de protección que forme parte del cableado fijo de la instalación. La protección en caso de defecto en el aislamiento principal depende del entorno.

Símbolo:

95. **Material de clase I:** material en el cual la protección contra el choque eléctrico no se basa únicamente en el aislamiento principal, sino que comporta una medida de seguridad complementaria en forma de medios de conexión de las partes conductoras accesibles a un conductor de protección puesto a tierra, que forma parte del cableado fijo de la instalación, de forma tal que las partes conductoras accesibles no puedan presentar tensiones peligrosas.

96. **Material de clase II:** material en el cual la protección contra el choque eléctrico no se basa únicamente en el aislamiento principal, sino que comporta medidas de seguridad complementarias, tales como el doble aislamiento o aislamiento reforzado. Estas medidas no suponen la utilización de puesta a tierra para la protección y no dependen de las condiciones de la instalación.

Este material debe estar alimentado por cables con doble aislamiento o con aislamiento reforzado.

97. **Material de clase III:** material en el cual la protección contra el choque eléctrico no se basa en la alimentación a muy baja tensión y en el cual no se producen tensiones superiores a 50 V en c.a. o a 75 V en c.c.

98. **Material eléctrico:** cualquier material utilizado en la producción, transformación, transporte, distribución o utilización de la energía eléctrica, como máquinas, transformadores, aparamenta, instrumentos de medida, dispositivos de protección, material para canalizaciones, receptores, etc.

99. **Material móvil:** material que se desplaza durante su funcionamiento, o que puede ser fácilmente desplazado, permaneciendo conectado al circuito de alimentación.

100. **Material portátil (de mano):** material móvil previsto para ser tenido en la mano en uso normal, incluido el motor si éste forma parte del material.

101. **Nivel de aislamiento:** para un aparato determinado, característica definida por una o más tensiones especificadas de su aislamiento.

102. **Nivel de protección (de un dispositivo de protección contra sobretensiones):** son los valores de cresta de las tensiones más elevadas admisibles en los bornes de un dispositivo de protección cuando está sometido a sobretensiones de formas normalizadas y valores asignados bajo condiciones especificadas.

103. Partes accesibles simultáneamente: Conductores o partes conductoras que pueden ser tocadas simultáneamente por una persona o, en su caso, por animales domésticos o ganado.

NOTA: Las partes simultáneamente accesibles pueden ser: Partes activas, masas, elementos conductores, conductores de protección, tomas de tierra).

104. Partes activas: conductores y piezas conductoras bajo tensión en servicio normal. Incluyen el conductor neutro o compensador y las partes a ellos conectadas. Excepcionalmente, las masas no se considerarán como partes activas cuando estén unidas al neutro con finalidad de protección contra contactos indirectos.

105. Perforación (ruptura eléctrica): fallo dieléctrico de un aislamiento por defecto de un campo eléctrico elevado o por la degradación físico-química del material aislante.

106. Persona adiestrada: persona suficientemente informada o controlada por personas cualificadas que puede evitar los peligros que pueda presentar la electricidad.

107. Persona cualificada: persona que teniendo conocimientos técnicos o experiencia suficiente puede evitar los peligros que pueda presentar la electricidad.

108. Poder de cierre: el poder de cierre de un dispositivo, se expresa por la intensidad de corriente que este aparato es capaz de establecer, bajo una tensión dada, en las condiciones prescritas de empleo y de funcionamiento.

109. Poder de corte: el poder de corte de un aparato, se expresa por la intensidad de corriente que este dispositivo es capaz de cortar, bajo una tensión de restablecimiento determinada, y en las condiciones prescritas de funcionamiento.

110. Potencia prevista o instalada: potencia máxima capaz de suministrar una instalación a los equipos y aparatos conectados a ella, ya sea en el diseño de la instalación o en su ejecución, respectivamente.

111. Potencia nominal de un motor: es la potencia mecánica disponible sobre su eje, expresada en vatios, kilovatios o megavatios.

112. Protección contra choques eléctricos en servicio normal: prevención de contactos peligrosos, de personas o animales, con las partes activas.

113. Protección contra choques eléctricos en caso de defecto: prevención de contactos peligros de personas o de animales con:
- Masas.
- Elementos conductores susceptibles de ser puestos bajo tensión en caso de defecto.

114. Punto a potencial cero: punto del terreno a una distancia tal de la instalación de toma de tierra, que el gradiente de tensión resulta despreciable, cuando pasa por dicha instalación una corriente de defecto.

115. Punto mediano: Es el punto de un sistema de corriente continua o de alterna monofásica, que en las condiciones de funcionamiento previstas, presenta la misma diferencia de potencial, con relación a cada uno de los polos o fases del sistema. A veces se conoce también como punto neutro, por semejanza con los sistemas trifásicos. El conductor que tiene su origen en este punto mediano, se denomina conductor mediano, neutro o, en corriente continua, compensador.

116. Punto neutro: es el punto de un sistema polifásico que, en las condiciones de funcionamiento previstas, presenta la misma diferencia de potencial, con relación a cada uno de los polos o fases del sistema.

117. Reactancia: es un dispositivo que se aplica para agregar a un circuito inductancia, con distintos objetos, por ejemplo: arranque de motores, conexión en paralelo de transformadores o regulación de corriente. Reactancia limitadora es la que se usa para limitar la corriente cuando se produzca un cortocircuito.

118. Receptor: aparato o máquina eléctrica que utiliza la energía eléctrica para un fin determinado.

119. Red de distribución: el conjunto de conductores con todos sus accesorios, sus elementos de sujeción, protección, etc., que une una fuente de energía con las instalaciones interiores o receptoras.

120. Red posada: red posada, sobre fachada o muros, es aquella en que los conductores aislados se instalan sin quedar sometidos a esfuerzos mecánicos, a excepción de su propio peso.

121. Red tensada: red tensada, sobre apoyos, es aquella en que los conductores se instalan con una tensión mecánica predeterminada, contemplada en las correspondientes tablas de tendido, mediante dispositivos de anclaje y suspensión.

122. Redes de distribución privadas: son las destinadas, por un único usuario, a la distribución de energía eléctrica en Baja Tensión, a locales o emplazamiento de su propiedad o a otros especialmente autorizados por el Órgano Competente de la Administración. Las redes de distribución privadas pueden tener su origen:

- En centrales de generación propia
- En redes de distribución pública. En este caso, son aplicables en el punto de entrega de la energía, los preceptos fijados por los Reglamentos vigentes que regulen las actividades de distribución, comercialización y suministro de energía eléctrica, y en las especificaciones particulares de la empresa eléctrica, aprobadas oficialmente, si las hubiera.

123. **Redes de distribución pública:** son las destinadas al suministro de energía eléctrica en Baja Tensión a varios usuarios. En relación con este suministro son de aplicación para cada uno de ellos, los preceptos fijados por los Reglamentos vigentes que regulen las actividades de distribución, comercialización y suministro de energía eléctrica.

Las redes de distribución pública pueden ser:
- Pertenecientes a empresas distribuidoras de energía.
- De propiedad particular o colectiva.

124. **Resistencia limitadora:** resistencia que se intercala en un circuito para limitar la corriente circulante.

125. **Resistencia de puesta a tierra:** relación entre la tensión que alcanza con respecto a un punto a potencial cero una instalación de puesta a tierra y la corriente que la recorre.

126. **Resistencia global o Total de tierra:** es la resistencia de tierra medida en un punto, considerando la acción conjunta de la totalidad de las puestas a tierra.

127. **Sobreintensidad:** toda corriente superior a un valor asignado. En los conductores, el valor asignado es la corriente admisible.

128. **Suelo o Pared no conductor:** suelo o pared no susceptibles de propagar potenciales.

Se considerará así el suelo (o la pared) que presentan una resistencia igual o superior a **50.000 Ω si** la tensión nominal de la instalación es **≤ 500 V** y una resistencia igual o superior a **100.000 Ω si es superior a 500 V**.

$U_{instalación}$	Resistencia
≤ 500 V	50 KΩ
> 500 V	100 KΩ

La medida de aislamiento de un suelo se efectúa recubriendo el suelo con una tela húmeda cuadrada de, aproximadamente **270 mm** de lado, sobre la que se dispone una placa metálica no oxidada, cuadrada de **250 mm** de lado y cargada con una masa M de, aproximadamente, **75 kg** (peso medio de una persona).

Se mide la tensión con la ayuda de un voltímetro de gran resistencia interna (R_i no inferior a 3.000 Ω, sucesivamente:

- Entre un conductor de fase y la placa metálica, (U_2).
- Entre este mismo conductor de fase y una toma de tierra, eléctricamente distinta T, de resistencia despreciable con relación a R_i, se mide la tensión U_1.

La resistencia buscada viene dada por la fórmula: $R_S = R_i \cdot \left(\dfrac{U_1}{U_2} - 1 \right)$

Se efectúan en un mismo local tres medidas por lo menos, una de las cuales sobre una superficie situada a un metro de un elemento conductor, si existe, en el local considerado.

Ninguna de estas tres medidas debe ser inferior a **50.000 Ω** para poder considerar el suelo como no conductor.

Si el punto neutro de la instalación está aislado de tierra, es necesario, para realizar esta medida, poner temporalmente a tierra una de las fases no utilizada para la misma.

129. **Tensión de contacto:** tensión que aparece entre partes accesibles simultáneamente, al ocurrir un fallo de aislamiento.

NOTAS:
1. Por convenio este término solo se utiliza en relación con la protección contra contactos indirectos.
2. En ciertos casos el valor de la tensión de contacto puede resultar influido notablemente por la impedancia que presenta la persona en contacto con esas partes.

130. **Tensión de defecto:** tensión que aparece a causa de un defecto de aislamiento, entre dos masas, entre una masa y un elemento conductor, o entre una masa y una toma de tierra de referencia, es decir, un punto en el que el potencial no se modifica al quedar la masa en tensión.

131. **Tensión nominal (o asignada):** valor convencional de la tensión con la que se denomina un sistema o instalación y, para los que ha sido previsto su funcionamiento y aislamiento. Para los sistemas trifásicos se considera como tal la tensión compuesta.

132. **Tensión nominal de una instalación:** tensión por la que se designa una instalación o una parte de la misma.

133. **Tensión nominal de un aparato:**
   • Tensión prevista de alimentación del aparato y por la que se le designa.
   • Gama nominal de tensiones: intervalo entre los límites de tensión previstas para alimentar el aparato.

En caso de alimentación trifásica, la tensión nominal se refiere a la tensión entre fases.

134. **Tensión asignada de un cable:** es la tensión máxima del sistema al que el cable puede estar conectado.

135. **Tensión con relación o respecto a tierra:** se entiende como tensión con relación a tierra:
   • En instalaciones trifásicas con neutro aislado o no unido directamente a tierra, a la tensión nominal de la instalación.
   • En instalaciones trifásicas con neutro unido directamente a tierra, a la tensión simple de la instalación.
   • En instalaciones monofásicas o de corriente continua, sin punto de puesta a tierra, a la tensión nominal.
   • En instalaciones monofásicas o de corriente continua, con punto mediano puesto a tierra, a la mitad de la tensión nominal.

NOTA: se entiende por neutro unido directamente a tierra, la unión a la instalación de toma de tierra, sin interposición de una impedancia limitadora.

136. **Tensión de puesta a tierra (tensión a tierra):** tensión entre una instalación de puesta a tierra y un punto a potencial cero, cuando pasa por dicha instalación una corriente de defecto.

137. **Tierra:** masa conductora de la tierra en la que el potencial eléctrico en cada punto se toma, convencionalmente, igual a cero.

138. **Tierra lejana:** electrodo de tierra conectado a un aparato y situado a una distancia suficiente del mismo para que sea independiente de cualquier otro electrodo de tierra situado cerca del aparato.

139. **Toma de tierra:** electrodo, o conjunto de electrodos, en contacto con el suelo y que asegura la conexión eléctrica con el mismo.

140. **Tubo blindado:** tubo que, además de tener las características del tubo normal, es capaz de resistir, después de su colocación, fuertes presiones y golpes repetidos, y que ofrece una resistencia notable a la penetración de objetos puntiagudos.

141. **Tubo normal:** tubo que es capaz de soportar únicamente los esfuerzos mecánicos que se producen durante su almacenado, transporte y colocación.

142. **Sistemas de alimentación para servicios de seguridad:** el sistema comprende la fuente de alimentación y los circuitos, hasta los bornes de los aparatos de utilización. Sistema de alimentación previsto para mantener el funcionamiento de los aparatos esenciales para la seguridad de las personas. Ciertas instalaciones pueden incluir, también, en el suministro los equipos de utilización.

143. **Sistema de doble alimentación:** sistema de alimentación previsto para mantener el funcionamiento de la instalación o partes de ésta, en caso de fallo del suministro normal, por razones distintas a las que afectan a la seguridad de las personas.

144. **Temperatura ambiente:** temperatura del aire u otro medio donde el material vaya a ser utilizado.

ANOTACIONES

ITC-BT-02

Texto consolidado mediante:
- ➢ RD 1053/2014
- ➢ Resolución 20 marzo de 2025

GUIA-BT	Edición
No publicada	---

Normas de referencia en el REBT

Nota

■ ¿SON OBLIGATORIAS LAS NORMAS UNE?

No son de obligada observancia, **salvo que** la administración competente las haga obligatorias mediante ley, decreto, reglamento, o exija su cumplimiento en los pliegos de prescripciones técnicas de los proyectos de construcción o en los contratos de suministros.

Por lo tanto, en el caso de las normas UNE que se especifican en el REBT (téngase en cuenta que el REBT es de obligado cumplimiento) **y** de acuerdo con lo indicado en el ***artículo 26*** del mismo, *sí son obligatorias las normas UNE que el REBT, en sus ITC-BT, prescribe* (pudiendo ser la aplicación de las normas total o parcial).

■ NORMAS DEL REBT:

- **· UNE:** Acrónimo de **U**na **N**orma **E**spañola. Normas AENOR*.
- **· UNE-EN:** **E**uropean **N**orm. Normas AENOR* que son estándares europeos.
- **· UNE-HD:** **H**armonization **D**ocument - Documentos de armonización.
  Obligan a anular las normas nacionales técnicamente divergentes.
- **· EN:** **E**uropean **N**orm. Estándar europeo.
- **· CEI / IEC:** Normas de la **C**omisión **E**lectrotécnica **I**nternacional (CEI o **IEC** por sus siglas en inglés, **I**nternational **E**lectrotechnical **C**ommission)
- *** AENOR:** **A**sociación **E**spañola de **Nor**malización y Certificación

■ ¿SE APLICA INMEDIATAMENTE UN CAMBIO DE NORMA?

Según el ***artículo 26*** del REBT, las modificaciones en las normas de aplicación que prescribe el REBT, *no serán de aplicación obligatoria* **hasta que** no exista una resolución por parte de la administración competente.

Pero se pueden utilizar, porque se asume que una norma en edición posterior a la que figura en la ITC-BT-02, ofrece un nivel de seguridad equivalente o superior al mínimo fijado en el Reglamento

Listado de <u>normas de obligado cumplimiento</u> según **RESOLUCIÓN DE 20 DE MARZO DE 2025** de la Dirección General de Estrategia Industrial y de la Pequeña y Mediana Empresa.

*   **Fecha de aplicabilidad de las nuevas normas o ediciones:** 4 de abril de 2025. (Día siguiente a la publicación en el BOE de la Resolución)

Cuando se incluya una nueva norma de instalación en este listado, a efectos de aplicación, se considerarán <u>exentas las instalaciones que se encuentren en fase de ejecución</u>, siempre que el correspondiente proyecto de instalación haya sido firmado electrónicamente o visado antes de la fecha de aplicabilidad, o, en el caso de instalaciones que no requieren proyecto, si la licencia de obras fue solicitada antes de la fecha de aplicabilidad o la memoria técnica ha sido firmada electrónicamente antes de la fecha de aplicabilidad. Dispondrán de un <u>plazo máximo de dos años</u> durante los cuales se podrán poner en servicio de acuerdo con lo establecido en las normas de instalación vigentes en el momento de la firma del proyecto o memoria, visado del proyecto o solicitud de licencia de obras, según corresponda.

**   **Fecha final del periodo de coexistencia con las versiones anteriores:** 1 de octubre de 2025.

Salvo cuando haya un periodo más prolongado indicado explícitamente para cada norma en la columna «**Coexistencia**». Cuando se sustituye o modifica una norma por una nueva norma o edición, correspondientemente, a efectos de aplicación, pueden utilizarse ambas hasta la fecha final de coexistencia.

#	Norma UNE *	Sustituye **	Coexistencia	ITC-BT
1	**Especificación UNE 0048:** 2017 Infraestructura para la recarga de vehículos eléctricos. Sistema de protección de la línea general de alimentación (SPL).	---	---	ITC-52
2	**Especificación UNE 0082:** 2024. Cables de distribución de tensión asignada 0,6/1 kV. Cables con aislamiento de XLPE, sin armadura. Cables con conductor concéntrico y con cubierta de poliolefina.	---	---	--
3	**UNE 20.062:** 1993. Aparatos autónomos para alumbrado de emergencia con lámparas de incandescencia. Prescripciones de funcionamiento.	---	---	ITC-28
4	**UNE 20.315-1-1**[1]**:** 2017; 2009; 2009 ERRATUM: 2011; 2004; 2004 ERRATUM: 2011. Bases de toma de corriente y clavijas para usos domésticos y análogos. Parte 1-1: Requisitos generales.	---	---	ITC-19 ITC-25 ITC-43 ITC-52
5	**UNE 20.315-1-2**[2]**:** 2017; 2009; 2004. Bases de toma de corriente y clavijas para usos domésticos y análogos. Parte 1-2: Requisitos dimensionales del Sistema Español.	---	---	

▪ **(1)** y **(2)** La referencia original en el texto reglamentario es UNE 20.315.

	Norma UNE *	Sustituye **	Coexistencia	ITC-BT
6	**UNE 20.315-2-10:** 2012. Bases de toma de corriente y clavijas para usos domésticos y análogos. Parte 2-10: Requisitos particulares para bases de toma de corriente para afeitadoras.	---	---	ITC-27
7	**UNE 20.315-2-11:** 2012. Bases de toma de corriente y clavijas para usos domésticos y análogos. Parte 2-11: Requisitos particulares para grado de protección IP65/IP67.	---	---	ITC-52
8	**UNE 20.392:** 1993. Aparatos autónomos para alumbrado de emergencia con lámparas de fluorescencia. Prescripciones de funcionamiento.	---	---	ITC-28
9	**UNE 20.460-4-45:** 1990. Instalaciones eléctricas en edificios. Protección para garantizar la seguridad. Protección contra las bajadas de tensión.	---	---	ITC-47
10	**UNE 20.460-7-703:** 2006. Instalaciones eléctricas en edificios. Parte 7-703: Reglas para las instalaciones y emplazamientos especiales. Locales que contienen radiadores para saunas.	---	---	ITC-50
11	**UNE 21.018:** 1980. Normalización de conductores desnudos a base de aluminio, para líneas eléctricas aéreas.	---	---	ITC-06
12	**UNE 21.027-9:** 2017. Cables eléctricos de baja tensión. Cables de tensión asignada inferior o igual a 450/750 V (U_0/U). Cables unipolares sin cubierta, con aislamiento reticulado y con altas prestaciones respecto a la reacción al fuego, para instalaciones fijas.	---	---	ITC-16
13	**UNE 21.030-0:** 2003. Conductores aislados, cableados en haz, de tensión asignada 0,6/1 kV, para líneas de distribución, acometidas y usos análogos. Parte 0: Índice.	---	---	ITC-06
14	**UNE 21.030-1:** 2014. Conductores aislados, cableados en haz, de tensión asignada 0,6/1 kV, para líneas de distribución, acometidas y usos análogos. Parte 1: Conductores de aluminio.	---	---	
15	**UNE 21.030-2:** 2003; 2003/1M: 2007. Conductores aislados, cableados en haz, de tensión asignada 0,6/1 kV, para líneas de distribución, acometidas y usos análogos. Parte 2: Conductores de cobre.	---	---	ITC-06 ITC-09
16	**UNE 21.123-1:** 2017. Cables eléctricos de utilización industrial de tensión asignada 0,6/1 kV. Parte 1: Cables con aislamiento y cubierta de policloruro de vinilo.	---	---	ITC-09

	Norma UNE *	Sustituye **	Coexistencia	ITC-BT
17	**UNE 21.123-2:** 2017. Cables eléctricos de utilización industrial de tensión asignada 0,6/1 kV. Parte 2: Cables con aislamiento de polietileno reticulado y cubierta de policloruro de vinilo.	---	---	ITC-09 ITC-29
18	**UNE 21.123-3:** 2017. Cables eléctricos de utilización industrial de tensión asignada 0,6/1 kV. Parte 3: Cables con aislamiento de etileno-propileno y cubierta de policloruro de vinilo.	---	---	ITC-29
19	**UNE 21.123-4:** 2017. Cables eléctricos de utilización industrial de tensión asignada 0,6/1 kV. Parte 4: Cables con aislamiento de polietileno reticulado y cubierta de poliolefina.	---	---	ITC-14 ITC-15 ITC-28 ITC-29
20	**UNE 21.123-5:** 2017. Cables eléctricos de utilización industrial de tensión asignada 0,6/1 kV. Parte 5: Cables con aislamiento de etileno propileno y cubierta de poliolefina.	---	---	ITC-14 ITC-15 ITC-28
21	**UNE 21.144-1-1:** 2012; 2012/1M: 2015. Cables eléctricos. Cálculo de la intensidad admisible. Parte 1-1: Ecuaciones de intensidad admisible (factor de carga 100 %) y cálculo de pérdidas. Generalidades.	---	---	
22	**UNE 21.144-1-2:** 1997. Cables eléctricos. Cálculo de la intensidad admisible. Parte 1: Ecuaciones de intensidad admisible (factor de carga 100 %) y cálculo de pérdidas. Sección 2: Factores de pérdidas por corrientes de Foucault en las cubiertas en el caso de dos circuitos en capas.	---	---	ITC-06 ITC-07
23	**UNE 21.144-2-1:** 1997; 1997/1M: 2002; 1997/2M: 2007. Cables eléctricos. Cálculo de la intensidad admisible. Parte 2: Resistencia térmica. Sección 1: Cálculo de la resistencia térmica.	---	---	
24	**UNE 21.144-2-2:** 1997. Cables eléctricos. Cálculo de la intensidad admisible. Parte 2: Resistencia térmica. Sección 2: Método de cálculo de los coeficientes de reducción de la intensidad admisible para grupos de cables al aire y protegidos de la radiación solar.	---	---	ITC-06
25	**UNE 21.144-3-1:** 2018. Cables eléctricos. Cálculo de la intensidad admisible. Parte 3-1: Condiciones de funcionamiento. Condiciones del sitio de referencia.	---	---	ITC-06 ITC-07
26	**UNE 21.150:** 2022. Cables flexibles para servicios móviles, aislados con goma de etileno-propileno y cubierta reforzada de policloropreno o elastómero equivalente de tensión nominal 0,6/1 kV.	UNE 21.150: 1986; UNE 21.166: 1989.	---	ITC-29 ITC-32 ITC-33 ITC-34 ITC-42

	Norma UNE *	Sustituye **	Coexistencia	ITC-BT
27	**UNE 21.155:** 2022. Cables calefactores de tensión asignada inferior o igual a 300 V/500 V para calefacción de locales y prevención de la formación de hielo.	---	---	ITC-46
28	**UNE 21.192:** 1992; 1992/1M: 2009. Cálculo de las intensidades de cortocircuito térmicamente admisibles, teniendo en cuenta los efectos del calentamiento no adiabático.	---	---	--
29	**UNE 21.302-601:** 1991; 1M: 2000. Vocabulario electrotécnico. Producción, transporte y distribución de la energía eléctrica. Generalidades.	---	---	
30	**UNE 21.302-602:** 1991. Vocabulario electrotécnico. Producción, transporte y distribución de la energía eléctrica. Producción.	---	---	
31	**UNE 21.302-603:** 1991; 1M: 2000. Vocabulario electrotécnico. Producción, transporte y distribución de energía eléctrica. Planificación de redes.	---	---	
32	**UNE 21.302-604:** 1991; 1M/2000. Vocabulario electrotécnico. Producción, transporte y distribución de la energía eléctrica. Explotación.	---	---	ITC-01
33	**UNE 21.302-605:** 1991. Vocabulario electrotécnico. Producción, transporte y distribución de la energía eléctrica. Subestaciones.	---	---	
34	**UNE 21.302-826:** 2005. Vocabulario electrotécnico. Parte 826: Instalaciones eléctricas.	---	---	
35	**UNE 21.302-841:** 2006. Vocabulario electrotécnico. Parte 841: Electrotermia industrial.	---	---	
36	**UNE 21.302-845:** 1995. Vocabulario electrotécnico. Iluminación.	---	---	
37	**UNE 36.582:** 1986. Perfiles tubulares de acero, de pared gruesa, galvanizados, para blindaje de conducciones eléctricas. (Tubo «conduit»).	---	---	ITC-29
38	**UNE 56.547:** 2019. Clasificación visual de los postes de madera para líneas aéreas.	---	---	--
39	**UNE 201.011:** 2023. Aparamenta de baja tensión. Equipos auxiliares. Conjuntos de bloques de conexión para la verificación de contadores de energía.	---	---	--
40	**UNE 207.015:** 2013. Conductores desnudos de cobre duro cableados para líneas eléctricas aéreas.	---	---	ITC-06

	Norma UNE *	Sustituye **	Coexistencia	ITC-BT
41	**UNE 207.016:** 2007. Postes de hormigón tipo HV y HVH para líneas eléctricas aéreas.	---	---	--
42	**UNE 207.017:** 2010. Apoyos metálicos de celosía para líneas eléctricas aéreas de distribución.	---	---	--
43	**UNE 207.018:** 2018. Apoyos de chapa metálica para líneas eléctricas aéreas de distribución.	---	---	--
44	**UNE 211.002:** 2017. Cables eléctricos de baja tensión. Cables de tensión asignada inferior o igual a 450/750 V (U_0/U). Cables unipolares sin cubierta, con aislamiento termoplástico, y con altas prestaciones respecto a la reacción al fuego, para instalaciones fijas.	---	---	ITC-15 ITC-16 ITC-28
45	**UNE 211.022:** 2021. Accesorios de conexión. Conexiones aisladas para redes subterráneas de distribución con cables de tensión asignada 0,6/1 kV.	---	---	--
46	**UNE 211.024-2:** 2024. Accesorios de conexión. Elementos de conexión para redes de distribución de baja y media tensión hasta 18/30 (36) kV. Parte 2: Accesorios por compresión.	UNE 211.024-2: 2021.	---	--
47	**UNE 211.024-3:** 2024. Accesorios de conexión. Elementos de conexión para redes de distribución de baja y media tensión hasta 18/30 (36) kV. Parte 3: Accesorios por apriete mecánico.	UNE 211.024-3: 2021.	---	--
48	**UNE 211.029:** 2021. Accesorios de conexión. Conjuntos de conexión para redes subterráneas de distribución con cables de tensión asignada 0,6/1 kV.	---	---	--
49	**UNE 211.435-1*:** 2021. Guía para la elección de cables eléctricos para circuitos de distribución de energía eléctrica. Parte 1: Cables de tensión asignada igual a 0,6/1 kV.	UNE 211.435: 2011.	---	ITC-06 ITC-07
50	**UNE 212.002-2:** 2014. Cables y conductores aislados de baja frecuencia con aislamiento y cubierta de PVC. Parte 2: Cables en pares, tríos, cuadretes y quintetos para instalaciones interiores.	---	---	ITC-51
51	**UNE 217.001:** 2020. Ensayos para sistemas que eviten el vertido de energía a la red de distribución.	---	---	--

* NOTA A.: UNE 211.435-1: la referencia original en el texto reglamentario es **UNE 20.435**, la cual fue anulada y sustituida, según una Resolución de 2020, por la UNE 211.435 Edición 2011 (aplicable a partir de enero de 2020). La actual Resolución de 2025 actualiza la norma a su edición de 2021 (aplicable a partir de abril de 2025 y coexistiendo con la versión anterior hasta octubre del mismo año).

	Norma UNE *	Sustituye **	Coexistencia	ITC-BT
52	**UNE 217.002:** 2020. Inversores para conexión a la red de distribución. Ensayos de los requisitos de inyección de corriente continua a la red, generación de sobretensiones y sistema de detección de funcionamiento en isla.	---	---	--
53	**UNE-EN 12.613:** 2022. Dispositivos de advertencia con señales visuales en materiales plásticos para cables y sistemas de canalización enterrados.	---	---	--
54	**UNE-EN 14.229:** 2011. Madera estructural. Postes de madera para líneas aéreas.	---	---	--
55	**UNE-EN 50.065-1:** 2012. Transmisión de señales por la red eléctrica de baja tensión en la banda de frecuencias de 3 kHz a 148,5 kHz. Parte 1: Requisitos generales, bandas de frecuencia y perturbaciones electromagnéticas.	---	---	ITC-51
56	**UNE-EN 50.075:** 1993. Clavija de toma de corriente 2,5 A 250 V plana bipolar no desmontable, con cable, para la conexión de aparatos de la clase ii para usos domésticos y análogos.	---	---	ITC-43
57	**UNE-EN 50.085-1:** 2006; 2006/A1: 2013. Sistemas de canales para cables y sistemas de conductos cerrados de sección no circular para instalaciones eléctricas. Parte 1: Requisitos generales.	UNE-EN 50.085-1: 1997 y sus modificaciones posteriores.	---	ITC-11 ITC-14 ITC-15 ITC-20 ITC-21 ITC-28
58	**UNE-EN 50.085-2-1:** 2008; 2008/A1: 2012. Sistemas de canales para cables y sistemas de conductos cerrados de sección no circular para instalaciones eléctricas. Parte 2-1: Sistemas de canales para cables y sistemas de conductos cerrados de sección no circular para montaje en paredes y techos.	---	---	--
59	**UNE-EN 50.107-1:** 2003; 2003/A1: 2004. Rótulos e instalaciones de tubos luminosos de descarga que funcionan con tensiones asignadas de salida en vacío superiores a 1 kV pero sin exceder 10 kV. Parte 1: Requisitos generales.	---	---	ITC-44
60	**UNE-EN 50.200:** 2016. Método de ensayo de la resistencia al fuego de cables de pequeñas dimensiones sin protección, para uso en circuitos de emergencia.	---	---	ITC-28
61	**UNE-EN 50.395:** 2005; 2005/A1: 2011. Métodos de ensayo eléctricos para cables de energía en baja tensión.	---	---	--
62	**UNE-EN 50.396:** 2006; 2006/A1: 2011. Métodos de ensayos no eléctricos para cables de energía de baja tensión.	---	---	--

	Norma UNE *	Sustituye **	Coexistencia	ITC-BT
63	**UNE-EN 50.483-2:** 2013. Requisitos de ensayo para accesorios de redes aéreas trenzadas de baja tensión. Parte 2: Pinzas de amarre y de suspensión para redes autosoportadas.	---	---	--
64	**UNE-EN 50.483-4:** 2013. Requisitos de ensayo para accesorios de redes aéreas trenzadas de baja tensión. Parte 4: Conectores.	---	---	--
65	**UNE-EN 50.525-1:** 2012; 2012/A1: 2023. Cables eléctricos de baja tensión. Cables de tensión asignada inferior o igual a 450/750 V (U_0/U). Parte 1: Requisitos generales.	---	---	--
66	**UNE-EN 50.525-2-11:** 2012. Cables eléctricos de baja tensión. Cables de tensión asignada inferior o igual a 450/750 V (U_0/U). Parte 2-11: Cables de utilización general. Cables flexibles con aislamiento termoplástico (PVC).	---	---	ITC-33
67	**UNE-EN 50.525-2-12:** 2012. Cables eléctricos de baja tensión. Cables de tensión asignada inferior o igual a 450/750 V (U_0/U). Parte 2-12: Cables de utilización general. Cables extensibles con aislamiento termoplástico (PVC).	---	---	--
68	**UNE-EN 50.525-2-21**[3]**:** 2012. Cables eléctricos de baja tensión. Cables de tensión asignada inferior o igual a 450/750 V (U_0/U). Parte 2-21: Cables de utilización general. Cables flexibles con aislamiento de elastómero reticulado.	---	---	ITC-29 ITC-30 ITC-32 ITC-33 ITC-34 ITC-42
69	**UNE-EN 50.525-2-22:** 2012. Cables eléctricos de baja tensión. Cables de tensión asignada inferior o igual a 450/750 V (U_0/U). Parte 2-22: Cables de utilización general. Cables trenzados de alta flexibilidad con aislamiento de elastómero reticulado.	---	---	--
70	**UNE-EN 50.525-2-31:** 2012. Cables eléctricos de baja tensión. Cables de tensión asignada inferior o igual a 450/750 V (U_0/U). Parte 2-31: Cables de utilización general. Cables unipolares sin cubierta con aislamiento termoplástico (PVC).	---	---	ITC-29
71	**UNE-EN 50.525-2-41:** 2012. Cables eléctricos de baja tensión. Cables de tensión asignada inferior o igual a 450/750 V (U_0/U). Parte 2-41: Cables de utilización general. Cables unipolares con aislamiento de silicona reticulado.	---	---	--

▪ **(3)** Las referencias originales en el texto reglamentario son UNE 21.027-4 y UNE 21.027-16.

	Norma UNE *	Sustituye **	Coexistencia	ITC-BT
72	**UNE-EN 50.525-2-42:** 2012. Cables eléctricos de baja tensión. Cables de tensión asignada inferior o igual a 450/750 V (U_0/U). Parte 2-42: Cables de utilización general. Cables unipolares sin cubierta con aislamiento EVA reticulado.	---	---	--
73	**UNE-EN 50.525-2-51:** 2012. Cables eléctricos de baja tensión. Cables de tensión asignada inferior o igual a 450/750 V (U_0/U). Parte 2-51: Cables de utilización general. Cables de control resistentes al aceite con aislamiento termoplástico (PVC).	---	---	--
74	**UNE-EN 50.525-2-71:** 2012. Cables eléctricos de baja tensión. Cables de tensión asignada inferior o igual a 450/750 V (U_0/U). Parte 2-71: Cables de utilización general. Cables planos oropel con aislamiento termoplástico (PVC).	---	---	--
75	**UNE-EN 50.525-2-72:** 2012. Cables eléctricos de baja tensión. Cables de tensión asignada inferior o igual a 450/750 V (U_0/U). Parte 2-72: Cables de utilización general. Cables planos divisibles con aislamiento termoplástico (PVC).	---	---	--
76	**UNE-EN 50.525-2-81:** 2012. Cables eléctricos de baja tensión. Cables de tensión asignada inferior o igual a 450/750 V (U_0/U). Parte 2-81: Cables de utilización general. Cables para máquinas de soldar con aislamiento de elastómero reticulado.	---	---	--
77	**UNE-EN 50.525-2-82:** 2012. Cables eléctricos de baja tensión. Cables de tensión asignada inferior o igual a 450/750 V (U_0/U). Parte 2-82: Cables de utilización general. Cables para guirnaldas luminosas con aislamiento de elastómero reticulado.	---	---	--
78	**UNE-EN 50.525-2-83:** 2012. Cables eléctricos de baja tensión. Cables de tensión asignada inferior o igual a 450/750 V (U_0/U). Parte 2-83: Cables de utilización general. Cables multiconductores con aislamiento de silicona reticulada.	---	---	--
79	**UNE-EN 50.525-3-21:** 2012. Cables eléctricos de baja tensión. Cables de tensión asignada inferior o igual a 450/750 V (U_0/U). Parte 3-21: Cables con propiedades especiales ante el fuego. Cables flexibles con aislamiento reticulado libre de halógenos y baja emisión de humo.	---	---	ITC-29 ITC-30 ITC-33
80	**UNE-EN 50.575:** 2015; 2015/A1: 2016. Cables de energía, control y comunicación. Cables para aplicaciones generales en construcciones sujetos a requisitos de reacción al fuego.	---	---	ITC-29

Norma UNE *	Sustituye **	Coexistencia	ITC-BT
81	**UNE-EN 50.618:** 2015. Cables eléctricos para sistemas fotovoltaicos.	---	---	ITC-53
82	**UNE-EN 50.626-1**(4)**:** 2024. Sistemas de tubos enterrados bajo tierra para la protección y gestión de cables eléctricos aislados o cables de comunicación. Parte 1: Requisitos generales.	UNE-EN 61.386-24: 2011.	Coexiste con: UNE-EN 61.386-24: 2011 hasta 22-07-2026.	ITC-09 ITC-13 ITC-14 ITC-21 ITC-29
83	**UNE-EN 60.061-2:** 1996 y modificaciones posteriores. Casquillos y portalámparas, junto con los calibres para el control de la intercambiabilidad y de la seguridad. Parte 2: Portalámparas.	---	---	ITC-44
84	**UNE-EN 60.079-1:** 2015; 2015/AC: 2018-09; 2015/A11: 2024. Atmósferas explosivas. Parte 1: Protección del equipo por envolventes antideflagrantes «d».	---	---	
85	**UNE-EN 60.079-6:** 2016. Atmósferas explosivas. Parte 6: Protección del equipo por inmersión líquida «o».	---	---	
86	**UNE-EN 60.079-10-2:** 2016. Atmósferas explosivas. Parte 10-2: Clasificación de emplazamientos. Atmósferas explosivas de polvo.	---	---	ITC-29
87	**UNE-EN 60.079-11:** 2013. Atmósferas explosivas. Parte 11: Protección del equipo por seguridad intrínseca «i».	---	---	
88	**UNE-EN 60.079-14**(5)**:** 2016. Atmósferas explosivas. Parte 14: Diseño, elección y realización de las instalaciones eléctricas.	---	---	
89	**UNE-EN 60.099-1:** 1996; A1: 2001. Pararrayos. Parte 1: Pararrayos de resistencia variable con exploradores para redes de corriente alterna.	---	---	--
90	**UNE-EN 60.099-4:** 2016. Pararrayos. Parte 4: Pararrayos de óxido metálico sin exploradores para sistemas de corriente alterna.	---	---	--
91	**UNE-EN 60.228**(6)**:** 2005; 2005 CORR: 2005; 2005 ERRATUM: 2011. Conductores de cables aislados.	---	---	ITC-14 ITC-15 ITC-16 ITC-18
92	**UNE-EN 60.269-1:** 2008; 2008/A1: 2010; 2008/A2: 2014. Fusibles de baja tensión. Parte 1: Reglas generales.	---	---	--
93	**UNE-EN 60.269-4:** 2011; 2011/A1: 2013; 2011/A2: 2017. Fusibles de baja tensión. Parte 4: Requisitos suplementarios para los cartuchos fusibles utilizados para la protección de dispositivos semiconductores.	---	---	--

- **(4)** La referencia original en el texto reglamentario es UNE-EN 50.086-2-4.
- **(5)** La referencia original en el texto reglamentario es EN 50.281-1-2.
- **(6)** La referencia original en el texto reglamentario es UNE 21.022.

	Norma UNE *	Sustituye **	Coexistencia	ITC-BT
94	**UNE-EN 60.269-6:** 2012; 2012/A1: 2024. Fusibles de baja tensión. Parte 6: Requisitos suplementarios para los cartuchos fusibles utilizados para la protección de sistemas de energía solar fotovoltaica.	---	---	--
95	**UNE-EN 60.309-1:** 2023; 2023/AC: 2023-06. Clavijas, bases de toma de corriente fijas o móviles y bases de conector para usos industriales. Parte 1: Requisitos generales.	UNE-EN 60.309-1: 2001 y sus modificaciones posteriores.	---	ITC-19 ITC-32 ITC-33 ITC-42 ITC-43
96	**UNE-EN 60.309-2:** 2023. Clavijas, bases de toma de corriente fijas o móviles y bases de conector para usos industriales. Parte 2: Requisitos de intercambiabilidad dimensional para los accesorios de espigas y alvéolos.	UNE-EN 60.309-2: 2001 y sus modificaciones posteriores.	---	ITC-19 ITC-33 ITC-42 ITC-43
97	**UNE-EN 60.335-2-41:** 2022; 2022/A11: 2022. Aparatos electrodomésticos y análogos. Seguridad. Parte 2-41: Requisitos particulares para bombas.	UNE-EN 60.335-2-41: 2005 y sus modificaciones posteriores.	---	ITC-31
98	**UNE-EN 60.335-2-60:** 2024; 2024/A11: 2024. Seguridad de los aparatos electrodomésticos y análogos. Parte 2: Requisitos particulares para las bañeras de hidromasaje.	UNE-EN 60.335-2-60: 2005 y sus modificaciones posteriores.	Coexiste con: UNE-EN 60.335-2-60: 2005 y sus modificaciones posteriores hasta 30-05-2026.	ITC-27
99	**UNE-EN 60.335-2-76:** 2022; 2022/A11: 2022. Seguridad de los aparatos electrodomésticos y análogos. Parte 2-76: Requisitos particulares para los electrificadores de cercas.	UNE-EN 60.335-2-76: 2006 y sus modificaciones posteriores.	---	ITC-39
100	**UNE-EN 60.423:** 2008. Sistemas de tubos para la conducción de cables. Diámetros exteriores de los tubos para instalaciones eléctricas y roscas para tubos y accesorios.	---	---	ITC-21
101	**UNE-EN 60.529**[7]**:** 2018; 2018/A1: 2018; 2018/A2: 2018; 2018/AC: 2019-02. Grados de protección proporcionados por las envolventes (Código IP).	---	---	ITC-09 ITC-13 ITC-16 ITC-17 ITC-24 ITC-27 ITC-30 ITC-31 ITC-33 ITC-34 ITC-36 ITC-42 ITC-53 Anexo I
102	**UNE-EN 60.570:** 2004; 2004/A1: 2018; 2004/A2: 2020. Sistemas de alimentación eléctrica por carril para luminarias.	---	---	ITC-20

- **(7)** La referencia original en el texto reglamentario es UNE 20.324.

	Norma UNE *	Sustituye **	Coexistencia	ITC-BT
103	**UNE-EN 60.598-2-3:** 2003; 2003 CORR: 2005; 2003/A1: 2011. Luminarias. Parte 2-3: Requisitos particulares. Luminarias para alumbrado público.	---	---	ITC-09
104	**UNE-EN 60.669-1:** 2018; 2018/AC: 2020-02. Interruptores para instalaciones eléctricas fijas, domésticas y análogas. Parte 1: Requisitos generales.	UNE-EN 60.669-1: 2002 y sus modificaciones posteriores.	---	ITC-27
105	**UNE-EN 60.670-1:** 2022; 2022/A11: 2022 Cajas y envolventes para accesorios eléctricos en instalaciones eléctricas fijas para uso doméstico y análogos. Parte 1: Requisitos generales.	UNE-EN 60.670-1: 2006 y sus modificaciones posteriores.	---	ITC-17
106	**UNE-EN 60.670-24:** 2013; 2013/A11: 2023. Cajas y envolventes para accesorios eléctricos en instalaciones eléctricas fijas para uso doméstico y análogo. Parte 24: Requisitos particulares de las envolventes para dispositivos de protección y otros equipos eléctricos disipadores de potencia.	---	---	--
107	**UNE-EN 60.695-2-10:** 2022; 2022/AC: 2024-01. Ensayos relativos a los riesgos del fuego. Parte 2-10: Método de ensayo del hilo incandescente. Equipos y procedimientos comunes de ensayo.	UNE-EN 60.695-2-10: 2013.	---	--
108	**UNE-EN 60.695-2-11:** 2022. Ensayos relativos a los riesgos del fuego. Parte 2-11: Métodos de ensayo del hilo incandescente/caliente. Método de ensayo de inflamabilidad para productos acabados (GWEPT).	UNE-EN 60.695-2-11: 2015.	---	--
109	**UNE-EN 60.695-2-12:** 2022. Ensayos relativos a los riesgos del fuego. Parte 2-12: Métodos de ensayo del hilo incandescente/caliente. Método de ensayo del índice de inflamabilidad del hilo incandescente (GWFI) para materiales.	UNE-EN 60.695-2-12: 2011 y sus modificaciones posteriores.	---	--
110	**UNE-EN 60.695-2-13:** 2022. Ensayos relativos a los riesgos del fuego. Parte 2-13: Métodos de ensayo del hilo incandescente/caliente. Método de ensayo de la temperatura de ignición del hilo incandescente (GWIT) para materiales.	UNE-EN 60.695-2-13: 2011 y sus modificaciones posteriores.	---	--
111	**UNE-EN 60.695-11-10:** 2014; 2014/AC: 2015. Ensayos relativos a los riesgos del fuego. Parte 11-10: Llamas de ensayo. Métodos de ensayo horizontal y vertical a la llama de 50 W.	---	---	ITC-15
112	**UNE-EN 60.702-1[8]:** 2002; 2002/A1: 2015. Cables con aislamiento mineral de tensión asignada no superior a 750 V y sus conexiones. Parte 1: Cables.	---	---	ITC-29

▪ **(8)** La referencia original en el texto reglamentario es UNE 21.157-1.

	Norma UNE *	Sustituye **	Coexistencia	ITC-BT
113	**UNE-EN 60.742:** 1996. Transformadores de separación de circuitos y transformadores de seguridad. Requisitos.	---	---	ITC-27 ITC-36 ITC-43
114	**UNE-EN 60.831-1:** 2014; 2014/AC: 2014. Condensadores de potencia autorregenerables a instalar en paralelo en redes de corriente alterna de tensión nominal inferior o igual a 1000 V. Parte 1: Generalidades. Características de funcionamiento, ensayos y valores nominales. Prescripciones de seguridad. Guía de instalación y de explotación.	---	---	ITC-43 ITC-48
115	**UNE-EN 60.831-2:** 2014. Condensadores de potencia autorregenerables a instalar en paralelo en redes de corriente alterna de tensión nominal inferior o igual a 1000 V. Parte 2: Ensayos de envejecimiento, de autorregeneración y de destrucción.			ITC-43
116	**UNE-EN 60.898-1:** 2020. Accesorios eléctricos. Interruptores automáticos para instalaciones domésticas y análogas para la protección contra sobreintensidades. Parte 1: Interruptores automáticos para funcionamiento en corriente alterna.	UNE-EN 60.898-1: 2004 y sus modificaciones posteriores.	---	--
117	**UNE-EN 60.898-2:** 2022. Accesorios eléctricos. Interruptores automáticos para instalaciones domésticas y análogas para la protección contra sobreintensidades. Parte 2: Interruptores automáticos para funcionamiento en corriente alterna y en corriente continua.	UNE-EN 60.898-2: 2007.	---	--
118	**UNE-EN 60.947-2:** 2018; 2018/A1: 2020. Aparamenta de baja tensión. Parte 2: Interruptores automáticos.	UNE-EN 60.947-2: 2007 y sus modificaciones posteriores.	---	ITC-09 ITC-17 ITC-22 ITC-24 ITC-32 ITC-33
119	**UNE-EN 60.947-3:** 2022. Aparamenta de baja tensión. Parte 3: Interruptores, seccionadores, interruptores-seccionadores y combinados fusibles.	---	---	ITC-13 ITC-24 ITC-33
120	**UNE-EN 60.998-2-1:** 2005. Dispositivos de conexión para circuitos de baja tensión para usos domésticos y análogos. Parte 2-1: Requisitos particulares para dispositivos de conexión independientes con órganos de apriete con tornillo.	---	---	ITC-19

	Norma UNE *	Sustituye **	Coexistencia	ITC-BT
121	**UNE-EN 61.008-1:** 2013; 2013/A1: 2015; 2013/A2: 2015; 2013/A11: 2016; 2013/A12: 2017. Interruptores automáticos para actuar por corriente diferencial residual, sin dispositivo de protección contra sobreintensidades, para usos domésticos y análogos (ID). Parte 1: Reglas generales.	---	---	ITC-24
122	**UNE-EN 61.008-2-1:** 1996; 1996/A11: 1999. Interruptores automáticos para actuar por corriente diferencial residual, sin dispositivo de protección contra sobreintensidades, para usos domésticos y análogos (ID). Parte 2-1: Aplicabilidad de las reglas generales, a los ID funcionalmente independientes de la tensión de alimentación.	---	---	
123	**UNE-EN 61.009-1:** 2013; 2013/A1: 2015; 2013/A2: 2015; 2013/A11: 2016; 2013/A12: 2016. Interruptores automáticos para actuar por corriente diferencial residual, con dispositivo de protección contra sobreintensidades incorporado, para usos domésticos y análogos (AD). Parte 1: Reglas generales.	---	---	ITC-24
124	**UNE-EN 61.009-2-1:** 1996; 1996/A11: 1999. Interruptores automáticos para actuar por corriente diferencial residual, con dispositivo de protección contra sobreintensidades incorporado, para usos domésticos y análogos (AD). Parte 2-1: Aplicación de las reglas generales a los AD funcionalmente independientes de la tensión de alimentación.	---	---	
125	**UNE-EN 61.140**[(9)]**:** 2017. Protección contra los choques eléctricos. Aspectos comunes a las instalaciones y a los equipos.	---	---	
126	**UNE-EN 61.196-3:** 2003. Cables de radiofrecuencia. Parte 3: Especificación intermedia para cables coaxiales usados en redes locales.	---	---	ITC-51
127	**UNE-EN 61.196-3-2:** 2003. Cables de radiofrecuencia. Parte 3-2: Cables coaxiales para comunicación digital en cableado horizontal de inmuebles. Especificación particular para cables coaxiales con dieléctricos sólidos para redes de área local de 185 m cada una y hasta 10 Mb/s.	---	---	
128	**UNE-EN 61.196-3-3:** 2003. Cables de radiofrecuencia. Parte 3-3: Cables coaxiales para comunicación digital en cableado horizontal de inmuebles. Especificación particular para cables coaxiales con dieléctricos expandidos para redes de área local de 185 m cada una y hasta 10 Mb/s.	---	---	

▪ **(9)** La referencia original en el texto reglamentario es UNE 20.481.

	Norma UNE *	Sustituye **	Coexistencia	ITC-BT
129	**UNE-EN 61.196-10:** 2016. Cables coaxiales de comunicación. Parte 10: Especificación intermedia para cables semirrígidos con dieléctrico de politetrafluoroetileno (PTFE).	---	---	
130	**UNE-EN 61.386-1**(10)**:** 2008; 2008 ERRATUM: 2010; 2008/A1: 2020. Sistemas de tubos para la conducción de cables. Parte 1: Requisitos generales.	---	---	ITC-14 ITC-15 ITC-21 ITC-28 ITC-29 ITC-31 ITC-33 ITC-35
131	**UNE-EN 61.400-2:** 2015; 2015/AC: 2019-11. Aerogeneradores. Parte 2: Aerogeneradores pequeños.	---	---	--
132	**UNE-EN 61.439-3:** 2012; 2012 CORR 1: 2019; 2012/AC: 2019-04. Conjuntos de aparamenta de baja tensión. Parte 3: Cuadros de distribución destinados a ser operados por personal no cualificado (DBO).	---	---	ITC-13 ITC-16 ITC-17
133	**UNE-EN 61.439-4**(11)**:** 2013. Conjuntos de aparamenta de baja tensión. Parte 4: Requisitos particulares para conjuntos para obras (CO).	---	---	ITC-33
134	**UNE-EN 61.439-6**(12)**:** 2013. Conjuntos de aparamenta de baja tensión. Parte 6: Canalizaciones prefabricadas.	---	---	ITC-12 ITC-14 ITC-16 ITC-15 ITC-20 ITC-29
135	**UNE-EN 61.534-1:** 2011; 2011/A1: 2015; 2011/A2: 2022; 2011/A11: 2022. Sistemas de canalización eléctrica prefabricada. Parte 1: Requisitos generales.	---	---	--
136	**UNE-EN 61.534-21:** 2015; 2015/A1: 2022; 2015/A11: 2022. Sistemas de canalización eléctrica prefabricada. Parte 21: Requisitos particulares para los sistemas de canalización eléctrica prefabricada destinados a montarse en paredes y techos.	---	---	--
137	**UNE-EN 61.534-22:** 2015; 2015/A1: 2022; 2015/A11: 2022. Sistemas de canalización eléctrica prefabricada. Parte 22: Requisitos particulares para los sistemas de canalización eléctrica prefabricada destinados a ser montados sobre el suelo o bajo suelo.	---	---	--
138	**UNE-EN 61.537:** 2007. Conducción de cables. Sistemas de bandejas y de bandejas de escalera.	---	---	ITC-15 ITC-20 ITC-29 ITC-30 ITC-33

- **(10)** La referencia original en el texto reglamentario es UNE-EN 50.086-1.
- **(11)** La referencia original en el texto reglamentario es UNE-EN 60.439-4.
- **(12)** La referencia original en el texto reglamentario es UNE-EN 60.439-2.

	Norma UNE *	Sustituye **	Coexistencia	ITC-BT
139	**UNE-EN 61.557-8**[13]: 2016. Seguridad eléctrica en redes de distribución de baja tensión de hasta 1 000 V en c.a. y 1 500 V en c.c. Equipos para ensayo, medida o vigilancia de las medidas de protección. Parte 8: Dispositivos de detección del aislamiento para esquemas IT.	---	---	ITC-53
140	**UNE-EN 61.557-9:** 2015; 2015/AC: 2017-02. Seguridad eléctrica en redes de distribución de baja tensión hasta 1 000 V c.a. y 1 500 V c.c. Equipos para ensayo, medida o vigilancia de las medidas de protección. Parte 9: Equipos para localización de fallo de aislamiento en redes IT.	---	---	ITC-53
141	**UNE-EN 61.558-2-4:** 2010. Seguridad de los transformadores, bobinas de inductancia, unidades de alimentación y productos análogos para tensiones de alimentación hasta 1 100 V. Parte 2-4: Requisitos particulares y ensayos para transformadores de separación de circuitos y unidades de alimentación que incorporan transformadores de separación de circuitos.	---	---	ITC-36 ITC-43
142	**UNE-EN 61.558-2-5:** 2011. Seguridad de los transformadores, bobinas de inductancia, unidades de alimentación y las combinaciones de estos elementos. Parte 2-5: Requisitos particulares y ensayos para los transformadores, unidades de alimentación y bloques de alimentación para máquinas de afeitar.	---	---	ITC-27
143	**UNE-EN 61.558-2-15**[14]: 2012. Seguridad de los transformadores, bobinas de inductancia, unidades de alimentación y sus combinaciones. Parte 2-15: Requisitos particulares y ensayos para los transformadores de separación de circuitos para el suministro de locales de uso médico.	---	---	ITC-38
144	**UNE-EN 61.643-11:** 2013; 2013/A11: 2018. Dispositivos de protección contra sobretensiones transitorias de baja tensión. Parte 11: Dispositivos de protección contra sobretensiones transitorias conectados a sistemas eléctricos de baja tensión. Requisitos y métodos de ensayo.	---	---	ITC-23 ITC-33
145	**UNE-EN 61.643-31:** 2021; 2021/AC: 2022-07. Dispositivos de protección contra sobretensiones transitorias de baja tensión. Parte 31: Requisitos y métodos de ensayo de los DPS para instalaciones fotovoltaicas.	---	---	--

- **(13)** La referencia original en el texto reglamentario es UNE 20.615.
- **(14)** La referencia original en el texto reglamentario es UNE 20.615.

Norma UNE *	Sustituye **	Coexistencia	ITC-BT
146 **UNE-EN 62.109-2:** 2013. Seguridad de los convertidores de potencia utilizados en sistemas de potencia fotovoltaicos. Parte 2: Requisitos particulares para inversores.	---	---	ITC-53
147 **UNE-EN 62.116:** 2014 V2. Inversores fotovoltaicos conectados a la red de las compañías eléctricas. Procedimiento de ensayo para las medidas de prevención de formación de islas en la red.	---	---	--
148 **UNE-EN 62.196-1:** 2023. Clavijas, bases de toma de corriente, conectores de vehículo y entradas de vehículo. Carga conductiva de vehículos eléctricos. Parte 1: Requisitos generales.	UNE-EN 62.196-1: 2015.	Coexiste con: UNE-EN 62.196-1: 2015 hasta 10-11-2025.	--
149 **UNE-EN 62.196-2:** 2023. Clavijas, bases de toma de corriente, conectores de vehículo y entradas de vehículo. Carga conductiva de vehículos eléctricos. Parte 2: Requisitos de compatibilidad dimensional para los accesorios de espigas y alvéolos en corriente alterna.	UNE-EN 62.196-2: 2012 y sus modificaciones posteriores; UNE-EN 62.196-2: 2017.	Coexiste con: UNE-EN 62.196-2: 2017 hasta 24-11-2025.	ITC-52
150 **UNE-EN 62.196-3:** 2023. Clavijas, bases de toma de corriente, conectores de vehículo y entradas de vehículo. Carga conductiva de vehículos eléctricos. Parte 3: Requisitos de compatibilidad dimensional para acopladores de vehículo de espigas y alvéolos en corriente continua y corriente alterna/continua.	UNE-EN 62.196-3: 2014.	Coexiste con: UNE-EN 62.196-3: 2014 hasta 24-11-2025.	ITC-52
151 **UNE-EN 62.262:** 2002; 2002/A1: 2022. Grados de protección proporcionados por las envolventes de materiales eléctricos contra los impactos mecánicos externos (código IK).	UNE-EN 50.102: 1996; UNE-EN 50.102/A1: 1999; UNE-EN 50.102 CORR: 2002; UNE-EN 50.102/A1 CORR: 2002.	---	ITC-13 ITC-16 ITC-17 ITC-34 ITC-53 Anexo I
152 **UNE-EN 62.423:** 2013; 2013/A11: 2022; 2013/A12: 2023. Interruptores automáticos tipo F y tipo B para actuar por corriente diferencial residual, con y sin dispositivo de protección contra sobreintensidades incorporado, para usos domésticos y análogos.	---	---	ITC-24
153 **UNE-EN 62.852:** 2015; 2015/AC: 2019-02; 2015/A1: 2020. Conectores para aplicaciones de corriente continua en sistemas fotovoltaicos. Requisitos de seguridad y ensayos.	---	---	--

	Norma UNE *	Sustituye **	Coexistencia	ITC-BT
154	**UNE-EN IEC 60.079-10-1:** 2022. Atmósferas explosivas. Parte 10-1: Clasificación de emplazamientos. Atmósferas explosivas de gas.	UNE-EN 60.079-10-1: 2016.	---	ITC-29
155	**UNE-EN IEC 60.079-17:** 2024. Atmósferas explosivas. Parte 17: Inspección y mantenimiento de instalaciones eléctricas.	UNE-EN 60.079-17: 2014.	Coexiste con: UNE-EN 60.079-17: 2014 hasta 06-01-2027.	
156	**UNE-EN IEC 60.079-19:** 2021. Atmósferas explosivas. Parte 19: Reparación, revisión y reconstrucción del equipo.	UNE-EN 60.079-19: 2011 y sus modificaciones posteriores.	---	
157	**UNE-EN IEC 60.079-25:** 2023. Atmósferas explosivas. Parte 25: Sistemas eléctricos de seguridad intrínseca.	UNE-EN 60.079-25: 2017.	---	
158	**UNE-EN IEC 60.332-3-10**[15]**:** 2019; 2019/A11: 2021. Métodos de ensayo para cables eléctricos y cables de fibra óptica sometidos a condiciones de fuego. Parte 3-24: Ensayo de propagación vertical de la llama de cables colocados en capas en posición vertical. Categoría C.	---	---	--
159	**UNE-EN IEC 60.332-3-21**[16]**:** 2019. Métodos de ensayos para cables eléctricos y cables de fibra óptica sometidos a condiciones de fuego. Parte 3-21: Ensayo de propagación vertical de la llama de cables colocados en capas en posición vertical. Categoría A F/R.	---	---	--
160	**UNE-EN IEC 60.332-3-22**[17]**:** 2019. Métodos de ensayo para cables eléctricos y cables de fibra óptica sometidos a condiciones de fuego. Parte 3-22: Ensayo de propagación vertical de la llama de cables colocados en capas en posición vertical. Categoría A.	---	---	--
161	**UNE-EN IEC 60.332-3-23**[18]**:** 2019. Métodos de ensayo para cables eléctricos y cables de fibra óptica sometidos a condiciones de fuego. Parte 3-23: Ensayo de propagación vertical de la llama de cables colocados en capas en posición vertical. Categoría B.	---	---	--
162	**UNE-EN IEC 60.332-3-24**[19]**:** 2019. Métodos de ensayo para cables eléctricos y cables de fibra óptica sometidos a condiciones de fuego. Parte 3-24: Ensayo de propagación vertical de la llama de cables colocados en capas en posición vertical. Categoría C.	---	---	--
163	**UNE-EN IEC 60.598-2-18:** 2023. Luminarias. Parte 2: Reglas Particulares. Sección 18: Luminarias para piscinas y usos análogos.	UNE-EN IEC 60.598-2-18: 1997 y sus modificaciones posteriores.	---	ITC-31

- **(15), (16), (17), (18) y (19)** La referencia original en el texto reglamentario es UNE 20.432-3.

	Norma UNE *	Sustituye **	Coexistencia	ITC-BT
164	**UNE-EN IEC 60.598-2-22:** 2023. Luminarias. Parte 2-22: Requisitos particulares. Luminarias para alumbrado de emergencia.	UNE-EN IEC 60.598-2-22: 2015 y sus modificaciones posteriores.	---	ITC-28
165	**UNE-EN IEC 60.670-1:** 2022; 2022/A11: 2022. Cajas y envolventes para accesorios eléctricos en instalaciones eléctricas fijas para uso doméstico y análogos. Parte 1: Requisitos generales.	---	---	--
166	**UNE-EN IEC 60.904-3:** 2019. Dispositivos fotovoltaicos. Parte 3: Fundamentos de medida de dispositivos solares fotovoltaicos (FV) de uso terrestre con datos de irradiancia espectral de referencia. (Ratificada por la Asociación Española de Normalización en septiembre de 2019.).	---	---	ITC-53
167	**UNE-EN IEC 60.947-1:** 2022; 2022/AC: 2023-01; 2022/AC: 2024-05. Aparamenta de baja tensión. Parte 1: Reglas generales.	---	---	--
168	**UNE-EN IEC 60.947-3:** 2022. Aparamenta de baja tensión. Parte 3: Interruptores, seccionadores, interruptores-seccionadores y combinados fusibles.	---	---	--
169	**UNE-EN IEC 61.386-21[20]:** 2022; 2022/A11: 2022. Sistemas de tubos para la conducción de cables. Parte 21: Requisitos particulares. Sistemas de tubos rígidos.	UNE-EN 61.386-21: 2005 y sus modificaciones posteriores.	---	ITC-09 ITC-11 ITC-13 ITC-15 ITC-21
170	**UNE-EN IEC 61.386-22[21]:** 2022; 2022/A11: 2022. Sistemas de tubos para la conducción de cables. Parte 22: Requisitos particulares. Sistemas de tubos curvables.	UNE-EN 61.386-22: 2005 y sus modificaciones posteriores.	---	ITC-14 ITC-21
171	**UNE-EN IEC 61.386-23[22]:** 2022; 2022/A11: 2022. Sistemas de tubos para la conducción de cables. Parte 23: Requisitos particulares. Sistemas de tubos flexibles.	UNE-EN 61.386-23: 2005 y sus modificaciones posteriores.	---	ITC-21
172	**UNE-EN IEC 61.439-1:** 2021; 2021/AC: 2022-01. Conjuntos de aparamenta de baja tensión. Parte 1: Reglas generales.	UNE-EN 61.439-1: 2012.	---	ITC-13 ITC-16
173	**UNE-EN IEC 61.439-2:** 2021. Conjuntos de aparamenta de baja tensión. Parte 2: Conjuntos de aparamenta de potencia.	---	---	--
174	**UNE-EN IEC 61.439-5:** 2024. Conjuntos de aparamenta de baja tensión. Parte 5: Conjuntos de aparamenta para redes de distribución pública.	UNE-EN IEC 61.439-5: 2015.	Coexiste con: UNE-EN 61.439-5: 2015 hasta 07-09-2026.	--

- **(20)** La referencia original en el texto reglamentario es UNE-EN 50.086-2-1.
- **(21)** La referencia original en el texto reglamentario es UNE-EN 50.086-2-2.
- **(22)** La referencia original en el texto reglamentario es UNE-EN 50.086-2-3.

	Norma UNE *	Sustituye **	Coexistencia	ITC-BT
175	**UNE-EN IEC 61.914:** 2022. Bridas de amarre de cables para instalaciones eléctricas.	---	---	--
176	**UNE-EN IEC 62.275:** 2020. Sistemas de conducción de cables. Bridas para cables para instalaciones eléctricas.	---	---	--
177	**UNE-EN IEC 63.027:** 2024. Sistemas de energía fotovoltaica. Detección e interrupción del arco en corriente continua.	---	---	--
178	**UNE-EN IEC 63.052:** 2022. Dispositivos de protección contra sobretensiones a frecuencia industrial para usos domésticos y análogos (POP).	UNE-EN 50.550: 2012 y sus modificaciones posteriores.	---	ITC-23
179	**UNE-EN IEC 63.056:** 2020; 2020/AC: 2021-07. Elementos secundarios y baterías que contienen electrolitos alcalinos u otros electrolitos no ácidos. Requisitos de seguridad para baterías de litio para su uso en sistemas de almacenamiento de energía eléctrica. (Ratificada por la Asociación Española de Normalización en julio de 2020).	---	---	--
180	**UNE-EN ISO/IEC 17.024:** 2012. Evaluación de la conformidad. Requisitos generales para los organismos que realizan certificación de personas. (ISO/IEC 17024: 2012).	---	---	ITC-03
181	**UNE-EN ISO/IEC 17.025:** 2017. Requisitos generales para la competencia de los laboratorios de ensayo y calibración. (ISO/IEC 17025: 2017).	---	---	ITC-40
182	**UNE-HD 603-5N:** 2007/1M: 2023. Cables de distribución de tensión asignada 0,6/1 kV. Parte 5: Cables con aislamiento de XLPE, sin armadura. Sección N: Cables sin conductor concéntrico y con cubierta de PVC (Tipo 5N).	UNE-HD 603-525N: 2007/1M: 2017.	---	ITC-07
183	**UNE-HD 603-5X:** 2007/1M: 2023. Cables de distribución de tensión asignada 0,6/1kV. Parte 5: Cables con aislamiento de XLPE, sin armadura. Sección X: Cables sin conductor concéntrico y con cubierta de poliolefina (Tipo 5X-1 y 5X-2).	UNE-HD 603-5X: 2007/1M: 2017.	---	
184	**UNE-HD 60.269-2:** 2014; 2014/A1: 2023. Fusibles de baja tensión. Parte 2: Reglas suplementarias para los fusibles destinados a ser utilizados por personas autorizadas (fusibles para usos principalmente industriales). Ejemplos de sistemas normalizados de fusibles A a K.	---	---	--

	Norma UNE *	Sustituye **	Coexistencia	ITC-BT
185	**UNE-HD 60.269-3:** 2010; 2010/A1: 2013; 2010/A2: 2022. Fusibles de baja tensión. Parte 3: Reglas suplementarias para los fusibles destinados a ser utilizados por personas no cualificadas (fusibles para usos principalmente domésticos y análogos). Ejemplos de sistemas normalizados de fusibles A a F (Ratificada por AENOR en junio de 2011).	---	---	ITC-24
186	**UNE-HD 60.364-1(23):** 2009; 2009/A11: 2018. Instalaciones eléctricas de baja tensión. Parte 1: Principios fundamentales, determinación de las características generales, definiciones.	---	---	TC-19 TC-28 TC-30 ITC-31
187	**UNE-HD 60.364-4-41:** 2018; 2018/A11: 2018; 2018/A12: 2019. Instalaciones eléctricas de baja tensión. Parte 4-41: Protección para garantizar la seguridad. Protección contra los choques eléctricos.	UNE-HD 60.364-4-41: 2010 y sus modificaciones posteriores.	---	ITC-19 ITC-24 ITC-27
188	**UNE-HD 60.364-4-43:** 2024. Instalaciones eléctricas de baja tensión. Parte 4-43: Protección para garantizar la seguridad. Protección contra las sobreintensidades.	UNE-HD 60.364-4-43: 2013.	Coexiste con: UNE-HD 60.364-4-43: 2013 hasta 24-08-2026.	ITC-22
189	**UNE-HD 60.364-4-443:** 2016. Instalaciones eléctricas de baja tensión. Parte 4-44: Protección para garantizar la seguridad. Protección contra las perturbaciones de tensión y las perturbaciones electromagnéticas. Capítulo 443: Protección contra sobretensiones de origen atmosférico o debido a conmutación.	---	---	--
190	**UNE-HD 60.364-5-51:** 2010; 2010/A11: 2013; 2010/A12: 2018. Instalaciones eléctricas en edificios. Parte 5-51: Selección e instalación de materiales eléctricos. Reglas comunes.	---	---	--
191	**UNE-HD 60.364-5-52*:** 2022; 2022/A12: 2023. Instalaciones eléctricas de baja tensión. Parte 5-52: Selección e instalación de equipos eléctricos. Canalizaciones.	UNE-HD 60.364-5-52: 2014 y sus modificaciones posteriores.	---	ITC-14 ITC-19 ITC-20 ITC-21 ITC-22 ITC-29 ITC-30 ITC-46

* **NOTA A.:** <u>UNE-HD 60.364-5-52</u>: la referencia original en el texto reglamentario es **UNE 20-460-5-523**, la cual fue anulada y sustituida, según una Resolución de 2020, por la UNE-HD 60.364-5-52 Edición 2014 (aplicable a partir de enero de 2020). La actual Resolución de 2025 actualiza la norma a su edición de 2022 (aplicable a partir de abril de 2025 y coexistiendo con la versión anterior hasta octubre del mismo año).

- **(23)** La referencia original en el texto reglamentario es UNE 20.460-3.

	Norma UNE *	Sustituye **	Coexistencia	ITC-BT
192	**UNE-HD 60.364-5-54:** 2015; 2015/A11: 2018; 2015/A1: 2023. Instalaciones eléctricas de baja tensión. Parte 5-54: Selección e instalación de los equipos eléctricos. Puesta a tierra y conductores de protección.	---	---	ITC-18 ITC-19
193	**UNE-HD 60.364-6:** 2017; 2017/A11: 2018; 2017/A12: 2018. Instalaciones eléctricas de baja tensión. Parte 6: Verificación.	---	---	ITC-05 ITC-24 ITC-27
194	**UNE-HD 60.364-7-704:** 2018. Instalaciones eléctricas de baja tensión. Parte 7-704: Requisitos para instalaciones o emplazamientos especiales. Instalaciones en obras y demoliciones.	UNE-HD 60.364-7-704: 2009 y sus modificaciones posteriores.	---	ITC-33
195	**UNE-HD 60.364-7-705**[24]**:** 2011; 2011/A12: 2017. Instalaciones eléctricas de baja tensión. Parte 7-705: Requisitos para instalaciones y emplazamientos especiales. Establecimientos agrícolas y hortícolas.	---	---	ITC-35
196	**UNE-HD 60.364-7-708:** 2018. Instalaciones eléctricas de baja tensión. Parte 7-708: Requisitos para instalaciones o emplazamientos especiales. Parques de caravanas, campings y emplazamientos análogos.	UNE-HD 60.364-7-708: 2010 y sus modificaciones posteriores.	---	ITC-41
197	**UNE-HD 60.364-7-712:** 2017. Instalaciones eléctricas de baja tensión. Parte 7-712: Requisitos para instalaciones o emplazamientos especiales. Sistemas de alimentación solar fotovoltaica (FV).	---	---	ITC-40 ITC-53
198	**UNE-HD 60.364-7-721:** 2020. Instalaciones eléctricas de baja tensión. Parte 7-721: Requisitos para instalaciones o emplazamientos especiales. Instalaciones eléctricas en caravanas y caravanas con motor.	UNE-HD 60.364-7-721: 2011.	---	ITC-41
199	**UNE-IEC 60.050-461:** 2009. Vocabulario electrotécnico. Parte 461: Cables eléctricos.	---	---	ITC-01
200	**UNE-IEC 60.479-1**[25]**:** 2022. Efectos de la corriente sobre el hombre y el ganado. Parte 1: Aspectos generales.	UNE-IEC/TS 60.479-1: 2007 y sus modificaciones posteriores.	---	ITC-24

- **(24)** La referencia original en el texto reglamentario es UNE 20.460-7-705.
- **(25)** La referencia original en el texto reglamentario es UNE 20.572-1.

UNE   Puede adquirir cada una de estas normas para conocer su contenido completo en: **www.aenor.com**

Además, gracias al **código promocional** de este libro, que es **MCB**, usted puede conseguir cada una de las normas con un **descuento especial del 10 %.**

ITC-BT-03

Texto consolidado mediante:

➤ RD 560/2010
➤ RD 298/2021
➤ **RD 770/2025**
➤ Borrador Real Decreto

Norma	Apartado
UNE-EN ISO /IEC 17.024	4
GUIA-BT	**Edición**
Incluida	Sep. 2003 (Rev.1)

Empresas instaladoras y personas instaladoras en baja tensión

Pto.	RD 842/2002	RD 560/2010	RD 298/2021	Nota
		Se sustituye en todo el texto:	--	
		«Instalador/es autorizado/s» por **«Empresa/s instaladora/s»**		
2, 3	Existe un carné de instalador electricista y un certificado de empresa instaladora	**Desaparece el carné de instalador**, queda el certificado de empresa	Las empresas instaladoras de BT de categoría básica pueden realizar instalaciones generadoras de BT de potencia **inferior a 10 kW**	
4	El carné de instalador se obtiene por titulación o examen	Desaparece el examen	Definición de titulaciones y certificaciones	
A I	Necesario un instalador por cada 10 operarios	Solo es necesario **un instalador** por categoría	Mínimo un instalador a jornada completa (o equivalencias) **RD 770/2025**: mínimo 1 instalador (cualquier modalidad contractual)	
A I	Necesario un local con un mínimo de 25 m²	**No es necesario un local** para ser empresa instaladora	--	
A II			Apéndice II sobre conocimientos mínimos	

NOTA A.: El texto señalado en color gris pertenece al Borrador del RD (no vinculante).

Índice

1. OBJETO

La presente instrucción técnica complementaria tiene por objeto desarrollar las previsiones del artículo 22 del Reglamento electrotécnico para baja tensión, aprobado por RD 842/2002, de 2 de agosto, estableciendo las condiciones y requisitos que deben observarse para la certificación de la competencia y para la habilitación como empresa instaladora en el ámbito de aplicación de dicho reglamento.

2. EMPRESA INSTALADORA Y PERSONA INSTALADORA EN BAJA TENSIÓN

2.1 **Empresa instaladora** en baja tensión es la **persona física o jurídica** que realiza, mantiene o repara las instalaciones eléctricas en el ámbito del Reglamento electrotécnico para baja tensión, aprobado por Real Decreto 842/2002, de 2 de agosto, y sus instrucciones técnicas complementarias, habiendo presentado la correspondiente **declaración responsable de inicio de actividad** según lo prescrito en esta ITC-BT-03.

2.2 **Persona instaladora** en baja tensión es la *persona física que tiene conocimientos* para desempeñar alguna de las actividades correspondientes a las categorías *indicadas en el apartado 3* de esta Instrucción Técnica Complementaria *cumpliendo lo establecido en el apartado 4* de esta ITC-BT-03.

3. CLASIFICACIÓN DE LAS EMPRESAS INSTALADORAS EN BAJA TENSIÓN

Las empresas instaladoras en baja tensión se clasifican en las siguientes categorías:

Nota

1. BÁSICA:
Instalaciones del REBT, excepto las que se reservan para categoría especialista.

2. ESPECIALISTA:
Todas las instalaciones de la categoría básica, y ADEMÁS:

• Sistemas de automatización, gestión técnica de la energía y seguridad para viviendas y edificios • Sistemas de control distribuido • Sistemas de supervisión, control y adquisición de datos • Control de procesos	ITC-BT-51
• Líneas aéreas o subterráneas para **distribución** de energía	ITC-BT-06 - aéreas ITC-BT-07 - subterráneas ITC-BT-11 - acometidas
• Locales con riesgo de incendio o explosión	ITC-BT-29
• Quirófanos y salas de intervención	ITC-BT-38
• Lámparas de descarga en AT, rótulos luminosos y similares	ITC-BT-44 apdo. 3.2 y 5
• Instalaciones generadoras de baja tensión P ≥ 10 kW	ITC-BT-40

3.1 Categoría básica (EBTB) *Empresa Baja Tensión categoría Básica*

Las empresas instaladoras de esta categoría podrán realizar, mantener y reparar las instalaciones eléctricas para baja tensión en edificios, industrias, infraestructuras y, en general, todas las comprendidas en el ámbito del presente Reglamento electrotécnico para baja tensión, **que no se reserven a la categoría especialista (EBTE).**

3.2 Categoría especialista (EBTE) *Empresa Baja Tensión categoría Especialista*

Las empresas instaladoras de la categoría especialista podrán realizar, mantener y reparar las instalaciones de la categoría básica y, además, las correspondientes a:

1. Sistemas de automatización, gestión técnica de la energía y seguridad para viviendas y edificios;
2. Sistemas de control distribuido;
3. Sistemas de supervisión, control y adquisición de datos;
4. Control de procesos;
5. Líneas aéreas o subterráneas para distribución de energía;
6. Locales con riesgo de incendio o explosión;
7. Quirófanos y salas de intervención;
8. Lámparas de descarga en alta tensión, rótulos luminosos y similares;
9. Instalaciones generadoras de baja tensión de potencia superior o igual a **10 kW;**
   Según Borrador RD que modifica esta instrucción, el punto 9 pasaría a ser:
   Instalaciones generadoras de baja tensión de potencia superior o igual a 15 kW;

Según RD 298/2021

Cuando éstas estén contenidas en el ámbito del presente Reglamento electrotécnico para baja tensión y sus Instrucciones Técnicas Complementarias.

La categoría especialista para las cuatro primeras modalidades de instalaciones es única.

4. PERSONA INSTALADORA EN BAJA TENSIÓN

La persona instaladora en BT deberá desarrollar su actividad en el seno de una empresa instaladora de baja tensión habilitada y deberá cumplir y poder acreditar ante la Administración competente cuando ésta así lo requiera en el ejercicio de sus facultades de inspección, comprobación y control, una de las siguientes situaciones:

a. Disponer de un **título universitario** cuyo plan de estudios cubra las materias objeto del Reglamento Electrotécnico para Baja Tensión, aprobado por el RD 842/2002, de 2 de agosto, y de sus ITCs.

b. Disponer de un **título de formación profesional** o de un **certificado de profesionalidad** incluido en el Repertorio Nacional de Certificados de Profesionalidad, cuyo ámbito competencial coincida con las materias objeto del Reglamento Electrotécnico para Baja Tensión, aprobado por el RD 842/2002, de 2 de agosto, y de sus ITCs.

c. Tener reconocida una **competencia profesional** adquirida por experiencia laboral, de acuerdo con lo estipulado en el RD 1224/2009, de 17 de julio, de reconocimiento de las competencias profesionales adquiridas por experiencia laboral, en las materias objeto del Reglamento electrotécnico para baja tensión, aprobado por el RD 842/2002, de 2 de agosto, y de sus ITCs.

d. Tener reconocida la **cualificación profesional** de persona instaladora en baja tensión adquirida en otro u otros Estados miembros de la Unión Europea, de acuerdo con lo establecido en el Real Decreto 581/2017, de 9 de junio, por el que se incorpora al ordenamiento jurídico español la Directiva 2013/55/UE del Parlamento Europeo y del Consejo, de 20 de noviembre de 2013, por la que se modifica la Directiva 2005/36/CE relativa al reconocimiento de cualificaciones profesionales y el Reglamento (UE) n.º 1024/2012 relativo a la cooperación administrativa a través del Sistema de Información del Mercado Interior (Reglamento IMI).

e. Poseer una **certificación** otorgada por entidad acreditada para la certificación de personas por ENAC (Entidad Nacional de Acreditación) o cualquier otro Organismo Nacional de Acreditación designado de acuerdo a lo establecido en el Reglamento (CE) n.º 765/2008 del Parlamento Europeo y del Consejo, de 9 de julio de 2008, por el que se establecen los requisitos de acreditación y vigilancia del mercado relativos a la comercialización de los productos y por el que se deroga el Reglamento (CEE) n.º 339/93, de acuerdo a la norma UNE-EN ISO/IEC 17024.

Todas las **entidades acreditadas para la certificación** de personas que quieran otorgar estas certificaciones deberán incluir en su esquema de certificación un sistema de evaluación que incluya los **contenidos mínimos** que se indican en el **Apéndice II** de esta instrucción técnica complementaria.

Cualquiera de las situaciones o titulaciones previstas (título universitario, título de formación profesional o certificado de profesionalidad, experiencia laboral reconocida o certificación otorgada por entidad acreditada) son válidas indistintamente para las distintas categorías de persona instaladora de baja tensión, *en función de los conocimientos acreditados.*

De acuerdo con la Ley 17/2009, de 23 de noviembre, sobre el libre acceso a las actividades de servicios y su ejercicio, el personal habilitado por una Comunidad Autónoma podrá ejecutar esta actividad dentro de una empresa instaladora en todo el territorio español, sin que puedan imponerse requisitos o condiciones adicionales.

 Títulos de Formación Profesional **y Certificados** de Profesionalidad para desarrollar la actividad como «persona instaladora de baja tensión», en cualquiera de sus dos categorías (Básica y Especialista) y modalidades dentro de la categoría Especialista:

https://industria.gob.es/Calidad-Industrial/seguridadindustrial/instalacionesindustriales/baja-tension/Documents/2002/titulacion-baja-tension-2019-03-26-v1.pdf

5. HABILITACIÓN DE EMPRESAS INSTALADORAS DE BAJA TENSIÓN

5.1 Antes de comenzar sus actividades como empresas instaladoras en baja tensión, las personas físicas o jurídicas que deseen establecerse en España deberán presentar ante el órgano competente de la comunidad autónoma en la que se establezcan una declaración responsable en la que el titular de la empresa o el representante legal de la misma declare para qué categoría, y en su caso, modalidad, va a desempeñar la actividad, que cumple los requisitos que se exigen por esta ITC que dispone de la documentación que así lo acredita, que se compromete a mantenerlos durante la vigencia de la actividad y que se responsabiliza de que la ejecución de las instalaciones se efectúa de acuerdo con las normas y requisitos que se establecen en el *Reglamento Electrotécnico para Baja Tensión*, aprobado por el RD 842/2002, y sus respectivas instrucciones técnicas complementarias. La citada declaración responsable se deberá presentar por medios electrónicos.

Borrador Real Decreto

5.2 Las empresas instaladoras en baja tensión legalmente establecidos para el ejercicio de esta actividad *en cualquier otro Estado miembro de la Unión Europea* que deseen realizar la actividad en régimen de libre prestación en territorio español, deberán presentar, previo al inicio de la misma, ante el

órgano competente de la comunidad autónoma donde deseen comenzar su actividad, una declaración responsable en la que el titular de la empresa o el representante legal de la misma declare para qué categoría, y en su caso, modalidad, va a desempeñar la actividad, que cumple los requisitos que se exigen por esta Instrucción Técnica Complementaria, que dispone de la documentación que así lo acredita, que se compromete a mantenerlos durante la vigencia de la actividad y que se responsabiliza de que la ejecución de las instalaciones se efectúa de acuerdo con las normas y requisitos que se establecen en el *Reglamento electrotécnico para baja tensión*, aprobado por el RD 842/2002, de 2 de agosto, y sus respectivas instrucciones técnicas complementarias.

Para la acreditación del cumplimiento del requisito de personal cualificado la declaración deberá hacer constar que la empresa dispone de la documentación que acredita la capacitación del personal afectado, de acuerdo con la normativa del país de establecimiento y conforme a lo previsto en la normativa de la Unión Europea sobre reconocimiento de cualificaciones profesionales, aplicada en España mediante el Real Decreto 581/2017, de 9 de junio. La autoridad competente podrá verificar esa capacidad con arreglo a lo dispuesto en el artículo 15 del citado real decreto.

5.3 Las comunidades autónomas deberán posibilitar que la declaración responsable sea realizada por medios electrónicos.

Borrador Real Decreto

De acuerdo con el artículo 14 de la Ley 39/2015, del Procedimiento Administrativo Común de las Administraciones Públicas, la presentación de la **declaración responsable** y las relaciones de las empresas instaladoras con las Comunidades Autónomas se realizarán **por medios electrónicos**.

No se podrá exigir la presentación de documentación acreditativa del cumplimiento de los requisitos junto con la declaración responsable. No obstante, esta documentación deberá estar disponible para su presentación inmediata ante la Administración competente cuando ésta así lo requiera en el ejercicio de sus facultades de inspección, comprobación y control.

5.4 El órgano competente de la comunidad autónoma, asignará, de oficio, un número de identificación a la empresa y remitirá los datos necesarios para su inclusión en el <u>Registro Integrado Industrial</u> regulado en el título IV de la Ley 21/1992, de Industria y en su normativa reglamentaria de desarrollo.

5.5 De acuerdo con la Ley 21/1992, de Industria, la declaración responsable habilita *por tiempo indefinido* a la empresa instaladora, desde el momento de su presentación ante la Administración competente, para el ejercicio de la actividad *en todo el territorio español*, sin que puedan imponerse requisitos o condiciones adicionales.

5.6 Al amparo de lo previsto en el apartado 3 del artículo 69 de la Ley 39/2015, del Procedimiento Administrativo Común de las Administraciones Públicas, la Administración competente podrá regular un procedimiento para comprobar a posteriori lo declarado por el interesado.

En todo caso, la no presentación de la declaración, así como la inexactitud, falsedad u omisión, de carácter esencial, de datos o manifestaciones que deban figurar en dicha declaración habilitará a la Administración competente para dictar resolución, que deberá ser motivada y previa audiencia de la persona interesada, por la que se declare la imposibilidad de seguir ejerciendo la actividad, sin perjuicio de las responsabilidades que pudieran derivarse de las actuaciones realizadas, y de la aplicación del régimen sancionador previsto en la Ley 21/1992, de 16 de julio, de Industria.

5.7 Cualquier hecho que suponga **modificación** de alguno de los datos incluidos en la declaración originaria, <u>así como</u> **el cese** de las actividades, deberá ser **comunicado** por el interesado al órgano competente de la comunidad autónoma donde presentó la declaración responsable en el **plazo de un mes**.

5.8 Las empresas instaladoras cumplirán lo siguiente:

a) Disponer de la documentación que identifique a la empresa instaladora, que en el caso de persona jurídica deberá estar constituida legalmente.

b) Contar con los medios técnicos y humanos necesarios para realizar su actividad en condiciones de seguridad, que, como mínimo serán los que se determinan en el Apéndice I de esta ITC.

c) Haber suscrito un seguro de responsabilidad civil profesional u otra garantía equivalente que cubra los daños que puedan provocar en la prestación del servicio por una **cuantía mínima** de:

> ➤ **600.000 euros por siniestro** para la categoría básica y de
> ➤ **900.000 euros por siniestro** para la categoría especialista.

Estas cuantías mínimas se actualizarán por orden de la persona titular del Ministerio de Industria, Comercio y Turismo, siempre que sea necesario para mantener la equivalencia económica de la garantía y previo informe de la Comisión Delegada del Gobierno para Asuntos Económicos.

5.9 La empresa instaladora habilitada no podrá

- facilitar,
- ceder o
- enajenar

certificados de instalación no realizadas por ella misma.

5.10 El incumplimiento de los requisitos exigidos, verificado por la autoridad competente y declarado mediante resolución motivada, conllevará el cese de la actividad, salvo que pueda incoarse un expediente de subsanación de errores, sin perjuicio de las sanciones que pudieran derivarse de la gravedad de las actuaciones realizadas.

La autoridad competente, en este caso, abrirá un expediente informativo al titular de la instalación, que tendrá **quince días naturales** a partir de la comunicación para aportar las evidencias o descargos correspondientes.

5.11 El órgano competente de la comunidad autónoma dará traslado inmediato al Ministerio de Industria, Turismo y Comercio de la inhabilitación temporal, las modificaciones y el cese de la actividad a los que se refieren los apartados precedentes para la actualización de los datos en el Registro Integrado Industrial regulado en el título IV de la Ley 21/1992, de 16 de julio, de Industria, tal y como lo establece su normativa reglamentaria de desarrollo.

6. OBLIGACIONES DE LAS EMPRESAS INSTALADORAS EN BAJA TENSIÓN

Las empresas instaladoras en baja tensión deben, en sus respectivas categorías:

a) Ejecutar, modificar, ampliar, mantener o reparar las instalaciones que les sean adjudicadas o confiadas, de conformidad con la normativa vigente y con la documentación de diseño de la instalación, utilizando, en su caso, materiales y equipos que sean conformes a la legislación que les sea aplicable.

b) Efectuar las pruebas y ensayos reglamentarios que les sean atribuidos.

c) Realizar las operaciones de revisión y mantenimiento que tengan encomendadas, en la forma y plazos previstos.

d) Emitir los certificados de instalación o mantenimiento, en su caso, recopilando para ello los certificados y evidencias de cumplimiento normativo y reglamentario de los elementos de la instalación, según lo establecido en las correspondientes instrucciones técnicas aplicables.

Borrador Real Decreto

e) Coordinar, en su caso, con la empresa suministradora y con las personas usuarias las operaciones que impliquen interrupción del suministro.

f) Notificar a la Administración competente los posibles incumplimientos reglamentarios de materiales o instalaciones, que observasen en el desempeño de su actividad. En caso de peligro manifiesto, darán cuenta inmediata de ello a las personas usuarias y, en su caso, a la empresa suministradora, y pondrá la circunstancia en conocimiento del Órgano competente de la Comunidad Autónoma en el plazo máximo de **24 horas**.

g) Asistir a las inspecciones establecidas por el Reglamento, o las realizadas de oficio por la Administración, si fuera requerido por el procedimiento.

h) Mantener al día un registro de las instalaciones ejecutadas o mantenidas.

i) Informar a la Administración competente sobre los accidentes ocurridos en las instalaciones a su cargo.

j) Conservar a disposición de la Administración, copia de los contratos de mantenimiento al menos durante los **5 años** inmediatos posteriores a la finalización de los mismos.

APÉNDICE I

MEDIOS MÍNIMOS, TÉCNICOS Y HUMANOS, REQUERIDOS PARA LAS EMPRESAS INSTALADORAS EN BAJA TENSIÓN

ACTUALIZADO el Apartado 1 del Apéndice I según el **RD 770/2025**

1. MEDIOS HUMANOS

Contar con el personal contratado necesario para realizar la actividad en condiciones de seguridad, en número suficiente **y** durante el tiempo necesario para atender las instalaciones que tengan contratadas, con un mínimo de una persona instaladora en baja tensión de la misma categoría en la que la empresa se encuentra habilitada.

Se entenderá satisfecho el requisito del párrafo anterior cuando el referido personal necesario para realizar la actividad esté contratado a través de cualquiera de las modalidades contractuales permitidas en derecho.

Pto.	RD 842/2002	RD 560/2010	RD 298/2021	RD 770/2025	Nota
A I	Necesario un instalador por cada 10 operarios	Solo es necesario 1 instalador por categoría	Mínimo 1 instalador a **jornada completa** (o equivalencias)	Mínimo **1 instalador** (cualquier modalidad contractual)	
A I	Necesario un local con un mínimo de 25 m²	**No es necesario un local** para ser empresa instaladora	---	---	

2. MEDIOS TÉCNICOS

■ 2.1 Categoría básica

Borrador
Real
Decreto

Deberá disponer de los equipos necesarios para la realización de las siguientes medidas:

1. Medida de resistencia de tierra (Telurómetro[*]).
   *NOTA A.: Medidor de resistencia de puesta a tierra y resistividad.

2. Medida de resistencia de aislamiento.
   Medidor de aislamiento, según **ITC-BT-19**[*]. *NOTA A.: Conocido como "Megger".

3. Medida de tensión, corriente y resistencia. Multímetro o tenaza, para las siguientes magnitudes:
   • Tensión alterna y continua hasta 500 V.
   • Intensidad alterna y continua hasta 20 A.
   • Resistencia hasta 1 MΩ con sensibilidad mejor o igual a 0,1 Ω.

4. Medidor de corrientes de fuga, con resolución mejor o igual que 1 mA.

5. Detector de tensión.

6. Analizador-registrador de potencia y energía para corriente alterna trifásica, con capacidad de medida de las siguientes magnitudes: potencia activa; tensión alterna; intensidad alterna; factor de potencia.

7. Equipo verificador de la sensibilidad de disparo de los interruptores diferenciales, capaz de verificar la característica intensidad-tiempo.

8. Equipo verificador de la continuidad de conductores.

9. Medidor de impedancia de bucle, con sistema de medición independiente o con compensación del valor de la resistencia de los cables de prueba y con una resolución mejor o igual que 0,1 Ω.

10. Herramientas comunes y equipo auxiliar.

11. Medida de iluminancia. Luxómetro con rango de medida adecuado para el alumbrado de emergencia.

■ 2.2 Categoría especialista

Además de los medios anteriores, deberán contar con los siguientes, según proceda:

1. Analizador de redes, de armónicos y de perturbaciones de red.

2. Electrodos para la medida del aislamiento de los suelos.

3. Aparato comprobador del dispositivo de vigilancia del nivel de aislamiento de los quirófanos.

Borrador
Real
Decreto

Los medios técnicos anteriores podrán ser propiedad de la empresa instaladora, cedidos o alquilados, siempre que se garantice en todo momento su correcto estado de funcionamiento y calibración cuando se usan.

■ 2.3 Herramientas, equipos y medios de protección individual

Estarán de acuerdo con la normativa vigente, las necesidades de la instalación y sus medidas.

APÉNDICE II

CONOCIMIENTOS MÍNIMOS NECESARIOS PARA PERSONAS INSTALADORAS EN BAJA TENSIÓN

I. PERSONA INSTALADORA CATEGORÍA BÁSICA

A) Conocimientos teóricos

Unidad temática 1: Fundamentos de las Instalaciones Eléctricas.

1. Conceptos básicos de electrotecnia:
   1.1 Corriente alterna y corriente continua.
   1.2 Sistemas trifásicos y monofásicos.
   1.3 Componentes de las instalaciones eléctricas.
   1.4 Cables y conductores.
   1.5 Aparamenta de protección.
   1.6 Receptores y máquinas eléctricas: motores y transformadores.

2. Calculo eléctrico de las líneas de BT:
   2.1 Criterio de capacidad térmica.
   2.2 Criterio de caída de tensión.
   2.3 Criterio de corriente de cortocircuito.
   2.4 Líneas abiertas y cerradas; líneas de sección uniforme y no uniforme.

3. Reglamentación de las instalaciones eléctricas: REBT y sus ITC:
   3.1 Empresas y personas instaladoras de Baja Tensión (ITC-BT-03).
   3.2 Documentación de las instalaciones (ITC-BT-04).
   3.3 Puesta en servicio.
   3.4 Verificaciones e inspecciones (ITC-BT-05).

4. Normativa internacional de instalaciones eléctricas de baja tensión.

Unidad temática 2: Instalaciones de Enlace.

1. Previsión de cargas para suministros de BT (ITC-BT-10).

2. Esquemas de las instalaciones de enlace (ITC-BT-12).

3. Partes constituyentes de las instalaciones de enlace:
   3.1 Cajas Generales de Protección (CGP) (ITC-BT-13).
   3.2 Línea General de Alimentación (LGA) (ITC-BT-14).
   3.3 Centralizaciones de Contadores (CC) (ITC-BT-16).
   3.4 Derivaciones Individuales (DI) (ITC-BT-15).
   3.5 Dispositivos Generales de Mando y Protección (DGMP) (ITC-BT-17).

4. Cálculo y Montaje de las instalaciones de enlace:
   4.1 Caídas de tensión.
   4.2 Sistemas de instalación: tubos y canalizaciones (ITC-BT-20; ITC-BT-21).
   4.3 Tipos y emplazamiento de los cuadros eléctricos.
   4.4 Simbología, planos y esquemas eléctricos de las instalaciones.

Unidad temática 3: Instalaciones Interiores o Receptoras.

1. Prescripciones generales para las instalaciones interiores (ITC-BT-19).
2. Instalaciones en viviendas y edificios de viviendas (ITC-BT-25):
   2.1 Grados de electrificación, número de circuitos y características.
   2.2 Tomas de tierra y protección contra los contactos indirectos (ITC-BT-26).
   2.3 Instalaciones en locales que contienen una bañera o ducha (ITC-BT-27).
   2.4 Instalaciones comunes de edificios de viviendas.
   2.5 Dimensionamiento de tubos y canalizaciones.
3. Instalaciones en edificios comerciales, oficinas e industrias:
   3.1 Carga total correspondiente edificios comerciales, oficinas e industrias.
   3.2 Distribución de la electrificación en el edificio. Equilibrado de cargas.
   3.3 Conductores, circuitos y secciones.
4. Instalaciones en garajes y desclasificación de los garajes.

Unidad temática 4: Protecciones de las instalaciones.

1. Sistemas de conexión del neutro y de las masas en las instalaciones de distribución en BT (ITC-BT-08).
2. Instalaciones de puesta a tierra (ITC-BT-18).
3. Protección contra los choques eléctricos-contactos directos e indirectos (ITC-BT-24).
4. Protección contra las sobreintensidades-sobrecargas y cortocircuitos (ITC-BT-23).
5. Protección contra las sobretensiones (ITC-BT-22).

Unidad temática 5: Instalaciones con características especiales.

1. Instalaciones de alumbrado exterior (ITC-BT-09):
   1.1 Introducción a los conceptos luminotécnicos y al REEAE.
   1.2 Cálculos eléctricos de alumbrado.
   1.3 Cálculos luminotécnicos básicos.
2. Instalaciones en locales de pública concurrencia (ITC-BT-28):
   2.1 Suministros complementarios.
   2.2 Alumbrado de emergencia.
3. Instalaciones de infraestructura para la recarga del vehículo eléctrico (ITC-BT-52):
   3.1 Esquemas de conexión.
   3.2 Previsión de cargas.
   3.3 Requisitos generales y medidas de protección.
   3.4 Tipos de conexión y modos de carga del VE.
4. Instalaciones en locales de características especiales (ITC-BT-30):
   4.1 Locales húmedos.
   4.2 Locales mojados.
   4.3 Otros locales de características especiales.
5. Instalaciones de piscinas y fuentes (ITC-BT-31).
6. Instalaciones a muy baja tensión y a tensiones especiales (ITC-BT-36; ITC-BT-37).
7. Instalaciones de máquinas de elevación y transporte (ITC-BT-32).
8. Instalaciones provisionales y temporales de obras (ITC-BT-33).
9. Instalaciones de ferias y stands (ITC-BT-34).
10. Instalaciones de establecimientos agrícolas y hortícolas (ITC-BT-35).
11. Instalaciones de cercas eléctricas para ganado (ITC-BT-39).

12. Instalaciones en caravanas y parques de caravanas (ITC-BT-41).

13. Instalaciones en puertos y marinas para barcos de recreo (ITC-BT-42).

14. Instalaciones en locales con radiadores para saunas (ITC-BT-50).

15. Instalaciones eléctricas en muebles (ITC-BT-49).

Unidad temática 6: Instalación de Receptores.

1. Prescripciones generales para la instalación de receptores (ITC-BT-43).

2. Receptores de alumbrado (ITC-BT-44).

3. Aparatos de caldeo (ITC-BT-45).

4. Cables y folios radiantes en viviendas (ITC-BT-46).

5. Motores, transformadores, reactancias y condensadores (ITC-BT-47; ITC-BT-48).

Unidad temática 7: Instalaciones generadoras de BT de potencia inferior A 10 kW. (ITC-BT-40)

1. Tipos y clasificación.

2. Montaje y mantenimiento.

3. Sistemas antivertido para instalaciones sin excedentes.

4. Condiciones generales y particulares para la conexión:

    4.1 Instalaciones aisladas.

    4.2 Instalaciones asistidas.

    4.3 Instalaciones interconectadas.

5. Protecciones e instalaciones de puesta a tierra.

B) Conocimientos prácticos:

1. Montaje y puesta en servicio de instalaciones de baja tensión que estén comprendidas en el ámbito de este reglamento y que no se reserven a la categoría de especialista.

2. Verificación, mantenimiento y reparación de instalaciones de baja tensión que estén comprendidas en el ámbito de este reglamento y que no se reserven a la categoría de especialista:

    2.1 Verificación inicial de instalaciones, en función de sus características, y de acuerdo a la normativa vigente.

    2.2 Mantenimiento y reparación de instalaciones.

    2.3 Mantenimiento o reparación de la aparamenta de protección, control, seccionamiento o conexión.

3. Manejo aparatos de medida y herramientas:

    3.1 Herramientas utilizadas en instalaciones eléctricas de baja tensión: tipos y manejo.

    3.2 Manejo de aparatos de medida de magnitudes eléctricas.

II. PERSONA INSTALADORA CATEGORÍA ESPECIALISTA

Además de los conocimientos teóricos y prácticos indicados para la categoría básica, la persona instaladora de categoría especialista, para cada especialidad, deberá tener los siguientes conocimientos:

A) Conocimientos teóricos

Unidad temática 1 (Especialista): Líneas de distribución en B.T.
1. Tipos de redes de distribución: radiales, en anillo.
2. Líneas aéreas (ITC-BT-06):
    2.1 Componentes: Conductores aislados y desnudos, Apoyos, aisladores y herrajes, accesorios de sujeción.
    2.2 Cálculo mecánico de las líneas: conductores y apoyos.
    2.3 Intensidades admisibles en régimen permanente y en cortocircuito.
3. Líneas subterráneas (ITC-BT-07):
    3.1 Cables aislados.
    3.2 Intensidades admisibles en régimen permanente y en cortocircuito: factores de corrección por tipo de instalación.
4. Acometidas (ITC-BT-11).
5. Normas particulares de las empresas distribuidoras.

Unidad temática 2 (Especialista): Sistemas de automatización (ITC-BT-51).
1. Automatismos eléctricos:
    1.1 Elementos que componen las instalaciones: sensores, actuadores, dispositivos de control y elementos auxiliares. Tipos y características.
    1.2 Cuadros eléctricos.
    1.3 Simbología normalizada en las instalaciones.
    1.4 Planos y esquemas eléctricos normalizados. Tipología.
2. Instalaciones automatizadas:
    2.1 Tipos de sensores. Características y aplicaciones.
    2.2 Actuadores: relés, contactores, solenoides, electroválvulas (entre otros).
    2.3 Control de potencia: arranque de motores (monofásicos y trifásicos, entre otros).
    2.4 Protecciones contra cortocircuitos, derivaciones y sobrecargas.
    2.5 Arrancadores estáticos y variadores de velocidad electrónicos.
    2.6 Controladores programables. Autómatas.
    2.7 Programas de control. Programación.

Unidad temática 3 (Especialista): Instalaciones en locales con riesgo de incendio y explosión (ITC-BT-29).
1. Clasificación de emplazamientos y Modos de protección.
2. Condiciones de la instalación para todas las zonas peligrosas.
3. Criterios de selección de material.

Unidad temática 4 (Especialista): Instalaciones en quirófanos y salas de intervención (ITC-BT-38).

1. Medidas de protección.
2. Puesta a tierra y equipontecialidad.
3. Alimentación con transformador de aislamiento.
4. Protección diferencial y contra sobreintensidades.
5. Suministros complementarios.
6. Riesgo de incendio y explosión.
7. Control y mantenimiento.
8. Cuadros de distribución y receptores especiales.

Unidad temática 5 (Especialista): Instalaciones generadoras de baja tensión de potencia superior o igual a 10 kW (ITC-BT-40).

1. Tipos y clasificación.
2. Condiciones generales y particulares para la conexión:
   2.1 Instalaciones aisladas.
   2.2 Instalaciones asistidas.
   2.3 Instalaciones interconectadas.
3. Protecciones e instalaciones de puesta a tierra.
4. Instalaciones en corriente continua.

Unidad temática 6 (Especialista): Instalaciones de lámparas de descarga en alta tensión y rótulos luminosos (ITC-BT-44).

1. Rótulos y tubos luminosos alimentados entre 1 kV y 10 kV: Reglas de instalación, envolventes, soportes.
2. Protección contra los contactos indirectos, protección contra fugas y apertura de circuitos.
3. Transformadores, convertidores e inversores.

B) Conocimientos prácticos

1. **Montaje y puesta en servicio** de instalaciones de baja tensión que estén comprendidas en el ámbito de este reglamento y que estén reservadas a la categoría de especialista.

2. **Verificación, mantenimiento y reparación** de instalaciones de baja tensión que estén comprendidas en el ámbito de este reglamento y que estén reservadas a la categoría de especialista:

   2.1 Verificación inicial de instalaciones, en función de sus características, y de acuerdo a la normativa vigente.

   2.2 Mantenimiento y reparación de instalaciones.

   2.3 Mantenimiento o reparación de la aparamenta de protección, control, seccionamiento o conexión.

3. Adicionalmente, para cada categoría especialista:

3.1 Unidad temática 1: Líneas de distribución en B.T.

3.1.1 Ejecución de las instalaciones aéreas: conductores aislados y desnudos; distancias de separación; cruzamientos, proximidades y paralelismos.

3.1.2 Ejecución de las instalaciones subterráneas: tipos de instalación y condiciones para cruzamientos, paralelismos y proximidades.

3.2 Unidad temática 2: Sistemas de automatización.

3.2.1 Sistemas de automatización, gestión técnica de la energía y seguridad para viviendas y edificios.

3.2.2 Sistemas de control distribuido.

3.2.3 Instalación y programación de sistemas de supervisión, control y adquisición de datos.

3.2.4 Control de procesos.

3.3 Unidad temática 3: Instalaciones en locales con riesgo de incendio y explosión.

3.3.1 Selección de material para trabajar en ambientes clasificados.

3.3.2 Instalaciones de estaciones de servicio, garajes y talleres de reparación.

3.4 Unidad temática 4: Instalaciones en quirófanos y salas de intervención.

3.4.1 Selección de material para trabajar en ambientes clasificados.

3.4.2 Instalación de receptores especiales.

3.5 Unidad temática 5: Instalaciones generadoras de baja tensión de potencia superior o igual a 10 kW.

3.5.1 Ejecución de las distintas instalaciones de autoconsumo.

3.5.2 Instalación de sistemas antivertido para instalaciones sin excedentes.

3.6 Unidad temática 6: Instalaciones de lámparas de descarga en alta tensión y rótulos luminosos.

3.6.1 Instalación de rótulos y tubos luminosos alimentados entre 1 kV y 10 kV.

3.6.2 Protecciones contra fugas.

ANOTACIONES

ITC-BT-04 | Documentación y puesta en servicio de las instalaciones

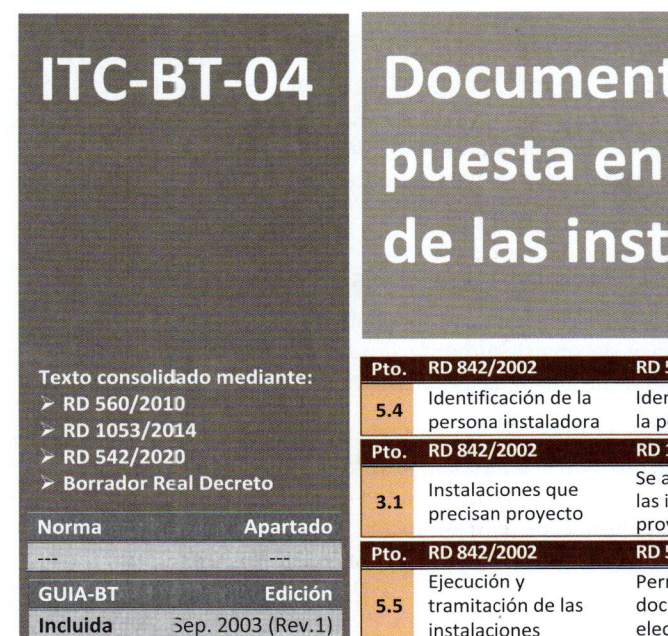

Texto consolidado mediante:
- ➢ RD 560/2010
- ➢ RD 1053/2014
- ➢ RD 542/2020
- ➢ Borrador Real Decreto

Norma	Apartado
---	---
GUIA-BT	Edición
Incluida	Sep. 2003 (Rev.1)

Pto.	RD 842/2002	RD 560/2010	Nota
5.4	Identificación de la persona instaladora	Identificación de la empresa y de la persona instaladora	

Pto.	RD 842/2002	RD 1053/2014
3.1	Instalaciones que precisan proyecto	Se añade el **grupo z** y se indican las instalaciones que precisan proyecto.

Pto.	RD 842/2002	RD 542/2020
5.5	Ejecución y tramitación de las instalaciones	Permitida la presentación de documentación técnica por medios electrónicos (copia única)

NOTA A.: El texto señalado en color gris pertenece al Borrador del RD (no vinculante).

Índice

1. OBJETO

La presente instrucción tiene por objeto desarrollar las prescripciones del **artículo 18** del *Reglamento electrotécnico para baja tensión*, determinando la documentación técnica que deben tener las instalaciones para ser legalmente puestas en servicio, así como su tramitación ante el órgano competente de la Administración.

2. DOCUMENTACIÓN DE LAS INSTALACIONES

Las instalaciones en el ámbito de aplicación del presente Reglamento deben ejecutarse sobre la base de una documentación técnica que, en función de su importancia, deberá adoptar una de las siguientes modalidades.

■ 2.1 Proyecto

Cuando se precise proyecto, de acuerdo con lo establecido en el apartado 3, éste deberá ser redactado y firmado por la persona técnica titulada competente, quien será directamente responsable de que el mismo se adapte a las disposiciones reglamentarias. El proyecto de instalación se desarrollará, bien como parte del proyecto general del edificio, bien en forma de uno o varios proyectos específicos.

En la memoria del proyecto se expresarán especialmente:

- Datos relativos al propietario.
- Emplazamiento, características básicas y uso al que se destina.
- Características y secciones de los conductores a emplear.
- Características y diámetros de los tubos para canalizaciones.
- Relación nominal de los receptores que se prevean instalar y su potencia, sistemas y dispositivos de seguridad adoptados y cuantos detalles sean necesarios de acuerdo con la importancia de la instalación proyectada y para que se ponga de manifiesto el cumplimiento de las prescripciones del Reglamento y sus Instrucciones Técnicas Complementarias.
- Esquema unifilar de la instalación y características de los dispositivos de corte y protección adoptados, puntos de utilización y secciones de los conductores.
- Croquis de su trazado.
- Cálculos justificativos del diseño.

Los planos serán los suficientes en número y detalle, tanto para dar una idea clara de las disposiciones que pretenden adoptarse en las instalaciones, como para que la Empresa instaladora que ejecute la instalación disponga de todos los datos necesarios para la realización de la misma.

■ 2.2 Memoria técnica de diseño

La Memoria Técnica de Diseño (MTD) se redactará, según modelo determinado por el órgano competente de la Comunidad Autónoma, con objeto de proporcionar los principales datos y características de diseño de las instalaciones. La empresa instaladora para la categoría de la instalación correspondiente o la persona técnica titulada competente que firme dicha Memoria será directamente responsable de que la misma se adapte a las exigencias reglamentarias.

En especial, se incluirán los siguientes datos:

- Los referentes a la empresa o persona propietaria.

- Identificación de la empresa instaladora responsable de la instalación y de la persona que firma la memoria y justificación de su competencia.

- Emplazamiento de la instalación.

- Uso al que se destina.

- Relación nominal de los receptores que se prevea instalar y su potencia.

- Cálculos justificativos de las características de la línea general de alimentación, derivaciones individuales y líneas secundarias, sus elementos de protección y sus puntos de utilización.

- Pequeña memoria descriptiva.

- Esquema unifilar de la instalación y características de los dispositivos de corte y protección adoptados, puntos de utilización y secciones de los conductores.

- Croquis de su trazado. (**Nota A:** *Tal y como indica el artículo 19 del REBT*)

Nota La **Guía Técnica de la ITC-BT-04** adjunta un formato tipo de **MTD** que garantiza el contenido técnico mínimo establecido en el REBT.

No obstante, los organismos competentes de cada Comunidad Autónoma establecen los documentos tipo a presentar según el tipo de instalación (*Anexo VII*).

 Formularios para la tramitación de instalaciones eléctricas de Baja Tensión por Comunidades Autónomas, así como la Guía Técnica de la ITC-BT-04 completa disponibles en ***www.marketing.marcombo.com***

3. INSTALACIONES QUE PRECISAN PROYECTO

3.1 Nuevas instalaciones. Para su ejecución, precisan elaboración de proyecto las nuevas instalaciones siguientes:

Grupo	N	Tipo de instalación	Proyecto	Inspección Inicial (ITC-05)
a		Las correspondientes a industrias, en general.	P > 20 kW	P > 100 kW
b	ITC-30 ITC-47	Las correspondientes a: - Locales húmedos, polvorientos o con riesgo de corrosión. - Bombas de extracción o elevación de agua, sean industriales o no.	P > 10 kW	No precisa
c	ITC-30 ITC-40 ITC-45	Las correspondientes a: - Locales mojados. - *Generadores y convertidores*. - Conductores aislados para caldeo, excluyendo las de viviendas.	P > 10 kW	Solo locales mojados: P > 25 kW
d1	ITC-40 ITC-53	***BORRADOR REAL DECRETO:*** Las correspondientes a: - Generadores y convertidores* - Instalaciones de corriente continua para generación o almacenamiento de energía ** NOTA A.: Actualmente en apartado c*	P > 15 kW	Generación **con** exced.: P > 15 kW Autoconsumo **sin** exced.: P > 100 kW
d2	ITC-33	Las de carácter temporal: - Para alimentación de maquinaria de obras en construcción. - En locales o emplazamientos abiertos.	P > 50 kW	No precisa
e	ITC-10 ITC-25	Las de edificios destinados principalmente a viviendas, locales comerciales y oficinas, que **no** tengan la consideración de locales de pública concurrencia, en edificación vertical u horizontal.	P > 100 kW por Caja General de Protección (CGP)	No precisa
f	ITC-25	Las correspondientes a viviendas unifamiliares.	P > 50 kW	No precisa
g	"ITC-29"	Las de aparcamientos o estacionamientos que requieren ventilación forzada.	Cualquiera que sea su ocupación	25 o más plazas
h	"ITC-29"	Las de aparcamientos o estacionamientos que disponen de ventilación natural.	De más de 5 plazas de estacionamiento	25 o más plazas
i	ITC-28	Las correspondientes a locales de pública concurrencia.	Todas. Sin límite de potencia	Siempre
j	ITC-06 ITC-32 ITC-37 "ITC-44" ITC-39 06 o 07	- Líneas de baja tensión con apoyos comunes con las de alta tensión. - Máquinas de elevación y transporte. - Las que utilicen tensiones especiales. - Las destinadas a rótulos luminosos salvo que se consideren instalaciones de baja tensión según lo establecido en la **ITC-BT-44**. - Cercas eléctricas. - Redes aéreas o subterráneas de distribución.	Todas las instalaciones. Sin límite de potencia	No precisa
k	ITC-09	Instalaciones de alumbrado exterior.	LED: P > 0,8 kW Otros casos: P > 5 kW	LED: P > 0,8 kW Otros casos: P > 5 kW

(P = potencia **prevista** en la instalación, teniendo en cuenta lo estipulado en la ITC-BT-10).

Grupo		Tipo de instalación	Proyecto	Inspección Inicial (ITC-05)
l	ITC-29	Las correspondientes a locales con riesgo de incendio o explosión, excepto aparcamientos o estacionamientos.	Todas. Sin límite de potencia	Todas de Clase I
m	ITC-38	Las de quirófanos y salas de intervención.	Todas. Sin límite	Siempre
n	ITC-31	Las correspondientes a piscinas y fuentes.	P > 5 kW	P > 10 kW (piscinas)
z	ITC-52	Las correspondientes a las infraestructuras para la recarga del VE	P > 50 kW	Siempre
		Instalaciones de recarga situadas en el exterior.	P > 10 kW	
		Todas las instalaciones que incluyan estaciones de recarga previstas para el modo de carga 4	Todas. Sin límite de potencia	
o		Todas aquellas que, no estando comprendidas en los grupos anteriores, determine el Ministerio de Ciencia y Tecnología, mediante la oportuna Disposición.	Según corresponda	A determinar

No será necesaria la elaboración de **proyecto** para las instalaciones de recarga que se ejecuten en los grupos de instalación **g)** y **h)** existentes en edificios de viviendas, siempre que las nuevas instalaciones no estén incluidas en el grupo **z)**.

Tampoco será necesaria la elaboración de **proyecto** en el caso de que la instalación esté conformada únicamente por alguno de aquellos elementos incluidos en la tabla anterior que <u>dispongan de marcado CE</u> **o** <u>de reglamento de instalación propio</u> y se utilice en las condiciones indicadas en dicho marcado o reglamento.

Borrador Real Decreto

3.2 Ampliaciones y modificaciones

Asimismo, requerirán elaboración de proyecto las **ampliaciones y modificaciones** de las instalaciones siguientes:

a) Las ampliaciones de las instalaciones de los tipos **(b, c, g, i, j, l, m)** y modificaciones de importancia de las instalaciones señaladas en 3.1.

Nota

Modificación de importancia – Art. 2 del REBT:
- ✓ Las que afectan a <u>más del **50 %**</u> de la potencia instalada.
- ✓ <u>Líneas completas</u> de procesos productivos con nuevos circuitos y cuadros.

b) Las ampliaciones de las instalaciones que, siendo de los tipos señalados en **3.1,** no alcanzasen los límites de potencia prevista establecidos para las mismas, pero que los superan al producirse la ampliación.

c) Las *ampliaciones* de instalaciones que requirieron proyecto originalmente si en una o en varias ampliaciones se supera el **50 % de la potencia** *prevista* en el proyecto anterior.

Si una instalación está comprendida en más de un grupo de los especificados en **3.1**, se le aplicará el criterio más exigente de los establecidos para dichos grupos.

4. INSTALACIONES QUE REQUIEREN MEMORIA TÉCNICA DE DISEÑO

Requerirán Memoria Técnica de Diseño todas las instalaciones (sean nuevas, ampliaciones o modificaciones) no incluidas en los grupos indicados en el apartado **3**.

5. EJECUCIÓN Y TRAMITACIÓN DE LAS INSTALACIONES

5.1 Ejecución de las instalaciones

Todas las instalaciones en el ámbito de aplicación del Reglamento deben ser efectuadas por las empresas instaladoras en baja tensión a las que se refiere la Instrucción Técnica complementaria **ITC-BT-03**.

En el caso de instalaciones que requirieron Proyecto, su ejecución deberá contar con la dirección de una persona técnica titulada competente.

Si, en el curso de la ejecución de la instalación, la empresa instaladora considerase que el Proyecto o Memoria Técnica de Diseño no se ajusta a lo establecido en el Reglamento, deberá, por escrito, poner tal circunstancia en conocimiento del autor de dichos Proyecto o Memoria, y de la persona propietario. Si no hubiera acuerdo entre las partes se someterá la cuestión al Órgano competente de la Comunidad Autónoma, para que ésta resuelva en el más breve plazo posible.

5.2 Acciones previas y generación de documentación

Al término de la ejecución de la instalación, la empresa instaladora realizará las **verificaciones** que resulten oportunas, en función de las características de aquella, según se especifica en la **ITC-BT-05** y en su caso todas las que determine la dirección de obra.

5.3 Asimismo, las instalaciones que se especifican en la **ITC-BT-05**, deberán ser objeto de la correspondiente **Inspección inicial** por Organismo de Control.

5.4 Finalizadas las obras y realizadas las verificaciones e inspección inicial a que se refieren los puntos anteriores, se procederá según se establece en el artículo 18 del reglamento. La empresa instaladora deberá emitir un **Certificado de instalación**, suscrito por una persona instaladora en baja tensión que pertenezca a la empresa, según modelo establecido por la Administración, que deberá comprender, al menos, lo siguiente:

a) Datos referentes a las principales características de la instalación.

b) Potencia prevista de la instalación.

c) En su caso, la referencia del certificado del Organismo de Control que hubiera realizado con calificación de resultado favorable, la inspección inicial.

d) Identificación de la empresa instaladora responsable de la instalación y de la persona instaladora en BT que suscribe el certificado de instalación.

e) Declaración expresa de que la instalación ha sido ejecutada de acuerdo con las prescripciones del Reglamento electrotécnico para baja tensión, aprobado por el RD 842/2002, y, en su caso, con las especificaciones particulares aprobadas a la Compañía eléctrica, así como, según corresponda, con el Proyecto o la Memoria Técnica de Diseño.

5.5 **Presentación de la documentación** (Punto actualizado según **RD 542/2020**)

Tal y como se establece en el artículo 18 del reglamento, antes de la puesta en servicio de las instalaciones, la empresa instaladora deberá presentar ante el Órgano competente de la Comunidad Autónoma, al objeto de su inscripción en el correspondiente registro:

a) **Certificado de instalación** con su correspondiente anexo de información a la persona usuaria, por quintuplicado*.

> * **NOTA A.:** El artículo 14 de la Ley 39/2015, del Procedimiento Administrativo Común de las Administraciones Públicas, indica que la **presentación** de documentación a las Comunidades Autónomas se realizará **por medios electrónicos**, por lo que no es necesario documentación impresa por quintuplicado.

b) **Documentación técnica** que corresponda: proyecto o Memoria Técnica de Diseño.

c) Certificado de **Dirección de Obra** firmado por la correspondiente persona técnica titulada competente, en su caso.

d) Para las instalaciones que requieran inspección inicial según la instrucción ITC-BT-05, el **certificado de inspección inicial** del Organismo de Control.

El Órgano competente de la Comunidad Autónoma deberá diligenciar las copias del Certificado de Instalación y, en su caso, del certificado de inspección inicial**,** devolviendo *cuatro a la empresa instaladora, dos para sí y las otras dos para la propiedad*, a fin de que ésta pueda, a su vez, quedarse con una copia y entregar la otra a la Compañía eléctrica, requisito sin el cual ésta no podrá suministrar energía a la instalación, salvo lo indicado en el Artículo 18.3 del *Reglamento electrotécnico para baja tensión.**

> * **_NOTA A.:_** El artículo 14 de la Ley 39/2015, del Procedimiento Administrativo Común de las Administraciones Públicas, indica que la **presentación** de documentación a las Comunidades Autónomas se realizará **por medios electrónicos**, por lo que no es necesario documentación impresa.

Borrador
Real
Decreto

El órgano competente de la Comunidad Autónoma emitirá acuse de recibo de la presentación de la documentación por **medios electrónicos** a la empresa instaladora, quien deberá entregar una copia (también electrónica) del documento a la persona física o jurídica titular de la instalación y conservar otra para su archivo.

Para la puesta en servicio de la instalación, se deberá proceder según lo establecido en el **artículo 18** del reglamento, no pudiéndose suministrar energía a la misma, salvo en el caso indicado en el citado artículo.

RD 542/2020

Si la documentación técnica indicada se presentase por **medios electrónicos**, solo será necesaria la presentación de una única copia del certificado de instalación eléctrica en lugar de cinco. **En este caso**, la administración enviará dicho certificado diligenciado por medios electrónicos a la empresa instaladora, quien deberá entregar:

- ✓ una copia (**también electrónica**) del documento al titular de la instalación y
- ✓ conservar otra para su archivo.

5.6 Instalaciones temporales en ferias, exposiciones y similares

Cuando en este tipo de eventos exista para toda la instalación de la feria o exposición una Dirección de Obra común, podrán agruparse todas las documentaciones de las instalaciones parciales de alimentación a los distintos stands o elementos de la feria, exposición, etc., y presentarse de una sola vez ante el Órgano competente de la Comunidad Autónoma, bajo una certificación de instalación global firmada por la persona responsable técnica de la Dirección mencionada.

Cuando se trate de montajes repetidos idénticos, se podrá prescindir de la documentación de diseño, tras el registro de la primera instalación, haciendo constar en el certificado de instalación dicha circunstancia, que será válida durante un año, siempre que no se produjeran modificaciones significativas, entendiendo como tales las que afecten a la potencia prevista, tensiones de servicio y utilización y a los elementos de protección contra contactos directos e indirectos y contra sobreintensidades y sobretensiones.

6. PUESTA EN SERVICIO DE LAS INSTALACIONES

La persona física o jurídica titular de la instalación deberá solicitar el suministro de energía a la Empresa suministradora mediante entrega del correspondiente ejemplar del certificado de instalación (del documento emitido por la Administración).

La Empresa suministradora podrá realizar, a su cargo, las verificaciones que considere oportunas, en lo que se refiere al cumplimiento de las prescripciones del presente Reglamento.

Cuando los valores obtenidos en la indicada verificación sean inferiores o superiores a los señalados respectivamente para el aislamiento y corrientes de fuga en la **ITC-BT-19**, las Empresas suministradoras no podrán conectar a sus redes las instalaciones receptoras.

En esos casos, deberán extender un acta, en la que conste el resultado de las comprobaciones, la cual deberá ser firmada igualmente por la persona titular de la instalación, dándose por enterado. Dicha acta, en el plazo más breve posible, se pondrá en conocimiento del órgano competente de la Comunidad Autónoma, quien determinará lo que proceda.

ANOTACIONES

ANOTACIONES

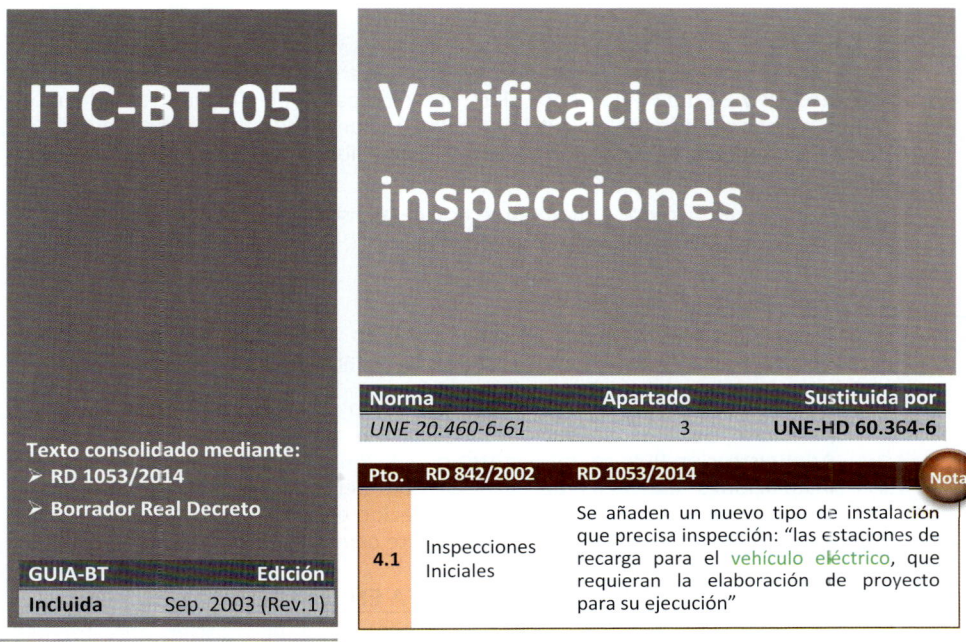

ITC-BT-05

Verificaciones e inspecciones

Texto consolidado mediante:
- ➢ RD 1053/2014
- ➢ Borrador Real Decreto

GUIA-BT	Edición
Incluida	Sep. 2003 (Rev.1)

Norma	Apartado	Sustituida por
UNE 20.460-6-61	3	**UNE-HD 60.364-6**

Pto.	RD 842/2002	RD 1053/2014	Nota
4.1	Inspecciones Iniciales	Se añaden un nuevo tipo de instalación que precisa inspección: "las estaciones de recarga para el vehículo eléctrico, que requieran la elaboración de proyecto para su ejecución"	

NOTA A.: *El texto señalado en color gris pertenece al Borrador del RD (no vinculante).*

Índice

1. OBJETO

La presente instrucción tiene por objeto desarrollar las previsiones de los **artículos 18 y 20** del Reglamento Electrotécnico para Baja Tensión (en adelante, también denominado reglamento), en relación con las verificaciones previas a la puesta en servicio e inspecciones de las instalaciones eléctricas incluidas en su campo de aplicación.

- *Artículo 18*: Ejecución y puesta en servicio de las instalaciones.
- *Artículo 20*: Mantenimiento de las instalaciones.

2. AGENTES INTERVINIENTES

a. Las **verificaciones** previas a la puesta en servicio de las instalaciones deberán ser realizadas por las empresas instaladoras que las ejecuten.

b. De acuerdo con lo indicado en el artículo 20 (23) del Reglamento, sin perjuicio de las atribuciones que, en cualquier caso, ostenta la Administración Pública, los agentes que lleven a cabo las **inspecciones** de las instalaciones eléctricas de baja tensión deberán tener la condición de Organismos de Control, según lo establecido en el Real Decreto 2.200/1995, de 28 de diciembre, acreditados para este campo reglamentario.

3. VERIFICACIONES PREVIAS A LA PUESTA EN SERVICIO

Las instalaciones eléctricas en baja tensión deberán ser **verificadas,** previamente a su puesta en servicio y **según** corresponda en función de sus características:

- siguiendo la metodología de la norma **UNE 20.460-6-61** *(norma anulada y sustituida por la **UNE-HD 60.364-6**).*

- de acuerdo con lo establecido en las correspondientes ITC
- y siguiendo la metodología de la norma **UNE-HD 60.364-6** en lo no especificado en las ITC.

Borrador Real Decreto

Para las instalaciones que requieran **proyecto**, la verificación de la persona instaladora y la supervisión de la dirección de obra se realizarán conjuntamente, a fin de comprobar la correcta ejecución de la instalación y su funcionamiento seguro evitando discrepancias entre ambas certificaciones.

En general se deben incluir durante las verificaciones los siguientes aspectos, además de aquellos indicados en las ITC que apliquen a cada tipo particular de instalación:

Guía

La verificación de las instalaciones eléctricas previa a su puesta en servicio comprende dos fases:

1. Verificación por examen: una primera fase que no requiere efectuar medidas.
2. Verificación por ensayo: segunda fase que requiere la utilización de equipos de medida específicos.

El alcance de esta verificación se detalla en la **ITC-BT-19** y en la UNE 20.460 parte 6-61 *(norma anulada y sustituida por la **UNE-HD 60.364-6**)*. Adicionalmente otras instrucciones establecen **verificaciones adicionales**, como la **ITC-BT-18** para el caso de las puestas a tierra.

Nota

El Borrador del Real Decreto por el que se aprueba una nueva ITC-BT-53 y se modifican artículos y otras ITC-BT del REBT, incluye en esta ITC-BT-05 dos apartados sobre la manera de proceder en las verificaciones.

El texto de los siguientes apartados es el mismo que incluye la Guía Técnica de Diseño de esta ITC-BT-05. Si bien la Guía Técnica no tiene carácter vinculante, el apartado 3 de la presente instrucción indica que "las instalaciones eléctricas en baja tensión deberán ser verificadas" de acuerdo con lo establecido en las ITC y en la norma UNE en vigor.

■ 3.1 Verificación por examen
(BORRADOR RD: añade el título del apartado. Texto de la Guía Técnica)

Debe preceder a los ensayos y medidas, y normalmente se efectuará para el conjunto de la instalación estando ésta sin tensión.

Está destinada a comprobar:

- ✓ Si el material eléctrico instalado permanentemente es conforme con las prescripciones establecidas en el proyecto o memoria técnica de diseño.
- ✓ Si el material ha sido elegido e instalado correctamente conforme a las prescripciones del Reglamento y del fabricante del material.
- ✓ Que el material no presenta ningún daño visible que pueda afectar a la seguridad.

En concreto los aspectos **cualitativos** que este tipo de verificación debe tener en cuenta son:

1. La existencia de medidas de protección contra los choques eléctricos por contacto de partes bajo tensión o contactos directos, como por ejemplo: el aislamiento de las partes activas, el empleo de envolventes, barreras, obstáculos o alejamiento de las partes en tensión.

2. La existencia de medidas de protección contra choques eléctricos derivados del fallo de aislamiento de las partes activas de la instalación, es decir, contactos indirectos**.** Dichas medidas pueden ser el uso de dispositivos de corte automático de la alimentación tales como interruptores de máxima corriente, fusibles, o diferenciales, la utilización de equipos y materiales de clase II, disposición de paredes y techos aislantes o alternativamente de conexiones equipotenciales en locales que no utilicen conductor de protección, etc.

3. La existencia y calibrado de los dispositivos de protección y señalización.

4. Cuando proceda, la presencia de barreras cortafuegos y otras disposiciones que impidan la propagación del fuego, así como protecciones contra efectos térmicos.

5. La utilización de materiales y medidas de protección apropiadas a las influencias externas.

6. La existencia y disponibilidad de esquemas, advertencias e informaciones similares.

7. La identificación de circuitos, fusibles, interruptores, bornes, etc.

8. La correcta ejecución de las conexiones de los conductores.

9. La accesibilidad para comodidad de funcionamiento y mantenimiento.

■ **3.2 Verificación mediante medidas y ensayos**
(BORRADOR RD: añade el título del apartado. Texto de la Guía Técnica)

Las verificaciones generales a realizar son las siguientes (descritas en la **ITC-BT-19** e **ITC-BT-18**):

1. Medida de continuidad de los conductores de protección.
2. Medida de la resistencia de puesta a tierra.
3. Medida de la resistencia de aislamiento de los conductores.
4. Medida de la resistencia de aislamiento de suelos y paredes, cuando se utilice este sistema de protección.
5. Medida de la rigidez dieléctrica.

Adicionalmente hay que considerar otras medidas y comprobaciones que son necesarias para garantizar que se han adoptado convenientemente los requisitos de protección contra choques eléctricos. Se realizarán una o varias de las medidas indicadas a continuación según el sistema de protección utilizado:

6. Medida de las corrientes de fuga.
7. Comprobación de la intensidad de disparo de los diferenciales.
8. Medida de la impedancia de bucle.
9. Comprobación de la secuencia de fases.

4. INSPECCIONES

Las instalaciones eléctricas en baja tensión de especial relevancia que se citan a continuación, deberán ser objeto de inspección por un <u>Organismo de Control</u>, a fin de asegurar, en la medida de lo posible, el cumplimiento reglamentario a lo largo de la vida de dichas instalaciones.

Las inspecciones podrán ser:

• **Iniciales**: antes de la puesta en servicio de las instalaciones.
• **Periódicas**

■ 4.1 Inspecciones iniciales

Serán objeto de inspección, *una vez ejecutadas* las **instalaciones**, *sus ampliaciones o modificaciones de importancia* y previamente a ser documentadas ante el órgano competente de la Comunidad Autónoma, las siguientes instalaciones:

Nota

Modificación de importancia – Art. 2 del REBT:
✓ Las que afectan a más del **50 %** de la potencia instalada.
✓ Líneas completas de procesos productivos con nuevos circuitos y cuadros.

Grupo[1]		Tipo de instalación	Límites
a		Instalaciones industriales que precisen proyecto	P > 100 kW
i	ITC-28	Locales de pública concurrencia	Todos. Sin límite de P
l	ITC-29	Locales con riesgo de incendio o explosión, de clase I	Todos excepto aparcamientos o estacionamientos de menos de 25 plazas
c	ITC-30	Locales mojados[2]	P > 25 kW
n	ITC-31	Piscinas	P > 10 kW
m	ITC-38	Quirófanos y salas de intervención	Todos. Sin límite de P
k	ITC-09	Instalaciones de alumbrado exterior	LED: P > 0,8 kW Otros casos: P > 5 kW
z	ITC-52	Instalaciones de las estaciones de recarga para el VE, que requieran la elaboración de proyecto para su ejecución	Todas. Sin límite de P.
d1	ITC-40	*BORRADOR REAL DECRETO:* - Instalaciones de **generación** interconectadas con excedentes de potencia	P > 15 kW
	ITC-53	- Instalaciones de autoconsumo sin excedentes con potencia	P > 100 kW

(P = Potencia **instalada**, calculada teniendo en cuenta lo estipulado en la ITC-BT-10).

NOTA A.:
1) Misma identificación de grupos que en apdo. 3.1 de la ITC-BT-04.
2) Según ITC-BT-30: "Se considerarán como locales o emplazamientos mojados los lavaderos públicos, las fábricas de apresto, tintorerías, etc., así como las instalaciones a la intemperie."

■ 4.2 Inspecciones periódicas

Serán objeto de inspecciones periódicas:

- **Cada 5 años**: todas las instalaciones eléctricas en baja tensión que precisaron inspección inicial, según el punto **4.1** anterior; y

- **Cada 10 años:**

  - Instalaciones eléctricas **comunes de edificios de viviendas** de potencia total instalada superior a **100 kW**.

Borrador Real Decreto
  - Instalaciones eléctricas **comunes** de edificios de **más de 16 viviendas**.
  - Instalaciones generadoras de **autoconsumo** colectivo **sin** excedentes de **más de 15 kW** y de **hasta 100 kW**.

5. PROCEDIMIENTO (RESULTADO DE LAS INSPECCIONES)

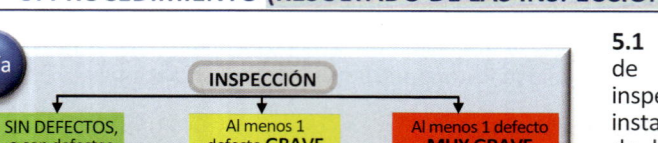

5.1 Los Organismos de Control realizarán la inspección de las instalaciones sobre la base de las prescripciones que establezca el Reglamento de aplicación y, en su caso, de lo especificado en la documentación técnica, aplicando los criterios para la clasificación de defectos que se relacionan en el apartado siguiente. La empresa instaladora, si lo estima conveniente, podrá asistir a la realización de estas inspecciones.

5.2 Como **resultado de la inspección**, el Organismo de Control emitirá un Certificado de Inspección, en el cual figurarán los datos de identificación de la instalación y la posible relación de defectos, con su clasificación, y la calificación de la instalación, que podrá ser:

5.2.1 **Favorable:** cuando no se determine la existencia de ningún defecto muy grave o grave. En este caso, los posibles defectos leves se anotarán para constancia del titular, con la indicación de que deberá poner los medios para *subsanarlos antes de la próxima inspección* (lo antes posible).

Asimismo, podrán servir de base a efectos estadísticos y de control del buen hacer de las empresas instaladoras.

5.2.2 **Condicionada:** cuando se detecte la existencia de, al menos, un defecto grave o defecto leve procedente de otra inspección anterior que no se haya corregido. En este caso:

a) *Las **instalaciones nuevas** que sean objeto de esta calificación (*instalaciones sometidas a inspección inicial que sean objeto de esta calificación) no podrán ser suministradas de energía eléctrica en tanto no se hayan corregido los defectos indicados y puedan obtener la calificación de favorable.

Borrador Real Decreto

b) A las **instalaciones ya en servicio** se les fijará un plazo para proceder a su corrección, que no podrá superar los **6 meses**. Transcurrido dicho plazo sin haberse subsanado los defectos, el Organismo de Control deberá remitir el Certificado con la calificación negativa al Órgano competente de la Comunidad Autónoma.

5.2.3 <mark>Negativa:</mark> cuando se observe, al menos, un defecto muy grave. En este caso:

a) Las ***nuevas instalaciones*** (instalaciones sometidas a inspección inicial) <mark>no podrán entrar en servicio</mark>, en tanto no se hayan corregido los defectos indicados y puedan obtener la calificación de favorable.

b) A las ***instalaciones ya en servicio*** se les emitirá Certificado negativo, que se remitirá inmediatamente al órgano competente de la Comunidad Autónoma. Si no es posible la corrección inmediata del defecto, se dejará la instalación o elementos causantes del riesgo fuera de servicio.

6. COMUNICACIÓN A LA ADMINISTRACIÓN

Borrador Real Decreto

En virtud del Artículo 14 de la Ley 39/2015, de 1 de octubre, del Procedimiento Administrativo Común de las Administraciones Públicas, el organismo de control tendrá obligación de remitir el certificado de la inspección periódica al órgano competente de la Comunidad Autónoma donde se sitúe la instalación, por medios electrónicos y, en el caso de que dicho organismo de control esté capacitado para ello, con firma y sello electrónico.

A. En el caso de que el resultado de la inspección sea **favorable** o **negativa**, dicho comunicación deberá realizarse de forma inmediata.

La subsanación de los defectos muy graves requiere una nueva inspección en la que se deberá reflejar la desaparición del defecto. La instalación o parte de la instalación afectada se mantendrá fuera de servicio hasta que no se emita un certificado con resultado favorable.

B. En el caso de que el resultado de la inspección sea **condicionada**, la subsanación de los defectos graves y los leves procedentes de una inspección previa deben verificarse mediante una segunda visita de inspección dentro del plazo de subsanación establecido en el artículo anterior, siendo el organismo de control el responsable de controlar que no se excede dicho plazo.

B.1. Si los defectos son subsanados antes del plazo indicado, se hará constar esta circunstancia y se remitirá la documentación al órgano competente de la Comunidad Autónoma.

B.2. Transcurrido el plazo sin haberse subsanado los defectos, el organismo de control deberá emitir el certificado con la calificación negativa, y como consecuencia, la instalación o parte de la instalación afectada quedará fuera de servicio, momento en el cual se realizará la comunicación del resultado al órgano competente de la Comunidad Autónoma.

7. CLASIFICACIÓN DE LOS DEFECTOS

Los defectos en las instalaciones se clasificarán en: defectos muy graves, defectos graves y defectos leves.

■ 7.1 Defecto muy grave

Es todo aquél que la razón o la experiencia determina que constituye un <u>peligro inmediato</u> para la seguridad de las personas o los bienes.

Se consideran tales los incumplimientos de las medidas de seguridad que pueden provocar el desencadenamiento de los peligros que se pretenden evitar con tales medidas, en relación con:

- Contactos directos, en cualquier tipo de instalación.
- Locales de pública concurrencia.
- Locales con riesgo de incendio o explosión.
- Locales de características especiales.
- Instalaciones con fines especiales.
- Quirófanos y salas de intervención.

■ 7.2 Defecto grave

Es el que **no** supone un peligro inmediato para la seguridad de las personas o de los bienes, pero puede serlo al originarse un fallo en la instalación. **También** se incluye dentro de esta clasificación, <u>el defecto que pueda reducir de modo sustancial la capacidad de utilización de la instalación eléctrica</u>.

Dentro de este grupo y con carácter no exhaustivo, se consideran los siguientes defectos graves:

1. Falta de conexiones equipotenciales, cuando éstas fueran requeridas.
2. Inexistencia de medidas adecuadas de seguridad contra contactos indirectos.
3. Falta de aislamiento de la instalación.
4. Falta de protección adecuada contra cortocircuitos y sobrecargas en los conductores, en función de la intensidad máxima admisible en los mismos, de acuerdo con sus características y condiciones de instalación.
5. Falta de continuidad de los conductores de protección.
6. Valores elevados de resistencia de tierra en relación con las medidas de seguridad adoptadas.
7. Defectos en la conexión de los conductores de protección a las masas, cuando estas conexiones fueran preceptivas.
8. Sección insuficiente de los conductores de protección.
9. Existencia de partes o puntos de la instalación cuya defectuosa ejecución pudiera ser origen de averías o daños.
10. Naturaleza o características no adecuadas de los conductores utilizados.
11. Falta de sección de los conductores, en relación con las caídas de tensión admisibles para las cargas previstas.
12. Falta de identificación de los conductores "neutro" y "de protección".

13. Empleo de materiales, aparatos o receptores que no se ajusten a las especificaciones vigentes.

14. Ampliaciones o modificaciones de una instalación que no se hubieran tramitado según lo establecido en la **ITC-BT-04**.

15. Carencia del número de circuitos mínimos estipulados.

16. La sucesiva reiteración o acumulación de defectos leves.

■ 7.3 Defecto leve

Es todo aquel que no supone peligro para las personas o los bienes, no perturba el funcionamiento de la instalación y en el que la desviación respecto de lo reglamentado **no** tiene valor significativo para el uso efectivo o el funcionamiento de la instalación.

ANOTACIONES

ANOTACIONES

ITC-BT-06 — Redes aéreas para distribución en baja tensión

$U_{N \text{ (fase-fase) AC}} \leq 1 \text{ kV}$

Texto consolidado mediante:
➤ Borrador Real Decreto

GUIA-BT	Edición
No publicada	---

Norma	Apartado	Sustituida por:
UNE 20.435	4.2.2.1/ 4.4	UNE 211.435-1
UNE 21.012	1.1.2	UNE 207.015
UNE 21.018	1.1.2	--
UNE 21.030	1.1.1/ 3.1/ 4.2	
UNE 21.144	4.4	--
UNE 21.144-2-2	4.2.2.2	--

NOTA A.: *El texto señalado en color gris pertenece al Borrador del RD (no vinculante).*

Índice

1. MATERIALES

■ 1.1 Conductores

Los conductores utilizados en las redes aéreas serán de cobre, aluminio o de otros materiales o aleaciones que posean características eléctricas y mecánicas adecuadas y serán preferentemente aislados.

Borrador Real Decreto

En el tendido de redes aéreas para distribución en baja tensión no se utilizarán conductores desnudos.

1.1.1 Conductores aislados (cables)

Los conductores aislados serán de tensión asignada no inferior a 0,6/1 kV. Estarán formados por conductores aislados reunidos en haz y tendrán un recubrimiento tal que garantice una buena resistencia a las acciones de la intemperie y deberán satisfacer las exigencias especificadas en la norma **UNE 21.030**.

La sección mínima permitida en los conductores de aluminio será de 16 mm², y en los de cobre de 10 mm². La sección mínima correspondiente a otros materiales será la que garantice una resistencia mecánica y conductividad eléctrica no inferiores a las que corresponden a los de cobre anteriormente indicados (de 10 mm²).

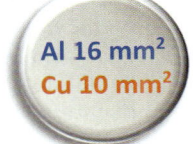

Al 16 mm²
Cu 10 mm²

La utilización de conductores de cobre está prevista para acometidas, de modo que no se utilizarán en redes de distribución salvo en casos especiales debidamente justificados por el proyectista.

Los cables que cumplan con las normas UNE 21.030 parte 1 (conductor de aluminio) o parte 2 (conductor de cobre) tendrán presunción de conformidad con los requisitos de esta ITC-BT-06.

1.1.2 Conductores desnudos
Nota A.: Este apartado desaparece en el Borrador del RD

Los conductores desnudos serán resistentes a las acciones de la intemperie y su carga de rotura mínima a la tracción será de **410 daN** debiendo satisfacer las exigencias especificadas en las normas **UNE 21.012** (**UNE 207.015**) o **UNE 21.018** según que los conductores sean de cobre o de aluminio.

Se considerarán como **conductores desnudos** aquellos conductores aislados para una tensión nominal inferior a 0,6/1 kV.

Su utilización tendrá carácter especial debidamente justificado, excluyendo el caso de zonas de arbolado o con peligro de incendio.

1.2 Aisladores
Nota A.: Este apartado desaparece en el Borrador del RD

Los aisladores serán de porcelana, vidrio o de otros materiales aislantes equivalentes que resistan las acciones de la intemperie, especialmente las variaciones de temperatura y la corrosión, debiendo ofrecer la misma resistencia a los esfuerzos mecánicos y poseer el nivel de aislamiento de los aisladores de porcelana o vidrio.

La fijación de los aisladores a sus soportes se efectuará mediante roscado o cementación a base de sustancias que no ataquen ninguna de las partes, y que no sufran variaciones de volumen que puedan afectar a los propios aisladores o a la seguridad de su fijación.

1.3 Accesorios de sujeción

Borrador Real Decreto

Serán adecuados a la naturaleza, composición y sección de los cables y, en su caso, no deberán aumentar la resistencia eléctrica de éstos.

Los accesorios de sujeción, pinzas de anclaje o de suspensión, que se empleen en las redes aéreas deberán estar debidamente protegidos contra la corrosión y envejecimiento, y resistirán los esfuerzos mecánicos a que puedan estar sometidos, con un coeficiente de seguridad no inferior al que corresponda al dispositivo de anclaje donde estén instalados.

Las pinzas de anclaje y de suspensión que cumplan con las normas UNE-EN 50.483 parte 2 o 3 tendrán presunción de conformidad con los requisitos de esta ITC-BT-06.

1.4 Apoyos
Los apoyos podrán ser metálicos, de hormigón, madera o de cualquier otro material que cuente con la debida autorización de la Autoridad competente, y se dimensionarán de acuerdo con las hipótesis de cálculo indicadas en el apartado 2.3 de la presente instrucción. Deberán presentar una resistencia elevada a las acciones de la intemperie, y en el caso de no presentarla por si mismos deberán recibir los tratamientos adecuados para tal fin.

1.5 Tirantes y tornapuntas
Los tirantes estarán constituidos por varillas o cables metálicos, debidamente protegidos contra la corrosión, y tendrán una carga de rotura mínima de **1.400 daN**.

Las tornapuntas, podrán ser metálicos, de hormigón, madera o cualquier otro material capaz de soportar los esfuerzos a que estén sometidos, debiendo estar debidamente protegidos contra las acciones de la intemperie.

Deberá restringirse el empleo de tirantes y tornapuntas.

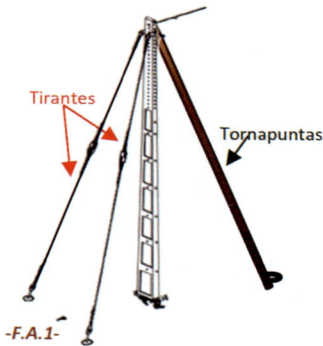

2. CÁLCULO MECÁNICO

■ 2.1 Acciones (cargas y sobrecargas) a considerar en el cálculo

El cálculo mecánico de los elementos constituyentes de la red (línea), cualquiera que sea su naturaleza, se efectuará con los supuestos de acción de las cargas y sobrecargas que a continuación se indican, combinadas en la forma y condiciones que se fijan en los apartados siguientes.

En el caso de que puedan preverse acciones de tipo más desfavorables que las que a continuación se prescriben, el proyectista deberá adoptar de modo justificado valores distintos a los establecidos.

Borrador Real Decreto

2.1.1 Cargas permanentes

1. Como **cargas permanentes** se considerarán las cargas verticales debidas al propio peso de los distintos elementos: conductores, aisladores, accesorios de sujeción y apoyos.

2.1.2 Fuerzas debidas al viento

Se considerará un viento mínimo de referencia, V_v, con valor de **120 km/hora** (**33,3 m/s**) de velocidad. Se supondrá el viento horizontal actuando perpendicularmente a las superficies sobre las que incide.

La acción de este viento da lugar a las presiones, q, que se indican seguidamente sobre los distintos elementos de la red.

2. Se considerarán las **sobrecargas** debidas a la presión del **viento** siguientes:

	Elemento	Sobrecarga
VIENTO	Sobre conductores (cables)	50 daN/m²
	Sobre superficies planas	100 daN/m²
	Sobre superficies cilíndricas de apoyos	70 daN/m²
	Sobre apoyos de celosía	170 daN/m²

Las presiones anteriormente indicadas se considerarán aplicadas sobre las proyecciones de las superficies reales en un plano normal a la dirección del viento.

La **fuerza del viento sobre los apoyos** es la presión de viento **multiplicada** por el área del apoyo expuesta al viento. Se considerará como área de apoyo expuesta al viento la superficie real de la cara de barlovento del apoyo proyectada en el plano normal a la dirección del viento.

La acción del viento sobre los conductores **no** se tendrá en cuenta en aquellos lugares en que por la configuración del terreno, o la disposición de las edificaciones, actúe en el sentido longitudinal de la línea.

2.1.3 Sobrecargas motivadas por el hielo

3. A los efectos de las **sobrecargas** motivadas por el <u>hielo</u> se clasificará el país en tres zonas:

➤ **Zona A:** la situada a **menos de 500 m** de altitud sobre el nivel del mar. No se tendrá en cuenta sobrecarga alguna motivada por el hielo.

➤ **Zona B:** la situada a una altitud comprendida **entre 500 y 1000 m**. Los conductores desnudos se considerarán sometidos a la sobrecarga de un manguito de hielo de valor 180 √d gramos por metro lineal, siendo **d** el diámetro del conductor en mm. En los cables en haz la sobrecarga se considerará de 60 √d gramos por metro lineal, siendo d el diámetro del cable en haz en mm. A efectos de cálculo se considera como diámetro de un cable en haz, **2,5** veces el diámetro del conductor de fase.

Borrador Real Decreto

Los cables se considerarán sometidos a la sobrecarga de un manguito de hielo de valor: **0,06·√d**, en unidades **daN/m**.

➤ **Zona C:** la situada a una <u>altitud</u> **superior a 1000 m**. Los conductores desnudos se considerarán sometidos a la sobrecarga de un manguito de hielo de valor 360 √d gramos por metro lineal, siendo **d** el diámetro del conductor en mm. En los cables en haz la sobrecarga se considerará de 120 √d gramos por metro lineal, siendo d el diámetro del cable en haz en mm. A efectos de cálculo se considera como diámetro de un cable en haz, **2,5** veces el diámetro del conductor de fase.

Los cables se considerarán sometidos a la sobrecarga de un manguito de hielo de valor: **0,12·√d**, en unidades **daN/m**.

	Zona (m)	Conductor	Sobrecarga (g/m)
HIELO	**A:** $h < 500$ m	--	0
	B: $500 < h < 1.000$ m	Desnudos	$180 \cdot \sqrt{d}$; $d = d_{fase}$
		Haz	$60 \cdot \sqrt{d}$; $d = d_{haz} = 2,5 \ d_{fase}$
	C: $h > 1.000$ m	Desnudos	$360 \cdot \sqrt{d}$; $d = d_{fase}$
		Haz	$120 \cdot \sqrt{d}$; $d = d_{haz} = 2,5 \ d_{fase}$

F.A.2: *Resumen sobrecarga causada por hielo*

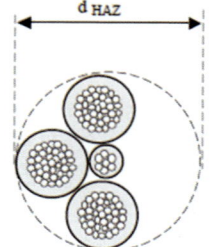

d HAZ

Siendo **d** el <u>diámetro del círculo circunscrito al haz</u> (conductores de fase y fiador o neutro fiador), en milímetros.

Los valores de las sobrecargas a considerar para cada zona podrán ser modificados si las especificaciones particulares de las empresas de transporte y distribución de energía eléctrica, que estén aprobadas por el órgano competente de la Administración, así lo estableciesen.

Figura 1 - Borrador RD.: *Diámetro del haz de los conductores aislados reunidos en haz*

2.2 Conductores (Cálculo mecánico de los cables)

2.2.1 Tracción máxima admisible

La tracción máxima admisible de los conductores (del fiador o neutro fiador) **no será superior a su carga de rotura dividida por 2,5** considerándolos sometidos a la hipótesis más desfavorable de las siguientes:

$$\text{T máx.} \leq \frac{carga \; de \; rotura}{2,5}$$

-F.A.3-

➢ **Zona A:**
   a. Sometidos a la acción de su propio peso y a la sobrecarga del viento, a la temperatura de **15 °C**.
   b. Sometidos a la acción de su propio peso y a la sobrecarga del viento dividida por **3**, a la temperatura de **0 °C**

➢ **Zona B y C:**
   a. Sometidos a la acción de su propio peso y a la sobrecarga del viento, a la temperatura de **15 °C**.
   b. Sometidos a la acción de su propio peso y a la sobrecarga de hielo correspondiente a la zona, a la temperatura de **0 °C**.

2.2.2 Comprobación de fenómenos vibratorios

En general, estos fenómenos no han de considerarse en las redes de distribución de baja tensión.

Borrador Real Decreto

No obstante, en caso de que en la zona atravesada por la línea se prevea la aparición de vibraciones en el cable, se deberá comprobar el estado tensional del fiador o neutro fiador, a estos efectos.

Para ello se verificará que la tracción de trabajo del fiador o neutro fiador, a la temperatura de **15 °C** sin sobrecarga alguna, únicamente considerando el peso propio del haz, no exceda del **21 %** de la carga de rotura del fiador o neutro fiador.

2.2.3 Flecha máxima

Se adoptará como flecha máxima de los conductores el mayor valor resultante de la comparación entre las dos hipótesis correspondientes a la zona climatológica que se considere, y a una tercera hipótesis de temperatura (válida para las tres zonas), consistente en considerar los conductores sometidos a la acción de su propio peso y a la temperatura máxima previsible, teniendo en cuenta las condiciones climatológicas y las de servicio de la red. Esta temperatura no será inferior a **50 °C**.

■ 2.3 Apoyos (Cálculo mecánico de los apoyos)

Para el cálculo mecánico de los apoyos se tendrán en cuenta las hipótesis indicadas en la tabla 1, según la función del apoyo y de la zona.

Función del apoyo	Zona A		Zona B y C	
	Hipótesis de viento a la temperatura de 15 °C	Hipótesis de temperatura a 0 °C con 1/3 de viento	Hipótesis de viento a la temperatura de 15 °C	Hipótesis de hielo según zona y temperatura de 0 °C
Alineación	Cargas permanentes	Cargas permanentes. Desequilibrio de tracciones	Cargas permanentes	Cargas permanentes. Desequilibrio de tracciones
Ángulo	Cargas permanentes. Resultante de ángulo.			
Estrellamiento	Cargas permanentes. 2/3 resultante	Cargas permanentes. Total resultante	Cargas permanentes. 2/3 resultante	Cargas permanentes. Total resultante
Fin de línea	Cargas permanentes. Tracción total de conductores.			

Tabla 1. *Cargas para el cálculo mecánico de los apoyos.*

ZONA A			
Tipo de apoyo	**Tipo de esfuerzo**	**1ª hipótesis (viento)**	**2ª hipótesis (viento/3)**
Alineación	Vertical	Cargas permanentes (apdo. 2.1.1) considerando el peso propio del haz junto con los accesorios	
	Transversal	Esfuerzo del viento (apdo. 2.1.2), correspondiente a la presión de un viento de 120 km/h, sobre el haz de conductores y sobre el apoyo	Esfuerzo del viento (apdo. 2.1.2) correspondiente a la tercera parte de la presión de un viento de 120 km/h sobre el haz de conductores y sobre el apoyo
	Longitudinal	No aplica	En apoyos de alineación en amarre considerar el esfuerzo debido al desequilibrio de las tracciones, en el fiador de acero o neutro fiador, en los cantones colindantes (**)
Ángulo	Vertical	Cargas permanentes (apdo. 2.1.1) considerando el peso propio del haz junto los accesorios sobre el apoyo	
	Transversal	Esfuerzo debido a la resultante del ángulo, además del esfuerzo correspondiente a la presión de un viento de 120 km/h sobre el haz de conductores en los vanos colindantes proyectado en la dirección de la resultante y el esfuerzo del viento sobre el apoyo (*)	Esfuerzo debido a la resultante del ángulo, además del esfuerzo correspondiente a la tercera parte de la presión de un viento de 120 km/h sobre el haz de conductores en los vanos colindantes proyectado en la dirección de la resultante y el esfuerzo del viento sobre el apoyo (**)
	Longitudinal	No aplica	No aplica

Tabla 1 - Borrador Real Decreto: *Apoyos emplazados en zona A*

(*) Tracción a considerar sobre el fiador de acero o neutro fiador a la temperatura de 15 °C con presión de viento correspondiente a 120 km/h.
(**) Tracción a considerar sobre el fiador de acero o neutro fiador a la temperatura de 0 °C con una tercera parte de la presión de viento correspondiente a 120 km/h.

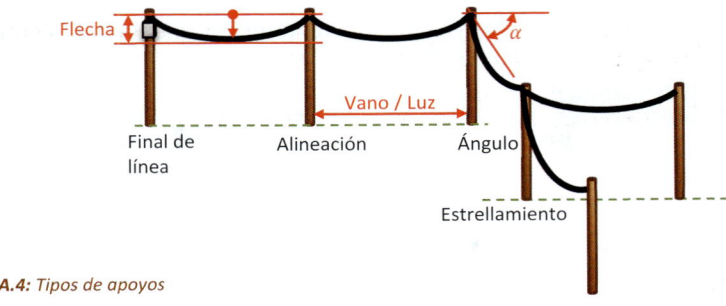

F.A.4: *Tipos de apoyos*

ZONA A			
Tipo de apoyo	**Tipo de esfuerzo**	**1ª hipótesis (viento)**	**2ª hipótesis (viento/3)**
Estrellamiento	**Vertical**	Cargas permanentes (apdo. 2.1.1) considerando el peso propio del haz junto con los accesorios	
	Transversal	Dos tercios de la resultante de los esfuerzos sobre el apoyo, además del esfuerzo provocado por el viento (apdo. 2.1.2, correspondiente a la presión de un viento de 120 km/h) sobre un haz de conductores de longitud igual a la proyección de cada semivano, colindante con el apoyo, sobre la normal de la resultante y el esfuerzo del viento sobre el apoyo (*)	Resultante de los esfuerzos sobre el apoyo, además del esfuerzo provocado por el viento (apdo. 2.1.2), correspondiente a la tercera parte de la presión de un viento de 120 km/h sobre un haz de conductores de longitud igual a la proyección de cada semivano, colindante con el apoyo, sobre la normal de la resultante y el esfuerzo del viento sobre el apoyo (**)
	Longitudinal	No aplica	No aplica
Fin de línea	**Vertical**	Cargas permanentes (apdo. 2.1.1) considerando el peso propio del haz junto con los accesorios	
	Transversal	Esfuerzo del viento (apdo. 2.1.2), correspondiente a la presión de un viento de 120 km/h, sobre el haz de conductores y el esfuerzo del viento sobre el apoyo	Esfuerzo del viento (apdo. 2.1.2) correspondiente a la tercera parte de la presión de un viento de 120 km/h sobre el haz de conductores y el esfuerzo del viento sobre el apoyo
	Longitudinal	Esfuerzo debido a la tracción del fiador de acero o neutro fiador (*)	

Tabla 2 - Borrador Real Decreto: *Apoyos emplazados en zona A*

(*) Tracción a considerar sobre el fiador de acero o neutro fiador a la temperatura de 15 °C con presión de viento correspondiente a 120 km/h.
(**) Tracción a considerar sobre el fiador de acero o neutro fiador a la temperatura de 0 °C con una tercera parte de la presión de viento correspondiente a 120 km/h.

ZONAS B Y C			
Tipo de apoyo	**Tipo de esfuerzo**	**1ª hipótesis (VIENTO)**	**2ª hipótesis (HIELO)**
Alineación	**Vertical**	Cargas permanentes (apdo. 2.1.1) considerando el peso propio del haz junto con los accesorios	Cargas permanentes (apdo. 2.1.1) considerando el peso propio del haz junto con los accesorios, más la sobrecarga de hielo sobre el haz de conductores (apdo. 2.1.3)
	Transversal	Esfuerzo del viento (apdo. 2.1.2), correspondiente a la presión de un viento de 120 km/h, sobre el haz de conductores y el esfuerzo del viento sobre el apoyo	No aplica
	Longitudinal	No aplica	En apoyos de alineación en amarre considerar el esfuerzo debido al desequilibrio de las tracciones, en el fiador de acero o neutro fiador, en los cantones colindantes (**)
Ángulo	**Vertical**	Cargas permanentes (apdo. 2.1.1) considerando el peso propio del haz junto los accesorios sobre el apoyo	Cargas permanentes (apdo. 2.1.1) considerando el peso propio del haz junto con los accesorios, más la sobrecarga de hielo sobre el haz de conductores (apdo. 2.1.3)
	Transversal	Esfuerzo debido a la resultante del ángulo, además del esfuerzo correspondiente a la presión de un viento de 120 km/h sobre el haz de conductores en los vanos colindantes proyectado en la dirección de la resultante y el esfuerzo del viento sobre el apoyo (*)	Esfuerzo debido a la resultante del ángulo (**)
	Longitudinal	No aplica	No aplica

Tabla 3 - Borrador Real Decreto: Apoyos emplazados en zonas B y C

(*) Tracción a considerar sobre el fiador de acero o neutro fiador a la temperatura de 15 °C con presión de viento correspondiente a 120 km/h.
(**) Tracción a considerar sobre el fiador de acero o neutro fiador a la temperatura de 0 °C con la sobrecarga de hielo reglamentaria, según la zona.

ZONAS B Y C			
Tipo de apoyo	**Tipo de esfuerzo**	**1ª hipótesis (VIENTO)**	**2ª hipótesis (HIELO)**
Estrellamiento	**Vertical**	Cargas permanentes (apdo. 2.1.1) considerando el peso propio del haz junto con los accesorios sobre el apoyo	Cargas permanentes (apdo. 2.1.1) considerando el peso propio del haz junto con los accesorios, más la sobrecarga de hielo sobre el haz de conductores (apdo. 2.1.3)
	Transversal	Dos tercios de la resultante de los esfuerzos sobre el apoyo, además del esfuerzo provocado por el viento (apdo. 2.1.2, correspondiente a la presión de un viento de 120 km/h) sobre un haz de conductores de longitud igual a la proyección de cada semivano, colindante con el apoyo, sobre la normal de la resultante y el esfuerzo del viento sobre el apoyo (*)	Resultante de los esfuerzos sobre el apoyo (**).
	Longitudinal	No aplica	No aplica
Fin de línea	**Vertical**	Cargas permanentes (apdo. 2.1.1) considerando el peso propio del haz junto con los accesorios sobre el apoyo	Cargas permanentes (apdo. 2.1.1) considerando el peso propio del haz junto con los accesorios, más la sobrecarga de hielo sobre el haz de conductores (apdo. 2.1.3)
	Transversal	Esfuerzo del viento (apdo. 2.1.2), correspondiente a la presión de un viento de 120 km/h, sobre el haz de conductores y el esfuerzo del viento sobre el apoyo	No aplica
	Longitudinal	Esfuerzo debido a la tracción del fiador de acero o neutro fiador (*)	

Tabla 4 - Borrador Real Decreto: Apoyos emplazados en zonas B y C

(*) Tracción a considerar sobre el fiador de acero o neutro fiador a la temperatura de 15 °C con presión de viento correspondiente a 120 km/h.
(**) Tracción a considerar sobre el fiador de acero o neutro fiador a la temperatura de 0 °C con la sobrecarga de hielo reglamentaria, según la zona.

Para el cálculo de los apoyos de estrellamiento se indican los esquemas aplicables para el cálculo de los esfuerzos.

a) Resultante de los esfuerzos sobre el apoyo (F_t).

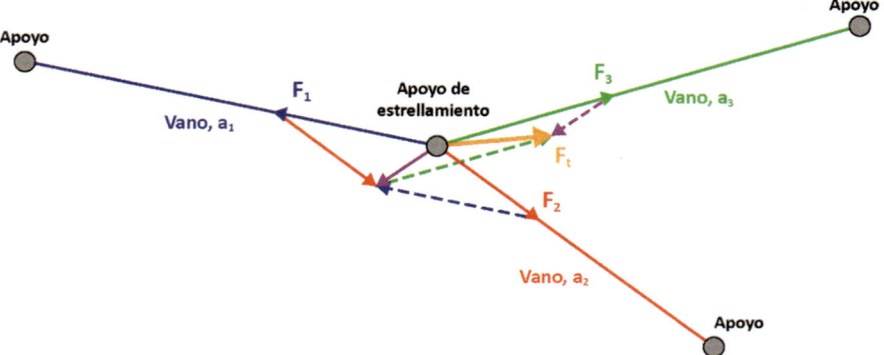

Figura 2 - Borrador RD.: *Cálculo gráfico de la resultante en un apoyo de estrellamiento*

b) Resultante de los esfuerzos sobre el apoyo (F_t) además del viento sobre el haz de conductores (F_v).

A la resultante de las tracciones, o a los dos tercios de esta resultante según la hipótesis considerada, F_t, se le añade, en valor absoluto, el esfuerzo, F_v, debido a la presión del viento sobre cada haz de conductores. El esfuerzo del viento sobre cada haz de conductores se calcula suponiendo una longitud del haz (l_1, l_2 y l_3) igual a la proyección de cada semivano sobre la dirección normal a la resultante de las tracciones sobre el apoyo.

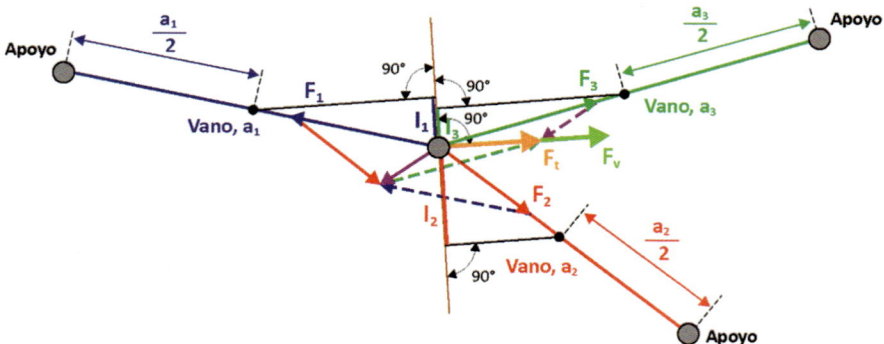

Figura 3 - Borrador RD.: *Cálculo gráfico del esfuerzo transversal (viento más resultante) en un apoyo de estrellamiento.*

Cuando los **vanos** sean **inferiores a 15 m**, las cargas permanentes tienen muy poca influencia, por lo que en general se puede prescindir de las mismas en el cálculo.

El coeficiente de seguridad a la rotura será distinto en función del material de los apoyos según la tabla 2.

COEFICIENTE DE SEGURIDAD A LA ROTURA	
Material del apoyo	**Coeficiente**
Metálico	1,5
Hormigón armado vibrado	2,5
Madera	3,5
Otros materiales no metálicos	2,5
NOTA: En el caso de apoyos metálicos o de hormigón armado vibrado cuya resistencia mecánica se haya comprobado mediante ensayos en verdadera magnitud, los coeficientes de seguridad podrán reducirse a 1,45 y 2 respectivamente.	

Tabla 2. Coeficiente de seguridad a la rotura en función del material de los apoyos.

Cuando por razones climatológicas extraordinarias hayan de suponerse temperaturas o manguitos de hielo superiores a los indicados, será suficiente comprobar que los esfuerzos resultantes son inferiores al límite elástico.

3. EJECUCIÓN DE LAS INSTALACIONES

■ 3.1 Instalación de conductores AISLADOS

Los conductores dotados de envolventes aislantes, cuya tensión nominal sea inferior a **0,6/1 kV** se considerarán, a efectos de su instalación, como **conductores desnudos** (apartado 3.2).

Los conductores aislados de tensión nominal **0,6/1 kV** (**UNE 21.030**) podrán instalarse como: *(cables posados o cables tensados)*

Borrador Real Decreto

Los cables formados por conductores aislados reunidos en haz podrán instalarse como posados o tensados.

3.1.1 Instalación de cables posados AISLADOS

1. **Directamente posados** sobre fachadas o muros, mediante abrazaderas fijadas a los mismos y resistentes a las acciones de la intemperie. Los conductores se protegerán adecuadamente en aquellos lugares en que puedan sufrir deterioro mecánico de cualquier índole preferentemente bajo tubos rígidos, conductos cerrados de sección no circular o canales protectoras cuya tapa solo puede desmontarse con una herramienta.

   Los tubos de protección que son conformes con la serie de normas **UNE-EN 61.386** y las canales protectoras y los conductos cerrados de sección no circular conformes con la parte correspondiente de la serie de normas **UNE-EN 50.085** tienen presunción de conformidad con los requisitos de esta **ITC-BT-06**.

2. <u>En los espacios vacíos</u> (cables no posados en fachada o muro) los conductores tendrán la condición de **tensados** y se regirán por lo indicado en el apartado **3.1.2**.

En general deberá respetarse una <u>altura mínima al suelo de <mark>2,5 m</mark></u>. Lógicamente, si se produce una circunstancia particular como la señalada en el párrafo anterior, la altura mínima deberá ser la señalada en los puntos **3.1.2** y **3.9** para cada caso en particular. En los recorridos <u>por debajo de esta altura</u> mínima al suelo (por ejemplo, para acometidas) deberán protegerse mediante elementos adecuados, conforme a lo indicado en el <u>apartado 1.2.1</u> de la **ITC-BT-11**, con tubos, conductos cerrados de sección no circular o canales de las características indicadas en la tabla siguiente y se tomarán las medidas adecuadas para evitar el almacenamiento de agua en éstos. <u>Evitándose</u> que los conductores <u>pasen por delante de cualquier abertura</u> existente en las fachadas o muros.

Borrador Real Decreto

Característica	Tubos	Conductos cerrados de sección no circular	Canales
	Código / grado	Grado	Grado
Resistencia a la compresión	4 / Fuerte	1.250 N	--
Resistencia al impacto	4 / Fuerte	5 J	5 J
Temperatura mínima de instalación y servicio	2/ -5 °C	-5 °C	-5 °C
Temperatura máxima de instalación y servicio	1/+60 °C	+60 °C	+60 °C
Propiedades eléctricas	1 / 2 Continuidad eléctrica/aislante	Continuidad eléctrica/aislante	Continuidad eléctrica/aislante
Resistencia a la penetración de objetos sólidos	4 Protegido contra objetos de $\Phi \geq 1$ mm	IP 4X	IP 4X
Resistencia a la corrosión (conductos metálicos)	3 Protección interior media y exterior alta	--	--
Resistencia a la propagación de la llama	1 No propagador	No propagador	No propagador

Tabla 6 - Borrador Real Decreto: Características de los tubos, conductos cerrados de sección no circular o canales que deben utilizarse cuando la acometida quede a una altura sobre el suelo inferior a 2,5 m.

El cumplimiento de estas características se verificará según los ensayos indicados en las normas UNE-EN 61.386-21 para tubos rígidos y UNE-EN 50.085-1 para canales o conductos cerrados de sección no circular

En las proximidades de aberturas en fachadas deben respetarse las siguientes distancias mínimas:

- **Ventanas:**
  - ➤ 0,30 m al borde superior de la abertura; y
  - ➤ 0,50 m al borde inferior y bordes laterales de la abertura.

- **Balcones:**
  - ➤ 0,30 m al borde superior de la abertura; y
  - ➤ 1,00 m a los bordes laterales del balcón.

Se tendrán en cuenta la existencia de salientes o marquesinas que puedan facilitar el posado de los conductores, pudiendo admitir, en estos casos, una disminución de las distancias antes indicadas.

Así mismo se respetará una **distancia mínima de 0,05 m** a los elementos metálicos presentes en las fachadas, tales como escaleras, a no ser que el cable disponga de una protección conforme a lo indicado en el apartado **1.2.1** de la **ITC-BT-11** (en la tabla 6 anterior).

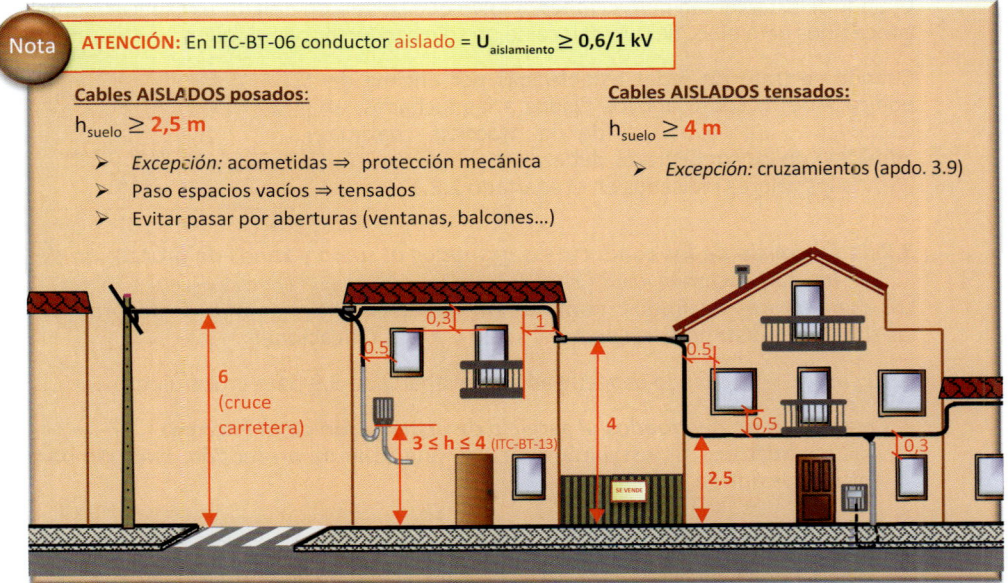

Nota

ATENCIÓN: En ITC-BT-06 conductor aislado = $U_{aislamiento} \geq 0,6/1$ kV

Cables AISLADOS posados:

$h_{suelo} \geq$ **2,5 m**

- ➤ *Excepción:* acometidas ⇒ protección mecánica
- ➤ Paso espacios vacíos ⇒ tensados
- ➤ Evitar pasar por aberturas (ventanas, balcones…)

Cables AISLADOS tensados:

$h_{suelo} \geq$ **4 m**

- ➤ *Excepción:* cruzamientos (apdo. 3.9)

6 (cruce carretera)

0,3 | 1

0,5

0,5

0,5

0,3

$3 \leq h \leq 4$ (ITC-BT-13)

4

2,5

SE VENDE

3.1.2 Instalación de cables tensados AISLADOS

Los cables con **neutro fiador** podrán ir tensados entre piezas especiales colocadas sobre apoyos, fachadas o muros, con una tensión mecánica adecuada, sin considerar a estos efectos el aislamiento como elemento resistente.

Para el resto de los cables tensados se utilizarán **cables fiadores** de acero galvanizado, cuya resistencia a la rotura será, como mínimo, de **800 daN**, y a los que se fijarán mediante abrazaderas u otros dispositivos apropiados los conductores aislados.

Distancia al suelo: <mark>4 m</mark>, salvo lo especificado en **el apartado 3.9** para cruzamientos.

■ **3.2 Instalación de conductores DESNUDOS**
(Nota A.: Este apartado desaparece en el Borrador del RD)

> En ITC-BT-06: se considera **conductor desnudo** aquel con una tensión nominal de aislamiento **inferior a 0,6/1 kV**

Los conductores desnudos irán fijados a los aisladores de forma que quede asegurada su posición correcta en el aislador y no ocasione un debilitamiento apreciable de la resistencia mecánica del mismo, ni produzcan efectos de corrosión.

La fijación de los conductores al aislador debe hacerse preferentemente, en la garganta lateral del mismo, por la parte próxima al apoyo, y en el caso de ángulos, de manera que el esfuerzo mecánico del conductor esté dirigido hacia el aislador.

Cuando se establezcan *derivaciones*, y salvo que se utilicen aisladores especialmente concebidos para ellas, deberá colocarse *un sólo conductor por aislador*.

Cuando se trate de redes establecidas por encima de edificaciones o sobre apoyos fijados a las fachadas, el coeficiente de seguridad de la tracción máxima admisible de los conductores deberá ser superior, en un 25 %, a los valores indicados en el apartado **2.2.1**.

> Coef. Seg. $\geq 2,5 \times \mathbf{1,25} = 3,125 \Rightarrow$
>
> T máx. $\leq \dfrac{carga\ de\ rotura}{3,125}$
>
> -F.A.5-

3.2.1 Distancia de los conductores *desnudos* al suelo y zonas de protección de las edificaciones *(Nota A.: Este apartado desaparece en el Borrador del RD)*

Los conductores desnudos mantendrán, en las condiciones más desfavorables, las siguientes distancias respecto al suelo y a las edificaciones:

1. *Al suelo*: <mark>4 m</mark>, salvo lo especificado en el apartado 3.9 para cruzamientos.

2. *En edificios no destinados al servicio de distribución de la energía*:
   Los conductores se instalarán fuera de una *zona de protección, limitada por los planos* que se señalan:

   1. Sobre los **tejados**:
   Un plano paralelo al tejado:
   - con una distancia vertical de **1,80 m** del mismo, cuando se trate de conductores no puestos a tierra;
   - y de **1,50 m** cuando lo estén *(con puesta a tierra)*.

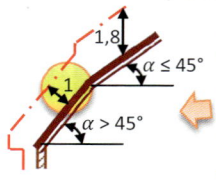

Así mismo para cualquier elemento que se encontrase instalado, o que se instale en el tejado, se respetarán las mismas distancias que las indicadas en la **figura 1** para las chimeneas. Cuando la inclinación del tejado sea superior a **45 grados** sexagesimales, el plano limitante de la zona de protección deberá considerarse a 1 metro de separación entre ambos.

-F.A.6-

2. Sobre **terrazas y balcones**:
Un plano paralelo al suelo de la terraza o balcón, y a una distancia del mismo de 3 m.

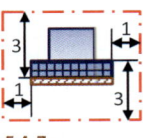

-F.A.7-

3. En **fachadas**:
La zona de protección queda limitada:

a) Por un plano vertical paralelo al muro de fachada sin aberturas, situado a 0,20 m del mismo.

b) Por un plano vertical paralelo al muro de fachada a una distancia de 1 m de las ventanas, balcones, terrazas o cualquier otra abertura.

Este plano vendrá, a su vez, limitado por los planos siguientes:

b.1) Un plano horizontal situado a una distancia vertical de 0,30 m de la parte superior de la abertura de que se trate.

b.2) Dos planos verticales, uno a cada lado de la abertura, perpendicular a la fachada, y situados a 1 m de distancia horizontal de los extremos de la abertura.

b.3) Un plano horizontal situado a 3 m por debajo de los antepechos de las aberturas.

Los límites de esta zona de protección se representan en la **figura 1**.

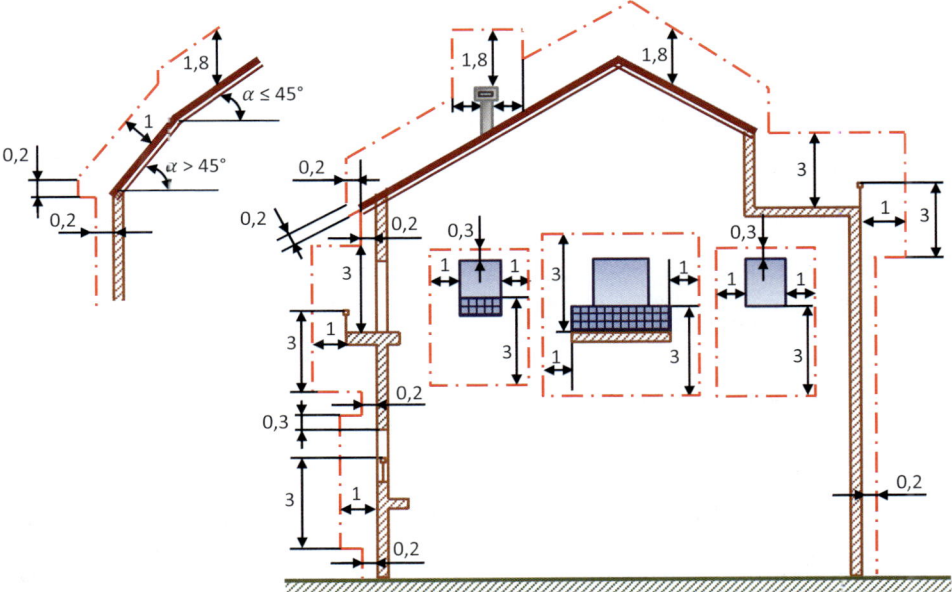

Figura 1. *Zona de protección en edificios para la instalación de líneas eléctricas de Baja Tensión con* conductores desnudos.

NOTA A.: En la ITC-BT-06: se considera **conductor desnudo** aquel con una tensión nominal de aislamiento **inferior a 0,6/1 kV**.

3.2.2 Separación mínima entre conductores desnudos y entre estos y los muros o paredes de edificaciones

(Nota A.: Este apartado desaparece en el Borrador del RD)

Las distancias (D) entre conductores desnudos de polaridades diferentes serán, como mínimo las siguientes:

- En vanos hasta 4 metros .... 0,10 m
- En vanos de 4 a 6 metros .... 0,15 m
- En vanos de 6 a 30 metros .... 0,20 m
- En vanos de 30 a 50 metros .... 0,30 m

→ Para vanos mayores de 50 m se aplicará la fórmula **D = 0,55 √F**, en la que "*F*" es la flecha máxima en metros.

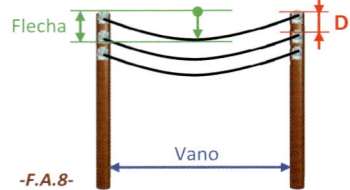

-F.A.8-

En los **apoyos en** los que se establezcan **derivaciones**, la distancia entre cada uno de los conductores derivados y los conductores de polaridad diferente de la línea de donde aquellos se deriven podrá **disminuirse hasta un 50 %** de los valores indicados anteriormente, con un mínimo de 0,10 m.

Los conductores colocados sobre **apoyos sujetos a fachadas** de edificios estarán distanciados de éstas 0,20 m como mínimo. Esta separación deberá aumentarse en función de los vanos, de forma que nunca pueda sobrepasarse la zona de protección señalada en el capítulo anterior, ni en el caso de los más fuertes vientos.

■ 3.3 Empalmes y conexiones de conductores. Condiciones mecánicas y eléctricas de los mismos

→ **Los empalmes y conexiones** de conductores se realizarán utilizando piezas metálicas apropiadas, resistentes a la corrosión, y que aseguren un contacto eléctrico eficaz, de modo que en ellos, la elevación de temperatura no sea superior a la de los conductores.

Los empalmes deberán soportar sin rotura ni deslizamiento del conductor, el ***90 % de su carga de rotura***. No es admisible realizar empalmes por soldadura o por torsión directa de los conductores.

En los empalmes y conexiones de conductores aislados, o de éstos con conductores desnudos, se utilizarán accesorios adecuados, resistentes a la acción de la intemperie y se colocarán de tal forma que **eviten** la penetración de la humedad en los conductores aislados.

→ **Las derivaciones** se conectarán en las proximidades de los soportes de línea, y no originarán tracción mecánica sobre la misma.

Con **conductores de distinta naturaleza**, se tomarán todas las precauciones necesarias para obviar los inconvenientes que se derivan de sus características especiales, evitando la corrosión electrolítica mediante piezas adecuadas.

3.4 Sección mínima del conductor neutro

Dependiendo del número de conductores con que se haga la distribución la sección mínima del conductor neutro será:

a) Con **dos o tres** conductores: **igual a** la de los conductores de **fase**.

b) Con **cuatro** conductores: la sección de neutro será como mínimo, la de la tabla 1 de la ITC-BT-07, con un **mínimo** de: - **10 mm²** para cobre; y
- **16 mm²** para aluminio.

En caso de utilizar conductor neutro de aleaciones de aluminio (por ejemplo ALMELEC), la sección a considerar será la equivalente, teniendo en cuenta las conductividades de los diferentes materiales.

b) Con **cuatro** conductores: la indicada en la tabla 7.

Sección fase	Sección del neutro	
	Cables sin neutro fiador	**Cables con neutro fiador**
16 Al	16 Al	No aplica
25 Al	25 Al	29,5 Alm 54,6 Alm
50 Al	50 Al	29,5 Alm 54,6 Alm
95 Al	50 Al	54,6 Alm
150 Al	95 Al	80 Alm
10 Cu	10 Cu	No aplica
16 Cu	16 Cu	No aplica

Borrador Real Decreto

El **neutro fiador** tiene además una **función mecánica** por lo que para la misma sección de fase se pueden utilizar dos secciones diferentes de neutro.

"Alm" es una aleación de aluminio, magnesio y silicio (Almelec).

*Tabla 7 - **Borrador Real Decreto:** Sección del conductor neutro en las redes aéreas*

3.5 Identificación del conductor neutro

El conductor neutro deberá estar identificado por un sistema adecuado.

En las líneas de *conductores desnudos* se admite que no lleve identificación alguna cuando este conductor tenga distinta sección o cuando esté claramente diferenciado por su posición.

- ### 3.6 Continuidad del conductor neutro

El conductor neutro **no** podrá ser **interrumpido** en las redes de distribución, **salvo** que esta interrupción sea realizada con alguno de los dispositivos siguientes:

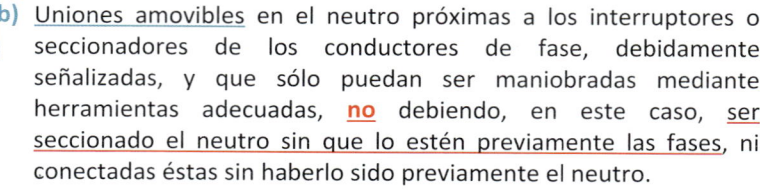

ABRIR:
1º Fases
2º Neutro

CERRAR:
1º Neutro
2º Fases

-F.A.9-

a) Interruptores o seccionadores omnipolares que actúen sobre el neutro y las fases al mismo tiempo (**corte omnipolar** simultáneo), o que conecten el neutro antes que las fases y desconecten éstas antes que el neutro.

b) Uniones amovibles en el neutro próximas a los interruptores o seccionadores de los conductores de fase, debidamente señalizadas, y que sólo puedan ser maniobradas mediante herramientas adecuadas, **no** debiendo, en este caso, ser seccionado el neutro sin que lo estén previamente las fases, ni conectadas éstas sin haberlo sido previamente el neutro.

- ### 3.7 Puesta a tierra del neutro

El conductor **neutro** de las líneas aéreas de redes de distribución de las compañías eléctricas se conectará **a tierra** en el centro de transformación o central generadora de alimentación, en la forma prevista en el *Reglamento sobre Condiciones Técnicas y Garantías de Seguridad en Instalaciones Eléctricas de Alta Tensión Centrales Eléctricas, Subestaciones y Centros de Transformación.*

Además, en los esquemas de distribución tipo **TT y TN**, el conductor **neutro** y el de **protección** para el esquema **TN-S**, deberán estar puestos *a tierra* en otros puntos, y como mínimo una vez cada **500 m** de longitud de línea. Para efectuar esta puesta a tierra se elegirán, con preferencia, los puntos de donde partan las derivaciones importantes, así como el lugar donde se ubique la caja general de protección.

Borrador Real Decreto

Esquemas = *ITC-BT-08*

Para TN: (ITC-BT-08; apdo 2)
$R_{Tierra\ del\ N} \leq 5\ \Omega$:
1) Cerca del CT.
2) En los últimos 200 m de una derivación de red.

-F.A.10-

Cuando, en los mencionados esquemas de distribución tipo, la puesta a tierra del neutro se efectúe en un **apoyo de madera**, los soportes metálicos de los aisladores correspondientes a los conductores de fase en este apoyo estarán unidos al conductor neutro.

En las redes de distribución privadas, con origen en centrales de generación propia para las que se prevea la puesta a tierra del neutro, se seguirá lo especificado anteriormente para las redes de distribución de las compañías eléctricas.

■ 3.8 Instalación de apoyos

Los apoyos estarán consolidados por fundaciones adecuadas o bien directamente empotrados en el terreno, asegurando su estabilidad frente a las solicitaciones actuantes y a la naturaleza del suelo. En su instalación deberá observarse:

1) Los postes de hormigón se colocarán en cimentaciones monolíticas de hormigón.

2) Los apoyos metálicos y los de poliéster reforzado con fibra de vidrio serán cimentados en macizos de hormigón o mediante otros procedimientos avalados por la técnica (pernos, etc.). La cimentación deberá construirse de forma tal que facilite el deslizamiento del agua, y cubra, cuando existan, las cabezas de los pernos.

3) Los postes de madera se colocarán directamente retacados en el suelo, y no se empotrarán en macizos de hormigón. Se podrán fijar a bases metálicas o de hormigón por medio de elementos de unión apropiados que permitan su fácil sustitución, quedando el poste separado del suelo 0,15 m, como mínimo.

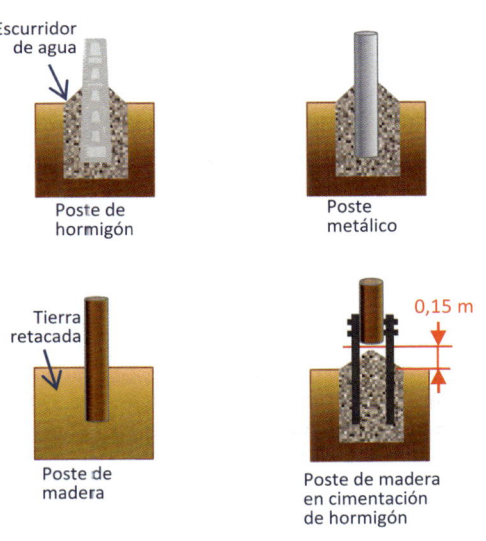

F.A.11. Instalación apoyos

■ **3.9 Condiciones generales en cruzamientos y paralelismos**

Las líneas eléctricas aéreas deberán cumplir las condiciones señaladas en los apartados 3.9.1 y 3.9.2 de la presente instrucción.

➤ *3.9.1 Cruzamientos*

Las líneas deberán presentar, en lo que se refiere a los vanos de cruce con las vías e instalaciones que se señalan, las condiciones que para cada caso se indican.

3.9.1.1 Con líneas eléctricas aéreas de Alta Tensión de conductores desnudos

Borrador Real Decreto

Se seguirá lo indicado en la en la ITC-LAT-07 del *Reglamento sobre condiciones técnicas y garantías de seguridad en las líneas eléctricas de alta tensión, RLAT,* en lo referente a las distancias de las líneas de alta tensión a otras líneas eléctricas aéreas.

La línea de **baja tensión** deberá cruzar **por debajo** de la línea de alta tensión.

La mínima distancia vertical "d" entre los conductores de ambas líneas, en las condiciones más desfavorables, no deberá ser inferior, en metros, a:

$$d \geq 1,5 + \frac{U + L1 + L2}{100}$$

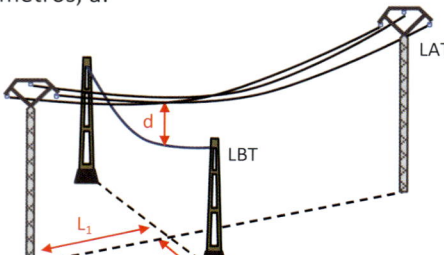

F.A.12: Cruzamiento con LAAT

Con:

U = Tensión nominal, en kV, de la línea de alta tensión.

L_1 = Longitud, en metros, entre el punto de cruce y el apoyo más próximo de la línea de alta tensión.

L_2 = Longitud, en metros, entre el punto de cruce y el apoyo más próximo de la línea de baja tensión.

Cuando la resultante de los esfuerzos del conductor en alguno de los apoyos de cruce de baja tensión tenga componente vertical ascendente se tomarán las debidas precauciones para que no se desprendan los conductores, aisladores o accesorios de sujeción.

Podrán realizarse cruces sin que la línea de alta tensión reúna ninguna condición especial cuando la línea de baja tensión esté protegida en el cruce por un haz de cables de acero, situado entre los conductores de ambas líneas, con la suficiente resistencia mecánica para soportar la caída de los conductores de la línea de alta tensión, en el caso de que éstos se rompieran o desprendieran. Los cables de protección serán de acero galvanizado, y estarán puestos a tierra.

En caso de que por circunstancias singulares sea necesario que la línea de baja tensión cruce por encima de la de alta tensión será preciso recabar autorización expresa del Organismo competente de la Administración, debiendo tener presentes, para realizar estos cruzamientos, todas las precauciones y criterios expuestos en el citado Reglamento de líneas eléctricas aéreas de alta tensión.

3.9.1.2 Con líneas eléctricas aéreas de Alta Tensión de conductores aislados

Borrador Real Decreto

La línea de alta tensión **con cable unipolar aislado** reunido en haz podrá cruzar indistintamente por encima o debajo de las líneas eléctricas de baja tensión, mientras que las líneas de alta tensión **con conductores recubiertos** cruzarán por encima.

No obstante, para líneas de alta tensión con cable unipolar aislado reunido en haz, considerando la frecuencia previsible de manipulación, **se recomienda** que sea la de mayor tensión la que cruce por encima. El cruce se podrá realizar o no sobre apoyo común.

La distancia mínima de separación vertical en el punto de cruce para cruzamientos con líneas de baja tensión en las condiciones más desfavorables no será inferior a 0,5 m en caso de líneas de alta tensión con cables aislados reunidos en haz.

La distancia mínima de separación vertical en el punto de cruce para cruzamientos con líneas de baja tensión en las condiciones más desfavorables no será inferior a 1 m en caso de líneas de alta tensión con conductores recubiertos.

3.9.1.3 Con otras líneas eléctricas aéreas de Baja Tensión (LABT)

Cuando alguna de las líneas sea de conductores desnudos, establecidas en apoyos diferentes, la distancia entre los conductores más próximos de las dos líneas será superior a 0,50 m, y si el cruzamiento se realiza en **apoyo común** esta distancia será la señalada en el punto 3.2.2 para los apoyos de derivación (esta distancia será superior a **0,3 m**).

Cuando las dos líneas sean aisladas podrán estar en contacto.

La distancia mínima de separación vertical en el punto de cruce entre dos líneas de baja tensión con conductores aislados en instalación tensada será tal que, en las condiciones más desfavorables de explotación, no se produzca contacto entre ellas. Si la instalación es posada las dos líneas podrán estar en contacto.

3.9.1.4 Con líneas aéreas de telecomunicación

Las líneas de **baja tensión**, con conductores desnudos, (correspondientes a líneas antiguas), deberán cruzar **por encima** de las de telecomunicación.

Excepcionalmente podrán cruzar por debajo, debiendo adoptarse en este caso **una** de las soluciones siguientes:

1) Colocación entre las líneas de un dispositivo de protección formado por un haz de cables de acero, situado entre los conductores de ambas líneas, con la suficiente resistencia mecánica para soportar la caída de los

conductores de la línea de telecomunicación en el caso de que se rompieran o desprendieran. Los cables de protección serán de acero galvanizado, y estarán puestos a tierra.

2) Empleo de conductores aislados para 0,6/1 kV en el vano de cruce para líneas de baja tensión.

3) Empleo de conductores aislados para 0,6/1 kV en el vano de cruce para la línea de telecomunicación.

Cuando el cruce se efectúe **en distintos apoyos**, la distancia mínima entre los conductores desnudos de las líneas de baja tensión y los de las líneas de telecomunicación, será de 1 m. Si el cruce se efectúa sobre **apoyos comunes** dicha distancia podrá reducirse a 0,50 m.

3.9.1.5 Con carreteras y ferrocarriles sin electrificar

Los conductores tendrán una carga de rotura no inferior a **410 daN**, admitiéndose en el caso de acometidas con conductores aislados que se reduzca dicho valor hasta **280 daN**.

La altura mínima del conductor más bajo, en las condiciones de flecha más desfavorables, será de 6 m.

Los conductores no presentarán ningún empalme en el vano de cruce, admitiéndose, durante la explotación, y por causa de reparación de la avería, la existencia de un empalme por vano.

-F.A.13-

3.9.1.6 Con ferrocarriles electrificados, tranvías y trolebuses

La altura mínima de los conductores sobre los cables o hilos sustentadores o conductores de la línea de contacto será de 2 m.

Además, en el caso de ferrocarriles, tranvías o trolebuses provistos de **trole**, o de otros elementos de toma de corriente que puedan, accidentalmente, separarse de la línea de contacto, los conductores de la línea eléctrica deberán estar situados a una altura tal que, al desconectarse el elemento de toma de corriente, no alcance, en la posición más desfavorable que pueda adoptar, una separación inferior a 0,30 m con los conductores de la línea de baja tensión.

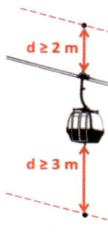

-F.A.14-

3.9.1.7 Con teleféricos y cables transportadores

Cuando la línea de **baja tensión** pase **por encima**, la distancia mínima entre los conductores y cualquier elemento de la instalación del teleférico será de **2 m**. Cuando la línea aérea de baja tensión pase por debajo está distancia no será inferior a 3 m. Los apoyos adyacentes del teleférico correspondiente al cruce con la línea de baja tensión se pondrán a tierra.

3.9.1.8 Con ríos y canales navegables o flotables

La <u>altura mínima</u> de los conductores sobre la superficie del agua para el máximo nivel que puede alcanzar será de:

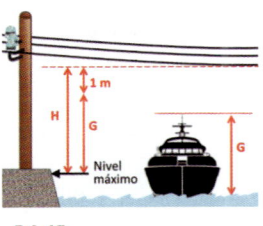

$$H = G + 1 \text{ m}$$

Donde <u>G</u> es el <u>gálibo</u>. En el caso de que no exista gálibo definido se considerará este igual a <u>6 m</u>.

-F.A.15-

3.9.1.9 Con antenas receptoras de radio y televisión

Los conductores de la línea de baja tensión, cuando sean **desnudos**, deberán presentar, como mínimo, una distancia igual a <mark>1 m</mark> con respecto a la antena en sí, a sus tirantes y a sus conductores de bajada, <u>cuando éstos **no** estén fijados a las paredes</u> de manera que eviten el posible contacto con la línea de baja tensión.

Queda prohibida la utilización de los apoyos de sustentación de líneas de <u>baja tensión para la fijación sobre los mismos de las antenas</u> de radio o televisión, así como de los tirantes de las mismas.

3.9.1.10 Con canalizaciones de agua y gas

La distancia mínima entre cables de energía eléctrica y canalizaciones de agua o gas será de <mark>0,20 m</mark>. <u>Se evitará el cruce por la vertical</u> de las juntas de las canalizaciones de agua o gas, o de los empalmes de la canalización eléctrica, situando unas y otros a una <u>distancia superior a</u> <mark>1 m</mark> del cruce. Para <u>líneas aéreas desnudas</u> antiguas la distancia mínima será <mark>1 m</mark>.

3.9.2 Proximidades y paralelismos

3.9.2.1 Con líneas eléctricas aéreas de alta tensión (LAAT)

Se cumplirá lo dispuesto en el *Reglamento sobre condiciones técnicas y garantías de seguridad en las líneas eléctricas de alta tensión, RLAT*, para **evitar** la construcción de líneas paralelas con las de alta tensión a <u>distancias inferiores a</u> <mark>1,5 veces</mark> <u>la altura del apoyo más alto</u> entre las trazas de los conductores más próximos.

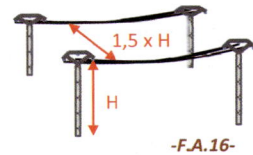

-F.A.16-

Se exceptúa de la prescripción anterior las líneas de acceso a centrales generadoras, estaciones transformadoras y centros de transformación. En estos casos se aplicará lo prescrito en los reglamentos aplicables a instalaciones de alta tensión. **No obstante**, en paralelismos con líneas de <u>tensión igual o inferior a 66 kV</u> no deberá existir una separación inferior a <mark>2 m</mark> entre los conductores contiguos de las líneas paralelas, y de <mark>3 m</mark> <u>para tensiones superiores</u>.

145

Las líneas eléctricas de <u>baja tensión</u> podrán ir en los **mismos apoyos** que las <u>de alta tensión</u> **cuando** se cumplan las condiciones siguientes:

* Los conductores de la línea de alta tensión tendrán una carga de rotura mínima de 480 daN, e irán colocados por encima de los de baja tensión.

* La distancia entre los conductores más próximos de las dos líneas será, por lo menos, igual a la separación de los conductores de la línea de alta tensión.

* En los apoyos comunes, deberá colocarse una indicación, situada entre las líneas de baja y alta tensión, que advierta al personal que ha de realizar trabajos en baja tensión de los peligros que supone la presencia de una línea de alta tensión en la parte superior.

* El aislamiento de la línea de baja tensión no será inferior al correspondiente de puesta a tierra de la línea de alta tensión. Los conductores de la línea de alta tensión tendrán una carga de rotura mínima de **480 daN,** e irán colocados por encima de los de baja tensión.

Borrador Real Decreto

3.9.2.2 Con otras líneas de baja tensión (LABT) o de telecomunicación

Cuando ambas líneas sean de conductores aislados, la distancia mínima será de 0,10 m.

Cuando cualquiera de las líneas sea de **conductores desnudos**, la distancia mínima será de 1 m. <u>Si ambas líneas van sobre los **mismos apoyos**</u>, la distancia mínima podrá reducirse a 0,50 m.

El **nivel de aislamiento** <u>de la línea de telecomunicación será, al menos, **igual** al de la línea de baja tensión</u>, de otra forma se considerará como línea de conductores desnudos.

Cuando el paralelismo sea entre líneas desnudas de baja tensión, las distancias mínimas son las establecidas en el apartado 3.2.2.

3.9.2.3 Con calles y carreteras

Las líneas aéreas con conductores desnudos podrán establecerse próximas a estas vías públicas, debiendo en su instalación mantener la distancia mínima de 6 m, cuando vuelen junto a las mismas en zonas o espacios de posible **circulación rodada**, y de 5 m en los demás casos. Cuando se trate de **conductores aislados**, esta distancia podrá reducirse a 4 m cuando no vuelen junto a zonas o espacios de posible circulación rodada.

3.9.2.4 Con ferrocarriles electrificados, tranvías y trolebuses

La distancia horizontal de los conductores a la instalación de la línea de contacto será de 1,5 m, como mínimo.

3.9.2.5 Con zonas de arbolado

Se utilizarán preferentemente cables aislados en haz; cuando la línea sea de conductores desnudos deberán tomarse las medidas necesarias para que el árbol y sus ramas, no lleguen a hacer contacto con dicha línea.

Se procurará que los conductores del cable trenzado no estén en contacto con el arbolado, de tal forma que las ramas en su movimiento con el viento no dañen, con el paso del tiempo, el aislamiento del cable.

Borrador Real Decreto

3.9.2.6 Con canalizaciones de agua

La distancia mínima entre los cables de energía eléctrica y las canalizaciones de agua será de 0,20 m. La distancia mínima entre los empalmes de los cables de energía eléctrica o entre los cables desnudos y las juntas de las canalizaciones de agua será de 1 m.

Se deberá mantener una distancia mínima de 0,20 m en proyección horizontal, y *se procurará* que la canalización de **agua** quede **por debajo** del nivel del cable eléctrico.

Por otro lado, las arterias principales de agua se dispondrán de forma que se aseguren distancias superiores a 1 m respecto a los cables eléctricos de baja tensión.

3.9.2.7 Con canalizaciones de gas

La distancia mínima entre los cables de energía eléctrica y las canalizaciones de gas será de 0,20 m, excepto para canalizaciones de gas de alta presión (más de 4 bar), en que la distancia será de 0,40 m. La distancia mínima entre los empalmes de los cables de energía eléctrica o entre los cables desnudos y las juntas de las canalizaciones de gas será de 1 m.

Se procurará mantener una distancia mínima de 0,20 m en proyección horizontal.

Para todas las canalizaciones de gas, independientemente de su presión, se mantendrá una distancia mínima de 0,20 m en proyección horizontal.

Por otro lado, **las arterias importantes de gas** se dispondrán de forma que se aseguren distancias superiores a 1 m respecto a los cables eléctricos de baja tensión.

Nota

Borrador
Real
Decreto

CRUZAMIENTOS	
Líneas aéreas de AT Conductores desnudos	Línea de AT por encima de la de BT.
	$$d \geq 1,5 + \frac{U + L1 + L2}{100}$$

Líneas aéreas de AT Conductores aislados	Cable unipolar aislado reunido en haz:
	  - Indistintamente por encima o por debajo
	  - RECOMENDADO: mayor tensión la que cruce por encima
	  - d ≥ 0,5 m
	
	Conductores recubiertos:
	  - Por encima de la línea de BT
	  - d ≥ 1 m

Líneas aéreas de BT	En soportes diferentes: d ≥ 0,50 m.
	Mismo soporte = en función del vano (apartado 3.2.2).
Líneas aéreas de telecomunicaciones	POSICIÓN: Línea BT por encima de la de telecomunicaciones. DISTANCIA: Apoyos distintos, d ≥ 1 m; mismo apoyo, d ≥ 0,50 m.

	Línea de **BT por debajo** = adoptar una de las siguientes medidas:
	  a) Colocación de malla de protección entre líneas.
	  b) Conductores de BT aislados para **0,6/1 kV**.
	  c) Conductores de línea de telecomunicaciones aislados para **0,6/1 kV**.

Carreteras y ferrocarriles **sin** electrificar	Carga de rotura ≥ 410 daN; con conductores aislados ≥ 280 daN.
	Altura ≥ **6 m**, con la flecha más favorable.
Ferrocarriles electrificados, tranvías y trolebuses	Altura ≥ **2 m**, sobre cualquier elemento del ferrocarril (cables, hilos sustentadores, etc.).
	En caso de separación accidental de cualquier toma de corriente (como el **trole**) la distancia mínima posible a la línea de BT será d ≥ 0,30 m.
Teleféricos y cables transportadores	Línea BT por encima: d ≥ 2 m, a cualquier elemento del teleférico.
	Línea BT por debajo: d ≥ 3 m, a cualquier elemento del teleférico.
	En el cruzamiento, los soportes adyacentes del teleférico puestos a tierra.
Ríos y canales navegables o flotantes	Altura sobre el agua (H), por su nivel máximo: **H ≥ G + 1 m** (G = gálibo altura máxima de las embarcaciones). Si no existe gálibo definido: **G = 6 m ⟹ H ≥ 7 m**.
Antenas receptoras de radio y televisión	Conductores desnudos: d ≥ 1 m a cualquier elemento de la antena. Si los elementos están fijados a paredes (cables y fijaciones), no es necesario respetar esta distancia.
	Prohibido utilizar el soporte de la línea de BT para hacer de soporte de cualquier antena o sus tirantes.
Canalizaciones de agua y gas	BT aislada: 0,20 m. Juntas y empalmes: d ≥ 1 m evitando la vertical. BT desnuda: d ≥ 1 m.

PROXIMIDADES Y PARALELISMOS	
Líneas aéreas de AT	Hay que evitar paralelismo entre líneas de AT y BT.
	Distancia entre trazos de los conductores más próximos (D): **d ≥ 1,5 H** (H = altura soporte más alto).
	Junto a centrales o CT, distancia entre conductores AT/BT (d): d ≥ 2 m, si UAT ≤ 66 kV. d ≥ 3 m, si UAT > 66 kV.
	Mismos soportes para AT y BT: - Línea de AT por encima y carga de rotura ≥ 480 daN. - Distancia conductores AT/BT ≥ separación entre conductores AT. - Señal de peligro en cada soporte, para personal de mantenimiento entre BT y AT. - El aislamiento de la línea BT será ≥ el correspondiente a la puesta a tierra de la de AT.
Otras líneas de BT o líneas aéreas de telecomunicaciones	Ambas aisladas: d ≥ 0,10 m.
	Conductores desnudos: sobre apoyos diferentes; distancia horizontal d ≥ 1 m.
	Sobre los mismos apoyos. Distancia a: - Otras líneas de BT = apartado 3.2.2. - Líneas de telecomunicaciones d ≥ 0,5 m (con aislamientos iguales).
Calles y carreteras	**Conductores desnudos:** circulación rodada **d ≥ 6 m**; sin circulación rodada d ≥ 5 m.
	Conductores aislados y no circulación rodada **d ≥ 4 m.**
Ferrocarriles electrificados, tranvías y trolebuses	Distancia horizontal d ≥ 1,5 m.
Zonas de arbolado	Preferentemente cables aislados. Conductores desnudos ⟹ ni el árbol ni las ramas, no lleguen a tocar.
Canalizaciones de agua	d ≥ 0,20 m. Cables desnudos y/o empalmes y juntas: d ≥ 1 m. Arteria principal de agua: d ≥ 1 m.
Canalizaciones de gas	d ≥ 0,20 m. Cables desnudos y/o empalmes y juntas/ Arterias imp. de gas: d ≥ 1 m. Gas alta presión (> 4 bar): d ≥ 0,40 m.

4. INTENSIDADES MÁXIMAS ADMISIBLES POR LOS CONDUCTORES

(según **UNE 211.435-1**)

■ 4.1 Generalidades

Las intensidades máximas admisibles que figuran en los siguientes apartados de esta Instrucción, se aplican a los cables aislados (formados por conductores con cubierta aislante de polietileno reticulado (**XLPE**) reunidos en haz a espiral visible) de tensión asignada de 0,6/1 kV y a los conductores desnudos utilizados en redes aéreas.

Borrador Real Decreto

En régimen permanente, la **intensidad máxima admisible** de los cables para las condiciones de instalación tipo, es la calculada según la norma **UNE 21.144**.

Las **tablas 8, 9 y 10** corresponden a los valores de intensidad máxima admisible indicados en la norma **UNE 211.435-1** calculados aplicando la metodología de la norma **UNE 21.144** y para las condiciones tipo de instalación siguientes:

- **Un solo** cable instalado **al aire**,
- Expuesto a una radiación solar de 1 kW/m^2
- Temperatura ambiente de 40 °C.

Nota

La norma **UNE 211.435-1** (nueva norma de referencia para circuitos de distribución) aparece en el listado de normas de la ITC-BT-02 de obligado cumplimiento según RESOLUCIÓN DE 20 DE MARZO DE 2025.

Para facilitar el estudio de esta instrucción, se indican a continuación las tablas de la norma **UNE 211.435-1**, que coinciden con las que se incluyen en el Borrador del RD. Si se desea informar sobre las tablas anuladas, se puede consultar la ITC-BT-06 publicada en el BOE que se encuentra incluida en el material Web.

■ 4.2 Cables formados por conductores aislados con polietileno reticulado (**XLPE**), en haz, a espiral visible

Satisfarán las exigencias especificadas en **UNE 21.030**.

4.2.1 Intensidades máximas admisibles

En las siguientes tablas figuran las intensidades máximas admisibles en régimen permanente, para algunos de estos tipos de cables, utilizados en condiciones normales de instalación.

Se definen como **condiciones normales de instalación** las correspondientes a un solo cable, instalado al aire libre, y a una temperatura ambiente de 40 °C.

Para condiciones de instalación diferentes u otras variables a tener en cuenta, se aplicarán los factores de corrección definidos en el apartado 4.2.2.

4.2.1.1 Cables CON neutro fiador de aleación de Aluminio-Magnesio-Silicio (Almelec) para instalaciones de cables tensados

Al

Cables de <u>Aluminio</u> tensados CON neutro fiador de Almelec		
Número de conductores por sección (mm²)	Protegidos del sol Intensidad máx. (A)	Expuestos al sol Intensidad máx. (A)
1 x 25 Al/ 54,6 Alm	105	95
1 x 50 Al/ 54,6 Alm	160	145
3 x 25 Al/ 29,5 Alm	90	76
3 x 25 Al/ 54,6 Alm	90	76
3 x 50 Al/ 29,5 Alm	135	115
3 x 50 Al/ 54,6 Alm	135	115
3 x 95 Al/ 54,6 Alm	215	185
3 x 150 Al/ 80 Alm	300	250

*Tabla C.1 UNE 211.435-1 = Tabla 8 – Borrador RD.: Intensidad máxima admisible en amperios de cables aéreos de distribución tipo RZ de 0,6/1 kV (conductor de aluminio y **con** neutro fiador)*

4.2.1.2 Cables <u>SIN</u> neutro fiador para instalaciones de cables posados o tensados con fiador de acero

Al

Cables de <u>Aluminio</u> SIN neutro fiador		
Número de conductores por sección (mm²)	Intensidad máxima (A)	
	Protegidos del sol	Expuestos al sol
2 x 16 Al	78	72
2 x 25 Al	105	95
4 x 16 Al	64	56
4 x 25 Al	90	76
4 x 50 Al	135	115
3 x 95/50 Al	215	185
3 x 150/95 Al	300	250

*Tabla C.2 UNE 211.435-1 = Tabla 9 – Borrador RD.: Intensidad máxima admisible en amperios de cables aéreos de distribución tipo RZ de 0,6/1 kV (conductor de aluminio y **sin** neutro fiador)*

Cu

Cables de <u>Cobre</u> SIN neutro fiador		
Número de conductores por sección (mm²)	Intensidad máxima (A)	
	Protegidos del sol	Expuestos al sol
2 x 10 Cu	76	70
4 x 10 Cu	62	54
4 x 16 Cu	84	72

Tabla C.4 UNE 211.435-1 = Tabla 10 – Borrador RD.: Cables aéreos tipo RZ de 0,6/1 kV (conductor de cobre)

4.2.2 Factores de corrección

Borrador Real Decreto

Cuando las condiciones de servicio previstas para la línea de baja tensión sean distintas a las consideradas como tipo el proyectista o la proyectista debe aplicar los factores de corrección que correspondan, tomando como referencia la norma **UNE 211.435-1**.

4.2.2.1 Instalación expuesta directamente al sol

(Nota A.: Este apartado <u>desaparece</u> en el Borrador del RD. No es de aplicación porque las tablas directamente indican el valor de las $I_{máx.}$ de los cables expuestos al sol)

En zonas en las que la radiación solar es muy fuerte, se deberá tener en cuenta el calentamiento de la superficie de los cables con relación a la temperatura ambiente, por lo que en estos casos se aplica un <u>factor de corrección 0,9 o inferior</u>, tal como recomiendan las normas de la serie **UNE 20.435** (norma anulada y sustituida por la **UNE 211.435-1**).

4.2.2.2 Factores de corrección por agrupación de varios cables

En la tabla C.6 figuran los factores de corrección de la intensidad máxima admisible, en caso de agrupación de varios cables en haz al aire. Estos factores se aplican a cables separados entre sí, una distancia comprendida entre un diámetro y un cuarto de diámetro en tendidos horizontales con cables en el mismo plano vertical. Para otras separaciones o agrupaciones consultar la norma **UNE 21.144-2-2**.

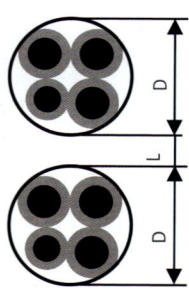

¼ D < L < D

Número de cables	1	2	3	Más de 3
Factor de corrección	1,00	0,89	0,80	0,75

Nota Borrador Real Decreto: Los cables con <u>dos circuitos</u> (por ejemplo 4 x 10 + 2 x 2,5 mm²), se consideran <u>dos cables</u> a efectos de cálculo de la intensidad máxima, por lo que corresponde aplicar el factor de corrección correspondiente a dos cables a cada uno de los circuitos.

Tabla C.6 UNE 211.435-1 = Tabla 12 – Borrador Real Decreto:
Factores de corrección de la intensidad máxima admisible en caso de agrupación de cables aislados en haz, instalados al aire.

A efectos de cálculo se considera como diámetro de un cable en haz **2,5** veces el diámetro del conductor de fase.

$$D_{haz} = 2,5 \cdot D_{fase}$$

4.2.2.3 Factores de corrección en función de la temperatura ambiente

En la tabla C.5 figuran los factores de corrección para temperaturas diferentes a 40 °C.

	Aislados con polietileno reticulado						
Temperatura, en °C	20	25	30	35	40	45	50
Factor de corrección	1,18	1,14	1,10	1,05	1,00	0,95	0,89

Tabla C.5 UNE 211.435-1 = Tabla 11 – Borrador Real Decreto
Factores de corrección de la intensidad máxima admisible para cables aislados en haz, en función de la temperatura ambiente.

4.2.3 Intensidades máximas de cortocircuito en los conductores de los cables

En la tabla 8 y 9 se indican las intensidades de cortocircuito admisibles, en función de los diferentes tiempos de duración del cortocircuito.

Aluminio	Intensidad máxima de cortocircuito (KA)								
Sección del conductor mm²	Duración del cortocircuito (s)								
	0,1	0,2	0,3	0,5	1,0	1,5	2,0	2,5	3,0
16	4,7	3,2	2,7	2,1	1,4	1,2	1,0	0,9	0,8
25	7,3	5,0	4,2	3,3	2,3	1,9	1,6	1,4	1,3
50	14,7	10,1	8,5	6,6	4,6	3,8	3,3	2,9	2.7
95	27,9	19,2	16,1	12,5	8,8	7,2	6,2	5,6	5.1
150	44,1	30,4	25,5	19,8	13,9	11,4	9,9	8,8	8.1

Tabla 8 = Tabla 13 – Borrador Real Decreto
Intensidades máximas de cortocircuitos en KA para conductores de aluminio.

Cobre	Intensidad máxima de cortocircuito (KA)								
Sección del conductor mm²	Duración del cortocircuito (s)								
	0,1	0,2	0,3	0,5	1	1,5	2	2,5	3,0
10	4,81	3,29	2,7	2,11	1,52	1,26	1,11	1	0,92
16	7,34	5,23	4,29	3,35	2,4	1,99	1,74	1,57	1,44

Tabla 9= Tabla 14 – Borrador Real Decreto
Intensidades máximas de cortocircuitos en KA para conductores de cobre.

■ **4.3 Conductores desnudos de cobre y aluminio**
*(**Nota A.:** Este apartado <u>desaparece</u> en el Borrador del RD)*

Las intensidades máximas admisibles en régimen permanente serán las obtenidas por aplicación de la tabla siguiente:

Sección nominal mm²	Densidad de corriente (A/mm²)	
	Cobre	**Aluminio**
10	8,75	--
16	7,60	6,00
25	6,35	5,00
35	5,75	4,55
50	5,10	4,00
70	4,50	3,55
95	4,05	3,20
120	--	2,90
150	--	2,70

NOTA A.:
Conductor desnudo: En ITC-BT-06 se considera a aquel cuya tensión nominal de aislamiento sea **inferior a 0,6/1 kV**.

Tabla 10. *Densidad de corriente en A/mm² para conductores desnudos al aire.*

Nota

La ***tabla 10*** da los valores de ***densidad de corriente***:

$$\sigma = \frac{I}{S}$$

σ = Densidad de corriente (A/mm²)
I = Intensidad de corriente (A)
S = Sección (mm²)

$$I = \sigma \cdot S$$

Por lo tanto, la ***tabla 10*** con las **intensidades máximas admisibles** queda del siguiente modo:

Sección nominal mm²	Cobre		Aluminio	
	Densidad de corriente (A/mm²)	Intensidad máxima admisible (A)	Densidad de corriente (A/mm²)	Intensidad máxima admisible (A)
10	8,75	**87,50**	--	--
16	7,60	**121,60**	6,00	**96,00**
25	6,35	**158,75**	5,00	**125,00**
35	5,75	**201,25**	4,55	**159,25**
50	5,10	**255,00**	4,00	**200,00**
70	4,50	**315,00**	3,55	**248,50**
95	4,05	**384,75**	3,20	**304,00**
120	--	--	2,90	**348,00**
150	--	--	2,70	**405,00**

Tabla 10 - Nota. *Densidad de corriente en A/mm² e Intensidad máxima admisible, en A, para* ==*conductores desnudos*== *al aire.*

■ 4.4 Otros cables u otros sistemas de instalación

Para cualquier **otro tipo** de cable o composiciones u otro sistema de instalación no contemplado en esta Instrucción, así como para cables que no figuran en las tablas anteriores, deberán consultarse las normas de la serie **UNE 20.435** (actualmente **UNE 211.435-1**), o calcularse según la norma **UNE 21.144**.

UNE 211.435-1

En la siguiente *tabla* se indican las intensidades admisibles para redes de distribución según **UNE 211.435-1**, a la que le son de aplicación los factores de corrección de las Tablas C.6 y C.5 si fueran necesarios.

La norma UNE 211.435-1 (nueva norma de referencia para circuitos de distribución) aparece en el listado de normas de la ITC-BT-02 de obligado cumplimiento según RESOLUCIÓN DE 20 DE MARZO DE 2025.

Intensidad máxima admisible en A				
Sección mm²	**Tres cables cargados (3x/N o 4x)**		**Dos cables cargados (2x)**	
Aluminio	**Protegidos del sol**	**Expuestos al sol**	**Protegidos del sol**	**Expuestos al sol**
16	64	56	78	72
25	90	76	105	95
50	135	115	160	145
95	215	185	--	--
150	300	250	--	--
Cobre				
2,5	--	--	32	31
4	35	31	42	40
6	45	39	54	52
10	62	54	76	70
16	84	72	100	94

Temperatura del aire ambiente: 40 °C.
Radiación sclar: 1 kW/m².
Aislamiento XLPE. Conductor de Cu o Al. Cables en triángulo en contacto.

Tabla C.2 y C.4 UNE 21.435-1. Cables aéreos de distribución tipo RZ de 0,6/1 kV.

*-Mismos valores que **Tablas 9 y 10** del Borrador RD **(apdo. 4.2.1.2)**-*

• La tabla C.4 de la UNE 211.435-1 indica que las construcciones de utilización habitual en instalaciones de distribución eléctrica con conductores de cobre son: 2x10, 4x10 y 4x16

5. ENSAYOS ELÉCTRICOS DESPUÉS DE LA INSTALACIÓN

Borrador Real Decreto

Una vez que la instalación ha sido concluida, es necesario comprobar mediante un ensayo de resistencia de aislamiento que el tendido y el montaje de los accesorios (empalmes, terminales, etc.) se ha realizado correctamente.

El método de ensayo será apropiado para comprobar tanto el aislamiento de los conductores de fase como del conductor neutro y los **valores de resistencia de aislamiento**, entre cada conductor y el resto, deberán ser al menos los indicados en la **tabla 15**.

Tensión nominal del cable U_0/U (kV)	Tensión de prueba a aplicar, c.c. (V) (ver nota 1)	Sección del conductor (mm²)	Resistencia de aislamiento mínima para 1 km de longitud (ver nota 2) (MΩ)
0,6/1	500	≤ 25	30
		> 25 y ≤ 95	20
		> 95	15

Nota 1: La tensión de prueba se aplicará durante un tiempo suficiente para que se obtenga una lectura estable de la resistencia de aislamiento.

Nota 2: Los valores de la resistencia de aislamiento de la tabla corresponden a una longitud de 1 km, para otras longitudes el valor mínimo de la resistencia de aislamiento se obtiene dividiendo el valor de la tabla entre la longitud de la línea en km.

Tabla 15 – Borrador RD.: Intensidades máximas de cortocircuitos en kA, para conductores de cobre

RESUMEN

1°) Cond. Aislados: Tablas de $I_{máx}$ en situación "tipo"

2°) Cond. Aislados: Factores de corrección

3°) Cond. Aislados: $I_{máx\ cc}$

4°) Cond. DESNUDOS de cobre o aluminio:

Texto consolidado mediante:
➤ **Borrador Real Decreto**

GUIA-BT	Edición
No publicada	---

Norma	Apartado	Sustituida por:
UNE 20.435	2.1 / 3.1 / 3.4	**UNE 211.435-1**
UNE 21.144	3.4	--
UNE-HD 603	1	UNE-HD 603-5N y -5X

NOTA A.: El texto señalado en color gris pertenece al Borrador del RD (no vinculante).

Índice

1. MATERIALES

■ 1.1 Cables

Los conductores de los cables utilizados en las líneas subterráneas serán de cobre o de aluminio y estarán aislados con mezclas apropiadas de compuestos poliméricos. Estarán además debidamente protegidos contra la corrosión que pueda provocar el terreno donde se instalen y tendrán la resistencia mecánica suficiente para soportar los esfuerzos a que puedan estar sometidos.

Los cables podrán ser de uno o más conductores y de tensión asignada **no inferior a 0,6/1 kV**, y deberán cumplir los requisitos especificados en la parte correspondiente de la Norma **UNE-HD 603**. Para cables con conductor de aluminio su construcción deberá ajustarse a la parte correspondiente de la Norma **UNE-HD 603** parte 5N para cables con aislamiento de polietileno reticulado y cubierta de PVC y parte 5X para cables con aislamiento de polietileno reticulado y cubierta de poliolefina. Los cables que cumplan con las normas UNE-HD 603 parte 5N o UNE-HD 603 parte 5X tendrán presunción de conformidad con los requisitos de esta **ITC-BT-07**.

La sección de estos conductores será la adecuada a las intensidades y caídas de tensión previstas y, en todo caso, esta sección no será inferior a:

> ■ **Conductores de <u>Aluminio</u>:**   16 mm²
> ■ **Conductores de <u>Cobre</u>:**   6 mm²

Al 16 mm²
Cu 6 mm²

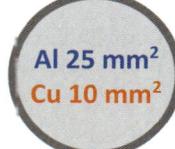

Secciones Borrador
Real Decreto

Borrador Real Decreto

La sección de los conductores será la adecuada a las intensidades y caídas de tensión previstas y, en todo caso, esta sección no será inferior a **10 mm²** para conductores de **cobre** y a **25 mm²** para los de **aluminio**. La utilización de conductores de cobre está prevista para acometidas, de modo que no se utilizarán en redes de distribución salvo en casos especiales debidamente justificados por el proyectista.

Al 25 mm²
Cu 10 mm²

Dependiendo del número de conductores con que se haga la distribución la **<u>sección mínima del conductor neutro</u>** será:

a) Con **dos o tres** conductores: <u>igual a</u> la de los conductores de <u>fase</u>.

b) Con **cuatro** conductores: sección del neutro como mínimo la de la *tabla 1*.

Conductores de fase (mm²)	Sección neutro (mm²)	Tabla Borrador Real Decreto
		Sección neutro (mm²)
6 (Cu)	6	--
10 (Cu)	10	10
16 (Cu)	10	16
16 (Al)	16	--
25	16	25
35	16	--
50	25	25
70	35	--
95	50	50
120	70	--
150	70	70
185	95	--
240	120	120
300	150	--
400	185	--

Tabla 1. Sección mínima del **conductor neutro** en función de la sección de los conductores de fase.

1.2 Accesorios de conexión

Borrador Real Decreto

Los empalmes, derivaciones y terminaciones de los conductores se realizarán utilizando accesorios apropiados, resistentes a la corrosión y a la penetración de humedad y que aseguren un contacto eléctrico eficaz, de modo que, en ellos, ni la resistencia eléctrica ni la elevación de temperatura sea superior a la de los conductores.

Los empalmes deberán soportar sin rotura ni deslizamiento del conductor, **el 33 % de su carga de rotura**.

Con el fin de minimizar los riesgos en materia de seguridad debido a la proximidad de otras canalizaciones, no es admisible el uso de accesorios que requieran la aplicación de fuentes de calor para su instalación.

Los accesorios aislados y los conjuntos de conexión deberán integrar todos los elementos necesarios para garantizar la conexión eléctrica y la integridad del aislamiento del cable.

Los elementos de conexión aislados (empalmes, derivaciones y terminaciones) que cumplan con la norma **UNE 211.022** tendrán presunción de conformidad con esta **ITC-BT-07**.

Los conjuntos de conexión formados por una envolvente y un elemento de conexión que cumplan con la norma **UNE 211.029** tendrán presunción de conformidad con esta **ITC-BT-07**.

Los elementos metálicos de conexión que cumplan con los requisitos aplicables de la norma **UNE 211.024** parte 2 (apriete por compresión) o parte 3 (apriete por tornillería) tendrán presunción de conformidad con esta **ITC-BT-07**.

2. EJECUCIÓN DE LAS INSTALACIONES

■ 2.1 Instalación de cables aislados

Las canalizaciones se dispondrán, en general, por terrenos de dominio público, y en zonas perfectamente delimitadas, preferentemente bajo las aceras. El trazado será lo más rectilíneo posible y a poder ser paralelo a referencias fijas como líneas en fachada y bordillos. Asimismo, deberán tenerse en cuenta los radios de curvatura mínimos, fijados por los fabricantes (o en su defecto los indicados en las normas de la serie **UNE 20.435**[*]), a respetar en los cambios de dirección.

[*] *NOTA A:* La norma **UNE 211.435-1** anula y sustituye a esta.

En la etapa de proyecto se deberá consultar con las empresas de servicio público y con los posibles propietarios de servicios para conocer la posición de sus instalaciones en la zona afectada. Una vez conocida, antes de proceder a la apertura de las zanjas se abrirán calas de reconocimiento para confirmar o rectificar el trazado previsto en el proyecto.

Los cables aislados podrán instalarse de cualquiera de las maneras indicada a continuación:

2.1.1 Directamente enterrados

La profundidad, hasta la parte inferior del cable, no será menor de:

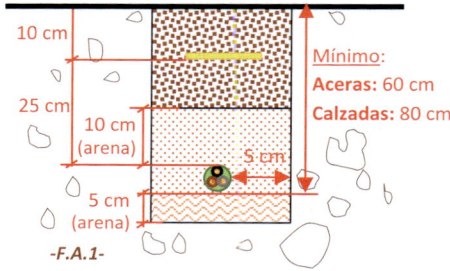

-F.A.1-

➤ **0,60 m en acera**; ni de
➤ **0,80 m en calzada**.

Mínimo:
Aceras: 60 cm
Calzadas: 80 cm

Cuando existan impedimentos que no permitan lograr las mencionadas profundidades, éstas podrán reducirse, disponiendo protecciones mecánicas suficientes, tales como las establecidas en el apartado 2.1.2. Por el contrario, deberán aumentarse cuando las condiciones que se establecen en el apartado 2.2 de la presente instrucción así lo exijan.

Para conseguir que el cable quede correctamente instalado sin haber recibido daño alguno, y que ofrezca seguridad frente a excavaciones hechas por terceros, en la instalación de los cables se seguirán las instrucciones descritas a continuación:

1. El lecho de la zanja que va a recibir el cable será liso y estará libre de aristas vivas, cantos, piedras, etc. En el mismo se dispondrá una capa de **arena** de mina o de río lavada, de espesor mínimo **0,05 m** sobre la que se colocará el cable. Por encima del cable irá otra capa de arena o tierra cribada de unos **0,10 m** de espesor. Ambas capas cubrirán la anchura total de la zanja, la cual será suficiente para mantener **0,05 m** entre los cables y las paredes laterales.

2. Por encima de la arena todos los cables deberán tener una **protección mecánica**, como por ejemplo, losetas de hormigón, placas protectoras de plástico, ladrillos o rasillas colocadas transversalmente. Podrá admitirse el empleo de otras protecciones mecánicas equivalentes. Se colocará también una **cinta de señalización** que advierta de la existencia del cable eléctrico de baja tensión. Su distancia mínima al suelo será de **0,10 m**, y a la parte superior del cable de **0,25 m**.

3. Se admitirá también la colocación de placas con la doble misión de protección mecánica y de señalización.

2.1.2 En canalizaciones entubadas

Serán conformes con las especificaciones del apartado 1.2.4 de la ITC-BT-21 y de un **diámetro exterior mínimo** de **160 mm**.

No se instalará **más de un circuito por tubo**.

Borrador Real Decreto

La profundidad, hasta la parte superior del tubo, no será menor de:

- ➤ 0,60 m en acera o tierra
- ➤ 0,80 m en calzada.

Se evitarán, en lo posible, los cambios de dirección de los tubos. En los puntos donde se produzcan y para facilitar la manipulación de los cables, se dispondrán arquetas con tapa, registrables o no. Para facilitar el tendido de los cables, en los tramos rectos se instalarán **arquetas** intermedias, registrables, ciegas o simplemente calas de tiro, como máximo cada 40 m. Esta distancia podrá variarse de forma razonable, en función de derivaciones, cruces u otros condicionantes viarios. A la entrada en las arquetas, los tubos deberán quedar debidamente sellados en sus extremos para evitar la entrada de roedores y de agua.

2.1.3 En galerías

Se consideran **dos tipos** de galería:

1) La galería visitable, de dimensiones interiores suficientes para la circulación de personas.

2) La galería registrable, o zanja prefabricada, en la que no está prevista la circulación de personas y dónde las tapas de registro precisan medios mecánicos para su manipulación.

Las galerías serán de **hormigón armado** o de otros materiales de rigidez, estanqueidad y duración equivalentes. Se dimensionarán para soportar la carga de tierras y pavimentos situados por encima y las cargas del tráfico que correspondan.

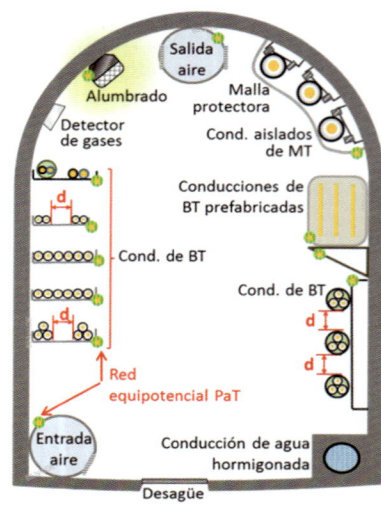

F.A.2: *Galería visitable*

2.1.3.1 Galerías visitables

2.1.3.1.1 *Limitación de servicios existentes*

Las galerías visitables se usarán, preferentemente, para instalaciones eléctricas de potencia, cables de control y telecomunicaciones.

 En ningún caso podrán coexistir en la misma galería instalaciones eléctricas e instalaciones de gas.

Tampoco es recomendable que existan canalizaciones de agua aunque en aquellos casos en que sea necesario, las canalizaciones de **agua** se situarán a un **nivel inferior** que el resto de las instalaciones, siendo condición indispensable, que la galería tenga un desagüe situado por encima de la cota del alcantarillado, o de la canalización de saneamiento en que evacua.

2.1.3.1.2 *Condiciones generales*

Las galerías visitables dispondrán de **pasillos** de circulación de **0,90 m** de anchura mínima y **2 m** de altura mínima, debiéndose justificar las excepciones. En los puntos singulares, entronques, pasos especiales, accesos de personal, etc., se estudiarán tanto el correcto paso de las canalizaciones como la seguridad de circulación de las personas.

Los **accesos a la galería** deben quedar cerrados de forma que se impida la entrada de personas ajenas al servicio, pero que permita la salida de las que estén en su interior. Deberán disponerse accesos en las zonas extremas de las galerías.

La **ventilación** de las galerías será suficiente para asegurar que el aire se renueve **6 veces por hora**, para evitar acumulaciones de gas y condensaciones de humedad, y contribuir a que la **temperatura máxima** de la galería sea compatible con los servicios que contenga. Esta temperatura no sobrepasará los **40 °C**.

Los suelos de las galerías serán antideslizantes y deberán tener la pendiente adecuada y un sistema de drenaje eficaz, que evite la formación de charcos.

Las empresas utilizadoras tomarán las disposiciones oportunas para evitar la presencia de roedores en las galerías.

2.1.3.1.3 *Disposición e identificación de los cables*

Es aconsejable disponer los cables de distintos servicios y de distintos propietarios sobre soportes diferentes y mantener entre ellos unas distancias que permitan su correcta instalación y mantenimiento. Dentro de un mismo servicio debe procurarse agruparlos por tensiones (por ejemplo, en uno de los laterales se instalarán los cables de baja tensión, control, señalización, etc., reservando el otro para los cables de alta tensión).

Los cables se dispondrán de forma que su trazado sea recto y procurando conservar su posición relativa con los demás. Las entradas y salidas de los cables en las galerías se harán de forma que no dificulten ni el mantenimiento de los cables existentes ni la instalación de nuevos cables.

Una vez instalados, todos los cables deberán quedar debidamente señalizados e identificados. En la identificación figurará, también, la empresa a quién pertenecen.

2.1.3.1.4 Sujeción de los cables

Los cables deberán estar fijados a las paredes o a estructuras de la galería mediante elementos de sujeción (regletas, ménsulas, bandejas, bridas, etc.) para evitar que los esfuerzos electrodinámicos que pueden presentarse durante la explotación de las redes de baja tensión, puedan moverlos o deformarlos. Estos esfuerzos, en las condiciones más desfavorables previsibles, servirán para dimensionar la resistencia de los elementos de sujeción, así como su separación, debiendo tenerse en cuenta lo indicado en la guía de utilización de la norma aplicable al tipo de cable.

En el caso de cables unipolares agrupados en mazo, los mayores esfuerzos electrodinámicos aparecen entre fases de una misma línea, como fuerza de repulsión de una fase respecto a las otras. En este caso pueden complementarse las sujeciones de los cables con otras que mantengan unido el mazo.

2.1.3.1.5 Equipotencialidad de las masas metálicas accesibles

Todos los elementos metálicos para sujeción de los cables (bandejas, soportes, bridas, etc.) u otros elementos metálicos accesibles a las personas que transitan por las galerías (pavimentos, barandillas, estructuras o tuberías metálicas, etc.) se conectarán eléctricamente al **conductor de tierra** de la galería, de forma que se eviten diferencias de tensión peligrosas en caso de defectos.

2.1.3.1.6 Galerías de longitud superior a 400 m

Las galerías de longitud superior a 400 m, además de las disposiciones anteriores, dispondrán de:

a) Iluminación fija en su interior.

b) Instalaciones fijas de detección de gases tóxicos, con una sensibilidad mínima de 300 ppm.

c) Indicadores luminosos que regulen el acceso en las entradas.

d) Accesos de personas cada 400 m, como máximo.

e) Alumbrado de señalización interior para informar de las salidas y referencias exteriores.

f) Tabiques de sectorización contra incendios (**RF-120**) según NBE-CPI-96*. Cada **400 m** como máximo, conformes al Código Técnico de la edificación y con una resistencia al fuego de 120 minutos.

g) Puertas cortafuegos (**RF-90**) según NBE-CPI-96*. Cada **400 m** como máximo, conformes al Código Técnico de la edificación y con una resistencia al fuego de 60 minutos.

* **NOTA A:** Actualmente: CTE-DB-SI

2.1.3.2 Galerías o zanjas registrables

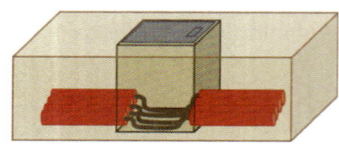

F.A.3: Zanja registrable

En tales galerías se admite la instalación de cables eléctricos de alta tensión, de baja tensión y de alumbrado, control y comunicación.

No se admite la existencia de canalizaciones de gas.

Sólo se admite la existencia de canalizaciones de agua, si se puede asegurar que en caso de fuga, el agua no afecte a los demás servicios (por ejemplo, en un diseño de doble cuerpo, en el que en un cuerpo se dispone una canalización de agua, y en el otro cuerpo, estanco respecto al anterior cuando tiene colocada la tapa registrable, se disponen los cables de baja tensión, de alta tensión, de alumbrado público, semáforos, control y comunicación).

Las condiciones de seguridad más destacables que deben cumplir este tipo de instalación son:

➡ Estanqueidad de los cierres; y
➡ Buena renovación de aire en el cuerpo ocupado por los cables eléctricos, para evitar acumulaciones de gas y condensación de humedades, y mejorar la disipación de calor.

2.1.4 En atarjeas o canales revisables

En ciertas ubicaciones con acceso restringido a personas adiestradas, como puede ser, en el interior de industrias o de recintos destinados exclusivamente a contener instalaciones eléctricas, podrán utilizarse canales de obra con tapas (que normalmente enrasan con el nivel del suelo) manipulables a mano.

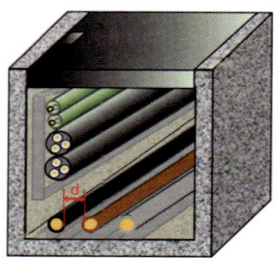

F.A.4: Atarjea revisable

Borrador Real Decreto

Los cables instalados en atarjeas o canales revisables deberán tener la siguiente clasificación mínima respecto a la reacción al fuego: **Cca, s1b, d2, a1**.

Es aconsejable separar los cables de distintas tensiones (aprovechando el fondo y las dos paredes). Incluso, puede ser preferible utilizar canales distintos.

El canal debe permitir la renovación del aire. Sin embargo, si hay canalizaciones de gas cercanas al canal, existe el riesgo de explosión ocasionado por eventuales fugas de gas que lleguen al canal. En cualquier caso, el proyectista debe estudiar las características particulares del entorno y justificar la solución adoptada.

2.1.5 En bandejas, soportes, palomillas o directamente sujetos a la pared

Normalmente, este tipo de instalación **solo** se empleará en subestaciones u otras instalaciones eléctricas **y** en la parte interior de edificios, no sometida a la intemperie, **y** en donde el acceso quede restringido al personal autorizado.

Cuando las zonas por las que discurra el cable sean accesibles a personas o vehículos, deberán disponerse protecciones mecánicas que dificulten su accesibilidad.

Los cables instalados en atarjeas o canales revisables deberán tener la siguiente clasificación mínima respecto a la reacción al fuego: **Cca, s1b, d2, a1**.

Borrador Real Decreto

2.1.6 Circuitos con cables en paralelo

Cuando la intensidad a transportar sea superior a la admisible por un solo conductor se podrá instalar más de un conductor por fase, según los siguientes criterios:

1. Emplear conductores del **mismo material, sección y longitud.**
2. Los cables se agruparán al tresbolillo, en ternas dispuestas en uno o varios niveles, por ejemplo:

2.1) Tres ternas en un nivel:

2.2) Tres ternas apiladas en tres niveles:

■ 2.2 Condiciones generales para cruzamientos, proximidades y paralelismos

Los cables subterráneos, cuando estén enterrados directamente en el terreno, deberán cumplir, además de los requisitos reseñados en el presente punto, las condiciones que pudieran imponer otros Organismos Competentes, como consecuencia de disposiciones legales, cuando sus instalaciones fueran afectadas por tendidos de cables subterráneos de baja tensión.

Los requisitos señalados en este punto **no** serán de aplicación a cables dispuestos en galerías, en canales, en bandejas, en soportes, en palomillas o directamente sujetos a la pared. En estos casos, la disposición de los cables se hará a criterio de la empresa que los explote; sin embargo, para establecer las **intensidades admisibles** en dichos cables se deberán aplicar los factores de corrección definidos en el apartado 3.

Para cruzar zonas en las que no sea posible o suponga graves inconvenientes y dificultades la apertura de zanjas (cruces de ferrocarriles, carreteras con gran densidad de circulación, etc.), pueden utilizarse máquinas perforadoras "topo" de tipo impacto, hincadora de tuberías o taladradora de barrena, en estos casos se prescindirá del diseño de zanja descrito anteriormente puesto que se utiliza el proceso de perforación que se considere más adecuado. Su instalación precisa zonas amplias despejadas a ambos lados del obstáculo a atravesar para la ubicación de la maquinaria.

2.2.1 Cruzamientos

A continuación se fijan, para cada uno de los casos indicados, las condiciones a que deben responder los cruzamientos de cables subterráneos de baja tensión directamente enterrados.

2.2.1.1 Calles y carreteras

Los cables se colocarán en el interior de **tubos** protectores conforme con lo establecido en la **ITC-BT-21**, recubiertos de **hormigón** en toda su longitud a una profundidad mínima de 0,80 m. Siempre que sea posible, el cruce se hará perpendicular al eje del vial.

2.2.1.2 Ferrocarriles

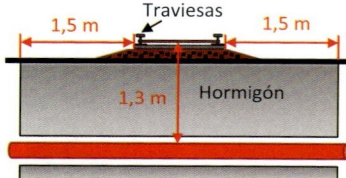

F.A.5: *Cruce perpendicular a la vía*

Los cables se colocarán en el interior de **tubos** protectores conforme con lo establecido en la **ITC-BT-21**, recubiertos de **hormigón** y siempre que sea posible, perpendiculares a la vía, y a una profundidad mínima de 1,3 m respecto a la cara inferior de la traviesa. Dichos tubos rebasarán las vías férreas en 1,5 m por cada extremo.

2.2.1.3 Otros cables de energía eléctrica

Siempre que sea posible, se procurará que los cables de **baja tensión** discurran **por encima** de los de alta tensión.

La distancia mínima entre un cable de baja tensión y otros cables de energía eléctrica será:

- **0,25 m** con cables de alta tensión; y
- **0,10 m** con cables de baja tensión.

La distancia del punto de cruce a los empalmes será superior a **1 m**. Cuando no puedan respetarse estas distancias en los cables directamente enterrados, el cable instalado más recientemente se dispondrá en canalización entubada según lo prescrito en el apartado 2.1.2.

2.2.1.4 Cables de telecomunicación

La separación mínima entre los cables de energía eléctrica y los de telecomunicación será de 0,20 m. La distancia del punto de cruce a los empalmes, tanto del cable de energía como del cable de telecomunicación, será superior a **1 m**. Cuando no puedan respetarse estas distancias en los cables directamente enterrados, el cable instalado más recientemente se dispondrá en canalización entubada según lo prescrito en el apartado 2.1.2.

Estas restricciones **no** se deben aplicar a los cables de fibra óptica con cubiertas dieléctricas. Todo tipo de protección en la cubierta del cable debe ser aislante.

2.2.1.5 Canalizaciones de agua y gas
Siempre que sea posible, **los cables** se instalarán **por encima** de las canalizaciones de agua.

La distancia mínima entre cables de energía eléctrica y canalizaciones de agua o gas será de 0,20 m. Se evitará el cruce por la vertical de las juntas de las canalizaciones de agua o gas, o de los empalmes de la canalización eléctrica, situando unas y otros a una distancia superior a **1 m** del cruce. Cuando no puedan respetarse estas distancias en los cables directamente enterrados, la canalización instalada más recientemente se dispondrá entubada según lo prescrito en el apartado 2.1.2.

2.2.1.6 Conducciones de alcantarillado
Se procurará pasar **los cables por encima** de las conducciones de alcantarillado. No se admitirá incidir en su interior. Se admitirá incidir en su pared (por ejemplo, instalando tubos), siempre que se asegure que ésta no ha quedado debilitada. Si no es posible, se pasará por debajo, y los cables se dispondrán en canalizaciones entubadas según lo prescrito en el apartado 2.1.2.

2.2.1.7 Depósitos de carburante
Los cables se dispondrán en canalizaciones entubadas según lo prescrito en el apartado 2.1.2 y distarán, como mínimo, 0,20 m del depósito. Los extremos de los tubos rebasarán al depósito, como mínimo **1,5 m** por cada extremo.

2.2.2 Proximidades y paralelismos
Los cables subterráneos de baja tensión directamente enterrados deberán cumplir las condiciones y distancias de proximidad que se indican a continuación, procurando evitar que queden en el mismo plano vertical que las demás conducciones.

2.2.2.1 Otros cables de energía eléctrica
Los cables de baja tensión podrán instalarse paralelamente a otros de baja o alta tensión, manteniendo entre ellos una distancia mínima de:

- **0,10 m** con los cables de baja tensión; y
- **0,25 m** con los cables de alta tensión.

Cuando no puedan respetarse estas distancias en los cables directamente enterrados, el cable instalado más recientemente se dispondrá en canalización entubada según lo prescrito en el apartado 2.1.2.

En el caso de que un mismo propietario canalice a la vez varios cables de baja tensión, podrá instalarlos a menor distancia, incluso en contacto.

2.2.2.2 Cables de telecomunicación

La distancia mínima entre los cables de energía eléctrica y los de telecomunicación será de 0,20 m. Cuando no puedan respetarse estas distancias en los cables directamente enterrados, el cable instalado más recientemente se dispondrá en canalización entubada según lo prescrito en el apartado 2.1.2.

2.2.2.3 Canalizaciones de agua

La distancia mínima entre los cables de energía eléctrica y las canalizaciones de agua será de 0,20 m. La distancia mínima entre los empalmes de los cables de energía eléctrica y las juntas de las canalizaciones de agua será de 1 m. Cuando no puedan respetarse estas distancias en los cables directamente enterrados, la canalización instalada más recientemente se dispondrá entubada según lo prescrito en el apartado 2.1.2.

Se procurará mantener una distancia mínima de 0,20 m en proyección horizontal, y que la canalización de agua quede por debajo del nivel del cable eléctrico.

Por otro lado, las **arterias principales de agua** se dispondrán de forma que se aseguren distancias superiores a 1 m respecto a los cables eléctricos de baja tensión.

2.2.2.4 Canalizaciones de gas

La distancia mínima entre los cables de energía eléctrica y las canalizaciones de gas será de 0,20 m, **excepto** para canalizaciones de **gas de alta presión** (más de 4 bar), en que la distancia será de 0,40 m. La distancia mínima entre los empalmes de los cables de energía eléctrica y las juntas de las canalizaciones de gas será de 1 m. Cuando no puedan respetarse estas distancias en los cables directamente enterrados, la canalización instalada más recientemente se dispondrá entubada según lo prescrito en el apartado 2.1.2.

Se procurará mantener una distancia mínima de 0,20 m en proyección horizontal.

Por otro lado, las **arterias importantes de gas** se dispondrán de forma que se aseguren distancias superiores a **1 m** respecto a los cables eléctricos de baja tensión.

2.2.3 Acometidas (con conexiones de servicio)

En el caso de que el cruzamiento o paralelismo entre cables eléctricos y canalizaciones de los servicios descritos anteriormente, se produzcan en el tramo de acometida a un edificio deberá mantenerse una distancia mínima de **0,20 m**.

Cuando no puedan respetarse estas distancias en los cables directamente enterrados, la canalización instalada más recientemente se dispondrá entubada según lo prescrito en el apartado 2.1.2.

La canalización de la acometida eléctrica, en la entrada al edificio, deberá taponarse hasta conseguir una estanqueidad adecuada.

> **Nota**
>
> Tal y como indica el **artículo 14 del REBT** las Compañías Suministradoras podrán proponer especificaciones para conseguir mayor homogeneidad en las Redes de Distribución.
>
> Es por esto que se recomienda consultar las **Normas Técnicas Particulares** de la **Compañía Suministradora** sobre las características que han de cumplir las líneas destinadas a formar parte de sus Redes de Distribución. En las normas de cada compañía se encuentran **planos de detalle de las canalizaciones**.
>
> *Normas Particulares de las compañías en: www.marketing.marcombo.com*

2.3 Puesta a tierra y continuidad del neutro

La puesta a tierra y continuidad del neutro se atenderá a lo establecido en los capítulos **3.6** y **3.7** de la **ITC-BT-06**.

2.4 Conexión de los conductores

Borrador Real Decreto

Los conductores se conectarán de modo que no se origine tracción mecánica sobre los accesorios, **no siendo admisible** realizar conexiones:

X por soldadura o
X por torsión directa de los conductores.

Con conductores de distinta naturaleza, se tomarán todas las precauciones necesarias para obviar los inconvenientes que se derivan de sus características especiales, evitando la corrosión electrolítica mediante piezas adecuadas.

Nota

RESUMEN APARTADO 2.2

CRUZAMIENTOS	Distancia mínima	Dist. a los empalmes	Rebase mínimo	Observaciones
Calles y carreteras	0,80 m			Bajo tubo (ITC-BT-21).
Ferrocarriles	1,30 m			Bajo tubo (ITC-BT-21).
Otros cables de energía	AT: 0,25 m	> 1 m		BT por encima.
	BT: 0,10 m			Si no pueden cumplirse las distancias => última línea instalada bajo tubo.
Cables de telecomunicaciones	0,20 m	> 1 m		Si no pueden cumplirse las distancias => última línea instalada bajo tubo.
				No aplicable a fibra óptica con cubierta aislante.
Canalizaciones de agua	0,20 m	> 1 m		Si no pueden cumplirse las distancias => última línea instalada bajo tubo.
				Canalizaciones de agua por debajo.
Conducciones de alcantarillado				Alcantarillado por debajo, si no es posible cables bajo tubo.
Depósitos carburante	0,20 m		1,5 m	Siempre entubados.

PARALELISMOS	Distancia mínima	Observaciones
Otros cables de energía	AT: 0,25 m BT: 0,10 m	BT por encima.
		Si no pueden cumplirse las distancias => Última línea instalada bajo tubo.
		Varios cables de BT de un mismo propietario => Menor distancia (incluso en contacto).
Cables de telecomunicaciones	0,20 m	Si no pueden cumplirse las distancias => Última línea instalada bajo tubo.
Canalizaciones de agua	0,20 m	Si no pueden cumplirse las distancias => Última línea instalada bajo tubo.
		Distancia entre empalmes/juntas: 1 m.
		Arterias principales de agua: D ≥ 1 m.
		Canalizaciones de agua por debajo.
Conducciones de gas	0,20 m	Distancia entre empalmes/juntas: 1 m.
	0, 40 m (P > 4 bares)	Si no pueden cumplirse las distancias => Última línea instalada bajo tubo.
		Arterias principales de gas: D ≥ 1 m.

Acometidas	0,20 m	Estanqueidad: la canalización deberá taponarse.
		Si no pueden cumplirse las distancias => Última línea instalada bajo tubo.

3. INSTENSIDADES MÁXIMAS ADMISIBLES (según UNE 211.435-1)

■ 3.1 Intensidades máximas permanentes en los conductores de los cables

Nota

Las redes subterráneas para distribución, según el REBT, deben realizarse siguiendo las instrucciones de la ITC-BT-07 cuyo contenido está basado en la **UNE 20.435**, norma que ha sido anulada y sustituida por la **UNE 211.435-1**.

La norma **UNE 211.435-1** (nueva norma de referencia para circuitos de distribución) aparece en el listado de normas de la **ITC-BT-02** de obligado cumplimiento según RESOLUCIÓN DE 20 DE MARZO DE 2025. Tal y como indica el **artículo 26 del REBT**, el Ministerio pertinente debe hacer constar mediante resolución, la fecha a partir la cual la utilización de la nueva norma UNE será válida.

Para facilitar el estudio de esta instrucción, se indican a continuación las tablas de la norma **UNE 211.435-1**, que coinciden con las que se incluyen en el Borrador del RD. Si se desea informar sobre las tablas anuladas se puede consultar la ITC-BT-07 publicada en el BOE, incluida en el material Web.

La intensidad máxima admisible de los cables en régimen permanente es la correspondiente a los **cálculos** realizados según la norma **UNE 21.144** para las condiciones de instalación consideradas tipo. *Borrador Real Decreto*

En las tablas se indican las intensidades máximas permanentes admisibles en los diferentes tipos de cables en las condiciones tipo de instalación indicadas. En condiciones especiales de instalación se aplicarán los factores de corrección que correspondan. Dichos factores de corrección se indican para cada condición que pueda diferenciar la instalación considerada de la instalación tipo.

3.1.1 Temperatura máxima admisible

Las intensidades máximas admisibles en servicio permanente dependen en cada caso de la temperatura máxima que el aislamiento pueda soportar sin alteraciones de sus propiedades eléctricas, mecánicas o químicas. Esta temperatura es función del: tipo de aislamiento y del régimen de carga.

En la **tabla 2** se especifican, con carácter informativo, las temperaturas máximas admisibles, en servicio permanente y en cortocircuito, para algunos tipos de cables aislados con aislamiento seco.

Tipo de aislamiento seco	Temperatura máxima (°C)	
	Servicio permanente	**Cortocircuito t ≤ 5 s**
Policloruro de vinilo (PVC)		
S ≤ 300 mm^2	70 °C	160 °C
S > 300 mm^2	70 °C	140 °C
Polietileno reticulado (XLPE)	90 °C	250 °C
Etileno propileno (EPR)	90 °C	250 °C

Tabla 2. Cables aislados con aislamiento seco; Temperatura máxima, en °C.

3.1.2 Condiciones de instalación enterrada

3.1.2.1 Condiciones de instalación enterrada

Borrador
Real
Decreto

La **tabla 2** corresponde a los valores de intensidad máxima admisible para las secciones de cables más utilizadas en redes de baja tensión, de entre las incluidas en la norma **UNE 211.435-1**, calculados aplicando la **UNE 21.144** y con las condiciones tipo de instalación enterrada indicadas a continuación:

> ➢ Una terna de cables unipolares en contacto mutuo,
> ➢ Cables directamente enterrados en toda su longitud en una zanja de profundidad, hasta la parte inferior del cable, de **0,70 m**.
> ➢ Cuando los cables se instalan en tubular soterrada se trata de un circuito en el interior del tubo.
> ➢ Terreno de resistividad térmica media de **1,5 K·m/W**.
> ➢ Temperatura ambiente del terreno a dicha profundidad, de **25 °C**.

Cables con aislamiento principal de polietileno reticulado, XLPE, que implica una temperatura máxima admisible en el conductor en régimen permanente de **90 °C**.

Sección mm²	Intensidad máxima admisible en A		
	Directamente soterrados	En tubo soterrado	Al aire, protegido del sol
Aluminio			
25	98	82	88
50	135	115	125
95	200	175	200
150	260	230	290
240	340	305	390
Cobre			
10	78	64	66
16	100	82	88
25	125	105	115
50	185	155	185
95	260	225	285
150	340	300	390
240	445	400	540

Aislamiento XLPE 0,6/1 kV.
Cables en triángulo en contacto.
Temperatura del terreno: **25 °C**.

Temperatura del aire ambiente: **40 °C**.
Resistencia térmica del terreno: **1,5 K·m/W**.
Resistividad térmica de la tubular: **3,5 K·m/W**.*
Profundidad de soterramiento: **0,7 m**.

Tabla A-1 - UNE 211.435-1 = Tabla 2 y Tabla 8 – Borrador Real Decreto: Intensidad máxima admisible en amperios para cables de distribución tipo RV o XZ(S) o XZ1(AS) de 0,6/1 kV.

3.1.2.2 Condiciones especiales de instalación enterrada y factores de corrección de intensidad admisible

La intensidad admisible de un cable, determinada por las condiciones de instalación enterrada cuyas características se han especificado en los apartados 2.1.1 y 3.1.2.1, deberán corregirse teniendo en cuenta cada una de las magnitudes de la instalación real que difieran de aquellas, de forma que el aumento de temperatura provocado por la circulación de la intensidad calculada, no dé lugar a una temperatura en el conductor superior a la prescrita en la **tabla 2**. A continuación se exponen algunos casos particulares de instalación, cuyas características afectan al valor máximo de la intensidad admisible, indicando los factores de corrección a aplicar.

Para esta corrección se aplicarán los factores de corrección definidos en la norma **UNE 211.435-1** siguientes para:

Borrador Real Decreto

> ➤ Temperatura del terreno distinta a 25 °C.
> ➤ Resistividad térmica del terreno distinta de 1,5 K·m/W.
> ➤ Profundidades de soterramiento distintas a 0,70 m.
> ➤ Agrupamiento de cables soterrados.

Los correspondientes factores de corrección aplicables en estas condiciones se indican en las tablas 3, 4, 6 y 7.

3.1.2.2.1 Cables enterrados en terrenos cuya temperatura sea distinta de 25 °C

En la siguiente tabla se indican los factores de corrección, F, de la intensidad admisible para temperaturas del terreno θ_t, distintas de 25 °C, en función de la temperatura máxima de servicio θ_s, de la **tabla 2**.

El factor de corrección para otras temperaturas del terreno, distintas de las de la tabla, será:

$$F = \sqrt{\frac{\theta_s - \theta_t}{\theta_s - 25}}$$

Temperatura máxima del conductor	Temperatura del terreno, θ_t, en °C. Cables SOTERRADOS								
	10 °C	15 °C	20 °C	25 °C	30 °C	35 °C	40 °C	45 °C	50 °C
90 °C (XLPE/EPR)	1,11	1,07	1,04	1	0,96	0,92	0,88	0,83	0,78

Tabla A.2 (1/2) - UNE 211.435-1 = Tabla 3 – Borrador Real Decreto:
Factor de corrección F, para temperatura del terreno distinta de 25 °C.

3.1.2.2.2 Cables enterrados, directamente o en conducciones, en terrenos de **resistividad térmica distinta de 1 K·m/W**

En las siguientes tablas se indican, para distintas resistividades térmicas del terreno, los correspondientes factores de corrección de la intensidad admisible.

Cables instalados en **tubos soterrados**. <u>Un circuito por tubo</u>							
Sección del conductor (mm²)	**RESISTIVIDAD DEL TERRENO (K·m/W)**						
	0,8	**0,9**	**1**	**1,5**	**2**	**2,5**	**3**
10 (Cu)	1,12	1,10	1,08	1	0,93	0,88	0,83
16 (Cu)	1,12	1,10	1,08	1	0,93	0,88	0,83
25	1,12	1,11	1,08	1	0,93	0,88	0,83
35	1,13	1,11	1,09	1	0,93	0,88	0,83
50	1,13	1,11	1,09	1	0,93	0,87	0,83
70	1,13	1,11	1,09	1	0,93	0,87	0,82
95	1,14	1,12	1,09	1	0,93	0,87	0,82
120	1,14	1,12	1,10	1	0,93	0,87	0,82
150	1,14	1,12	1,10	1	0,93	0,87	0,82
185	1,14	1,12	1,10	1	0,93	0,87	0,82
240	1,15	1,12	1,10	1	0,92	0,86	0,81
300	1,15	1,13	1,10	1	0,92	0,86	0,81
400	1,16	1,13	1,10	1	0,92	0,86	0,81

Tabla A-3 - UNE 211.435-1 = Tabla 4 – Borrador Real Decreto:
Factores de corrección para resistividad térmica del terreno <u>distinta de 1,5 K·m/W</u>.

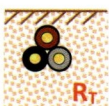

Cables **directamente soterrados** en triángulo en contacto							
Sección del conductor (mm²)	**RESISTIVIDAD DEL TERRENO (K·m/W)**						
	0,8	**0,9**	**1**	**1,5**	**2**	**2,5**	**3**
10 (Cu)	1,24	1,19	1,15	1	0,89	0,82	0,75
16 (Cu)	1,24	1,19	1,15	1	0,89	0,82	0,75
25	1,25	1,20	1,16	1	0,89	0,81	0,75
35	1,25	1,21	1,16	1	0,89	0,81	0,75
50	1,26	1,21	1,16	1	0,89	0,81	0,74
70	1,27	1,22	1,17	1	0,89	0,81	0,74
95	1,28	1,22	1,18	1	0,89	0,80	0,74
120	1,28	1,22	1,18	1	0,88	0,80	0,74
150	1,28	1,23	1,18	1	0,88	0,80	0,74
185	1,29	1,23	1,18	1	0,88	0,80	0,74
240	1,29	1,23	1,18	1	0,88	0,80	0,73
300	1,30	1,24	1,19	1	0,88	0,80	0,73
400	1,30	1,24	1,19	1	0,88	0,79	0,73

Tabla A-3 - UNE 211.435-1 = Tabla 4 – Borrador Real Decreto:
Factor de corrección para resistividad térmica del terreno <u>distinta de 1,5 K·m/W</u>.

Borrador Real Decreto

La **resistividad térmica del terreno** depende del tipo de terreno y de su humedad, aumentando cuando el terreno está más seco. En la **tabla 5** se muestran los valores orientativos de la resistividad del terreno que pueden ser utilizados por el proyectista en aquellos casos en los que no se disponga de un estudio específico o de medidas en campo de la resistividad térmica del terreno.

Resistividad térmica (K·m/W)	Estado del terreno	Condiciones atmosféricas
0,7	Muy húmedo	Permanentemente húmedo
1,0	Húmedo	Pluviosidad regular
2,0	Seco	Lluvias poco frecuentes
3,0	Muy seco	Poca o ninguna lluvia

Tabla B.1 - UNE 211.435-1 = Tabla 5 – Borrador Real Decreto: Resistividad térmica del terreno. Valores orientativos según la naturaleza y grado de humedad del terreno.

3.1.2.2.3 *Cables tripolares o tetrapolares o ternos de cables unipolares agrupados bajo tierra*

En la siguiente tabla se indican los factores de corrección que se deben aplicar, según el número de <u>cables tripolares o ternas de unipolares</u> y la distancia entre ellos.

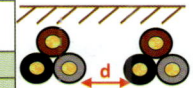

Circuitos de cables unipolares en triángulo en contacto (circuitos separados entre sí). Grupos dispuestos en un plano horizontal					
Circuitos agrupados	Cables directamente soterrados. Distancias entre grupos en mm				
	En contacto	200	400	600	800
2	0,82	0,88	0,92	0,94	0,96
3	0,71	0,79	0,84	0,88	0,91
4	0,64	0,74	0,81	0,85	0,89
5	0,59	0,70	0,78	0,83	0,87
6	0,56	0,67	0,76	0,82	0,86
7	0,53	0,65	0,74	0,80	0,85
8	0,51	0,63	0,73	0,80	--
9	0,49	0,62	0,72	0,79	--
10	0,48	0,61	0,71	--	--

Circuitos de cables en tubo soterrados (un circuito trifásico, con neutro, por tubo). Tubos dispuestos en un plano horizontal					
Circuitos agrupados	Distancias entre tubos en mm				
	En contacto	200	400	600	800
2	0,87	0,90	0,94	0,96	0,97
3	0,77	0,82	0,87	0,90	0,93
4	0,71	0,77	0,84	0,88	0,91
5	0,67	0,74	0,81	0,86	0,89
6	0,64	0,71	0,79	0,85	0,88
7	0,61	0,69	0,78	0,84	
8	0,59	0,67	0,77	0,83	--
9	0,57	0,66	0,76	0,82	--
10	0,56	0,65	0,75	--	--

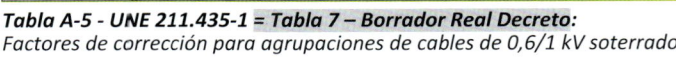

Tabla A-5 - UNE 211.435-1 = Tabla 7 – Borrador Real Decreto: Factores de corrección para agrupaciones de cables de 0,6/1 kV soterrados.

3.1.2.2.4 *Cables enterrados en zanja a diferentes profundidades*

En la siguiente tabla se indican los factores de corrección que deben aplicarse para profundidades de instalación distintas de **0,70 m**.

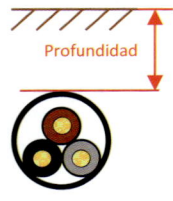

Profundidad

Profundidad (m)	Cables de 0,6/1 kV. Profundidad tipo 0,7 m	
	Soterrados	En tubo
0,50	1,04	1,03
0,60	1,02	1,01
0,70	1	1
0,80	0,99	0,99
1,00	0,97	0,97
1,25	0,95	0,96
1,50	0,93	0,95
1,75	0,92	0,94
2,00	0,91	0,93
2,50	0,89	0,91
3,00	0,88	0,90

Tabla A-4 - UNE 211.435-1 = Tabla 6 – Borrador Real Decreto:
*Factores de corrección para **diferentes profundidades** de soterramiento.*

3.1.3 Cables enterrados en zanja en el interior de tubos o similares

En este tipo de instalaciones es de aplicación todo lo establecido en el apartado 3.1.2, además de lo indicado a continuación.

Se instalará **un circuito por tubo**.

$$\frac{\emptyset_{int}}{\emptyset_{ap}} > 2$$

La *relación entre el diámetro interior del tubo y el diámetro aparente* del circuito será superior a **2**, pudiéndose aceptar excepcionalmente **1,5**.

En el caso de una línea con <u>cable **tripolar**</u> o con una **terna** de cables <u>unipolares</u> en el interior de un mismo tubo, se aplicará un <mark>factor de corrección de **0,8**</mark>.

Si se trata de una línea con <u>cuatro cables unipolares situados en</u> **sendos* tubos**, podrá aplicarse un <mark>factor de corrección de **0,9**</mark> (no resultan aplicables las intensidades de la tabla 2 y cada caso deberá estudiarse individualmente).

* ***Sendos*** *(adj. pl.): Uno para cada uno, referido a dos o más personas o cosas. Cuatro cables en sendos tubos = Cuatro cables en un tubo para cada uno.*

Si se trata de una **agrupación de tubos**, el factor dependerá del tipo de agrupación y variará para cada cable según esté colocado en un tubo central o periférico. Cada caso deberá estudiarse individualmente.

Si se trata de una agrupación de más de 10 tubos, el factor dependerá del tipo de agrupación y variará para cada cable según esté colocado en un tubo central o periférico. Cada caso deberá estudiarse individualmente.

Borrador Real Decreto

En el caso de <mark>**canalizaciones bajo tubos que no superen los 15 m**</mark>, <u>si el tubo se rellena con aglomerados</u> especiales **no será necesario aplicar factor de corrección** de intensidad por este motivo (no será necesario utilizar el valor de intensidad admisible correspondiente a tubular enterrada, pudiendo <u>utilizarse el valor correspondiente a los cables directamente soterrados</u>).

3.1.4 Condiciones de instalación al aire (en galerías, zanjas registrables, atarjeas o canales revisables)

3.1.4.1 Condiciones tipo de instalación al aire (en galerías, zanjas registrables, etc.)

Borrador Real Decreto

La **tabla 8** corresponde a los valores de intensidad máxima admisible para las secciones de cables más utilizadas en redes de baja tensión de entre las incluidas en la norma **UNE 211.435-1**, calculados aplicando la mencionada norma **UNE 21.144** y con las condiciones tipo de instalación al aire (en galerías, zanjas registrables, etc.), indicadas a continuación:

➤ Una terna de <u>cables unipolares en contacto mutuo</u>, con una colocación tal que permita una eficaz renovación del aire
➤ Temperatura del aire ambiente: **40 °C**
➤ Cables con aislamiento principal de polietileno reticulado, **XLPE**, que implica una temperatura máxima admisible en el conductor en régimen permanente de **90 °C**

Intensidad máxima admisible en A		
Sección mm²	**Al aire**, protegido del sol	
	Aluminio	**Cobre**
10	--	66
16	--	88
25	88	115
50	125	185
95	200	285
150	290	390
240	390	540

- Cables en triángulo en contacto
- Temperatura del aire ambiente **40 °C**

Tabla A-1 - UNE 211.435-1 = Tabla 8 – Borrador Real Decreto: Intensidad máxima admisible en amperios para cables de distribución tipo RV o XZ(S) o XZ1(AS) de 0,6/1 kV.

La intensidad admisible de un cable indicada en la tabla anterior está determinada por las condiciones tipo de instalación al aire especificadas en este apartado. <u>Esta intensidad deberá **corregirse**</u> teniendo en cuenta cada una de las <u>condiciones de la instalación real que difieran de las condiciones tipo</u>, de forma que el aumento de temperatura provocado por la circulación del valor corregido de la intensidad no eleve la temperatura del conductor en régimen permanente por encima de la máxima admisible.

Para esta corrección se aplicarán los factores de corrección definidos en la norma **UNE 211.435-1** siguientes para:

➤ Temperatura del medio ambiente distinta a **40 °C**
➤ Agrupamiento de cables en instalaciones al aire.

3.1.4.2 Condiciones especiales de instalación al aire en galerías ventiladas y factores de corrección de la intensidad máxima admisible

La intensidad admisible de un cable, determinada por las condiciones de instalación al aire en galerías ventiladas cuyas características se han especificado en el apartado 3.1.4.1, deberá corregirse teniendo en cuenta cada una de las magnitudes de la instalación real que difieran de aquellas, de forma que el aumento de temperatura provocado por la circulación de la intensidad calculada no dé lugar a una temperatura en el conductor, superior a la prescrita en la **tabla 2**. A continuación, se exponen algunos casos particulares de instalación, cuyas características afectan al valor máximo de la intensidad admisible, indicando los coeficientes de corrección a aplicar.

3.1.4.2.1 Cables instalados al aire en ambientes de **temperatura distinta de 40 °C**

En la siguiente tabla se indican los factores de corrección F, de la intensidad admisible para temperaturas del aire ambiente, θ_a, distintas de 40 °C, en función de la temperatura máxima de servicio θ_s en la **tabla 2**.

El factor de corrección para otras temperaturas, distintas de las de la tabla, será:

$$F = \sqrt{\frac{\theta_s - \theta_t}{\theta_s - 40}}$$

Temperatura máxima del conductor	Temperatura ambiente θ_a en °C. Cables en GALERÍAS								
	20	25	30	35	40	45	50	55	60
90 °C (XLPE/EPR)	1,18	1,14	1,10	1,05	1	0,95	0,89	0,84	0,77

Tabla A-2 (2/2) - UNE 211.435-1 = Tabla 9 Borrador Real Decreto:
Factor de corrección, para temperatura del aire distinta de 40 °C.

3.1.4.2.2 Cables instalados al aire en **canales o galerías pequeñas**

Se observa que en ciertas condiciones de instalación (en canalillos, galerías pequeñas, etc.), en los que no hay una eficaz renovación de aire, el calor disipado por los cables no puede difundirse libremente y provoca un aumento de la temperatura del aire.

La magnitud de este aumento depende de muchos factores y debe ser determinada en cada caso como una estimación aproximada. Debe tenerse en cuenta que el incremento de temperatura por este motivo puede ser del orden de **15 K**. La intensidad admisible en las condiciones de régimen deberá, por tanto, reducirse con los coeficientes de la tabla del apartado anterior (3.1.4.2.1)

3.1.4.2.3 Grupos de cables instalados al aire

En la siguiente tabla se dan los factores de corrección a aplicar en los agrupamientos de varios circuitos constituidos por cables unipolares o multipolares en función del tipo de instalación y número de circuitos.

Método de instalación		Nº de bandejas	Nº de circuitos trifásicos			Factor a utilizar con:
			1	2	3	
Bandejas perforadas instaladas horizontalmente (3)	Separados	1	1,00	0,98	0,96	Un circuito de tres cables en triángulo en contacto
		2	0,97	0,93	0,89	
		3	0,96	0,92	0,86	
Bandejas perforadas instaladas verticales (4)	Separados	1	1,00	0,91	0,89	
		2	1,00	0,90	0,86	
Bridas, soportes, ménsulas. (3)	Separados	1	1,00	1,00	1,00	
		2	0,97	0,95	0,93	
		3	0,96	0,94	0,90	

Tabla A-6 - UNE 211.435-1 = Tabla 10 Borrador Real Decreto:
Factor de corrección para agrupaciones de cable al aire libre o en galerías.

NOTAS:

(1) Los valores son la media para los tipos de cables y la gama de secciones consideradas. La dispersión de valores es inferior al 5 % en general.

(2) Los factores se aplican a cables en capas separadas, o en cables en triangulo en capas separadas. No se aplican si los cables se instalan en varias capas en contacto. En este caso los factores pueden ser sensiblemente inferiores.

(3) Los valores están indicados para una separación vertical de 300 mm entre bandejas o soportes instalados horizontalmente. Para separaciones inferiores hay que reducir los factores.

(4) Los valores están indicados para una separación horizontal de 225 mm entre bandejas instaladas verticalmente y montadas de espalda a espalda. Para separaciones inferiores hay que reducir los factores.

(5) Para circuitos que tengan más de un cable en paralelo por fase, conviene considerar cada conjunto de tres cables como un circuito en el sentido de aplicación de esta tabla.

(6) Si se trata de cables instalados en varias capas en contacto, no aplican los factores de corrección de esta tabla. Cada caso deberá estudiarse individualmente.

3.2 Cables en instalación al aire en espacios reducidos

Borrador Real Decreto

Para los cables instalados al aire en canales o galerías pequeñas deben tenerse en cuenta las siguientes particularidades ya que se observa que en ciertas condiciones de instalación (en canalillos, galerías pequeñas, etc.), en los que no hay una eficaz renovación de aire, el calor disipado por los cables no puede difundirse libremente y provoca un <u>aumento de la temperatura del aire</u>.

La magnitud de este aumento depende de muchos factores y debe ser determinada en cada caso como una estimación aproximada. Debe tenerse en cuenta que el incremento de temperatura por este motivo puede ser del orden de **15 K**. La intensidad admisible en las condiciones de régimen permanente deberá, por tanto, reducirse con los coeficientes por temperatura del aire ambiente distinta de **40 °C**.

3.3 Intensidades de cortocircuito admisibles en los conductores

En la siguiente tabla se indican las densidades de corriente de cortocircuito admisibles en los conductores de aluminio y de cobre de los cables aislados con diferentes materiales en función de los tiempos de duración del cortocircuito.

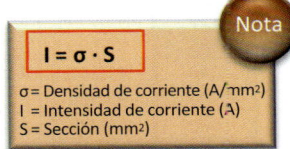

Nota

$I = \sigma \cdot S$

σ = Densidad de corriente (A/mm^2)
I = Intensidad de corriente (A)
S = Sección (mm^2)

Borrador Real Decreto

Teniendo en cuenta la construcción de los cables y las temperaturas iniciales y finales de cortocircuito de la **tabla 11**, en la **tabla 12** se indican los valores de las intensidades admisibles en régimen de cortocircuito para los cables de uso habitual, calculados según la metodología de la norma **UNE 21.192**.

Las temperaturas iniciales se han supuesto a partir de la carga máxima de régimen permanente previa al cortocircuito.

Material de aislamiento	Temperatura inicial	Temperatura final
XLPE	90 °C	250 °C
Material de cubierta		
PVC	85 °C	200 °C
Z1	85 °C	180 °C

Tabla D.1 - UNE 211.435-1 = Tabla 11 Borrador Real Decreto: Tª inicial y final de cortocircuito

INTENSIDAD MÁXIMA DE CORTOCIRCUITO							
Aislamiento XLPE							
Sección mm²	Conductor de **COBRE**				Conductor de **ALUMINIO**		
	Tiempo de cortocircuito, s				Tiempo de cortocircuito, s		
	0,2	0,5	1	2	0,2	0,5	1	2
2,5	850	560	410	310	--	--	--	--
4	1.340	870	640	470	--	--	--	--
6	1.990	1.290	940	690	--	--	--	--
10	3.290	2.120	1.530	1.110	--	--	--	--
16	5.240	3.360	2.410	1.740	--	--	--	--
25	8.150	5.200	3.750	2.700	5.400	3.500	2.500	1.800
35	11.350	7.250	5.200	3.700	7.550	4.850	3.450	2.500
50	16.200	10.350	7.350	5.250	10.750	6.850	4.900	3.550
70	22.650	14.400	10.250	7.350	15.000	9.600	6.850	4.900
95	30.700	19.500	13.900	9.900	20.350	12.950	9.250	6.600
120	38.700	24.600	17.500	12.450	25.650	16.350	11.650	8.300
150	48.350	30.700	21.850	15.550	32.000	20.400	14.500	10.350
185	59.600	37.850	26.850	19.100	39.450	25.100	17.850	12.750
240	77.250	49.000	34.800	24.750	51.100	32.500	23.100	16.450
300	96.500	61.200	43.450	30.850	63.850	40.550	28.800	20.500
400	128.550	81.550	57.850	41.050	85.050	54.000	38.350	27.250
Temperatura inicial: 90 °C; Temperatura final: 250 °C								

Tabla D-2 - UNE 211.435-1 = Tabla 12 Borrador Real Decreto: Intensidad máxima de cortocircuito en el conductor para cables con aislamiento de XLPE, en A.

INTENSIDAD MÁXIMA DE CORTOCIRCUITO				
Aislamiento XLPE				
Sección mm²	**Pantalla** de alambres de **COBRE**			
	Tiempo de cortocircuito, en s			
	0,2	0,5	1	2
16	4.850	3.200	2.400	1.850
25	7.600	5.050	3.750	2.900
35	10.400	6.800	5.000	3.750
50	14.800	9.700	7.150	5.350
Temperatura inicial: 90 °C; Temperatura final: 180 °C				

Tabla B.5 - UNE 211.435. Intensidad máxima de cortocircuito en la pantalla de cables de cobre, en A.

■ 3.4 Otros cables o sistemas de instalación

Para cualquier otro tipo de cable u otro sistema no contemplados en esta Instrucción, así como para cables que no figuran en las tablas anteriores, deberá consultarse la norma **UNE 20.435*** o calcularse según la norma **UNE 21.144**.

* **NOTA A:** *La norma* UNE 211.435-1 *anula y sustituye la norma* **UNE 20.435**.

4. ENSAYOS ELÉCTRICOS DESPUÉS DE LA INSTALACIÓN

Borrador Real Decreto

Una vez que la instalación ha sido concluida, es necesario comprobar mediante un ensayo de <u>resistencia de aislamiento</u> que el tendido y el montaje de los accesorios (empalmes, terminales, etc.) se ha realizado correctamente.

El método de ensayo será apropiado para comprobar tanto el aislamiento de los conductores de fase como del conductor neutro y los valores de resistencia de aislamiento deberán ser al menos los indicados en la **tabla 13**.

Tensión nominal del cable U_0/U	Tensión de prueba a aplicar, c.c. (Ver nota 1)	Sección del conductor	Resistencia de aislamiento mínima para 1 km de longitud (Ver nota 2)
0,6/1 kV	500 V	Inferior o igual a 25 mm^2	30 MΩ
		Entre más de 25 mm^2 **y** menor o igual a 95 mm^2	20 MΩ
		Mayor a 95 mm^2	15 MΩ

Nota 1: La tensión de prueba se aplicará durante un tiempo suficiente para que se obtenga una lectura estable de la resistencia de aislamiento.

Nota 2: Los valores de la resistencia de aislamiento de la tabla corresponden a una longitud de 1 km, para **otras longitudes** el valor mínimo de la resistencia de aislamiento se obtiene <u>dividiendo el valor de la tabla entre la longitud de la línea en km</u>.

Tabla 13 Borrador Real Decreto: Valores mínimos de resistencia de aislamiento.

RESUMEN

Instalación tipo ENTERRADA: Tabla A-1	Factores de corrección	
En contacto mutuo	Tablas A-5: agrupaciones	pág. 175
----	----	
Temperatura del terreno: **25 °C**	Tabla A-2 (1/2)/ Inst. enterrada	pág. 173
Resistencia térmica del terreno: **1,5 K·m/W**	Tabla A-3	pág. 174
Profundidad de soterramiento: **0,7 m**	Tabla A-4	pág. 176

Instalación tipo AL AIRE: Tabla A-1	Factores de corrección	
En contacto mutuo	Tablas A-6: agrupaciones	pág. 180
Con renovación del aire	Apdo. 3.1.4.2.1	pág. 179
	Tabla A-2 (2/2)	pág. 179
Temperatura ambiente: **40 °C**	Tabla A-2 (2/2) / Inst. aire	pág. 179

ANOTACIONES

ITC-BT-08

Sistemas de conexión del neutro y de las masas

en redes de distribución de energía eléctrica

Norma	Apartado
---	---
GUIA-BT	Edición
Incluida	Cct. 2005 (Rev.1)

Índice

1. ESQUEMAS DE DISTRIBUCIÓN

Para la determinación de las características de las medidas de protección contra choques eléctricos en caso de defecto (contactos indirectos) y contra sobreintensidades, así como de las especificaciones de la aparamenta encargada de tales funciones, será preciso tener en cuenta el esquema de distribución empleado.

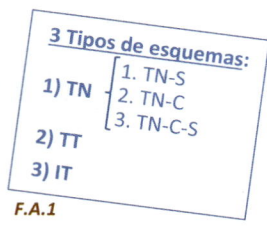

3 Tipos de esquemas:
1) TN { 1. TN-S
2. TN-C
3. TN-C-S
2) TT
3) IT

F.A.1

Los esquemas de distribución se establecen en función de:

1 -> las <u>conexiones a **tierra**</u> de la **red de distribución** o de la alimentación, por un lado;

2 -> y de <u>**las masas**</u> de la **instalación receptora**, por otro.

La denominación se realiza con un código de letras con el significado siguiente:

1. Red D.

Primera letra: se refiere a la situación de la alimentación con respecto a tierra.

T = Conexión directa de un punto de la alimentación a tierra.

I = Aislamiento de todas las partes activas de la alimentación con respecto a tierra o conexión de un punto a tierra a través de una impedancia.

2. Receptor

Segunda letra: se refiere a la situación de las masas de la instalación receptora con respecto a tierra.

T = Masas conectadas directamente a tierra, independientemente de la eventual puesta a tierra de la alimentación.

N = Masas conectadas directamente al punto de la alimentación puesto a tierra (en corriente alterna, este punto es normalmente el punto neutro).

Otras letras (eventuales): se refieren a la situación relativa del conductor neutro y del conductor de protección.

S = Las funciones de neutro y de protección, aseguradas por conductores separados.

C = Las funciones de neutro y de protección, combinadas en un solo conductor (<u>conductor **CPN**</u>).

TN **1.1 Esquema TN**

Los esquemas TN tienen <u>un punto de la alimentación</u>, generalmente el neutro o <u>compensador, conectado directamente a tierra</u> y las <u>masas de la instalación receptora conectada a dicho punto mediante conductores de protección</u>. Se distinguen tres tipos de esquemas TN según la disposición relativa del conductor neutro y del conductor de protección:

1.1.1 Esquema TN-S

En el que el conductor neutro y el de protección son distintos en todo el esquema (figura 1).

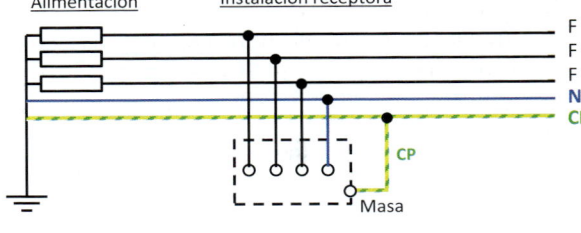

Figura 1. Esquema de distribución tipo TN-S.

1.1.2 Esquema TN-C

En el que las funciones de neutro y protección están combinados en un solo conductor en todo el esquema (figura 2).

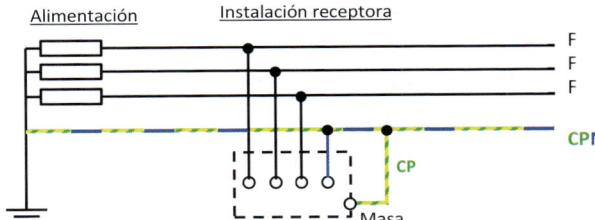

Figura 2. Esquema de distribución tipo TN-C.

1.1.3 Esquema TN-C-S

En el que las funciones de neutro y protección están combinadas en un solo conductor en una parte del esquema (figura 3).

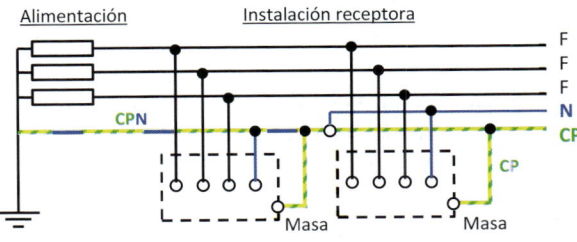

Figura 3. Esquema de distribución tipo TN-C-S.

En los esquemas TN cualquier intensidad de defecto franco fase-masa es una **intensidad de cortocircuito**. El **bucle de defecto** está constituido exclusivamente por elementos conductores metálicos.

> **Nota**
>
> **COLOR CONDUCTOR CPN** (según **ITC-BT-19**)
>
> Los conductores de protección y neutro (CPN) se identificarán mediante:
>
> - Color verde-amarillo más una marca azul que podrá ser un señalizador o argolla, una etiqueta, etc., que identifique su propiedad CPN.

TT 1.2 Esquema TT

El esquema TT tiene un punto de alimentación, generalmente el neutro o compensador, conectado directamente a tierra. Las masas de la instalación receptora están conectadas a una toma de tierra separada de la toma de tierra de la alimentación (figura 4).

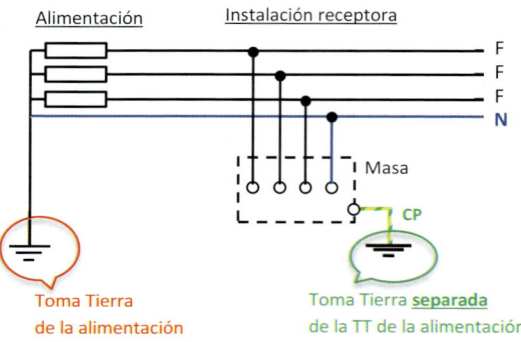

Figura 4. Esquema de distribución tipo TT.

En este esquema las intensidades de defecto fase-masa o fase-tierra pueden tener valores inferiores a los de cortocircuito, pero pueden ser suficientes para provocar la aparición de tensiones peligrosas.

En general, el bucle de defecto incluye resistencia de paso a tierra en alguna parte del circuito de defecto, lo que no excluye la posibilidad de conexiones eléctricas voluntarias o no, entre la zona de la toma de tierra de las masas de la instalación y la de la alimentación. Aunque ambas tomas de tierra no sean independientes, el esquema sigue siendo un esquema **TT** si no se cumplen todas las condiciones del esquema TN. Dicho de otra forma, no se tienen en cuenta las posibles conexiones entre ambas zonas de toma de tierra para la determinación de las condiciones de protección.

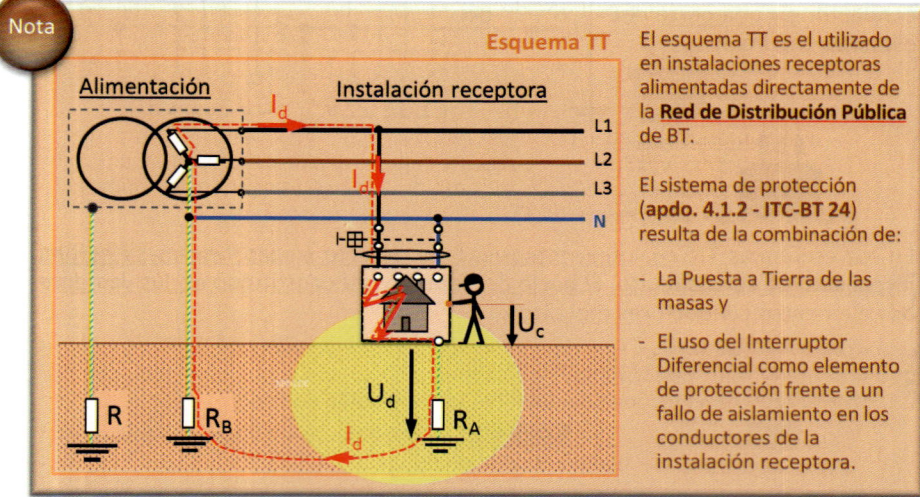

1.3 Esquema IT

El esquema IT no tiene ningún punto de la alimentación conectado directamente a tierra. Las masas de la instalación receptora están puestas directamente a tierra (figura 5).

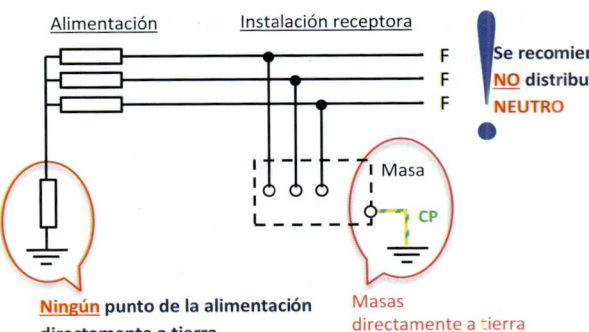

Se recomienda **NO** distribuir **NEUTRO**

Ningún punto de la alimentación directamente a tierra

Masas directamente a tierra

Figura 5. Esquema de distribución tipo IT.

> **Nota**
> El esquema IT se suele utilizar para alimentar instalaciones eléctricas que requieren de un *servicio continuo de suministro de energía* (quirófanos, instalaciones industriales específicas), de modo que en el 1er fallo de aislamiento se avisa, pero **no** produce una desconexión de suministro eléctrico.
>
> Necesita de un Controlador Permanente de Aislamiento que controle este 1er fallo (apdo. 4.1.3 -**ITC-BT 24**).

En este esquema la intensidad resultante de un primer defecto fase-masa o fase-tierra, tiene un valor lo suficientemente reducido como para no provocar la aparición de tensiones de contacto peligrosas.

La limitación del valor de la intensidad resultante de un primer defecto fase-masa o fase-tierra se obtiene bien por la ausencia de conexión a tierra en la alimentación, o bien por la inserción de una impedancia suficiente entre un punto de la alimentación (generalmente el neutro) y tierra. A este efecto puede resultar necesario limitar la extensión de la instalación para disminuir el efecto capacitivo de los cables con respecto a tierra.

En este tipo de esquema se recomienda no distribuir el neutro.

1.4 Aplicación de los tres tipos de esquemas

La elección de uno de los tres tipos de esquemas debe hacerse en función de las características técnicas y económicas de cada instalación. Sin embargo, hay que tener en cuenta los siguientes principios;

a. Las **redes de distribución pública** de baja tensión tienen un punto puesta directamente a tierra por prescripción reglamentaria. Este punto es el punto neutro de la red. El esquema de distribución para instalaciones, receptoras alimentadas directamente de una red de distribución pública de baja tensión es el **esquema TT**.

b. En instalaciones alimentadas en baja tensión, a partir de un centro de transformación de abonado, se podrá elegir cualquiera de los tres esquemas citados.

c. No obstante lo dicho en a), puede establecerse un esquema IT en parte o partes de una instalación alimentada directamente de una red de distribución pública mediante el uso de transformadores adecuados, en cuyo secundario y en la parte de la instalación afectada se establezcan las disposiciones que para tal esquema se citan en el apartado 1.3.

TN **2. PRESCRIPCIONES ESPECIALES EN LAS REDES DE DISTRIBUCIÓN PARA LA APLICACIÓN DEL ESQUEMA TN**

Para que las masas de la instalación receptora puedan estar conectadas a neutro como medida de protección contra contactos indirectos, la red de alimentación debe cumplir las siguientes prescripciones especiales:

a. La sección del conductor neutro debe, en todo su recorrido, ser como mínimo igual a la indicada en la tabla siguiente, en función de la sección de los conductores de fase.

Esquema **TN**

Sección de los conductores de fase (mm²)	Sección nominal del conductor neutro (mm²)		Sección de los conductores de fase (mm²)	Sección nominal del conductor neutro (mm²)	
	Redes aéreas	Redes subterráneas		Redes aéreas	Redes subterráneas
16	16	16	120	70	70
25	25	16	150	70	70
35	35	16	185	95	95
50	50	25	240	120	120
70	50	35	300	150	150
95	50	50	400	185	185

***Tabla 1.** Sección del conductor neutro en función de la sección de los conductores de fase.*

b. En las líneas aéreas, el conductor neutro se tenderá con las mismas precauciones que los conductores de fase.

c. Además de las puestas a tierra de los neutros señaladas en las instrucciones **ITC-BT-06** e **ITC-BT-07**, para las líneas principales y derivaciones serán **puestos a tierra** igualmente en los extremos de éstas cuando la longitud de las mismas sea superior a **200 metros**.

$R_{T(N)} \leq 5\ \Omega$
En:
1. CT o central
2. 200 m últimos

d. La **resistencia de tierra del neutro no** será superior a **5 ohmios** en las proximidades de la central generadora o del centro de transformación, así como en los **200 últimos metros** de cualquier derivación de la red.

$R_T \leq 2\ \Omega$

e. La **resistencia global de tierra**, de todas las tomas de tierra del neutro, **no** será superior a **2 ohmios**.

f. En el esquema **TN-C**, las masas de las instalaciones receptoras deberán conectarse al conductor neutro mediante conductores de protección.

ITC-BT-09

Alumbrado exterior

Reglamento de Eficiencia Energética en instalaciones de Alumbrado Exterior (REEAE), sus Instrucciones técnicas complementarias (EA-01 a EA-07) y su Guía Técnica de Aplicación en: *www.marketing.marcombo.com*

El REEAE (RD 1890/2008) se ha de aplicar junto a:
- ✓ ITC-BT-09: Alumbrado Exterior
- ✓ ITC-BT-31: Piscinas y Fuentes
- ✓ ITC-BT-34: Ferias y Stands

Norma	Apartado	Sustituida por:
UNE 20.324	4/ 6.1/ 7.2/ 8	UNE-EN 60.529
UNE 21.123	5.2.1	--
UNE-EN 50.086-2-4	5.2.1	UNE-EN 50.626-1
UNE-EN 50.102	4/ 6.1/ 8	--
UNE-EN 60.598-2-3	7.1	--
UNE-EN 60.598-2-5	7.1	--
EN 60.529	6.1	--

GUIA-BT	Edición
Incluida	Jul. 2020 (Rev.2)

Índice

1. CAMPO DE APLICACIÓN

Esta instrucción complementaria, se aplicará a las instalaciones de alumbrado exterior, destinadas a iluminar zonas de dominio público o privado, tales como autopistas, carreteras, calles, plazas, parques, jardines, pasos elevados o subterráneos para vehículos o personas, caminos, etc.

Igualmente **se incluyen** las instalaciones de alumbrado para cabinas telefónicas, anuncios publicitarios, mobiliario urbano en general, monumentos o similares así como todos receptores que se conecten a la red de alumbrado exterior.

Se excluyen del ámbito de aplicación de esta instrucción la instalación para:

- la iluminación de <u>fuentes y piscinas **(ITC-BT-31)**</u>; y
- las de los <u>semáforos y las balizas</u>, cuando sean <u>completamente</u> **autónomos**.

Dentro del ámbito de aplicación de esta ITC-BT-09:

SE INCLUYEN:

1. **Mobiliario urbano:** comprende el mobiliario equipado de equipamiento eléctrico para su iluminación propia u otras necesidades funcionales.

    A efectos de protección contra contactos directos e indirectos por su proximidad a instalaciones de alumbrado exterior, tal y como se desarrolla en el apartado 9, también debe tenerse en cuenta el <u>mobiliario urbano que carece de equipamiento eléctrico</u>.

2. **Edículos de la vía pública:** kioscos, aseos públicos, etc.
3. **Iluminación ornamental**.
4. **Balizas luminosas**.
5. **Señalización luminosa no autónoma para la regulación del tráfico:** semáforos y señales luminosas de tráfico.
6. **Otras instalaciones:** todos los receptores que se conecten a la red de alumbrado exterior.

SE EXCLUYEN:

1. **Semáforos y balizas, cuando sean completamente autónomos:**
   Las instalaciones completamente autónomas son aquellas dotadas una acometida independiente, es decir, cuya alimentación no tenga su origen en el cuadro de protección medida y control de la red de alumbrado exterior.
2. **Piscinas, pediluvios y fuentes:** prescripciones en **ITC-BT-31**.
3. **Ferias, stands, alumbrados festivos de calles (temporales):** prescripciones en **ITC-BT-34**.
4. **Instalaciones de alumbrado exterior de viviendas unifamiliares, cuando tengan menos de 5 puntos de luz exteriores:** sin contabilizar los puntos de luz instalados en fachadas. En este caso la instalación del alumbrado exterior de la vivienda se realizará según lo prescrito en la **ITC-BT-25**.

Guía

2. ACOMETIDAS DESDE LAS REDES DE DISTRIBUCIÓN DE LA COMPAÑÍA SUMINISTRADORA

La acometida podrá ser **subterránea** (**ITC-BT-07**) o **aérea** (**ITC-BT-06**) con **cables aislados**, y se realizará de acuerdo con las prescripciones particulares de la compañía suministradora, aprobadas según lo previsto en este Reglamento para este tipo de instalaciones.

La acometida finalizará en la caja general de protección y a continuación de la misma se dispondrá el equipo de medida.

Guía

Las acometidas en el REBT vienen reguladas por:

- Artículo 15 -> *"Se denomina acometida la parte de la instalación de la red de distribución que alimenta la caja o cajas generales de protección. La acometida será responsabilidad de la empresa suministradora."*
- ITC-BT-11 -> Acometidas.

Continuidad del conductor neutro

Tanto en el esquema de conexión TT como en el TN, el neutro de la instalación de alumbrado exterior debe estar conectado al neutro de la red de distribución, de forma que se garantice la continuidad del neutro desde la salida del transformador de distribución AT/BT hasta los receptores de alumbrado.

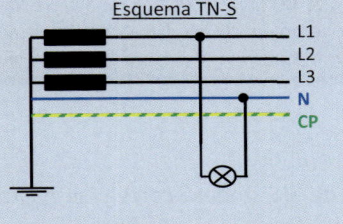

Esquema TN-S

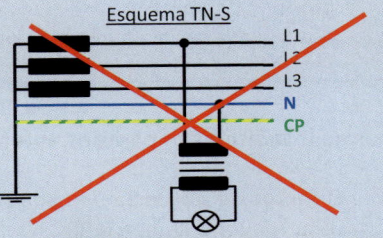

Esquema TN-S

3. DIMENSIONAMIENTO DE LAS INSTALACIONES

Las líneas de alimentación a puntos de luz con lámparas o tubos de descarga, estarán previstas para transportar la carga debida a los propios receptores, a sus elementos asociados, a sus corrientes armónicas, de arranque y desequilibrio de fases. Como consecuencia:

> La **potencia aparente mínima en VA**, se considera **1,8 veces** la potencia en vatios de las lámparas o tubos de descarga.

Cuando se conozca la carga que supone cada uno de los elementos asociados a las lámparas o tubos de descarga, las corrientes armónicas, de arranque y desequilibrio de fases, que tanto éstas como aquellos puedan producir, se aplicará el coeficiente corrector calculado con estos valores.

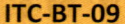

Nota El cálculo de la potencia activa total se realizará del siguiente modo:

$$S\,(VA) = K \cdot P_{\text{LÁMPARAS O TUBOS}}\,(W)$$

S = Potencia aparente. Se mide en voltioamperios (VA).

P = <u>Potencia nominal</u> de las lámparas o tubos de descarga en vatios (W).

K = Coeficiente corrector calculado (teniendo en cuenta corrientes harmónicas de arranque y desequilibrio de fases). **Si no se calcula se considera el valor de 1,8.**

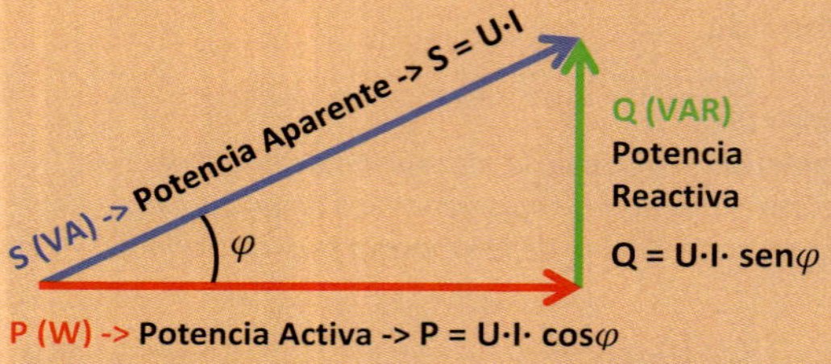

Potencia Aparente -> S = U·I

S (VA) ->

φ

Q (VAR)
Potencia Reactiva
$Q = U \cdot I \cdot \text{sen}\,\varphi$

P (W) -> Potencia Activa -> P = U·I· cosφ

$\boxed{P = U \cdot I \cdot \cos \varphi}$, por lo tanto:

$\boxed{P = S \cdot \cos \varphi}$ porque $\boxed{S = U \cdot I}$

Así pues, para saber la potencia total en vatios de las lámparas de descarga:

$P_{\text{TOTAL}} = S_{\text{TOTAL}} \cdot \cos \varphi$

$P_{\text{TOTAL}} = K \cdot P_{\text{LÁMPARAS}} \cdot \cos \varphi$

$\boxed{P_{\text{TOTAL}}\,(W) = 1,8 \cdot P_{\text{LÁMPARAS}} \cdot \cos \varphi}$

Siendo el valor de **cos $\varphi \geq 0,9$**.

<u>**NOTA:**</u> cos φ = Factor de Potencia (FP) si no existe distorsión armónica

<u>*Ejemplo:*</u> Instalación de 50 lámparas fluorescentes de 36 W/ 230 V, con un factor de potencia de 0,9.

$S_T = K \cdot P_{\text{LÁMPARAS}} = 1,8 \cdot (50 \cdot 36) = 3.240$ VA

$P_T = S_T \cdot \cos \varphi = 3.240 \cdot 0,9 = 2.916$ W

Además de lo indicado en párrafos anteriores:

FP ≥ 0,9 ✓   **El factor de potencia** de cada punto de luz, deberá corregirse hasta un valor <u>mayor o igual a **0,90**</u>.

ΔU ≤ 3 % ✓   La **<u>máxima caída de tensión</u>** entre el origen de la instalación y cualquier otro punto de la instalación, será <u>menor o igual que **3 %**</u>.

Con el fin de conseguir <u>ahorros energéticos</u> y siempre que sea posible, las instalaciones de alumbrado público se proyectarán <u>con distintos niveles de iluminación</u>, de forma que ésta decrezca durante las horas de menor necesidad de iluminación.

Guía

→ Para obtener ahorro energético se pueden establecer ciclos de funcionamiento mediante:

- Interruptor astronómico: UNE-EN 60.730-2-7
- Interruptor crepuscular (células fotoeléctricas):   UNE-EN 60.730-2-7

→ Se define como <u>origen de la instalación</u> de alumbrado exterior <u>el cuadro de protección, medida y control</u>. Para instalaciones con un gran número de puntos de luz, se recomienda para el cálculo de la caída de tensión considerar también la originada en la acometida.

Guía

Cálculo de la sección de los conductores

La determinación de la sección de un cable o conductor estriba en calcular la sección mínima normalizada que cumple simultáneamente los criterios de:

1. $I_{máx}$ -> intensidad máxima admisible (regulada en **ITC-BT-06** si son redes aéreas o si son redes subterráneas en la **ITC-BT-07**);
2. $\Delta U_{máx}$ -> caída de tensión máxima admisible (**3 %**); y de
3. I_{cc} -> intensidad de cortocircuito.

En los circuitos trifásicos, se deben repartir los puntos de luz entre las tres fases de la forma más equilibrada posible, conectándolos, por ejemplo, alternativamente a cada fase.

4. CUADROS DE PROTECCIÓN, MEDIDA Y CONTROL

Las líneas de alimentación a los puntos de luz y de control, cuando existan, partirán desde un cuadro de protección y control.

Las líneas estarán protegidas individualmente, con:

✓ **corte omnipolar**, en este cuadro;
✓ tanto contra **sobreintensidades** (sobrecargas y cortocircuitos);
✓ como contra **corrientes de defecto a tierra**; y
✓ **contra sobretensiones** cuando los equipos instalados lo precisen.

La intensidad de defecto, umbral de desconexión de los **interruptores diferenciales**, que podrán ser de reenganche automático, será como máximo de **300 mA** y la resistencia de puesta a tierra, medida en la puesta en servicio de la instalación, será como máximo de **30 Ω**. No obstante se admitirán interruptores diferenciales de intensidad máxima de **500 mA o 1 A**, siempre que la resistencia de puesta a tierra medida en la puesta en servicio de la instalación sea inferior o igual a **5 Ω** y a **1 Ω**, respectivamente.

R_{TIERRA}	I_Δ	
30 Ω	0,3 A	300 mA
5 Ω	0,5 A	500 mA
1 Ω	1 A	1 A

F.A.1: Sensibilidad ID según la R_{TIERRA}.

Si el sistema de accionamiento del alumbrado se realiza con **interruptores horarios o fotoeléctricos**, se dispondrá además de un **interruptor manual** que permita el accionamiento del sistema, con independencia de los dispositivos citados.

La envolvente del cuadro, proporcionará un grado de protección mínima **IP 55** según **UNE 20.324 (UNE-EN 60.529)** e **IK 10** según **UNE-EN 50.102** y dispondrá de un sistema de **cierre** que permita el acceso exclusivo al mismo, del personal autorizado, con su **puerta** de acceso situada a una altura comprendida entre **2 m y 0,3 m**. Los elementos de medidas estarán situados en un módulo independiente.

 Las partes metálicas del cuadro irán conectadas a tierra.

5. REDES DE ALIMENTACIÓN

■ **5.1 Cables**

Los cables serán:

- ✓ multipolares o unipolares;
- ✓ con conductores de **cobre**; y
- ✓ tensiones nominales de **0,6/1 kV**.

Cu
Sub.: **6 mm²**
Aérea: **4 mm²**
C. control: **2,5 mm²**

El conductor neutro de cada circuito que parte del cuadro, no podrá ser utilizado por ningún otro circuito.

> **Guía**
>
> **Podrán utilizarse conductores de aluminio** siempre que se tomen las precauciones adecuadas en su instalación. Concretamente, para garantizar en este caso la adecuada conexión al dispositivo de protección, será conforme a la norma UNE-EN 60.947-2.
>
> En todos los casos los cables o <u>conductores deberán ser **aislados**</u>.
>
> Se recomienda limitar la **sección máxima** de los conductores a **25 mm²** de cobre, al objeto de poder manipularlos adecuadamente. En consecuencia, se recomienda la subdivisión de las redes, cuando los cálculos obliguen a la instalación de conductores de mayor sección.

■ **5.2 Tipos**

5.2.1 Redes subterráneas (ITC-BT-07)

Se emplearán sistemas y materiales análogos a los de las redes subterráneas de distribución reguladas en la **ITC-BT-07**. Los cables serán de las características especificadas en la **UNE 21.123**[1] e irán **entubados**; los tubos para las canalizaciones subterráneas deben ser los indicados en la **ITC-BT-21** y el grado de protección mecánica el indicado en dicha instrucción, y podrán ir hormigonados en zanja o no. Cuando vayan hormigonados el grado de resistencia al impacto será ligero según **UNE-EN 50.086-2-4 (UNE-EN 50.626-1)**.

Los tubos irán enterrados a una <u>profundidad mínima de **0,4 m**</u> del nivel del suelo medidos desde la cota inferior del tubo y su <u>diámetro</u> interior no será inferior a **60 mm**.

Se colocará una **cinta de señalización** que advierta de la existencia de cables de alumbrado público, situada a una distancia mínima del nivel del suelo de **0,10 m** y a **0,25 m** por encima del tubo.

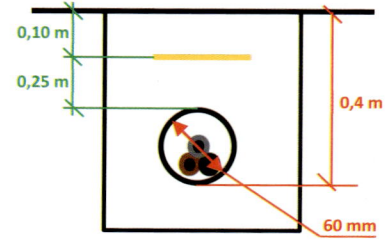

0,10 m
0,25 m
0,4 m
60 mm

F.A.2: Distancias mínimas reglamentarias. Consultar normas de Cía. Suministradora.

En los **cruzamientos de calzadas**, la canalización, además de entubada, irá **hormigonada y** se instalará como mínimo un **tubo de reserva**.

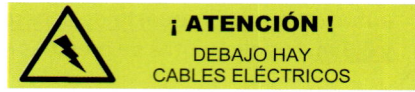

¡ ATENCIÓN !
DEBAJO HAY
CABLES ELÉCTRICOS

F.A.3: Cinta de señalización.

1) **NOTA A:** Con cubierta de tensión asignada **0,6/1 kV**.

La sección mínima a emplear en los conductores de los cables, **incluido el neutro**, será de <mark>6 mm²</mark>. En distribuciones trifásicas tetrapolares, para conductores de fase de sección superior a 6 mm², la sección del neutro será conforme a lo indicado en la **tabla 1** de la **ITC-BT-07**.

Guía

Se recomienda que la distancia mínima entre la parte superior del tubo y el nivel del suelo sea de <mark>0,5 m</mark> para los cruzamientos de calzadas.

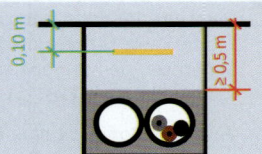

Se recomienda que en instalaciones con lámparas de descarga el **conductor neutro** tenga la **misma sección que la fase**.

Los cables y tubos de instalación habitual son:

Sistema de canalización (calidad mínima) Tubo		Compresión 450N, Impacto Normal. **UNE-EN 50.626-1**
Cable	VV-K	Cable de tensión asignada 0,6/1 kV, con conductor de cobre clase 5 (-K), aislamiento y cubierta de policloruro de tubo vinilc (VV). UNE 21.123-1[1]
	RV-K	Cable de tensión asignada 0,6/1 kV, con conductor de cobre clase 5 (-K), aislamiento de polietileno reticulado (-R) y cubierta policloruro de vinilo (V). UNE 21.123-2[1]
Nota 1: las normas de la serie UNE 21.123 también incluyen las variantes de cables armados y apantallados que puede ser conveniente utilizar en instalaciones particulares.		

Para el cálculo de la **intensidad máxima admisible** se acudirá a la **ITC-BT-07** teniendo en cuenta que los circuitos van bajo tubo.

Los empalmes y derivaciones deberán realizarse **en cajas de bornes** adecuadas, situadas dentro de los soportes de las luminarias, y a una altura mínima de <mark>0,3 m</mark> sobre el nivel del suelo o en una arqueta registrable, que garanticen, en ambos casos, la continuidad, el aislamiento y la estanqueidad del conductor.

5.2.2 Redes aéreas (ITC-BT-06)

Se emplearán los sistemas y materiales adecuados para las redes aéreas aisladas descritas en la **ITC-BT-06**.

Podrán estar constituidas por:

✓ Cables posados sobre fachadas o
✓ Tensados sobre apoyos. En este último caso, los cables serán autoportantes con neutro fiador o con fiador de acero.

La **sección mínima** a emplear, para todos los conductores **incluido el neutro**, será de <mark>4 mm²</mark>. En distribuciones trifásicas tetrapolares con conductores de fase de sección **superior a 10 mm²**, la sección del neutro será como mínimo la mitad de la sección de fase. En caso de ir sobre apoyos comunes con los de una red de distribución, el tendido de los cables de alumbrado será independiente de aquel.

5.2.3 Redes de control y auxiliares

Se emplearán sistemas y materiales similares a los indicados para circuitos de alimentación, la <u>sección mínima</u> de los conductores será **2,5 mm²**.

> **Guía**
>
> El cable de instalación habitual es del **tipo RZ**, aunque cuando la red aérea posada se instale en el interior de un tubo o canal protector, se podrán utilizar cables del tipo VV-K o RV-K. El tubo o canal será de las características indicadas en la **ITC-BT-21** para canalizaciones fijas en superficie, siempre que su altura de instalación sea superior a **2,5 m** y de las características indicadas en la **ITC-BT-11** para alturas de instalación inferiores.
>
> En instalaciones de alumbrado exterior especiales (por ejemplo en fábricas) en las que sus canalizaciones discurran por el interior de los edificios podrá utilizarse cable del tipo RZ sobre bandejas.
>
> En la <u>tabla A</u> se indican los <u>sistemas de instalación más habituales</u>.
>
> En la <u>tabla B</u> se detalla para cada uno de los tipos de cables la <u>intensidad máxima admisible</u> en función de la sección del cable y del tipo de instalación.

	Sistema de canalización (mínimo)		Cable	
Aéreo - Posados sobre fachadas.	Altura < 2,5 m	Tubo 4421 no propagador de llama UNE-EN 61.386-21	VV-K	Cable de tensión asignada 0,6/1 kV, con conductor de cobre clase 5 (-K), aislamiento y cubierta de policloruro de tubo vinilo (VV). UNE 21.123-1. (Cable armado y apantallado permitidos según UNE 21.123)
		Canal no propagadora de llama UNE-EN 50.085	RV-K	Cable de tensión asignada 0,6/1 kV, con conductor de cobre clase 5 (-K), aislamiento de polietileno reticulado (-R) y cubierta policloruro de vinilo (V). UNE 21.123-2. (Cable armado y apantallado permitidos según UNE 21.123)
			RZ	Cable de tensión asignada 0,6/1 kV, con cubierta aislante de polietileno reticulado (-R) y con conductores de cobre cableados a derechas (Z). UNE 21.030-2
	Altura ≥ 2,5 m	Tubo 4321 no propagador de llama UNE-EN 61.386-21	VV-K RV K	Tipos ya descritos
		Canal no propagadora de llama UNE-EN 50.085		
		Sin canalización	RZ	Tipo ya descrito
Aéreo - Tensados sobre apoyos	Sin canalización		RZ	Tipo ya descrito

Tabla A. Sistemas de instalación más habituales.

*El conductor neutro nunca tiene las funciones de fiador.

Guía

Número de conductores por sección (mm²)	Intensidad máxima (A)	
	Posada sobre fachada	Tendida con fiador de acero
2 x 4 Cu	45 A	50 A
4 x 4 Cu	37 A	41 A
2 x 6 Cu	57 A	63 A
4 x 6 Cu	47 A	52 A
2 x 10 Cu	77 A	85 A
4 x 10 Cu	65 A	72 A
4 x 16 Cu	86 A	95 A

Tabla B. $I_{máx}$ a Tª ambiente = 40 °C.

Si procede, deben aplicarse los **factores de corrección** por temperatura ambiente distinta de 40 °C, o por agrupamiento de circuitos.

Si las condiciones reales de instalación no coinciden con las condiciones tipo se aplicarán los factores de corrección indicados en las tablas 6, 7 y 8 de la **ITC-BT-06**.

Para cables expuestos directamente al sol se utilizará el coeficiente **0,9** o inferior.

Redes aéreas de alumbrado en apoyos comunes con redes de distribución en baja tensión

Cuando las redes de distribución pública en baja tensión (DP) y de alumbrado público (AP) se instalen en los mismos apoyos, los conductores de alumbrado público se situarán siempre por debajo de los conductores de la red de distribución pública en baja tensión. Se recomienda el siguiente régimen de distancias mínimas:

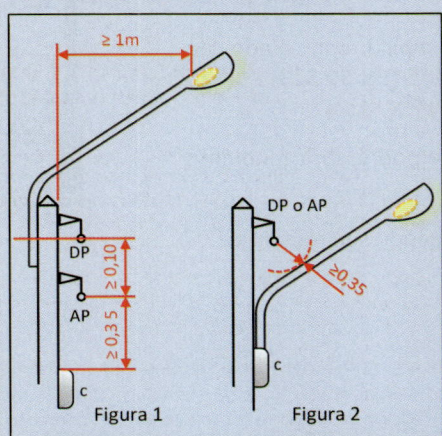

Figura 1   Figura 2

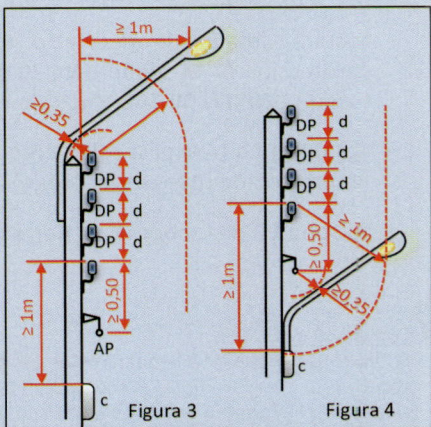

Figura 3   Figura 4

Conductores aislados en redes AP y DP (figuras 1 y 2)
  – **0,10 m** entre conductores AP y DP.
  – **0,35 m** para la caja de conexión C y brazo.

Conductores aislados en red AP y desnudos en red DP (figuras 3 y 4)
  – **1 m** para la luminaria y equipo auxiliar.
  – **0,50 m** entre conductor AP y DP.
  – (d) en m entre conductores DP en función de la longitud del vano (punto 3.2.2 de la ITC-BT-06).

Cuando la luminaria esté implantada por encima de las redes públicas de distribución y alumbrado (figuras 1 y 3), la distancia mínima de la luminaria al apoyo será de **1 m**.

6. SOPORTES DE LUMINARIAS

■ 6.1 Características

Los soportes de las luminarias de alumbrado exterior, se ajustarán a la normativa vigente (en el caso de que sean de acero deberán cumplir el RD 2642/85, RD 401/89 y OM de 16/5/89). Serán de materiales resistentes a las acciones de la intemperie o estarán debidamente protegidas contra éstas, no debiendo permitir la entrada de agua de lluvia ni la acumulación del agua de condensación. Los soportes, sus anclajes y cimentaciones, se dimensionarán de forma que resistan las solicitaciones mecánicas, particularmente teniendo en cuenta la acción del viento, con un **coeficiente de seguridad** no inferior a **2,5**, considerando las luminarias completas instaladas en el soporte.

Los soportes que lo requieran, deberán poseer una abertura de dimensiones adecuadas al equipo eléctrico para acceder a los elementos de protección y maniobra:

✓ la parte inferior de dicha abertura estará situada, como mínimo, a 0,30 m de la rasante; y

✓ estará dotada de puerta o trampilla con grado de protección **IP 44** según **UNE 20.324*** (**EN 60.529**) e **IK 10** según **UNE-EN 50.102**. *NOTA A.: UNE-EN 60.529.*

✓ La puerta o trampilla solamente se podrá abrir mediante el empleo de útiles especiales y

✓ dispondrá de un **borne de tierra** cuando sea metálica.

IP44
IK10

30 cm

F.A.4

Guía

Códigos IP e IK
El grado de protección requerido (**IP 44**, **IK 10**), podrá obtenerse, o bien por la propia construcción de la trampilla del soporte, o bien mediante la utilización suplementaria de una caja u otra envolvente que esté alojada en el interior del soporte de forma que, el conjunto del soporte y la envolvente completamente montada, proporcione el grado de protección exigido.

Borne de tierra en la portezuela o trampilla metálica
Cuando el equipo eléctrico se aloje en una caja cerrada aislante o metálica puesta a tierra en el interior del soporte, podrá evitarse la colocación del borne de tierra en la portezuela. En cualquier caso, se instalará en el fuste del soporte un borne de toma de tierra.

Cuando por su situación o dimensiones, las columnas fijadas o incorporadas a obras de fábrica no permitan la instalación de los elementos de protección y maniobra en la base, podrán colocarse éstos en la parte superior, en lugar apropiado o en el interior de la obra de fábrica.

■ 6.2 Instalación eléctrica

En la instalación eléctrica **en el interior de los soportes**, se deberán respetar los siguientes aspectos:

- Los conductores serán de cobre, de <u>sección mínima</u> **2,5 mm²**, y de tensión nominal de **0,6/1 kV**, como mínimo; no existirán empalmes en el interior de los soportes.
- En los puntos de entrada de los cables al interior de los soportes, los cables tendrán una protección suplementaria de material aislante mediante la prolongación del tubo u otro sistema que lo garantice.
- La conexión a los terminales, estará hecha de forma que no ejerza sobre los conductores ningún esfuerzo de tracción. Para las conexiones de los conductores de la red con los del soporte, se utilizarán elementos de derivación que contendrán los bornes apropiados, en número y tipo, así como los elementos de protección necesarios para el punto de luz.

7. LUMINARIAS

■ 7.1 Características

Las luminarias utilizadas en el alumbrado exterior serán conformes la norma **UNE-EN 60.598-2-3** y la **UNE-EN 60.598-2-5** en el caso de proyectores de exterior.

Guía

Una **luminaria es** un conjunto óptico, mecánico y eléctrico equipado para recibir una o varias lámparas, que se compone de cuerpo o carcasa, elementos auxiliares (balasto, arrancador y condensador) instalados generalmente en un compartimento de la luminaria, portalámparas, etc., y bloque óptico.

Las luminarias utilizadas en el alumbrado exterior deben tener como mínimo el grado de protección **IP 23**.

<u>Como caso particular</u> en ambientes con contaminación o existencia de componentes corrosivos (zonas industriales, urbanas, costeras, etc.) se recomienda:

- **IP 66** para el compartimiento óptico.
- **IP 44** para el alojamiento del equipo auxiliar.

En cuanto a l resistencia mecánica la norma **UNE-EN 60.598-2-3** <u>establece como mínimo</u> los siguientes valores:

- **IK 04** (0,5 julios) para las partes frágiles (cierres de vidrio, metacrilato, etc.).
- **IK 05** (0,7 julios) para el resto de las partes (cuerpo o carcasa).

La protección contra los choques mecánicos debe ser apropiada al emplazamiento donde las luminarias están instaladas, cuyo grado <u>mínimo será</u> **IK 08** (5 julios), <u>si están situadas</u> **a menos de 1,5 m** del suelo.

7.2 Instalación eléctrica de luminarias suspendidas

La conexión se realizará mediante **cables flexibles**, que penetren en la luminaria con la holgura suficiente para evitar que las oscilaciones de ésta provoquen esfuerzos perjudiciales en los cables y en los terminales de conexión, utilizándose dispositivos que no disminuyan el grado de protección de luminaria **IP X3** según **UNE 20.324***.

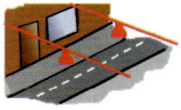
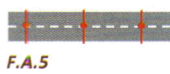

F.A.5

La suspensión de las luminarias se hará mediante cables de acero protegido contra la corrosión, de sección suficiente para que posea una resistencia mecánica con **coeficiente de seguridad** de no inferior a **3,5**.

La altura mínima sobre el nivel del suelo será de **6 m**.

Guía Los cables a utilizar son los indicados en el apartado 5.2.1, con conductor flexible clase 5.

8. EQUIPOS ELÉCTRICOS DE LOS PUNTOS DE LUZ

Podrán ser de tipo interior o exterior, y su instalación será la adecuada al tipo utilizado.

Los equipos eléctricos para montaje exterior poseerán:

- ✓ grado de protección mínimo **IP 54**, según **UNE 20.324 (UNE-EN 60.529)**; e
- ✓ **IK 08** según **UNE-EN 50.102**; e
- ✓ irán montados a una altura mínima de **2,5 m** sobre el nivel del suelo.

Las entradas y salidas de cables serán por la parte inferior de la envolvente.

Cada punto de luz deberá tener compensado individualmente el **factor de potencia** para que sea igual o superior a **0,90**; asimismo deberá estar protegido contra sobreintensidades (ITC-BT-22).

9. PROTECCIÓN CONTRA LOS CONTACTOS DIRECTOS E INDIRECTOS

Las luminarias serán de **clase I o de clase II***

***Nota A:** Clasificación de receptores por su clase de protección según apdo. 2.2/ ITC-BT-43.

Las **partes metálicas** accesibles de los soportes de luminarias estarán **conectadas a tierra**. Se excluyen de esta prescripción aquellas partes metálicas que, teniendo un doble aislamiento, no sean accesibles al público en general.

Para el acceso al interior de las luminarias que estén instaladas a una altura **inferior a 3 m** sobre el suelo o en un espacio accesible al público, se requerirá el empleo de **útiles especiales**. Las partes metálicas de los quioscos, marquesinas, cabinas telefónicas, paneles de anuncios y demás elementos de mobiliario urbano, que estén a una **distancia inferior a 2 m** de las partes metálicas de la instalación de alumbrado exterior y que sean **susceptibles de ser tocadas simultáneamente**, deberán estar **puestas a tierra**.

 Cuando las **luminarias** sean **de clase I**, deberán estar conectadas al punto de puesta a tierra del soporte, mediante:

- ✓ cable unipolar aislado de tensión nominal **450/750 V**;
- ✓ con cubierta de color verde-amarillo; y
- ✓ sección mínima **2,5 mm²** en **cobre**.

Guía

Protección de las partes metálicas accesibles

Soporte y elementos conductores sin equipamiento eléctrico

(Soportes de señalización, barandillas y vallas, bancos públicos, pivotes antiaparcamiento, etc.)

d ≤ 2 m

Puesta a tierra de hecho

Masa del soporte

Figura 5
Si el elemento conducto no comporta equipamiento eléctrico, no tiene que ejecutarse la conexión equipotencial dado que no aporta seguridad suplementaria.

Soporte y elementos conductores con equipamiento eléctrico

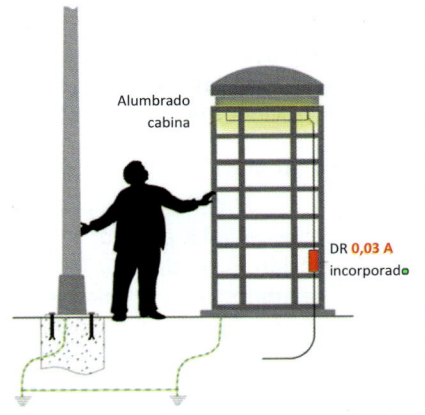

Alumbrado cabina

DR **0,03 A** incorporado

Figura 6
El mobiliario urbano puede estar alimentado por la misma fuente o no.
El mobiliario urbano y edículo en vía pública es una masa como el soporte. Tienen que conectarse estas masas a tierra al objeto de asegurar la equipotencialidad.

La alimentación del mobiliario debe estar protegida por un **interruptor diferencial** (DR) de **30 mA**.

10. PUESTAS A TIERRA

La máxima resistencia de puesta a tierra será tal que, a lo largo de la vida de la instalación y en cualquier época del año, **no se puedan producir tensiones de contacto mayores de 24 V**, en las partes metálicas accesibles de la instalación (soportes, cuadros metálicos, etc.).

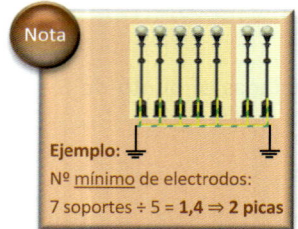

La puesta a tierra de los soportes se podrá realizar por conexión a red de tierra común para todas las líneas que partan del mismo cuadro de protección, medida y control.

Ejemplo:
Nº mínimo de electrodos:
7 soportes ÷ 5 = 1,4 ⇒ 2 picas

En las redes de tierra, se instalará como mínimo un electrodo de puesta a tierra **cada 5 soportes** de luminarias, y siempre **en el primero y en el último** soporte de cada línea.

Los *conductores de la **red de tierra que unen los electrodos*** deberán ser:

a) **Desnudos**, de **cobre**, de **35 mm²** de sección mínima, si forman parte de la propia red de tierra, en cuyo caso irán por fuera de las canalizaciones de los cables de alimentación.

b) **Aislados**, mediante cables de tensión nominal **450/750 V**, con cubierta de color verde-amarillo, con conductores de **cobre**, de sección mínima: **16 mm² para redes subterráneas**, y **de igual sección** que los conductores de fase **para las redes posadas**, en cuyo caso irán por el interior de las canalizaciones de los cables de alimentación.

El conductor de protección que une de ***cada soporte con el electrodo***, o con la red de tierra, será:

✓ de cable unipolar aislado;
✓ de tensión asignada **450/750 V**;
✓ con recubrimiento de color verde-amarillo; y
✓ sección mínima de **16 mm²** de **cobre**.

Todas las conexiones de los circuitos de tierra, se realizarán mediante terminales, grapas, soldadura o elementos apropiados que garanticen un buen contacto permanente y protegido contra la corrosión.

En las figuras 7 y 8 se representan dos ejemplos de puestas a tierra en instalaciones de alumbrado público en esquemas **TT** y **TN-S**.

En los esquemas de las figuras 9 y 10, en las que no se han incluido los conductores activos, se representa la puesta a tierra mediante cable de cobre desnudo de **35 mm²** de sección mínima (figura 9) y mediante conductor de protección (CP) aislado con recubrimiento de color verde-amarillo (figura 10). En ambas figuras las luminarias **clase I** se han unido a tierra, mientras que en las de **clase II** no se ha realizado dicha conexión.

Guía

Conductores aislados de instalación habitual

H07V-U (UNE-EN 50.525-2-31)	Cable conductor unipolar aislado de tensión asignada 450/750 V, con conductor de cobre clase 1 (-U) y aislamiento de policloruro de vinilo (V). **Nota:** mayor sección normalizada 10 mm², por lo tanto solamente pueden utilizarse como conductor de protección para las redes posadas.
H07V-R (UNE-EN 50.525-2-31)	Conductor unipolar aislado de tensión asignada 450/750 V, con conductor de cobre clase 2 (-R) y aislamiento de policloruro de vinilo (V).
H07V-K (UNE-EN 50.525-2-31)	Conductor unipolar aislado de tensión asignada 450/750 V, con conductor de cobre clase 5 (-K) y aislamiento de policloruro de vinilo (V).

Cuando en las <mark>redes aéreas</mark> el conductor de protección forme parte del cable RZ (cable de tensión asignada 0,6/1 kV, con cubierta aislante de polietileno reticulado y conductores de cobre cableados a derechas) <u>no es necesaria la coloración verde-amarillo</u>; en este caso el <u>conductor de protección debe estar identificado</u> con un marcado apropiado, por ejemplo <u>mediante el símbolo de tierra o CP, cada</u> **0,5 m**.

Ejemplos de puesta a tierra

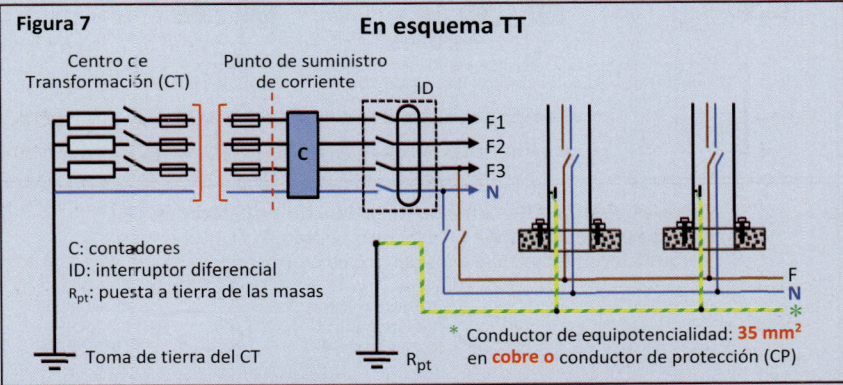

Figura 7 — En esquema TT

Centro de Transformación (CT)
Punto de suministro de corriente
ID
F1
F2
F3
N

C: contadores
ID: interruptor diferencial
R_{pt}: puesta a tierra de las masas

Toma de tierra del CT
R_{pt}

F
N

* Conductor de equipotencialidad: **35 mm²** en **cobre o** conductor de protección (CP)

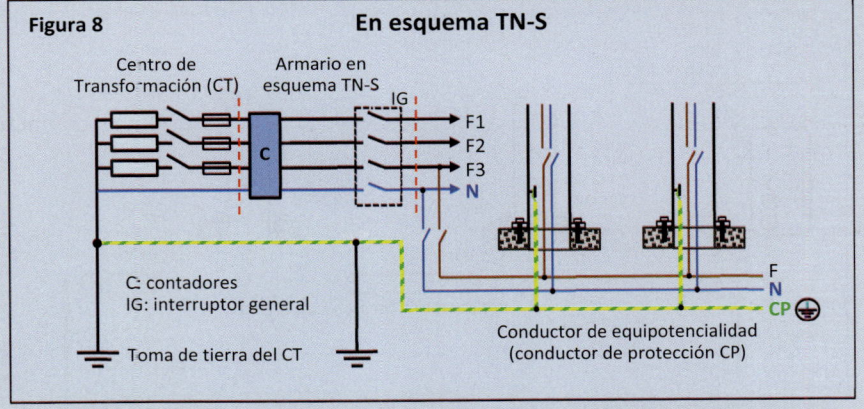

Figura 8 — En esquema TN-S

Centro de Transformación (CT)
Armario en esquema TN-S
IG
F1
F2
F3
N

C: contadores
IG: interruptor general

Toma de tierra del CT

F
N
CP

Conductor de equipotencialidad (conductor de protección CP)

Guía *Puesta a tierra de conductor desnudo y conductor de protección*

Figura 9: Puesta a tierra mediante conductor de equipotencialidad de cobre desnudo de sección al menos igual a 35 mm² asegurando una conexión entre todas las masas de los aparatos de alumbrado público.

Borne de tierra de luminarias si son de clase I

Luminarias no conectadas a tierra si son de clase II

Equipamiento de soporte equivalente a clase II

Cuadro

Chasis

Borne de tierra utilizable para mediciones

Borne de puesta a tierra del soporte

Fuste del soporte

Pernos de anclaje

Cimentación

Borne de puesta a tierra del soporte

Fuste del soporte

Pernos de anclaje

Cimentación

A

B

Conductor de equipotencialidad de sección **35 mm²** de **cobre** desnudo

Pica de tierra

Conexión AB facultativa en esquema TT y obligatoria en esquema TN

Nota: no se han representado los conductores activos.

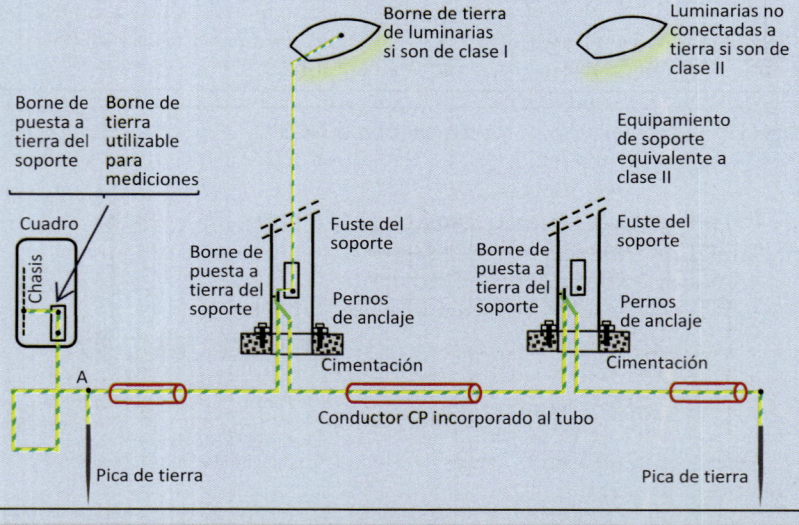

Figura 10: Puesta a tierra mediante conductor de protección CP.
El conductor de protección CP está incorporado en el mismo tubo que los conductores activos del circuito correspondiente.

Borne de tierra de luminarias si son de clase I

Luminarias no conectadas a tierra si son de clase II

Borne de puesta a tierra del soporte

Borne de tierra utilizable para mediciones

Equipamiento de soporte equivalente a clase II

Cuadro

Chasis

Borne de puesta a tierra del soporte

Fuste del soporte

Pernos de anclaje

Cimentación

Borne de puesta a tierra del soporte

Fuste del soporte

Pernos de anclaje

Cimentación

A

Conductor CP incorporado al tubo

Pica de tierra

Pica de tierra

ITC-BT-10

Previsión de cargas
para suministros en baja tensión

Texto consolidado mediante:
➢ RD 1053/2014

Norma	Apartado
---	---
GUIA-BT	**Edición**
Incluida	Sep. 2003 (Rev.1)

Pto.	RD 842/2002	RD 1053/2014
1	Clasificación de los lugares de consumo	Nueva clasificación: infraestructura para recarga del Vehículo Eléctrico.
2.1.2	Electrificación elevada	Se considerará electrificación elevada con 1 instalación para la recarga del VE en **viviendas unifamiliares**.
5	Cargas en viviendas de nueva construcción	Apartado nuevo: Se establecen las condiciones para la previsión de carga.
6	Previsión de carga	Antiguo apdo. 5 de la ITC-BT-10 Se añaden en la previsión de carga para cálculo de acometidas e instalaciones de enlace el apdo. 5.

Índice

1. CLASIFICACIÓN DE LOS LUGARES DE CONSUMO

Se establece la siguiente clasificación de los lugares de consumo:

1) Edificios destinados principalmente a **viviendas**.
2) Edificios **comerciales o de oficinas**.
3) Edificios destinados a una **industria** específica.
4) Edificios destinados a una **concentración de industrias**.
5) Aparcamientos o estacionamientos dotados de infraestructura para la recarga de los **vehículos eléctricos**.

2. GRADO DE ELECTRIFICACIÓN Y PREVISIÓN DE LA POTENCIA EN LAS VIVIENDAS

La carga máxima por vivienda depende del grado de utilización que se desee alcanzar. Se establecen los siguientes grados de electrificación.

■ 2.1 Grados de electrificación

2.1.1 Electrificación ==básica== (P ≥ 5.750 W a 230 V)

Es la necesaria para la cobertura de las posibles necesidades de utilización primarias sin necesidad de obras posteriores de adecuación. Debe permitir la utilización de los aparatos eléctricos de uso común en una vivienda.

2.1.2 Electrificación ==elevada== (P ≥ 9.200 W a 230 V)

Es la correspondiente a viviendas con una previsión de utilización de aparatos electrodomésticos superior a la electrificación básica o con previsión de utilización de:

1. sistemas de calefacción eléctrica, o
2. de acondicionamiento de aire, o
3. con superficies útiles de la vivienda **superiores a ==160 m²==**, o
4. con una instalación para la recarga del vehículo eléctrico en viviendas unifamiliares, o
5. con cualquier combinación de los casos anteriores.

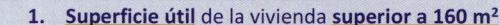

> **Guía**
>
> Será "electrificación elevada" cuando se cumpla alguna de las siguientes condiciones:
>
> 1. **Superficie útil** de la vivienda **superior a 160 m²**.
> 2. Si está prevista la instalación de **aire acondicionado**.
> 3. Si está prevista la instalación de **calefacción eléctrica**.
> 4. Si está prevista la instalación de **sistemas de automatización** (domótica).
> 5. Si está prevista la instalación de una **secadora**.
> 6. Si el número de puntos de utilización de alumbrado es superior a **30**.
> 7. Si el número de puntos de utilización de tomas de corriente de uso general es superior a **20**.
> 8. Si el número de puntos de utilización de tomas de corriente de los cuartos de baño y auxiliares de cocina es superior a 6.
> 9. En otras condiciones indicadas en la **ITC-BT-25**.

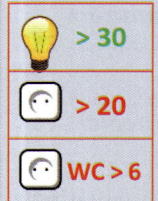

> \> 30
>
> \> 20
>
> WC > 6

2.2 Previsión de la potencia

El promotor, propietario o usuario del edificio fijará de acuerdo con la empresa suministradora la potencia a prever, la cual, para nuevas construcciones, no será inferior a **5.750 W a 230 V**, en cada vivienda, _independientemente de la potencia a contratar por cada usuario_, que dependerá de la utilización que éste haga de la instalación eléctrica.

En las viviendas con grado de **electrificación elevada**, la potencia a prever no será inferior a **9.200 W**.

En todos los casos, la potencia a prever se corresponderá con la **capacidad máxima de la instalación**, definida ésta por la intensidad asignada del **interruptor general automático**, según se indica en la **ITC-BT-25**.

Guía

Electrificación	Potencia a 230V	Calibre IGA
Básica	5.750 W	25 A
	7.360 W	32 A
Elevada	9.200 W	40 A
	11.500 W	50 A
	14.490 W*	63 A

En ambos casos **la potencia a contratar** por cada usuario dependerá de la utilización que éste haga de la instalación eléctrica y podrá ser inferior o igual a la potencia prevista.

* = máxima potencia en suministro monofásico.

✓ Las potencias indicadas anteriormente corresponden a las **potencias mínimas** pero si se conoce la previsión de carga real de la vivienda habrá que calcularla y realizar los cálculos con los datos más altos de los dos.

✓ Teóricamente la previsión de carga en un grado de electrificación básico abarca el rango **5.750 W a 9.199 W**, aunque en la práctica al estar condicionada esta previsión al calibre del IGA (Interruptor General Automático), los dos valores posibles son 5.750 W (para un calibre de 25 A) y 7.360 W (para un calibre de 32 A).

3. CARGA TOTAL CORRESPONDIENTE A UN EDIFICIO DESTINADO PREFERENTEMENTE A VIVIENDAS

La **carga total** correspondiente a un edificio destinado principalmente a viviendas resulta de la suma de:

- ✓ la carga correspondiente al conjunto de viviendas;
- ✓ de los servicios generales del edificio;
- ✓ de la correspondiente a los locales comerciales; y
- ✓ de los garajes que forman parte del mismo.

La carga total correspondiente a varias viviendas o servicios se calculará de acuerdo con los siguientes apartados.

$$P_{TOTAL} = P_{VIV.} + P_{SG} + P_{LC} + P_{GARAJES} + P_{VE}$$

Nota Edificios dotados con zonas de estacionamiento con infraestructura para recarga de vehículo eléctrico se ha de considerar, además, el **apdo. 5 de la ITC-BT-10**.

3.1 Carga correspondiente a un conjunto de viviendas

Se obtendrá multiplicando la media aritmética de las potencias máximas previstas en cada vivienda, por el coeficiente de simultaneidad indicado en la tabla 1, según el número de viviendas.

Nº viviendas (n)	Coeficiente de simultaneidad		Nº viviendas (n)	Coeficiente de simultaneidad
1	1		12	9,9
2	2		13	1C,6
3	3		14	11,3
4	3,8		15	11,9
5	4,6		16	12,5
6	5,4		17	13,1
7	6,2		18	13,7
8	7		19	14,3
9	7,8		20	14,8
10	8,5		21	15.3
11	9,2		**n > 21**	**15,3+(n-21)·0,5**

Tabla 1. __Coeficiente de simultaneidad__ según el número de viviendas.

Para edificios cuya instalación esté prevista para la aplicación de la <u>tarifa nocturna*</u>, la simultaneidad será **1**.

* **NOTA A.:** *Actualmente Tarifa de Discriminación Horaria (TDH) ya que la tarifa nocturna no existe.*

Nota

✓ Para tarifa nocturna (TDH) =>   Simultaneidad 1 => Por lo tanto:
    Coeficiente de simultaneidad = nº de viviendas

✓ **Ejemplo de cálculo de la carga correspondiente de un conjunto de viviendas:**

Previsión de potencia de un edificio con **22** viviendas, **18** con electrificación básica con una previsión de potencia de **5.750 W** a 230 V cada una, **2** viviendas con electrificación elevada con previsión de **9.200 W** a 230 V y otras **2** viviendas con electrificación elevada con una previsión de **11.500 W** a 230 V.

$$P_{VIV.} = C_S \cdot P_{media}$$

$$C_S = 15,3 + (n\text{-}21) \cdot 0,5 = 15,3 + (22\text{-}21) \cdot 0,5 = \boxed{15,8}$$

$$P_{VIV.} = \boxed{15,8} \cdot \left(\frac{18 \cdot 5.750 + 2 \cdot 9.200 + 2 \cdot 11.500}{22} \right) = 104.064,55 \text{ W}$$

3.2 Carga correspondiente a los servicios generales

Será la suma de la potencia prevista en: ascensores, aparatos elevadores, centrales de calor y frío, grupos de presión, alumbrado de portal, caja de escalera y espacios comunes y en todo el servicio eléctrico general del edificio sin aplicar **ningún factor** de reducción por simultaneidad. (**Coeficiente de simultaneidad = 1**).

Guía

Carga correspondiente a ascensores y montacargas

En la siguiente tabla se indican los valores típicos de las potencias de los aparatos elevadores según especifica la Norma Tecnológica de la Edificación ITE-ITA:

Tipo de aparato elevador	Carga (Kg)	Nº de personas	Velocidad	Potencia
ITA-1	400	5	0,63 m/s	4,5 KW
ITA-2	400	5	1,00 m/s	7,5 KW
ITA-3	630	8	1,00 m/s	11,5 KW
ITA-4	630	8	1,60 m/s	18,5 KW
ITA-5	1.000	13	1,60 m/s	29,5 KW
ITA-6	1.000	13	2,50 m/s	46,0 KW

Tabla A. Previsión de potencia para aparatos elevadores.

Carga correspondiente a alumbrado. Se puede estimar una potencia de:

	Incandescencia	Fluorescencia
Alumbrado del portal y otros espacios comunes	15 W/m²	8 W/m²
Alumbrado de la caja de la escalera	7 W/m²	4 W/m²

3.3 Carga correspondiente a los locales comerciales y oficinas

Se calculará considerando un mínimo de **100 W** por metro cuadrado y planta, con un mínimo por local de **3.450 W** a 230 V y coeficiente de **simultaneidad 1**.

Guía

Ejemplo de previsión de potencia en locales y oficinas

	Superficie (m²)	Previsión real de carga (W)	Previsión con 100 W/m²	Mínimo por local	Previsión de carga (W)	
Local 1	25 m²	Desconocida	2.500 W	**3.450 W**	3.450 W	Potencia
Local 2	50 m²	Desconocida	**5.000 W**	3.450 W	5.000 W	más alta
Oficina 1	200 m²	**35.000 W**	20.000 W	3.450 W	35.000 W	entre la real y
Oficina 2	150 m²	13.500 W	**15.000 W**	3.450 W	15.000 W	mínima
				Carga total (C$_S$ = 1)	**58.450 W**	según REBT

Tabla B. Previsión de potencia en locales y oficinas.

Nota

Algunos motores definen su potencia en Caballos de Vapor (CV). Siendo: **1 CV ≈ 736 W**.

3.4 Carga correspondiente a los garajes

Se calculará considerando un mínimo de **10 W** por metro cuadrado y planta para garajes de ventilación natural y de **20 W** para los de ventilación forzada, con un mínimo de **3.450 W** a 230 V y coeficiente de **simultaneidad 1**.

Garaje con **ventilación** *natural*	**10 W/m²** y planta
Garaje con **ventilación** *forzada*	**20 W/m²** y planta
Mínimo = **3.450 W** a 230 V $C_S = 1$	

Cuando en aplicación de la ***NBE-CPI-96*** sea necesario un sistema de ventilación forzada para la evacuación de humos de incendio, se estudiará de forma específica la previsión de cargas de los garajes.

** Actualmente **CTE-DB-SI**.*

NOTA A.: *Para garajes con **Infraestructura de Recarga de Vehículos Eléctricos** se añadirá la previsión del apartado 5.2 de la presente ITC.*

4. CARGA TOTAL CORRESPONDIENTE A EDIFICIOS COMERCIALES, DE OFICINAS O DESTINADOS A UNA O VARIAS INDUSTRIAS

En general, la demanda de potencia determinará la carga a prever en estos casos que no podrá ser nunca inferior a los siguientes valores.

4.1 Edificios comerciales o de oficinas

Se calculará considerando un mínimo de **100 W** por metro cuadrado y planta, con un mínimo por local de **3.450 W** a 230 V y coeficiente de **simultaneidad 1**.

4.2 Edificios destinados a concentración de industrias

Se calculará considerando un mínimo de **125 W** por metro cuadrado y planta, con un mínimo por local de **10.350 W** a 230 V y coeficiente de **simultaneidad 1**.

5. CARGA CORRESPONDIENTE A LAS ZONAS DE ESTACIONAMIENTO CON INFRAESTRUCTURA PARA LA RECARGA DE LOS VEHÍCULOS ELÉCTRICOS EN VIVIENDAS DE NUEVA CONSTRUCCIÓN

5.1 Viviendas unifamiliares

Para la previsión de cargas de viviendas unifamiliares dotadas de infraestructura para la recarga de vehículos eléctricos se considerará grado de electrificación elevado.

5.2 Instalación en plazas de aparcamientos o estacionamientos colectivos en edificios o conjuntos inmobiliarios en régimen de PROPIEDAD HORIZONTAL

La previsión de cargas para la carga del vehículo eléctrico se calculará multiplicando 3.680 W, **por** el **10 % del total de las plazas de aparcamiento** construidas.

La suma de todas estas potencias se multiplicará por el factor de simultaneidad (Fs) que corresponda y se sumará con la previsión de potencia del resto de la instalación del edificio, en función del esquema de la instalación y de la disponibilidad de un sistema protección de la línea general de alimentación, tal y como se establece en la **ITC-BT-52**.

No obstante, el proyectista de la instalación podrá prever una potencia instalada mayor cuando disponga de los datos que lo justifiquen.

Deberá incluirse la instalación eléctrica específica para la recarga de los VE en edificios o estacionamientos de *nueva construcción* según RD 1053/2014.

Nota

P_{VE} = (0,10 · nº total plazas aparcamiento) · 3.680 W · Fs

F_S = 1 ..... sin SPL* y los esquemas 2, 3a, 3b, 4a y 4b *(s/ITC-BT 52 -Apdo. 4.1, 4.2 y 4.3)*
F_S = 0,3 ... esquemas 1a, 1b o 1c con SPL* *(s/ITC-BT-52 -Apdo. 4.1)*

* SPL = Sistema de Protección de la Línea General de Alimentación (LGA)

- **Ejemplo de cálculo:**
Edificio de nueva construcción con garaje de 32 plazas de aparcamiento, con infraestructura para la recarga de VE con sistema SPL.

1º) 10% de 32 plazas = $\frac{10}{100}$ · 32 = **3,2**

2º) P_{VE} = **3,2** · 3.680 W · **0,3** = **3.532,8 W**

Esquema de instalación: **esquema 1a con SPL** $\Longrightarrow$ Factor de simultaneidad, F_S = **0,3**
(según **apdo. 4.1 ITC-BT-52**)

La previsión total de carga del edificio:

$$P_{TOTAL\ edificio} = P_{VIV.} + P_{SG} + P_{LC} + P_{GARAJES} + P_{VE}$$

---

6. PREVISIÓN DE CARGAS

La previsión de los consumos y cargas se hará de acuerdo con lo dispuesto en la presente instrucción. La carga total prevista en los capítulos 2, 3, 4 y 5 será la que hay que considerar en el cálculo de los conductores de las *acometidas* (ITC-ET-11) y en el cálculo de las *instalaciones de enlace* (ITC-BT-12).

7. SUMINISTROS MONOFÁSICOS

Las empresas distribuidoras estarán obligadas, siempre que lo solicite el cliente, a efectuar el suministro de forma que permita el funcionamiento de cualquier receptor monofásico de potencia menor o igual a 5.750 W a 230 V, hasta un suministro de **potencia máxima de 14.490 W a 230V**.

RESUMEN

	Potencia a 230 V	Calibre IGA
Básica	5.750 W	**25 A**
	7.360 W	**32 A**
Elevada	9.200 W	**40 A**
	11.500 W	**50 A**
	14.490 W	**63 A**

VIVIENDA:

Electrificación **básica**: $P \geq 5.750$ W a 230 V
Electrificación **elevada**: $P \geq 9.200$ W a 230 V

1. EDIFICIOS DESTINADOS A VIVIENDAS

$$P_{TOTAL} = P_{VIV.} + P_{SG} + P_{LC} + P_{GARAJES} + P_{VE}$$

- $P_{VIV.} = C_S \cdot P_{media}$; C_S => Tabla 1 de la ITC-BT-10

- $P_{SG} = \underline{P\,ascensor} + (\underline{P\,grupo\,presión + P\,depuradora + P\,otros\,motores}) + \underline{P\,alumbrado}$

Para el cálculo de la máxima intensidad de la corriente de arranque:
- ✓ Intensidad nominal a plena carga multiplicada por **1,3** (Apdo. 6 de la ITC-BT-47).

Para el cálculo de la sección de los conductores de conexión que alimenten estos motores:
- ✓ Multiplicar por **1,25** la intensidad a plena carga del motor de mayor potencia. (Apdo. 3 de la ITC-BT-47).

Previsión de cargas para lámparas de descarga:
$$S\,(VA) = 1,8 \cdot P_{TOTAL}$$
(Apdo. 3.1, ITC-BT-44).

Guía

Carga correspondiente a ascensores y montacargas

Tipo de elevador	Carga (Kg)	Nº de personas	Velocidad	Potencia
ITA-1	400	5	0,63 m/s	4,5 KW
ITA-2	400	5	1,00 m/s	7,5 KW
ITA-3	630	8	1,00 m/s	11,5 KW
ITA-4	630	8	1,60 m/s	18,5 KW
ITA-5	1.000	13	1,60 m/s	29,5 KW
ITA-6	1.000	13	2,50 m/s	46,0 KW

Carga correspondiente a alumbrado	Incandescencia	Fluorescencia
De portal y otros espacios comunes	15 W/m²	8 W/m²
De la caja de la escalera	7 W/m²	4 W/m²

- $P_{LC} =$

Local comercial y oficinas	Mínimo por local = **3.450 W**	100 W/m² y planta

- $P_G =$

Garaje con **ventilación natural**	Mínimo = **3.450 W**	10 W/m² y planta
Garaje con **ventilación forzada**	Mínimo = **3.450 W**	20 W/m² y planta

- $P_{VE} =$ **(0,10 · nº total plazas aparcamiento) · 3.680 W · Fs**
  Previsión de carga para zonas de estacionamiento con infraestructura para recarga de VE
  Fs = 1 ......sin SPL* y los esquemas 2, 3a, 3b, 4a y 4b *(s/ITC-BT 52 -Apdo. 4.1, 4.2 y 4.3)*
  Fs = 0,3 .. esquemas 1a, 1b o 1c con SPL* *(s/ITC-BT 52 -Apdo. 4.1)*
  * SPL = Sistema de Protección de la Línea General de Alimentación (LGA)

2. EDIFICIOS NO DESTINADOS A VIVIENDAS

Local comercial y oficinas	Mínimo = **3.450 W**	100 W/m² y planta
Concentración de **industrias**	Mínimo = **10.350 W**	125 W/m² y planta

ITC-BT-11

Redes de distribución.
Acometidas

Texto consolidado mediante:
➢ **Borrador Real Decreto**

GUIA-BT	Edición
No publicada	---

Norma	Apartado	Sustituida por:
UNE-EN 50.085-1	**1.2.1**	--
UNE-EN 50.086-2-1	*1.2.1*	**UNE-EN IEC 61.386-21**

NOTA A.: *El texto señalado en* color gris *pertenece al Borrador del RD (no vinculante).*

Índice

1. ACOMETIDAS

■ 1.1 Definición

Parte de la instalación de la red de distribución, que **alimenta la** caja o cajas generales de protección (en adelante **CGP**) o unidad funcional equivalente, por ejemplo, una caja de protección y medida (CPM).

■ 1.2 Tipos de acometidas

Atendiendo a su trazado, al sistema de instalación y a su forma de conexión con el resto de la red de distribución, las acometidas podrán ser:

Borrador Real Decreto

TIPO	SISTEMA DE INSTALACIÓN
Aéreas	Posada sobre fachada
	Tensada sobre poste
Subterráneas	Con entrada y salida
	En derivación
Mixtas	Aero-subterráneas

Tabla 1. *Tipo de acometida según sistema de instalación*

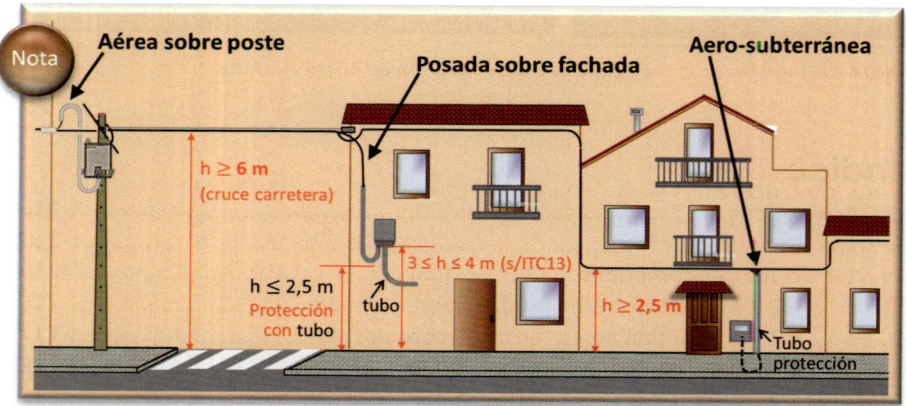

1.2.1 Acometida aérea posada sobre fachada

Antes de proceder a su realización, si es posible, deberá efectuarse un estudio previo de las fachadas para que éstas se vean afectadas lo menos posible por el recorrido de los conductores que deberán quedar suficientemente protegidos y resguardados.

En este tipo de acometidas los cables se instalarán distanciados de la pared y su fijación a ésta se hará mediante accesorios apropiados.

Los **cables posados** sobre fachada serán del tipo aislado *0,6/1 kV* y su instalación se hará preferentemente, bajo conductos cerrados o canales protectoras con tapa desmontable con la ayuda de un útil.

Los tubos de protección conformes con la serie de normas **UNE-EN 61.386** y las canales protectoras y los conductos cerrados de sección no circular conformes con la parte correspondiente de la serie de normas **UNE-EN 50.085** tienen presunción de conformidad con los requisitos de esta **ITC-BT-11**.

Los tramos en que la acometida quede a una altura sobre el suelo **inferior a 2,5 m**, deberán protegerse con *tubos o canales rígidos* de las características indicadas (indicadas en la **ITC-BT-06**) en la tabla siguiente y se tomarán las medidas adecuadas para evitar el almacenamiento de agua en estos tubos o canales de protección.

Característica	Grado (canales)	Código (tubos)
Resistencia al impacto	Fuerte (6 julios)	4
Temperatura mínima de instalación y servicio	-5 °C	4
Temperatura máxima de instalación y servicio	+60 °C	1
Propiedades eléctricas	Continuidad eléctrica/aislante	1/2
Resistencia a la penetración de objetos sólidos	Ø ≥ 1 mm	4
Resistencia a la corrosión (conductos metálicos)	Protección interior media, exterior alta	3
Resistencia a la propagación de la llama	No propagador	1

Tabla 2. Características de los tubos o canales que deben utilizarse cuando la acometida quede a una altura sobre el suelo inferior a 2,5 m.

El cumplimiento de estas características se verificará según los ensayos indicados en las normas **UNE-EN 50.086-2-1*** para tubos rígidos y **UNE-EN 50.085-1** para canales.

* NOTA A.: Norma sustituida por la UNE-EN IEC 61.386-21.

Para los cruces de vías públicas y espacios sin edificar y dependiendo de la longitud del vano, los cables podrán instalarse amarrados directamente en ambos extremos, bien utilizando el sistema para acometida tensada, bien utilizando un cable fiador, siempre que se cumplan las condiciones de la **ITC-BT-06**.

Estos cruces se realizarán de modo que el vano sea lo más corto posible, y la **altura mínima** sobre calles y carreteras no será en ningún caso inferior a **6 m**.

En edificaciones de interés histórico o artístico o declaradas como tal se tratará de evitar este tipo de acometidas.

1.2.2 Acometida aérea tensada sobre postes

Los cables serán del tipo aislado *0,6/1 kV* y podrán instalarse suspendidos de un cable fiador, independiente y debidamente tensado o también mediante la utilización de un conductor neutro fiador con una adecuada resistencia mecánica, y debidamente calculado para esta función.

Todos los apoyos irán provistos de elementos adecuados que permitirán la sujeción mediante soportes de suspensión o de amarre, indistintamente.

Las distancias en altura, proximidades, cruzamientos y paralelismos cumplirán lo indicado en la **ITC-BT-06**.

Cuando los cables crucen sobre vías públicas o zonas de posible circulación rodada, la **altura mínima** sobre calles y carreteras no será en ningún caso, inferior a **6 m**.

1.2.3 Acometida subterránea

Este tipo de instalación se realizará de acuerdo con lo indicado en la **ITC-BT-07.**

Se tendrá en cuenta las separaciones mínimas indicadas en la **ITC-BT-07** en los cruces y paralelismos con otras canalizaciones de agua, gas, líneas de telecomunicación y con otros conductores de energía eléctrica.

1.2.4 Acometida aero-subterránea

Son aquellas acometidas que se realizan parte en instalación aérea y parte en instalación subterránea.

Cada tramo, su ITC:
ITC-06
ITC-07

El proyecto e instalación de los distintos tramos de la acometida se realizará en función de su trazado, de acuerdo con los apartados que le corresponden de esta instrucción, teniendo en cuenta las condiciones de su instalación.

Entronque aéreo-sub

En el paso de acometidas subterráneas a aéreas, el cable irá protegido desde la profundidad establecida según **ITC-BT-07** y hasta una altura mínima de **2,5 m** por encima del nivel del suelo, mediante un conducto rígido de las características indicadas (la ITC-BT-06) en el apartado 1.2.1, de esta instrucción.

■ 1.3 Instalación

Borrador Real Decreto

Salvo que esta ITC-BT indique un requisito particular, las condiciones de instalación cumplirán con las prescripciones establecidas en la ITC-BT aplicable según el tipo de red de distribución, ITC-BT-06 (redes aéreas) y la ITC-BT-07 (redes subterráneas) respectivamente.

Con carácter general, las acometidas se realizarán siguiendo los trazados más cortos, realizando conexiones cuando éstas sean necesarias mediante sistemas o dispositivos apropiados. En todo caso se realizarán de forma que el aislamiento de los conductores se mantenga hasta los elementos de conexión de la CGP.

La acometida discurrirá por terrenos de dominio público excepto en aquellos casos de acometidas aéreas o subterráneas, en que hayan sido autorizadas las correspondientes servidumbres de paso.

Se evitará la realización de acometidas por patios interiores, garajes, jardines privados, viales de conjuntos privados cerrados, etc.

En general se dispondrá de **una sola acometida por edificio o finca**, aunque cuando la previsión de cargas sea elevada se podrá disponer de varias acometidas. Se instalarán acometidas independientes para suministros complementarios establecidos en el REBT o aquellos cuyas características especiales (potencias elevadas, entre otras) así lo aconsejen.

■ 1.4 Características de los cables y conductores

Los conductores o cables serán aislados, de **cobre** o **aluminio** y los materiales utilizados y las condiciones de instalación cumplirán con las prescripciones establecidas en la **ITC-BT-06** y la **ITC-BT-07** para redes aéreas o subterráneas de distribución de energía eléctrica respectivamente.

Por cuanto se refiere a las secciones de los conductores y al número de los mismos, se calcularán teniendo en cuenta los siguientes aspectos:

1) Máxima carga prevista de acuerdo con la **ITC-BT-10**.

2) Tensión de suministro.

3) Intensidades máximas admisibles para el tipo de conductor y las condiciones de su instalación, según ITC-BT-06 (redes aéreas) y la ITC-BT-07 (redes subterráneas) respectivamente.

4) La **caída de tensión máxima admisible**. Esta caída de tensión será la que la empresa distribuidora tenga establecida, en su reparto de caídas de tensión en los elementos que constituyen la red, para que en la caja o cajas generales de protección esté dentro de los límites establecidos por el Reglamento de verificaciones eléctricas y regularidad en el suministro de energía.

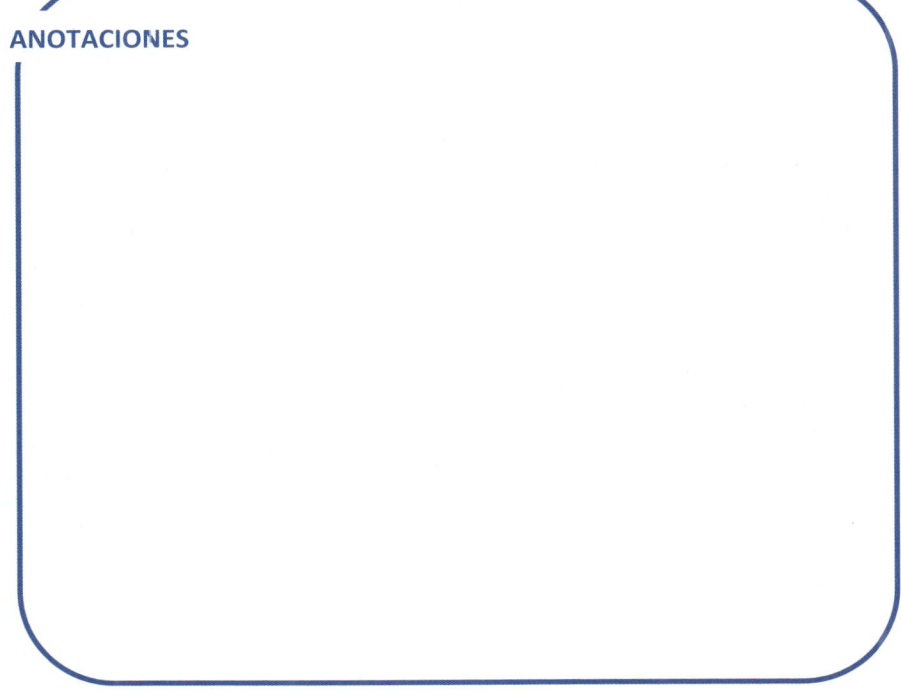

ANOTACIONES

ANOTACIONES

ITC-BT-12

Esquemas

Texto consolidado mediante:
➤ **Borrador Real Decreto**

GUIA-BT	Edición
Incluida	Sep. 2003 (Rev.1)

Norma	Apartado	Sustituida por:
UNE-EN 60.439-2	2.2.3	**UNE-EN 61.439-6**

NOTA A.: *El texto señalado en* color gris *pertenece al Borrador del RD (no vinculante).*

Índice

1. INSTALACIONES DE ENLACE

1.1 Definición

Se denominan instalaciones de enlace, aquellas que *unen la caja general de protección* o cajas generales de protección, o en su ausencia, la caja de protección y medida, incluidas éstas, **con** las *instalaciones interiores o receptoras* del usuario *(sean de consumo o de generación).*

- **Comenzarán**, por tanto, en el final de la acometida de BT y

- **Terminarán** en los dispositivos generales de mando y protección.

Borrador Real Decreto

Terminarán en los bornes de salida de donde parte la **derivación individual.**

> **Nota**
>
> El Borrador del Real Decreto por el que se aprueba una nueva ITC-BT-53, y se modifican artículos y otras ITC-BT del REBT, modifica el alcance (y la definición) de:
> - Instalación de Enlace
> - Derivación Individual
> - Instalación Interior
>
> Todos los esquemas se modifican, pero se trata de un **Proyecto de Real Decreto todavía no aprobado** y por lo tanto no vigente hasta su publicación en el BOE.
>
> Se incluyen a continuación los esquemas del Borrador del RD a **nivel informativo**.

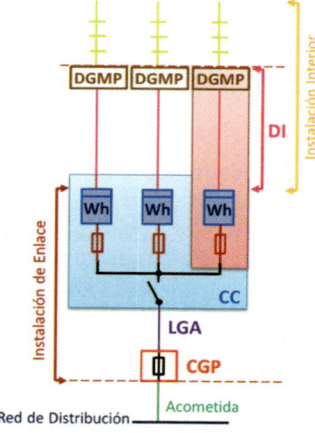

-F.A.1-

F.A.2: Esquema Borrador Real Decreto

En el caso de suministros en Alta Tensión en los que el transformador AT/BT forma parte de la instalación del usuario, no existe instalación de enlace en BT y toda la instalación de BT se considera como instalación interior.

Estas instalaciones se situarán y discurrirán siempre por lugares de uso común y quedarán de **propiedad del usuario**, que se responsabilizará de su conservación y mantenimiento. En el caso de suministros de temporales o provisionales, previa autorización de la Administración competente, también podrán discurrir por terrenos de dominio público.

1.2 Partes que constituyen las instalaciones de enlace

1. Caja General de Protección .... (**CGP**) .... (ITC-BT-13)
2. Línea General de Alimentación .... (**LGA**) .... (ITC-BT-14)
3. Elementos para la ubicación de Contadores ..... (**CC**) .... (ITC-BT-16)
4. Derivación Individual .... (**DI**) .... (ITC-BT-15)
5. <u>Caja</u> para Interruptor de Control de Potencia ... (**ICP**) .... (ITC-BT-17)
6. Dispositivos Generales de Mando y Protección (**DGMP**) .... (ITC-BT-17)

1.3 Partes que constituyen las instalaciones de enlace *(Borrador RD)*

1. Caja General de Protección y cuando proceda
   Caja de Protección y Medida .... (**CGP/CPM**) . (ITC-BT-13)
2. Línea General de Alimentación .... (**LGA**) .... (ITC-BT-14)
3. Caja para derivación y medida de la LGA .... (**CDM**) .... (ITC-BT-14)
3. Elementos para la ubicación de Contadores ..... (**CC**) .... (ITC-BT-16)

La derivación individual (**DI**), y los dispositivos Generales de Mando y Protección (**DGMP**) forman parte de la **instalación interior o receptora**.

A lo largo de esta ITC, el término **suministro** puede referirse a un consumidor, un generador o un autoconsumidor.

Borrador Real Decreto

2. ESQUEMAS

Los esquemas incluidos en esta ITC ilustran las partes principales de las instalaciones de enlace, pero <u>no contienen necesariamente todos los elementos</u> de la instalación y la representación en las figuras no implica una ubicación física determinada ni requisitos dimensionales de los elementos o sus conexiones, ni tecnologías de diseño de los elementos.

Leyenda:

1. **Red de distribución**
2. **Acometida**
3. **Caja general de protección**
4. **Línea general de alimentación**
5. **Interruptor general de maniobra**
6. Caja de derivación

7. **Emplazamiento de contadores**
8. **Derivación Individual**
9. **Fusible de seguridad**
10. **Contador**
11. <u>Caja</u> para ICP
12. **DGMP**
13. <u>Instalación interior</u>

Nota: el conjunto de <u>derivación individual e instalación interior</u> constituye la <u>instalación privada</u>.

■ **2.1 Para un solo usuario**

En este caso se podrán simplificar las instalaciones de enlace al **coincidir** en el mismo lugar la Caja General de Protección y la situación del equipo de medida y **no existir**, por tanto, la Línea General de Alimentación. En consecuencia, el fusible de seguridad (9) coincide con el fusible de la CGP.

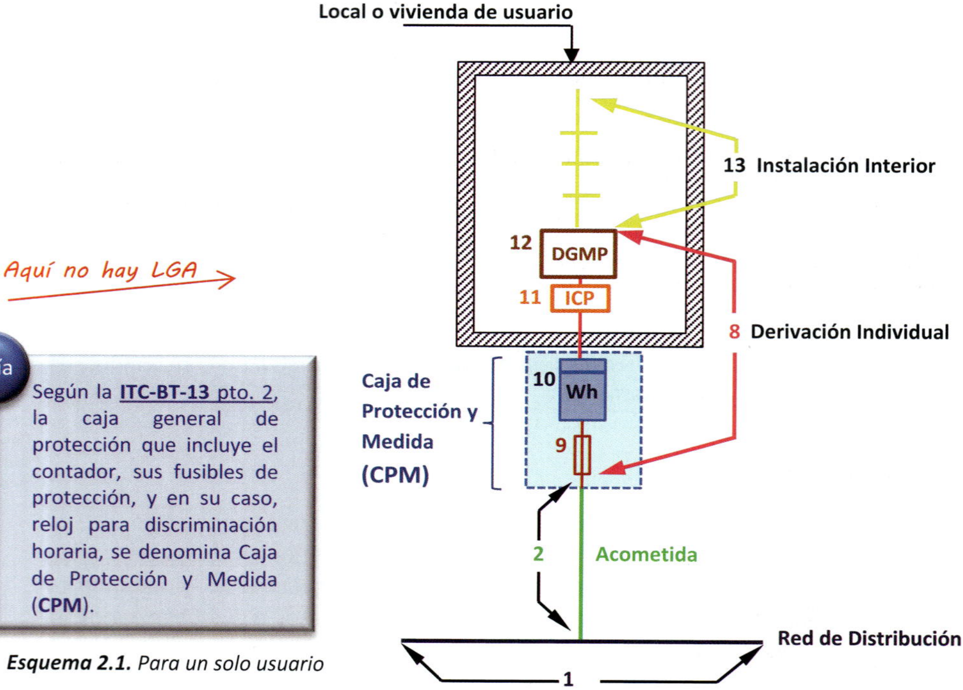

Local o vivienda de usuario

13 **Instalación Interior**

Aquí no hay LGA

12 **DGMP**

11 **ICP**

8 **Derivación Individual**

Guía

Según la **ITC-BT-13** pto. 2, la caja general de protección que incluye el contador, sus fusibles de protección, y en su caso, reloj para discriminación horaria, se denomina Caja de Protección y Medida (**CPM**).

Caja de Protección y Medida (CPM)

10 **Wh**

9

2 **Acometida**

Red de Distribución

1

Esquema 2.1. Para un solo usuario

■ **2.2 Para un solo suministro** *(Borrador RD)*

Los esquemas para un único suministro dispondrán de una **CPM**, pero se diferencian según que la acometida sea aérea o subterránea. En el caso de **acometida aérea sobre fachada**, se instalará una **CGP** superficialmente en altura sobre la fachada o cerramiento y una **LGA** hasta la **CPM**; dicha CGP y LGA no serán necesarias en el resto de las acometidas.

Leyenda de las figuras 1, 2, 3 y 4 -Borrador RD:

1. Red de Distribución

2. Acometida

3. Caja general de protección (**CGP**)

4. Fusible de la CGP

5. Línea general de alimentación (**LGA**)

6. Caja de protección y medida (**CPM**)

7. Fusibles generales de seguridad selectivos específicos para CPM de <u>dos usuarios</u> (su instalación es <u>opcional con acometida aérea</u>).

8. Fusible de seguridad para la protección del contador y de la DI.

9. Protector de **sobretensiones transitorias** (**DPS**) de Tipo 1 (incluidas sus protecciones, cuando proceda)

10. Contador de medida directa o sistema de medida indirecta (transformador de intensidad, regleta de verificación y contador)

11. Espacio para Filtro PLC o sistema de telegestión y comunicaciones (instalación por la distribuidora en caso necesario).

12. Interruptor-seccionador de seguridad.

13. Bornes de salida para la conexión de la derivación individual (**fin** de las instalaciones de enlace)

14. Derivación Individual

15. Sistema anti-vertido (**SAV**) (opcional). Posición alternativa cuando no se disponga de espacio para su colocación en el cuadro de los DGMP

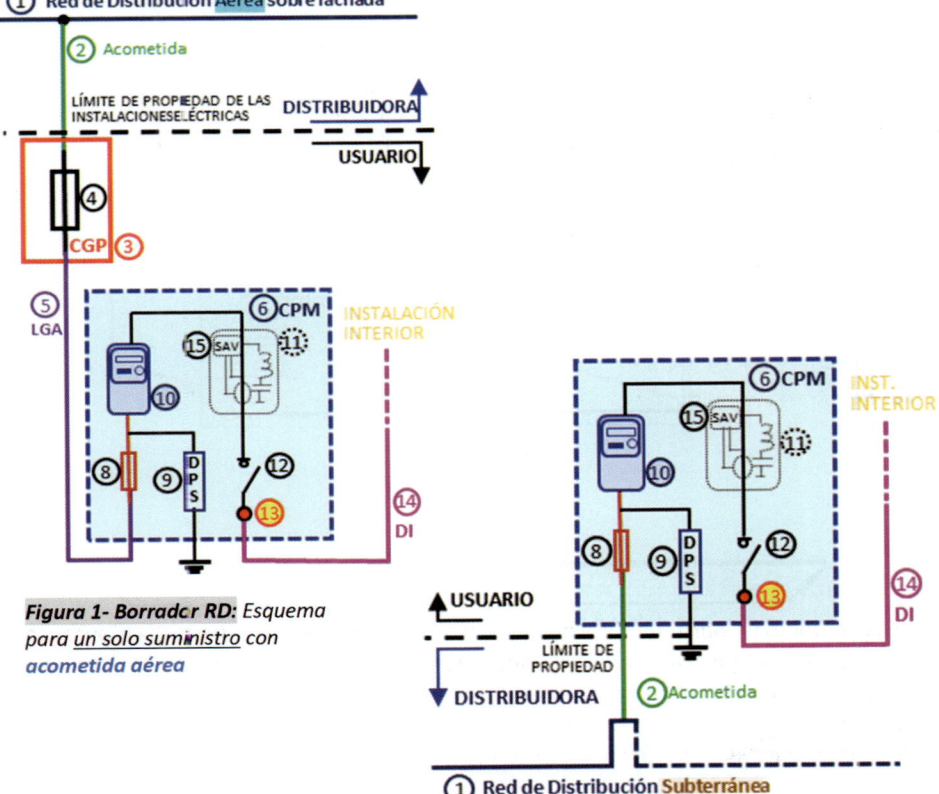

Figura 1- Borrador RD: Esquema para un solo suministro con acometida aérea

Figura 2- Borrador RD: Esquema para un solo suministro con acometida subterránea

■ 2.3 Para más de un usuario

Las instalaciones de enlace se ajustarán a los siguientes esquemas según la colocación de los contadores.

2.3.1 Colocación de contadores para dos usuarios alimentados desde el mismo lugar

El esquema 2.1 puede generalizarse para dos usuarios alimentados desde el mismo lugar.

Por lo tanto es válido lo indicado para los fusibles de seguridad (9) en el apartado 2.1. (**Nota A:** *fusible de seguridad = fusible CGP*)

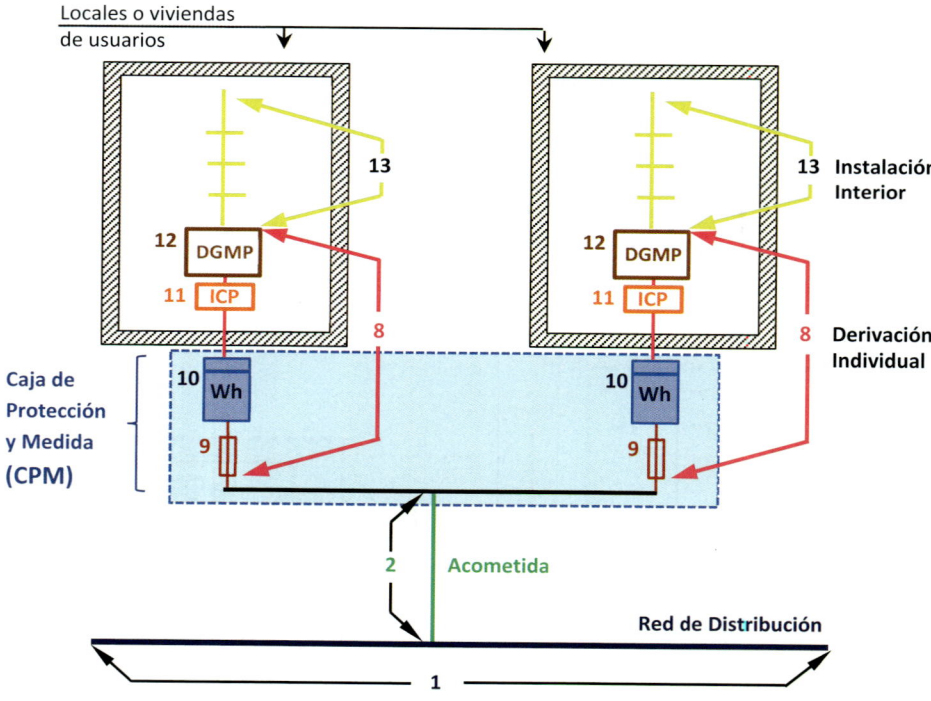

Esquema 2.2.1. *Para dos usuarios alimentados desde el mismo lugar.*

Guía

Este tipo de esquema es típico de chalets, de forma que se instalan dos cajas de protección y medida empotradas en el mismo nicho, o bien una caja doble que agrupe los contadores y fusibles de protección de los dos usuarios.

■ 2.4 Para dos suministros alimentados desde el mismo lugar *(Borrador RD)*

El esquema del apartado 2. 1 puede generalizarse para dos suministros alimentados desde el mismo lugar, aplicándose las mismas prescripciones según que la acometida sea aérea o subterránea.

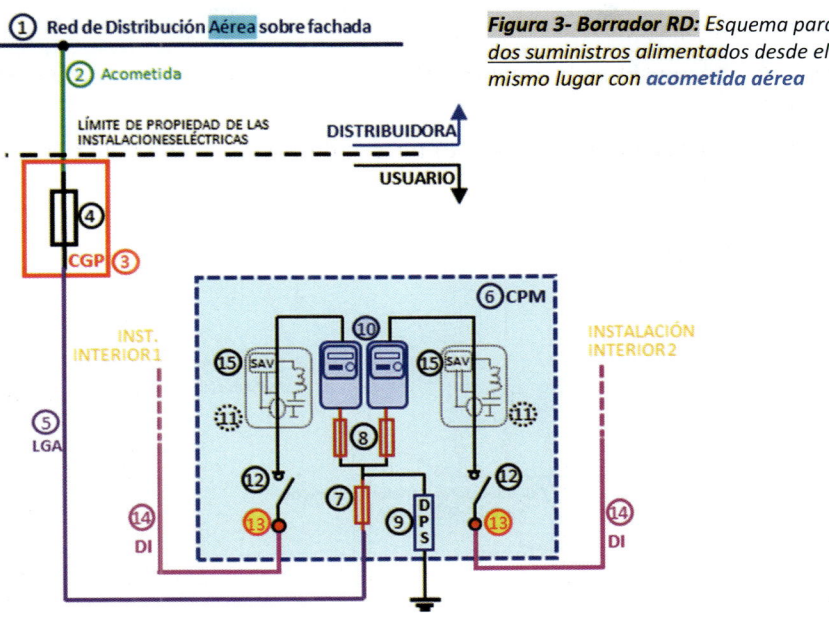

Figura 3- Borrador RD: Esquema para dos suministros alimentados desde el mismo lugar con acometida aérea

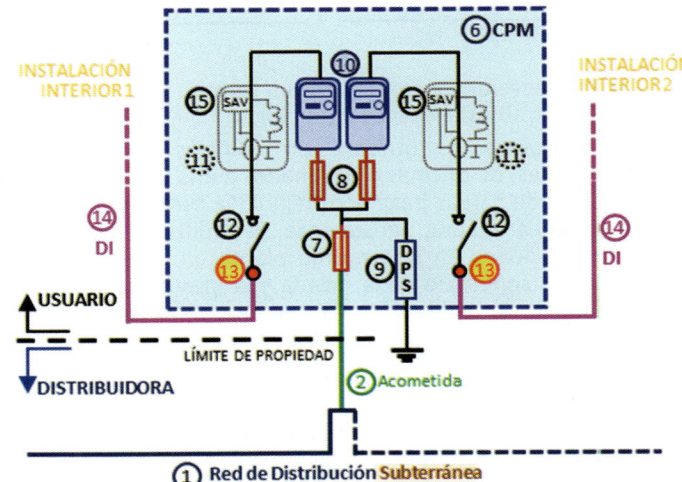

Figura 4- Borrador RD: Esquema para dos suministros alimentados desde el mismo lugar con acometida subterránea

2.4.1 Colocación de contadores en forma centralizada en un lugar

Este esquema es el que se utilizará normalmente en conjuntos de edificación vertical u horizontal, destinados principalmente a viviendas, edificios comerciales, de oficinas o destinados a una concentración de industrias.

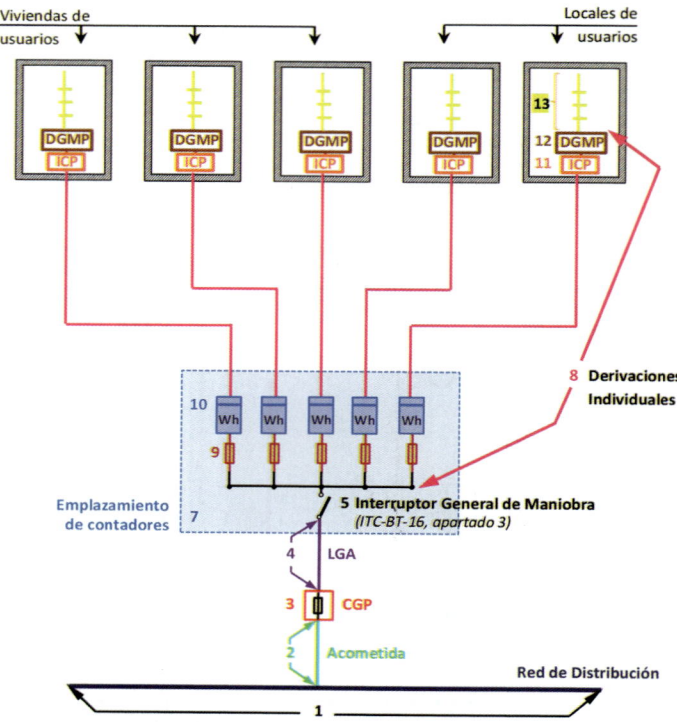

Esquema 2.2.2.
Para varios usuarios con contadores en forma centralizada en un lugar.

2.4.2 Colocación de contadores en forma centralizada en más de un lugar

Este esquema se utilizará en edificios destinados a viviendas, edificios comerciales, de oficinas o destinados a una concentración de industrias donde la previsión de cargas haga aconsejable la centralización de contadores en más de un lugar o planta. Igualmente se utilizará para la ubicación de diversas centralizaciones en una misma planta en edificios comerciales o industriales, cuando la superficie de la misma y la previsión de cargas lo aconseje. También podrá ser de aplicación en las agrupaciones de viviendas en distribución horizontal dentro de un recinto privado.

Este esquema es de aplicación en el caso de centralización de contadores de forma distribuida mediante **canalizaciones eléctricas** prefabricadas, que cumplan lo establecido en la norma **UNE-EN 60.439-2***.

* **NOTA A.:** *Norma anulada y sustituida por la* **UNE-EN 61.439-6**.

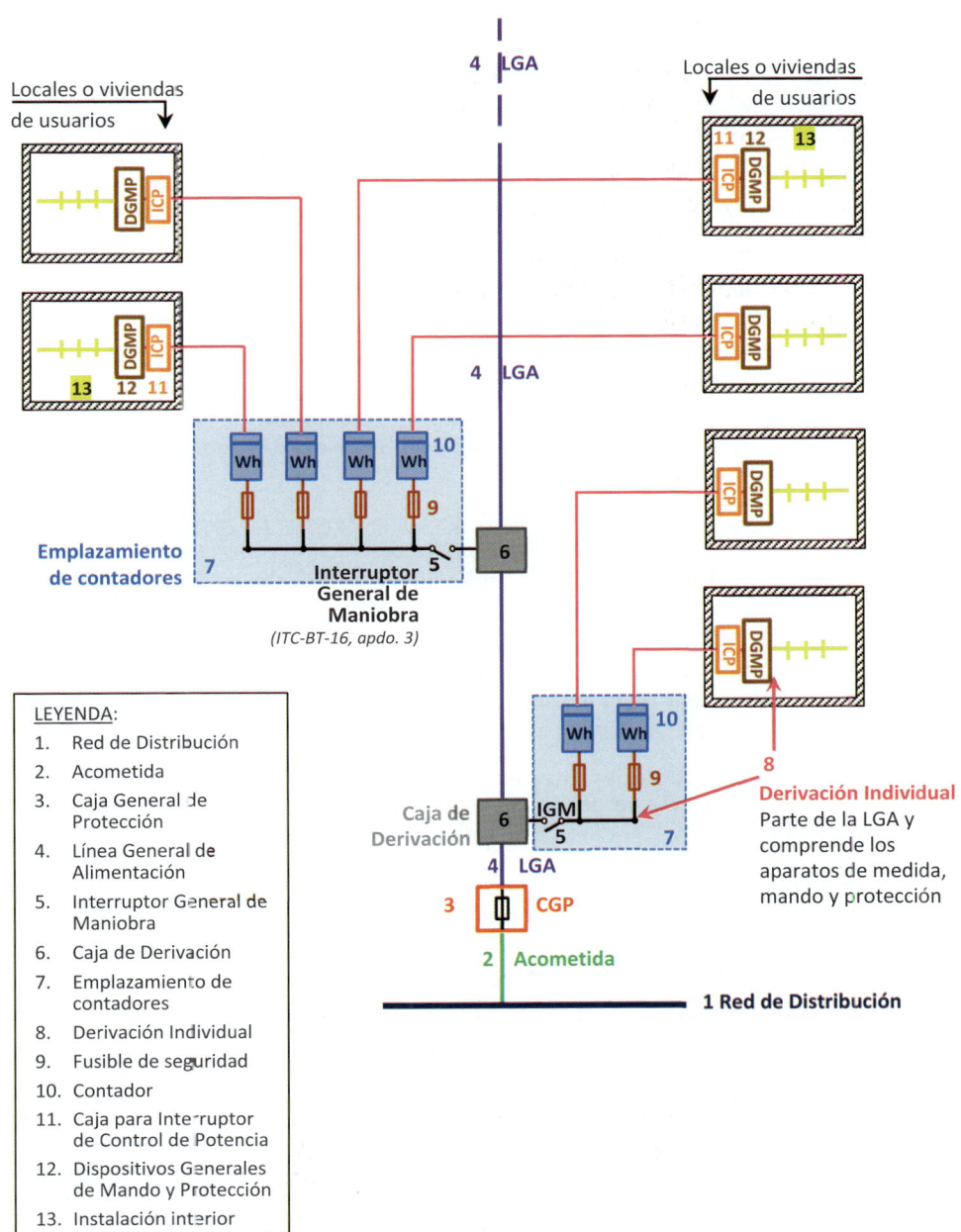

Esquema 2.2.3. *Para varios usuarios con contadores en forma centralizada en más de un lugar.*

LEYENDA:

1. Red de Distribución
2. Acometida
3. Caja General de Protección
4. Línea General de Alimentación
5. Interruptor General de Maniobra
6. Caja de Derivación
7. Emplazamiento de contadores
8. Derivación Individual
9. Fusible de seguridad
10. Contador
11. Caja para Interruptor de Control de Potencia
12. Dispositivos Generales de Mando y Protección
13. Instalación interior

■ **2.5 Esquemas de instalaciones de enlace para suministros múltiples**
(Borrador RD)

Los suministros múltiples corresponden a conjuntos de edificación vertical u horizontal, destinados principalmente a viviendas, comercios, oficinas o combinaciones de estos usos, así como los destinados a concentraciones de industrias, que comparten la acometida a la red de distribución.

Los esquemas de las instalaciones de enlace con múltiples suministros tendrán en cuenta los siguientes criterios:

1. Con carácter general los suministros múltiples dispondrán de una única CGP a la que se conectará:

   a) Una única Línea General de Alimentación (**LGA**) para alimentar una Concentración de Contadores, o bien

   b) Varias Líneas Generales de Alimentación (**LGA**) destinadas cada una de ellas a alimentar una Centralización de Contadores o un módulo de medida indirecta.

2. Cuando la CGP alimente una única Línea General de Alimentación, dicha Línea General de Alimentación podrá derivarse en varias líneas mediante cajas **CDM**, estando cada una de las líneas derivadas destinadas a alimentar una Centralización de Contadores o un módulo MMI, y no pudiendo realizarse nuevas derivaciones de dichas Líneas.

3. Para suministros en los que por su previsión de cargas o caídas de tensión no sea posible alimentarlas desde una única CGP, se podrán instalar dos o más CGP que alimenten distintas instalaciones de enlace.

4. Los suministros de potencia instalada a los que les corresponde una **medida directa** se deben conectar en una Centralización de Contadores (**CC**).

5. Los suministros de potencia instalada a los que les corresponde una **medida indirecta** mediante un módulo de medida indirecta (**MMI**), se pueden conectar:

   a) A la concentración de contadores (**CC**),
   b) A una Caja para derivación y medida de la LGA (**CDM**),
   c) O directamente a una **LGA** propia.

6. En el interior de una misma finca pueden existir uno o varios locales de contadores y en cada uno de ellos se pueden alojar una o varias CC o MMI.

7. Se utilizará el punto de puesta a tierra del local o lugar de la concentración de contadores, para conectar los conductores de protección de las derivaciones individuales.

En los siguientes apartados se establecen los esquemas correspondientes a la CGP y LGA, y los esquemas correspondientes a la CC o MMI y las DI.

2.5.1 *Esquemas de CGP y LGA* (Borrador RD)

Las instalaciones de enlace de una finca con múltiples suministros **comenzarán** en la **CGP** instalada en el límite de propiedad de las instalaciones eléctricas desde la cual se alimentan una o varias LGA.

Los esquemas de las instalaciones de enlace con una única LGA se diferencian dependiendo si la red de distribución es aérea o subterránea. En acometidas aéreas sobre fachada, se instalará una CGP superficial sobre la fachada o cerramiento, que se conectará en derivación. En acometidas subterráneas se instalará una CGP accesible desde el suelo que se podrá conectar mediante entrada y salida o en derivación.

Leyenda Figura 5 y 6 – Borrador RD:

1. Red de Distribución
2. Acometida
   Figura 5: en derivación
   Figura 6: en derivación o con entrada y salida
3. Caja general de protección (**CGP**)
4. Fusibles de la CGP para protección de la LGA
5. Línea general de alimentación (**LGA**)
6. Local o armario de contadores
7. Centralización de contadores (**CC**)

① Red de Distribución Aérea sobre fachada
② Acometida
LÍMITE DE PROPIEDAD DE LAS INSTALACIONES ELÉCTRICAS   DISTRIBUIDORA
USUARIO
④
CGP ③
Local o Armario ⑥
⑤ LGA
⑦ Centralización de Contadores (CC)

Figura 5- Borrador RD:
Esquema de instalaciones de enlace con una única LGA conectada a ***acometida aérea.***

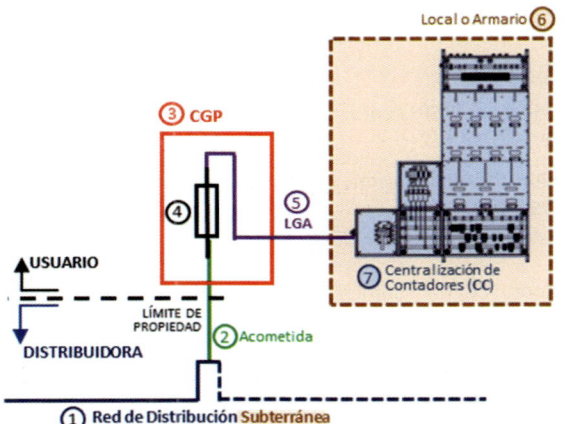

Local o Armario ⑥
③ CGP
④
⑤ LGA
⑦ Centralización de Contadores (CC)
USUARIO
LÍMITE DE PROPIEDAD
② Acometida
DISTRIBUIDORA
① Red de Distribución Subterránea

Figura 6- Borrador RD:
Esquema de instalaciones de enlace con una única LGA conectada a ***acometida subterránea.***

Nota:
Según los criterios de arquitectura de la Red, los elementos para conexión en entrada y salida de la Rec de Distribución subterránea podrán estar dentro de la CGP, o cuando esté fuera de esta caja, en el interior de una caja de seccionamiento y reparto que será responsabilidad de la empresa distribuidora.

En los suministros en los que la previsión de cargas, o las potencias instaladas precisen de la instalación de centralizaciones de contadores y de módulos de medida individuales, o resulte aconsejable la ubicación de los contadores en más de un lugar o planta y sea admisible según la **ITC-BT-16**, será necesario disponer de **varias LGA** o **derivaciones de LGA**. La ubicación de contadores en más de un lugar aplica tanto a edificación vertical como en edificación horizontal para agrupaciones de viviendas, edificios comerciales o industrias.

En los **esquemas con varias LGA**, cada línea general podrá tener una sección diferente siempre que este dimensionada para la intensidad prevista y protegida contra sobreintensidades.

Los esquemas de las instalaciones de enlace con varias LGA podrán tener:

a) Una **CGP** que alimenta una única **LGA** que posteriormente se deriva en varias LGA en una **CDM**, o bien por

b) Una **CGP** que alimenta <u>directamente</u> varias **LGA**.

En las **figuras 7 y 8** se muestran ejemplos de estos esquemas.

Leyenda para las figuras 7 y 8- Borrador RD:

1. Acometida de la red de distribución (aérea o subterránea)
2. Caja general de protección (**CGP**)
3. **Fusibles de la CGP** para protección de la LGA
4. Línea general de alimentación (**LGA**)
5. <u>Local o armario</u> de contadores
6. Caja de derivación y medida (**CDM**) de la LGA
7. Transformador de intensidad o sonda de medida (opcional)
8. Bornes del dispositivo de verificación (cuando exista transformador de intensidad)
9.
   - Sistema de protección de la LGA (**SPL**) para instalaciones de recarga de vehículo eléctrico o
   - Sistema anti vertido (**SAV**) para instalaciones de generación de autoconsumo colectivo sin excedentes (opcionales)
10. Fusibles para protección de cada derivación de la LGA
11. Derivación de la LGA
12. Centralización de contadores (**CC**) para suministros de medida directa
13. Módulo de medida indirecta (**MMI**)

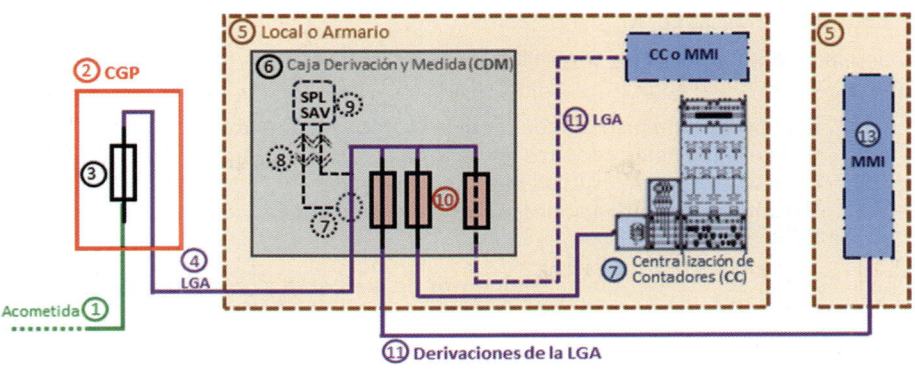

Figura 7- Borrador RD:
*Esquema de instalaciones de enlace con <u>varias LGA</u> **derivadas** desde una **CDM**.*

En el esquema de las instalaciones de enlace con una CGP de la que parten directamente varias LGA hacia uno o varios locales o armarios de contadores, la CGP se instalará en un armario directamente accesible desde el suelo (**figura 8**).

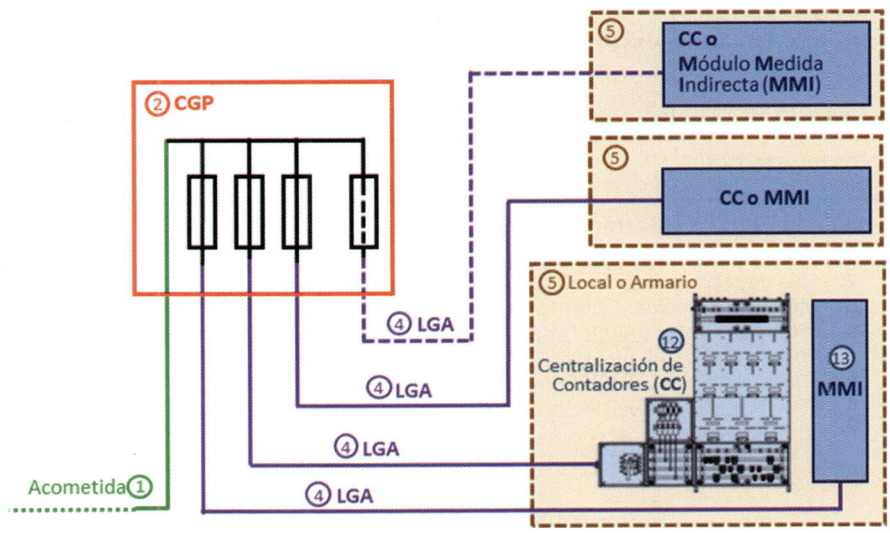

Figura 8- Borrador RD:
*Esquema de instalaciones de enlace con <u>varias LGA</u> conectadas **directamente** desde una CGP.*

2.5.2 Esquemas de CC, MMI y DI (Borrador RD)

El esquema general de las centralizaciones de contadores o módulos de medida indirecta dependerá:

- ✓ del tipo de suministros (con medida directa o indirecta),
- ✓ de la existencia de circuitos de recarga de VE,
- ✓ de la existencia de instalaciones de generación y
- ✓ del número de derivaciones individuales que se van a conectar en la misma CC.

En la **Figura 9** se representan los **elementos de maniobra y protección general** de una <u>centralización de contadores</u>.

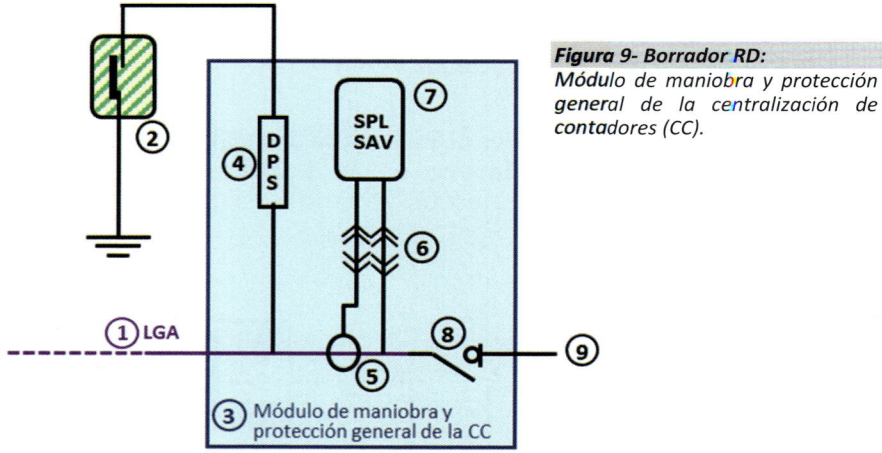

Figura 9- Borrador RD:
Módulo de maniobra y protección general de la centralización de contadores (CC).

③ Módulo de maniobra y protección general de la CC

Leyenda Figura 9 – Borrador RD:

1. Línea general de alimentación (**LGA**)
2. <u>Caja de seccionamiento de la puesta a tierra</u> del cuarto o armario de contadores
3. Módulo de maniobra y protección general de la centralización de contadores (CC)
4. Protector contra <u>sobretensiones transitorias</u> (**DPS**) Tipo 1 (incluidas sus protecciones, cuando proceda)
5. Transformadores de intensidad o sonda de medida (opcional)
6. Bornes del dispositivo de verificación (cuando exista transformador de intensidad)
7.
   - Sistema de protección de la LGA (**SPL**) para instalaciones de recarga de vehículo eléctrico o

   - Sistema anti vertido (**SAV**) para instalaciones de generación de autoconsumo colectivo sin excedentes (opcional)
8. Interruptor general de maniobra (**IGM**)
9. Conexión con la unidad funcional de embarrado general de la **CC**

Los elementos de maniobra y protección se conectan al embarrado general de la centralización de contadores que seguirá el esquema tipo indicado en la **Figura 10**.

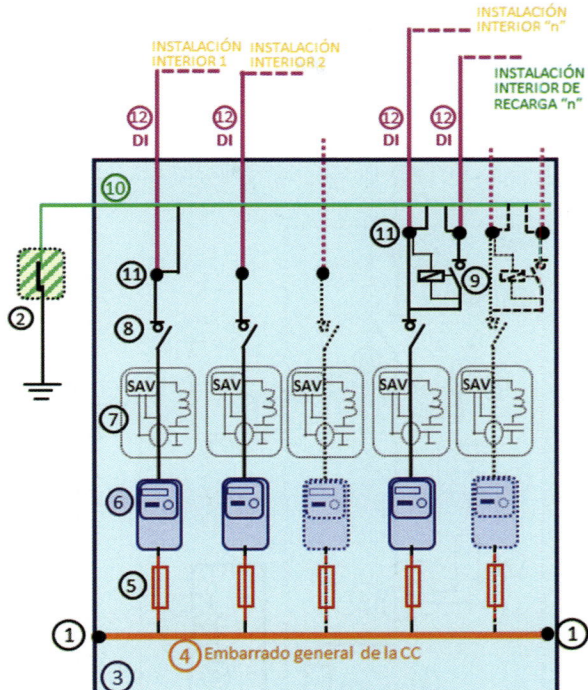

Figura 10- Borrador RD:
Unidad funcional de medida de una centralización de contadores con medida directa (módulo de medida directa)

Leyenda Figura 10 – Borrador RD

1. Conexión con módulo de maniobra y protección general de la CC u otros módulos de medida
2. Caja de seccionamiento de la puesta a tierra del cuarto o armario de contadores
3. Unidad funcional o módulo de **medida directa** de la CC
4. **Embarrado general de la CC**
5. Fusibles de seguridad para protección del contador y de la derivación individual
6. Contador **medida directa**
7. Espacio para Filtro PLC o sistema de telegestión y comunicaciones (instalación por la distribuidora en caso necesario) o para la colocación del sistema anti-vertido opcional (SAV) cuando no se disponga de espacio para ubicarlo en el cuadro de los DGMP
8. **Interruptor-seccionador** de la derivación individual
9. Contactor o dispositivo alta impedancia para esquema 2 de recarga individual VE (opcional)
10. Unidad funcional de **embarrado de protección**
11. Bornes de salida de la derivación individual (**DI**)
12. Derivación individual de la instalación interior o receptora

Cuando existan usuarios con **Módulo de Medida Indirecta** (**MMI**), éste podrá estar alimentado directamente por una LGA según el esquema de la **Figura 11** o integrase en una centralización de contadores, sustituyendo el contador de medida directa por un conjunto de transformador de intensidad, bornes de verificación y contador de medida indirecta.

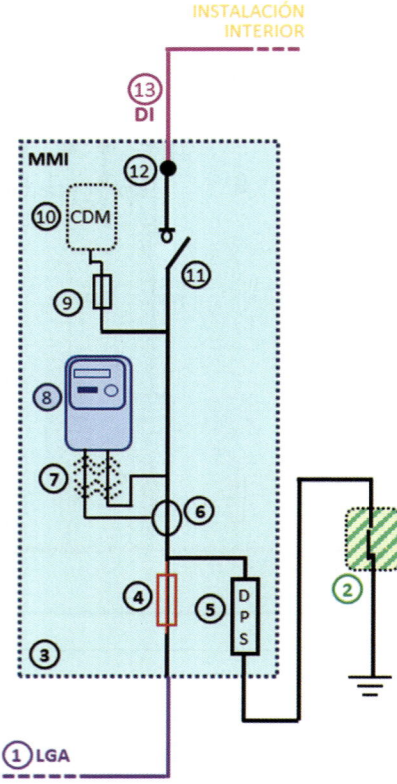

Figura 11- Borrador RD:
Esquema de
Módulo de Medida Indirecta (MMI)
alimentado directamente de una LGA

Leyenda

1. Línea general de alimentación (**LGA**)
2. Caja de seccionamiento de la **puesta a tierra** del cuarto o armario de contadores
3. **Módulo de Medida Indirecta** (**MMI**)
4. Fusibles de seguridad de protección del contador y de la derivación individual
5. Protector contra **sobretensiones transitorias** (DPS) **Tipo 1** (incluidas sus protecciones, cuando proceda)
6. Transformador de intensidad
7. Bornes del dispositivo de verificación para medida indirecta (cuando exista transformador de intensidad)
8. Contador medida indirecta
9. Fusible protección equipo comunicación (opcional)
10. Equipo de comunicación para telemedida (opcional)
11. **Interruptor-seccionador** de la derivación individual
12. Bornes de salida para conexión de la derivación individual
13. Derivación individual

3. ESQUEMAS PARA LA CONEXIÓN DE INSTALACIONES GENERADORAS Y DE AUTOCONSUMO *(Borrador RD)*

■ 3.1 Elementos específicos para los esquemas con autoconsumo colectivo

Los suministros asociados a cualquier tipología de **Autoconsumo** se conectarán a la red de distribución de acuerdo a los esquemas de instalaciones de enlace indicados en e **apartado 2** <u>como cualquier otro suministro.</u> Solo en el caso de los autoconsumos colectivos será preciso instalar algún elemento específico en las siguientes circunstancias:

a. En la modalidad de autoconsumo colectivo **sin excedentes** el sistema de medida de corriente del anti-vertido se colocará en la caja de derivación y medida (CDM) según la **Figura 7** o en la unidad de maniobra y protección general de la CC, según la **Figura 9**.

b. En la modalidad de autoconsumo colectivo con modo de funcionamiento separado el Sistema de conmutación de modo dependiente-separado descrito en la **ITC-BT-40**, se colocará según se indica en la **Figura 12**.

UBICACIÓN DEL CMDS ANTES DE LA CENTRALIZACIÓN DE CONTADORES

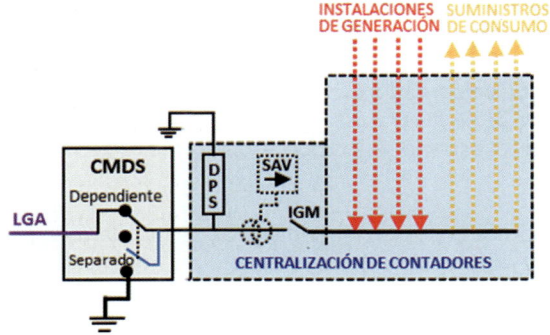

Figura 12- Borrador RD:
<u>*Posibles ubicaciones*</u> *del sistema de conmutación de modo dependiente-separado (CMDS) en instalaciones con autoconsumo colectivo*

UBICACIÓN DEL CMDS ANTES DE LA CAJA DE <u>DERIVACIÓN</u> Y MEDIDA

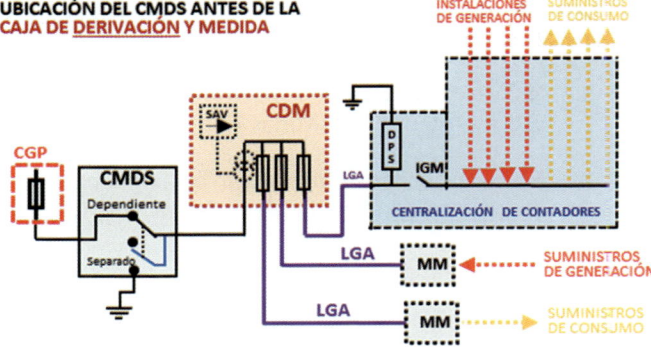

4. REQUISITOS ESPECIALES/MÍNIMOS PARA LA MODIFICACIÓN DE LAS INSTALACIONES EXISTENTES *(Borrador RD)*

Cuando se realicen **modificaciones en la instalación interior**, debido a la instalación de un nuevo circuito para generación o para recarga de **vehículo eléctrico**, se tendrán en consideración las siguientes excepciones a los requisitos generales descritos en esta ITC:

1. Cuando en la concentración de contadores no exista espacio para instalar un dispositivo de protección contra sobretensiones transitorias tipo 1, dicho protector se podrá instalar en el cuadro de mando y protección de los nuevos circuitos interiores de generación o recarga del vehículo eléctrico. Este protector podrá ser también del tipo 1+2.

2. Para instalaciones de enlace para un solo suministro o dos alimentados del mismo lugar, si no existe espacio en el interior de la CPM para instalar el protector contra sobretensiones tipo 1, se podrá instalar en el cuadro general de mando y protección de la instalación.

3. Cuando en la caja de protección y medida, CPM, o en el módulo de medida individual, MMI, no exista espacio para instalar el interruptor-seccionador de la derivación individual, dicho interruptor se podrá sustituir por bornes de conexión seccionables.

4. Cuando en la centralización de contadores no exista espacio para instalar el interruptorseccionador de la derivación individual, dicho interruptor se podrá ubicar ocupando el espacio de los bornes de salida origen de la derivación individual.

5. El interruptor-seccionador de la derivación individual, se instalará en la CC únicamente para la DI cuya instalación interior se haya modificado.

Cuando la modificación no sea debida a una nueva instalación de generación o de recarga de vehículo eléctrico, se tendrán en consideración las siguientes excepciones a los requisitos generales descritos en esta ITC.

1. No será necesario instalar un dispositivo de protección contra sobretensiones transitorias Tipo 1.

2. No será necesario incorporar en la CC o en la CPM o en el MMI, el interruptor-seccionador de la derivación individual.

RESUMEN

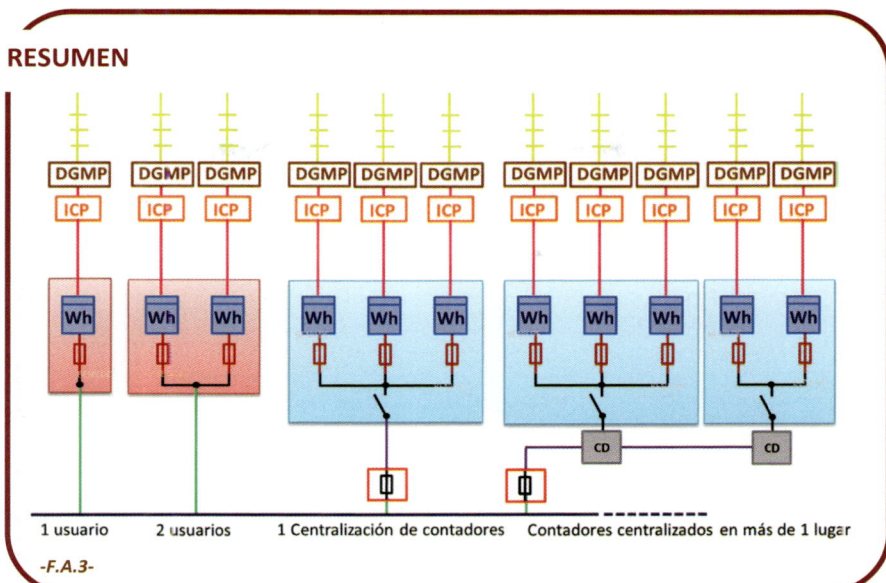

-F.A.3-

ANOTACIONES

ANOTACIONES

ITC-BT-13

Cajas generales de protección

Texto consolidado mediante:
➢ **Borrador Real Decreto**

GUIA-BT	Edición
Incluida	Sep. 2003 (Rev.1)

Norma	Apartado	Sustituida por:
UNE-EN 20.324	1.2 / 2.2	**UNE-EN 60.529**
UNE-EN 50.102	1.1 / 1.2 / 2.2	**UNE-EN 62.262**
UNE-EN 60.439-1	1.2 / 2.2	**UNE-EN IEC 61.439-1**
UNE-EN 60.439-3	1.2 / 2.2	**UNE-EN 61.439-3**

NOTA A.: *El texto señalado en* color gris *pertenece al Borrador del RD (no vinculante).*

Índice

1. CAJAS DE PROTECCIÓN DE LAS INSTALACIONES DE ENLACE
(BORRADOR RD)

Las cajas de protección de las instalaciones de enlace pueden ser:

- Cajas generales de protección (**CGP**).
- Cajas de protección y medida (**CPM**).
- Cajas de derivación y medida de la línea general de alimentación (**CDM**).

Las CGP y CPM se instalan en la frontera entre la red de distribución y la instalación eléctrica de la finca o edificio y alojan los elementos de protección general de la instalación de enlace.

La CDM es una caja utilizada según la arquitectura de las instalaciones de enlace, que **se intercala en la línea general de alimentación (LGA)** para poder realizar una medida de la carga de la LGA y derivarla en varias líneas generales, destinadas a cada una de ellas a conectarse a centralizaciones de contadores (CC), o módulos de medida indirecta (MMI). *(**Nota A.:** Ver "esquema 2.2.3" o "figura 7-borrador" ITC-BT-12)*

2. CAJAS GENERALES DE PROTECCIÓN (CGP)

Son las cajas que alojan los elementos de protección de las líneas generales de alimentación (LGA).

Borrador Real Decreto

Son las cajas que alojan los elementos de protección de una o varias líneas generales de alimentación. Su entrada se conecta a la acometida y su salida a una o a varias líneas generales de alimentación. La conexión con la acometida puede ser en **derivación o con entrada y salida**. La CGP dispondrá de una protección individual por cada LGA que parta de la CGP, no siendo admisible que una misma protección sirva para más de una LGA. Cuando la CGP alimente a varias LGA estás deberán estar asociadas a la misma finca o edificio.

La CGP será generalmente trifásica, aunque podrá ser monofásica si alimenta a uno o dos suministros monofásicos a partir de una red de distribución aérea.

■ 2.1 Emplazamiento e instalación

Se instalarán preferentemente sobre las fachadas exteriores de los edificios, en lugares de libre y permanente acceso. Su situación se fijará de común acuerdo entre la propiedad y la empresa suministradora.

Cuando estas fachadas no linden con la vía pública se instalarán sobre un apoyo, un zócalo o en un paramento de obra, situados en el límite entre la propiedad privada y la vía pública.

Borrador Real Decreto

Se procurará que la situación elegida, esté lo más próxima posible a la red de baja tensión de la empresa distribuidora y que quede alejada de otras instalaciones de agua, gas o telecomunicaciones, manteniendo entre la CGP y estas instalaciones las mismas distancias que se indican en las **ITC-BT-06** e **ITC-BT-07** para proximidades de estas instalaciones con la red de distribución. También se tendrán en cuenta los planes urbanísticos establecidos en la reglamentación local o autonómica que puedan condicionar su emplazamiento.

La ubicación concreta de la CGP la elegirá la propiedad siguiendo las prescripciones de este apartado y los planes urbanísticos que afectan al desarrollo de las redes de distribución. La posible discrepancia entre las partes sobre su ubicación deberá ser resuelta por el órgano competente de la administración.

con CT

En el caso de edificios que alberguen en su interior un centro de **transformación para distribución en baja tensión**, los fusibles del cuadro de baja tensión de dicho centro podrán utilizarse como protección de la Línea General de Alimentación, desempeñando la función de caja general de protección. En este caso, la propiedad y el mantenimiento de la protección serán de la empresa suministradora. La CGP del edificio deberá instalarse siguiendo los mismos criterios de ubicación y acceso que para cualquier otro edificio.

Si el edificio o finca, además del suministro "Normal" dispone también de suministro complementario en baja tensión (Socorro, Reserva o Duplicado), **cada suministro tendrá una CGP** y ambas se ubicarán **en sitios separados**, constituyendo sectores de incendios independiente, de manera que en caso de incendio en una de ellas se garantice que sus efectos no repercutirán en la otra.

En los edificios o lugares calificados como de **interés histórico-artístico**, para minimizar el impacto visual se podrán adoptar soluciones particulares para la instalación de la CGP de común acuerdo entre la propiedad, el órgano competente de la administración en materia de patrimonio histórico-artístico y la empresa distribuidora, pero sin que por ello se vean reducidos los niveles de seguridad establecidos en este reglamento.

Las empresas instaladoras habilitadas mandatadas por el usuario tendrán acceso y podrán actuar sobre la propia CGP, los fusibles y las conexiones de la línea general, previa comunicación a la empresa distribuidora. El emplazamiento e instalación de la CGP dependerá del tipo de red (aérea o subterránea) al que se conecte la CGP según lo indicado en los siguientes apartados:

2.1.1 *CGP alimentada desde red aérea*

Cuando la **acometida sea aérea** podrán instalarse en montaje superficial a una altura sobre el suelo comprendida entre **3 m** y **4 m**.

➔ Cuando se trate de una zona en la que esté previsto el ***paso de la red aérea a red subterránea***, la caja general de protección se situará como si se tratase de una acometida subterránea.

> **Guía** Según ITC-BT-11, apdo. 1.2.1 y 1.2.4, en los tramos en que la acometida circule sobre fachada a una altura inferior o igual a 2,5 m por encima del nivel del suelo, deberá protegerse adicionalmente con un **tubo o canal** rígido con características de la **tabla 2 de la ITC-BT-11**.

Cuando el edificio o la finca se conectan a una Red Aérea la conexión a la red de distribución se realizará mediante una acometida **en derivación** hasta la CGP.

Cuando la fachada del edificio o el cerramiento de la finca limiten directamente con la vía pública y tengan altura suficiente (**h ≥ 3,5 m**), la CGP se instalará en montaje superficial a una altura sobre el suelo comprendida entre **3 m** y **4 m**. según se indica en la **Figura 1**.

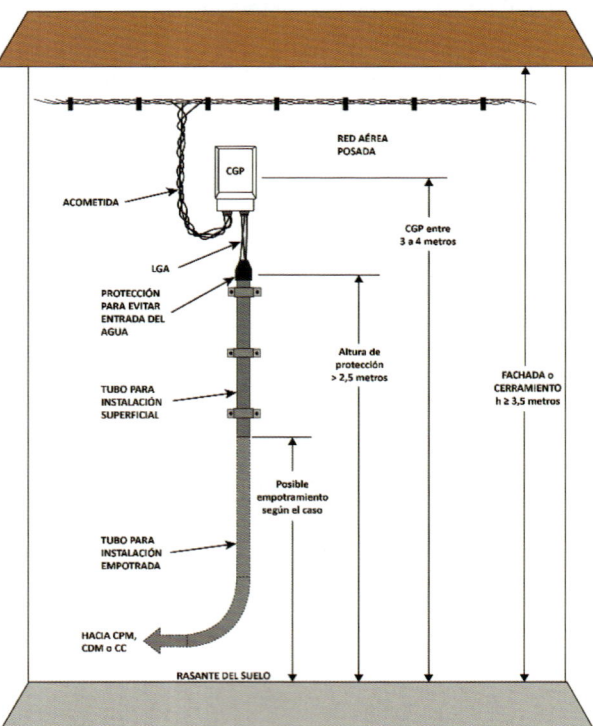

Figura 1- Borrador RD:
Ejemplo de instalación de CGP en montaje superficial sobre fachada o cerramiento.

Cuando la CGP se instale **superficialmente en altura** no podrá instalarse por encima de aberturas en la fachada del edificio tales como: portales, portones, rampas o accesos a garajes, soportales, puertas, ventanas, terrazas, balcones o galerías y deberá instalarse a unas <u>distancias mínimas</u> de **1 m** respecto a los laterales de cualquier abertura y de **0,5 m** respecto a su parte inferior.

Cuando la fachada del edificio o el cerramiento de la finca limiten directamente con la vía pública pero no tengan la altura suficiente o no se consigan las distancias mínimas a los laterales de cualquier abertura o respecto a su parte inferior, la **CGP** se podrá instalar **sobre una palomilla, postelete, o sobre un apoyo** enrasados con el cerramiento para mantener una altura sobre el suelo comprendida entre una distancia de **3 m** y **4 m**, tal y como se muestra en la **Figura 2**.

Borrador
Real Decreto

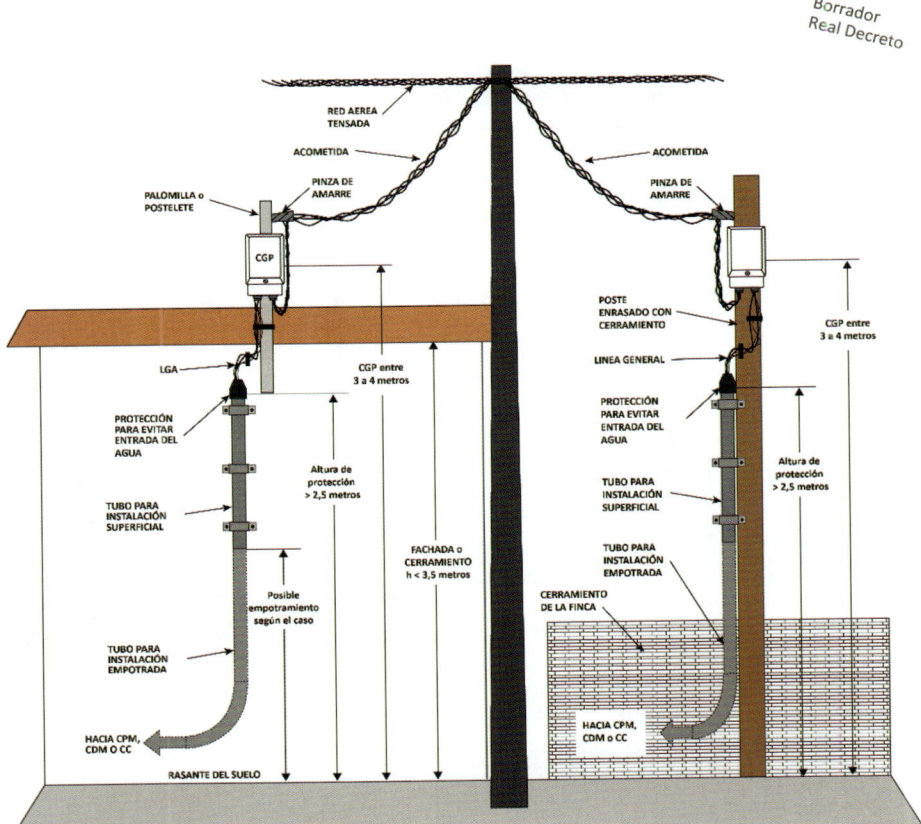

Figura 2- Borrador RD:
Ejemplos de instalación CGP en altura (montaje en palomilla, postelete o apoyo).

Cuando el edifico o finca precise de más de dos LGA que partan de la CGP, o su fachada o cerramiento no limiten directamente con la vía pública, o no tengan altura suficiente, o no se consigan las distancias mínimas a las aberturas, ni se utilice una palomilla, postelete o apoyo para alcanzar dicha altura, **la CGP se instalará en nicho** o armario directamente accesible desde el suelo como si se tratara de una acometida desde la red subterránea.

Para la instalación en nicho o armario, si la red de distribución es posada, la acometida se tenderá inicialmente posada y posteriormente protegida bajo tubo y si la red de distribución es tensada se realizará un paso aéreo-subterráneo en el apoyo más cercano al edifico o finca. En ambos casos **la acometida llegará entubada** hasta la parte inferior del nicho o armario cuyo emplazamiento e instalación será el mismo que cuando se alimenta desde una red subterránea.

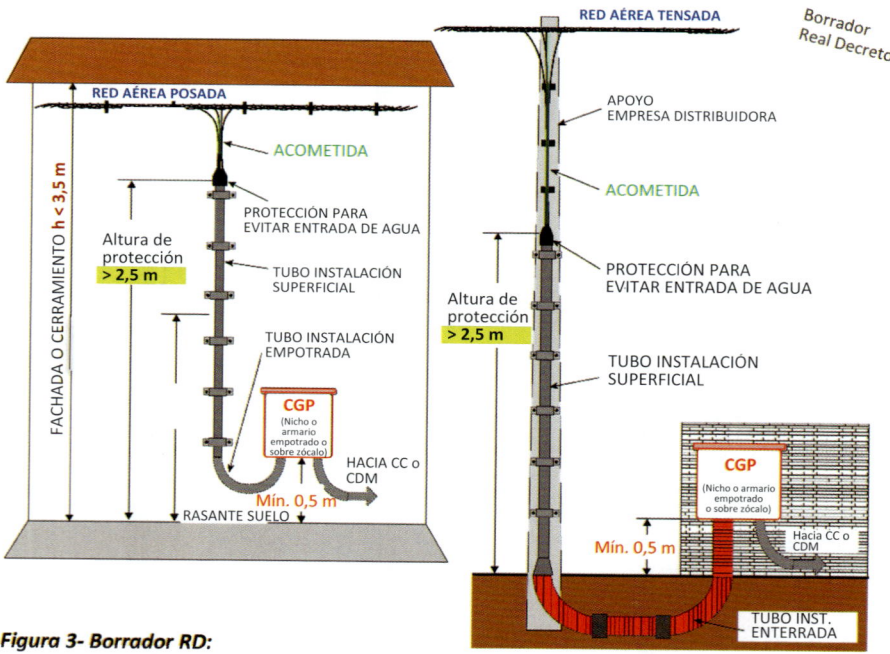

Figura 3- Borrador RD:
Ejemplo de instalación de CGP en nicho o armario alimentado desde red aérea.

Los tramos en que **la acometida** quede a una altura sobre el suelo **inferior a 2,5 m** deberán protegerse con tubos o canales rígidos de las características indicadas en la **ITC-BT-06**.

Cuando se trate de una zona en la que esté previsto el paso de la red aérea a red subterránea, la CGP se situará como si se tratase de una acometida subterránea.

2.1.2 *CGP alimentada desde red subterránea*

Cuando el edificio o finca se conecta a una red subterránea, o cuando debido a las características de las instalaciones de enlace se precise que partan más de dos LGA desde la CGP, dicha CGP se instalará **en nicho o armario** directamente accesible desde el suelo. El armario se montará empotrado o fijado sobre un zócalo.

Cuando la **acometida sea subterránea** se instalará siempre en un nicho en pared, que se cerrará con una puerta preferentemente metálica, con grado de protección **IK 10** según **UNE-EN 50.102** (sustituida por **UNE-EN 62.262**), revestida exteriormente de acuerdo con las características del entorno y estará protegida contra la corrosión, disponiendo de una cerradura o candado normalizado por la empresa suministradora.

Cuando la CGP constituya un armario dispondrá de una puerta aislante que se abrirá directamente al exterior. Cuando la CGP se instale dentro de un nicho, la puerta del nicho será preferentemente metálica y estará protegida contra la corrosión, además podrá revestirse exteriormente de acuerdo con las características del entorno y dispondrá de una cerradura o candado normalizado por la empresa distribuidora. En ambos casos las puertas tendrán como mínimo un grado de protección **IK 10** según la norma **UNE-EN 50.102**, y dispondrán exteriormente de una placa de señalización de advertencia de riesgo eléctrico.

La **parte inferior de la puerta** se encontrará a un mínimo de **30 cm** del suelo.

La **parte inferior de la puerta** del armario o nicho se encontrará a una altura comprendida entre los **0,5 y 1,0 m** sobre la cota del suelo, tal como se indica en la figura 4.

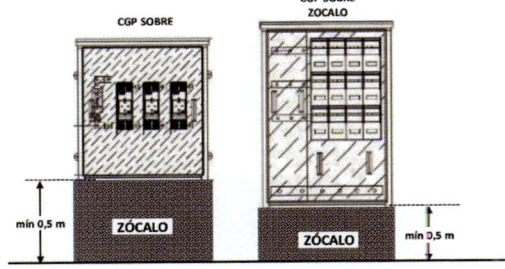

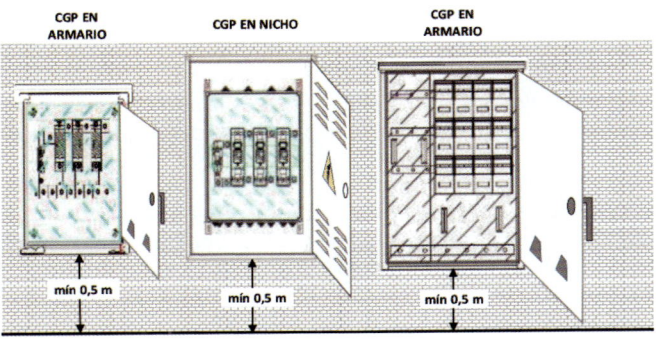

Figura 4- Borrador RD:
Ejemplo de instalación de CGP en nicho o armario.

La envolvente se ubicará de tal forma que su interior sea accesible frontalmente para su inspección, maniobra y mantenimiento dejando como mínimo un espacio libre por delante de la misma de **1,10 m**, que deberá ampliarse hasta **1,35 m** cuando la puerta del nicho o armario tenga un ancho igual o superior a **1 m**.

En el nicho se dejarán previstos los orificios necesarios para alojar los conductos para la entrada de las acometidas subterráneas de la red general, conforme a lo establecido en la **ITC-BT-21** para canalizaciones empotradas.

Cuando la CGP se instale en el **interior de un nicho**, se fijará a la pared de fondo del nicho mediante al menos cuatro puntos de fijación, y para facilitar su montaje y la conexión de los cables, se deberán respetar entre la CGP y las paredes del nicho unas distancias mínimas:

- ✓ **Superior (S)** ≥ 15 cm
- ✓ **Lateral (L)** ≥ 5 cm
- ✓ **Inferior (I)** ≥ 30 cm

El nicho tendrá como mínimo **30 cm** de fondo.

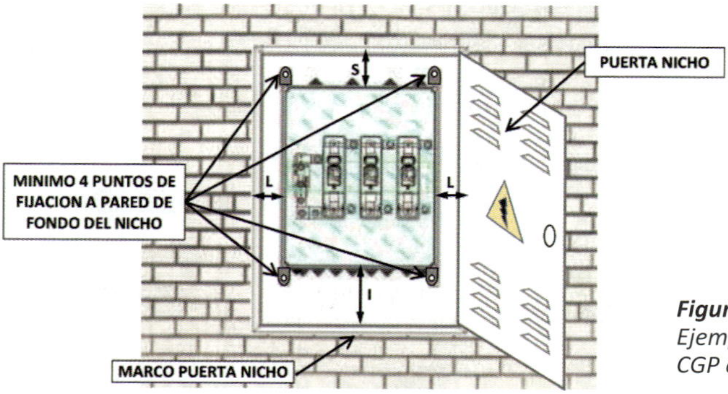

Figura 5- Borrador RD:
Ejemplo de instalación de CGP en interior de nicho.

Según las dimensiones del nicho su puerta podrá estar formada por una o dos hojas con un ancho máximo de **1 m** cada una. Tanto las puertas como los marcos o bastidores que las sujetan serán de material resistente a la intemperie y protegidos contra la corrosión y la oxidación.

Las puertas del nicho incluirán dispositivos o rejillas de ventilación que eviten las condensaciones en su interior, diseñados de tal forma que impidan la penetración del agua por proyección.

Cuando la CGP sea de tipo "Armario" y se instale empotrada en una fachada o cerramiento, se fijará en al menos cuatro puntos, bien a la pared que conforma el fondo del hueco o bien por su base mediante orejetas o taladros específicos

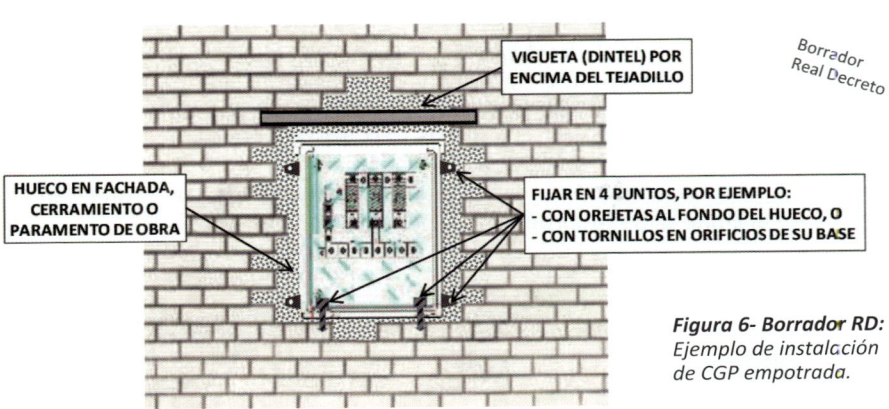

Figura 6- Borrador RD:
*Ejemplo de instalación
de CGP empotrada.*

Para facilitar la conexión de los cables con la CGP se preparará por debajo de la CGP de un espacio libre que haga la función de **cajón de cables** con unas **dimensiones mínimas de:**

> ➢ **30 cm** de alto,
> ➢ **20 cm** de fondo, y
> ➢ tan ancho como la CGP.

Si se instalara una caja de seccionamiento y reparto debajo de la CGP para entrada y salida de la red de distribución el cajón de cables se construirá debajo de esta caja de seccionamiento y reparto, para lo cual el propietario de la finca deberá permitir su instalación en la misma fachada, nicho o zócalo donde se ubique la CGP.

En la parte inferior del cajón de cables, se formará una **solera** en la que se dejarán previstos **todos los orificios** necesarios **para alojar los tubos de entrada** de los distintos circuitos (acometida, red de distribución, puesta a tierra del neutro o líneas generales de alimentación) conforme a lo establecido en la **ITC-BT-21** para canalizaciones empotradas o enterradas.

Para la conexión de la acometida o de la red de distribución se instalarán dos tubos de **160 mm** de diámetro, de modo que, si solo fuera necesario uno, el segundo quedará como reserva. Además, se instalará un tercer tubo de **25 mm** de diámetro para tender el cable de puesta a tierra del neutro desde la CGP. Los **extremos superiores de los tubos** quedarán **sellados** una vez conectados los cables, mientras que los extremos inferiores se situarán aproximadamente a una profundidad de **70 cm**, y hasta que no se conecten con la red de distribución se cerrarán con un tapón. Los tubos sobrepasarán como mínimo **30 cm** la proyección vertical de la fachada, cerramiento, zócalo o paramento de obra.

En todos los casos se procurará que la situación elegida, esté lo más próxima posible a la red de distribución pública y que quede alejada o en su defecto protegida adecuadamente, de otras instalaciones tales como de agua, gas, teléfono, etc., según se indica en **ITC-BT-06** y **ITC-BT-07.**

Cuando la fachada no linde con la vía pública, la caja general de protección se situará en el límite entre las propiedades públicas y privadas.

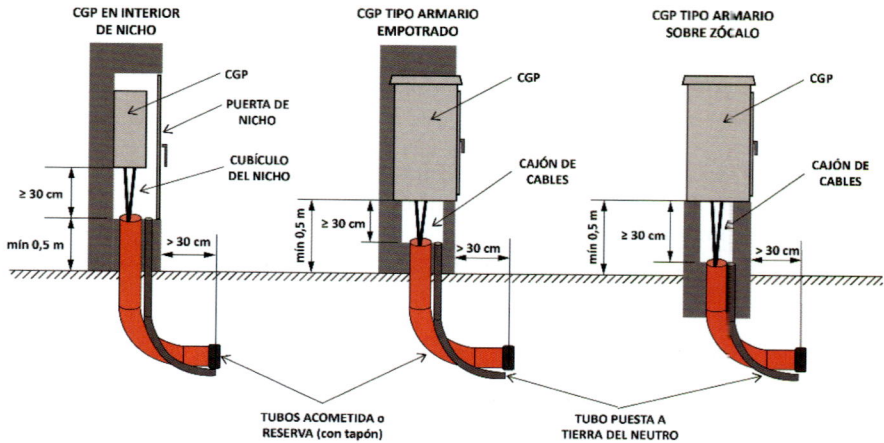

Figura 7- Borrador RD:
Ejemplo de cajón de cables y disposición de los tubos de conexión con red de distribución.

No se alojarán **más de dos cajas generales** de protección en el interior del mismo nicho, disponiéndose una caja por cada línea general de alimentación. Cuando para un suministro se precisen más de dos cajas, podrán utilizarse otras soluciones técnicas previo acuerdo entre la propiedad y la empresa suministradora. Cuando para una finca se precisen dos o más cajas se podrán utilizar cajas de tipo armario equipadas de bases tripolares verticales cerradas, BTVC, previstas para alimentar varias LGA.

Los zócalos sobre los que se pueden instalar las envolventes de tipo "Armario" podrán ser tanto de obra de ladrillo como de hormigón armado o aligerado, pero siempre dispondrán de cuatro espárragos para fijación del armario en sus esquinas.

Los usuarios o la persona instaladora electricista autorizada sólo tendrán acceso y podrán actuar sobre las conexiones con la línea general de alimentación, previa comunicación a la empresa suministradora.

2.2 Tipos y características

Las Cajas Generales de Protección a utilizar corresponderán a uno de los tipos recogidos en las especificaciones técnicas de la empresa suministradora que hayan sido aprobadas por la Administración Pública competente.

Dentro de las mismas se instalarán **bases portafusibles de tipo cerrado** que alojarán **cortacircuitos fusibles** en todos los conductores de fase o polares, con poder de corte al menos igual a la corriente de cortocircuito prevista en el punto de su instalación.

El elemento para la conexión **del neutro** estará constituido por una conexión amovible situada *a la izquierda de las fases*, o por una barra horizontal situada por debajo de las BTVC, colocada la Caja General de Protección en posición de servicio, **y** dispondrá también de un **borne** de conexión para su **puesta a tierra** si procede. Las CGP dispondrán también de un borne de conexión para la puesta a tierra del neutro de la red de distribución. En redes TT esta puesta a tierra debe estar separada de la puesta a tierra del edificio también llamada de las masas de utilización de baja tensión y no debe utilizarse por tanto para conectar conductores de protección de la LGA o de la instalación interior.

El esquema de caja general de protección a utilizar estará en función de las necesidades del suministro solicitado, del tipo de red de alimentación y lo determinará la empresa suministradora. En el caso de alimentación subterránea, las cajas generales de protección podrán tener prevista la entrada y salida de la línea de distribución.

En el caso de conexión a la red de distribución subterránea, las Cajas Generales de Protección podrán tener prevista la entrada y salida de la red de distribución, de acuerdo a los criterios recogidos en las especificaciones técnicas particulares de la empresa distribuidora que hayan sido aprobadas por la Administración. En este caso los elemento para el seccionamiento y reparto de la red de distribución se incorporan en la CGP y no es necesaria una caja independiente.

Borrador Real Decreto

Las Cajas Generales de Protección a utilizar, dependiendo del emplazamiento de su instalación, podrán ser de varios tipos:

1. Cajas para instalación **superficial en altura**.
2. Cajas para instalación **dentro de un nicho**.
3. Cajas de tipo armario para instalación **empotrada**.
4. Cajas de tipo armario para instalación **sobre zócalo**.

El conjunto de aparamenta que constituye la CGP deberá proporcionar aislamiento doble o reforzado (clase II), o un aislamiento total según la norma **UNE-EN 61.439-2** y serán precintables.

Las Cajas Generales de Protección cumplirán todo lo que sobre el particular se indica en la norma **UNE-EN 60.439-1** (sustituida por UNE-EN 61.439-1), tendrán grado de inflamabilidad según se indica en la norma **UNE-EN 60.439-3** (sustituida por la norma UNE-EN 61.439-3), una vez instaladas tendrán un grado de protección **IP 43** según **UNE 20.324** (sustituida por UNE-EN 60.529) e **IK 08** según **UNE-EN 50.102** (sustituida por la UNE-EN 62.262) y serán <u>precintables</u>.

Borrador
Real
Decreto

El grado de protección proporcionado por la envolvente de la CGP contra los impactos mecánicos según la norma **UNE-EN 50.102**, será como mínimo:

- **IK 08** para las cajas a instalar superficialmente en altura o previstas para instalar dentro de un nicho.

- **IK 10** para las cajas de tipo armario a instalar directamente al exterior.

El grado de protección proporcionado por la envolvente de la CGP contra la penetración de materiales extraños según la norma **UNE-EN 60.529**, será como mínimo:

- **IP 43** para las cajas a instalar superficialmente en altura o dentro de un nicho.

- **IP 54** para las cajas de tipo armario que no se instalan superficialmente en altura ni dentro de un nicho.

Las **bases portafusibles** de su interior para protección de la línea general serán cerradas (**BUC o BTVC**) y estar previstas para la instalación de **fusibles de tipo NH** con cuchillas. El calibre de los fusibles a instalar dependerá de la potencia asignada a la línea general de alimentación a proteger.

Guía

CAJAS GENERALES DE PROTECCIÓN (CGP)

Las cajas generales de protección se recomienda que sean de **clase II** (doble aislamiento o aislamiento reforzado).

Ejemplo de caja general de protección (CGP) con acometida subterránea

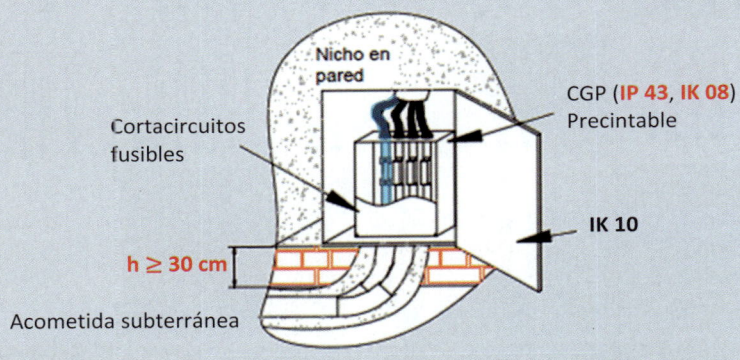

Nicho en pared

Cortacircuitos fusibles

CGP (**IP 43**, **IK 08**) Precintable

IK 10

h ≥ 30 cm

Acometida subterránea

Figura A

Producto		Norma de aplicación
CGP (conjunto de aparamenta)		UNE-EN IEC 61.439-1
	Caja (para conjunto de aparamenta) de clase II	UNE-EN IEC 61.439-1
	Cartuchos fusibles y bases abiertas	UNE-EN 60.269 (serie)
	Bases cerradas (BUC) con contactos fusibles de cuchilla	UNE-EN 60.269 (serie) UNE-EN 60.947-3
Tubos	Rígido, hasta 2,5 m de altura, 4421 Rígido 4321	UNE-EN IEC 61.386-21
	Enterrado (Acometida subterránea)	UNE-EN 50.626-1

Nota 1: los diferentes componentes que conforman una CGP (caja y fusibles) deberán cumplir con su correspondiente norma de producto. Cuando se comercializan montados, todos estos elementos, constituyen el conjunto de aparamenta y deberán cumplir con las prescripciones de la norma (UNE-EN IEC 61.439-1).

Nota 2: el grado de protección IP 43, el grado de protección contra los impactos mecánicos externos IK 08 y el grado de inflamabilidad se verificarán de acuerdo con lo establecido en la norma UNE-EN 50.298. El grado de inflamabilidad será:

- (960 ± 10) °C para las partes que soportan partes activas.

- (650 ± 10) °C para todas las demás partes.

Nota

ESQUEMAS DE CGP: se habrá de elegir teniendo en cuenta los esquemas homologados en las normas particulares de cada empresa suministradora. De entre los diferentes esquemas tipo que pueden adoptar las CGP, se resaltan los esquemas más habituales:

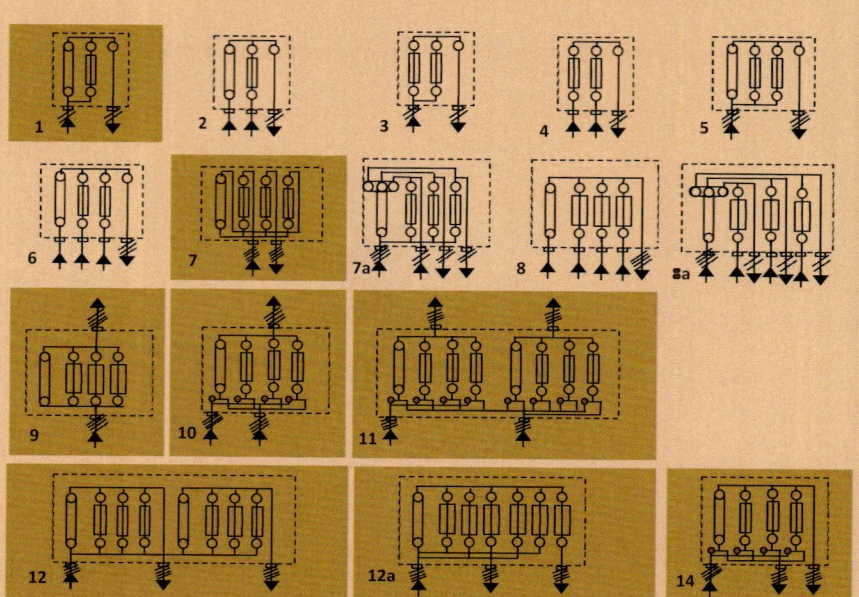

DESIGNACIÓN DE LA CGP

CGP - *a* - *b* / *c* / *d*

- *a* Número de esquema.
- *b* Intensidad nominal de las bases de cortacircuitos (fusibles) de un circuito.
- *c* Intensidad nominal de las bases de cortacircuitos (fusibles) de un segundo circuito, si lo hubiera.
- *d* Intensidad máxima de paso.

Las intensidades normalizadas para CGP, más comunes, son: **40 A, 100 A, 160 A, 250 A y 400 A**.

Se puede indicar el tipo de bases portafusibles con el acrónimo **"BUC"** (**B**ase **U**nipolar **C**errada seccionable en carga)

Designación de la CGP	Bases de fusibles		I máxima del fusible
	Número	Tamaño	
CGP-1-40	1	14 x 51	40 A
CGP-1-80	1	22 x 58	80 A
CGP-1-100	1	00	100 A
CGP-7-40	3	14 x 51	40 A
CGP-7-63	3	22 x 58	63 A
CGP-7-100	3	00	100 A
CGP-7-160	3	0	160 A
CGP-7-250	3	1	250 A
CGP-7-400	3	2	400 A
CGP-9-160	3	0	160 A
CGP-9-250	3	1	250 A
CGP-9-400	3	2	400 A
CGP-10-250/250/400	3	1	250 A
CGP-11-250/250/400	3/3	1	250 A
CGP-12-250/250/400	3/3	1	250 A
CGP-14-250/400	3	1	250 A

Normas de Compañía sobre CGP en www.marketing.marcombo.com

3. CAJAS DE PROTECCIÓN Y MEDIDA (CPM)

Para el caso de suministros para un **único usuario o dos usuarios** alimentados desde el mismo lugar conforme a los **esquemas 2.1** y **2.2.1** de la instrucción **ITC-BT-12**, al no existir línea general de alimentación, podrá simplificarse la instalación colocando en un único elemento, la caja general de protección y el equipo de medida; dicho elemento se denominará caja de protección y medida.

Nota

DESIGNACIÓN DE LA CPM   - Se basa en la normativa de las *empresas suministradoras.*

⤸ *Normas de Compañía sobre CPM en www.marketing.marcombo.com*

CPM *(1)- (2) (3) (4)*

(1)	1	Apta para 1 contador monofásico
	2	Apta para 1 contador monofásico o trifásico
	3	Apta para 2 contadores monofásicos o trifásicos
(2)	S	Equipada con contador de tarifa sencilla (HC Energía)
	D	Equipada con contador multitarifa
	E	Equipada con contador-registrador
(3)	2	Equipada con contador monofásico
	4	Equipada con contador trifásico
(4)	M	Equipo para instalación empotrada en pared
	I	Equipo para fijación a nivel de suelo sobre zócalo
	BP	Equipada con bloque de pruebas para medida directa

CMT:
Caja de **M**edida indirecta mediante **T**ransformador de intensidad, para suministros de **63 A** hasta **300 A**

CPM-MF:
Cajas de **P**rotección y **M**edida con contador electrónico multifunción

■ 3.1 Emplazamiento e instalación

Es aplicable lo indicado en el apartado 1.1 de esta instrucción, salvo que no se admitirá el montaje superficial, ni sobre palomilla, postelete o apoyo. El montaje será mediante una caja en el interior de un nicho, o con armario empotrado o sobre zócalo, accesible desde el suelo en el límite entre la propiedad privada y la vía pública.

La parte inferior de la puerta del armario o nicho se encontrará a una altura comprendida entre los 0,5 m y 1,0 m sobre la cota del suelo, excepto para las CPM de medida indirecta que al ser más altas se ubicarán a una altura de entre 0,3 m y 0,5 m.

Borrador Real Decreto

Figura 8A- Borrador RD:
Ejemplo de instalación de CPM en armario.

Además, los **dispositivos de lectura** de los equipos de medida deberán estar instalados a una altura comprendida entre **0,7 m** y **1,80 m**.

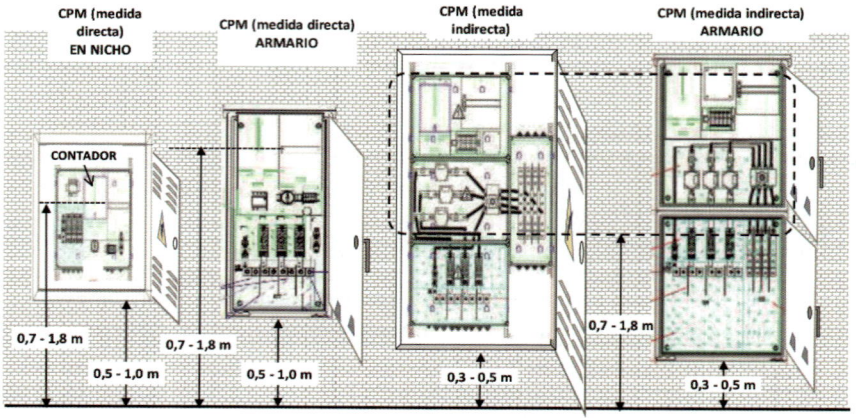

Figura 8B- Borrador RD: *Ejemplo de instalación de CPM en nicho.*

Nota: Las imágenes representadas son orientativas y no prejuzgan el diseño final de la aparamenta, ni su disposición espacial.

Cuando la CPM se instale en el **interior de un nicho**, se fijará a la pared de fondo del mismo mediante al menos cuatro puntos de fijación, y para facilitar su montaje y la conexión de los cables, se deberán respetar entre la CPM y las paredes del nicho unas distancias mínimas:

- ✓ **Superior (S)** ≥ **10 cm**
- ✓ **Lateral (L)** ≥ **5 cm**
- ✓ **Inferior (I)** ≥ **20 cm**

Debiendo ampliarse la distancia inferior a **40 cm** cuando en la **CPM** se alimente de una red de distribución con entrada y salida. En nicho tendrá al menos un fondo de **30 cm**.

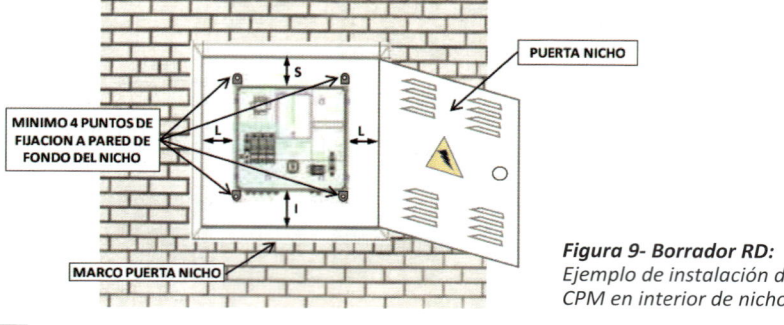

Figura 9- Borrador RD: *Ejemplo de instalación de CPM en interior de nicho.*

■ 3.2 Tipos y características

Las cajas de protección y medida a utilizar corresponderán a uno de los tipos recogidos en las especificaciones técnicas de la empresa suministradora que hayan sido aprobadas por la Administración Pública competente, en función del número y naturaleza del suministro.

En el caso de conexión a la red de distribución subterránea, las Cajas de Protección y Medida podrán tener prevista la entrada y salida de la red de distribución, de acuerdo a los criterios recogidos en las especificaciones técnicas particulares de la empresa distribuidora que hayan sido aprobadas por la Administración. En este caso los elemento para el seccionamiento y reparto de la red de distribución se incorporan en la CPM y no es necesaria una caja independiente.

Borrador Real Decreto

El conjunto de aparamenta que constituye la CPM deberá proporcionar aislamiento doble o reforzado (clase II), o un aislamiento total según la norma UNE-EN 61.439-2 y serán precintables.

El grado de protección proporcionado por la envolvente de la **CPM** contra los impactos mecánicos según la norma **UNE-EN 50.102**, será como mínimo:

- IK 09 para las cajas previstas para instalar dentro de un nicho.
- IK 10 para las cajas de tipo armario a instalar directamente al exterior.

El grado de protección proporcionado por la envolvente de la **CPM** contra la penetración de materiales extraños según la norma **UNE-EN 60.529**, será como mínimo:

- IP 43 para las cajas a instalar dentro de un nicho.
- IP 54 para las cajas de tipo armario a instalar directamente en el exterior.

Las cajas de protección y medida cumplirán todo lo que sobre el particular se indica en la norma **UNE-EN 60.439-1 (UNE-EN IEC 61.439-1)**, tendrán grado de inflamabilidad según se indica en la **UNE-EN 60.439-3 (UNE-EN 61.439-3)**, una vez instaladas tendrán un grado de protección IP 43 según **UNE 20.324 (UNE-EN 60.529)** e IK 09 según **UNE-EN 50.102** (sustituida por **UNE-EN 62.262**) y serán precintables.

La envolvente deberá disponer de la ventilación interna necesaria que garantice la no formación de condensaciones. La puerta de cierre de la CPM o en su caso del nicho, será ciega sin incorporar mirillas para la lectura del contador.

El material transparente para la lectura será resistente a la acción de los rayos ultravioleta.

Borrador
Real
Decreto

Las **CPM** dispondrán de una unidad funcional de protección contra sobretensiones, según lo establecido en la **ITC-BT-23**, incluyendo un borne de conexión para la puesta a tierra de dicha protección que se unirá con la puesta a tierra de las masas de utilización de la instalación interior pero que no podrá utilizarse para la puesta a tierra del neutro de la red de distribución en redes TT.

Las bases portafusibles de su interior para protección de la derivación individual serán cerradas (**BUC**) y estarán previstas para la instalación de **fusibles de tipo NH** con cuchillas. El calibre de los fusibles a instalar dependerá de la potencia asignada a la derivación individual a proteger.

Las **CPM de medida directa** dispondrán de un espacio reservado para montar filtros PLC u otros equipos de gestión de cargas y las de medida indirecta de un espacio reservado para posibilitar el montaje de un modem de comunicación asociado a la telemedida. Las dimensiones de estos espacios de reserva se ajustarán a lo establecido en las especificaciones particulares de las empresas distribuidoras aprobadas por la Administración.

Las CPM dispondrán de una placa base mecanizada para el montaje del contador de las características indicadas en el apartado de la **ITC-BT-15** aplicable a los tipos de envolventes para contadores.

Las CPM incorporarán antes de la conexión con la derivación individual de un interruptor-seccionador de seguridad, también denominado **interruptor de maniobra individual**, **IMI**, de las mismas características que los instalados en las centralizaciones de contadores según ITC-BT-15, eligiendo una intensidad asignada normalizada inmediatamente superior a la que corresponda en función de la potencia prevista.

■ 3.3 Instalaciones para autoconsumo

Cuando se realice la modificación o ampliación de una instalación existente con fines de autoconsumo, la distribuidora encargada de la lectura permitirá la ubicación de los equipos de medida en un lugar distinto al previsto para la CPM siempre que cumplan las condiciones y el carácter excepcional previsto en el Reglamento unificado de puntos de medida del sistema eléctrico o en las instrucciones técnicas complementarias que lo desarrollan.

Guía

CAJA DE PROTECCIÓN Y MEDIDA (CPM).

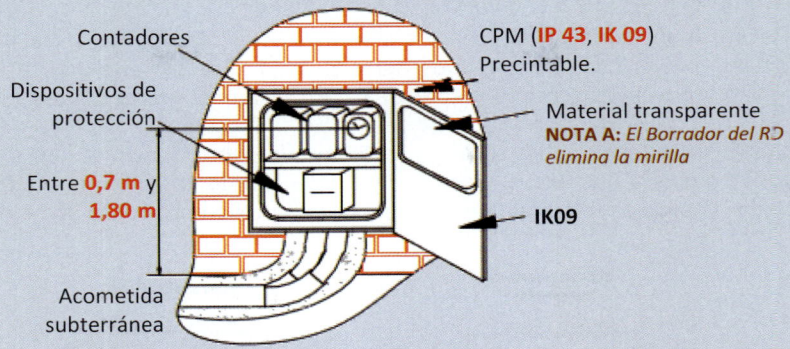

Contadores — CPM (**IP 43**, **IK 09**) Precintable.

Dispositivos de protección

Material transparente
NOTA A: *El Borrador del RD elimina la mirilla*

Entre **0,7 m** y **1,80 m**

IK09

Acometida subterránea

Figura B: Ejemplo de caja de protección y medida (CPM) con acometida subterránea

Producto	Norma de aplicación
CGM (Conjunto de aparamenta)	UNE-EN IEC 61.439-1
Caja (para conjunto de aparamenta) de Clase II	UNE-EN IEC 61.439-1
Bornes de conexión (domésticos o análogos)	UNE-EN 60.998
Bornes de conexión (industriales)	UNE-EN 60.947-7
Fusibles	UNE-EN 60.269 (serie)
Contadores (electrónicos)	UNE-EN 61.036
Contadores (inducción)	UNE-EN 60.521
Interruptor horario	UNE-EN 61.038
Tubos Rígido 4321 (Acometida aérea o aéreo-subterránea)	UNE-EN IEC 61.386-21
Enterrado (Acometida subterránea)	UNE-EN 50.626-1

Nota 1: Los diferentes componentes que conforman una CGP (caja y fusibles) deberán cumplir con su correspondiente norma de producto. Cuando se comercializan montados, todos estos elementos, constituyen el conjunto de aparamenta y deberán cumplir con las prescripciones de la norma (UNE-EN IEC 61.439-1).

Nota 2: El grado de protección IP 43, el grado de protección con tra los impactos mecánicos externos IK 08 y el grado de inflamabilidad se verificarán de acuerdo con lo establecido en la norma UNE-EN 50.298. El grado de inflamabilidad será:
- (960 ± 10) °C para las partes que soportan partes activas
- (650 ± 10) °C para todas las demás partes

4. CAJAS DE DERIVACIÓN Y MEDIDA DE LA LGA

(BORRADOR RD)

■ 4.1 Emplazamiento e instalación

La CDM se instalará en los cuartos o armarios de contadores, o en pasillos, portales, patios o zonas comunes del edificio, nunca se instalará en locales cerrados para cuyo acceso se precise de llave, salvo en el cuarto de contadores.

La CDM se instalará sobre zócalo o se fijará a la pared de forma que su parte inferior quede a una altura sobre la cota del suelo de entre **0,5 m** y **1,0 m**. La entrada y salida de todas las líneas generales se hará siempre por su parte inferior.

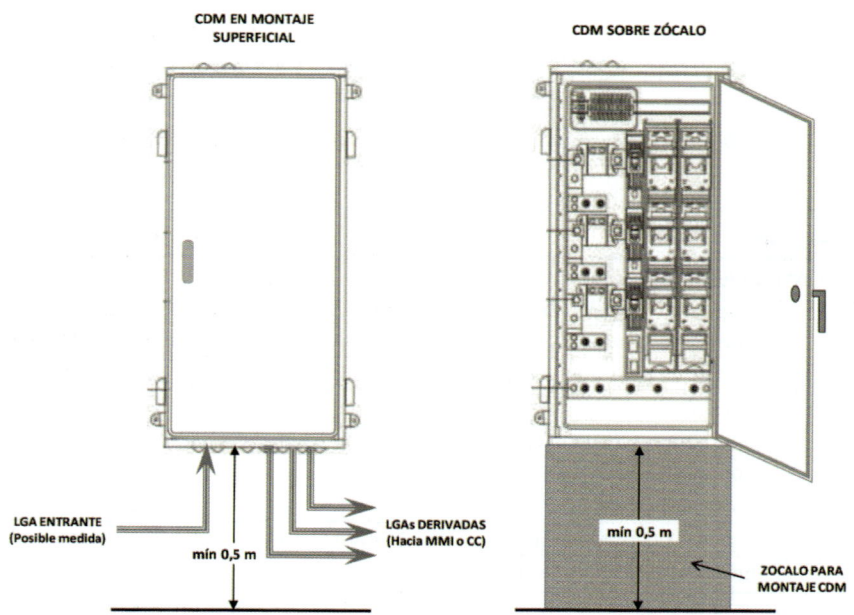

CDM EN MONTAJE SUPERFICIAL

CDM SOBRE ZÓCALO

LGA ENTRANTE (Posible medida)

mín 0,5 m

LGAs DERIVADAS (Hacia MMI o CC)

mín 0,5 m

ZOCALO PARA MONTAJE CDM

Figura 10- Borrador RD: Ejemplo de instalación de CDM.

La CDM dispondrá de una **protección individual** por cada línea general derivada conectada a la misma no siendo admisible que una misma protección sirva para más de una LGA derivada. Cada línea general estará protegida mediante fusibles instalados en una base tripolar vertical cerrada (**BTVC**) que alojará cortacircuitos fusibles en todos los conductores de fase o polares, con poder de corte al menos igual a la corriente de cortocircuito prevista en el punto de su instalación. El elemento para la conexión del neutro estará constituido por una barra horizontal situada por debajo de las **BTVC**, colocada la CDM en posición de servicio.

Borrador Real Decreto

■ 4.2 Tipos y características de la CDM

Las cajas para derivación y medida (CDM) de la línea general a utilizar corresponderán a uno de los tipos recogidos en las especificaciones técnicas particulares de la empresa distribuidora que hayan sido aprobadas por la Administración Pública competente.

La CDM a utilizar estará constituida por un armario cuyo esquema será función del número de líneas generales en que sea necesario derivar la línea general procedente de la CGP según conste en el correspondiente proyecto.

La CDM dispondrá de todos los elementos necesarios para poder realizar una **medida indirecta** de la corriente que pasa por línea general procedente de la CGP que la alimenta. Dicha medida se realizará bien para instalar un **SPL** (**Sistema de Protección de la LGA**) asociado a esquemas de recarga de vehículo eléctrico, o bien para instalar un **SAV** (**Sistema Anti-Vertido**) asociado a un autoconsumo colectivo sin excedentes.

El conjunto de aparamenta que constituye la CDM deberá proporcionar aislamiento doble o reforzado (clase II), o un aislamiento total según la norma **UNE-EN 61.439-2** y serán precintables.

El grado de protección proporcionado por la envolvente de la CDM contra los impactos mecánicos según la norma **UNE-EN 50.102**, será como mínimo **IK 10**, mientras que contra la penetración de materiales extraños según la norma **UNE-EN 60.529**, será como mínimo **IP 54**. El calibre de los fusibles a instalar dependerá de la potencia asignada a cada LGA derivada a proteger. Las bases **portafusibles serán del tipo cerrado** y estarán preparadas para la instalación de fusibles de tipo **NH con cuchillas**.

5. NORMAS DE REFERENCIA

(BORRADOR RD)

Los productos que cumplan con su norma de producto correspondiente, según se indica a continuación, y adicionalmente presenten las características especificadas en esta ITC BT (por ejemplo, el grado IP o esquema unifilar), tendrán presunción de conformidad con los requisitos de esta ITC-BT:

> ➢ Las **CGP, CPM y CDM** que formen un conjunto de aparamenta que cumplan con la norma **UNE-EN 61.439-21**

> ➢ Los **cartuchos fusibles** que cumplan con las normas **UNE-EN 60.269-1** y **UNE-HD 60.269-2**.

> ➢ Las Bases unipolares cerradas **BUC** y tripolares verticales cerradas (**BTVC**) con contactos para fusibles tipo NH de cuchilla que cumplan con las normas **UNE-EN 60.269** (serie) y **UNE-EN 60.947-3**.

Nota

DETERMINACIÓN DE LAS PROTECCIONES I _____

Fusibles CGP

CGP	I_N Fusible (A)																		
	2	4	6	10	16	20	25	32	40	50	63	80	100	125	160	200	250	315	355	400
40 A					14x51														
63 A							22x58												
80 A							22x58												
100 A					00	00	00	00	00	00	00	00	00						
160 A						0	0	0	0	0	0	0	0						
250 A										1	1	1	1		1	1			
400 A																2	2	2	2	2

Tabla: Tamaños de base y calibres de fusibles, en función de la intensidad máxima de la CGP

Fusibles CPM

- **Valores de referencia:**

Monofásico		Trifásico	
Potencia	I_N fusible	Potencia	I_N fusible
3 kW	63 A	6,6 kW	63 A
5 kW	63 A	9,9 kW	63 A
8 kW	63 A	13,2 kW	63 A
11 kW	100 A	16,5 kW	80 A
13,9 kW	100 A	19,8 kW	80 A

➢ Protegen a la DI

➢ Suelen estar determinados por la empresa suministradora

➢ El tamaño habitual de los fusibles es de 22x58

Determinación de la I_N del fusible (fusibles de más de 16 A)

$$I_N \leq 0,91 \cdot I_Z$$

(pág. siguiente)

CGP - Esquemas más habituales en suministro trifásico_____

ESQUEMA 7

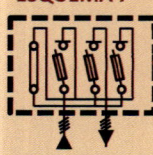

- Entrada acometida: Parte inferior
- Salida LGA: Parte inferior
- **_Intemperie:_** Caja estanca por arriba y por lo tanto válida
- Redes subterráneas: Apta
- **_Redes aéreas:_** Apta (esquema habitual)

ESQUEMA 9

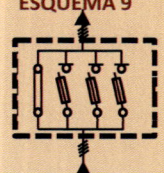

- Entrada acometida: Parte inferior
- Salida LGA: Parte superior
- Intemperie: No válida. Instalación en nicho
- **_Redes subterráneas:_** Apta (esquema habitual)
- Redes aéreas: Apta (alojada en nicho)

Nota

■ DETERMINACIÓN DE LAS PROTECCIONES II

Los fusibles de la CGP son los que protegen las LGA contra sobrecargas y cortocircuitos. Serán de tipo gG y según norma UNE-EN 60.269-1 **(para fusibles de más de 16 A)** la intensidad que asegura el funcionamiento efectivo del dispositivo de protección en 1 hora es de $1,6 \cdot I_n$:

$$I_2 \leq 1,6 \cdot I_n$$

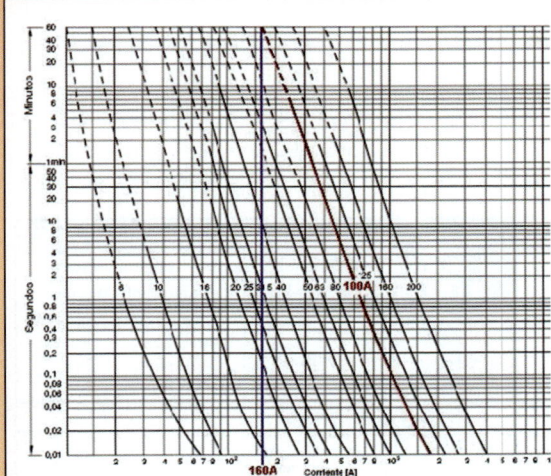

Ejemplo:

Para un fusible de I_n = **100 A** tipo gG.

Sobre la gráfica se marca la intensidad de fusión en el tiempo convencional (1 h), según UNE-EN-60.269-1:

$$I_2 = 1,6 \cdot 100 = \textbf{160 A}$$

Las características de los dispositivos de los fusibles de la CGP para proteger contra sobrecargas deben satisfacer (según UNE 20.460-4-43) las **dos condiciones** siguientes:

1) $I_b \leq I_n \leq I_z$

La intensidad del circuito (I_b) ha de ser menor o igual que la intensidad nominal del dispositivo de protección (I_n) y este a su vez ha de ser menor o igual que la intensidad máxima admisible por los conductores (I_z).

2) $I_2 \leq 1,45 \cdot I_z$

Esta segunda condición se puede transformar para expresarse de otro modo:

Se ha de cumplir que: .... $I_2 \leq 1,45 \cdot I_z$

Teniendo en cuenta que también se cumple que: .... $I_2 \leq 1,6 \cdot I_n$

Se puede decir que: .... $1,6 \cdot I_n \leq 1,45 \cdot I_z$

Despejando I_n: .... $I_n \leq \frac{1,45}{1,6} \cdot I_z$

Por lo tanto, la segunda condición se puede expresar del siguiente modo:

$$I_n \leq 0,91 \cdot I_z$$

Nota

■ CÁLCULO DIRECTO DE FUSIBLES DE LA CGP Y PARÁMETROS LGA

Teniendo en cuenta la ITC-BT-13 e ITC-BT-14 así como los valores normalizados más habituales de las diferentes compañías suministradoras, se adjunta a continuación la siguiente tabla teniendo en cuenta que:

(1) P_N máxima según el fusible instalado = $\sqrt{3} \cdot I_{N\,fusible} \cdot U \cdot \cos\varphi$

(2) P_N máxima CGP = $\sqrt{3} \cdot I_{N\,BASE\,PORTAFUSIBLE} \cdot U \cdot \cos\varphi$

(3) El cálculo de la longitud máxima de la LGA se realiza se realiza según la ecuación:

$$L = \frac{S \cdot \gamma \cdot e}{\sqrt{3} \cdot I \cdot \cos\varphi}$$

(4) Los cálculos se han realizado para conductores unipolares de Cobre tipo RZ1 enterrados bajo tubo

(5) Se ha considerado un $\cos\varphi = 0,9$

Siendo:

P_N = Potencia nominal (w)   L = Longitud de la línea (m)
I_N = Intensidad nominal (A)   S = Sección de la línea (mm²)
U = Tensión de alimentación (400 v) γ = Conductividad Cu (m/Ω·mm²)
$\cos\varphi$ = Factor de potencia   e = Caída de tensión admisible (v)

CGP					LGA					
I_N **máxima FUSIBLE**	P_N máxima fusible [1] (t = 5 sg)	I fusión (I_f) (t = 5 sg)	I_N BASE portafusible	P_N máxima CGP [2]	**Sección mínima LGA (3F + N + CP) mm²**			Tubo (diámetro mínimo) *Según Tabla 1 – ITC-BT-14*	**LGA – Longitud máxima [3]** Centralización Contadores	
					Fase	**Neutro**	**CP**		Totalmente centralizados e = 0,5 % (e = 2 v)	En más de un lugar e = 1 % (e = 4 v)
1	**2**	**3**	**4**	**5**	**6**	**7**	**8**	**9**	**10**	**11**
63 A	39 kW	320 A	100 A	62 kW	16	10	10	75 mm	14 m	28 m
80 A	50 kW	425 A	100 A	62 kW	25	16	16	110 mm	17 m	33 m
100 A	62 kW	580 A	100 A	62 kW	25	16	16	110 mm	18 m	36 m
125 A	78 kW	715 A	160 A	99 kW	50	25	25	125 mm	20 m	41 m
160 A	99 kW	950 A	160 A	99 kW	70	35	35	140 mm	31 m	62 m
200 A	125 kW	1.250 A	250 A	155 kW	95	50	50	140 mm	22 m	44 m
250 A	155 kW	1.650 A	250 A	155 kW	150	70	70	160 mm	27 m	53 m
315 A	196 kW	2.200 A	400 A	249 kW	240	120	120	200 mm	29 m	57 m

Tabla A. 1: Según ITC-BT-13 e ITC-BT-14. Se recomienda consultar Normas Técnicas Particulares de compañía.

· *Ejemplo de aplicación:*

Para una previsión de cargas de un bloque de viviendas de **70 kW** de potencia, con centralización de contadores totalmente **centralizados** en un único lugar y con una longitud desde la CGP hasta la centralización de **15 m** de longitud. Calcula de manera directa con la Tabla A.1:

SOLUCIÓN

a) Intensidad nominal de los fusibles a instalar .... 125 A
b) Tipo de CGP .... CGP 160 A
c) Sección de los conductores de la LGA.. 3 x 50 + 25, T 25 mm²
d) Diámetro del tubo de la LGA.. 125 mm

<u>Solución:</u> Mirando la **columna 2** (que es la potencia máxima que protege el fusible) se escoge la potencia inmediatamente superior (78 kW). Se comprueba que la longitud máxima de la LGA en la **columna 10** sea superior a la que plantea el ejercicio (en caso contrario se seleccionará la potencia que tenga en cuenta la máxima caída de tensión). Se extraen los resultados directamente de la tabla.

ITC-BT-14 — Línea general de alimentación (LGA)

Norma	Apartado	Sustituida por:
UNE 20.460-5-523	3	UNE-HD 60 364-5-52
UNE 21.123-4	3	--
UNE 21.123-5	3	--
UNE-EN 50.085-1	3	--
UNE-EN 50.086-1	3	UNE-EN 61.386-1
UNE-EN 60.439-2	1	UNE-EN 61.439-6

Texto consolidado mediante:
➢ Borrador Real Decreto

GUIA-BT	Edición
Incluida	Sep. 2003 (Rev.1)

NOTA A.: *El texto señalado en color gris pertenece al Borrador del RD (no vinculante).*

Índice

1. DEFINICIÓN

Es aquella que **enlaza** la Caja General de Protección con:

a) la centralización de contadores (**CC**)

b) un módulo de medida indirecta, **MMI**

c) una **CPM** en el caso instalaciones de enlace para uno o dos suministros con **acometida aérea** alimentados desde el mismo lugar.

De una misma Línea General de Alimentación (LGA) pueden hacerse derivaciones para distintas centralizaciones de contadores.

Borrador Real Decreto

En las instalaciones de enlace para múltiples suministros, pueden hacerse derivaciones de la LGA en una Caja de Derivación y Medida (CDM) para conectar con centralizaciones de contadores, CC o con módulos de medida indirecta, MMI.

Conforme con los **apartados 2.1 y 2.2** de la **ITC-BT-12**, en el caso de instalaciones de enlace para uno o dos suministros alimentados desde redes subterráneas o desde redes aéreas en las que no es posible instalar una CGP en altura, **no existe** la LGA ya que la CPM aloja en su interior al contador eléctrico.

Las LGA estarán constituidas por número de cables de fase y neutro previstos para el suministro. **Únicamente** en el caso de instalaciones de enlace con cuartos o armarios de contadores en varias ubicaciones, las LGA incluirán obligatoriamente el **conductor de protección**[*] desde el cuarto o armario de contadores donde se ubica el borne principal de tierra de protección hasta los cuartos o armarios de contadores restantes. El conductor de protección se ubicará en la misma canalización que el resto de los cables.

[*] **NOTA A.:** *Misma indicación que en la Guía Técnica de Aplicación de la ITC-BT-14.*

Las líneas generales de alimentación estarán **constituidas por**:

1. Conductores aislados en el interior de tubos empotrados.
2. Conductores aislados en el interior de tubos enterrados.
3. Conductores aislados en el interior de tubos en montaje superficial.
4. Conductores aislados en el interior de canales protectoras cuya tapa sólo se pueda abrir con la ayuda de un útil.
5. Canalizaciones eléctricas prefabricadas que deberán cumplir la norma **UNE-EN 60.439-2**[*].
6. Conductores aislados en el interior de conductos cerrados de obra de fábrica, proyectados y construidos al efecto.

[*] **NOTA A.:** *Norma anulada y sustituida por la UNE-EN 61.439-6.*

En los casos anteriores, los tubos y canales así como su instalación, cumplirán lo indicado en la **ITC-BT-21**, salvo en lo indicado en la presente instrucción.

Las canalizaciones incluirán en su caso, el **conductor de protección**.

2. INSTALACIÓN

En función del trazado de la LGA y de las características del edificio o finca se elegirá el <u>sistema de instalación</u>, que <u>podrá variar en distintos tramos</u>. Los sistemas posibles según la situación de la canalización de la LGA son los siguientes:

Borrador Real Decreto

a) Canalizaciones en **huecos de la construcción accesibles**:
- Tubos de protección.
- Conductos cerrados de sección no circular.
- Canales protectoras.
- Bandejas porta cables.

b) Canalizaciones en **huecos de la construcción no accesibles**:
- Cables sin fijación directa.
- Tubos de protección.
- Conductos cerrados de sección no circular.

c) Canalizaciones en **conductos cerrados** de obra de fábrica, proyectados y construidos al efecto.
- Cables con o sin fijación directa.
- Tubos de protección.
- Conductos cerrados de sección no circular.
- Canales protectoras.
- Bandejas porta cables.

d) Canalizaciones **enterradas**:
- Tubos de protección.

e) Canalizaciones **empotradas** en estructuras:
- Tubos de protección.
- Conductos cerrados de sección no circular.
- Canales protectoras.

f) Canalizaciones en **montaje superficial**:
- Tubos de protección.
- Conductos cerrados de sección no circular.
- Canales protectoras cuya tapa solo puede abrirse con herramientas.
- Sistemas de bandejas porta cables con tapa que solo puede abrirse con herramientas.

g) Canalizaciones **eléctricas prefabricadas**.

El trazado de la Línea General de Alimentación será lo más corto y rectilíneo posible, discurriendo por zonas de uso común. y fácilmente accesibles del interior del edificio o finca.

Borrador
Real
Decreto

En los **cruces y paralelismos** con conducciones de agua y gas, las canalizaciones de la LGA discurrirán por encima, manteniendo una distancia mínima de **20 cm** de estas conducciones.

Con carácter excepcional en el caso de suministros temporales o provisionales de obra en los que, previa autorización de la administración competente, la LGA discurra por terrenos de dominio público, dicha LGA tendrá las mismas características que las redes aéreas o subterráneas para distribución en baja tensión cumpliendo todo lo indicado respectivamente en la **ITC-BT-06** y **07** respectivamente.

La LGA no podrá compartir canalización con otros circuitos o instalaciones del edificio tales como gas, agua o comunicaciones, ni atravesar centros de transformación, trasteros o cuartos técnicos como calderas, huecos de ascensores, estaciones de bombeo o cuartos de motores.

En el recinto de una escalera protegida, en el de una escalera especialmente protegida o en un vestíbulo de independencia, así como en un sector de riesgo mínimo, se puede instalar una LGA siempre que esté separada de dichas zonas con elementos **EI 120** y **registros EI 60**.

Con carácter general la LGA tampoco discurrirá por garajes cerrados o lugares que precisen de una llave para su acceso. Cuando el proyectista justifique que por motivos de trazado la LGA debe discurrir por un garaje o lugar cerrado con llave, deberá canalizarse en el interior tubos o conductos de obra.

Cuando se instalen en el interior de **tubos**, su diámetro en función de la sección del cable a instalar, será el que se indica en la **tabla 1**.

Las dimensiones de **otros tipos de canalizaciones** deberán permitir la **ampliación** de la sección de los conductores en un **100 %**.

En instalaciones de cables aislados y conductores de protección en el interior de **tubos enterrados** se cumplirá lo especificado en la **ITC-BT-07**, excepto en lo indicado en la presente instrucción.

Las uniones de los tubos rígidos serán roscadas o embutidas, de modo que no puedan separarse los extremos.

Además, cuando la línea general de alimentación discurra **verticalmente** lo hará por el interior de una canaladura o conducto de obra de fábrica empotrado o adosado al hueco de la escalera por lugares de uso común.

La Línea General de Alimentación no podrá ir adosada o empotrada a la escalera o zona de uso común cuando estos recintos sean protegidos conforme a lo establecido en la NBE-CPI-96*.

Se evitarán las curvas, los cambios de dirección y la influencia térmica de otras canalizaciones del edificio. Este conducto será **registrable y precintable** en cada planta y se establecerán <u>cortafuegos cada tres plantas</u>, como mínimo y sus paredes tendrán una resistencia al fuego de **RF 120** según NBE-CPI-96*.

* **NOTA A:** *Actualmente:* **CTE-DB-SI.**

Las tapas de registro tendrán una resistencia al fuego mínima, **RF 30**. Las dimensiones mínimas del conducto serán de **30 x 30 cm** y se destinará única y **exclusivamente** a alojar la línea general de alimentación y el conductor de protección.

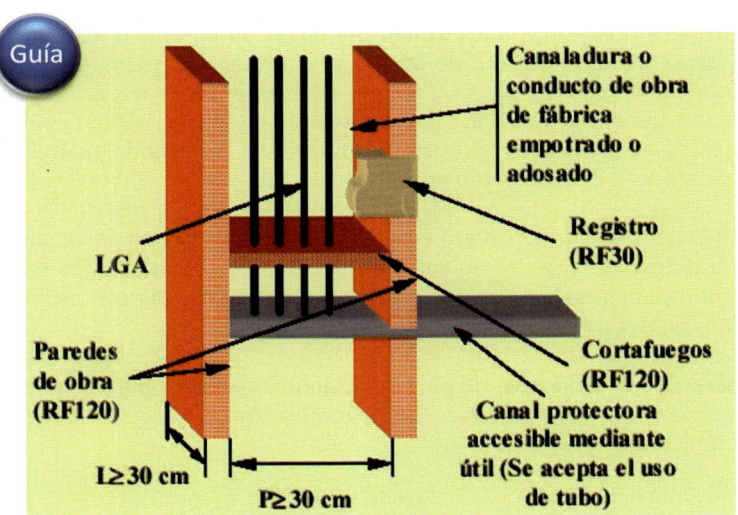

Guía Técnica: *Ejemplo orientativo de la instalación de la LGA utilizando canal o tubo y conducto cerrado de obra de fábrica.*

Los sistemas de conducción de cables deben cumplir con los requisitos generales de las **ITC-BT-20** y **21** y además con los requisitos particulares de los siguientes apartados según la forma de instalación.

■ 2.1 Instalación en <u>conductos de obra</u>

Los conductos de obra de fábrica se destinarán única y exclusivamente a alojar las LGA y eventualmente los conductores de protección. Cuando las **LGA y las DI** tengan el <u>mismo trazado</u> se instalarán en diferentes conductos o en un conducto común con un tabique de separación de las mismas características que el resto del conducto de obra.

Cuando la línea general discurra verticalmente entre diferentes plantas del edificio, lo hará por el interior de un conducto de obra de fábrica empotrado o adosado al hueco de la escalera o por lugares de uso común que no hayan sido definidos como "**protegidos**" según el código técnico de la edificación **DB-SI**.

El conducto de obra en su recorrido vertical será registrable en cada planta y se establecerán cortafuegos cada tres plantas.

En su recorrido horizontal será registrable cada **30 m** si no hay cambios de dirección, que se reducirán a **15 m** cuando existan cambios de dirección.

Los registros se ubicarán a unos **20 cm** del techo en pasillos o lugares de uso común y tendrán como mínimo de **30 cm** de altura. Sus **tapas** serán **metálicas**, dispondrán de un <u>cierre con llave</u> o un sistema de fijación tal que para su apertura sea necesario una llave o herramienta y podrán estar cubiertas de otros materiales con fines estéticos, garantizado en todo momento una <u>resistencia al fuego como mínimo</u> de **EI 30**.

Las placas cortafuegos del interior del conducto de obra se instalarán unos **15 cm** por debajo del registro de dicha planta. Las placas cortafuegos realizarán el cierre de tal manera que permitan efectuar modificaciones posteriores en la instalación, sin deformar las canalizaciones existentes.

Las **paredes de los conductos** de obra tendrán una <u>resistencia al fuego</u> según lo establecido en el Código Técnico de la Edificación **DB-SI**. Las dimensiones mínimas del conducto serán:

> ➢ Si aloja hasta 2 LGA.......... 30 x 30 cm (ancho x fondo)
> ➢ Si aloja hasta 4 LGA.......... 60 x 30 cm (ancho x fondo)

En el recorrido vertical en el interior de los conductos de obra, los cables, tubos o canales estarán fijados directamente en cada planta. Para la fijación de los cables se utilizarán soportes con abrazaderas aisladas y para la fijación de los tubos y canales los sistemas previstos por el fabricante.

En la siguiente figura se indican varias posibles disposiciones de estos elementos en el interior de los conductos de obra en su trazado vertical.

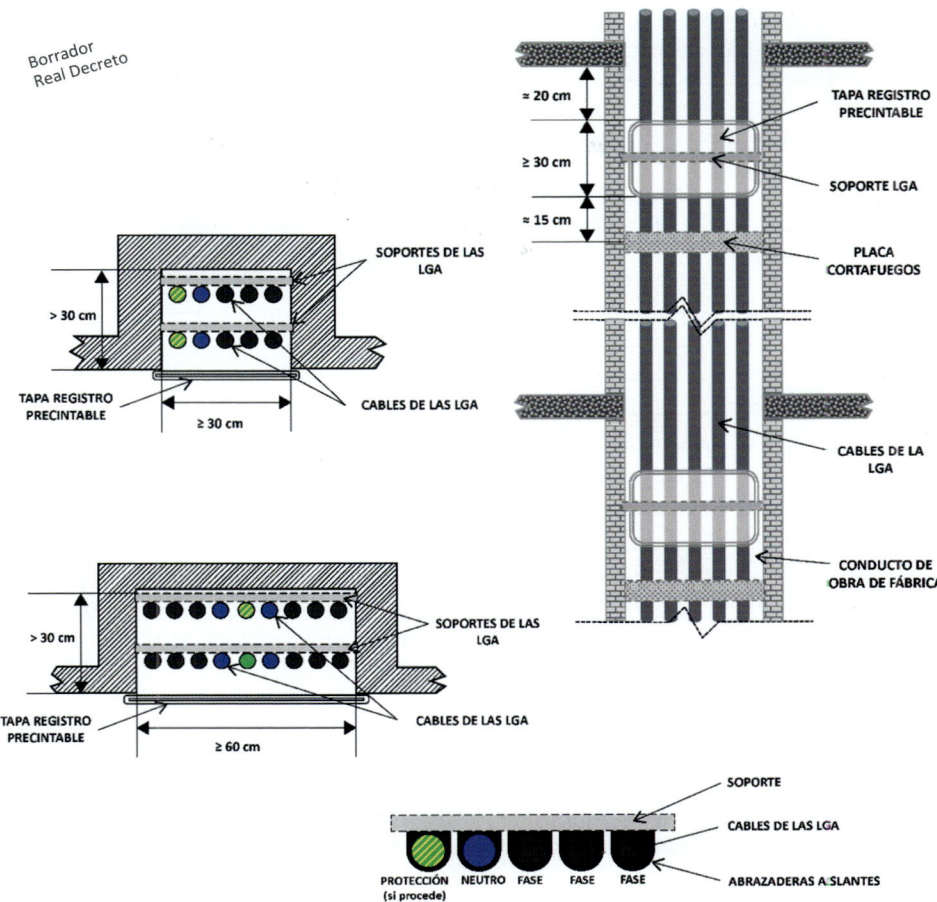

NOTA: Los cables unipolares de tensión asignada 0,6/1 kV con aislamiento y cubierta, no tienen aplicadas diferentes coloraciones sobre la cubierta, por lo que la persona instaladora debe identificar los conductores mediante medios apropiados, por ejemplo, mediante un señalizador, una argolla o una etiqueta, en cada extremo del cable.

Figura 1- Borrador RD: Ejemplo de conductos de obra de fábrica verticales para LGA.

Cuando la LGA discurra en el interior de conductos cerrados de obra de fábrica no es necesario que los cables se alojen en el interior de tubos o canales instalados dentro del conducto de obra, tal y como se muestra en la figura 1, aunque su uso resulta útil para minimizar el efecto de roces, y facilitar la sustitución o ampliación de los cables de la LGA.

■ **2.2 Instalación en el interior de tubos**

Cuando la LGA se instale en el interior de tubos, su diámetro será función de la sección del cable a instalar según lo indicado en la **Tabla 1**. Cuando se instalen varias LGA compartiendo el mismo trazado se canalizarán por tubos independientes.

Borrador Real Decreto

Sección conductores de FASE de la LGA (mm²)	Diámetro exterior del tubo de la LGA (mm)
≤ 16	75
25	110
35	110
50	125
70	140
95	140
120	160
150	160
185	180
240	200

Tabla 1 – Borrador RD.: *Diámetros de tubos para canalización de las LGA.*
NOTA A.: *Los valores de esta tabla coinciden con los de la Tabla 1 de la ITC-BT-14 vigente*

Las uniones de los tubos rígidos serán roscadas o embutidas, de modo que no puedan separarse los extremos.

En canalizaciones por el interior de **tubos enterrados**, se cumplirá además lo especificado en el **apartado 2.1.2 de la ITC-BT-07**.

■ **2.3 Instalación en el interior de canales protectoras**

Cuando las LGA se instalen en el interior de canales protectoras, éstas deben ser aislantes. Si por una misma canal discurren varias líneas generales, la canal deberá incorporar tabiques que establezcan una separación entre cada una de ellas.

Cuando el tramo vertical del trazado de la LGA sea corto y no comunique plantas diferentes, es posible la instalación vertical de la línea general en el interior de tubos o canales protectoras en montaje superficial o empotrado en pared, no siendo necesario realizar dicho tramo en un conducto de obra.

Las canales protectoras tomarán como referencia la norma **UNE-EN 50.085-2-1** y si son accesibles desde el exterior como sucede en el montaje superficial cumplirán las características de la **tabla 2**.

Característica	Grado
Resistencia al impacto	5 J
Retención de la tapa de acceso al sistema	Con tapa de acceso que sólo puede abrirse con herramientas
Protección contra la penetración de cuerpos sólidos extraños	IP2X
Aislamiento eléctrico (canales protectoras no metálicas)	Con aislamiento eléctrico

Tabla 2 – Borrador RD.: Características de las canales protectoras con tapa abrible con herramientas.

■ **2.4 Instalación en bandejas porta cables**

Cuando la canalización de la LGA sea accesible desde el exterior como sucede en el montaje superficial la bandeja dispondrá de una tapa que solo pueda abrirse con herramientas.

Los sistemas de bandeja con tapa tomarán como referencia la **UNE-EN 61.537** y tendrán las mismas características adicionales que se indican en la **tabla 2** para las canales protectoras cuya tapa solo puede abrirse con herramientas.

Si por una misma bandeja discurren varias Líneas Generales de Alimentación, la bandeja deberá incorporar tabiques que establezcan una separación entre cada una de ellas.

■ **2.5 Instalación en canalizaciones eléctricas prefabricadas**

Cuando la LGA se instale en el interior de canalizaciones eléctricas prefabricadas, éstas deben ser aislantes. Si por una misma canalización discurren varias líneas generales, la canalización deberá incorporar tabiques o elementos constructivos que establezcan una separación entre cada una de ellas.

Las canalizaciones eléctricas prefabricadas tomarán como referencia la serie de Normas **UNE-EN 61.534** o la norma **UNE-EN 61.439-6**.

3. CABLES

Los conductores a utilizar, <u>tres de fase</u> y <u>uno de neutro</u>, serán:

1) De **Cobre** o **Aluminio**,
2) <mark>**Unipolares**</mark> y
3) **Aislados**, siendo su nivel de aislamiento **0,6/1 kV**.

Los cables y sistemas de conducción de cables deben instalarse de manera que no se reduzcan las características de la estructura del edificio en la seguridad contra incendios.

Los cables serán *(**no propagadores del incendio** y con emisión de humos y opacidad reducida)*, de clase de reacción al fuego mínima **C$_{ca}$ -s1b, d1, a1**. Los cables con características equivalentes a las de la norma **UNE 21123** parte 4 o 5 cumplen con esta prescripción.

Los elementos de conducción de cables con características equivalentes a los clasificados como ***"no propagadores de la llama"*** de acuerdo con las normas **UNE-EN 50085-1** y **UNE-EN 50086-1 (UNE-EN 61386-1)**, cumplen con esta prescripción.

Siempre que se utilicen conductores de **aluminio**, las conexiones del mismo deberán realizarse utilizando las técnicas apropiadas que eviten el deterioro del conductor debido a la aparición de potenciales peligrosos originados por los efectos de los pares galvánicos.

■ 3.1 Sección de las Líneas Generales de Alimentación

La sección de los cables deberá ser uniforme en todo su recorrido y sin empalmes, exceptuándose las derivaciones realizadas en el interior de cajas para alimentación de centralizaciones de contadores.

> **Al 16 mm²**
> **Cu 10 mm²**

La **sección mínima** será:

> *¡! No todas las empresas suministradoras admiten aluminio*

- Conductores de <u>Aluminio</u>: **16 mm²**
- Conductores de <u>Cobre</u>: **10 mm²**

> Los cables con conductores de aluminio corresponden al tipo **RZ1-Al (AS)**, según UNE 21.123-4, habitualmente se utilizan para instalaciones singulares.

Nota Si bien el REBT permite la utilización de cobre o aluminio, se ha de tener en cuenta las normas de las empresas suministradoras tal y como indica el ***artículo 14 del REBT*** y ***algunas empresas suministradoras sólo permiten el cobre***.

Para el cálculo de la sección de los cables se tendrá en cuenta, tanto la máxima caída de tensión permitida, como la intensidad máxima admisible.

La **caída de tensión máxima** permitida será:

- Para LGA destinadas a **contadores <u>totalmente centralizados</u>** ..... **0,5 %**

- Para LGA destinadas a **centralizaciones <u>parciales</u> de contadores**... **1 %**

- Para LGA destinadas a cuartos o armarios de contadores
  situados en la <u>planta baja, entresuelo o primer sótano</u>................. **0,5 %**

- Para LGA destinadas a cuartos o armarios de contadores
  situados en <u>plantas superiores</u>... **1 %**

La **intensidad máxima admisible** a considerar <u>será la fijada en</u> la **UNE 20.460-5-523** *(anulada y sustituida por la norma* **UNE-HD 60.364-5-52**) con los factores de corrección correspondientes a cada tipo de montaje, de acuerdo con la previsión de potencias establecidas en la **ITC-BT-10**.

La intensidad máxima admisible se calculará según la **UNE-HD 60.364-5-52**, que establece unas condiciones tipo de instalación de dos o tres cables unipolares cargados, <u>temperatura ambiente de **40 °C**</u> y <u>temperatura del terreno de **25 °C**</u> con una <u>resistividad térmica de **2,5 K·m/W**</u> para instalaciones enterradas. En el proyecto o memoria técnica de diseño se aplicarán los factores de corrección que procedan según el tipo de montaje y cuando las condiciones de instalación, temperatura o resistividad del terreno no se adapten a las condiciones tipo anteriores, justificando adecuadamente las condiciones proyectadas que se separan de las condiciones tipo.

Borrador Real Decreto

■ INTENSIDAD MÁXIMA ADMISIBLE CONDUCTORES LGA

Nota

Cables unipolares en:		Intensidad máxima admisible (A) – 3xXLPE (o EPR)										
		Sección conductor (mm^2)										
		10	16	25	35	50	70	95	120	150	185	240
Tubo empotrado en pared de obra/ mampostería [1]	Cu	60	80	106	131	159	201	241	278	304	349	410
Tubo en montaje superficial [1]	Al	-	65	82	102	124	158	191	220	238	273	319
Canal protectora [1]												
Conducto cerrados de obra [1]												
Tubos enterrados [2]	Cu	58	75	96	117	138	170	202	230	260	291	336
	Al	-	58	74	90	107	132	157	178	201	226	261

Nota 1: Según UNE 60.364-5-52. Tabla C-52-1 bis 1 y 2 de ITC-BT-19, método B1, columna 8b, Tª amb 40 °C.
Nota 2: Según UNE 60.364-5-52. Tabla C-52-2 bis de ITC-BT-19. **2,5 K·m/W**, 25 °C, profundidad inst. 0,70 m.
Nota 3: Si se ha de aplicar factores de corrección, consultar ITC-BT-19.

Tabla A: Intensidad máxima admisible (A), cable unipolar RZ1-K
(en función del cable y tipo de instalación)

Nota A.: En instalación enterrada, se recomienda utilizar los valores de la norma **UNE-HD 60.364-5-52** indicados en la **ITC-BT-19**, frente a los de la ITC-BT-07 cuya aplicación es para Redes de Distribución.

Para la sección del conductor _neutro_ se tendrán en cuenta el máximo desequilibrio que puede preverse, las corrientes armónicas y su comportamiento, en función de las protecciones establecidas ante las sobrecargas y cortocircuitos que pudieran presentarse. El conductor neutro tendrá una sección de aproximadamente el **50 %** de la correspondiente al conductor de fase, **no** siendo inferiores a los valores especificados en la **_tabla 1_**.

El conductor neutro deberá ser como mínimo de la misma sección que los conductores de fase **excepto cuando** se justifique en el proyecto o en la memoria técnica de diseño que no pueden existir desequilibrios o corrientes armónicas debidas a cargas no lineales.

En la **Tabla 3- Borrador RD** se indican las secciones del conductor de protección según la sección del conductor de fase.

Cuando la sección de **240 mm^2 resulte insuficiente** para transportar la carga prevista la LGA podrá estar formada por **dos cables** de la misma sección y longitud conectados en paralelo a la misma base portafusibles.

Secciones (mm^2)		PROTECCION (Cuando proceda) _Valores del Borrador RD_	Diámetro exterior de los tubos (mm)
FASE	**NEUTRO**		
10 (**Cu**)	10 (**Cu**)	10	75
16 (**Cu**)	10 (**Cu**)	10	75
16 (**Al**)	16 (**Al**)	16	75
25	16	16	110
35	16	25	110
50	25	25	125
70	35	35	140
95	50	50	140
120	70	70	160
150	70	95	160
185	95	95	180
240	120	150	200

Tabla 1: ITC-BT-14 (vigente) y Tabla 3- Borrador RD

Nota
Aunque la $S_N \neq S_{fase}$, se recomienda que sean de igual sección ya que pueden existir desequilibrios o corrientes armónicas debidas a cargas no lineales (más información en el apdo. 2.2.2 de la ITC-BT-19).

Guía

Las características mínimas para los cables y los sistemas de conducción de cables son:

Sistema de instalación	Sistema de canalización (calidad mínima)		Cable	
Superficial	Tubo 4321 No propagador de llama	Compresión fuerte (4), impacto medio (3), propiedades eléctricas: aislante / continuidad eléctrica. UNE-EN 61.386-1	RZ1-K (AS)	Cable de tensión asignada **0,6/1 kV**, con conductor de cobre clase 5 (-K), aislamiento de polietileno reticulado (R) y cubierta de compuesto termoplástico a base de poliolefina (Z1). UNE 21.123-4
	Canal no propagadora de llama	Impacto medo, no propagador de la llama, propiedades eléctricas: aislante / continuidad eléctrica. Que solo puede abrirse con herramientas. **IP 2X** mínimo. UNE-EN 50.085		
Empotrado	Tubo 2221 No propagador de llama	Compresión ligera (2), Impacto ligero (2). UNE-EN IEC 61.386-22	DZ1-K (AS)	Cable de tensión asignada **0,6/1 kV**, con conductor de cobre clase 5 (-K), aislamiento de etileno propileno (D) y cubierta de compuesto termoplástico a base de poliolefina (Z1). UNE 21.123-5
	Canal no propagadora de llama	Impacto medio propagador de la llama. Que solo puede abrirse con herramientas. **IP 2X** mínimo. UNE-EN 50.085		
Enterrado	Tubo (Propiedades de propagación de llama no declaradas)	Compresión 250/450N (hormigón/suelo ligero), impacto ligero / normal. UNE-EN 50.626-1	RZ1-K (AS) DZ1-K (AS)	Tipos ya descritos
Canal de obra			RZ1-K (AS) DZ1-K (AS)	Tipos ya descritos
Canalización prefabricada UNE-EN 61.439-6				

Nota 1. Según la norma UNE 60.228 los conductores clase 5 son aquellos constituidos por numerosos alambres de pequeño diámetro que le dan la característica de flexible.

Nota 2. Las normas de la serie UNE 21.123 también incluyen las variantes de cables armados y apantallados que puede ser conveniente utilizar en instalaciones particulares.

Nota 3. Cuando en una canal de obra se utilicen tubos o canales protectoras, éstos deberán cumplir con las características prescritas para sistemas de instalación empotrados.

Los cables con conductores de aluminio corresponden al tipo **RZ1-Al (AS)**, según la norma UNE 21.123-4, habitualmente se utilizan para instalaciones singulares.

NOTA A.: Los cables serán de la clase de reacción al fuego mínima **C$_{ca}$ -s1b, d1, a1**.
Los cables deberán llevar el marcado con su designación y a continuación la clase de reacción al fuego. *Ejemplo:* RZ1-K (AS) C$_{ca}$ -s1b, d1, a1.

3.2 Carga a transportar por la LGA

La intensidad por una LGA o por una LGA derivada corresponderá a una previsión de cargas máxima de **250 kW**. Este límite podrá incrementarse hasta **400 kW** si la LGA está destinada a alimentar una caja de derivación y medida, **CDM**, de la que partan a su vez varias LGA derivadas.

Todo ello sin perjuicio de otros condicionantes de la red de distribución que pueden limitar la potencia disponible para un suministro en baja tensión.

Las LGA se protegerán contra sobreintensidades en su origen por los **fusibles** de la CGP y las LGA derivadas por los fusibles de la CDM. La intensidad máxima asignada de los fusibles de protección de una LGA o de una LGA derivada será de **400 A**, **excepto** si protegen una LGA destinada a alimentar a una **CDM**, en cuyo caso la intensidad máxima asignada podrá ser también de **500 A o 630 A**.

Cuando una LGA alimenta una CDM, la previsión de cargas será igual a la suma de las cargas de cada una de las LGA derivadas que se alimentan desde dicha CDM, aplicando coeficientes de simultaneidad correspondientes si alguna de ellas alimenta infraestructuras para la recarga de vehículos eléctricos según indica la **ITC-BT-52**.

4. COMPORTAMIENTO AL FUEGO DE CABLES Y SISTEMAS DE CONDUCCIÓN DE CABLES

Los cables y sistemas de conducción de cables deberán instalarse de manera que no se reduzcan las características de la estructura del edificio en la seguridad contra incendios.

Los sistemas de conducción de cables con características equivalentes a los clasificados como "no propagadores de la llama" de acuerdo con las series de normas **UNE-EN 50.085** o **UNE-EN 61.386** o con la norma **UNE-EN 61.537**, tienen presunción de conformidad con esta prescripción.

Los cables deberán cumplir como mínimo, la clase: C_{ca} -s1b, d1, a1 según el apartado de la norma **UNE-EN 50.575** relativo a la reacción al fuego de los cables. Los cables con características equivalentes a las de la norma **UNE 21.123** parte 4 tienen presunción de conformidad con esta prescripción.

5. MODIFICACIÓN DE INSTALACIONES EXISTENTES

Cuando se trate de modificaciones o sustituciones de LGA en edificios ya construidos en los que no puedan realizarse conductos de obra entre plantas diferentes se permitirá la instalación en **montaje superficial o empotrado en pared**, de acuerdo con los apartados 2.2, 2.3 y 2.4 de esta ITC-BT.

Las instalaciones de **autoconsumo** realizadas en viviendas o edificios existentes se considerarán una modificación de las instalaciones. Las instalaciones de autoconsumo **se podrán conectar a la LGA existente** cuando su potencia prevista sea compatible con la capacidad de la LGA.

ITC-BT-15 Derivaciones individuales (DI)

Norma	Apartado	Sustituida por:
UNE 21.123-4	3	--
UNE 21.123-5	3	--
UNE-EN 50.085-1	3	--
UNE-EN 50.086-1	*3*	**UNE-EN 61.386-1**
UNE-EN 60.439-2	*1*	**UNE-EN 61.439-6**
UNE-EN 60.695-11-10	2	--
UNE 211.002	3	--

Texto consolidado mediante:
➢ **Borrador Real Decreto**

GUIA-BT	Edición
Incluida	Sep. 2003 (Rev.1)

NOTA A.: *El texto señalado en color gris pertenece al Borrador del RD (no vinculante).*

Índice

1. DEFINICIÓN

Derivación individual es la parte de la instalación que, **partiendo de la línea general de alimentación (LGA)** suministra energía eléctrica a una instalación de usuario.

La derivación individual **_se inicia_ en el embarrado general _y comprende_**:

1. los fusibles de seguridad;
2. el conjunto de medida; y
3. los dispositivos generales de mando y protección.

Borrador Real Decreto

La derivación individual es la parte de la instalación interior de un usuario (consumidor o generador) que conecta su punto de medida con el cuadro que contiene los dispositivos generales de mando y protección de la instalación.

Por tanto, la derivación individual:

➢ **Comienza en las bornas** o pletinas de salida del punto de medida (**CC, MMI o CPM**) y

➢ **Acaba** en las **bornas** de entrada del interruptor general automático situado en el cuadro general de mando y protección al que se conectan los circuitos interiores de la instalación.

Las derivaciones individuales estarán constituidas por:

1. Conductores aislados en el interior de tubos empotrados.
2. Conductores aislados en el interior de tubos enterrados.
3. Conductores aislados en el interior de tubos en montaje superficial.
4. Conductores aislados en el interior de canales protectoras cuya tapa sólo se pueda abrir con la ayuda de un útil.
5. Canalizaciones eléctricas prefabricadas que deberán cumplir la norma **UNE-EN 60.439-2***.
6. Conductores aislados en el interior de conductos cerrados de obra de fábrica, proyectados y construidos al efecto.

* **_NOTA A.:_** _Norma anulada y sustituida por la UNE-EN 61.439-6._

En los casos anteriores, los tubos y canales así como su instalación, cumplirán lo indicado en la **ITC-BT-21**, salvo en lo indicado en la presente instrucción.

Las canalizaciones incluirán en cualquier caso, el **conductor de protección**.

Cada derivación individual será totalmente **independiente** de las derivaciones correspondientes a otros usuarios.

2. INSTALACIÓN

Cada derivación individual será totalmente independiente de las derivaciones individuales correspondientes a otros usuarios.

En función del trazado de la DI y de las características del edificio o finca se elegirá el sistema de instalación más adecuado, que podrá variar en los distintos tramos. Los sistemas posibles según la situación de la canalización de la DI son los siguientes:

Borrador Real Decreto

a) Canalizaciones en **huecos de la construcción accesibles**:
   - Tubos de protección.
   - Conductos cerrados de sección no circular.
   - Canales protectoras.
   - Bandejas porta cables.

b) Canalizaciones en **huecos de la construcción no accesibles**:
   - Cables sin fijación directa.
   - Tubos de protección.
   - Conductos cerrados de sección no circular.

c) Canalizaciones en **conductos cerrados** de obra de fábrica, proyectados y construidos al efecto.
   - Cables con o sin fijación directa.
   - Tubos de protección.
   - Conductos cerrados de sección no circular.
   - Canales protectoras.
   - Bandejas porta cables

d) Canalizaciones **enterradas**:
   - Tubos de protección.

e) Canalizaciones **empotradas** en estructuras:
   - Tubos de protección.
   - Conductos cerrados de sección no circular.
   - Canales protectoras.

f) Canalizaciones en **montaje superficial**:
   - Tubos de protección.
   - Conductos cerrados de sección no circular.
   - Canales protectoras cuya tapa solo puede abrirse con herramientas.
   - Bandejas porta cables con tapa que solo puede abrirse con ayuda de herramientas.

g) Canalizaciones **eléctricas prefabricadas** que tomen como referencia la norma **UNE-EN 61.439-6** o la serie de Normas **UNE-EN 61.534**.

El trazado de las DI será lo más corto y rectilíneo posible, discurriendo por zonas de uso común y fácilmente accesibles del interior del edificio o finca o en caso contrario quedar determinadas sus servidumbres correspondientes. Se evitarán las curvas, los cambios de dirección y la influencia térmica de otras canalizaciones del edificio.

En los **cruces y paralelismos** con conducciones de agua y gas, las canalizaciones de la DI discurrirán por encima, manteniendo una distancia mínima de **20 cm** de estas conducciones.

Las DI no podrá compartir canalización con otros circuitos o instalaciones del edificio tales como gas, agua o comunicaciones, ni atravesar centros de transformación, trasteros o cuartos técnicos como calderas, huecos de ascensores, estaciones de bombeo o cuartos de motores.

En el recinto de una escalera protegida, en el de una escalera especialmente protegida o en un vestíbulo de independencia, así como en un sector de riesgo mínimo, se puede instalar una derivación individual siempre que esté separada de dichas zonas con elementos **EI 120** y **registros EI 60**.

Los tubos y canales protectoras tendrán una sección nominal que permita *ampliar la sección de los conductores inicialmente instalados en un* **100 %**.

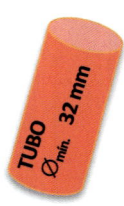

En las mencionadas condiciones de instalación, los **diámetros** exteriores nominales mínimos de los **tubos** en derivaciones individuales serán de **32 mm**. Cuando por coincidencia del trazado, se produzca una agrupación de dos o más derivaciones individuales, éstas podrán ser tendidas simultáneamente en el interior de un canal protector mediante cable con cubierta, asegurándose así la separación necesaria entre derivaciones individuales.

En cualquier caso, se dispondrá de:

Un tubo de reserva por cada diez derivaciones individuales o fracción, desde las concentraciones de contadores hasta las viviendas o locales, para poder atender fácilmente posibles ampliaciones.

En locales donde no esté definida su partición, se instalará como mínimo un tubo por cada **50 m²** de superficie.

Los requisitos específicos aplicables a la instalación de las derivaciones individuales correspondientes a circuitos de recarga por el interior de los garajes se ajustarán a lo indicado en la **ITC-BT-52**.

Las uniones de los tubos rígidos serán roscadas, o embutidas, de manera que no puedan separarse los extremos.

En el caso de edificios destinados principalmente a viviendas, en edificios comerciales, de oficinas, o destinados a una concentración de industrias, las derivaciones individuales deberán discurrir por lugares de uso común, o en caso contrario quedar determinadas sus servidumbres correspondientes.

Cuando las derivaciones individuales discurran **verticalmente** se alojarán en el interior de una canaladura o conducto de obra de fábrica con paredes de resistencia al fuego **RF 120**, preparado única y exclusivamente para este fin, empotrado o adosado al hueco de escalera o zonas de uso común, salvo cuando sean recintos protegidos conforme a lo establecido en la NBE-CPI-96*, careciendo de curvas, cambios de dirección, cerrado convenientemente y precintables. En estos casos y para evitar la caída de objetos y la propagación de las llamas, se dispondrá como mínimo ***cada tres plantas***, de elementos ***cortafuegos*** y tapas de registro precintables de las dimensiones de la canaladura, a fin de facilitar los trabajos de inspección y de instalación y sus características vendrán definidas por la NBE-CPI-96*. Las tapas de registro tendrán una resistencia al fuego mínima, **RF 30**.

* ***NOTA A***: Actualmente: CTE-DB-SI.

Las dimensiones mínimas de la canaladura o conducto de obra de fábrica se ajustarán a la siguiente tabla:

Número de derivaciones	DIMENSIONES (m)	
	ANCHURA L (m)	
	Profundidad P = 0,15 m una fila	Profundidad P = 0,30 m dos filas
Hasta 12	0,65	0,5
De 13 a 24	1,25	0,65
De 25 a 36	1,85	0,95
De 36 a 48	2,45	1,35

Tabla 1. *Dimensiones mínimas de la canaladura o conducto de obra de fábrica.*

Para más derivaciones individuales de las indicadas se dispondrá el número de conductos o canaladuras necesario.

La altura mínima de las **tapas registro** será de <mark>**0,30 m**</mark> y su anchura igual a la de la canaladura. Su parte superior quedará instalada, como mínimo, a <mark>**0,20 m**</mark> del techo.

Con objeto de facilitar la instalación, <mark>**cada 15 m**</mark> se podrán colocar **cajas de registro precintables**, comunes a todos los tubos de derivación individual, en las que no se realizarán empalmes de conductores.

Las cajas serán de material aislante, *no propagadoras de la llama* y *grado de inflamabilidad V-1*, según **UNE-EN 60.695-11-10**.

Para el caso de cables aislados en el interior de **tubos enterrados**, la derivación individual cumplirá lo que se indica en la **ITC-BT-07** para redes subterráneas, excepto en lo indicado en la presente instrucción.

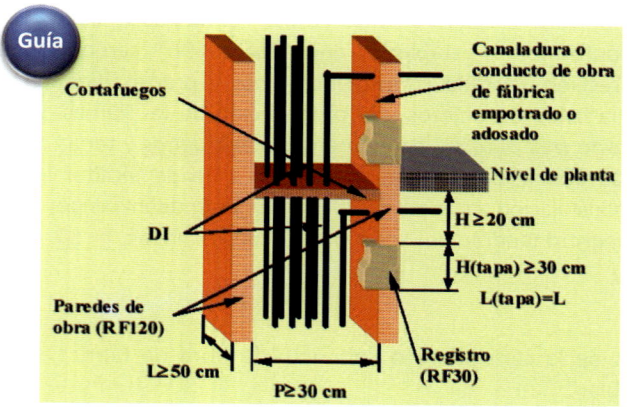

> **Guita técnica** - *Ejemplo orientativo de instalación de las derivaciones individuales utilizando canal o tubo y conducto cerrado de obra de fábrica.*
>
> *Instalación en dos filas.*

Los sistemas de conducción de cables deben cumplir con los requisitos generales de las **ITC-BT-20 y 21** y además con los requisitos específicos aplicables para cada uno de los posibles sistemas de instalación que son los mismos que los de la instrucción **ITC-BT-14** para la LGA, excepto en lo indicado específicamente en los siguientes apartados.

2.1 Instalación en conductos de obra

Cuando las derivaciones individuales discurran verticalmente entre diferentes plantas del edificio, lo harán por el interior de un conducto de obra de fábrica empotrado o adosado al hueco de la escalera o a otros lugares de uso común.

Las dimensiones mínimas de la canaladura o conducto de obra de fábrica se ajustarán a la siguiente tabla *(misma tabla que la **Tabla 1** de la ITC-BT-15 vigente)*.

Para más derivaciones individuales de las indicadas se dispondrá el número de conductos de obra de fábrica o canaladuras necesario.

2.2 Instalación en el interior de tubos

Cuando las derivaciones individuales se instalen en el interior de tubos, su diámetro será función de la sección y número de cables que conforman cada derivación individual, conforme lo indicado en la ITC-BT-21.

El mínimo diámetro exterior nominal de los tubos para la canalización de las derivaciones individuales será de 32 mm.

Cuando se instalen **varias DI** compartiendo el mismo trazado se canalizarán por tubos independientes.

2.3 Instalación en el interior de canales protectoras

Por coincidencia del trazado se podrán instalar **varias** derivaciones individuales por la misma canal, sin necesidad de incorporar un tabique de separación entre ellas.

2.4 Instalación en el interior de bandejas porta cables

Por coincidencia del trazado se podrán canalizar **varias** derivaciones individuales por la misma bandeja, sin necesidad de incorporar un tabique de separación entre ellas.

2.5 Instalación en canalizaciones prefabricadas

Por coincidencia del trazado se podrán canalizar **varias** derivaciones individuales por la misma canalización prefabricada, sin necesidad de incorporar un tabique de separación entre ellas.

3. CABLES

El número de conductores vendrá fijado por el número de fases necesarias para la utilización de los receptores de la derivación correspondiente y según su potencia, <u>llevando cada línea su correspondiente conductor neutro así como el conductor de protección</u>. En el caso de suministros individuales el punto de conexión del conductor de protección se dejará a criterio del proyectista de la instalación. Además, cada derivación individual incluirá el hilo de mando para posibilitar la aplicación de diferentes tarifas o como maniobra del circuito de recarga del vehículo eléctrico.

No se admitirá el empleo de conductor **neutro común ni** de **conductor de protección común** para distintos suministros.

Borrador Real Decreto En el caso de usuarios con los <u>contadores instalados en una **CPM**</u> el punto de conexión del conductor de protección se dejará a criterio del proyectista de la instalación y el resto de los casos se ubicará en la centralización de contadores o en lugar donde se instale el **MMI** (Módulo de Medida Indirecta)

A efecto de la consideración del número de fases que compongan la derivación individual, se tendrá en cuenta la potencia que en monofásico está obligada a suministrar la empresa distribuidora si el usuario así lo desea.

Los cables no presentarán empalmes y su sección será uniforme, exceptuándose en este caso las conexiones realizadas en la ubicación de los contadores y en los dispositivos de protección.

Los conductores a utilizar serán de <mark>cobre</mark> o <mark>aluminio</mark>, aislados y normalmente unipolares, siendo su tensión asignada **450/750 V.** Se seguirá el código de colores indicado en la **ITC-BT-19**.

> **Nota** Si bien el REBT permite la utilización de cobre o aluminio, se ha de tener en cuenta las normas de las empresas suministradoras tal y como indica el *artículo 14 del REBT* y *algunas empresas suministradoras sólo permiten el cobre*.
>
> *Normas Particulares de las empresas suministradoras en: www.marketing.marcombo.com*

Cuando por coincidencia del trazado se instalen <u>varias derivaciones individuales</u> en el interior del mismo canal, sobre la misma bandeja o en el interior del mismo conducto de obra de fábrica, sin alojar los cables por el interior de tubos, se utilizarán **cables multiconductores** para garantizar así la independencia entre las derivaciones.

Para el caso de cables multiconductores o para el caso de derivaciones individuales en el interior de *tubos enterrados*, el aislamiento de los conductores será de ***0,6/1 kV***.

Los cables y sistemas de conducción de cables deben instalarse de manera que no se reduzcan las características de la estructura del edificio en la seguridad contra incendios.

Los cables serán (*no propagadores del incendio* y con emisión de humos y opacidad reducida) de clase de reacción al fuego mínima **Cca -s1b, d1, a1**. Los cables con características equivalentes a las de la norma **UNE 21.123** parte 4 o 5; o a la norma **UNE 211.002** (según la tensión asignada del cable), cumplen con esta prescripción.

> **Nota**
>
> Cables conforme normas UNE 21.123 y UNE 211.002:
> - **H07Z1-K (AS)** (ES07Z1-K, unipolar con aislamiento de poliolefina Z1) UNE 211.002.
> - **RZ1-K (AS)** (aislamiento de polietileno reticulado R y cubierta de poliolefina Z1) UNE 21.123-4.
> - **DZ1-K (AS)** (aislamiento de etileno propileno D y cubierta de poliolefina Z1) UNE 21.123-5.

Los elementos de conducción de cables con características equivalentes a los clasificados como *"no propagadores de la llama"* de acuerdo con las normas **UNE-EN 50.085-1** y **UNE-EN 50.086-1 (UNE-EN 61.386-1)**, cumplen con esta prescripción.

La sección mínima será de:

- Para **cables polares, neutro y protección: 6 mm² (Cu/Al)**
- Para el hilo de mando, que será de color rojo: **1,5 mm²**

Cu/Al 6 mm²
Mando: 1,5 mm²

> **Nota**
>
> - **Según ITC-BT-16 – Apdo. 1:**
>   Cuando en una centralización se instalen contadores inteligentes que incorporen la función de telegestión, las derivaciones individuales con origen en estos contadores **no requerirán del hilo mando.**

La sección mínima será de:

- Para **cables polares, neutro y protección:**
  Cobre .... **10 mm²**
  Aluminio .... **16 mm²**

- Para el hilo de mando, que será de color rojo: .... 1,5 mm²

**Cu 10 mm²
Al 16 mm²**

Secciones Borrador
Real Decreto

Si la DI conforma un circuito de recarga, la sección mínima será la indicada en la **ITC-BT-52**.

Para el cálculo de la **sección de los conductores** se tendrá en cuenta lo siguiente:

a) La demanda prevista por cada usuario, que será como mínimo la fijada por la **ITC-BT-10** y cuya intensidad estará controlada por los dispositivos privados de mando y protección.

A efectos de las intensidades admisibles por cada sección, se tendrá en cuenta lo que se indica en la **ITC-BT-19** y para el caso de cables aislados en el interior de tubos **enterrados**, lo dispuesto en la **ITC-BT-07**.

b) La *caída de tensión máxima admisible* será:

- Para el caso de contadores concentrados **en más de un lugar**: .... **0,5 %**

- Para el caso de contadores totalmente **concentrados**: .... **1 %**

- Para el caso de derivaciones individuales en suministros para un **único usuario** en que no existe línea general de alimentación *(Con CPM)*: .... **1,5 %**

Borrador Real Decreto

- Para DI conectadas en cuartos o armarios de contadores situados en plantas superiores: .... **0,5 %**

- Para DI conectadas en cuartos o armarios de contadores situados en planta baja, entresuelo o primer sótano: .. **1 %**

- Para DI conectadas en una **CPM** *(sin LGA)*: .... **1,5 %**

- Para el conjunto de las infraestructuras para recarga desde el punto de medida hasta cualquiera de las estaciones de recarga, la caída de tensión máxima permitida será la indica en la **ITC-BT-52**.

No obstante, se podrá **compensar la caída de tensión** en la derivación individual con la caída de tensión en la parte de instalación interior con origen en los dispositivos generales de mando y protección, de manera que la suma de ambas sea inferior a la suma de los valores permitidos para cada uno de los tramos.

La **intensidad máxima admisible de la DI** será superior a la que corresponda según previsión de potencias establecidas en la **ITC-BT-10**.

La intensidad máxima admisible se calculará según la **UNE-HD 60.364-5-52**, que establece unas condiciones tipo de instalación de dos o tres conductores cargados, temperatura ambiente de 40 °C y temperatura del terreno de 25°C con una resistividad térmica de 2,5 K·m/W para instalaciones enterradas. En el proyecto o memoria técnica de diseño se aplicarán los factores de corrección que procedan según el tipo de montaje y cuando las condiciones de instalación, temperatura o resistividad del terreno no se adapten a las condiciones tipo anteriores, justificándose adecuadamente aquellas condiciones proyectadas que se separan de las condiciones tipo.

Para la **sección del conductor** neutro se tendrán en cuenta el máximo desequilibrio que puede preverse, las corrientes armónicas y su comportamiento, en función de las protecciones establecidas ante las sobrecargas y cortocircuitos que pudieran presentarse. La sección del conductor neutro deberá ser como mínimo igual que la de los conductores de fase, excepto cuando el proyectista justifique que no puedan existir desequilibrios o corrientes armónicas por cargas no lineales.

Borrador Real Decreto

4. COMPORTAMIENTO AL FUEGO DE CABLES Y SISTEMAS DE CONDUCCIÓN DE CABLES

(BORRADOR RD)

Los cables y sistemas de conducción de cables deberán instalarse de manera que no se reduzcan las características de la estructura del edificio en la seguridad contra incendios.

Los sistemas de conducción de cables con características equivalentes a los clasificados como "no propagadores de la llama" de acuerdo con las series de normas **UNE-EN 50.085** o **UNE-EN 61.386** o con la norma **UNE-EN 61.537**, tienen presunción de conformidad con esta prescripción.

Los cables deberán cumplir como mínimo, la clase: Cca-s1b, d1, a1 según el apartado de la norma **UNE-EN 50.575** relativo a la reacción al fuego de los cables. Los cables con características equivalentes a las de la **UNE 21.123** parte 4, o la norma **UNE 211.002** (según la tensión asignada del cable), tienen presunción de conformidad con esta prescripción.

5. MODIFICACIÓN DE INSTALACIONES EXISTENTES

(BORRADOR RD)

Cuando se trate de modificaciones o sustituciones de Derivaciones Individuales en edificios ya construidos en los que no puedan realizarse conductos de obra entre plantas diferentes se permitirá la instalación en **montaje empotrado o superficial en pared** de acuerdo con los requisitos indicados en el **apartado 2** de esta **ITC-BT-15** para estos tipos de instalación.

Guía Las características mínimas para los cables y los sistemas de conducción de cables son:

Sistema de instalación	Sistema de canalización (calidad mínima)		Cable	
Superficial	Tubo 4321 No propagador de llama	Compresión fuerte (4), impacto medio (3), propiedades eléctricas: aislante / continuidad eléctrica. UNE-EN IEC 61.386-21	ES07Z1-K (AS) [H07Z1-K (AS)]	Cable unipolar aislado de tensión asignada **450/750 V** con conductor de cobre clase 5 (-K) y aislamiento de compuesto termoplástico a base de poliolefina (Z1) Superficial **UNE 211.002**
	Canal no propagadora de llama	Impacto medo, no propagador de la llama, propiedades eléctricas: aislante / continuidad eléctrica. Que solo puede abrirse con herramientas. **IP 2X** mínimo. UNE-EN 50.085	RZ1-K (AS)	Cable de tensión asignada **0,6/1 kV**, con conductor de cobre clase 5 (-K), aislamiento de polietileno reticulado (R) y cubierta de compuesto termoplástico a base de poliolefina (Z1). UNE 21.123-4
Empotrado	Tubo 2221 No propagador de llama	Compresión ligera (2), Impacto ligero (2). UNE-EN IEC 61.386-22	DZ1-K (AS)	Cable de tensión asignada **0,6/1 kV**, con conductor de cobre clase 5 (-K), aislamiento de etileno propileno (D) y cubierta de compuesto termoplástico a base de poliolefina (Z1). UNE 21.123-5
	Canal no propagadora de llama	Impacto medio propagador de la llama. Que solo puede abrirse con herramientas. **IP 2X** mínimo. UNE-EN 50.085		
Enterrado	Tubo (Propiedades de propagación de llama no declaradas)	Compresión 250/450N (hormigón/suelo ligero), impacto ligero / normal. UNE-EN 50.626-1	RZ1-K (AS) DZ1-K (AS)	Tipos ya descritos
Canal de obra	Tubo 2221: No propagador de la llama	Compresión Ligera (2), Impacto Ligero (2). UNE-EN IEC 61.386-22	ES07Z1-K (AS [H07Z1-K (AS)]	Tipos ya descritos
	Canal no propagadora de la llama	Impacto Media, No propagador de la llama. Que solo puede abrirse con herramientas. **IP2X** mínimo. UNE-EN 50.085	RZ1-K (AS) DZ1-K (AS)	
	Bandejas y bandejas de escalera	UNE-EN 61.537	RZ1-K (AS) DZ1-K (AS)	Tipos ya descritos
	Cables instalados directamente en su interior			

Canalización prefabricada UNE-EN 60.439-6

Nota 1. Según la norma UNE-EN 60.228 los conductores **clase 5** son aquellos constituidos por numerosos alambres de pequeño diámetro que le dan la característica de flexible.

Nota 2. Las normas de la serie UNE 21.123 también incluyen las variantes de cables armados y apantallados que puede ser conveniente utilizar en instalaciones particulares.

Los cables con <u>conductores de **aluminio**</u> corresponden al <u>tipo **RZ1-Al (AS)**</u>, según la norma UNE 21.123-4, habitualmente se utilizan <u>para instalaciones singulares</u>.

NOTA A.: Los cables serán de la clase de reacción al fuego mínima **C$_{ca}$ -s1b, d1, a1.**
Los cables deberán llevar el marcado con su designación y a continuación la clase de reacción al fuego. _Ejemplo:_ H07Z1-K (AS) C$_{ca}$ -s1b, d1, a1.

Guía

DIMENSIONES DE TUBOS Y CANALES PROTECTORAS I:

La Guía Técnica de aplicación de la ITC-BT-15 adjunta, a título de ejemplo, tablas con los valores correspondientes a la sección eficaz mínima de las canales protectoras y al diámetro exterior de los tubos (tablas F y G). Para un cálculo más exacto se pueden aplicar las siguientes fórmulas:

- **CANALES PROTECTORAS:**

$$S_{ef} = 2 \cdot K \cdot (n_1 \cdot \emptyset_1^2 + n_2 \cdot \emptyset_2^2 + \cdots)$$

En donde:
- K es el coeficiente corrector de llenado (colocación, ventilación, etc.) y que será:
  - ➤ K = 1,4 para conductores aislados sin cubierta tipo ES07Z1-K/ H07Z1-K
  - ➤ K = 1,8 para cables con cubierta de 0,6/1 kV
- n_i es el número de conductores de sección Si
- $\emptyset_i$ es el diámetro exterior de los conductores de sección Si *(según normas UNE y fabricante)*
- 2 tiene en cuenta la posible ampliación de sección del 100 % *(conforme apdo. 2 de la ITC-BT-15)*

- **TUBOS:**

$$\emptyset_{E\,tubo} = 2 \cdot e + \emptyset_{E\,cond} \cdot \sqrt{2 \cdot n \cdot f}$$

En donde:
- f es el coeficiente corrector de colocación. *Se extrae de las tablas 2, 5 y 9 de la ITC-BT-21*
  - ➤ f = 2,5 para tubos superficiales
  - ➤ f = 3 para tubos empotrados
  - ➤ f = 4 para tubos enterrados
- n es el número de conductores
- $\emptyset_{E\,tubo}$ es el diámetro exterior del tubo
- $\emptyset_{E\,cond}$ es el diámetro exterior de los conductores *(según normas UNE y especificaciones fabricante)*
- e es el espesor de la pared del tubo *(según especificaciones fabricante)*
- 2 tiene en cuenta la posible ampliación de sección del 100 % *(conforme apdo. 2 de la ITC-BT-15)*

- ## APLICACIÓN A EDIFICIOS DE VIVIENDAS CON SUMINISTRO MONOFÁSICO:

ELECTRIFICACIÓN BÁSICA (5.750 W) – Suministro monofásico – Montaje superficial							
Cable		ES07Z1-K / H07Z1-K 450/750 V		RZ1-K 0,6/1 kV (3 unipolares)		RZ1-K 0,6/1 kV (1 tripolar)	
Longitud DI (m)	Sección (mm²)	Ø Tubo (mm)	S* efectiva canal (mm²)	Ø Tubo (mm)	S* efectiva canal (mm²)	Ø Tubo (mm)	S* efectiva canal (mm²)
≤ 14 m	6	40 (N.A)	236	40 (N.A)	560	40 (N.A)	618
≤ 23 m	10	40 (N.A)	388	40	744	40	789
≤ 38 m	16	40	551	40	975	50	1.179
≤ 59 m	25	50	874	50	1.283	50	1.558

Tabla H - Suministro monofásico. Elec. básica, 5.750 W. Contadores totalmente centralizados (ΔV≤1 %)

ELECTRIFICACIÓN ELEVADA (9.200 W) – Suministro monofásico – Montaje superficial							
Cable		ES07Z1-K / H07Z1-K 450/750 V		RZ1-K 0,6/1 kV (3 unipolares)		RZ1-K 0,6/1 kV (1 tripolar)	
Longitud DI (m)	Sección (mm²)	Ø Tubo (mm)	S* efectiva canal (mm²)	Ø Tubo (mm)	S* efectiva canal (mm²)	Ø Tubo (mm)	S* efectiva canal (mm²)
≤ 8 m	6	40 (N.A)	236	40 (N.A)	560	40 (N.A)	618
≤ 14 m	10	40 (N.A)	388	40	744	40	789
≤ 23 m	16	40	551	40	975	50	1.179
≤ 37 m	25	50	874	50	1.283	50	1.558
≤ 52 m	35	50	1.150	50	1.581	63	2.005

Tabla I - Suministro monofásico. Elec. elevada, 9.200 W. Contadores totalmente centralizados (ΔV≤1 %)

* Sección efectiva mínima de la canal o del compartimento de la canal en donde se ubica la DI
N. A.: Diámetro mínimo 32 mm. Diámetro recomendado 40 mm

DIMENSIONES DE TUBOS Y CANALES PROTECTORAS II:

Una vez conocida la sección de los conductores, se seleccionará la sección del sistema de canalización (tubo o canal protectora), de acuerdo con los criterios mostrados en las siguientes tablas. En las tablas F y G se han considerado despreciables las secciones ocupadas por el hilo de mando (1.5 mm²) en caso de que éste tuviese que instalarse.

SUMINISTRO MONOFÁSICO – Derivación Individual										
Sección nominal conductor	Sección eficaz mínima canales protectoras (mm²)			Diámetro exterior de los tubos (mm)						
				Montaje superficial			Empotrado			Enterrado
	ES07Z1-K H07Z1-K	RZ1-K		ES07Z1-K H07Z1-K	RZ1-K		ES07Z1-K H07Z1-K	RZ1-K		RZ1-K
	3U	3U	1T (*)	3U	3U	1T	3U	3U	1T	3U	1T
6 mm²	236	560	618	32	32	32	32	40	40	40	40
10 mm²	388	744	789	32	40	40	32	40	40	50	50
16 mm²	551	975	1.179	40	40	50	40	50	50	50	63
25 mm²	874	1.283	1.558	50	50	50	50	50	63	63	63
35 mm²	1.150	1.581	2.005	63	50	63	50	63	63	63	75

Nota: U: Cable unipolar
T: Cable 3 conductores

(*) Para este sistema particular de instalación, por coincidencia en su trazado se pueden colocar _varias derivaciones individuales en el interior del mismo canal protector_, en cuyo caso se multiplica la sección eficaz por el número de derivaciones individuales.

Tabla F - _Suministro monofásico:_ _Diámetro de los tubos y sección eficaz mínima canales protectoras en función de la sección del conductor._

SUMINISTRO TRIFÁSICO – Derivación Individual										
Sección nominal conductor	Sección eficaz mínima canales protectoras (mm²)			Diámetro exterior de los tubos (mm)						
				Montaje superficial			Empotrado			Enterrado
	ES07Z1-K H07Z1-K	RZ1-K		ES07Z1-K H07Z1-K	RZ1-K		ES07Z1-K H07Z1-K	RZ1-K		RZ1-K
	5U	5U	1P (*)	5U	5U	1P	5U	5U	1P	5U	1P
6 mm²	393	933	865	32	40	40	32	50	40	50	50
10 mm²	647	1.240	1.128	40	50	50	40	50	50	63	63
16 mm²	919	1.625	1.695	50	63	63	50	63	63	63	63
25 mm²	1.457	2.139	2.304	63	63	75	63	63	75	75	90
35 mm²	1.916	2.635	3.007	63	75	-	75	75	75	90	90
50 mm²	2.705	3.478	4.211	75	-	-	-	-	-	110	110
70 mm²	3.584	4.724	-	-	-	-	-	-	-	125	-
95 mm²	4.637	5.639	-	-	-	-	-	-	-	125	-
120 mm²	-	7.272	-	-	-	-	-	-	-	140	-
150 mm²	-	9.275	-	-	-	-	-	-	-	160	-
185 mm²	-	10.893	-	-	-	-	-	-	-	180	-
240 mm²	-	13.514	-	-	-	-	-	-	-	200	-

Nota: U: Cable unipolar
P: Cable 5 conductores

(*) Para este sistema particular de instalación, por coincidencia en su trazado se pueden colocar _varias derivaciones individuales en el interior del mismo canal protector_, en cuyo caso se multiplica la sección eficaz por el número de derivaciones individuales.

Tabla G - _Suministro trifásico:_ _Diámetro de los tubos y sección eficaz mínima canales protectoras en función de la sección del conductor._

Nota ■ **CÁLCULO DIRECTO DE DERIVACIONES INDIVIDUALES EMPOTRADAS BAJO TUBO:**

Aplicación directa según ITC-BT-15 y la norma UNE-HD 60.364-5-52 (ITC-BT-19) para DI empotrada bajo tubo. Para otros tipos de instalación calcular según ITC-BT-15 e intensidades máximas admisibles de ITC-BT-19. Se recomienda, además, consultar los valores normalizados de las diferentes compañías suministradoras, según sus Normas Técnicas Particulares (descargables en *www.marketing.marcombo.com*).

DERIVACIÓN INDIVIDUAL (DI) – MONTAJE: Instalación EMPOTRADA bajo tubo											
Sección mínima de fase de la DI	Caída de tensión máxima (e)	I_N IGA	25A		32A		40A		50A		63A	
		$P_{máx}$	5,75 kW	17,32 kW	7,32 kW	22,17 kW	9,2 kW	27,71 kW	11,5 kW	34,64 kW	14,49 kW	43,65 kW
		Nota 2	2x	3x	2x	3x	2x	3x	2x	3x	2x	3x
1	2		4	5	6	7	8	9	10	11	12	13
6 mm²	0,5%	Longitud máxima	6 m	13 m	5 m	--	--	--	--	--	--	--	A
	1%		13 m	26 m	10 m	--	--	--	--	--	--	--	B
	1,5%		19 m	39 m	18 m	--	--	--	--	--	--	--	C
10 mm²	0,5%		11 m	22 m	8 m	17 m	6 m	13 m	--	--	--	--	D
	1%		22 m	44 m	17 m	34 m	13 m	27 m	--	--	--	--	E
	1,5%		33 m	66 m	25 m	51 m	20 m	41 m	--	--	--	--	F
16 mm²	0,5%		17 m	35 m	13 m	27 m	11 m	22 m	8 m	17 m	7 m	--	G
	1%		35 m	70 m	27 m	55 m	22 m	44 m	17 m	35 m	14 m	--	H
	1,5%		53 m	106 m	41 m	83 m	33 m	66 m	26 m	53 m	21 m	--	I
25 mm²	0,5%		27 m	55 m	21 m	43 m	17 m	34 m	13 m	27 m	11 m	21 m	J
	1%		55 m	110 m	43 m	86 m	34 m	69 m	27 m	55 m	21 m	43 m	K
	1,5%		82 m	166 m	64 m	129 m	51 m	103 m	41 m	83 m	32 m	65 m	L

Tabla A. 1: Cálculo directo de la Derivación Individual según ITC-BT-15 y UNE-HD 60.364-5-52 en *instalación empotrada bajo tubo* con conductores unipolares (XLPE) de Cobre. Factor de Potencia =1. Conductividad Cu = 48 m/Ω·mm²

- **Nota 1:** Diámetros de los *tubos* han de cumplir el *apartado 2 de la ITC-BT-15* con el diámetro mínimo de 32 mm.
- **Nota 2:** El número **2x** indica una distribución monofásica y el número **3x** distribución trifásica.

EJEMPLO DE APLICACIÓN:

Para una previsión de cargas de una vivienda de **9,2 kW** de potencia, con centralización de contadores totalmente **centralizados** en un único lugar y con una longitud del recorrido de la derivación individual de **15 m** de longitud y con previsión de instalación de **conductores unipolares** tipo **H07Z1-K**. Calcula de manera directa con la Tabla A.1:

SOLUCIÓN

a) Sección de los conductores .... 16 mm²
b) Diámetro exterior del tubo .... 40 mm (s/Tabla F Guía Técnica ITC-15)

Solución: Al ser una instalación con contadores totalmente centralizados en un lugar, la caída de tensión máxima permitida es del **1 %** según ITC-BT-15, apartado 3.

Mirando la **columna 8** (donde se encuentra la potencia máxima prevista para la vivienda de 9,2 kW) se baja por la columna buscando la longitud igual o superior que tiene la DI (15m) en las filas con e = 1 %. En la **fila H**, con una sección de 16 mm² se protegería una longitud de 22 m > 15 m.

Para conocer el diámetro del tubo se aplican la tabla F (suministro monofásico) de la Guía Técnica de la ITC-BT-15 (página anterior) en función del tipo de instalación y cable instalado.

Nota

CAÍDA DE TENSIÓN MÁXIMA ADMISIBLE (e)		%	Monof. (230 V)	Trif. (400 V)
Línea General de Alimentación (LGA)				
Contadores totalmente concentrados	ITC-BT-14 /apdo. 3	**0,5 %**	--	2 V
Centralizaciones parciales de contadores	ITC-BT-14 /apdo. 3	**1 %**	--	4 V
Derivación Individual (DI)				
Contadores totalmente concentrados	ITC-BT-15 /apdo. 3	**1 %**	2,3 V	4 V
Contadores concentrados en más de lugar	ITC-BT-15 /apdo. 3	**0,5 %**	1,15 V	2 V
Un único usuario en el que no exista LGA	ITC-BT-15 /apdo. 3	**1,5 %**	3,45 V	6 V
Instalación Interior (desde cuadro general de mando y protección)				
Viviendas (cualquier circuito)	ITC-BT-19 /apdo. 2.2.2	**3 %**	6,9 V	12 V
Alumbrado	ITC-BT-19 /apdo. 2.2.2	**3 %**	6,9 V	12 V
Resto de instalaciones	ITC-BT-19 /apdo. 2.2.2	**5 %**	11,5 V	20 V
Punto de recarga de Vehículo Eléctrico	ITC-BT-52 /apdo. 5, pto. 13	**5 %**	11,5 V	20 V
Instalaciones interiores industriales alimentadas en AT con transformador propio				
Alumbrado	ITC-BT-19 /apdo. 2.2.2	**4,5 %**		
Resto	ITC-BT-19 /apdo. 2.2.2	**6,5 %**		
Redes de distribución				
Real Decreto 1955/2000	Art. 104	**±7 %**		

Según la **ITC-BT-19 es posible** compensar las caídas de tensión entre la instalación interior y la derivación individual.

ITC-BT-12: ESQUEMA 2.1 / 2.2.1. Un único o dos usuarios. Con CPM. Sin LGA.

ACOMETIDA — CPM — Wh — DI — DGMP
e = 1,5%
Viviendas **3 %**
Alumbrado **3 %**
Otros usos **5 %**

ITC-BT-12: ESQUEMA 2.2.2. Varios usuarios con contadores totalmente centralizados.

ACOMETIDA — CGP — LGA — Wh / Wh / Wh (CC) — DI — DGMP
e = 0,5%   e = 1%
Viviendas **3 %**
Alumbrado **3 %**
Otros usos **5 %**

ITC-BT-12: ESQUEMA 2.2.3. Varios usuarios con contadores centralizados en más de un lugar.

ACOMETIDA — CGP — LGA — Wh (CC) — DI — DGMP
e = 1%   e = 0,5%
Viviendas **3 %**
Alumbrado **3 %**
Otros usos **5 %**

ITC-BT-19. Instalación industrial alimentada en AT con transformador propio.

CT de la PROPIEDAD   Alumbrado: **e = 4,5 %**   Otros usos: **e = 6,5 %**

ITC-BT-16

Contadores: ubicación y sistemas de instalación

Pto.	RD 842/2002	RD 1053/2014
1	Generalidades	El hilo de mando (hilo rojo) **se puede suprimir** cuando se instalen contadores con telegestión.
3	Concentración de contadores	Se añaden unidades funcionales de medida destinadas a los puntos de recarga de Vehículo Eléctrico.

Norma	Apartado	Sustituida por:
UNE 20.324	1	**UNE-EN 60.529**
UNE 21.022	1	**UNE-EN 60.228**
UNE 21.027-9	1	--
UNE-EN 50.102	1	**UNE-EN 62.262**
UNE-EN 60.439-1	1	**UNE-EN IEC 61.439-1**
UNE-EN 60.439-2	1 / 3	**UNE-EN 61.439-6**
UNE-EN 60.439-3	1 / 3	**UNE-EN 61.439-3**
UNE-EN 60.439-6	1 / 3	**UNE-EN 61.439-6**
UNE-EN 60.695-2-1	3	--
UNE 211.002	1	--

Texto consolidado mediante:
➢ **RD 1053/2014**
➢ **Borrador Real Decreto**

GUIA-BT	Edición
Incluida	Sep. 2003 (Rev.1)

NOTA A.: *El texto señalado en color gris pertenece al Borrador del RD (no vinculante).*

Índice

1. GENERALIDADES

Los contadores y demás dispositivos para la medida de la energía eléctrica en baja tensión podrán estar ubicados en:

Borrador Real Decreto

1) Cajas de protección y medida (CPM),
2) Centralizaciones de contadores (CC) o
3) Módulos de medida indirecta (MMI).

Las características y condiciones de instalación de las **CC** y **MMI** se incluyen en esta **ITC-BT-16**, mientras que las aplicables a la **CPM** se incluyen en la **ITC-BT-13**.

La Centralización de Contadores (**CC**) es un conjunto modular, formado por varias unidades funcionales e instalado dentro de un cuarto o armario de contadores de una finca con múltiples suministros y alimentado por una línea general de alimentación. Una centralización de contadores incluye varios contadores con medida directa.

El **Módulo de Medida Indirecta** (**MMI**) es un conjunto formado por varias unidades funcionales que incluye los equipos necesarios para la medda indirecta de energía de un único suministro. Se instalará dentro de un cuarto o armario de contadores y podrá estar alimentado por una línea general de alimentación o integrado en una centralización de contadores.

2. TIPOS DE ENVOLVENTES PARA CONTADORES Y SISTEMAS DE MEDIDA

Los contadores y demás dispositivos para la medida de la energía eléctrca podrán estar ubicados en:

1) Módulos (cajas con tapas precintables).
2) Paneles instalados dentro de cuartos o armarios de contadores.
3) Armarios con puerta precintable instalados sobre zócalos, empotrados o en montaje superficial cuando su instalación no esté al exterior.

Todos ellos, constituirán conjuntos que deberán cumplir la norma **UNE-EN 60.439 (UNE-EN IEC 61.439-1, 6 y 3)** partes 1,2 y 3.

El grado de protección mínimo que deben cumplir estos conjuntos, de acuerdo con la norma **UNE 20.324 (UNE-EN 60.529)** y **UNE-EN 50.102 (UNE-EN 62.262)**, respectivamente:

→ Para instalaciones de tipo **interior**: **IP 40**; **IK 09**.
→ Para instalaciones de tipo **exterior**: **IP 43**; **IK 09**.

Deberán permitir de forma directa la lectura de los contadores e interruptores horarios, así como la del resto de dispositivos de medida, cuando así sea preciso. Las partes transparentes que permiten la lectura directa, deberán ser resistentes a los rayos ultravioleta.

Cuando se utilicen módulos o armarios, éstos deberán disponer de **ventilación interna** para evitar condensaciones sin que disminuya su grado de protección.

Borrador Real Decreto

El grado de protección proporcionado por la envolvente contra los **impactos mecánicos** según la norma **UNE-EN 50.102 (UNE-EN 62.262)**, será como mínimo:

➢ Para los conjuntos modulares a instalar dentro de un cuarto o armario de contadores y para los armarios instalados en el **interior**:...... **IK 08**

➢ Para los armarios instalados directamente en el **exterior**: .... **IK 10**

El grado de protección proporcionado por la envolvente contra la **penetración de materiales extraños** según la norma **UNE-EN 60.529**, será como mínimo:

➢ Para los módulos a instalar dentro de un cuarto o armario de contadores y para los armarios instalados en el **interior**: .... **IP 43**

➢ Para los armarios instalados directamente en el **exterior**: .... **IP 54**

> **Nota**
> La Normativa vigente (página anterior de esta ITC-BT-16) difiere del Borrador del RD e indica que:
> ➢ Para instalaciones de tipo **interior**: **IK 09**; **IP 40**
> ➢ Para instalaciones de tipo **exterior**: **IK 09**; **IP 43**

 Para la protección básica y de falta en caso de defecto las envolventes serán de **aislamiento doble o reforzado (clase II)** o de aislamiento total según la norma **UNE-EN 61.439-2**. La verificación de la categoría de inflamabilidad se realizará según los ensayos definidos para tal finalidad en la Norma **UNE-EN 61.439-5** y los materiales empleados en la fabricación de las distintas partes cumplirán, en lo relativo a los riesgos del fuego, también lo establecido en la norma **UNE-EN 61.439- 5**.

En cuanto a la propagación de la llama las envolventes cumplirán con el ensayo del hilo incandescente descrito en la **UNE-EN 60.695-2-11**, a una temperatura de 960 °C para los materiales aislantes que estén en contacto con las partes que transportan la corriente y de 850 °C para el resto de los materiales tales como envolventes, tapas, etc.

Las dimensiones de los módulos, paneles y armarios serán las adecuadas para el tipo y número de contadores así como del resto de dispositivos necesarios para la facturación de la energía, que según el tipo de suministro deban llevar.

Además, deberán permitir el acceso al resto de elementos de protección, maniobra o gestión de cargas, cuando así sea preciso.

Las tapas de los módulos serán **precintable**s, dispondrán por su cara exterior de una placa de advertencia de riesgo eléctrico y serán de un **material transparente** que permita visualizar su interior y la lectura de los contadores sin necesidad de abrir la tapa.

Las puertas de los armarios serán **opacas sin visores**, dispondrán por su cara exterior de una placa de advertencia de riesgo eléctrico y de un retenedor con enclavamiento una vez abiertas. Su cierre se realizará siempre mediante una cerradura o candado normalizado por la empresa distribuidora.

Las envolventes dispondrán de placas base aislantes para la fijación de los distintos elementos. Para el montaje de los contadores las placas base cumplirán con la misma categoría de inflamabilidad que las envolventes considerándose que están en contacto con partes que transportan la corriente. En la **figura 1** se muestran las dimensiones orientativas de las **placas base para el montaje de contadores**, siendo posible que las distribuidoras especifiquen dimensiones diferentes.

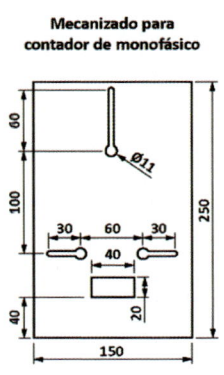

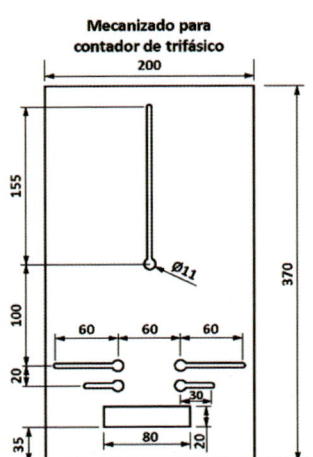

Borrador Real Decreto

Figura 1- Borrador RD:
Mecanizado para montaje de contadores.

3. CABLEADO DE LAS CENTRALIZACIONES DE CONTADORES Y DE LOS MÓDULOS DE MEDIDA INDIRECTA

Cada **derivación individual** debe llevar asociado en su origen su propia protección compuesta por *fusibles de seguridad*, con independencia de las protecciones correspondientes a la instalación interior de cada suministro. Estos fusibles <u>se instalarán antes del contador</u> y se colocarán <u>en cada uno de los hilos de fase o polares que van al mismo</u>, tendrán la adecuada capacidad de corte en función de la máxima intensidad de cortocircuito que pueda presentarse en ese punto y estarán precintados por la empresa distribuidora.

Los **cables** serán de **6 mm²** de sección, salvo cuando se incumplan las prescripciones reglamentarias en lo que afecta a previsión de cargas y caídas de tensión, en cuyo caso la sección será mayor.

Guía

Para **contadores totalmente centralizados**, se recomienda la utilización de conductores de sección mínima de:

- **10 mm²** para el conexionado en viviendas de <u>grado de electrificación básico</u>; y de
- **16 mm²** para las de grado elevado.

Salvo para trazados de longitud muy corta (<u>menos de **14 metros**</u> en electrificación básica, y <u>menos de **8 metros**</u> en electrificación elevada).

Borrador Real Decreto

Con el fin de minimizar futuras modificaciones en las centralizaciones de contadores o en los módulos de medida indirecta cuando se producen ampliaciones de potencia, su <u>cableado</u> tendrá una <u>sección mínima **16 mm²**</u>. No obstante, por previsión de cargas o para conseguir una caída de tensión dentro de los límites reglamentarios, puede ser necesaria una sección mayor.

Los cables serán de una tensión asignada de **450/750 V** y los conductores de **cobre**, de **clase 2** según norma **UNE 21.022 (UNE-EN 60.228)**, con un aislamiento seco, extruido a base de mezclas termoestables o termoplásticas; y se identificarán según los colores prescritos en la **ITC-BT-19**.

Los cables serán *no propagadores del incendio* y <u>con emisión de humos y opacidad reducida</u>*. Los cables con características equivalentes a la norma **UNE 21.027-9** (mezclas termoestables) o a la norma **UNE 211.002** (mezclas termoplásticas) cumplen con esta prescripción.

* Por el Reglamento Delegado 2016/364, se establece el siguiente texto legal:

Los cables serán de la clase de reacción al fuego mínima C_{ca} **-s1b,d1,a1**. Los cables con características equivalentes a la norma **UNE 21.027**, parte 9 (mezclas termoestables) o a la norma **UNE 211.002** (mezclas termoplásticas) cumplen con esta prescripción.

El resto de cableado tendrá las mismas características que las indicadas anteriormente.

> El **cable de mando** que parta de la CC o del MMI tendrá una sección de: .... **1,5 mm²** y color rojo

> La alimentación al equipo de comunicaciones para **telemedida** será de sección: .... **2,5 mm²**

> Los circuitos de **medida indirecta** conectados al secundario de los transformadores de intensidad la sección mínima será de: .... **6 mm²**

Asimismo, deberá disponer del cableado necesario para los circuitos de *mando y control* con el objetivo de satisfacer las disposiciones tarifarias vigentes. El cable tendrá las mismas características que las indicadas anteriormente, su color de identificación será el rojo y con una sección de **1,5 mm²**.

El cableado se realizará detrás de la placa de montaje mediante conductores unipolares. Las conexiones se efectuarán directamente y los conductores no requerirán preparación especial o terminales.

Cuando en una centralización se instalen contadores inteligentes que incorporen la función de telegestión, las derivaciones individuales con origen en estos contadores **no requerirán del hilo mando** especificado en la **ITC-BT-15**, ya que estos contadores permiten la aplicación de diferentes tarifas sin necesidad del hilo de mando.

Guía — Los cables con estas características indicados en estas normas son:

Tipo de cable		Norma
H07Z-R	Conductor unipolar aislado de tensión asignada **450/750 V**, conductor de **cobre** clase 2 (-R), aislamiento de compuesto termoestable (Z).	UNE 21.027-9
H07Z1-R (AS) (anterior denominación ES07Z1-R (AS))	Conductor unipolar aislado de tensión asignada **450/750 V**, conductor de **cobre** clase 2 (-R), aislamiento de compuesto termoplástico a base de poliolefina (Z1). Este tipo de cable solamente está normalizado para las secciones de 1,5 mm² con aislamiento de color rojo y de **6, 10, 16 mm²**.	UNE 211.002

Nota 1. Según la norma UNE 21.022 los conductores **clase 2** son aquellos constituidos por varios alambres cableados, formando un conductor rígido.

CPR — NOTA A.: Los cables serán de la clase de reacción al fuego mínima **C_{ca} -s1b, d1, a1.**
Los cables deberán llevar el marcado con su designación y a continuación la clase de reacción al fuego. *Ejemplo: H07Z1-R (AS) C_{ca} -s1b, d1, a1.*

4. FORMAS DE COLOCACIÓN
(4. AGRUPACIÓN DE CONTADORES Y
REQUISITOS DE CUARTOS Y ARMARIOS DE CONTADORES)

Borrador Real Decreto

El emplazamiento y la instalación de los contadores dependerá del número de suministros a alimentar desde la acometida. Para uno o dos suministros alimentados desde el mismo lugar los contadores se ubicarán en una **CPM** instalada en el límite de la propiedad, mientras que si se trata de más de dos suministros se ubicarán en cuartos o armarios de contadores instalados en el límite de la propiedad o en el interior del edificio o finca.

■ **4.1 Colocación en forma individual**
(4.1 Colocación para uno o dos suministros alimentados desde el mismo lugar)

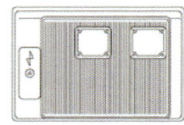

Esta disposición se utilizará sólo cuando se trate de un suministro a **un único usuario independiente o a dos usuarios** alimentados desde un mismo lugar.

Se hará uso de la *Caja de Protección y Medida (CPM)*, de los tipos y características indicados en el apartado 2 de **ITC-BT-13**, que reúne bajo una misma envolvente, los fusibles generales de protección, el contador y el dispositivo para discriminación horaria. En este caso, los *fusibles de seguridad* **coinciden** con los fusibles generales de protección.

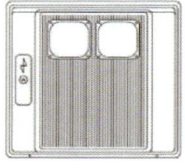

-F.A.1-

El emplazamiento de la caja de protección y medida se efectuará de acuerdo a lo indicado en el apartado 2.1 de la **ITC-BT-13**.

Para **suministros industriales**, comerciales o de servicios con medida indirecta, dada la complejidad y diversidad que ofrecen, la solución a adoptar será la que se especifique en los requisitos particulares de la empresa suministradora para cada caso en concreto, partiendo de los siguientes principios:

- ✓ fácil lectura del equipo de medida;
- ✓ acceso permanente a los fusibles generales de protección;
- ✓ garantías de seguridad y mantenimiento.

El usuario será responsable del quebrantamiento de los precintos que coloquen los organismos oficiales o las empresas suministradoras, así como de la rotura de cualquiera de los elementos que queden bajo su custodia, cuando el contador esté instalado dentro de su local o vivienda. En el caso de que el contador se instale fuera, será responsable el propietario del edificio.

■ 4.2 Colocación en forma concentrada
(4.2 Colocación para suministros múltiples)

En el caso de:
1. Edificios destinados a viviendas y locales comerciales.
2. Edificios comerciales.
3. Edificios destinados a una concentración de industrias.

Los contadores y demás dispositivos para la medida de la energía eléctrica de cada uno de los usuarios y de los servicios generales del edificio, podrán concentrarse en uno o varios lugares, para cada uno de los cuales habrá de preverse en el edificio un armario o local adecuado a este fin, donde se colocarán los distintos elementos necesarios para su instalación.

Las concentraciones de contadores incluirán la reserva de espacio para contadores adicionales que proceda **según la ITC-BT-52** *(vehículo eléctrico)*, o la indicada en especificación siguiente cuando suponga una reserva de espacio todavía mayor:

Borrador Real Decreto

> Para concentraciones de **contadores monofásicos** la **quinta parte** de los contadores a instalar con un mínimo de un módulo de reserva.

> Para concentraciones de **contadores trifásicos** la **décima parte** de los contadores a instalar con un mínimo de un módulo de reserva.

Cuando el **número de contadores** centralizados sea **superior a 16**, será obligatorio disponer de un **local** en el edificio para la ubicación de la concentración.

Cuando el número contadores a instalar en la misma ubicación, contando los espacios de reserva como contadores, sea **superior a**:

a) **16** monofásicos, o
b) **12** trifásicos de medida directa, o
c) **3** trifásicos más **9** monofásicos, o
d) **4** trifásicos de medida indirecta.

Será necesaria su ubicación en un **cuarto de contadores** con las características indicadas en el apartado 4.2.1 mientras que para números inferiores podrán ubicarse también en un armario de contadores de las características indicadas en el apartado 4.2.2.

En función de la naturaleza y número de contadores, así como de las plantas del edificio, la concentración de los contadores se situará de la forma siguiente:

A1. En **edificios de hasta 12 plantas:**
Se colocarán en la <u>planta baja</u>, <u>entresuelo</u> o <u>primer sótano</u>.

A2. En **edificios superiores a 12 plantas:**
Se podrá concentrar por <u>plantas intermedias</u>, comprendiendo cada concentración los contadores de **6 o más** plantas.

B. Podrán disponerse **concentraciones por plantas** cuando el número de contadores en cada una de las concentraciones sea ***superior a 16***.

En función de la naturaleza y número de contadores, así como de as plantas del edificio, la concentración de los contadores se situará de la forma indicada en las tablas siguientes.

EDIFICIOS DE 12 o MENOS PLANTAS		
Número de contadores del edificio [(1)]	**Ubicación de los contadores en:**	**Situación**
• Inferior o igual a **16** monofásicos o • Inferior o igual a **12** trifásicos de medida directa o • Inferior o igual a **4** trifásicos medida indirecta	Cuarto o armario	✓ Planta baja, ✓ Entresuelo o ✓ Primer sótano
• Superior a **16** monofásicos o • Superior a **12** trifásicos de medida directa o • Superior a **4** trifásicos medida indirecta	Cuarto	(No se pueden situar en plantas intermedias)
[(1)] Incluidos los espacios de reserva para contadores monofásicos o trifásicos		

Tabla 1- Borrador RD:
*Ubicación de cuartos y armarios de contadores en edificios de **12 o menos plantas**.*

EDIFICIOS DE MÁS DE 12 PLANTAS		
Número de contadores del edificio [(1)]	**Ubicación de los contadores en:**	**Situación**
• Inferior o igual a **16** monofásicos o • Inferior o igual a **12** trifásicos de medida directa o • Inferior o igual a **4** trifásicos medida indirecta	Cuarto o armario	✓ Planta baja, ✓ Entresuelo o ✓ Primer sótano o ✓ Zonas comunes de cada **6 o más** plantas
• Superior a **16** monofásicos o • Superior a **12** trifásicos de medida directa o • Superior a **4** trifásicos medida indirecta	Cuarto	
[(1)] Incluidos los espacios de reserva para contadores monofásicos o trifásicos		

Tabla 2- Borrador RD:
*Ubicación de cuartos y armarios de contadores en edificios de **más de 12 plantas.***

Los conjuntos modulares se instalarán en las paredes de los cuartos o armarios de contadores de forma que sean accesibles para su mantenimiento, inspección y maniobra por su cara frontal.

En los cuartos y armarios de contadores se colocará una **caja** para **seccionamiento de la tierra** de las masas de utilización de baja tensión del edificio a la que se conectarán:

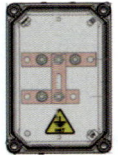

F.A.2: Caja seccionamiento

1) La barra de protección de las columnas de medida de las centralizaciones.
2) El protector contra sobretensiones transitorias de cada centralización.
3) La pletina de tierra y el protector contra sobretensiones transitorias de cada **MMI**.

Borrador Real Decreto

Los cuartos o armarios de Contadores podrán albergar, de acuerdo con las necesidades de la empresa distribuidora para la gestión de los suministros y a instalar por la propia empresa distribuidora, distintos equipos de comunicación y adquisición de datos.

En todos los cuartos o armarios de Contadores se dispondrá de:

1) Un **extintor** de eficacia **21A/113B**, en el exterior, y lo más próximo posible a la puerta

2) Un **enchufe de 16 A** en el interior, con toma de tierra conectado a los servicios generales de la finca.

La instalación y mantenimiento de ambos será a cargo de la propiedad del edificio.

Las principales características constructivas particulares que deben cumplir los cuartos o armarios de contadores son las indicadas en los siguientes apartados.

4.2.1 En local
(4.2.1 Cuartos de contadores)

Este local que estará *dedicado única y exclusivamente a este fin* podrá, además, albergar por necesidades de la compañía eléctrica para la gestión de los suministros que parten de la centralización, un equipo de comunicación y adquisición de datos, a instalar por la compañía eléctrica, así como el cuadro general de mando y protección de los servicios comunes del edificio, siempre que las dimensiones reglamentarias lo permitan.

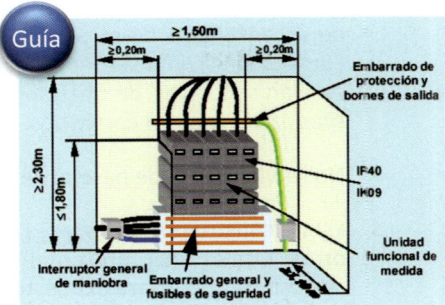

Guía Técnica – Ejemplo CC en local

El local cumplirá las condiciones de protección contra incendios que establece la **CTE-DB-SI** para los locales de riesgo especial bajo y responderá a *las siguientes condiciones:*

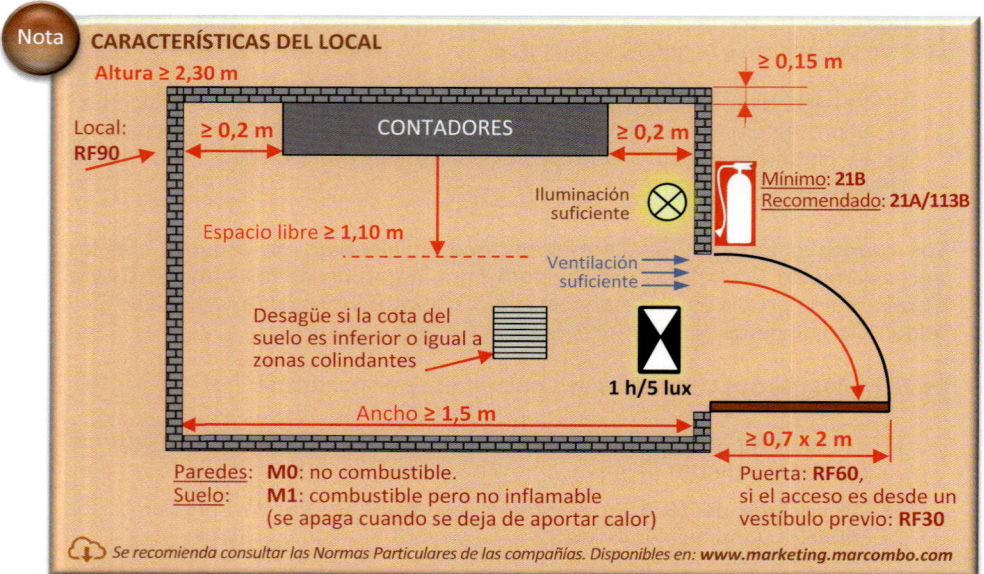

CARACTERÍSTICAS DEL LOCAL

Altura ≥ 2,30 m

≥ 0,15 m

Local: **RF90**

≥ 0,2 m | CONTADORES | ≥ 0,2 m

Iluminación suficiente

Mínimo: **21B**
Recomendado: **21A/113B**

Espacio libre ≥ 1,10 m

Ventilación suficiente

Desagüe si la cota del suelo es inferior o igual a zonas colindantes

1 h/5 lux

Ancho ≥ 1,5 m

≥ 0,7 x 2 m

Paredes: **M0**: no combustible.
Suelo: **M1**: combustible pero no inflamable (se apaga cuando se deja de aportar calor)

Puerta: RF60, si el acceso es desde un vestíbulo previo: **RF30**

Se recomienda consultar las Normas Particulares de las compañías. Disponibles en: **www.marketing.marcombo.com**

1. Estará situado en la planta baja, entresuelo o primer sótano, salvo cuando existan concentraciones por plantas, en un lugar lo más próximo posible a la entrada del edificio y a la canalización de las derivaciones individuales. Será de fácil y libre acceso, tal como portal o recinto de portería y el local nunca podrá coincidir con el de otros servicios tales como cuarto de calderas, concentración de contadores de agua, gas, telecomunicaciones, maquinaria de ascensores o de otros como almacén, cuarto trastero, de basuras, etc. Lugares que no estén expuestos a vibraciones ni humedades. También estarán separados de otros locales que presenten riesgos de incendio o que produzcan vapores corrosivos.

2. No servirá nunca de paso ni de acceso a otros locales.

3. Estará construido con paredes de clase **M0** y suelos de clase **M1**, separado de otros locales que presenten riesgos de incendio o produzcan vapores corrosivos y no estará expuesto a vibraciones ni humedades.

4. Dispondrá de ventilación y de iluminación suficiente para comprobar el buen funcionamiento de todos los componentes de la concentración. Con rejillas

de ventilación en la pared o en la puerta de acceso. La sección de las rejillas será de **50 cm² por cada m²** o fracción de superficie del cuarto de contadores. Las características de las rejillas de ventilación cumplirán las condiciones de protección contra incendio establecidas en el CTE.

Borrador Real Decreto

5. Cuando la cota del suelo sea inferior o igual a la de los pasillos o locales colindantes, deberán disponerse sumideros de desagüe para que en el caso de avería, descuido o rotura de tuberías de agua, no puedan producirse inundaciones en el local.

6. Las paredes donde debe fijarse la concentración de contadores tendrán una resistencia no inferior a la del tabicón de medio pie de ladrillo hueco. Los conjuntos modulares se fijarán a la pared en montaje superficial a una altura mínima de **0,25 m** sobre la rasante del suelo de forma que los equipos a instalar en su interior queden ubicados como máximo a **1,8 m** de altura.

7. El local tendrá una **altura mínima de 2,30 m** y una **anchura mínima** en paredes ocupadas por contadores de **1,50 m**. Sus dimensiones serán tales que las distancias desde la pared donde se instale la concentración de contadores hasta el primer obstáculo que tenga enfrente sean de **1,10 m**.

   La distancia entre los laterales de dicha concentración y sus paredes colindantes será de **20 cm** (Borrador RD: será como mínimo de **30 cm**).

   Para posibilitar la ampliación futura de las centralizaciones y la instalación de circuitos de recarga, al menos en una de las paredes se dejará una distancia libre de **1,25 m**.

   La resistencia al fuego del local corresponderá a lo establecido en la Norma **CTE-DB-SI** para locales de riesgo especial bajo.

8. La **_puerta de acceso_** abrirá hacia el exterior y tendrá una dimensión mínima de **0,70 x 2 m**, su resistencia al fuego corresponderá a lo establecido para puertas de locales de riesgo especial bajo en la norma **CTE-DB-SI** y estará equipada con la cerradura que tenga normalizada la empresa distribuidora.

 Por su cara exterior incluirá una placa de señalización de riesgo eléctrico de tamaño AE-10 y otra placa indicando "CUARTO DE CONTADORES ELECTRICOS". Por su cara interior dispondrá de una barra antipánico para su apertura.

9. Dentro del local e inmediato a la entrada deberá instalarse un equipo autónomo de alumbrado de emergencia, de autonomía no inferior a **1 hora** y proporcionando un nivel mínimo de iluminación de **5 lux**. Al menos una de las luminarias de emergencia se ubicará interiormente sobre la puerta de acceso al cuarto de contadores.

Borrador Real Decreto

Dispondrán de iluminación suficiente para poder comprobar el buen funcionamiento de todos los componentes de la concentración. Para ello cada cuarto de contadores tendrá una iluminancia mínima de **250 lux** medida a 1 m de altura y en cota cero.

10. En el exterior del local y lo más próximo a la puerta de entrada, deberá existir un **extintor móvil**, de eficacia mínima **21B**, cuya instalación y mantenimiento será a cargo de la propiedad del edificio.

11. Si sus dimensiones lo permiten, se podrá instalar en su interior el cuadro general de mando y protección de los servicios generales de la finca o el cuadro de mando y protección para los circuitos de recarga colectivos de vehículos eléctricos.

12. Cuando una centralización de contadores alimentada desde una LGA ocupe varias paredes del cuarto de contadores, dichas paredes deben ser colindantes haciendo esquina y los embarrados generales de las dos partes deben estar unidos por cables conectados con terminales y de sección tal que soporten la misma intensidad que el embarrado.

4.2.2 En armario
(4.2.2 Cuartos de contadores)

Si el número de contadores a centralizar es **igual o inferior a 16**, además de poderse instalar en un local de las características descritas en 2.2.1, la concentración podrá ubicarse en un armario *destinado única y exclusivamente a este fin.*

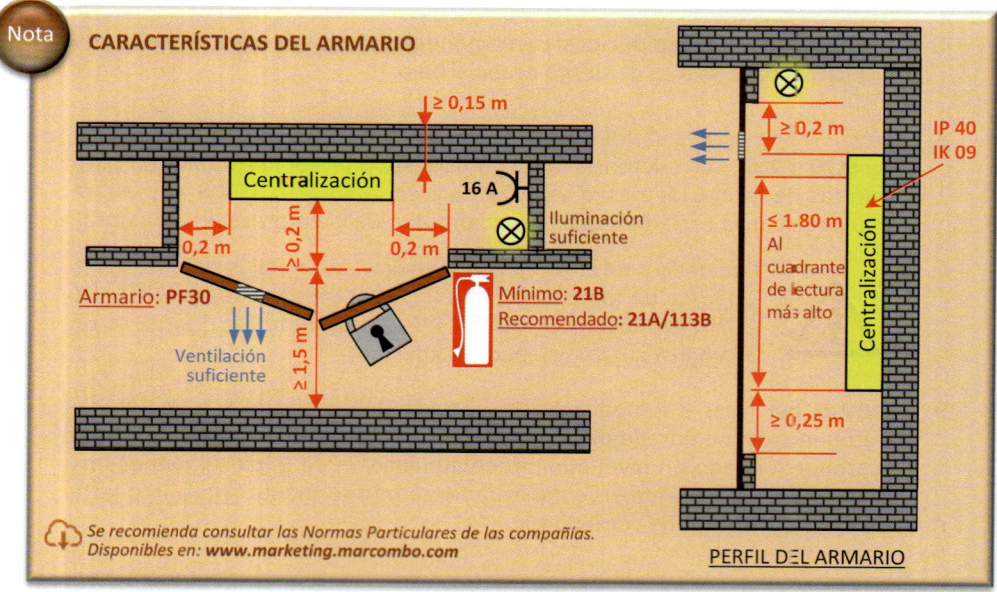

Nota

CARACTERÍSTICAS DEL ARMARIO

≥ 0,15 m

Centralización

16 A

Iluminación suficiente

≥ 0,2 m

0,2 m   ≥ 0,2 m   0,2 m

Armario: PF30

Mínimo: **21B**
Recomendado: **21A/113B**

Ventilación suficiente

≥ 1,5 m

IP 40
IK 09

≥ 0,2 m

≤ 1.80 m
Al cuadrante de lectura más alto

Centralización

≥ 0,25 m

Se recomienda consultar las Normas Particulares de las compañías.
Disponibles en: www.marketing.marcombo.com

PERFIL DEL ARMARIO

Este armario, reunirá los siguientes requisitos:

1. Estará situado en la planta baja, entresuelo o primer sótano del edificio, salvo cuando existan concentraciones por plantas, empotrado o adosado sobre un paramento de la **zona común de la entrada** lo más próximo a ella y a la canalización de las derivaciones individuales, ubicado en un lugar de fácil y libre acceso, que no esté expuesto a vibraciones ni humedades. También estará separado de otros locales que presenten riesgos de incendio o que produzcan vapores corrosivos.

2. No tendrá bastidores intermedios que dificulten la instalación o lectura de los contadores y demás dispositivos.

3. Desde la parte más saliente del armario hasta la pared opuesta deberá respetarse un pasillo de **1,5 m** como mínimo.

4. Los armarios tendrán una característica parallamas mínima, **PF 30**.

5. Las puertas de cierre, dispondrán de la cerradura que tenga normalizaca la empresa suministradora.

6. Dispondrá de ventilación y de iluminación suficiente.

   Dispondrá de ventilación suficiente mediante **rejillas** intumescentes con una sección mínima de **50 cm²** en cada hoja de la puerta. *Borrador Real Decreto*

   El portal, pasillo, acera o zona de paso donde se ubique dispondrá de una iluminación mínima de **250 lux**, medidos a la altura de montaje de los contadores.

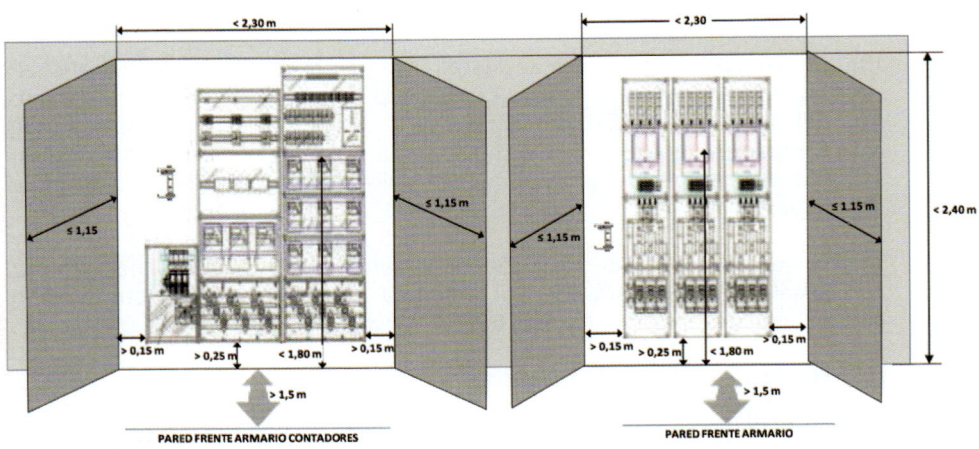

Figura 2- Borrador RD:
Ejemplo de disposición de conjuntos modulares en armarios de contadores.

7. En sus inmediaciones, se instalará un **extintor móvil**, de <u>eficacia mínima</u> <u>**21B**</u>, cuya *instalación y mantenimiento será a cargo de la propiedad del edificio.* Igualmente, se colocará una **base de enchufe** (toma de corriente) ***con toma de tierra de 16 A*** para servicios de mantenimiento.

8. En el <u>recinto de una escalera protegida</u>, en el de una escalera especialmente protegida o en un vestíbulo de independencia, así como en un sector de riesgo mínimo, se puede instalar un armario de contadores de electricidad siempre que esté separado de dichas zonas con elementos **EI 120** y registros **EI 60**.

9. **No** podrán destinarse a compartir otros usos como pueden ser: la instalación de contadores de agua o gas, de equipos de telecomunicaciones ajenos a distribución de electricidad.

10. La puerta tendrá unas dimensiones iguales a las del paramento que conforma el armario, pudiendo disponer de una o dos hojas, de tal forma que no exista ninguna jamba, bastidor o elemento intermedio que dificulten el acceso a cualquier conjunto modular de su interior o la instalación y lectura de los contadores y demás dispositivos.

11. Las puertas serán abatibles 180° sobre la pared del pasillo o portal donde se instale el armario.

12. Las puertas de cierre dispondrán de la cerradura que tenga normalizada la distribuidora. Por su cara exterior incluirá una placa de señalización de riesgo eléctrico de tamaño AE-10, y otra placa indicando "ARMARIO DE CONTADORES ELECTRICOS".

13. Los conjuntos modulares se fijarán a la pared del fondo del armario en montaje superficial a una <u>altura de cómo mínimo</u> **0,25 m** sobre la rasante del suelo del pasillo, portal o acera donde se ubica el armario de contadores, de forma que los equipos a instalar en su interior (contadores, filtros o equipos de gestión) queden ubicados <u>como máximo</u> a **1,80 m** de altura.

14. El ancho interior de la pared del fondo deberá ser tal, que una vez instalados en su interior los conjuntos modulares, se mantenga como mínimo una distancia libre de **0,15 m** <u>por ambos lados</u>.

15. El armario de contadores tendrá:

   ➢ **2,30 m** de <u>ancho máximo</u> y
   ➢ **2,40 m** de <u>altura máxima.</u>

5. CONCENTRACIÓN DE CONTADORES Y MMI
(5. TIPOS Y CARACTERÍSTICAS DE LAS CENTRALIZACIONES DE CONTADORES Y DE LOS MÓDULOS DE MEDIDA INDIRECTA)

La propiedad del edificio o el usuario tendrán, en su caso, la responsabilidad del quebranto de los precintos que se coloquen y de la alteración de los elementos instalados que quedan bajo su custodia en el local o armario en que se ubique la concentración de contadores.

Cuando existan envolventes estarán dotadas de dispositivos precintables que impidan toda manipulación interior y podrán constituir uno o varios conjuntos. Los elementos constituyentes de la concentración que lo precisen estarán marcados de forma visible para que permitan una fácil y correcta identificación del suministro a que corresponde.

■ 5.1 Centralizaciones de contadores

Las concentraciones de contadores estarán concebidas para albergar:

- ✓ Los aparatos de medida, mando, control (ajeno al ICP); y
- ✓ La protección de todas y cada una de las derivaciones individuales que se alimentan desde la propia concentración.

Cumplirán con la Norma **UNE-EN 60.439* parte 2 y 3** y en lo que se refiere al grado de inflamabilidad cumplirán con el ensayo del hilo incandescente descrito en la norma **UNE-EN 60.695-2-1**, a una temperatura de 960 °C para los materiales aislantes que estén en contacto con las partes que transportan la corriente y de 850 °C para el resto de los materiales tales como envolventes, tapas, etc.

** __NOTA A.:__ Norma anulada y sustituida por la **UNE-EN 61.439-6 Y 3**.*

Las concentraciones permitirán la instalación de los elementos necesarios para la aplicación de las disposiciones tarifarias vigentes y permitirán la incorporación de los avances tecnológicos del momento.

La colocación de la concentración de contadores se realizará de tal forma que desde la parte inferior de la misma al suelo haya como mínimo una altura de **0,25 m** y el cuadrante de lectura del aparato de medida situado más alto, no supere el **1,80 m**.

El cableado que efectúa las uniones embarrado-contador-borne de salida podrá ir bajo tubo o conducto.

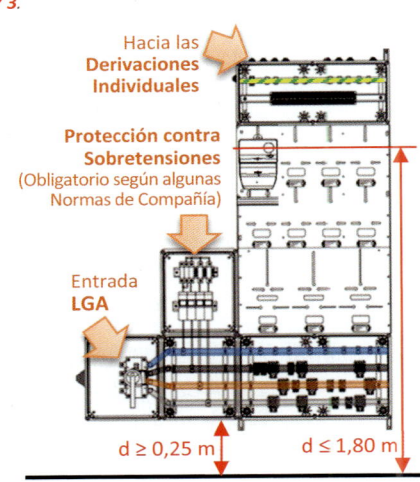

Hacia las **Derivaciones Individuales**

Protección contra Sobretensiones
(Obligatorio según algunas Normas de Compañía)

Entrada **LGA**

d ≥ 0,25 m   d ≤ 1,80 m

-F.A.3-

➔ **Las concentraciones, estarán formadas eléctricamente, por** las siguientes unidades funcionales:

5.1.1 Unidad funcional de protección contra sobretensiones

Sus características responderán a lo señalado en la **ITC-BT-23** y para su ubicación se seguirá lo indicado en la **ITC-BT-12**.

5.1.2 Unidad funcional de interruptor general de maniobra, IGM

Su misión es dejar fuera de servicio, en caso de necesidad, toda la concentración de contadores.

Será obligatoria para concentraciones de más de dos usuarios.

Esta unidad se instalará en una envolvente de doble aislamiento independiente, que contendrá un interruptor de **corte omnipolar**, de **apertura en carga** que se podrá bloquear mediante un candado o dispositivo equivalente y que garantice que el **neutro no** sea cortado **antes que los otros polos**.

Deberá poderse enclavar en posición de abierto

El polo correspondiente al **neutro** se deberá:

➢ Abrir con retardo y
➢ Cerrar con adelanto respecto a los polos de las fases.

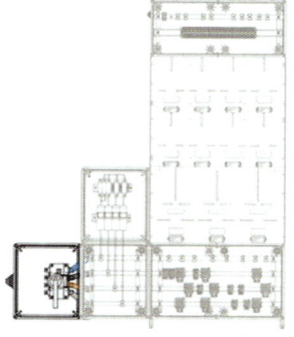

-F.A.4-

Se instalará entre la línea general de alimentación y el embarrado general de la concentración de contadores.

Cuando exista más de una LGA (línea general de alimentación) se colocará un interruptor por cada una de ellas. Se colocará un interruptor por cada centralización de contadores.

El interruptor será, como mínimo, de:

- **160 A** para previsiones de carga **hasta 90 kW**; y de
- **250 A** para las superiores a ésta, **hasta 150 kW**.

La intensidad asignada del IGM será de:
- **160 A** para previsiones de carga hasta **100 kW**
- **250 A** para previsiones de carga entre **100 kW** y **160 kW**
- **400 A** para previsiones de carga entre **160 kW** y **250 kW**

Características según su intensidad asignada	IGM		
	160 A	250 A	400 A
Tensión asignada de aislamiento (V)	500	500	500
Rigidez dieléctrica a 50 Hz, 1 min, kV	4	5	5
Tensión asignada de aislamiento a impulsos (kV cresta)	8	8	12

Tabla 3- Borrador RD: Características mínimas del IGM según su intensidad asignada.

5.1.3 Unidad funcional de medida de intensidad en la LGA (opcional)

Su misión es medir la corriente que circula por la LGA, para que pueda ser utilizada bien por un **SPL** (Sistema de protección de la LGA) o por un **SAV** (sistema anti-vertido) en el caso de instalaciones de autoconsumo colectivo sin excedentes.

Contiene el embarrado general de la concentración y los fusibles de seguridad correspondiente a todos los suministros que estén conectados al mismo.

Cada derivación individual debe llevar instalada en su origen su propia protección compuesta por fusibles de seguridad, con independencia de las protecciones correspondientes a los circuitos de la instalación interior de cada suministro. Estos fusibles se instalarán antes del contador y se colocarán en cada uno de los hilos de fase o polares que van al mismo, tendrán la adecuada capacidad de corte en función de la máxima intensidad de cortocircuito que pueda presentarse en ese punto y los portafusibles de seguridad que los alojan podrán estar precintados por la empresa distribuidora.

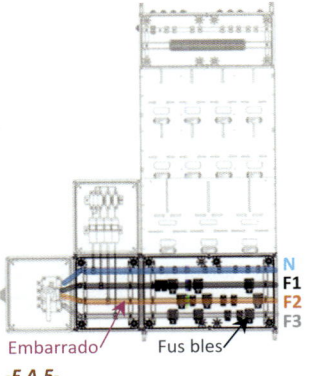

Embarrado
-F.A.5-
N
F1
F2
F3
Fusibles

Los fusibles a instalar dependerán de la potencia prevista de cada derivación individual que se protege. Las bases portafusibles para protección de derivación individual serán cerradas de forma que proporcionen un IP2X como mínimo.

Borrador Real Decreto

Dispondrá de una protección aislante que evite contactos accidentales con el embarrado general al acceder a los fusibles de seguridad. Esta unidad funcional dispondrá de una protección aislante adicional, con un grado de protección mínimo **IP XXB***, situada por delante de los elementos en tensión que evite los contactos accidentales con el embarrado general al acceder a los fusibles de seguridad.

***NOTA A.:** *Grado de protección también indicado en la Guía Técnica de esta ITC-BT-16.*

5.1.4 Unidad funcional de medida

Contiene los contadores, interruptores horarios y/o dispositivos de mando para la medida de la energía eléctrica.

Los módulos de **medida indirecta** incluirán también los transformadores de intensidad y un conjunto de bloques de conexión para la verificación de contadores. Los transformadores de intensidad **no** serán de tipo toroidal y tendrán una **potencia de precisión** tal que la potencia de la carga que alimenten esté comprendida entre el 25 % y 100 % de la potencia de precisión.

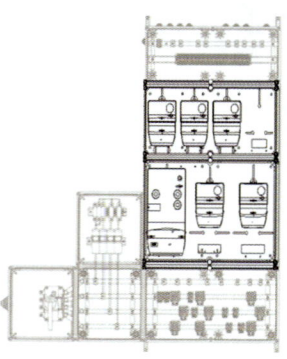

-F.A.6-

Borrador Real Decreto

5.1.5 Unidad funcional de filtrado y gestión de cargas

En esta unidad se podrán instalar filtros PLC para evitar que las perturbaciones eléctricas emitidas por ciertos suministros introduzcan en la red ruido en el rango de frecuencias PLC utilizado para la telegestión de los contadores. También se podrán instalar equipos de gestión cargas tales como contactores asociados al funcionamiento de un **SPL**, gestores dinámicos de potencia para recarga o contadores secundarios en los suministros cuyo titular precise de los mismos.

Para tal fin se reservará aguas abajo de cada contador un espacio de ciertas dimensiones según se trate de suministros monofásicos o trifásicos, tal y como se representa en la **figura 3**, siendo las dimensiones de la figura 3 orientativas. Las dimensiones mínimas necesarias podrán estar recogidas en las especificaciones particulares de las empresas distribuidoras aprobadas por la administración.

- **Unidad funcional de mando** (opcional)

  Contiene los dispositivos de mando para el cambio de tarifa de cada suministro.

- **Unidad funcional de telecomunicaciones** (opcional)

  Contiene el espacio para el equipo de comunicación y adquisición de datos.

- **Unidad funcional de medida destinada a la medida de la recarga del VE**

  Según el tipo de esquema eléctrico utilizado de los indicados en la ITC-BT-52.

- **Unidad funcional de mando y protección para la recarga del VE**

  Según el tipo de esquema eléctrico utilizado de los indicados en la ITC-BT-52.

- **Unidad de Sistema de Protección de la Línea General de Alimentación (SPL) del Vehículo Eléctrico**

  Según el tipo de esquema eléctrico utilizado de los indicados en la ITC-BT-52 y según se trate de una instalación nueva o ya existente.

Guía

Aunque no se instalen las unidades opcionales, se ha de dejar el espacio libre suficiente para una posible futura instalación de las mismas.

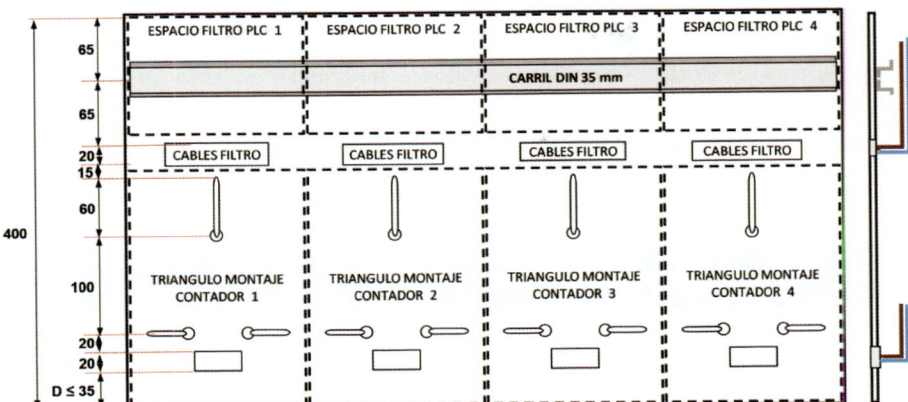

Reserva de espacio para unidad funcional de filtrado y gestión con contadores monofásicos

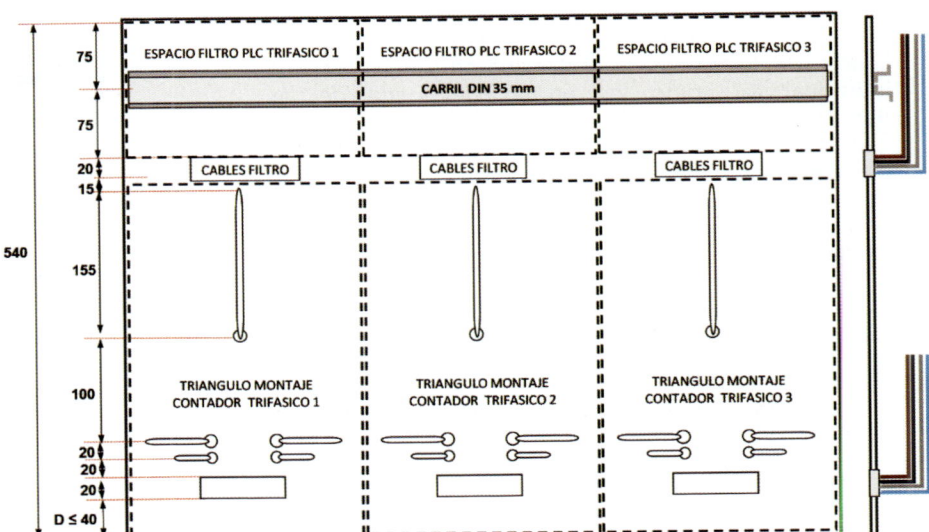

Reserva de espacio para unidad funcional de filtrado y gestión con contadores trifásicos

Figura 3 - Borrador RD: *Espacio para montaje de filtros PLC y de otros equipos de gestión (dimensiones orientativas no obligatorias).*

Borrador
Real
Decreto

5.1.6 Unidad funcional del interruptor de maniobra individual, IMI

Consiste en un interruptor-seccionador de seguridad cuya función es poder maniobrar las derivaciones individuales. Deberá ser capaz de cortar en carga y reconectar las derivaciones individuales, garantizando al mismo tiempo su seccionamiento seguro.

El IMI se instalará entre el espacio reservado para el filtro PLC y el bornero de salida, será de **corte omnipolar** y se podrá **bloquear** mediante un candado o dispositivo equivalente.

El polo correspondiente al neutro se deberá:

➢ Abrir con retardo y
➢ Cerrar con adelanto respecto a los polos de las fases.

Características según su intensidad asignada	IMI			
	80 A	160 A	250 A	400 A
Tensión asignada de aislamiento (V)	500	500	500	500
Rigidez dieléctrica a 50 Hz, 1 min, kV	3,5	4	5	5
Tensión asignada de aislamiento a impulsos (kV cresta)	8	8	8	12

Tabla 4- Borrador RD: Características mínimas del IMI según su intensidad asignada.

5.1.7 Unidad funcional de embarrado de protección y bornes de salida

Contiene el embarrado de protección donde se conectarán los cables de protección de cada derivación individual así como los bornes de salida de las derivaciones individuales. Los bornes de salida serán dobles y la unidad funcional podrá contener también elementos de mando como contactores o dispositivos de alta impedancia para la gestión del circuito de recarga de vehículo eléctrico según esquema 2 y permitir el rearme del limitador de potencia del contador desde la vivienda.

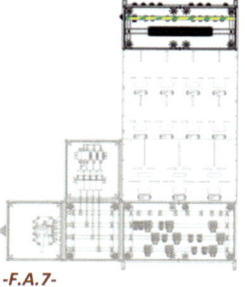

-F.A.7-

Los bornes deben permitir como mínimo la conexión de cables con las secciones indicadas a continuación:

1) Para las fases y el neutro:
   ✓ **16 mm²** para derivaciones individuales monofásicas y
   ✓ **35 mm²** para trifásicas.
2) Para el conductor de protección: **16 mm².**
3) Para el hilo rojo de mando: **2,5 mm².**

El embarrado de protección deberá estar señalizado con el símbolo normalizado de puesta a tierra y conectado a tierra. Deberá conectarse a la caja para seccionamiento de la tierra de las masas de utilización de baja tensión que debe existir en los cuartos de contadores o próxima a los armarios de contadores.

En la siguiente figura se representan dos ejemplos de configuraciones genéricas que pueden adoptar las centralizaciones de contadores.

*Borrador
Real
Decreto*

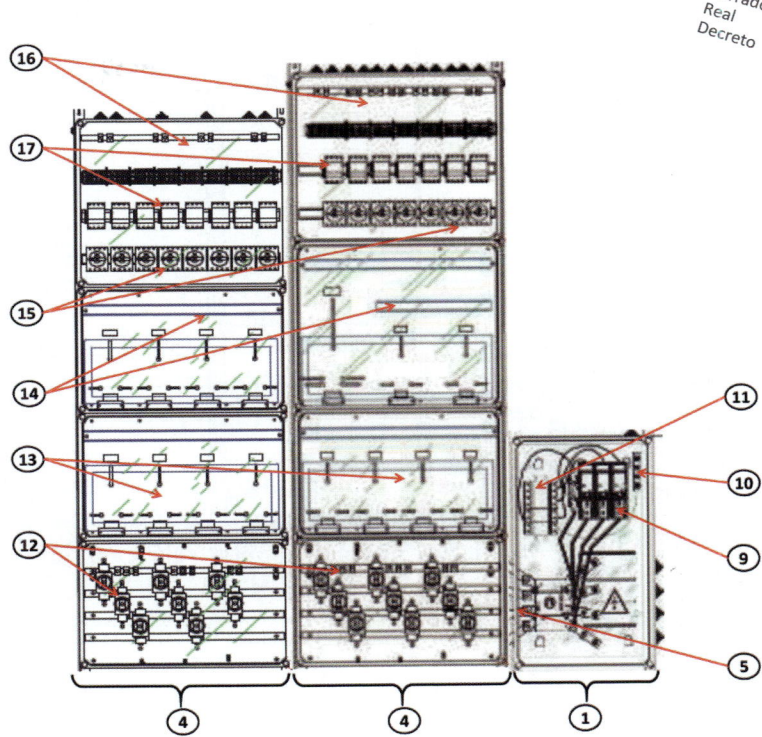

- **Leyenda:**
    1. IGM y protección contra sobretensiones.
    2. IGM, protección contra sobretensiones y medida de corriente en la LGA
    3. Conjuntos modulares de medida.
    4. Conjuntos modulares de medida para suministros con esquema "2" de recarga.
    5. Interruptor general de maniobra, IGM.
    6. Instalación de transformadores para SPL o SAV.
    7. Espacio para montaje del SPL o SAV.
    8. Bornes de verificación del SPL, o SAV.
    9. Protección del dispositivo de protección de sobretensiones.
    10. Conexión a la tierra de las masas de utilización de baja tensión.
    11. Dispositivo de protección contra sobretensiones (DPS).
    12. Unidad funcional de embarrado general y fusibles de seguridad.
    13. Unidad funcional de medida.
    14. Unidad funcional de filtrado y gestión de cargas.
    15. Unidad funcional de los interruptores de maniobra individual.
    16. Unidad funcional del embarrado de protección y bornes de salida.
    17. Contactores para la gestión de los circuitos de recarga (esquema 2).

Figura 4A- Borrador RD: Configuraciones genéricas de las centralizaciones de contadores.

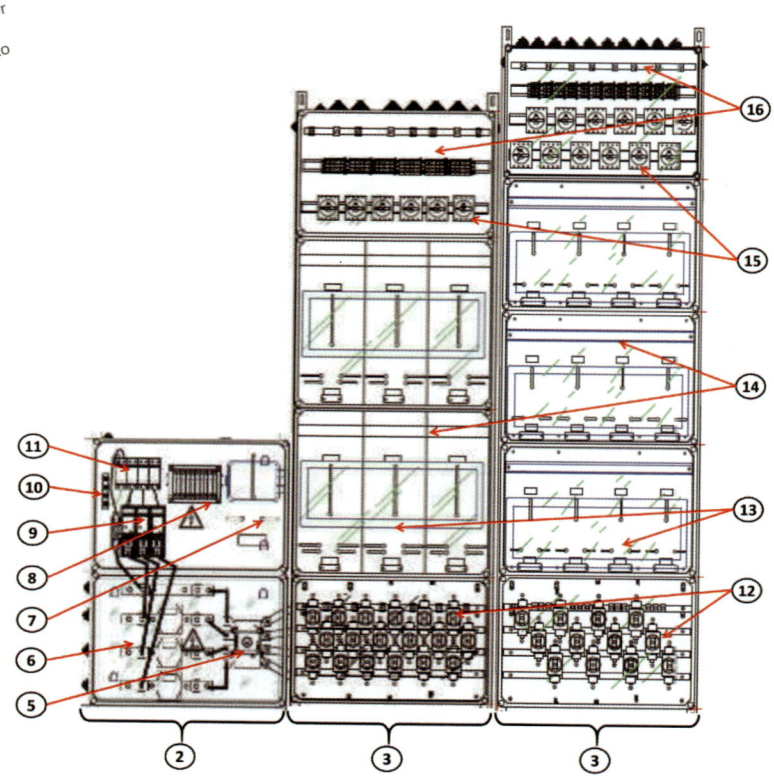

- **Leyenda:**
  1. IGM y protección contra sobretensiones.
  2. IGM, protección contra sobretensiones y medida de corriente en la LGA.
  3. Conjuntos modulares de medida.
  4. Conjuntos modulares de medida para suministros con esquema "2" de recarga.
  5. Interruptor general de maniobra, IGM.
  6. Instalación de transformadores para SPL o SAV.
  7. Espacio para montaje del SPL o SAV.
  8. Bornes de verificación del SPL, o SAV.
  9. Protección del dispositivo de protección de sobretensiones.
  10. Conexión a la tierra de las masas de utilización de baja tensión.
  11. Dispositivo de protección contra sobretensiones (DPS).
  12. Unidad funcional de embarrado general y fusibles de seguridad.
  13. Unidad funcional de medida.
  14. Unidad funcional de filtrado y gestión de cargas.
  15. Unidad funcional de los interruptores de maniobra individual.
  16. Unidad funcional del embarrado de protección y bornes de salida.
  17. Contactores para la gestión de los circuitos de recarga (esquema 2).

Figura 4B- Borrador RD: *Configuraciones genéricas de las centralizaciones de contadores.*

■ 5.2 Módulos de medida indirecta *(BORRADOR RD)*

Los módulos de medida indirecta estarán formados eléctricamente, por las siguientes unidades funcionales:

5.2.1 Unidad funcional de protección contra sobretensiones

Sus características responderán a lo señalado en la **ITC-BT-23**.

5.2.2 Unidad funcional de fusibles de seguridad

Los fusibles a instalar dependerán de la potencia prevista de la derivación individual que se protege. Las bases portafusibles serán cerradas previstas para la instalación de fusibles de **tipo NH con cuchillas**.

5.2.3 Unidad funcional de medida

Esta unidad se compone de:

1. El contador trifásico,
2. Los transformadores de intensidad y
3. Un conjunto de bloques de conexión para la verificación de los contadores.

Los transformadores de intensidad **no** serán de tipo toroidal y tendrán una **potencia de precisión** tal que la potencia de la carga que alimenten esté comprendida entre el 25 % y 100 % de la potencia de precisión.

Esta unidad podrá incorporar un **equipo de comunicaciones** para telemedida junto con sus fusibles de protección y **una toma de 230 V** para su alimentación.

5.2.4 Unidad funcional del interruptor de maniobra individual, IMI

Consiste en un interruptor-seccionador de seguridad cuya función es poder maniobrar la derivación individual.

Deberá ser capaz de cortar en carga y reconectar la derivación individual, garantizando al mismo tiempo su seccionamiento seguro. Será de corte **omnipolar** y se podrá bloquear mediante un candado o dispositivo equivalente.

El polo correspondiente al neutro se deberá:

➢ Abrir con retardo y
➢ Cerrar con adelanto respecto a los polos de las fases.

Las características del IMI serán las ya indicadas para la misma unidad funcional de la centralización de contadores.

6. ELECCIÓN DEL SISTEMA

Para homogeneizar estas instalaciones, la **empresa suministradora**, de común acuerdo con la propiedad, elegirá de entre las soluciones propuestas la que mejor se ajuste al suministro solicitado. En caso de discrepancia resolverá el Organismo competente de la Administración.

Se admitirán otras soluciones tales como contadores individuales en viviendas o locales, cuando se incorporen al sistema nuevas técnicas de telegestión.

Borrador Real Decreto

Las centralizaciones de contadores y los módulos de medida indirecta a utilizar corresponderán a uno de los tipos y esquemas recogidos en las especificaciones técnicas particulares de la empresa distribuidora que hayan sido aprobadas por la Administración Pública competente.

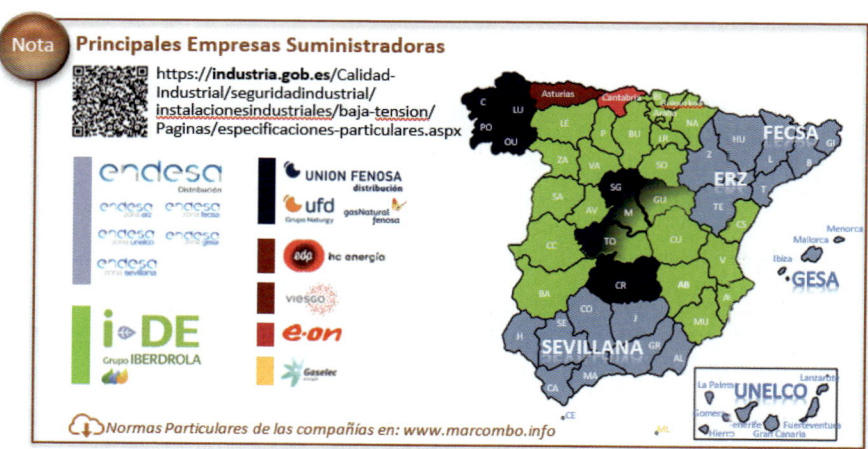

Nota

Principales Empresas Suministradoras

https://**industria.gob.es**/Calidad-Industrial/seguridadindustrial/instalacionesindustriales/baja-tension/Paginas/especificaciones-particulares.aspx

Normas Particulares de las compañías en: www.marcombo.info

7. MODIFICACIÓN DE INSTALACIONES EXISTENTES *(BORRADOR RD)*

En el caso de instalaciones existentes en las cuales se vaya a realizar una modificación o ampliación que implique la construcción de un cuarto de contadores nuevo o la instalación de un armario de contadores nuevo, en las que **resulte imposible cumplir con los requisitos anteriores**, previo acuerdo con la empresa distribuidora y autorización de la administración competente se podrá aceptar de dimensiones del cuarto de contadores y distancias libres hasta los mínimos siguientes.

- Las dimensiones del nuevo **cuarto de contadores** se podrán reducir hasta:
  - ➤ **1,8 m** para la altura
  - ➤ **1,2 m** para el ancho total ocupado por la centralización de contadores
  - ➤ **0,8 m** de espacio libre frente a los conjuntos modulares.

- En el caso de los **armarios de contadores** se podrá aceptar reducir el espacio libre frente al armario hasta **1,2 m**.

Cuando se realice la modificación o ampliación de una instalación existente con fines de autoconsumo, la distribuidora encargada de la lectura permitirá la ubicación de los equipos de medida necesarios para el autoconsumo en un lugar distinto al previsto en esta ITC siempre que cumplan las condiciones y el carácter excepcional previsto en el Reglamento unificado de puntos de medida del sistema eléctrico o en las instrucciones técnicas complementarias que lo desarrollan.

8. NORMAS DE REFERENCIA (*BORRADOR RD*)

Los productos que cumplan con su norma de producto correspondiente, según se indica a continuación, y adicionalmente presenten las características especificadas en esta ITC-BT (por ejemplo, grado IP, características eléctricas o resistencia a la propagación de la llama), tendrán presunción de conformidad con los requisitos de esta ITC-BT.

- Los conjuntos modulares para contadores que cumplan con la norma **UNE-EN 61.439-2**[2].

- Los IGM y los IMI que cumplan con la norma **UNE-EN 60.947-1** y la norma **UNE-EN 60.947-3**.

- Los conjuntos de bloques de conexión para la verificación de contadores que cumplen con la norma **UNE 201.011**.

- Los cartuchos fusibles que cumplan con la norma **UNE-EN 60.269-1** y la norma **UNE-HD 60.269-2**.

- Las Bases Unipolares Cerradas BUC que cumplan con la **UNE-EN 60.269 (serie)**.

(2) La norma será aplicable únicamente a los conjuntos de aparamenta prefabricados de acuerdo con la definición de la ITC-BT-01, no a aquellos cuadros eléctricos montados in-situ.

ANOTACIONES

ITC-BT-17

Dispositivos generales e individuales de mando y protección.

Interruptor de control de potencia

Texto consolidado mediante:
➢ **Borrador Real Decreto**

GUIA-BT	Edición
Incluida	Sep. 2020 (Rev.2)

Norma	Apartado	Sustituida por:
UNE 20.324	*1.2*	**UNE-EN 60.529**
UNE 20.451	*1.2*	**UNE-EN 60.670-1**
UNE-EN 50.102	*1.2*	**UNE-EN 62.262**
UNE-EN 60.439-3	**1.2**	--

NOTA A.: *El texto señalado en color gris pertenece al Borrador del RD (no vinculante).*

Índice

1. DEFINICIONES *(BORRADOR RD)*

Los **dispositivos generales de mando y protección** son los elementos de maniobra y protección de la instalación para poder realizar la conexión y desconexión de toda la instalación interior y su protección contra sobreintensidades, sobretensiones y contactos indirectos.

Los **dispositivos individuales de mando y protección** son los elementos de maniobra y protección individual de los circuitos interiores de la instalación para poder realizar la conexión y desconexión individual de cada circuito y su protección contra sobreintensidades, y eventualmente también contra sobretensiones y contactos indirectos.

2. SITUACIÓN *(1.1)*

Los dispositivos generales de mando y protección se instalarán dentro del Cuadro General de Mando y Protección (**CGMP**) y se situarán lo más cerca posible del punto de entrada de la derivación individual en el local o vivienda del usuario.

En viviendas y en locales comerciales e industriales **en los que proceda**, se colocará **una caja** para el interruptor de control de potencia, inmediatamente antes de los demás dispositivos, en compartimento independiente y precintable. Dicha caja se podrá colocar en el mismo cuadro donde se coloquen los dispositivos generales de mando y protección.

Guía No será exigible la instalación de la caja para el interruptor de control de potencia en aquellas instalaciones en las que hasta ahora eran obligatorias, y que tengan integrado un **contador inteligente con ICP incorporado**, tal y como se dispone en el artículo 9.6 del RD 1110/2007, por el que se aprueba el Reglamento unificado de puntos de medida del sistema eléctrico.

- En viviendas, deberá preverse la situación de los *dispositivos generales de mando y protección* junto a la puerta de entrada y *no* podrá colocarse en dormitorios, baños, aseos, etc.

- En los locales destinados a actividades industriales o comerciales, deberán situarse lo más próximo posible a una puerta de entrada de éstos.

- El Cuadro General de Mando y Protección correspondiente a los servicios generales del edifico o finca, se ubicará en las zonas comunes del edificio.

Los dispositivos individuales de mando y protección de cada uno de los circuitos, que son el origen de la instalación interior, podrán instalarse en cuadros separados y en otros lugares.

En locales de uso común o de pública concurrencia, deberán tomarse las precauciones necesarias para que los dispositivos de mando y protección **no** sean accesibles al público en general.

La altura a la cual se situarán los dispositivos generales e individuales de mando y protección de los circuitos, medida desde el nivel del suelo, estará comprendida entre: **1,4** y **2 m**, *para viviendas*.

En locales comerciales, la altura mínima será de **1 m** desde el nivel del suelo.

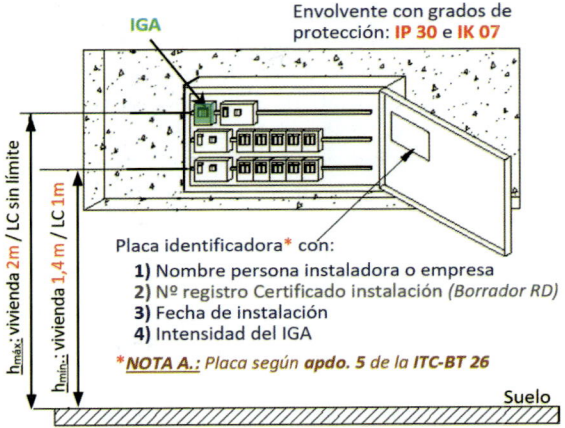

F.A.1: *Características CGMP y situación del IGA*

3. COMPOSICIÓN Y CARACTERÍSTICAS DE LOS CUADROS *(1.2)*

Los dispositivos generales e individuales de mando y protección, cuya posición de servicio será vertical, se ubicarán en el interior de uno o varios cuadros de distribución de donde partirán los circuitos interiores.

En las **instalaciones industriales** es posible que los dispositivos de mando y protección (según la serie **UNE-EN 60.947**) se dispongan en posición horizontal, siempre que dicha posición de montaje esté prevista en las instrucciones de montaje del fabricante del dispositivo, aplicando en su caso, los coeficientes reductores de intensidad que se indiquen en dichas instrucciones.

Borrador Real Decreto

Las envolventes de los cuadros se ajustarán a las normas **UNE-EN 60.670-1** y **UNE-EN 61.439-3**, con un grado de protección mínimo **IP 30** según **UNE-EN 60.529** e **IK 07** según **UNE-EN 62.262**. La envolvente para el interruptor de control de potencia será precintable y sus dimensiones estarán de acuerdo con el tipo de suministro y tarifa a aplicar. Sus características y tipo corresponderán a un modelo oficialmente aprobado.

Los cuadros dispondrán de una puerta en la cual se situará una placa o etiqueta identificativa que incorporará la siguiente información:

1) Nombre de la persona instaladora o empresa instaladora habilitada.
2) Nº de registro del certificado de la instalación eléctrica.
3) Fecha de registro de la instalación ante el órgano competente de la administración.
4) Intensidad asignada del Interruptor General Automático (IGA).

Borrador Real Decreto

El **IGA** se colocará a la izquierda del cuadro y en su parte superior, y a su derecha y hacia abajo el resto de los dispositivos.

Los cuadros dispondrán detrás de la puerta de una placa o cubierta fijada a la propia estructura del cuadro, que impida el acceso directo al cableado y a los bornes de conexión de los distintos dispositivos, permitiendo exclusivamente el acceso a los dispositivos de protección para su maniobra manual. Sobre la placa o cubierta se dispondrán todos los elementos necesarios para realizar la identificación individual de cada uno de los dispositivos generales de mando y protección, así como de cada uno de los circuitos interiores de la instalación.

Para los cuadros instalados en viviendas o instalaciones análogas en los que los dispositivos de protección pueden ser operados por personal no cualificado, el grado de protección mínimo del cuadro con la puerta abierta será **IP 30** según **UNE-EN 60.529**, mientras que en otros casos, como los cuadros instalados en locales técnicos o en cuadros para instalaciones industriales destinados a ser maniobrados solo por personal cualificado y autorizado el grado de protección mínimo será el indicado en la **ITC-BT-24** para la protección contra contactos directos por medio de envolventes.

Los dispositivos generales e individuales de mando y protección serán, **como mínimo**:

1. Un ***interruptor general automático*** de corte omnipolar, que permita su accionamiento manual y que esté dotado de elementos de protección contra sobrecarga y cortocircuitos. Este interruptor será independiente del interruptor de control de potencia.

Interruptor Automático General (IGA) **Magnetotérmico**

2. Un ***interruptor diferencial general***, destinado a la protección contra contactos indirectos de todos los circuitos.

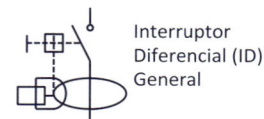
Interruptor Diferencial (ID) General

-F.A.2-

3. Dispositivos de corte omnipolar, destinados a la ***protección contra sobrecargas y cortocircuitos*** de cada uno de los circuitos interiores de la vivienda o local.

> Se conocen con el nombre de **PIA**s, acrónimo de **P**equeño **I**nterruptor **A**utomático

4. Dispositivo de ***protección contra sobretensiones***, según **ITC-BT-23**, si fuese necesario.

-F.A.3-

> La **ITC-BT-23** trata sobre sobretensiones transitorias.
>
> Según normas particulares de algunas empresas suministradoras sería obligatoria la instalación de protección contra **sobretensiones permanentes**.

5. Dispositivos de protección contra **sobretensiones transitorias y temporales**, cuyas características respondan a lo señalado en la instrucción **ITC-BT-23**.

Borrador Real Decreto

Si por el tipo o carácter de la instalación se instalase un interruptor diferencial por cada circuito o grupo de circuitos, se podría prescindir del interruptor diferencial general, siempre que queden protegidos todos los circuitos.

En el caso de que se instale más de un interruptor diferencial en serie, existirá una **selectividad** entre ellos, para lo cual deben cumplirse las siguientes condiciones:

1. **TIEMPO DE NO-ACTUACIÓN.** El del diferencial instalado aguas arriba deberá ser superior al tiempo de total de operación del diferencial situado aguas abajo.

   Los diferenciales tipo S o los de tipo retardado de tiempo regulable cumplen con esta condición.

2. **INTENSIDAD DIFERENCIAL-RESIDUAL.** La del diferencial instalado aguas arriba deberá ser superior a la del diferencial situado aguas abajo.

Según la tarifa a aplicar, el cuadro deberá prever la instalación de los mecanismos de control necesarios por exigencia de la aplicación de esa tarifa.

En el Cuadro General de Mando y Protección también se podrán instalar opcionalmente los siguientes dispositivos:

6. Un conmutador a modo separado en aquellos autoconsumos individuales que opten por poder funcionar en modo separado de la red de distribución, que dispongan de un contacto auxiliar para realizar la interconexión entre el neutro de la instalación interior y la tierra de las masas de utilización de baja tensión cuando se esté funcionando en modo separado.

7. Un interruptor para la maniobra a distancia del circuito de recarga en suministros con esquema "2" de recarga según la **ITC-BT-52** utilizando el cable de mando de la derivación individual.

8. Un equipo de medida del sistema anti-vertido (**SAV**) en aquellos autoconsumos individuales en la modalidad de "Sin Excedentes", en los que la instalación de generación se conecta en la instalación interior.

9. Dispositivos de control de cargas o domótica para optimizar el control de cargas según la tarifa eléctrica a aplicar.

10. Dispositivos de mando y protección para instalaciones generadoras de baja tensión según lo establecido en la **ITC-BT-40**.

Borrador
Real
Decreto

El **IGA** será el **primer dispositivo** del Cuadro General de Mando y Protección al que se conectarán las fases y el neutro de la derivación individual. Los dispositivos de protección contra **sobretensiones** transitorias y temporales, y eventualmente el conmutador a modo separado o el interruptor para maniobra del circuito de recarga, siempre deberán situarse previamente al interruptor diferencial para no provocar disparos intempestivos del diferencial. El resto de los dispositivos, se instalarán aguas abajo del interruptor diferencial, y en el caso concreto del **equipo de medida del sistema antivertido, SAV,** inmediatamente a continuación del interruptor diferencial antes de cualquier otro dispositivo de protección individual.

En las siguientes figuras se representan a modo de ejemplo varias configuraciones posibles del cuadro general de mando y protección.

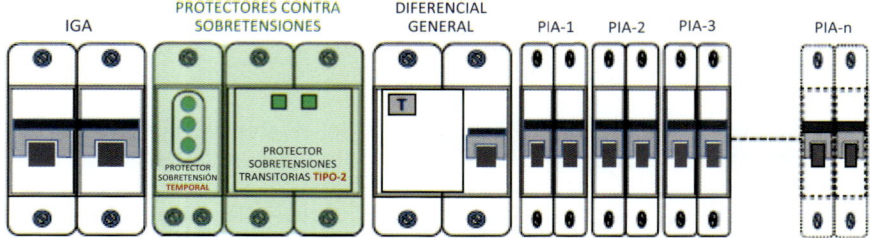

Figura 1- Borrador RD: *Configuración genérica del CGMP.*

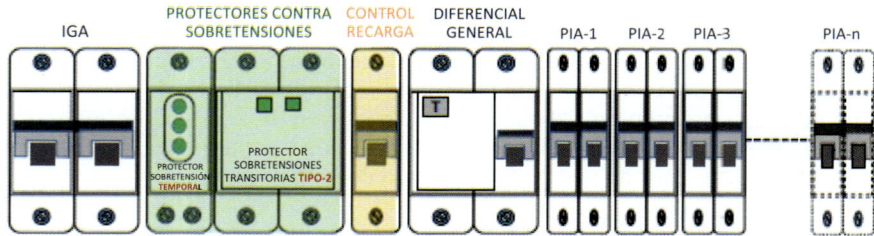

Figura 2- Borrador RD: *Configuración genérica del CGMP de un suministro con esquema "2" de recarga.*

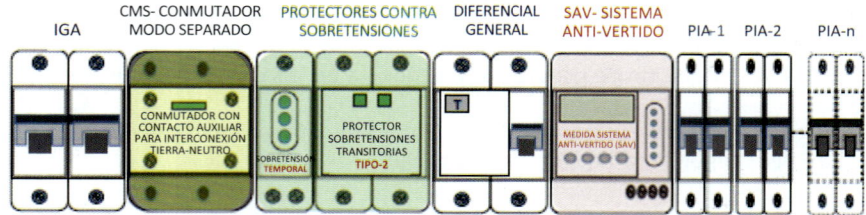

Figura 3- Borrador RD: *Configuración genérica del CGMP de un suministro con sistemas de almacenamiento o generación sin excedentes.*

Los cables que conecten los dispositivos generales de mando y protección con los dispositivos individuales de mando y protección serán de las mismas características de reacción al fuego, que los cables de la derivación individual.

El Cuadro General de Mando y Protección dispondrá de un **borne** o elemento similar para conectar el **cable de protección** de la derivación individual con los cables de protección de los circuitos interiores. Dicho borne o elemento se situará por detrás de la placa o cubierta aislante, de forma que sus conexiones no sean directamente accesibles.

Guía

El ICP (**I**nterruptor de **C**ontrol de **P**otencia)

✓ Se utiliza para suministros en baja tensión y hasta una intensidad de 63 A.

✓ Para suministros de intensidad superior a 63 A no se utiliza el ICP, sino interruptores de intensidad regulable, maxímetros o integradores incorporados al equipo de medida de energía eléctrica. En estos casos no es preceptiva la instalación de la caja para ICP.

✓ Sea cual sea el dispositivo de control de potencia utilizado, deberá estar acompañado de un IGA de corte omnipolar, ya que **no** se considera el ICP ni cualquier otro dispositivo de control de potencia, elementos de protección y de desconexión de la instalación.

SELECTIVIDAD ENTRE DIFERENCIALES

Para garantizar la selectividad total entre los diferenciales instalados en serie, se deben cumplir las siguientes dos condiciones:

1. **TIEMPO DE NO-ACTUACIÓN.** El del diferencial instalado aguas arriba deberá ser superior al tiempo de total de operación del diferencial situado aguas abajo. Los diferenciales tipo S o los de tipo retardado de tiempo regulable cumplen con esta condición.

2. **INTENSIDAD DIFERENCIAL-RESIDUAL.** La del diferencial instalado aguas arriba deberá ser superior a la del diferencial situado aguas abajo.

   En el caso de diferenciales para uso doméstico o análogo (UNE-EN 61.008 y UNE-EN 61.009) la **intensidad diferencial residual nominal del diferencial instalado aguas arriba deberá ser como mínimo tres veces superior a la del diferencial situado aguas abajo.**
   Los diferenciales instalados serán de **tipo S** según lo establecido en ITC-BT-24 Apto 4.1.2.

Envolvente cuadro general (uso doméstico o análogo) [(1)]	UNE-EN 60.670-1
Envolvente cuadro general y conjuntos de aparamenta (uso industrial) [(2)]	UNE-EN 62.208
Conjunto de aparamenta [(2)]	UNE-EN 61.439-3
Interruptor de control de potencia	UNE 20.317
Interruptores automáticos (uso doméstico o análogo)	UNE-EN 60.898
Interruptores automáticos con capacidad de seccionamiento (uso industrial)	UNE-EN 60.947-2
Interruptores diferenciales (uso doméstico o análogo)	UNE-EN 61.008
Interruptores diferenciales con dispositivo de protección contra sobreintensidades incorporado (uso doméstico o análogo)	UNE-EN 61.009
Interruptores diferenciales (uso industrial)	UNE-EN 60.947-2
Fusibles	UNE-EN 60.269-3
Interruptor horario	UNE-EN 62.052-21 UNE-EN 62.054-21
Bornes de conexión	UNE-EN 60.998

Nota 1: el grado de protección **IP 30**, el **IK 07** y el grado de inflamabilidad se verificarán de acuerdo con lo establecido en la norma UNE-EN 60.670-1. El grado de inflamabilidad será: 850 °C para las partes que soportan partes activas y 650 °C para las demás partes.

Nota 2: los diferentes componentes del cuadro deberán cumplir con su correspondiente norma de producto. Cuando se comercializan montados, todos estos elementos, constituyen el conjunto de aparamenta y deberán cumplir con las prescripciones de la UNE-EN 60.439-3. El grado de inflamabilidad será: (960 ± 10) °C para las partes que soportan partes activas y (650 ± 10) °C para las demás partes.

4. CARACTERÍSTICAS PRINCIPALES DE LOS DISPOSITIVOS DE PROTECCIÓN *(1.3)*

El **interruptor general automático (IGA)** de corte omnipolar tendrá poder de corte suficiente para la intensidad de cortocircuito que pueda producirse en el punto de su instalación, de **4.500 A como mínimo**.

Borrador Real Decreto

El valor de la intensidad asignada del **IGA** determina la potencia instalada de un suministro que es la potencia prevista a utilizar para el cálculo de la previsión de cargas correspondiente a los edificios o fincas con múltiples suministros.

En la Tabla 1 se calcula la potencia instalada de un suministro con medida directa según que suministro sea monofásico o trifásico, y según la intensidad asignada del IGA.

Intensidad asignada del IGA (A)	Potencia instalada para un **suministro monofásico**, P (kW)	Potencia instalada para un **suministro trifásico**, P (kW)
25 A	5,75 kW	17,25 kW
32 A	7,36 kW	22,08 kW
40 A	9,20 kW	27,60 kW
50 A	11,50 kW	34,50 kW
63 A	14,49 kW	43,47 kW
80 A	--	55,20 kW

Tabla 1 - Borrador RD:
Cálculo de la potencia instalada del suministro según la intensidad asignada del IGA.

El resto de los dispositivos de los cuadros de la instalación interior tales como interruptores automáticos, diferenciales, de gestión remota del circuito de recarga o de protecciones de la generación, protectores contra sobretensiones, conmutadores o medidores deberán resistir las corrientes de cortocircuito que puedan presentarse en el punto de su instalación. La sensibilidad de los interruptores diferenciales responderá a lo señalado en la instrucción **ITC-BT-24**.

Los dispositivos de protección contra sobrecargas y cortocircuitos de los circuitos interiores serán de corte omnipolar y tendrán los polos protegidos que corresponda al número de fases del circuito que protegen. Sus características de interrupción estarán de acuerdo con las corrientes admisibles de los conductores del circuito que protegen.

INTERRUPTOR GENERAL AUTOMÁTICO Y TABLA DE POTENCIAS ACTIVAS NORMALIZADAS PARA SUMINISTROS EN BAJA TENSIÓN HASTA UNA INTENSIDAD DE 63 A
(BOE nº74 de 28 de marzo de 2006)

Grado de electrificación	Interruptor General Automático (IGA)	ICP (A)	Potencias normalizadas (kW)			
			Red Monofásica		Red Trifásica	
			127 V	230 V	127/220 V	230/400 V
BÁSICO	63 A / 50 A / 40 A / 32 A / 25 A	1,5 A	0,191	0,345	0,572	1,039
		3 A	0,381	0,690	1,143	2,078
		3,5 A	0,445	0,805	1,334	2,425
		5 A	0,635	1,150	1,905	3,464
		7,5 A	0,953	1,725	2,858	5,196
		10 A	1,270	2,300	3,811	6,928
		15 A	1,905	3,450	5,716	10,392
		20 A	2,540	4,600	7,621	13,856
		25 A	3,175	5,750	9,526	--
		30 A	3,810	6,900	11,432	--
		35 A	4,445	8,050	13,337	--
ELEVADO		40 A	5,080	9,200	--	--
		45 A	5,715	10,350	--	--
		50 A	6,350	11,500	--	--
		63 A	8,001	14,490	--	--

5. NORMAS DE REFERENCIA *(BORRADOR RD)*

Las cajas vacías que cumplan con la norma **UNE-EN 60.670-1** y los conjuntos de aparamenta de baja tensión que cumplan con la norma UNE-EN **61.439-33** tienen presurción de conformidad con los requisitos de esta **ITC-BT-17**.

ANOTACIONES

ITC-BT-18 Puestas a tierra

Norma	Apartado	Sustituida por:
UNE 20.460-5-54	3.4	**UNE-HD 60.364-5-54**
UNE 21.022	3.1	**UNE-EN 60.228**

GUIA-BT	Edición
Incluida	Oct. 2005 (Rev.1)

Índice

1. OBJETO

Las puestas a tierra se establecen principalmente con objeto de limitar la tensión que, con respecto a tierra, puedan presentar en un momento dado las masas metálicas, asegurar la actuación de las protecciones y eliminar o disminuir el riesgo que supone una avería en los materiales eléctricos utilizados.

Cuando otras instrucciones técnicas prescriban como obligatoria la puesta a tierra de algún elemento o parte de la instalación, dichas puestas a tierra se regirán por el contenido de la presente instrucción.

2. PUESTA O CONEXIÓN A TIERRA. DEFINICIÓN

La puesta o conexión a tierra es la **unión eléctrica directa**, sin fusibles ni protección alguna, de una parte del circuito eléctrico o de una parte conductora no perteneciente al mismo mediante una toma de tierra con un electrodo o grupos de electrodos enterrados en el suelo.

Mediante la instalación de puesta a tierra se deberá conseguir que en el conjunto de instalaciones, edificios y superficie próxima del terreno no aparezcan diferencias de potencial peligrosas y que, al mismo tiempo, permita el paso a tierra de las corrientes de defecto o las de descarga de origen atmosférico.

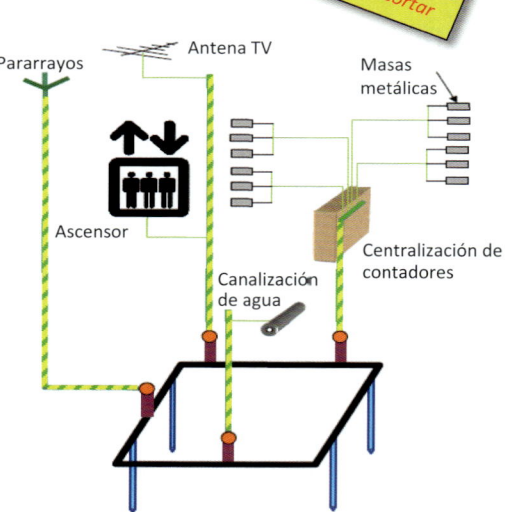

IMP! *"unión eléctrica directa"* El conductor de tierra NUNCA se puede cortar

F.A.1: Ejemplo de Puesta a Tierra de un edificio

3. UNIONES A TIERRA

Las disposiciones de puesta a tierra pueden ser utilizadas a la vez o separadamente, por razones de protección o razones funcionales, según las prescripciones de la instalación.

La elección e instalación de los materiales que aseguren la puesta a tierra deben ser tales que:

1. El valor de la resistencia de puesta a tierra esté conforme con las normas de protección y de funcionamiento de la instalación y se mantenga de esta manera a lo largo del tiempo, teniendo en cuenta los requisitos generales indicados en la **ITC-BT-24** y los requisitos particulares de las Instrucciones Técnicas aplicables a cada instalación.

2. Las corrientes de defecto a tierra y las corrientes de fuga puedan circular sin peligro, particularmente desde el punto de vista de solicitaciones térmicas, mecánicas y eléctricas.

3. La solidez o la protección mecánica quede asegurada con independencia de las condiciones estimadas de influencias externas.

4. Contemplen los posibles riesgos debidos a electrólisis que pudieran afectar a otras partes metálicas.

En la figura 1 se indican las partes típicas de una instalación de puesta a tierra:

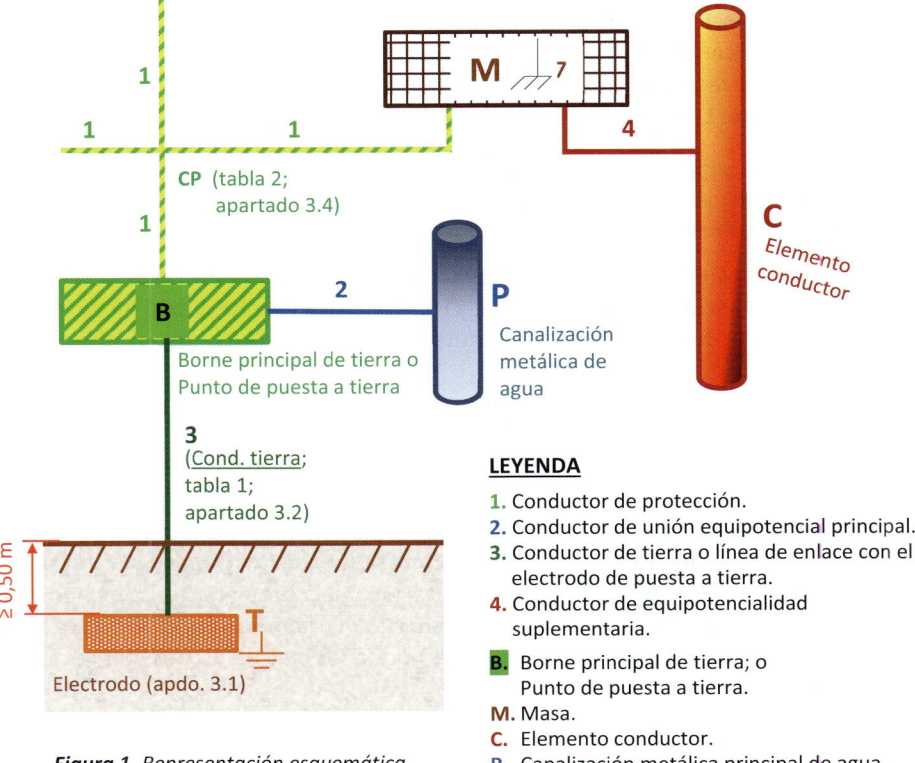

LEYENDA

1. Conductor de protección.
2. Conductor de unión equipotencial principal.
3. Conductor de tierra o línea de enlace con el electrodo de puesta a tierra.
4. Conductor de equipotencialidad suplementaria.
B. Borne principal de tierra; o Punto de puesta a tierra.
M. Masa.
C. Elemento conductor.
P. Canalización metálica principal de agua.
T. Toma de tierra.

***Figura 1.** Representación esquemática de un circuito de puesta a tierra.*

■ **3.1 Tomas de tierra**

Para la toma de tierra se pueden utilizar electrodos formados por:

- barras, tubos;
- pletinas, conductores desnudos;
- placas;
- anillos o mallas metálicas constituidos por los elementos anteriores o sus combinaciones;
- armaduras de hormigón enterradas; con excepción de las armaduras pretensadas;
- otras estructuras enterradas que se demuestre que son apropiadas.

Los conductores de **cobre** utilizados como electrodos serán de construcción y resistencia eléctrica según la **clase 2** de la norma **UNE 21.022***.
*** NOTA A.:** Norma sustituida por la **UNE-EN 60.228**.*

El tipo y la profundidad de enterramiento de las tomas de tierra deben ser tales que la posible pérdida de humedad del suelo, la presencia del hielo u otros efectos climáticos, no aumenten la resistencia de la toma de tierra por encima del valor previsto. **La profundidad** nunca será inferior a **0,50 m**.

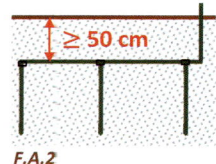

F.A.2

> Guía
>
> En lugares en los que exista riesgo continuado de heladas, se recomienda una profundidad mínima de enterramiento de la parte superior del electrodo de *0,8 m*.

Los materiales utilizados y la realización de las tomas de tierra deben ser tales que no se vea afectada la resistencia mecánica y eléctrica por efecto de la corrosión de forma que comprometa las características del diseño de la instalación.

Las canalizaciones metálicas de otros servicios (agua, líquidos o gases inflamables, calefacción central, etc.) **NO deben ser utilizadas** como tomas de tierra por razones de seguridad.

Las envolventes de plomo y otras envolventes de cables que no sean susceptibles de deterioro debido a una corrosión excesiva, pueden ser utilizadas como toma de tierra, previa autorización del propietario, tomando las precauciones debidas para que el usuario de la instalación eléctrica sea advertido de los cambios del cable que podría afectar a sus características de puesta a tierra.

Guía

Tal y como indica la **ITC-BT-26**, en viviendas, locales comerciales, oficinas y otros locales con usos análogos, se exige que la toma de tierra se realice en forma de anillo cerrado que integre a todo el perímetro del edificio al que se conectan, en su caso, los electrodos verticalmente hincados en el terreno cuando se prevea la necesidad de disminuir la resistencia de tierra que pueda presentar el conductor en anillo.

Producto	Norma
Picas cilíndricas de acero-cobre	UNE 21.056
	UNE 202.006
Conductor de cobre desnudo (clase 2)	UNE-EN 60.228

En otros casos, no contemplados en la ITC-BT-26, se recomienda también utilizar esta disposición constructiva.

Las dimensiones mínimas recomendadas para los electrodos de puesta a tierra, son:

Tipo de electrodo		Dimensión mínima
Picas	Barras	$\emptyset \geq 14{,}2$ mm (acero-cobre 250 µ)
		$\emptyset \geq 20$ mm (acero galvanizado 78 µ)
	Perfiles	Espesor ≥ 5 mm y sección ≥ 350 mm^2
	Tubos	$\emptyset$ exterior ≥ 30 mm y espesor ≥ 3 mm
Placas	Rectangular	1 m × 0,5 m
		Espesor ≥ 2 mm (cobre)
		Espesor ≥ 3 mm (acero galvanizado 78 µ)
	Cuadrada	1 m × 1 m
		Espesor ≥ 2 mm (cobre)
		Espesor ≥ 3 mm (acero galvanizado 78 µ)
Conductor desnudo		**35 mm^2 (cobre)**

■ 3.2 Conductores de tierra

La sección de los conductores de tierra tiene que satisfacer las prescripciones del apartado 3.4 de esta Instrucción y, **cuando estén enterrados**, deberán estar de acuerdo con los valores de la **tabla 1**. La sección *no* será *inferior a* la mínima exigida para los **conductores de protección**.

TIPO	Protegido mecánicamente	No protegido mecánicamente
Protegido contra la corrosión *	Según apartado 3.4, tabla 2	**16 mm^2** Cobre
		16 mm^2 Acero galvanizado
No protegido contra la corrosión	**25 mm^2** Cobre	
	50 mm^2 Hierro	
* La protección contra la corrosión puede obtenerse mediante una envolvente.		

Tabla 1. Secciones mínimas convencionales de los conductores de tierra.

Durante la ejecución de las uniones entre conductores de tierra y electrodos de tierra debe extremarse el cuidado para que resulten eléctricamente correctas.

Debe cuidarse, en especial, que las conexiones, no dañen ni a los conductores ni a los electrodos de tierra.

Guía

No obstante a lo indicado en la tabla 1, es recomendable que la sección mínima del conductor de tierra de **cobre enterrado y desnudo** sea de **35 mm²**.

Se considera que las conexiones son eléctricamente correctas, si se realizan, por ejemplo, mediante: grapas de conexión, soldadura aluminotérmica o autógena.

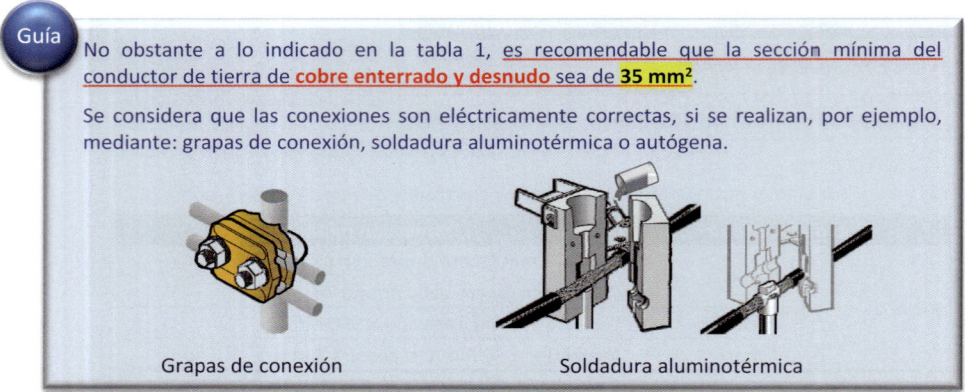

Grapas de conexión   Soldadura aluminotérmica

■ 3.3 Bornes de puesta a tierra   **B**

En toda instalación de puesta a tierra debe preverse un **borne principal** de tierra, al cual deben unirse los conductores siguientes:

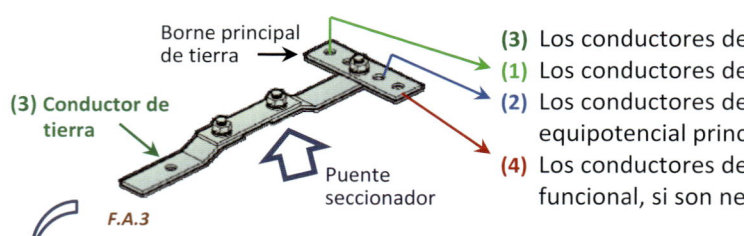

Borne principal de tierra →

(3) Conductor de tierra

Puente seccionador

F.A.3

(3) Los conductores de tierra.
(1) Los conductores de protección.
(2) Los conductores de unión equipotencial principal.
(4) Los conductores de puesta a tierra funcional, si son necesarios.

Debe preverse sobre los conductores de tierra y en lugar accesible, un dispositivo que permita medir la resistencia de la toma de tierra correspondiente. Este dispositivo puede estar combinado con el borne principal de tierra, debe ser desmontable necesariamente por medio de un útil, tiene que ser mecánicamente seguro y debe asegurar la continuidad eléctrica.

Guía

La **sección del puente** seccionador de tierra debe ser la misma que la del conductor de tierra o sección equivalente si se utilizan otros materiales.

■ 3.4 Conductores de protección (CP o PE –> Protección Eléctrica)

Los conductores de protección sirven para unir eléctricamente las masas de una instalación a ciertos elementos con el fin de asegurar la protección contra contactos indirectos.

En el circuito de conexión a tierra, los *conductores de protección unirán las masas al conductor de tierra*.

En otros casos reciben igualmente el nombre de **conductores de protección**, aquellos conductores que unen las masas:

> ➤ al neutro de la red;
> ➤ a un relé de protección.

La sección de los conductores de protección será la indicada en la **tabla 2**, o se obtendrá por cálculo conforme a lo indicado en la **norma UNE 20.460-5-54**[N.A.] apartado 543.1.1.

N.A.: Norma anulada y sustituida por la UNE-HD 60.364-5-54.

Sección conductores de fase de la instalación S (mm²)	Sección mínima de los conductores de protección S_p (mm²)
S ≤ 16	$S_p = S$*
16 < S ≤ 35	$S_p = 16$
S > 35	$S_p = S/2$

Tabla valida si: material de fases = material CP

Tabla 2. *Relación entre las secciones de los conductores de protección y los de fase.*

* Con un mínimo de:

A) Si el CP **no** forma parte de la canalización de alimentación, serán de **cobre**, y de:
- **2,5 mm²** si tiene protección mecánica.
- **4 mm²** si NO tiene protección mecánica.

B) CP común a varios circuitos:
- S_p mínima en función de la S_{fase} **de mayor sección**.

UNE

Sección mínima CP: UNE 20.460-5-54. Apdo. 543.1.1 / UNE-HD 60.364-5-54 Apdo. 543.1.2

$$S_p \geq \frac{\sqrt{I^2 \cdot t}}{k}$$

S_p = Sección conductor protección (mm²);
I = Intensidad de defecto que puede atravesar el dispositivo de protección (A);
t = Tiempo de funcionamiento del dispositivo de corte (s). **t ≤ 5 s**;
k = Factor de valor variable en función del material del conductor.

k	CP aislados o desnudos [1]			CP en cable multiconductor			Desnudos sin riesgo de dañar materiales próximos					
	PVC	PR / EPR	Caucho butilo	PVC	PR / EPR	Caucho butilo	Visible y en emplazamientos reservados		Condiciones normales		Riesgo incendio	
Tª inicial	30 °C	30 °C	30 °C	70 °C	90 °C	85 °C	30 °C		30 °C		30 °C	
Tª final	160 °C	250 °C	220 °C	160 °C	250 °C	220 °C	Tª máx	k	Tª máx	k	Tª máx	k
Cobre	143	176	166	115	143	134	500 °C	228	200 °C	159	150 °C	138
Aluminio	95	116	110	76	94	89	300 °C	125	200 °C	105	150 °C	91
Acero	52	64	60	42	52	48	500 °C	82	200 °C	58	150 °C	50

(1) Conductores de protección no incorporados a los cables, y conductores de protección desnudos en contacto con el revestimiento de cables.

Si la aplicación de la tabla conduce a valores no normalizados, se han de utilizar conductores que tengan la sección normalizada superior más próxima.

Los valores de la **tabla 2** solo son <u>válidos en el caso de que los conductores de protección hayan sido fabricados del mismo material que los conductores activos</u>; de no ser así, las secciones de los conductores de protección se determinarán de forma que presenten una conductibilidad equivalente a la que resulta aplicando la tabla 2.

NO parte de alimentación

En todos los casos los conductores de protección **que no forman parte de la canalización de alimentación** serán de cobre con una sección, al menos de:

- ▪ <mark>**2,5 mm²**</mark>, si los conductores de protección disponen de una protección mecánica.
- ▪ <mark>**4 mm²**</mark>, si los conductores de protección no disponen de una protección mecánica.

> Cuando el <u>conductor de protección</u> sea **común** <u>a varios circuitos</u>, la sección de ese conductor debe dimensionarse <u>en función de la mayor sección</u> de los conductores de fase.

Como conductores de protección pueden utilizarse:

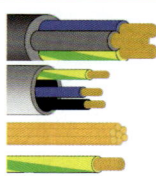

- ✓ conductores en los cables multiconductores; o
- ✓ conductores aislados o desnudos que posean una envolvente común con los conductores activos; o
- ✓ conductores separados desnudos o aislados.

Canalizaciones como CP

Cuando la instalación consta de partes de envolventes de conjuntos montadas en fábrica o de <u>canalizaciones prefabricadas con envolvente metálica</u>, estas envolventes **pueden ser utilizadas como conductores de protección si** satisfacen, simultáneamente, las tres condiciones siguientes:

- **a.** Su continuidad eléctrica debe ser tal que no resulte afectada por deterioros mecánicos, químicos o electroquímicos.
- **b.** Su conductibilidad debe ser, como mínimo, igual a la que resulta por la aplicación del presente apartado.
- **c.** Deben permitir la conexión de otros conductores de protección en toda derivación predeterminada.

La <u>cubierta exterior de los cables con aislamiento mineral</u>, puede utilizarse como conductor de protección de los circuitos correspondientes, si satisfacen simultáneamente las condiciones **a)** y **b)** anteriores.

Otros <u>conductos (**agua, gas u otros tipos**) o estructuras metálicas</u>, **no pueden** utilizarse como conductores de protección (CP o CPN).

Los conductores de protección deben estar convenientemente protegidos contra deterioros mecánicos, químicos y electroquímicos y contra los esfuerzos electrodinámicos.

Las conexiones deben ser accesibles para la verificación y ensayos, excepto en el caso de las efectuadas en cajas selladas con material de relleno o en cajas no desmontables con juntas estancas.

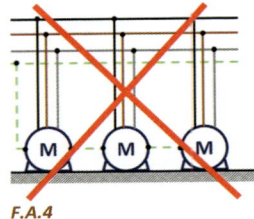

F.A.4

Ningún aparato deberá ser intercalado en el conductor de protección, aunque para los ensayos podrán utilizarse conexiones desmontables mediante útiles adecuados.

Las masas de los equipos a unir con los conductores de protección NO deben ser conectadas en serie en un circuito de protección, con excepción de las envolventes montadas en fábrica o canalizaciones prefabricadas mencionadas anteriormente.

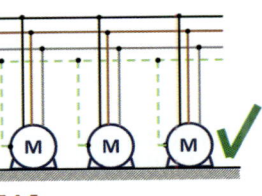

F.A.5

4. PUESTA A TIERRA POR RAZONES DE PROTECCIÓN

Para las medidas de protección en los esquemas **TN, TT** e **IT**, ver la **ITC-BT-24**.

Cuando se utilicen dispositivos de *protección **contra sobreintensidades** para la protección **contra el choque eléctrico***, será preceptiva la incorporación del conductor de protección **en la misma canalización** que los conductores activos o en su proximidad inmediata.

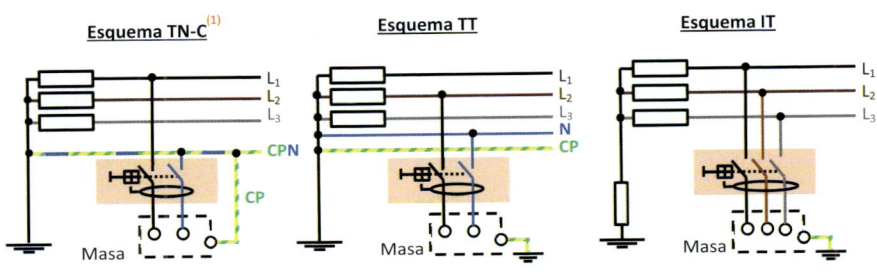

(1) Existen las variantes
TN-C. TN-S y TN-C-S.

F.A.6: *Esquemas TN, TT e IT (medidas de protección en ITC-BT-24 – apdo. 4.1).*

■ **4.1 Tomas de tierra y conductores de protección para dispositivos de control de tensión de defecto**

La ***toma de tierra auxiliar*** del dispositivo debe ser eléctricamente **independiente** de todos los elementos metálicos puestos a tierra, tales como elementos de construcciones metálicas, conducciones metálicas, cubiertas metálicas de cables. Esta condición se considera como cumplida si la toma de tierra auxiliar se instala a una distancia especificada de todo elemento metálico puesto a tierra, tal que quede fuera de la zona de influencia de la puesta a tierra principal.

La unión a esta toma de tierra debe estar aislada, con el fin de evitar todo contacto con el conductor de protección o cualquier elemento que pueda estar conectado a él.

El conductor de protección no debe estar unido más que a las masas de aquellos equipos eléctricos cuya alimentación pueda ser interrumpida cuando el dispositivo de protección funcione en las condiciones de defecto.

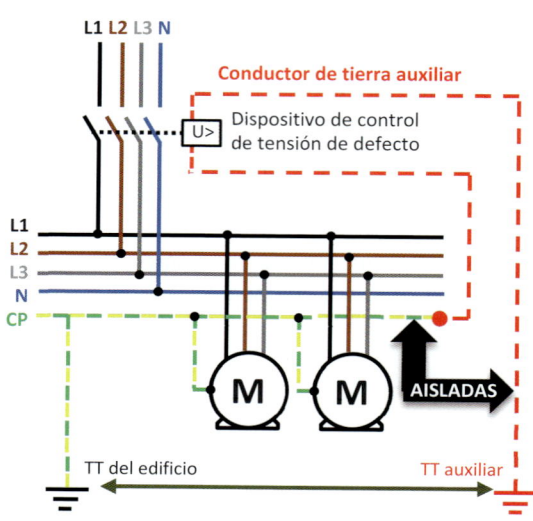

Distancia "d" conforme a que sean tomas de tierra independientes: tierra auxiliar fuera de la zona de influencia de la puesta a tierra principal (apartado 10 - ITC-BT-18).

F.A.7: *Dispositivos de control de tensión de defecto*

5. PUESTA A TIERRA POR RAZONES FUNCIONALES

Las puestas a tierra por razones funcionales deben ser realizadas de forma que aseguren el funcionamiento correcto del equipo y permitan un funcionamiento correcto y fiable de la instalación.

Equipos electrónicos, ordenadores, etc., necesitan una conexión a tierra para su funcionamiento

6. PUESTA A TIERRA POR RAZONES COMBINADAS DE PROTECCIÓN Y FUNCIONALES

Cuando la puesta a tierra sea necesaria a la vez por razones de protección y funcionales, prevalecerán las prescripciones de las medidas de protección.

Conductor de **P**rotección y **N**eutro

Protección **E**léctrica y **N**eutro

7. CONDUCTORES CPN (TAMBIÉN DENOMINADOS PEN)

En el esquema **TN**, cuando en las instalaciones fijas el conductor de protección tenga una sección al menos igual a **10 mm²**, en **cobre** o **aluminio**, las funciones de conductor de protección y de conductor neutro pueden ser combinadas, a condición de que la parte de la instalación común **NO** se encuentre protegida por un dispositivo de protección de corriente *diferencial* residual.

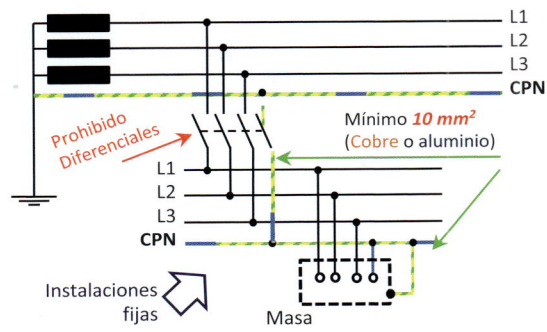

F.A.8: Esquema TN

Sin embargo, la sección de mínima de un conductor **CPN** puede ser de **4 mm²**, a condición de que el cable sea de cobre y del tipo concéntrico y que las conexiones que aseguran la continuidad estén duplicadas en todos los puntos de conexión sobre el conductor externo. El conductor CPN concéntrico debe utilizarse a partir del transformador y debe limitarse a aquellas instalaciones en las que se utilicen accesorios concebidos para este fin.

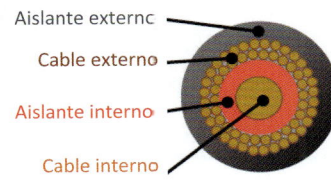
Aislante externo
Cable externo
Aislante interno
Cable interno

F.A.9: Conductor CPN concéntrico

El conductor CPN debe estar aislado para la tensión más elevada a la que puede estar sometido, con el fin de evitar las corrientes de fuga. El conductor CPN no tiene necesidad de estar aislado en el interior de los aparatos.

Si a partir de un punto cualquiera de la instalación, *el conductor neutro y el conductor de protección están separados*, **NO** estará permitido conectarlos entre sí en la continuación del circuito por detrás de este punto. En el punto de separación, deben preverse bornes o barras separadas para el conductor de protección y para el conductor neutro. El conductor CPN debe estar unido al borne o a la barra prevista para el conductor de protección.

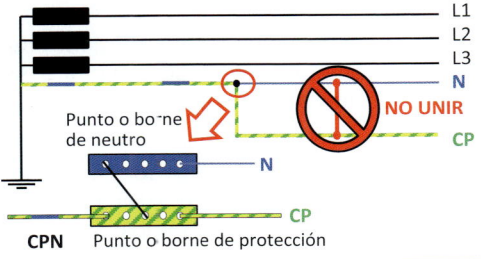
Punto o borne de neutro
NO UNIR
Punto o borne de protección

F.A.10: Esquema TN-C-S. CPN color amarillo-verde con marcas azules

343

8. CONDUCTORES DE EQUIPOTENCIALIDAD

El **conductor** **principal** de equipotencialidad (**CEP**) debe tener una sección no inferior a la <u>mitad de la del conductor de protección de sección mayor</u> de la instalación, con un mínimo de **6 mm²**. Sin embargo, su sección puede ser reducida a **2,5 mm²**, si es de **cobre**.

Si el **conductor** **suplementario** de equipotencialidad (**CES**) uniera una masa a un elemento conductor, su <u>sección no será inferior a la mitad de la del conductor de protección</u> unido a esta masa.

La unión de equipotencialidad suplementaria puede estar asegurada, bien por elementos conductores no desmontables, tales como estructuras metálicas no desmontables, bien por conductores suplementarios, o por combinación de los dos.

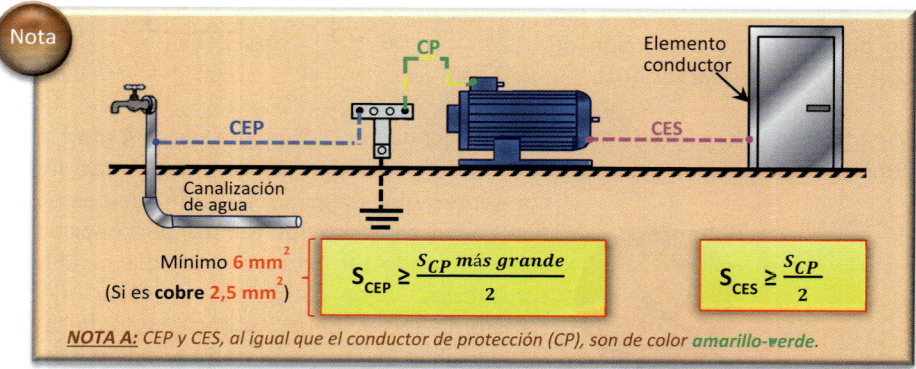

Nota

CP

Elemento conductor

CEP

CES

Canalización de agua

Mínimo **6 mm²**
(Si es **cobre 2,5 mm²**)

$$S_{CEP} \geq \frac{S_{CP} \; más \; grande}{2}$$

$$S_{CES} \geq \frac{S_{CP}}{2}$$

<u>**NOTA A:**</u> *CEP y CES, al igual que el conductor de protección (CP), son de color **amarillo-verde**.*

9. RESISTENCIA DE LAS TOMAS DE TIERRA

El electrodo se dimensionará de forma que su resistencia de tierra, en cualquier circunstancia previsible, no sea superior al valor especificado para ella, en cada caso.

Este *valor de resistencia de tierra* será tal que <u>cualquier masa no pueda dar lugar a **tensiones de contacto** superiores a</u>:

> ➢ **24 V** en local o emplazamiento conductor;
> ➢ **50 V** en los demás casos.

Si las condiciones de la instalación son tales que pueden dar lugar a tensiones de contacto superiores a los valores señalados anteriormente, se asegurará la rápida eliminación de la falta mediante dispositivos de corte adecuados a la corriente de servicio.

La resistencia de un electrodo depende de sus dimensiones, de su forma y de la resistividad del terreno en el que se establece. Esta resistividad varía frecuentemente de un punto a otro del terreno, y varía también con la profundidad.

> **Guía**
>
> La resistividad del terreno depende de su humedad y temperatura.
> La resistividad del terreno aumenta considerablemente debido a:
>
> - **Bajas temperaturas:** la resistividad puede alcanzar varios miles de Ω·m en el estrato helado, cuyo grosor puede alcanzar 1 m en algunas zonas.
> - **Sequedad:** puede encontrarse en algunas áreas hasta una profundidad de 2 m.
>
> No se recomienda la instalación de electrodos en los estratos del terreno a través de los cuales puede fluir una corriente de agua, por ejemplo cerca de un río. En estos casos se recomienda instalar picas de gran longitud que permitan alcanzar terrenos más profundos y con mejor conductividad.
> Los electrodos **no se instalarán** parcial o totalmente inmersos en agua (ríos, estanques, etc.).

La **tabla 3** da, a título de orientación, unos **valores de la resistividad** para un cierto número de terrenos. Con objeto de obtener una primera aproximación de la **resistencia a tierra**, los cálculos pueden efectuarse utilizando los valores medios indicados en la **tabla 4**.

Aunque los cálculos efectuados a partir de estos valores no dan más que un valor muy aproximado de la **resistencia a tierra del electrodo**, la medida de resistencia de tierra de este electrodo puede permitir, aplicando las fórmulas dadas en la **tabla 5**, estimar el valor medio local de la resistividad del terreno. El conocimiento de este valor puede ser útil para trabajos posteriores efectuados, en condiciones análogas.

Naturaleza terreno	Resistividad en ohm · m	Naturaleza terreno	Resistividad en ohm · m
Terrenos pantanosos	De algunas unidades a 30	Suelo pedregoso cubierto de césped	300 a 500
Limo	20 a 100	Suelo pedregoso desnudo	1.500 a 3.000
Humus	10 a 150	Calizas blandas	100 a 300
Turba húmeda	5 a 100	Calizas compactas	1.000 a 5.000
Arcilla plástica	50	Calizas agrietadas	500 a 1.000
Margas y arcillas compactas	100 a 200	Pizarras	50 a 300
Margas del jurásico	30 a 40	Roca de mica y cuarzo	800
Arena arcillosa	50 a 500	Granitos y gres procedente de alteración	1.500 a 10.000
Arena silícea	200 a 3.000	Granito y gres muy alterado	100 a 600

Tabla 3. Valores orientativos de la resistividad en función del terreno.

Naturaleza del terreno	Valor medio de la resistividad (ohm · m)
Terrenos cultivables y fértiles, terraplenes compactos y húmedos	50
Terraplenes cultivables poco fértiles y otros terraplenes	500
Suelos pedregosos desnudos, arenas secas permeables	3.000

Tabla 4. Valores medios aproximados de la resistividad en función del terreno.

Electrodo	Resistencia de tierra en ohm
Placa enterrada	$R_{placa} = 0,8\,\rho\,/\,P$
Pica vertical	$R_{pica} = \rho\,/\,L$
Conductor enterrado horizontalmente	$R_{cond} = 2\,\rho\,/\,L$
ρ, resistividad del terreno (ohm · m); P, perímetro de la placa (m); L, longitud de la pica o del conductor (m).	

Nota

Si se utilizara cable y pica, la resistencia resultante sería:

$$R = \frac{R_{cond} \cdot R_{pica}}{R_{cond} + R_{pica}}$$

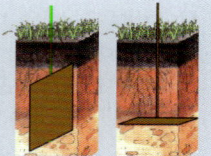

Tabla 5. *Fórmulas para estimar la resistencia de tierra en función de la resistividad del terreno y las características del electrodo.*

Guía

Placa enterrada
El valor de la resistencia de la tabla 5 se refiere a la instalación de la placa en posición vertical. Cuando por condiciones del terreno no sea posible, se aplicará la siguiente ecuación:

$$R_{placa\ horizontal} = 1,6 \cdot \frac{\rho}{P}$$

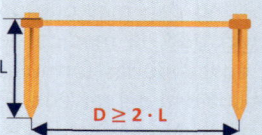

Pica vertical
Es posible reducir el valor de la resistencia del electrodo si se disponen varias picas conectadas en paralelo, manteniendo una distancia mínima entre ellas igual al doble de su longitud. Se debe prestar atención a las picas de gran longitud, que podrían alcanzar estratos con resistividades menores.

Conductor enterrado horizontalmente
La colocación de conductores en trazado sinuoso dentro de la zanja no mejora la resistencia del electrodo de puesta a tierra.

En la práctica, estos conductores se colocan de dos maneras diferentes:

- **Electrodo de puesta a tierra en los cimientos del edificio:** estos electrodos se instalan embebidos en los cimientos y están constituidos por un bucle alrededor del perímetro del edificio.

- **Zanjas horizontales:** los conductores están enterrados a una profundidad aproximada de **0,8 m** en zanjas excavadas al efecto.

Las zanjas no se llenarán con piedras o materiales similares, sino con tierra que mantenga la humedad.

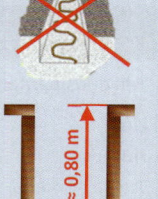

10. TOMAS DE TIERRA INDEPENDIENTES

Se considerará independiente una toma de tierra respecto a otra, **cuando** una de las tomas de tierra, no alcance, respecto a un punto de potencial cero, una tensión superior a <mark>50 V</mark> cuando por la otra circula la máxima corriente de defecto a tierra prevista.

$$V_d = I_d \cdot R_T$$

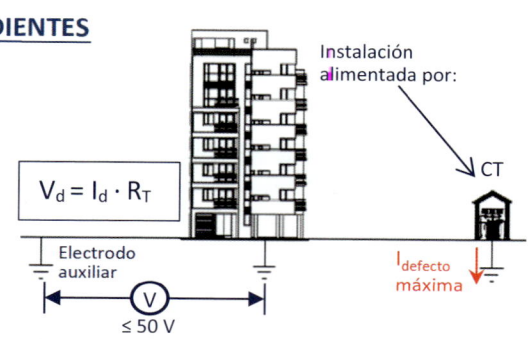

F.A.11: *Tomas de tierra independientes*

11. SEPARACIÓN ENTRE LAS TOMAS DE TIERRA DE LAS MASAS DE LAS INSTALACIONES DE UTILIZACIÓN Y DE LAS MASAS DE UN CENTRO DE TRANSFORMACIÓN

Se verificará que las masas puestas a tierra en una instalación de utilización, así como los conductores de protección asociados a estas masas o a los relés de protección de masa, no están unidas a la toma de tierra de las masas de un centro de transformación, para evitar que durante la evacuación de un defecto a tierra en el centro de transformación, las masas de la instalación de utilización puedan quedar sometidas a tensiones de contacto peligrosas. <u>Si no se hace el control de independencia del **punto 10**</u>, entre las puestas a tierra de las masas de las instalaciones de utilización respecto a la puesta a tierra de protección o masas del centro de transformación, ***se considerará que las tomas de tierra son eléctricamente independientes cuando*** <u>se cumplan todas y cada una de las condiciones siguientes</u>: (3)

a. No exista canalización metálica conductora (cubierta metálica de cable no aislada especialmente, canalización de agua, gas, etc.) que una la zona de tierras del centro de transformación con la zona en donde se encuentran los aparatos de utilización.

b. La **distancia entre las tomas de tierra** del centro de transformación y las tomas de tierra u otros elementos conductores enterrados en los locales de utilización es al menos igual a ==15 metros== para terrenos cuya resistividad no sea elevada (< 100 ohmios · m). Cuando el terreno sea muy mal conductor, la distancia se calculará, aplicando la fórmula:

$$D = \frac{\rho \cdot I_d}{2\pi U}$$

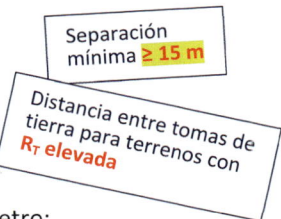

Separación mínima **≥ 15 m**

Distancia entre tomas de tierra para terrenos con **R$_T$ elevada**

Siendo:

D: distancia entre electrodos, en metros;

ρ: resistividad media del terreno, en ohmios · metro;

I$_d$: <u>intensidad de defecto</u> a tierra, en amperios, para el <u>lado de alta tensión</u>, que será facilitado por la empresa eléctrica; y

U: <u>1.200 V</u> para sistemas de distribución <u>TT</u>, siempre que el tiempo de eliminación del defecto en la instalación de alta tensión sea menor o igual a 5 segundos y <u>250 V</u>, en caso contrario. Para redes <u>TN</u>, U será inferior a <u>dos veces la tensión de contacto máxima admisible</u> de la instalación definida en el **punto 1.1** de la **MIE-RAT-13** del *Reglamento sobre condiciones técnicas y garantía de seguridad en centrales eléctricas, subestaciones y centros de transformación.*

c. El **centro de transformación** está situado en un recinto aislado de los locales de utilización o bien, si esta contiguo a los locales de utilización o en el interior de los mismos, está establecido de tal manera que sus elementos metálicos no están unidos eléctricamente a los elementos metálicos constructivos de los locales de utilización.

Sólo se podrán **unir** la puesta a tierra de la instalación de utilización (**edificio**) *y* la puesta a tierra de protección (**masas**) del **centro de transformación**, **si** el valor de la resistencia de puesta a tierra única es lo suficientemente baja para que se cumpla que en el caso de evacuar el máximo valor previsto de la corriente de defecto a tierra (I_d) en el centro de transformación, el valor de a tensión de defecto ($V_d = I_d \cdot R_t$) sea **menor** que la tensión de contacto máximo aplicada, definida en el **punto 1.1** de la **MIE-RAT 13** del *Reglamento sobre condiciones técnicas y garantía de seguridad en centrales eléctricas, subestaciones y centros de transformación*.

> **Nota** Más información sobre este punto en la Guía Técnica de aplicación de la **ITC-BT-18** o en el Reglamento sobre Condiciones Técnicas y Garantía de Seguridad en Centrales eléctricas, Subestaciones y Centros de Transformación.

12. REVISIÓN DE LAS TOMAS DE TIERRA

Por la importancia que ofrece, desde el punto de vista de la seguridad cualquier instalación de toma de tierra, deberá ser **obligatoriamente** comprobada por dirección de obra o persona instaladora autorizada en el momento de dar de alta la instalación para su puesta en marcha o en funcionamiento.

Personal técnicamente competente efectuará la **comprobación** de la instalación de puesta a tierra, al menos **anualmente**, en la época en la que el terreno esté más seco. Para ello, se medirá la resistencia de tierra, y se repararán con carácter urgente los defectos que se encuentren.

En los lugares en que el terreno no sea favorable a la buena conservación de los electrodos, éstos y los conductores de enlace entre ellos hasta el punto de puesta a tierra, se pondrán *al descubierto* para su examen, al menos **una vez cada cinco años**.

> **Guía**
> - En el caso de que la toma de tierra de alta y baja tensión coincidan, será de aplicación la **ITC-RAT-13**, apartado 8.
>
> - Se incluye en la *Guía Técnica de Aplicación del REBT* el **Anexo 1**, de edición de octubre de 2005, en el que se especifican las recomendaciones para la puesta a tierra y conexión equipotencial en instalaciones con equipos de tecnología de la información (informática, audio, vídeo, telefonía, etc.). En el anexo se detalla la topología especial que ha de existir para mitigar las interferencias electromagnéticas.

RESUMEN

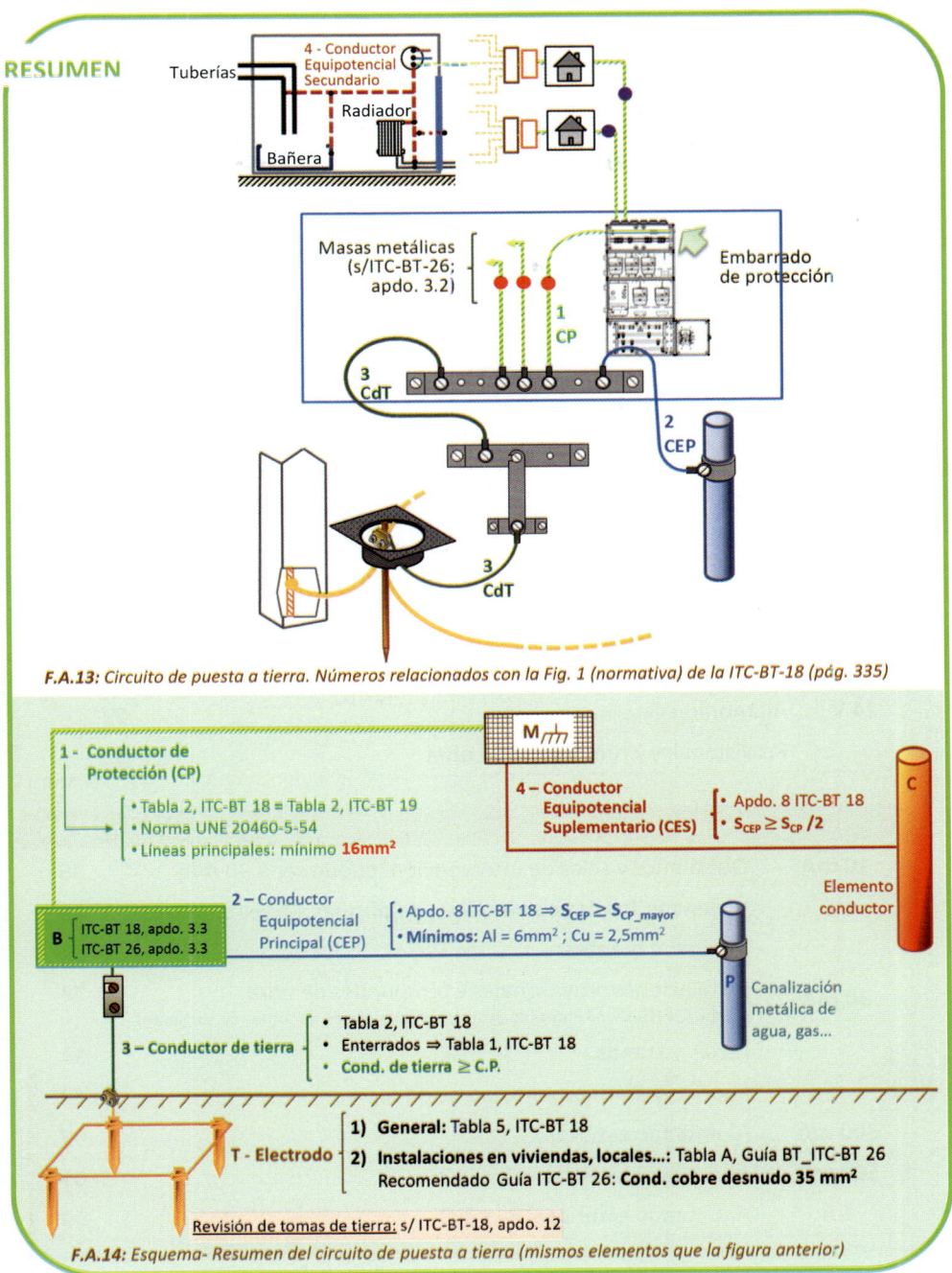

F.A.13: Circuito de puesta a tierra. Números relacionados con la Fig. 1 (normativa) de la ITC-BT-18 (pág. 335)

1 - Conductor de Protección (CP)
- Tabla 2, ITC-BT 18 = Tabla 2, ITC-BT 19
- Norma UNE 20460-5-54
- Líneas principales: mínimo **16mm²**

4 – Conductor Equipotencial Suplementario (CES)
- Apdo. 8 ITC-BT 18
- $S_{CEP} \geq S_{CP} / 2$

B | ITC-BT 18, apdo. 3.3 | ITC-BT 26, apdo. 3.3

2 – Conductor Equipotencial Principal (CEP)
- Apdo. 8 ITC-BT 18 $\Rightarrow S_{CEP} \geq S_{CP\_mayor}$
- **Mínimos:** $Al = 6mm^2$; $Cu = 2,5mm^2$

Elemento conductor

Canalización metálica de agua, gas...

3 – Conductor de tierra
- Tabla 2, ITC-BT 18
- Enterrados $\Rightarrow$ Tabla 1, ITC-BT 18
- Cond. de tierra $\geq$ C.P.

T - Electrodo
1) **General:** Tabla 5, ITC-BT 18
2) **Instalaciones en viviendas, locales...:** Tabla A, Guía BT_ITC-BT 26
   Recomendado Guía ITC-BT 26: **Cond. cobre desnudo 35 mm²**

Revisión de tomas de tierra: s/ ITC-BT-18, apdo. 12

F.A.14: Esquema- Resumen del circuito de puesta a tierra (mismos elementos que la figura anterior)

Nota

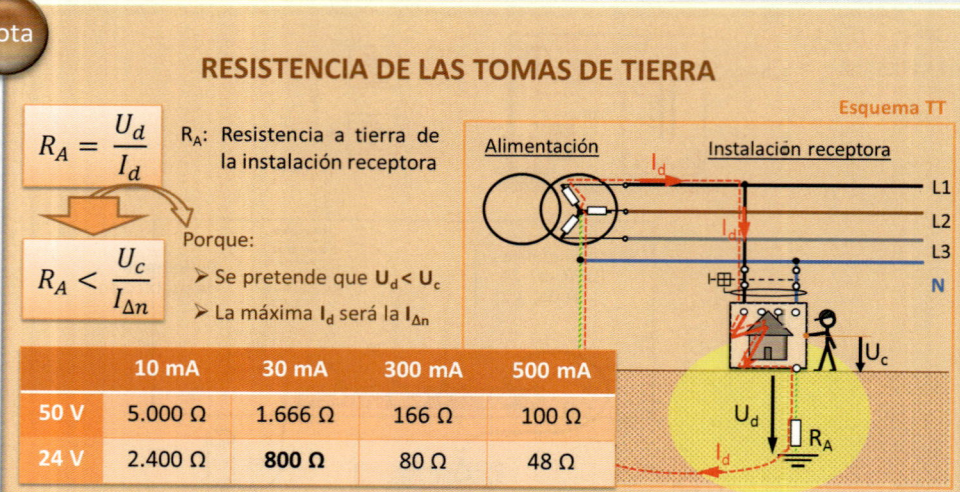

RESISTENCIA DE LAS TOMAS DE TIERRA

Esquema TT

$$R_A = \frac{U_d}{I_d}$$

R_A: Resistencia a tierra de la instalación receptora

Porque:

$$R_A < \frac{U_c}{I_{\Delta n}}$$

➢ Se pretende que $U_d < U_c$
➢ La máxima I_d será la $I_{\Delta n}$

	10 mA	30 mA	300 mA	500 mA
50 V	5.000 Ω	1.666 Ω	166 Ω	100 Ω
24 V	2.400 Ω	**800 Ω**	80 Ω	48 Ω

Pero en la práctica, las tomas de tierra suelen tener **valores muy inferiores** al resultado de los exigidos por el REBT.

U_c	Instalación	ITC-BT
50 V	Instalaciones en general	18
24 V	Locales o emplazamientos conductores	18
	Alumbrado exterior	09
	Provisionales y temporales de obra	33

$I_{\Delta n}$	Instalación	ITC-BT
10 mA	Quirófanos y salas de intervención (puede ser ≤ 30 mA)	38
30 mA	Viviendas, locales comerciales, de oficinas y fines análogos	25
	Piscinas y fuentes	31
	Instalaciones provisionales y temporales de obra (Apdo. 4.2 ITC-BT 33 – posible protección para bases de tomas de corriente)	33
	Ferias y stands	34
	Puertos y marinas para barcos de recreo	42
300 mA	Alumbrado exterior	09
500 mA	Alumbrado exterior si R_T ≤ 5 Ω	09
1 A	Alumbrado exterior si R_T ≤ 1 Ω	09

ITC-BT-19

Prescripciones generales
de las instalaciones interiores o receptoras

Norma	Apartado	Sustituida por:
UNE 20.315	2.10	--
UNE 20.460-3	2.1 / 2.3	**UNE-HD 60.364-1**
UNE 20.460-5-523	2.2.3	**UNE-HD 60.364-5-52**
UNE 20.460-5-54	2.3	**UNE-HD 60.364-5-54**
UNE 20.460-4-41	2.8	**UNE-HD 60.364-4-41**
UNE 20.460-4-47	2.8	**UNE-HD 60.364-4-41**
UNE-EN 60.309	2.10	--
UNE-EN 60.998-2-1	2.3	--

GUIA-BT	Edición
Incluida	Feb. 2009 (Rev.2)

Índice

C-BT-24

1. CAMPO DE APLICACIÓN

Las prescripciones contenidas en esta instrucción se extienden a las instalaciones interiores dentro del campo de aplicación del **artículo 2** y con tensión asignada dentro de los márgenes de tensión fijados en el **artículo 4** del presente *Reglamento electrotécnico para baja tensión*.

Guía

Las instalaciones interiores o receptoras tienen por finalidad principal la utilización de la energía eléctrica, pudiendo estar situadas tanto en el interior como en el exterior, con montaje aéreo, empotrado o enterrado.

Las **redes de distribución** de energía eléctrica **no** están incluidas en esta ITC-BT.

La ITC-BT-19 prescribe la aplicación de la **UNE 20460-5-523*** en las siguientes instalaciones:
- **ITC-BT-14:** Línea general de alimentación.
- **ITC-BT-15:** Derivación individual.
- **ITC-BT-19:** Instalaciones interiores o receptoras.

* **NOTA A.:** *Norma anulada y sustituida por la UNE-HD 60.364-5-52.*

Nota

La ITC-BT-19 aplica la norma **UNE 20.460-5-523** pero esta norma que fue anulada y sustituida por la **UNE-HD 60.364-5-52:2014** según la Resolución de 9 de enero de 2020.

La RESOLUCIÓN DE 20 DE MARZO DE 2025 ha vuelto a actualizar el listado de normas de obligado cumplimiento, y la UNE-HD 60.364-5-52:2014 ha sido sustituida por la **UNE-HD 60.364-5-52: 2022**.

2. PRESCRIPCIONES DE CARÁCTER GENERAL

■ 2.1 Regla general

La determinación de las características de la instalación deberá efectuarse de acuerdo con lo señalado en la **norma UNE 20.460-3***.

***NOTA A.:** *Norma anulada y sustituida por la UNE-HD 60.364-1.*

Guía

En función de cada tipo de instalación, se aplicará la ITC-BT correspondiente:
- **ITC-BT-25, 26 y 27:** Instalaciones interiores de viviendas.
- **ITC-BT-28:** Locales de pública concurrencia.
- **ITC-BT-29:** Locales con riesgo de incendio o explosión.
- **ITC-BT-30:** Locales húmedos, mojados, riesgo de corrosión, temperaturas elevadas, bajas...

■ 2.2 Conductores activos

2.2.1 Naturaleza de los conductores

Los conductores y cables que se empleen en las instalaciones serán de cobre o aluminio y serán siempre aislados, excepto cuando vayan montados sobre aisladores, tal como se indica en la **ITC-BT-20**.

Guía

En **viviendas**, oficinas y locales comerciales, los conductores deben ser obligatoriamente de **Cobre** según **ITC-BT-26**.

El aluminio se usa habitualmente en instalaciones industriales con elevadas previsiones de carga.

2.2.2 Sección de los conductores. Caídas de tensión

La sección de los conductores a utilizar se determinará de forma que la caída de tensión entre el origen de la instalación interior y cualquier punto de utilización sea, salvo lo prescrito en las instrucciones particulares, <u>menor</u> del:

➢ **3 %** de la tensión nominal para cualquier circuito interior de **viviendas**; y

➢ para otras instalaciones interiores o receptoras, del:

   ✓ **3 %** para alumbrado; y del
   ✓ **5 %** para los demás usos.

Esta caída de tensión se calculará considerando alimentados todos los aparatos de utilización susceptibles de funcionar simultáneamente. El valor de **la caída de tensión podrá compensarse** entre la de la **instalación interior** y la de las **derivaciones individuales**, de forma que la caída de tensión total sea inferior a la suma de los valores límites especificados para ambas, según el tipo de esquema utilizado.

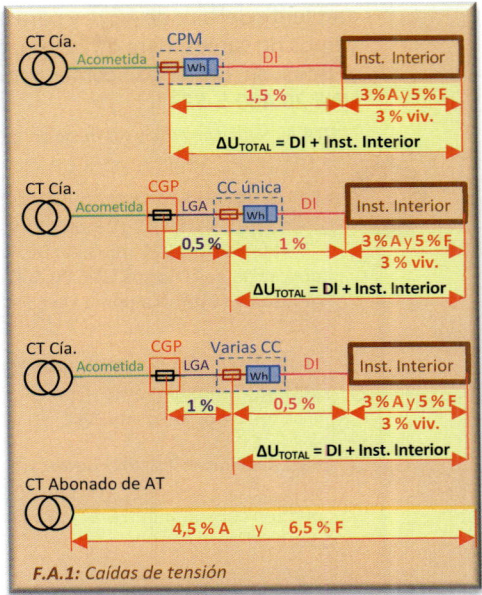

F.A.1: Caídas de tensión

Para instalaciones industriales que se alimenten directamente en **alta tensión** mediante un **transformador de distribución propio**, se considerará que la instalación interior de baja tensión tiene su origen en la salida del transformador. En este caso las caídas de tensión máximas admisibles serán:

   ✓ **4,5 %** para alumbrado; y
   ✓ **6,5 %** para los demás usos.

El número de aparatos susceptibles de funcionar simultáneamente, se determinará en cada caso particular, de acuerdo con las indicaciones incluidas en las instrucciones del presente reglamento y en su defecto con las indicaciones facilitadas por el usuario considerando una utilización racional de los aparatos.

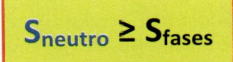

$$S_{neutro} \geq S_{fases}$$

En instalaciones interiores, para tener en cuenta las corrientes armónicas debidas cargas no lineales y posibles desequilibrios, salvo justificación por cálculo, la sección del conductor **neutro** será como mínimo **igual a** la de las **fases**.

2.2.3 Intensidades máximas admisibles (según UNE-HD 60.364-5-52: 2022)

Las intensidades máximas admisibles, se regirán en su totalidad por lo indicado en la **norma UNE 20.460-5-523*** y su anexo nacional.

En la siguiente tabla se indican las intensidades admisibles para una temperatura ambiente del aire de 40 °C y para distintos métodos de instalación, agrupamientos y tipos de cables. Para otras temperaturas, métodos de instalación, agrupamientos y tipos de cable, así como para conductores enterrados, consultar la norma **UNE 20.460-5-523***.

***NOTA A.:** Norma anulada y sustituida por la **UNE-HD 60.364-5-52**.

Nota

■ **INTENSIDADES MÁXIMAS ADMISIBLES**

La instrucción ITC-BT-19 indica las intensidades máximas admisibles que se recogen en la **UNE 20-460-5-523: 1994**. La Guía Técnica de la ITC-BT-19 (edición febrero 2009) recomienda la aplicación de la norma **UNE 20.460-5-523**: **2004** que modificaba la anterior. Pero la norma fue anulada y sustituida por la **UNE-HD 60.364-5-52: 2014** según la Resolución de 9 de enero de 2020.

La **RESOLUCIÓN DE 20 DE MARZO DE 2025** ha vuelto a actualizar el listado de normas de obligado cumplimiento (consultar ITC-BT-02), y la UNE-HD 60.364-5-52:2014 ha sido sustituida por la norma **UNE-HD 60.364-5-52: 2022**.

Para facilitar el estudio de esta instrucción, se indican a continuación las tablas según la **UNE-HD 60.364-5-52** edición 2022. Si se desea informar sobre las tablas anuladas se pueden consultar la ITC-BT-19 y la Guía Técnica publicadas en el BOE, que se incluyen en el material Web.

■ **CONSIDERACIONES EN TODAS LA TABLAS:**

➢ Se indican como **3x** los circuitos **trifásicos**[1] y como **2x** los **monofásicos**[2].

   (1) El número **3x** indica que hay tres conductores activos, que son normalmente las 3 fases en suministros trifásicos. El neutro y el conductor de protección no se consideran activos en este tipo de instalaciones. Existe una consideración especial para neutros cargados por la influencia de **armónicos** detallado en el **Anexo E** (normativo) de la norma UNE-HD 60.364-5-52 (pág. 360).

   (2) El número **2x** indica que hay dos conductores activos, que son normalmente fase y neutro de instalaciones monofásicas, el conductor de protección no se considera activo.

➢ XLPE = Polietileno Reticulado
   EPR = Etileno Propileno
   PVC = Policloruro de vinilo

➢ A efecto de intensidades admisibles, los cables con aislamiento termoplástico a base de poliolefina (**Z1**) son equivalentes a los cables con aislamiento de policloruro de vinilo (**Z**).

ITC-BT-01 **43. Conductores activos:** se consideran como conductores activos en toda instalación **los destinados normalmente a la transmisión de la energía eléctrica.**

➢ **En corriente alterna:** los conductores de **fase** y el conductor **neutro**
➢ **En corriente continua**: los conductores polares y el compensador

Método de instalación — **Número de conductores cargados y tipo de aislamiento**

Método	2	3	4	5a	5b	6a	6b	7a	7b	8a	8b	9a	9b	10a	10b	11	12	13
A1		3x PVC	2x PVC						3x XLPE		2x XLPE							
A2	3x PVC	2x PVC		3x XLPE				2x XLPE										
B1			3x PVC		2x PVC						3x XLPE				2x XLPE			
B2			3x PVC	2x PVC					3x XLPE		2x XLPE							
C					3x PVC				2x PVC			3x XLPE			2x XLPE			
D1/D2	Ver Tabla D1/D2 (**Tabla 9**: C.52.2 bis)																	
E									3x PVC			2x PVC			3x XLPE	2x XLPE		
F									3x PVC				2x PVC			3x XLPE		2x XLPE

INTENSIDADES MÁXIMAS ADMISIBLES (A)

Sección mm²	2	3	4	5a	5b	6a	6b	7a	7b	8a	8b	9a	9b	10a	10b	11	12	13
Cobre																		
1,5	11	12	13	13	15	15	15	15	17	17	18	19	18	19	21	22	22	25
2,5	15	16	17	18	20	21	21	21	24	23	25	26	25	26	28	30	30	34
4	20	21	23	24	27	28	28	28	32	31	34	35	34	35	38	41	41	46
6	25	27	30	31	35	36	36	36	40	40	44	44	44	44	49	53	53	59
10	34	37	40	44	46	50	49	50	55	55	60	61	60	61	68	73	73	82
16	45	49	53	59	62	66	66	66	73	74	80	82	80	82	91	97	97	110
25	59	64	70	77	81	84	86	84	96	96	106	104	106	104	116	123	123	147
35	72	77	86	96	99	104	106	104	116	119	131	129	131	129	144	154	154	182
50	86	94	103	116	118	125	128	125	140	145	159	157	159	157	175	188	188	220
70	109	118	130	146	149	160	163	160	177	185	201	202	201	202	224	244	244	282
95	131	143	156	175	179	194	197	194	212	224	241	245	241	245	271	298	298	343
120	150	164	179	202	207	225	227	225	244	260	278	285	278	285	315	348	348	398
150	171	188	196	224	236	260	259	260	273	299	304	330	304	330	358	401	401	459
185	194	213	222	256	268	297	295	297	309	341	349	378	349	378	409	460	460	523
240	227	249	258	299	315	348	346	348	362	401	410	447	410	447	480	545	545	618
300	259	285	295	343	360	398	396	398	414	461	468	516	468	516	549	631	631	713
400	--	--	--	434	--	507	--	--	503	--	560	--	630	--	684	749	812	855
500	--	--	--	496	--	584	--	--	575	--	644	--	725	--	786	861	938	986
630	--	--	--	570	--	676	--	--	660	--	744	--	840	--	908	990	1089	1141
Aluminio																		
10	--	--	--	--	37	--	40	--	44	--	47	--	47	--	53	56	56	--
16	--	--	--	--	50	--	53	--	58	--	65	--	65	--	70	76	76	82
25	--	--	--	--	65	--	69	--	76	--	82	--	82	--	88	92	92	110
35	--	--	--	--	79	--	86	--	94	--	102	--	102	--	109	115	115	137
50	--	--	--	--	95	--	103	--	113	--	124	--	124	--	133	140	140	167
70	--	--	--	--	119	--	129	--	142	--	158	--	158	--	170	180	180	216
95	--	--	--	--	143	--	156	--	171	--	191	--	191	--	207	219	219	263
120	--	--	--	--	164	--	179	--	197	--	220	--	220	--	239	255	255	307
150	--	--	--	--	187	--	206	--	218	--	238	--	238	--	277	295	295	354
185	--	--	--	--	212	--	233	--	248	--	273	--	273	--	316	338	338	407
240	--	--	--	--	248	--	273	--	289	--	319	--	319	--	372	399	399	482
300	--	--	--	--	285	--	313	--	331	--	366	--	366	--	429	462	462	558
400	--	--	--	--	--	--	--	--	408	--	455	--	481	--	544	557	--	673
500	--	--	--	--	--	--	--	--	521	--	521	--	555	--	625	643	--	779
630	--	--	--	--	--	--	--	--	599	--	599	--	643	--	723	747	--	906

① **Tabla C-52-1 bis 1 y 2** – UNE-HD 60.364-5-52. *I. admisible (A) para cables no enterrados. Tª amb.* **40 °C** *en el aire.*

NOTA-A:

1) Valores subrayados de la Tabla 1 (C-52-1 bis 1 y 2): no figuran en la tabla original de la UNE-HD 60.364-5-52, son valores calculados a partir de la misma norma

2) Los conductores de Al: no suelen tener secciones < 16 mm²

Ref.	Modo inst.	Descripción	Tipo
1	Local	Cond. aislado o cables unipolares en **tubo** en el interior de una pared térmicamente aislante [a, c]	A1
2	Local	Cables multipolares en **tubo** en el interior de una pared térmicamente aislante [a, c]	A2
3	Local	Cable multipolar en el interior de una pared térmicamente aislante [a, c]	A1
4		Cond. aislados o cables **unipolares** en tubo sobre pared de madera o de mampostería, o separado de ella una distancia inferior a 0,3 veces el diámetro del tubo [c]	B1
5		Cable **multipolar** en un tubo sobre pared de madera o de mampostería o separado de ella una distancia inferior a 0,3 veces el diámetro del tubo [c]	B2
6 7		Cond. aislados o cables unipolares en **canales** (incluyendo canales de múltiples compartimentos) sobre una pared de madera o mampostería. – En recorrido horizontal [b] – En recorrido vertical [b, c]	B1
8 9		Cable multipolar en **canales** (incluyendo canales de múltiples compartimentos) fijadas sobre una pared de madera o mampostería. – En recorrido horizontal [b] – En recorrido vertical [b, c]	B2 [1), d]
10		**10:** Cond. aislados o cables unipolares en **canales** suspendidos [b]	B1
11		**11:** Cable multipolar en **canales** suspendidos [b]	B2
12		Cond. aislados o cables unipolares en **molduras** [c, e]	A1
15		Cond. aislados en tubo o cables unipolares o multipolares en **arquitrabe** [c, f]	A1

Ref.	Modo inst.	Descripción	Tipo
16		Cond. aislados en tubo o cables unipolares o multipolares en marcos de **ventana** [c, f]	A1
20		Cables unipolares o multipolares: - Fijados sobre pared de madera o mampostería o separados de la pared menos de 0,3 veces el diámetro del cable [c]	C
21		Cables unipolares o multipolares: - Fijados directamente bajo un techo de madera o mampostería	C[7)]
22		Cables unipolares o multipolares: - Separados del techo.	E [1)]
23		Instalación fija de un receptor suspendido	C[7)]
30		Cables unipolares o multipolares: - Sobre bandejas no perforadas en recorrido horizontal o vertical [c, h]	C[8)]
31		Cables **unipolares (F)** o **multipolares (E)** sobre bandejas perforadas en recorrido horizontal o vertical [c, h]	E o F
32		Cables **unipolares (F)** o **multipolares (E)** sobre soportes o rejillas en recorrido horizontal o vertical [c, h]	E o F
33		Cables **unipolares (F)** o **multipolares (E)** separados de la pared más de 0,3 veces el diámetro del cable.	E o F o G[g]
34		Cables **unipolares (F)** o **multipolares (E)** sobre bandejas de escalera [c]	E o F
35		Cable **unipolar (F)** o **multipolar (E)** suspendido o incorporando un cable fiador o arnés	E o F
36		Conductores desnudos o aislados sobre aisladores.	G

2 **Tabla A.52.3** - UNE-HD 60.364-5-52 – *Tabla de métodos de instalación.*

Ref.	Modo inst.	Descripción	Tipo
40		Cables unipolares o multipolares en un hueco de la construcción [c, h, i]	B2 [2)] B1 [4)]
41		Conductores aislados en tubo en un hueco de la construcción [c, i, j, k]	B2 [5)] B1 [3)]
42		Cables unipolares o multipolares en tubo en un hueco de la construcción [c, k]	1): B2 [5)] B1 [6)]
43		Cond. aislados en conductos cerrados de sección no circular en un hueco de la construcción [c, i, j, k]	B2 [5)] B1 [6)]
44		Cables unipolares o multipolares en conductos cerrados de sección no circular en un hueco de la construcción [c, k]	1): B2 [5)] B1 [6)]
45		Cond. aislados en conducto cerrado de sección no circular empotrado en mampostería [c, h, i]	B2 [2)] B1 [4)]
46		Cables unipolares o multipolares en conducto cerrado de sección no circular empotrado en mampostería [c]	1): B2 [5)] B1 [6)]
47		Cables unipolares o multipolares: - en hueco en el techo, - en suelo suspendidos [h, i]	B2 [2)] B1 [4)]
50		Conductores aislados o cable **unipolar** en canales empotrados en el suelo.	B1
51		Cable **multipolar** en canales empotrados en el suelo.	B2
52		Conductores aislados o cable **unipolar** en canal empotrada [c]	B1
52 53		Cable **multipolar** en canal empotrada [c]	B2
54		Conductores aislados o cables unipolares en tubo en canal de obra no ventilada, en recorrido horizontal o vertical [c, i, l, n]	B2 [5)] B1 [6)]
55		Cond. aislados en tubo en canal de obra abierta o ventilada en el suelo [m, n]	B1

Ref.	Modo inst.	Descripción	Tipo
56		Cable unipolar o multipolar con cubierta en canal de obra abierta o ventilada en recorrido horizontal o vertical [n]	B1
57		Cable unipolar o multipolar empotrado directamente en mampostería. **Sin** protección mecánica complementaria [o, p]	C
58		Cable unipolar o multipolar empotrado directamente en mampostería. <u>Con</u> protección mecánica complementaria [o, p]	C
59		Cond. aislados o cables **unipolares** en tubo empotrado en mampostería [p]	B1
60		Cable **multipolar** en tubo empotrado en mampostería [p]	B2
70		Cable multipolar en tubo o en conducto cerrado de sección no circular **en el suelo.**	D1
71		Cable unipolar en tubo o en conducto cerrado de sección no circular **en el suelo.**	D1
72		Cables unipolares o multipolares con cubierta en el suelo: **sin protección** mecánica complementaria [q]	D2
73		Cables unipolares o multipolares con cubierta en el suelo: <u>con</u> **protección** mecánica complementaria [q]	D2

➢ <u>NOTA 1</u>: Las ilustraciones no intentan describir productos o prácticas de instalación reales, pero son indicativos del método descrito.

➢ **Mampostería** = ladrillo, hormigón, yeso y similares (con R_térmica ≤ 2 K·m/W, es decir con excepción de los materiales térmicamente aislantes).

➢ **a, b, c... q**: notas en página siguiente.

1) En estudio. Método recomendado

2) $1,5\ D_e \leq V < 5\ D_e$

3) $5\ D_e \leq V < 20\ D_e$

4) $5\ D_e \leq V < 50\ D_e$

5) $1,5\ D_e \leq V < 20\ D_e$

6) $V \geq 20\ D_e$

7) Con elemento 3 de la Tabla B.52.17 (Tabla 6)

8) Con elemento 2 de la Tabla B.52.17 (Tabla 6)

② **Tabla A.52.3 - UNE-HD 60.364-5-52** – *Tabla de métodos de instalación.*

Tipo	Ref.	MÉTODO DE INSTALACIÓN
A1	1	- Cond. aislado o cables unipolares en tubo en el interior de una pared térmicamente aislante [a, c].
	3	- Cable multipolar directamente en el interior de una pared térmicamente aislante [a, c].
	12	- Cond. aislados o cables unipolares en molduras [c, e].
	15	- Cond. aislados en tubo o cables unipolares o multipolares en arquitrabe (marcos de puertas) [c, f].
	16	- Cond. aislados en tubo o cables unipolares o multipolares en marcos de ventana [c, f].
A2	2	- Cables multipolares en tubo en el interior de una pared térmicamente aislante [a, c].
B1	4	- Cond. aislados o cables unipolares en tubo sobre pared de madera o de mampostería, o separado de ella una distancia inferior a 0,3 veces el diámetro del tubo [c].
	6, 7	- Cond. aislados o cables unipolares en canales (incluyendo canales de múltiples compartimentos) sobre una pared de madera o mampostería: En recorrido horizontal [b]; En recorrido vertical [b, c].
	10	- Cond. aislados o cables unipolares en canales suspendidos [b].
	40	- Cables unipolares o multipolares en un hueco de la construcción [c, h, i, 4].
	41	- Conductores aislados en tubo en un hueco de la construcción [c, i, j, k, 3].
	42	- Cables unipolares o multipolares en tubo en un hueco de la construcción [c, k, 6].
	43	- Cond. aislados en conductos cerrados de sección no circular en hueco de la construcción [c, i, j, k, 6].
	44	- Cables unipolares o multipolares en conductos cerrados de sección no circular en un hueco de la construcción [c, k, 6].
	45	- Cond. aislados en conducto cerrado de sección no circular empotrado en mampostería [c, h, i, 4].
	46	- Cables unipolares o multipolares en conducto cerrado de sección no circular empotrado en mampostería [c, 6].
	47	- Cables unipolares o multipolares: en hueco en el techo, en suelo suspendidos [h, i, 4].
	50	- Conductores aislados o cable unipolar en canales empotrados en el suelo.
	52	- Conductores aislados o cable unipolar en canal empotrada [c].
	54	- Cond. aislados o cables unipolares en tubo en canal de obra no ventilada, recorrido h o v [c, i, l, n, 6].
	55	- Cond. aislados en tubo en canal de obra abierta o ventilada en el suelo [m, n].
	56	- Cable unipolar o multipolar con cubierta en canal de obra abierta o ventilada en recorrido h o v [n].
	59	- Cond. aislados o cables unipolares en tubo empotrado en mampostería [p].
B2	5	- Cable multipolar en un tubo sobre pared de madera o de mampostería o separado de ella una distancia inferior a 0,3 veces el diámetro del tubo [c].
	8, 9	- Cable multipolar en canales (incluyendo canales de múltiples compartimentos) fijadas sobre una pared de madera o mampostería. En recorrido horizontal [b]. En recorrido vertical [b, c].
	11	- Cable multipolar en canales suspendidos [b].
	40	- Cables unipolares o multipolares en un hueco de la construcción [c, h, i, 2].
	41	- Conductores aislados en tubo en un hueco de la construcción [c, i, j, k, 5].
	42	- Cables unipolares o multipolares en tubo en un hueco de la construcción [c, k, 5].
	43	- Cond. aislados en conductos cerrados de sección no circular en hueco de la construcción [c, i, j, k, 5].
	44	- Cables unipolares o multipolares en conductos cerrados de sección no circular en hueco de la construcción [c, k, 5].
	45	- Cond. aislados en conducto cerrado de sección no circular empotrado en mampostería [c, h, i, 2].
	46	- Cables unipolares o multipolares en conducto cerrado de sección no circular empotrado en mampostería [c, 5].
	47	- Cables unipolares o multipolares: en hueco en el techo, en suelo suspendidos [h, i, 2].
	51	- Cable multipolar en canales empotrados en el suelo.
	52	- Cable multipolar en canal empotrada [c].
	54	- Cond. aislados o cables unipolares en tubo en canal de obra no ventilada, en recorrido h o v [c, i, l, n, 5].
	60	- Cable multipolar en tubo empotrado en mampostería [p].
C	20	- Cables unipolares o multipolares: fijados sobre pared de madera o mampostería o separados de la pared menos de 0,3 veces el diámetro del cable [c].
	21	- Cables unipolares o multipolares: fijados directamente bajo un techo de madera o mampostería [7].
	23	- Instalación fija de un receptor suspendido [7].
	30	- Cables unipolares o multipolares: sobre bandejas no perforadas en recorrido h o v [c, h, 8].
	57, 58	- Cable unipolar o multipolar empotrado directamente en mampostería. Sin o con protección mecánica complementaria [o, p].

Tipo	Ref.	MÉTODO DE INSTALACIÓN
D1	70, 71	- Cable multipolar o unipolar en tubo o en conducto cerrado de sección no circular **en el suelo**.
D2	72, 73	- Cables unipolares o multipolares con cubierta directamente **en el suelo**: sin o con protección mecánica complementaria [q].
E	22	- Cables unipolares o multipolares: separados del techo [1].
	31	- Cables **multipolares** sobre **bandejas perforadas** en recorrido horizontal o vertical [c, h].
	32	- Cables **multipolares** sobre soportes o rejillas en recorrido horizontal o vertical [c, h].
	33	- Cables multipolares separados de la pared más de 0,3 veces el diámetro del cable.
	34	- Cables multipolares sobre bandejas de escalera [c].
	35	- Cable multipolar suspendido o incorporando un cable fiador o arnés.
F	31	- Cables **unipolares** sobre **bandejas perforadas** en recorrido horizontal o vertical [c, h].
	32	- Cables **unipolares** sobre soportes o rejillas en recorrido horizontal o vertical [c, h].
	33	- Cables unipolares separados de la pared más de 0,3 veces el diámetro del cable.
	34	- Cables unipolares sobre bandejas de escalera [c].
	35	- Cable unipolar suspendido o incorporando un cable fiador o arnés.

3 *Resumen Tabla A.52.3 - UNE-HD 60.364-5-52 – Resumen Tabla de métodos de instalación.*

NOTA A.: *Conductor aislado* = conductor y aislamiento. **Cable** = conductor o conductores aislados y con cubierta.

1) En estudio. Método recomendado	**4)** $5 D_e \leq V < 50 D_e$	**7)** Con elemento 3 de la Tabla B.52.17 (nº 6)
2) $1,5 D_e \leq V < 5 D_e$	**5)** $1,5 D_e \leq V < 20 D_e$	**8)** Con elemento 2 de la Tabla B.52.17 (nº 6)
3) $5 D_e \leq V < 20 D_e$	**6)** $V \geq 20 D_e$	

a: La capa interior de la pared tiene una conductividad térmica no inferior a 10 $W/m^2 \cdot K$.

b: Los valores dados para los métodos B1 y B2 en el anexo B son válidos para un solo circuito. En el caso de varios circuitos en la canal se aplican los factores de reducción por agrupamiento de la tabla B.52-17, independientemente de la presencia de barreras o tabiques internos.

c: Se debe tener cuidado cuando el cable discurre verticalmente y la ventilación es limitada. La temperatura ambiente en la parte superior de la sección vertical puede aumentar considerablemente. El asunto está bajo consideración.

d: Se pueden usar los valores para método de referencia B2.

e: La resistividad térmica de la envolvente se supone que es pobre debido al material de construcción y posibles espacios de aire. Cuando la construcción es térmicamente equivalente a los métodos de instalación 6 o 7, puede usarse el método de referencia B1.

f: La resistividad térmica de la envolvente se supone que es pobre debido al material de construcción y posibles espacios de aire. Cuando la construcción es térmicamente equivalente a los métodos de instalación 6,7, 8 o 9, pueden usarse os métodos de referencia B1 o B2.

g: También se pueden usar los factores de la tabla B.52.17.

h: D_e es el diámetro externo de un cable multipolar:
= 2,2 x diámetro del cable (cuando tres cables unipolares están unidos al tresbolillo); o
= 3 x diámetro del cable (cuando tres cables unipolares se tienden en disposición plana).

i: V es la dimensión más pequeña o el diámetro de un conducto o hueco de mampostería, o la profundidad vertical de un conducto rectangular, un hueco de suelo o techo o una canal de obra. La profundidad de la canal de obra es más importante que la anchura.

j: D_e es el diámetro exterior del tubo o la profundidad vertical del conducto cerrado de sección no circular.

l: D_e es el diámetro exterior del tubo.

m: Para cable multipolar instalado en método 55, utilícese la corriente admisible para el método de referencia B2.

n: Se recomienda que estos métodos de instalación sólo se utilicen en zonas donde el acceso está restringido a personas autorizadas para que la reducción en la corriente admisible y el riesgo de incendio debido a la acumulación de residuos pueda evitarse.

o: Para los cables que tienen conductores no mayores de 16 mm^2, la corriente admisible puede ser mayor.

p: La resistividad térmica de la mampostería no es mayor que 2 $K \cdot m/W$, se toma el término "**mampostería**" para incluir el ladrillo, hormigón, yeso y similares (con excepción de los materiales térmicamente aislantes).

q: La inclusión de los cables directamente enterrados en este punto es satisfactoria cuando la **resistividad térmica del terreno** es del orden de **2,5 K-m/W**. Para resistividades del terreno inferiores, la corriente admisible de los cables directamente enterrados es apreciablemente mayor que para los cables en conductos.

4 *Notas a la Tabla A.52.3 - UNE-HD 60.364-5-52 – Tabla de métodos de instalación.*

FACTORES DE CORRECCIÓN
(Instalaciones no enterradas)

Cuando las **condiciones de instalación sean distintas** a las de Tabla C-52-1 bis (Tabla 1), se multiplicará la intensidad admisible por los **factores de correción** que correspondan, indicados a continuación.

- **FACTORES DE CORRECCIÓN POR EL TIPO DE RECEPTOR O INSTALACIÓN**

Se aplicarán a los conductores que alimenten los siguientes receptores/instalaciones

➢ Locales con riesgo de incendio .... $I_{máx.}$ disminuida 15 % .... (ITC-B⁻-29, pto. 9.1)
➢ Instalaciones Generadoras de BT .... $I_{cálculo}$ mayorada 125 % .... (ITC-B⁻-40, pto. 5)
➢ Lámparas de descarga .... S (VA) = 1,8 · P_{TOTAL} (W) .... (ITC-B⁻-44, pto. 3.1)
➢ Motores .... $I_{cálculo}$ mayorada 125 % .... (ITC-B⁻-47, pto. 3)

- **CORRIENTES ARMÓNICAS EN SISTEMAS TRIFÁSICOS EQUILIBRADOS**
(UNE-HD 60.364-5-52- Anexo E)

Se aplicarán las medidas adecuadas cuando la incidencia de las corrientes armónicas sea significativa. Estas corrientes de neutro son debidas a las corrientes de línea que tienen un componente armónico que no se cancela en el neutro. El armónico más significativo que no se anula en el conductor neutro es, generalmente, el tercer armónico. El valor de la corriente de neutro debida al tercer armónico puede superar el valor de la intensidad de fase a frecuencia industrial. En este caso, la corriente en el neutro tiene un efecto significativo sobre la intensidad admisible de los cables del circuito.

Los equipos capaces de generar corrientes armónicas significativas son por ejemplo el alumbrado fluorescente y las fuentes de alimentación en corriente continua tales como las que se encuentran en los ordenadores. Más información sobre perturbaciones armónicas en la Norma **IEC €1.000**.

Si la corriente en el conductor neutro se espera sea más elevada que la intensidad de fase, entonces conviene que la sección del cable se elija basándose en la corriente de neutro.

Contenido de tercer armónico en la intensidad de fase (%)	Factor de reducción	
	Selección basada en la intensidad de fase	Selección basada en la corriente de neutro
0 – 15	1,0	-
15 – 33	0,86	-
33 – 45	-	0,86
> 45	-	1,0

⑤ Tabla E-52.1 UNE-HD 60.364-5-52: *Factores de reducción para corrientes armónicas en cables con cuatro o cinco conductores cuyo neutro es del mismo material y sección que los conductores de fase.*

NOTA A.: **Ejemplo de aplicación**. Circuito trifásico con una previsión de carga de **34 A**. Instalación: cable aislado PVC de cuatro conductores, fijado a una pared (**método de instalación C**), Tª ambiente en el aire **40 °C**.

Caso 1 - Ausencia de armónicos:
Tabla C-52-1 bis (Tabla 1): Método C – 3xPVC (columna 6ª) => **Cable 6 mm²** Cu $I_{máx}$ = 36 A > I_N (34 A)

Caso 2: Presencia de un 20 % del tercer armónico; factor de reducción: 0,86

$$I_{máx} = \frac{34}{0,86} = 39,5 \text{ A} \Rightarrow \text{Cable 10 mm}^2$$

Caso 3: Presencia de un 40 % del tercer armónico; factor de reducción: 0,86; basado en la corriente del neutro, que es igual a: I_{neutro} = 34 x 0,4 x 3 = 40,8 A

$$I_{máx} = \frac{40,8}{0,86} = 47,4 \text{ A} \Rightarrow \text{Cable 10 mm}^2$$

Caso 4: Presencia de un 50 % del tercer armónico; factor de reducción: 1; basado en la corriente del neutro, que es igual a: I_{neutro} = 34 x 0,5 x 3 = 51 A

$$I_{máx} = \frac{51}{1} = 51 \text{ A} \Rightarrow \text{Cable 16 mm}^2$$

▪ FACTOR DE CORRECCIÓN POR TEMPERATURA PARA CABLES NO ENTERRADOS

Aislamiento	Temperatura ambiente (°C)														
	10	15	20	25	30	35	40	45	50	55	60	65	70	75	80
PVC	1,41	1,35	1,29	1,22	1,15	1,08	1	0,91	0,82	0,71	0,58	--	--	--	--
XLPE o EPR	1,26	1,22	1,18	1,14	1,10	1,05	1	0,95	0,89	0,84	0,77	0,71	0,63	0,55	0,45

6 **Tabla A:** *Factores de corrección por Tª ambiente <u>distinta a</u> **40 °C** en el aire*
Nota: Valores calculados a partir de la norma UNE-HD 60.364-5-52

▪ FACTORES DE REDUCCIÓN POR AGRUPACIÓN DE CIRCUITOS

<u>No se consideraran los factores de reducción cuando la distancia en la que discurran paralelos los circuitos sea inferior a **2 m**</u>, por ejemplo en la salida de varios circuitos de un cuadro de mando y protección.

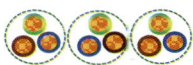

Pto.	Método	Disposición en contacto	Número de circuitos o cables multiconductores											
			1	2	3	4	5	6	7	8	9	12	15	20
1	A1, A2, B1, B2, C, E y F	- Agrupados en el aire, - Sobre una superficie - Empotrados o - En el interior de una envolvente	1,00	0,80	0,70	0,65	0,60	0,57	0,54	0,52	0,50	0,45	0,41	0,38
2	C	- Capa única sobre: pared, suelo o - Sistemas de bandejas de cables **sin perforar**	1,00	0,85	0,79	0,75	0,73	0,72	0,72	0,71	0,70	Sin factor de reducción suplementario para más de 9 circuitos o cables multipolares		
3		Capa única fijada directamente bajo techo de madera	0,95	0,81	0,72	0,68	0,66	0,64	0,63	0,62	0,61			
4	E y F	Capa única sobre sistemas de *bandejas perforadas* horizontales o verticales	1,00	0,88	0,82	0,77	0,75	0,73	0,73	0,72	0,72			
5		Capa única sobre: - Sistemas de bandejas de escalera o - Bridas de amarre, etc.	1,00	0,87	0,82	0,80	0,80	0,79	0,79	0,78	0,78			

Nota 1. Estos factores son aplicables a grupos homogéneos de cables, cargados por igual.

Nota 2. Cuando la distancia horizontal entre cables adyacentes es superior al doble de su diámetro total, no es necesario ningún factor de reducción.

Nota 3. Los mismos factores se aplican para:
- grupos de dos o tres cables unipolares;
- cables multiconductores.

Nota 4. Si un sistema se compone de cables de dos o tres conductores aislados, se toma el número total de cables como el número de circuitos, y se aplica el factor correspondiente de las tablas de dos conductores cargados para los cables de dos conductores aislados y a las tablas de tres conductores cargados para los cables de tres conductores aislados.

Nota 5. Si un agrupamiento está formado por "n" **cables unipolares**, puede ser considerado como "n/2" circuitos de dos conductores cargados o como "n/3" circuitos de tres conductores cargados.

Nota 6. Los valores indicados son la media en el rango de las dimensiones de conductores y de los métodos de instalación de la Tabla 1 (C-52-1 bis 1 y 2), la precisión general de los valores tabulados está en un ±5%.

Nota 7. Para algunas instalaciones y para otros métodos de instalación no contemplados en esta tabla puede ser apropiado utilizar factores calculados para casos específicos, véase por ejemplo Tabla 1.

7 **Tabla B.52.17** UNE-HD 60.364-5-52: *Factores de reducción para agrupamiento de* ***varios circuitos*** *o* ***varios cables multipolares***.

Ref.	Método de instalación E		Nº de bandejas	Nº de cables por bandeja					
				1	2	3	4	6	9
31	Bandejas perforadas (3)	En contacto ≥ 20 mm	1	1	0,88	0,82	0,79	0,76	0,73
			2	1	0,87	0,80	0,77	0,73	0,68
			3	1	0,86	0,79	0,76	0,71	0,66
			6	1	0,84	0,77	0,73	0,68	0,64
		Separadas	1	1	1,00	0,98	0,95	0,91	-
			2	1	0,99	0,96	0,92	0,87	-
			3	1	0,98	0,95	0,91	0,85	-
31	Bandejas verticales perforadas (4)	En contacto ≥ 225 mm	1	1	0,88	0,82	0,78	0,73	0,72
			2	1	0,88	0,81	0,76	0,71	0,70
		Separadas ≥ 225 mm	1	1	0,91	0,89	0,88	0,87	-
			2	1	0,91	0,88	0,87	0,85	-
30	Bandejas **no** perforadas	En contacto ≥ 20 mm	1	0,97	0,84	0,78	0,75	0,71	0,68
			2	0,97	0,83	0,76	0,72	0,68	0,63
			3	0,97	0,82	0,75	0,71	0,66	0,61
			6	0,97	0,81	0,73	0,69	0,63	0,58
32 33 34	Bandejas escalera, bridas de amarre, etc. (3)	En contacto ≥ 20 mm	1	1	0,87	0,82	0,80	0,79	0,78
			2	1	0,86	0,80	0,78	0,76	0,73
			3	1	0,85	0,79	0,76	0,73	0,70
			6	1	0,84	0,77	0,73	0,68	0,64
		Separadas	1	1	1	1	1	1	-
			2	1	0,99	0,98	0,97	0,96	-
			3	1	0,98	0,97	0,96	0,93	-

8 **Tabla B.52.20** UNE-HD 60.364-5-52. *Factor de reducción para un grupo de más de un cable multipolar, a aplicarse a las corrientes admisibles de referencia para* cables multipolares *al aire libre.*

NOTAS:

(1) Los valores indicados están promediados para los tipos de cables y la gama de tamaños de conductor considerados en la **Tabla 1** (**Tabla C-52-1 bis 1 y 2**). La dispersión de los valores es generalmente inferior a ±5 %.

(2) Los factores se aplican a grupos de cables de **capa simple**, como se muestra arriba y **no** se aplica cuando los cables están instalados en más de una capa, tocándose entre ellos. Los valores para dichas instalaciones pueden ser significativamente inferiores y se tienen que determinar por un método apropiado.

(3) Los valores están indicados para una distancia vertical entre bandejas de 300 mm y al menos de 20 mm entre las bandejas y el muro. Para distancias más pequeñas, conviene reducir los factores.

(4) Los valores están indicados para una distancia horizontal entre bandejas de 225 mm, con las bandejas montadas espalda contra espalda. Para distancias más pequeñas, conviene reducir los factores.

Ref.	Método de instalación F		Nº de bandejas	Nº de circuitos trifásicos por bandeja			A utilizar para
				1	2	3	
31	Bandejas perforadas (3)	En contacto ≥ 20 mm	1	0,98	0,91	0,87	Tres cables en capa horizontal
			2	0,96	0,87	0,81	
			3	0,95	0,85	0,78	
31	Bandejas verticales perforadas (4)	En contacto ≥ 225 mm	1	0,96	0,86	-	Tres cables en capa vertical
			2	0,95	0,84	-	
32 33 34	Bandejas escalera, bridas de amarre, etc. (3)	En contacto ≥ 20 mm	1	1	0,97	0,96	Tres cables en capa horizontal
			2	0,98	0,93	0,89	
			3	0,97	0,90	0,86	
31	Bandejas perforadas (3)	Separadas ≥ 20 mm De ≥ 2De	1	1	0,98	0,96	Tres cables dispuestos al tresbolillo
			2	0,97	0,93	0,89	
			3	0,96	0,92	0,86	
31	Bandejas verticales perforadas (4)	Separadas ≥ 225 mm De ≥ 2De	1	1	0,91	0,89	
			2	1	0,90	0,86	
32 33 34	Bandejas escalera, bridas de amarre, etc. (3)	Separadas ≥ 20 mm De ≥ 2De	1	1	1	1	
			2	0,97	0,95	0,93	
			3	0,96	0,94	0,90	

9 **Tabla B.52.21.** *Factor de reducción para grupos de uno o más circuitos de cables unipolares a aplicar a la corriente admisible de referencia para un circuito de* <mark>cables unipolares</mark> *al aire libre*.

NOTAS:

(1) Los valores indicados están promediados para los tipos de cables y la gama de tamaños de conductor considerados en la **Tabla 1** (**Tabla C-52-1 bis 1 y 2**). La dispersión de los valores es generalmente inferior a ±5 %.

(2) Los factores se aplican a grupos de cables de **capa simple (o en disposición al tresbolillo)**, como se muestra en la tabla y **no** se aplica cuando los cables están instalados en más de una capa, tocándose entre ellos. Los valores para dichas instalaciones pueden ser significativamente inferiores y se tienen que determinar por un método apropiado.

(3) Los valores están indicados para una distancia vertical entre bandejas de 300 mm y al menos de 20 mm entre las bandejas y la pared. Para distancias más pequeñas, conviene reducir los factores.

(4) Los valores están indicados para una distancia horizontal entre bandejas de 225 mm, con las bandejas montadas espalda contra espalda. Para distancias más pequeñas, conviene reducir los factores.

(5) Para circuitos que incluyen más de un cable en paralelo por fase conviene que cada grupo de conductores trifásicos sea considerado como un circuito para la aplicación de esta tabla.

(6) Si un circuito consta de m conductores en paralelo por fase, para determinar el factor de reducción, este circuito debería considerarse como m circuitos.

INSTALACIONES ENTERRADAS
(Instalación tipo D1/D2)

Tablas para:

- ✓ Instalaciones subterráneas de **enlace** e
- ✓ Instalaciones subterráneas **interiores o receptoras.**

Es decir, todas las instalaciones enterradas que **no sean** Redes de Distribución (en las que se aplica la ITC-BT-07).

La **tabla C.52.2 bis** de la norma UNE-HD 60.364-5-52, se aplica a las inst. de cable enterrado, bajo tubo o directamente, una temperatura del terreno de **25 °C** y una resistividad térmica del terreno de **2,5 K·m/W**. Este valor se considera una precaución necesaria para **su uso en todo el mundo** cuando no se especifica el tipo de terreno ni su emplazamiento geográfico (véase anexo A Norma IEC 60.287).

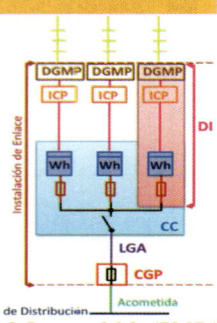

F.A.2: Esquema 2.2.2 – ITC-BT-12

D1/D2	Sección mm²	1,5	2,5	4	6	10	16	25	35	50	70	95	120	150	185	240	300
Cu	2x PVC	20	27	36	44	59	76	98	118	140	173	205	233	264	296	342	387
	3x PVC	17	22	29	37	49	63	81	97	115	143	170	192	218	245	282	319
	2x XLPE	24	32	42	53	70	91	116	140	166	204	241	275	311	348	402	455
	3x XLPE	21	27	35	44	58	75	96	117	138	170	202	230	260	291	336	380
Al	2x XLPE	-	-	-	-	53	70	89	107	126	156	185	211	239	267	309	349
	3x XLPE	-	-	-	-	45	58	74	90	107	132	157	178	201	226	261	295

Resistividad térmica del terreno: **2,5 K·m/W.**
Temperatura del terreno: **25 °C.**
Profundidad de instalación: **0,70 m.**

10 **Tabla C.52.2 bis** UNE-HD 60.364-5-52: *Intensidad admisible (A) para método de instalación D1 (cables en conductos enterrados) y D2 (cables directamente enterrados).*

▪ FACTORES DE CORRECCIÓN:

Se aplicarán cuando correspondan, incluyendo (si es necesario) los factores de corrección por la incidencia de corrientes armónicas o por el tipo de receptor o instalación (pág. 360).

Aislamiento	Temperatura ambiente (°C)														
	10	15	20	25	30	35	40	45	50	55	60	65	70	75	80
PVC	1,16	1,11	1,06	1	0,94	0,88	0,81	0,75	0,66	0,58	0,47	--	--	--	--
XLPE o EPR	1,11	1,08	1,05	1	0,97	0,93	0,86	0,83	0,79	0,74	0,68	0,62	0,55	0,48	0,39

11 **Tabla B:** *Factores de corrección para Tª del terreno diferente de 25 °C a aplicar para cables en conductos enterrados. (Valores calculados a partir de la norma UNE-HD 60.364-5-52).*

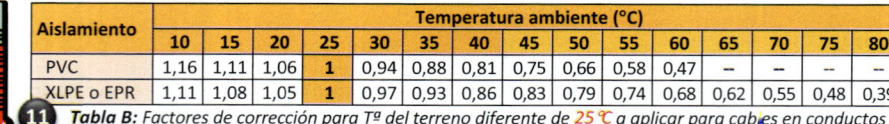

Resistividad térmica (K·m/W)	0,5	0,7	1	1,5	2	2,5	3
En conductos enterrados	1,28	1,20	1,18	1,10	1,05	1	0,96
Enterrados directamente	1,88	1,62	1,5	1,28	1,12	1	0,90

Nota 1: La precisión global de los factores de corrección es de ±5 %.
Nota 2: Factores de corrección para cables en conductos enterrados; para cables tendidos directamente en el terreno los factores de corrección serán más elevados. Valores más precisos pueden calcularse según Norma IEC 60.287.
Nota 3: Los factores de corrección se aplican a los conductos enterrados **hasta** una profundidad de 0,8 m.
Nota 4: Se asume que las propiedades del terreno son uniformes. No se ha contemplado la posibilidad de la migración de humedad que puede comportar la existencia de una región de alta resistividad térmica alrededor del cable. Si se prevé el secado parcial del terreno, la corriente admisible debería determinarse según la Norma IEC 60.287.

12 **Tabla B.52.16** UNE-HD 60.364-5-52: *Factores de corrección para resistividad diferente de 2,5 K·m/W.*

Cables DIRECTAMENTE enterrados					
Nº de circuitos	**Distancia entre cables**				
	Cables en contacto	Un diámetro de cable	0,125 m	0,25 m	0,50 m
2	0,75	0,80	0,85	0,90	0,90
3	0,65	0,70	0,75	0,80	0,85
4	0,60	0,60	0,70	0,75	0,80
5	0,55	0,55	0,65	0,70	0,80
6	0,50	0,55	0,60	0,70	0,80
7	0,45	0,51	0,59	0,67	0,76
8	0,43	0,48	0,57	0,65	0,75
9	0,41	0,46	0,55	0,63	0,74
12	0,36	0,42	0,51	0,59	0,71
16	0,32	0,38	0,47	0,56	0,68
20	0,29	0,35	0,44	0,53	0,66

R. térmica del terreno: **2,5 K·m/W.**
Temperatura del terreno: **25 °C.**
Profundidad de inst.: **0,70 m.**

13 **Tabla B.52.18** UNE-HD 60.364-5-52: *Factores de reducción para más de un circuito, cables **directamente enterrados** (unipolares o multipolares).*

Resistividad térmica (K·m/W)	Estado del terreno	Condiciones atmosféricas
0,7	Muy húmedo	Permanentemente húmedo
1,0	Húmedo	Pluviosidad regular
2,0	Seco	Lluvias poco frecuentes
3,0	Muy seco	Poca o ninguna lluvia

14 **Tabla B.1 -** UNE 211.435-1 de la ITC-BT-07: *Resistividad térmica del terreno. Valores orientativos según la naturaleza y el grado de humedad del terreno*

Cables MULTIPOLARES en conductos individuales				
Nº de cables	**Distancia entre conductos**			
	Tubos en contacto	0,25 m	0,50 m	1,0 m
2	0,85	0,90	0,95	0,95
3	0,75	0,85	0,90	0,95
4	0,70	0,80	0,85	0,90
5	0,65	0,80	0,85	0,90
6	0,60	0,80	0,80	0,90
7	0,57	0,76	0,80	0,88
8	0,54	0,74	0,78	0,88
9	0,52	0,73	0,77	0,87
10	0,49	0,72	0,76	0,86
11	0,47	0,70	0,75	0,86
12	0,45	0,69	0,74	0,85
13	0,44	0,68	0,73	0,85
14	0,42	0,68	0,72	0,84
15	0,41	0,67	0,72	0,84
16	0,39	0,66	0,71	0,83
17	0,38	0,65	0,70	0,83
18	0,37	0,65	0,70	0,83
19	0,35	0,64	0,69	0,82
20	0,34	0,63	0,68	0,82

R. térmica terreno: **2,5 K·m/W.**
Tª del terreno: **25 °C.**
Profundidad inst.: **0,70 m.**

15 **Tabla B.52.19-A** UNE-HD 60.364-5-52: *Factores de reducción para más de un circuito, cables multipolares en **tubos** individuales, **enterrados**.*

Cables UNIPOLARES en conductos individuales				
Nº de circuitos unipolares	**Distancia entre conductos**			
	Tubos en contacto	0,25 m	0,50 m	1,0 m
2	0,80	0,90	0,90	0,95
3	0,70	0,80	0,85	0,90
4	0,65	0,75	0,80	0,90
5	0,60	0,70	0,80	0,90
6	0,60	0,70	0,80	0,90
7	0,53	0,66	0,76	0,87
8	0,50	0,63	0,74	0,87
9	0,47	0,61	0,73	0,86
10	0,45	0,59	0,72	0,85
11	0,43	0,57	0,70	0,85
12	0,41	0,56	0,69	0,84
13	0,39	0,54	0,68	0,84
14	0,37	0,53	0,68	0,83
15	0,35	0,52	0,67	0,83
16	0,34	0,51	0,66	0,83
17	0,33	0,50	0,65	0,82
18	0,31	0,49	0,65	0,82
19	0,30	0,48	0,64	0,82
20	0,29	0,47	0,63	0,81

R. térmica terreno: **2,5 K·m/W.**
Tª del terreno: **25 °C.**
Profundidad inst.: **0,70 m.**

16 **Tabla B.52.19 -B** UNE-HD 60.364-5-52 *Factores de reducción para más de un circuito, cables multipolares en **tubos** individuales, **enterrados**.*

NOTAS a Tablas B.52.18 y B.52.19 A y B:

Nota 1: Precisión global de hasta el ±10 % en algunos casos. Valores más precisos según serie de normas IEC 60.287.
Nota 2: Con R. térmica menor que 2,5 K·m/W, los factores se podrían incrementar. Cálculo según IEC 60.287-2-1.
Nota 3: Si un circuito consta de *n* conductores paralelos por fase, se ha de considerar como *n* circuitos

- **CABLES Y CONDUCTORES AISLADOS MÁS HABITUALES EN INSTALACIONES _NO_ ENTERRADAS**

CABLES / CONDUCTORES CON AISLAMIENTO TERMOPLÁSTICO – 70 °C (PVC / Z1)			
	Cable / Cond,	Descripción	Norma
1	HO7V-K	Conductor aislado de tensión asignada 450/750 V, con conductor de cobre clase 5 y aislamiento de PVC.	UNE-EN 50.525-2-31
2	HO7Z1-K TYPE 2 (AS)	Conductor aislado de tensión asignada 450/750 V, con conductor de cobre clase 5 y aislamiento de poliolefina.	UNE 211.002
3	HO5VV-F	Cable multiconductor de tensión asignada 300/500 V con conductor de cobre clase 5 y aislamiento y cubierta de PVC.	UNE-EN 50.525-2-11
4	VV-K; VCAV-K	Cable de utilización industrial de tensión asignada 0,6/1 kV con conductor de cobre clase 5 y aislamiento y cubierta de PVC.	UNE 21.123-1
5	Z171-K (AS); Z1C471-K (AS)	Cable multiconductor de tensión asignada 0,6/1 kV con conductor de cobre clase 5 y aislamiento y cubierta de poliolefina.	En estudio

CABLES / CONDUCTORES CON AISLAMIENTO TERMOESTABLE – 90 °C (XLPE / EPR)			
	Cable / Cond.	Descripción	Norma
1	XZ1 Al (S); XZ1 Al (AS)	Cables de energía de tensión asignada 0,6/1 kV, con conductor de aluminio clase 2, aislados con polietileno reticulado y con cubierta de poliolefina.	UNE-HD 603-5X
2	RV Al	Cables de energía de tensión asignada 0,6/1 kV, con conductor de aluminio clase 2, aislados con polietileno reticulado y con cubierta de policloruro de vinilo.	UNE-HD 603-5N
3	RV; RVEV; RVFAV	Cables de energía de tensión asignada 0,6/1 kV, con conductor de cobre clase 2, aislados con polietileno reticulado y con cubierta de policloruro de vinilo.	UNE 21.123-2
4	RV-K; RCAV-K	Cables de energía de tensión asignada 0,6/1 kV con conductor de cobre clase 5, aislados con polietileno reticulado y con cubierta de policloruro de vinilo.	UNE 21.123-2
5	RZ1-K (AS); RZ1MZ1-K (AS); RC4Z1-K (AS)	Cables de energía de tensión asignada 0,6/1 kV con conductor de cobre clase 5 aislados con polietileno reticulado y con cubierta de poliolefina.	UNE 21.123-4
6	RZ1 Al (AS)	Cables de energía de tensión asignada 0,6/1 KV con conductor de aluminio clase 2, aislados con polietileno reticulado y con cubierta de poliolefina.	UNE 21.123-4
7	SZ1-K (AS+); RZ1-K (AS+)	Cables de energía de tensión asignada 0,6/1 kV con resistencia intrínseca al fuego destinado a circuitos de seguridad con conductor de cobre de clase 5 con aislamiento de compuesto reticulado y cubierta de poliolefina.	UNE 211.025
8	DN-F	Cables de energía flexibles, de tensión asignada 0,6/1 kV, con aislamiento de elastómero reticulado y cubierta reforzada de elastómero reticulado.	UNE 21.150
9	H07RN-F	Cables de energía flexibles, de tensión asignada 450/750 V, con aislamiento y cubierta de elastómero reticulado.	UNE-EN 50.525-2-21
10	H1Z2Z2-K	Cables para sistemas fotovoltaicos, de tensión nominal en c.c. de 1,5 kV y tensión asignada en ca. de 1,0/1,0 kV, con conductor de cobre de clase 5 con aislamiento y cubierta de compuesto reticulado.	UNE-EN 50.618
11	RZ	Conductores aislados de tensión asignada 0,6/1 kV, con conductor de cobre o aluminio, aislamiento de polietileno reticulado y cableados en haz.	UNE 21.030

17 **Tabla C** UNE-HD 60.364-5-52: _Tipos de cable y cond. aislado más habituales en instalaciones no enterradas._

▪ *CABLES Y CONDUCTORES AISLADOS MÁS HABITUALES EN INSTALACIONES ENTERRADAS*

CABLES / CONDUCTORES CON AISLAMIENTO TERMOPLÁSTICO – 70 °C (PVC / Z1)		
Cable / Cond.	**Descripción**	**Norma**
1 VV-K	Cable de **utilización industrial** de tensión asignada 0,6/1 kV con conductor de cobre clase 5 y aislamiento y cubierta de PVC.	UNE 21.123-1

CABLES / CONDUCTORES CON AISLAMIENTO TERMOESTABLE – 90 °C (XLPE / EPR)		
Cable / Cond.	**Descripción**	**Norma**
1 XZ1 Al (S) XZ1 Al (AS)	Cables de energía de tensión asignada 0,6/1 kV, con conductor de aluminio clase 2, aislados con polietileno reticulado y con cubierta de poliolefina.	UNE-HD 603-5X
2 RV Al	Cables de energía de tensión asignada 0,6/1 kV, con conductor de aluminio clase 2, aislados con polietileno reticulado y con cubierta de policloruro de vinilo.	UNE-HD 603-5N
3 RV; RV-K; RVFV; RVFAV	Cables de energía de tensión asignada 0,6/1 kV, con conductor de cobre, aislados con polietileno reticulado y con cubierta de policloruro de vinilo.	UNE 21.123-2
4 RZ1-K (AS); RZ1MZ1-K (AS); RC4Z1-K (AS)	Cables de energía de tensión asignada 0,6/1 kV con conductor de cobre clase 5, aislados con polietileno reticulado y con cubierta de poliolefina.	UNE 211.234
5 SZ1-K (AS+); RZ1-K (AS+)	Cables de energía de tensión asignada 0,6/1 kV con resistencia intrínseca al fuego destinados a **circuitos de seguridad** con conductor de cobre de clase 5 con aislamiento de compuesto reticulado y cubierta de poliolefina.	UNE 211.025
6 RZ1 Al (AS)	Cables de energía de tensión asignada 0,6/1 kV con conductor de aluminio clase 2, aislados con polietileno reticulado y con cubierta de poliolefina.	UNE 211.234
7 DN-F	Cables de energía flexibles, de tensión asignada 0,6/1 kV, con aislamiento de elastómero reticulado y cubierta reforzada de elastómero reticulado.	UNE 21.150
8 H1Z2Z2-K	Cables para **sistemas fotovoltaicos**, de tensión nominal en c.c. de 1,5 kV y tensión asignada en ca. de 1,0/1,0 kV, con conductor de cobre de clase 5 con aislamiento y cubierta de compuesto reticulado. NOTA: Algunos de los cables con esta designación pueden no ser aptos para los métodos de instalación D1/D2.	UNE-EN 50.618

18 **Tabla D** *UNE-HD 60.364-5-52: Tipos de cable y cond. aislado más habituales en instalaciones* **enterradas**.

2.2.4 Identificación de los conductores

Los conductores de la instalación deben ser fácilmente identificables, especialmente por lo que respecta al conductor neutro y al conductor de protección. Esta identificación se realizará por los colores que presenten sus aislamientos. Cuando exista **conductor neutro** en la instalación o se prevea para un conductor de fase su pase posterior a conductor neutro, se identificarán éstos por el color **azul claro**.

Al **conductor de protección** se le identificará por el color **verde-amarillo**.

Todos los conductores de **fase**, o en su caso, aquellos para los que no se prevea su pase posterior a neutro, se identificarán por los colores **marrón** o **negro**.

Cuando se considere necesario identificar tres fases diferentes, se utilizará también el color **gris**.

> **Guía**
>
> **En los circuitos trifásicos**, cada fase deberá identificarse con un color diferente, utilizando los colores negro, marrón y gris. En los **monofásicos** la fase estará identificada por el color negro o marrón, independientemente de que estos circuitos se alimenten de fases distintas.
>
> *No obstante*, cuando para facilitar la identificación, la instalación o el mantenimiento, se considere necesario distinguir entre diferentes circuitos de una instalación interior monofásica, se podrán utilizar los colores negro, marrón o gris en los conductores de fase de los diferentes circuitos, siempre que en el proyecto o memoria técnica de diseño se especifiquen los colores seleccionados para cada circuito.
>
> Los cables unipolares de tensión asignada **0,6/1 kV** con aislamiento y cubierta no tienen aplicadas diferentes coloraciones, en este caso se debe identificar los conductores mediante medios apropiados, como señalizadores, argollas, etiquetas, etc. en cada extremo del cable.
>
> En sistemas **TN-C** y **TN-C-S** descritos en la **ITC-BT-08**, se debe identificar a los conductores de protección y neutro **(CPN)**, mediante el **color verde-amarillo más una marca azul** que podrá ser un señalizador o argolla, una etiqueta, etc., que identifique su propiedad CPN.

■ 2.3 Conductores de protección

Se aplicará lo indicado en la Norma **UNE 20.460-5-54*** en su apartado 543. Como ejemplo, para los conductores de protección que estén constituidos por el mismo metal que los conductores de fase o polares, tendrán una **sección mínima** igual a la fijada en la *tabla 2*, en función de la sección de los conductores de fase o polares de la instalación; en caso de que sean de distinto material, la sección se determinará de forma que presente una conductividad equivalente a la que resulta de aplicar la tabla 2.

* **NOTA A.:** *Norma anulada y sustituida por la UNE-HD 60.364-5-54.*

Secciones de los conductores de fase o polares de la instalación S (mm²)	Secciones mínimas de los conductores de protección S_p (mm²)
S ≤ 16	$S_p = S$ (*)
16 < S ≤ 35	$S_p = 16$
S > 35	$S_p = S/2$

(*) Con un mínimo de:

A) Si los conductores de protección no forman parte de la canalización de alimentación, serán de **COBRE** y de:

   ✓ **2,5 mm²**: si tienen una protección mecánica.

   ✓ **4 mm²**: si **no** tienen una protección mecánica.

B) Si el conductor de protección es común a varios circuitos, la sección del conductor de protección se dimensionará en función la mayor sección de los conductores de fase.

*Tabla valida si material de fases **igual que** material CP*

(19)

Tabla 2

Para otras condiciones se aplicará la norma **UNE 20.460-5-54**[1], apartado 543.

En la instalación de los conductores de protección se tendrá en cuenta:

1. Si se aplican diferentes sistemas de protección en instalaciones próximas, se empleará para cada uno de los sistemas un conductor de protección distinto. Los sistemas a utilizar estarán de acuerdo con los indicados en la norma **UNE 20460-3**[2]. En los pasos a través de paredes o techos estarán protegidos por un tubo de adecuada resistencia mecánica, según **ITC-BT-21** para canalizaciones empotradas.

2. **No** se utilizará un conductor de protección común para instalaciones de tensiones nominales diferentes.

3. Si los conductores activos van en el interior de una envolvente común, se recomienda incluir también dentro de ella el conductor de protección, en cuyo caso presentará el mismo aislamiento que los otros conductores. Cuando el conductor de protección se instale fuera de esta canalización seguirá el curso de la misma.

4. En una canalización móvil **todos** los conductores incluyendo el conductor de protección, irán por la misma canalización.

5. En el caso de canalizaciones que incluyan conductores con **aislamiento mineral**, la cubierta exterior de estos conductores podrá utilizarse como conductor de protección de los circuitos correspondientes, siempre que su continuidad quede perfectamente asegurada y su conductividad sea como mínimo igual a la que resulte de la aplicación de la Norma **UNE 20.460-5-54**[1], apartado 543.

(1) **NOTA A.:** *Norma anulada y sustituida por la UNE-HD 60.364-5-54.*

(2) **NOTA A.:** *Norma anulada y sustituida por la UNE-HD 60.364-1.*

6. Cuando las canalizaciones estén constituidas por conductores aislados colocados bajo tubos de material ferromagnético, o por cables que contienen una armadura metálica, los conductores de protección se colocarán en los mismos tubos o formarán parte de los mismos cables que los conductores activos.

7. Los conductores de protección estarán convenientemente protegidos contra los deterioros mecánicos y químicos, especialmente en los pasos a través de los elementos de la construcción.

8. Las conexiones en estos conductores se realizarán por medio de uniones soldadas sin empleo de ácido o por piezas de conexión de apriete por rosca, debiendo ser accesibles para verificación y ensayo. Estas piezas serán de material inoxidable y los tornillos de apriete, si se usan, estarán previstos para evitar su desapriete. Se considera que los dispositivos que cumplan con la norma **UNE-EN 60.998-2-1** cumplen con esta prescripción.

9. Se tomarán las precauciones necesarias para evitar el deterioro causado por efectos electroquímicos cuando las conexiones sean entre metales diferentes (por ejemplo, cobre-aluminio).

■ 2.4 Subdivisión de las instalaciones

Las instalaciones se subdividirán de forma que las perturbaciones originadas por averías que puedan producirse en un punto de ellas, afecten solamente a ciertas partes de la instalación, por ejemplo a un sector del edificio, a un piso, a un solo local, etc., para lo cual **los dispositivos de protección** de cada circuito estarán adecuadamente coordinados y **serán selectivos** con los dispositivos generales de protección que les precedan.

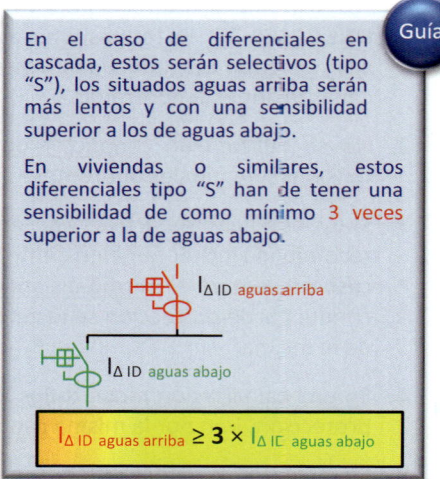

> **Guía**
>
> En el caso de diferenciales en cascada, estos serán selectivos (tipo "S"), los situados aguas arriba serán más lentos y con una sensibilidad superior a los de aguas abajo.
>
> En viviendas o similares, estos diferenciales tipo "S" han de tener una sensibilidad de como mínimo 3 veces superior a la de aguas abajo.
>
> $I_{\Delta\ ID\ aguas\ arriba}$
>
> $I_{\Delta\ ID\ aguas\ abajo}$
>
> $I_{\Delta\ ID\ aguas\ arriba} \geq 3 \times I_{\Delta\ ID\ aguas\ abajo}$

Toda instalación se dividirá en varios circuitos, según las necesidades, a fin de:

✓ evitar las interrupciones innecesarias de todo el circuito y limitar las consecuencias de un fallo;

✓ facilitar las verificaciones, ensayos y mantenimientos; y

✓ evitar los riesgos que podrían resultar del fallo de un solo circuito que pudiera dividirse, como por ejemplo si solo hay un circuito de alumbrado.

2.5 Equilibrado de cargas

Para que se mantenga el mayor equilibrio posible en la carga de los conductores que forman parte de una instalación, se procurará que aquella quede repartida entre sus fases o conductores polares.

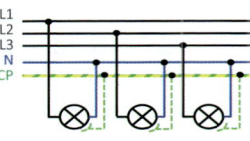

F.A.3: Equilibrado de cargas

2.6 Posibilidad de separación de la alimentación

Se podrán desconectar de la fuente de alimentación de energía, las siguientes instalaciones:

a. Toda instalación cuyo origen esté en una línea general de alimentación.
b. Toda instalación con origen en un cuadro de mando o de distribución.

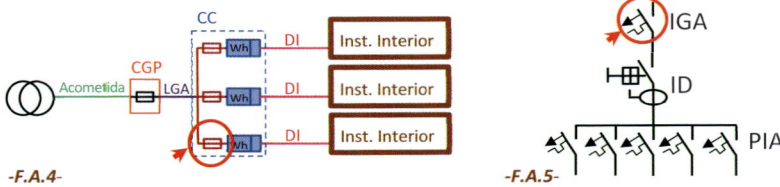

-F.A.4-   -F.A.5-

Los dispositivos admitidos para esta desconexión, que garantizarán la separación omnipolar excepto en el neutro de las redes TN-C, son:

1. Los cortacircuitos fusibles.
2. Los seccionadores.
3. Los interruptores con separación de contactos mayor de **3 mm** o con nivel de seguridad equivalente.
4. Los bornes de conexión, sólo en caso de derivación de un circuito.

(*) 4 mm según norma EN 60.669-2-4

F.A.6: Interruptor

Los dispositivos de desconexión se situarán y actuarán en un mismo punto de la instalación, y cuando esta condición resulte de difícil cumplimiento, se colocarán instrucciones o avisos aclaratorios. Los dispositivos deberán ser accesibles y estarán dispuestos de forma que permitan la fácil identificación de la parte de la instalación que separan.

2.7 Posibilidad de conectar y desconectar en carga

Se instalarán dispositivos apropiados que permitan conectar y desconectar **en carga** en una sola maniobra, en:

a. Toda instalación interior o receptora en su origen, circuitos principales y cuadros secundarios. Podrán exceptuarse de esta prescripción los circuitos destinados a relojes, a rectificadores para instalaciones telefónicas cuya potencia nominal no exceda de 500 VA y los circuitos de mando o control, siempre que su desconexión impida cumplir alguna función importante para la seguridad de la instalación. Estos circuitos podrán desconectarse mediante dispositivos independientes del general de la instalación.

b. Cualquier receptor.

c. Todo circuito auxiliar para mando o control, excepto los destinados a la tarificación de la energía.

d. Toda instalación de aparatos de elevación o transporte, en su conjunto.

e. Todo circuito de alimentación en baja tensión destinado a una instalación de tubos luminosos de descarga en alta tensión.

f. Toda instalación de locales que presente riesgo de incendio o de explosión.

g. Las instalaciones a la intemperie.

h. Los circuitos con origen en cuadros de distribución.

i. Las instalaciones de acumuladores.

j. Los circuitos de salida de generadores.

Los dispositivos admitidos para la conexión y desconexión en carga son:

1. Los interruptores manuales.

2. Los cortacircuitos fusibles de accionamiento manual, o cualquier otro sistema aislado que permita estas maniobras siempre que tengan poder de corte y de cierre adecuado e independiente del operador.

> **También pueden utilizarse:** **Guía**
> ✓ Interruptores automáticos con accionamiento manual.
> ✓ Contactores accionados por pulsador.

3. Las clavijas de las tomas de corriente de *intensidad nominal no superior a 16 A*.

Deberán ser de corte omnipolar los dispositivos siguientes:

1. Los situados en el cuadro general y secundarios de toda instalación interior o receptora.

2. Los destinados a circuitos **excepto** en sistemas de distribución **TN-C**, en los que el **corte del** conductor **neutro** está **prohibido y** excepto en los **TN-S** en los que se pueda asegurar que el conductor neutro esta al potencial de tierra.

3. Los destinados a receptores cuya potencia sea superior a 1.000 W, salvo que prescripciones particulares admitan corte no omnipolar.

4. Los situados en circuitos que alimenten a lámparas de descarga o autotransformadores.

5. Los situados en circuitos que alimenten a instalaciones de tubos de descarga en alta tensión.

En los demás casos, los dispositivos podrán **no ser de corte omnipolar**.

El conductor neutro o compensador no podrá ser interrumpido salvo cuando el corte se establezca por interruptores omnipolares.

2.8 Medidas de protección contra contactos directos e indirectos

Las instalaciones eléctricas se establecerán de forma que no supongan riesgo para las personas y los animales domésticos tanto en servicio normal como cuando puedan presentarse averías previsibles.

En relación con estos riesgos, las instalaciones deberán proyectarse y ejecutarse aplicando las medidas de protección necesarias contra los contactos directos e indirectos.

Estas medidas de protección son las señaladas en la Instrucción **ITC-BT-24** y deberán cumplir lo indicado en la **UNE 20.460**, parte 4-41 y parte 4-47*.

* **NOTA A.:** *Norma anulada y sustituida por la UNE-HD 60.364-4-41.*

2.9 Resistencia de aislamiento y rigidez dieléctrica*

*_Nota A.:_ Las verificaciones de las instalaciones se harán conforme a la ITC-BT-19 y la actual norma **UNE-HD 60.364-6**.

Las instalaciones deberán presentar una resistencia de aislamiento al menos igual a los valores indicados en la tabla siguiente:

Tensión nominal de la instalación	Tensión de ensayo en corriente continua (V)	Resistencia de aislamiento (MΩ)
Muy baja tensión de seguridad (MBTS)	250	≥ 0,25
Muy baja tensión de protección (MBTP)		
Inferior o igual a 500 V, excepto caso anterior	500	≥ 0,5
Superior a 500 V	1.000	≥ 1,0
Nota: para instalaciones a *MBTS* y *MBTP*, véase la ITC-BT-36.		

20

Tabla 3

> Para instalaciones que no excedan los 100 m de longitud

Este aislamiento se entiende para una instalación en la cual la longitud del conjunto de canalizaciones y cualquiera que sea el número de conductores que las componen no exceda de **100 metros**. Cuando esta longitud exceda del valor anteriormente citado y pueda fraccionarse la instalación en partes de aproximadamente 100 metros de longitud, bien por seccionamiento, desconexión, retirada de fusibles o apertura de interruptores, cada una de las partes en que la instalación ha sido fraccionada debe presentar la resistencia de aislamiento que corresponda.

Cuando no sea posible efectuar el fraccionamiento citado, se admite que el valor de la resistencia de aislamiento de toda la instalación sea, con relación al mínimo que le corresponda, inversamente proporcional a la longitud total, en hectómetros, de las canalizaciones.

El aislamiento se medirá con relación a tierra y entre conductores, mediante un generador de corriente continua capaz de suministrar las tensiones de ensayo especificadas en la tabla anterior con una corriente de **1 mA** para una carga igual a la mínima resistencia de aislamiento especificada para cada tensión.

Durante la medida, los conductores, incluido el conductor neutro o compensador, estarán aislados de tierra, así como de la fuente de alimentación de energía a la cual están unidos habitualmente. Si las masas de los aparatos receptores están unidas al conductor neutro, se suprimirán estas conexiones durante la medida, restableciéndose una vez terminada ésta.

Cuando la instalación tenga circuitos con **dispositivos electrónicos**, en dichos circuitos los conductores de fases y el neutro estarán unidos entre sí durante las medidas.

1. **La medida de aislamiento con relación a tierra**, se efectuará uniendo a ésta el polo positivo del generador y dejando, en principio, todos los receptores conectados y sus mandos en posición "paro", asegurándose que no existe falta de continuidad eléctrica en la parte de la instalación que se verifica; los dispositivos de interrupción se pondrán en posición de "cerrado" y los cortacircuitos instalados como en servicio normal. Todos los conductores se conectarán entre sí incluyendo el conductor neutro o compensador, en el origen de la instalación que se verifica y a este punto se conectará el polo negativo del generador.

   Cuando la resistencia de aislamiento obtenida resultara inferior al valor mínimo que le corresponda, se admitirá que la instalación es, no obstante **correcta**, si se cumplen las siguientes condiciones:

   ✓ Cada aparato receptor presenta una resistencia de aislamiento por lo menos igual al valor señalado por la norma UNE que le concierna o en su defecto **0,5 MΩ**.

   ✓ Desconectados los aparatos receptores, la instalación presenta la resistencia de aislamiento que le corresponda.

2. **La medida de la resistencia de aislamiento entre conductores polares**, se efectúa después de haber desconectado todos los receptores, quedando los interruptores y cortacircuitos en la misma posición que la señalada anteriormente para la medida del aislamiento con relación a tierra. La medida de la resistencia de aislamiento se efectuará sucesivamente entre los conductores tomados dos a dos, comprendiendo el conductor neutro o compensador.

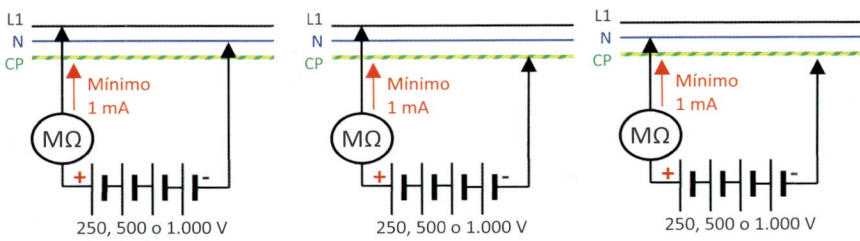

F.A.7: *Medida resistencia de aislamiento entre conductores polares*

F.A.8: *Medida de aislamiento con relación a tierra*

3. Por lo que respecta a la <u>**rigidez dieléctrica**</u> de una instalación, ha de ser tal, que desconectados los aparatos de utilización (receptores), resista durante **1 minuto** una prueba de tensión de **2U + 1.000 voltios** a frecuencia industrial, siendo U la tensión máxima de servicio expresada en voltios y **con un mínimo de 1.500 voltios**. Este ensayo se realizará para cada uno de los conductores incluido el neutro o compensador, con relación a tierra y entre conductores, salvo para aquellos materiales en los que se justifique que haya sido realizado dicho ensayo previamente por el fabricante.

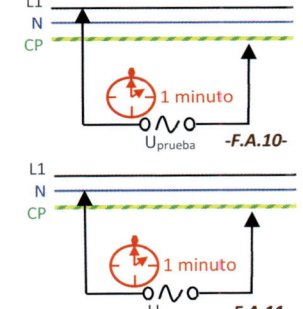

$$U_{prueba} \ (V) = 2 \times U_{máxima \ de \ servicio} + 1.000$$
(Mínimo de 1.500 V)

Durante este ensayo los dispositivos de interrupción se pondrán en la posición de "cerrado" y los cortacircuitos instalados como en servicio normal. Este ensayo no se realizará en instalaciones correspondientes a locales que presenten riesgo de incendio o explosión.

Las corrientes de fuga no serán superiores para el conjunto de la instalación o para cada uno de los circuitos en que ésta pueda dividirse a efectos de su protección, a la sensibilidad que presenten los interruptores diferenciales instalados como protección contra los contactos indirectos.

■ **2.10 Bases de toma de corriente**

Las bases de toma de corriente utilizadas en las instalaciones interiores o receptoras serán del tipo indicado en las figuras C2a, C3a o ESB 25-5a de la norma **UNE 20.315**. El tipo indicado en la figura C3a queda reservado para instalaciones en las que se requiera distinguir la fase del neutro, o disponer de una red de tierras específica.

Guía

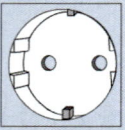

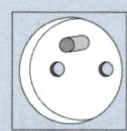

C2a. Base bipolar con contacto lateral de tierra 10/16 A 250 V. (Base 10/16 A de uso general).

C2a. Base bipolar con espiga de contacto de tierra 10/16 A 250 V. (Base a utilizar cuando haya que distinguir entre fase/neutro).

ESB 25-5a. Base bipolar con contacto lateral de tierra 25 A 250 V.

En instalaciones **diferentes** de las indicadas en la **ITC-BT-25** para viviendas, además se admitirán las bases de toma de corriente indicadas en la serie de normas **UNE EN 60.309**.

Guía

La norma UNE 20.315, define una base de toma de corriente denominada ESB 32a. Su uso está destinado a las encimeras eléctricas, cocinas u hornos que tengan una intensidad asignada superior a 25 A. Esta base de toma de corriente es admisible para su instalación en el circuito C3 en viviendas, así como en instalaciones tales como bares, restaurantes, hoteles, etc.

La instalación de esta base de toma de corriente requiere la adecuación de la previsión de cargas en la instalación, que en el caso de viviendas, será de al menos 7.360 W, incluyendo la instalación del **PIA del circuito C3 de 32 A**, así como en su caso, la **adecuación de la sección de los conductores**.

Base ESB 32a. Base bipolar con de tierra 32 A 250 V.

Las bases móviles deberán ser del tipo indicado en las figuras ESC 10-1a, C2a o C3a de la Norma **UNE 20.315**. Las clavijas utilizadas en los cordones prolongadores deberán ser del tipo indicado en las figuras ESC 10-1b, C2b, C4, C6 o ESB 25-5b.

Las bases de toma de corriente del tipo indicado en las figuras **C1a**, las ejecuciones fijas de las figuras ESB 10-5a y ESC 10-1a, así como las clavijas de las figuras ESB 10-5b y C1b, recogidas en la norma **UNE 20.315**, solo podrán comercializarse e instalarse **para reposición** de las existentes.

Guía

Las bases sin contacto de tierra **no** se podrán montar en instalaciones nuevas, ampliaciones, modificaciones ni en reparaciones de importancia de las instalaciones existentes.

Los circuitos que alimenten estas bases de **toma de corriente de clase 0** para reposición deben estar **protegidas por diferenciales de alta sensibilidad** por no disponer la base de toma de tierra.

Base C1a. Base bipolar sin contacto de tierra 10/16 A, 250 V.

2.11 Conexiones

En ningún caso se permitirá la unión de conductores mediante conexiones y/o derivaciones por simple retorcimiento o arrollamiento entre sí de los conductores, sino que deberá realizarse **siempre utilizando bornes de conexión** montados individualmente o constituyendo bloques o regletas de conexión; puede permitirse asimismo, la utilización de bridas de conexión.

Siempre deberán realizarse en el interior de cajas de empalme y/o de derivación **salvo en** los casos indicados en el **apartado 3.1** de la **ITC-BT-21**.

ITC-BT-21

ITC-BT-21/ Apartado 3.1:
Se podrán hacer conexiones en el **interior de canales protectoras** siempre que:

➢ Tengan grado **IP 4X** o superior.
➢ Sean "canales con tapa de acceso que solo puedan abrirse con herramientas".

Si se trata de conductores de varios alambres cableados, las conexiones se realizarán de forma que la corriente se reparta por todos los alambres componentes y si el sistema adoptado es de tornillo de apriete entre una arandela metálica bajo su cabeza y una superficie metálica, los conductores de sección superior a 6 mm^2 deberán conectarse por medio de terminales adecuados, de forma que las conexiones **no** queden sometidas a **esfuerzos mecánicos**.

ANOTACIONES

ANOTACIONES

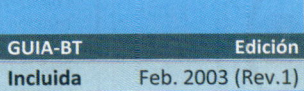

ITC-BT-20

Sistemas de instalación

de las instalaciones interiores o receptoras

Norma	Apartado	Sustituida por:
UNE 20.460-5-523	1 / 2 / 2.2.2 / 2.2.6 / 2.2.9	**UNE-HD 60.364-5-52**
UNE-EN 50.085-1	2.2.7	--
UNE-EN 60.439-2	2.2.10	**UNE-EN 61.439-6**
UNE-EN 60.570	2.2.10	--

GUIA-BT	Edición
Incluida	Feb. 2003 (Rev.1)

Índice

1. GENERALIDADES

Los sistemas de instalación que se describen en esta Instrucción Técnica deberán tener en consideración los principios fundamentales de la norma **UNE 20.460-5-52***.

2. SISTEMAS DE INSTALACIÓN

La selección del tipo de canalización en cada instalación particular se realizará escogiendo, en función de las influencias externas, el que se considere más adecuado de entre los descritos para conductores y cables en la norma **UNE 20.460-5-52***.

■ 2.1 Prescripciones generales

Circuitos de potencia

Varios circuitos pueden encontrarse en el mismo tubo o en el mismo compartimento de canal **si** todos los conductores están **aislados para la tensión asignada más elevada**.

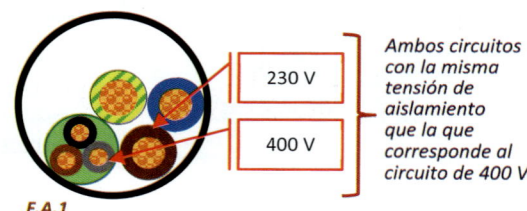

230 V

400 V

Ambos circuitos con la misma tensión de aislamiento que la que corresponde al circuito de 400 V

F.A.1

Separación de circuitos

No deben instalarse circuitos de potencia y circuitos de muy baja tensión de seguridad (MBTS o MBTP) en las mismas canalizaciones, a menos que cada cable esté aislado para la tensión más alta presente o se aplique una de las disposiciones siguientes:

A. que cada conductor de un cable de varios conductores esté aislado para la tensión más alta presente en el cable;

B. que los cables estén aislados para su tensión e instalados en un compartimento separado de un conducto o de una canal, si la separación garantiza el nivel de aislamiento requerido para la tensión más elevada.

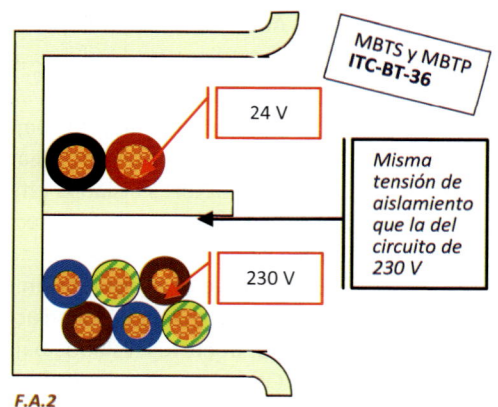

MBTS y MBTP ITC-BT-36

24 V

Misma tensión de aislamiento que la del circuito de 230 V

230 V

F.A.2

---

* **NOTA A.:** Norma anulada y sustituida por la **UNE-HD 60.364-5-52**.

2.1.1 Disposiciones

En caso de proximidad de <u>canalizaciones eléctricas con otras no eléctricas</u>, se dispondrán de forma que entre las superficies exteriores de ambas se mantenga una distancia mínima de <mark>3 cm</mark>. En caso de proximidad con conductos de calefacción, de aire caliente, vapor o humo, las canalizaciones eléctricas se establecerán de forma que no puedan alcanzar una temperatura peligrosa y, por consiguiente, se mantendrán separadas por una distancia conveniente o por medio de pantallas caloríficas.

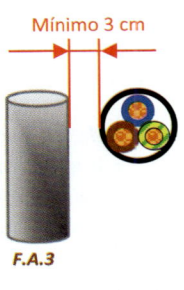

Mínimo 3 cm

F.A.3

Las canalizaciones eléctricas **no se situarán por debajo** de **otras canalizaciones que puedan dar lugar a condensaciones**, tales como las destinadas a conducción de vapor, de agua, de gas, etc., a menos que se tomen las disposiciones necesarias para proteger las canalizaciones eléctricas contra los efectos de estas condensaciones.

Agua, gas, etc.

F.A.4

Las **canalizaciones eléctricas y las no eléctricas** sólo podrán ir dentro de un mismo canal o hueco en la construcción, <u>cuando se cumplan simultáneamente</u> las siguientes condiciones:

1. La protección contra contactos indirectos estará asegurada por alguno de los sistemas señalados en la Instrucción **ITC-BT-24**, considerando a las conducciones no eléctricas, cuando sean metálicas, como elementos conductores.

2. Las canalizaciones eléctricas estarán convenientemente protegidas contra los posibles peligros que pueda presentar su proximidad a canalizaciones, y especialmente se tendrá en cuenta:

   ✓ La elevación de la temperatura, debida a la proximidad con una conducción de fluido caliente.
   ✓ La condensación.
   ✓ La inundación, por avería en una conducción de líquidos; en este caso se tomarán todas las disposiciones convenientes para asegurar su evacuación.
   ✓ La corrosión, por avería en una conducción que contenga un fluido corrosivo.
   ✓ La explosión, por avería en una conducción que contenga un fluido inflamable.
   ✓ La intervención por mantenimiento o avería en una de las canalizaciones puede realizarse sin dañar al resto.

2.1.2 Accesibilidad

Las canalizaciones deberán estar dispuestas de forma que faciliten su maniobra, inspección y acceso a sus conexiones. Estas posibilidades no deben ser limitadas por el montaje de equipos en las envolventes o en los compartimentos.

2.1.3 Identificación

Las canalizaciones eléctricas se establecerán de forma que mediante la conveniente identificación de sus circuitos y elementos, se pueda proceder en todo momento a reparaciones, transformaciones, etc. Por otra parte, el conductor neutro o compensador, cuando exista, estará claramente diferenciado de los demás conductores.

Las canalizaciones pueden considerarse suficientemente diferenciadas unas de otras, bien por la naturaleza o por el tipo de los conductores que la componen, o bien por sus dimensiones o por su trazado. Cuando la identificación pueda resultar difícil, debe establecerse un plano de la instalación que permita, en todo momento, esta identificación mediante etiquetas o señales de aviso indelebles y legibles.

■ 2.2 Condiciones particulares

Los **sistemas de instalación de las canalizaciones** en función de los tipos de conductores o cables deben estar de acuerdo con la ***tabla 1***, siempre y cuando las influencias externas estén de acuerdo con las prescripciones de las normas de canalizaciones correspondientes. Los sistemas de instalación de las canalizaciones, en función de la situación deben estar de acuerdo con la ***tabla 2***.

Conductores y cables		Sistemas de instalación							
		Sin fija-ción	Fijación directa	Tubos	Canales y molduras	Conductos de sección no circular	Bandejas de escalera Bandejas soportes	Sobre aisladores	Con fiador
Conductores desnudos		–	–	–	–	–	–	+	–
Conductores aislados		–	–	+	(*)	+	–	+	–
Cables con cubierta	Multi-polares	+	+	+	+	+	+	0	+
	Uni-polares	0	+	+	+	+	+	0	+

+: admitido;
- : no admitido;
0: no aplicable o no utilizado en la práctica;
*: se admiten conductores aislados si la tapa sólo puede abrirse con un útil o con una acción manual importante y la canal es **IP 4X** o **IP XXD**.

Tabla 1. *Elección de las canalizaciones.*

Situaciones		Sistemas de instalación							
		Sin fijación	Fijación directa	Tubos	Canales y molduras	Conductos de sección no circular	Bandejas de escalera Bandejas soportes	Sobre aisladores	Con fiador
Huecos de la construcción	accesibles	+	+	+	+	+	+	–	0
	no accesibles	+	0	+	0	+	0	–	–
Canal de obra		+	+	+	+	+	+	–	–
Enterrados		+	0	+	–	+	0	–	–
Empotrados en estructuras		+	+	+	+	+	0	–	–
En montaje superficial		–	+	+	+	+	+	+	–
Aéreo		–	–	(*)	+	–	+	+	+

+: admitido;
-: no admitido;
0: no aplicable o no utilizado en la práctica;
(*): no se utilizan en la práctica salvo en instalaciones cortas y destinadas a la alimentación de máquinas o elementos de movilidad restringida.

Tabla 2. *Situación de las canalizaciones.*

2.2.1 Conductores aislados bajo tubos protectores

Los cables utilizados serán de tensión nominal no inferior a 450/750 V y los tubos cumplirán lo establecido en la **ITC-BT-21**.

Producto	Designación s/norma	Norma de aplicación	Tipos de cable admitido
Tubo rígido	4321 y no propagador de la llama	UNE-EN 61.386-21	H07X-X
Tubo curvable	2221 y no propagador de la llama	UNE-EN 61.386-22	ES07X-X (AS)
Tubo flexible	4321 y no propagador de la llama	UNE-EN 61.386-23	

2.2.2 Conductores aislados fijados directamente sobre las paredes

Estas instalaciones se establecerán con cables de tensiones nominales no inferiores a 0,6/1 kV, provistos de aislamiento y cubierta (se incluyen cables armados o con aislamiento mineral). Estas instalaciones se realizarán de acuerdo a la norma **UNE 20.460-5-52***.

* **NOTA A.:** *Norma anulada y sustituida por la UNE-HD 60.364-5-52.*

Guía

La serie **UNE 21.123** define las características de los cables (unipolares y multiconductores) de tensión asignada 0,6/1 kV para instalaciones fijas.

Los cables con aislamiento mineral de tensión asignada 0,6/1 kV no están normalizados.

Tipos de cable admitido*
VV-K
RV-K
RZ1-K (AS)

* y de características similares con armadura metálica.

2.2.2 Conductores aislados fijados directamente sobre las paredes (continuación)

Para la ejecución de las canalizaciones se tendrán en cuenta las siguientes prescripciones:

1. Se fijarán sobre las paredes por medio de bridas, abrazaderas, o collares de forma que no perjudiquen las cubiertas de los mismos.

2. Con el fin de que los cables no sean susceptibles de doblarse por efecto de su propio peso, los puntos de fijación de los mismos estarán suficientemente próximos. La distancia entre dos puntos de fijación sucesivos, no excederá de **0,40 m**.

3. Cuando los cables deban disponer de protección mecánica por el lugar y condiciones de instalación en que se efectúe la misma, se utilizarán **cables armados**. En caso de no utilizar estos cables, se establecerá una protección mecánica complementaria sobre los mismos.

4. Se evitará curvar los cables con un radio demasiado pequeño y salvo prescripción en contra fijada en la Norma UNE correspondiente al cable utilizado, este *radio no será inferior a 10 veces el diámetro exterior* del cable.

5. **Los cruces** de los cables con canalizaciones no eléctricas se podrán efectuar por la parte anterior o posterior a éstas, dejando una distancia mínima de **3 cm** entre la superficie exterior de la canalización no eléctrica y la cubierta de los cables cuando el cruce se efectúe por la parte anterior de aquélla.

6. Los puntos de fijación de los cables estarán suficientemente próximos para evitar que esta distancia pueda quedar disminuida. Cuando el cruce de los cables requiera su *empotramiento* para respetar la separación mínima de **3 cm**, se seguirá lo dispuesto en el **apartado 2.2.1** de la presente instrucción. Cuando el **cruce** se realice *bajo molduras*, se seguirá lo dispuesto en el **apartado 2.2.8** de la presente instrucción.

7. Los extremos de los cables serán estancos cuando las características de los locales o emplazamientos así lo exijan, utilizándose a este fin cajas u otros dispositivos adecuados. La estanqueidad podrá quedar asegurada con la ayuda de prensaestopas.

8. Los cables con *aislamiento mineral*, cuando lleven cubiertas metálicas, no deberán utilizarse en locales que puedan presentar riesgo de corrosión para las cubiertas metálicas de estos cables, salvo que esta cubierta esté protegida adecuadamente contra la corrosión.

9. Los empalmes y conexiones se harán por medio de cajas o dispositivos equivalentes provistos de tapas desmontables que aseguren a la vez la continuidad de la protección mecánica establecida, el aislamiento y la inaccesibilidad de las conexiones y permitiendo su verificación en caso necesario.

2.2.3 Conductores aislados enterrados

Las condiciones para estas canalizaciones, en las que los conductores aislados deberán ir **bajo tubo** **salvo que** tengan cubierta y una tensión asignada 0,6/1 kV, se establecerán de acuerdo con lo señalado en la Instrucciones **ITC-BT-07** e **ITC-BT-21**.

Guía

Producto	Instalación	Norma de aplicación	Tipos de cable admitido*
Tubos	Enterrados	UNE-EN 50.086-2-4	RV
			XZ1

Bajo tubo enterrado, **no** más de un circuito por cada tubo.

* Y de características similares con armadura metálica.

2.2.4 Conductores aislados directamente empotrados en estructuras

Para estas canalizaciones son necesarios cables **aislados con cubierta** (incluidos cables armados o con aislamiento mineral). La temperatura mínima y máxima de instalación y servicio será de -5 °C y 90 °C respectivamente (por ejemplo con polietileno reticulado o etileno-propileno).

Tipos de cable admitido
RV-K

2.2.5 Conductores aéreos

Los cables aéreos no cubiertos en 2.2.2, cumplirán lo establecido en la **ITC-BT-06**.

Tipos de cable admitido
RZ (**Al** o **Cu**)

2.2.6 Conductores aislados en el interior de huecos de la construcción

Estas canalizaciones están constituidas por cables colocados en el interior de huecos de la construcción según **UNE 20.460-5-52***. Los cables utilizados serán de tensión nominal no inferior a 450/750 V.

* **NOTA A.:** Norma anulada y sustituida por la **UNE-HD 60.364-5-52**.

Los cables o tubos podrán instalarse directamente en los huecos de la construcción con la condición de que sean **no propagadores de llama***.

* Por el Reglamento Delegado 2016/364, se establece el siguiente texto legal:

Podrán instalarse directamente en los huecos de la construcción los **cables** de clase de reacción al fuego mínima **Eca** y los **tubos** que sean no propagadores de la llama.

Guía

Tubo	Designación s/norma		Tipos de cable admitido	
			Con tubo	Sin tubo
Rígido	4321 y no propagador de la llama	UNE-EN 61.386-21	H-07K	VV-K
Curvable	2221 y no propagador de la llama	UNE-EN 61.386-22	ES07Z1-K (AS)	RV-K
Flexible	4321 y no propagador de la llama	UNE-EN 61.386-23	H07Z1-K (AS)	
				RZ1-K (AS)

Los cables directamente instalados en huecos de la construcción deben tener aislamiento y cubierta con tensión asignada 0,6/1 kV.

Los huecos en la construcción admisibles para estas canalizaciones podrán estar dispuestos en muros, paredes, vigas, forjados o techos, adoptando la forma de conductos continuos o bien estarán comprendidos entre dos superficies paralelas como en el caso de falsos techos o muros con cámaras de aire. En el caso de conductos continuos, éstos no podrán destinarse simultáneamente a otro fin (ventilación, etc.).

La sección de los huecos será, como mínimo:

a) Igual a **cuatro veces** la ocupada por los cables o tubos,

b) Y su dimensión más pequeña no será inferior a **dos veces** el diámetro exterior de mayor sección de éstos, con un mínimo de <mark>20 mm</mark>.

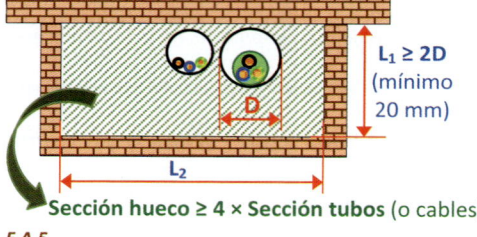

Sección hueco ≥ 4 × Sección tubos (o cables)

F.A.5

Las paredes que separen un hueco que contenga canalizaciones eléctricas de los locales inmediatos, tendrán suficiente solidez para proteger éstas contra acciones previsibles.

Se evitarán, dentro de lo posible, las asperezas en el interior de los huecos y los cambios de dirección de los mismos en un número elevado o de pequeño radio de curvatura.

La canalización podrá ser reconocida y conservada sin que sea necesaria la destrucción parcial de las paredes, techos, etc., o sus guarnecidos y decoraciones. Los empalmes y derivaciones de los cables serán accesibles, disponiéndose para ellos las cajas de derivación adecuadas.

Normalmente, como los cables solamente podrán fijarse en puntos bastante alejados entre sí, puede considerarse que el esfuerzo resultante de un recorrido vertical libre **no superior a** <mark>3 m</mark> quede dentro de los límites admisibles. Se tendrá en cuenta al disponer de puntos de fijación que no debe quedar comprometida ésta, cuando se suelten los bornes de conexión especialmente en recorridos verticales y se trate de bornes que están en su parte superior.

Se evitará que puedan producirse infiltraciones, fugas o condensaciones de agua que puedan penetrar en el interior del hueco, prestando especial atención a la impermeabilidad de sus muros exteriores, así como a la proximidad de tuberías de conducción de líquidos, penetración de agua al efectuar la limpieza de suelos, posibilidad de acumulación de aquélla en partes bajas del hueco, etc.

Cuando no se tomen las medidas para evitar los riesgos anteriores, las canalizaciones cumplirán las prescripciones establecidas para las instalaciones en locales húmedos e incluso mojados que pudieran afectarles.

2.2.7 Conductores aislados bajo canales protectoras

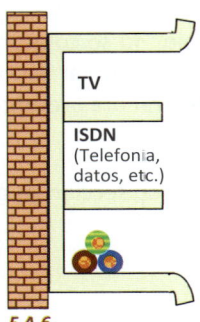

F.A.6

La canal protectora es un material de instalación constituido por un perfil de paredes perforadas o no, destinado a alojar conductores o cables y cerrado por una tapa desmontable.

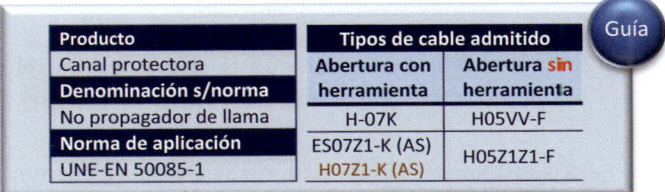

Producto	Tipos de cable admitido	
Canal protectora	Abertura con herramienta	Abertura sin herramienta
Denominación s/norma		
No propagador de llama	H-07K	H05VV-F
Norma de aplicación	ES07Z1-K (AS)	H05Z1Z1-F
UNE-EN 50085-1	H07Z1-K (AS)	

Las canales deberán satisfacer lo establecido en la **ITC-BT-21**.

En las canales protectoras de grado **IP 4X** o superior y clasificadas como *"canales con tapa de acceso que solo puede abrirse con herramientas"*, según la norma **UNE EN 50085-1**, se podrá:

a. Utilizar conductor aislado, de tensión asignada **450/750 V**.

b. **Colocar mecanismos** tales como interruptores, tomas de corrientes, dispositivos de mando y control, etc., en su interior, siempre que se fijen de acuerdo con las instrucciones del fabricante.

c. **Realizar empalmes** de conductores en su interior y conexiones a los mecanismos.

En las canales protectoras de grado de protección **inferior a IP 4X** o clasificadas como "canales con tapa de acceso que puede abrirse **sin herramientas**", según la norma **UNE EN 50.085-1**, **solo** podrá utilizarse conductor aislado bajo cubierta estanca, de tensión asignada mínima **300/500 V**.

2.2.8 Conductores aislados bajo molduras

Estas canalizaciones están constituidas por cables alojados en ranuras bajo molduras. Podrán utilizarse **únicamente en** locales o emplazamientos clasificados como secos, temporalmente húmedos o polvorientos *(ITC-BT-30)*.

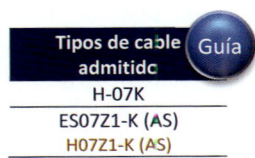

Tipos de cable admitido
H-07K
ES07Z1-K (AS)
H07Z1-K (AS)

Los cables serán de tensión asignada no inferior a **450/750 V**.

Las molduras podrán ser reemplazadas por guarniciones de puertas, astrágalos o rodapiés ranurados, siempre que cumplan las condiciones impuestas para las primeras.

Las **molduras** cumplirán las siguientes condiciones:

1. Las ranuras tendrán unas dimensiones tales que permitan instalar sin dificultad por ellas a los conductores o cables. En principio, <u>no se colocará más de un conductor por ranura</u>, <u>admitiéndose</u>, no obstante, colocar varios conductores <u>siempre que pertenezcan al mismo circuito</u> y la ranura presente dimensiones adecuadas para ello.

2. **La anchura** de las ranuras destinadas a recibir **cables rígidos** de sección **igual o inferior a 6 mm²** serán, como mínimo, de **6 mm**.

Para la instalación de las molduras se tendrá en cuenta:

1. Las molduras no presentarán discontinuidad alguna en toda la longitud donde contribuyen a la protección mecánica de los conductores. En los cambios de dirección, <u>los **ángulos** de las ranuras serán **obtusos**</u>.

Ángulo obtuso: Mayor de 90° y menor de 180°

F.A.7

2. Las canalizaciones <u>podrán colocarse al nivel del techo</u> o <u>inmediatamente encima de los rodapiés</u>. *En ausencia de éstos*, la parte inferior de la moldura estará, como mínimo, a **10 cm** por encima del suelo.

3. En el caso de utilizarse **rodapiés ranurados**, el conductor aislado más bajo estará, como mínimo, a **1,5 cm** por encima del suelo.

Techo

Zócalo

Suelo

10 cm

Suelo

Zócalo ranurado

1,5 cm

Suelo

F.A.8 *F.A.9* *F.A.10* *F.A.11*

4. Cuando no puedan evitarse cruces de estas canalizaciones con las destinadas a otro uso (agua, gas, etc.), se utilizará una moldura especialmente concebida para estos cruces **o** preferentemente un tubo rígido empotrado que sobresaldrá por una y otra parte del cruce. La separación entre dos canalizaciones que se crucen será, como mínimo de **1 cm** <u>en el caso de utilizar molduras especiales para el cruce</u> y **3 cm**, en el caso de utilizar <u>tubos rígidos empotrados</u>.

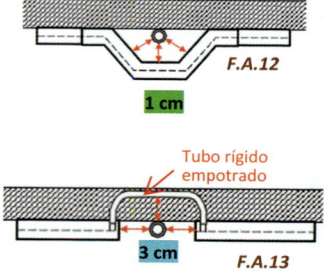

F.A.12

1 cm

Tubo rígido empotrado

3 cm

F.A.13

5. Las conexiones y derivaciones de los conductores se harán mediante dispositivos de conexión con tornillo o sistemas equivalentes.

6. Las molduras no estarán totalmente empotradas en la pared ni recubiertas por papeles, tapicerías o cualquier otro material, debiendo quedar su cubierta siempre al aire.

7. Antes de colocar las molduras de madera sobre una pared, debe asegurarse que la pared está suficientemente seca; en caso contrario, las molduras se separarán de la pared por medio de un producto hidrófugo.

2.2.9 Conductores aislados en bandeja o soporte de bandejas

Sólo se utilizarán cables aislados con cubierta (incluidos cables armados o con aislamiento mineral), unipolares o multipolares según norma **UNE 20.460-5-52**.

Tipos de cable admitido	Guía
VV-K	
RV-K	
RZ1-K	

Guía

Producto	Designación s/norma	Norma de aplicación
Bandejas y bandejas de escalera	No propagador de la llama	UNE-EN 61.537

Pueden utilizarse también bandejas ciegas, perforadas, bandejas de escalera o de rejilla

Las bandejas metálicas deben **conectarse a la red de tierra** quedando su continuidad eléctrica convenientemente asegurada.

Se recomienda la instalación de cables de tensión asignada 0,6/1 kV.

Cabe la posibilidad de que las bandejas soporten **cajas de empalme y/o derivación**.

2.2.10 Canalizaciones eléctricas prefabricadas

Deberán tener un grado de protección adecuado a las características del local por el que discurren.

Las canalizaciones prefabricadas para **iluminación** deberán ser conformes con las especificaciones de las normas de la serie **UNE EN 60.570**.

Las características de las canalizaciones de **uso general** deberán ser conformes con las especificaciones de la Norma **UNE EN 60.439-2***.

* **NOTA A.:** Norma anulada y sustituida por la **UNE-EN 61.439-6**.

3. PASO A TRAVÉS DE ELEMENTOS DE LA CONSTRUCCIÓN

El paso de las canalizaciones a través de elementos de la construcción, tales como muros, tabiques y techos, se realizará de acuerdo con las siguientes prescripciones:

1. En toda la longitud de los pasos de canalizaciones no se dispondrán empalmes o derivaciones de cables.

2. Las canalizaciones estarán suficientemente protegidas contra los deterioros mecánicos, las acciones químicas y los efectos de la humedad. Esta protección se exigirá de forma continua en toda la longitud del paso.

3. Si se utilizan **tubos no obturados** para atravesar un elemento constructivo que separe dos locales de humedades marcadamente diferentes, se dispondrán de modo que se impida la entrada y acumulación de agua en el local menos húmedo, curvándolos convenientemente en su extremo hacia el local más húmedo. Cuando los pasos desemboquen al exterior se instalará en el extremo del tubo una pipa de porcelana o vidrio, o de otro material aislante adecuado, dispuesta de modo que el paso exterior-interior de los conductores se efectúe en sentido ascendente.

4. En el caso que las canalizaciones sean de naturaleza distinta a uno y otro lado del paso, éste se efectuará por la canalización utilizada en el local cuyas prescripciones de instalación sean más severas.

5. Para la protección mecánica de los cables en la longitud del paso, se dispondrán éstos en el interior de tubos normales cuando aquella longitud no exceda de 20 cm y si excede, se dispondrán tubos conforme a la **tabla 3** de la instrucción **ITC-BT-21**. Los extremos de los tubos metálicos sin aislamiento interior estarán provistos de boquillas aislantes de bordes redondeados o de dispositivo equivalente, o bien los bordes de los tubos estarán convenientemente redondeados, siendo suficiente para los tubos metálicos con aislamiento interior que éste último sobresalga ligeramente del mismo. También podrán emplearse para proteger los conductores los tubos de vidrio o porcelana o de otro material aislante adecuado de suficiente resistencia mecánica. No necesitan protección suplementaria los cables provistos de una armadura metálica ni los cables con aislamiento mineral, siempre y cuando su cubierta no sea atacada por materiales de los elementos a atravesar.

6. Si el elemento constructivo que debe atravesarse separa **dos locales con las mismas características de humedad**, pueden practicarse aberturas en el mismo que permitan el paso de los conductores respetando en cada caso las separaciones indicadas para el tipo de canalización de que se trate.

7. Los pasos con cables aislados bajo molduras no excederán de 20 cm; en los demás casos el paso se efectuará por medio de tubos.

8. En los pasos de techos por medio de tubo, éste estará obturado mediante cierre estanco y su extremidad superior saldrá por encima del suelo una altura al menos igual a la de los **rodapiés**, si existen, o a 10 cm en otro caso. Cuando el paso se efectúe por otro sistema, se obturará igualmente mediante material incombustible, de clase y resistencia al fuego, como mínimo, igual a la de los materiales de los elementos que atraviesa.

ITC-BT-21

Tubos y canales protectoras

Norma	Apartado	Sustituida por:
UNE 20.460-5-523	2	**UNE-HD 60.364-5-52**
UNE 20.460-5-52	4.1	**UNE-HD 60.364-5-52**
UNE-EN 50.085	3.1	--
UNE-EN 50.085-1	3.1	--
UNE-EN 50.086-2-1	1 / 1.2.1	**UNE-EN IEC 61.386-21**
UNE-EN 50.086-2-2	1 / 1.2.1 / 2	**UNE-EN IEC 61.386-22**
UNE-EN 50.086-2-3	1 / 1.2.1 / 1.2.3	**UNE-EN IEC 61.386-23**
UNE-EN 50.086-2-4	1 / 1.2.4	**UNE-EN 61.386-24**
UNE-EN 60.423	1	--
UNE-EN 60.998	2	--

GUIA-BT	Edición
Incluida	Feb. 2003 (Rev.1)

Índice

1. TUBOS PROTECTORES

■ 1.1 Generalidades

Los tubos protectores pueden ser:

1) Tubo y accesorios <u>metálicos</u>.
2) Tubo y accesorios <u>no metálicos</u>.
3) Tubo y accesorios <u>compuestos</u> (constituidos por materiales metálicos y no metálicos).

Los tubos se clasifican según lo dispuesto en las normas siguientes:

1. **UNE-EN 50.086-2-1 (UNE-EN IEC 61.386-21).** Sistemas de <u>tubos **rígidos**</u>.
2. **UNE-EN 50.086-2-2 (UNE-EN IEC 61.386-22).** Sistemas de <u>tubos **curvables**</u>.
3. **UNE-EN 50.086-2-3 (UNE-EN IEC 61.386-23).** Sistemas de <u>tubos **flexibles**</u>.
4. **UNE-EN 50.086-2-4 (UNE-EN 61.386-24).** Sistemas de <u>tubos enterrados</u>.

Nota

1. **Tubo rígido:** Tubo que no puede curvarse, o solamente puede curvarse con ayuda de medios mecánicos, con o sin tratamiento especial (como el calentamiento). Están previstos para instalaciones superficiales y sus cambios de dirección se pueden realizar mediante accesorios (curvas, derivaciones en T, etc.).

2. **Tubo curvable:** Tubo que puede ser curvado con la mano, con una fuerza razonable y que no está destinado a trabajar continuamente en movimiento.

3. **Tubo flexible:** Tubo que puede curvarse con la mano con una fuerza débil, destinado a ser doblado frecuentemente. Usado, por ejemplo, para alimentar receptores con partes móviles ya que puede soportar, a lo largo de su vida útil, un número elevado de operaciones de flexión.

4. **Tubo enterrado:** Puede ser rígido o curvable, adecuado al tipo de instalación.

Las características de protección de la unión entre el tubo y sus accesorios no deben ser inferiores a los declarados para el sistema de tubos.

La superficie interior de los tubos no deberá presentar en ningún punto aristas, asperezas o fisuras susceptibles de dañar los conductores o cables aislados o de causar heridas a instaladores o usuarios.

Las dimensiones de los tubos no enterrados y con unión roscada utilizados en las instalaciones eléctricas son las que se prescriben en la **UNE-EN 60.423**. Para los tubos enterrados, las dimensiones se corresponden con las indicadas en la norma **UNE-EN 50.086-2-4 (UNE-EN 61.386-24)**. Para el resto de los tubos, las dimensiones serán las establecidas en la norma correspondiente de las citadas anteriormente. La **denominación** se realizará en función del <u>diámetro exterior</u>.

El diámetro interior mínimo deberá ser declarado por el fabricante.

En lo relativo a la resistencia a los efectos del fuego considerados en la norma particular para cada tipo de tubo, se seguirá lo establecido por la aplicación de la *Directiva de Productos de la Construcción* (89/106/CEE).

1.2 Características mínimas de los tubos, en función del tipo de instalación

1.2.1 Tubos en canalizaciones fijas en superficie

En las canalizaciones superficiales, los tubos deberán ser <u>preferentemente</u> <u>rígidos</u> y en <u>casos especiales podrán usarse tubos curvables</u>. Sus **características mínimas** serán las indicadas en la **tabla 1**.

Tubos en CANALIZACIONES ORDINARIAS		
Característica	Código	Grado
Resistencia a la compresión	4	Fuerte.
Resistencia al impacto	3	Media.
Temperatura mínima de instalación y servicio	2	-5 °C.
Temperatura máxima de instalación y servicio	1	+60 °C.
Resistencia al curvado	1-2	Rígido/curvable.
Propiedades eléctricas	1-2	Continuidad eléctrica/aislante.
Resistencia a la penetración de objetos sólidos	4	Contra objetos. D ≥ 1 mm.
Resistencia a la penetración del agua	2	Contra gotas de agua cayendo verticalmente cuando el sistema de tubos está inclinado 15°.
Resistencia a la corrosión de tubos metálicos y compuestos	2	Protección interior y exterior media.
Resistencia a la tracción	0	No declarada.
Resistencia a la propagación de la llama	1	No propagador.
Resistencia a las cargas suspendidas	0	No declarada.

Tabla 1. Características mínimas para tubos en canalizaciones superficiales ordinarias fijas.

El cumplimiento de estas características se realizará según los ensayos indicados en las normas **UNE-EN 50.086-2-1 (UNE-EN IEC 61.386-21)**, para tubos **rígidos** y **UNE-EN 50.086-2-2 (UNE-EN IEC 61.386-22)**, para tubos **curvables**.

Los tubos deberán tener un diámetro tal que permitan un fácil alojamiento y extracción de los cables o conductores aislados. En la *tabla 2* figuran los diámetros exteriores mínimos de los tubos en función del número y la sección de los conductores o cables a conducir.

Guía Los 4 primeros códigos (resistencias a la compresión, impacto y a las temperaturas mínima y máxima de instalación y servicio) representan el código abreviado de 4 cifras que definen cada tubo.

Resistencia a la compresión	4	Fuerte
Resistencia al impacto	3	Media
Temperatura mínima de instalación y servicio	2	-5 °C
Temperatura máxima de instalación y servicio	1	+60 °C

Tubo 4321

Este código junto con la característica: *"No propagador de llama"* define el producto a instalar.

Tipo de instalación: canalizaciones FIJAS EN SUPERFICIE

Sección nominal de los conductores unipolares (mm²)	Diámetro exterior de los tubos (mm)				
	Número de conductores				
	1	2	3	4	5
1,5	12	12	16	16	16
2,5	12	12	16	16	20
4	12	16	20	20	20
6	12	16	20	20	25
10	16	20	25	32	32
16	16	25	32	32	32
25	20	32	32	40	40
35	25	32	40	40	50
50	25	40	50	50	50
70	32	40	50	63	63
95	32	50	63	63	75
120	40	50	63	75	75
150	40	63	75	75	--
185	50	63	75	--	--
240	50	75	--	--	--

Tabla 2. Diámetros exteriores mínimos de los tubos en función del número y la sección de los conductores o cables a conducir.

Para **más de 5 conductores** por tubo o para conductores aislados **o** cables de **secciones diferentes** a instalar en el mismo tubo, su sección **interior** será, como mínimo igual a **2,5 veces** la sección ocupada por los conductores*.

* **Nota A.:** Consultar método de cálculo del diámetro exterior del tubo en pág. 407.

1.2.2 Tubos en canalizaciones empotradas

En las canalizaciones empotradas, los tubos protectores podrán ser **rígidos, curvables o flexibles** y sus características mínimas se describen en la *tabla 3* para tubos empotrados en obras de fábrica (paredes, techos y falsos techos), huecos de la construcción o canales protectoras de obra y en la *tabla 4* para tubos empotrados embebidos en hormigón.

Las canalizaciones ordinarias **precableadas** destinadas a ser empotradas en ranuras realizadas en obra de fábrica (paredes, techos y falsos techos) serán **flexibles o curvables** y sus características mínimas para instalaciones ordinarias serán las indicadas en la *tabla 4*.

CANALIZACIONES EMPOTRADAS, HUECOS DE LA CONSTRUCCIÓN Y CANALES DE OBRA		
Característica	Código	Grado
Resistencia a la compresión	2	Ligera.
Resistencia al impacto	2	Ligera.
Temperatura mínima de instalación y servicio	2	-5 °C.
Temperatura máxima de instalación y servicio	1	+60 °C.
Resistencia al curvado	1-2-3-4	Cualquiera de las especificadas.
Propiedades eléctricas	0	No declaradas.
Resistencia a la penetración de objetos sólidos	4	Contra objetos. D ≥ 1 mm.
Resistencia a la penetración del agua	2	Contra gotas de agua cayendo verticalmente cuando el sistema de tubos está inclinado 15°.
Resistencia a la corrosión de tubos metálicos y compuestos	2	Protección interior y exterior media.
Resistencia a la tracción	0	No declarada.
Resistencia a la propagación de la llama	1	No propagador.
Resistencia a las cargas suspendidas	0	No declarada.

Tabla 3. Características mínimas para tubos en canalizaciones <u>empotradas</u> ordinarias en obra de fábrica (paredes, techos y falsos techos), <u>huecos de la construcción y canales protectoras de obra</u>.

Tubos en CANALIZACIONES EMPOTRADAS EMBEBIDAS EN HORMIGÓN Y PRECABLEADAS		
Característica	Código	Grado
Resistencia a la compresión	3	Media.
Resistencia al impacto	3	Media.
Temperatura mínima de instalación y servicio	2	-5 °C.
Temperatura máxima de instalación y servicio	2	+90 °C[1].
Resistencia al curvado	1-2-3-4	Cualquiera de las especificadas.
Propiedades eléctricas	0	No declaradas.
Resistencia a la penetración de objetos sólidos	5	Protegido contra el polvo.
Resistencia a la penetración del agua	3	Protegido contra el agua en forma de lluvia.
Resistencia a la corrosión de tubos metálicos y compuestos	2	Protección interior y exterior media.
Resistencia a la tracción	0	No declarada.
Resistencia a la propagación de la llama	1	No propagador.
Resistencia a las cargas suspendidas	0	No declarada.

Tabla 4. Características mínimas para tubos en canalizaciones empotradas ordinarias <u>embebidas en hormigón y para canalizaciones precableadas</u>.

(1) Para canalizaciones precableadas ordinarias empotradas en obra de fábrica (paredes, techos y falsos techos) se acepta una temperatura máxima de instalación y servicio código 1: +60 °C.

El cumplimiento de las características indicadas en las **tablas 3** y **4** se realizará según los ensayos indicados en las normas **UNE-EN 50.086-2-1 (UNE-EN IEC 61.386-21)**, para tubos *rígidos*, **UNE-EN 50.086-2-2 (UNE-EN IEC 61.386-22)**, para tubos *curvables* y **UNE-EN 50.086-2-3 (UNE-EN IEC 61.386-23)**, para tubos *flexibles*.

Los tubos deberán tener un diámetro tal que permitan un fácil alojamiento y extracción de los cables o conductores aislados. En la ***tabla 5*** figuran los diámetros exteriores mínimos de los tubos en función del número y la sección de los conductores o cables a conducir.

Tipo de instalación: canalizaciones EMPOTRADAS					
Sección nominal de los conductores unipolares (mm²)	Diámetro exterior de los tubos (mm)				
	Número de conductores				
	1	2	3	4	5
1,5	12	12	16	16	20
2,5	12	16	20	20	20
4	12	16	20	20	25
6	12	16	25	25	25
10	16	25	25	32	32
16	20	25	32	32	40
25	25	32	40	40	50
35	25	40	40	50	50
50	32	40	50	50	63
70	32	50	63	63	63
95	40	50	63	75	75
120	40	63	75	75	--
150	50	63	75	--	--
185	50	75	--	--	--
240	63	75	--	--	--

Tabla 5. *Diámetros **exteriores** mínimos de los tubos en función del número y la sección de los conductores o cables a conducir.*

Para **más de 5 conductores** por tubo o para conductores **o** cables de **secciones diferentes** a instalar en el mismo tubo, su sección **interior** será como mínimo, igual a **3 veces** la sección ocupada por los conductores*.

* ***Nota A.:*** Consultar método de cálculo del diámetro exterior del tubo en pág. 407.

1.2.3 Canalizaciones aéreas o con tubos al aire

En las canalizaciones al aire, destinadas a la alimentación de máquinas o elementos de movilidad restringida, los tubos serán **flexibles** y sus características mínimas para instalaciones ordinarias serán las indicadas en la *tabla 6*.

Se recomienda no utilizar este tipo de instalación para secciones nominales de conductor superiores a **16 mm²**.

Tubos en CANALIZACIONES AÉREAS O CON TUBOS AL AIRE			
Característica	**Código**	**Grado**	
Resistencia a la compresión	4	Fuerte.	
Resistencia al impacto	3	Media.	
Temperatura mínima de instalación y servicio	2	-5 °C.	
Temperatura máxima de instalación y servicio	1	+60 °C.	
Resistencia al curvado	4	Flexible.	
Propiedades eléctricas	1/2	Continuidad/aislado.	
Resistencia a la penetración de objetos sólidos	4	Contra objetos. D > 1 mm.	
Resistencia a la penetración del agua	2	Protegido contra las gotas de agua cayendo verticalmente cuando el sistema de tubos está inclinado 15°.	
Resistencia a la corrosión de tubos metálicos y compuestos	2	Protección interior y exterior media (según guía REBT).	
Resistencia a la tracción	2	Ligera.	
Resistencia a la propagación de la llama	1	No propagador.	
Resistencia a las cargas suspendidas	2	Ligera.	

Tabla 6. Características mínimas para canalizaciones de tubos al aire o aéreas.

El cumplimiento de estas características se realizará según los ensayos indicados en la norma **UNE-EN 50.086-2-3 (UNE-EN IEC 61.386-23)**.

Los tubos deberán tener un diámetro tal que permitan un fácil alojamiento y extracción de los cables o conductores aislados. En la *tabla 7* figuran los diámetros exteriores mínimos de los tubos en función del número y la sección de los conductores o cables a conducir.

Tipo de instalación: canalizaciones AÉREAS o con TUBOS AL AIRE

Sección nominal de los conductores (mm²)	Diámetro exterior de los tubos(mm)				
	Número de conductores				
	1	2	3	4	5
1,5	12	12	16	16	20
2,5	12	16	20	20	20
4	12	16	20	20	25
6	12	16	25	25	25
10	16	25	25	32	32
16	20	25	32	32	40

Tabla 7. Diámetros exteriores mínimos de los tubos en función del número y la sección de los conductores o cables a conducir.

Para **más de 5 conductores** por tubo o para conductores **o** cables de **secciones diferentes** a instalar en el mismo tubo, su sección **interior** será como mínimo, igual a **4 veces** la sección ocupada por los conductores*.

* **Nota A.:** Consultar método de cálculo del diámetro exterior del tubo en pág. 407.

1.2.4 Tubos en canalizaciones enterradas

En las canalizaciones enterradas, los tubos protectores serán conformes a lo establecido en la norma **UNE-EN 50.086-2-4 (UNE-EN 61.386-24)** y sus características mínimas serán, para las instalaciones ordinarias las indicadas en la *tabla 8*.

Tubos en CANALIZACIONES ENTERRADAS		
Característica	Código	Grado
Resistencia a la compresión (*)	NA	250 N / 450 N / 750 N.
Resistencia al impacto	NA	Ligero / Normal / Normal.
Temperatura mínima de instalación y servicio	NA	NA.
Temperatura máxima de instalación y servicio	NA	NA.
Resistencia al curvado	1-2-3-4	Cualquiera de las especificadas.
Propiedades eléctricas	0	No declaradas.
Resistencia a la penetración de objetos sólidos	4	Protegido contra objetos. D ≥ 1 mm.
Resistencia a la penetración del agua	3	Protegido contra el agua en forma de lluvia.
Resistencia a la corrosión de tubos metálicos y compuestos	2	Protección interior y exterior media.
Resistencia a la tracción	0	No declarada.
Resistencia a la propagación de la llama	0	No declarada.
Resistencia a las cargas suspendidas	0	No declarada.

Notas:
NA: No Aplicable.
(*) - Para tubos embebidos en **hormigón** aplica **250 N** y grado ligero.
  - Para tubos en **suelo ligero** aplica **450 N** y grado normal.
  - Para tubos en **suelos pesados** aplica **750 N** y grado normal.

Tabla 8. Características mínimas para tubos en canalizaciones enterradas.

Se considera **suelo ligero** aquel suelo uniforme que no sea del tipo pedregoso y con cargas superiores ligeras, como por ejemplo, aceras, parques y jardines. **Suelo pesado** es aquel del tipo pedregoso y duro y con cargas superiores pesadas, como por ejemplo, calzadas y vías férreas.

El cumplimiento de estas características se realizará según los ensayos indicados en la norma **UNE-EN 50.086-2-4 (UNE-EN 61.386-24)**.

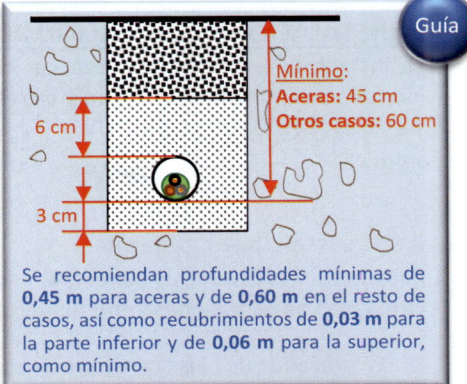

Guía

Mínimo:
Aceras: 45 cm
Otros casos: 60 cm

6 cm

3 cm

Se recomiendan profundidades mínimas de **0,45 m** para aceras y de **0,60 m** en el resto de casos, así como recubrimientos de **0,03 m** para la parte inferior y de **0,06 m** para la superior, como mínimo.

Los tubos deberán tener un diámetro tal que permitan un fácil alojamiento y extracción de los cables o conductores aislados. En la *tabla 9* figuran los diámetros exteriores mínimos de los tubos en función del número y la sección de los conductores o cables a conducir.

Tipo de instalación: CANALIZACIONES ENTERRADAS

Sección nominal de los conductores unipolares (mm²)	Diámetro exterior de los tubos (mm)				
	Número de conductores				
	≤ 6	7	8	9	10
1,5	25	32	32	32	32
2,5	32	32	40	40	40
4	40	40	40	40	50
6	50	50	50	63	63
10	63	63	63	75	75
16	63	75	75	75	90
25	90	90	90	110	110
35	90	110	110	110	125
50	110	110	125	125	140
70	125	125	140	160	160
95	140	140	160	160	180
120	160	160	180	180	200
150	180	180	200	200	225
185	180	200	225	225	250
240	225	225	250	250	--

Tabla 9. Diámetros exteriores mínimos de los tubos en función del número y la sección de los conductores o cables a conducir.

Para *más de 10 conductores* por tubo o para conductores o cables de **secciones diferentes** a instalar en el mismo tubo, su sección **interior** será como mínimo, igual a **4 veces** la sección ocupada por los conductores*.

* **Nota A.:** Consultar método de cálculo del diámetro exterior del tubo en pág. 407.

2. INSTALACIÓN Y COLOCACIÓN DE LOS TUBOS

La instalación y puesta en obra de los tubos de protección deberá cumplir lo indicado a continuación y en su defecto lo prescrito en la norma **UNE 20.460-5-523*** y en las **ITC-BT-19** e **ITC-BT-20**.

* **NOTA A.:** *Norma anulada y sustituida por la* **UNE-HD 60.364-5-52**.

■ 2.1 Prescripciones generales

Para la ejecución de las canalizaciones bajo tubos protectores, se tendrán en cuenta las prescripciones generales siguientes:

1. El trazado de las canalizaciones se hará siguiendo líneas verticales y horizontales o paralelas a las aristas de las paredes que limitan el local donde se efectúa la instalación.

2. Los tubos se unirán entre sí mediante accesorios adecuados a su clase que aseguren la continuidad de la protección que proporcionan a los conductores.

3. Los tubos aislantes rígidos curvables en caliente podrán ser ensamblados entre sí en caliente, recubriendo el empalme con una cola especial cuando se precise una unión estanca.

4. Las curvas practicadas en los tubos serán continuas y no originarán reducciones de sección inadmisibles. Los radios mínimos de curvatura para cada clase de tubo serán los especificados por el fabricante conforme a **UNE-EN 50.086-2-2**.

5. Será posible la fácil introducción y retirada de los conductores en los tubos después de colocarlos y fijados éstos y sus accesorios, disponiendo para ello los **registros** que se consideren convenientes, que **en tramos rectos no** estarán separados entre sí más de **15 metros**. El **número de curvas** en ángulo situadas entre dos registros consecutivos **no** será **superior a 3**. Los conductores se alojarán normalmente en los tubos después de colocados éstos.

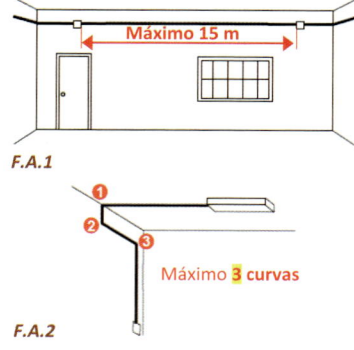

6. Los registros podrán estar destinadas únicamente a facilitar la introducción y retirada de los conductores en los tubos o servir al mismo tiempo como cajas de empalme o derivación.

7. Las conexiones entre conductores se realizarán en el interior de cajas apropiadas de material aislante y no propagador de la llama. Si son metálicas estarán protegidas contra la corrosión. Las **dimensiones** de estas **cajas** serán tales que permitan alojar holgadamente todos los conductores que deban

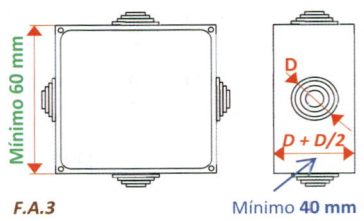

F.A.3 — Mínimo **40 mm**

contener. Su **profundidad** será al menos igual al *diámetro del tubo mayor más un 50 % del mismo*, con un mínimo de *40 mm*. Su diámetro o **lado interior** mínimo será de *60 mm*. Cuando se quieran hacer estancas las entradas de los tubos en las cajas de conexión, deberán emplearse prensaestopas o racores adecuados.

8. En ningún caso se permitirá la unión de conductores como empalmes o derivaciones por simple retorcimiento o arrollamiento entre sí de los conductores, sino que deberá realizarse siempre utilizando bornes de conexión montados individualmente o constituyendo bloques o regletas de conexión; puede permitirse, asimismo, la utilización de bridas de conexión. El retorcimiento o arrollamiento de conductores no se refiere a aquellos casos en los que se utilice cualquier dispositivo conector que asegure una correcta unión entre los conductores, aunque se produzca un retorcimiento parcial de los mismos y con la posibilidad de que puedan desmontarse fácilmente. Los bornes de conexión para uso doméstico o análogo serán conformes a lo establecido en la correspondiente parte de la norma **UNE-EN 60.998**.

9. Durante la instalación de los conductores para que su aislamiento no pueda ser dañado por su roce con los bordes libres de los tubos, los extremos de éstos, cuando sean metálicos y penetren en una caja de conexión o aparato, estarán provistos de boquillas con bordes redondeados o dispositivos equivalentes, o bien los bordes estarán convenientemente redondeados.

10. En los tubos metálicos sin aislamiento interior, se tendrá en cuenta las posibilidades de que se produzcan condensaciones de agua en su interior, para lo cual se elegirá convenientemente el trazado de su instalación, previendo la evacuación y estableciendo una ventilación apropiada en el interior de los tubos mediante el sistema adecuado, como puede ser, por ejemplo, el uso de una "T" de la que uno de los brazos no se emplea.

11. Los **tubos metálicos** que sean accesibles deben ponerse **a tierra**. Su continuidad eléctrica deberá quedar convenientemente asegurada. En el caso de utilizar tubos metálicos flexibles, es necesario que la distancia entre <u>dos puestas a tierra consecutivas de los tubos no exceda de **10 m**</u>.

12. No podrán utilizarse los tubos metálicos como conductores de protección o de neutro.

13. Para la colocación de los conductores se seguirá lo señalado en la **ITC-BT-20**.

14. A fin de evitar los efectos del calor emitido por fuentes externas (distribuciones de agua caliente, aparatos y luminarias, procesos de fabricación, absorción del calor del medio circundante, etc.) las canalizaciones se protegerán utilizando los siguientes métodos eficaces:

    ✓ Pantallas de protección calorífuga.
    ✓ Alejamiento suficiente de las fuentes de calor.
    ✓ Elección de la canalización adecuada que soporte los efectos nocivos que se puedan producir.
    ✓ Modificación del material aislante a emplear.

■ 2.2 Montaje fijo en superficie

Cuando los tubos se coloquen en montaje superficial se tendrán en cuenta, además, las siguientes prescripciones:

1. Los tubos se fijarán a las paredes o techos por medio de **bridas o abrazaderas** protegidas contra la corrosión y sólidamente sujetas. La distancia entre éstas será, como máximo, de **0,50 metros**. Se dispondrán fijaciones de una y otra parte en los cambios de dirección, en los empalmes y en la proximidad inmediata de las entradas en cajas o aparatos.

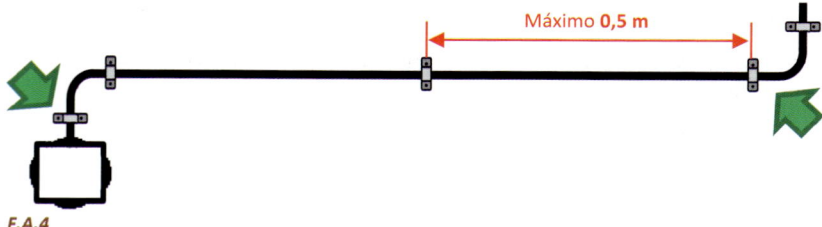

Máximo **0,5 m**

F.A.4

2. Los tubos se colocarán adaptándose a la superficie sobre la que se instalan, curvándose o usando los accesorios necesarios.

3. En alineaciones rectas, las desviaciones del eje del tubo respecto a la línea que une los puntos extremos no serán superiores al **2 %**.

4. Es conveniente disponer los tubos, siempre que sea posible, a una altura mínima de **2,50 m** sobre el suelo, con objeto de protegerlos de eventuales daños mecánicos.

5. En los **cruces de tubos rígidos con juntas de dilatación** de un edificio, deberán interrumpirse los tubos, quedando los extremos del mismo separados entre sí **5 cm** aproximadamente, y empalmándose posteriormente mediante manguitos deslizantes que tengan una longitud mínima de **20 cm**.

■ 2.3 Montaje fijo empotrado

Cuando los tubos se coloquen empotrados, se tendrán en cuenta, las recomendaciones de la *tabla 8* y las siguientes prescripciones:

1. En la instalación de los tubos en el interior de los elementos de la construcción, las rozas no pondrán en peligro la seguridad de las paredes o techos en que se practiquen. Las dimensiones de las rozas serán suficientes para que <u>los **tubos** queden **recubiertos** por una capa de **1 cm** de espesor</u>, como mínimo. <u>En los **ángulos**</u>, el espesor de esta capa puede reducirse a **0,5 cm**.

2. No se instalarán entre forjado y revestimiento tubos destinados a la instalación eléctrica de las plantas inferiores.

3. Para la instalación correspondiente a la propia planta, <u>únicamente podrán instalarse, entre forjado y revestimiento</u>, tubos que deberán quedar <u>recubiertos por una capa de hormigón o mortero de **1 cm**</u> de espesor, como mínimo, además del revestimiento.

4. En los cambios de dirección, los tubos estarán convenientemente curvados o bien provistos de codos o "T" apropiados, pero en este último caso sólo se admitirán os provistos de tapas de registro.

5. Las tapas de los registros y de las cajas de conexión quedarán accesibles y desmontables una vez finalizada la obra. Los registros y cajas quedarán enrasados con la superficie exterior del revestimiento de la pared o techo cuando no se instalen en el interior de un alojamiento cerrado y practicable.

6. En el caso de utilizarse *tubos empotrados* en paredes, es conveniente disponer:

   ✓ los <u>recorridos horizontales</u> a **50 cm** como máximo de suelo o techos y
   ✓ <u>los verticales</u> a una distancia de los ángulos de esquinas no superior a **20 cm.**

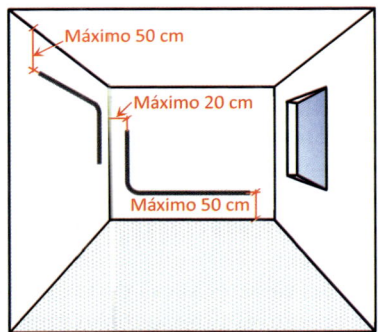

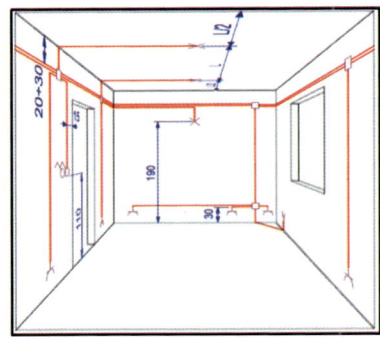

F.A.5: *Máximos según ITC-BT-21*   **F.A.6:** *Recomendaciones según Guía Técnica*

ELEMENTO CONSTRUCTIVO		Colocación del tubo antes de terminar la construcción y revestimiento (*)	Preparación de la roza o alojamiento durante la construcción	Ejecución de la roza después de la construcción y revestimiento	OBSERVACIONES
MUROS	Ladrillo macizo	SÍ	X	SÍ	• Únicamente en rozas verticales y en las horizontales situadas a una distancia del borde superior del muro inferior a 50 cm.
	Ladrillo hueco, siendo el nº de huecos en sentido transversal:				
	- uno	SÍ	X	SÍ	
	- dos o tres	SÍ	X	SÍ	
	- más de tres	SÍ	X	SÍ	• La roza en profundidad, sólo interesará a un tabiquillo de hueco por ladrillo.
	Bloques macizos de hormigón	SÍ	X	X	
	Bloques huecos de hormigón	SÍ	X	NO	
	Hormigón en masa	SÍ	SÍ	X	• No se colocarán los tubos en diagonal.
	Hormigón armado	SÍ	SÍ	X	
FORJADOS	Placas de hormigón	SÍ	SÍ	NO	
	Forjados con nervios	SÍ	SÍ	NO	
	Forjados con nervios y elementos de relleno	SÍ	SÍ	NO (**)	(**) Es admisible practicar un orificio en la cara inferior del forjado para introducir los tubos en un hueco longitudinal del mismo.
	Forjados con viguetas y bovedillas	SÍ	SÍ	NO (**)	
	Forjados con viguetas y tableros y revoltón	SÍ	SÍ	NO (**)	
	De rasilla	SÍ	SÍ	NO	

Tabla 10

X: difícilmente aplicable en la práctica.
(*): tubos blindados únicamente.

■ 2.4 Montaje al aire

Solamente está permitido su uso para la alimentación de máquinas o elementos de movilidad restringida desde canalizaciones prefabricadas y cajas de derivación fijadas al techo. Se tendrán en cuenta las siguientes prescripciones:

✓ La **longitud total** de la conducción en el aire <u>no</u> será *superior a* **4 m**; y
✓ <u>no</u> empezará a una altura inferior a **2 m**.
✓ Se prestará especial atención para que las características de la instalación establecidas en la ***tabla 6*** se conserven en todo el sistema especialmente en las conexiones.

3. CANALES PROTECTORAS

■ 3.1 Generalidades

La canal protectora es un material de instalación constituido por un perfil de paredes perforadas o no perforadas, destinado a alojar conductores o cables y cerrado por una tapa desmontable, según se indica en la **ITC-BT-01** *"Terminología"*.

Las canales serán conformes a lo dispuesto en las normas de la serie **UNE-EN 50.085** y se clasificarán según lo establecido en la misma.

Las características de protección deben mantenerse en todo el sistema. Para garantizar éstas, la instalación debe realizarse siguiendo las instrucciones del fabricante.

➔ En las canales protectoras de grado **IP 4X** o superior y clasificadas como *"canales con tapa de acceso que solo puede abrirse con herramientas"* según la norma **UNE-EN 50.035-1**, **se podrá**:

- a. Utilizar cable aislado sin cubierta, de tensión asignada **450/750 V**.
- b. **Colocar mecanismos** tales como interruptores, tomas de corrientes, dispositivos de mando y control, etc., en su interior, siempre que se fijen de acuerdo con las instrucciones del fabricante.
- c. **Realizar empalmes** de conductores en su interior y conexiones a los mecanismos.

En las canales protectoras de grado de protección **inferior a IP 4X** o clasificadas como "canales con tapa de acceso que puede abrirse sin herramientas", según la norma **UNE-EN 50.085-1**, sólo podrá utilizarse cable aislado bajo cubierta estanca, de tensión asignada mínima **300/500 V**.

3.2 Características de las canales

En las canalizaciones para instalaciones superficiales ordinarias, las características mínimas de las canales serán las indicadas en la ***tabla 11***.

CANALES INSTALACIÓN SUPERFICIAL		
Característica	Grado	
Dimensión del lado mayor de la sección transversal	≤ 16 mm	> 16 mm
Resistencia al impacto	Muy ligera	Media
Temperatura mínima de instalación y servicio	+15 °C	-5 °C
Temperatura máxima de instalación y servicio	+60 °C	+60 °C
Propiedades eléctricas	Aislante	Continuidad eléctrica/aislante
Resistencia a la penetración de objetos sólidos	4	No inferior a 2
Resistencia a la penetración de agua	No declarada	
Resistencia a la propagación de la llama	No propagador	

Tabla 11. *Características mínimas para canalizaciones superficiales ordinarias.*

El cumplimiento de estas características se realizará según los ensayos indicados en las normas **UNE-EN 50.085.**

El número máximo de conductores que pueden ser alojados en el interior de una canal será el compatible con un tendido fácilmente realizable y considerando la incorporación de accesorios en la misma canal.

Salvo otras prescripciones en instrucciones particulares, las canales protectoras para aplicaciones no ordinarias deberán tener unas características mínimas de resistencia al impacto, de temperatura mínima y máxima de instalación y servicio, de resistencia a la penetración de objetos sólidos y de resistencia a la penetración de agua, adecuadas a las condiciones del emplazamiento al que se destina; asimismo **las canales serán no propagadoras de la llama**. Dichas características serán conformes a las normas de la serie UNE-EN 50.085.

4. INSTALACIÓN Y COLOCACIÓN DE LAS CANALES

■ 4.1 Prescripciones generales

1. La instalación y puesta en obra de las canales protectoras deberá cumplir lo indicado en la norma **UNE 20.460-5-52*** y en las Instrucciones **ITC-BT-19** e **ITC-BT-20**.

   ** **NOTA A.:** Norma anulada y sustituida por la **UNE-HD 60.364-5-52**.*

2. El trazado de las canalizaciones se hará siguiendo preferentemente líneas verticales y horizontales o paralelas a las aristas de las paredes que limitan al local donde se efectúa la instalación.

3. Las canales *con conductividad* eléctrica deben **conectarse a la *red de tierra***, su continuidad eléctrica quedará convenientemente asegurada.

4. No se podrán utilizar las canales como conductores de protección o de neutro, salvo lo dispuesto en la Instrucción **ITC-BT-18** para canalizaciones prefabricadas.

5. **La tapa** de las canales quedará **siempre accesible**.

Guía

BANDEJAS Y BANDEJAS DE ESCALERA

Solo podrá utilizarse conductor aislado bajo cubierta. Debido a que las bandejas no efectúan una función de protección, se recomienda la instalación de cables de tensión asignada **0,6/1 kV**.

Cabe la posibilidad de que las bandejas soporten **cajas de empalme y/o derivación**.

Las bandejas metálicas deben **conectarse a la red de tierra**.

Producto	Designación s/norma	Norma de aplicación
Bandejas y bandejas de escalera	*No propagador de la llama*	*UNE-EN 61.537*

Nota

CÁLCULO DIÁMETRO EXTERIOR DE TUBOS I

Según la ITC-BT-21, la <mark>sección interior</mark> del tubo se habrá de calcular en función de la sección ocupada por los conductores en los siguientes casos:

1) **Más conductores** por tubo que los indicados en las tablas 2, 5, 7 o 9.
2) Conductores o cables de **secciones diferentes** a instalar en el mismo tubo.

Es decir:

$$S_{int.\ TUBO} = f \cdot (n \cdot S_{cond.})$$

- $S_{int.TUBO}$ ...... Sección interior del tubo (mm²)
- $S_{cond.}$ .... Sección ocupada por un conductor (mm²)
- n .... Número de conductores
- f .... Factor de corrección en función del tipo de instalación
  - ➢ $f = $ **2,5** para tubos superficiales (tabla 2, ITC-BT-21)
  - ➢ $f = $ **3** para tubos empotrados (tabla 5, ITC-BT-21)
  - ➢ $f = $ **4** para tubos flexibles al aire (tabla 7, ITC-BT-21)
  - ➢ $f = $ **4** para tubos enterrados (tabla 9, ITC-BT-21)

Ya que la sección, tanto de los conductores como de los tubos, es: $S = \pi \cdot r^2$
Se calcula el diámetro interior del tubo según la siguiente fórmula:

1) Varios conductores con la misma sección:

$$\varnothing_{int.TUBO} = \varnothing_{E.cond.} \cdot \sqrt{n \cdot f}$$

- $\varnothing_{int.TUBO}$. Diámetro interior del tubo (mm)
- $\varnothing_{E.cond.}$ ..... Diámetro exterior del conductor (mm)
- n .... Número de conductores con la misma sección
- f .... Factor de corrección en función del tipo de instalación

2) Conductores con secciones diferentes:

$$\varnothing_{int.TUBO} = \sqrt{f \cdot [(n_1 \cdot \varnothing_{E.cond1}^2) + (n_2 \cdot \varnothing_{E.cond2}^2) + \cdots]}$$

- $\varnothing_{int.TUBO}$. Diámetro interior del tubo (mm)
- $\varnothing_{E.cond1}$ ... Diámetro exterior del conductor tipo 1 (mm)
- n_1 .... Número de conductores tipo 1
- $\varnothing_{E.cond2}$ ... Diámetro exterior del conductor tipo 2 (mm)
- n_2 .... Número de conductores tipo 2
- f .... Factor de corrección en función del tipo de instalación

Si bien, los fabricantes denominan a los **tubos** en función de su <mark>diámetro exterior</mark>, tal y como indica la ITC-BT-21 en su apartado 1. Por lo que, una vez obtenido el diámetro interior se consultarán las tablas del fabricante para saber qué diámetro exterior comercial le corresponde.

Las **secciones exteriores de los conductores** vendrán dadas por normas UNE y se pueden consultar en las especificaciones del fabricante. A continuación, se muestran tablas con dichos valores.

Nota

CÁLCULO DIÁMETRO EXTERIOR DE TUBOS II

A continuación, se muestran tablas de diámetros exteriores de conductores y tablas de diámetros de tubos según normas UNE. Para otro tipo de conductor o tubo consultar especificaciones fabricante.

H07Z1-K (AS)	
Sección nominal conductor (mm²)	$\varnothing_{E.cond}$ Límite superior (mm)
1,5	3,4
2,5	4,1
4	4,8
6	5,3
10	6,8
16	8,1
25	10,2
35	11,7
50	13,9
70	16,0
95	18,2
120	20,2
150	22,5
185	24,9
240	28,4

Tabla A.1

RZ1-K (AS)	
Sección nominal conductor (mm²)	$\varnothing_{E.cond}$ Límite superior (mm)
1,5	5,7
2,5	6,2
4	6,8
6	7,3
10	8,4
16	9,4
25	11
35	12,6
50	14,2
70	15,8
95	17,9
120	19,0
150	21,2
185	23,9
240	26,9
300	29,5

Tabla A.2

RZ1-K (AS)	
Número de conductores x Sección nominal (mm²)	$\varnothing_{E.cond}$ Límite superior (mm)
3 G 1,5	9,2
3 G 2,5	10,1
3 G 4	11,1
3 G 6	12,3
3 G 10	14,7
3 G 16	17,8
5 G 1,5	10,8
5 G 2,5	12,0
5 G 4	13,2
5 G 6	14,8
5 G 10	17,8
5 G 16	21,5
5 G 25	25,8
5 G 35	30,6
G = incluye cable de tierra amarillo- verde	

Tabla A.3

TUBO CURVABLE CORRUGADO PVC							
Diámetro Nominal		16	20	25	32	40	50
Ø mm	Exterior	$16^{+0}_{-0,3}$	$20^{+0}_{-0,3}$	$25^{+0}_{-0,4}$	$32^{+0}_{-0,4}$	$40^{+0}_{-0,4}$	$50^{+0}_{-0,5}$
	Interior mínimo	10,7	13,4	18,5	24,3	31,2	39,6

Tabla A.4: Diámetro exterior tubo corrugado según NORMA UNE-EN 60.423

TUBO RÍGIDO PVC								
Diámetro Nominal		16	20	25	32	40	50	63
Ø mm	Exterior	$16^{+0}_{-0,3}$	$20^{+0}_{-0,3}$	$25^{+0}_{-0,4}$	$32^{+0}_{-0,4}$	$40^{+0}_{-0,4}$	$50^{+0}_{-0,5}$	$63^{+0}_{-0,6}$
	Interior mínimo	10,5	14	18	24,5	31,5	40,5	52

Tabla A.5: Diámetro exterior tubo rígido según NORMA UNE-EN 60.423

EJEMPLO DE APLICACIÓN:

Calcular el diámetro de tubo corrugado para 6 conductores tipo H07Z1-K (AS): tres de 1,5 mm² y los otros tres de 2,5 mm² de sección nominal en una instalación empotrada.

Solución:

$$\varnothing_{int.TUBO} = \sqrt{f \cdot [(n_1 \cdot \varnothing^2_{E.cond1}) + (n_2 \cdot \varnothing^2_{E.cond2}) + \cdots]}$$

Instalación empotrada => Tabla 5, ITC-BT-21 => f = 3

$$\varnothing_{int.TUBO} = \sqrt{3 \cdot [(3 \cdot 3,4^2) + (3 \cdot 4,1^2)]} = 15,98 \ mm$$

Mirando la tabla A.4, el diámetro interior mínimo inmediatamente superior al resultado obtenido corresponde a un tubo de diámetro nominal de **25 mm**.

ITC-BT-22

Protección contra sobreintensidades

GUIA-BT	Edición
Incluida	Oct. 2005 (Rev.1)

Norma	Apartado	Sustituida por:
UNE 20.460-4-43	1.1 / 1.2	**UNE-HD 60.364-4-43**
UNE 20.460-4-473	1.2	**UNE-HD 60.364-4-43**

Índice

1. PROTECCIÓN DE LAS INSTALACIONES

■ 1.1 Protección contra sobreintensidades

Todo circuito estará protegido contra los efectos de las sobreintensidades que puedan presentarse en el mismo, para lo cual la interrupción de este circuito se realizará en un tiempo conveniente o estará dimensionado para las sobreintensidades previsibles.

Las sobreintensidades pueden estar motivadas por:

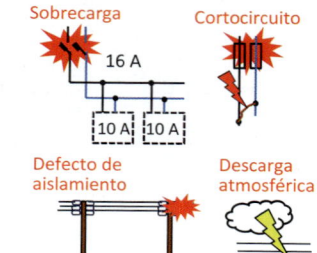

1. **Sobrecargas** debidas a los aparatos de utilización o defectos de aislamiento de gran impedancia.

2. **Cortocircuitos**.

3. **Descargas eléctricas atmosféricas**.

F.A.1: Sobreintensidades.

A) *PROTECCIÓN CONTRA SOBRECARGAS*

El límite de intensidad de corriente admisible en un conductor ha de quedar en todo caso garantizada por el dispositivo de protección utilizado

El dispositivo de protección podrá estar constituido por:

➢ Un interruptor automático de **corte omnipolar** con **curva térmica** de corte; o

➢ por **cortacircuitos fusibles** calibrados de características de funcionamiento adecuadas.

B) *PROTECCIÓN CONTRA CORTOCIRCUITOS*

En el origen de todo circuito se establecerá un dispositivo de protección contra cortocircuitos cuya capacidad de corte estará de acuerdo con la intensidad de cortocircuito que pueda presentarse en el punto de su conexión. **Se admite**, no obstante, que cuando se trate de circuitos derivados de uno principal, cada uno de estos circuitos derivados disponga de protección contra sobrecargas, mientras que **un solo dispositivo general** pueda asegurar la protección contra cortocircuitos para todos los circuitos derivados.

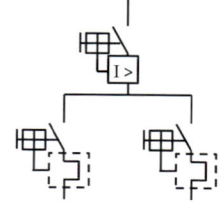

F.A.2: Protección circuitos derivados.

Se admiten como dispositivos de protección contra cortocircuitos los:

➢ **Fusibles** calibrados de características de funcionamiento adecuadas; y

➢ los **interruptores automáticos** con sistema de **corte omnipolar**.

Guía

Siendo posible proteger con un solo dispositivo general todos los circuitos derivados, <u>se recomienda proteger todos los circuitos secundarios frente a los cortocircuitos</u>. Esto exigirá también la **coordinación y selectividad** de las protecciones.

Para la protección contra sobreintensidades en **instalaciones domésticas**, **<u>únicamente</u> se utilizan <u>interruptores automáticos (magnetotérmicos)</u>** ya que protegen simultáneamente tanto contra cortocircuitos como contra sobrecargas. Se recomienda el uso de IA en instalaciones análogas como locales comerciales, oficinas, etc.

Para la protección <u>contra sobrecargas</u> en **instalaciones industriales** <u>se puede utilizar tanto relés térmicos o equivalentes asociados con interruptores automáticos (IA), como fusibles</u>.

El **poder de corte** del dispositivo de protección deberá ser mayor o igual a la intensidad de cortocircuito máxima que pueda producirse en el punto de su instalación y que corresponde a un cortocircuito trifásico. Según ITC-BT-17, apartado 1.3, el poder de corte del Interruptor General Automático (IGA) será **4.500 A** como mínimo.

CARACTERÍSTICAS GENERALES DE LOS INTERRUPTORES AUTOMÁTICOS (IA)

→ Para IA modulares fabricados según UNE EN 60898 (*magnetotérmicos*)

$I_{cn} > I_{cc}$

(con un poder de corte I_{cn} mínimo del IGA de 4.500 A)
I_{cn} = Poder de corte asignado.
I_{cc} = Intensidad de cortocircuito máxima prevista.

→ Para IA de *caja moldeada y de bastidor metálico* fabricados según UNE EN 60947-2

Se aplicará una de las condiciones siguientes:

a) $I_{cu} > I_{cc}$

b) $I_{cs} > I_{cc}$

(con un poder de corte (I_{cu} o I_{cs}) mínimo del IGA de 4.500 A)
I_{cu} = Poder de corte último asignado.
I_{cs} = Poder de corte de servicio.
I_{cc} = Intensidad de cortocircuito máxima prevista.

Es habitual usar la condición **a)**. La condición **b)** se aplicaría en aquellos casos especiales con mayor probabilidad de que se produzcan defectos en la instalación o cuando se requiera la exigencia de continuidad de servicio.

La norma **UNE 20460-4-43*** (*** NOTA A.:** *Norma anulada y sustituida por la UNE-HD 60.364-4-43.*) recoge en su articulado todos los aspectos requeridos para los dispositivos de protección en sus apartados:

432 - Naturaleza de los dispositivos de protección.
433 - Protección contra las corrientes de sobrecarga.
434 - Protección contra las corrientes de cortocircuito.
435 - Coordinación entre la protección contra las sobrecargas y la protección contra los cortocircuitos.
436 - Limitación de las sobreintensidades por las características de alimentación.

Guía

PROTECCIÓN DE LÍNEAS CONTRA SOBRECARGAS

Las características de funcionamiento de un dispositivo que protege contra sobrecargas deben satisfacer las dos condiciones siguientes:

1) $I_b \leq I_n \leq I_z$

2) $I_2 \leq 1,45\ I_z$

I_b = Corriente para la que se ha diseñado el circuito según la previsión de cargas.

I_z = Corriente admisible del cable en función del sistema de instalación utilizado (ITC-BT-19 y UNE 20460-5-523*).

　　* **NOTA A.:** *Norma anulada y sustituida por la* **UNE-HD 60.364-5-52.**

I_n = Corriente asignada del dispositivo de protección.

　　Nota: en dispositivos de protección regulable, I_n = Intensidad de regulación seleccionada.

I_2 = Corriente que asegura la actuación del dispositivo de protección para un tiempo largo (t_c es el tiempo convencional según norma).

El valor de I_2 se indica en la norma de producto o se puede leer en las instrucciones o especificaciones proporcionadas por el fabricante:

$I_2 = 1,45\ I_n$ (para interruptores según UNE EN 60898 o UNE EN 61009, de uso doméstico o análogo).

$I_2 = 1,30\ I_n$ (para interruptores según UNE EN 60947-2).

En el caso de fusibles, la característica equivalente a la I_2 es la denominada I_f *(intensidad de funcionamiento)* que para los fusibles del tipo gG toma los valores siguientes:

$I_f = 1,60\ I_n$ 　si 　$I_n \geq 16\ A$

$I_f = 1,90\ I_n$ 　si 　$4A <_n< 16\ A$

$I_f = 2,10\ I_n$ 　si 　$I_n \leq 4\ A$

PROTECCIÓN CONTRA LAS CORRIENTES DE CORTOCIRCUITO

I. INTERRUPTORES AUTOMÁTICOS (IA)

El funcionamiento de los IA se define mediante una curva con los siguientes tramos:

➔ **Disparo por sobrecarga:** característica térmica de tiempo inverso o de tiempo dependiente.

➔ **Disparo por cortocircuito:** sin retardo intencionado, caracterizados por la corriente de disparo instantáneo (I_m), también denominados de característica magnética o de tiempo independiente.

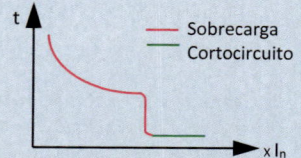

En instalaciones domésticas y análogas (IA modulares o magnetotérmicos) se definen *tres clases de disparo* magnético (I_m) según el múltiplo de la corriente asignada (I_n), cuyos valores normalizados son:

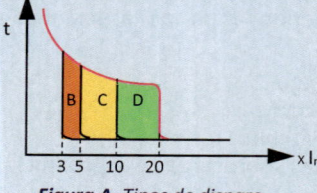

Figura A. *Tipos de disparo magnético de IA modulares.*

■ **Curva B:** 　$I_m = (3\ a\ 5) \times I_n$
Protección de circuitos en los que no se producen transitorios. Protección de generadores, cables de gran longitud, etc.

■ **Curva C:** 　$I_m = (5\ a\ 10) \times I_n$
Circuitos con carga mixta y en instalaciones de *usos domésticos* o análogos.

■ **Curva D:** 　$I_m = (10\ a\ 20) \times I_n$
Cuando se prevén transitorios (por ejemplo, arranque de *motores*).

Guía

II. FUSIBLES

Los fusibles se clasifican, según su curva de fusión, mediante dos letras.

- <u>Primera letra</u>: indica la zona de corrientes previstas donde el poder de corte está garantizado.
- <u>Segunda letra</u>: indica la categoría de empleo en función del tipo de receptor a proteger.

		FUSIBLES - CLASES DE CURVAS DE FUSIÓN
1ª letra	**g**	Cartucho fusible limitador de la corriente que es capaz de interrumpir todas las corrientes desde su intensidad asignada (I_n) hasta su poder de corte asignado. Cortan intensidades de sobrecarga y de cortocircuito.
	a	Cartucho fusible limitador de la corriente que es capaz de interrumpir las corrientes comprendidas entre el valor mínimo indicado en sus características tiempo-corriente (k_2I_n) y su poder de corte asignado. Cortan **solo** intensidades de cortocircuito.
2ª letra	**G**	Cartuchos fusibles para uso general.
	M	Cartuchos fusibles para protección de motores.
	Tr	Cartuchos fusibles para protección de transformadores.
	B	Cartuchos fusibles para protección de líneas de gran longitud.
	R	Cartuchos fusibles para la protección de semiconductores.
	D	Cartuchos fusibles con tiempo de actuación retardado.

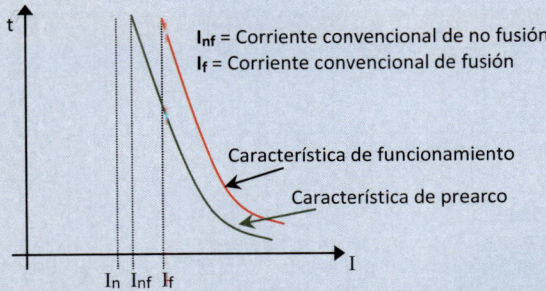

I_{nf} = Corriente convencional de no fusión
I_f = Corriente convencional de fusión

Característica de funcionamiento

Característica de prearco

Figura B. *Característica tiempo-corriente cartucho fusible tipo "g".*

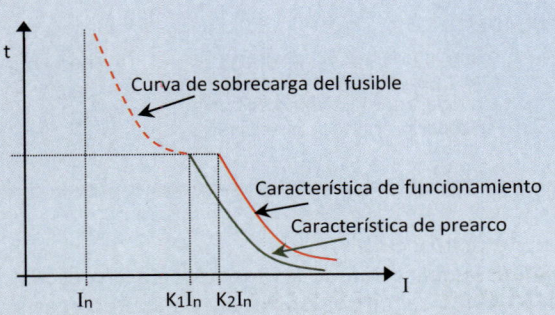

Curva de sobrecarga del fusible

Característica de funcionamiento

Característica de prearco

Figura C. *Característica tiempo-corriente cartucho fusible tipo "a".*

Los cartuchos fusibles tipo "g" son capaces de proteger contra sobrecargas y cortocircuitos y los de tipo "a" capaces de proteger solo contra cortocircuitos. Por lo que, <u>los de tipo "a" deberán ir acompañados por un elemento de protección contra sobrecargas</u>.

Todo dispositivo de protección contra cortocircuitos deberá cumplir **dos condiciones**:

1) El poder de corte del dispositivo de protección debe ser igual o mayor que la intensidad de cortocircuito máxima prevista en su punto de instalación:

$$I_c \geq I_{cc}$$

2) El tiempo de corte de un cortocircuito, no debe ser superior al tiempo que los conductores tardan en alcanzar su temperatura límite admisible:

$$t_c \leq t_{Tª\ máx.\ admisible}$$

En el caso de instalar un IA, esta condición se puede expresar:

$$I_{cc\ mín.} > I_m$$

- $I_{cc\ mín.}$..... corriente de cortocircuito mínima. Para un sistema TT corresponde a un cc fase-neutro.
- I_m......... corriente mínima que asegura el disparo magnético.

Guía

Para los cortocircuitos de una duración no superior a 5 s, el tiempo t máximo de duración del cortocircuito, se puede calcular mediante la siguiente fórmula:

$$\sqrt{t} = k \cdot \frac{S}{I}$$

Que se puede presentar en la forma práctica por:

$$(I^2 \cdot t)_{IA} \leq (I^2 \cdot t)_{Cable} = k^2 \cdot S^2$$

Esta condición debe verificarse tanto para la $I_{cc\,máxima}$ como para la $I_{cc\,mínima}$

siendo:
t: Duración del cortocircuito, en segundos;
S: Sección, en mm²;
I: Corriente de cortocircuito efectiva, en A, expresada en valor eficaz; y
k: Constante que toma los valores siguientes, tomados de la norma UNE 20460-4-43*.
  * **NOTA A.:** *Norma anulada y sustituida por la UNE-HD 60.364-5-52.*

k	Aislamiento de los conductores							
	PVC ≤ 300 mm²	PVC > 300 mm²	PVC ≤ 300 mm²	PVC > 300 mm²	PR/ EPR	Goma	Mineral	
							Con PVC	Desnudo
Temperatura inicial, en °C	70	70	90	90	90	60	70	105
Temperatura final, en °C	160	140	160	140	250	200	160	250
Cobre	115	103	100	86	143	141	115*	135
Aluminio	76	68	66	57	94	93	--	--
Conexiones soldadas con estaño para conductores de cobre	115	--	--	--	--	--	--	--

* Valor a utilizar para cables desnudos expuestos al contacto.

COORDINACIÓN ENTRE PROTECCIONES

Cuando se utilicen **dispositivos distintos**, sus características **deberán coordinarse** de forma que el dispositivo de protección contra cortocircuitos no deje pasar más energía que la que puede soportar el dispositivo de protección contra sobrecargas. Se recomienda consultar la documentación del fabricante.

LIMITACIÓN DE LAS SOBREINTENSIDADES

Si la intensidad máxima de cortocircuito es menor que la que pueden soportar los conductores, se considerarán protegidos sin necesidad de ninguna protección contra sobreintensidades. Ejemplos: ciertos transformadores para timbres, ciertos transformadores de soldadura, ciertos generadores alimentados por motor térmico, etc.

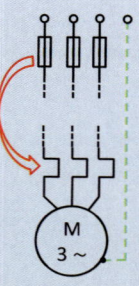

■ 1.2 Aplicación de las medidas de protección

La norma **UNE 20460-4-473*** define la aplicación de las medidas de protección expuestas en la norma **UNE 20460-4-43*** según sea por causa de sobrecargas o cortocircuito, señalando en cada caso su emplazamiento u omisión, resumiendo los diferentes casos en la siguiente tabla.

  * **NOTA A.:** *Normas anuladas y sustituidas por la UNE-HD 60.364-4-43.*

| Circuitos | 3 F + N | | | | | | | | 3 F | | | F + N | | 2 F | |
	$S_N \geq S_F$				$S_N < S_F$										
Esquemas	F	F	F	N	F	F	F	N	F	F	F	F	N	F	F
TN - C	P	P	P	-	P	P	P	- [1]	P	P	P	P	-	P	P
TN - S	P	P	P	-	P	P	P	P [3][5]	P	P	P	P	-	P	P
TT	P	P	P	-	P	P	P	P [3][5]	P	P	P [2][4]	P	-	P	P [2]
IT	P	P	P	P [3][6]	P	P	P	P [3][6]	P	P	P	P	P [6][3]	P	P [2]

Tabla 1

▪ NOTAS:

P: Significa que debe preverse un dispositivo de protección (detección) sobre el conductor correspondiente.

S_N: Sección del conductor de neutro.

S_F: Sección del conductor de fase.

[1]: Admisible si el conductor de neutro está protegido contra los cortocircuitos por el dispositivo de protección de los conductores de fase y la intensidad máxima que recorre el conductor neutro en servicio normal es netamente inferior al valor de intensidad admisible en este conductor.

1) Neutro prot. CC
2) $I_N < I_{máx\ adm}$

[2]: Excepto cuando haya protección diferencial.

Corte omnipolar →

[3]: En este caso el corte y la conexión del conductor de neutro debe ser tal que el conductor *neutro no sea cortado antes que los conductores de fase y que se conecte al mismo tiempo o antes* que los conductores de fase.

[4]: En el **esquema TT** sobre los circuitos alimentados entre fases y en los que el conductor de neutro no es distribuido, la detección de sobreintensidad puede no estar prevista sobre uno de los conductores de fase, si existe sobre el mismo circuito aguas arriba, una protección diferencial que corte todos los conductores de fase y si no existe distribución del conductor de neutro a partir de un punto neutro artificial en los circuitos situados aguas abajo del dispositivo de protección diferencial antes mencionado.

[5]: Salvo que el conductor de neutro esté protegido contra los cortocircuitos por el dispositivo de protección de los conductores de fase y la intensidad máxima que recorre el conductor neutro en servicio normal sea netamente inferior al valor de intensidad admisible en este conductor.

1) Neutro prot. CC
2) $I_N < I_{máx\ adm}$

[6]: Salvo si el conductor neutro esta efectivamente protegido contra los cortocircuitos **o si existe** aguas arriba una protección diferencial cuya corriente diferencial-residual nominal sea como máximo igual a **0,15 veces** la corriente admisible en el conductor neutro correspondiente. Este dispositivo debe cortar todos los conductores activos del circuito correspondiente, incluido el conductor neutro.

Guía

POSICIÓN DE LOS DISPOSITIVOS DE PROTECCIÓN CONTRA SOBRECARGAS

Deben situarse en el punto en el que se produce un cambio (variación de la sección, naturaleza o del sistema de instalación) que produzca una reducción del valor de la corriente admisible de los conductores.

Los dispositivos de protección contra sobrecargas <u>podrán situarse aguas abajo del cambio arriba indicado <mark>si</mark> la parte del cableado situada entre el punto del cambio y el dispositivo de protección no incluye ni derivaciones ni tomas de corriente <mark>y</mark></u> cumple **al menos con una** de las condiciones siguientes:

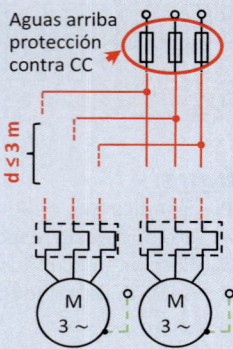

Aguas arriba protección contra CC

1. Está protegido contra cortocircuitos según esta ITC.
2. Su longitud no supera los **3 m**, y está realizada de manera que reduzca al mínimo el riesgo de cortocircuito, y el riesgo de incendio o peligro para las personas.

Por razones de seguridad, es posible omitir la protección contra sobrecargas en circuitos en los que una desconexión imprevista puede originar un peligro. Como circuitos de:

– Excitación de máquinas rotativas.
– Alimentación de electroimanes de aparatos elevadores y grúas.
– Alimentación de dispositivos de extinción de incendios.
– Alimentación de servicios de seguridad (alarmas antirrobo, alarmas de gas, etc.).
– Circuitos secundarios de transformadores de corriente.

Para definir las características de instalación de varios cables conectados en paralelo (alimentando la misma carga), aquellos casos en los que es posible prescindir de protección contra sobrecargas, y otros requisitos, se tendrán en cuenta las normas UNE 20460-4-43* sección 433 y UNE 20460-4-473* apartado 473.1.

POSICIÓN DE LOS DISPOSITIVOS DE PROTECCIÓN CONTRA CORTOCIRCUITOS

Los dispositivos de protección contra cortocircuitos deben situarse en el punto en el que se produce un cambio (variación de la sección, naturaleza o del sistema de instalación) que produce una reducción del valor de la corriente admisible de los conductores, **salvo cuando** otro dispositivo <u>situado aguas arriba posea una característica tal que proteja contra cortocircuitos aguas abajo del cambio.</u>

Los dispositivos de protección contra cortocircuitos <u>podrán situarse aguas abajo del punto donde se produce un cambio, <mark>si</mark></u> la parte del cableado situada entre el punto del cambio y el dispositivo de protección **cumple las tres** condiciones siguientes:

1. No excede los 3 m de longitud.
2. Está instalado de manera que se minimice el riesgo de cortocircuito (por ejemplo reforzando el sistema de cableado contra las influencias externas).
3. Está instalado de manera que se minimice el riesgo de incendio o de peligro para las personas.

Mínimo riesgo de CC

d ≤ 3m

SIN riesgo de incendio ni peligro para personas

Para definir las características de instalación de varios cables conectados en paralelo (alimentando la misma carga), aquellos casos en los que es posible prescindir de protección contra cortocircuitos, y otros requisitos, se tendrán en cuenta las normas UNE 20460-4-43* sección 434 y UNE 20460-4-473* apartado 473.2.

* Normas anuladas y sustituidas por la UNE-HD 60.364-4-43.

Guía

MÉTODO GRÁFICO DE PROTECCIÓN DE LÍNEAS CONTRA CORTOCIRCUITOS

Este método gráfico para determinar la necesidad de instalar una protección contra cortocircuitos en circuitos derivados de una línea principal, se aplica fundamentalmente a aquellos circuitos en los que se puede omitir la protección contra sobrecargas y en los que se debe comprobar que existe una protección efectiva contra cortocircuitos.

El método se basa en la utilización de un triángulo rectángulo del cual se determinan la longitud de los catetos en función de las características del suministro, de la protección y del conductor.

O: Origen del circuito principal.

d: Distancia entre el origen del circuito principal y el origen del circuito derivado.

L: Longitud máxima del circuito principal de sección S_1.

L': Longitud máxima de un circuito derivado con origen en el punto O y de sección S_2.

L'$_i$: Longitud máxima de un circuito derivado con origen a una distancia "d" del punto O y de sección S_2.

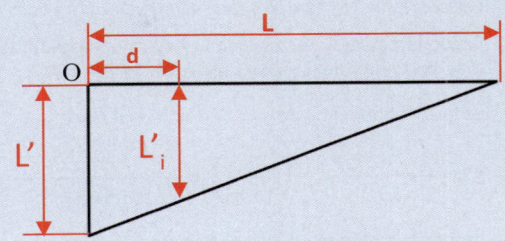

Los circuitos principal y derivado pueden ser trifásicos o monofásicos. Las longitudes L y L' se determinan mediante las siguientes fórmulas:

Circuitos trifásicos con neutro o monofásicos:

$$L = \frac{0,8 \cdot U \cdot S_F \cdot \gamma}{I_m} \cdot \left(\frac{1}{1+m}\right)$$

Siendo: $m = \dfrac{S_F}{S_N}$

Circuitos trifásicos sin neutro:

$$L = \frac{0,8 \cdot \sqrt{3} \cdot U \cdot S_F \cdot \gamma}{2 \cdot I_m}$$

U: Tensión Fase-Neutro.

S$_F$: Sección de fase del circuito principal (S_{F1} para L) o de la derivación (S_{F2} para L').

S$_N$: Sección del neutro del circuito principal (S_{N1} para L) o de la derivación (S_{N2} para L').

γ: Conductividad del conductor en caliente.

Para el cobre, **a 20 °C, γ_{Cu} = 56 $\Omega^{-1} \cdot$ mm$^{-2} \cdot$ m.** Las normas de cálculo de cortocircuitos consideran una temperatura del conductor en cortocircuito de 145 °C, lo que equivale a dividir el valor de la conductividad a 20 °C por 1,5. No obstante, se pueden justificar otros valores si se calcula la temperatura máxima probable de conductor teniendo en cuenta el tiempo de actuación de las protecciones de sobreintensidad.

I$_m$: Corriente que provoca el disparo en 5 segundos; para los IA se recomienda utilizar el valor de intensidad de disparo magnético (I_m).

*El uso del triángulo anterior permite calcular la **longitud máxima** del circuito principal y de cualquier circuito derivado en función de su distancia al origen.*

Guía

Ejemplo: Circuito monofásico para alumbrado con las siguientes secciones de cobre y con secciones de neutro iguales a las de fase.

Circuito principal: $S_{F1} = S_{N1} = S_1 = $ **2,5 mm²**
Derivaciones: $S_{F2} = S_{N2} = S_2 = $ **1,5 mm²**

Se quieren instalar una derivación para luminaria cada 10 m a lo largo de un local, siendo 5 el total de derivaciones y estando la primera derivación a 10 m del origen.

La protección se efectúa mediante un **magnetotérmico** cuya **In = 16 A**, **curva C**.

Las secciones de neutro y fase son iguales para todos los circuitos, por lo tanto: **m $= \dfrac{S_F}{S_N} = $ 1**.

Según la figura A, el valor de I_m estará comprendido entre $5I_n$ y $10I_n$ por lo que se elige el caso más desfavorable, $I_m = 10 \cdot I_n$; **$I_m = 10 \cdot 16$ A $= 160$ A**.

La longitud máxima del circuito principal L, es:

$$L = \frac{0,8 \cdot U \cdot S_F \cdot \gamma}{I_m} \cdot \left(\frac{1}{1+m}\right) = \frac{0,8 \cdot 230 \cdot 2,5 \cdot \frac{56}{1,5}}{160} \cdot \left(\frac{1}{1+1}\right) = 53,7 \text{ m}$$

La longitud máxima del circuito derivado L', es:

$$L' = \frac{0,8 \cdot U \cdot S_F \cdot \gamma}{I_m} \cdot \left(\frac{1}{1+m}\right) = \frac{0,8 \cdot 230 \cdot 1,5 \cdot \frac{56}{1,5}}{160} \cdot \left(\frac{1}{1+1}\right) = 32,2 \text{ m}$$

Así, se tiene el siguiente triángulo:

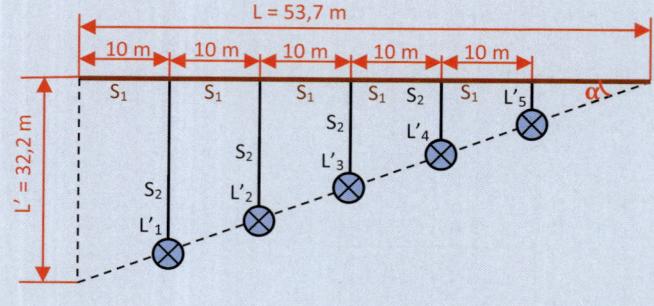

$\alpha = \text{arctg} \dfrac{S_F}{S_N} \approx$ **31°**

$L'_i = (L-d) \cdot \text{tg } \alpha$

De modo que:

$L'_1 = (53,7-10) \cdot \text{tg } 31°$

$L'_1 = 26,2$ m
$L'_2 = 20,2$ m
$L'_3 = 14,2$ m
$L'_4 = 8,2$ m
$L'_5 = 2,2$ m

ANOTACIONES

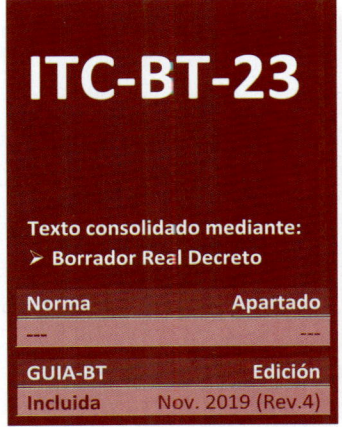

Texto consolidado mediante:
➢ **Borrador Real Decreto**

Norma	Apartado
---	---

GUIA-BT	Edición
Incluida	Nov. 2019 (Rev.4)

ITC-BT-23

Protección contra sobretensiones

NOTA A.: El texto señalado en color gris *pertenece al Borrador del RD (no vinculante).*

Índice

1. OBJETO Y CAMPO DE APLICACIÓN

Esta instrucción trata de la protección de las *instalaciones eléctricas interiores**
contra las **sobretensiones transitorias** que se transmiten por las redes de
distribución y que se originan, fundamentalmente, como consecuencia de las
descargas atmosféricas, conmutaciones de redes y defectos en las mismas.

Guía

Las causas más frecuentes de aparición de sobretensiones transitorias de origen atmosférico
son las siguientes, considerando como proximidad una distancia ≤ 50 m.

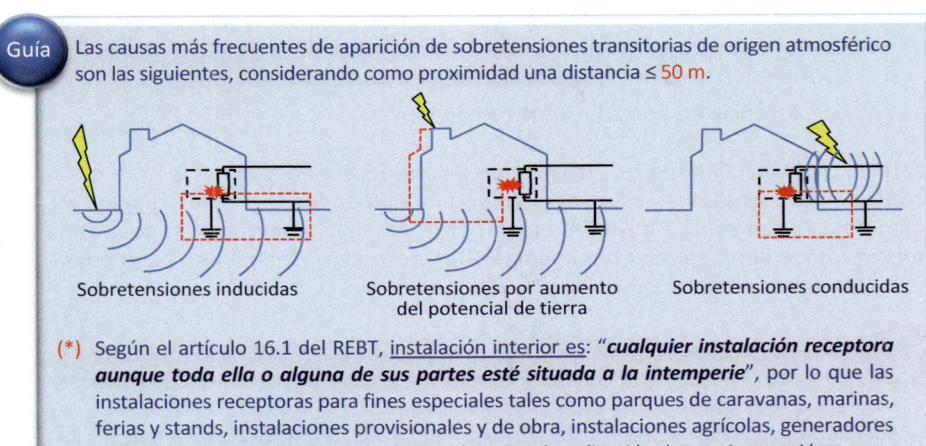

Sobretensiones inducidas   Sobretensiones por aumento   Sobretensiones conducidas
                            del potencial de tierra

(*) Según el artículo 16.1 del REBT, instalación interior es: "**cualquier instalación receptora
aunque toda ella o alguna de sus partes esté situada a la intemperie**", por lo que las
instalaciones receptoras para fines especiales tales como parques de caravanas, marinas,
ferias y stands, instalaciones provisionales y de obra, instalaciones agrícolas, generadores
eólicos, etc., se consideran incluidas en el campo de aplicación de esta instrucción.

Nota

1. SOBRETENSIONES TRANSITORIAS

U

Descarga directa del rayo: t < 100 μs
No tratada en la ITC-BT-23 vigente. Consultar CTE-DB-SU8

Conmutaciones, defectos de red,
descarga lejana del rayo: t < 1 ms
Sobretensión tratada en la ITC-BT-23

t

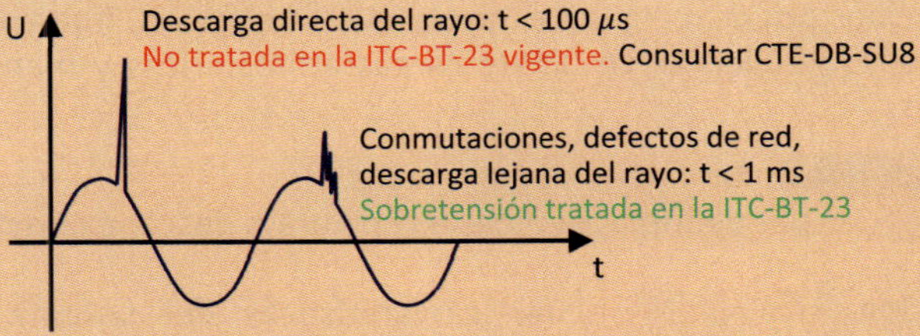

2, SOBRETENSIONES TEMPORALES = PERMANENTES = A FRECUENCIA INDUSTRIAL

No incluidas en la ITC-BT-23 vigente.
Sí incluidas en el Borrador (apdo. 2.2 y 6)

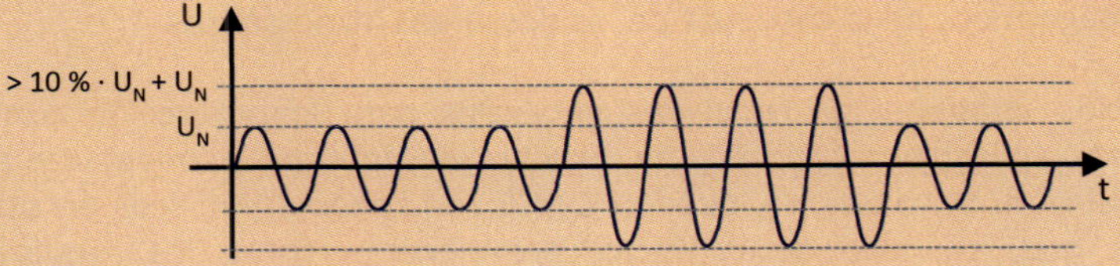

U

> 10 % · U_N + U_N
U_N

t

El nivel de sobretensión que puede aparecer en la red es función del: nivel isoceráunico estimado, tipo de acometida aérea o subterránea, proximidad del transformador de MT/BT, etc. La incidencia que la sobretensión puede tener en la seguridad de las personas, instalaciones y equipos, así como su repercusión en la continuidad del servicio es función de:

✓ La coordinación del aislamiento de los equipos.

✓ Las características de los dispositivos de protección contra sobretensiones, su instalación y su ubicación.

✓ La existencia de una adecuada red de tierras.

> **Nota**
> Las **acometidas aéreas** tienen más posibilidades de recibir una descarga atmosférica.

Esta instrucción contiene las indicaciones a considerar para cuando la protección contra sobretensiones está prescrita o recomendada en las líneas de alimentación principal **230/400 V** en corriente alterna, no contemplándose en la misma otros casos como, por ejemplo, la protección de señales de medida, control y telecomunicación.

> **Nota**
> *Se ha de tener en cuenta lo establecido en el **artículo 16.3** del presente Reglamento.*

BORRADOR RD:

Esta instrucción rata de la protección de las instalaciones eléctricas interiores contra las sobretensiones:

1. **Transitorias** que se transmiten por las redes de distribución o que son inducidas por descargas del rayo y que se originan, fundamentalmente, como consecuencia de las descargas atmosféricas y maniobras en las redes.

2. **Temporales**, también denominadas permanentes o a frecuencia industrial, por ejemplo, debidas a la rotura o desconexión del **neutro**.

Borrador Real Decreto

Esta instrucción no contempla las características del sistema externo de protección contra el rayo de los edificios que están recogidas en el Código Técnico de la Edificación, (Seguridad frente al riesgo causado por la acción del rayo). **Sin embargo**, los sistemas de protección de las instalaciones contra las sobretensiones transitorias, objeto de esta instrucción, reducen los efectos eléctricos y magnéticos de la corriente de las descargas atmosféricas.

Esta instrucción contiene los requisitos generales para la protección contra sobretensiones, aplicables a todo tipo de instalaciones interiores conectadas a la red de distribución. No obstante, pueden existir requisitos específicos en otras instrucciones que, en caso de conflicto, prevalecerán sobre los requisitos generales correspondientes.

2. DEFINICIONES *(BORRADOR RD)*

■ 2.1 Definiciones relativas a la protección contra las sobretensiones <mark>TRANSITORIAS</mark>

2.1.1 Dispositivo de protección contra las sobretensiones transitorias (DPS)

Dispositivo que contiene al menos un componente no lineal, destinado a limitar las sobretensiones transitorias y desviar las corrientes de descarga.

Nota: Un DPS es un conjunto completo que dispone de los medios de conexión adecuados y eventualmente los de protección asociados al propio DPS.

2.1.2 Modo de protección de un DPS

Modo de descarga de la corriente, previsto entre los bornes que contienen los componentes de protección, por ejemplo, entre fases, fase a tierra, fase a neutro, neutro a tierra.

2.1.3 Nivel de protección en tensión, U_p

Máxima tensión transitoria que se espera en los bornes del DPS debido a una limitación del impulso de tensión con un gradiente de tensión definido y una limitación del impulso de tensión con una corriente de descarga con forma de onda y amplitud dadas.

2.1.4 Tensión máxima de funcionamiento continuo, U_c

Valor máximo de la tensión que se puede aplicar de forma continua al DPS.

2.1.5 Corriente de descarga nominal, I_n

Valor de cresta de la corriente a través del DPS, con una forma de onda de 8/20 µs, que caracteriza a los DPS de Tipo 2.

2.1.6 Corriente de impulso, I_{imp}

Valor de cresta de la corriente de descarga que puede soportar el DPS sin fallo. Habitualmente se utiliza la forma de onda de la corriente aplicada normalizada como 10/350 µs. Este parámetro caracteriza a los DPS de Tipo 1.

2.1.7 Tensión de impulso asignada, U_w

Valor de tensión soportada a impulso asignado por el fabricante al equipo o a una parte del mismo, que caracteriza la capacidad especificada de su aislamiento de soportar las sobretensiones transitorias.

2.1.8 Dispositivo de desconexión del DPS

Dispositivo para la desconexión de un DPS, o parte de un DPS, del sistema de alimentación en caso de fallo del DPS.

Nota: No se requiere que este dispositivo de desconexión tenga capacidad de seccionamiento con fines de seguridad. La función del dispositivo es prevenir un fallo persistente en el sistema y se utiliza para dar una indicación de fallo del DPS.

Los dispositivos de desconexión pueden ser internos (incorporados), o externos (requeridos por el fabricante) o ambos.

Puede haber más de una función de desconexión, por ejemplo, una función de protección contra sobreintensidades y una función de protección térmica. Estas funciones pueden estar en unidades separadas

2.1.9 Indicador de estado

Dispositivo que indica el estado de funcionamiento de un DPS, o de parte de un DPS.

Nota: Estos indicadores pueden ser locales con alarmas visuales y/o audibles y/o pueden tener señalización remota y/o contacto de salida.

2.1.10 Valor asignado de la corriente de cortocircuito, I_{sccr}

Máximo valor asignado de la corriente de cortocircuito prevista del sistema de alimentación para la cual, en conjunto con el dispositivo de desconexión, está especificado el DPS.

- ■ **2.2 Definiciones relativas a la protección contra las sobretensiones TEMPORALES**

2.2.1 Dispositivo de protección contra sobretensiones temporales, POP

Dispositivo destinado a mitigar los efectos de las sobretensiones a frecuencia industrial entre fase y conductor de neutro (ej. las causadas por pérdida del conductor de neutro en el suministro trifásico aguas arriba del POP) sobre los equipos situados aguas abajo del punto en que se instala.

Nota: Los POP (del inglés: **P**ermanent **O**vervoltage **P**rotection) que controlan una línea se pueden usar también para mitigar los efectos de las sobretensiones a frecuencia industrial entre dos conductores de fase en un sistema de suministro eléctrico fase-fase.

2.2.2 Unidad de disparo

Dispositivo conectado mecánicamente al dispositivo de protección principal, que libera el medio de sujeción y permite la apertura automática de los circuitos protegidos.

Nota: La unidad de disparo puede incorporarse en un dispositivo con el cual la unidad POP está destinada a integrarse, o a acoplarse mecánicamente, o eléctricamente y que dispara bajo condiciones especificadas.

2.2.3 Unidad POP

Parte del POP que asegura la función de detección de las sobretensiones a frecuencia industrial e inicia la actuación del dispositivo para causar la interrupción de la corriente.

2.2.4 Tensión de actuación, U_a

Valores de tensión, medidos entre conductores de fase y neutro, para los que el dispositivo POP debe actuar sobre la unidad de disparo.

3. PROTECCIÓN CONTRA SOBRETENSIONES TRANSITORIAS

Todas las instalaciones interiores deberán estar protegida contra sobretensiones transitorias de acuerdo con los criterios establecidos en este apartado.

■ 3.1 Tipos de sobretensiones transitorias

Es preciso distinguir varios tipos de sobretensiones transitorias según su origen. Las causas más frecuentes de aparición de sobretensiones transitorias son las siguientes:

a) De origen atmosférico:

- ✓ La caída de un rayo sobre la línea de distribución o en sus proximidades.

- ✓ El impacto de un rayo en el sistema de protección externa contra descargas atmosféricas (pararrayos, puntas Franklin, jaulas de Faraday, etc.), situado en el propio edificio o en sus proximidades.

- ✓ La incidencia directa de una descarga atmosférica en el propio edificio, tanto más probable cuanto más alto sea respecto a los edificios que lo rodean, o en sus proximidades.

A estos efectos se considera proximidad una distancia de aproximadamente **50 m**.

b) Por maniobras o actuaciones debidas a defectos en la red:

- ✓ Actuación de dispositivos de protección contra sobreintensidades (conexión/desconexión) e interruptores (dentro y/o fuera de la instalación).

- ✓ Actuación de contactores.

- ✓ Conexión o desconexión de bancos de condensadores para corrección de factor de potencia.

- ✓ Conexión o desconexión de receptores ubicados dentro de la instalación.

3.2 Categorías de sobretensión
(2.1/ 2.2 Objeto y Descripción de las categorías de sobretensiones)

Borrador
Real
Decreto

Los dispositivos de protección contra sobretensiones transitorias deben seleccionarse de forma que su nivel de protección sea inferior a la tensión soportada a impulso correspondiente a la categoría de sobretensión de los equipos y materiales que se prevé que se vayan a instalar.

Las categorías de sobretensiones permiten distinguir los diversos grados de tensión soportada a las sobretensiones en cada una de las partes de la instalación, equipos y receptores. Mediante una adecuada selección de la categoría, se puede lograr la coordinación del aislamiento necesario en el conjunto de la instalación, reduciendo el riesgo de fallo a un nivel aceptable y proporcionando una base para el control de la sobretensión.

Las categorías indican los valores de tensión soportada a la onda de choque de sobretensión que deben de tener los equipos, determinando, a su vez, el valor límite máximo de tensión residual que deben permitir los diferentes dispositivos de protección de cada zona para evitar el posible daño de dichos equipos.

La reducción de las sobretensiones de entrada a valores inferiores a los indicados en cada categoría se consigue con una estrategia de protección en cascada que integra ***tres niveles de protección***: **basta**, **media** y **fina**, logrando de esta forma un nivel de tensión residual no peligroso para los equipos y una capacidad de derivación de energía que prolonga la vida y efectividad de los dispositivos de protección.

Mediante una adecuada selección de la categoría y tipo de DPS aplicables en cada parte de la instalación se puede lograr la coordinación del aislamiento necesario en el conjunto de la instalación, reduciendo el riesgo de fallo a un nivel aceptable y proporcionando una base para el control de la sobretensión.

En la ***tabla 1*** se distinguen ***4 categorías*** diferentes, indicando en cada caso la tensión de impulso asignada entre conductores activos y tierra requerida a los equipos (U_w), en kV, según la tensión nominal de la red que alimenta la instalación.

Los valores de las tensiones de impulso asignadas a los equipos (U_w) para las diferentes categorías de sobretensión son aplicables a instalaciones conectadas a redes de distribución de tensión nominal 230/400 V. Para otras tensiones en redes de distribución especiales se aplicarán los valores de la tabla 443.2 de la norma **UNE-HD 60.364-4-443**.

3.2.1 Categoría I

Se aplica a los <u>equipos muy sensibles</u> a las sobretensiones y que están destinados a ser conectados a la **instalación eléctrica fija**. En este caso, las medidas de protección se toman fuera de los equipos a proteger, ya sea en la instalación fija o entre la instalación fija y los equipos, con objeto de limitar las sobretensiones a un nivel específico.

Ejemplo: equipos de laboratorio, grandes ordenadores de instalación fija y otros equipos electrónicos especialmente sensibles, diseñados para trabajar en entornos protegidos, etc.

La tensión de impulso asignada a los equipos (U_w) de categoría de **sobretensión I** en instalaciones conectadas en redes de distribución de baja tensión es **1,5 kV**

Borrador Real Decreto

3.2.2 Categoría II

Se aplica a los <u>equipos destinados a conectarse a una</u> **instalación eléctrica fija**.

Ejemplo: electrodomésticos, herramientas portátiles y otros equipos similares.

La tensión de impulso asignada a los equipos (U_w) de categoría de **sobretensión II** en instalaciones conectadas en redes de distribución de baja tensión es **2,5 kV**

3.2.3 Categoría III

Se aplica a los equipos y materiales que forman parte de la **instalación eléctrica fija** y a otros equipos para los cuales se requiere un <u>alto nivel de fiabilidad</u>.

Ejemplo: armarios de distribución, embarrados, aparamenta (interruptores, seccionadores, tomas de corriente, etc.), canalizaciones y sus accesorios (cables, caja de derivación, etc.), motores con conexión eléctrica fija (ascensores, máquinas industriales, etc.), etc.

La tensión de impulso asignada a los equipos (U_w) de categoría de **sobretensión III** en instalaciones conectadas en redes de distribución de baja tensión es **4 kV**

3.2.4 Categoría IV

Se aplica a los <u>equipos</u> y materiales que se conectan <u>en el origen o muy próximos al origen de la instalación</u>, aguas arriba del cuadro de distribución.

Ejemplo: contadores de energía, aparatos de telemedida, equipos principales de protección contra sobreintensidades, etc.

La tensión de impulso asignada a los equipos (U_w) de categoría de **sobretensión IV** en instalaciones conectadas en redes de distribución de baja tensión es **6 kV**

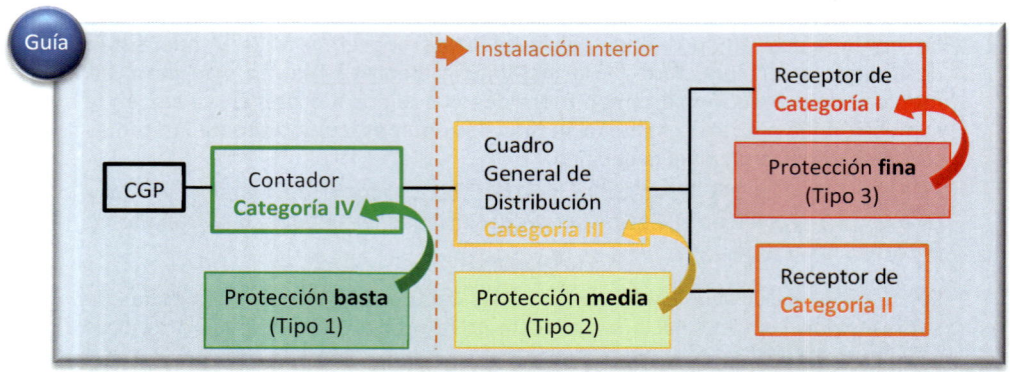

3.3 Tipos de dispositivos de protección de sobretensiones ==transitorias== (DPS)

Existen 3 tipos de protectores de sobretensión transitoria denominados:

1) Tipo 1
2) Tipo 2
3) Tipo 3

Es posible combinar dos tipos de protectores en un solo dispositivo siempre y cuando cumplan con los requisitos y ensayos establecidos en la norma para ambos tipos.

Para instalaciones en corriente alterna, se considera que cumplen con las prescripciones de esta instrucción los dispositivos según la **UNE-EN 61.643-11**.

Para instalaciones fotovoltaicas, se considera que cumplen con las prescripciones de esta instrucción y de la ITC-BT-53 los dispositivos según la norma **UNE-EN 61.643-31**.

3.4 Selección de tipos e instalación de DPS

La actuación de los DPS debe reducir la sobretensión transitoria a un valor de tensión no superior a la tensión de impulso asignada requerida a los equipos U_w (de acuerdo con su categoría de sobretensión). Para alcanzar este objetivo puede ser necesario utilizar más de un dispositivo de protección.

Deberá instalarse un ==DPS de Tipo 2== lo más cerca posible del origen de la instalación interior, en el ==Cuadro General de Mando y Protección==.

Adicionalmente, deberá instalarse un ==DPS de Tipo 1== lo más cerca posible del origen de la instalación, ==junto al contador== y aguas arriba del mismo, su ubicación se atendrá a lo indicado en la **ITC-BT-12**.

En las **CPM de medida directa** el protector contra sobretensiones de Tipo 1 podrá utilizar los fusibles de la propia CPM para su protección, mientras que en las **CPM de medida indirecta** dispondrán de su propia protección. En cualquier caso, las CPM dispondrán de una pletina de tierra seccionable para descarga de las sobretensiones y conexión de la tierra de protección de la finca.

En las ampliaciones o modificaciones de instalaciones existentes donde no sea posible colocar el protector de Tipo 1 aguas arriba de los equipos de medida, éste podrá instalarse en el cuadro general de mando y protección de la instalación correspondiente. En este caso, los DPS de Tipo 1 y de Tipo 2 podrán combinarse en un mismo dispositivo que combine ambas protecciones de acuerdo con lo indicado en el **apartado 3.3** de esta ITC. Además, estos dispositivos no podrán incluir ningún componente que emita de gases o que genere corrientes de fuga inadmisibles.

En función de las longitudes y trazados de los circuitos protegidos por un DPS, puede ser necesario proyectar la instalación con un **DPS adicional** conectado en la proximidad de un equipo a proteger. En este caso los DPS correspondientes deberán estar coordinados entre si según el **apartado 3.4.2**.

La protección contra sobretensiones transitorias puede proporcionarse:

1) Entre conductores activos y conductor de protección (protección en modo común);

2) Entre conductores activos (protección en modo diferencial).

Los DPS deberán elegirse de forma que sean adecuados para el esquema de puesta a tierra del neutro de la instalación (TT, TN-S, TN-C o IT) y la conexión se realizará siguiendo las instrucciones del fabricante.

Cuando en la instalación exista protección mediante interruptores diferenciales, los DPS de Tipo 2 serán adecuados para conectarse aguas arriba de dichos interruptores diferenciales y se colocarán aguas abajo del IGA, dispondrán de un dispositivo de desconexión automática y de un indicador del estado de la protección, que será visible desde el exterior.

Cuando se instalen DPS adicionales aguas abajo de los interruptores diferenciales (por ejemplo de Tipo 3 para proteger equipos especialmente sensibles), éstos deberán ser de tipo S o retardados. Estos DPS deben coordinarse con los DPS instalados aguas arriba de acuerdo con el **apartado 3.4.2**. En instalaciones en viviendas, los diferenciales de tipo S que se incorporen para cumplir este requisito no serán de más de 30 mA, ni podrán ser regulables en tiempo.

Borrador Real Decreto

3.4.1 Selección del DPS

La selección de los DPS debe basarse en los siguientes parámetros:

1. Nivel de protección en tensión (U_p) y
   la tensión de impulso asignada (U_w) de los equipos a proteger
2. Tensión de funcionamiento continuo (U_c)
3. Corriente de descarga nominal (I_n) y
   la corriente de impulso de descarga (I_{imp})
4. Coordinación de DPS *(véase 3.4.2)*
5. Valor asignado de la corriente de cortocircuito I_{sccr}

3.4.1.1 Selección del nivel de protección en tensión (U_p) en función de la tensión de impulso asignada (U_w) del equipo

El nivel de protección en tensión U_p de los DPS debe elegirse de acuerdo con la **tensión de impulso asignada (U_w)** conforme a la categoría de sobretensión aplicable. Para proporcionar una protección adecuada del equipo, el nivel de protección en tensión entre los conductores activos y conductor o borne de protección (CP) en ningún caso debe exceder la tensión de impulso asignada del equipo de acuerdo con el **apartado 3.2**.

El nivel de protección en tensión apropiado debe evaluarse en base a los requisitos de inmunidad y disponibilidad de los equipos. Pueden ser necesarios varios DPS entre conductores activos para alcanzar el nivel de protección requerido.

Cuando con un único conjunto DPS no se pueda conseguir el nivel de protección en tensión requerido, deben instalarse DPS en cascada coordinados para asegurar el nivel de protección en tensión deseado.

3.4.1.2 Selección de los DPS en función de la tensión de funcionamiento continuo (U_c)

En corriente alterna, la tensión máxima de funcionamiento continuo U_c de los DPS debe ser **igual o superior** a la requerida en la **tabla 1**.

DPS conectado entre (según sea de aplicación)	Configuración del sistema de la red de distribución		
	Esquema TN	**Esquema TT**	**Esquema IT**
Conductor de **fase** y conductor **neutro**	$U_c \geq 1{,}1 \cdot \dfrac{U}{\sqrt{3}}$	$U_c \geq 1{,}1 \cdot \dfrac{U}{\sqrt{3}}$	$U_c \geq 1{,}1 \cdot \dfrac{U}{\sqrt{3}}$
Conductor de **fase** y conductor **CP**	$U_c \geq 1{,}1 \cdot \dfrac{U}{\sqrt{3}}$	$U_c \geq 1{,}1 \cdot \dfrac{U}{\sqrt{3}}$	$U_c \geq 1{,}1 \cdot U$
Conductor de **fase** y conductor **CPN**	$U_c \geq 1{,}1 \cdot \dfrac{U}{\sqrt{3}}$	No aplica	No aplica
Conductor **neutro** y conductor **CP**	$U_c \geq \dfrac{U}{\sqrt{3}}$	$U_c \geq \dfrac{U}{\sqrt{3}}$	$U_c \geq 1{,}1 \cdot \dfrac{U}{\sqrt{3}}$
Conductores de **fase**	$U_c \geq 1{,}1 \cdot U$	$U_c \geq 1{,}1 \cdot U$	$U_c \geq 1{,}1 \cdot U$

Nota:
- En Redes de Distribución: $U = $ **400 V**
- *Para redes de otras tensiones: $U = $ **tensión fase-fase** del sistema de baja tensión*

Tabla 1- Borrador RD: *U_c del DPS en función de la configuración del sistema de alimentación.*

Borrador Real Decreto

3.4.1.3 Selección de los DPS en función de la corriente de impulso de descarga (I_{imp}) para DPS Tipo 1 y de la corriente de descarga nominal (I_n) para DPS Tipo 2

La corriente de impulso de descarga (I_{imp}) de los **DPS de Tipo 1** no debe ser inferior a la que se proporciona en las siguientes tablas, según sean de aplicación:

1) Cuando la estructura del edificio o nave esté:

  ▪ Equipada con un sistema externo de protección contra el rayo (pararrayos) o

  ▪ La instalación esté ubicada en un radio de aproximadamente de 50 m alrededor de un sistema externo de protección contra el rayo

  En esos casos, la corriente de impulso de descarga (I_{imp}) de los DPS de Tipo 1 **no** debe ser inferior a la que se proporciona en la **tabla 2**.

2) **Para el resto de los casos**, la corriente de impulso de descarga (I_{imp}) de los DPS de Tipo 1 no debe ser inferior a la que se proporciona en la **tabla 3**.

La corriente de descarga nominal (I_n) de los **DPS de Tipo 2** no debe ser inferior a la que se proporciona en la **tabla 4**.

Conexión (según sea de aplicación	I_{imp} en kA	
	Sistema de alimentación	
	Monofásico	Trifásico
L – N	12,5	12,5
L – CP	12,5	12,5
N – CP	12,5*	12,5*

* En el caso de tratarse de una red TT con neutro, el valor I_{imp} de N-CP no debe ser inferior a **25 kA** para un sistema de alimentación monofásico y de **50 kA** para un sistema de alimentación trifásico.

Tabla 2- Borrador RD: *Selección de la corriente de impulso de descarga (I_{imp}) en kA de los* **DPS Tipo 1** *cuando el edificio **está** protegido contra el impacto directo del rayo.*

Conexión (según sea de aplicación	I_{imp} en kA	
	Sistema de alimentación	
	Monofásico	Trifásico
L – N	5	5
L – CP	5	5
N – CP	5*	5*

* En el caso de tratarse de una red TT con neutro, el valor I_{imp} de N-CP no debe ser inferior a **10 kA** para un sistema de alimentación monofásico y de **20 kA** para un sistema de alimentación trifásico.

Tabla 3- Borrador RD: *Selección de la corriente de impulso de descarga (I_{imp}) en kA de los* **DPS Tipo 1** *cuando el edificio **no está** protegido contra el impacto directo del rayo.*

Conexión (según sea de aplicación	I_n en kA	
	Sistema de alimentación	
	Monofásico	Trifásico
L – N	5	5
L – CP	5	5
N – CP	5*	5*

* En el caso de tratarse de una red TT con neutro, el valor In de N-CP no debe ser inferior a **10 kA** para un sistema de alimentación monofásico y de **20 kA** para un sistema de alimentación trifásico.

Tabla 4- Borrador RD: *Corriente de descarga nominal (I_n) de los* **DPS Tipo 2** *en función del sistema de alimentación y del tipo de conexión.*

Los **DPS adicionales** que se instalen aguas abajo de los DPS instalados en el origen de la instalación o en su proximidad también deben cumplir con los requisitos de coordinación del **apartado 3.4.2.**

3.4.1.4 Selección de DPS en función del valor asignado de la corriente de cortocircuito I_{sccr}

En general el valor asignado de la corriente de cortocircuito I_{sccr} del DPS, declarado por el fabricante, no debe ser inferior a la máxima corriente de cortocircuito prevista en los puntos de conexión del conjunto DPS.

Este requisito no aplica a DPS conectados entre el conductor neutro y CP.

Borrador Real Decreto

3.4.2 Coordinación entre los dispositivos de protección contra sobretensiones transitorias

Si se instalan varios DPS en cascada (por ejemplo, uno general o de cabecera y otros en determinados circuitos de salida), se deberá garantizar su **coordinación** a partir de los valores asignados a los DPS, teniendo en cuenta las instrucciones del fabricante para conseguir una adecuada coordinación.

Cuando así se establezca, para asegurar la coordinación entre los dispositivos de protección instalados en cascada, puede ser necesaria la instalación de inductancias de desacoplo, si la longitud del cable que los conecta es inferior a la mínima especificada por el fabricante. Por ello y para verificar que existe coordinación entre los dispositivos ubicados en cuadros principales y cuadros secundarios, se debe comprobar la distancia del cable entre los mismos.

3.4.3 Conexionado de conductores a los DPS

La sección mínima *(**NOTA A.:** de cobre, según actual Guía Técnica)* de los conductores conectados a los DPS estará de acuerdo con los indicado en la **tabla 5**:

Tipo de dispositivo	Sección mínima del conductor (mm²)	Conexión entre el dispositivo y
Tipo 1	16	El borne principal de tierra o punto de puesta a tierra del edificio.
	6	El dispositivo de protección contra sobrecorrientes
Tipo 2	6	El borne de entrada de tierra de la instalación interior.
	2,5	El dispositivo de protección contra sobrecorrientes
Tipo 3	2,5 o lo especificado por el fabricante	Un borne del conductor de protección de la instalación interior.

*Tabla 5- **Borrador RD:** Sección de conductores conectados a los DPS.*

El conexionado del protector contra sobretensiones se realizará mediante cables aislados con el código de colores según **ITC-BT-19**.

La longitud de los conductores de conexión, definida como la suma de la longitud del camino utilizado por los conductores desde el conductor activo al CP, deberá ser lo más corta posible (preferentemente **inferior a 0,5 m**).

3.4.4 Dispositivos de desconexión del DPS

El DPS debe tener dispositivos de desconexión (que pueden ser del tipo internos/externos o ambos, véase **2.1.8**), excepto los DPS para conexión N-CP sólo en sistemas **TN** y/o **TT**. Su funcionamiento lo debe indicar el indicador de estado correspondiente (véase **2.1.9**)

3.4.5 Protección del DPS contra sobrecorrientes

Los DPS deben estar **protegidos contra sobrecorrientes** con respecto a las corrientes de cortocircuito. Esta protección puede ser interna y/o externa al DPS y debe realizarse de acuerdo con las instrucciones del fabricante.

4. MEDIDAS PARA EL CONTROL DE LAS SOBRETENSIONES

Es preciso distinguir ***dos tipos*** de sobretensiones:

1) Las producidas como consecuencia de la descarga directa del rayo. Esta instrucción no trata este caso.

2) Las debidas a la influencia de la descarga lejana del rayo, conmutaciones de la red, defectos de red, efectos inductivos, capacitivos, etc.

Se pueden presentar ***dos situaciones*** diferentes:

1) **Situación natural:** cuando **no** es preciso la protección contra las sobretensiones transitorias.

2) **Situación controlada:** cuando es preciso la protección contra las sobretensiones transitorias.

■ 4.1 Situación natural

Cuando se prevé un bajo riesgo de sobretensiones en una instalación (debido a que está alimentada por una red subterránea en su totalidad), se considera suficiente la resistencia a las sobretensiones de los equipos que se indica en la ***tabla 1*** y no se requiere ninguna protección suplementaria contra las sobretensiones transitorias.

Una línea aérea constituida por conductores aislados con pantalla metálica unida a tierra en sus dos extremos, se considera equivalente a una línea subterránea.

■ 4.2 Situación controlada

Cuando una instalación se alimenta por, o incluye, una **línea aérea** con conductores desnudos o aislados, se considera necesaria una protección contra sobretensiones de origen atmosférico en el origen de la instalación.

El nivel de sobretensiones puede controlarse mediante dispositivos de protección contra las sobretensiones colocados en las líneas aéreas (siempre que estén suficientemente próximos al origen de la instalación) o en la instalación eléctrica del edificio.

También se considera situación controlada aquella situación natural en que es conveniente incluir dispositivos de protección para una mayor seguridad (por ejemplo, continuidad de servicio, valor económico de los equipos, pérdidas irreparables, etc.).

Los dispositivos de protección contra sobretensiones de origen atmosférico deben seleccionarse de forma que *su nivel de protección sea inferior a la tensión soportada a impulso de la categoría de los equipos y materiales que se prevé que se vayan a instalar.*

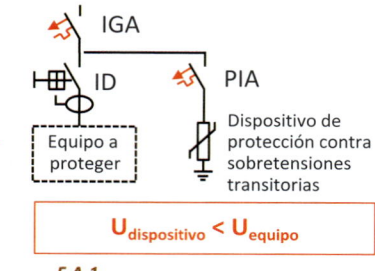

-F.A.1-

En redes TT o IT, los descargadores se conectarán entre cada uno de los conductores, incluyendo el neutro o compensador y la tierra de la instalación.

En redes TN-S, los descargadores se conectarán entre cada uno de los conductores de fase y el conductor de protección.

En redes TN-C, los descargadores se conectarán entre cada uno de los conductores de fase y el neutro o compensador. No obstante se permiten otras formas de conexión, siempre que se demuestre su eficacia.

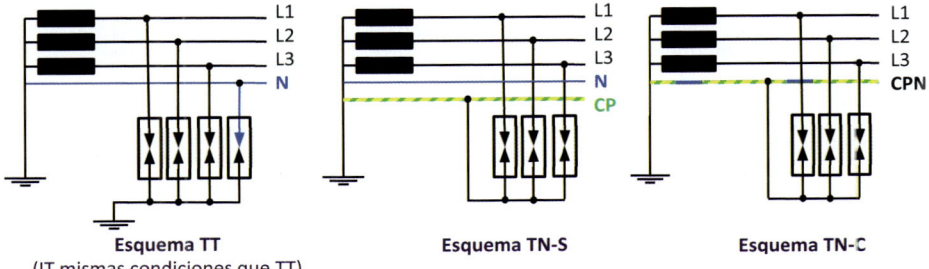

Esquema TT
(IT mismas condiciones que TT)

Esquema TN-S

Esquema TN-C

F.A.2: Forma de colocación de los descargadores según el esquema de distribución

Guía

(1) En el sistema TT, el dispositivo de protección contra sobretensiones podrá instalarse tanto aguas arriba (entre el interruptor general y el propio diferencial) como aguas abajo del interruptor diferencial. En caso de instalarse aguas abajo del diferencial, éste deberá ser selectivo de **tipo S** (o retardado).

(2) En viviendas con un único diferencial dicho dispositivo debe instalarse aguas arriba del interruptor diferencial (entre el interruptor general y el propio interruptor diferencial).

Recomendado en viviendas

(3) Con el fin de optimizar la continuidad de servicio en caso de destrucción del dispositivo de protección contra sobretensiones transitorias a causa de una descarga de rayo superior a la máxima prevista, cuando el dispositivo de protección contra sobretensiones **no lleve** incorporada su propia protección, se debe instalar el dispositivo de protección recomendado por el fabricante, aguas arriba del dispositivo de protección contra sobretensiones, con objeto de mantener la continuidad de todo el sistema, evitando el disparo del interruptor general.

(4) Si se instalasen varios dispositivos de protección contra sobretensiones en cascada (por ejemplo uno general o de cabecera y otros en determinados circuitos de salida), se deberá consultar la documentación el fabricante para conseguir la adecuada coordinación.

Guía

Situaciones en las que es *obligatorio* el uso de protección contra <u>sobretensiones</u> <mark>transitorias</mark>:

Situaciones	Ejemplos
Línea de alimentación de baja tensión total o parcialmente aérea o cuando la instalación incluye líneas aéreas.	Todas las instalaciones, ya sean industriales, terciarias viviendas, etc.
Riesgo de fallo afectando la vida humana.	Los servicios de seguridad, centros de emergencias, equipo médico en hospitales.
Riesgo de fallo afectando la vida de los animales.	Las explotaciones ganaderas, piscifactorías, etc.
Riesgo de fallo afectando los servicios públicos.	La pérdida de servicios para el público, centros informáticos, sistemas de telecomunicación.
Riesgo de fallo afectando actividades agrícolas o industriales no interrumpibles.	Industrias con hornos o en general procesos industriales continuos no interrumpibles.
Riesgo de fallo afectando las instalaciones y equipos de los **locales de pública concurrencia** (ITC-BT-28) que tengan servicios de seguridad no autónomos.	Sistemas de alumbrado de emergencia no autónomos.
Instalaciones en edificios con sistemas de protección externa contra descargas atmosféricas o contra rayos tales como: Pararrayos, puntas Franklin, jaulas de Faraday instalados en el mismo edificio.	Todas las instalaciones, ya sean industriales, terciarias, viviendas, etc. Obligatorio según CTE-SUA: Sección 8 y Anejo B. Si el sistema contra descargas se instala en un radio menor de 50 m el uso de sobretensiones es **recomendado**.
Las instalaciones para la recarga de vehículos eléctricos cubiertas por la ITC-BT-52.	Instalaciones de recarga de vehículos eléctricos.

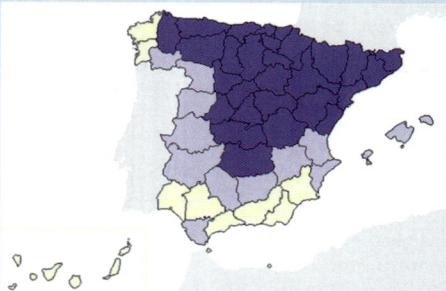

Días tormenta/año < 20
Días tormenta/año ≥ 20
Días tormenta/año ≥ 25

Mapa A

Aunque la situación sea natural, la instalación de dispositivos de protección contra sobretensiones es **recomendable** en aquellas provincias con <u>al menos 20</u> días de tormenta al año y **muy recomendable** en aquellas con <u>al menos 25</u> días, según el *mapa A*.

Cuando la instalación esté en un lugar elevado (sobre una montaña, colina o promontorio), se considerará como criterio de seguridad adecuado, escoger el nivel inmediato superior al asignado a la provincia.

En las instalaciones de edificios con sistemas de protección externa contra el rayo, según el CTE, SUA8, y anejo B.2, los conductores de los circuitos eléctricos y de telecomunicación deben *ser protegidos mediante dispositivos de protección contra sobretensiones transitorias de Tipo 1 instalados en el origen de la instalación del edificio.*

Se recomienda disponer de dispositivos de protección contra sobretensiones transitorias de <mark>Tipo 1</mark> *en las* <u>instalaciones ubicadas en un radio de aproximadamente de</u> <mark>**50 m alrededor de un pararrayos**</mark> *(aunque no estén en el mismo edificio).*

5. SELECCIÓN DE LOS MATERIALES EN LA INSTALACIÓN

Los equipos y materiales deben escogerse de manera que su tensión soportada a impulsos no sea inferior a la tensión soportada prescrita en la **tabla 1**, según su categoría.

Los equipos y materiales que tengan una tensión soportada a impulsos inferior a la indicada en la **tabla 1**, se pueden utilizar, no obstante:

1. En situación natural, cuando el riesgo sea aceptable.
2. En situación controlada, si la protección contra las sobretensiones es adecuada.

EXCEPCIÓN

TENSIÓN NOMINAL DE LA INSTALACIÓN		TENSIÓN SOPORTADA A IMPULSOS 1,2/50			
SISTEMAS TRIFÁSICOS	SISTEMAS MONOFÁSICOS	CATEGORÍA IV	CATEGORÍA III	CATEGORÍA II	CATEGORÍA I
230/400	230	6 kV	4 kV	2,5 kV	1,5 kV
400/690	--	8 kV	6 kV	4 kV	2,5 kV
1.000	--				

Tabla 1

Guía

TIPO DE DISPOSITIVOS DE PROTECCIÓN CONTRA SOBRETENSIONES *TRANSITORIAS*

Según la norma **UNE-EN 61.643-11** existen 3 tipos de protectores:

	Tipo 1 (protección basta)	Tipo 2 (protección media)	Tipo 3 (protección fina)
Capacidad de absorción de energía.	Muy alta - Alta	Media - Alta	Baja
Rapidez de respuesta.	Baja - Media	Media - Alta	Muy alta
Origen de la sobretensión.	Impacto directo de rayo	Sobretensiones de origen atmosférico y conmutaciones, conducidas o inducidas	

Para la correcta selección de los dispositivos de protección así como para garantizar la *coordinación adecuada* entre los mismos se seguirán las *recomendaciones del fabricante*.

CONEXIÓN A TIERRA DE DISPOSITIVOS DE PROTECCIÓN CONTRA SOBRETENSIONES *TRANSITORIAS*

Será necesario que el conductor que une el dispositivo con la instalación de tierra del edificio tenga una *sección mínima de cobre*, en toda su longitud, según la siguiente tabla:

Tipo de dispositivo	Sección mínima del conductor (mm²)	Conexión entre el dispositivo y
Tipo 1	16	El borne principal de tierra o punto de puesta a tierra del edificio.
Tipo 2	4*	El borne de entrada de tierra de la instalación interior.
Tipo 3	2,5 o lo especificado por el fabricante	Un borne de tierra de la instalación interior.

*** Nota A.:** Este valor difiere del de la Tabla 5 del Borrador del RD.*

Guía | **CARACATERÍSTICAS DE LOS DISPOSITIVOS DE PROTECCIÓN CONTRA SOBRETENSIONES** ==TRANSITORIAS==

1. **Nivel de protección (U_p):** parámetro que caracteriza el funcionamiento del dispositivo de protección contra sobretensiones transitorias por limitación de la tensión entre sus bornes. Debe ser inferior a la categoría de sobretensión de la instalación o equipo a proteger (apartado 4, tabla 1).

   Nota A.: Se trata de la tensión que aparece en bornes del dispositivo cuando es atravesado por In, y por lo tanto debe ser una tensión menor que la máxima que soporta el equipo o instalación a proteger.

   Ejemplo: dispositivo de protección de equipos de categoría II: $U_p \leq 2,5$ kV.

2. **Tensión máxima de servicio permanente (U_c):** valor eficaz de tensión máximo que puede aplicarse a los bornes del dispositivo de protección.

   Ejemplo: en una red de distribución TT 230/400 V, la tensión máxima permanente se considera un 10 % superior al valor nominal ($230 \cdot 1,1 = 253$ V). Por lo tanto, la tensión máxima de servicio permanente del protector seleccionado debe ser $U_c \geq 253$ V.

   Nota A.: Ver Tabla1-Borrador RD.

3. **Corriente nominal de descarga (I_n):** parámetro que caracteriza a los dispositivos de protección contra sobretensiones transitorias de Tipo 2. La elección del dispositivo se puede realizar según lo establecido en la UNE-HD 60.364-5-534, en donde la I_n no debe ser inferior a **5 kA** 8/20 μs, entre fase y neutro.

4. **Corriente de impulso (I_imp):** parámetro que caracteriza a los dispositivos de protección contra sobretensiones transitorias de Tipo 1. Es la corriente de cresta que puede soportar el dispositivo de protección sin fallo. Habitualmente se utiliza la forma de onda de la corriente aplicada normalizada como 10/350 μs. La elección del dispositivo se puede realizar según lo establecido en la UNE-HD 60.364-5-534, en donde la I_{imp} no debe ser inferior a **12,5 kA***

   ***Nota A.:** Valor indicado cuando el edificio está protegido contra el impacto directo del rayo, según Borrador RD).*

   Nota A.: Conforme a la norma IEC 61.643-11 se define además el siguiente indicador:

5. **Corriente máxima de descarga (I_máx):** parámetro para dispositivos de Tipo 2, $I_{máx} > I_n$.

COORDINACIÓN ENTRE LOS DISPOSITIVOS DE PROTECCIÓN CONTRA SOBRETENSIONES ==TRANSITORIAS==

Para garantizar la coordinación adecuada entre dispositivos se seguirán las recomendaciones del fabricante.

6. SOBRETENSIONES TEMPORALES *(BORRADOR RD)*

6.1 Causas

Normalmente, las sobretensiones temporales, también conocidas como sobretensiones a frecuencia industrial, están provocadas por sucesos difíciles de prevenir, tales como las debidas a la rotura o desconexión del neutro, o a fallos en distintos puntos de la red eléctrica.

Los dispositivos de protección contra sobretensiones temporales (en inglés con siglas **POP, P**ower frequency **O**vervoltage **P**rotective device) están destinados a mitigar los efectos debidos a las sobretensiones a frecuencia industrial en los equipos instalados aguas abajo de él.

6.2 Selección e instalación

Los dispositivos de protección contra sobretensiones temporales están destinados a mitigar los efectos de sobretensiones a frecuencia de red entre fase y neutro en los equipos instalados **aguas abajo** del mismo, mediante la apertura del circuito protegido cuando se detecta una sobretensión entre fase y neutro. Al igual que otros dispositivos de protección, estos dispositivos causan el corte de la alimentación por desconexión de algún elemento de protección o maniobra. Este hecho deberá tenerse en cuenta en aquellas instalaciones que requieran una especial continuidad de servicio.

Las instalaciones en entornos residenciales o análogos deberán estar adecuadamente protegidas contra los efectos de las sobretensiones temporales. Con tal fin se deberán instalar dispositivos de protección contra sobretensiones temporales en las instalaciones interiores. La instalación de estos dispositivos no deberá alterar el correcto funcionamiento del resto de los dispositivos.

Para entornos residenciales y análogos, los dispositivos conformes con la norma **UNE-EN 50.550**, cumplen con los requisitos de esta ITC ya que se tienen en cuenta todos los requisitos de seguridad necesarios, como por ejemplo tiempos y tensiones de disparo, capacidades de cortocircuito, seccionamiento, etc.

Los dispositivos de protección contra sobretensiones temporales se instalan normalmente en el origen de la instalación interior. La selección e instalación de estos dispositivos debe realizarse siguiendo las instrucciones del fabricante del **POP**.

Nota

SELECCIÓN DEL TIPO DE LOS DISPOSITIVOS DE PROTECCIÓN CONTRA SOBRETENSIONES TEMPORALES* A INSTALAR

Los dispositivos de protección contra sobretensiones temporales (en inglés con siglas **POP** – **P**ower frequency **O**vervoltage **P**rotective device) están destinados a mitigar los efectos debidos a las sobretensiones a frecuencia industrial en los equipos instalados aguas debajo de él.

Normalmente, las sobretensiones temporales están provocadas por sucesos difíciles de prevenir, tales como las debidas a la rotura o desconexión del neutro, o a fallos en distintos puntos de la red eléctrica. Por esta razón, es necesario que las instalaciones interiores o receptoras dispongan de dispositivos de protección contra sobretensiones temporales. Para entornos residenciales y análogos, estos dispositivos deben ser conformes con la norma **UNE-EN 50550**. En esta Norma se establece que la unidad POP, la unidad de disparo, si existe, y el dispositivo de protección principal deben ser del mismo fabricante o marca comercial.

La protección se realiza mediante la desconexión de la instalación por la actuación de un elemento de corte principal, integrado o compatible con el POP, cuando se detecta una sobretensión entre fase y neutro.

Se entiende que el elemento de corte principal de la instalación es un dispositivo de protección principal, bien un interruptor automático magnetotérmico (UNE EN 60.898-1) o un interruptor diferencial con protección magnetotérmica (UNE EN 61.009-1) o sin ella (UNE EN 61.008-1).

Dado que no existe norma de estos dispositivos para otros usos que no sean los de entornos residenciales y análogos, las recomendaciones de este capítulo se entienden que aplican solo a estos casos.

Debido a que la actuación de estos dispositivos causa la interrupción de la alimentación, no deben utilizarse en aquellas instalaciones en las que se deba garantizar la continuidad de servicio.

Para la correcta selección e instalación de los dispositivos de protección contra sobretensiones temporales es **necesario consultar la documentación del fabricante**. Estos dispositivos se instalan normalmente en el origen de la instalación.

* Sobretensiones **temporales**, también denominadas sobretensiones **permanentes** o sobretensiones **a frecuencia industrial**. Son sobretensiones por encima del 10 % del valor nominal que se mantienen en el tiempo durante varios ciclos o de forma permanente, principalmente originadas por cortes del neutro o defectos de conexión.

ANOTACIONES

ITC-BT-24

Protección contra los contactos directos e indirectos

Norma	Apartado	Sustituida por:
UNE 20.324	3.2 / 3.4	**UNE-EN 60.529**
UNE 20.460-4-41	2 / 3 / 4.1/ 4.1.3 / 4.2 / 4.3/ 4.5	**UNE-HD 60.364-4-41**
UNE 20.481	2	**UNE-EN 61.140**
UNE 20.572-1	4.1	**UNE-IEC 60.479-1**

GUIA-BT	**Edición**
Incluida	Jun. 2019 (Rev.2)

Índice

1. INTRODUCCIÓN

La presente instrucción describe las medidas destinadas a asegurar la protección de las personas y animales domésticos contra los choques eléctricos.

En la protección contra los choques eléctricos se aplicarán las medidas apropiadas:

1. Para la protección contra los <u>contactos directos</u> **y** <u>contra los contactos indirectos.</u>

2. Para la protección contra <u>contactos directos</u>.

3. Para la protección contra <u>contactos indirectos</u>.

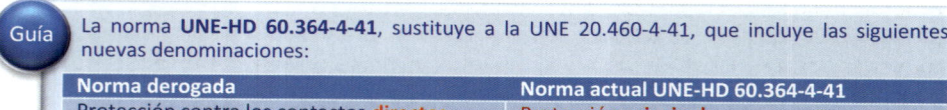

Guía La norma **UNE-HD 60.364-4-41**, sustituye a la UNE 20.460-4-41, que incluye las siguientes nuevas denominaciones:

Norma derogada	Norma actual UNE-HD 60.364-4-41
Protección contra los contactos **directos**	Protección **principal**
Protección contra los contactos **indirectos**	Protección **en caso de defecto**

2. PROTECCIÓN CONTRA CONTACTOS DIRECTOS E INDIRECTOS

La protección contra los choques eléctricos para contactos directos e indirectos a la vez se realiza mediante la utilización de muy baja tensión de seguridad **MBTS**, que debe cumplir las siguientes condiciones:

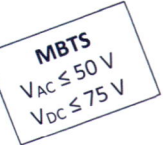

✓ Tensión nominal en el campo I de acuerdo con la norma **UNE 20.481** (actual UNE **61.140**) y la **ITC-BT-36**.

✓ Fuente de alimentación de seguridad para MBTS de acuerdo con lo indicado en la norma **UNE 20.460-4-41***.

✓ Los circuitos de instalaciones para MBTS, cumplirán lo que se indica en la **norma UNE 20.460-4-41*** y en la **ITC-BT-36**.

3. PROTECCIÓN CONTRA CONTACTOS DIRECTOS

Esta protección consiste en tomar las medidas destinadas a proteger las personas contra los peligros que pueden derivarse de un contacto con las partes activas de los materiales eléctricos.

Salvo indicación contraria, los medios a utilizar vienen expuestos y definidos en la Norma **UNE 20.460-4-41***, que son habitualmente:

1. Protección por **aislamiento** de las partes activas.
2. Protección por medio de **barreras o envolventes**.
3. Protección por medio de **obstáculos**.
4. Protección por puesta **fuera de alcance por alejamiento**.
5. Protección *complementaria* por dispositivos de corriente ***diferencial*** residual.

* ***Nota:*** Norma UNE 20.460-4-41 anulada y sustituida por la *UNE-HD 60.364-4-41*.

■ 3.1 Protección por aislamiento de las partes activas

Las partes activas deberán estar recubiertas de un aislamiento que no pueda ser eliminado más que destruyéndolo.

Las pinturas, barnices, lacas y productos similares no se considera que constituyan un aislamiento suficiente en el marco de la protección contra los contactos directos.

■ 3.2 Protección por medio de barreras o envolventes

Las partes activas deben estar situadas en el interior de las envolventes o detrás de barreras que posean, **como mínimo**, el grado de protección **IP XXB**, según **UNE 20.324 (UNE-EN 60.529)**. Si se necesitan aberturas mayores para la reparación de piezas o para el buen funcionamiento de los equipos, se adoptarán precauciones apropiadas para impedir que las personas o animales domésticos toquen las partes activas y se garantizará que las personas sean conscientes del hecho de que las partes activas no deben ser tocadas voluntariamente.

Las **superficies superiores** de las barreras o envolventes horizontales que son fácilmente accesibles, deben responder como mínimo al grado de protección **IP 4X** o **IP XXD**.

Guía | Significado de los códigos IP e IK en **Anexo I**.
IK: Grado de protección proporcionado por la envolvente contra impactos mecánicos (**IK00 a IK10**)
IP: International Protection (protección contra sólidos y líquidos)

IP XX[ ][ ] **1ª Cifra: Sólidos.** Del 0 al 6 o letra X (X indica que no ha sido ensayada).
2ª Cifra: Líquidos. Del 0 al 8 o letra X (X indica que no ha sido ensayada).
1ª Letra (Opcional): A, B, C o D.
2ª Letra (Opcional): H, M, S o W.

Las barreras o envolventes deben fijarse de manera segura y ser de una robustez y durabilidad suficientes para mantener los grados de protección exigidos, con una separación suficiente de las partes activas en las condiciones normales de servicio, teniendo en cuenta las influencias externas.

Cuando sea necesario suprimir las barreras, abrir las envolventes o quitar partes de éstas, esto no debe ser posible más que:

➢ bien con la ayuda de una llave o de una herramienta;

➢ o bien, después de quitar la tensión de las partes activas protegidas por estas barreras o estas envolventes, no pudiendo ser restablecida la tensión hasta después de volver a colocar las barreras o las envolventes;

➢ o bien, si hay interpuesta una segunda barrera que posee como mínimo el grado de protección **IP 2X** o **IP XXB**, que no pueda ser quitada más que con la ayuda de una llave o de una herramienta y que impida todo contacto con las partes activas.

3.3 Protección por medio de obstáculos

Esta medida *no garantiza una protección completa* y su aplicación se limita, en la práctica, a los locales de servicio eléctrico solo accesibles al personal autorizado.

Los obstáculos están destinados a impedir los contactos fortuitos con las partes activas, pero no los contactos voluntarios por una tentativa deliberada de salvar el obstáculo.

Los obstáculos deben impedir:

- bien, un acercamiento físico no intencionado a las partes activas;
- bien, los contactos no intencionados con las partes activas en el caso de intervenciones en equipos bajo tensión durante el servicio.

Los obstáculos pueden ser **desmontables** sin la ayuda de una herramienta o de una llave; no obstante, deben estar fijados de manera que se impida todo desmontaje involuntario.

3.4 Protección por puesta fuera de alcance o alejamiento

Esta medida *no garantiza una protección completa* y su aplicación se limita, en la práctica a los locales de servicio eléctrico solo accesibles al personal autorizado.

Las partes accesibles simultáneamente, que se encuentran a **_tensiones diferentes_** **_no_** deben encontrarse dentro del volumen de accesibilidad.

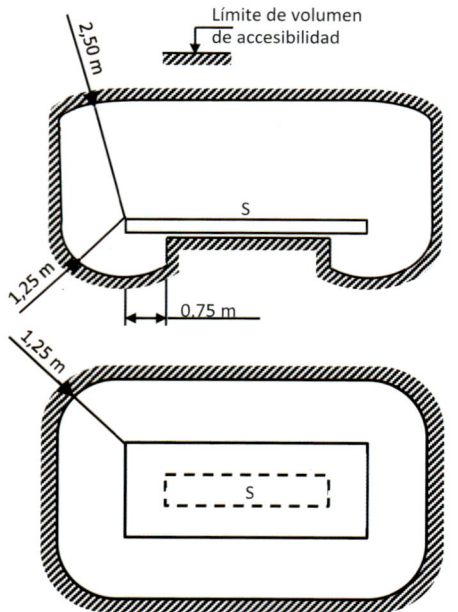

La puesta fuera de alcance por alejamiento está destinada solamente a impedir los contactos fortuitos con las partes activas.

El **volumen de accesibilidad** de las personas se define como el situado alrededor de los emplazamientos en los que pueden permanecer o circular personas, y cuyos límites no pueden ser alcanzados por una mano sin medios auxiliares. Por convenio, este volumen está limitado conforme a la ***figura 1***, entendiendo que la altura que limita el volumen es **2,5 m**.

S = Superficie susceptible de ocupación por personas

Figura 1. *Volumen de accesibilidad.*

Cuando el espacio en el que permanecen y circulan normalmente personas está limitado por un **obstáculo** (por ejemplo, listón de protección, barandillas, panel enrejado) que presenta un grado de protección inferior al **IP 2X** o **IP XXB**, según **UNE 20324 (UNE-EN 60.529)**, el volumen de accesibilidad comienza a partir de este obstáculo.

En los emplazamientos en que se manipulen corrientemente objetos conductores de gran longitud o voluminosos, las distancias prescritas anteriormente deben aumentarse teniendo en cuenta las dimensiones de estos objetos.

■ 3.5 Protección complementaria por dispositivos de corriente diferencial-residual

Esta medida de protección está destinada *solamente* a **complementar otras medidas de protección** contra los **contactos directos**.

El empleo de dispositivos de corriente *diferencial-residual*, cuyo valor de corriente diferencial asignada de funcionamiento sea **inferior o igual a 30 mA**, se reconoce como medida de protección complementaria en caso de fallo de otra medida de protección contra los contactos directos o en caso de imprudencia de los usuarios.

Cuando se prevea que las corrientes diferenciales puedan ser **no senoidales** (como por ejemplo en salas de radiología intervencionista), los dispositivos de corriente diferencial-residual utilizados serán de **clase A** que aseguran la desconexión para corrientes alternas senoidales así como para corrientes continuas pulsantes.

La utilización de tales dispositivos no constituye por sí mismo una medida de protección completa y requiere el empleo de una de las medidas de protección enunciadas en los apartados 3 .1 a 3.4 de la presente instrucción.

Nota

■ **INTERRUPTOR DIFERENCIAL – TIEMPO DE DISPARO**

DIFERENCIAL CONVENCIONAL		IΔn = Intensidad diferencial residual nominal		
Corriente residual alterna hasta 1 kHz, pulsante y pura continua	Clase **B**			**5 x IΔn**
Corriente residual alterna hasta 1 kHz y pulsante	Clase **F**	1 x IΔn	2 x IΔn	Los defectos de aislamiento suelen ser de baja impedancia por lo que la corriente originada es del orden de 5xIΔn o mayor.
Corriente residual alterna y pulsante	Clase **A**			
Corriente residual alterna	Clase **AC**			
Tiempo de intervención máximo		0,3 s	0,15 s	0,04 s

-Tabla A.1-

DIFERENCIAL SELECTIVO	IΔn = Intensidad diferencial residual nominal		
Regulación: **S**	1 x IΔn	2 x IΔn	5 x IΔn
Tiempo de intervención MÁXIMO	0,5 s	0,20 s	0,15 s
Tiempo de intervención MÍNIMO	0,13 s	0,06 s	0,05 s

-Tabla A.2-

4. PROTECCIÓN CONTRA LOS CONTACTOS INDIRECTOS

Esta protección se consigue mediante la aplicación de algunas de las medidas siguientes:

■ 4.1 Protección por corte automático de la alimentación

El corte automático de la alimentación después de la aparición de un fallo está destinado a impedir que una tensión de contacto de valor suficiente, se mantenga durante un tiempo tal que puede dar como resultado un riesgo.

Debe existir una adecuada coordinación entre el esquema de conexiones a tierra de la instalación utilizado de entre los descritos en la **ITC-BT-08** y las características de los dispositivos de protección.

El corte automático de la alimentación está prescrito cuando puede producirse un efecto peligroso en las personas o animales domésticos en caso de defecto, debido al valor y duración de la tensión de contacto. Se utilizará como referencia lo indicado en la norma **UNE 20.572-1 (UNE-IEC 60479-1)**.

La tensión límite convencional es igual a <mark>50 V</mark>, valor eficaz en corriente alterna, en condiciones normales. En ciertas condiciones pueden especificarse valores menos elevados, como por ejemplo, <mark>24 V</mark> para las instalaciones de alumbrado público contempladas en la **ITC-BT-09**, apartado 10.

> Según **ITC-BT-18 - Apdo. 9:**   Nota
> ■ Local conductor: Uc ≤ 24 V
>   - ITC-BT-09: Alumbrado ext.
>   - ITC-BT-33: Temp. Obra
>   - ITC-BT-30: Loc. húmedos
>   - ITC-BT-30: Loc. mojados
>   - ITC-BT-30: Ins. a la intemperie
>   - Emplazamientos conductores.
> ■ Demás casos: Uc ≤ 50 V

Se describen a continuación aquellos aspectos más significativos que deben reunir los sistemas de protección en función de los distintos esquemas de conexión de la instalación, según la **ITC-BT-08** y que la norma **UNE 20.460-4-41 (UNE-IEC 60479-1)** define cada caso.

4.1.1 Esquemas TN.
Características y prescripciones de los dispositivos de protección

Una puesta a tierra múltiple, en puntos repartidos con regularidad, puede ser necesaria para asegurarse de que el potencial del conductor de protección se mantiene, en caso de fallo, lo más próximo posible al de tierra. Por la misma razón, se recomienda conectar el conductor de protección a tierra en el punto de entrada de cada edificio o establecimiento.

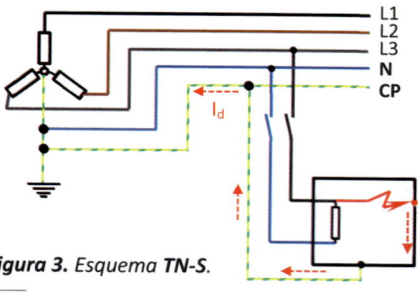

Figura 3. Esquema **TN-S**.

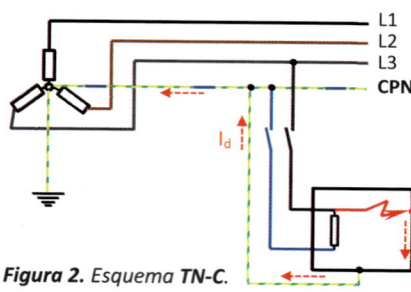

Figura 2. Esquema **TN-C**.

Las características de los dispositivos de protección y las secciones de los conductores se eligen de manera que, si se produce en un lugar cualquiera un fallo, de impedancia despreciable, entre un conductor de fase y el conductor de protección o una masa, el corte automático se efectúe en un tiempo igual, como máximo, al valor especificado, y se cumpla la condición siguiente:

$$Z_s \cdot I_a \leq U_0$$

Donde:

Z_s: es la impedancia del bucle de defecto, incluyendo la de la fuente, la del conductor activo hasta el punto de defecto y la del conductor de protección, desde el punto de defecto hasta la fuente.

U_0 (V)	Tiempos de interrupción (s)
230 V	$t \leq 0,4$ s
400 V	$t \leq 0,2$ s
> 400 V	$t \leq 0,1$ s

Tabla 1

I_a: es la corriente que asegura el funcionamiento del dispositivo de corte automático en un tiempo como máximo igual al definido en la *tabla1* para tensión nominal igual a U_0. En caso de utilización de un dispositivo de corriente diferencial-residual, **I_a** es la corriente diferencial asignada.

U_0: es la tensión nominal entre fase y tierra, valor eficaz en corriente alterna.

En la norma **UNE 20.460-4-41** se indican las condiciones especiales que deben cumplirse para permitir tiempos de interrupción mayores o condiciones especiales de instalación.

En el esquema **TN** pueden utilizarse los dispositivos de protección siguientes:

1) Dispositivos de protección de máxima corriente, tales como fusibles. interruptores automáticos.

2) Dispositivos de protección de corriente diferencial-residual.

Cuando el conductor neutro y el conductor de protección sean comunes (esquemas **TN-C**), **no** podrá utilizarse dispositivos de protección de corriente *diferencial*-residual.

Cuando se utilice un dispositivo de protección de corriente <u>diferencial-residual en esquemas TN-C-S, no debe utilizarse un conductor CPN aguas abajo</u>. La conexión del conductor de protección al conductor CPN debe efectuarse aguas arriba del dispositivo de protección de corriente diferencial-residual.

Con miras a la selectividad pueden instalarse dispositivos de corriente diferencial-residual temporizada (por ejemplo del tipo "S") en serie con dispositivos de protección diferencial-residual de tipo general.

4.1.2 Esquemas *TT.*
Características y prescripciones de los dispositivos de protección

Todas las masas de los equipos eléctricos protegidos por un mismo dispositivo de protección, deben ser interconectadas y unidas por un conductor de protección a una misma toma de tierra. Si varios dispositivos de protección van montados en serie, esta prescripción se aplica por separado a las masas protegidas por cada dispositivo.

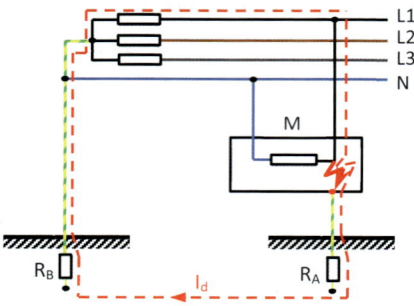

Figura 4. Esquema TT.

El punto neutro de cada generador o transformador, o si no existe, un conductor de fase de cada generador o transformador, debe ponerse a tierra.

Se cumplirá la siguiente condición:

$$R_A \cdot I_a \leq U$$

Donde:

R_A: es la suma de las resistencias de la toma de tierra y de los conductores de protección de masas.

I_a: es la corriente que asegura el funcionamiento automático del dispositivo de protección. Cuando el dispositivo de protección es un dispositivo de corriente diferencial-residual es la corriente diferencial-residual asignada.

U: es la tensión de contacto límite convencional (**50**, **24 V** u otras, según los casos).

En el esquema **TT**, se utilizan los dispositivos de protección siguientes:

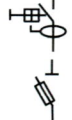

1) Dispositivos de protección de corriente diferencial-residual.
2) Dispositivos de protección de máxima corriente, tales como fusibles, interruptores automáticos. Estos dispositivos solamente son aplicables cuando la resistencia R_A tiene un valor muy bajo.

Cuando el dispositivo de protección es un *dispositivo de protección contra las sobreintensidades, debe ser*:

a) Bien un dispositivo que posea una característica de funcionamiento de tiempo inverso e I_a debe ser la corriente que asegure el **funcionamiento automático en 5 s como máximo**.

b) **O bien** un dispositivo que posea una característica de funcionamiento instantánea e I_a debe ser la corriente que asegure el **funcionamiento instantáneo**.

La utilización de dispositivos de protección de tensión de defecto no está excluida para aplicaciones especiales cuando no puedan utilizarse los dispositivos de protección antes señalados.

Con miras a la selectividad pueden instalarse dispositivos de corriente **diferencial-**residual temporizada (por ejemplo del **tipo "S"**) en serie con dispositivos de protección diferencial-residual de tipo general, con un **tiempo de funcionamiento como máximo igual a 1 s**.

4.1.3 Esquemas IT.
Características y prescripciones de los dispositivos de protección

En el esquema **IT**, la instalación debe estar **aislada de tierra** o conectada a tierra a través de una impedancia de valor suficientemente alto. Esta conexión se efectúa bien sea en el punto neutro de la instalación, si está montada en estrella, o en un punto neutro artificial. Cuando no exista ningún punto de neutro, un conductor de fase puede conectarse a tierra a través de una impedancia.

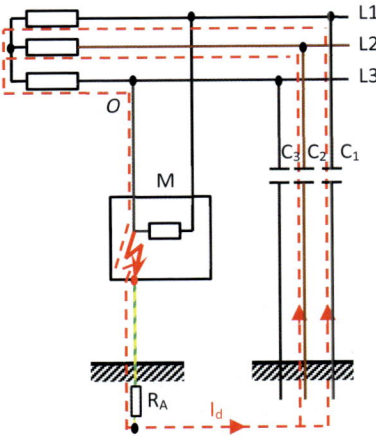

En caso de que exista un sólo defecto a masa o a tierra, la corriente de fallo es de poca intensidad y no es imperativo el corte. Sin embargo, se deben tomar medidas para evitar cualquier peligro en caso de aparición de dos fallos simultáneos.

Figura 5. Esquema **IT** aislado de tierra.

Ningún conductor activo debe conectarse **directamente a tierra** en la instalación.

Las masas deben conectarse a tierra, bien sea individualmente o por grupos.

Debe ser satisfecha la condición siguiente:

$$R_A \cdot I_d \leq U_L$$

Donde:

R_A: es la suma de las resistencias de toma de tierra y de los conductores de protección de las masas.

I_d: es la corriente de defecto en caso de un primer defecto franco de baja impedancia entre un conductor de fase y una masa. Este valor tiene en cuenta las corrientes de fuga y la impedancia global de puesta a tierra de la instalación eléctrica

U_L: es la tensión de contacto límite convencional (**50, 24 V** u otras, según los casos).

C_1; C_2; C_3: capacidad homopolar de los conductores respecto de tierra.

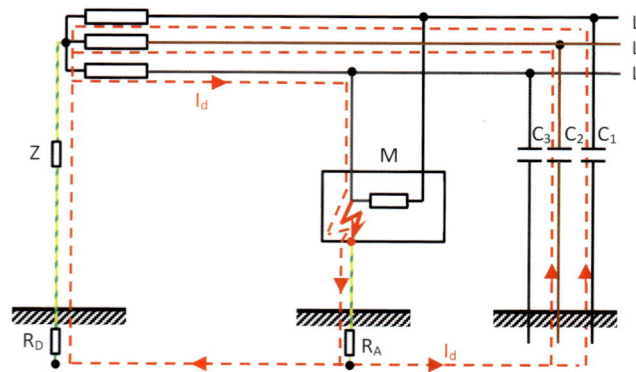

Figura 6. *Esquema **IT** unido a tierra por impedancia Z y con las puestas a tierra de la alimentación y de las masas separadas.*

En el esquema **IT**, se utilizan los dispositivos de protección siguientes:

1) <u>Controladores permanentes de aislamiento</u>.
2) Dispositivos de protección de <u>corriente diferencial</u>-residual
3) Dispositivos de protección de máxima corriente, tales como <u>fusibles</u>, <u>interruptores automáticos</u>.

Si se ha previsto un **controlador permanente de primer defecto** para indicar la aparición de un primer defecto de una parte activa a masa o a tierra, debe activar una señal acústica o visual.

➔ Después de la aparición de un primer defecto, las condiciones de interrupción de la alimentación en un segundo defecto deben ser las siguientes:

➢ Cuando se pongan a tierra masas por grupos o individualmente, las condiciones de protección son las del esquema **TT**, salvo que el neutro no debe ponerse a tierra.

➢ Cuando las masas estén interconectadas mediante un conductor de protección, colectivamente a tierra, se aplican las condiciones del esquema **TN**, con protección mediante un dispositivo contra sobreintensidades de forma que se cumplan las condiciones siguientes:

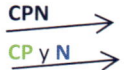

a. Si el ***neutro no está distribuido***: $\boxed{2 \cdot Z_s \cdot I_a \leq U}$

b. Si el ***neutro está distribuido***: $\boxed{2 \cdot Z_s' \cdot I_a \leq U_0}$

Donde:

Z_s: es la impedancia del bucle de defecto constituido por el conductor de fase y el conductor de protección.

Z_s': es la impedancia del bucle de defecto constituido por el conductor neutro, el conductor de protección y el de fase.

I_a: es la corriente que garantiza el funcionamiento del dispositivo de protección de la instalación en un tiempo t, según la ***tabla 2***, o tiempos superiores, con **5 s como** <u>máximo</u>, para aquellos casos especiales contemplados en la norma **UNE 20.460-4-41** (*UNE-HD 60.364-4-41*).

U: es la tensión entre fases, valor eficaz en corriente alterna.

U_0: es la tensión entre fase y neutro, valor eficaz en corriente alterna.

Tensión nominal de la instalación (U_0/U)	Tiempo de interrupción (s)	
	Neutro no distribuido (CPN)	Neutro distribuido (CP y N)
230/400	t ≤ 0,4 s	t ≤ 0,8 s
400/690	t ≤ 0,2 s	t ≤ 0,4 s
580/1.000	t ≤ 0,1 s	t ≤ 0,2 s

Tabla 2

Guía La UNE-HD 60.364-4-41:2010 en esquemas IT ya no especifica tiempos de interrupción distintos en función de si el neutro está distribuido o no. La norma sólo requiere que se respeten los tiempos máximos de desconexión que se prescriben en la Tabla 1 incluida en el apartado 4.1.1, para esquemas TN de esta ITC-BT-24.

Si no es posible _utilizar dispositivos de protección contra sobreintensidades_ de forma que se cumpla lo anterior, se utilizarán dispositivos de protección de corriente diferencial-residual para cada aparato de utilización o se realizará una conexión equipotencial complementaria según lo dispuesto en la norma **UNE 20.460-4-41*** (* **NOTA A.:** _Norma anulada y sustituida por la UNE-HD 60.364-4-41_).

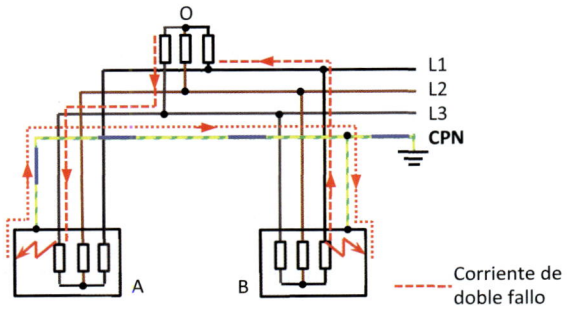

Figura 7. _Corriente de segundo defecto en el esquema **IT** con masa conectadas a la misma toma de tierra y_ <u>_neutro no distribuido_</u>.

Corriente de doble fallo

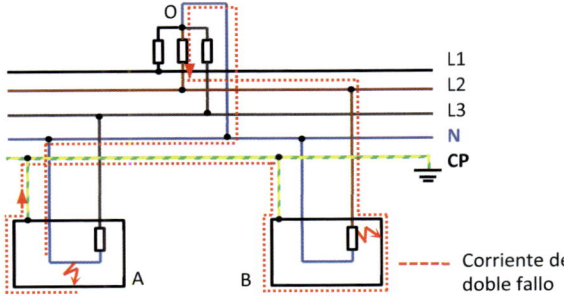

Figura 8. _Corriente de segundo defecto en el esquema **IT** con masa conectadas a la misma toma de tierra y_ <u>_neutro distribuido_</u>.

Corriente de doble fallo

■ **4.2 Protección por empleo de equipos de la clase II** ☐
o por aislamiento equivalente

Se asegura esta protección por:

➤ Utilización de equipos con un aislamiento doble o reforzado (**clase II***).

➤ Conjuntos de aparamenta construidos en fábrica y que posean aislamiento equivalente (doble o reforzado).

➤ Aislamientos suplementarios montados en el curso de la instalación eléctrica y que aíslen equipos eléctricos que posean únicamente un aislamiento principal.

➤ Aislamientos reforzados montados en el curso de la instalación eléctrica y que aíslen las partes activas descubiertas, cuando por construcción no sea posible la utilización de un doble aislamiento.

La norma **UNE 20.460-4-41***describe el resto de características y revestimiento que deben cumplir las envolventes de estos equipos.

* **NOTA A.:** *Apdo. 2.2 de la* ***ITC-BT-43*** *=> Clasificación de los receptores en función de su clase (o grado) de protección contra choques eléctricos. Definición nº 96 de la ITC-BT-01.*

■ **4.3 Protección en los locales o emplazamientos no conductores**

La norma **UNE 20.460-4-41*** indica las características de las protecciones y medios para estos casos.

Esta medida de protección está destinada a *impedir* en caso de fallo del aislamiento principal de las partes activas, el *contacto simultáneo* con partes que pueden ser puestas *a tensiones diferentes*.

Se admite la utilización de materiales de la clase 0 condición que se respete el conjunto de las condiciones siguientes:

Clase 0
(ITC-43)

1. Las masas deben estar dispuestas de manera que, en condiciones normales, las personas no hagan contacto simultáneo: bien con dos masas, bien con una masa y cualquier elemento conductor, si estos elementos pueden encontrarse a tensiones diferentes en caso de un fallo del aislamiento principal de las partes activas.

2. En estos locales (o emplazamientos), no debe estar previsto ningún conductor de protección.

Las prescripciones del apartado anterior se consideran satisfechas si el emplazamiento posee paredes aislantes **y** si se cumplen una o varias de las condiciones siguientes:

A. **Alejamiento** respectivo de las masas y de los elementos conductores, así como de las masas entre sí. Este alejamiento se considera suficiente si la distancia entre dos elementos es de 2 m como mínimo, pudiendo ser reducida esta distancia a 1,25 m por fuera del volumen de accesibilidad.

* **NOTA A.:** *Norma anulada y sustituida por la UNE-HD 60.364-4-41.*

B. **Interposición de obstáculos** eficaces entre las masas o entre las masas y los elementos conductores. Estos obstáculos son considerados como suficientemente eficaces si dejan la distancia a franquear en los valores indicados en el punto a). No deben conectarse ni a tierra ni a las masas y, en la medida de lo posible, deben ser de material aislante.

C. **Aislamiento** o disposición aislada de los elementos conductores. El aislamiento debe tener una rigidez mecánica suficiente y poder soportar una tensión de ensayo de un mínimo de **2.000 V**. La **corriente de fuga** no debe ser superior a **1 mA** en las condiciones normales de empleo.

Las figuras siguientes contienen ejemplos explicativos de las disposiciones anteriores.

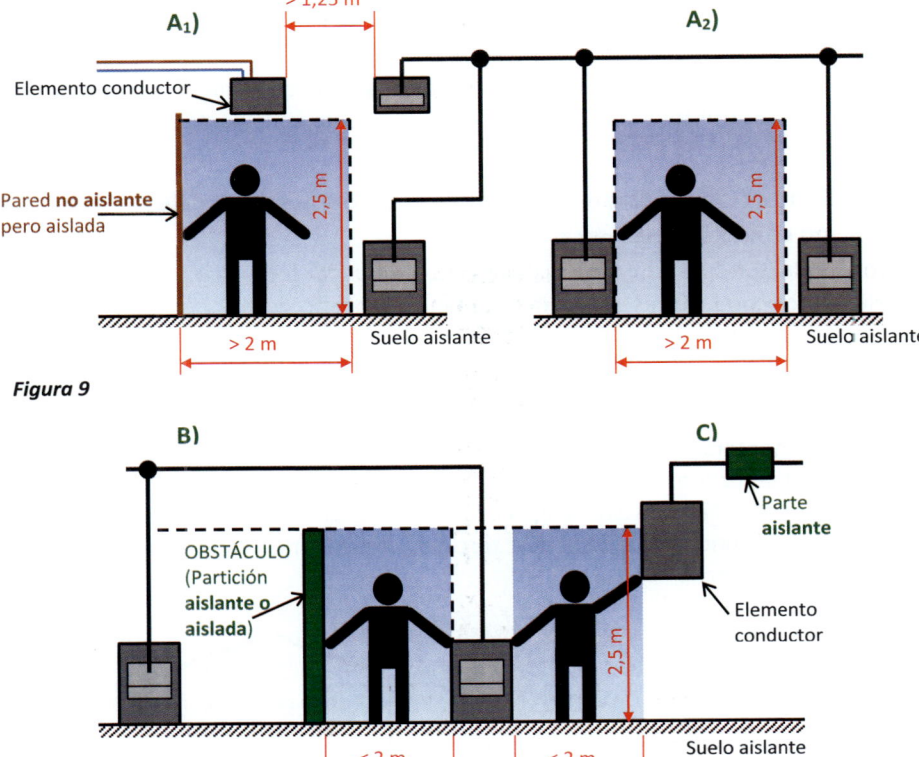

Figura 9

Figura 10

Las *paredes y suelos aislantes* deben presentar una resistencia no inferior a:

➢ **50 kΩ**, si la tensión nominal de la instalación no es superior a 500 V; y
➢ **100 kΩ**, si la tensión nominal de la instalación es superior a 500 V.

Si la resistencia no es superior o igual, en todo punto, al valor prescrito, estas paredes y suelos se considerarán como elementos conductores desde el punto de vista de la protección contra las descargas eléctricas.

Las disposiciones adoptadas deben ser duraderas y no deben poder inutilizarse. Igualmente deben garantizar la protección de los equipos móviles cuando esté prevista la utilización de éstos.

Deberá evitarse la colocación posterior, en las instalaciones eléctricas no vigiladas continuamente, de otras partes (por ejemplo, materiales móviles de la clase I o elementos conductores, tales como conductos de agua metálicos), que puedan anular la conformidad con el apartado anterior.

Deberá evitarse que la humedad pueda comprometer el aislamiento de las paredes y de los suelos.

Deben adoptarse medidas adecuadas para evitar que los elementos conductores puedan transferir tensiones fuera del emplazamiento considerado.

■ 4.4 Protección mediante conexiones equipotenciales locales no conectadas a tierra

Los conductores de equipotencialidad deben <u>conectar todas las masas y todos los elementos conductores</u> que sean <u>simultáneamente accesibles</u>.

La conexión equipotencial local así realizada ***no debe estar conectada a tierra***, ni directamente ni a través de masas o de elementos conductores.

Deben adoptarse disposiciones para asegurar el acceso de personas al emplazamiento considerado sin que éstas puedan ser sometidas a una diferencia de potencial peligrosa. Esto se aplica concretamente en el caso en que un suelo conductor, aunque aislado del terreno, está conectado a la conexión equipotencial local.

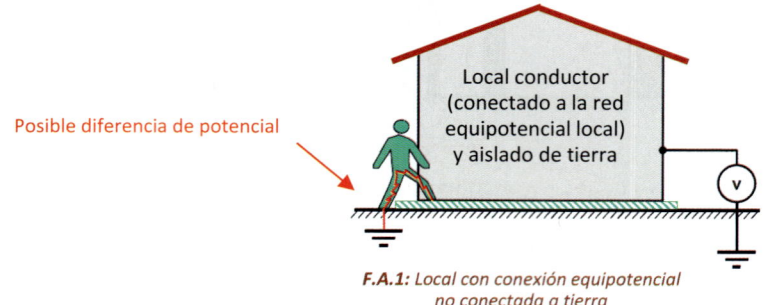

Posible diferencia de potencial

Local conductor (conectado a la red equipotencial local) y aislado de tierra

F.A.1: Local con conexión equipotencial no conectada a tierra

■ 4.5 Protección por separación eléctrica

El circuito debe alimentarse a través de una fuente de separación, es decir:

1. Un transformador de aislamiento.

2. Una fuente que asegure un grado de seguridad equivalente al transformador de aislamiento anterior, por ejemplo un grupo motor generador que posea una separación equivalente.

La norma **UNE 20.460-4-41*** (* **NOTA A.:** *Norma anulada y sustituida por la UNE-HD 60.364-4-41*) enuncia el conjunto de prescripciones que debe garantizar esta protección.

▪ CASO 1

En el caso de que el circuito separado no alimente más que un solo aparato, las masas del circuito **no** deben ser conectadas a un conductor de protección.

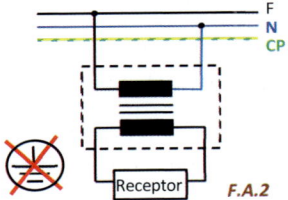

F.A.2

▪ CASO 2

En el caso de un circuito separado que alimente muchos aparatos, se satisfarán las siguientes prescripciones:

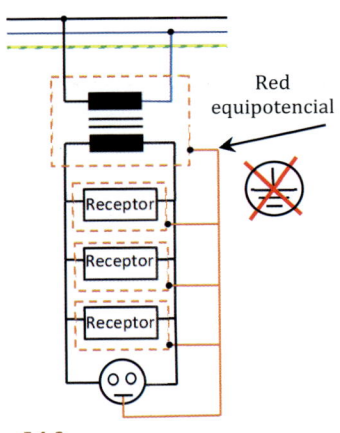

F.A.3

a. Las masas del circuito separado deben conectarse entre sí mediante **conductores de equipotencialidad** aislados, no conectados a tierra. Tales conductores, no deben conectarse ni a conductores de protección, ni a masas de otros circuitos ni a elementos conductores.

b. Todas **las bases de tomas de corriente** deben estar previstas de un contacto de tierra que debe estar conectado al conductor de equipotencialidad descrito en el apartado anterior.

c. Todos los cables flexibles de equipos que no sean de **clase II**, deben tener un conductor de protección utilizado como conductor de equipotencialidad.

d. En el caso de **dos fallos francos** que afecten a dos masas y alimentados por dos conductores de polaridad diferente, debe existir un dispositivo de protección que garantice el corte en un tiempo como máximo igual al indicado en la *tabla 1* incluida en el apartado 4.1.1, para esquemas TN.

Anexo I

**REQUISITOS GENERALES PARA LA
SELECCIÓN E INSTALACIÓN DE INTERRUPTORES DIFERENCIALES**

■ **I.1 Selección en función de la accesibilidad a las protecciones**

Los interruptores diferenciales (DDRs) deben cumplir con alguna de las siguientes normas, en instalaciones en corriente alterna en las que los DDRs sean accesibles a:
- **BA1:** personas comunes,
- **BA2:** niños,
- **BA3:** personas discapacitadas

Producto	Norma
Interruptores diferenciales sin dispositivo de protección contra sobreintensidades (uso doméstico o análogo)	UNE-EN 61.008-1 y UNE-EN 61.008-2-1
Interruptores diferenciales con dispositivo de protección contra sobreintensidades incorporado (uso doméstico o análogo)	UNE-EN 61.009-1 y UNE-EN 61.009-2-1
Interruptores diferenciales tipo F y tipo B, con y sin dispositivo de protección contra sobreintensidades incorporado (uso doméstico o análogo)	UNE-EN 62.423

Los interruptores diferenciales (DDRs) deben cumplir con alguna de las de las normas anteriores o de la siguiente norma, en instalaciones en corriente alterna en las que los DDRs sean accesibles solamente a:
- **BA4:** personas instruidas,
- **BA5:** personas cualificadas

Producto	Norma
Interruptores diferenciales (uso industrial u otras aplicaciones)	UNE-EN 60.947-2

■ **I.2 Rearme automático**

Para mantener la continuidad de la alimentación eléctrica cuando se utilicen DDRs para uso doméstico o análogo puede utilizarse rearme automático que cumpla la Norma UNE-EN 50.557.

El rearme automático de los interruptores automáticos de uso industrial también está permitido.

■ **I.3 Tipos de interruptores diferenciales**

Existen distintos tipos de interruptores diferenciales (DDRs) dependiendo de su funcionamiento ante las componentes en corriente continua y de frecuencias distintas de la frecuencia asignada:

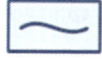

1) **Tipo AC**: Dispara con corrientes diferenciales del siguiente tipo, ya sean aplicadas bruscamente o bien aumentadas progresivamente:
   ✓ alternas sinusoidales

2) **Tipo A:** Dispara con corrientes diferenciales del siguiente tipo, ya sean aplicadas bruscamente o bien aumentadas progresivamente:
   ✓ alternas sinusoidales o
   ✓ continuas pulsantes

El disparo está asegurado con corrientes diferenciales continuas pulsantes a las que se superpone una corriente continua alisada de hasta 0,006 A.

Las normas aplicables para el Tipo AC y Tipo A son: UNE-EN 61.008-1 y UNE-EN 61.008-2-1; UNE-EN 61.009-1 y UNE-EN 61.009-2-1; y UNE-EN 60.947-2.

Guía

 3) **Tipo F:** El disparo está asegurado en las mismas situaciones que el Tipo A y, además para:

  ✓ Corrientes diferenciales compuestas (con componentes de varias frecuencias), ya sean aplicadas bruscamente o bien aumentándolas progresivamente

  ✓ <u>Circuitos con convertidores electrónicos</u> alimentados entre fase y neutro o entre fase y conductor medio puesto a tierra

  ✓ Corrientes diferenciales continuas pulsantes superpuestas sobre una corriente continua alisada de hasta 0,010 A.

  La norma aplicable al DDR Tipo F es UNE-EN 62.423.

 4) **Tipo B:** El disparo está asegurado en las mismas situaciones que el Tipo F y, además para:

  ✓ Corrientes diferenciales alternas sinusoidales hasta 1000 Hz

  ✓ Corrientes diferenciales alternas superpuestas sobre una corriente continua alisada

  ✓ Corrientes diferenciales continuas pulsantes superpuestas sobre una corriente continua alisada de hasta 0,006 A

  ✓ Corrientes diferenciales continuas pulsantes rectificadas que resultan de una o más fases

  ✓ Corrientes diferenciales continuas alisadas ya sean aplicadas bruscamente o bien aumentándolas progresivamente, independientemente de la polaridad

  Las normas de aplicación al DDR Tipo B son: UNE-EN 62.423 y UNE-EN 60.947-2.

■ **I.4 Protección suplementaria contra el incendio**

 Aunque el objeto de la ITC-BT-24 no es la protección contra incendio, la norma UNE-HD 60.364-5-53 indica que los interruptores diferenciales (DDR) con una corriente diferencial de funcionamiento asignada que no supere los 300 mA, instalados en el origen del circuito, protegen contra el riesgo de incendio producido por fugas a tierra.

Además, otras posibles causas de incendio son los arcos eléctricos entre conductores activos o entre conductores activos y tierra.

Los **dispositivos de detección de defecto por arco eléctrico (AFDD)** según la norma UNE-EN 62.606, instalados en el origen de los circuitos finales a proteger y en circuitos monofásicos o bifásicos con tensión que no supere los 240 V, son una medida de protección contra el riesgo de incendio producido por arcos eléctricos, tanto como dispositivo único o asociado a un interruptor automático y/o diferencial. Los criterios para selección de AFDD puede consultarse en la norma **UNE-HD 60.364-5-53**.

Guía

Anexo II

Requisitos Generales para la Selección e Instalación de Dispositivos de PROTECCIÓN CONTRA <u>SOBREINTENSIDADES</u> PARA LA PROTECCIÓN EN CASO DE DEFECTO

■ **II.1 Selección en función de la accesibilidad a las protecciones**

Los dispositivos de protección deben cumplir con alguna de las siguientes normas, en instalaciones en corriente alterna en las que las protecciones sean accesibles a:

- **BA1:** personas comunes,
- **BA2:** niños,
- **BA3:** personas discapacitadas

Producto	Norma
Interruptores automáticos para instalaciones domésticas y análogas para la protección contra sobreintensidades (IA modulares o magnetotérmicos)	UNE-EN 60.898 (serie)
Interruptores diferenciales con dispositivo de protección contra sobreintensidades incorporado (uso doméstico o análogo)	UNE-EN 61.009-1 y UNE-EN 61.009-2-1
Interruptores diferenciales tipo F y tipo B, con dispositivo de protección contra sobreintensidades incorporado (uso doméstico o análogo)	UNE-EN 62.423
Fusibles de baja tensión. Reglas suplementarias para los fusibles destinados a ser utilizados por personas comunes (fusibles para usos principalmente para aplicaciones domésticas y análogas)	UNE-HD 60.269-3

Los dispositivos de protección deben cumplir con alguna de las de las <u>normas anteriores o de las siguientes normas</u>, en instalaciones en corriente alterna en las que las protecciones sean accesibles solamente a:

- **BA4:** personas instruidas,
- **BA5:** personas cualificadas

Producto	Norma
Fusibles de baja tensión. Reglas suplementarias para los fusibles destinados a ser utilizados por personas autorizadas (fusibles para usos principalmente industriales)	UNE-HD 60.269-2
Interruptores automáticos (uso industrial u otras aplicaciones)	UNE-EN 60.947-2
Aparatos de conexión de mando y de protección (ACP)	UNE-EN 60.947-6-2

■ **II.2 Rearme automático**

Para mantener la continuidad de la alimentación eléctrica cuando se utilicen interruptores automáticos para uso doméstico o análogo (normas UNE-EN 60.898 (serie), UNE-EN 61.009-1 y UNE-EN 61.009-2-1 o UNE-EN 62.423), independientemente del tipo de usuario (BA1, BA2, BA3, BA4 y BA5) puede utilizarse el rearme automático de los interruptores automáticos mediante dispositivos que cumplan la Norma UNE-EN 50.557.

El rearme automático de los interruptores automáticos de uso industrial también está permitido, tal como se especifica en la norma UNE-EN 60.947-2.

Anexo III

Causas de los DISPAROS INTEMPESTIVOS en Dispositivos DIFERENCIALES y cómo limitarlos

➢ **Disparos intempestivos:** Cuando un diferencial dispara debido a que ha detectado una corriente de fuga cuyo origen no es un defecto en la instalación que protege.

■ **III.1 Origen de las corrientes de fuga no debidas a defectos de aislamiento**

Corresponden a las corrientes que circulan hacia tierra directamente o a través de elementos conductores en un circuito sin defecto eléctrico.

Existen 3 tipos de corrientes de fuga, no peligrosas, que no son debidas a defectos de aislamiento:

a) Corrientes de fuga **permanente**, debidas a:
• Las características de los aislantes.
• Las capacidades parásitas por las que circulan las componentes de alta frecuencia de las corrientes consumidas por las cargas.
• Los condensadores de los filtros capacitivos.

b) Corrientes de fuga **temporales** debidas a perturbaciones de corta duración, generadas principalmente por:
• Puesta en tensión de circuitos que poseen una elevada capacidad respecto a tierra.
• Corrientes de cortocircuito en otras fases o partes de la instalación que provocan desequilibrio de tensiones con respecto a tierra en la alimentación del circuito.

c) Corrientes de fuga **transitorias**, generadas principalmente por:
• Sobretensiones de maniobra.
• Sobretensiones atmosféricas (rayos).

Además, algunas de estas corrientes de fuga también pueden bloquear el disparo de la protección cuando se produce un defecto de aislamiento que sí suponga peligro.

■ **III.2 Corrientes de fuga permanentes y temporales a 50 Hz**

Es deseable dividir la instalación con objeto de reducir las longitudes de los diferentes circuitos y los equipos que dispongan de elementos capacitivos conectados a tierra.

Los filtros antiparásitos capacitivos que incorporan los equipos electrónicos y otros aparatos electrodomésticos habituales pueden generar corrientes de fuga permanentes del orden de **0,3 mA** a **3,5 mA** por aparato. Los siguientes son ejemplos típicos de valores de corriente de fuga susceptibles de ser producidos por aparatos domésticos de uso habitual:

✓ De 0,5 mA a 2 mA .... Equipos informáticos (ordenadores, impresoras, etc.).
✓ De 0,5 mA a 0,75 mA.... Aparatos electrodomésticos de pequeña potencia (< 1000 W)
✓ De 1 mA a 3,5 mA......... Otros electrodomésticos de potencias elevada > 1000 W)
✓ Hasta 2 mA/kW .... Equipos de climatización.

Estas corrientes de fuga tienden a sumarse si estos aparatos están conectados sobre una misma fase. Si los aparatos están conectados sobre las tres fases, estas corrientes tienden a anularse mutuamente cuando están equilibradas (suma vectorial).

Guía

> Para evitar los disparos intempestivos:

La acumulación de la corriente de fuga aguas abajo del DDR **no** debería ser superior al 30 % de IΔn

Por lo que se recomienda lo siguiente:

1. En el momento de realizar el diseño de la instalación hay que efectuar un balance de las corrientes de fuga previstas en cada circuito. Según la ITC-BT-25 se deberá instalar, como mínimo, un DDR por cada 5 circuitos en vivienda, pero puede ser aconsejable limitar el **número de circuitos por diferencial a menos de 5**.

 2. Los circuitos que alimentan a aparatos con elevadas corrientes de fuga (por ejemplo, lavadora, lavavajillas, termo, aparatos de climatización, horno, etc.) pueden protegerse con **DDR exclusivos** para cada circuito.

En definitiva, hay que fraccionar la instalación en partes lo suficientemente pequeñas para que la corriente de fuga acumulada en ellas sea inferior al 30 % de la sensibilidad de los DDR que la protejan.

■ **III.3 Corrientes de fuga permanentes de altas frecuencias**
Ciertas cargas que incorporan elementos del tipo rectificadores con tiristores, donde los filtros incorporan condensadores, generan una corriente de fuga de alta frecuencia que puede alcanzar el 5% de la corriente nominal. Por otro lado, estas corrientes de alta frecuencia no están sincronizadas sobre las tres fases y, de este modo, su suma produce una corriente de fuga que no es nula, incluso en circuitos trifásicos.

> Para evitar los disparos intempestivos de los diferenciales debido a estas corrientes de alta frecuencia, se pueden tener en cuenta las recomendaciones del **Anexo I**.

■ **III.4 Corrientes de fuga transitorias**
> Pueden evitar los disparos intempestivos:

1. Diferenciales de tipo S o selectivo (**S**), con IΔn = 300 mA.

2. Los que incorporen filtros de alta frecuencia (denominados comercialmente como de alta inmunidad, superinmunizados o superresistentes), con IΔn = 30 o 300 mA.

3. Los diferenciales para uso industrial con retardo programable.

Los dispositivos de protección contra sobretensiones transitorias actúan derivando a tierra las corrientes asociadas a las sobretensiones, las cuales pueden causar el disparo intempestivo de los diferenciales instalados aguas arriba. Por ello, si la instalación dispone de un dispositivo de protección contra sobretensiones transitorias, es **recomendable** instalar este dispositivo aguas arriba del interruptor diferencial. No obstante, es posible instalar el dispositivo de protección contra sobretensiones transitorias aguas abajo del interruptor diferencial. En caso de instalarse aguas abajo del diferencial, éste deberá ser selectivo de tipo S (o retardado).

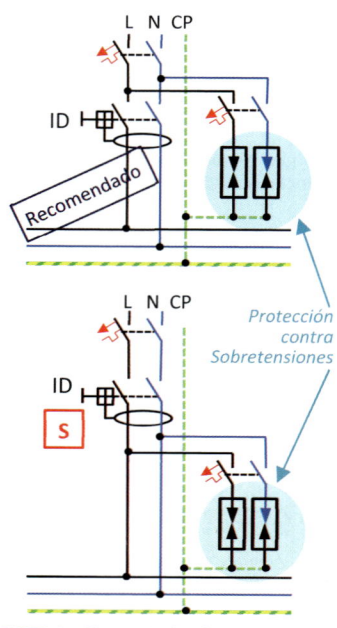

Protección contra Sobretensiones

* **NOTA A.:** *Figuras Guía Técnica ITC-BT-23.*

■ **III.5 Disparos por "simpatía"**

Estos disparos consisten en la <u>apertura simultánea</u> de uno o varios dispositivos diferenciales que protegen salidas en paralelo de la misma instalación debida a cualquiera de las causas indicadas anteriormente. En este caso se puede decir también que se ha perdido la selectividad horizontal entre diferenciales.

➤ Para <mark>evitar</mark> este tipo de disparos intempestivos:

Es recomendable tomar las siguientes precauciones a varios niveles:

1. Cuando se esté proyectando una nueva instalación donde vayan a tener que repartirse líneas de cable muy largas para poder llegar hasta los receptores (iluminación, tomas de corriente, alimentación directa de receptores, etc.), es muy conveniente realizar la **máxima subdivisión** posible de circuitos a fin de <u>acumular el menor número de metros</u> de cable por debajo de un solo diferencial, pudiéndose llegar a tener en muchos casos un diferencial para proteger cada circuito.

2. Limitar, en la medida de lo posible, el número de receptores electrónicos que incluyan <u>filtros capacitivos conectados a tierra</u>, por debajo de cada diferencial.

   En circuitos para alimentar **tomas informáticas**, por ejemplo, hay que minimizar el número de líneas por debajo de cada diferencial.

3. Para disminuir o eliminar el número de disparos intempestivos en **instalaciones ya existentes**, en la mayoría de ocasiones no es posible tomar las precauciones anteriores.

   En estos casos es aconsejable la <u>sustitución de los dispositivos diferenciales</u> que ocasionan los problemas por dispositivos diferenciales con filtros de altas frecuencias (filtros pasobajo).

4. En los casos en que la continuidad de servicio en la instalación sea un punto crítico, es aconsejable proyectar de entrada la colocación de dispositivos diferenciales con filtros de altas frecuencias (<u>filtros pasobajo</u>) en los circuitos más conflictivos y en cabecera, además de haber tomado las precauciones anteriores.

Anexo IV (informativo)

CORRIENTES DE DEFECTO típicas en sistemas con semiconductores

En el Anexo IV de esta GUIA-BT-24 se muestran con carácter informativo, las **formas de onda** de las corrientes diferenciales típicas en circuitos que incluyen semiconductores, así como los tipos de DDR recomendados en cada caso.

Anexo IV disponible en el material web de este REBT o en la siguiente web:

➤ www.marketing.marcombo.com (junto al código de la primera página de este REBT para la descarga del material web)

➤ https://industria.gob.es/Calidad-Industrial/ seguridadindustrial/instalacionesindustriales/ baja-tension/Documents/bt/guia_bt_24_jun19R2.pdf

RESUMEN ITC-BT-24

◆ <u>CD</u> y <u>CI</u>: **MBTS** (ITC-BT-36) ≤ 50 V en c.a. o 75 V en c.c.

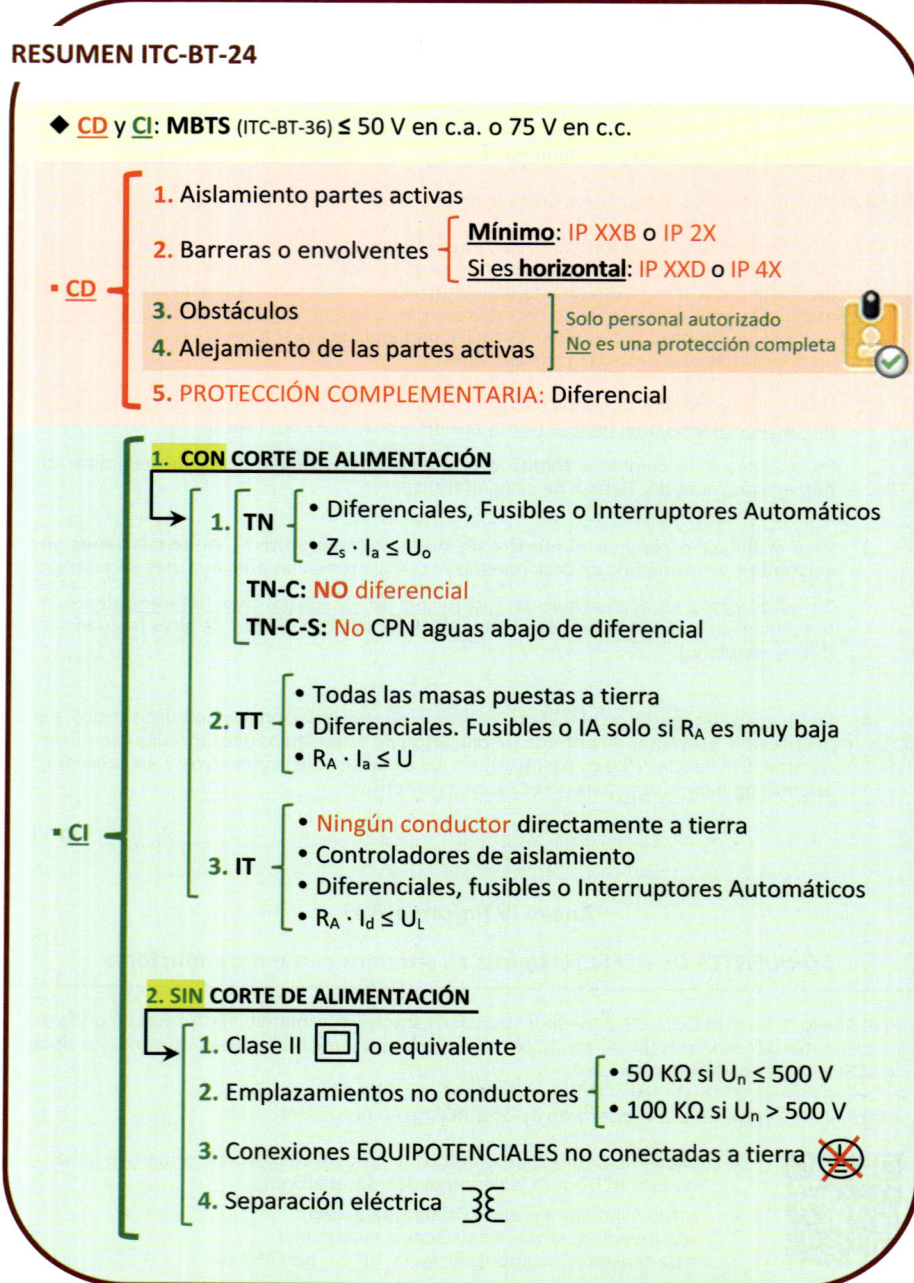

· <u>CD</u>

1. Aislamiento partes activas

2. Barreras o envolventes
- <u>**Mínimo**</u>: IP XXB o IP 2X
- Si es **horizontal**: IP XXD o IP 4X

3. Obstáculos
4. Alejamiento de las partes activas
- Solo personal autorizado
- <u>No</u> es una protección completa

5. PROTECCIÓN COMPLEMENTARIA: Diferencial

· <u>CI</u>

1. <mark>**CON**</mark> **CORTE DE ALIMENTACIÓN**

1. **TN**
- Diferenciales, Fusibles o Interruptores Automáticos
- $Z_s \cdot I_a \leq U_o$

TN-C: NO diferencial
TN-C-S: No CPN aguas abajo de diferencial

2. TT
- Todas las masas puestas a tierra
- Diferenciales. Fusibles o IA solo si R_A es muy baja
- $R_A \cdot I_a \leq U$

3. IT
- Ningún conductor directamente a tierra
- Controladores de aislamiento
- Diferenciales, fusibles o Interruptores Automáticos
- $R_A \cdot I_d \leq U_L$

2. <mark>**SIN**</mark> **CORTE DE ALIMENTACIÓN**

1. Clase II ▢ o equivalente
2. Emplazamientos no conductores
- 50 KΩ si $U_n \leq 500$ V
- 100 KΩ si $U_n > 500$ V

3. Conexiones EQUIPOTENCIALES no conectadas a tierra
4. Separación eléctrica

ITC-BT-25

Viviendas.

Número de circuitos y características

Norma	Apartado	Sustituida por:
UNE 20.315	Tabla 1	**UNE 20.315-1**

Pto.	RD 842/2002	RD 1053/2014
2.3.2	Electrificación elevada	Se añade el circuito C₁₃ para la infraestructura de recarga de VE.
3 / 4	Electrificación elevada	Se añade el circuito C₁₃ en la Tabla 1 y en la Tabla 2

Texto consolidado mediante:
➢ **RD 1053/2014**

GUIA-BT	Edición
Incluida	Jul. 2012 (Rev.2)

Índice

1. GRADO DE ELECTRIFICACIÓN BÁSICO *(P ≥ 5.750 W a 230 V)*

El grado de electrificación básico se plantea como el sistema mínimo, a los efectos de uso, de la instalación interior de las viviendas en edificios nuevos tal como se indica en la **ITC-BT-10**. Su objeto es permitir la utilización de los aparatos electrodomésticos de uso básico sin necesidad de obras posteriores de adecuación.

*La **capacidad de instalación** se corresponderá como mínimo al valor de la intensidad asignada determinada para el **interruptor general automático**.* Igualmente se cumplirá esta condición para la derivación individual.

> **Guía**
>
> **GRADO DE ELECTRIFICACIÓN ELEVADA** *(P ≥ 9.200 W a 230 V)*
>
> Será "electrificación elevada" cuando se cumpla <u>alguna de las siguientes condiciones</u>:
>
>
>
> 1. **Superficie útil** de la vivienda **superior a 160 m²**.
> 2. Si está prevista la instalación de **aire acondicionado**.
> 3. Si está prevista la instalación de **calefacción eléctrica**.
> 4. Si está prevista la instalación de **sistemas de automatización** (domótica).
> 5. Si está prevista la instalación de una **secadora**.
> 6. Si el número de puntos de utilización de <u>alumbrado es superior a **30**</u>.
> 7. Si el número de puntos de utilización de <u>tomas de corriente de uso general es superior a **20**</u>.
> 8. Si el número de puntos de utilización de tomas de corriente de los <u>cuartos de baño y auxiliares de cocina es **superior a 6**</u>.
> 9. En <u>otras condiciones indicadas en **apartado 2.3** de esta **ITC-BT-25**</u>.
> 10. Si está prevista la instalación de una infraestructura de recarga para <u>vehículos eléctricos</u> (IRVE).

2. CIRCUITOS INTERIORES

■ 2.1 Protección general

Los circuitos de protección privados se ejecutarán según lo dispuesto en la **ITC-BT 17** y constarán como mínimo de:

> **Nota**
>
> Según el actual punto de la ITC-BT-25 y los apartados 1.2 y 1.3 de la ITC-BT-17, los circuitos constarán como mínimo de:
>
> 1) A) IGA: I_n ≥ **25 A**; Poder de corte mínimo de **4.500 A**.
>   B) PIAs: Pequeños Interruptores Automáticos (dispositivos de protección contra sobrecargas y cortocircuitos).
>
> 2) ID: - $I_{n\,ID}$ ≥ $I_{n\,IGA}$
>   - I_Δ ≤ **30 mA**
>   - Si se utilizan varios ID serán selectivos
>
> 3) **Protección contra sobretensiones** (según ITC-BT-23), si fuese necesario*.
>
>   * Algunas compañías suministradoras consideran obligatorio la instalación de protección contra sobretensiones, según sus Normas Técnicas Particulares.
>
> ⌁ *Normas Particulares de las compañías en: www.marketing.marcombo.com*

Guía En función de la previsión de carga, la intensidad nominal del IGA será:

Electrificación	Potencia a 230 V	Calibre IGA
Básica	5.750 W	25 A
	7.360 W	32 A
Elevada	9.200 W	40 A
	11.500 W	50 A
	14.490 W*	63 A

* = máxima potencia en suministro monofásico.

En el caso de diferenciales en cascada, estos serán selectivos (tipo "S"), los situados aguas arriba serán más lentos y con una sensibilidad superior a los de aguas abajo.

En viviendas o similares, estos diferenciales tipo "S" han de tener una sensibilidad de como mínimo **3 veces** superior a la de aguas abajo.

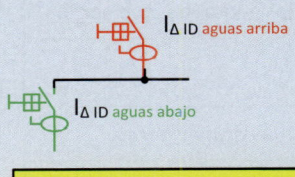

$I_{\Delta \text{ ID aguas arriba}} \geq \mathbf{3} \cdot I_{\Delta \text{ ID aguas abajo}}$

En viviendas o similares, se instalarán entre el IGA y el diferencial, a no ser que sean de tipo "S".

Para asegurar la continuidad del servicio, se recomienda instalar un magnetotérmico aguas arriba.

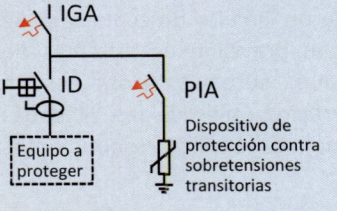

Dispositivo de protección contra sobretensiones transitorias

1) Un interruptor general automático (**IGA**) de corte omnipolar con accionamiento manual, de intensidad nominal mínima de **25 A** y dispositivos de protección contra sobrecargas y cortocircuitos. *(PIAs)*

El interruptor general es independiente del interruptor para el control de potencia (**ICP**) y no puede ser sustituido por éste.

2) Uno o varios interruptores diferenciales (**ID**) que garanticen la protección contra contactos indirectos de todos los circuitos, con una intensidad diferencial-residual máxima de **30 mA** *e intensidad asignada superior o igual que la del interruptor general*. Cuando se usen interruptores diferenciales en serie, habrá que garantizar que todos los circuitos quedan protegidos frente a intensidades diferenciales-residuales de 30 mA como máximo, pudiéndose instalar otros diferenciales de intensidad superior a 30 mA en serie, siempre que se cumpla lo anterior.

Para instalaciones de viviendas alimentadas con redes diferentes a las de tipo **TT**, que eventualmente pudieran autorizarse, la protección contra contactos indirectos se realizará según se indica en el apartado 4.1 de la **ITC-BT-24**.

3) Dispositivos de protección contra sobretensiones, si fuese necesario, conforme a la **ITC-BT-23**.

2.2 Previsión para instalaciones de sistemas de automatización, gestión técnica de la energía y de la seguridad

En el caso de instalaciones de sistemas de automatización, gestión técnica de la energía y de seguridad, que se desarrolla en la ITC-BT-51, la alimentación a los dispositivos de control y mando centralizado de los sistemas electrónicos se hará mediante un interruptor automático de corte omnipolar con dispositivo de protección contra sobrecargas y cortocircuitos que se podrá situar aguas arriba de cualquier interruptor diferencial, siempre que su alimentación se realice a través de una fuente de MBTS o MBTP, según **ITC-BT-36**.

2.3 Derivaciones

Los tipos de circuitos independientes serán los que se indican a continuación y estarán protegidos cada uno de ellos por un interruptor automático de corte omnipolar con accionamiento manual y dispositivos de protección contra sobrecargas y cortocircuitos con una intensidad asignada según su aplicación e indicada en el apartado 3.

2.3.1 Electrificación básica

Circuitos independientes:

C_1	Circuito de distribución interna, destinado a alimentar los puntos de *iluminación*.
C_2	Circuito de distribución interna, destinado a *tomas de corriente de uso general **y frigorífico***.
C_3	Circuito de distribución interna, destinado a alimentar la *cocina y horno*.
C_4	Circuito de distribución interna, destinado a alimentar la *lavadora, lavavajillas y termo eléctrico*.
C_5	Circuito de distribución interna, destinado a alimentar *tomas de corriente de los cuartos de baño*, así como las *bases auxiliares del cuarto de cocina*.

2.3.2 Electrificación elevada

Es el caso de viviendas con una previsión importante de aparatos electrodomésticos que obligue a instalar más de un circuito de cualquiera de los tipos descritos anteriormente, así como con previsión de sistemas de calefacción eléctrica, acondicionamiento de aire, automatización, gestión técnica de la energía y seguridad o con superficies útiles de las viviendas superiores a 160 m². En este caso se instalará, además de los correspondientes a la electrificación básica, los siguientes circuitos:

C_6	Circuito **adicional del tipo C_1**, por cada **30** puntos de luz.
C_7	Circuito **adicional del tipo C_2**, por cada **20** tomas de corriente de uso general o si la superficie útil de la vivienda es mayor de **160 m^2**.
C_8	Circuito de distribución interna, destinado a la instalación de _calefacción eléctrica_, cuando existe previsión de ésta.
C_9	Circuito de distribución interna, destinado a la instalación _aire acondicionado_, cuando existe previsión de éste.
C_{10}	Circuito de distribución interna, destinado a la instalación de una _secadora independiente_.
C_{11}	Circuito de distribución interna, destinado a la _alimentación del sistema de automatización_, gestión técnica de la energía y de seguridad, cuando exista previsión de éste.
C_{12}	Circuitos **adicionales de cualquiera de los tipos C_3 o C_4**, cuando se prevean, o circuito **adicional del tipo C_5**, cuando su número de tomas de corriente exceda de **6**.
C_{13}	Circuito adicional para la infraestructura de recarga de _vehículos eléctricos_, cuando esté prevista una o más plazas o espacios para el estacionamiento de vehículos eléctricos.

Tanto para la electrificación básica como para la elevada, se colocará, como mínimo, **un interruptor diferencial** de las características indicadas en el apartado 2.1 **por cada cinco circuitos instalados**.

> **1 Interruptor diferencial**
> por cada **5 circuitos**

> ➤ **Si C_4 se subdivide**:
> Los circuitos resultantes, se pueden computar como uno para el cálculo de ID necesarios.

En el circuito **C_{13}**, se colocará un interruptor diferencial exclusivo para éste con las características especificadas en la **ITC-BT-52**. En aparcamientos o estacionamientos colectivos en edificios o conjuntos inmobiliarios en régimen de propiedad horizontal, el circuito C_{13} quedará sustituido por los esquemas de conexión correspondientes instalados en las zonas comunes según establece la **ITC-BT-52**.

El Ministerio de Industria, Energía y Turismo indica:

"Se entiende que los circuitos de electrificación elevada (incluido el correspondiente a la secadora) son únicamente exigibles cuando esté previsto el correspondiente uso."

(FUENTE: Legislación Nacional - REBT - Preguntas frecuentes)

Nota

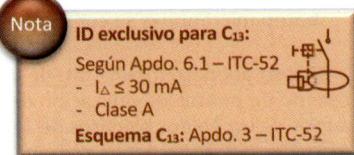

ID exclusivo para C_{13}:
Según Apdo. 6.1 – ITC-52
- $I_\Delta \leq 30$ mA
- Clase A
Esquema C_{13}: Apdo. 3 – ITC-52

Guía

> ➤ Si el **sistema de automatización**, gestión técnica de la energía y seguridad no va a gestionar cargas diferentes a las previstas en electrificación básica, **no es necesario el paso a electrificación elevada**, a no ser que venga motivado por otro de los requisitos indicados en el apdo. 2.3.2.

Guía

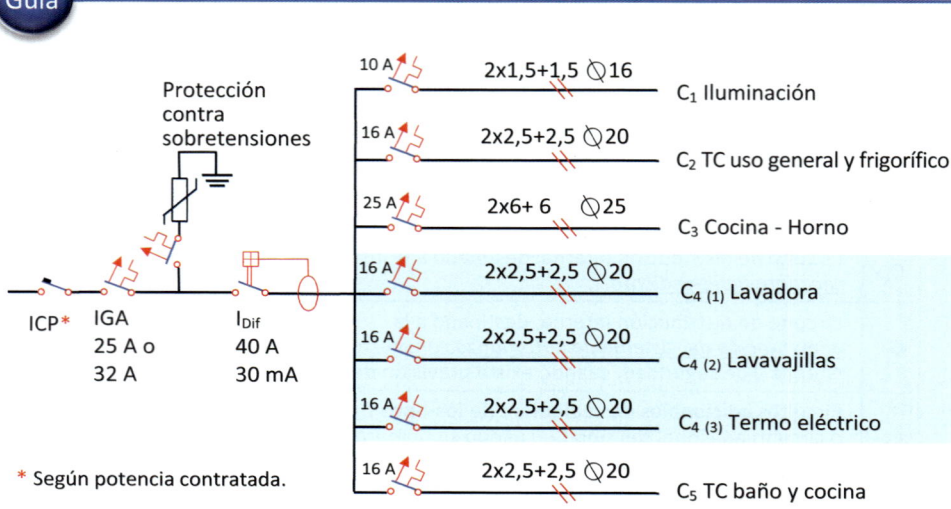

Figura A. *Ejemplo de esquema unifilar en vivienda con electrificación básica.*

C_4 **(lavadora, lavavajillas y termo eléctrico):** se recomienda el uso de dos o tres circuitos independientes, sin que esto suponga el paso a electrificación elevada ni la necesidad de disponer de un diferencial adicional. Aunque no esté prevista la instalación de un termo eléctrico, se instalará su toma de corriente, quedando disponible para otros usos.

C_1: una base de toma de corriente prevista para la conexión de aparatos de iluminación, que esté comandada por un interruptor (p.e. lámparas de mesilla de noche o vestíbulo o de pie), se considera perteneciente al circuito C_1.

C_5: la eventual toma para la instalación de una bañera de hidromasaje será del circuito C_5 y su instalación debe cumplir los requisitos establecidos en la ITC-BT-27. La toma del horno microondas se considera perteneciente al circuito C_5.

En el caso del desdoblamiento de los circuitos C_1, C_2 o C_5 cuando no se supera el número máximo de puntos de utilización establecido en la ***tabla 1*** de esta ITC-BT (por ejemplo 22 puntos de luz en dos circuitos de 11 puntos cada uno):

✓ Se debe mantener la sección mínima de los conductores y el calibre de los interruptores automáticos reflejados en la tabla 1 para dicho circuito.

✓ Se debe instalar un interruptor diferencial adicional si el número total de circuitos es superior a 5.

✓ No supondrá el paso a electrificación elevada si se mantiene el mismo interruptor general *que corresponda a la previsión de cargas inicial.*

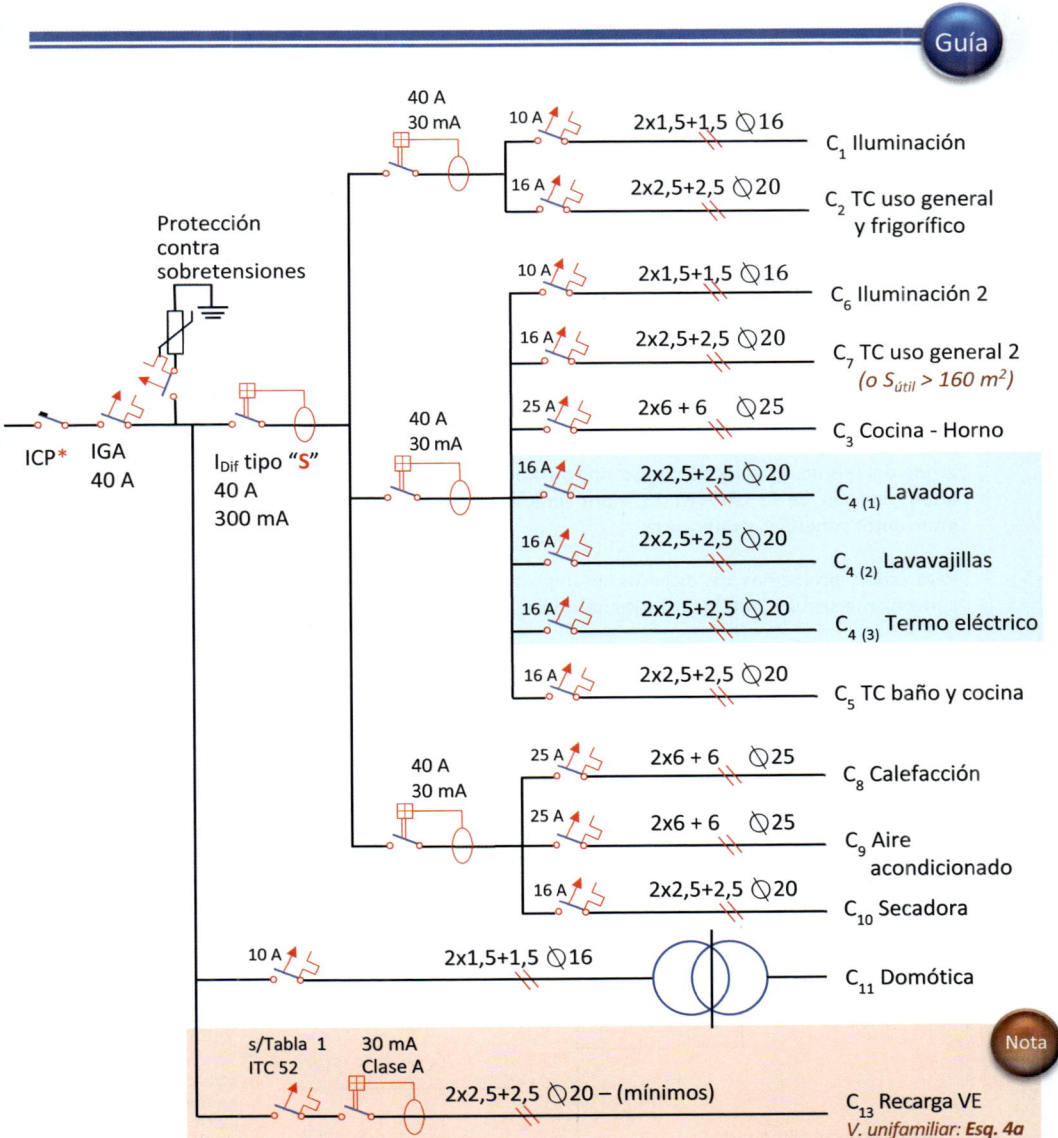

* Según potencia contratada.

Figura C. *Ejemplo de esquema unifilar en vivienda con electrificación elevada con previsión de carga 9.200 W.*

Guía

En caso de <mark>disparos intempestivos</mark> frecuentes de los diferenciales en instalaciones existentes, después de comprobar que no se debe a fallos de aislamiento o desajuste del diferencial, en cuyo caso este se debería de sustituir por uno nuevo, se recomienda seguir una de las siguientes opciones:

a) Separar del resto el circuito C_3 de la cocina y horno o el circuito C_9 del aire acondicionado o ambos, protegiendo cada uno mediante un diferencial (que será de **tipo A** según el punto 3.5 e la ITC-BT-24).

b) Sustituir el diferencial que dispara intempestivamente por uno de **tipo rearme**, según norma EN 50557.

Para el caso de disparos intempestivos provocados por el funcionamiento de filtros y protectores de sobretensiones instalados aguas abajo del diferencial (internos y/o externos a los receptores), se recomienda instalar protectores contra sobretensiones transitorias aguas arriba del mismo. La selección de su tipo y características se realizará según lo indicado en la última edición de la GUÍA-BT-23, normalmente serán de Tipo 2 y se instalarán entre el interruptor general y el diferencial.

Para evitar problemas de disparos intempestivos frecuentes en instalaciones nuevas, es conveniente seguir todos los criterios anteriores al realizar la instalación.

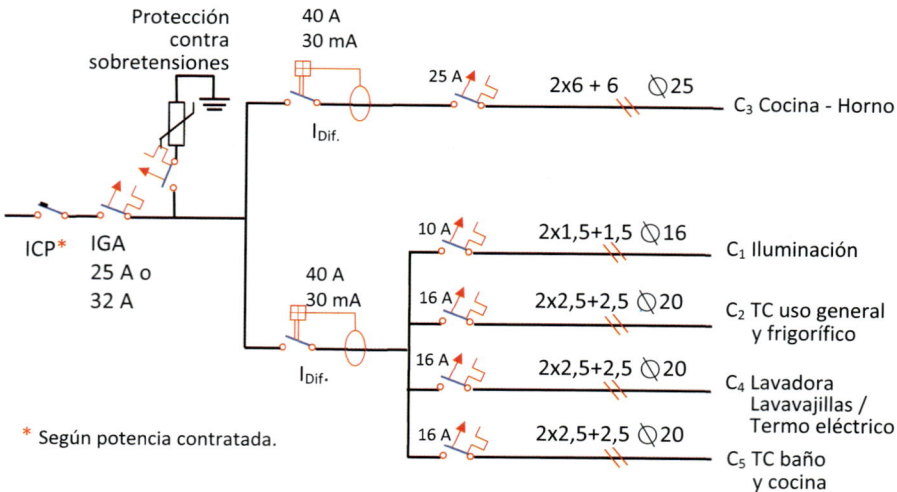

Figura D. *Ejemplo de esquema unifilar en vivienda con electrificación básica, con separación del circuito C_3.*

3. DETERMINACIÓN DEL NÚMERO DE CIRCUITOS, SELECCIÓN DE LOS CONDUCTORES Y DE LAS CAÍDAS DE TENSIÓN

En la **tabla 1** se relacionan los circuitos mínimos previstos con sus características eléctricas.

La sección mínima indicada por circuito está calculada para un número limitado de puntos de utilización. De aumentarse el número de puntos de utilización, será necesaria la instalación de circuitos adicionales correspondientes.

Cada accesorio o elemento del circuito en cuestión tendrá una corriente asignada, no inferior al valor de la intensidad prevista del receptor o receptores a conectar.

El valor de la <u>intensidad de corriente prevista</u> en cada circuito se calculará de acuerdo con la fórmula:

$$I = n \cdot I_a \cdot F_s \cdot F_u$$

n .... nº de tomas o receptores.

I_a .... Intensidad prevista por toma o receptor.

F_s (factor de simultaneidad) ..... Relación de receptores conectados simultáneamente sobre el total.

F_u (factor de utilización) .... Factor medio de utilización de la potencia máxima del receptor.

Los dispositivos automáticos de protección tanto para el valor de la intensidad asignada como para la Intensidad máxima de cortocircuito se corresponderá con la intensidad admisible del circuito y la de cortocircuito en ese punto respectivamente.

<u>Los conductores serán de **cobre**</u> y <u>su sección será como mínimo la indicada en la</u> **tabla 1**, y además estará condicionada a que la *caída de tensión* sea <u>como máximo el</u> **3 %**. Esta caída de tensión se calculará para una intensidad de funcionamiento del circuito igual a la intensidad nominal del interruptor automático de dicho circuito y para una distancia correspondiente a la del punto de utilización más alejado del origen de la instalación interior. El valor de la caída de tensión podrá compensarse entre la de la instalación interior y la de las derivaciones individuales, de forma que la caída de tensión total sea inferior a la suma de los valores límite especificados para ambas, según el tipo de esquema utilizado.

	Circuito de utilización		Potencia prevista por toma ...... W	Factor Simultaneidad ...... F_s	Factor Utilización ...... F_u	Tipo de toma ...... (7)	Interruptor Automático ...... A	Máximo nº de puntos de utilización o tomas por circuito	Conductores ...... Sección mínima mm²(5)	Tubo o conducto ...... Diámetro mm (3)
BÁSICA	C_1	Iluminación	200 W	0,75	0, 5	Punto de luz (9)	**10 A**	30	**1,5 mm²**	16 mm
	C_2	Tomas de uso general (*y frigorífico*)	3.450 W	0,2	0,25	Base 16A 2p+T	**16 A**	20	**2,5 mm²**	20 mm
	C_3	Cocina y horno	5.400 W	0,5	0,75	Base 25A 2p+T	**25 A**	2	**6 mm²**	25 mm
	C_4	Lavadora, lavavajillas y termo eléctrico	3.450 W	0,66	0,75	Base 16A 2p+T combinadas con **fusibles** o interruptores automáticos de **16 A** (8)	**20 A**	3	**4 mm² (6)**	20 mm
	Nota A. (8): Configuración recomendada	C_{4a}	3.450 W	1	0,75	Base 16A 2p+T	**16 A**	1	**2,5 mm²**	20 mm
		C_{4b}	3.450 W	1	0,75		**16 A**	1	**2,5 mm²**	20 mm
		C_{4c}	3.450 W	1	0,75		**16 A**	1	**2,5 mm²**	20 mm
	C_5	Baño, cuarto de cocina	3.450 W	0,4	0,5	Base 16A 2p+T	**16 A**	6	**2,5 mm²**	20 mm
ELEVADA	C_6	Circuito adicional al C_1, por cada **30 puntos** de luz								
	C_7	Circuito adicional al C_2, por cada **20 tomas** de corriente de uso general o para S_{util} de la vivienda > 160 m²								
	C_8	Calefacción	(2)	---	---	---	**25 A**		**6 mm²**	25 mm
	C_9	Aire acondicionado	(2)	---	---	---	**25 A**		**6 mm²**	25 mm
	C_{10}	Secadora	3.450 W	1	0,75	Base 16A 2p+T	**16 A**	1	**2,5 mm²**	20 mm
	C_{11}	Automatización	(4)	---	---	---	**10 A**		**1,5 mm²**	16 mm
	C_{12}	Circuitos adicionales al C_3 o C_4, cuando se prevean, o adicional al C_5 cuando exceda de **6 tomas de corriente**								
	C_{13}	Recarga VE	(10)	1	1	(10)	(10)	3	**2,5 mm²**	20 mm

Tabla 1. *Características eléctricas de los circuitos (1).*

(1) La tensión considerada es de 230 V entre fase y neutro.
(2) La potencia máxima permisible por circuito será de **5.750 W**.
(3) Diámetros externos según **ITC-BT-19**.
(4) La potencia máxima permisible por circuito será de **2.300 W**.
(5) Este valor corresponde a una instalación de dos conductores y tierra de PVC bajo tubo empotrado en obra, según **tabla 1** ITC-BT-19. Otras secciones pueden ser requeridas para otros tipos de cable o condiciones de instalación.
(6) En este circuito exclusivamente, cada toma individual puede conectarse mediante un conductor de sección **2,5 mm²** que parta de una caja de derivación del circuito de **4 mm²**.
(7) Las bases de toma de corriente de 16 A 2p+T serán fijas del tipo indicado en la figura C2a y las de 25A 2p+T serán del tipo indicado en la figura ESB 25-5A, ambas de la norma **UNE 20.315** (**UNE 20.315-1 partes 1 y 2**).
(8) Los fusibles o interruptores automáticos no son necesarios si se dispone de **circuitos independientes para cada aparato**, con interruptor automático de **16 A** en cada circuito. *NOTA A.:* Incluida en la Tabla 1 esta configuración.
(9) El punto de luz incluirá conductor de protección.
(10) La potencia prevista por toma, los tipos de bases de toma de corriente y la intensidad asignada del interruptor automático para el circuito C_{13} se especifican en la ITC-BT-52. *NOTA A:* ITC-BT-52 - Apdo. 3.1 Tabla 1 y apdo. 5 Tabla 2.

4. PUNTOS DE UTILIZACIÓN

En cada estancia se utilizará como mínimo los siguientes puntos de utilización:

Estancia	Circuito	Mecanismo	nº mínimo	Superficie/Longitud
Acceso	C_1	Pulsador timbre	1	
Vestíbulo	C_1	Punto de luz	1	---
		Interruptor 10 A	1	---
	C_2	Base 16 A 2p+T	1	---
Sala de estar o Salón	C_1	Punto de luz	1	Hasta 10 m^2 (dos si S > 10 m^2).
		Interruptor 10 A	1	Uno por cada punto de luz.
	C_2	Base 16 A 2p+T	3 (1)	Una por cada 6 m^2, redondeado al entero superior.
	C_8	Toma de calefacción	1	Hasta 10 m^2 (dos si S > 10 m^2).
	C_9	Toma de aire acondicionado	1	Hasta 10 m^2 (dos si S > 10 m^2).
Dormitorios	C_1	Puntos de luz	1	Hasta 10 m^2 (dos si S > 10 m^2).
		Interruptor 10 A	1	Uno por cada punto de luz.
	C_2	Base 16 A 2p+T	3 (1)	Una por cada 6 m^2, redondeado al entero superior.
	C_8	Toma de calefacción	1	---
	C_9	Toma de aire acondicionado	1	---
Baños	C_1	Puntos de luz	1	---
		Interruptor 10 A	1	---
	C_5	Base 16 A 2p+T	1	---
	C_8	Toma de calefacción	1	---
Pasillos o distribuidores	C_1	Puntos de luz	1	Uno cada 5 m de longitud.
		Interruptor/ Conmutador 10 A	1	Uno en cada acceso
	C_2	Base 16 A 2p + T	1	Hasta 5 m (dos si L > 5 m).
	C_8	Toma de calefacción	1	
Cocina	C_1	Puntos de luz	1	Hasta 10 m^2 (dos si S > 10 m^2).
		Interruptor 10 A	1	Uno por cada punto de luz.
	C_2	Base 16 A 2p + T	2	Extractor y frigorífico.
	C_3	Base 25 A 2p + T	1	Cocina/horno.
	C_4	Base 16 A 2p + T	3	Lavadora, lavavajillas y termo.
	C_5	Base 16 A 2p + T	3 (2)	Encima del plano de trabajo.
	C_8	Toma calefacción	1	---
	C_{10}	Base 16 A 2p + T	1	Secadora.
Terrazas y Vestidores	C_1	Puntos de luz	1	Hasta 10 m^2 (dos si S > 10 m^2).
		Interruptor 10 A	1	Uno por cada punto de luz.
Garajes unifamiliares y otros	C_1	Puntos de luz	1	Hasta 10 m^2 (dos si S > 10 m^2).
		Interruptor 10 A	1	Uno por cada punto de luz.
	C_2	Base 16 A 2p + T	1	Hasta 10 m^2 (dos si S > 10 m^2).
	C_{13}	Base toma de corriente (3)	1	---

Tabla 2

(1) En donde se prevea la instalación de una ***toma para el receptor de TV***, la base correspondiente deberá ser múltiple, y en este caso se considerará como una sola base* a los efectos del número de puntos de utilización de la tabla 1. ****NOTA A.:*** *Hasta un máximo de 4 tomas (mirar GUIA-BT pág. sig.).*

(2) Se colocarán fuera de un volumen delimitado por los planos verticales situados a 0,5 m del fregadero y de la encimera de cocción o cocina.

(3) La potencia prevista por toma, los tipos de bases de toma de corriente y la intensidad asignada del interruptor automático para el circuito C13 se especifican en la ITC-BT-52. *(ITC-BT-52 - Apdo. 3.1 Tabla 1 y apdo. 5 Tabla 2)*

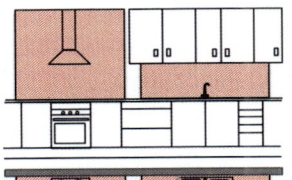

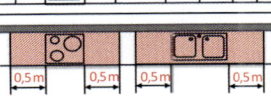

0,5 m 0,5 m 0,5 m 0,5 m

-F.A.1-

Guía

> **TABLA 2:**

- Las ubicaciones indicadas en la tabla 2 son orientativas, por ejemplo la lavadora puede estar instalada en otra dependencia de la vivienda.

- C_1: el timbre no computa como "punto de utilización" en el circuito C_1.

- Los conmutadores, cruzamientos, telerruptores y otros dispositivos de características similares se consideran englobados en el genérico "interruptor".

- **Punto de luz es:** un punto de utilización del circuito de alumbrado que va comandado por un interruptor independiente y al que puede conectarse una o varias luminarias.

- En el caso de instalar varias ***tomas de corriente para receptor de TV*** o asociadas a la infraestructura común de telecomunicaciones (ICT), computa como ***un solo punto*** de utilización hasta un máximo de 4 tomas.

> **LONGITUDES MÁXIMAS:**

Sección del conductor (Cu)	Intensidad nominal del dispositivo de protección			
	10 A	16 A	20 A	25 A
1,5 mm²	27 m	---	---	---
2,5 mm²	45 m	28 m	---	---
4 mm²	---	45 m	36 m	---
6 mm²	---	---	53 m	43 m

Tabla B: Valor de la longitud máxima del cable en metros para: Caída de tensión máxima **3 %**, Tª conductor 40 °C y factor de potencia = 1

ANOTACIONES

ITC-BT-26

Prescripciones generales de instalación

Norma	Apartado
---	---

GUIA-BT	Edición
Incluida	Sep. 2003 (Rev.1)

Índice

1. ÁMBITO DE APLICACIÓN

Las prescripciones objeto de esta Instrucción son complementarias de las expuestas en la **ITC-BT-19** y aplicables a las instalaciones interiores de:

✓ las viviendas, así como en la medida que pueda afectarles,
✓ a las de locales comerciales,
✓ de oficinas y
✓ a las de cualquier otro local destinado a fines análogos.

2. TENSIONES DE UTILIZACIÓN Y ESQUEMA DE CONEXIÓN

Las instalaciones de las viviendas se consideran que están alimentadas por una red de distribución pública de baja tensión según el esquema de distribución **"TT"** (ITC-BT-08) y a una tensión de **230 V** en alimentación monofásica y **230/400 V** en alimentación trifásica.

3. TOMAS DE TIERRA

■ 3.1 Instalación

En toda nueva edificación se establecerá una toma de tierra de protección, según el siguiente sistema:

Instalando en el fondo de las zanjas de cimentación de los edificios, y antes de empezar ésta, un **cable rígido de cobre desnudo** de una sección mínima según se indica en la *ITC-BT-18*, formando un anillo cerrado que interese a todo el perímetro del edificio. A este anillo deberán conectarse electrodos **verticalmente** hincados en el terreno cuando, se prevea la necesidad de disminuir la resistencia de tierra que pueda presentar el conductor en anillo. Cuando se trate de construcciones que comprendan varios edificios próximos, se procurará unir entre sí los anillos que forman la toma de tierra de cada uno de ellos, con objeto de formar una malla de la mayor extensión posible.

En rehabilitación o reforma de edificios existentes, la toma de tierra se podrá realizar también situando en patios de luces o en jardines particulares del edificio, uno o varios electrodos de características adecuadas.

Al conductor en anillo, o bien a los electrodos, se conectarán, en su caso, la estructura metálica del edificio o, cuando la cimentación del mismo se haga con zapatas de hormigón armado, un cierto número de hierros de los considerados principales y como mínimo uno por zapata.

Estas conexiones se establecerán de manera fiable y segura, mediante soldadura aluminotérmica o autógena*.

Nota-A: No permite en estas conexiones el uso de grapas de conexión.

Las líneas de enlace con tierra se establecerán de acuerdo con la situación y número previsto de puntos de puesta a tierra. La naturaleza y sección de estos conductores estará de acuerdo con lo indicado para ellos en la instrucción **ITC-BT-18.**

Guía

Los conductores de cobre desnudos utilizados como electrodos están formados por varios alambres rígidos cableados entre sí con una sección mínima de **35 mm²*** según NTE 1973**.

* NOTA A: Se trata de un valor de la guía técnica de aplicación, por lo tanto no es obligatorio, sino recomendado.

*El actual REBT remite a la **ITC-BT-18** (apartado 3.1).*

** NOTA A: Derogado. Actualmente Código Técnico de la Edificación (CTE)

La profundidad mínima de enterramiento del conductor recomendada es de **0,8 m**. Prohibido a menos de **0,5 m**.

Para mejorar la eficacia de la puesta a tierra, se añadirán picas proporcionalmente a lo largo del anillo enterrado. **Las picas** se conectarán al anillo y se separarán una distancia no inferior a **2 veces** su longitud.

Mediante la *tabla A* puede determinarse el número orientativo de electrodos verticales:

Longitud, en planta, de la conducción enterrada en metros								Nº de picas de longitud de 2 metros
Terrenos orgánicos, arcillas y margas		Arenas arcillosas y graveras, rocas sedimentarias y metamórficas		Calizas agrietadas y rocas eruptivas		Grava y arena silícea		
Pararrayos		Pararrayos		Pararrayos		Pararrayos		
SIN	CON	SIN	CON	SIN	CON	SIN	CON	
25*	34	28	67	54	134	162	400	0
+	30	25*	63	50	130	158	396	1
	26*	+	59	46	126	154	392	2
	+		55	42	122	150	388	3
			51	38	118	146	384	4
			47	34	114	142	380	5
			43	30*	110	138	376	6
			39	+	106	134	372	7
			35*		105	130	368	8
			+		98	126	364	9
					94	122	360	10
					74*	102	340	15
					+	82*	320	20
						+	280	30
							240	40
							200*	50
							+	

Tabla A. Número de electrodos en función de las características del terreno y la longitud del anillo.

+: aumentar la longitud de los conductores del anillo.
*: longitudes mínimas del conductor enterrado.

La resistencia a tierra obtenida con la aplicación de los valores de esta tabla debería ser:

➜ Para edificios con pararrayos: $R_T < 15\ \Omega$

➜ Para edificios sin pararrayos: $R_T < 37\ \Omega$

Nota

CÁLCULO DE LA PUESTA A TIERRA

La *Guía Técnica de Aplicación del REBT,* basándose en la antigua *Norma Tecnológica de la Edificación* (NTE), recomienda realizar la puesta a tierra según la *tabla A.*

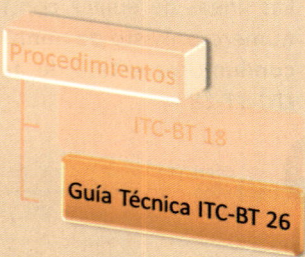

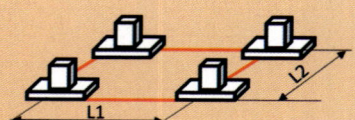

Longitud, en planta, de la conducción enterrada en metros								Nº de picas con L = 2 m
Terrenos orgánicos, arcillas y margas		Arenas arcillosas y graveras, rocas sedimentarias y metamórficas		Calizas agrietadas y rocas eruptivas		Grava y arena silícea		
Pararrayos		Pararrayos		Pararrayos		Pararrayos		
SIN	CON	SIN	CON	SIN	CON	SIN	CON	
25*	34	28	67	54	134	162	400	0
+	30	25*	63	50	130	158	396	1
	26*	+	59	46	126	154	392	2
	+		55	42	122	150	388	3
			51	38	118	146	384	4
			47	34	114	142	380	5
			43	30*	110	138	376	6
			39	+	106	134	372	7
			35*		105	130	368	8
			+		98	126	364	9
					94	122	360	10
					74*	102	340	15
					+	82*	320	20
						+	280	30
							240	40
							200*	50
							+	

Se entra a la tabla con:

1) Tipo de terreno

2) Se elige columna según el edificio tenga o no pararrayos

3) Se selecciona la longitud en planta del anillo enterrado (integrará el perímetro del edificio)

Se selecciona:

4) Número de picas de **2 m** que deberán clavarse verticalmente en el terreno y unirse al anillo

La resistencia a tierra obtenida con la aplicación de los valores de esta tabla debería ser:

➢ $R_T < 15\ \Omega$: Edificios **con** pararrayos
➢ $R_T < 37\ \Omega$: Edificios **sin** pararrayos

EJEMPLO:

✓ Edificio sin pararrayos.
✓ L1 = 7 m y L2 = 8 m.
✓ Situado en una zona con terrenos arcillosos y con grava.

Perímetro del anillo de tierra:

L = 2 · L1 + 2 · L2 = 2 · 7 + 2 · 8 = 30 m

Consultando la tabla (3ª columna) con 28 m de cable enterrado *no es necesario agregar picas*, por lo tanto con 30 m tampoco.

IMPORTANTE:

➢ Este cálculo es una primera aproximación de la Resistencia de tierra.

➢ Se recomienda realizar las mediciones oportunas para **comprobar** que efectivamente se obtienen los valores de R_T deseados.

➢ *Método de cálculo del REBT:* s/**ITC-BT-18, apdo. 9.**

3.2 Elementos a conectar a tierra

A la toma de tierra establecida se conectará toda masa metálica importante, existente en la zona de la instalación, y las masas metálicas accesibles de los aparatos receptores, cuando su clase de aislamiento o condiciones de instalación así lo exijan.

A esta misma toma de tierra deberán conectarse las partes metálicas de los depósitos de gasóleo, de las instalaciones de calefacción general, de las instalaciones de agua, de las instalaciones de gas canalizado y de las antenas de radio y televisión.

3.3 Puntos de puesta a tierra

Los puntos de puesta a tierra se situarán:

a) En los **patios de luces** destinados a cocinas y cuartos de aseo, etc., en rehabilitación o reforma de edificios existentes.

b) En el local o lugar de la centralización de **contadores**, si la hubiere.

c) En la base de las estructuras metálicas de los **ascensores** y montacargas, si los hubiere.

d) En el punto de ubicación de la **caja general de protección**.

e) En cualquier local donde se prevea la instalación de elementos destinados a **servicios generales o especiales**, y que por su clase de aislamiento o condiciones de instalación, deban ponerse a tierra.

Guía En edificios de viviendas existen **cinco posibles puntos o bornes de puesta a _tierra_** *(los mencionados anteriormente, de la opción "a)" hasta la "e)"*, pudiendo coexistir varios a la vez, en cuyo caso se considera borne principal el situado en la centralización de contadores.

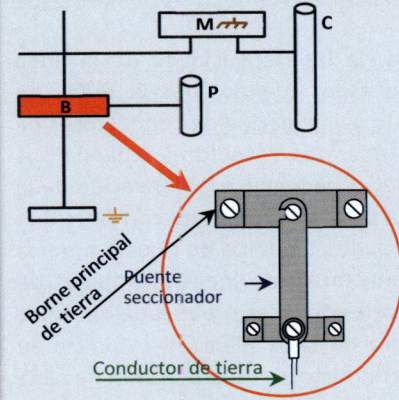

Borne principal de tierra
Puente seccionador
Conductor de tierra

En nuevas instalaciones los puntos de conexión o bornes de puesta a tierra, deberán situarse en las ubicaciones **b)**, **c)** y **d)** y si procede la **e)**.

En la rehabilitación y reforma de edificios existentes la ubicación indicada en **a)** se considera orientativa ya que depende de las características particulares de cada edificio, y si es posible deben situarse en el resto de puntos indicados.

El punto de puesta a tierra ubicado en la Caja General de Protección, deberá estar situado junto a la misma, a efectos de ser utilizada como punto para mediciones, o durante la ejecución, mantenimiento o reparación de la red de distribución.

■ **3.4 Líneas principales de tierra. Derivaciones**

Las líneas principales y sus derivaciones se establecerán en las mismas canalizaciones que las de las líneas generales de alimentación y derivaciones individuales.

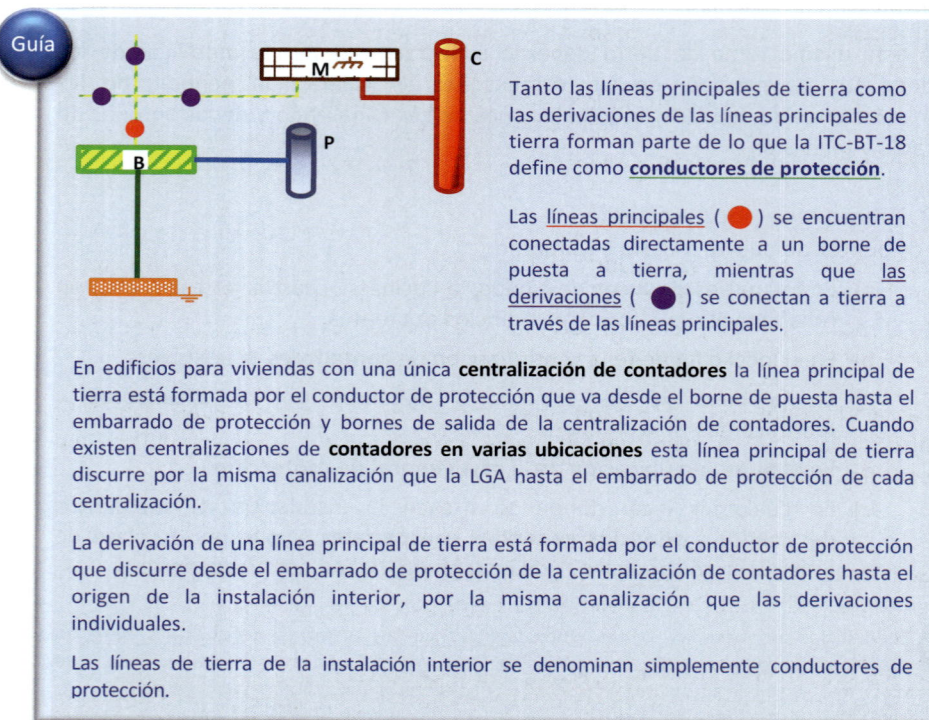

Tanto las líneas principales de tierra como las derivaciones de las líneas principales de tierra forman parte de lo que la ITC-BT-18 define como **conductores de protección**.

Las líneas principales (●) se encuentran conectadas directamente a un borne de puesta a tierra, mientras que las derivaciones (●) se conectan a tierra a través de las líneas principales.

En edificios para viviendas con una única **centralización de contadores** la línea principal de tierra está formada por el conductor de protección que va desde el borne de puesta hasta el embarrado de protección y bornes de salida de la centralización de contadores. Cuando existen centralizaciones de **contadores en varias ubicaciones** esta línea principal de tierra discurre por la misma canalización que la LGA hasta el embarrado de protección de cada centralización.

La derivación de una línea principal de tierra está formada por el conductor de protección que discurre desde el embarrado de protección de la centralización de contadores hasta el origen de la instalación interior, por la misma canalización que las derivaciones individuales.

Las líneas de tierra de la instalación interior se denominan simplemente conductores de protección.

<u>**Únicamente** es admitida la **entrada directa** de las derivaciones de la línea principal de tierra en cocinas y cuartos de aseo, cuando, por la fecha de construcción del edificio, no se hubiese previsto la instalación de conductores de protección.</u> En este caso, las masas de los aparatos receptores, cuando sus condiciones de instalación lo exijan, podrán ser conectadas a la derivación de la línea principal de tierra directamente, o bien a través de tomas de corriente que dispongan de contacto de puesta a tierra. Al punto o puntos de puesta a tierra indicados como a) en el apartado 3.3, se conectarán las líneas principales de tierra. Estas líneas podrán instalarse por los patios de luces o por canalizaciones interiores, con el fin de establecer a la altura de cada planta del edificio su derivación hasta el borne de conexión de los conductores de protección de cada local o vivienda.

Las líneas principales de tierra estarán constituidas por conductores de cobre de igual sección que la fijada para los conductores de protección en la Instrucción **ITC-BT-19**, con un mínimo de 16 mm². Pueden estar formadas por barras planas o redondas, por conductores desnudos o aislados, debiendo disponerse una protección mecánica en la parte en que estos conductores sean accesibles, así como en los pasos de techos, paredes, etc.

**Secciones
ITC-BT-19
Apdo. 2.3**

La sección de los conductores que constituyen las derivaciones de la línea principal de tierra, será la señalada en la Instrucción **ITC-BT-19** para los conductores de protección.

No podrán utilizarse como conductores de tierra las tuberías de agua, gas, calefacción, desagües, conductos de evacuación de humos o basuras, ni las cubiertas metálicas de los cables, tanto de la instalación eléctrica como de teléfonos o de cualquier otro servicio similar, ni las partes conductoras de los sistemas de conducción de los cables, tubos, canales y bandejas.

Las conexiones en los conductores de tierra serán realizadas mediante dispositivos, con tornillos de apriete u otros similares, que garanticen una continua y perfecta conexión entre aquéllos.

■ 3.5 Conductores de protección

Se instalarán conductores de protección acompañando a los conductores activos en todos los circuitos de la vivienda hasta los puntos de utilización.

4. PROTECCIÓN CONTRA CONTACTOS INDIRECTOS

La protección contra contactos indirectos se realizará mediante la puesta a tierra de las masas y empleo de los dispositivos descritos en el **apartado 2.1** de la **ITC-BT-25**.

5. CUADRO GENERAL DE DISTRIBUCIÓN

El cuadro general de distribución estará de acuerdo con lo indicado en la **ITC-BT-17**. En este mismo cuadro se dispondrán los bornes o pletinas para la conexión de los conductores de protección de la instalación interior con la derivación de la línea principal de tierra.

La persona instaladora fijará de forma permanente sobre el cuadro de distribución **una placa,** impresa con caracteres indelebles, en la que conste su nombre o marca comercial, fecha en que se realizó la instalación, así como la intensidad asignada del interruptor general automático, que de acuerdo con lo señalado en las Instrucciones **ITC-BT-10** e **ITC-BT-25**, corresponda a la vivienda.

6. CONDUCTORES

■ 6.1 Naturaleza y secciones

6.1.1 Conductores activos

Los conductores activos serán de cobre, aislados y con una tensión asignada de 450/750 V, como mínimo.

Los circuitos y las secciones utilizadas serán, los indicados en la **ITC-BT-25**.

Guía — Los conductores aislados comúnmente utilizados corresponden a los tipos:

Tipo	Producto	Norma
H07V-U	Conductor unipolar aislado de tensión asignada 450/750 V, con conductor de cobre clase 1 (-U) y, aislamiento de policloruro de vinilo (V).	
H07V-R	Conductor unipolar aislado unipolar de tensión asignada 450/750 V, con conductor de cobre clase 2 (-R) y, aislamiento de policloruro de vinilo (V).	UNE 50.525-2
H07V-K	Conductor unipolar aislado unipolar de tensión asignada 450/750 V, con conductor de cobre clase 5 (-K) y, aislamiento de policloruro de vinilo (V).	

Las clases definidas y el símbolo utilizado en la designación del cable son:
- **Clase 1**: conductor rígido de un solo alambre (símbolo **-U**).
- **Clase 2**: conductor rígido de varios alambres cableados (símbolo **-R**).
- **Clase 5**: conductor flexible de varios alambres finos, no apto para usos móviles (símbolo **-K**).

6.1.2 Conductores de protección

Los conductores de protección serán de cobre y presentarán el mismo aislamiento que los conductores activos. Se instalarán por la misma canalización que éstos y su sección será la indicada en la Instrucción **ITC-BT-19**.

Secciones
ITC-BT-19
Apdo. 2.3

■ 6.2 Identificación de los conductores

Los conductores de la instalación deben ser fácilmente identificados, especialmente por lo que respecta a los conductores neutro y de protección. Esta identificación se realizará por los colores que presenten sus aislamientos. Cuando exista conductor **neutro** en la instalación o se prevea para un conductor de fase su pase posterior a conductor neutro, se identificarán éstos por el color azul claro. Al **conductor de protección** se le identificará por el doble **color amarillo-verde**. Todos los conductores de *fase*, o en su caso, aquellos para los que no se prevea su pase posterior a neutro, se identificarán por los colores marrón o negro. Cuando se considere necesario identificar *tres fases diferentes, podrá utilizarse el color gris*.

6.3 Conexiones

Se realizarán conforme a lo establecido en el apartado 2.11 de la **ITC-BT-19**.

Se admitirá no obstante, las ***conexiones en paralelo entre bases de toma de corriente*** cuando éstas estén juntas y dispongan de bornes de conexión previstos para la conexión de varios conductores.

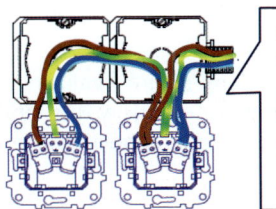

Se admite si las bases están juntas y disponen de los bornes adecuados, si no es así se aplica la ***ITC-BT-19, apdo. 2.11***:

*Las conexiones, **siempre** deberán realizarse **en el interior de cajas de empalme** y/o de derivación salvo en los casos indicados en el apartado 3.1 de la ITC-BT-21 (en el interior de canales protectoras IP 4X o superior, "canales con tapa de acceso que solo puedan abrirse con herramientas").*

F.A.1: *Conexiones de bases de toma de corriente*

7. EJECUCIÓN DE LAS INSTALACIONES

7.1 Sistema de instalación

Las instalaciones se realizarán mediante algunos de los siguientes sistemas:

1. Instalaciones empotradas:
   a) Cables aislados bajo tubo flexible.
   b) Cables aislados bajo tubo curvable.

2. Instalaciones superficiales:
   a) Cables aislados bajo tubo curvable.
   b) Cables aislados bajo tubo rígido.
   c) Cables aislados bajo canal protectora cerrada.
   d) Canalizaciones prefabricadas.

Las instalaciones deberán cumplir lo indicado en las **ITC-BT-20** e **ITC-BT-21**.

7.2 Condiciones generales

En la ejecución de las instalaciones interiores de las viviendas se deberá tener en cuenta:

1. **No** se utilizará un mismo conductor **neutro** para varios circuitos.

2. Todo conductor debe poder seccionarse en cualquier punto de la instalación en el que se realice una derivación del mismo, utilizando un dispositivo apropiado, tal como un borne de conexión, de forma que permita la separación completa de cada parte del circuito del resto de la instalación.

3. Las tomas de corriente en una misma habitación deben estar conectadas a la misma fase.

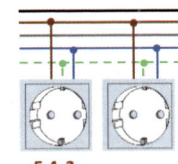

-F.A.2-

4. Las cubiertas, tapas o envolventes, mandos y pulsadores de maniobra de aparatos tales como mecanismos, interruptores, bases, reguladores, etc., instalados en cocinas, cuartos de baño, secaderos y, en general, en los locales húmedos o mojados, así como en aquellos en que las paredes y suelos sean conductores, serán de <u>material aislante</u>.

5. La instalación empotrada de estos aparatos se realizará utilizando cajas especiales para su empotramiento. Cuando estas <u>cajas</u> sean <u>metálicas</u> estarán aisladas interiormente o <u>puestas a tierra</u>.

6. La **instalación** de estos aparatos en **marcos metálicos** podrá realizarse siempre que los aparatos utilizados estén concebidos de forma que no permitan la posible puesta bajo tensión del marco metálico, conectándose éste al sistema de tierras.

7. La utilización de estos <u>aparatos empotrados en bastidores o tabiques de madera</u> u otro material aislante, cumplirá lo indicado en la **ITC-BT-49**.

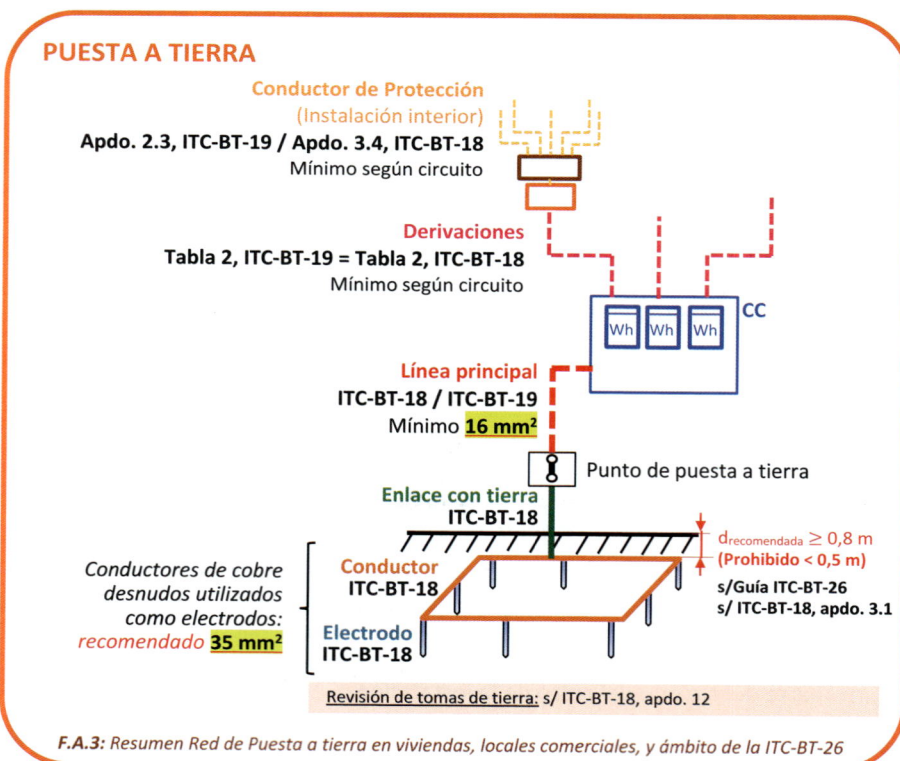

F.A.3: *Resumen Red de Puesta a tierra en viviendas, locales comerciales, y ámbito de la ITC-BT-26*

ITC-BT-27

Locales que contienen una bañera o ducha

Norma	Apartado	Sustituida por:
UNE 20.324	2.2	**UNE-EN 60.529**
UNE 20.460-6-61	2.2	**UNE-HD 60.364-6**
UNE 20.460-4-41	Tabla 1	**UNE-HD 60.364-4-41**
UNE-EN 60.335-2-60	3	--
UNE-EN 60.669-1	Tabla 1	--
UNE-EN 60.742	Tabla 1	--
UNE-EN 61.558-2-5	Tabla 1	--
UNE-HD 60.364-4-41	Tabla 1	--

GUIA-BT	Edición
Incluida	Sep. 2003 (Rev.1)

Índice

1. CAMPO DE APLICACIÓN

Las prescripciones objeto de esta Instrucción son aplicables a:

➢ Las instalaciones interiores de:

✓ las viviendas, así como en la medida que pueda afectarles,
✓ a las de locales comerciales,
✓ de oficinas y
✓ a las de cualquier otro local destinado a fines análogos

que contengan una bañera o una ducha o una ducha prefabricada o una bañera de hidromasaje o aparato para uso análogo.

➢ Para lugares que contengan baños o duchas para tratamiento médico o para minusválidos, pueden ser necesarios requisitos adicionales.

➢ Para duchas de emergencia en zonas industriales, son de aplicación las reglas generales.

2. EJECUCIÓN DE LAS INSTALACIONES

■ 2.1 Clasificación de los volúmenes

Para las instalaciones de estos locales se tendrán en cuenta los cuatro **volúmenes 0, 1, 2** y **3** que se definen a continuación. En el apartado 5 de la presente instrucción se presentan figuras aclaratorias para la clasificación de los volúmenes, teniendo en cuenta la influencia de las paredes y del tipo de baño o ducha. Los **falsos techos y las mamparas no** se consideran barreras a los efectos de la separación de volúmenes.

2.1.1 Volumen 0

Comprende el interior de la bañera o ducha.

En un lugar que contenga una **ducha sin plato**, el volumen 0 está delimitado por el suelo y por un plano horizontal situado a **0,05 m** por encima del suelo. En este caso:

a) **Si el difusor de la ducha puede desplazarse** durante su uso, el volumen 0 está limitado por el plano generatriz vertical situado a un radio de **1,2 m** alrededor de la toma de agua de la pared o el plano vertical que encierra el área prevista para ser ocupada por la persona que se ducha; o

b) **Si el difusor de la ducha es fijo**, el volumen 0 está limitado por el plano generatriz vertical situado a un radio de **0,6 m** alrededor del difusor.

2.1.2 Volumen 1

Está limitado por:

1. El plano horizontal superior al volumen 0 y el plano horizontal situado a **2,25 m** por encima del suelo; y

2. El plano vertical alrededor de la bañera o ducha y que incluye el espacio por debajo de los mismos, cuanto este espacio es accesible sin el uso de una herramienta;

3. o para una **ducha sin plato**:

   a) **para una ducha sin plato con un difusor que puede desplazarse** durante su uso, el volumen 1 está limitado por el plano generatriz vertical situado a un radio de **1,2 m** desde la toma de agua de la pared o el plano vertical que encierra el área prevista para ser ocupada por la persona que se ducha; o

   b) **para una ducha sin plato y con un rociador fijo**, el volumen 1 está delimitado por la superficie generatriz vertical situada a un radio de **0,6 m** alrededor del rociador.

2.1.3 Volumen 2

Está limitado por:

1. El plano vertical exterior al volumen 1 y el plano vertical paralelo situado a una distancia de **0,6 m**; y

2. El suelo y plano horizontal situado a **2,25 m** por encima del suelo.

Además, cuando la altura del techo exceda los **2,25 m** por encima del suelo, el espacio comprendido entre el volumen 1 y el techo o hasta una altura de **3 m** por encima del suelo, cualquiera que sea el valor menor, se considera **volumen 2**.

2.1.4 Volumen 3

Está limitado por:

1. El plano vertical límite exterior del volumen 2 y el plano vertical paralelo situado a una distancia de éste de **2,4 m**; y

2. El suelo y el plano horizontal situado a **2,25 m** por encima del suelo.

Además, cuando la altura del techo exceda los **2,25 m** por encima del suelo, el espacio comprendido entre el volumen 2 y el techo o hasta una altura de **3 m** por encima del suelo, cualquiera que sea el valor menor, se considera **volumen 3**.

El volumen 3 comprende cualquier espacio por debajo de la bañera o ducha que sea accesible sólo mediante el uso de una herramienta siempre que el cierre de dicho volumen garantice una protección como mínimo **IP X4**. Esta clasificación **no es aplicable** al espacio situado por debajo de las bañeras de **hidromasaje y cabinas**.

■ **2.2 Protección para garantizar la seguridad**

➔ 1. Cuando se utiliza **MBTS**, cualquiera que sea su tensión asignada, la protección contra <u>contactos directos</u> debe estar proporcionada por:

   a) barreras o envolventes con un grado de protección mínimo **IP 2X** o **IP XXB**, según **UNE 20.324 (UNE-EN 60.529)**; o

   b) aislamiento capaz de soportar una tensión de ensayo de 500 V en valor eficaz en alterna durante 1 minuto.

➔ 2. Una ***conexión equipotencial local suplementaria*** debe unir el conductor de protección asociado con las partes conductoras accesibles de los equipos de **clase I** en los **volúmenes 1, 2 y 3**, incluidas las tomas de corriente y las siguientes partes conductoras externas de los volúmenes 0, 1, 2 y 3:

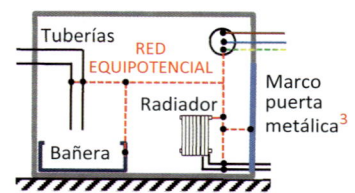

F.A.1: Red equipotencial local suplementaria

   1. Canalizaciones metálicas de los servicios de suministro y desagües (por ejemplo agua, gas);

   2. Canalizaciones metálicas de calefacciones centralizadas y sistemas de aire acondicionado;

   3. Partes metálicas accesibles de la estructura del edificio. *Los marcos metálicos de puertas, ventanas y similares **no** se consideran partes externas accesibles*, a no ser que estén conectadas a la estructura metálica del edificio.

   4. Otras partes conductoras externas, por ejemplo partes que son susceptibles de transferir tensiones.

Estos requisitos no se aplican al volumen 3, en recintos en los que haya una cabina de ducha prefabricada con sus propios sistemas de drenaje, distintos de un cuarto de baño, por ejemplo un dormitorio.

Las **bañeras y duchas metálicas** deben considerarse <u>partes conductoras</u> externas susceptibles de transferir tensiones, a menos que se instalen de forma que queden aisladas de la estructura y de otras partes metálicas del edificio. Las bañeras y duchas metálicas <u>pueden considerarse aisladas del edificio, si la resistencia de aislamiento</u> entre el área de los baños y duchas y la estructura del edificio, medido de acuerdo con la norma **UNE 20.460-6-61 (UNE-HD 60.364-6)**, anexo A, es de cómo mínimo **100 kΩ**.

■ 2.3 Elección e instalación de los materiales eléctricos

	Grado de protección	Cableado	Mecanismos[2]	Otros aparatos fijos[3]
Vol 0	**IP X7** **IP X4** *(Guía técnica), bajo la bañera o bajo hidromasaje, solo accesible mediante herramientas.*	Limitado al necesario para alimentar los aparatos eléctricos fijos situados en este volumen.	**No permitida**	Aparatos que únicamente pueden ser instalados en el volumen 0 y deben ser adecuados a las condiciones de este volumen.
Vol 1	**IP X4** **IP X2**, por encima del nivel más alto de un difusor fijo. **IP X5**, en equipo eléctrico de bañeras de <u>hidromasaje</u> y en los baños comunes en los que se puedan producir chorros de agua durante la limpieza de los mismos[1].	Limitado al necesario para alimentar los aparatos eléctricos fijos situados en los volúmenes 0 y 1.	No permitida, con la excepción de interruptores de circuitos **MBTS** alimentados a una tensión nominal de **12 V** de valor eficaz <u>en alterna</u> o de <u>30 V</u> <u>en continua</u>, estando la <u>fuente de alimentación</u> <u>instalada fuera de los</u> <u>volúmenes 0, 1 y 2.</u>	1) Aparatos alimentados a **MBTS** no superior a **12 V ca** o **30 V cc**. 2) <u>Calentadores de agua, bombas</u> <u>de ducha y equipo eléctrico</u> <u>para bañeras de hidromasaje</u> que cumplan con su norma aplicable, si su alimentación está <u>protegida</u> adicionalmente <u>con</u> un dispositivo de protección de corriente <u>diferencial</u> de valor <u>no</u> <u>superior a los</u> **30 mA**, según la norma **UNE 20.460-4-41** (Actual UNE-HD- 60.364-4-41).
Vol 2	**IP X4** **IP X2**, por encima del nivel más alto de un difusor fijo. **IP X5**, en los baños comunes en los que se puedan producir chorros de agua durante la limpieza de los mismos[1]. *IP X1 (Guía Técnica)* *Según UNE-EN 61.558-2-5 en bloques de alimentación de afeitadoras.* *(ITC-02: UNE 20.315-2-10)*	Limitado al necesario para alimentar los aparatos eléctricos fijos situados en los volúmenes 0, 1 y 2, y la parte del volumen 3 situado por debajo de la bañera o ducha.	No permitida, con la excepción de interruptores o bases de circuitos **MBTS** cuya <u>fuente de alimentación</u> este instalada fuera de los volúmenes 0, 1 y 2. **Se permiten** también la instalación de <u>bloques de</u> <u>alimentación de afeitadoras</u> que cumplan con la **UNE-EN 61.558-2-5.** *(ITC-02: UNE 20.315-2-10)*	1) Todos los permitidos para el volumen 1. 2) <u>Luminarias, ventiladores,</u> <u>calefactores, y unidades</u> <u>móviles para bañeras de</u> <u>hidromasaje</u> que cumplan con su norma aplicable, si su alimentación está <u>protegida</u> adicionalmente <u>con</u> un dispositivo de protección de corriente <u>diferencial</u> de valor <u>no superior a los</u> **30 mA**, según la norma **UNE 20.460-4-41** (Actual UNE-HD- 60.364-4-41).
Vol 3	**IP X5**, en los baños comunes, cuando se puedan producir chorros de agua durante la limpieza de los mismos. *IP X1 (Guía técnica) mínimo grado de protección de carácter general.*	Limitado al necesario para alimentar los aparatos eléctricos fijos situados en los volúmenes 0, 1, 2 y 3.	Se permiten **las bases** sólo si están <u>protegidas</u> bien por: 1) Un <u>transformador de</u> <u>aislamiento;</u> 2) o por <u>MBTS;</u> 3) o por un interruptor automático de la alimentación con un dispositivo de protección por corriente <u>diferencial</u> de valor no superior a los *30 mA*, todos ellos según los requisitos de la norma **UNE 20.460-4-41** (Actual UNE-HD- 60.364-4-41).	Se permiten los aparatos sólo si están <u>protegidos</u> bien por: 1) Un <u>transformador de</u> <u>aislamiento;</u> 2) o por <u>MBTS;</u> 3) o por un dispositivo de protección de corriente <u>diferencial</u> de valor no superior a los *30 mA*, todo ello según los requisitos de la norma **UNE 20.460-4-41** (Actual UNE-HD- 60.364-4-41).

Tabla 1

(1): los baños comunes comprenden los baños que se encuentran en escuelas, fábricas, centros deportivos, etc. e incluyen todos los utilizados por el público en general.

(2): los cordones aislantes de interruptores de tirador están permitidos en los volúmenes 1 y 2, siempre que cumplan con los requisitos de la norma **UNE-EN 60.669-1**.

(3): los <u>calefactores bajo suelo</u> pueden instalarse bajo cualquier volumen siempre y cuando debajo de estos volúmenes estén cubiertos por una malla metálica puesta a tierra o por una cubierta metálica conectada a una conexión equipotencial local suplementaria según el apartado 2.2.

• Guía Técnica: Instalación de cajas de conexión fuera de los volúmenes 0,1 y 2, conforme UNE-HD 60.364-7-701.

3. REQUISITOS PARTICULARES PARA LA INSTALACIÓN DE:
- **BAÑERAS DE HIDROMASAJE**
- **CABINAS DE DUCHA CON CIRCUITOS ELÉCTRICOS**
- **APARATOS ANÁLOGOS**

El hecho de que en estos aparatos, en los espacios comprendidos entre la bañera y el suelo y las paredes y el techo de las cabinas y las paredes y techos del local donde se instalan, coexista equipo eléctrico tanto de baja tensión como de Muy Baja Tensión de Seguridad (MBTS) con tuberías o depósitos de agua u otros líquidos, hace necesario que se requieran condiciones especiales de instalación.

En general todo equipo eléctrico, electrónico, telefónico o de telecomunicación incorporado en la cabina o bañera, incluyendo los alimentados a MBTS, deberán cumplir los requisitos de la norma **UNE-EN 60.335-2-60**.

La conexión de las bañeras y cabinas se efectuará con cable con cubierta de características no menores que el de designación **H05VV-F** o mediante cable bajo tubo aislante con conductores aislados de tensión asignada **450/750 V**. Debe garantizarse que, una vez instalado el cable o tubo en la caja de conexiones de la bañera o cabina, el grado de protección mínimo que se obtiene sea **IP X5**.

Todas las cajas de conexión localizadas en paredes y suelo del local bajo la bañera o plato de ducha, o en las paredes o techos del local, situadas detrás de paredes o techos de una cabina por donde discurren tubos o depósitos de agua, vapor u otros líquidos, deben garantizar, junto con su unión a los cables o tubos de la instalación eléctrica, un grado de protección mínimo **IP X5**. Para su apertura será necesario el uso de una herramienta.

No se admiten empalmes en los cables y canalizaciones que discurran por los volúmenes determinados por dichas superficies salvo si estos se realizan con cajas que cumplan el requisito anterior.

Guía	Los cables y conductores unipolares aislados comúnmente utilizados corresponden a los tipos:	
Tipo de cable		**Norma**
H05VV-F	Cable de tensión asignada 300/500, con conductor de cobre clase 5 (-F) y con aislamiento y cubierta de policloruro de vinilo (VV)	UNE-EN 50.525-2-11
H07V-U	Conductor aislado unipolar de tensión asignada 450/750 V, con conductor de cobre clase 1 (-U) y aislamiento de policloruro de vinilo (V)	
H07V-R	Conductor aislado unipolar de tensión asignada 450/750 V, con conductor de cobre clase 2 (-R) y aislamiento de policloruro de vinilo (V)	UNE-EN 50.525-2-31
H07V-K	Conductor aislado unipolar de tensión asignada 450/750 V, con conductor de cobre clase 5 (-K) y aislamiento de policloruro de vinilo (V)	

Nota 1. Según la norma UNE 21.022 (actual UNE 60.228) que especifica las características constructivas y eléctricas de las diferentes clases de conductor:
- clase 1: conductor rígido de un solo alambre.. (símbolo –U)
- clase 2: conductor rígido de varios alambres cableados................................ (símbolo –R)
- clase 5: conductor flexible de varios alambres finos,
  - no apto para usos móviles .... (símbolo –K)
  - apto para usos móviles .... (símbolo –F)

4. FIGURAS DE LA CLASIFICACIÓN DE LOS VOLÚMENES

Figura 1 - BAÑERA

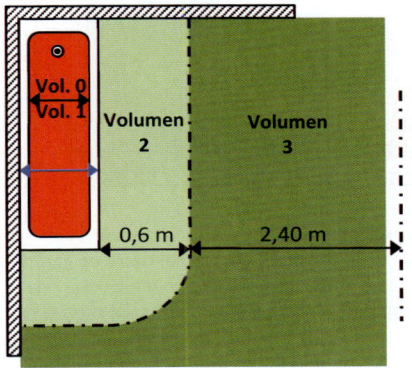

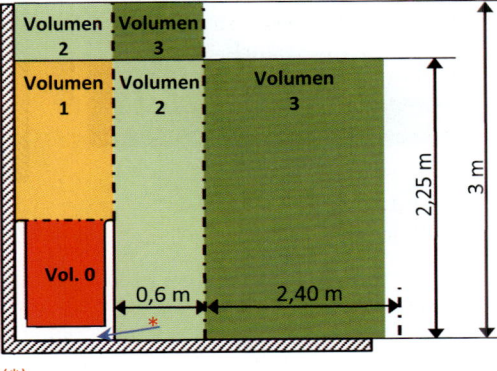

(*)
- **Volumen 1:** si este espacio es accesible <u>sin el</u> uso de herramienta o el cierre <u>no</u> garantiza una protección mínima **IP X4**.
- **Volumen 3:** si este espacio es accesible <u>con el</u> uso de herramienta **y** el cierre garantiza una protección mínima IP X4.

Figura 2 - BAÑERA CON PARED FIJA

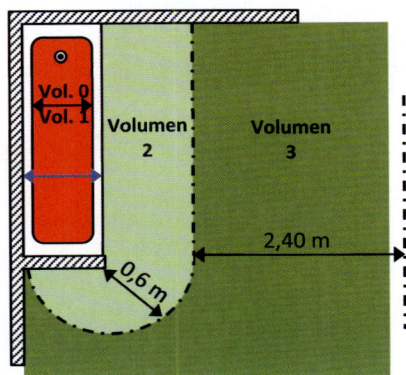

Figura 3 - DUCHA

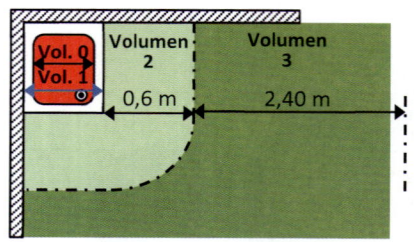

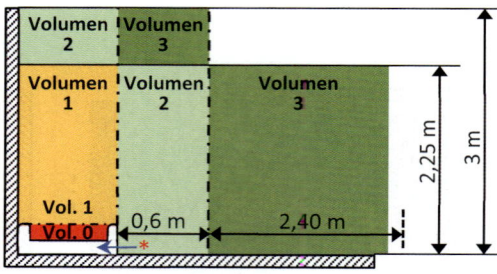

(*)
- **Volumen 1:** si este espacio es accesible <u>sin</u> el uso de herramienta o el cierre <u>no</u> garantiza una protección mínima **IP X4**.
- **Volumen 3:** si este espacio es accesible <u>con</u> el uso de herramienta o el cierre garantiza una protección mínima **IP X4**.

Figura 4 - DUCHA CON PARED FIJA

Figura 5 - DUCHA SIN PLATO

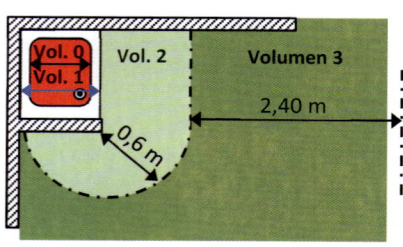

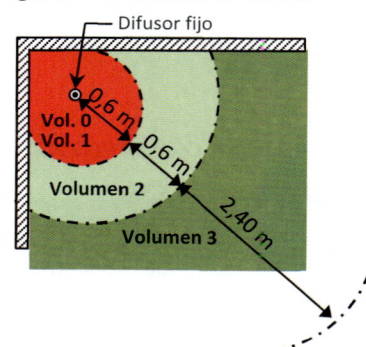

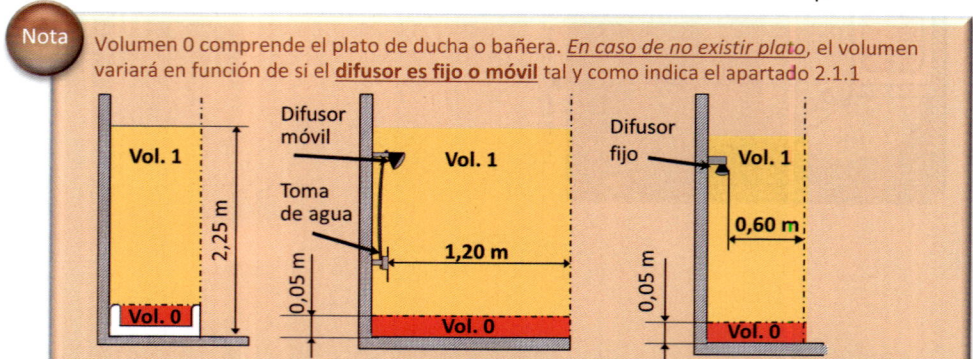

Nota

Volumen 0 comprende el plato de ducha o bañera. *En caso de no existir plato*, el volumen variará en función de si el **difusor es fijo o móvil** tal y como indica el apartado 2.1.1

Figura 6 - DUCHA SIN PLATO PERO CON PARED FIJA. DIFUSOR FIJO

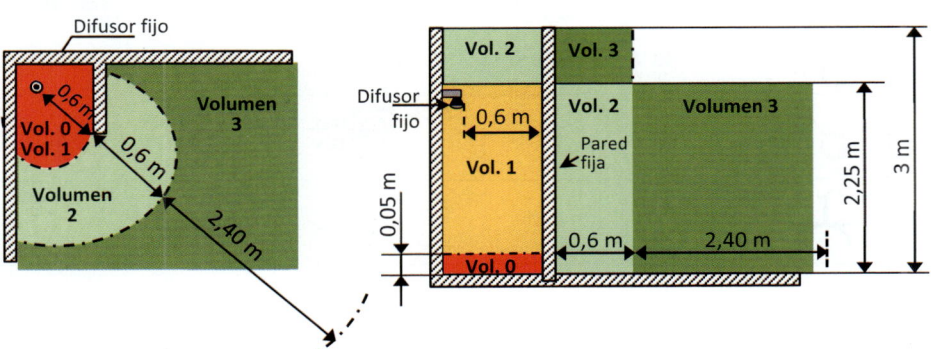

Figura 7 - CABINA DE DUCHA PREFABRICADA

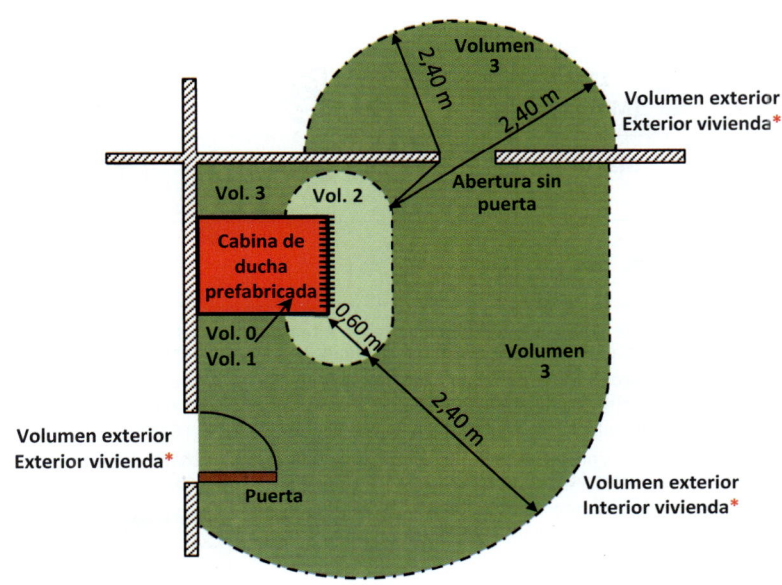

* **NOTA A.:** Por volumen exterior o interior "vivienda", se entiende el volumen exterior o interior de la estancia que contiene la cabina de la ducha prefabricada.

RESUMEN

			Volumen 0	Volumen 1	Volumen 2	Volumen 3
		230 V	No	No	No	Sí
		12 V	No	Sí (1) Max. 12 V	Sí (1) Max. 12 V	Sí
		16 A/ 230 V	No	No	No	Sí (4) 30 mA
		12 V (2)	No	No	Sí	Sí
		12 V (3)	No	No	Sí	Sí
Equipo para bañeras de hidromasaje		Fijos	No	Sí (5) 30 mA	Sí	Sí
		Móviles	No	No	Sí (5) 30 mA	Sí
		12 V (MBTS)	No	Sí (6) Max. 12 V	Sí (5) Max. 12 V	Sí
		Más de 12 V	No	No	Sí (5) 30 mA	Sí (5) 30 mA
Otros receptores fijos			Sí (8)	Sí (Tabla 1)	Sí (5) 30 mA	Sí (7) 30 mA

(1) Interruptores de circuitos a **MBTS** alimentados a tensión nominal de **12 V** c.a. o de **30 V** c.c., estando la fuente de alimentación (el transformador) instalada fuera de los volúmenes 0, 1 y 2.

(2) Bases de circuitos a **MBTS** alimentados a tensión nominal de **12 V** c.a. o de **30 V** c.c., estando la fuente de alimentación (el transformador) instalada fuera de los volúmenes 0, 1 y 2.

(3) Bloques de alimentación de afeitadoras que cumplan con la UNE-EN 61.558-2-5 (y UNE 20.315-2-10).

(4) Bases de circuitos protegidas por diferencial de, como máximo, 30 mA de sensibilidad. También se acepta la protección por transformador de aislamiento o por MBTS.

(5) Luminarias, ventiladores, calefactores y unidades móviles protegidos por diferencial ($I_\Delta \leq$ 30mA).

(6) Máximo 12 V c.a. o 30 V c.c.

(7) Protegidos por diferencial de, como máximo, 30 mA de sensibilidad. También se acepta la protección por transformador de aislamiento o por MBTS.

(8) Aparatos adecuados a las condiciones de este volumen que únicamente pueden ser instalados en el volumen 0.

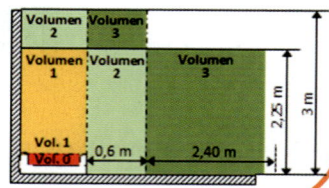

ITC-BT-28

Locales de pública concurrencia

Norma	Apartado	Sustituida por:
UNE 20.062	3.4.1	--
UNE 20.392	3.4.1	--
UNE 20.460-3	1	UNE-HD 60.364-1
UNE 21.123-4	4	--
UNE 21.123-5	4	--
UNE 211.002	4	--
UNE-EN 50.085-1	4	--
UNE-EN 50.086-1	4	UNE-EN 61.386-1
UNE-EN 50.200	4	--
UNE-EN 60.598-2-22	3.4.1	UNE-EN IEC 60.598-2-22

GUIA-BT	Edición
Incluida	Mar. 2015 (Rev.3)

Índice

1. CAMPO DE APLICACIÓN

La presente instrucción se aplica a locales de pública concurrencia como:

1. LOCALES DE ESPECTÁCULOS Y ACTIVIDADES RECREATIVAS

Cualquiera que sea su capacidad de ocupación, como por ejemplo cines, teatros, auditorios, estadios, pabellones deportivos, plazas de toros, hipódromos, parques de atracciones y ferias fijas, salas de fiesta, discotecas, salas de juegos de azar.

2. LOCALES DE REUNIÓN, TRABAJO Y USOS SANITARIOS

A) <u>**Cualquiera que sea su ocupación**</u>, los siguientes: templos, museos, salas de conferencias y congresos, casinos, hoteles, hostales, bares, cafeterías, restaurantes o similares, zonas comunes en agrupaciones de establecimientos comerciales, aeropuertos, estaciones de viajeros, estacionamientos cerrados y cubiertos para más de 5 vehículos, hospitales, ambulatorios y sanatorios, asilos y guarderías.

B) <u>Si la ocupación prevista es de **más de 50 personas**</u>: bibliotecas, centros de enseñanza, consultorios médicos, establecimientos comerciales, oficinas *con presencia de público*, residencias de estudiantes, gimnasios, salas de exposiciones, centros culturales, clubes sociales y deportivos.

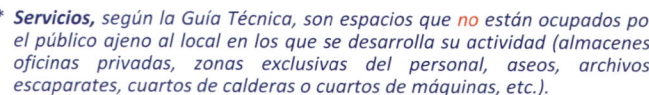

La ocupación prevista de los locales se calculará como **1 persona** por cada **0,8 m²** de superficie útil, a excepción de pasillos, repartidores, vestíbulos y servicios*.

* **Servicios,** *según la Guía Técnica, son espacios que no están ocupados por el público ajeno al local en los que se desarrolla su actividad (almacenes, oficinas privadas, zonas exclusivas del personal, aseos, archivos, escaparates, cuartos de calderas o cuartos de máquinas, etc.).*

C) Para instalaciones en <u>**quirófanos y salas de intervención**</u> se establecen requisitos particulares en la **ITC-BT-38**.

3. Igualmente se aplican a aquellos locales clasificados en condiciones **BD2, BD3 y BD4**, según la norma **UNE 20.460-3***
(***NOTA A.:** *Norma anulada y sustituida por la UNE-HD 60.364-1)* y

> 100

4. a todos aquellos locales no contemplados en los apartados anteriores, cuando tengan una capacidad de <u>ocupación de **más de 100 personas**</u>.

Esta instrucción tiene por objeto garantizar la correcta instalación y funcionamiento de los servicios de seguridad, en especial aquellas dedicadas a alumbrado que faciliten la evacuación segura de las personas o la iluminación de puntos vitales de los edificios.

Guía

Tipo de local		Ejemplos	Local Pub. Con.
1. Espectáculos y actividades recreativas		Cines, teatros, auditorios, estadios, pabellones de deportes, plazas de toros, hipódromos, parques de atracciones, ferias, salas de fiesta, discotecas, salas de juegos de azar.	**Siempre**
2. Locales de reunión, trabajo y usos sanitarios	2.1 Locales de **reunión**	Templos, salas de conferencias y congresos, bares, cafeterías, restaurantes, museos, casinos, hoteles, hostales, zonas comunes de centros comerciales, aeropuertos, estaciones de viajeros, parking de uso público cerrado de más de 5 vehículos, asilos, guarderías.	**Siempre**
		Centros de enseñanza, bibliotecas, establecimientos comerciales, residencias de estudiantes, gimnasios, salas de exposiciones, centros culturales, clubes sociales y deportivos.	Ocupación > **50** personas ajenas al local
	2.2 Locales de **trabajo**	Oficinas con presencia de público.	Ocupación > **50** personas ajenas al local
	2.3 Locales de **uso sanitario**	Hospitales, ambulatorios, sanatorios.	**Siempre**
		Consultorios médicos, clínicas.	Ocupación > **50** personas ajenas al local
3. Según dificultad de evacuación de cualquier local	3.1 **BD2** (baja densidad de ocupación, difícil evacuación)	Edificios de gran altura*, sótanos. ***NOTA A.:** Especificados en el CTE.*	
	3.2 **BD3** (alta densidad de ocupación, fácil evacuación)	Locales abiertos al público: grandes almacenes.	**Siempre**
	3.3 **BD4** (alta densidad de ocupación, difícil evacuación)	Edificios de gran altura abiertos al público. Locales en sótanos, abiertos al público.	
4. Otros locales		Cualquier local no incluido en los otros epígrafes con capacidad superior a 100 personas ajenas al local.	**Siempre**

Nota 1: *cuando un local pueda estar considerado bajo dos epígrafes, uno de ellos "siempre obligatorio" y el otro "dependa de la ocupación", se tomará la condición de "siempre obligatorio".*

Nota 2: *cuando en un local sea difícil evaluar el número de personas ajenas al mismo o la dificultad de evacuación en caso de emergencia, se considerará el local como de pública concurrencia.*

Guía

➢ La calificación de local de pública concurrencia se puede aplicar tanto a un **único local** u oficina, una agrupación de locales u oficinas, un edificio completo **o a parte o partes** de un edificio.

➢ Cuando un edificio o local completo es considerado como de pública concurrencia, **todas sus dependencias**, están consideradas también como de pública concurrencia. Por ejemplo, en el caso de un teatro, los camerinos o los despachos del personal, aunque no estén abiertos al público, también se consideran locales de pública concurrencia.

➢ Serán locales de pública concurrencia cualquier local de características y uso similar a los listados en la ITC-BT-28. Por ejemplo: canódromos y parques temáticos son asimilables a hipódromos y parques de atracciones respectivamente. Pensiones se asimilan a hostales. El uso veterinario se asimila a centro sanitario.

➢ De acuerdo con el artículo 20 del REBT se considera que el periodo de mantenimiento recomendable para las instalaciones que disponen de alumbrado de emergencia no debería superar los **3 años** y que las operaciones de mantenimiento se deben registrar para su posible presentación en la inspección periódica reglamentaria.

➢ La utilización de luminarias autónomas con dispositivo automático de prueba (AUTOTEST) facilita el control y verificación de los aparatos autónomos.

Nota

■ **CÁLCULO DE LA OCUPACIÓN DE UN LOCAL DE PÚBLICA CONCURRENCIA**

➢ **REBT: 1 persona x 0,8 m²***
   * Superficie útil, excluyendo pasillos, repartidores y servicios.

➢ **CTE – DB-SI, Sección SI 3, Apartado 2*:**
   En su **tabla 2.1** se indican los m²/persona a considerar en el cálculo de la ocupación del local en función de la zona y el tipo de actividad del local.

⏷ *Código Técnico de la Edificación (CTE) y sus Documentos Básicos (DB) disponible en www.marketing.marcombo.com*

Según la Guía Técnica de aplicación del REBT, se recomienda que el cálculo de la ocupación del local se realice utilizando:

1º) Los valores indicados en el **Código Técnico de la Edificación** (CTE).

2ª) **En el caso de que la actividad del local no esté contemplada el CTE**, se utilice el valor genérico indicado en la **ITC-BT-28**.

Como la Guía Técnica de aplicación no es vinculante, será la Administración competente en materia de seguridad industrial la que acepte, o no, este criterio de aplicación en el cálculo, pues los valores pueden resultar diferentes.

Art. 10

Tipos de suministro

1. **Suministros normales:** efectuados por una sola empresa distribuidora por la totalidad de la P$_{contratada}$

2. **Suministros complementarios o de seguridad**
   (Entran en funcionamiento en caso de fallo del suministro normal, sin que exista acoplamiento entre ambos suministros)

   1. **Socorro:** ≥ 15 % P$_{contratada}$
   2. **Reserva:** ≥ 25 % P$_{contratada}$
   3. **Duplicado:** > 50 % P$_{contratada}$

2. ALIMENTACIÓN DE LOS SERVICIOS DE SEGURIDAD

En el presente apartado se definen las características de la alimentación de los servicios de seguridad tales como alumbrados de emergencia, sistemas contra incendios, ascensores u otros servicios urgentes indispensables que están fijados por las reglamentaciones específicas de las diferentes Autoridades competentes en materia de seguridad.

La alimentación para los servicios de seguridad, en función de lo que establezcan las reglamentaciones específicas, puede ser **automática o no automática**.

En una alimentación automática la puesta en servicio de la alimentación no depende de la intervención de un operador.

Una alimentación automática se clasifica, según su duración de conmutación, en las siguientes categorías:

1. **Sin corte:** alimentación automática que puede estar asegurada de forma continua en las condiciones especificadas durante el periodo de transición, por ejemplo, en lo que se refiere a las variaciones de tensión y frecuencia.

2. **Corte muy breve:** alimentación automática disponible en **0,15 s** como máximo.

3. **Corte breve:** alimentación automática disponible en **0,5 s** como máximo.

4. **Corte mediano:** alimentación automática disponible en **15 s** como máximo.

5. **Corte largo:** alimentación automática disponible en **más de 15 s**.

NOTA A.: *La clasificación y tiempo de conmutación se especifican en la* **UNE UNE-HD 60.364-1**.

■ 2.1 Generalidades y fuentes de alimentación

INDICACIONES GENERALES

(1) Para los servicios de seguridad la fuente de energía debe ser elegida de forma que la alimentación esté asegurada durante un tiempo apropiado.

(2) Para que los servicios de seguridad funcionen en caso de incendio, los equipos y materiales utilizados deben presentar, por construcción o por instalación, una resistencia al fuego de duración apropiada.

(3) Se elegirán preferentemente medidas de protección contra los contactos indirectos sin corte automático al primer defecto. En el **esquema IT** debe preverse un controlador permanente de aislamiento que al primer defecto emita una señal acústica o visual.

(4) Los equipos y materiales deberán disponerse de forma que se facilite su verificación periódica, ensayos y mantenimiento.

Se pueden utilizar las siguientes **FUENTES DE ALIMENTACIÓN:**

1. **Baterías de acumuladores.** Generalmente las baterías de arranque de los vehículos no satisfacen las prescripciones de alimentación para los servicios de seguridad.

2. **Generadores independientes.**

3. **Derivaciones separadas de la red** de distribución, efectivamente independientes de la alimentación normal.

Las fuentes para servicios complementarios o de seguridad deben estar instaladas en lugar fijo y de forma que no puedan ser afectadas por el fallo de la fuente normal. Además, con excepción de los equipos autónomos, deberán cumplir las siguientes condiciones:

1. Se instalarán en emplazamiento apropiado, accesible solamente a las personas cualificadas o expertas.

2. El emplazamiento estará convenientemente ventilado, de forma que los gases y los humos que produzcan no puedan propagarse en los locales accesibles a las personas.

3. No se admiten derivaciones separadas, independientes y alimentadas por una red de distribución pública, salvo si se asegura que las dos derivaciones no puedan fallar simultáneamente.

4a. Cuando exista una sola fuente para los servicios de seguridad, ésta no debe ser utilizada para otros usos.

4b. Sin embargo, cuando se dispone de varias fuentes, pueden utilizarse igualmente como fuentes de reemplazamiento, con la condición, de que en caso de fallo de una de ellas, la potencia todavía disponible sea suficiente para garantizar la puesta en funcionamiento de todos los servicios de seguridad, siendo necesario generalmente, el corte automático de los equipos no concernientes a la seguridad.

■ **2.2 Fuentes propias de energía**

Fuente propia de energía es la que está constituida por:
baterías de acumuladores, aparatos autónomos o grupos electrógenos.

La puesta en funcionamiento se realizará al producirse la falta de tensión en los circuitos alimentados por los diferentes suministros procedentes de la Empresa o Empresas distribuidoras de energía eléctrica, o cuando aquella tensión descienda por debajo del **70 %** de su valor nominal.

La capacidad mínima de una fuente propia de energía será, como norma general, la precisa para proveer al alumbrado de seguridad en las condiciones señaladas en el apartado 3.1 de esta instrucción.

2.3 Suministros complementarios o de seguridad

1. **Todos** los locales de pública concurrencia deberán disponer de **alumbrado de emergencia**.

2. Deberán disponer de **suministro de socorro** ($P_{receptora} \geq 15\ \%\ P_{contratada}$) los locales de espectáculos y actividades recreativas cualquiera que sea su ocupación y los locales de reunión, trabajo y usos sanitarios con una ocupación prevista de más de **300 personas**.

3. Deberán disponer de **suministro de reserva** ($P_{receptora} \geq 25\ \%\ P_{contratada}$):
   - ✓ Hospitales, clínicas, sanatorios, ambulatorios y centros de salud.
   - ✓ Estaciones de viajeros y aeropuertos.
   - ✓ Estacionamientos subterráneos para más de 100 vehículos.
   - ✓ Establecimientos comerciales o agrupaciones de éstos en centros comerciales de más de 2.000 m² de superficie.
   - ✓ Estadios y pabellones deportivos.

Cuando un local se pueda considerar tanto en el grupo de locales que requieren suministro de socorro como en el grupo que requieren suministro de reserva, se instalará suministro de reserva

En aquellos **locales singulares**, tales como los establecimientos sanitarios, grandes hoteles de más de 300 habitaciones, locales de espectáculos con capacidad para más de 1.000 espectadores, estaciones de viajeros, estacionamientos subterráneos con más de 100 plazas, aeropuertos y establecimientos comerciales o agrupaciones de éstos en centros comerciales de más de 2.000 m² de superficie, las **fuentes propias** de energía deberán poder suministrar, con independencia de los alumbrados especiales, la potencia necesaria para atender servicios urgentes indispensables cuando sean requeridos por la autoridad competente.

Guía	Alumbrado emergencia	Grupos de Locales	Suministro socorro (15 % $P_{con.}$)	Locales específicos	Suministro de reserva (25 % $P_{contratada}$)
	Siempre	Espectáculos	Siempre	Estadios y pabellones deportivos	Siempre
		Actividades recreativas		--	--
		Reunión	Ocupación mayor de 300 personas ajenas al centro	Estaciones - aeropuertos	Siempre
				Estacionamientos subterráneos de uso público	Más de 100 vehículos
				Comercios y centros comerciales	Más de 2000 m²
		Trabajo		--	--
		Uso sanitario		Hospitales, clínicas, sanitarios y centros de salud	Siempre

Nota: cuando se requiere suministro de socorro y de reserva se instalará el de reserva únicamente.

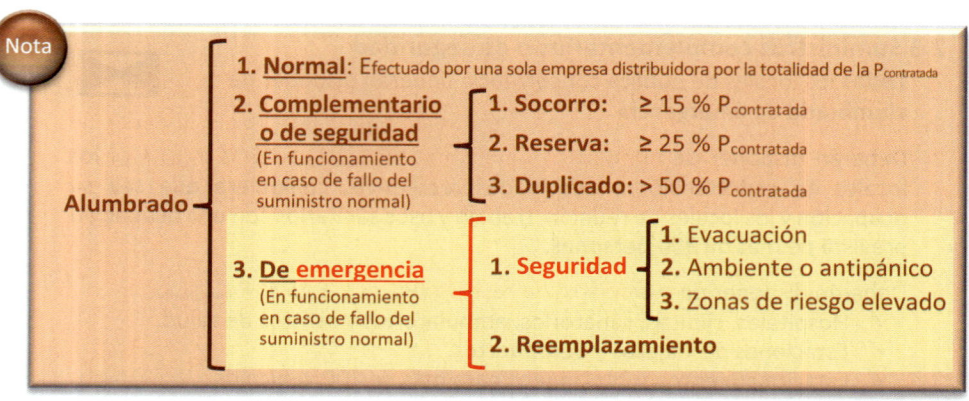

Nota

Alumbrado

1. **Normal**: Efectuado por una sola empresa distribuidora por la totalidad de la P_contratada

2. **Complementario o de seguridad** (En funcionamiento en caso de fallo del suministro normal)
  1. **Socorro:** ≥ 15 % P_contratada
  2. **Reserva:** ≥ 25 % P_contratada
  3. **Duplicado:** > 50 % P_contratada

3. **De emergencia** (En funcionamiento en caso de fallo del suministro normal)
  1. **Seguridad**
    1. Evacuación
    2. Ambiente o antipánico
    3. Zonas de riesgo elevado
  2. **Reemplazamiento**

Guía

ALUMBRADO DE EMERGENCIA
Previsto para entrar en funcionamiento cuando se produce un fallo en la alimentación del alumbrado normal (tendrá un corte breve, t ≤ 0,5 s).

Apdo. 3.1

ALUMBRADO DE SEGURIDAD
- *Garantiza la iluminación durante la evacuación de una zona.*
- *Entra en funcionamiento a tensión inferior al 70 % de la nominal.*

Apdo. 3.2

ALUMBRADO DE REEMPLAZAMIENTO
- *Su duración no siempre está determinada, debe permitir finalizar los trabajos con seguridad si la iluminación es inferior a la normal.*
- *Permite la continuación de las actividades normales (En salas de intervención, de tratamiento intensivo, de curas, paritorios y urgencias, se prescribe una duración mínima de 2 horas).*

Apdo. 3.1.1

DE EVACUACIÓN
- *Antes llamado de señalización.*
- *Permite reconocer y utilizar las rutas de evacuación.*
- *Proporcionará 1 lux en el suelo, en el eje de los pasos principales.*
- *Permite identificar los puntos de los servicios contra incendios y cuadros de distribución (5 lux).*
- *Tiempo mínimo de funcionamiento 1 hora.*

Apdo. 3.1.2

AMBIENTE O ANTIPÁNICO
- *Antes llamado alumbrado de emergencia.*
- *Permite la identificación y acceso a las rutas de evacuación.*
- *Proporciona 0,5 lux en todo el espacio hasta 1 m de altura.*
- *Tiempo mínimo de funcionamiento 1 hora.*

Apdo. 3.1.3

DE ZONAS DE ALTO RIESGO
- *Duración mínima: la necesaria para interrumpir las actividades.*
- *Permite la interrupción de los trabajos peligrosos con seguridad.*
- *Iluminación mínima: 15 lux o 10 % de la iluminación normal.*

3. ALUMBRADO DE EMERGENCIA

Las instalaciones destinadas a alumbrado de emergencia, tienen por objeto asegurar, en caso de fallo de la alimentación al alumbrado normal, la iluminación en los locales y accesos hasta las salidas, para una eventual evacuación del público o iluminar otros puntos que se señalen.

La alimentación del alumbrado de emergencia será automática con **corte breve** *(t ≤ 0,5 s)*.

Se incluyen dentro de este alumbrado el alumbrado de seguridad y el alumbrado de reemplazamiento.

■ 3.1 Alumbrado de seguridad

Es el alumbrado de emergencia previsto para garantizar la seguridad de las personas que evacuen una zona o que tienen que terminar un trabajo potencialmente peligroso antes de abandonar la zona.

El alumbrado de seguridad estará previsto para entrar en funcionamiento automáticamente cuando se produce el fallo del alumbrado general o cuando la tensión de éste baje a menos del **70 %** de su valor nominal.

La instalación de este alumbrado será fija y estará provista de **fuentes propias** de energía. Sólo se podrá utilizar el suministro exterior para proceder a su carga, cuando la fuente propia de energía esté constituida por baterías de acumuladores o aparatos autónomos automáticos.

3.1.1 Alumbrado de evacuación

Es la parte del alumbrado de seguridad previsto para garantizar el reconocimiento y la utilización de los medios o rutas de evacuación cuando los locales estén o puedan estar ocupados.

En rutas de evacuación, el alumbrado de evacuación debe proporcionar, a nivel del suelo, y en el eje de los pasos principales, una iluminancia mínima de **1 lux**.

En los puntos en los que estén situados los equipos de las instalaciones de protección contra incendios que exijan utilización manual y en los cuadros de distribución del alumbrado, la iluminancia mínima será de **5 lux**.

La relación entre la iluminancia máxima y la mínima en el eje de los pasos principales será menor de 40. $\left.\dfrac{E_{max}}{E_{min}} < 40\right.$

El alumbrado de evacuación deberá poder funcionar, cuando se produzca el fallo de la alimentación normal, como mínimo durante **1 hora**, proporcionando la iluminancia prevista.

3.1.2 Alumbrado de ambiente o anti-pánico

Es la parte del alumbrado de seguridad previsto para evitar todo riesgo de pánico y proporcionar una iluminación ambiente adecuada que permita a los ocupantes identificar y acceder a las rutas de evacuación e identificar obstáculos.

El alumbrado ambiente o anti-pánico debe proporcionar una iluminancia horizontal mínima de **0,5 lux** en todo el espacio considerado, desde el suelo hasta una altura de **1 m**.

$$\frac{E_{max}}{E_{min}} < 40$$

La relación entre la iluminancia máxima y la mínima en todo el espacio considerado será menor de 40.

El alumbrado ambiente o anti-pánico deberá poder funcionar, cuando se produzca el fallo de la alimentación normal, como mínimo durante **1 hora**, proporcionando la iluminancia prevista.

3.1.3 Alumbrado de zonas de alto riesgo

Es la parte del alumbrado de seguridad previsto para garantizar la seguridad de las personas ocupadas en actividades potencialmente peligrosas o que trabajan en un entorno peligroso. Permite la interrupción de los trabajos con seguridad para del operador y para los otros ocupantes del local.

El alumbrado de las zonas de alto riesgo debe proporcionar una iluminancia mínima de **15 lux** o el **10 %** de la iluminancia normal, tomando siempre el mayor de los valores.

$$\frac{E_{max}}{E_{min}} < 10$$

La relación entre la iluminancia máxima y la mínima en todo el espacio considerado será menor de 10.

El alumbrado de las zonas de alto riesgo deberá poder funcionar, cuando se produzca el fallo de la alimentación normal, como mínimo el tiempo necesario para abandonar la actividad o zona de alto riesgo.

■ 3.2 Alumbrado de reemplazamiento

Parte del alumbrado de emergencia que permite la continuidad de las actividades normales.

Cuando el alumbrado de reemplazamiento proporcione una iluminancia inferior al alumbrado normal, se usará únicamente para terminar el trabajo con seguridad.

3.3 Lugares en que deberán instalarse alumbrados de emergencia

3.3.1 Con alumbrado de seguridad

Es **obligatorio** situar el alumbrado de emergencia de evacuación seguridad en las siguientes zonas de los locales de pública concurrencia:

a. En todos los recintos cuya ocupación sea mayor de **100 personas**.

b. Los recorridos generales de evacuación de zonas destinadas a usos residencial u hospitalario y los de zonas destinadas a cualquier otro uso que estén previstos para la evacuación de más de 100 personas.

c. En los aseos generales de planta en edificios de acceso público.

d. En los aparcamientos cerrados y cubiertos para más de **5 vehículos**, incluidos los pasillos y las escaleras que conduzcan desde aquellos hasta el exterior o hasta las zonas generales del edificio.

e. En los locales que alberguen equipos generales de las instalaciones de protección.

f. En las salidas de emergencia y en las señales de seguridad reglamentarias.

g. En todo cambio de dirección de la ruta de evacuación.

h. En toda intersección de pasillos con las rutas de evacuación.

i. En el exterior del edificio, en la vecindad inmediata a la salida.

j. Cerca[1] de las escaleras, de manera que cada tramo de escaleras reciba una iluminación directa.

k. Cerca[1] de cada cambio de nivel.

l. Cerca[1] de cada puesto de primeros auxilios.

m. Cerca[1] de cada equipo manual destinado a la prevención y extinción de incendios.

n. En los cuadros de distribución de la instalación de alumbrado de las zonas indicadas anteriormente.

[1] Cerca significa a una distancia inferior **a 2 metros**, medida horizontalmente.

En las zonas incluidas en los apartados **m)** y **n)**, el alumbrado de seguridad proporcionará una iluminancia mínima de **5 lux** a nivel al nivel de operación.

Solo se instalará alumbrado de seguridad para zonas de alto riesgo en las zonas que así lo requieran, según lo establecido en 3.1.3.

También será necesario instalar alumbrado de evacuación, aunque no sea un local de pública concurrencia, en todas las escaleras de incendios, en particular toda escalera de evacuación de edificios para uso de viviendas excepto las unifamiliares; así como toda zona clasificada como de riesgo especial en el artículo 19 de la Norma Básica de Edificación NBE-CPI-96*.

* **NOTA A:** *Actualmente CTE-DB-SI.*

3.3.2 Con alumbrado de reemplazamiento

En las zonas de hospitalización, la instalación de alumbrado de emergencia proporcionará una iluminancia no inferior de **5 lux** y durante **2 horas** como mínimo. Las salas de intervención, las destinadas a tratamiento intensivo, las salas de curas, paritorios, urgencias dispondrán de un alumbrado de reemplazamiento que proporcionará un nivel de **iluminancia igual al del alumbrado normal** durante **2 horas** como mínimo.

■ ### 3.4 Prescripciones de los aparatos para alumbrado de emergencia

3.4.1 *Aparatos autónomos para alumbrado de emergencia*

Luminaria que proporciona alumbrado de emergencia de tipo permanente o no permanente en la que todos los elementos, tales como la batería, la lámpara, el conjunto de mando y los dispositivos de verificación y control, si existen, están contenidos dentro de la luminaria o a una distancia inferior a **1 m** de ella.

Los aparatos autónomos destinados a alumbrado de emergencia deberán cumplir las normas: **UNE-EN 60.598-2-22 (UNE-EN IEC 60.598-2-22)** y la norma **UNE 20.392** o **UNE 20.062**, según sea la luminaria para lámparas fluorescentes o incandescentes, respectivamente.

3.4.2 *Luminaria alimentada por fuente central*

Luminaria que proporciona alumbrado de emergencia de tipo permanente o no permanente y que está alimentada a partir de un sistema de alimentación de emergencia central, es decir, **no** incorporado a en la luminaria.

Las luminarias que actúan como aparatos de emergencia alimentados por fuente central deberán cumplir lo expuesto en la norma **UNE-EN 60.598-2-22**.

Los distintos aparatos de control, mando y protección generales para las instalaciones del alumbrado de emergencia por fuente central entre los que figurará un **voltímetro** de **clase 2,5** por lo menos, se dispondrán en un cuadro único, situado fuera de la posible intervención del público.

Las líneas que alimentan directamente los circuitos individuales de los alumbrados de emergencia alimentados por fuente central, estarán protegidas por **interruptores automáticos** con una intensidad nominal de **10 A** como **máximo**.

A) Una misma línea **no** podrá alimentar **más de 12 puntos** de luz o,

B) si en la dependencia o local considerado existiesen varios puntos de luz para alumbrado de emergencia, éstos deberán ser repartidos, al menos, **entre dos líneas diferentes**, aunque su número sea inferior a doce.

Las canalizaciones que alimenten los alumbrados de emergencia alimentados por fuente central se dispondrán, cuando se instalen sobre paredes o empotradas en ellas, a **5 cm** como mínimo, de otras canalizaciones eléctricas y, cuando se instalen en huecos de la construcción estarán separadas de éstas por tabiques incombustibles no metálicos.

Guía

Actualmente la mayoría de los aparatos autónomos de alumbrado de emergencia incorpora actualmente la **tecnología LED**, y todavía no existe una norma UNE específica para este tipo de aparatos. La norma europea aplicable es la **UNE-EN 60.598-2-22** con la particularidad de que el paso a la condición de funcionamiento debe realizarse a un valor inferior al **70 %** de la tensión de alimentación.

Para mantenimiento, control y verificación se recomienda utilizar un sistema de ensayo automático de acuerdo con la **UNE-EN 62.034.**

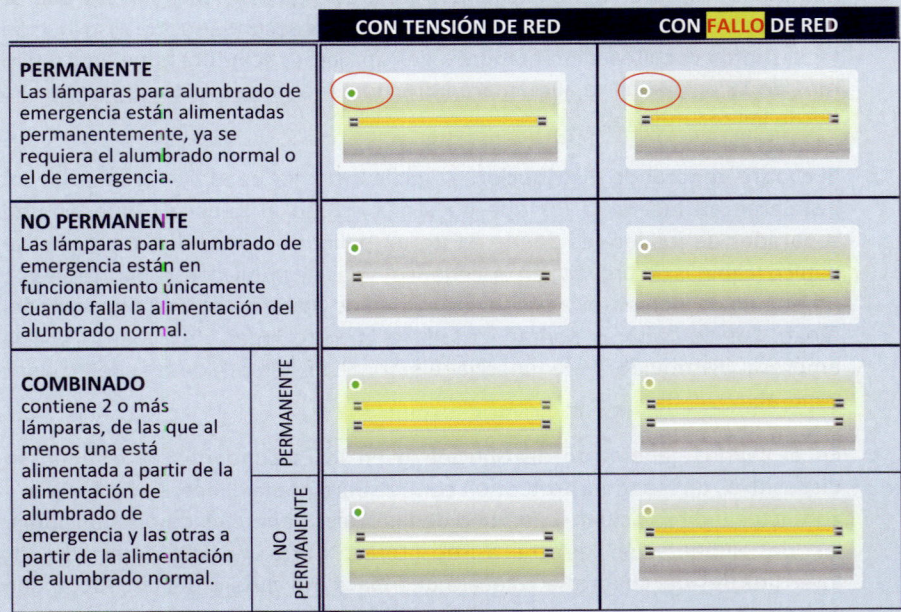

		CON TENSIÓN DE RED	CON FALLO DE RED
PERMANENTE Las lámparas para alumbrado de emergencia están alimentadas permanentemente, ya se requiera el alumbrado normal o el de emergencia.			
NO PERMANENTE Las lámparas para alumbrado de emergencia están en funcionamiento únicamente cuando falla la alimentación del alumbrado normal.			
COMBINADO contiene 2 o más lámparas, de las que al menos una está alimentada a partir de la alimentación de alumbrado de emergencia y las otras a partir de la alimentación de alumbrado normal.	PERMANENTE		
	NO PERMANENTE		

En función de la construcción de la luminaria aparecerá sobre el aparato el siguiente marcado:

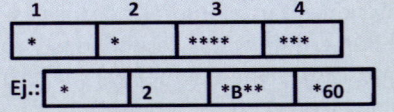

1. TIPO DE LUMINARIA:
X Autónomo.
Z Alimentado por fuente central.

2. MODO DE FUNCIONAMIENTO:
0 No permanente.
1 Permanente.
2 Combinado no permanente.
3 Combinado permanente.
4 Compuesto no permanente.
5 Compuesto permanente.
6 Satélite.

3. DISPOSITIVOS:
A Dispositivo de verificación incorporado.
B Con puesta en estado de reposo a distancia.
C Con puesta en estado de neutralización.
D Luminaria para zonas de alto riesgo.

4. DURACIÓN
(En minutos. Solo aparatos autónomos):
60 (mínimo)
120
180

4. PRESCRIPCIONES DE CARÁCTER GENERAL

Las instalaciones en los locales de pública concurrencia, cumplirán las condiciones de carácter general que a continuación se señalan:

a. El cuadro general de distribución deberá colocarse en el <u>punto más próximo posible a la entrada</u> de la acometida o derivación individual y se colocará junto o sobre él, los dispositivos de mando y protección establecidos en la instrucción **ITC-BT-17**. Cuando no sea posible la instalación del cuadro general en este punto, se instalará en dicho punto un dispositivo de mando y protección.

Del citado cuadro general saldrán las líneas que alimentan directamente los aparatos receptores o bien las líneas generales de distribución a las que se conectarán mediante cajas o a través de cuadros secundarios de distribución los distintos circuitos alimentadores. <u>Los aparatos receptores que consuman</u> **más de 16 amperios** <u>se alimentarán directamente desde el cuadro general o desde los secundarios.</u>

b. El **cuadro general de distribución** e, igualmente, los cuadros secundarios, se instalarán en lugares <u>a los que no tenga acceso el público</u> y que estarán separados de los locales donde exista un peligro acusado de incendio o de pánico (cabinas de proyección, escenarios, salas de público, escaparates, etc.), por medio de elementos a prueba de incendios y puertas no propagadoras del fuego. Los contadores podrán instalarse en otro lugar, de acuerdo con la empresa distribuidora de energía eléctrica, y siempre antes del cuadro general.

c. En el cuadro general de distribución o en los secundarios se dispondrán dispositivos de mando y protección contra sobreintensidades, cortocircuitos y contactos indirectos para cada una de las líneas generales de distribución, y las de alimentación directa a receptores. <u>Cerca de cada uno de los interruptores del cuadro se colocará una</u> **placa indicadora del circuito** <u>al que pertenecen.</u>

d. En las instalaciones para alumbrado de locales o dependencias **donde se reúna público**, el número de líneas secundarias y su disposición en relación con el total de lámparas a alimentar, deberá ser tal que <u>el corte de corriente</u> en una cualquiera de ellas **no afecte a más de la** tercera parte <u>del total de lámparas instaladas en los locales</u> o dependencias que se iluminan alimentadas por dichas líneas. Cada una de estas líneas estarán protegidas en su origen contra sobrecargas, cortocircuitos, y si procede contra contactos indirectos.

e. Las canalizaciones deben realizarse según lo dispuesto en las **ITC-BT-19** e **ITC-BT-20** y estarán constituidas por:

➢ Conductores aislados, de tensión nominal no inferior a 450/750 V, colocados <u>bajo tubos o canales</u> protectores, preferentemente empotrados en especial en las zonas accesibles al público.

➢ Conductores aislados, de tensión nominal no inferior a 450/750 V, con cubierta de protección, colocados en <u>huecos de la construcción</u>, totalmente construidos en materiales incombustibles de grado de resistencia al fuego incendio RF-120, como mínimo.

➢ Conductores rígidos, aislados, de tensión nominal no inferior a 0,6/1 kV, <u>armados</u>, colocados <u>directamente sobre las paredes</u>.

Guía

Las características mínimas para los cables y los sistemas de conducción de cables son:

Sistema de instalación	Sistema de canalización (calidad mínima)	Cable
Empotrado	Tubo 2221. No propagador de la llama	ES07Z1-K (AS)
	Canal no propagadora de la llama	H07Z1-K (AS)
Superficial	Tubo 4321. No propagador de la llama	RZ1-K (AS)
	Canal no propagadora de la llama	DZ1-K (AS)
	Bandejas y bandejas de escalera no propagadoras de la llama	RZ1-K (AS) DZ1-K (AS)
	Cables armados colocados directamente sobre las paredes	RZ1-K (AS) DZ1-K (AS)
Canal de obra	Tubo 2221. No propagador de la llama	ES07Z1-K (AS) H07Z1-K (AS)
	Canal no propagadora de la llama	RZ1-K (AS) DZ1-K (AS)
	Bandejas y bandejas de escalera	RZ1-K (AS)
	Cables instalados directamente en su interior	DZ1-K (AS)
Canalización prefabricada UNE-EN 60.439-2		
Conexionado interior de los cuadros eléctricos		ES07Z1-K (AS) H07Z1-K (AS) ES05Z1-K (AS)

f. Los cables y sistemas de conducción de cables deben instalarse de manera que no se reduzcan las características de la estructura del edificio en la seguridad contra incendios.

<u>Los cables</u> eléctricos a utilizar en las instalaciones de tipo general y en el conexionado interior de cuadros eléctricos en este tipo de locales, serán *no propagadores del incendio* y con emisión de humos y opacidad reducida*.

CPR
COMPLIANT
Construction Products Regulation
EN 50575

* Por el Reglamento Delegado 2016/364, se establece el siguiente texto legal:

Los cables serán de la clase de reacción al fuego mínima **C$_{ca}$ -s1b,d1,a1.** Los cables con características equivalentes a las de la norma **UNE 21.123**, partes 4 o 5, o a la norma **UNE 211.002** (según la tensión asignada del cable) cumplen con esta prescripción.

Los cables con características equivalentes a las de la norma **UNE 21.123** parte 4 o 5; o a la norma **UNE 211.002** (según la tensión asignada del cable), cumplen con esta prescripción.

Los elementos de conducción de cables con características equivalentes a los clasificados como "no propagadores de la llama" de acuerdo con las normas **UNE-EN 50.085-1** y **UNE-EN 50.086-1 (UNE-EN 61.386-1)**, cumplen con esta prescripción.

Los cables eléctricos destinados a circuitos de servicios de seguridad no autónomos o a circuitos de servicios con fuentes autónomas centralizadas, deben **mantener el servicio durante y después del incendio**, siendo conformes a las especificaciones de la norma **UNE-EN 50.200** y tendrán emisión de humos y gases tóxicos muy opacidad reducida. Los cables con características equivalentes a la norma **UNE 21.123**, apartado 3.4.6, cumplen con esta prescripción de emisión de humos y opacidad reducida.

g. Las fuentes propias de energía de corriente alterna a 50 Hz no podrán dar tensión de retorno a la acometida o acometidas de la red de Baja Tensión pública que alimenten al local de pública concurrencia.

5. PRESCRIPCIONES COMPLEMENTARIAS PARA LOCALES DE ESPECTÁCULOS Y ACTIVIDADES RECREATIVAS

Además de las prescripciones generales señaladas en el capítulo anterior, se cumplirán en los locales de espectáculos las siguientes prescripciones las complementarias siguientes:

a. A partir del cuadro general de distribución se instalarán líneas distribuidoras generales, accionadas por medio de interruptores omnipolares con la debida protección al menos, para cada uno de los siguientes grupos de dependencias o locales:

1) Sala de público.
2) Vestíbulo, escaleras y pasillos de acceso a la sala desde la calle, y dependencias anexas a ellos.
3) Escenario y dependencias anexas a él, tales como camerinos, pasillos de acceso a éstos, almacenes, etc.
4) Cabinas cinematográficas o de proyectores para alumbrado.

Cada uno de los grupos señalados dispondrá de su correspondiente **cuadro secundario** de distribución, que deberá contener todos los dispositivos de protección. En otros cuadros se ubicarán los interruptores, conmutadores, combinadores, etc., que sean precisos para las distintas líneas, baterías, combinaciones de luz y demás efectos obtenidos en escena.

b. En las cabinas cinematográficas y en los escenarios, así como en los almacenes y talleres anexos a éstos, se utilizarán únicamente canalizaciones constituidas por conductores aislados, de tensión nominal no inferior a **450/750 V**, colocados bajo tubos o canales protectores de tipo no propagador de la llama, preferentemente empotrados. Los dispositivos de protección contra sobreintensidades estarán constituidos siempre por interruptores automáticos magnetotérmicos; las canalizaciones móviles estarán constituidas por conductores con aislamiento del tipo de doble o reforzado y los receptores portátiles tendrán un aislamiento de la **clase II***.

* **NOTA A.:** Apdo. 2.2 ITC-BT-43, clasificación de receptores en función de su clase de protección.

c. Los cuadros secundarios de distribución, deberán estar colocados en locales independientes o en el interior de un recinto construido con material no combustible.

d. Será posible cortar, mediante interruptores omnipolares, cada una de las instalaciones eléctricas correspondientes a:

   1) Camerinos.
   2) Almacenes.
   3) Talleres.
   4) Otros locales con peligro de incendio.
   5) Los reostatos, resistencias y receptores móviles del equipo escénico.

e. Las resistencias empleadas para efectos o juegos de luz o para otros usos, estarán montadas a suficiente distancia de los telones, bambalinas y demás material del decorado y protegidas suficientemente para que una anomalía en su funcionamiento no pueda producir daños. Estas precauciones se hacen extensivas a cuantos dispositivos eléctricos se utilicen y especialmente a las linternas de proyección y a las lámparas de arco de las mismas.

f. El alumbrado general deberá ser completado por un alumbrado de evacuación, conforme a las disposiciones del apartado 3.1.1, el cual funcionará constantemente permanentemente durante el espectáculo y hasta que el local sea evacuado por el público.

g. Se instalará **iluminación de balizamiento** en cada uno de los peldaños o rampas con una inclinación superior al **8 %** del local con la suficiente intensidad para que puedan iluminar la huella. En el caso de pilotos de balizado, se instalará a razón de **1 por cada metro lineal** de la anchura o fracción.

La instalación de balizamiento debe estar construida de forma que el paso de alerta al de funcionamiento de emergencia se produzca cuando el valor de la tensión de alimentación descienda por debajo del **70 %** de su valor nominal.

6. PRESCRIPCIONES COMPLEMENTARIAS PARA LOCALES DE REUNIÓN Y TRABAJO

Además de las prescripciones generales señaladas en el **capítulo 4**[*], se cumplirán en los locales de reunión las siguientes prescripciones complementarias.

A partir del cuadro general de distribución se instalarán líneas distribuidoras generales, accionadas por medio de interruptores omnipolares, al menos para cada uno de los siguientes grupos de dependencias o locales:

1) Salas de venta o reunión, por planta del edificio.
2) Escaparates.
3) Almacenes.
4) Talleres.
5) Pasillos, escaleras y vestíbulos.

[*] *Dato corregido según fe de erratas del REBT del Ministerio de Energía, Industria y Turismo: «Donde dice "capítulo 5" debe de decir "capítulo 4"».*

Nota

CÁLCULO ALUMBRADO DE EMERGENCIA

Para locales pequeños se puede aplicar el siguiente proceso:

- Nivel de iluminación del local: $\Phi_{TOTAL} = 5$ **lux = 5 lm/m^2**
- Nivel de iluminación de luminarias (según catálogo) = $\Phi_{LUMINARIA}$
- Número de luminarias: **Nº = Φ_{TOTAL} / $\Phi_{LUMINARIA}$**
- Separación entre luminarias: **D = 4 · H**

  Siendo:

  D = distancia entre luminarias.
  H = altura de instalación de las luminarias (altura recomendada entre 2 y 2,5 m).

[*] Iluminación de cuadros o sistemas de protección contra incendios:
Nivel de iluminación **5 veces mayor**.

ANOTACIONES

ITC-BT-29 | Locales con riesgo de incendio o explosión

Norma	Apartado	Sustituida por:
CEI 60.079-19	6.3	**UNE-EN IEC 60.079-19**
CEI 61.241-3	4.1.2	**UNE-EN 60.079-10-2**
UNE 21.027-4	9.2	**UNE-EN 50.525-2-21**
UNE 21.123	9.2	--
UNE 21.150	9.2	--
UNE 21.157-1	9.2	**UNE-EN 60.702-1**
UNE 36.582	9.3	--
UNE-EN 50.015	2	**UNE-EN 60.079-6**
UNE-EN 50.018	2	**UNE-EN 60.079-1**
UNE-EN 50.020	2	**UNE-EN 60.079-11**
UNE-EN 50.039	2 / 7.3 / 9	**UNE-EN 60.079-25**
UNE-EN 50.086-1	9.2	**UNE-EN 61.386-1**
UNE-EN 50.086	9.3	**UNE-EN 61.386**
UNE-EN 50.266-2	9.2	**UNE-EN 50.575**
EN 50.281-1-2	8.1 / 8.2 / 8.3	**UNE-EN 60.079-14/17**
UNE-EN 60.079-10	4.1.1	**UNE-EN IEC 60.079-10**
UNE-EN 60.079-17	6.1 / 6.3	**UNE-EN IEC 60.079-17**
UNE-EN 60.079-14	7.1/ 7.2/ 7.3/ 9	**UNE-EN IEC 60.079-14**

GUIA-BT	Edición
Incluida	Nov. 2019 (Rev.4)

Índice

1. CAMPO DE APLICACIÓN [1]

La presente Instrucción tiene por objeto especificar las reglas esenciales para el diseño, ejecución, explotación, mantenimiento y reparación de las instalaciones eléctricas en emplazamientos en los que existe riesgo de explosión o de incendio debido a la presencia de sustancias inflamables para que dichas instalaciones y sus equipos no puedan ser, dentro de límites razonables, la causa de inflamación de dichas sustancias.

Dentro del concepto de **atmósferas potencialmente explosivas** se consideran aquellos emplazamientos en los que se fabriquen, procesen, manipulen, traten, utilicen o almacenen sustancias sólidas, líquidas o gaseosas, susceptibles de inflamarse, deflagrar, o explosionar, siendo sostenida la reacción por el aporte de oxígeno procedente del aire ambiente en que se encuentran.

Debido a que son objeto de normativas específicas no se consideran incluidas en esta Instrucción las instalaciones eléctricas siguientes:

1) Las instalaciones correspondientes a los equipos excluidos del campo de aplicación del R.D. 400/1996, de 1 de marzo, por el que se dictan las disposiciones de aplicación de la Directiva del Parlamento Europeo y del Consejo 94/9/CE, relativa a los aparatos y sistemas de protección para uso en atmósferas potencialmente explosivas.

2) Cualquier otro entorno que disponga de una reglamentación particular.

En esta instrucción sólo se consideran los riesgos asociados a la coexistencia en el espacio y tiempo de equipos e instalaciones eléctricas con atmósferas explosivas; para otras eventuales fuentes de ignición se aplicará lo dispuesto en las reglamentaciones pertinentes.

Las instalaciones y equipos eléctricos en emplazamientos en los que hay riesgo simultáneo por sustancias inflamables de tipo gaseoso y pulverulento cumplirán los requisitos particulares de cada caso.

Además de la situación anterior, así como en atmósferas enriquecidas en oxígeno, se pueden requerir medidas especiales en relación con lo aquí prescrito; estas medidas se justificarán en el proyecto de la instalación.

---

[1] El alcance de esta instrucción, en el marco del *Reglamento electrotécnico para baja tensión* limita a los equipos e instalaciones eléctricas de baja tensión, en atmósferas potencialmente explosivas. Se llama la atención sobre el hecho de que el **R.D. 400/1996**, por el que se dictan las disposiciones de aplicación de la **Directiva 94/9/CE**, sobre los aparatos y sistemas de protección para uso en atmósferas potencialmente explosivas, afecta a todo tipo de instalaciones en atmósferas potencialmente explosivas, incluyendo aquellas manifestaciones energéticas de origen no eléctrico.

Guía

➢ Esta ITC se aplica únicamente a instalaciones eléctricas. En el caso de la ITC-BT-29, tales instalaciones incluyen o pueden incluir materiales y equipos afectados por el <u>RD 400/1996</u> (Directiva 94/9/CE sobre ATEX), pero ese real decreto tiene un campo de aplicación propio, que no debe ser confundido con el de la ITC, de la misma manera que tampoco debe confundirse con el propósito y campo de aplicación del <u>RD 681/2003</u>, de 12 de junio, sobre la protección de la salud y la seguridad de los trabajadores expuestos a los riesgos derivados de atmósferas explosivas en el lugar de trabajo.

Por lo tanto, esta ITC **no** se aplica a las instalaciones:

   a) No eléctricas;

   b) Las que, siendo eléctricas, son de tensión superior a 1000 V en corriente alterna o superior a 1500 V en corriente continua (artículo 2.1 del Reglamento);

   c) Las correspondientes a equipos que, aún siendo eléctricos, el propio RD 400/1996 los declara excluidos de su ámbito de aplicación;

   d) A cualesquiera otras instalaciones, equipos o materiales sujetos a reglamentación específica.

➢ El **<u>RD 681/2003</u>**, de 12 de junio, sobre la protección de la salud y la seguridad de los trabajadores expuestos a los riesgos derivados de atmósferas explosivas en el lugar de trabajo requiere la protección de los trabajadores en amplia gama de supuestos, entre ellos cuando se utilizan las instalaciones eléctricas que son objeto de esta ITC, pero también en otro tipo de situaciones. Los conceptos, prescripciones y orientaciones de esta ITC y las de esta guía podrían considerarse útiles en supuestos análogos, siempre que no exista regulación específica y que se utilicen de forma coherente con la propia **guía**[*] preparada por el **Instituto Nacional de Seguridad e Higiene en el Trabajo** para dicho real decreto.

➢ Asimismo, según establece el <u>artículo 2.5 del Reglamento</u> electrotécnico para baja tensión, las instalaciones eléctricas en locales con riesgo de incendio o explosión deben cumplir los requisitos de la presente ITC en todo lo que ésta sea específica, pero también <u>deberán cumplir los requisitos que sean aplicables de las demás ITCs, salvo aquellos que se contradigan con la presente Instrucción</u>.

➢ En el ámbito de esta ITC los conceptos de **"aparato"** y **"equipo"** son sinónimos.

➢ Hay que hacer notar que cuando se dice:

"Debido a que son objeto de normativas específicas no se consideran incluidas en esta Instrucción las instalaciones eléctricas siguientes":

"Las instalaciones correspondientes a los equipos excluidos del campo de aplicación del R.D. 400/1996...",

la ITC-BT-29 se está refiriendo a las instalaciones correspondientes a los equipos, no a éstos mismos, los cuales se regulan por aquel Real Decreto y no por el REBT.

*Por lo tanto, esta ITC **no se aplica a** las instalaciones correspondientes a:* *(pág sig.)*

[*] *Véase la página web del Instituto Nacional de Seguridad e Higiene en el Trabajo:* <u>http://www.insht.es/InshtWeb/Contenidos/Normativa/GuiasTecnicas/ Ficheros/ATMÓSFERAS%20EXPLOSIVAS.pdf</u>

Guía

➢ Esta ITC **no se aplica** a las instalaciones correspondientes a:

a) Los dispositivos médicos para uso en un <u>entorno sanitario</u>.

b) Los aparatos y sistemas de protección cuando el peligro de explosión se deba exclusivamente a la presencia de sustancias explosivas o <u>sustancias químicas inestables</u>.

c) Los equipos destinados a usos en entornos domésticos y no comerciales, donde las <u>atmósferas potencialmente explosivas se crean muy rara vez</u>, únicamente como consecuencia de una fuga fortuita de gas.

d) Los equipos de protección individual que están regulados por el **RD 1407/1992,** de 20 de noviembre, modificado por el **RD 159/1995**, de 3 de febrero, de aplicación de la Directiva 89/686/CEE.

e) Los <u>navíos marinos y las unidades móviles</u> **«offshore»,** así como los equipos a bordo de dichos navíos o unidades.

f) Los <u>medios de transporte</u>, es decir, los vehículos y sus remolques destinados únicamente al transporte de personas por vía aérea, red vial, red ferroviaria o vías acuáticas, y los medios de transporte, cuando estén concebidos para el transporte de mercancías por vía aérea, red vial pública, red ferroviaria o vías acuáticas.

No estarán excluidos los vehículos destinados al uso en una atmósfera potencialmente explosiva.

g) Los equipos contemplados en el párrafo b) del apartado 1 del artículo 223 del Tratado de Roma (vinculados a la seguridad de los Estados).

➢ Se entenderá como **"entorno que disponga de una reglamentación particular"** aquel cuya reglamentación contemple los requisitos particulares de la instalación eléctrica en atmósfera potencialmente explosiva y que no remita al presente reglamento.

Como ejemplo cabe citar a las **minas subterráneas** cuya atmósfera explosiva es debida a la presencia de grisú; sin embargo, si aplicará la presente instrucción a aquellos emplazamientos de las minas donde existan gases distintos del grisú así como a sus instalaciones eléctricas en superficie.

➢ Se deberá prestar atención especial a los entornos donde se dan mezclas híbridas de gas, vapor o niebla junto con polvo combustible, ya que las características de sensibilidad y explosividad pueden resultar mucho más severas que las correspondientes al gas y al polvo por separado.

En estos casos es aconsejable la determinación experimental de las características de explosión de la mezcla**

Los modos de protección normalizados no son, por lo general, válidos para este tipo de atmósferas. Deberán utilizarse equipos especiales en los que se haya evaluado su seguridad en la atmósfera particular.

** *Ya se contempla en los proyectos de futuras ediciones de la serie de normas UNE-EN 60.079 la protección de equipos e instalaciones cuando el riesgo de explosión es debido a mezclas híbridas gas-polvo, como por ejemplo en la Norma UNE-EN 60.079-33.*

2. TERMINOLOGÍA

A los efectos de la presente Instrucción se entenderá:

A. Modo de protección: conjunto de medidas específicas aplicadas a un equipo eléctrico para impedir la inflamación de una atmósfera explosiva que lo circunde.

A.1) Envolvente antideflagrante "d": modo de protección en el que las partes que pueden inflamar una atmósfera explosiva están situadas dentro de una envolvente que puede soportar los efectos de la presión derivada de una explosión interna de la mezcla y que impide la transmisión de la explosión a la atmósfera explosiva circundante. Las reglas de este modo de protección se definen en la Norma **UNE-EN 50018** (UNE-EN 60.079-1).

A.2) Inmersión en aceite "o": modo de protección en el que el equipo eléctrico o partes de éste, se sumergen en un líquido de protección de modo que la atmósfera explosiva que pueda encontrarse sobre la superficie del líquido o en el entorno de la envolvente, no resulta inflamado. Las reglas de este modo de protección se definen en la norma **UNE-EN 50015** (UNE-EN 60.079-6).

A.3) Seguridad intrínseca "i": modo de protección que aplicado a un circuito o a los circuitos de un equipo hace que cualquier chispa o cualquier efecto térmico producido en condiciones normalizadas, lo que incluye funcionamiento normal y funcionamiento en condiciones de fallo especificadas, no sea capaz de provocar la inflamación de una determinada atmósfera explosiva. Las reglas de este modo de protección se definen en la norma **UNE-EN 50020** (UNE-EN 60.079-11).

A.4) Sistema de seguridad intrínseca: conjunto de materiales y equipos eléctricos interconectados entre sí, descritos en un documento, en el que los circuitos o partes de circuitos destinados a ser empleados en atmósferas con riesgo de explosión, son de seguridad intrínseca. Las reglas a que deben someterse estos sistemas se encuentran en la norma **UNE-EN 50039** (UNE-EN 60.079-25).

> **Guía**
>
> Además de estos modos de protección existen otros específicos para utilizar en atmósferas de gas (zonas 0, 1 y 2) y en atmósferas de polvo (zonas 20, 21 y 22), que se citan más adelante.
>
> La situación actual normativa supone un cambio con la adopción de las normas de la serie **UNE-EN 60.079-X**, tanto para los modos de protección de gases y polvos, como las correspondientes a instalaciones (ver anexos I y II).

B. Categoría de aparatos: clasificación de los equipos eléctricos o no eléctricos establecida por la Directiva 94/9/CE en función de la peligrosidad del emplazamiento en que se van a utilizar. Dentro del grupo II [2] de aparatos se distinguen:

> [2] No se consideran las categorías del grupo I por pertenecer a un entorno reglamentario -minas- distinto a este.

B.1) Categoría 1: aparatos diseñados para que puedan funcionar dentro de los parámetros operativos determinados por el fabricante y asegurar un nivel de **protección muy alto**.

B.2) Categoría 2: aparatos diseñados para poder funcionar en las condiciones prácticas fijadas por el fabricante y asegurar un **alto nivel** de protección.

B.3) Categoría 3: aparatos diseñados para poder funcionar en las condiciones prácticas fijadas por el fabricante y asegurar un **nivel normal** de protección.

Guía

Los modos de protección típicos que proporcionan estas categorías son:

▪ **Categoría 1:**
- Aparatos y sistemas de seguridad intrínseca con nivel de protección tipo "ia" para gases y polvos.
- Encapsulado "ma" (gases y polvos).
- Protección por envolvente "ta" (polvo).
- Equipos con doble modo de protección conformes con la norma UNE-EN 60.079-26.
- Cabezales de sensores de gases antideflagrantes "da"

▪ **Categoría 2:**
- Envolvente antideflagrante "db" (gases).
- Sobrepresión interna "pxb" o "pyb" (gases y polvos).
- Relleno pulverulento "qb" (gases).
- Inmersión en aceite "ob" (gases)".
- Seguridad aumentada "eb" (gases).
- Encapsulado "mb" (gases y polvos).
- Aparatos y sistemas de seguridad intrínseca con nivel de protección "ib" (gases y polvos).
- Protección por envolvente "tb" (polvos).

▪ **Categoría 3:**
- Envolvente antideflagrante "dc" (gases).
- Sobrepresión interna "pzc" (gases y polvos).
- Seguridad aumentada "ec" (gases)
- Encapsulado "mc" (gases y polvos)
- Aparatos y sistemas de seguridad intrínseca con nivel "ic" (gases y polvos).
- Protección por envolvente "tc" (polvos).

C. Declaración CE de conformidad: documento emitido por el fabricante, o por su representante legal, por el que se afirma que un determinado aparato, sistema o componente cumple todas las prescripciones de la directiva o directivas aplicables.

Esta declaración deberá realizarse para los productos afectados por el R.D. 144/2016 (Directiva 2014/34/UE). La citada declaración, junto con el manual de instrucciones, ambos al menos en castellano, son los dos únicos documentos obligatorios que el fabricante o mandatario está obligado a entregar con el producto, además de realizar sobre el mismo el marcado CE y el complementario.

El contenido mínimo de la declaración UE de conformidad será de acuerdo con el RD 144/2016, Anexo X.

No es de aplicación la declaración UE de conformidad **el caso de** los componentes a que se refiere la definición del artículo 2,c del R.D. 144/2016; en su lugar, el fabricante o mandatario debe suministrar un certificado que declare la conformidad de dichos componentes con las disposiciones pertinentes de la Directiva 2014/34/UE y que indique las características de dichos componentes y las condiciones de incorporación a un aparato o sistema de protección.

La Comisión Europea ha editado una Guía sobre la Directiva 2014/34/UE E. Las orientaciones sobre los documentos de conformidad figuran en el artículo 14 de la misma.

3. FUNDAMENTOS PARA ALCANZAR LA SEGURIDAD

El procedimiento para alcanzar un nivel de seguridad aceptable se fundamenta en el empleo de equipamiento construido y seleccionado de acuerdo a ciertas reglas así como en la adopción de medidas de seguridad especiales de instalación, inspección, mantenimiento y reparación, en relación con la acotación del riesgo de presencia de atmósfera explosiva mediante una clasificación de los emplazamientos en los que se pueden producir atmósferas explosivas.

Según la clasificación en que se incluye el emplazamiento, es necesario recurrir a un tipo determinado de medidas constructivas de los equipos, de instalación, supervisión o intervención, como se detalla en la presente Instrucción y normas que en ella se citan.

Adicionalmente, es preciso llevar a cabo la explotación, conservación y mantenimiento de la instalación y sus componentes, dentro de unos límites estrictos, para que las condiciones de seguridad no se vean comprometidas durante su vida útil.

Es de aplicación el **RD 681/2003** (Directiva 1999/92/CE) cuyos principios de seguridad se basan en tres objetivos principales:

1) Impedirla formación de atmósferas explosivas
2) Cuando la naturaleza de la actividad no lo permita evitar la ignición de la atmósfera explosiva
3) Atenuarlos efectos perjudiciales de una explosión de forma que se garantice la salud y seguridad de los trabajadores

Se deberá elaborar el **"Documento de protección contra explosiones"** requerido en dicho RD.

4. CLASIFICACIÓN DE LOS EMPLAZAMIENTOS

Para establecer los requisitos que han de satisfacer los distintos elementos constitutivos de la instalación eléctrica en emplazamientos con atmósferas potencialmente explosivas, estos emplazamientos se agrupan en **dos clases** según la naturaleza de la sustancia inflamable, denominadas como:

✓ *clase I* si el riesgo es debido a **gases**, **vapores o nieblas**; y como

✓ *clase II* si el riesgo es debido a **polvo**.

En las anteriores clases se establece una subdivisión en zonas según la probabilidad de presencia de la atmósfera potencialmente explosiva.

Guía

Si como análisis previo, según establece el **RD 681/2003**, se determina que el riesgo de explosión en la instalación persiste, se debe entonces clasificar el emplazamiento con la finalidad de delimitarlo y poder tomar las acciones necesarias de prevención y protección.

La clasificación de emplazamientos se realizará considerando la instalación en funcionamiento normal, es decir, no se consideran los escapes que se originen en situaciones catastróficas como la rotura de una tubería o recipiente.

El objetivo de la **clasificación por zonas** es doble:

1) Precisar las categorías del equipo utilizado y su instalación en las zonas indicadas, a condición de que éstas estén adaptadas a los gases, vapores o niebla y/o polvo.

2) Señalar las limitaciones de acceso, de la ejecución de trabajos y selección de materiales con fuente de ignición no cubiertos por esta instrucción.

La clasificación de un entorno requiere, como mínimo, la realización de:
- Lista de sustancias y sus características relacionadas con la explosión.
- Lista de fuentes de escape indicando sus parámetros.
- Plano de áreas peligrosas.

La clasificación de emplazamientos se llevará a cabo por un técnico competente que justificarán los criterios y procedimientos aplicados. Esta decisión tendrá preferencia sobre las interpretaciones literales o ejemplos que figuran en los textos y figuras de los documentos de referencia que se citan para establecer esta clasificación.

■ 4.1 Clases de emplazamientos

Los emplazamientos se agrupan como sigue:

- *Clase I:* comprende los emplazamientos en los que hay o puede haber **gases, vapores o nieblas** en cantidad suficiente para producir atmósferas explosivas o inflamables; se incluyen en esta clase los lugares en los que hay o puede haber líquidos inflamables.

- *Clase II:* comprende los emplazamientos en los que hay o puede haber **polvo inflamable**.

Guía

▪ Clase I

Los datos relevantes de las sustancias de la clase I se enumeran en la norma **UNE-EN 60.079-10-1**, y entre estos datos se requiere conocer:

- ✓ Estado físico de la sustancia.
- ✓ Si el sistema de contención es abierto o cerrado.
- ✓ Punto de inflamación y de ebullición.
- ✓ Densidad relativa del gas o vapor.

- ✓ Temperatura de ignición.
- ✓ Límites de explosión, inferior y superior.
- ✓ Presión de vapor.
- ✓ Subgrupo (IIA, IIB o IIC).
- ✓ Ventilación: tipo, grado y disponibilidad.

Los datos de las sustancias más comunes pueden encontrarse en la norma **UNE-EN 60.079-20-1**, aunque es válida cualquier otra fuente de información y, en su caso, determinación por ensayo.

▪ Clase II

La clase II incluye **polvos y fibras inflamables**, en general sustancias sólidas que pueden ponerse en suspensión y que se depositan por su propio peso. Bajo esta definición cabe considerar tamaños de partículas inferiores a **1 mm**.

Es necesario recopilar los datos de las sustancias del entorno particular, tales como:

- ✓ Granulometría.
- ✓ Humedad.
- ✓ Temperatura de inflamación (en capa y en nube).

- ✓ Conductividad eléctrica.
- ✓ Concentración mínima explosiva.
- ✓ Energía mínima de inflamación.
- ✓ Presión máxima de explosión y velocidad máxima de aumento de presión ($K_{máx}$).

A diferencia de la clase I, los datos de estas sustancias dependen mucho de las características particulares del proceso y de la propia sustancia (distribución granulométrica, humedad, etc.). Aunque existen datos de muchas sustancias se recomienda la determinación experimental de las características explosivas.

Se establecen tres subgrupos para las sustancias de clase II:

- ▪ IIA: fibras.
- ▪ IIB: polvos no conductores.
- ▪ IIC: polvos conductores.

4.1.1 Zonas de emplazamientos clase I

Se distinguen:

- ▪ **Zona 0:** emplazamiento en el que la atmósfera explosiva constituida por una mezcla de aire de sustancias inflamables en forma de gas, vapor o niebla, está presente de modo **permanente**, o por un espacio de tiempo prolongado, o frecuentemente.

- ▪ **Zona 1:** emplazamiento en el que cabe contar, en condiciones normales de funcionamiento, con la formación **ocasional** de atmósfera explosiva constituida por una mezcla con aire de sustancias inflamables en forma de gas, vapor o niebla.

- ▪ **Zona 2:** emplazamiento en el que no cabe contar, en condiciones normales de funcionamiento, con la formación de atmósfera explosiva constituida por una mezcla con aire de sustancias inflamables en forma de gas, vapor o niebla o, en la que, en caso de formarse, dicha atmósfera explosiva sólo subsiste por espacios de tiempo **muy breves**.

En la Norma **UNE-EN IEC 60.079-10** se recogen reglas precisas para establecer zonas en emplazamientos de **clase I**.

Guía

Para la clasificación de emplazamientos de **clase I** deberá seguirse la norma **UNE-EN 60.079-10-1***.

En cualquier caso, es necesario tomar precauciones cuando las zonas solapadas conciernen a sustancias inflamables que tienen diferente subgrupo y/o clase de temperatura.

Se tomarán las características más restrictivas para la zona solapada.

* Un documento de gran ayuda para la clasificación de emplazamientos de clase I es el informe UNE 202.007 IN: Clasificación de emplazamientos peligrosos. (Proviene de la Norma Italiana CEI 31-35).

4.1.2 Zonas de emplazamientos clase II

Se distinguen:

- **Zona 20:** emplazamiento en el que la atmósfera explosiva en forma de nube de polvo inflamable en el aire está presente de forma **permanente**, o por un espacio de tiempo prolongado, o frecuentemente.

  Las capas en sí mismas no constituyen una zona 20. En general estas condiciones se dan en el interior de conducciones, recipientes, etc. Los emplazamientos en los que hay capas de polvo pero no hay nubes de forma continua o durante largos períodos de tiempo, no entran en este concepto.

- **Zona 21:** emplazamientos en los que cabe contar con la formación **ocasional**, en condiciones normales de funcionamiento, de una atmósfera explosiva, en forma de nube de polvo inflamable en el aire.

  Esta zona puede incluir entre otros, los emplazamientos en la inmediata vecindad de, por ejemplo, lugares de vaciado o llenado de polvo.

- **Zona 22:** emplazamientos en el que no cabe contar, en condiciones normales de funcionamiento, con la formación de una atmósfera explosiva peligrosa en forma de nube de polvo inflamable en el aire o en la que, en caso de formarse dicha atmósfera explosiva, sólo subsiste por **breve** espacio de tiempo.

  Esta zona puede incluir, entre otros, entornos próximos de sistemas conteniendo polvo de los que puede haber fugas y formar depósitos de polvo.

En la **norma CEI 61.241-3 (UNE-EN 60.079-10-2)** se recogen reglas para establecer zonas en emplazamientos de **clase II**.

Guía

Para la clasificación de emplazamientos de clase II deberá seguirse la norma **UNE-EN 60.079-10-2** (ver anexo I) *.

* Una fuente de información para localizar datos de sustancias de Clase II es la base de datos GESTIS de IFA: http://www.dguv.de/ifa/en/gestis/stoffdb/index.jsp.

4.2 Ejemplos de emplazamientos peligrosos

A título orientativo, sin que esta lista sea exhaustiva, y salvo que el proyectista pueda justificar que no existe el correspondiente riesgo, son ejemplos de emplazamientos peligrosos:

- **De clase I:**
  - ➤ Lugares donde se trasvasen líquidos volátiles inflamables de un recipiente a otro.
  - ➤ **Garajes** y talleres de reparación de vehículos. Se excluyen los garajes de uso privado para estacionamiento de 5 vehículos o menos.
  - ➤ Interior de cabinas de pintura donde se usen sistemas de pulverización y su entorno cercano cuando se utilicen disolventes.
  - ➤ Secaderos de material con disolventes inflamables.
  - ➤ Locales de extracción de grasas y aceites que utilicen disolventes inflamables.
  - ➤ Locales con depósitos de líquidos inflamables abiertos o que se puedan abrir.
  - ➤ Zonas de lavanderías y tintorerías en las que se empleen líquidos inflamables.
  - ➤ Salas de gasógenos.
  - ➤ Instalaciones donde se produzcan, manipulen, almacenen o consuman gases inflamables.
  - ➤ Salas de bombas y/o de compresores de líquidos y gases inflamables.
  - ➤ Interiores de refrigeradores y congeladores en los que se almacenen materias inflamables en recipientes abiertos, fácilmente perforables o con cierres poco consistentes.

- **De clase II:**
  - ➤ Zonas de trabajo, manipulación y almacenamiento de la industria alimentaria que maneja granos y derivados.
  - ➤ Zonas de trabajo y manipulación de industrias químicas y farmacéuticas en las que se produce polvo.
  - ➤ Emplazamientos de pulverización de carbón y de su utilización subsiguiente.
  - ➤ Plantas de coquización.
  - ➤ Plantas de producción y manipulación de azufre.
  - ➤ Zonas en las que se producen, procesan, manipulan o empaquetan polvos metálicos de materiales ligeros (Al, Mg, etc.).
  - ➤ Almacenes y muelles de expedición donde los materiales pulverulentos se almacenan o manipulan en sacos y contenedores.
  - ➤ Zonas de tratamiento de textiles como algodón, etc.
  - ➤ Plantas de fabricación y procesado de fibras.
  - ➤ Plantas desmotadoras de algodón.
  - ➤ Plantas de procesado de lino.
  - ➤ Talleres de confección.
  - ➤ Industria de procesado de madera tales como carpinterías, etc.

Debe considerarse que en todas aquellas instalaciones donde se manipulen o almacenen sustancias inflamables es difícil asegurar que nunca van a aparecer atmósferas explosivas. Por lo tanto se considerarán como emplazamientos peligrosos, salvo que por clasificación de zonas se demuestre lo contrario, bien porque se demuestra que no hay cantidad suficiente, porque no hay fuentes de escape o, bien, porque la extensión de las zonas es despreciable.

Para **garajes** véase **anexo II**.

5. REQUISITOS DE LOS EQUIPOS

Los equipos eléctricos y los sistemas de protección y sus componentes destinados a su empleo en emplazamientos comprendidos en el ámbito de esta Instrucción, deberán cumplir las condiciones que se establecen en el **R.D. 400/1996 de 1 de Marzo**.

Los reglamentos son obligatorios desde la fecha que se indica en las correspondientes disposiciones que los aprueban. Habitualmente, carecen de efectos retroactivos.

Con carácter general, esta ITC establece que se utilicen en las instalaciones productos conformes con el **RD 144/2016**, el cual fue obligatorio a partir de 20 de abril de 2016 para los nuevos productos fabricados en los Estados miembros de la Unión Europea y para los nuevos y usados introducidos en la Unión Europea desde terceros países.

Otros equipos, instalados o almacenados en las instalaciones del usuario final, adquiridos con anterioridad a la fecha indicada y que no cumplan los requisitos de dicho RD (aunque amparados por la legislación vigente en el momento de su adquisición, basados en modos de protección adecuados) solamente podrán usarse en las instalaciones realizadas de acuerdo a esta ITC siempre que se justifique en la documentación técnica de la instalación su seguridad y su adecuada instalación de acuerdo a lo previsto en el **artículo 23.1,b)** del Reglamento (aplicación de técnicas de seguridad equivalentes).

Para aquellos elementos que no entran en el ámbito del mencionado R.D. 400/1996 y para los que se estipule el cumplimiento de una norma, se considerarán conformes con las prescripciones de la presente Instrucción aquellos que estén amparados por las correspondientes certificaciones de conformidad otorgadas por Organismos de control autorizados según lo dispuesto en el **R. D. 2200/1995, de 28 de Diciembre**.

6. PRESCRIPCIONES GENERALES

En todo lo que aquí no se indique explícitamente son de aplicación, en lo que corresponda, las demás Instrucciones de este Reglamento; caso de conflicto predominará la interpretación correspondiente a esta Instrucción.

■ 6.1 Condiciones generales

En la medida de lo posible, los equipos eléctricos se ubicarán en áreas no peligrosas. Si esto no es posible, la instalación se llevará a cabo donde exista menor riesgo.

Los equipos eléctricos se instalarán de acuerdo con las condiciones de su documentación particular, se pondrá especial cuidado en asegurar que las partes recambiables, tales como lámparas, sean del tipo y características asignadas correctas. Las inspecciones de las instalaciones objeto de esta Instrucción se realizarán según lo establecido en la norma **UNE-EN IEC 60.079-17**.

Guía

No deben confundirse las inspecciones contempladas en la norma UNE-EN 60.079-17 con las inspecciones prescritas en la ITC-BT-05.

La primeras son **inspecciones técnicas internas**, que deben realizarse siguiendo los procedimientos operativos que a modo informativo se recogen en la norma **UNE-EN 60.079-17** (gases y polvos). La realización de estas Inspecciones Técnicas corresponde al empresario (la propiedad), con sus propios recursos o con la concurrencia de cualquier entidad o empresa que considere oportuno, ya que es de su absoluta competencia y responsabilidad.

Es en este entorno, donde las variaciones en la frecuencia de las inspecciones y la metodología seguida, pueden supeditarse a la experiencia previa en el comportamiento de los equipos eléctricos y las instalaciones eléctricas, pudiéndose aplicar procedimientos de supervisión continua.

Las inspecciones que se establecen **en la ITC-BT-05 son inspecciones administrativas**, tanto inicial como periódica, que deben ser efectuadas por un **organismo de control acreditado por ENAC** para la actividad, de acuerdo con el *Reglamento de la Infraestructura para la Calidad y Seguridad Industrial* (RD 2200/1995, de 28 de diciembre). En estas inspecciones administrativas el organismo de control aplicará el procedimiento que considere más adecuado, pudiendo tomar como referencia el establecido en las normas **UNE-EN 60.079-17** y/o teniendo en consideración las inspecciones técnicas realizadas por la propiedad.

En el caso de **circunstancias excepcionales**, como por ejemplo, ciertas tareas de reparación que precisan soldadura, trabajos de investigación y desarrollo (operación en plantas piloto, realización de trabajos experimentales, etc.) no será necesario que se reúnan todos los requisitos de los capítulos **6**, **7** y **8** siguientes, supuesto que la instalación va a estar en operación solo durante un periodo limitado, está bajo la supervisión de personal especialmente formado, y se reúnen las siguientes condiciones:

1) Se han tomado medidas para prevenir la aparición de atmósferas explosivas peligrosas.

2) Se han tomado medidas para asegurar que el equipo eléctrico se desconecta en caso de formación de una atmósfera peligrosa.

3) Se han tomado medidas para asegurar que las personas no van a resultar dañadas por incendios o explosiones.

Y adicionalmente, estas medidas se han comunicado por escrito a personal que está familiarizado con los requisitos de esta Instrucción y con las normas que tratan de equipos e instalaciones en lugares con riesgo de explosión y tienen acceso a toda la información necesaria para llevar a cabo la actuación.

Para llevar a cabo estas operaciones será necesaria la previa elaboración de un permiso especial de trabajo autorizado por el responsable de la planta o instalación.

■ **6.2 Documentación**

Para instalaciones nuevas o ampliaciones de las existentes, en el ámbito de aplicación de la presente ITC, **se incluirá** la siguiente información (según corresponda) **en el proyecto** de la instalación:

1. Clasificación de emplazamientos y plano representativo.
2. Adecuación de la categoría de los equipos a los diferentes emplazamientos y zonas.
3. Instrucciones de implantación, instalación y conexión de los aparatos y equipos.
4. Condiciones especiales de instalación y utilización.

El propietario deberá conservar:

1. Copia del proyecto en su forma definitiva.
2. Manual de instrucciones de los equipos.
3. Declaraciones de Conformidad de los equipos.
4. Documentos descriptivos del sistema para los de seguridad intrínseca.
5. Todo documento que pueda ser relevante para las condiciones de seguridad.

> **Guía**
>
> Lo indicado antes es una parte de lo que debe contener el proyecto requerido por la **ITC-BT-04**.
>
> Además del proyecto se debe realizar el "Documento de Protección Contra Explosiones - DPCE" según el **artículo 8 del RD 681/2003**.
>
> Tanto para inspecciones iniciales como periódicas de este tipo de instalaciones según los criterios establecidos en la **ITC-BT-05**, es preceptivo disponer del citado documento de clasificación de emplazamientos el cual contenga la información referida en el **punto 6.2 de la ITC BT-29**, o bien la preceptiva indicada en su propia reglamentación (p.e. garajes ejecutados con el D. 2413/1973 con los criterios de las hojas de interpretación 12A y 12B, estaciones de servicio en las que le sea de aplicación los preceptos de la instrucción técnica IP04 del Reglamento de instalaciones petrolíferas con RD 2085/1994, etc.)

■ **6.3 Mantenimiento y reparación**

Las instalaciones objeto de esta instrucción se someterán a un mantenimiento que garantice la conservación de las condiciones de seguridad. Como criterio al respecto, se seguirá lo establecido en la norma **UNE-EN IEC 60.079-17**.

> **Guía**
>
> Dentro del contexto correspondiente al mantenimiento de las condiciones técnicas de seguridad durante la vida útil de la instalación, se seguirán las actuaciones de inspección y mantenimiento técnico que deben realizarse en las instalaciones.
>
> Los procedimientos indicados en estas normas son orientativos, no obligatorios, sirven de guía para que la propiedad pueda confeccionarse sus propios procedimientos que se adecuen a la instalación a inspeccionar.

La reparación de equipos y sistemas de protección deberán ser llevados a cabo de forma que no comprometa la seguridad. Como criterio técnico se seguirá lo establecido en la norma **CEI 60.079-19 (UNE-EN IEC 60.079-19)**.

Guía La **UNE-EN 60.079-17** y **UNE-EN 60.079-19** establecen requisitos a seguir por las entidades mantenedoras y reparadoras ya sean externas o internas a la propiedad de la instalación.

Dado que la responsabilidad de uso seguro de dicha instalación es de la propiedad de la misma, sería procedente y recomendable que ésta, exigiese/solicitase que estas entidades mantenedoras y reparadoras dispusiesen de acreditación necesaria que validase la capacidad y competencia técnica de las personas para la ejecución de estos trabajos.

7. EMPLAZAMIENTOS DE CLASE I

■ 7.1 Generalidades

Estas instalaciones eléctricas se ejecutarán de acuerdo a lo especificado en la norma **UNE-EN IEC 60.079-14**, salvo que se contradiga con lo indicado en la presente instrucción, la cual prevalecerá sobre la norma.

■ 7.2 Selección de los equipos eléctricos (excluidos cables y conductos)

Para seleccionar un equipo eléctrico el procedimiento a seguir comprende las siguientes fases:

1. Caracterizar la sustancia o sustancias implicadas en el proceso.

Guía **A)** Recopilar las características de las sustancias peligrosas existentes en el proceso, como por ejemplo: temperatura de ignición, LIE, grupo de gases, etc.

B) Cuando aplique, seleccionar el equipo en función de la sustancia concreta o su grupo de gases, como sigue:

Equipo diseñado para sustancias del subgrupo	Subgrupos de sustancias peligrosas
IIA	IIA
IIB	IIA y IIB
IIC	IIA, IIB y IIC

C) Asociar la clase térmica del equipo (en forma de T1 a T6 o su temperatura máxima determinada por ensayo) con la temperatura de ignición de la sustancia peligrosa, para ello seguir las instrucciones indicadas en la norma **UNE-EN 60.079-14.**

2. Clasificar el emplazamiento en el que se va a instalar el equipo.

3. Seleccionar los equipos eléctricos de tal manera que la categoría esté de acuerdo a las limitaciones de la **_tabla 1_** y que éstos cumplan con los requisitos que les sea de aplicación, establecidos en la norma **UNE EN IEC 60.079-14**. Si la temperatura ambiente prevista no está en el rango comprendido entre **-20 °C** y **+40 °C** el equipo deberá estar marcado para trabajar en el rango de temperatura correspondiente.

4. Instalar el equipo de acuerdo con las instrucciones del fabricante.

Categoría del equipo	Zonas en que se admiten
Categoría 1	0, 1 y 2
Categoría 2	1 y 2
Categoría 3	2

Tabla 1. *Categorías de equipos admisibles para atmósfera de gases y vapores.*

Guía Adicionalmente tener en cuenta que en ciertos casos el equipo requiere **condiciones especiales** para una segura utilización que, de haberlas, deben estar en el manual de instrucciones de uso del mismo. Estas condiciones especiales además se denotan por un símbolo "X" a continuación del código marcado.

■ 7.3 Reglas de instalación de equipos eléctricos

La instalación de los equipos eléctricos se realizará de acuerdo a lo especificado en la norma **UNE-EN IEC 60.079-14**.

Adicionalmente se tendrá en cuenta que la utilización de equipos con modo de protección por inmersión en aceite **"o"** queda restringida a equipos de instalación fija y que no tengan elementos generadores de arco en el seno del líquido de protección. Para la instalación de sistemas de seguridad intrínseca, se tendrá en cuenta también, lo indicado en la norma **UNE-EN 50.039 (UNE-EN 60.079-25)**.

Guía Las normas para los sistemas de seguridad intrínseca son actualmente **UNE-EN 60.079-25** y **UNE-EN 60.079-27** y se recogen parcialmente en la norma general de instalaciones eléctricas para atmósferas explosivas **UNE-EN 60.079-14**. Tal como se indica en el apartado 6.2 de la presente instrucción los sistemas de seguridad intrínseca deberán ser evaluados reflejando los resultados de tal evaluación en el denominado "Documento de Protección Contra Explosiones".

El documento del sistema es, en general, realizado por la persona instaladora y mantenido por la propiedad.

8. EMPLAZAMIENTOS DE CLASE II

■ 8.1 Generalidades

Estas instalaciones se ejecutarán de acuerdo a lo especificado en la norma **EN 50.281-1-2 (UNE-EN 60.079-14)**, salvo que contradiga con lo indicado en la presente instrucción, la cual prevalecerá sobre la norma.

Guía La norma actual para instalaciones en emplazamiento de clase II es la **UNE-EN 60.079-14** en sustitución de la mencionada EN 50.281-1-2 (para relación de normas véase anexo II).

8.2 Selección de los equipos eléctricos (excluidos cables y conductos)

Para seleccionar un equipo eléctrico el procedimiento a seguir comprende las siguientes fases:

1. Caracterizar la sustancia o sustancias implicadas en el proceso.

> **Guía**
>
> Recopilar las características de las sustancias peligrosas existentes en el proceso, como por ejemplo: temperatura de ignición en capa y en nube, concentración mínima explosiva, $K_{máx}$, S_t, etc.
>
> Asociar la clase térmica del equipo (en forma de su temperatura máxima superficial determinada por ensayo), con la temperatura de ignición de la sustancia peligrosa en forma de nube o de capa, para ello seguir las instrucciones indicadas en la norma **UNE-EN 60.079-14**.

2. Clasificar el emplazamiento en el que se va a instalar el equipo.

3. Seleccionar los equipos eléctricos de tal manera que la categoría esté de acuerdo a las limitaciones de la **tabla 2** y que estos cumplan con los requisitos que les sea de aplicación, establecidos en la norma **EN 50.281-1-2 (UNE-EN 60.079-14)**.

4. Instalar el equipo de acuerdo con las instrucciones del fabricante.

Categoría del equipo	Zonas en que se admiten
Categoría 1	**20, 21 y 22**
Categoría 2	**21 y 22**
Categoría 3	**22**

Tabla 2. Categorías de equipos admisibles para atmósferas con polvo explosivo.

> **Guía**
>
> Adicionalmente tener en cuenta que en ciertos casos el equipo requiere condiciones especiales para una segura utilización que, de haberlas, deben estar en el manual de instrucciones de uso del mismo. Estas condiciones especiales además se denotan por un símbolo "X" a continuación del código marcado.
>
> Cuando el polvo inflamable sea **conductor de la electricidad** los requisitos de los equipos en la **zona 22** serán los de la **tabla 1** de la **UNE-EN 60.079-14**.

8.3 Reglas de instalación de equipos eléctricos

La instalación de los equipos eléctricos destinados a emplazamientos de clase II se hará de acuerdo con lo especificado en la norma **EN 50.281-1-2 (UNE-EN 60.079-14)**.

Es necesario tener presente que si un equipo eléctrico dispone de un modo de protección para gases, no garantiza que su protección sea adecuada contra el riesgo de inflamación de polvo.

Guía La norma actual para instalaciones en emplazamiento de clase II es la **UNE-EN 60.079-14**.

Los equipos para Clase I **(gases), pueden usarse en Clase II** (polvos inflamables), **siempre y cuando**, adicionalmente estén debidamente evaluados de acuerdo con los requisitos particulares de esta clase II. Por ejemplo, una envolvente antideflagrante será adecuada para polvos inflamables si dispone, adicionalmente, de un modo de protección por envolvente "t".

9. SISTEMAS DE CABLEADO

■ 9.1 Generalidades

Para instalaciones de seguridad intrínseca, los sistemas de cableado cumplirán los requisitos de la norma **UNE-EN IEC 60.079-14** y de la norma **UNE-EN 50.039 (UNE-EN 60.079-25)**.

Guía **Instalaciones de seguridad intrínseca**

La norma **UNE-EN 50.039** ha sido reemplazada por la **UNE-EN 60.079-25**.

Los circuitos eléctricos que integran los sistemas de cableado podrán ser utilizados en zona 0 y 20 si están de acuerdo con los requisitos establecidos por las normas **UNE-EN 60.079-14** y **UNE-EN 60.079-25** siempre que correspondan a circuitos de seguridad intrínseca de categoría 1.

No obstante, un circuito de seguridad intrínseca en el que se combinen o puedan combinarse (por cableado) más de dos aparatos de **categoría 1,** el resultado global por defecto es **categoría 2** para todos ellos. Solo un análisis detallado por un experto podría justificar el mantenimiento de la categoría.

Se llama la atención a las disposiciones especiales para la conexión y puesta a tierra así como la instalación de dispositivos de descarga de sobretensiones.

El resto de exigencias incluidas en el apartado 9 de esta GUIA-BT y sus subapartados no son de aplicación a instalaciones de seguridad intrínseca.

Los cables para el resto de las instalaciones tendrán una tensión mínima asignada de 450/750 V.

Las entradas de los cables y de los tubos a los aparatos eléctricos se realizarán de acuerdo con el modo de protección previsto. Los orificios de los equipos eléctricos para entradas de cables o tubos que no se utilicen deberán cerrarse mediante piezas acordes con el modo de protección de que vayan dotados dichos equipos.

Para las canalizaciones para equipos móviles se tendrá en cuenta lo establecido en la Instrucción **ITC-BT-21**.

La intensidad admisible en los conductores deberá disminuirse en un 15 % respecto al valor correspondiente a una instalación convencional. Además **todos los cables** de longitud igual o superior a 5 m estarán protegidos contra sobrecargas y cortocircuitos; para la protección de sobrecargas se tendrá en cuenta la intensidad de carga resultante fijada en el párrafo anterior y para la protección de cortocircuitos se tendrá en cuenta el valor máximo para un defecto en el comienzo del cable y el valor mínimo correspondiente a un defecto bifásico y franco al final del cable.

En el <u>punto de transición de una canalización eléctrica de una zona a otra</u>, o de un emplazamiento peligroso a otro no peligroso, <u>se deberá impedir el paso de gases, vapores o líquidos inflamables</u>. Eso puede precisar del sellado de zanjas, tubos, bandejas, etc., una ventilación adecuada o el relleno de zanjas con arena.

Guía

Para el uso de canalizaciones eléctricas prefabricadas deberá considerarse la conformidad a la **UNE-EN 60.439-2** y las prescripciones aplicables a equipos que figuran en esta guía.

Para la selección, según emplazamiento, de las canalizaciones eléctricas prefabricadas, se considerarán especialmente los apartados 7 y 8 de esta guía.

■ **9.2 Requisitos de los cables**

Los cables a emplear en los sistemas de cableado en los emplazamientos de **clase I** y **clase II** serán:

A) EN INSTALACIONES <u>FIJAS</u>

1) Cables de tensión asignada mínima ==450/750 V==, aislados con mezclas termoplásticas o termoestables; instalados **bajo tubo** (según 9.3) metálico rígido o flexible conforme a norma **UNE-EN 50.086-1**.

2) Cables construidos de modo que dispongan de una protección mecánica; se consideran como tales:

2.1 Los cables con aislamiento mineral y cubierta metálica, según **UNE 21.157-1***. (***Nota A.:** Norma anulada y sustituida por la **UNE-EN 60.702-1**)

2.2 Los cables armados con alambre de acero galvanizado y con cubierta externa no metálica, según la serie **UNE 21.123**.

Los cables a utilizar en las instalaciones fijas deben cumplir, respecto a la *reacción al fuego**, lo indicado en las normas de la serie **UNE 50.266-2**.

* Por el Reglamento Delegado 2016/364, se establece el siguiente texto legal:

Los cables a utilizar en las instalaciones fijas deben cumplir, respecto a la reacción al fuego, como mínimo la clase C_{ca} **-s1b,d1,a1**.

Guía

NOTA: la norma UNE 21.157-1 ha sido sustituida por **UNE-EN 60.702-1** y la norma UNE 20.432-3 ha sido sustituida por la serie **UNE-EN 60.332-3**.

Siguiendo lo establecido en la **ITC-BT-04**, en los locales con riesgo de incendio y explosión el proyectista deberá justificar la aplicación de las solicitudes utilizadas y tener en cuenta la legislación vigente aplicable.

Al realizar el proyecto, el proyectista deberá prestar especial atención al definir la clasificación de zonas, la posibilidad de riesgo mecánico y la selección de los materiales idóneos en cada caso y aplicación.

Guía

Además de las canalizaciones indicadas en el apartado 9.2 a) se podrán instalar las canalizaciones que se citan en la **tabla A**. Las características mínimas para cables y sistemas de conducción de cables instalados en superficie son:

Sistema de conducción de cable (prescripción mínima)			Cable*
Tubos. Serie UNE-EN 50.086	- Compresión: fuerte (4). - Impacto: fuerte (4). - Tª mínima de instalación y servicio -5 °C (2). - Tª máxima de instalación y servicio +60 °C (1). - Resistencia al curvado: rígido/curvable (1-2). - Propiedades eléctricas: continuidad eléctrica / aislante[2]. - Resistencia a la penetración de objetos sólidos: contra objetos D= 1 mm. - Resistencia a penetración del agua: contra gotas de agua cayendo verticalmente cuando el sistema de tubos está inclinado 15°. - Resistencia a la corrosión de tubos metálicos y compuestos: protección interior y exterior media. - Resistencia a la corrosión de tubos metálicos y compuestos: protección interior y exterior media. - Resistencia a la tracción: no declarada. - No propagador de llama. - Resistencia a las cargas suspendidas: no declarada.		**H07Z1-K (AS)** Conductor no propagador del incendio, unipolar aislado de tensión asignada 450/750 V, conductor de cobre clase 5 (-K), aislamiento de compuesto termoplástico a base de poliolefina (Z1) **UNE 211.002** Clase mínima de reacción al fuego C_{ca}-s1b,d1,a1
Canales. UNE-EN 50.085	- Impacto: fuerte (6 J). - Tª mínima de instalación y servicio (tabla 4). - Tª máxima de instalación y servicio (tabla 4). - Propiedades eléctricas: continuidad eléctrica /aislante[2]. - Resistencia a la penetración de objetos sólidos (tabla 4). - No propagador de llama.	**IP 4X o IP XXD** o superior y que solo pueda abrirse con útil.	
		IP menor que IP 4X o IP XXD o que pueda abrirse con útil.	**RZ1-K (AS)** Cable de tensión asignada 0,6/1 KV con conductor de cobre clase 5 (-K), aislamiento de polietileno reticulado (R) y cubierta de compuesto termoplástico a base de poliolefina (Z1) **UNE 211.234** Clase mínima de reacción al fuego C_{ca}-s1b,d1,a1
Bandeja y bandeja de escalera. UNE-EN 61.537	- Impacto: 5 Joules. - Tª mínima de instalación y servicio -5 °C. - Tª máxima de instalación y servicio +60 °C. - Propiedades eléctricas: continuidad eléctrica / aislante[2]. - No propagador de llama. - Resistencia a la corrosión grado 2.	**Sin** riesgo mecánico[1].	
		Con riesgo mecánico[1].	**RZ1MZ1-K (AS)** Cable no propagador del incendio, de tensión asignada 0,6/1 kV, con aislamiento de polietileno reticulado (R), cubierta interna a base de poliolefina (Z1), armadura de alambres de acero galvanizado (M) y cubierta externa a base de poliolefina (Z1) y conductor de cobre flexible clase 5 (-K) **UNE 211.234** Clase mínima de reacción al fuego C_{ca}-s1b,d1,a1 Nota: para cables unipolares la armadura es de aluminio en lugar de acero galvanizado.
Cables colocados directamente sobre las paredes.			

Tabla A. Características mínimas para los cables y los sistemas de conducción de cables para instalaciones fijas en superficie (zonas 1, 21, 2 y 22).

NOTA 1:

El proyectista deberá considerar la posibilidad de riesgo mecánico en el lugar de la instalación. Como riesgo mecánico se considerará cualquier causa que pueda dañar el aislamiento tal como el impacto, compresión, roedores, etc. Véase el apartado 9.3.7 de la norma **UNE-EN 60.079-14.**

NOTA 2:

Consideraciones sobre el uso de canalizaciones eléctricas no metálicas (cables, sistemas de conducción de cables y elementos de fijación):

Además de los requisitos de resistencia mecánica expuestos en la tabla A, para las canalizaciones deberán tenerse en cuenta los riesgos electrostáticos que de ella puedan derivarse. La minimización de tales riesgos podrá conseguirse cumpliendo uno de los siguientes requisitos:

a) Empleo de materiales con una resistencia eléctrica superficial **no mayor a 1 GΩ** (de acuerdo con lo indicado en el apartado 7.4 de **UNE-EN 60.079**). Se garantizará una unión equipotencial a tierra con una resistencia no mayor de **1 MΩ**.

b) Si la resistencia eléctrica superficial es mayor de 1 GΩ se establecerán las siguientes limitaciones:

   b.1) No se deberán utilizar nunca en zonas 0 o 20.

   b.2) La instalación en otras zonas (1, 21, 2 y 22) deberá reducirse a ubicaciones no accesibles al personal u objetos. Las condiciones de no accesibilidad de las canalizaciones deberán definirse en el proyecto de la instalación de acuerdo con las condiciones de utilización de la misma. En ausencia de tales justificaciones en el proyecto, en general el cumplimiento con esta prescripción se considera cubierto instalando las canalizaciones a una altura de 2,5 m cuando están instaladas sobre pared o a 4 m en el resto de los casos.

   b.3) Durante la colocación y mantenimiento deberán tomarse medidas adicionales tales como la verificación de que no existe una atmósfera explosiva presente.

   b.4) Las intersecciones metálicas, tales como tornillos o remaches, no deberán presentar una capacidad a tierra que supere 5 pF. En caso contrario deberán estar conectadas a tierra con una resistencia no mayor de 1 MΩ.

   b.5) Deberán incluirse etiquetas claramente visibles de aviso del riesgo electrostático.

   b.6) Las operaciones de limpieza deberán ser realizadas con paños húmedos y utilizando ropa y calzado antiestáticos.

En cualquier caso los materiales utilizados serán **no propagadores de llama**.

B) EN ALIMENTACIÓN DE EQUIPOS PORTÁTILES O MÓVILES

Se utilizarán cables con cubierta de policloropreno según **UNE 21.027-4 (UNE-EN 50.525-2-21)** o **UNE 21.150**, que sean aptos para servicios móviles, de tensión asignada mínima <mark>450/750 V</mark>, flexible y de sección mínima de <mark>1,5 mm²</mark>. La utilización de estos cables flexibles se restringirá a lo estrictamente necesario y <u>como máximo a una longitud de <mark>30 m</mark></u>.

Guía

La limitación de **30 m** solo se aplica a herramientas portátiles que no formen parte de la instalación. Cuando los equipos portátiles o móviles formen parte de la instalación (como puentes grúa), no se aplicará la limitación de **30 m** si el cable no está expuesto a daños mecánicos y se justifica en el proyecto.

Los cables de instalación habitual con estas características son:

✓ **Cable H07RN-F** (norma UNE-EN 50.525-2-21): cable de tensión asignada 450/750 V, con conductor de cobre clase 5 apto para servicios móviles (-F), aislamiento compuesto de goma (R) y cubierta de policloropreno (N).

✓ **Cable H07ZZ-F (AS)** (norma UNE-EN 50.525-3-21): cable no propagador del incendio, de tensión asignada 450/750 V, con conductor de cobre clase 5 apto para servicios móviles (-F), aislamiento y cubierta de compuesto reticulado (Z)

Los equipos eléctricos portátiles o transportables, deben estar equipados con cables de una cubierta robusta de policloropreno, o una cubierta elastómera sintética equivalente, con cables que tengan una cubierta reforzada de caucho, o con cables que tengan una construcción igualmente robusta. Los conductores deben tener una sección transversal mínima de **1,0 mm²**. Si es necesario el uso de **conductor de protección,** este debería estar <u>aislado separadamente</u> de una forma similar a los demás conductores y debería estar incorporado dentro de la cubierta del cable de alimentación.

Los equipos eléctricos portátiles con tensión nominal no mayor de **250 V** respecto de tierra y con corriente aislada no mayor de **6 A**, se pueden conectar con cables con cubiertas de policloropreno ordinario, o con cualquier otro elastómero sintético equivalente en robustez.

No son admisibles estos cables apara equipos eléctricos portátiles o transportables expuestos a esfuerzos mecánicos intensos, como por ejemplo lámparas de mano, interruptores de pedal, bombas para transvase, etc.

Si en los equipos eléctricos portátiles o transportables, se incorpora a los cables una armadura metálica flexible o una vaina metálica, esta no deberá utilizarse como único conductor de protección.

Cables flexibles: los cables flexibles para áreas peligrosas se deben seleccionar de la lista siguiente:

- Cables flexibles recubiertos con caucho normal;
- Cables flexibles recubiertos con policloropreno normal;
- Cables flexibles recubiertos con goma resistente reforzada;
- Cables flexibles recubiertos con policloropreno reforzado;
- Cables con aislamiento de plástico con una construcción de robustez equivalente a la de cables flexibles con recubrimiento de goma de resistencia reforzada.

■ 9.3 Requisitos de los conductos

Cuando el cableado de las instalaciones fijas se realice mediante tubo o canal protector, éstos serán conformes a las especificaciones dadas en las tablas siguientes:

TUBOS		
Características	**Código**	**Grado**
Resistencia a la compresión	**4**	Fuerte
Resistencia al impacto	**4**	Fuerte
Temperatura mínima de instalación y servicio	**2**	-5 °C
Temperatura máxima de instalación y servicio	**1**	+60 °C
Resistencia al curvado	1-2	Rígido/curvable
Propiedades eléctricas	1*	Continuidad eléctrica*
Resistencia a la penetración de objetos sólidos	4	Contra objetos D = 1 mm
Resistencia a la penetración del agua	2	Contra gotas de agua cayendo verticalmente cuando el sistema de tubos está inclinado 15°
Resistencia a la corrosión de tubos metálicos y compuestos	2	Protección interior y exterior media
Resistencia a la tracción	0	No declarada
Resistencia a la propagación de la llama	1	No propagador
Resistencia a las cargas suspendidas	0	No declarada

*Tabla 3. Características mínimas para **tubos**.*

* *Datos corregidos según fe de erratas del REBT del Ministerio de Energía, Industria y Turismo: "Donde dice "1-2" debe de decir "1" y donde dice "Continuidad eléctrica/aislante" debe decir "Continuidad eléctrica"".*

Guía

El cumplimiento de estas características se realizará según los ensayos indicados en la norma **UNE-EN 61.386**. Esta norma sustituye a la norma UNE-EN 50.086.

Para facilitar la entrada del cable al equipo eléctrico y en el caso de que eso no fuera posible mediante el empleo de tubos rígidos, podrán utilizarse tubos curvables o flexibles, de material resistente a la corrosión y nivel de protección mecánica igual ala exigido a los tubos rígidos. Estos tubos curvables o flexibles tendrán la mínima longitud posible.

Excepcionalmente la entrada del cable al equipo eléctrico podría realizarse mediante cable sin protección mecánica. En este caso la zona libre (desprotegida) del cable entre la canalización y la entrada al equipo eléctrico tendrá la mínima longitud posible. El proyectista deberá justificar que no existe ningún tipo de riesgo mecánico sobre este cable.

Usando estos tubos protectores, la entrada a aparatos con modo de protección será por prensaestopas (tanto para soluciones fijas como para móviles) que dispongan de un modo de protección compatible con el modo de protección del aparato en cuestión o, en zonas 2 y 22, a través de accesorios adecuados al modo de protección.

Nota: una clavija de toma de corriente tiene la misma consideración que un equipo eléctrico.

CANALES		
Características	Grado	
Dimensión del lado mayor de la sección transversal	≤ 160 mm	> 160 mm
Resistencia al impacto	Fuerte	Fuerte
Temperatura mínima de instalación y servicio	+15 °C	-5 °C
Temperatura máxima de instalación y servicio	+60 °C	+60 °C
Propiedades eléctricas	Aislante	Continuidad eléctrica / aislante
Resistencia a la penetración de objetos sólidos	4	No inferior a 2
Resistencia a la penetración de agua	No declarada	
Resistencia a la propagación de la llama	No propagador	

*Tabla 4. Características mínimas para **canales** protectoras.*

Guía

Usando estas canales protectoras, la entrada a aparatos con modo de protección será siempre por prensaestopas (tanto para soluciones fijas como para móviles) que dispongan de un modo de protección compatible con el modo de protección del aparato en cuestión.

Las canales protectoras metálicas deben ponerse a tierra la **ITC-BT-18**.

- **BANDEJAS PORTACABLES**

  Cuando el cableado de las instalaciones fijas se realice mediante bandejas portacables, estas serán conformes a las especificaciones dadas en la tabla siguiente:

  Puesto que la bandeja no representa una protección mecánica sobre los cables, salvo que el proyectista justifique la ausencia de riesgo mecánico, **deberá instalarse cable armado** (Ver Tabla A)

BANDEJAS PORTACABLES	
Características	Grado
Resistencia al impacto	5 Julios
Temperatura mínima de instalación y servicio	-5 °C
Temperatura máxima de instalación y servicio	+60 °C
Propiedades eléctricas	Continuidad eléctrica / aislante
Resistencia a la propagación de la llama	No propagador
Resistencia a la corrosión	2

Tabla B. Características mínimas de las bandejas.

El cumplimiento de estas características se realizará según **UNE-EN 61.537**.
Las bandejas portacables metálicas deben ponerse a tierra según la **ITC-BT-18**.

Esto *no es aplicable** en el caso de canalizaciones bajo tubo que se conecten a aparatos eléctricos con modo de protección antideflagrante provistos de **cortafuegos**, en donde el tubo resistirá una presión interna mínima de 3 MPa durante 1 minuto y será, o bien de acero sin soldadura, galvanizado interior y exteriormente, conforme a la norma **UNE 36.582**, o bien conforme a la norma **UNE EN 50.086 (UNE-EN 50.575)**, con el grado de resistencia de la tabla siguiente.

* *El texto "Esto no es aplicable" hace referencia a las características mínimas para tubos incluidas en la tabla 3.*

TUBOS PROVISTOS DE CORTAFUEGOS		
Característica	Código	Grado
Resistencia a la compresión	5	Muy fuerte
Resistencia al impacto	5	Muy fuerte
Temperatura mínima de instalación y servicio	3	-15 °C
Temperatura máxima de instalación y servicio	2	+90 °C
Resistencia al curvado	1	Rígido
Propiedades eléctricas	1	Continuidad eléctrica
Resistencia a la penetración de objetos sólidos	5	Contra el polvo
Resistencia a la penetración del agua	2	Contra gotas de agua cayendo verticalmente cuando el sistema de tubos está inclinado 15°
Resistencia a la corrosión de tubos metálicos y compuestos	4	Protección interior y exterior elevada
Resistencia a la tracción	2	Ligera
Resistencia a la propagación de la llama	1	No propagador
Resistencia a las cargas suspendidas	2	Ligero

*Tabla 5. Características mínimas para **tubos** que se conectan a aparatos eléctricos con modo de protección antideflagrante provistos de **cortafuegos**.*

Guía

Los tubos de la tabla 5 únicamente se usan para entradas a aparatos con modo de protección por envolvente antideflagrante, ya sea a través de cortafuegos o sin él según **UNE-EN 60.079-1**.

En caso de que la entrada requiera cortafuegos, los cables serán preferentemente unipolares con el fin de poder realizar con garantía el sellado del cortafuegos.

Cuando por exigencias de la instalación, se precisen **tubos flexibles** (p.ej.: por existir vibraciones en la conexión del cableado bajo tubo), estos serán metálicos corrugados de material resistente a la oxidación y características semejantes a los rígidos.

Guía

Normalmente los tubos flexibles se usan para entrada de cables a aparatos en modo de protección antideflagrante, los cuales por su instalación y/o características en condiciones normales de uso tienen vibraciones, por lo que estos tubos flexibles deben de disponer de un adecuado certificado de acuerdo al modo de protección antideflagrante según lo establecido en la norma **UNE-EN 60.079-1**.

Los tubos con conductividad eléctrica deben **conectarse a la red de tierra**, su continuidad eléctrica quedará convenientemente asegurada. En el caso de utilizar tubos metálicos flexibles, es necesario que la distancia entre dos puestas a tierra consecutivas de los tubos no exceda de **10 metros**.

Guía

ANEXO I

Relación no exhaustiva de normas no relacionadas con *equipos eléctricos* para atmósferas explosivas y en relación con la directiva 2014/34/UE (RD 400/2016).

GASES		
Modo de protección	**Símbolo de marcado**	**Norma UNE-EN 60.079-X**
Reglas generales	-	60.079-0
Envolvente antideflagrante	d	60.079-1
Presurización interna	p	60.079-2
Relleno pulverulento	q	60.079-5
Inmersión en aceite	o	60.079-6
Seguridad amentada	e	60.079-7
Seguridad intrínseca	i	60.079-11
Simplificado	n	60.079-15
Encapsulado	m	60.079-18
Radiación óptica	op	60.079-33

POLVOS		
Modo de protección	**Símbolo de marcado**	**Norma UNE-EN 60.079-X**
Reglas generales	-	60.079-0
Protección por envolvente	t	60.079-31
Presurización interna	p	-
Seguridad intrínseca	i	60.079-11
Encapsulado	mm	60.079-18
Radiación óptica	op	60.079-28

OTRAS			
Modo de protección	**Símbolo de marcado**	**Norma UNE-EN 50.0XX**	**Norma UNE-EN 60.079-X**
Cintas calefactoras	e	-	60.079-30-1
Equipos de categoría 1	-	50.284	60.079-26
Dispositivos ópticos	op	-	60.079-28

ANEXO II

Relación no exhaustiva de normas no relacionadas con ***instalaciones eléctricas*** para atmósferas explosivas y en relación con la directiva 1999/92/CE (RD 681/2003).

GASES		
Título	Norma UNE-EN 6X.XXX-X	Norma UNE-EN 60.079-X
Clasificación de zonas	60.079-10	60.079-10-1
Instalaciones eléctricas	60.079-14	60.079-14
Inspección y mantenimiento	60.079-17	60.079-17
Reparación	60.079-19	60.079-19
Sistemas de seguridad intrínseca	60.079-25	60.079-25
Buses de campo (FISCO/FNICO)	60.079-27	60.079-11
Instalación de cintas calefactoras	62.086-2	60.079-30-2

POLVOS	
Título	Norma UNE-EN 60.079-X
Clasificación de zonas	60.079-10-2
Instalaciones eléctricas	60.079-14
Inspección y mantenimiento	60.079-17
Reparación	60.079-19
Sistemas de seguridad intrínseca	60.079-25
Buses de campo (FISCO/FNICO)	60.079-11

OTRAS	
Título	Documento
Presurización de edificios y salas	UNE-EN 60.079-13
Riesgos de explosión por electricidad estática	CLC/TR 60.079-32-1
Riesgos de explosión por radiofrecuencia	CLC/TR 50.427
Atmósferas explosivas: conceptos básicos y metodología	UNE-EN 1.127-1

- **NOTA GENERAL:** *todas las normas relacionadas directamente con atmósferas explosivas tendrán una numeración UNE-EN 60.079-X, tanto para gases como para polvos, tanto para equipos o para instalaciones. Su título general empezará con "Atmósferas explosivas". Estas normas son comunes a CENLEC (Comité Electrotécnico Europeo) y CEI (Comité Electrotécnico Internacional).*

Guía

ANEXO III
INSTALACIONES ELÉCTRICAS EN GARAJES

III.1 INTRODUCCIÓN

Los garajes de vehículos son aquel tipo de locales destinados al depósito de diversos tipos de vehículos ya sea para largas estancias, cortas o bien en régimen de pupilaje. A efectos de este documento se entiende que los garajes afectados son aquellos locales destinados a **garaje de vehículos** *excepto aquellos al aire libre*.

Los garajes son susceptibles de estar afectados por varias ITC debido a las especiales condiciones que les aplican. Entre estas ITC podemos destacar la **ITC-BT-29**: "Prescripciones particulares para las instalaciones eléctricas con riesgo de incendio o explosión", y la **ITC-BT-28**: "Instalaciones en locales de pública concurrencia", además de lo descrito en la **ITC-BT-20**: "Sistemas de instalación", aplicando los principios de selección de la canalización eléctrica en función de las influencias externas según norma **UNE 20.460-5-52**.

De modo paralelo se incluyen prescripciones aplicables a los garajes según las condiciones de seguridad en caso de incendio al ser también relevantes en lo que se refiere a las condiciones que afectan a la instalación eléctrica.

III.2 PRESCRIPCIONES GENERALES

Al tratarse los garajes de zonas de especial riesgo de impactos mecánicos deberán considerarse las siguientes prescripciones ya que en general no existe una separación física entre las zonas de rodadura de los vehículos (incluyendo los bienes transportados) o de estacionamiento de los mismos y las paredes o techos por las que discurren las canalizaciones superficiales. Además, en muchos casos *se consideran Locales de pública concurrencia* por lo que debe prestarse especial atención a la protección de la instalación eléctrica.

En las instalaciones donde puedan producirse choques mecánicos, puede asegurarse la protección mediante uno de los medios siguientes:

1) Las características mecánicas de las canalizaciones.
2) El emplazamiento elegido [1].
3) La disposición de una protección mecánica complementaria, local o general.
4) O la combinación de las medidas anteriores.

[1] En general se considera adecuada una altura de la instalación mínima de 2,5 m o una distancia de separación lateral de 1,25 m. El proyectista podrá definir distancias diferentes en función de las influencias externas previsibles.

En la medida de lo posible *no se dispondrán canalizaciones eléctricas o aparatos* (aparamenta eléctrica) <u>por debajo de 1 m</u> respecto de la superficie del suelo en su punto más alto de la planta.

Se deberán tener en cuenta los requisitos aplicables respecto a espacios ocultos y el paso de instalaciones a través de elementos de compartimentación de incendios descrito en el Código Técnico de la Edificación, Documento Básico, Seguridad en caso de incendios CTE DB-SI 1.

Las instalaciones que atraviesan un garaje (por ejemplo Línea General de Alimentación, Derivaciones Individuales, etc.) deberán cumplir igualmente las prescripciones de sus ITC específicas.

Las características mínimas para los cables y los sistemas de conducción de cables instalados en superficie en zonas desclasificadas son acordes a la tabla III-1.

Altura instal. (h) [1]	Sistema de conducción de cable (prescripción mínima)			Cables
h ≥ 2,5 m	Tubos. Serie UNE-EN 50.626-1	- Compresión: fuerte (4). - Impacto: medio (3). - Propiedades eléctricas: continuidad eléctrica / aislante. - No propagador de llama.		H07V-K H07Z1-K (AS)
	Canales. UNE-EN 50.085	- Impacto: medio (2 J). - Propiedades eléctricas: continuidad eléctrica / aislante. - No propagadora de llama.	IP 4X o IP XXD o superior y que solo pueda abrirse con útil.	
			IP menor que IP 4X o IP XXD o que pueda abrirse con útil.	RV RZ1-K (AS)
	Bandeja y bandeja de escalera. UNE-EN 61.537	- Impacto: 2 Julios. - Propiedades eléctricas: continuidad eléctrica / aislante.	No Locales de pública concurrencia.	
			Locales de pública concurrencia.	RZ1-K (AS)
	Cables fijados directamente sobre las paredes.			RVMV-K RZ1MZ1-K (AS)
1,5 m ≤ h < 2,5m	Tubos. Serie UNE-EN 50.626-1 [3]	- Compresión: fuerte (4). - Impacto: medio (3). - Propiedades eléctricas: continuidad eléctrica / aislante. - No propagador de llama.		H07V-K H07Z1-K (AS)
	Canales. UNE-EN 50.085	- Impacto: medio (2 J). - Propiedades eléctricas: continuidad eléctrica / aislante. - No propagadora de llama.	IP 4X o IP XXD o superior y que solo pueda abrirse con útil.	
			IP menor que IP 4X o IP XXD o que pueda abrirse con útil.	RV RZ1-K (AS)
	Bandeja y bandeja de escalera. UNE-EN 61.537	- Impacto: 2 Julios. - Propiedades eléctricas: continuidad eléctrica / aislante. - No propagadora de llama.		RVMV-K RZ1MZ1-K (AS)
	Cables fijados directamente sobre las paredes.			

Tabla III-1

Guía

Altura (h) [1]	Sistema de conducción de cable (prescripción mínima)			Cables [3]
h < 1,5 m [2]	Tubos. Serie UNE-EN 61.386 [3]	- Compresión: fuerte (4). - Impacto: muy fuerte (5). - Propiedades eléctricas: continuidad eléctrica / aislante. - No propagador de llama.		H07V-K H07Z1-K (AS)
	Canales. UNE-EN 50.085	- Impacto: muy fuerte (20 J). - Propiedades eléctricas: continuidad eléctrica / aislante. - No propagadora de llama.	IP 4X o IP XXD o superior y que solo pueda abrirse con útil.	
			IP menor que IP 4X o IP XXD o que pueda abrirse con útil.	RV RZ1-K (AS)
	Bandeja y bandeja de escalera. UNE-EN 61.537	- Impacto: 20 Julios. - Propiedades eléctricas: continuidad eléctrica / aislante. - No propagadora de llama.		RVMV-K RZ1MZ1-K (AS)
	Cables fijados directamente sobre las paredes.			

Nota (1): Medida desde el nivel del suelo en el punto de instalación.

Nota (2): En la medida de lo posible no se dispondrán canalizaciones eléctricas o aparatos (aparamenta eléctrica) por debajo de **1 m** respecto de la superficie del suelo en su punto más alto de la planta a fin de evitar el efecto de la posible presencia de gases combustibles.

Nota (3): Cuando los garajes tengan la consideración de locales de pública concurrencia, (véase apartado II.3.3 de esta Guía) solamente podrán instalarse cables de reacción al fuego mínima C_{ca} -s1b,d1,a1.

Tabla III-1. Características mínimas para los cables y los sistemas de conducción de cables instalados en superficie en zonas desclasificadas de garajes.

- **HO7V-K:** Unipolar aislado de tensión asignada 450/750 V, con conductor de cobre clase 5 (K) y, aislamiento de policloruro de vinilo (V). UNE-EN 50.525-2-31.

- **HO7Z1-K(AS):** Conductor no propagador del incendio, unipolar aislado de tensión asignada 450/750 V, conductor de cobre clase 5 (-K), aislamiento de compuesto termoplástico a base de poliolefina (Z1). UNE 211.002.

- **RV:** Cable de tensión asignada 0,6/1 kV, con conductor de cobre clase 5 (K), aislamiento polietileno reticulado (R) y cubierta policloruro de vinilo (V). UNE 21.123-2

- **RZ1-K (AS):** Cable de tensión asignada 0,6/1 kV con conductor de cobre clase 5 (-K), aislamiento de polietileno reticulado (R) cubierta de compuesto termoplástico a base de poliolefina (Z1). UNE 21.123-4

- **RVMV-K:** Cable de tensión asignada 0,6/1 kV, con aislamiento de polietileno reticulado (R), cubierta interna de PVC (V), armadura de alambres de acero galvanizado (M) y cubierta externa de PVC (V), con conductor de cobre flexible clase 5 (-K). UNE 21.123-2. Nota: para cables unipolares la armadura es de aluminio en lugar de acero galvanizado.

- **RZ1MZ1-K (AS):** Cable no propagador del incendio, de tensión asignada 0,6/1 kV, con aislamiento de polietileno reticulado (R), cubierta interna a base de poliolefina (Z1), armadura de alambres de acero galvanizado (M) y cubierta externa a base de poliolefina (Z1) y conductor de cobre flexible clase 5 (-K). UNE 21.123-4. Nota: para cables unipolares la armadura es de aluminio en lugar de acero galvanizado.

- Clase mínima de reacción al fuego C_{ca} -s1b,d1,a1.

Sistema de conducción de cable (prescripción mínima)		
Tubos. Serie UNE-EN 61.386	- Compresión: fuerte (4). - Impacto: muy fuerte (5). - Propiedades eléctricas: continuidad eléctrica / aislante. - No propagador de llama.	
Canales. UNE-EN 50.085	- Impacto: muy fuerte (20 J). - Propiedades eléctricas: continuidad eléctrica / aislante. - No propagador de llama.	**IP 4X** o **IP XXD** o superior y que solo pueda abrirse con útil.
		IP menor que IP 4X o IP XXD o que pueda abrirse con útil.
Bandeja y bandeja de escalera. UNE-EN 61.537	- Impacto: 20 Julios. - Propiedades eléctricas: continuidad eléctrica / aislante. - No propagadora de llama.	
Cables fijados directamente sobre las paredes.		
Nota: los suministros complementarios se refieren a aquellos definidos en la **ITC-BT-28, apartado 2.3**.		

Tabla III-2. Características mínimas para los sistemas de conducción de cables para las instalaciones eléctricas de extracción, suministros complementarios y las acometidas a cuadros de sistemas de seguridad contra incendios y sus accionamientos de seguridad instalados en superficie en zonas desclasificadas de garajes.

Los cables instalados serán adecuados a la altura de instalación según la tabla III-1.

Los cables adecuados para este tipo de circuitos se distinguen en el mercado por las siglas (AS+) y corresponden a la norma **UNE 211.025** *"Cables con una resistencia intrínseca al fuego destinados a circuitos de seguridad"*.

Tipo	Designación
Cables sin pantalla	SZ1-K 300/500 V PH 90 (AS+)
	SZ1-K 0,6/1 kV PH 90 (AS+)
Nota 1: La norma UNE 211.025 también incluye las variantes de cables armados y apantallados que puede ser conveniente utilizar en instalaciones particulares. **Nota 2:** Los cables de tensión asignada 300/500 V se pueden utilizar en circuitos auxiliares de control.	

III.3 PRESCRIPCIONES PARTICULARES

III.3.1 GARAJES SEGÚN LA ITC-BT-29

En la **ITC-BT-29** se establecen las condiciones para la realización de instalaciones eléctricas en locales con riesgo de incendio o explosión.

En función de la afectación por este riesgo se pueden distinguir dos tipologías:

A) Garajes clasificados: son aquellos en los que no se han determinado medidas especiales para su desclasificación, y puede existir el riesgo de una atmósfera explosiva, siendo de aplicación expresa la **ITC-BT-29** y su guía técnica. Se deberá tener en cuenta adicionalmente lo dispuesto en este documento en lo referente a las medidas a aplicar por los requisitos de otras ITC del REBT o bien por las condiciones de protección contra incendios respecto a la instalación eléctrica del **apartado 4**.

B) Garajes desclasificados: son aquellos en los que se han determinado medidas específicas de desclasificación de la atmósfera explosiva. Las instalaciones *se realizarán de acuerdo con lo expuesto en este **anexo III*** así como las ITCs del REBT que el proyectista considere aplicables.

Guía

III.3.2 MÉTODO DE DESCLASIFICACIÓN DE GARAJES

Se detalla a continuación un caso muy concreto pero que, por su controversia, se considera de gran importancia y en el que se indica una serie de prescripciones a seguir para el caso de los <u>garajes en edificios o construcciones similares, para</u> **vehículos ligeros** que en general, no superen 3.500 kg. Para el caso de aparcamientos o garajes que puedan albergar vehículos de características diferentes, por ejemplo autobuses, camiones o grandes furgonetas, los considerandos siguientes puede que no se cumplan, por lo que será necesario realizar un estudio de detalle en función de los volúmenes reales ocupados por cada plaza, la distribución de vehículos por la naturaleza de su combustible, las tasas de escape esperadas, etc.

1º Puesto que los vehículos por sí mismos, poseen fuentes de ignición no controladas, en la medida de lo posible se debe dotar a los garajes de la suficiente ventilación permanente que permita desclasificarlos frente al riesgo de presencia de atmósferas explosivas.

2º Existe la siguiente distribución de riesgos en función del tipo de combustible que utilizan los vehículos del parque automovilista actual de vehículos ligeros, que no superan los 3500 kg.

   ✓ Vehículos de gas-oil ≈ 54 % del parque automovilístico actual.
      Punto de inflamación del gas-oil > 55 °C.

   ✓ Vehículos de gasolina ≈ 45 % del parque automovilístico actual.
      Punto de inflamación de la gasolina < 20 °C.

   ✓ Vehículos de GLP y GN ≈ 1 % del parque automovilístico actual.
      Punto de inflamación de los GLP y GN << 0 °C.

   ✓ Vehículos eléctricos de carretera.

3º En función de esta distribución deberán tenerse en cuenta las siguientes medidas.

   ➢ **GAS-OIL:** Si la temperatura del combustible almacenado en los depósitos de los vehículos de gas-oil existentes en un garaje no alcanza este valor en condiciones normales, no se alcanza el **LIE** (Límite Inferior de Explosividad) del gas-oil y no es necesario clasificar las zonas teniendo en cuenta este combustible.

   ➢ **GASOLINA:** En condiciones ambientales se supera la temperatura de su punto de inflamación y por tanto en el entorno próximo a la fuente de emisión se alcanza la concentración del **LIE** de la gasolina. A efectos de la clasificación de zonas se deberá tomar en cuenta este combustible.

   ➢ **GLP y GN:** En condiciones ambientales normales se supera la temperatura de su punto de inflamación y por tanto en el entorno próximo a la fuente de emisión se alcanza la concentración del LIE del GLP y GN. A efectos de la clasificación de zonas se deberá tomar en cuenta este combustible.

   ➢ <u>**BATERÍAS DE VEHÍCULOS ELÉCTRICOS DE CARRETERA**</u>**:** No son necesarios requisitos especiales de clasificación de áreas para los vehículos eléctricos cuyas baterías sean de Li-ION o de Ni-MH.

4º Para evaluar el número de renovaciones necesarias en función de las condiciones de los locales y las características de la sustancia se seguirá el siguiente procedimiento según lo establecido en la norma **UNE-EN 60.079-10-1**.

1. Determinación de la tasa de escape existente o previsible por el tipo de vehículo y combustible utilizado (G_{max}), en g/dia o kg/s.

2. Selección de los parámetros **f** y **k** más adecuados. Donde f expresa la eficacia de la ventilación en la dilución de la atmósfera explosiva con valores que van de **f = 1** (situación ideal) a **f = 5** (circulación de aire con dificultades debido a los obstáculos) y k es un factor de seguridad impuesto al LIE, **k = 0,25** o **k = 0,5**.

3. Estimación de un radio para el volumen de zona peligrosa (semiesférico) alrededor de la fuente de escape que pueda considerarse de extensión despreciable (**R**).

4. Selección del volumen ocupado por el vehículo ($V_{vehículo}$), incluyendo las zonas comunes y de circulación del garaje.

5. Obtención del caudal de aire fresco ($Q_{mín.\ total}$), número de renovaciones necesarias de aire (**C**) y ventilación mínima por vehículo ($Q_{mín.\ vehículo}$), según las ecuaciones siguientes, tomadas del Anexo B de la norma UNE-EN 60.079-10-1:

➤ $Q_{mín.total} = \dfrac{G_{max}}{k \cdot LIE}$

➤ $C = \dfrac{f \cdot Q_{mín.total}}{\frac{1}{2} \cdot \left(\frac{4}{3} \cdot \pi \cdot R^3\right)}$

➤ $Q_{mín.vehículo} = C \cdot V_{vehículo}$

5º Se tomarán en consideración las siguientes tasas de escape para el cálculo de las zonas con riesgo de presencia de atmósferas explosivas.

➤ **GAS-OIL:** no se considera.

➤ **GASOLINA:**
  - Para vehículos > 1992, $G_{max} > 1992 = 2$ g/día.
  - Para vehículos ≤ 1992, $G_{max} ≤ 1992 = 20$ g/día.

➤ **GLP:** $G_{max\ GLP} = 8,75$ g/día (equivalente a 160 cm³/h)

➤ **GN:** $G_{max\ GN} = 129$ g/día

Guía

6º Ejemplo generalizado:

Para la realización de este ejemplo se ha tomado un LIE para el vapor de gasolina de 1,6 % en volumen (0,061 kg/m³), para GLP un LIE de 2,1 % en volumen (0,039 kg/m³) y para GNC un LIE de 5 % en volumen (0,033 kg/m³).

a) *Determinación de la tasa de escape existente.*

- *Turismos de gasolina existentes en la actualidad = 45 % del parque.*
- *Turismos de gasolina posteriores a 1992 = 75 %.*
- *Turismos de gasolina anteriores a 1992 = 25 %.*
- *Turismos con GLP o GN en la actualidad = 0,5 % del parque, respectivamente.*

Tasa de escape promedio función de las características actuales del parque automovilístico:

$$G_{max}(gasolina) = 0,45 \cdot [(0,75 \cdot G_{max > 1992}) + (0,25 \cdot G_{max \leq 1992}) = 339 \cdot 10^{-10} \, Kg/s$$
$$G_{max}(GLP) = 0,005 \cdot G_{max} = 5,06 \cdot 10^{-10} \, Kg/s$$
$$G_{max}(GN) = 0,005 \cdot G_{max} = 74,7 \cdot 10^{-10} \, Kg/s$$

b) *Selección de los parámetros f y k.*

Parámetros más desfavorables
    f = 5 (circulación de aire con dificultades debido a los obstáculos);
    k = 0,25 (escape continuo para gasolina) y
    k = 0,5 (escape secundario para GLP o GNC).

c) *Estimación de un radio* *para el volumen de la extensión de zona despreciable.*

Variable R= 50 cm hasta 10 cm.

d) *Selección del volumen* *ocupado por vehículo considerando la propia plaza de aparcamiento e incluyendo el ratio de superficie de zonas de paso, circulación y rampas correspondientes a la plaza (30 m² con altura de 3m).*

$V_{vehículo} = 90 \, m^3$.

e) *Obtención del caudal* *de aire fresco, número de renovaciones de aire necesarias y ventilación mínima sumando las contribuciones de cada tipo de combustible*

Radio de zona (R)	Volumen de zona	Caudal de ventilación total ($Q_{min. total}$)	Renovaciones (C)	Caudal de ventilación por vehículo
0,50 m	$2,62 \cdot 10^{-1} \, m^3$	$2,68 \cdot 10^{-6} \, m^3/s$	$0,184 \, h^{-1}$	$< 0,005 \, m^3/s$
0,20 m	$1,68 \cdot 10^{-2} \, m^3$	$2,68 \cdot 10^{-6} \, m^3/s$	$2,881 \, h^{-1}$	$0,072 \, m^3/s$
0,10 m	$2,10 \cdot 10^{-3} \, m^3$	$2,68 \cdot 10^{-6} \, m^3/s$	$23,047 \, h^{-1}$	$0,576 \, m^3/s$

El procedimiento anterior es el inverso al habitual en clasificación de zonas; en este caso se parte de un volumen de zona y se calcula el caudal necesario para ventilar dicho volumen al 0,25 del LIE, cuando normalmente se parte del caudal de ventilación y se determina el radio o volumen de la zona.

Como puede observarse en la anterior tabla, es determinante el radio de la zona (R) que se considere ya que el número de renovaciones será mayor cuanto menor volumen de zona peligrosa se quiera alcanzar.

A modo de ejemplo, el **CTE** DB-HS sección HS3, apartado 2 tabla 2.1 prescribe un caudal de **ventilación mínimo de 120 l/s** (432 m^3/h) por plaza en aparcamientos y garajes. Este valor corresponde, para una plaza tipo de 25 a 30 m^2 (teniendo en cuenta las zonas de paso, circulación y rampas del garaje) y una altura de 2,5 a 3 m, se obtendrán valores comprendidos entre **6,9 y 4,8 renovaciones / hora**.

Tomado un valor prudente para el radio de la extensión de zona despreciable de 0,2 m (20 cm), el número de renovaciones por hora sería inferior a 4,8 inferior al número de renovaciones por hora exigido por el CTE. Por lo tanto aquellos garajes que cumplan con los requisitos establecidos en CTE, Sección HS3, se consideran como "garaje desclasificado".

▪ **Conclusión:**

1) No cabe considerar la clasificación de garajes por razones prácticas: presencia de fuentes de ignición no controladas de los propios vehículos y de las personas.

2) Se debe garantizar un caudal de ventilación permanente, natural o forzada, con una tasa de al menos el valor mínimo exigido por motivos de salubridad.

3) La ventilación exigida por la dilución de monóxido de carbono no se debe considerar a estos efectos debido a su carácter periódico o no permanente.

III.3.3 GARAJES SEGÚN LA ITC-BT-28

Los **garajes de pública concurrencia** además de lo indicado en este anexo cumplirán con **ITC-BT-28** y el **CTE**.

Se consideran garajes de pública concurrencia los siguientes:

1. Los garajes considerados de uso público;

2. Los garajes que forman parte de un edificio considerado como Local de Pública Concurrencia (**LPC**);

3. Aquellos garajes vinculados a una actividad sujeta a horarios y con una superficie mayor de **1.500 m^2**;

4. Los estacionamientos de uso público, cerrados y cubiertos para **más de 5 vehículos** para cualquier ocupación.

III.4 OTRAS CONSIDERACIONES RELATIVAS AL RIESGO DE INCENDIO

En general respecto a las condiciones de seguridad contra incendios se aplicará lo dispuesto en el **CTE DB-SI**.

Los elementos de la instalación eléctrica del sistema de extracción de humos del garaje deberán cumplir los requisitos del **CTE DB-SI-3 apartado 8**.

ANEXO IV
INSTALACIONES ELECTRICAS EN LOCALES CON RIESGO DE EXPLOSION:
Particularidades a tener en cuenta con respecto a la existencia de un
sistema de detección de gases en instalaciones colectivas, comerciales e industriales

VI.1 INTRODUCCIÓN
Entre los locales con riesgo de explosión se encuentran aquel tipo de locales en los que se ubican aparatos que consumen cualquier tipo de gas susceptible de ser explosivo.

Estos locales son susceptibles de estar afectados por varias ITC debido a las especiales condiciones que les aplican. Podemos destacar la **ITC-BT-29**, sobre instalaciones eléctricas de los locales con riesgo de incendio o explosión, y la **ITC-BT-28**, Instalaciones en locales de Pública concurrencia, además de lo descrito en la **ITC-BT-20**, Sistemas de instalación, aplicando los principios de selección de la canalización eléctrica en función de las influencias externas según la norma **UNE-HD 60.364-5-52**.

VI.2 PRESCRIPCIONES GENERALES
Al considerarse los locales con riesgo de explosión en muchos de sus casos como Locales de Pública Concurrencia se debe prestar especial atención a la protección de la instalación eléctrica, adicionalmente puede tratarse de locales de ámbito colectivo, comercial e industrial, debiendo valorarse las medidas aplicadas para mitigar dicho riesgo. A tal fin se verificará la medida de seguridad selecciona, y en el caso de hallarse un sistema de detección de gases, se deberá verificar la conformidad a la normativa de aplicación. Para tal fin el Organismo de Control solicitará y verificara la declaración UE de conformidad, donde se indicará el cumplimiento con la Norma **UNE EN 60.079-29-1** y el Organismo Notificado (cuando aplique) que certifica dicho cumplimiento.

Normativa relacionada con los detectores de gas y su instalación

Producto	Norma
Sistema de detección de gases inflamables [1] (requisitos de funcionamiento)	UNE-EN 60.079-29-1
Sistema de detección de gases inflamables y de oxígeno [1] (selección, instalación, uso y mantenimiento)	UNE-EN 60.079-29-2
Atmosferas en lugares de trabajo [1] (detección y medición de gases y vapores tóxicos)	UNE-EN 45.544 (serie)
Detector de gases combustibles [2] (métodos de ensayo y requisitos de funcionamiento)	UNE-EN 50.194-1
Detector de gases combustibles [3] (métodos de ensayo y requisitos de funcionamiento)	UNE-EN 50.194-2
Detector de gases combustibles [2] (guía de selección, instalación, uso y mantenimiento)	UNE-EN 50.244
Detector de gas monóxido de carbono (CO) [2] (métodos de ensayo y requisitos de funcionamiento)	UNE-EN 50.291-1
Detector de gas monóxido de carbono (CO) [3] (métodos de ensayo y requisitos de funcionamiento)	UNE-EN 50.291-2
Detector de gas monóxido de carbono (CO) [4] (guía de selección, instalación, uso y mantenimiento)	UNE-EN 50.292
Nota 1: Normativa de producto para uso en ambientes colectivos, comerciales e industriales. **Nota 2:** Normativa de producto para uso en ambientes domésticos. **Nota 3:** Normativa de producto para uso en inst. fijas de vehículos recreativos y emplazamientos similares. **Nota 4:** Normativa de producto para uso en ambientes domésticos, caravanas y embarcaciones.	

ITC-BT-30

Locales de características especiales

Norma	Apartado	Sustituida por:
UNE 20.324	4	**UNE-EN 60.529**
UNE 20.460-3	9 / 9.1	**UNE-HD 60.364-1**
UNE 20.460-5-523	5	**UNE-HD 60.364-5-52**

GUIA-BT	Edición
Incluida	Feb. 2009 (Rev.1)

Índice

CON riesgo ITC-29

1. INSTALACIONES EN LOCALES HÚMEDOS

Locales o emplazamientos húmedos son aquellos cuyas condiciones ambientales se manifiestan momentánea o permanentemente bajo la forma de condensación en el techo y paredes, manchas salinas o moho aun cuando no aparezcan gotas, ni el techo o paredes estén impregnados de agua.

En estos locales o emplazamientos el material eléctrico cuando no se utilice muy bajas tensiones de seguridad (**MBTS**), cumplirá con las siguientes condiciones.

■ 1.1 Canalizaciones eléctricas

Las canalizaciones serán estancas, utilizándose, para terminales, empalmes y conexiones de las mismas, sistemas o dispositivos que presenten el grado de protección correspondiente a la caída vertical de gotas de agua (**IPX1**). Este requisito lo deberán cumplir las canalizaciones prefabricadas.

1.1.1 Instalación de conductores y cables aislados en el interior de tubos

Los conductores tendrán una tensión asignada de **450/750 V** y discurrirán por el interior de tubos:

a) **Empotrados:** según lo especificado en la instrucción **ITC-BT-21**.

b) **En superficie:** según lo especificado en la **ITC-BT-21**, pero que dispondrán de un grado de resistencia a la corrosión **3**.

Guía — Los cables de instalación habitual con estas características son:

Tipo de cable		Norma
H07V-K	Conductor unipolar aislado de tensión asignada 450/750 V, conductor de cobre clase 5 (-K), aislamiento de policloruro de vinilo (V).	UNE-EN 50.525-2-31
H07Z1-K (AS) (anterior denominación: ES07Z1-K (AS))	Conductor no propagador de incendio, unipolar aislado de tensión asignada 450/750 V, conductor de cobre clase 5 (-K), aislamiento de compuesto termoplástico a base de poliolefina con baja emisión de humos y gases (Z1).	UNE 21.100-2

1.1.2 Instalación de cables aislados con cubierta en el interior de canales aislantes

Se instalarán en superficie y las conexiones, empalmes y derivaciones se realizarán en el interior de cajas.

Guía Los cables de instalación habitual con estas características son:

	Tipo de cable	Norma
H07RN-F	Cable de tensión asignada 450/750 V, con conductor de cobre clase 5 apto para servicios móviles (-F), aislamiento de compuesto de goma (R) y cubierta de policloropreno (N).	UNE-EN 50.525-2-21
H07ZZ-F (AS)	Cable no propagador del incendio, de tensión asignada 450/750 V, con conductor de cobre clase 5 apto para servicios móviles (-F), aislamiento y cubierta de compuesto reticulado con baja emisión de humos y gases corrosivos (Z).	UNE-EN 50.525-3-21
RV-K	Cable de tensión asignada 0,6/1 kV, con conductor de cobre clase 5 (-K), aislamiento de polietileno reticulado (R) y cubierta policloruro de vinilo (V).	UNE 21.123-2
RZ1-K (AS)	Cable no propagador del incendio, de tensión asignada 0,6/1 kV con conductor de cobre clase 5 (-K), aislamiento de polietileno reticulado (R) y cubierta de compuesto termoplástico a base de poliolefina con baja emisión de humos y gases corrosivos (Z1).	UNE 21.123-2

1.1.3 Instalación de cables aislados y armados con alambres galvanizados sin tubo protector

Los conductores tendrán una tensión asignada de **0,6/1 kV** y discurrirán por:

a) En el interior de huecos de la construcción.
b) Fijados en superficie mediante dispositivos hidrófugos y aislantes.

Guía Los cables de instalación habitual con estas características son:

	Tipo de cable	Norma
RVMV-K	Cable de tensión asignada 0,6/1 kV, con aislamiento de polietileno reticulado (R), cubierta interna de PVC (V), armadura de alambres de acero galvanizado (M) y cubierta externa de PVC (V), con conductor de cobre flexible clase 5 (-K).	UNE 21.123
RZ1MZ1-K (AS)	Cable no propagador del incendio, de tensión asignada 0,6/1 kV, con aislamiento de polietileno reticulado (R), cubierta interna libre de halógenos (Z1), armadura de alambres de acero galvanizado (M) y cubierta externa libre de halógenos (Z1) y conductor de cobre flexible clase 5 (-K).	UNE 21.123

Nota: para cables unipolares, la armadura es de aluminio en lugar de acero galvanizado.

→ Con posterioridad a la publicación del REBT se publicó la norma **UNE-EN 61.537 "Sistemas de bandejas y bandejas de escalera para conducción de cables"** el cuál, como sistema de instalación, ya se encuentra definido en la **ITC-BT-20** apartado 2.2.9.

1.2 Aparamenta

Las cajas de conexión, interruptores, tomas de corriente y, en general, toda la aparamenta utilizada, deberá presentar el grado de protección correspondiente a la caída vertical de gotas de agua, **IP X1**. Sus cubiertas y las partes accesibles de los órganos de accionamiento **no serán metálicas**.

1.3 Receptores de alumbrado y aparatos portátiles de alumbrado

Los receptores de alumbrado estarán protegidos contra la caída vertical de agua, **IP X1** y no serán de clase 0.

Los aparatos de alumbrado portátiles serán de la **clase II**, según la Instrucción **ITC-BT-43**.

---

2. INSTALACIONES EN LOCALES MOJADOS

Locales o emplazamientos mojados son aquellos en que los suelos, techos y paredes estén o puedan estar impregnados de humedad y donde se vean aparecer, aunque sólo sea temporalmente, lodo o gotas gruesas de agua debido a la condensación o bien estar cubiertos con vaho durante largos períodos.

Se considerarán como locales o emplazamientos mojados los lavaderos públicos, las fábricas de apresto, tintorerías, etc., así como las instalaciones a la **intemperie**.

En estos locales o emplazamientos se cumplirán, además de las condiciones para locales húmedos del apartado 1, las siguientes.

2.1 Canalizaciones

Las canalizaciones serán estancas, utilizándose para terminales, empalmes y conexiones de las mismas, sistemas y dispositivos que presenten el grado de protección correspondiente a las proyecciones de agua, **IP X4**. Las canalizaciones prefabricadas tendrán el mismo grado de protección **IP X4**.

2.1.1 Instalación de conductores y cables aislados en el interior de tubos

Los conductores tendrán una tensión asignada de **450/750 V** y discurrirán por el interior de tubos:

   a) Empotrados: según lo especificado en la **ITC-BT-21**.
   b) En superficie: según lo especificado en la **ITC-BT-21**, pero que dispondrán de un grado de resistencia a la corrosión **4**.

2.1.2 Instalación de cables aislados con cubierta en el interior de canales aislantes

Los conductores tendrán una tensión asignada de **450/750 V** y discurrirán por el interior de canales que se instalarán en superficie y las conexiones, empalmes y derivaciones se realizarán en el interior de cajas.

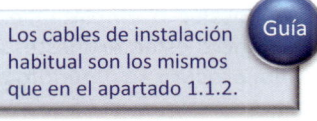

Los cables de instalación habitual son los mismos que en el apartado 1.1.2.

Guía

■ 2.2 Aparamenta

Se instalarán los aparatos de mando y protección y tomas de corriente fuera de estos locales. Cuando esto no se pueda cumplir, los citados aparatos serán, del tipo protegido contra las proyecciones de agua, **IP X4**, o bien se instalarán en el interior de cajas que les proporcionen un grado de protección equivalente.

■ 2.3 Dispositivos de protección

De acuerdo con lo establecido en la **ITC-BT-22**, se instalará, en cualquier caso, un dispositivo de protección en el origen de cada circuito derivado de otro que penetre en el local mojado.

■ 2.4 Aparatos móviles o portátiles

Queda **prohibida** en estos locales la utilización de aparatos móviles o portátiles, **excepto** cuando se utilice como sistema de protección la separación de circuitos o el empleo de muy bajas tensiones de seguridad, **MBTS** según la Instrucción **ITC-BT-36**.

■ 2.5 Receptores de alumbrado

Los receptores de alumbrado estarán protegidos contra las proyecciones de agua, **IP X4**. No serán de clase 0.

3. INSTALACIONES EN LOCALES CON RIESGO DE CORROSIÓN

Locales o emplazamientos con riesgo de corrosión son aquellos en los que existan gases o vapores que puedan atacar a los materiales eléctricos utilizados en la instalación.

Se considerarán como locales con riesgo de corrosión: las fábricas de productos químicos, depósitos de estos, etc.

En estos locales o emplazamientos se cumplirán las prescripciones señaladas para las instalaciones en locales mojados, debiendo protegerse además, la parte exterior de los aparatos y canalizaciones con un revestimiento inalterable a la acción de dichos gases o vapores.

4. INSTALACIONES EN LOCALES POLVORIENTOS SIN RIESGO DE INCENDIO O EXPLOSIÓN

Los locales o emplazamientos polvorientos son aquellos en que los equipos eléctricos están expuestos al contacto con el polvo en cantidad suficiente como para producir su deterioro o un defecto de aislamiento.

En estos locales o emplazamientos se cumplirán las siguientes condiciones:

1. Las canalizaciones eléctricas prefabricadas o no, tendrán un grado de protección mínimo **IP 5X** (considerando la envolvente como categoría 1 según la norma **UNE 20.324 (UNE-EN 60.529)**), salvo que las características del local exijan uno más elevado.

2. Los equipos o aparamenta utilizados tendrán un grado de protección mínimo **IP 5X** (considerando la envolvente como categoría 1 según la norma **UNE 20.324 (UNE-EN 60.529)**) o estará en el interior de una envolvente que proporcione el mismo grado de protección IP 5X, salvo que las características del local exijan uno más elevado.

5. INSTALACIONES EN LOCALES A TEMPERATURA ELEVADA

Locales o emplazamientos a temperatura elevada son aquellos donde la temperatura del aire ambiente es susceptible de sobrepasar **frecuentemente** los **40 °C**, o bien se mantiene **permanentemente** por encima de los **35 °C**.

En estos locales o emplazamientos se cumplirán las siguientes condiciones:

1. Los cables aislados con materias plásticas o elastómeras podrán utilizarse para una temperatura ambiente de hasta **50 °C** aplicando el factor de reducción, para los valores de la intensidad máxima admisible, señalados en la norma **UNE 20.460-5-523***.

   * **NOTA A.:** *Norma anulada y sustituida por la* **UNE-HD 60.364-5-52.** *Consultar apartado 2.2.3 de la ITC-BT-19.*

   Para temperaturas ambientes superiores a 50 °C se utilizarán cables especiales con un aislamiento que presente una mayor estabilidad térmica.

2. En estos locales son admisibles las canalizaciones con conductores desnudos sobre soportes aislantes. Los soportes estarán construidos con un material cuyas propiedades y estabilidad queden garantizadas a la temperatura de utilización.

3. Los aparatos utilizados deberán poder soportar los esfuerzos resultantes a que se verán sometidos debido a las condiciones ambientales. Su temperatura de funcionamiento a plena carga no deberá sobrepasar el valor máximo fijado en la especificación del material.

Guía Los cables que cumplen con la característica de mayor estabilidad térmica son:

	Tipo de cable	Norma
H07V2-K	Conductor unipolar aislado de tensión asignada 450/750 V, con conductor de cobre clase 5 (-K) y aislamiento de compuesto de policloruro de vinilo (V2) (Temperatura máxima del conductor 90 °C).	UNE-EN 50.525-2-31
H07G-K	Conductor unipolar aislado de tensión asignada 450/750 V, con conductor de cobre clase 5 (-K) y aislamiento de goma resistente al calor (G).	UNE-EN 50.525-2-31

6. INSTALACIONES EN LOCALES A MUY BAJA TEMPERATURA

Locales o emplazamientos a muy baja temperatura son aquellos donde pueden presentarse y mantenerse temperaturas ambientales inferiores a **-20 °C**.

Se considerarán como locales a temperatura muy baja las cámaras de congelación de las plantas frigoríficas.

En estos locales o emplazamientos se cumplirán las siguientes condiciones:

1. El aislamiento y demás elementos de protección del material eléctrico utilizado, deberá ser tal que no sufra deterioro alguno a la temperatura de utilización.

2. Los aparatos eléctricos deberán poder soportar los esfuerzos resultantes a que se verán sometidos debido a las condiciones ambientales.

7. INSTALACIONES EN LOCALES EN QUE EXISTAN BATERÍAS DE ACUMULADORES

Los locales en que deban disponerse baterías de acumuladores con posibilidad de desprendimiento de gases, se considerarán como locales o emplazamientos con **riesgo de corrosión** debiendo cumplir, además de las prescripciones señaladas para estos locales, las siguientes:

1. El equipo eléctrico utilizado estará protegido contra los efectos de vapores y gases desprendidos por el electrolito.

2. Los locales deberán estar provistos de una ventilación natural o forzada que garantice una renovación perfecta y rápida del aire. Los vapores evacuados no deben penetrar en locales contiguos.

3. La iluminación artificial se realizará únicamente mediante lámparas eléctricas de incandescencia o de descarga.

4. Las luminarias serán de material apropiado para soportar el ambiente corrosivo y evitar la penetración de gases en su interior.

5. Los acumuladores que no aseguren por sí mismos y permanentemente un aislamiento suficiente entre partes en tensión y tierra, deberán ser instalados con un aislamiento suplementario. Este aislamiento no podrá ser afectado por la humedad.

6. Los acumuladores estarán dispuestos de manera que pueda realizarse fácilmente la sustitución y el mantenimiento de cada elemento. Los **pasillos** de servicio tendrán una anchura mínima de **0,75 m**.

F.A.1: Baterías de acumuladores

7. Si la tensión de servicio en corriente continua es *superior a 75 voltios* con relación a tierra y existen partes desnudas bajo tensión que puedan tocarse inadvertidamente, el *suelo* de los pasillos de servicio será eléctricamente *aislante*.

8. Las *piezas desnudas bajo tensión*, cuando entre éstas existan tensiones *superiores a 75 voltios* en corriente continua, deberán instalarse de manera que sea *imposible tocarlas simultánea e inadvertidamente*.

8. INSTALACIONES EN LOCALES AFECTOS A UN SERVICIO ELÉCTRICO

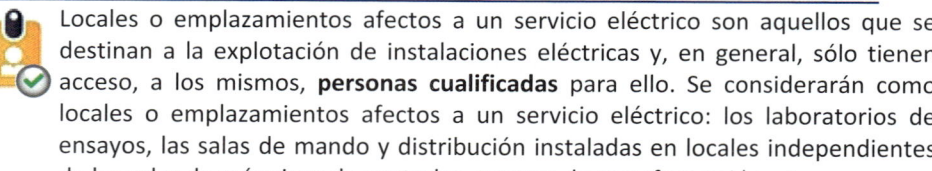

Locales o emplazamientos afectos a un servicio eléctrico son aquellos que se destinan a la explotación de instalaciones eléctricas y, en general, sólo tienen acceso, a los mismos, **personas cualificadas** para ello. Se considerarán como locales o emplazamientos afectos a un servicio eléctrico: los laboratorios de ensayos, las salas de mando y distribución instaladas en locales independientes de las salas de máquinas de centrales, centros de transformación, etc.

En estos locales se cumplirán las siguientes condiciones:

1. Estarán obligatoriamente cerrados con **llave** cuando no haya en ellos personal de servicio.

2. **El acceso** a estos locales deberá tener al menos una altura libre de **2 m** y una anchura mínima de **0,7 m**. Las puertas se abrirán hacia el exterior.

3. Si la instalación contiene instrumentos de medida que deban ser observados o aparatos que haya que manipular constante o habitualmente, tendrá un **pasillo** de servicio de una anchura mínima de **1,10 m**. **No obstante**, ciertas partes del local o de la instalación que no estén bajo tensión podrán sobresalir en el pasillo de servicio, siempre que su anchura no quede reducida en esos lugares a menos de **0,80 m**. Cuando existan a los lados del pasillo de servicio piezas desnudas bajo tensión, no protegidas, aparatos a manipular o instrumentos a observar, la distancia entre equipos eléctricos instalados enfrente unos de otros, será como mínimo de **1,30 m**.

4. El pasillo de servicio tendrá una altura de **1,90 m**, como mínimo. Si existen en su parte superior piezas no protegidas bajo tensión, la altura libre hasta esas piezas no será inferior a **2,30 m**.

5. Sólo se permitirá colocar en el pasillo de servicio los objetos necesarios para el empleo de aparatos instalados.

6. Los locales que tengan personal de servicio permanente, estarán dotados de un <u>alumbrado de seguridad</u>.

7. Los locales que estén bajo rasante deberán disponer de un <u>sumidero</u>.

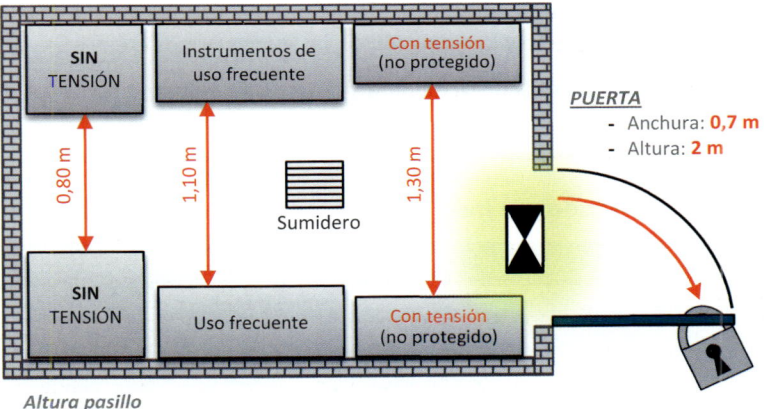

Altura pasillo
- Mínimo: **1,9 m**
- Con tensión (no protegido) en la parte superior: **2,30 m**

F.A.2: *Local afecto a un servicio eléctrico*

9. INSTALACIONES EN OTROS LOCALES DE CARACTERÍSTICAS ESPECIALES

Cuando en los locales o emplazamientos donde se tengan que establecer instalaciones eléctricas concurran <u>circunstancias especiales</u> no especificadas en estas Instrucciones y <u>que puedan originar peligro para las personas o cosas</u>, se tendrá en cuenta lo siguiente:

1. Los equipos eléctricos deberán seleccionarse e instalarse en función de las influencias externas definidas en la norma **UNE 20.460-3*** (***NOTA A.:** *Norma anulada y sustituida por la UNE-EN 60.364-1)* a las que dichos materiales pueden estar sometidos de forma que garanticen su funcionamiento y la fiabilidad de las medidas de protección.

2. Cuando un equipo no posea por su construcción, las características correspondientes a las influencias externas del local (o las derivadas de su ubicación), podrá utilizarse a condición de que se le proporcione, durante la

realización de la instalación, una protección complementaria adecuada. Esta protección no deberá perjudicar las condiciones de funcionamiento del material así protegido.

3. Cuando se produzcan simultáneamente diferentes influencias externas, sus efectos podrá ser independientes o influirse mutuamente, y los grados de protección deberán seleccionarse en consecuencia.

■ 9.1 Clasificación de las influencias externas

La norma **UNE 20.460-3*** (*NOTA A.: Norma anulada y sustituida por la UNE-EN 60.364-1)* establece una clasificación y una codificación de las influencias que deben ser tenidas en cuenta para el proyecto y la ejecución de las instalaciones eléctricas.

Esta codificación no está prevista para su utilización el marcado de los equipos.

RESUMEN: Métodos de instalación y conductores habituales

LOCAL	CANALIZACIÓN	CABLES HABITUALES	CPR
Húmedo	Bajo tubo	H07V-K	Eca
		H07Z1-K (AS)	Cca-s1b, d1, a1
	Canal aislante	H05VV-F	Eca
		H07ZZ-F (AS)	Cca-s1b, d1, a1
	Sin tubo protector	RVMV-K	Eca
		RZ1MZ1-K (AS)	Cca-s1b, d1, a1
• Mojado • Riesgo Corrosión • Polvoriento sin riesgo de incendio o explosión • Donde existan baterías de acumuladores	Bajo tubo	H07V-K	Eca
		H07Z1-K (AS)	Cca-s1b, d1, a1
	Canal aislante	RV-K	Eca
		H07RN-F	Eca
		RZ1-K(AS)	Cca-s1b, d1, a1
		H07ZZ-F (AS)	Cca-s1b, d1, a1
Temperatura (Tª) Elevada	Se admite: conductor desnudo sobre soporte aislante	Tª ≤ 50 °C: Aplicar factor de reducción para $I_{máx}$	
		Tª > 50 °C	H07V2-K	Eca
			H07G-K	Eca
• Baja Temperatura (Tª) • Afectos a un servicio eléctrico • Otras características especiales	Consultar con fabricante		

ITC-BT-31 | Piscinas y fuentes

Norma	Apartado	Sustituida por:
UNE 20.324	2.2 / 4	**UNE-EN 60.529**
UNE 20.460-3	4	**UNE-HD 60.364-1**
UNE-EN 60.598	2.2.3	--
UNE-EN 50.086-1	3.4	**UNE-EN 61.386-1**
UNE-EN 60.335-2-41	2.2.4 / 3.1	--
UNE-EN 60.598-2-18	2.2.3 / 3.1	**UNE-EN IEC 60.598-2-18**

GUIA-BT	Edición
No publicada	---

Índice

1. CAMPO DE APLICACIÓN

Esta ITC trata de las prescripciones de las instalaciones eléctricas de las piscinas, pediluvios y fuentes ornamentales.

2. PISCINAS Y PEDILUVIOS*

* *Datos corregidos según fe de erratas del REBT del Ministerio de Energía, Industria y Turismo:*
«Siempre que dice "zona" debe decir "volumen"».

■ ### 2.1 Clasificación de los volúmenes

Se definen los volúmenes sobre los cuales se indican las medidas de protección que se enumeran en los apartados siguientes, como:

a) __VOLUMEN 0:__ este volumen comprende **el interior** de los recipientes, incluyendo cualquier canal en las paredes o suelos, y los pediluvios o el interior de los inyectores de agua o cascadas.

b) __VOLUMEN 1:__ este volumen está limitado por:
   → Volumen 0.
   → Un plano vertical a **2 m** del borde del recipiente.
   → El suelo o la superficie susceptible de ser ocupada por personas.
   → El plano horizontal a **2,5 m** por encima del suelo o la superficie.

Cuando la piscina contiene **trampolines**, bloques de salida de competición, toboganes u otros componentes susceptibles de ser ocupados por personas, el volumen 1 comprende la zona limitada por:

→ Un plano vertical situado a **1,5 m** alrededor de los trampolines, bloques de salida de competición, toboganes y otros componentes tales como esculturas, recipientes decorativos.

→ El plano horizontal situado **2,5 m** por encima de la superficie más alta destinada a ser ocupada por personas.

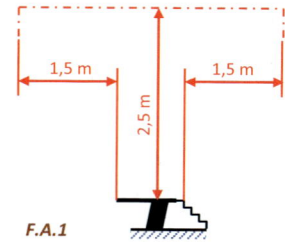

F.A.1

c) __VOLUMEN 2:__ este volumen está limitado por:
   → El plano vertical externo al volumen 1 y el plano paralelo a **1,5 m** del anterior.
   → El suelo o superficie destinada a ser ocupada por personas y el plano horizontal situado a **2,5 m** por encima del suelo o superficie.

No existe volumen 2 para fuentes.

Ejemplos de estos volúmenes se indican en las figuras 1, 2, 3 4 y 5.

En las figuras 3 y 4 se presentan dos ejemplos de cómo los paramentos o muros aislantes modifican los volúmenes definidos en las figuras 1 y 2.

Los **cuartos de máquinas**, definidos como aquellos locales que tengan como mínimo un equipo eléctrico para el uso de la piscina, podrán estar ubicados en cualquier lugar, siempre y cuando sean inaccesibles para todas las personas no autorizadas.

Dichos locales cumplirán lo indicado en la **ITC-BT-30** para locales húmedos o mojados, según corresponda.

■ 2.2 Prescripciones generales

Los equipos eléctricos (incluyendo canalizaciones, empalmes, conexiones, etc.) presentarán el grado de protección siguiente, de acuerdo con la **UNE 20.324 (UNE-EN 60.529)**.

Volumen 0	IP X8	
Volumen 1	IP X5	
	IP X4	Para piscinas en el interior de edificios que normalmente no se limpian con chorros de agua.
Volumen 2	IP X2	Para ubicaciones interiores.
	IP X4	Para ubicaciones en el exterior.
	IP X5	En aquellas localizaciones que puedan ser alcanzadas por los chorros de agua durante las operaciones de limpieza.

Cuando se usa **MBTS**, cualquiera que sea su tensión asignada, la protección contra los **contactos directos** debe proporcionarse mediante:

   a) barreras o cubiertas que proporcionen un grado de protección mínimo **IP 2X** o **IP XXB**, según **UNE 20.324 (UNE-EN 60.529)**; o

   b) un aislamiento capaz de soportar una tensión de ensayo de **500 V** en corriente alterna, durante **1 minuto**.

Las medidas de protección contra los contactos directos por medio de obstáculos o por puesta fuera de alcance por alejamiento, no son admisibles.

3 **No se admitirán** las medidas de protección contra contactos indirectos mediante locales no conductores **ni** por conexiones equipotenciales no conectadas a tierra.

4 Red equipotencial

Todos los elementos conductores de los volúmenes 0, 1 y 2 y los conductores de protección de todos los equipos con partes conductoras accesibles situados en estos volúmenes, deben conectarse a una **conexión equipotencial suplementaria local**. Las partes conductoras incluyen los suelos no aislados.

5 Vol. 0 y 1

MBTS
12 V AC
30 V DC

Con la *excepción de las fuentes* mencionadas en el capítulo siguiente, en los volúmenes 0 y 1, solo se admite protección mediante **MBTS** a tensiones asignadas no superiores a **12 V** en corriente alterna o **30 V** en corriente continua. *La fuente de alimentación* de seguridad se instalará *fuera de los volúmenes 0, 1 y 2*.

6 VOL. 2 o Equipos de uso interior

En el volumen 2 y los equipos para uso en el interior de recipientes que solo estén destinados a funcionar cuando las personas están fuera del volumen 0, deben alimentarse por circuitos protegidos:

MBTS
50 V /
75 V

1. Bien por **MBTS**, con la fuente de alimentación de seguridad instalada fuera de los volúmenes 0,1 y 2; o

2. Bien por desconexión automática de la alimentación, mediante un interruptor **diferencial** de corriente máxima **30 mA**; o

3. Por **separación eléctrica** cuya fuente de separación alimente un único elemento del equipo y que esté instalada fuera de los volúmenes 0, 1 y 2.

7

Las tomas de corriente de los circuitos que alimentan los equipos para uso en el interior de recipientes que solo estén destinados a funcionar cuando las personas están fuera del volumen 0, así como el dispositivo de control de dichos equipos deben incorporar una **señal de advertencia** al usuario de que dicho equipo solo debe usarse cuando la piscina no está ocupada por personas.

Vol. 0 y Vol. 1	MBTS ≤ 12 V AC / ≤ 30 V DC	Fuente de alimentación fuera de zonas 0, 1 y 2.
Vol. 2 (una opción)	a) MBTS (50 V AC/ 75 V DC)	Fuente de alimentación fuera de zonas 0, 1 y 2.
	b) Interruptor Diferencial	Sensibilidad máxima **30 mA**.
	c) Separación eléctrica	Alimentación de un solo elemento y fuente de alimentación fuera de las zonas 0, 1 y 2.

Tabla A.1: Resumen de los sistemas de protección para piscinas y pediluvios

2.2.1 Canalizaciones

En el volumen 0 ninguna canalización se encontrará en el interior de la piscina al alcance de los bañistas. **No** se instalarán **líneas aéreas** por encima de los volúmenes 0, 1 y 2 o de cualquier estructura comprendida dentro de dichos volúmenes.

En los volúmenes 0, 1 y 2, las canalizaciones no tendrán cubiertas metálicas accesibles. Las cubiertas metálicas no accesibles estarán unidas a una línea equipotencial suplementaria.

Los cables y su instalación en los volúmenes 0, 1, y 2 serán de las características indicadas en la **ITC-BT-30**, para los *locales mojados*.

2.2.2 Cajas de conexión

En los volúmenes 0 y 1 no se admitirán cajas de conexión, **salvo** que en el **volumen 1** se admitirán cajas para muy baja tensión de seguridad (**MBTS**) que deberán poseer un grado de protección **IP X5** y ser de material aislante. Para su apertura será necesario el empleo de un útil o herramienta; su unión con los tubos de las canalizaciones debe conservar el grado de protección **IP X5.**

2.2.3 Luminarias

Las luminarias para uso en el agua o en contacto con el agua deben cumplir con la norma **UNE-EN 60.598-2-18** (**UNE-EN IEC 60.598-2-18**).

Las luminarias colocadas bajo el agua en hornacinas o huecos detrás de una mirilla estanca y cuyo acceso solo sea posible por detrás deberán cumplir con la parte correspondiente de norma **UNE-EN 60.598** y se instalarán de manera que no pueda haber ningún contacto intencionado o no entre partes conductoras accesibles de la mirilla y partes metálicas de la luminaria, incluyendo su fijación.

2.2.4 Aparamenta y otros equipos

1 Elementos tales como interruptores, programadores, y bases de toma de corriente no deben instalarse en los **volúmenes 0 y 1**.

2 No obstante, para las **piscinas pequeñas,** en las que la instalación de bases de toma de corriente fuera del volumen 1 no sea posible, se admitirán **bases de toma de corriente**, preferentemente no metálicas, si se instalan fuera del alcance de la mano (al menos **1,25 m**) a partir del límite del volumen 0 y al menos **0,3 m** por encima del suelo, estando protegidas, además por una de las medidas siguientes:

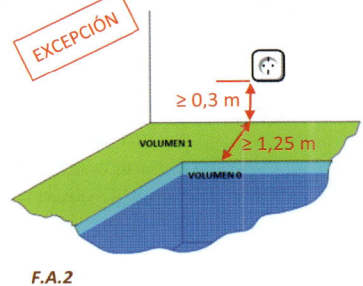

F.A.2

MBTS
25 V /
60 V

1. Protegidas por **MBTS**, de tensión nominal no superior a <mark>**25 V**</mark> en corriente alterna o <mark>**60 V**</mark> en corriente continua, estando instalada la fuente de seguridad fuera de los volúmenes 0 y 1.

2. Protegidas por corte automático de la alimentación mediante un dispositivo de protección por corte **diferencial**-residual de corriente nominal como máximo igual a <mark>**30 mA**</mark>.

3. Alimentación individual por **separación eléctrica**, estando la fuente de separación fuera de los volúmenes 0 y 1.

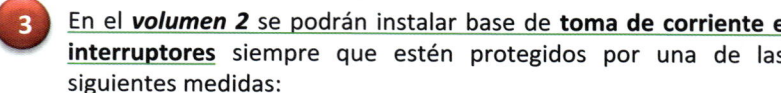

3 En el *volumen 2* se podrán instalar base de **toma de corriente e interruptores** siempre que estén protegidos por una de las siguientes medidas:

MBTS
50 V /
75 V

1. **MBTS**, con la fuente de seguridad instalada fuera de los volúmenes 0, 1 y 2.

2. Protegidas por corte automático de la alimentación mediante un dispositivo de protección por corte **diferencial**-residual de corriente nominal como máximo igual a <mark>**30 mA**</mark>.

3. Alimentación individual por **separación eléctrica**, estando la fuente de separación fuera de los volúmenes 0, 1 y 2.

4 En los **volúmenes 0 y 1** solo se podrán instalar *equipos de uso específico en piscinas*, si cumplen las prescripciones del capítulo 3 siguiente.

5 Los equipos destinados a utilizarse únicamente cuando las personas están fuera del volumen 0 se podrán colocar en cualquier volumen si se alimentan por circuitos protegidos por una de las siguientes formas:

MBTS
50 V /
75 V

1. Bien por **MBTS**, con la fuente de alimentación de seguridad instalada fuera de los volúmenes 0,1 y 2; o

2. Bien por desconexión automática de la alimentación, mediante un interruptor **diferencial** de corriente máxima <mark>**30 mA**</mark>; o

3. Por **separación eléctrica** cuya fuente de separación alimente un único elemento del equipo y que esté instalada fuera de los volúmenes 0, 1 y 2.

6 Las **bombas eléctricas** deberán cumplir lo indicado en **UNE-EN 60.335-2-41**.

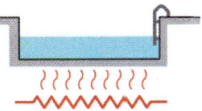

 7 Los eventuales elementos **calefactores eléctricos** instalados debajo del suelo de la piscina se admiten si cumplen **una** de las siguientes condiciones:

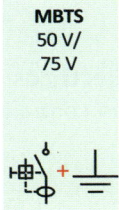

MBTS
50 V/
75 V

1. Estén protegidos por **MBTS**, estando la fuente de seguridad instalada fuera de los volúmenes 0, 1 y 2; o

2. Están blindados por una <u>malla o cubierta metálica puesta a tierra</u> o unida a la <u>línea equipotencial</u> suplementaria mencionada en el apartado 2.2.1 **y** que sus circuitos de alimentación estén protegidos por un <u>dispositivo de corriente diferencia-residual</u> de corriente nominal como máximo de **30 mA**.

3. FUENTES

En las fuentes se diferencian sólo dos volúmenes 0 y 1 tal como se describe en la **figura 5**.

■ 3.1 Requisitos del volumen 0 y 1 de las fuentes

Se deberán emplear una de las siguientes medidas de protección:

MBTS
12 V /
30 V

1. Protección mediante (**MBTS**) muy baja tensión de seguridad hasta un valor de **12 V** en corriente alterna o **30 V** en corriente continua. La protección contra el contacto directo debe estar asegurada.

2. Corte automático mediante dispositivo de protección por corriente **diferencial**-residual asignada no superior a **30 mA**.

3. **Separación eléctrica** mediante fuente situada fuera del vol. 0.

Para poder cumplir las medidas de protección anteriores, se requiere **además** que:

1) El <u>equipo eléctrico sea inaccesible</u>, por ejemplo, por rejillas que sólo puedan retirarse mediante herramientas apropiadas.

2) Se utilicen sólo equipos de **clase I o III*** o especialmente diseñados para fuentes.

3) Las **luminarias** cumplan lo indicado en la norma **UNE-EN 6.0598-2-18 (UNE-EN IEC 60.598-2-18)**.

4) Las <u>bases de enchufe</u> no están permitidas en estos volúmenes.

5) Las **bombas eléctricas** cumplan lo indicado en la norma **UNE-EN 60.335-2-41**.

* <u>**NOTA A.:**</u> *Clasificación de receptores en función de la clase de protección: apdo. 2.2 ITC-BT-43.*

3.2 Conexión equipotencial suplementaria

En los **volúmenes 0 y 1** debe instalarse una conexión equipotencial suplementaria local *(s/apdo. 8, ITC-BT-18)*. Todas las partes conductoras accesibles de tamaño apreciable, por ejemplo: surtidores, elementos metálicos y sistemas de tuberías metálicas deberán estar interconectadas conductivamente por un conductor de conexión equipotencial.

3.3 Protección contra la penetración del agua en los equipos eléctricos

Los equipos eléctricos deberán tener un grado de protección mínimo contra la penetración del agua, según:

- **Volumen 0: IP X8**
- **Volumen 1: IP X5**

3.4 Canalizaciones

Los cables resistirán permanentemente los efectos ambientales en el lugar de la instalación

En los volúmenes 0 y 1 sólo se permiten aquellos cables necesarios para alimentar al equipo receptor permanentemente instalado en estas zonas.

Los cables para el equipo eléctrico en el volumen 0 deben instalarse lo más lejos posible del borde de la pileta.

En los volúmenes 0 y 1 los cables y su instalación serán de las características indicadas en la **ITC-BT-30**, para locales mojados y los cables deberán colocarse mecánicamente protegidos en el interior de canalizaciones que cumplan la resistencia al impacto, código 5, según **UNE-EN 50.086-1 (UNE-EN 61.386-1)**.

4. PRESCRIPCIONES PARTICULARES DE EQUIPOS ELÉCTRICOS DE BT INSTALADOS EN EL VOLUMEN 1 DE LAS PISCINAS Y OTROS BAÑOS

Los equipos eléctricos fijos especialmente destinados a ser utilizados en las piscinas y otros baños (por ejemplo equipo de filtrado, contracorrientes, etc.) alimentados en baja tensión, que no sea MBTS, limitada a 12 V en corriente alterna o 30 V en corriente continua, *se admiten en el volumen 1, siempre que* cumplan los siguientes requisitos:

- a) Los equipos eléctricos deberán estar situados en un recinto cuyo aislamiento sea equivalente a un aislamiento suplementario y con una protección mecánica AG2 (choques medios), según **UNE 20.460-3 (*UNE-HD 60.364-1*)**.

b) Los equipos eléctricos no deben ser accesibles más que por un registro (o puerta), por medio de una llave o un útil. <u>La apertura del registro</u> (o de la puerta) <u>debe **cortar** todos los conductores activos de los equipos</u>. La instalación del dispositivo de seccionamiento y la entrada del cable debe ser de **clase II*** o tener una protección equivalente.

c) Cuando el registro (o puerta) esté abierta, el grado de protección para los equipos eléctricos debe ser al menos **IP XXB** según UNE 20.324 **(UNE-EN 60.529)**.

d) La alimentación de estos equipos estará protegida:

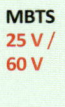

MBTS
25 V /
60 V

1. Bien por **MBTS** con una tensión asignada no superior a **25 V** en corriente alterna o **60 V** en corriente continua, siempre que la fuente de alimentación de seguridad esté situada fuera de los volúmenes 0, 1 y 2; o

2. Bien por un dispositivo de corte **diferencial** como máximo de **30 mA**; o

3. Por **separación eléctrica**, cuya fuente de separación esté instalada fuera de los volúmenes 0, 1 y 2.

Para las **piscinas pequeñas** donde no es posible instalar luminarias fuera del **volumen 1**, su instalación se admite a **1,25 m** a partir del borde del volumen 0 y estarán protegidas:

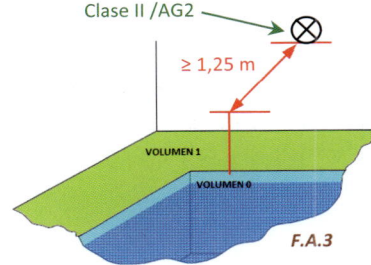

Clase II /AG2

≥ 1,25 m

VOLUMEN 1

VOLUMEN 0

F.A.3

MBTS
50 V /
75 V

1. Bien por **MBTS**; o

2. Bien por un dispositivo de corte **diferencial** como máximo de **30 mA**; o

3. Bien por **separación eléctrica**, cuya fuente de separación esté instalada fuera de los volúmenes 0 y 1.

Además las **luminarias** deben poseer una envolvente con un aislamiento de **clase II*** o similar y protección a los choques **AG2** (choques medios) según **UNE 20.460-3 (UNE-EN 60.364-1)**.

* **NOTA A.:** *Clasificación de receptores en función de la clase de protección: apdo.2.2 ITC-BT-43. Definición nº 95 de la ITC-BT-01.*

ANOTACIONES

ITC-BT-32 Máquinas de elevación y transporte

Norma	Apartado	Sustituida por:
UNE 21.027	2	**UNE-EN 50.525**
UNE 21.150	2	--
UNE-EN 60.309-1	5.2	--
UNE-EN 60.947-2	5.1	--

GUIA-BT	Edición
No publicada	---

Índice

1. ÁMBITO DE APLICACIÓN

Esta instrucción trata de los requisitos particulares de los sistemas de instalación del equipo eléctrico de grúas, aparatos de elevación y transporte y otros equipos similares tales como escaleras mecánicas, cintas transportadoras, puentes rodantes, cabrestantes, andamios eléctricos, etc.

2. REQUISITOS GENERALES

1 La instalación en su conjunto se podrá poner fuera de servicio mediante un **interruptor omnipolar general de accionamiento manual**, colocado en el circuito principal. Este interruptor deberá estar **situado** en lugares fácilmente accesibles desde el suelo, **en el mismo local o recinto** situado en el que esté situado el equipo eléctrico de accionamiento y será fácilmente identificable mediante un rótulo indeleble.

2 **Las canalizaciones** que vayan desde el dispositivo general de protección al equipo eléctrico de elevación o de accionamiento deberán estar dimensionadas de manera que el arranque del motor no provoque una caída de tensión superior al **5 %**.

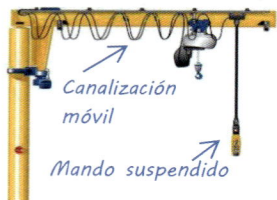

Canalización móvil

Mando suspendido

F.A.1

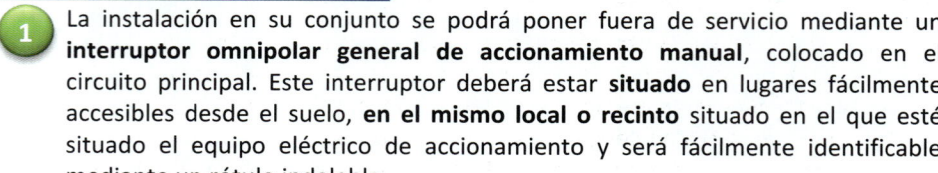

Únicamente en el caso de que las máquinas destinadas exclusivamente al transporte de mercancías no dispongan de jaulas para el transporte, se permitirá la instalación de **interruptores suspendidos** de la extremidad de la canalización móvil.

Las canalizaciones móviles de mando y señalización se podrán colocar bajo la misma envolvente protectora de las demás líneas móviles, incluso si pertenecen a circuitos diferentes, siempre que cumplan las condiciones establecidas en la Instrucción **ITC-BT-20**.

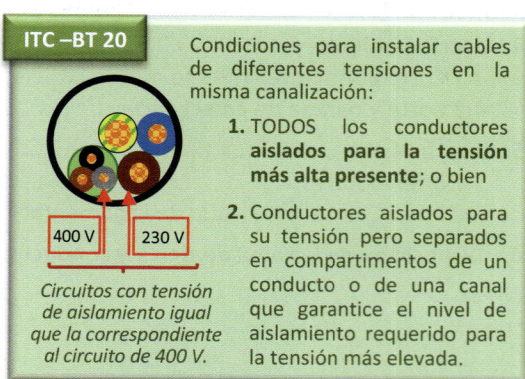

ITC –BT 20

Condiciones para instalar cables de diferentes tensiones en la misma canalización:

400 V   230 V

Circuitos con tensión de aislamiento igual que la correspondiente al circuito de 400 V.

1. TODOS los conductores **aislados para la tensión más alta presente**; o bien

2. Conductores aislados para su tensión pero separados en compartimentos de un conducto o de una canal que garantice el nivel de aislamiento requerido para la tensión más elevada.

En las instalaciones en el exterior para servicios móviles se utilizarán cables flexibles **(-F)** con cubierta de policloropreno **(-N)** o similar según **UNE 21.027 (UNE-EN 50.525)** o **UNE 21.150**.

3 Los ascensores, las estructuras de todos los motores, máquinas elevadoras, combinadores y cubiertas metálicas de todos los dispositivos eléctricos en el interior de las cajas o sobre ellas y en el hueco, *se conectarán a tierra*.

Se considerarán conectados a tierra los equipos montados sobre elementos de estructura metálica del edificio si dicha estructura ha sido conectada previamente a tierra y satisface las siguientes prescripciones:

1. Su continuidad eléctrica está asegurada, ya sea por construcción, ya sea por medio de conexiones apropiadas, de manera que estén protegidas contra deterioros mecánicos, químicos o electroquímicos.
2. Su conductibilidad debe ser adecuada a este uso.
3. Sólo podrá ser desmontada si se han previsto medidas compensatorias.
4. Exclusividad: ha sido estudiada y adaptada para este uso.

La estructura metálica de la caja soportada por **los cables elevadores** metálicos que pasen por poleas o tambores de la máquina elevadora se considerarán conectados a tierra con la condición de ofrecer toda garantía en las conexiones eléctricas entre ellos y tierra. Si esto no se cumpliera se instalará un conductor especial de protección.

Las **vías de rodadura** de toda grúa de taller estarán unidas a un conductor de protección.

4 Los *locales, recintos, etc., en los que esté instalado el equipo eléctrico* de accionamiento, sólo deberán ser accesibles a personas cualificadas. Cuando sus dimensiones permitan penetrar en él, deberán adoptarse las disposiciones relativas a las instalaciones en locales afectos a un servicio eléctrico según lo establecido en la **ITC-BT-30**. En estos lugares se colocará un esquema eléctrico de la instalación.

3. PROTECCIÓN PARA GARANTIZAR LA SEGURIDAD

3.1 Protección contra los contactos directos

En los sistemas colectores y conjunto de anillos colectores, los cables y barras colectoras, así como los montajes de las vías de rodadura deben estar encerrados o alejados, de forma que cualquiera que tenga acceso a las zonas correspondientes de la instalación, por ejemplo, los pasillos de las guías de deslizamiento o los pasillos de la viga portagrúa, incluyendo los puntos de acceso, tenga protección frente al contacto directo con las partes en tensión, de acuerdo con el apartado 3 de la **ITC-BT-24**.

En las áreas donde sólo se admite el ==acceso de personas con formación específica==, debe existir una protección por puesta fuera de alcance por alejamiento, para el caso de los cables o barras colectoras, de acuerdo con el apartado 3.4 de la **ITC-BT-24**. En este caso, el límite del volumen de accesibilidad inferior a la superficie susceptible de ocupación por personas, finaliza en los límites de dicha superficie.

La protección mediante la colocación fuera del alcance está pensada únicamente para evitar el contacto accidental con las partes en tensión.

Los cables y barras colectoras deben estar dispuestos o protegidos de forma que incluso con una carga oscilante no puedan entrar en contacto con el aparejo de izar ni con ningún cable de control, cadenas de accionamiento, elementos similares que sean conductores eléctricos.

■ 3.2 Protección contra sobreintensidades

El equipo eléctrico se protegerá mediante uno o más dispositivos automáticos de protección que actúen en caso de una *sobreintensidad* provocada por *sobrecarga o cortocircuito*. Este requisito no es aplicable a equipos diseñados para resistir sobreintensidades por si mismos.

El funcionamiento de los dispositivos de protección contra sobreintensidades para los accionadores de los frenos mecánicos producirá la desconexión simultánea de los accionadores del movimiento correspondiente.

Los dispositivos protectores contra temperatura excesiva que incluyen elementos sensibles a la temperatura (por ejemplo, resistencias dependientes de la temperatura o contactos bimetálicos) y que están montados en o sobre los devanados del motor en combinación con un contactor, no pueden considerarse como una protección suficiente contra una corriente de cortocircuito.

4. SECCIONAMIENTO Y CORTE

■ 4.1 Corte por mantenimiento mecánico

Los interruptores deben ser de **corte omnipolar** y deberá tener los medios necesarios para *impedir toda puesta en tensión de las instalaciones de forma imprevista*.

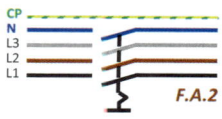

En el lado de la alimentación de los **anillos colectores o barras**, debe instalarse

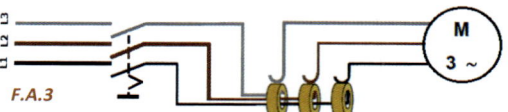

un interruptor que permita el aislamiento y desconexión de todos los conductores de línea de la instalación y el conductor neutro.

Las instalaciones eléctricas de grúas y aparatos de elevación y transporte, deben estar equipadas con un interruptor de desconexión que permita que la instalación eléctrica quede desconectada durante el mantenimiento y reparación.

Los conjuntos de aparamenta deben ser capaces de quedar desconectados. Esta **desconexión** debe incluir circuitos de **potencia y control**.

Los medios de corte deben estar situados en las proximidades de los conjuntos de aparamenta.

Las partes activas de los conjuntos de aparamenta que por motivos de seguridad o mantenimiento deben *permanecer en servicio después de la apertura*, deben estar marcadas con una etiqueta que indique que están con tensión y protegidas contra un contacto directo no intencionado.

Si los circuitos después de los interruptores de desconexión pasan a través de los anillos o barras colectoras, éstos deben estar protegidos contra el contacto directo con un grado de protección de al menos **IP 2X**.

Puede prescindirse de los interruptores de desconexión de mantenimiento si los interruptores de emergencia especificados en el apartado 4.2 están conectados a la entrada de la alimentación de la instalación.

 En el caso de **una única grúa** puede prescindirse del interruptor de desconexión al cumplir esta función el interruptor situado en la alimentación de la instalación de la grúa.

■ 4.2 Corte y parada de emergencia

Cada grúa, aparato de elevación o transporte debe tener uno o más mecanismos de parada de emergencia, en todos los puestos de mando de movimiento. Cuando existen varios circuitos, los mecanismos de parada de emergencia deben ser tales que, con una sola acción, provoquen el corte de toda alimentación apropiada.

Los medios de corte de emergencia deben actuar lo más directamente posible sobre los conductores de alimentación apropiados.

Debe evitarse la reconexión del suministro después del corte de emergencia mediante enclavamientos mecánicos o eléctricos. La reconexión solamente puede ser posible desde el dispositivo de control desde el cual se realizó el corte de emergencia.

Cada grúa debe tener un *dispositivo para la parada* de emergencia accionado *desde el suelo*.

Cuando la parada de emergencia así lo permita, el corte de emergencia puede realizarse mediante el accionamiento de un interruptor situado en el punto de alimentación de la instalación, si es de corte en carga y está situado en una posición donde quede fácilmente accesible.

Las grúas controladas desde el suelo y los aparatos de elevación deben pararse automáticamente cuando esté desconectado el mecanismo de control de funcionamiento.

5. APARAMENTA

■ 5.1 Interruptores

Los interruptores deberán cumplir la **UNE-EN 60947-2** e instalarse en posiciones que permitan que los ensayos funcionales, se realicen sin peligro.

Están también permitidos los contactores como interruptores. Los contactores no deben utilizarse para seccionamiento.

> **Nota**
>
> ✓ **INTERRUPTOR:** dispositivo mecánico capaz de soportar, desviar, establecer o interrumpir el curso de la corriente eléctrica de un circuito cuando pasa corriente por el mismo.
>
> ✓ **SECCIONADOR:** dispositivo mecánico capaz de mantener aislada una instalación eléctrica de su red de alimentación. Debe ser utilizado siempre sin carga o en vacío. Puede abrirse o cerrarse un circuito cuando hay tensión pero no circula corriente a su través.
>
> ✓ **INTERRUPTOR - SECCIONADOR:** conducen e interrumpen corrientes bajo condiciones normales o de sobrecarga y garantizan el completo aislamiento entre el circuito y la fuente de alimentación.
>
> ✓ **CONTACTOR:** dispositivo electro-mecánico capaz de cortar la corriente eléctrica, con la posibilidad de ser accionado a distancia a través de un electroimán que lleva incorporado.

■ 5.2 Interruptores en el lado de la alimentación de la instalación

Debe ser posible aislar los anillos del colector, las barras o cables del suministro principal antes del punto de conexión de la grúa, mediante interruptores en el lado del suministro de la instalación para reparaciones y mantenimientos.

Los conectores y tomas de corriente conformes a **UNE-EN 60309-1** pueden usarse para este fin.

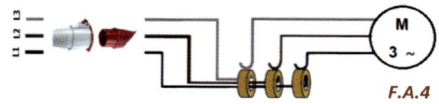

F.A.4

Cuando un anillo colector o barra está alimentado a través de varios interruptores en paralelo por el lado de la alimentación de la instalación, éstos deben estar enclavados de manera que se desconecten todos simultáneamente aun cuando solamente uno de ellos esté funcionando.

Solamente debe ser posible poner en servicio un anillo colector accesible o barra desde un lugar tal que el anillo colector o barra quede a la vista.

F.A.5

Los interruptores en el lado de la alimentación de la instalación o sus mecanismos de control deben tener un dispositivo de protección contra el cierre intempestivo o no autorizado.

En el caso de grúas y aparatos de elevación en lugares de edificación, el interruptor principal de la máquina puede ser utilizado como interruptor del lado de la alimentación de la instalación. El requisito de que este interruptor pueda tener protección contra el cierre intempestivo o no autorizado se considera como satisfecho si hay otras medidas que prevengan la puesta en servicio del aparato de elevación, *p.ej. bloqueo por llave o candado*.

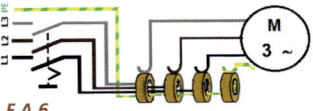

6. DISPOSICIÓN DE LA TOMA DE TIERRA Y CONDUCTORES DE PROTECCIÓN

Cuando la alimentación se suministra a través de cables colectores, barras colectoras o conjuntos de anillos colectores, el conductor de protección debe tener un anillo colector individual o una barra colectora, cuyos soportes sean claramente visibles y distinguibles de aquellos de los anillos o barras colectoras activos.

F.A.6

En lugares donde haya gases corrosivos, humedad o polvo, deben tomarse medidas especiales en los anillos, barras o carriles colectores utilizados como conductores de protección.

Los conductores de protección no deben transportar ninguna corriente cuando funcionen normalmente. No tienen que instalarse mediante soportes deslizantes sobre aislantes.

 Los aparatos de elevación deben conectarse a los conductores de protección *no admitiéndose* ruedas o rodillos para su conexión.

Los colectores para conductores de protección que no serán intercambiables con los demás colectores.

Nota 🔊 Las **NOTAS TÉCNICAS DE PREVENCIÓN (NTP)** para **máquinas de elevación y transporte**, elaboradas por el Instituto Nacional de seguridad e Higiene en el Trabajo, se encuentran disponibles en *www.marketing.marcombo.com*.

Las NTP son guías de buenas prácticas. Sus indicaciones no son obligatorias salvo que estén recogidas en una disposición normativa vigente.

ANOTACIONES

ITC-BT-33

Instalaciones provisionales y temporales de obra

Norma	Apartado	Sustituida por:
UNE 20.324	5.1	**UNE-EN 60.529**
UNE 21.027	5.3	**UNE-EN 50.525**
UNE 21.031	5.3	UNE-EN 50.525-2-11
UNE 21.150	5.3	--
UNE-EN 50.086-1	5.2	**UNE-EN 61.386-1**
UNE-EN 60.439-4	5.1	**UNE-EN 61.439-4**

GUIA-BT	Edición
Incluida	En. 2024 (Rev.2)

Índice

1. CAMPO DE APLICACIÓN

Las prescripciones particulares de esta instrucción se aplican a las instalaciones temporales destinadas:

- A la construcción de nuevos edificios;
- A trabajos de reparación, modificación, extensión o demolición de edificios existentes;
- A trabajos públicos;
- A trabajos de excavación; y
- A trabajos similares.

Las partes de edificios que sufran transformaciones tales como ampliaciones, reparaciones importantes o demoliciones serán consideradas como obras durante el tiempo que duren los trabajos correspondientes, en la medida que esos trabajos necesitan la realización de una instalación eléctrica temporal.

En los <u>locales de servicios de las obras</u> (oficinas, vestuarios, salas de reunión, restaurantes, dormitorios, locales sanitarios, etc.) serán aplicables las prescripciones técnicas recogidas en la **ITC-BT-24**.

Guía

Para los locales de servicios de las obras serán aplicables, además de la ITC-BT-24, el articulado del REBT y todas las demás ITC de carácter general, y en especial:

- **ITC-BT-18.** Instalaciones de puesta a tierra.
- **ITC-BT-19.** Instalaciones interiores o receptoras. Prescripciones generales.
- **ITC-BT-20.** Instalaciones interiores o receptoras. Sistemas de instalación.
- **ITC-BT-21.** Instalaciones interiores o receptoras. Tubos y canales protectoras.
- **ITC-BT-22.** Instalaciones interiores o receptoras. Protección contra sobreintensidades.
- **ITC-BT-23.** Instalaciones interiores o receptoras. Protección contra sobretensiones.
- **Otras.** Requisitos para instalaciones concretas, p.ej. locales que contienen duchas.

Además de lo indicado anteriormente, la maquinaria y equipos de trabajo que puedan ser alcanzados por rayos durante su utilización deberán estar protegidos mediante un sistema de **protección externa contra el rayo** y una **red de Tierra** adecuada.

En las instalaciones de obras, las ***instalaciones fijas*** están limitadas al conjunto que comprende el cuadro general de mando y los dispositivos de protección principales.

Guía

De acuerdo con la **UNE-EN 61.439-4** y el Informe Técnico de **UNE 201.008 IN**, se define:

- **Conjunto de aparamenta de Baja Tensión para obras:** Combinación de uno o varios aparatos de conexión de baja tensión, diseñado y construido para utilizarse en todo tipo de obras, con los equipos asociados de mando, de medición, de señalización, de protección, de regulación con todas sus conexiones internas mecánicas y eléctricas y sus elementos de construcción, como los define el fabricante original, que se pueden ensamblar de acuerdo con las instrucciones del fabricante original y que, según su tipo constructivo en caso de ser transportables o móviles, pueden estar preparados para trasladarse sin modificaciones de una instalación a otra. A los conjuntos de aparamenta de Baja Tensión para obras coloquialmente también se les denomina Cuadros Prefabricados o Conjuntos para Obras (**CO**).

Guía

Asimismo, se distinguen dos tipos de **Conjuntos para Obras (CO)**:

1) **Conjunto transportable (o semi-fijo):** CO previsto para utilizarse en un lugar dado, sin fijación definitiva, pudiendo variar este lugar dentro de una misma obra. Cuando el equipo se ha de mover a otro sitio, debe primero desconectarse de la alimentación.

2) **Conjunto móvil:** CO que puede desplazarse conforme va avanzando la construcción y <u>sin necesidad de desconectarlo</u> de la alimentación.

El Cuadro General de mando y Protección (CGP) se encontraría dentro del primer grupo, ya que su movimiento dentro de la obra sólo se realiza por causas excepcionales por lo que se puede considerar como parte fija de la instalación.

Un mismo **CO** puede ejercer la función de "cuadro general" o "sub-cuadro de distribución".

2. CARACTERÍSTICAS GENERALES

■ 2.1 Alimentación

Toda instalación deberá estar **identificada** según la fuente que la alimente y sólo debe incluir elementos alimentados por ella, excepto circuitos de alimentación complementaria de señalización o control.

Guía

Para la correcta identificación de la alimentación se deben especificar los siguientes datos que deberán estar reflejados como mínimo en la documentación técnica de la instalación:

- ✓ Tensión asignada (y la frecuencia en caso de corriente alterna)
- ✓ Corriente máxima admisible.
- ✓ Tipo de red (TT, TN, etc.).
- ✓ Tipo y naturaleza del elemento de protección aguas arriba.

Estos datos deberán estar accesibles para los responsables de la obra.

Una misma obra puede ser alimentada a partir de **varias fuentes de alimentación** incluidos los generadores fijos o móviles. *(No interconectables).*

Las distintas alimentaciones deben ser conectadas mediante dispositivos diseñados de modo que <u>impidan la interconexión entre ellas</u>.

Guía

Como dispositivos diseñados de modo que impidan la interconexión se pueden usar:

Dispositivo	Norma
Interruptores automáticos con enclavamiento mecánico	UNE-EN 60.947-2
Conmutadores manuales o automáticos	UNE-EN 60.947-3

3. INSTALACIONES DE SEGURIDAD

Cuando debido al posible fallo de la alimentación normal de un circuito o aparato existan riesgos para la seguridad de las personas, deberán preverse instalaciones de seguridad.

Deben tomarse precauciones ya que la falta de tensión y su restablecimiento pueden ocasionar peligro para las personas o para los bienes. De igual manera se deben tomar las precauciones adecuadas cuando una parte de la instalación o algún receptor puedan averiarse por una bajada de tensión.

No se exige dispositivo de protección contra las bajadas de tensión, si los perjuicios sufridos por la instalación o por el receptor se consideran un riesgo aceptable siempre y cuando no se cause peligro a las personas.

Cuando el rearme de un dispositivo de protección puede originar situaciones peligrosas, el rearme no debe ser automático.

Las medidas de protección contra bajadas de tensión pueden elegirse de la siguiente forma:

- Relés de mínima tensión directos.
- Relés de mínima tensión indirectos.
- Cierre automático cuando la tensión se restablece con o sin prevención de cierre.

Deben elegirse los dispositivos adecuados para las operaciones de conexión y desconexión.

■ 3.1 Alumbrado de seguridad

Según el tipo de obra o la reglamentación existente, el alumbrado de seguridad permitirá, en caso de fallo del alumbrado normal, la evacuación del personal y la puesta en marcha de las medidas de seguridad previstas.

La alimentación del alumbrado de seguridad será **automática con corte breve** (disponible en **0,5 segundos** como máximo).

La conmutación del suministro normal al de seguridad en caso de fallo del primero se debe realizar de forma que se impida el acoplamiento entre ambos suministros. Esta conmutación se puede realizar mediante interruptores automáticos motorizados con enclavamientos mecánicos y eléctricos o conmutadores motorizados. Para más información véase la **ITC-BT-28**, apartado 2 y su Guía de aplicación.

3.2 Otros circuitos de seguridad

Otros circuitos como los que alimentan bombas de elevación, ventiladores y elevadores o montacargas para personas, cuya continuidad de servicio sea esencial, deberán preverse de tal forma que la protección contra los contactos indirectos quede asegurada **sin corte** automático de la alimentación.

Dichos circuitos estarán alimentados por un sistema automático con corte breve que podrá ser de uno de los tipos siguientes:

1. Grupos generadores con motores térmicos; o
2. Baterías de acumuladores asociadas a un rectificador o un ondulador.

4. PROTECCIÓN CONTRA CHOQUES ELÉCTRICOS

Las medidas generales para la protección contra los choques eléctricos serán las indicadas en la **ITC-BT-24**, teniendo en cuenta lo indicado a continuación.

4.1 Medidas de protección contra contactos directos

Las medidas de protección contra los contactos directos serán **preferentemente**:

✓ Protección por aislamiento de partes activas.

✓ Protección por medio de barreras o envolventes.

Guía

La norma **UNE-HD 60.364-7-704:2009**, clausula 704.410.3.5, **no admite** las medidas de protección por medio de obstáculos ni por puesta fuera de alcance. Por tanto, estas dos medidas mencionadas en la **ITC-BT-24** no son aplicables en instalaciones temporales de obra, ni siquiera cuando se utilice como medida complementaria la instalación de un dispositivo de corriente diferencial inferior a 30 mA; su aplicación se limita en la práctica a locales de servicio técnico, solo accesibles a personal autorizado.

Como **medida complementaria**, en caso de fallo de alguna de las medidas preferentes de protección contra los contactos directos, pueden utilizarse dispositivos de corriente **diferencial** residual cuyo valor de corriente diferencial asignada de funcionamiento sea inferior o igual a **30 mA**, de acuerdo con el **apartado 3.5 de la ITC-BT-24**.

Como dispositivos para la protección contra **contactos directos** se pueden usar:

Dispositivo	Norma
Envolventes	UNE-EN 62.208
Conjuntos	UNE-EN 61.439-4
Interruptores diferenciales (uso doméstico o análogo)	UNE-EN 61.008 (serie)
Interruptores diferenciales con dispositivo de protección contra sobreintensidades incorporado (uso doméstico o análogo)	UNE-EN 61.009 (serie)
Interruptores diferenciales (uso industrial u otras aplicaciones)	UNE-EN 60.947-2

■ 4.2 Medidas de protección contra contactos indirectos

Además de las medidas generales señaladas en la **ITC-BT-24,** serán aplicables las siguientes:

1. Cuando la protección de las personas contra los contactos indirectos está asegurada por corte automático de la alimentación, según esquema de alimentación **TT**, la tensión límite convencional no debe ser superior a **24 V** de valor eficaz en corriente alterna, o **60 V** en corriente continua.

2. Cada base o grupo de bases de **tomas de corriente** deben estar protegidas por:

   1. Dispositivos diferenciales de corriente **diferencial** residual asignada igual como máximo a **30 mA**;

   MBTS
   50 V / 75 V

   2. O bien alimentadas a muy baja tensión de seguridad **MBTS**;

   3. O bien protegidas por **separación eléctrica** de los circuitos mediante un transformador individual.

Guía

Los circuitos de salida de **CO** (Conjuntos para Obras) pueden realizarse mediante bases de toma de corriente o mediante bloques de conexión. Para los circuitos conectados mediante bloques de conexión se recomienda que estén protegidos por dispositivos diferenciales de corriente diferencial residual asignada máxima de **300 mA**.

Atendiendo a las especificaciones del **RD 806/2003** por el que se aprueba una nueva **ITC MIE-AEM-2** del Reglamento de aparatos de elevación y manutención, referente a grúas torre para obras u otras aplicaciones, los circuitos que alimentan exclusivamente grúas o aparatos de elevación (tanto mediante tomas de corriente asignada superior a 32 A, como de forma fija) deben estar protegidos por dispositivos diferenciales de corriente diferencial residual asignada máxima de **300 mA**. Estos circuitos deben estar claramente identificados en el conjunto de obras.

Como dispositivos para la protección contra **contactos indirectos** se pueden usar:

Dispositivo	Norma
Interruptores diferenciales (uso doméstico o análogo)	UNE-EN 61.008 (serie)
Interruptores diferenciales con dispositivo de protección contra sobreintensidades incorporado (uso doméstico o análogo)	UNE-EN 61.009 (serie)
Interruptores diferenciales (uso industrial u otras aplicaciones)	UNE-EN 60.947-2
Fusibles	UNE-EN 60.269 (serie)
Transformador de aislamiento	UNE-EN 61.558-2-1
Bloques de conexión	UNE-EN 60.947-7-1

5. ELECCIÓN E INSTALACIÓN DE LOS EQUIPOS

■ 5.1 Reglas comunes

Todos los conjuntos de aparamenta empleados en las instalaciones de obras deben cumplir las prescripciones de la norma **UNE-EN 60.439-4 (UNE-EN 61.439-4)**.

> **Guía**
>
> Según UNE-EN 61.439-4, el Conjunto de aparamenta para Obra es:
>
> "Conjunto de elementos y circuitos determinados y contenidos en un cuadro, que son transportables (semifijos) o directamente móviles, lo que les otorga la condición de cuadros prefabricados (diseñados en su conjunto), aunque puedan ser ensamblados e instalados por alguien que no sea el fabricante original."
>
> Esta condición permite que estos cuadros puedan ser ensayados y evaluados, conforme a lo que dice la norma citada y luego fabricados en serie y montados en diferentes localizaciones cumpliendo los requisitos de la DBT (marcado CE).
>
> Como consecuencia, es posible hacer un **cuadro de instalación ad-hoc (exclusivo)** para una determinada obra, a partir de envolventes, protecciones y otros elementos de los circuitos, siempre que el conjunto cumpla todos los requisitos del REBT (incluyendo los de protección IP según ITC-BT-33) y sin tener que pasar por los requisitos de la UNE-EN 61.439-4 si no se considera un conjunto de aparamenta en el sentido que indica la norma, pero entonces ese cuadro no puede ser utilizado en otra localización de la misma u otra obra porque, en ese caso, sí tendría que ser considerado como conjunto de aparamenta en los términos de la UNE-EN 61.439-4.
>
> Por otro lado, para conjuntos que cumplan con UNE-EN 61.439-4 y su correspondiente marcado CE, si se modificase un conjunto de aparamenta por parte de un instalador, es bajo su responsabilidad, perdiendo el conjunto de aparamenta el marcado CE y quedando cubierta su conformidad por el certificado del instalador. En este caso, los elementos individuales deberán cumplir con lo establecido en el REBT y la normativa armonizada que le sea de aplicación.

Las envolventes, aparamenta, las tomas de corriente y los elementos de la instalación que estén *a la intemperie*, deberán tener como mínimo un grado de protección IP 45, según **UNE 20.324 (UNE-EN 60.529)**.

El resto de los equipos tendrán los grados de protección adecuados, según las influencias externas determinadas por las condiciones de instalación.

> **Guía**
>
> Se entiende a la intemperie aquello que se encuentre situado directamente a cielo abierto, lo situado bajo tejadillos, lo situado dentro de la estructura de la edificación sin haber cerrado en su totalidad los parámetros horizontales o lo situado bajo cualquier protección que no garantice por sí misma un grado de protección IP 45 o superior.
>
> El capítulo 6 del **Informe Técnico UNE 201.008 IN** describe los elementos constructivos mínimos que debe integrar un CO (Conjunto de Obras) de modo que se garantice el correcto funcionamiento del CO y se garantice la seguridad de la instalación y de los usuarios de la misma.
>
> Los elementos de conexión de las **unidades de salida** de un CO podrán ser bases de toma de corriente o mediante bornas de conexión directa. Las bases de las tomas de corriente deberán ser conformes a las normas **UNE-EN 60.309-1**, **UNE-EN 60.309-2**. Adicionalmente podrán utilizarse tomas de corriente de intensidad asignada de 16 A según la norma **UNE 20.315**, 2P+T lateral (denominada tipo Schuko). De esta norma se ha publicado recientemente la parte 2-11: requisitos particulares para grado de protección IP 65/IP 67, donde la figura 7a garantiza el grado de protección IP mínimo especificado para los CO.

Guía

Como elementos de conexión de las unidades de salida se pueden usar:

Dispositivo	Norma
Bornas	UNE-EN 60.947-7-1
Bases de toma de corriente de uso industrial	UNE-EN 60.309-1 UNE-EN 60.309-2
Bases de toma de corriente de uso doméstico y análogo	UNE-EN 20.315-1-1 UNE-EN 20.315-1-2 UNE-EN 20.315-2-11

■ **5.2 Canalizaciones**

Las canalizaciones deben estar dispuestas de manera que no se ejerza ningún esfuerzo sobre las conexiones de los cables, a menos que estén previstas especialmente a este efecto.

Con el fin de evitar el deterioro de los cables, éstos no deben estar tendidos en pasos para peatones o vehículos. Si tal tendido es necesario, debe disponerse protección especial contra los daños mecánicos y contra contactos con elementos de la construcción.

En caso de *cables enterrados* su instalación será conforme a lo indicado en **ITC-BT-20** *(Prescripciones generales de los sistemas de instalación)* e **ITC-BT-21** *(Tubos y canales protectoras).*

Como canalizaciones se pueden usar: **Guía**

Dispositivo	Norma
Tubos	UNE-EN 61.386-1
Canales	UNE-EN 50.085
Bandejas	UNE-EN 61.537

El grado de protección mínimo suministrado por las canalizaciones será:

Para tubos, según **UNE-EN 50.086-1 (UNE-EN 61.386-1)**:

- Resistencia a la compresión "Muy Fuerte".
- Resistencia al impacto "Muy Fuerte".

Para **otros** tipos de canalización:

- Resistencia a la compresión y Resistencia al impacto, equivalentes a las definidas para tubos.

■ **5.3 Cables eléctricos**

Los cables a emplear en *acometidas e instalaciones exteriores* serán de tensión asignada mínima <mark>**450/750 V**</mark>, con cubierta de policloropreno o similar, según **UNE 21.027 (UNE-EN 50.525)** o **UNE 21.150** y aptos para servicios móviles.

Para *instalaciones interiores* los cables serán de tensión asignada mínima <mark>**300/500 V**</mark>, según **UNE 21.027 (UNE-EN 50.525)** o **UNE 21.031 (UNE-EN 50.525-2-11)**, y aptos para servicios móviles.

Guía La serie de normas UNE 21.027 ha sido sustituida por la **UNE-EN 50.525**. Los cables de instalación habitual con estas características son:

ACOMETIDAS E INSTALACIONES EXTERIORES	
H07RN-F (norma UNE-EN 50.525-2-21)	Cable de tensión asignada 450/750 V, con conductor de cobre clase 5 apto para servicios móviles (-F), aislamiento de compuesto de goma (R) y cubierta de policloropreno (N).
H07ZZ-F (AS) (norma UNE-EN 50.525-3-21)	Cable no propagador del incendio, de tensión asignada 450/750 V, con conductor de cobre clase 5 apto para servicios móviles (-F), aislamiento y cubierta de compuesto reticulado (Z)
DN-F (norma UNE 21.150)	Cable de tensión asignada 0,6/1 kV, con conductor de cobre clase 5 apto para servicios móviles (-F), aislamiento de compuesto de etileno propileno (D) y cubierta de policloropreno (N).

INSTALACIONES INTERIORES	
H05VV-F (norma UNE-EN 50.525-2-11)	Cable de tensión asignada 300/500 V, con conductor de cobre clase 5 apto para servicios móviles (-F), aislamiento de compuesto de PVC (V) y cubierta de compuesto de PVC (V)
H07RN-F (norma UNE-EN 50.525-2-21)	Cable de tensión asignada 450/750 V, con conductor de cobre clase 5 apto para servicios móviles (-F), aislamiento de compuesto de goma (R) y cubierta de policloropreno (N).
H07ZZ-F (AS) (norma UNE 50.525-3-21)	Cable no propagador del incendio, de tensión asignada 450/750 V, con conductor de cobre clase 5 apto para servicios móviles (-F), aislamiento y cubierta de compuesto reticulado (Z)

6. APARAMENTA

■ 6.1 Aparamenta de mando y seccionamiento

En el origen de cada instalación debe existir un conjunto que incluya el cuadro general de mando y los dispositivos de protección principales.

En la alimentación de **cada sector** de distribución debe existir uno o varios dispositivos que aseguren las funciones de seccionamiento y de corte _omnipolar_ en carga.

En la alimentación de **todos los aparatos** de utilización deben existir medios de seccionamiento y corte _omnipolar_ en carga.

Los dispositivos de seccionamiento y de protección de los circuitos de distribución pueden estar incluidos en el cuadro principal o en cuadros distintos del principal.

Los **dispositivos de seccionamiento** de las alimentaciones de cada sector deben poder ser **bloqueados** en posición abierta (por ejemplo, por enclavamiento o ubicación en el interior de una envolvente cerrada con llave).

La alimentación de los aparatos de utilización debe realizarse a partir de cuadros de distribución, en los que se integren:

1. Dispositivos de protección contra las **sobreintensidades**.

2. Dispositivos de protección contra los **contactos indirectos**.

3. Bases de **toma de corriente**.

Guía

Además de los dispositivos indicados y conforme **ITC-BT-23**, deben incluirse:

4. Dispositivos de protección contra **sobretensiones transitorias** según **UNE-EN 61.643-11**.

5. Dispositivos de protección contra **sobretensiones temporales** según **EN 50.550**.

Según **UNE 201.008**, todas las salidas deberán estar protegidas contra sobretensiones asegurándose que aguas arriba siempre existe una protección adecuada que evite que una sobretensión de cualquier tipo pueda destruir los equipos o máquinas unidos a dichas salidas o provocar cualquier otro tipo de accidente.

Las protecciones serán de los tipos:

- Protecciones contra sobretensiones transitorias **tipo 1** para descargas tipo rayo o descargas provenientes de red.

- Protecciones contra sobretensiones transitorias **tipo 2** para descargas de conmutación y arranque de grandes cargas (elevadores, grúas, hormigoneras, etc.). Dado que etas protecciones nunca podrán descargar sobretensiones de alta energía, deben siempre coordinarse con protecciones **tipo 1**.

- Protecciones contra sobretensiones permanentes, recomendables debido a fallos de neutro y otras contingencias imprevistas que se originan en la red.

Como aparamenta de mando y seccionamiento se pueden usar:

Dispositivo	Norma
Interruptores - Seccionadores	UNE-EN 60.947-3
Cortacircuitos seccionables	UNE-EN 60.269-2
Protecciones contra sobretensiones transitorias	UNE-EN 61.643-11
Protecciones contra sobretensiones permanentes	EN 50.550

ANOTACIONES

Norma	Apartado	Sustituida por:
UNE 20.324	6.1 / 6.3	**UNE-EN 60.529**
UNE 21.027	6.2	**UNE-EN 50.525**
UNE 21.031	6.2	**UNE-EN 50.525**
UNE 21.150	6.2	--
UNE-EN 50.102	6.4.4	**UNE-EN 62.262**

GUIA-BT	Edición
No publicada	---

Índice

1. CAMPO DE APLICACIÓN

Las prescripciones de la presente instrucción se aplican a las instalaciones eléctricas **temporales** de ferias, exposiciones, muestras, stands, alumbrados festivos de calles, verbenas y manifestaciones análogas.

Para los efectos de esta instrucción se aplican las siguientes definiciones:

- **Exposición**: es un acontecimiento destinado a la exposición o venta de productos que puede tener lugar en un emplazamiento adecuado, ya sea edificio, estructura temporal o bien al aire libre.

- **Muestra**: es una presentación o espectáculo realizado en cualquier emplazamiento apropiado ya sea una estancia, edificio, estructura temporal o al aire libre.

- **Stand**: es un área o estructura temporal utilizada para presentación, marketing, ventas, ocio, etc.

- **Parque de atracciones**: es un lugar o área en el que se incluyen tiovivos, barracas de feria, casetas, atracciones, etc., que tienen la finalidad específica de la diversión del público.

- **Estructura temporal**: es una unidad o parte de ella situada en interior o exterior diseñada o concebida para su fácil instalación, retiro y transporte. Se incluyen las unidades móviles y portátiles.

- **Instalación eléctrica temporal**: es una instalación eléctrica destinada a ser montada y desmontada al mismo tiempo que la exposición, muestra, stand, etc., con la que está asociada.

- **Origen de una instalación eléctrica temporal**: es el punto de la instalación *permanente* o de otra fuente de suministro desde la que se alimenta a las instalaciones eléctricas temporales.

2. CARACTERÍSTICAS GENERALES

2.1 Alimentación

La tensión nominal de las instalaciones eléctricas temporales en exposiciones, muestras, stands y parques de atracciones **no** será **superior a 230/400 V** en corriente alterna.

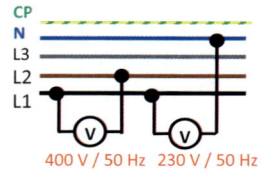

F.A.1: Alimentación

2.2 Influencias externas

Las condiciones de influencias externas son las de los emplazamientos particulares, donde se realizan estas instalaciones, por ejemplo choques mecánicos, agua, temperaturas extremas, etc.

3. PROTECCIÓN PARA GARANTIZAR LA SEGURIDAD

■ 3.1 Protección contra contactos directos e indirectos

No se aceptan las medidas protectoras contra el **contacto directo** por medio de obstáculos ni por su colocación fuera del alcance.

No se aceptan medidas protectoras contra el **contacto indirecto** mediante un emplazamiento no conductivo ni mediante uniones equipotenciales sin conexión a tierra.

> Cualquiera que sea el esquema de distribución utilizado (**TN, TT o IT**), la protección de las instalaciones de <u>los equipos eléctricos **accesibles al público**</u> debe asegurarse mediante dispositivos **diferenciales** de corriente diferencial-residual asignada máxima de <mark>**30 mA**</mark>.

Cuando se utilice una **MBTS**, la protección contra contactos directos debe ser asegurada cualquiera que sea la tensión nominal asignada, mediante un aislamiento capaz de resistir un ensayo dieléctrico de 500 V durante un minuto.

■ 3.2 Medidas de protección en función de las influencias externas

Es recomendable que el corte automático de cables destinados a alimentar instalaciones temporales se realice mediante dispositivo **diferencial** cuya corriente diferencial residual asignada no supere <mark>500 mA</mark>.

Estos dispositivos **serán selectivos** con los dispositivos diferenciales de los circuitos terminales.

Todos los circuitos de alumbrado además de las luminarias de emergencia y las tomas de corriente de valor asignado inferior a 32 A, deberán ser protegidos por un dispositivo **diferencial** cuya corriente asignada no supere los <mark>30 mA</mark>.

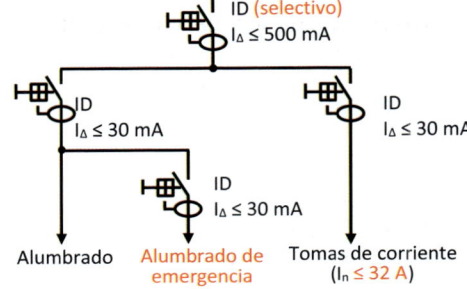

F.A.2: *Dispositivos de protección diferencial (se han de incluir, s/apdo. 3.3, dispositivos contra sobreintensidades)*

■ 3.3 Medidas de protección contra sobreintensidades

Todos los circuitos deben estar protegidos contra sobreintensidades mediante un dispositivo de protección apropiado, situado en el origen del circuito.

4. PROTECCIÓN CONTRA EL FUEGO

El riesgo de incendio es superior debido a la naturaleza temporal de las instalaciones y a la presencia de público. Esto debe tenerse en cuanta cuando se valoren las influencias externas, de acuerdo con la "naturaleza del material procesado o almacenado".

El equipo eléctrico debe seleccionarse y construirse de forma que el aumento de su temperatura normal y el aumento de temperatura previsible, en el caso de que se produzca un posible fallo, no dé lugar a una situación peligrosa.

5. PROTECCIÓN CONTRA ALTAS TEMPERATURAS

El **equipo de iluminación**, como por ejemplo, las lámparas incandescentes, focos, pequeños proyectores y otros aparatos o dispositivos con superficies que alcanzan altas temperaturas, además de protegerse adecuadamente, deben disponerse suficientemente apartados de los materiales combustibles.

Los **escaparates y los rótulos** con iluminación interna se construirán con materiales que tengan una resistencia al calor apropiada, sean mecánicamente resistentes y tengan aislamiento eléctrico, al tiempo que contarán con una ventilación adecuada.

A menos que los artículos expuestos sean de naturaleza incombustible, los escaparates se iluminarán solamente desde el exterior, o con lámparas de poca emisión de calor, en su funcionamiento.

Los stands que contengan una concentración de aparatos eléctricos, accesorios de iluminación o lámparas, propensos a generar un calor superior al normal, tendrán una **cubierta bien ventilada**, construida con materiales incombustibles.

6. APARAMENTA Y MONTAJE DE EQUIPOS

■ 6.1 Reglas comunes

La aparamenta de mando y protección deberá estar situada en envolventes cerradas que no puedan abrirse o desmontarse más que con la ayuda de un útil o una llave, a excepción de sus accionamientos manuales.

Los grados de protección para las canalizaciones y envolventes serán, según **UNE 20.324 (UNE-EN 60.529)**:

- Para instalaciones de <u>interior</u>: **IP 4X**
- Para instalaciones de <u>exterior</u>: **IP 45**

6.2 Cables eléctricos

- **Instalaciones interiores:** los cables serán de tensión asignada mínima 300/500 V según **UNE 21.027*** o **UNE 21.031*** y aptos para servicios móviles.

- **Instalaciones exteriores:** los cables serán de tensión asignada mínima 450/750 V con cubierta de **policloropreno (-N)** o similar, según **UNE 21.027*** o **UNE 21.150** y aptos para servicios móviles.

- **Alumbrados festivos:** se utilizan cables flexibles de características constructivas según **UNE 21.027*** o **UNE 21.031***.

La longitud de cables de conexión flexibles o cordones no sobrepasará los **2 m**.

* **NOTA A:** Normas sustituidas por la **UNE-EN 50.525**

6.3 Canalizaciones

Las canalizaciones se realizarán mediante tubos o canales según lo dispuesto en la **ITC-BT-20** *(Prescripciones generales de los sistemas de instalación)* y la instrucción **ITC-BT-21** *(Tubos y canales protectoras)*.

Las canalizaciones metálicas o no metálicas deberán tener un grado de protección **IP 4X** según **UNE 20.324 (UNE-EN 60.529)**. *(IP 4X si es en instalaciones interiores e IP 45 si es en instalaciones exteriores).*

6.4 Otros equipos

6.4.1 Luminarias

Las luminarias fijas situadas a menos de 2,5 m del suelo o en lugares accesibles a las personas, deberán estar firmemente fijadas y situadas de forma que se impida todo riesgo de peligro para las personas o inflamación de materiales. El acceso al interior de las luminarias solo podrá realizarse mediante el empleo de una herramienta.

6.4.2 Alumbrado de emergencia

Se instalará alumbrado de seguridad (siguiendo lo estipulado en la **ITC-BT-28**) en aquellas instalaciones temporales interiores que puedan albergar más de 100 personas.

6.4.3 Interruptores de emergencia

Un circuito independiente alimentará a las luminarias, alumbrado de vitrinas, etc., los cuales deberán ser controlados por un interruptor de emergencia.

6.4.4 Bases y tomas de corriente

Un número apropiado de tomas de corriente deberán ser instaladas a fin de permitir a los usuarios cumplir las reglas de seguridad.

Las tomas de corriente **instaladas en el suelo** irán dentro de envolventes _protegidas contra la penetración del agua_. Adicionalmente a los grados de protección indicados en 6.1 _(interior **IP 4X**, exterior **IP 45**),_ deberán tener un grado de protección contra el impacto **IK 10**, según **UNE EN 50.102** (actual **UNE-EN 62.262**).

Un sólo cable o cordón debe ser unido a una toma.

➔ **No** se deben utilizar adaptadores multivía.

➔ **No** se deben utilizar las bases múltiples, excepto las bases múltiples móviles, que se alimentaran desde una base fija con un cable de longitud máxima **2 m**.

■ 6.5 Conexiones de tierra

Cuando se instale un generador para suministrar alimentación a una instalación temporal, utilizando un sistema TN, TT o IT, debe tenerse cuidado para garantizar que la instalación está correctamente conectada a tierra.

El **conductor neutro o punto neutro** del generador debe _conectarse a las partes conductoras accesibles del generador_.

NOTA A.: Como estas partes conductoras del generador estarán conectadas a tierra, el conductor neutro o punto neutro del generador ha de quedar, finalmente, conectado a tierra.

■ 6.6 Conductores de protección

Los conductores de protección tendrán una sección de acuerdo con el apartado 2.3 de la **ITC-BT-19**.

■ 6.7 Cajas, cuadros y armarios de control

Las cajas destinadas a las conexiones eléctricas, cuadros y armarios deberán tener un grado de protección mínimo igual al indicado en 6.1. _(En instalaciones interiores **IP 4X** y en instalaciones exteriores **IP 45**)._

ANOTACIONES

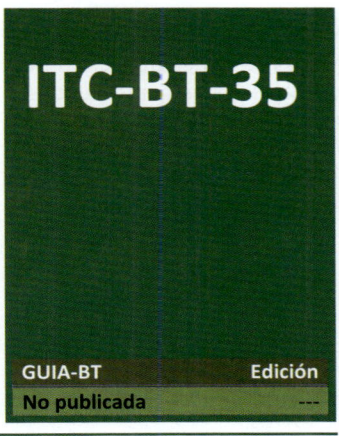

ITC-BT-35

Establecimientos agrícolas y hortícolas

GUIA-BT	Edición
No publicada	---

Norma	Apartado	Sustituida por:
UNE 20.460-7-705	2	**UNE-HD 60.364-7-705**

Índice

1. CAMPO DE APLICACIÓN

La presente instrucción se aplica a las **instalaciones fijas** de los establecimientos agrícolas y hortícolas en los cuales se hallan los animales (tales como cuadras, establos, gallineros, porquerizas, locales para la preparación de piensos de animales, graneros, granjas para el heno, la paja y los fertilizantes) o que estén situados al exterior, estando **excluidos los locales habitables**.

2. REQUISITOS GENERALES

Las prescripciones particulares para este tipo de establecimientos quedan recogidas en la norma **UNE 20460-7-705**[1].

Para aquellos apartados que en esta citada norma se encuentran en estudio[2], se aplicará lo dispuesto para estos apartados en la instrucción **ITC-BT-33**. *(ITC-BT 33: Instalaciones provisionales y temporales de obra).*

NOTA A.: (1) Norma anulada y sustituida por la **UNE-HD 60364-7-705**.
(2) La actual norma UNE-HD 60364-7-705 no contiene ningún apartado en estudio, aun así para aquellos apartados no incluidos en ella puede utilizarse la ITC-BT-33.

UNE   **UNE-HD 60364-7-705**

INDICE:

1. TÉRMINOS Y DEFINICIONES
2. PROTECCIÓN CONTRA LOS CHOQUES ELÉCTRICOS. MEDIDAS DE PROTECCIÓN
   2.1 Desconexión automática de la alimentación.
   2.2 Muy baja tensión (MBTS y MBTP)
   2.3 Protección complementaria. Conexión equipotencial suplementaria
   2.4 Protección por obstáculos y por puesta fuera de alcance por alejamiento
3. PROTECCIÓN CONTRA EFECTOS TÉRMICOS
4. PROTECCIÓN CONTRA PERTURBACIONES DE TENSIÓN Y ELECTROMAGNÉTICAS

5. SELECCIÓN E INSTALACIÓN DE EQUIPOS ELÉCTRICOS – REGLAS COMUNES
6. CANALIZACIONES
7. SECCIONAMIENTO, CORTE Y MANDO
8. PUESTA A TIERRA, CONDUCTORES DE PROTECCIÓN Y CONDUCTORES DE EQUIPOTENCIALIDAD DE PROTECCIÓN
9. OTROS EQUIPOS ELÉCTRICOS
   9.1 Sistemas automáticos.
   9.2 Luminarias e instalaciones de alumbrado.

ANEXO A: Ejemplos conexión equipotencial

1. TÉRMINOS Y DEFINICIONES:

A) **Establecimientos agrícolas y hortícolas:** Recintos, emplazamientos o zonas en las que:
- el ganado está confinado;
- forrajes, fertilizantes, productos animales o vegetales se producen, guardan, preparan o procesan;
- se desarrollan plantaciones, tales como invernaderos.

NOTA: Se han de tener en cuenta para elección e instalación de equipos eléctricos a causa de influencias externas específicas, tales como humedad, presencia de polvo, de vapores químicos agresivos, de ácidos o de sales sobre los equipos eléctricos. Además puede existir un riesgo de incendio debido a la presencia de sustancias altamente inflamables. **NOTA A.:** Consultar las correspondientes ITC (29, 30, etc.).

B) **Residencias y otros emplazamientos que pertenecen a los establecimientos agrícolas y hortícolas:** Aquellos que poseen una conexión conductora a los establecimientos agrícolas y hortícolas por medio de conductores de protección de la misma instalación o bien por elementos conductores externos. Por ej.: oficinas, recintos comunes, cobertizos de máquinas, talleres, garajes y tiendas.

C) **Cría intensiva de ganado:** Reproducción y cría de ganado para los que, si fuera necesario, se utilizan sistemas automáticos que garanticen la vida. Ejemplos de sistemas automáticos vitales son los utilizados para ventilación, iluminación y aire acondicionado.

D) **Instalación para la cría de ganado:** Edificios y recintos (alojamiento para animales), jaulas, cercados u otros contenedores utilizados para el alojamiento permanente de animales.

2. PROTECCIÓN CONTRA LOS CHOQUES ELÉCTRICOS. MEDIDAS DE PROTECCIÓN.

■ 2.1 DESCONEXIÓN AUTOMÁTICA DE LA ALIMENTACIÓN:

Para cada circuito, se instalarán los siguientes dispositivos de corte:

A) DDR de **IΔn ≤ 30 mA**, para <u>circuitos terminales</u> que alimentan <u>bases de tomas de corriente</u> cuya corriente asignada no sobrepase de **32 A**;

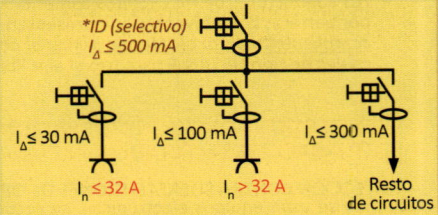

B) DDR de **IΔn ≤ 100 mA**, para circuitos terminales que alimentan bases de tomas de corriente cuya corriente asignada sobrepase de **32 A**;

C) DDR de **IΔn ≤ 300 mA**, para todos los demás circuitos.

DDR = **D**ispositivo **D**iferencial de corriente **R**esidual

F.A.1: Dispositivos de protección.
* Posible Interruptor Diferencial General.

Donde se exija la mejora de la continuidad del servicio, se recomienda que los DDR cuya corriente nominal diferencial de funcionamiento IΔn ≤ **300 mA**, sean del **tipo S o retardados.**

> <u>SISTEMA TN:</u> Si la instalación eléctrica esté conectada a un **sistema TN**, el conductor <u>neutro</u> y el conductor de protección <u>deben estar separados</u> aguas abajo del origen de la instalación.

■ 2.2 MUY BAJA TENSIÓN (MBTS y MBTP):

Cuando se utilice como MBTS y MBTP (máximo 50 V en AC y 75 V en DC), la protección contra contactos directos debe estar garantizada por una de las siguientes medidas:

a) Barreras o envolventes que presenten como mínimo un grado de protección **IPXXB** o **IP2X**.
b) Aislamiento que soporte una tensión de ensayo de 500 V c.a. durante 1 minuto.

■ 2.3 Protección complementaria. CONEXIÓN EQUIPOTENCIAL SUPLEMENTARIA:

En los emplazamientos previstos para animales, una conexión suplementaria debe unir:

✓ Todas las partes conductoras accesibles y
✓ Todos los elementos conductores externos que pueden ser tocados por el animal.

Se recomienda que los espacios en el suelo hormigonado prefabricado formen parte de la conexión equipotencial. La conexión equipotencial suplementaria así como el mallado metálico, si existe, deben quedar protegidos contra las solicitaciones mecánicas y contra la corrosión.

■ 2.4 Protección por OBSTÁCULOS y por puesta FUERA DE ALCANCE POR ALEJAMIENTO:
No permitidas.

■ 2.5 Protección por LOCALES (o emplazamientos) NO CONDUCTORES y
Protección por CONEXIONES EQUIPOTENCIALES NO UNIDAS A TIERRA:
No permitidas

3. PROTECCIÓN CONTRA EFECTOS TÉRMICOS

A) APARATOS DE CALEFACCIÓN ELÉCTRICA PARA LA CRÍA DE GANADO:

Deben cumplir con la Norma **IEC 60.335-2-71**. Además deben estar fijados en una posición adecuada con el fin de evitar:

✓ Cualquier riesgo de quemadura del ganado; y
✓ Todo riesgo de incendio por inflamación de material combustible.

Los aparatos por calefacción radiante deben estar instalados a una distancia como mínimo de **0,5 m** del ganado y de los materiales combustibles a menos que sea requerida una distancia mayor por el fabricante del aparato y especificada en el manual de uso.

B) PROTECCIÓN DE LOS CIRCUITOS TERMINALES POR DDR:
De acuerdo con el apdo. 3 es también efectiva para la protección contra incendios.

C) EMPLAZAMIENTOS CON RIESGO DE INCENDIO:
Los conductores de los circuitos alimentados por una fuente a MBT deben estar protegidos bien por barreras o envolventes que presenten un grado de protección de **IP XXD** o **IP 4X** o *como complemento de su protección principal* por una envolvente de material **aislante** (por ejemplo, cables de tipo **H07RN-F** para uso al aire libre)

4. PROTECCIÓN CONTRA PERTURBACIONES DE TENSIÓN Y PERTURBACIONES ELECTROMAGNÉTICAS

PROTECCIÓN CONTRA SOBRETENSIONES DE ORIGEN ATMOSFÉRICO O DEBIDAS A MANIOBRAS:
Cuando se usan equipos electrónicos, **se recomienda** proporcionar medidas de protección frente a descargas atmosféricas de acuerdo con lo indicado en la serie EN 62305 y contra sobretensiones de acuerdo con lo indicado en el capítulo 443 del Documento de Armonización HD 60.364-4-44 y en el capítulo 534 de la Norma IEC 60.364-5-53.

5. SELECCIÓN E INSTALACIÓN DE EQUIPOS ELÉCTRICOS – REGLAS COMUNES

1) En los establecimientos agrícolas y hortícolas, los equipos eléctricos (o las envolventes donde se hallen ubicados) deben presentar un grado de protección mínima, correspondiente a **IP 44**.

2) Bases de tomas de corriente deben estar instaladas en una posición donde sea muy poco probable que estén en contacto con un material combustible.

3) En presencia de materiales corrosivos, por ejemplo en las lecherías o los establos, los equipos eléctricos deben estar protegidos de forma apropiada.

4) Los equipos eléctricos deben ser inaccesibles para el ganado. Los inevitablemente accesibles al ganado tales como equipos para la alimentación así como los recipientes para beber agua, deben estar correctamente construidos e instalados de forma que se evite todo daño ocasionado por el ganado y de forma que se minimice todo riesgo de lesiones para el ganado.

5) **ESQUEMAS.** La siguiente documentación debe ser suministrada al usuario de la instalación:

 ✓ Plano detallado del emplazamiento de todos los equipos eléctricos
 ✓ Itinerario seguido por todos los cables empotrados
 ✓ Diagrama de distribución de líneas
 ✓ Esquema de uniones equipotenciales que indiquen el emplazamiento de las conexiones.

6. CANALIZACIONES

1) En los emplazamientos accesibles, y que contienen ganado, las canalizaciones deben estar instaladas de tal forma que sean inaccesibles al ganado o protegidas de forma apropiada frente a los daños mecánicos.

2) Las líneas aéreas deben ser aisladas.

3) En los locales de los establecimientos agrícolas donde los **vehículos y máquinas agrícolas** móviles puedan maniobrar, deben aplicarse los métodos de instalación siguientes:

Mínimo: 0,6 cm
Tierra a/c: 1 m

 ➢ Los cables deben estar enterrados en el terreno a una profundidad como mínimo de **0,6 m**, con una **protección mecánica** adicional.

 ➢ En **tierra arable o cultivada** cables enterrados a una profundidad mínima de **1 m**.

 ➢ Cables con **suspensión autoportante** instalados a una altura mínima de **6 m**.

6.1 Sistemas de tubos, conductos y canales:

Donde el **ganado** está **confinado**, las condiciones de influencias externas estarán clasificadas **AF4**, y los tubos deben poseer una protección contra la corrosión como mínimo a la clase 2 (media) para uso interior y a la clase 4 (alta protección) para uso exterior según EN 61386-21.

En emplazamientos donde las **canalizaciones** pueden estar **expuestas a impactos y a choques** mecánicos debidos a los vehículos y máquinas agrícolas móviles etc. las condiciones de influencias externas deben clasificarse **AG3**, y los tubos, canales y conductos deben poseer un grado de protección contra la compresión como mínimo a la clase 4 (fuerte) según EN 61386-21.

7. SECCIONAMIENTO, CORTE Y MANDO

Deben ser utilizados únicamente los **aparatos de calefacción eléctrica** con indicación visual de la posición de funcionamiento.

La instalación eléctrica de cada edificio o de una parte de un edificio debe estar seccionada por medio de un solo dispositivo de seccionamiento. Los dispositivos de seccionamiento deben estar marcados con la parte de la instalación a la que pertenecen.

Los dispositivos de accionamiento y de corte así como los dispositivos de parada de urgencia o de corte de urgencia *no deben ser instalados allí donde son accesibles a los animales* o en algún lugar donde su acceso puede ser entorpecido por el animal.

8. PUESTA A TIERRA, CONDUCTORES DE PROTECCIÓN Y CONDUCTORES DE EQUIPOTENCIALIDAD DE PROTECCIÓN

Los conductores deben estar protegidos contra daños mecánicos y de corrosión. Se elegirán con el fin de evitar cualquier efecto electrolítico, como por ejemplo de los siguientes materiales:

a. Bandas de **acero galvanizado** en caliente de dimensión mínima de **30 mm × 3 mm**
b. Redondos de **acero galvanizado** en caliente de diámetro como mínimo de **8 mm**
c. Conductores de **cobre** con una sección mínima de **4 mm²**.

9. OTROS EQUIPOS ELÉCTRICOS

9.1 SISTEMAS AUTOMÁTICOS para el criado intensivo de animales:

Donde provisiones de comida, agua, aire y/o el alumbrado no estén aseguradas en caso de falta de alimentación eléctrica, es necesario una fuente alternativa o de reemplazamiento segura.

La selectividad de los circuitos principales de ventilación debe estar asegurada en caso de sobreintensidad y/o cortocircuito a tierra.

Cuando sea necesario hacer funcionar eléctricamente una ventilación, se ha de cumplir:

a) Una fuente eléctrica en espera que asegure alimentación para el equipo de ventilación.
b) Un control de la Tª y la tensión de alimentación. El dispositivo de control deberá liberar una señal visible o audible que pueda ser fácilmente observada por el usuario y funcionar independientemente de la alimentación normal.

9.2 LUMINARIAS E INSTALACIONES DE ALUMBRADO:

Deben ser conformes con la serie de normas EN 60598 y elegirse según su grado de protección y su temperatura de superficie según las condiciones circundantes y lugares donde están instaladas.

Montaje sobre material combustible: marcado para temperatura 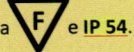 e **IP 54**.

 Lugares con riesgo de incendio o peligro por combustión de un revestimiento de polvo: sólo deben utilizarse luminarias con el marcado **D** según la norma EN 60598-2-24 y luminarias con Tª superficial limitada. Las luminarias con el marcado **D**, solamente deben instalarse si son de protección **IP 54**.

Las posiciones del interruptor (encendido o apagado) de las luminarias instaladas en los lugares de almacenamiento de paja o heno, o en lugares similares, deben ser reconocibles en el emplazamiento del interruptor o bien estar indicadas por medio de una señal visible.

UNE

ANEXO A (Informativo): EJEMPLOS DE CONEXIÓN EQUIPOTENCIAL EN ESTABLECIMIENTOS AGRÍCOLAS

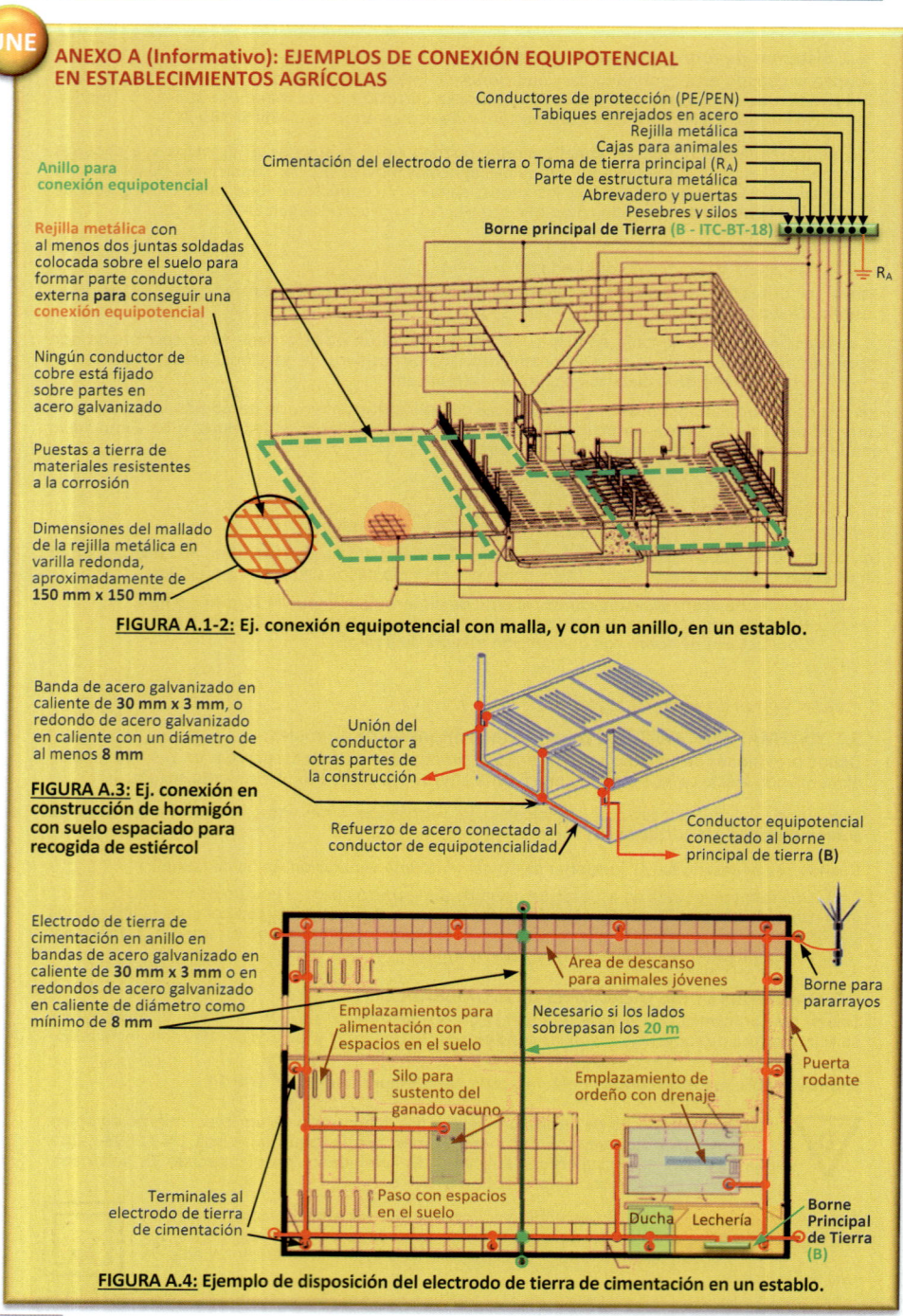

Conductores de protección (PE/PEN)
Tabiques enrejados en acero
Rejilla metálica
Cajas para animales
Cimentación del electrodo de tierra o Toma de tierra principal (R_A)
Parte de estructura metálica
Abrevadero y puertas
Pesebres y silos
Borne principal de Tierra (B - ITC-BT-18)

R_A

Anillo para conexión equipotencial

Rejilla metálica con al menos dos juntas soldadas colocada sobre el suelo para formar parte conductora externa **para** conseguir una **conexión equipotencial**

Ningún conductor de cobre está fijado sobre partes en acero galvanizado

Puestas a tierra de materiales resistentes a la corrosión

Dimensiones del mallado de la rejilla metálica en varilla redonda, aproximadamente de **150 mm x 150 mm**

FIGURA A.1-2: Ej. conexión equipotencial con malla, y con un anillo, en un establo.

Banda de acero galvanizado en caliente de **30 mm x 3 mm**, o redondo de acero galvanizado en caliente con un diámetro de al menos **8 mm**

Unión del conductor a otras partes de la construcción

FIGURA A.3: Ej. conexión en construcción de hormigón con suelo espaciado para recogida de estiércol

Refuerzo de acero conectado al conductor de equipotencialidad

Conductor equipotencial conectado al borne principal de tierra (B)

Electrodo de tierra de cimentación en anillo en bandas de acero galvanizado en caliente de **30 mm x 3 mm** o en redondos de acero galvanizado en caliente de diámetro como mínimo de **8 mm**

Area de descanso para animales jóvenes

Borne para pararrayos

Emplazamientos para alimentación con espacios en el suelo

Necesario si los lados sobrepasan los **20 m**

Puerta rodante

Silo para sustento del ganado vacuno

Emplazamiento de ordeño con drenaje

Terminales al electrodo de tierra de cimentación

Paso con espacios en el suelo

Ducha   Lechería

Borne Principal de Tierra (B)

FIGURA A.4: Ejemplo de disposición del electrodo de tierra de cimentación en un establo.

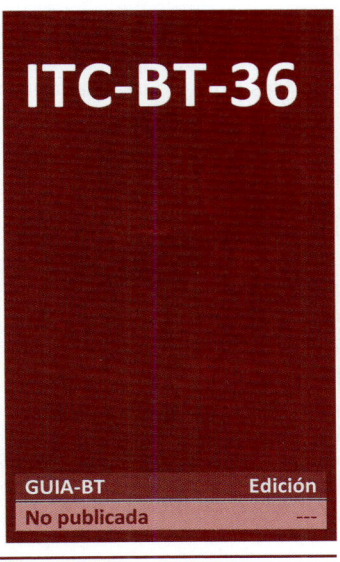

ITC-BT-36 | Muy Baja Tensión (MBT)

Norma	Apartado	Sustituida por:
UNE 20.324	3 / 4	**UNE-EN 60.529**
UNE-EN 60.742	1 / 2.1	--
UNE-EN 61.558-2-4	1	--

GUIA-BT	Edición
No publicada	---

Índice

1. GENERALIDADES

A los efectos de la presente instrucción se consideran <u>tres tipos</u> de instalaciones a muy baja tensión:

1) Muy Baja Tensión de Seguridad (**MBTS**);
2) Muy Baja Tensión de Protección (**MBTP**); y
3) Muy Baja Tensión Funcional (**MBTF**).

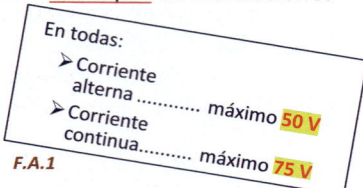

En todas:
➢ Corriente alterna .... máximo 50 V
➢ Corriente continua........ máximo 75 V

F.A.1

MBTS
- **NO** Tierra
- Trafo seguridad

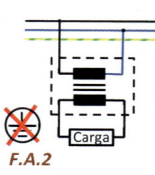

F.A.2

Las instalaciones a **Muy Baja Tensión de Seguridad** comprenden aquellas cuya tensión nominal no excede de 50 V en c.a. o 75 V en c.c, alimentadas mediante una fuente con aislamiento de protección, tales como un transformador de seguridad conforme a la norma **UNE-EN 60.742** o **UNE-EN 61.558-2-4** o fuentes equivalentes, cuyos circuitos disponen de aislamiento de protección y no están conectados a tierra. Las masas no deben estar conectadas intencionadamente a tierra o a un conductor de protección.

MBTP
- Trafo seguridad
- **Sí** Tierra

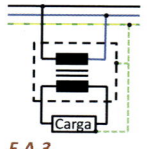

F.A.3

Las instalaciones a **Muy Baja Tensión de Protección** comprenden aquellas cuya tensión nominal no excede de 50 V en c.a. o 75 V en c.c, alimentadas mediante una fuente con aislamiento de protección, tales como un transformador de seguridad conforme a la norma **UNE-EN 60.742** o **UNE-EN 61.558-2-4** o fuentes equivalentes, cuyos circuitos disponen de aislamiento de protección y, por razones funcionales, los circuitos y/o las masas están conectados a tierra o a un conductor de protección. La puesta a tierra de los circuitos puede ser realizada por una conexión adecuada al conductor de protección del circuito primario de la instalación.

MBTF
- NO cumplen con requisitos ni de MBTS ni de MBTP.
- Alimentación: trafo <u>sin</u> aislamiento reforzado.
- PROTECCIÓN: **ITC-BT-24**.

F.A.4

Las instalaciones a **Muy Baja Tensión Funcional** comprenden aquellas cuya tensión nominal no excede de 50 V en c.a. o 75 V en c.c, y que no cumplen los requisitos de MBTS ni de MBTP. Este tipo de instalaciones bien, están <u>alimentadas por una fuente sin aislamiento de protección</u>, tal como fuentes con aislamiento principal, o bien sus circuitos no tienen aislamiento de protección frente a otros circuitos. La protección contra los choques eléctricos de este tipo de instalaciones deberá realizarse conforme a lo establecido en la *ITC-BT-24*, para circuitos distintos de MBTS o MBTP.

2. REQUISITOS GENERALES PARA LAS INSTALACIONES A: MUY BAJA TENSIÓN DE SEGURIDAD (MBTS) Y MUY BAJA TENSIÓN DE PROTECCIÓN (MBTP)

■ 2.1 Fuentes de alimentación

Estas instalaciones deben estar alimentadas mediante una fuente que incorpore:

1) *Un transformador de aislamiento de seguridad* conforme a la **UNE-EN 60.742**. Para el caso de la **MBTP**, el transformador puede ser con aislamiento principal con pantalla de separación entre primario y secundario puesta a tierra, siempre que exista un sistema de protección en el circuito primario por corte automático de la alimentación; **o**

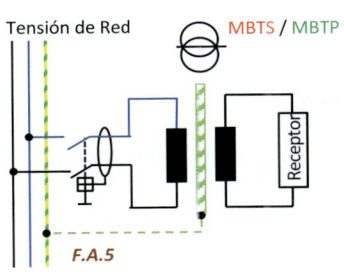

2) Una fuente corriente que asegure un grado de protección *equivalente al del transformador* de seguridad anterior (por ejemplo, un motor-generador con devanados con separación equivalente); **o**

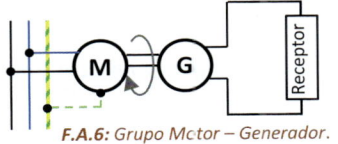

F.A.6: Grupo Motor – Generador.

3) Una *fuente electroquímica* (pilas o acumuladores), que no dependa o que esté separada con aislamiento de protección de circuitos a MBTF o de circuitos de tensión más elevada; **o**

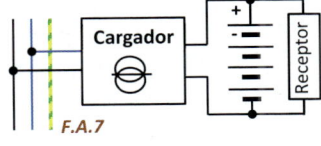

4) *Otras fuentes* que no dependan de la **MBTF** o circuitos de tensión más elevada, por ejemplo grupo electrógeno.

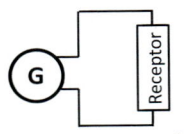

F.A.8: Generador.

5) Determinados *dispositivos electrónicos* en los cuales se han adoptado medidas para que, en caso de primer defecto, la tensión de salida no supere los valores correspondientes a Muy Baja Tensión.

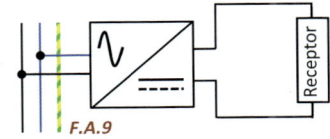

Si $I_{cc} < I_{max\ adm.}$

Cuando la intensidad de cortocircuito en los bornes del circuito de utilización de la fuente de energía sea inferior a la intensidad admisible en los conductores que forman este circuito, <u>no será necesario instalar</u> en su origen dispositivos de protección contra sobreintensidades.

2.2 Condiciones de instalación de los circuitos

La separación de protección entre los conductores de cada circuito MBTS o MBTP y los de cualquier otro circuito, incluidos los de MBTF, debe ser realizada por una de las disposiciones siguientes:

Separación de CONDUCTORES

a) La separación física de los conductores.

b) Los conductores de los circuitos de muy baja tensión MBTS o MBTP, deben estar provistos, además de su aislamiento principal, de una cubierta no metálica.

c) Los conductores de los circuitos a tensiones diferentes, deben estar separados entre sí por una pantalla metálica conectada a tierra o por una vaina metálica conectada a tierra.

d) Un cable multiconductor o un agrupamiento de conductores, pueden contener circuitos a tensiones diferentes, siempre que los conductores de los circuitos MBTS o MBTP estén aislados, individual o colectivamente, para la tensión más alta que tienen que soportar.

Las **tomas de corriente** de los circuitos de MBTS y MBTP deben satisfacer las prescripciones siguientes:

1. Los conectores no deben poder entrar en las bases de toma de corriente alimentadas por otras tensiones.

2. Las bases deben impedir la introducción de conectores concebidos para otras tensiones; y

3. Las bases de enchufe de los circuitos **MBTS** no deben llevar contacto de protección, las de los circuitos **MBTP** si pueden llevarlo.

4. Los conectores de los circuitos MBTS, no deben poder entrar en las bases de enchufe MBTP.

5. Los conectores de los circuitos MBTP, no deben poder entrar en las bases de enchufe MBTS.

A todos los efectos, un circuito **MBTF** se considera **siempre** como circuito de tensión diferente.

No es necesario en este tipo de instalaciones seguir las prescripciones fijadas en la instrucción **ITC-BT-19** para identificación de los conductores **ni** seguir las prescripciones de la instrucción **ITC-BT-06** para los requisitos de distancia de conductores al suelo y la separación mínima entre ellos.

Los cables enterrados se situarán entre dos capas de arena o de tierra fina cribada, de **10 cm** a **15 cm** de espesor.

Cuando los cables no presenten una resistencia mecánica suficiente, se colocarán en el interior de conductos que los protejan convenientemente.

→ Para las instalaciones de **alumbrado**, la caída de tensión entre la fuente de energía y los puntos de utilización, no será superior al **5 %**.

3. REQUISITOS PARTICULARES PARA LAS INSTALACIONES A MUY BAJA TENSIÓN DE SEGURIDAD (MBTS)

Las partes activas de los circuitos de MBTS *no deben ser conectadas eléctricamente a tierra, n*i a partes activas, ni a conductores de protección que pertenezcan a circuitos diferentes.

Las masas no deben conectarse intencionadamente ni a tierra, ni a conductores de protección o masas de circuitos diferentes, ni a elementos conductores. **No obstante**, para los equipos que, por su disposición, tengan conexiones francas a elementos conductores, la presente medida sigue siendo válida si puede asegurarse que estas partes no pueden conectarse a un potencial superior a **50 V** en corriente alterna o **75 V** en corriente continua.

Por otro lado, si hay masas de circuitos MBTS que son **susceptibles de ponerse en contacto con masas de otros circuito**s, la protección contra los choques eléctricos ya no se basa en la medida exclusiva de protección para MBTS, sino en las medidas de protección correspondientes a estas últimas masas.

PROTECCIÓN CD: MBTS > 25 V c.a. o > 60 V c.c.

Cuando la tensión nominal del circuito es superior a **25 V** en corriente alterna o **60 V** en corriente continua sin ondulación, debe asegurarse la **protección contra los contactos directos** mediante uno de los métodos siguientes:

a) Por barreras o envolventes que presenten como mínimo un grado de protección **IP 2X**; o **IP XXB** según **UNE 20324 (UNE-EN 60529)**.

b) Por un aislamiento que pueda soportar una tensión de 500 voltios durante un minuto.

Para *tensiones inferiores* a las anteriores no se requiere protección alguna contra contactos directos, salvo para determinadas condiciones de influencias externas.

La *corriente continua sin ondulación* es aquella en la que el porcentaje de ondulación no supera el **10 %** del valor eficaz.

4. REQUISITOS PARTICULARES PARA LAS INSTALACIONES A MUY BAJA TENSIÓN DE PROTECCIÓN (MBTP)

CD

La protección contra los **contactos directos** debe quedar garantizada:

a) Por barreras o envolventes que presenten como mínimo un grado de protección **IP 2X**; o **IP XXB** según **UNE 20.324 (UNE-EN 60.529)**.

b) Por un aislamiento que pueda soportar una tensión de 500 voltios durante un minuto.

No obstante, ***no se requiere protección contra los contactos directos para*** equipos situados en el interior de un edificio en el cual las masas y los elementos conductores, simultáneamente accesibles, estén conectados a la misma toma de tierra y si la tensión nominal no es superior a:

➢ **25 V** eficaces en corriente alterna o **60 V** en corriente continua sin ondulación, siempre y cuando el equipo se utilice únicamente en emplazamientos secos, y no se prevean contactos francos entre partes activas y el cuerpo humano o de un animal.

➢ **6 V** eficaces en corriente alterna o **15 V** en corriente continua sin ondulación, en los demás casos.

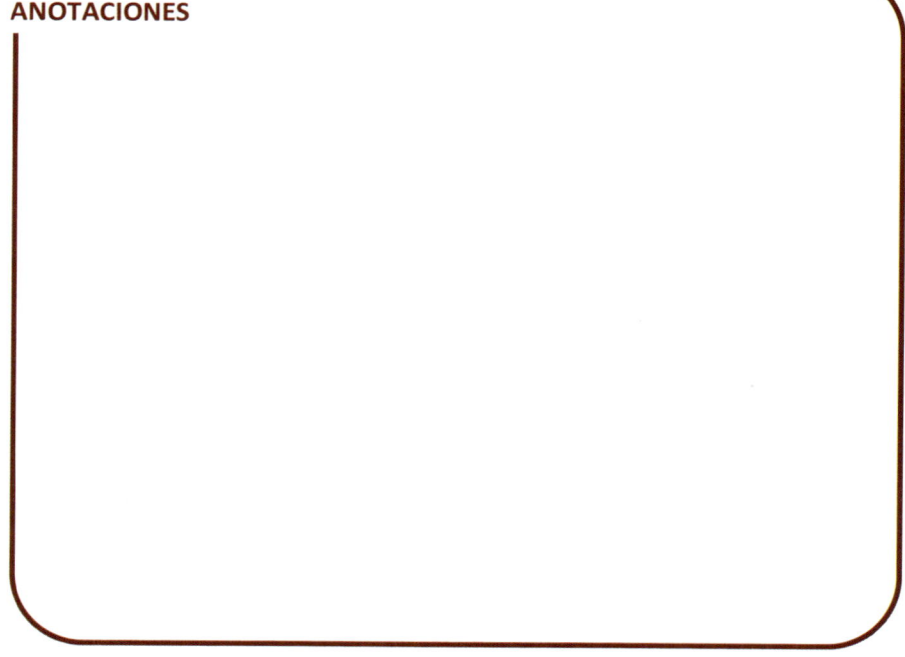

ANOTACIONES

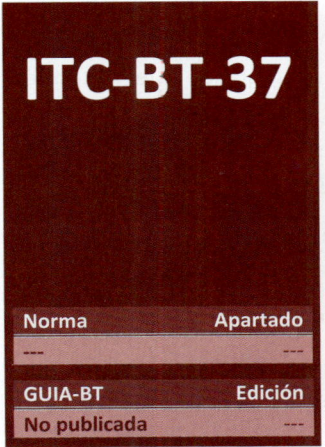

ITC-BT-37

Instalaciones a tensiones especiales

Norma	Apartado
---	---

GUIA-BT	Edición
No publicada	---

Índice

1. PRESCRIPCIONES PARTICULARES

Las instalaciones a tensiones especiales son aquellas en las que la tensión nominal es **superior a:**

➢ **500 V** de valor eficaz en _corriente alterna_; o
➢ **750 V** de valor medio aritmético en _corriente continua_.

Dentro del campo de aplicación del presente reglamento.

Nota   **Campo de aplicación del REBT – Artículo 2:**
 ✓ CORRIENTE ALTERNA: igual o inferior a 1.000 voltios.
 ✓ CORRIENTE CONTÍNUA: igual o inferior a 1.500 voltios.

Estas instalaciones, además de cumplir con las prescripciones establecidas para las instalaciones a tensiones usuales y las prescripciones complementarias según su emplazamiento, cumplirán las siguientes:

1. Se aplicará obligatoriamente uno de los sistemas de protección para **contactos indirectos** indicada en la **ITC-BT-24**, tanto a las envolventes conductoras de las canalizaciones como a las masas de los aparatos que no posean aislamiento reforzado o doble aislamiento.

Aislamiento  2. Los cables empleados serán siempre de tensión nominal no inferior a **1.000 V.** Cuando estos cables se instalen sobre soportes aislantes, deberán poseer una envolvente que los proteja contra el deterioro mecánico.

 3. La presencia de piezas desnudas bajo tensión que no estén completamente protegidas contra los contactos directos, de acuerdo a lo establecido en la instrucción **ITC-BT-24**, se permitirá únicamente en locales afectos a un servicio eléctrico, siempre que sólo **personal cualificado** tenga acceso al mismo.

 4. Las canalizaciones deberán ser fácilmente identificables, sobre todo cuando existan en sus proximidades otras canalizaciones a tensiones usuales o pequeñas tensiones.

5. La instalación a tensión usual, a partir de sus aparatos de protección, estará aislada igual que la instalación a tensión especial en el caso excepcional de empleo de un auto-transformador para la elevación de la tensión usual a la tensión especial.

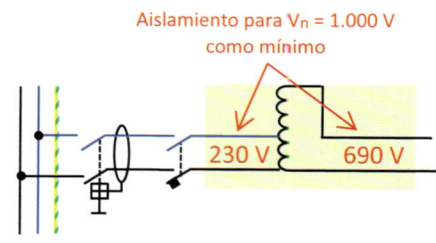

Aislamiento para V_n = 1.000 V como mínimo

230 V   690 V

GUIA-BT	Edición
No publicada	---

Norma	Apartado	Sustituida por:
UNE 20.615	2.1.3	**UNE-EN 61558-2-15**

Índice

1. OBJETO Y CAMPO DE APLICACIÓN

El objeto de la presente instrucción es determinar los requisitos particulares para las instalaciones eléctricas en quirófanos y salas de intervención así como las condiciones de instalación de los receptores utilizados en ellas.

Los receptores objeto de esta instrucción cumplirán los requisitos de las directivas europeas aplicables conforme a lo establecido en el artículo 6 del *Reglamento Electrotécnico para Baja Tensión*.

Además de las prescripciones generales para *locales de usos sanitarios* señaladas en la **ITC-BT-28**, se cumplirán las prescripciones particulares incluidas en la presente instrucción.

2. CONDICIONES GENERALES DE SEGURIDAD E INSTALACIÓN

Las **salas de anestesia** y demás dependencias donde puedan utilizarse anestésicos u otros productos inflamables, serán consideradas como locales con riesgo de incendio o explosión **clase I, zona 1**, salvo indicación en contra, y como tales las instalaciones deberán satisfacer las indicaciones para ellas establecidas en la **ITC-BT-29**.

Las bases de toma de corriente para diferentes tensiones, tendrán separaciones o formas distintas para las espigas de las clavijas correspondientes.

Cuando la instalación de ***alumbrado*** general se sitúe a una altura del suelo inferior a **2,5 m**, o cuando sus interruptores presenten partes metálicas accesibles, deberá ser protegida contra los contactos indirectos mediante un dispositivo ***diferencial,*** conforme a lo establecido en la **ITC-BT-24**.

Las características de aislamiento de los conductores, responderán a lo dispuesto en la **ITC-BT-19** y, en su caso, la **ITC-BT-29**.

■ 2.1 Medidas de protección

2.1.1 Puesta a tierra de protección

La instalación eléctrica de los edificios con locales para la práctica médica y, en concreto, para quirófanos o salas de intervención, deberán disponer de un *suministro trifásico con neutro y conductor de protección*. Tanto el neutro como el conductor de protección serán conductores de cobre, tipo aislado, a lo largo de toda la instalación.

La impedancia entre el embarrado común de ***puesta a tierra*** de cada quirófano o sala de intervención y las conexiones a masa, o los contactos de tierra de las bases de toma de corriente, no deberá exceder de **0,2 Ω**.

2.1.2 Conexión de equipotencialidad

Todas las partes metálicas accesibles han de estar unidas al embarrado de equipotencialidad (EE en la figura 1), mediante conductores de cobre aislados e independientes. La impedancia entre estas partes y el embarrado (EE) no deberá exceder de 0,1 Ω.

Se deberá emplear la identificación **verde-amarillo** para los conductores de equipotencialidad y para los de protección.

El embarrado de equipotencialidad (EE) estará unido al de puesta a tierra de protección (PT en la figura 1) por un *conductor aislado* con la identificación verde-amarillo, y de sección no inferior a **16 mm² de cobre**.

La *diferencia de potencial* entre las partes metálicas accesibles y el embarrado de equipotencialidad (EE) *no deberá exceder de 10 mV* eficaces en condiciones normales.

2.1.3 Suministro a través de un transformador de aislamiento

Es obligatorio el empleo de transformadores de aislamiento o de separación de circuitos, como mínimo uno por cada quirófano o sala de intervención, para aumentar la fiabilidad de la alimentación eléctrica a aquellos equipos en los que una interrupción del suministro puede poner en peligro, directa o indirectamente, al paciente o al personal implicado y para limitar las corrientes de fuga que pudieran producirse (ver figura 1).

Se realizará una adecuada protección contra sobreintensidades del propio transformador y de los circuitos por él alimentados. Se concede importancia muy especial a la coordinación de las protecciones contra sobreintensidades de todos los circuitos y equipos alimentados a través de un transformador de aislamiento, con objeto de evitar que una falta en uno de los circuitos pueda dejar fuera de servicio la totalidad de los sistemas alimentados a través del citado transformador.

El transformador de aislamiento y el dispositivo de vigilancia del nivel de aislamiento, cumplirán la norma **UNE 20615 (UNE-EN 61558-2-15)**.

Se dispondrá de **un cuadro de mando y protección por quirófano** o sala de intervención, situado fuera del mismo, fácilmente accesible y en sus inmediaciones. Éste deberá incluir:

1) la protección contra sobreintensidades,
2) el transformador de aislamiento y
3) el dispositivo de vigilancia del nivel de aislamiento.

Es muy importante que en el cuadro de mando y panel indicador del estado del aislamiento, todos los mandos queden perfectamente identificados y sean de fácil acceso. El **cuadro de alarma** del dispositivo de vigilancia del nivel de aislamiento deberá estar en el interior del quirófano o sala de intervención y ser fácilmente visible y accesible, con posibilidad de sustitución fácil de sus elementos.

2.1.4 Protección diferencial y contra sobreintensidades

Se emplearán dispositivos de protección diferencial de **alta sensibilidad** (**≤ 30 mA**) y de **clase A***, *para la protección individual de aquellos equipos que no estén alimentados a través de un transformador de aislamiento*, aunque el empleo de los mismos no exime de la necesidad de puesta a tierra y equipotencialidad.

> * **Nota A.:** Sensibilidad y clase mínima. Para priorizar una mayor continuidad del servicio frente a disparos intempestivos (debidos a perturbaciones en la red) se pueden emplear diferenciales superinmunizados (Si).

Se dispondrán las correspondientes protecciones contra sobreintensidades.

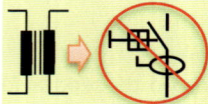 Los dispositivos alimentados a través de un <u>transformador de aislamiento</u> <u>no</u> deben protegerse con diferenciales en el primario ni en el secundario del transformador.

2.1.5 Empleo de muy baja tensión de seguridad

Las instalaciones con Muy Baja Tensión de Seguridad (**MBTS**) tendrán una tensión asignada no superior a **24 V** en corriente alterna y **50 V** en corriente continua y cumplirá lo establecido en la **ITC-BT-36**.

■ 2.2 Suministros complementarios

Además del ***suministro complementario de reserva*** requerido en la **ITC-BT-28** será obligatorio disponer de un *suministro especial complementario*, por ejemplo con baterías, para hacer frente a las necesidades de la lámpara de quirófano o sala de intervención y equipos de asistencia vital, debiendo entrar en servicio automáticamente en menos de 0,5 segundos (**corte breve**) y con una autonomía no inferior a **2 horas**. La **lámpara de quirófano** o sala de intervención siempre estará alimentada a través de un transformador de aislamiento (ver figura 1).

Todo el sistema de protección deberá funcionar con idéntica fiabilidad tanto si la alimentación es realizada por el suministro normal como por el complementario.

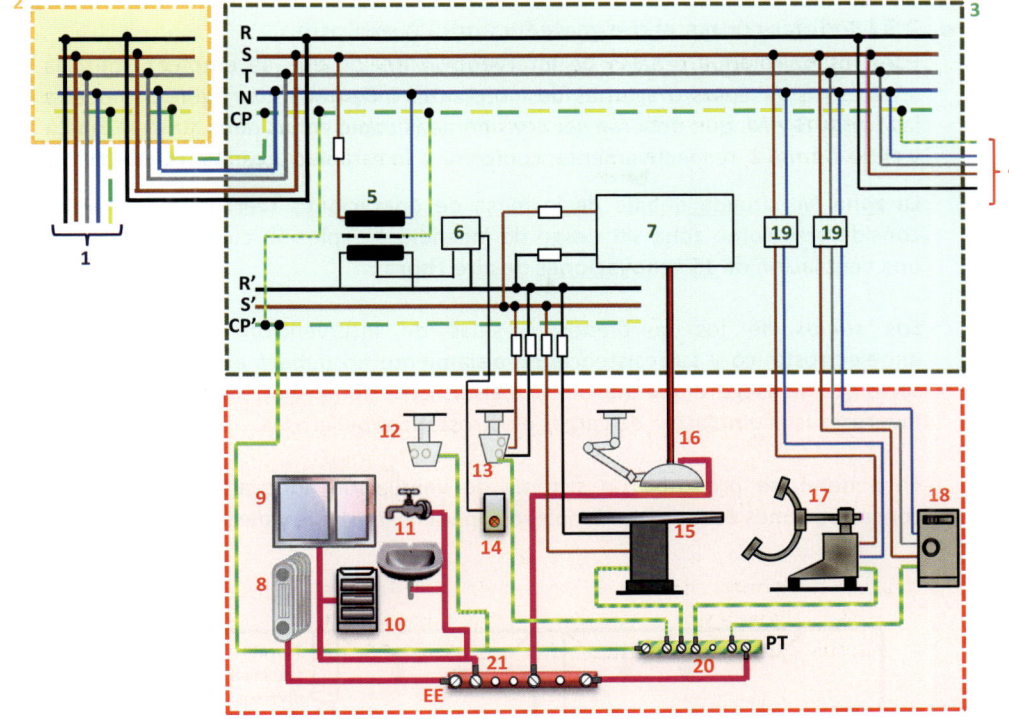

Figura 1. *Ejemplo de un esquema general de la instalación eléctrica de un quirófano.*

1. Alimentación general o línea general de alimentación.
2. Distribución en la planta o derivación individual.
3. Cuadro de distribución en la sala de operaciones
4. Suministro complementario.
5. Transformador de aislamiento tipo médico.
6. Dispositivo de vigilancia de aislamiento o monitor de detección de fugas.
7. Suministro normal y especial complementario para alumbrado de lámparas de quirófano.
8. Radiadores de calefacción central.
9. Marco metálico de ventanas.
10. Armario metálico para instrumentos.
11. Partes metálicas de lavabos y suministro de agua.
12. Torreta aérea de tomas de suministro de gas.
13. Torreta aérea de tomas de corriente (con terminales para conexión equipotencial envolvente conectada al embarrado conductor de protección).
14. Cuadro de alarmas del dispositivo de vigilancia de aislamiento.
15. Mesa de operaciones (de mando eléctrico).
16. Lámpara de quirófano.
17. Equipos de rayos X.
18. Esterilizador.
19. Interruptor de protección diferencial.
20. Embarrado de puesta a tierra.
21. Embarrado de equipotencialidad.

2.3 Medidas contra el riesgo de incendio o explosión

Para los quirófanos o salas de intervención en los que se empleen mezclas anestésicas gaseosas o agentes desinfectantes inflamables, la figura 2 muestra las **zonas G y M**, que deberán ser consideradas como zonas de la clase I; zona 1 y clase I; zona 2, respectivamente, conforme a lo establecido en la ITC-BT-29.

La **zona M**, situada debajo de la mesa de operaciones (ver figura 2), podrá considerarse como zona sin riesgo de incendio o explosión cuando se asegure una ventilación de **15 renovaciones de aire /hora**.

Los suelos de los quirófanos o salas de intervención serán del tipo antielectrostático y su resistencia de aislamiento no deberá exceder de **1 MΩ**, salvo que se asegure que un valor superior, pero siempre inferior a **100 MΩ**, no favorezca la acumulación de cargas electrostáticas peligrosas.

En general, se prescribe un sistema de ventilación adecuado que evite las concentraciones de los gases empleados para la anestesia y desinfección.

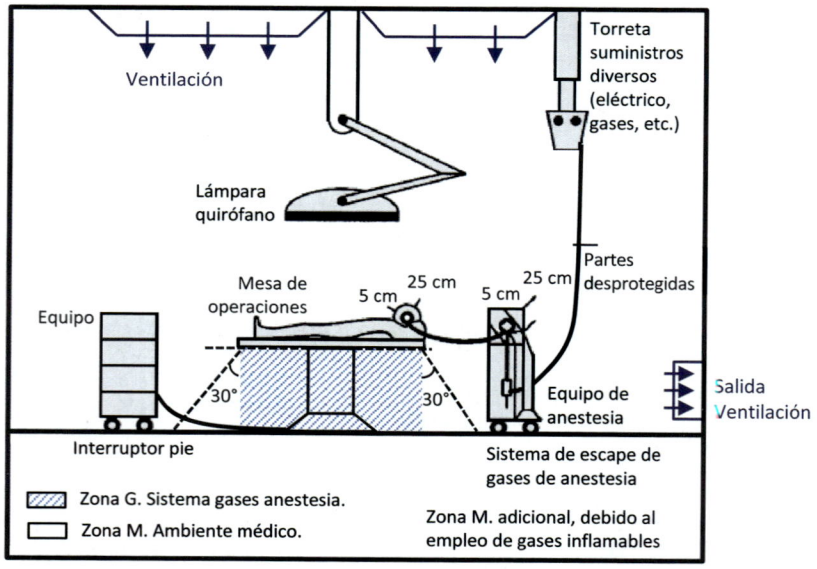

Figura 2. Zonas con riesgo de incendio y explosión en el quirófano, cuando se empleen mezclas anestésicas gaseosas o agentes desinfectantes inflamables.

2.4 Control y mantenimiento

2.4.1 Antes de la puesta en servicio de la instalación

La empresa instaladora autorizada deberá proporcionar un informe escrito sobre los resultados de los controles realizados al término de la ejecución de la instalación, que comprenderá, al menos:

1. El funcionamiento de las medidas de protección;
2. La continuidad de los conductores activos y de los conductores de protección y puesta a tierra;
3. La resistencia de las conexiones de los conductores de protección y de las conexiones de equipotencialidad;
4. La resistencia de aislamiento entre conductores activos y tierra en cada circuito;
5. La resistencia de puesta a tierra;
6. La resistencia de aislamiento de suelos antielectrostáticos; y
7. El funcionamiento de todos los suministros complementarios.

2.4.2 Después de su puesta en servicio

Se realizará un control, al menos **semanal**, del correcto funcionamiento del dispositivo de vigilancia de aislamiento y de los dispositivos de protección.

Así mismo, se realizarán medidas de continuidad y de resistencia de aislamiento, de los diversos circuitos en el interior de los quirófanos o salas de intervención, como mínimo **mensualmente**.

El mantenimiento de los diversos equipos deberá efectuarse de acuerdo con las instrucciones de sus fabricantes. La revisión periódica de las instalaciones, en general, deberá realizarse conforme a lo establecido en la **ITC-BT-05**, incluyendo en cualquier caso, las verificaciones indicadas en 2.4.1.

Además de las inspecciones periódicas establecidas en la **ITC-BT-05**, se realizará una revisión **anual** de la instalación por una empresa instaladora autorizada, incluyendo, en ambos casos, las verificaciones indicadas en 2.4.1 anterior.

2.4.3 Libro de mantenimiento

Todos los controles realizados serán recogidos en un *"Libro de mantenimiento"* de cada quirófano o sala de intervención, en el que se expresen los resultados obtenidos y las fechas en que se efectuaron, con firma del técnico que los realizó. En el mismo, deberán reflejarse con detalle las anomalías observadas, para disponer de antecedentes que puedan servir de base a la corrección de deficiencias.

3. CONDICIONES ESPECIALES DE INSTALACIÓN DE RECEPTORES EN QUIRÓFANOS Y SALAS DE INTERVENCIÓN

Todas las masas metálicas de los **receptores invasivos** eléctricamente deben conectarse a través de un conductor de protección a un embarrado común de puesta a tierra de protección (**PT** en figura 1) y éste, a su vez, a la puesta a tierra general del edificio.

*Se entiende por **receptor invasivo eléctricamente*** aquel que desde el punto de vista eléctrico penetra parcial o completamente en el interior del cuerpo bien por un orificio corporal o bien a través de la superficie corporal. Esto es, aquellos productos que por su utilización endocavitaria pudieran presentar riesgo de microchoque sobre el paciente. A título de ejemplo pueden citarse, electrobisturíes, equipos radiológicos de aplicación cardiovascular de intervención, ciertos equipos de monitorización, etc. Los receptores invasivos deberán conectarse a la red de alimentación a través de un transformador de aislamiento.

La instalación de receptores no invasivos eléctricamente, tales como, resonancia magnética, ultrasonidos, equipos analíticos, equipos radiológicos no de intervención, se atendrán a las reglas generales de instalación de receptores indicadas en la **ITC-BT-43**.

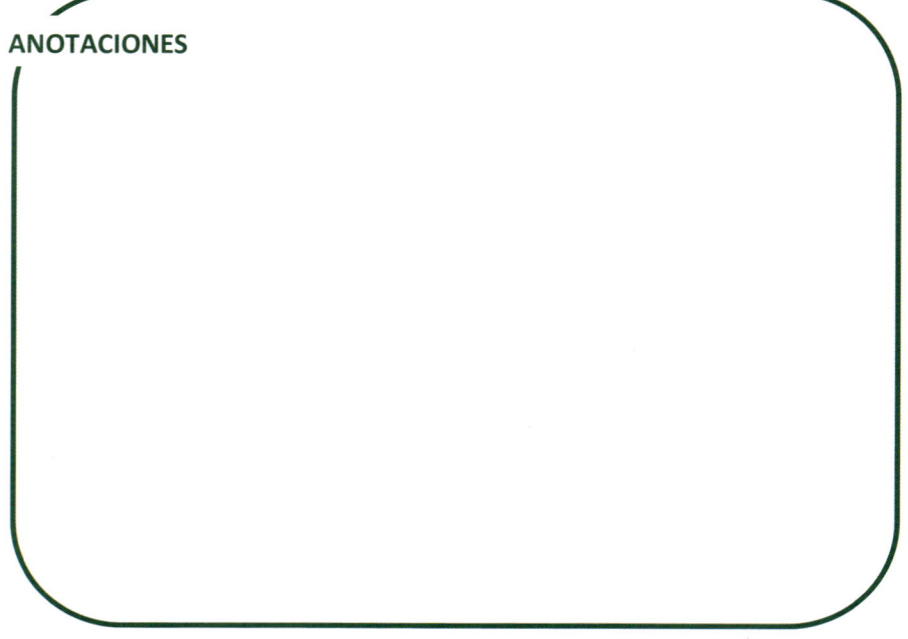

ANOTACIONES

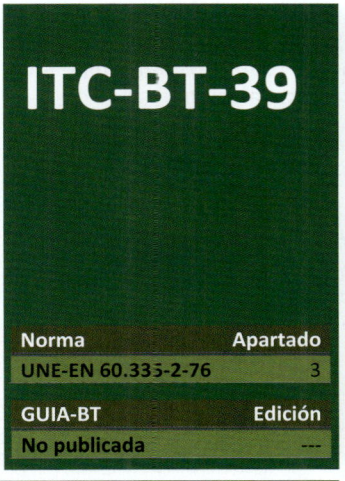

ITC-BT-39

Cercas eléctricas para el ganado

Norma	Apartado
UNE-EN 60.335-2-76	3
GUIA-BT	Edición
No publicada	---

Índice

1. OBJETO Y CAMPO DE APLICACIÓN

El objeto de la presente Instrucción es determinar los requisitos particulares de las cercas eléctricas para ganado, su alimentador y su instalación.

Se entiende por **cerca eléctrica para ganado**, a una barrera para animales que comprende uno o varios conductores formados por hilos metálicos, barrotes o alambradas.

Se entiende por **alimentador de cerca eléctrica**, al aparato destinado a suministrar regularmente impulsos de tensión a la cerca a la que está conectado.

Nota De acuerdo con la norma **UNE-EN 60.335-2-76**, el alimentador de una cerca eléctrica ha de dar impulsos cada segundo y no ha de sobrepasar nunca los siguientes valores (para una carga de **500 Ω**):

Máxima frecuencia de repetición del impulso	1 Hz (1 impulso por segundo)
Máxima duración del impulso	10 ms = 0,01 s
Máxima descarga de energía por impulso	5 J

Por lo tanto, la corriente recibida de descarga que se podría sufrir no superará nunca los **10 mA** en valor eficaz, hecho que, aunque produzca una sensación muy desagradable, no significará un peligro para las personas o animales. La cerca eléctrica, también conocida como **"pastor eléctrico"**, constituye, por lo tanto, una barrera psicológica para mantener controlados dentro de un recinto cerrado a los animales.

2. ALIMENTACIÓN

El alimentador de cerca eléctrica puede estar alimentado a su vez mediante una de las siguientes formas:

1) Conectado a una red de distribución de energía eléctrica.

2) Conectados a **baterías o acumuladores** cuya carga se realiza mediante una red de distribución de energía eléctrica.

3) Conectados a **baterías o acumuladores autónomos**, es decir que no están destinados a ser conectados a una red de distribución de energía eléctrica. *(NOTA A.: Se podría cargar la batería mediante placas solares o aerogeneradores).*

3. PRESCRIPCIONES PARTICULARES

Los alimentadores de cercas eléctricas conectados a una red de distribución de energía eléctrica, deberán cumplir la norma **UNE-EN 60.335-2-76** y su circuito de alimentación las prescripciones de las *ITC-BT-22, ITC-BT-23 e ITC-BT-24.*
(ITC-BT-22: Protección contra sobreintensidades; ITC-BT-23: Protección contra sobretensiones; e ITC-BT-24: Protección contra los contactos directos e indirectos).

Los alimentadores se colocarán en lugares donde no puedan quedar cubiertos por paja, heno, etc., y estarán próximos a la cerca que alimentan.

Los conductores de la cerca estarán separados de cualquier objeto metálico no perteneciente a la misma, de manera que no haya riesgo de contacto entre ellos.

Los conductores de la cerca y los de conexión de ésta a su alimentador **no** se sujetarán en apoyos correspondientes a otra canalización, sea de alta o baja tensión, de telecomunicación, etc.

Los **elementos de maniobra de las puertas** de la cerca **estarán aislados**

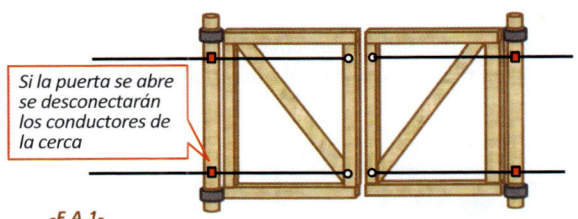

Si la puerta se abre se desconectarán los conductores de la cerca

-F.A.1-

convenientemente de los conductores de la misma y su maniobra tendrá por efecto la **puesta fuera de tensión** de los conductores comprendidos entre los soportes laterales de la puerta.

Entre cercas que no estén alimentadas por un mismo alimentador, se tomarán medidas convenientes para evitar que una persona o animal pueda tocarlas simultáneamente. Normalmente, se considera suficiente una separación de **2 m**, entre los conductores de unas y otras cercas.

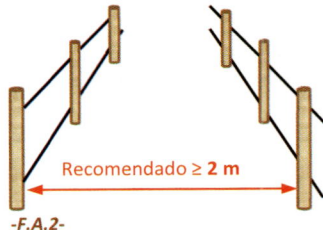

Recomendado ≥ **2 m**

-F.A.2-

Se colocarán ***carteles de aviso*** cuando las cercas puedan estar al alcance de personas no prevenidas de su presencia y, en todo caso, cuando estén junto a una vía pública.

El mínimo de carteles será de <u>uno por cada alineación</u> recta de la cerca y, en todo caso, a distancias máximas de **50 m**.

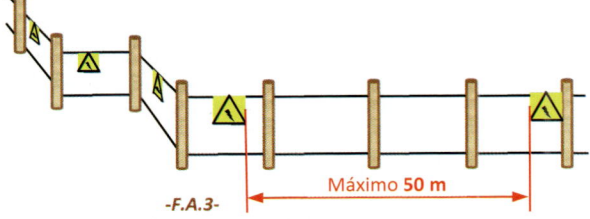

Máximo **50 m**

-F.A.3-

Los carteles se colocarán en lugares bien visibles y preferentemente sujetos al conductor superior de la cerca si la altura de éste sobre el suelo asegura esa visibilidad; en caso contrario, se colocarán sobre los apoyos de los conductores, de manera que sean visibles tanto desde el **exterior** como desde el **interior del cercado**.

Los carteles llevarán la indicación "CERCA ELÉCTRICA" escrito sobre un triángulo equilátero de base horizontal con letras negras sobre fondo amarillo. El cartel tendrá unas dimensiones mínimas de: **105 × 210 milímetros** y las letras **25 milímetros** de altura.

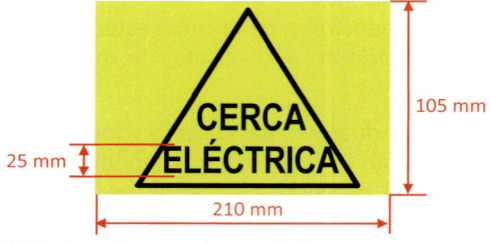

F.A.4: Dimensiones cartel cerca eléctrica

La toma de tierra del alimentador de la cerca tendrá las características de "tierra separada" de cualquier otra, incluso de la tierra de masa del mismo aparato.

Nota

TOMAS DE TIERRA INDEPENDIENTES/ SEPARADAS: ITC-BT-18, apdo. 10

Cuando una de las tomas de tierra **no** alcance una tensión **superior a 50 V** cuando por la otra circula la máxima corriente de defecto a tierra prevista.

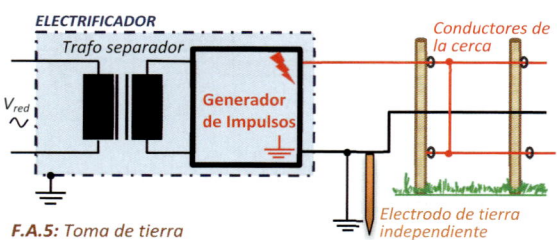

F.A.5: Toma de tierra

Cuando una cerca eléctrica esté situada en una zona particularmente expuesta a los efectos de **descargas atmosféricas**, el alimentador estará situado en el exterior de los edificios o en un local destinado expresamente a él y se tomarán las medidas de protección apropiadas.

UNE

UNE-EN 60.335-2-76 (Edic.: 2022)

Los conductores de conexión y los cables de cercas eléctricas no deben cruzar por encima de líneas eléctricas aéreas o de líneas de comunicación.

Para asegurar el buen funcionamiento de la cerca eléctrica, el/los **electrodos de tierra**:

1) Se seguirán las recomendaciones del fabricante con respecto a la puesta a tierra.
2) Será independiente de la toma de tierra de la Red eléctrica.
3) Se mantendrá al menos a una distancia de **10 m** entre el electrodo de tierra del electrificador y cualquier otro sistema de tierra de protección del sistema de generación de potencia o de la tierra del sistema de telecomunicación.

Si los conductores de conexión y los cables de cercas eléctricas se instalan en las proximidades de una Línea de Alta Tensión (LAT), las distancias a la LAT deben ser:

Tensión de la LAT (V)	Distancias en el aire (m)
$U_{LAT} \leq 1.000$ V	$d \geq 3$ m
$1.000 < U_{LAT} \leq 33.000$ V	$d \geq 4$ m
$U_{LAT} > 33.000$ V	$d \geq 8$ m

Tabla BB.1: Distancias en el aire mínimas a líneas de alta tensión

En referencia a la **altura sobre el suelo**, esta no debe exceder de **3 m** si los conductores de conexión y los cables de cercas eléctricas se instalan cerca de una línea de alta tensión.

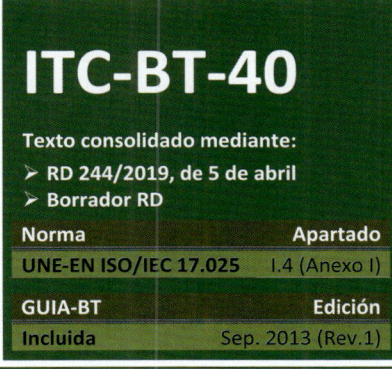

ITC-BT-40

Texto consolidado mediante:

➢ **RD 244/2019, de 5 de abril**
➢ **Borrador RD**

Norma	Apartado
UNE-EN ISO/IEC 17.025	I.4 (Anexo I)

GUIA-BT	Edición
Incluida	Sep. 2013 (Rev.1)

Instalaciones generadoras de Baja Tensión

NOTA A.: *El texto señalado en color gris pertenece al Borrador del RD (no vinculante).*

Índice

1. OBJETO Y CAMPO DE APLICACIÓN

La presente instrucción se aplica a las instalaciones generadoras, entendiendo como tales, las destinadas a transformar cualquier tipo de energía no eléctrica en energía eléctrica con el objeto de garantizar la seguridad tanto de las instalaciones generadoras como de las Instalaciones receptoras conectadas directamente en su red interior o bien a través de la Red de Distribución.

A los efectos de esta Instrucción se entiende por:

"Redes de Distribución Pública" a las redes eléctricas que pertenecen o son explotadas por empresas cuyo fin principal es la distribución de energía eléctrica para su venta a terceros. Asimismo, se entiende por *"Autogenerador"* a la empresa que, subsidiariamente a sus actividades principales, produce, individualmente o en común, la energía eléctrica destinada en su totalidad o en parte, a sus necesidades propias.

La presente ITC-BT se aplica a todas las instalaciones generadoras de baja tensión, tales como:

Borrador Real Decreto

- ✓ Motores de combustión
- ✓ Turbinas
- ✓ Generadores fotovoltaicos (FV)
- ✓ Generadores eólicos
- ✓ Instalaciones de almacenamiento de energía, tales como acumuladores mecánicos, eléctricos o electroquímicos (baterías, incluidas las de vehículos eléctricos que devuelvan energía a la red)
- ✓ Células de combustible
- ✓ Otras fuentes de energía

2. CLASIFICACIÓN

Guía

A. AISLADAS: Uso exclusivo de alimentar cargas o circuitos de BT.

B. ASISTIDAS: Uso exclusivo de alimentación de cargas o circuitos de BT que pueden estar alternativamente alimentados por la red o por el generador.

C. INTERCONECTADAS:

C1. PUNTO DE CONEXIÓN EN LA RED DE DISTRIBUCIÓN DE BT: Independientemente de que la finalidad de la instalación sea tanto vender energía como alimentar cargas, en paralelo con la red.

C2. PUNTO DE CONEXIÓN EN LA RED DE DISTRIBUCIÓN DE **AT**:
- ✓ Conectadas mediante un transformador elevador de tensión.
- ✓ Transformador sin otras redes de BT que alimenten cargas conectadas a él.
- ✓ Esquema incluido en las condiciones del RBT, aunque también ha de atender a reglamentaciones de AT.

Las instalaciones generadoras se clasifican, atendiendo a su funcionamiento respecto a la Red de Distribución Pública, en:

A. **Instalaciones generadoras AISLADAS:** aquellas en las que no puede existir conexión eléctrica alguna con la Red de Distribución Pública. Aquellas en la que no existe en ningún momento capacidad física de conexión eléctrica con la red de transporte o distribución ni directa ni indirectamente a través de una instalación propia o ajena. Las instalaciones desconectadas de la red mediante dispositivos interruptores o equivalentes no se considerarán aisladas.

B. **Instalaciones generadoras ASISTIDAS:** Aquellas en las que existe una conexión con la Red de Distribución Pública, **pero** sin que los generadores puedan estar trabajando en paralelo con ella. La fuente preferente de suministro podrá ser tanto los grupos generadores como la Red de Distribución Pública, quedando la otra fuente como socorro o apoyo. Para impedir la conexión simultánea de ambas, se deben instalar los correspondientes sistemas de conmutación. Será posible no obstante, la realización de maniobras de transferencia de carga sin corte, siempre que se cumplan los requisitos técnicos descritos en el **apartado 4.2**.

C. **Instalaciones generadoras INTERCONECTADAS:** las que están trabajando (pueden trabajar) normalmente en paralelo con la Red de Distribución Pública.

Las instalaciones generadoras interconectadas para autoconsumo, podrán pertenecer a las modalidades de suministro con autoconsumo sin excedentes o modalidades de suministro con autoconsumo con excedentes definidas en el artículo 9 de la Ley 24/2013, de 26 de diciembre, y en el artículo 4 del Real Decreto 244/2019, de 5 de abril, por el que se regulan las condiciones administrativas, técnicas y económicas del autoconsumo de energía eléctrica.

Borrador Real Decreto

Las instalaciones generadoras interconectadas (tipo C) se clasifican a su vez en los siguientes tipos:

C1. PUNTO DE CONEXIÓN EN LA RED DE DISTRIBUCIÓN DE BT:
Las instalaciones generadoras con punto de interconexión en la red de distribución de baja tensión, que será con excedentes en caso de autoconsumo, así como aquellas instalaciones con punto de interconexión a la instalación de enlace o a la instalación interior de baja tensión, independientemente de que la modalidad de autoconsumo sea con excedentes o sin ellos. Cuando la generación sea con excedentes y el punto de conexión sea a la red de distribución de alta tensión, la suma de las potencias nominales de los generadores no podrá ser superior a 100 kVA. En caso contrario la instalación se clasificará como C2.

C2. PUNTO DE CONEXIÓN EN LA RED DE DISTRIBUCIÓN DE AT:

Las instalaciones generadoras conectadas mediante un transformador elevador de tensión dedicado, a una red de alta tensión. Cuando la red de AT sea una red de distribución, en caso de autoconsumo, será con excedentes. Si la red de AT no es red de distribución, el autoconsumo podrá ser con o sin excedentes.

También se clasificarán como C2 las instalaciones generadoras con excedentes, con punto de conexión a la red de alta tensión, cuando la suma de las potencias nominales de los generadores sea superior a **100 kVA**.

Se define el **punto de interconexión** como el punto de conexión del generador a la instalación eléctrica y que puede ser una red de distribución, una instalación de enlace o una instalación interior y que por consiguiente puede coincidir, o no, con el punto de conexión de la instalación a la red de distribución.

En las **instalaciones interconectadas**, cuando la Red de Distribución se desconecta, se pueden alimentar consumos propios o asociados en modo separado de red, siempre que se cumplan las condiciones de desconexión y conexión de la instalación generadora en este modo, requeridas en esta **ITC-BT-40**. Los servicios auxiliares de la instalación generadora no se consideran consumos propios o asociados de la instalación.

Las instalaciones del tipo C2, por estar conectadas directamente a una red de AT, requieren adicionalmente condiciones especiales de conexión, atendiendo a las reglamentaciones vigentes sobre protecciones y condiciones de conexión en alta tensión.

En las figuras siguientes se muestran algunos esquemas explicativos de tipos de **instalaciones generadoras interconectadas** (**tipo C**).

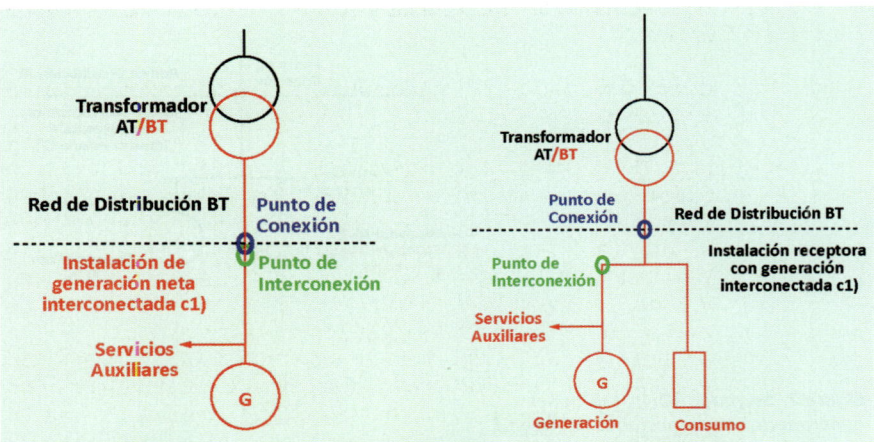

Figura 1A- Borrador RD: *Instalaciones generadoras interconectadas del* **tipo C1***.*

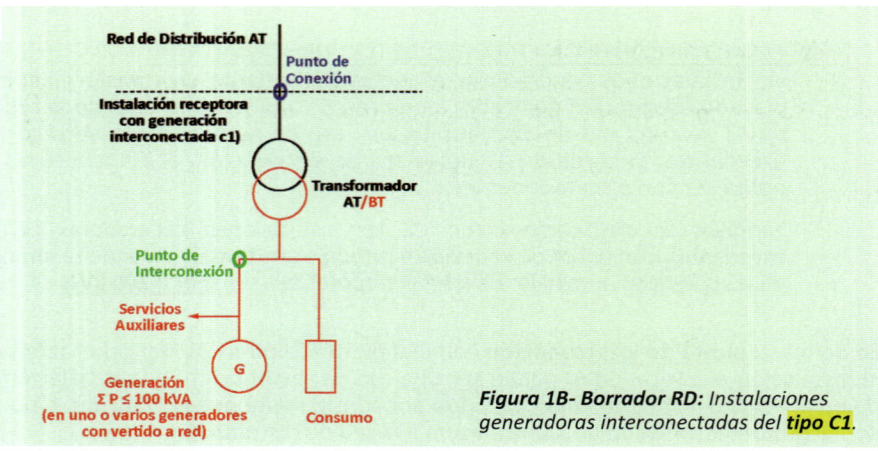

Figura 1B- Borrador RD: *Instalaciones generadoras interconectadas del* **tipo C1**.

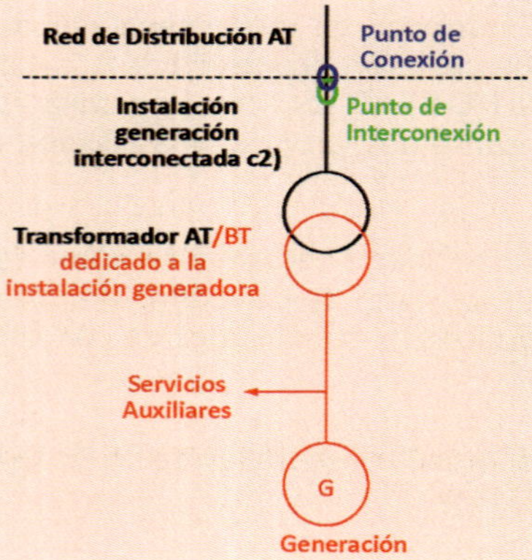

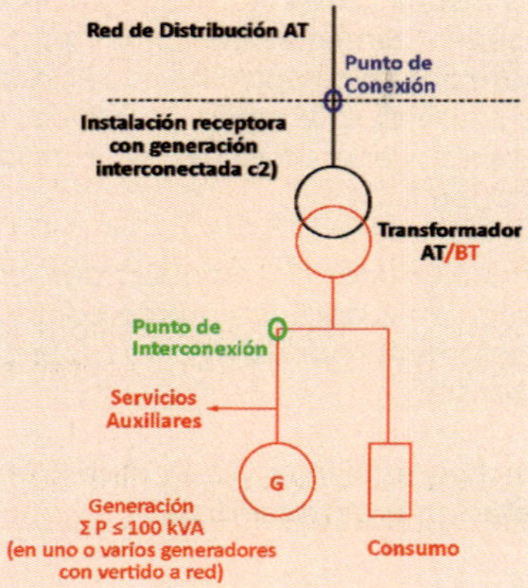

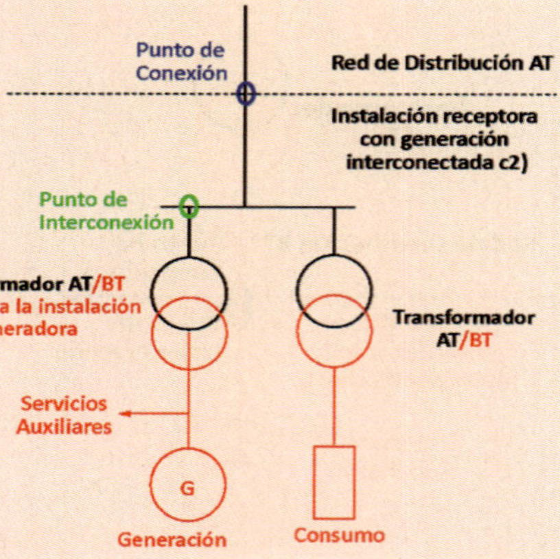

Figura 2- Borrador RD: *Instalaciones generadoras interconectadas del* **tipo C2**.

3. CONDICIONES GENERALES

Las instalaciones generadoras, así como sus servicios auxiliares (SS.AA.) y las instalaciones complementarias de las mismas, como los depósitos de combustibles, canalizaciones de líquidos o gases, etc., deberán cumplir, además, las disposiciones que establecen los Reglamentos y Directivas específicos que les sean aplicables.

Guía

➢ Las instalaciones eléctricas de alimentación fotovoltaicas se ejecutarán preferentemente según lo establecido en la norma UNE 20.460-7-712 (**UNE-HD 60.364-7-712**) en aquello que no colisione con los requisitos de las legislaciones aplicables.

➢ Las instalaciones situadas a la intemperie deberán cumplir los requisitos de la **ITC-BT-30**.

➢ En **edificios o establecimientos industriales** deberán cumplirse las disposiciones del Reglamento de seguridad contra incendios en los establecimientos industriales, Real Decreto 2267/2004 y sus modificaciones.

➢ En el caso de **locales y edificios para uso residencial y /o terciario** deberán cumplirse las disposiciones del Código Técnico de la Edificación, Documento Básico **DB-SI** Seguridad en caso de incendio, **Real Decreto 314/2006** y sus modificaciones.

Cuando las instalaciones generadoras estén alojadas en edificios o establecimientos industriales, sus locales, que serán de usos exclusivos, cumplirán con las disposiciones reguladoras de protección contra incendios correspondientes.

Los locales donde estén instalados los motores térmicos, cualquiera que sea su potencia, deberán estar suficientemente ventilados.

Los conductos de salida de los gases de combustión serán de material incombustible y evacuarán directamente al exterior o a través de un sistema de aprovechamiento energético.

■ 3.1 Diseño de las instalaciones generadoras *(BORRADOR RD)*

Borrador Real Decreto

Los generadores deberán está construidos y diseñados conforme a lo establecido en la Directiva de Baja Tensión u otras Directivas, en lo que les sea de aplicación. Cuando existan generadores configurados como unión de diferentes partes físicamente separadas, la instalación del cableado y elementos de interconexión y protección se hará conforme a las normas aplicables al generador, si existen, o a los requisitos esenciales de seguridad de la Directiva de Baja Tensión.

Los sistemas de conexión entre las distintas partes de las instalaciones generadoras serán conformes a los requisitos del REBT que les sean de aplicación. En concreto, para los **Sistemas de conexión en Corriente Continua** de los generadores (paneles fotovoltaicos, baterías, células de combustible, etc.), será de aplicación la **ITC-BT-53** y para los generadores eólicos pequeños la norma de aplicación es la **UNE EN 61.400-2**.

Los elementos de las instalaciones generadoras susceptibles de emitir gases, humos vapores corrosivos deberán alojarse en locales de usos exclusivo, cumplirán con las disposiciones reguladoras de protección contra incendios correspondientes y deberán estar suficientemente ventilados. La ventilación debe asegurar que no se producen acumulaciones de sustancias tóxicas en el ambiente ni se generan atmósferas potencialmente explosivas. Los conductos de salida de los gases de combustión evacuarán directamente al exterior o a través de un sistema de aprovechamiento energético.

Será responsabilidad del titular de la instalación generadora el mantenimiento de la correcta actuación de las protecciones, la vigilancia de las condiciones de seguridad y de conexión a la red.

Las instalaciones generadoras con excedentes, que se encuentren dentro del ámbito de aplicación del Reglamento (UE) 2016/631 y de la normativa que lo desarrolla para su implementación nacional, en la que se establecen requisitos de conexión de generadores a la red, deberán certificar el cumplimiento de los citados requisitos. Asimismo, si la **potencia nominal** de estas instalaciones de generación a conectar a la red de distribución es superior a **15 kW**, la conexión de la instalación a la red será **trifásica**, con un desequilibrio entre fases inferior a **5 kW**.

4. CONDICIONES PARA LA CONEXIÓN

En la **Figura 3** se muestra de forma esquemática todos los tipos de instalaciones generadoras contemplados en esta instrucción. Los esquemas de las instalaciones generadoras se representan en los apartados siguientes de la presente instrucción. Los esquemas de las instalaciones de enlace que afectan a las instalaciones generadoras se incluyen en la **ITC-BT-12**.

■ 4.1 Instalaciones generadoras aisladas

La conexión a los receptores, en las instalaciones donde no pueda darse la posibilidad del acoplamiento con la Red de Distribución Pública o con otro generador, precisará la instalación de un dispositivo que permita conectar y desconectar la carga en los circuitos de salida del generador. Dicho dispositivo podrá ser el IGA de la instalación generadora siempre que tenga capacidad de seccionamiento.

Cuando existan más de un generador y su conexión exija la sincronización, se deberá disponer de un equipo manual o automático para realizar dicha operación, que podrá estar integrado en los generadores.

Los generadores portátiles deberán incorporar las protecciones generales contra sobreintensidades y contactos directos e indirectos necesarios para la instalación que alimenten.

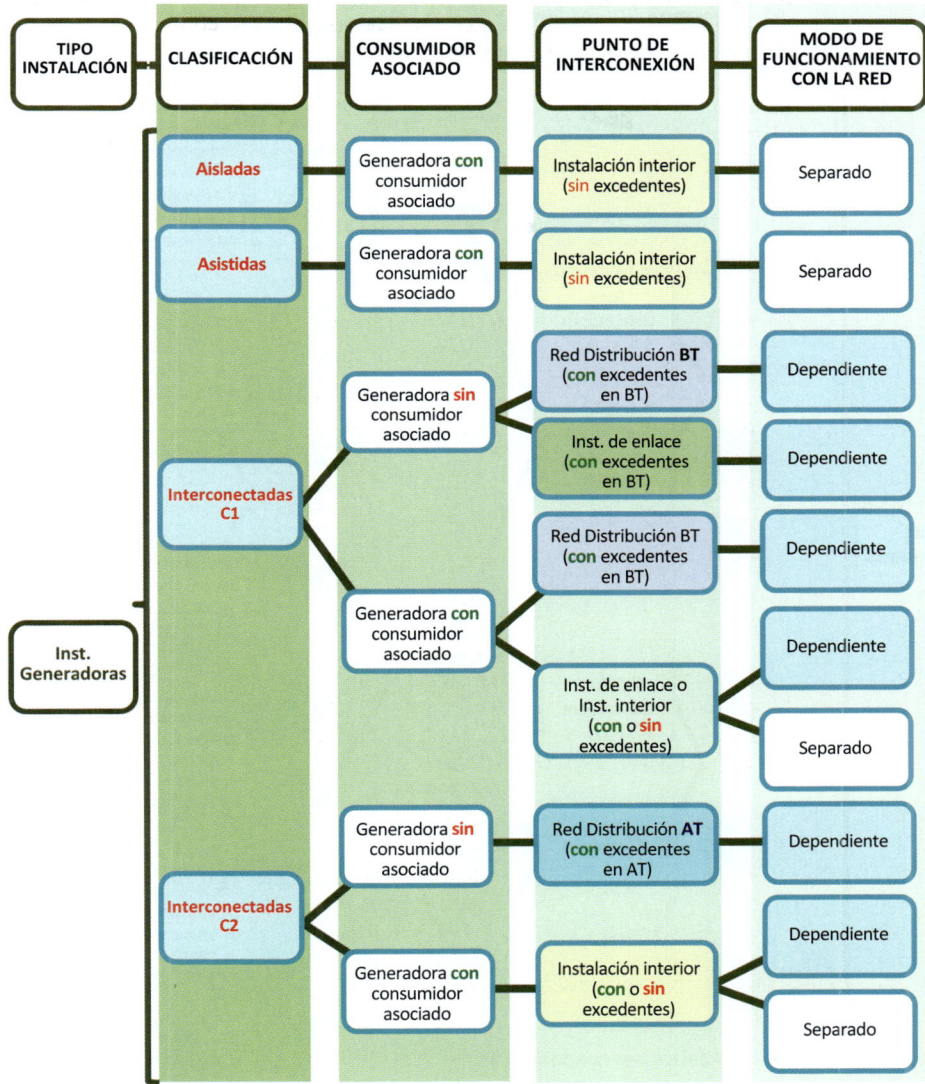

Figura 3 – Borrador RD.: *Tipos de instalaciones generadoras.*

Guía

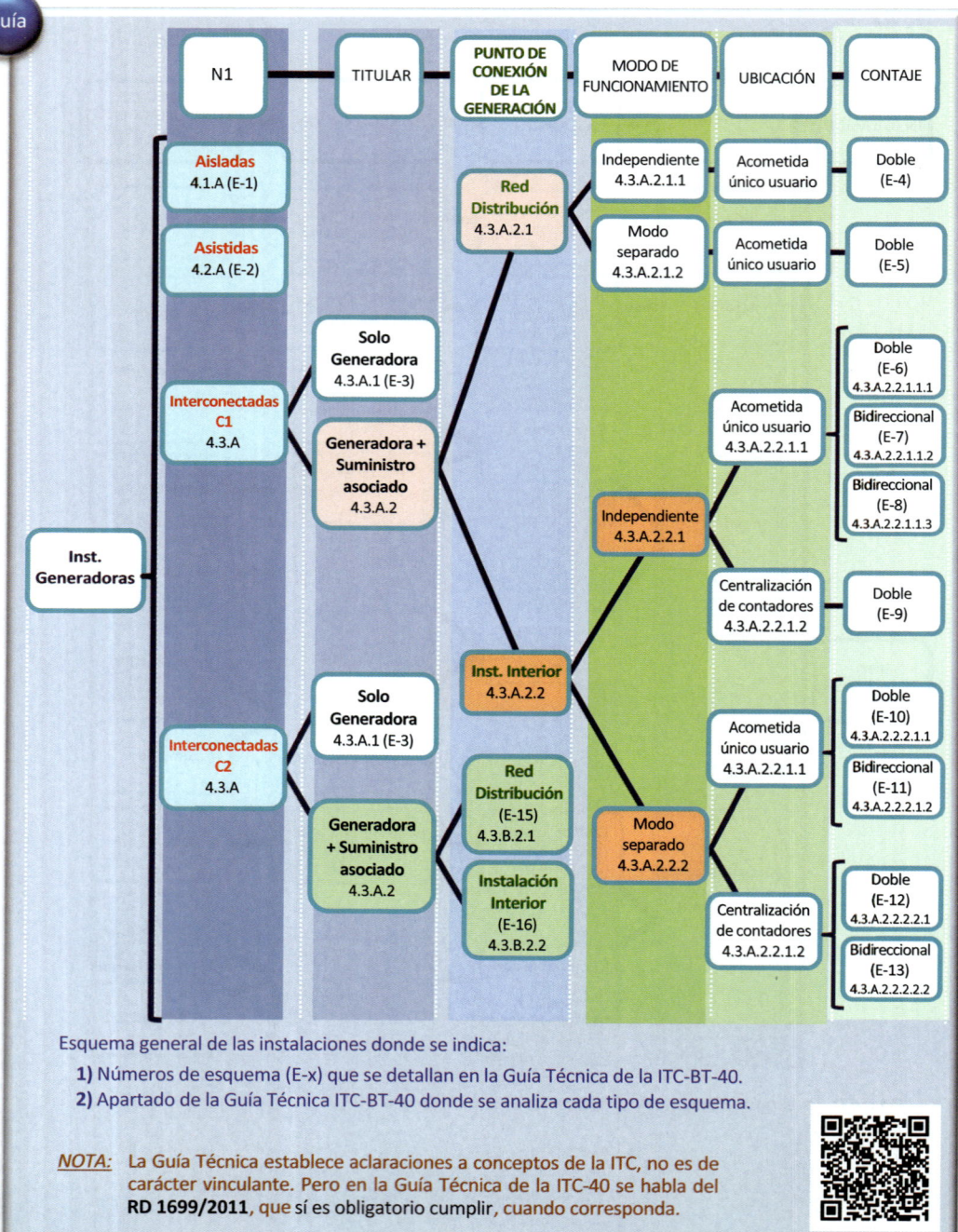

Esquema general de las instalaciones donde se indica:

1) Números de esquema (E-x) que se detallan en la Guía Técnica de la ITC-BT-40.
2) Apartado de la Guía Técnica ITC-BT-40 donde se analiza cada tipo de esquema.

NOTA: La Guía Técnica establece aclaraciones a conceptos de la ITC, no es de carácter vinculante. Pero en la Guía Técnica de la ITC-40 se habla del **RD 1699/2011**, que sí es obligatorio cumplir, cuando corresponda.

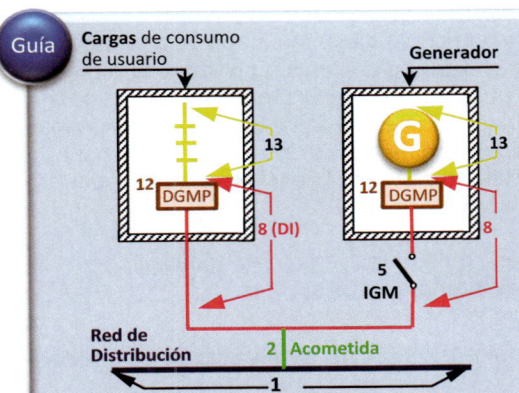

Guía

Cargas de consumo de usuario

Generador

13

12 DGMP

13

12 DGMP

8 (DI)

8

5 IGM

Red de Distribución

2 | Acometida

1

- Esquema 1 -

Protecciones del lado del Generador (12):
Puede integrar dispositivos tales como interruptor automático, diferencial, dispositivo de detección de aislamiento, protección contra tensión fuera de rango según el punto 7 de esta ITC y protección contra sobretensiones según ITC-23. Las protecciones contra el choque eléctrico se elegirán conforme a lo indicado en ITC-24 teniendo en cuenta el régimen de puesta a tierra del neutro de la instalación.

Protecciones del lado Cargas (12):
Protecciones según ITC-17, 25 y 23 y sus guías de aplicación.

■ Las siguientes leyendas se aplican a los esquemas incluidos la Guía Técnica de esta ITC.

Leyenda Instalaciones RECEPTORAS:
1. Red de distribución
2. Acometida
3. Caja General de Protección (**CGP**)
4. Línea General de Alimentación (**LGA**)
5. Interruptor General de Maniobra (**IGM**)
6. Caja de Derivación
7. Centralización de contadores (**CC**)
8. Derivación Individual (**DI**)
9. Fusible de seguridad
10. Contador
11. Caja para **ICP**
12. Dispositivos Generales de Mando y Protección (**DGMP**)
13. Instalación interior
14. Conjunto de Protección y Medida (**CMP**)

Leyenda Instalaciones GENERADORAS:
1. Red de distribución
2. Acometida
3. Caja General de Protección (**CGP**)
4. Línea General de Alimentación (**LGA**)
5. Interruptor General de Maniobra (**IGM**)
6. Caja de Derivación
7. Centralización de contadores (**CC**)
8. Línea Individual del Generador (**LIG**)
9. Fusible de seguridad
10. Contador
11. Caja para **ICP**
12. Dispositivos Generales de Mando y Protección Interiores (**DGPI**)
13. Equipo Generador-Inversor (**GEN**)
14. Conjunto de Protección y Medida (**CMP**)
15. Conmutador de conexión red/generador con sistema de sincronismo
16. Tramo de la conexión privada (**TCP**)

A pesar del hecho de que las instalaciones generadoras de este tipo estén permanentemente conectadas a la instalación de consumo, **no** podrán utilizarse las protecciones de la instalación generadora como protección de la instalación interior de consumo, debiendo cada una de ellas disponer de sus propias protecciones.

Borrador Real Decreto

Las protecciones correspondientes a la instalación generadora se describen en el **apartado 7** de la **ITC-BT-40**, incluyendo la correspondiente al interruptor de protecciones de generación, sobre el que actúan los distintos sistemas de protección, el cual podrá tratarse de un interruptor independiente o formar parte de los inversores asociados al conjunto de generación y almacenamiento.

Las protecciones contra el choque eléctrico se elegirán conforme a lo indicado en la **ITC-BT-24** teniendo en cuenta, en caso de protección por corte automático de la alimentación, el régimen de puesta a tierra del neutro de la instalación generadora y la potencia de cortocircuito que es capaz de aportar. En **esquemas TN**, la protección contra los contactos indirectos por corte automático de la alimentación mediante interruptor de corriente diferencial residual, requerirá que el esquema de conexión sea del tipo **TN-S**.

Las protecciones de la instalación receptora serán las indicadas en las correspondientes ITC de instalaciones interiores o receptoras.

En la **Figura 4** se muestra un ejemplo de esquema de instalación generadora aislada.

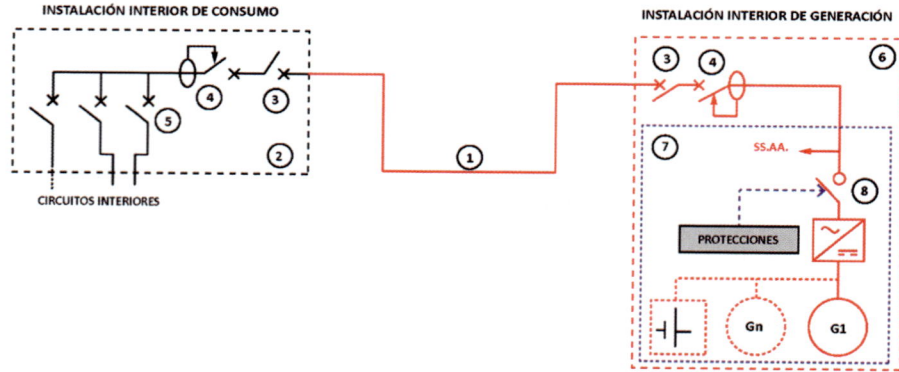

*Figura 4 – **Borrador RD.:** Esquema de conexión de una instalación generadora aislada.*

Leyenda:

1. Línea de conexión individual por cada instalación generadora
2. Instalación interior consumo - cuadro general de mando y protección
3. Interruptor general automático (IGA)
4. Interruptor diferencial tipo A, B o F
5. Dispositivos individuales de mando y protección
6. Instalación interior generación - Cuadro Mando y Protección de generación
7. Instalación generadora (conjunto generación-almacenamiento-inversor)
8. Interruptor protecciones de generación (puede estar integrado en el generador y ser electrónico sin contactos)

Nota: SS.AA.: Servicios auxiliares de la instalación de generación.

4.2 Instalaciones generadoras asistidas

En la instalación interior la alimentación alternativa (red o generador) podrá hacerse en varios puntos que irán provistos de un sistema de conmutación para todos los conductores activos y el neutro, que impida el acoplamiento simultáneo a ambas fuentes de alimentación.

Para impedir el acoplamiento simultaneo en maniobras de transferencia de carga con corte, deberá existir un enclavamiento de accionamiento automático o manual. El dispositivo de maniobra del conmutador será **accesible al titular** de la instalación generadora. Salvo en instalaciones con esquema IT, el conmutador llevará un contacto auxiliar que permita **conectar a tierra el neutro de la generación** garantizando la actuación de las protecciones de la instalación interior o receptora.

Para evitar los efectos de sobretensión debidas a las conmutaciones será necesario instalar protectores **contra sobretensiones transitorias**, adecuados a la instalación que alimenten.

En el caso en el que esté previsto realizar maniobras de transferencia de carga sin corte, la conexión de la instalación generadora asistida con la Red de Distribución Pública se hará en un punto único y deberán cumplirse los siguientes requisitos:

1) **Sólo** podrán realizar maniobras de transferencia de carga sin corte los generadores de **potencia superior a 100 kVA**.

2) En el momento de interconexión entre el generador y la red de distribución pública, se desconectará **el neutro** del generador **de tierra**.

3) El sistema de conmutación deberá instalarse junto a los aparatos de medida de la Red de Distribución pública, con accesibilidad para la empresa distribuidora.

4) Deberá incluirse un sistema de protección que imposibilite el envío de potencia del generador a la red.

5) Deberán incluirse sistemas de protección por tensión del generador fuera de límites, frecuencia fuera de límites, sobrecarga y cortocircuito, enclavamiento para no poder energizar la línea sin tensión y protección por fuera de sincronismo.

6) Dispondrá de un equipo de sincronización y no se podrá mantener la interconexión más de **5 segundos**.

El conmutador llevará un contacto auxiliar que permita conectar a una tierra propia el neutro de la generación, en los casos que se prevea la transferencia de carga sin corte.

Los elementos de protección y sus conexiones al conmutador serán precintables o se garantizará mediante método alternativo que no se pueden modificar los parámetros de conmutación iniciales y la empresa distribuidora de energía eléctrica, deberá poder acceder de forma permanente a dicho elemento, en los casos en que se prevea la transferencia de carga sin corte. El dispositivo de maniobra del conmutador será accesible al autogenerador.

En la **Figura 5** se muestra un ejemplo de esquema de instalación asistida con trasferencia de carga con corte.

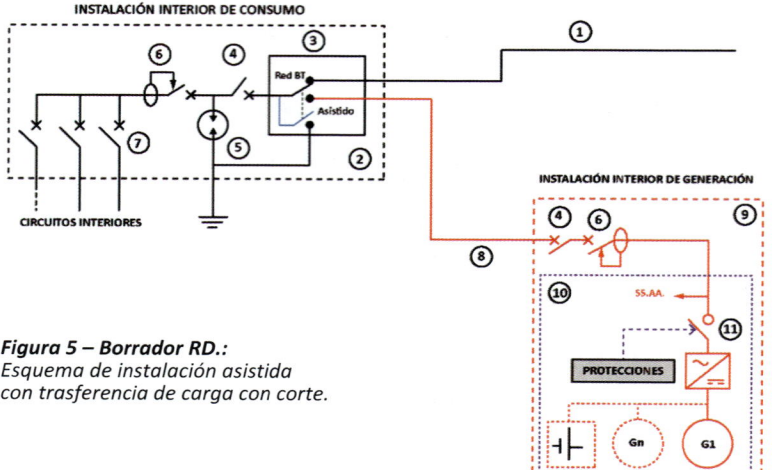

Figura 5 – Borrador RD.:
*Esquema de instalación asistida
con trasferencia de carga con corte.*

Leyenda:

1. Alimentación de red
2. Instalación interior consumo - Cuadro General de Mando y Protección
3. Sistema de conmutación (interconexión neutro-tierra en funcionamiento asistido)
4. Interruptor general automático (IGA)
5. Protector contra **sobretensiones transitorias** (Tipo 2)
6. Interruptor diferencial tipo A, B o F
7. Dispositivos individuales de mando y protección
8. Línea de conexión individual a instalación generadora
9. Instalación interior de generación - Cuadro Mando y Protección de Generación
10. Instalación generadora (conjunto Generación-Almacenamiento-Inversor)
11. Interruptor protecciones de generación (puede estar integrado en el generador y ser electrónico sin contactos)

Nota: SS.AA.: Servicios auxiliares de la instalación de generación.

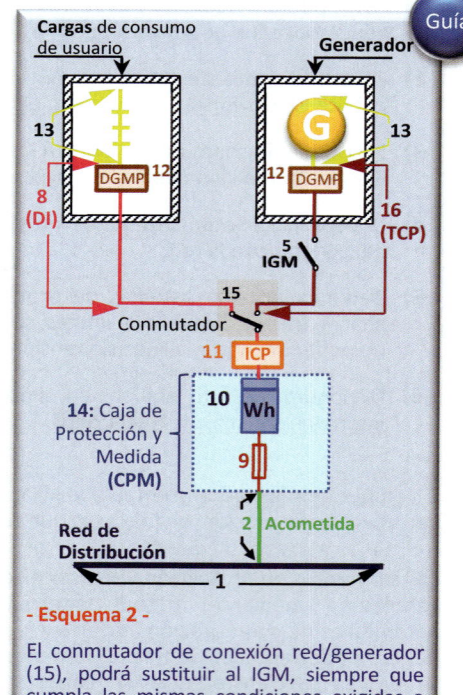

Cargas de consumo de usuario

Generador

Guía

Conmutador

14: Caja de Protección y Medida **(CPM)**

Red de Distribución

Acometida

- Esquema 2 -

El conmutador de conexión red/generador (15), podrá sustituir al IGM, siempre que cumpla las mismas condiciones exigidas a dicho interruptor, según la ITC-16 e ITC-40, apdo. 4.3.3.

4.3 Instalaciones generadoras interconectadas

La potencia máxima de las centrales interconectadas a una Red de Distribución Pública estará condicionada por las características de ésta: tensión de servicio, potencia de cortocircuito, capacidad de transporte de línea, potencia consumida en la red de baja tensión, etc.

Apdo. 4.3 modificado según Disposición final segunda RD 244/2019

Las prescripciones de la ITC-BT-40 son aplicables a <u>todas instalaciones de autoconsumo interconectadas, sea cual sea su potencia</u>. **Todas las instalaciones** de generación interconectadas a la red de distribución en BT deben disponer de dispositivos que limiten la inyección de corriente continua y la generación de sobretensiones, así como impedir el funcionamiento en isla de dicha red de distribución, de forma que la conexión de la instalación de generación no afecte al funcionamiento normal de la red ni a la calidad del suministro de los clientes conectados a ella.

Las instalaciones de **autoconsumo sin excedentes,** independientemente de que se conecten a la red de baja tensión o a la de alta tensión, con generación y regulación en baja tensión, deberán disponer de un sistema que evite el vertido de energía a la red de distribución que cumpla los requisitos y ensayos del **anexo I** de la **ITC-BT-40** (apartado 10-Borrador RD).

A las instalaciones de autoconsumo sin excedentes <u>no les son de aplicación los apartados 4.3.1, 4.3.4 y ninguno de los requisitos relacionados con la empresa distribuidora del apartado 9.</u>

No obstante, estas instalaciones, se ajustarán a lo establecido en la **ITC-BT-04** en cuanto a su documentación y puesta en servicio, e independientemente de su potencia y modo de conexión, dispondrán de la documentación requerida para la **evaluación de la conformidad según anexo I**, apartado I.4 (apdo. 9 – Borrador RD). de la ITC-BT-40 Esta documentación será entregada por la persona instaladora junto con el certificado de la instalación. Cuando la conexión a la instalación eléctrica de un generador para autoconsumo sin excedentes, no se realice a través de un circuito independiente y, por tanto, no se requiera modificar la instalación interior existente, la obligación de entregar dicha documentación recaerá en el fabricante, el importador, o en el responsable de la comercialización del kit generador, quien entregará la documentación directamente al usuario.

En todas las instalaciones de producción próximas a las de consumo, definidas en el Real Decreto 244/2019, de 5 de abril, por el que se regulan las condiciones administrativas, técnicas y económicas del autoconsumo de energía eléctrica, la conexión se realizará <u>a través de un cuadro de mando y protección</u> que incluya las protecciones **diferenciales tipo A**, necesarias para garantizar que la tensión de contacto no resulte peligrosa para las personas (protecciones descritas en el apartado 7 de la ITC-BT-40, que le sean de aplicación). Cuando dichas instalaciones generadoras sean accesibles al público general o estén ubicadas en zonas residenciales, o análogas, la protección diferencial de los circuitos de generación será de **30 mA**.

La conexión de la instalación de producción podrá realizarse en:

  a) La CGP
  b) La CDM o embarrado general de la centralización de contadores
  c) Directamente a la red de distribución mediante una CGP o CPM independiente.

En el caso de <u>autoconsumos individuales</u>, la conexión también podrá realizarse en el cuadro general de mando y protección del suministro de consumo asociado.

En los casos de <u>autoconsumo colectivo</u> en edificios en régimen de propiedad horizontal, la instalación de producción no podrá conectarse directamente a la instalación interior de ninguno de los consumidores asociados a la instalación de autoconsumo colectivo.

Todos los generadores para suministro con autoconsumo **con** excedentes independientemente de su potencia **y** los generadores para suministro con autoconsumo **sin** excedentes de potencia instalada superior a **800 VA**, que se conecten a instalaciones interiores o receptoras de usuario, lo harán a través de un <u>circuito independiente</u> y dedicado desde un cuadro de mando y protección que incluya protección **diferencial tipo A**, que será de **30 mA** en instalaciones de viviendas, o instalaciones accesibles al público general en zonas residenciales, o análogas.

Los generadores destinados a su instalación en <mark>viviendas, que</mark> no se conecten a la instalación a través de circuito dedicado, o a través de un transformador de aislamiento, tendrán una corriente de fuga a tierra igual o inferior a **10 mA**.

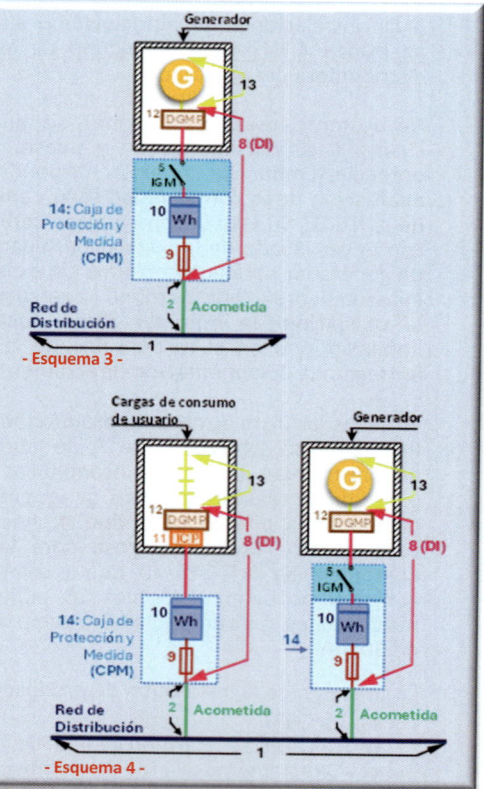

Guía

4.3.A.1 GENERADOR <u>CONECTADO</u> <u>DIRECTAMENTE</u> A LA RED DE BT.
Solo generador, sin instalación de consumo asociado (esq. 3)

Generador de conexión simple y directa a red BT, con el fin exclusivo de suministrar energía a la red.

• Protecciones del lado del Generador (12):
Puede integrar dispositivos tales como interruptor automático, diferencial, dispositivo de detección de aislamiento, protección contra tensión fuera de rango según el punto 7 de esta ITC y protección contra sobretensiones según ITC-BT-23. Las protecciones contra el choque eléctrico se elegirán conforme a lo indicado en ITC-24 teniendo en cuenta el régimen de puesta a tierra del neutro de la instalación.

• Protecciones del lado de Red (5):
Podrá estar integrado en el contador cuando haya sistemas de telegestión.

4.3.A.2 INSTALACIONES GENERADORAS <u>CON</u> SUMINISTRO ASOCIADO

4.3.A.2.1 Instalación generadora conectada a <u>Red de Distribución</u> y suministro asociado

4.3.A.2.1.1 Modo de funcionamiento independiente con acometida de único usuario y método de medida doble **(esq. 4)**

4.3.A.2.1.2 Modo de funcionamiento separado acometida de único usuario y método de medida doble **(esq. 5)**

4.3.A.2.2 Instalación generadora conectada a <u>Red Interior</u> y suministro asociado

4.3.A.2.2.1 Modo de funcionamiento independiente

4.3.A.2.2.1.1 Acometida de único usuario

4.3.A.2.2.1.1.1 Método de medida doble. Conexión a la LGA (esq. 6)

Generador compartiendo la instalación de conexión con otra de consumo asociado al productor en el que no existe la posibilidad de funcionamiento en modo separado.

<u>**NOTA A.:**</u> Según ITC-BT-13, apdo. 2, si la CPM combina protección y medida no es necesaria la LGA (como en esquema 2.2.1 de ITC-BT-12).

4.3.A.2.2.1.1.2 Método de medida bidireccional. Conexión en la DI (esq. 7)

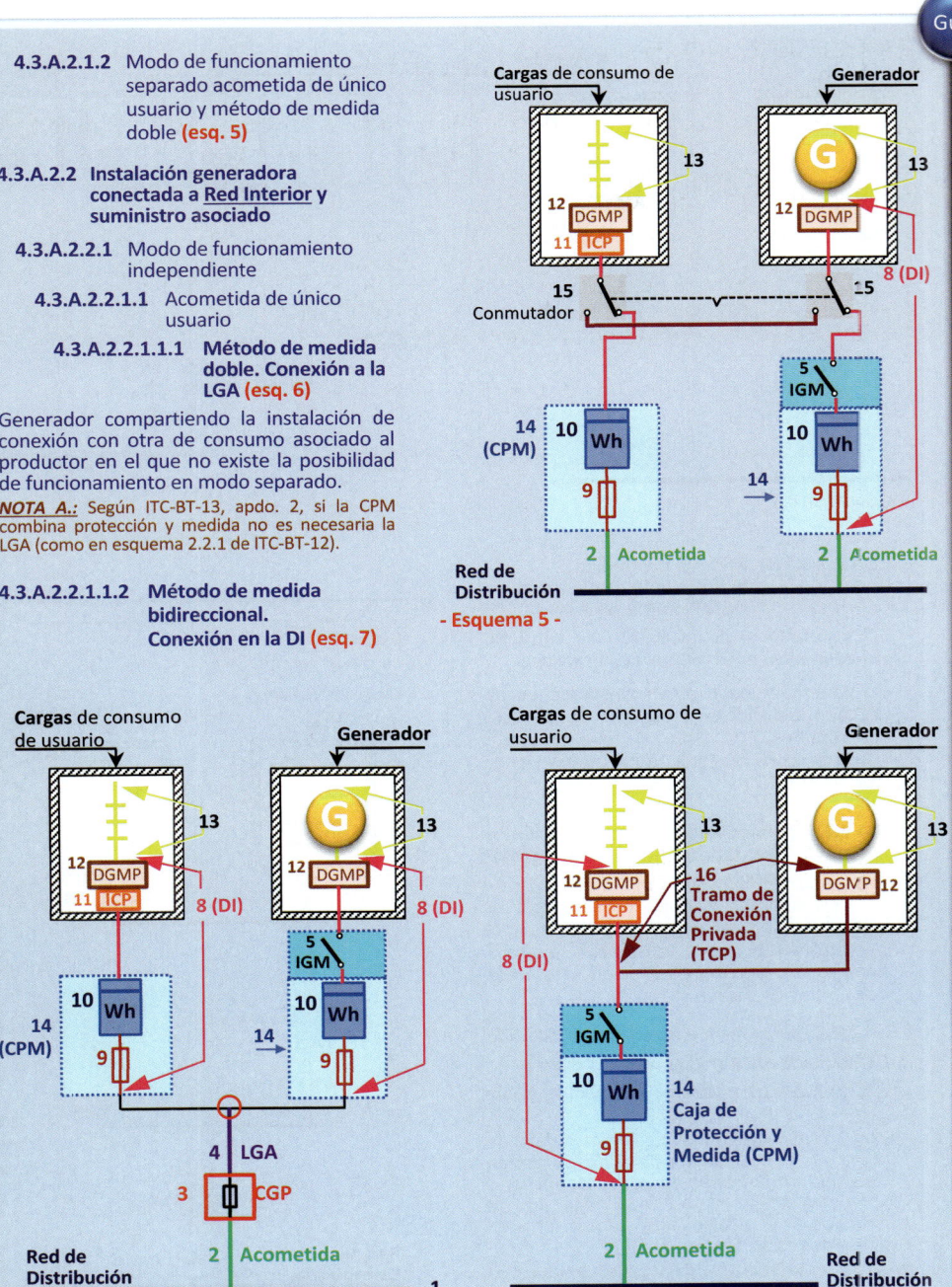

- Esquema 5 -

- Esquema 6 -

- Esquema 7 -

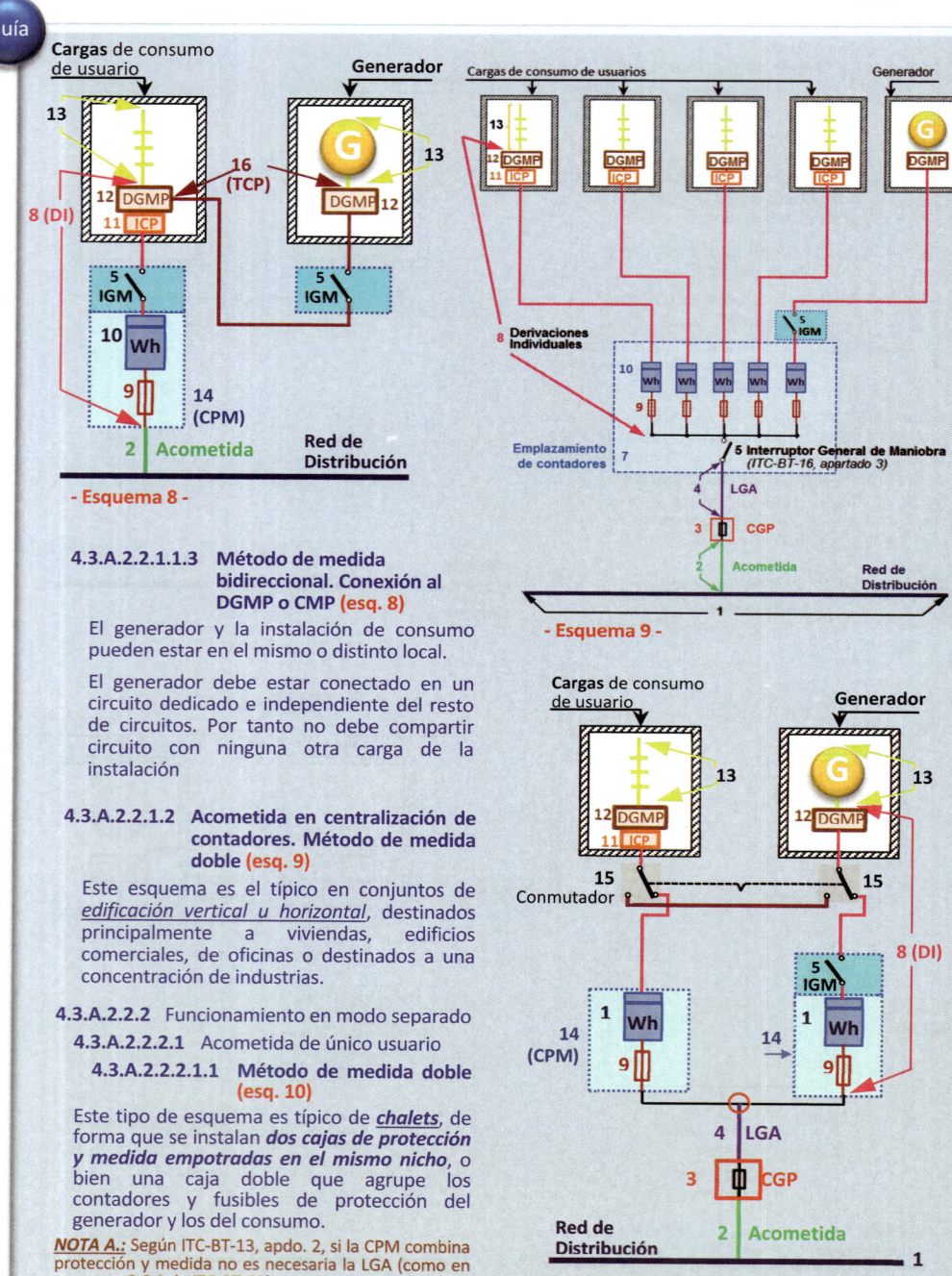

- Esquema 8 -

4.3.A.2.2.1.1.3 Método de medida bidireccional. Conexión al DGMP o CMP (esq. 8)

El generador y la instalación de consumo pueden estar en el mismo o distinto local.

El generador debe estar conectado en un circuito dedicado e independiente del resto de circuitos. Por tanto no debe compartir circuito con ninguna otra carga de la instalación

4.3.A.2.2.1.2 Acometida en centralización de contadores. Método de medida doble (esq. 9)

Este esquema es el típico en conjuntos de _edificación vertical u horizontal_, destinados principalmente a viviendas, edificios comerciales, de oficinas o destinados a una concentración de industrias.

4.3.A.2.2.2 Funcionamiento en modo separado
4.3.A.2.2.2.1 Acometida de único usuario
4.3.A.2.2.2.1.1 Método de medida doble (esq. 10)

Este tipo de esquema es típico de **_chalets_**, de forma que se instalan **dos cajas de protección y medida empotradas en el mismo nicho**, o bien una caja doble que agrupe los contadores y fusibles de protección del generador y los del consumo.

NOTA A.: Según ITC-BT-13, apdo. 2, si la CPM combina protección y medida no es necesaria la LGA (como en esquema 2.2.1 de ITC-BT-12).

- Esquema 9 -

- Esquema 10 -

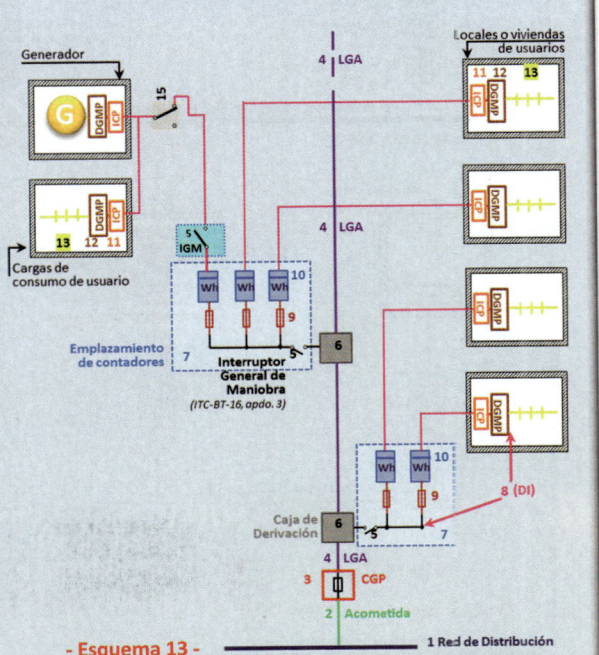

- Esquema 11 -

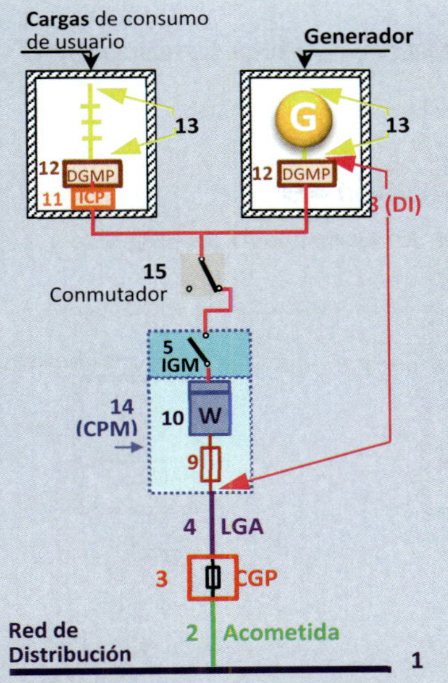

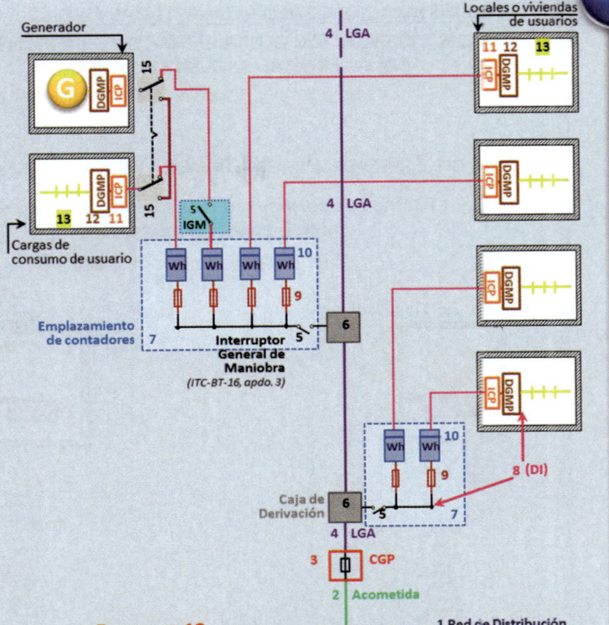

- Esquema 12 -

- Esquema 13 -

4.3.A.2.2.2.1.2 Método de medida bidireccional (esq. 11)

Con respecto al esquema anterior, los dos contadores pueden sustituirse por uno bidireccional o por varios en cascada si se admite en la legislación aplicable para cada tipo de generación.

NOTA A.: Según ITC-BT-13, apdo. 2, si la CPM combina protección y medida no es necesaria la LGA (como en esq. 2.1 y 2.2.1 de ITC-BT-12).

4.3.A.2.2.2.2 Acometida en centralización de contadores

4.3.A.2.2.2.2.1 Método de medida doble (esq. 12)

Este esquema es el típico en conjuntos de _edificación vertical u horizontal_, destinados principalmente a viviendas, edificios comerciales, de oficinas o destinados a una concentración de industrias.

4.3.A.2.2.2.2.1 Método de medida bidireccional (esq. 13)

Este esquema sólo es posible cuando **generador y consumo son del mismo propietario** (persona o comunidad de vecinos con servicios generales).

4.3.B INSTALACIONES INTERCONECTADAS TIPO C2

4.3.B.1 INSTALACIÓN GENERADORA CON CONEXIÓN DIRECTA A LA RED DE DISTRIBUCIÓN AT, SIN SUMINISTRO ASOCIADO (esq. 14)

Los bloques 5 y 9 son necesarios únicamente si se conecta un contador (10) en baja tensión.

4.3.B.2 INSTALACIÓN GENERADORA Y SUMINISTRO ASOCIADO

4.3.B.2.1 Conexiones independientes a la red de distribución de AT del generador y el suministro asociado (esq. 15)

Cuando exista equipo de medida en AT, el de BT si está en serie, será opcional.

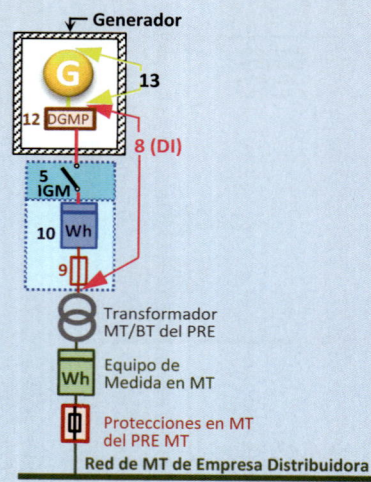

- Esquema 14 -

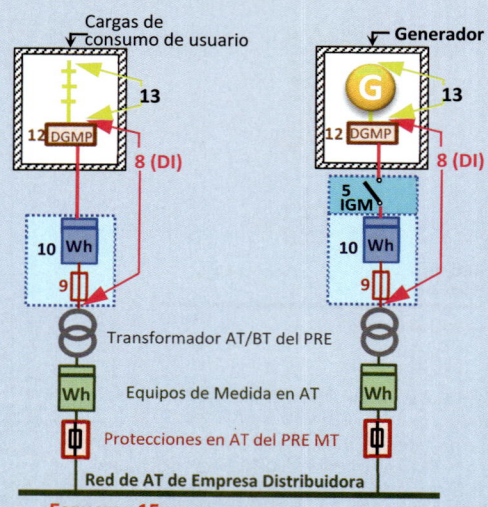

- Esquema 15 -

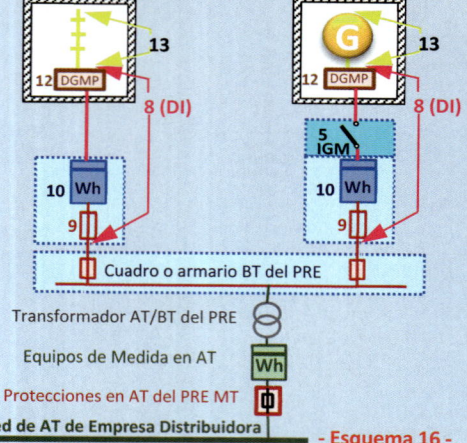

- Esquema 16 -

4.3.B.2.2 Con la instalación de conexión a la Red de distribución AT compartida por generador y consumo asociado (esq. 16)

Para este tipo de conexión la parte de baja tensión podrá hacerse según los esquemas 3, 4, 5, 7, 9, 10, 11. En el esquema 16 se muestra en el lado de baja tensión, como ejemplo, el esquema 3.

Los elementos representados en el lado de alta tensión del transformador y los detalles de conexión deberán cumplir con lo establecido en los reglamentos aplicables. El equipo de medida en BT correspondiente a las cargas de consumo podrá no ser necesario dependiendo de lo establecido en las legislaciones aplicables.

Todos los generadores para autoconsumo que se conecten a instalaciones interiores o receptoras de usuario (ver figura 6), lo harán a través de un circuito independiente y dedicado desde un cuadro de mando y protección que incluya protección **diferencial tipo A, B o F**, que será igual o inferior a **30 mA** en instalaciones de viviendas, o instalaciones accesibles al público general en zonas residenciales, o análogas y no podrán conectarse por medio de clavijas. La instalación **deberá realizarse siempre** por una **empresa instaladora habilitada**. Esta información deberá ser proporcionada en el punto de venta y suministrada junto con el generador.

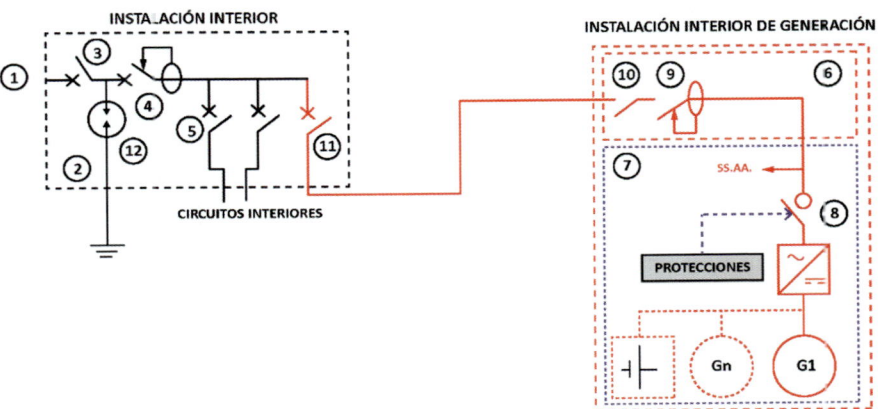

Figura 6- Borrador RD: *Esquema de una instalación interconectada con circuito dedicado.*

Leyenda:

1. Derivación individual (**DI**)
2. Instalación interior consumo - Cuadro General de Mando y Protección
3. Interruptor general automático (**IGA**)
4. Interruptor diferencial tipo A, B o F
5. Dispositivos individuales de mando y protección de las cargas
6. Cuadro mando y protecciones externas de generación
7. Instalación generadora (conjunto Generación-Almacenamiento-Inversor)
8. Interruptor de protecciones de generación (puede estar integrado en el generador y ser electrónico sin contactos)
9. Interruptor diferencial tipo A, B o F de generación
10. Seccionador de generación
11. Dispositivo individual de mando y protección de la generación
12. Protector contra **sobretensiones transitorias** (Tipo 2)

Notas:

- Si el cuadro 5 está integrado en el cuadro 2, los elementos 10 y 11 son el mismo elemento.
- En la figura se ha representado una sola instalación generadora (7) pero pueden existir otras adicionales que se conectarían al cuadro general de mando y protección con sus protecciones correspondientes.
- SS.AA.: Servicios Auxiliares de la instalación de generación.

Las instalaciones generadoras interconectadas sin consumo asociado o conectadas a Redes de Distribución siempre tendrán un modo de funcionamiento dependiente, de tal forma que en ausencia de tensión en la Red de Distribución no podrán alimentar ninguna carga. Mientras que las de generación para autoconsumo conectadas en red interior podrán diseñarse para funcionar bien en modo de funcionamiento dependiente o bien en modo de funcionamiento separado.

En las instalaciones generadoras para autoconsumo interconectadas que estén diseñadas para poder funcionar en modo separado, la **transferencia de conexión** desde el modo de funcionamiento interconectado con la Red de Distribución al modo de funcionamiento separado podrá hacerse, mediante un sistema de conmutación, de las dos formas siguientes, según permanezcan alimentadas o no, las cargas:

1. **CON CORTE O PASO POR CERO:** Se detendrá o desconectará la generación y, posteriormente, se desconectará la instalación de la Red mediante el sistema de conmutación. Posteriormente se conectará el generador, que pasará a regular potencia y frecuencia dentro de los márgenes admisibles por las cargas.

2. **SIN CORTE O PASO POR CERO:** Se desconectará la instalación de la red mediante el sistema de conmutación, manteniendo el generador conectado. El generador dispondrá de los automatismos necesarios para pasar a regular potencia y frecuencia, de forma que tanto el transitorio de conmutación como el funcionamiento permanente esté dentro de los márgenes admisibles por las cargas. Esta forma de trasferencia de conexión solo será admisible para instalaciones generadoras de potencia instalada superior a 100 kVA.

En ambos casos el sistema de conmutación y su control deberán ser conformes a los requisitos de detección de funcionamiento en isla incluidos en la **UNE-EN 62.116**.

Del mismo modo, **la reconexión a la Red** de distribución también podrá hacerse de las dos formas siguientes:

1. **CON CORTE O PASO POR CERO:** Se detendrá o desconectará la generación y, posteriormente, se conectarán las cargas a Red mediante el sistema de conmutación. En este caso, el sistema de conmutación dispondrá de un bloqueo que impida su cierre con la generación conectada. Finalmente se volverá a conectar la instalación generadora.

2. **SIN CORTE O PASO POR CERO:** Se tomará una medida de tensión y frecuencia en el lado de Red del sistema de conmutación, para la sincronización del generador con la Red. En este caso, el cierre del sistema de conmutación estará condicionado a la existencia de sincronismo entre el generador y la Red o a la desconexión del generador.

En funcionamiento en **modo separado**, la conexión del generador deberá realizarse aguas arriba de la protección contra los contactos indirectos de los circuitos de la instalación interior y el interruptor de acoplamiento llevará un contacto auxiliar u otro dispositivo que permita que al desconectar el neutro de la Red de Distribución, **conecte a tierra el** neutro de la Generación. Cuando la conexión a tierra del neutro de la generación en modo separado se realice a la tierra de las masas de utilización, se deberá comprobar que la instalación queda configurada como **TN-S**, y que se garantiza la actuación de las protecciones contra contactos indirectos.

En modo de funcionamiento separado se podrá inhabilitar el sistema antivertido siempre que se restablezca de forma automática cuando vuelva al modo de funcionamiento dependiente

En la **figura 7** se muestra un ejemplo de ubicación del sistema de conmutación para la transferencia de conexión desde el modo de funcionamiento interconectado con la red de distribución al modo de funcionamiento separado.

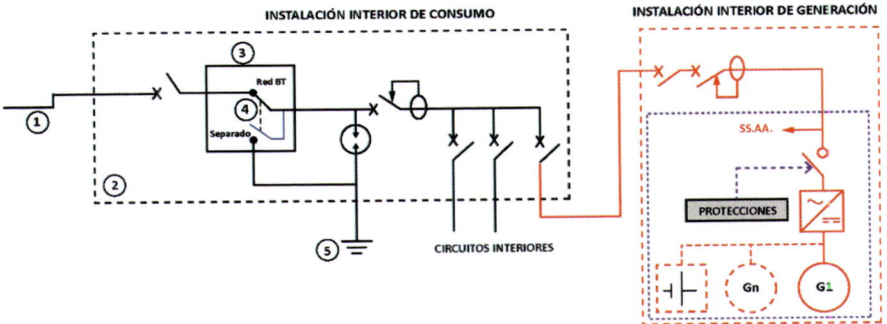

Figura 7- Borrador RD: Situación del sistema de conmutación de modo dependiente-separado.

Leyenda:
1. Derivación individual (**DI**)
2. Instalación interior consumo - Cuadro General de Mando y Protección
3. Interruptor general automático (**IGA**)
4. Interruptor diferencial tipo A, B o F
5. Dispositivos individuales de mando y protección de las cargas

Notas:
- El sistema de conmutación (3) podrá estar integrado en la instalación interior de generación siempre que se respete el esquema eléctrico de la figura.
- SS.AA.: Servicios Auxiliares de la instalación de generación.

Los requisitos de este apartado para las instalaciones generadoras interconectadas serán de aplicación en tanto no impidan el cumplimiento de aquellas instalaciones que se encuentren dentro del ámbito de aplicación del ***Reglamento (UE) 2016/631*** y de la normativa que lo desarrolla para su implementación nacional, en la que se establecen **requisitos de conexión de generadores a la Red.**

4.3.1 Potencias máximas de las centrales interconectadas en baja tensión

Con carácter general la interconexión de centrales generadoras a las redes de baja tensión de *3x400/230 V* será admisible cuando la suma de las potencias nominales de los generadores no exceda de **100 kVA**, ni de la *mitad* de la capacidad de la salida del centro de transformación correspondiente a la línea de la Red de Distribución Pública a la que se conecte la central.

En redes trifásicas a *3x220/127 V,* se podrán conectar centrales de potencia total no superior a **60 kVA** ni de la mitad de la capacidad de la salida del centro de transformación correspondiente a la línea de la Red de Distribución Pública a la que se conecte la central. En estos casos toda la *instalación deberá estar preparada para un funcionamiento futuro a 3x400/230 V*.

En los *generadores eólicos,* para evitar fluctuaciones en la red, la potencia de los generadores **no** será superior al **5 %** de la potencia de cortocircuito en el punto de conexión a la Red de Distribución Pública.

Guía

Las instalaciones cubiertas por el **RD 1699/2011*** atenderán los siguientes criterios:
* *RD que regula la conexión a red de instalaciones de producción de energía eléctrica de pequeña potencia.*

1. Para las instalaciones que pretendan conectarse en un punto de la red de tensión **igual o inferior a 1 kV** (bien directamente o a través de la instalación de una red interior):

   a) La **potencia nominal máxima** disponible en el punto de conexión de una línea se calculará como la mitad de la capacidad de transporte de la línea en dicho punto, definida como capacidad térmica de diseño de la línea en el punto, menos la suma de las potencias de las instalaciones de producción conectadas o con punto de conexión vigente en dicha línea.

   b) En el caso de que el punto de conexión sea en un centro de transformación, la **potencia nominal máxima** disponible en dicho punto se calculará como la mitad de la capacidad de transformación instalada para ese nivel de tensión menos la suma de las potencias de las instalaciones de producción conectadas o con punto de conexión vigente a ese centro.

   El **factor de simultaneidad** es **1 para la generación** pero la línea de la red de distribución de baja tensión puede estar dimensionada con factores de simultaneidad inferiores, según ITC-BT-10.

   Adicionalmente, el **RD 1699/2011** establece que la contribución de los generadores al incremento de tensión en las líneas de distribución no debe ser superior al **2,5 %.**

La **potencia máxima** instalada de las instalaciones generadoras a interconectar con la Red de Distribución, tanto de alta, como de baja tensión y con capacidad de vertido en la misma, **será la admisible por la normativa aplicable** del sector eléctrico.

Por otro lado, **para evitar sobrecargas** en todos los segmentos de las Redes de Distribución de Baja Tensión debidos a la conexión de cargas y generadores a lo largo de las líneas, se adoptarán alguna de las medidas siguientes:

1. Disposición de elementos adecuados de protección contra sobreintensidades de la Red de Distribución que protejan todos los segmentos de la Red.

2. Diseño adecuado de todos los segmentos de la Red, coordinado con el control de los suministros o de los generadores por parte de la empresa distribuidora, teniendo en cuenta los consumos reales, los sistemas de control de potencia de los suministros y la topología de la línea para garantizar que no se supera la corriente de diseño de ningún segmento de la línea.

3. Conexión de la instalación de generación <u>directamente</u> a una de las salidas del <u>cuadro de BT del Centro de Transformación</u> que sea de uso exclusivo para la generación.

4.3.2 Condiciones específicas para el arranque y acoplamiento de la instalación generadora a la _Red de Distribución Pública_

Para poder realizar el acoplamiento de la instalación generadora a la Red de Distribución deben cumplirse íntegramente las siguientes condiciones:

a. La instalación generadora deberá poseer un <u>equipo de sincronización</u>, automático o manual, acorde a la tecnología del generador.

b. Su contribución al incremento o la caída de tensión en la Red de Distribución, entre el Centro de Transformación o la Subestación donde se efectúe la regulación de la tensión y su punto de conexión en el escenario más desfavorable para la red, <u>no debe ser superior</u> al **3 %** de la tensión nominal de la red de distribución.

c. La conexión de la instalación generadora a la Red de Distribución solo podrá efectuarse cuando en la operación de sincronización las diferencias entre las magnitudes eléctricas del generador y de la red de distribución sean inferiores a las indicadas por el fabricante del generador y, en todo caso, inferiores a las siguientes:

  ➢ Diferencia de **tensiones:**   ± 8 %
  ➢ Diferencia de **frecuencia:**   ± 0,1 Hz
  ➢ Diferencia de **fase:**   ± 10º

4.3.2.1 Generadores asíncronos

La <u>caída de tensión</u> que puede producirse en la conexión de los generadores no será superior al **3 %** de la tensión asignada de la red.

En el caso de _**generadores eólicos**_ la frecuencia de las conexiones será como máximo de <u>3 por minuto</u>, siendo el límite de la caída de tensión del **2 %** de la tensión asignada durante 1 segundo.

Para limitar la intensidad en el momento de la conexión y las caídas de tensión, a los valores anteriormente indicados, se emplearán dispositivos adecuados.

La conexión de un generador asíncrono a la red no se realizará hasta que, accionados por la turbina o el motor, éste haya adquirido una velocidad entre el **90 y el 100 %** *de la velocidad de sincronismo*.

4.3.2.2 Generadores síncronos

La utilización de generadores síncronos en instalaciones que deben interconectarse a Redes de Distribución Pública, deberá ser acordada con la empresa distribuidora de energía eléctrica, atendiendo a la necesidad de funcionamiento independiente de la red y a las condiciones de explotación de ésta.

La central deberá poseer un equipo de sincronización, automático o manual.

Podrá prescindirse de este equipo si la conexión pudiera efectuarse como generador asíncrono. En este caso las características del arranque deberán cumplir lo indicado para este tipo de generadores.

La conexión de la central a la red de distribución pública deberá efectuarse cuando en la operación de sincronización las diferencias entre las magnitudes eléctricas del generador y la red no sean superiores a las siguientes:

- ➢ Diferencia de **tensiones:** ± 8 %
- ➢ Diferencia de **frecuencia:** ± 0,1 Hz
- ➢ Diferencia de **fase:** ± 10°

Los puntos donde no exista equipo de sincronismo y sea posible la puesta en paralelo, entre la generación y la Red de Distribución Pública, dispondrán de un enclavamiento que impida la puesta en paralelo.

Guía Los límites de variación de tensión durante la conexión y desconexión, se refieren al transitorio en el momento de la maniobra. Los límites de variación durante el régimen permanente están relacionados con el cumplimiento de lo que indica en el **RD 1955/2000** por el que se regulan las actividades de transporte, distribución de energía eléctrica.

4.3.3 Equipos de maniobra y protección a disponer en el punto de conexión o de interconexión (BORRADOR RD)

La conexión de la instalación generadora no deberá afectar al funcionamiento normal de la Red ni a la calidad del suministro de los clientes conectados a ella ni a sus sistemas de telegestión. Tampoco deberá producir cambios en el modo de explotación, protección y desarrollo de la misma. El punto de conexión debe tener elementos que cumplan las funciones de corte en carga y aislamiento de la red, a efectos de poder desconectar la instalación generadora.

Las **instalaciones de tipo C1** con punto de conexión a la Red de Distribución de Baja Tensión o a la Instalación de Enlace, dispondrán en la concentración de contadores o en la CPM, de un interruptor-seccionador de seguridad que será accesible de forma permanente a la empresa distribuidora.

En el caso de las instalaciones generadoras de **más de 100 kW** con vertido a Red y punto de conexión a la red de AT, la instalación generadora dispondrá de las protecciones y los elementos de maniobra y seccionamiento establecidos en el Reglamento sobre Condiciones Técnicas y Garantías de Seguridad en Instalaciones eléctricas de Alta Tensión y en el caso de las **instalaciones generadoras de tipo C2** con vertido y conexión a la red de transporte, además incorporarán protecciones según el PO 12.2 del operador del sistema.

Para garantizar que las faltas internas de la instalación no perturben el correcto funcionamiento de las instalaciones a las que estén conectadas, ya sean interiores, de enlace o de distribución, existirá un dispositivo individual de mando y protección de la generación, en el punto de interconexión de la instalación generadora.

En el caso de que alguno de dichos interruptores permita el reenganche automático, no podrá reponerse hasta que exista tensión estable en la Red de Distribución.

4.3.4 Control de la energía reactiva

El factor de potencia de la energía suministrada a la red de la empresa distribuidora debe ser lo más próximo posible a la unidad y, en todo caso, **superior a 0,98** cuando la instalación trabaje a potencias superiores al **25 %** de su potencia nominal. Consecuentemente en estas instalaciones, cuando la regulación de generación no lo permita, se montarán equipos de compensación de potencia reactiva (p.ej. baterías de condensadores) para lograr dicho factor de potencia. *(NOTA A.: Mismo texto que en la Guía Técnica de aplicación de esta ITC-BT-40).*

En las instalaciones con GENERADORES **ASÍNCRONOS**, el **factor de potencia** de la instalación no será inferior a **0,86** a la potencia nominal y para ello, cuando sea necesario, se instalarán las baterías de condensadores precisas.

Las instalaciones anteriores dispondrán de dispositivos de protección adecuados que aseguren la *desconexión en un tiempo inferior a 1 segundo* cuando se produzca una interrupción en la Red de Distribución Pública.

La empresa distribuidora de energía eléctrica podrá eximir de la compensación del factor de potencia en el caso de que pueda suministrar la energía reactiva.

Los GENERADORES **SÍNCRONOS** deberán tener una capacidad de generación de energía reactiva suficiente para mantener el **factor de potencia** entre **0,8 y 1** en adelanto o retraso. Con objeto de mantener estable la energía reactiva suministrada se instalará un control de la excitación que permita regular la misma.

Guía Las instalaciones de generación de régimen especial **fuera del ámbito del RD 1699/2011** además se regirán a los efectos del control de energía reactiva por el **RD 661/2007** (artículo 29 y anexo V) modificado posteriormente en el artículo 1º del **RD 1565/2010** (modificaciones 8 y 20).

5. CABLES DE CONEXIÓN

Los cables de conexión deberán estar dimensionados para una ==intensidad== no inferior al ==125 %== de la máxima intensidad del generador y la caída de tensión entre el generador y el punto de interconexión a la Red de Distribución Pública o a la instalación interior, no será superior al **1,5 %**, para la intensidad nominal.

6. FORMA DE LA ONDA

La tensión generada será prácticamente senoidal, con una tasa máxima de armónicos (relación en % entre el valor eficaz del armónico de orden n y el valor eficaz de la tensión nominal) máxima, en cualquier condición de funcionamiento de:

> ➢ Armónicos de orden par **4/n**
> ➢ Armónicos de orden 3 .... **5**
> ➢ Armónicos de orden impar (≥ 5)....... **25/n**

La **tasa de armónicos** es la relación, en **%**, entre el valor eficaz del armónico de orden **n** y el valor eficaz del fundamental.

Borrador Real Decreto

Asimismo, en cualquier modo de funcionamiento, se evitará tanto la inyección de corriente continua como la generación de sobretensiones que el funcionamiento de las instalaciones generadoras pueda producir. Los requisitos a cumplir y los métodos de evaluación deberán ajustarse a lo indicado en los **apartados 11 y 12** de esta ITC.

Estos requisitos serán de aplicación en tanto no impidan el cumplimiento de aquellas instalaciones que se encuentren dentro del ámbito de aplicación del Reglamento (UE) 2016/631 y de la normativa que lo desarrolla para su implementación nacional, en la que se establecen requisitos de conexión de generadores a la Red.

Guía

El **RD. 1699/2011** Artículo 11.1 establece que el funcionamiento de las instalaciones no deberá provocar en la red averías, disminuciones de las condiciones de seguridad ni alteraciones superiores a las admitidas por la normativa que resulte aplicable.

Con el objetivo de cumplir estos requisitos se considera necesario evitar la inyección de corriente continua y las sobretensiones que el funcionamiento de estos generadores pueda producir. **Para evaluar esto se establecen los dos ensayos siguientes:**

1) INYECCIÓN DE CORRIENTE CONTINUA A LA RED

El generador deberá garantizar que la corriente continua inyectada a red no supere el **0,5 %** de la corriente nominal.

Los **generadores con transformador de baja frecuencia** garantizan la no inyección de corriente continua a la red, por lo que no necesitan realizar ningún ensayo para demostrar que cumplen con este requerimiento.

Si el generador utilizado es con transformador de alta frecuencia o sin transformador **se deberá demostrar** que la corriente continua inyectada a red por el generador no supera el 0,5 % de la corriente nominal. Para ello se realizará el siguiente ensayo:

1. Conectar el generador a una red cuya componente de tensión continua sea despreciable a los efectos de la medida, por ejemplo separando otras cargas de la red con un transformador separador.
2. Ajustar la potencia de salida del generador a una potencia de salida comprendida entre el 25 % y el 100 % de su potencia nominal.
3. Esperar el tiempo necesario hasta que la temperatura interna del generador alcance el régimen estacionario (variación de temperatura inferior a 2 °C en 15 minutos).
4. Medir el valor de la componente continua inyectada por el equipo a la red.

Guía

La prueba se determina como válida si la componente de continua, medida en una ventana de al menos **10 segundos**, es menor al **0,5 %** del valor eficaz de la corriente nominal de salida del generador.

2) GENERACIÓN DE SOBRETENSIONES

Se establecen dos grupos de generadores:
1) Grupo 1: son los generadores de las instalaciones de tipo C1.
2) Grupo 2: son los generadores para instalaciones de tipo C2.

El generador no debe generar sobretensiones en su conexión de alterna, cumpliendo con los límites establecidos en las tablas siguientes.

Duración, t, de la sobretensión (s)	Valor admisible de la sobretensión instantánea (% U_n pico)
0,0002	280
0,0006	218
0,002	178
0,006	145
0,02	129
0,06	120
0,2	120
0,6	120

- Sobretensiones máximas admisibles para generadores del **Grupo 1** -

Duración, t, de la sobretensión (s)	Valor admisible de la sobretensión instantánea (% U_n pico)
0< t < 1 ms 200	200
1 ms ≤ t < 3 ms	140
3 ms ≤ t < 500 ms	120
t ≥ 500 ms	110

- Sobretensiones máximas admisibles para generadores del **Grupo 2** -

Ensayo a realizar:

1. Conectar el generador de acuerdo al circuito de ensayo (fig. 1 o 2), con una tensión de red entre el ± 5 % de su valor nominal.
2. Abrir el interruptor y registrar las tensiones en bornas del generador o transformador a partir de ese momento con una frecuencia de muestreo de al menos **10 kHz**.

El ensayo se realizará para una potencia (P) > **50 %** de la P asignada. **Repetir el ensayo 3 veces.**

A partir del registro de tensión obtenido tras la apertura del interruptor, determinar la curva tensión-duración de la sobretensión. Para ello, para cada tensión, con escalones máximos de 10 V, se cuenta el número de muestras en las que la tensión ha sido superior a este valor y este número se multiplica por el tiempo de muestreo para obtener la duración para dicha tensión. La curva final es el lugar geométrico de todos los puntos derivados de este proceso.

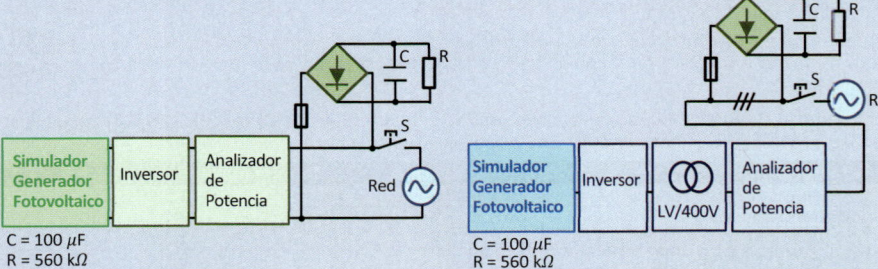

C = 100 μF
R = 560 $k\Omega$

- Ensayo Generadores **Grupo 1** -

C = 100 μF
R = 560 $k\Omega$

- Ensayo Generadores **Grupo 2** -

En el caso del ensayo para generadores del Grupo 2, la carga podrá ser puramente resistiva o contener condensadores en paralelo a una resistencia, siempre y cuando la capacidad total de los condensadores no supere los **500 μF**. El valor de la carga resistiva no podrá superar el **0,1 %** de la potencia máxima CA del generador.

El ensayo se considera válido si en cualquier momento la tensión generada por el generador en el punto de medida no supera ninguno de los límites especificados en su correspondiente tabla.

7. PROTECCIONES

La máquina motriz y los generadores dispondrán de las protecciones específicas que el fabricante aconseje para reducir los daños como consecuencia de defectos internos o externos a ellos.

Los circuitos de salida de los generadores se dotarán de las protecciones establecidas en las correspondientes ITC que les sean aplicables.

Las protecciones mínimas a disponer serán las siguientes, con independencia de que estos ajustes podrían verse modificados por la normativa del sector eléctrico en función del generador al que aplique:

1) De **sobreintensidad,** mediante relés directos magnetotérmicos o solución equivalente.

2) De **mínima tensión** instantáneos, conectados entre las tres fases y neutro y que actuarán, en un tiempo inferior a 0,5 segundos, a partir de que la tensión llegue al **85 %** de su valor asignado.

3) De **sobretensión**, conectado entre una fase y neutro, y cuya actuación debe producirse en un tiempo inferior a 0,5 segundos, a partir de que la tensión llegue al **110 %** de su valor asignado.

4) De **máxima y mínima frecuencia**, conectado entre fases, y cuya actuación debe producirse cuando la frecuencia sea inferior a **49 Hz** o superior a **51 Hz** *durante más de **5 períodos***.

Guía

La instalación debe estar protegida contra sobretensiones transitorias según lo establecido en la ITC-BT-23 como instalación fija de **categoría III** o **IV** en función de su ubicación.

En todas aquellas instalaciones ubicadas en la intemperie no cubiertas por el Código Técnico de la Edificación (por ejemplo huertos solares, parques eólicos, etc.) deberá considerarse la necesidad de instalar **sistemas de protección externos contra el rayo**.

Para la protección contra contactos indirectos se montará una **protección diferencial** Se recomienda la instalación de sistemas que eviten la falta de producción por un disparo intempestivo.

En cuanto al sistema de protecciones debe considerarse que el **Art14. D) del RD 1699/2011** establece que las protecciones contra sobretensiones y máxima y mínima frecuencia cumplirán:

Parámetro	Umbral de protección	Tiempo máximo de actuación
Sobretensión – fase 1	U_n + 10 %	1,5 s
Sobretensión – fase 1	U_n + 15 %	0,2 s
Tensión mínima	U_n – 15 %	1,5 s
Frecuencia máxima	50,5 Hz	0,5 s
Frecuencia máxima	48 Hz	3 s

NOTA A.: Más información sobre sistemas de protección y su verificación en la Guía Técnica ITC-BT-40.

Las instalaciones generadoras dispondrán de las protecciones específicas necesarias para reducir los daños como consecuencia de defectos internos o externos a ellas.

■ 7.1 Protecciones de la instalación *(BORRADOR RD)*

Los circuitos para la interconexión de los generadores a la instalación interior se dotarán de las protecciones establecidas en las correspondientes ITC-BT que les sean aplicables, como si se tratara de una instalación receptora.

Las instalaciones generadoras deben disponer de los **siguientes elementos de seccionamiento y protección**:

a) Dispositivo individual de mando y protección de la generación para protección contra **sobreintensidades** y con características de seccionamiento general que proporcione aislamiento para la protección de los trabajadores frente al riesgo eléctrico.

b) Un **Interruptor diferencial tipo A, B o F**, con el fin de proteger a las personas contra los contactos indirectos en el caso de derivación de algún elemento a tierra. Cuando las instalaciones de generación sean accesibles al público general o estén ubicadas en zonas residenciales, o análogas, la protección diferencial de los circuitos de generación será **igual o inferior a 30 mA**. En otro tipo de instalaciones que no estén conectadas a redes con régimen de neutro en **TT**, se aplicará lo establecido en la **ITC-BT-24** para el corte automático de la alimentación.

c) Protectores contra **sobretensiones transitorias** de Tipo 1, aguas arriba del contador y de Tipo 2, en el Cuadro de Mando y Protección y protección contra sobretensiones **temporales** cuando proceda de acuerdo con la **ITC-BT-23**.

d) Un **Interruptor de protecciones de generación**, para la desconexión-conexión automática de la instalación en caso de anomalía o ausencia de tensión o frecuencia y, cuando proceda, un relé de enclavamiento que evite la conexión del generador a la instalación.

El elemento **d)** pueden estar integrado en el convertidor/inversor asociado al generador.

Los elementos **a)** y **d)** pueden estar integrados en un solo elemento, en cuyo caso este elemento no podrá estar integrado en el convertidor/inversor asociado al generador.

Los elementos anteriores deben ser accesibles para el titular de la instalación generadora y se ubicarán en la instalación interior. A este respecto, se considerará que la instalación interior se refiere a la vivienda o local privativo de la instalación, que puede ser diferente a la ubicación de los contadores.

Los generadores deben conectarse de tal forma que la protección contra los **contactos indirectos** por interruptores diferenciales se mantenga efectiva para cada combinación de fuentes de alimentación prevista. Estas protecciones contra contactos indirectos se dimensionarán de manera que se tengan en cuenta los diferentes valores de la impedancia de defecto para las distintas puestas a tierra (red o generador) que puedan darse según el modo de funcionamiento (ver **apartados 8.2.2** y **8.2.3**).

■ **7.2 Protecciones funcionales de la instalación generadora** *(BORRADOR RD)*

El sistema de protecciones funcionales de la instalación generadora dispondrá, al menos, de las funciones de:

➢ Protección de máxima y mínima frecuencia (**50,5 Hz** y **48 Hz**)
➢ Con una temporización máxima de **0,5 s** y de **3 s** respectivamente) y
➢ Máxima y mínima tensión entre fases (entre **1,15 U_n** y **0,85 U_n**),

Tal y como se recoge en la tabla 1.

Parámetro	Umbral de protección	Temporización máxima
Sobretensión 1	U_n + 10 %	1,5 s
Sobretensión 2	U_n + 15 %	0,2 s
Tensión mínima	U_n - 15 %	1,5 s
Frecuencia máxima	50,5 Hz	0,5 s
Frecuencia mínima	48 Hz	3,0 s

Tabla 1 – Borrador RD.: Parámetros de desconexión por tensión o frecuencia fuera de límites.

Las protecciones de instalaciones de generación con excedentes que se encuentren dentro del ámbito de aplicación del **Reglamento (UE) 2016/631**, que establece un código de red sobre requisitos de conexión de generadores a la red, deberán tener las características de actuación que garanticen el cumplimiento de los citados requisitos.

Para proteger la instalación y las personas que puedan operar en ella ante la ausencia de tensión en la red, **todos** los generadores interconectados deberán tener la función de detección de funcionamiento en isla (**anti-islanding**) que **desconecte** el generador de la red y solo permita la alimentación de sus consumos propios cuando opere en modo separado. Las funciones indicadas en la **Tabla 1** podrán estar incorporadas en el dispositivo de detección de funcionamiento en isla.

Además, se **verificará** el correcto funcionamiento del sistema de detección de funcionamiento en isla, tanto cuando el inversor trabaja individualmente como cuando múltiples inversores trabajan en paralelo. La verificación se realiza de acuerdo con lo especificado en el **apartado 13** de esta ITC.

Adicionalmente algunos generadores podrán requerir protecciones específicas relacionadas con su propia tecnología. Un ejemplo es la protección de inversión de potencia en generadores síncronos. Este tipo de protecciones debe instalarse lo más cerca posible de los terminales del generador.

La reconexión a la red de un generador desconectado se podrá producir únicamente después de que la tensión y frecuencia de la red de distribución permanezcan dentro de los márgenes normales durante al menos 3 minutos.

■ **7.3 Protecciones no convencionales del generador** *(BORRADOR RD)*

El generador, en función de sus características y forma de conexión, requerirá incorporar protección adicional propia contra sobreintensidades, contra contactos indirectos o contra fallos de aislamiento. Estas protecciones se podrán realizar con material de instalación convencional o estar integradas en el generador como protecciones no convencionales.

Para estas protecciones no convencionales, la verificación de las características funcionales aplicables (por ejemplo, curvas de actuación magnetotérmica o diferencial) serán conformes a los requisitos equivalentes de las normas armonizadas de aplicación al material de instalación convencional. Además, se tendrá en cuenta el análisis del efecto que sobre la protección puedan tener los posibles fallos eléctricos o electrónicos, tanto del generador como de la instalación a la que se conecta, la influencia de los fenómenos de perturbación electromagnética esperables en el entorno en el que está ubicada la instalación generadora, e incluso la influencia que sobre las características de protección pudiesen tener los errores en el software del equipo, cuando proceda.

Para equipos que incorporen protecciones no convencionales, la **verificación** de las condiciones de protección se realizará mediante informe de ensayos, de los aspectos de:

1. Características funcionales aplicables.
2. Protección contra posibles fallos eléctricos o electrónicos.
3. Protección contra los fenómenos de perturbación electromagnética.
4. Protección contra los fallos y/o errores en el software del equipo.

Las protecciones no convencionales comúnmente utilizadas que deben verificarse según el párrafo anterior son:

1. Sincronización entre múltiples fuentes de corriente alterna.
2. Paradas de operación de emergencia (incluyendo secuencia de parada).
3. Sistema de conmutación (conexión/desconexión entre fuentes) y enclavamientos de seguridad (rango válido de tensión y frecuencia).
4. Funciones de dispositivos de corriente residual para protección del generador.
5. Protección de sobreintensidades del generador.

8. INSTALACIONES DE PUESTA A TIERRA

■ 8.1 Generalidades

Las centrales de instalaciones generadoras deberán estar provistas de sistemas de puesta a tierra que, en todo momento, aseguren que las tensiones que se puedan presentar en las masas metálicas de la instalación no superen los valores establecidos en la *ITC-RAT-13 del Reglamento sobre Condiciones Técnicas y Garantías de Seguridad en Centrales Eléctricas, Subestaciones y Centros de Transformación.*

Los sistemas de puesta a tierra de las centrales de instalaciones generadoras deberán tener las condiciones técnicas adecuadas para que no se produzcan transferencias de defectos a la Red de Distribución Pública ni a las instalaciones privadas, cualquiera que sea su funcionamiento respecto a ésta: aisladas, asistidas o interconectadas.

Borrador Real Decreto

Los sistemas de **puesta a tierra** de las instalaciones generadoras deberán tener las condiciones técnicas adecuadas para que no se produzcan transferencias de defectos a la red de distribución ni a las instalaciones privadas de acuerdo con lo establecido en el **ITC-BT-18**, cualquiera que sea su funcionamiento respecto a ésta: aisladas, asistidas o interconectadas.

Las instalaciones generadoras de **Tipo C2** adicionalmente deberán estar provistas de sistemas de puesta a tierra que, en todo momento, aseguren que las tensiones que se puedan presentar en las masas metálicas de la instalación no superen los valores establecidos en la **ITC-RAT-13** del Reglamento sobre Condiciones Técnicas y Garantías de Seguridad en Instalaciones eléctricas de Alta Tensión.

■ 8.2 Características de la puesta a tierra según el funcionamiento de la instalación generadora respecto a la Red de Distribución de BT

8.2.1 Instalaciones generadoras *AISLADAS* conectadas a instalaciones receptoras que son alimentadas de forma exclusiva por dichos grupos

La red de tierras de la instalación conectada a la generación será independiente de cualquier otra red de tierras. Se considerará que las redes de tierra son independientes cuando el paso de la corriente máxima de defecto por una de ellas, no provoca en la otra diferencias de tensión, respecto a la tierra de referencia, superiores a **50 V**.

GUIA TÉCNICA ITC-BT-23: La GUIA-BT-18, en su apartado 11, detalla las medidas a considerar para garantizar la adecuada independencia entre redes de tierra.

En las instalaciones de este tipo se realizará la puesta a tierra del neutro del generador y de las masas de la instalación conforme a uno de los sistemas recogidos en la **ITC-BT-08**.

Cuando el generador no tenga el neutro accesible, se podrá poner a tierra el sistema mediante un transformador trifásico en estrella, utilizable para otras funciones auxiliares.

En el caso de que trabajen varios generadores en paralelo, se deberá conectar a tierra, en un solo punto, la unión de los neutros de los generadores.

8.2.2   Instalaciones generadoras ASISTIDAS, conectadas a instalaciones receptoras que pueden ser alimentadas, de forma independiente, por dichos grupos o por la red de distribución pública

Cuando la Red de Distribución Pública tenga el neutro puesto a tierra, el esquema de puesta a tierra será el **TT** y se conectarán las masas de la instalación y receptores a una tierra independiente de la del neutro de la Red de Distribución Pública.

En caso de imposibilidad técnica de realizar una tierra independiente para el neutro del generador, y previa autorización específica del Órgano Competente de la Comunidad Autónoma, se podrá utilizar la misma tierra para el neutro y las masas.

Cuando se conmute para que la instalación receptora esté alimentada exclusivamente desde la instalación generadora, siempre se mantendrá conectado el neutro de la instalación generadora al neutro de la instalación receptora.

Para alimentar la instalación desde la generación propia en los casos en que se prevea transferencia de carga sin corte, se dispondrá, en el conmutador de interconexión, un polo auxiliar que cuando pase a alimentar la instalación desde la generación propia conecte a tierra el neutro de la generación.

8.2.3   Instalaciones generadoras INTERCONECTADAS, conectadas a instalaciones receptoras que pueden ser alimentadas, de forma simultánea o independiente, por dichos grupos o por la Red de Distribución Pública

Cuando la instalación receptora esté acoplada a una Red de Distribución Pública que tenga el neutro puesto a tierra, el esquema de puesta a tierra será el **TT** y se conectarán las masas de la instalación y receptores a una tierra independiente de la del neutro de la Red de Distribución pública.

Cuando la instalación receptora no esté acoplada a la Red de Distribución Pública y se alimente de forma exclusiva desde la instalación generadora, existirá en el interruptor automático de interconexión, un polo auxiliar que desconectará el neutro de la Red de Distribución Pública y conectará a tierra el neutro de la generación.

Para la protección de las instalaciones generadoras se establecerá un dispositivo de detección de la corriente que circula por la conexión de los neutros de los generadores al neutro de la Red de Distribución Pública, que desconectará la instalación si se sobrepasa el **50 %** de la intensidad nominal.

Borrador
Real
Decreto

La tierra de protección de las masas de la instalación generadora estará conectada a la puesta la tierra de las masas de utilización de la finca o local en la que se ubican. Su neutro siempre se mantendrá conectado el neutro de la instalación receptora.

Cuando la instalación generadora funciona interconectada con la **Red de Distribución en Baja Tensión**, el esquema de puesta a tierra será el TT y se conectarán conjuntamente las masas de la instalación generadora y receptora a una tierra independiente de la del neutro de la Red de Distribución.

En caso de que la instalación funcione en modo separado alimentándose exclusivamente desde su instalación generadora, el sistema de conmutación dispondrá de un polo auxiliar que, tras desconectar el neutro de la red de distribución, conectará el neutro de la instalación generadora a la tierra de las masas de utilización de la finca o local en la que se ubican.

Para la protección de las **instalaciones generadoras trifásicas** formadas a partir de generadores monofásicos, se establecerá un dispositivo de detección de la corriente que circula por la conexión de los neutros de los generadores al neutro de la red de distribución, que desconectará la instalación si se sobrepasa la intensidad máxima admisible del conductor neutro.

La instalación generadora deberá disponer de separación galvánica con la Red de Distribución, bien sea por medio de un transformador de aislamiento, un convertidor/inversor con o sin transformadores de separación o cualquier otro método que garantice el cumplimiento de las siguientes funciones:

1. Aislar la instalación generadora para evitar la transferencia de defectos entre la Red de Distribución y la instalación generadora.
2. Proporcionar seguridad personal, cumpliendo lo establecido en **ITC-BT-24**.
3. Evitar la inyección de corriente continua en la red, cumpliendo lo establecido en el **apartado 11** de la presente ITC.

La transferencia de defectos entre la red y la instalación generadora se considera resuelta, independientemente del convertidor utilizado, siempre que se cumpla el **esquema de la Figura 8** aplicado por separado a las distintas partes de la instalación, básicamente convertidor y elementos del generador (por ejemplo, en el caso de generación fotovoltaica, inversores y cada uno de los paneles fotovoltaicos), a menos que estén juntas.

8.3 Generadores eólicos

La puesta a tierra de protección de la torre y del equipo en ella montado contra descargas atmosféricas será independiente del resto de las tierras de la instalación.

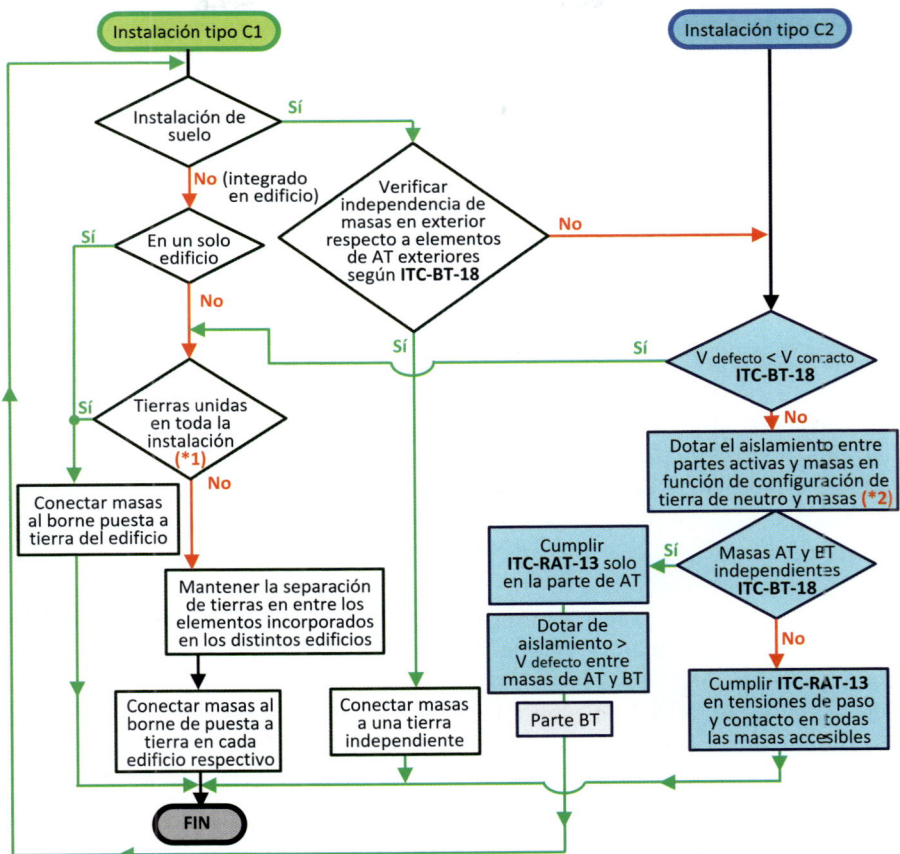

(*1) La unión equipotencial entre tierras de diferentes edificios está contemplada en la **ITC-BT-26**, apdo. 3.1.

(*2) En caso de poner protectores de sobretensión entre fases y tierra, su tensión de funcionamiento continuo será mayor que la tensión asignada al aislamiento.

Figura 8 – Borrador RD: Diagrama de flujo para la puesta a tierra.

La transferencia de defectos entre la red y la instalación generadora se considera resuelta, independientemente del convertidor utilizado, siempre que se cumpla este esquema aplicado por separado a las distintas partes de la instalación.

NOTA A.: El esquema 1 es el mismo que está en la Guía Técnica de aplicación de esta ITC-BT-40.

9. PUESTA EN MARCHA

Para la puesta en marcha de las instalaciones generadoras asistidas o interconectadas, además de los trámites y gestiones que corresponda realizar, de acuerdo con la legislación vigente ante los Organismos Competentes se deberá presentar el oportuno proyecto a la empresa distribuidora de energía eléctrica de aquellas partes que afecten a las condiciones de acoplamiento y seguridad del suministro eléctrico. Esta podrá verificar, antes de realizar la puesta en servicio, que las instalaciones de interconexión y demás elementos que afecten a la regularidad del suministro están realizadas de acuerdo con los reglamentos en vigor. En caso de desacuerdo se comunicará a los órganos competentes de la Administración, para su resolución.

Este trámite ante la empresa distribuidora de energía eléctrica no será preciso en las instalaciones generadoras aisladas.

Borrador Real Decreto

Para la puesta en servicio de las instalaciones generadoras, la empresa instaladora habilitada realizará el **certificado de la instalación** según lo indicado en la **ITC-BT-04** que necesariamente incluirá un informe de superación de las pruebas indicadas en la **Tabla 2**. Esta documentación será entregada por la empresa instaladora habilitada al titular de la instalación, junto con el certificado de la instalación suscrito por persona instaladora en baja tensión que pertenezca a dicha empresa.

Adicionalmente, el titular o **la empresa instaladora** habilitada deberá presentar a la **empresa distribuidora** de energía eléctrica, el certificado de la instalación que incluye el informe de superación de pruebas y toda la información técnica de aquellas partes que afecten a las condiciones de conexión, acoplamiento, medida y seguridad del suministro eléctrico excepto para las instalaciones generadoras aisladas.

Para las instalaciones generadoras, exceptuadas las que no requieran de permisos de acceso y conexión según la legislación vigente, la empresa distribuidora podrá verificar a su cargo y antes de realizar la puesta en servicio, que las instalaciones de interconexión y demás elementos que afecten a la seguridad, fiabilidad y calidad del suministro cumplen con la reglamentación aplicable. En caso de desacuerdo se comunicará a los órganos competentes de la Administración, para su resolución.

	Documentación/ensayo	Aplicable a:	Verificación según:	Instalaciones afectadas
1	Funcionamiento del sistema de detección de funcionamiento en isla cuando múltiples inversores trabajan en paralelo	Protección antiisla en generador	ITC-BT-40 Apdo. 13	Interconectadas con excecentes
2	Verificación del sistema de detección de funcionamiento en isla, umbrales y tiempos de actuación	Inversores individuales	ITC-BT-40 Apdo. 13	Interconectadas
3	Verificación funcional del sistema de sincronización con red y protecciones funcionales de la instalación generadora	Sistema de sincronización para acoplamiento con la Red	ITC-BT-40 Apdo. 4.3.2. y 7.2	Interconectadas
4	Verificación de las condiciones de protección y conmutación de los aspectos de: ➤ Características funcionales aplicables. ➤ Protección contra posibles fallos eléctricos o electrónicos. ➤ Protección contra los fenómenos de perturbación electromagnética. ➤ Protección contra los fallos y/o errores en el software del equipo.	Protecciones integradas en el generador y su sistema de conmutación	ITC-BT-40 Apdo. 7.3	Todas
5	Ensayo de inyección de corriente continua.	Generador mediante inversor	ITC-BT-40 Apdo. 11	Todas
6	Ensayo de generación de sobretensiones.	Generador mediante inversor	ITC-BT-40 Apdo. 12	Interconectadas
7	Ensayo de sistema para evitar el vertido de energía a la Red.	Sistema antivertido en autoconsumos sin excedentes	ITC-BT-40 Apdo. 10	Interconectadas
8	Cumplimiento del Reglamento (UE) 2016/631 y de la normativa que lo desarrolla para su implementación nacional.	Instalaciones generadoras tipo A y B según códigos de Red	Norma técnica de supervisión de la conformidad de los módulos de generación de electricidad según el Reglamento (UE) 2016/631	Interconectadas
9	Verificación de condiciones de conmutación de las Instalaciones Generadoras Asistidas.	Sistema de Conmutación en la instalación	ITC-BT-40 Apdo. 4.2.1 y 4.2.2	Asistidas
10	Verificación de condiciones de conmutación de las Instalaciones Generadoras interconectadas que puedan funcionar en modo separado.	Sistema de Conmutación en la instalación	ITC-BT-40 Apdo. 4.3	Interconectadas que puedan funcionar en modo separado
11	Verificación de la separación galvánica o inexistencia de transferencia de defectos entre la red y la instalación generadora.	Instalación en su conjunto	ITC-BT-40 Apdo. 8.2.3	Interconectadas

Tabla 2 – Borrador RD.: Verificaciones y ensayos a realizar en instalaciones generadoras o en sus partes.

Borrador Real Decreto

El informe de superación de pruebas, en lo referente a las **filas 1, 2, 3, 4, 5, 6 y 7** de la **Tabla 2**, debe incluir los <u>ensayos completos realizados por laboratorio acreditado</u> para dichos ensayos, según UNE-EN ISO/IEC 17.025, sobre el tipo de generador o protección instalado. Deberá incluir, **además** de los resultados de los ensayos, la siguiente <u>información</u>, proporcionada por el <u>fabricante</u> o responsable del diseño de la instalación generadora:

1. Esquema básico del sistema, incluyendo la forma de conexión del generador, las protecciones que deben existir o colocar en la instalación y las precauciones aplicables sobre la potencia de las cargas y tipos de receptores que puedan conectarse en los circuitos alimentados simultáneamente por la red y el generador, dependiendo de su conexión a la instalación de autoconsumo.

2. Equipo de medida de potencia y clase de los transformadores de medida para medida de potencia, cuando proceda.

3. Elemento de control. En caso de que vaya incluido en alguno de los dispositivos del sistema, por ejemplo, en el equipo de medida de potencia o en el generador, deberá quedar reflejado.

4. Tipo de comunicaciones empleado entre los diferentes elementos, cuando proceda.

5. Generadores tipo para los que el sistema antivertido es válido, cuando proceda.

6. Potencia y otras características eléctricas del generador tipo ensayado.

7. Algoritmo de control, cuando proceda.

8. Número máximo de generadores a conectar, cuando proceda.

El laboratorio acreditado emitirá un informe con la **evaluación de conformidad** de los resultados de los ensayos con decisión "cumple" o "no cumple" para los ensayos aplicables.

Los informes o certificados correspondientes al cumplimiento del **Reglamento (UE) 2016/631** y de la normativa que lo desarrolla para su implementación nacional (**fila 8 de la Tabla 2**), serán emitidos por los organismos de evaluación de la conformidad, según el procedimiento descrito en su norma técnica de supervisión.

El informe de superación de pruebas, en lo referente a las **filas 9, 10 y 11** de la **Tabla 2**, debe incluir las verificaciones realizadas por la **empresa instaladora** habilitada <u>o por el organismo de control</u>, si se requiere una inspección inicial según la **ITC-BT-05**.

10. SISTEMAS PARA EVITAR EL VERTIDO DE ENERGÍA A LA RED
(Actual ANEXO I)

■ 10.1 Generalidades

Los sistemas para evitar el vertido de energía a la red pueden basarse en dos principios de funcionamiento distintos:

1. **Evitar el vertido a la red mediante un elemento de corte o de limitación de corriente.** La opción de corte permite utilizar sistemas de generación sin capacidad de regulación de la energía generada solo en el caso de instalaciones generadoras que no sean fotovoltaicas.

   Para evitar el vertido de energía a la red, deben disponer de sistemas de medida de la potencia intercambiada con esta, situados aguas arriba de la instalación generadora y de las cargas, que habiliten la desconexión de la generación de la red o la regulación de los sistemas de generación.

2. **Regulación del intercambio de potencia actuando sobre el sistema generación-consumo.** Este tipo de sistemas se basa en un elemento de control que ajuste el balance generación-consumo, evitando el vertido de energía en la red. Esto puede realizarse mediante control de las cargas, de la generación, o por almacenamiento de energía, u otros medios.

A efectos de fijar los requisitos de los sistemas para evitar el vertido debe tenerse en cuenta dos tipos de sistemas de generación:

➢ Instalaciones de producción basadas en generadores síncronos conectados directamente a la red.

➢ Instalaciones eólicas, fotovoltaicas y en general, todas aquellas instalaciones de producción cuya tecnología no emplee un generador síncrono conectado directamente a red.

I.1 DEFINICIONES *(Apartado del actual Anexo I de la ITC-BT-40)*

• Punto de conexión a red: punto de la red de distribución pública al que se conecta la instalación.

• Punto de interconexión entre generación y consumo: punto de la red interior del consumidor en el que se conecta la generación con las cargas.

■ 10.2 Configuraciones y requisitos de conformidad (I.2)

Se plantean dos tipos de instalaciones:

1) Figuras 1 y 2 (Figuras 9 y 10 del Borrador RD): Se mide el intercambio de energía con la red
2) Figuras 3 y 4 (Figuras 11 y 12 del Borrador RD): Se mide el consumo de la totalidad de las cargas o parte de ellas

Para cada uno de ellos se definen los parámetros máximos aceptables.

La tolerancia del sistema de medida, calculada como la suma de la clase de exactitud del equipo de medida de potencia de antivertido y la clase de los transformadores o sondas de medida de corriente, será **menor o igual a 100 W** o al **1 % de la potencia nominal** del generador, para generadores de **más de 10 kVA**.

10.2.1 Instalaciones con *equipo de medida de intercambio de potencia con la Red* (I.2.1)

En las Figuras 1 y 2 (Figuras 9 y 10 del Borrador RD) se muestran los esquemas de este tipo de instalaciones según estén conectadas a las redes de baja o alta tensión, respectivamente.

La potencia en el punto de conexión a red debe mantenerse con saldo consumidor, siempre que exista un consumo interno superior al valor de tolerancia del sistema de medida, calculada como la suma de la clase de exactitud del equipo de medida de potencia y la clase de los transformadores o sondas de medida de corriente.

Cualquier valor que incumpla el requisito anterior deberá de ser corregido en un tiempo inferior a **2 segundos**, mediante la limitación de la generación, o su disparo.

Adicionalmente, puede existir un equipo o conjunto de equipos que realizan las funciones de **regulación**, aunque no está representado en las figuras. El elemento de regulación puede ser independiente o integrado en otros dispositivos de la instalación, como el equipo de medida de potencia o el generador.

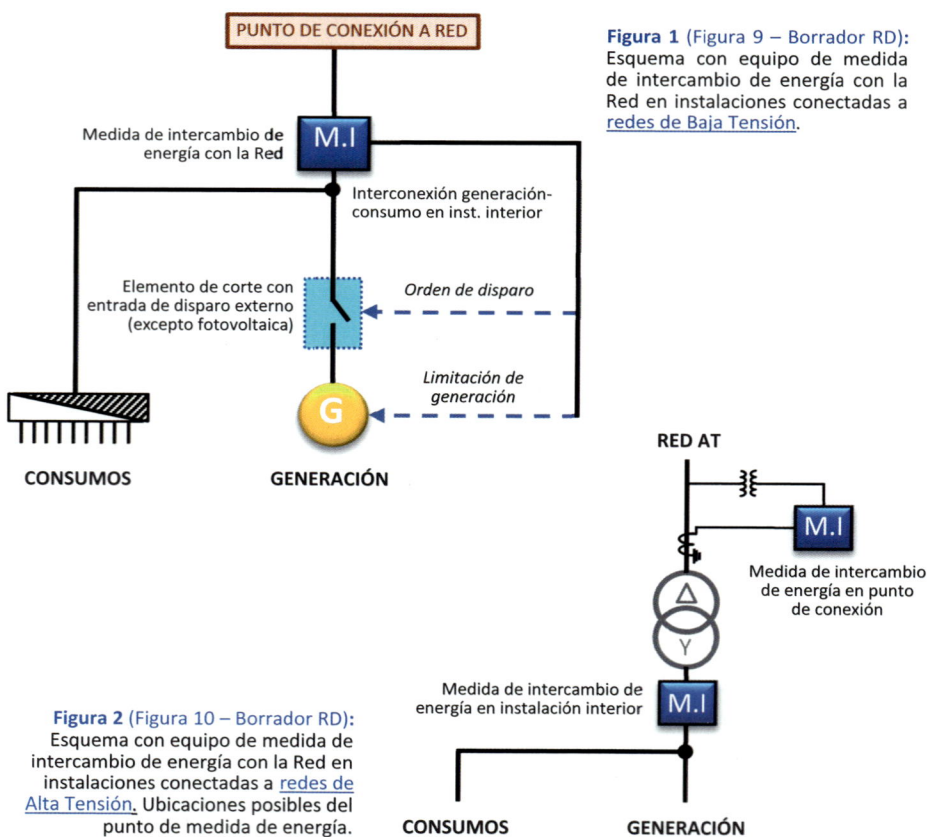

Figura 1 (Figura 9 – Borrador RD): Esquema con equipo de medida de intercambio de energía con la Red en instalaciones conectadas a redes de Baja Tensión.

Figura 2 (Figura 10 – Borrador RD): Esquema con equipo de medida de intercambio de energía con la Red en instalaciones conectadas a redes de Alta Tensión. Ubicaciones posibles del punto de medida de energía.

10.2.2 Instalaciones con equipo de medida de consumo (I.2.2)

En las Figuras 3 y 4 (Figuras 9 y 10 del Borrador RD) se muestran los esquemas de este tipo de instalaciones según estén conectadas a las redes de baja o alta tensión, respectivamente. La medida de consumos puede corresponder al consumo tota de la instalación o a parte del consumo de la misma. El elemento de control puede ser independiente o estar incluido en otros dispositivos de la instalación, tales como el equipo de medida de potencia, el generador, o las cargas.

En todo momento, la potencia medida en el punto de consumo debe ser superior a la potencia generada.

El margen de diferencia entre consumo y generación debe superar el valor de tolerancia del sistema de medida, calculado como la suma de las clases de exactitud de los equipos de medida de potencia y de las clases de los transformadores o sondas de medida de corriente, tanto en la carga como en la generación.

Cualquier valor que incumpla el requisito anterior deberá de ser corregido en un tiempo inferior a 2 segundos mediante el control de las cargas, de la generación, por almacenamiento de energía, o por otros medios.

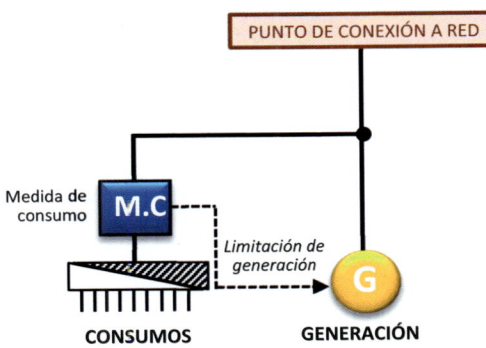

Figura 3 (Figura 11 – Borrador RD): Esquema de medida del consumo de energía en instalaciones conectadas a redes de BT.

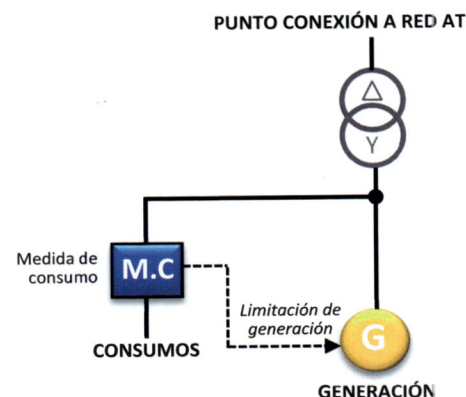

Figura 4 (Figura 12 – Borrador RD): Esquema de medida del consumo de energía en instalaciones conectadas a redes AT.

10.2.3 Determinación del número máximo de generadores a conectar a un sistema antivertido con limitación de potencia *(I.3.5)*

En caso de que el sistema de reducción de potencia pueda utilizarse con más de un generador, se repetirán los siguientes ensayos con dos generadores trabajando en paralelo, aportando cada uno de ellos entre el 40 % y el 60 % de la potencia total de las cargas, de manera que entre ambos cubran el 100 % del consumo.

1. Tolerancia en régimen permanente.

2. Respuesta ante desconexiones de carga.

En este caso se medirán los tiempos de respuesta del sistema y se compararán con los tiempos obtenidos en caso de un único generador. La diferencia de tiempos resultante permitirá determinar el número máximo de generadores que se podrán conectar en la instalación de acuerdo a:

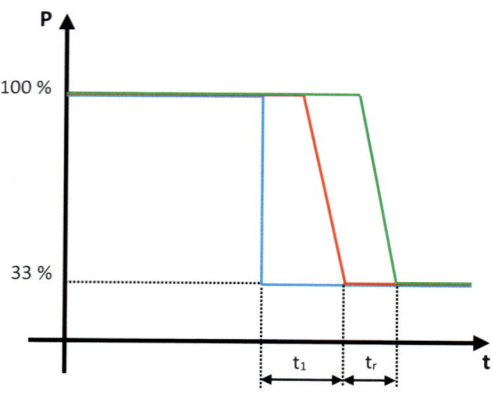

$$t_1 + t_r \cdot (N-1) \leq 2 \text{ segundos}$$

$$N \leq \frac{2 - t_1}{t_r} + 1$$

Siendo:

- **N:** Número máximo de generadores que es posible incluir en el sistema.

- **t_1:** Tiempo de respuesta con un único generador. Se tomará el tiempo de respuesta máximo obtenido.

- **t_r:** Diferencia entre el tiempo de respuesta máximo con 1 y 2 generadores.

Figura 5: Ejemplo de tiempos de respuesta del sistema ante una desconexión de carga del 100 % al 33 % con uno o dos generadores:

- Azul: Potencia consumida por la carga
- Rojo: Potencia producida en instalación con 1 generador
- Verde: Potencia producida en instalaciones con 2 generadores

10.3 Ensayos para evaluar la conformidad (I.3)

Los ensayos a realizar para evaluar la conformidad del sistema que evita el vertido de energía a la red son los siguientes:

10.3.1 Ensayo para verificar la _Tolerancia en régimen permanente_ (I.3.1)

El sistema de limitación de potencia deberá garantizar que en régimen permanente la producción de energía cumple con los requisitos del **apartado I.2** (apartado 10.2 Borrador RD) en función del tipo de instalación ensayada.

La prueba se debe repetir con los diferentes generadores tipo que vayan a evaluarse para el sistema, pudiéndose probar cada uno de ellos por separado.

Para verificar esta condición se realiza el ensayo de acuerdo con el **apartado 4.1** de la Norma **UNE 217.001:2020.**

Para verificar esta condición se realiza el ensayo con la secuencia de operaciones siguiente:

1) Conectar el generador a ensayar a una fuente de energía que alimente el generador y que sea capaz de suministrar una potencia igual o superior a la potencia del generador a ensayar.

2) Conectar el generador a la red a ensayar.

3) Establecer el valor de carga de acuerdo a los valores indicados en la tabla 1.

4) Esperar un tiempo de al menos dos segundos antes de comenzar la medida.

5) Medir la potencia intercambiada en el punto de ensayo, con una incertidumbre mejor o igual al 0,5 %, realizando medidas cada 50 ms.

La prueba se da por válida si en un ensayo de 2 minutos, los valores de la potencia inyectada medida cada 50 ms aguas arriba del punto de interconexión entre generación y consumo, en cada una de las fases, cumplen con los requisitos indicados en los puntos I.2.1 o I.2.2, según corresponda.

Régimen de conexión	Fase R	Fase S	Fase T
Monofásico	90 ÷ 100 %		
	10 ÷ 20 %		
	0		
Trifásico	90 ÷ 100 %	90 ÷ 100 %	90 ÷ 100 %
	10 ÷ 20 %	10 ÷ 20 %	10 ÷ 20 %
	0	0	0
	90 ÷ 100 %	60 ÷ 70 %	60 ÷ 70 %
	60 ÷ 70 %	60 ÷ 70 %	60 ÷ 70 %
	30 ÷ 40 %	60 ÷ 70 %	60 ÷ 70 %
	0	60 ÷ 70 %	60 ÷ 70 %

Tabla 1.
Definición de cargas. Valores en % sobre la potencia nominal del generador a ensayar.

10.3.2 Ensayo para verificar la <u>Respuesta ante desconexiones de carga</u> (I.3.2)

El sistema de limitación de potencia deberá garantizar que, ante una desconexión de carga, el generador reajusta su producción llegando de nuevo al régimen permanente en menos de 2 segundos.

La prueba se debe repetir con los diferentes generadores tipo que vayan a evaluarse para el sistema, pudiéndose probar cada uno de ellos por separado.

Para verificar esta condición se realiza el ensayo de acuerdo con el **apartado 4.2** de la Norma **UNE 217.001:2020**.

Para verificar esta condición se realiza el ensayo con la secuencia de operaciones siguiente:

1) Conectar el generador a ensayar a una fuente de energía que alimente el generador y que sea capaz de suministrar una potencia igual o superior a la potencia del generador a ensayar.

2) Conectar el generador a la red a ensayar.

3) Realizar las desconexiones de carga propuestas en la **tabla 2**.

4) Medir la potencia intercambiada con la red, con una precisión de al menos el 0,5 %, realizando medidas cada 50 ms en una ventana de tiempo de 2 minutos que comprenda al menos un minuto antes y después de la desconexión de carga.

Repetir cada una de las pruebas **tres veces**.

La prueba se da por <u>válida</u> si para cada uno de los escalones de carga el generador reajusta la potencia producida, llegando al régimen permanente, de modo que la energía inyectada aguas arriba del punto de interconexión entre generación y consumo cumpla los requisitos indicados en los puntos I.2.1 o I.2.2, según corresponda. Esta condición deberá ser verificada para los valores de potencia intercambiada con la red medidos cada 50 ms durante los 2 minutos de la prueba.

PRUEBA	CARGA	
	Inicial	Final
1	90 ÷ 100 %	60 ÷ 70 %
2	90 ÷ 100 %	30 ÷ 40 %
3	90 ÷ 100 %	0 %
4	60 ÷ 70 %	30 ÷ 40 %
5	60 ÷ 70 %	0 %
6	30 ÷ 40 %	0 %

Tabla 2.
Definición de desconexión de cargas. Valores en % sobre la potencia nominal del generador a ensayar.

10.3.3 Ensayo para verificar la _Respuesta ante incrementos de potencia de generación_ (potencia de la fuente de energía primaria) (I.3.3)

El sistema de limitación de potencia deberá garantizar que:

✓ Ante un incremento de potencia en la fuente de energía primaria, por ejemplo, una subida de irradiancia en una instalación fotovoltaica, que lleve a una situación en la que haya más energía disponible que consumo, el generador reajusta su producción llegando de nuevo al **régimen permanente** en menos de 2 segundos.

La prueba se debe repetir con los diferentes generadores tipo que vayan a homologarse para el sistema, pudiéndose probar cada uno de ellos por separado.

Para verificar esta condición se realiza el ensayo de acuerdo con el **apartado 4.3** de la Norma **UNE 217.001:2020**.

Para verificar esta condición se realiza el ensayo con la secuencia de operaciones siguiente:

1) Conectar el generador a ensayar a una fuente de energía que alimente el generador y que sea capaz de suministrar entre un 40 % y un 50 % de la potencia del generador a ensayar.

2) Conectar el generador a la red a ensayar.

3) Conectar una carga que consuma entre el 60 % y el 70 % de la potencia del generador a ensayar.

4) Aumentar mediante un escalón la potencia disponible en la fuente de energía por encima del 90 % de la potencia nominal del generador a ensayar.

5) Medir la potencia intercambiada con la red, con una precisión de al menos el 0,5 %, realizando medidas cada 50 ms en una ventana de tiempo de 2 minutos que comprenda al menos un minuto antes y después del incremento de la potencia del generador.

Repetir cada una de las pruebas **tres veces**.

La prueba se da por válida si para cada uno de los escalones el generador reajusta la potencia producida llegando al régimen permanente, de modo que la energía inyectada aguas arriba del punto de interconexión entre generación y consumo cumpla los requisitos indicados en los puntos I.2.1 o I.2.2, según corresponda. Esta condición deberá ser verificada para los valores de potencia intercambiada con la red medidos cada 50 ms durante los 2 minutos de la prueba.

10.3.4 Ensayo para verificar la _Actuación en caso de pérdida de comunicaciones_ (I.3.4)

El generador debe dejar de generar en caso de pérdida de la comunicación entre los diferentes elementos del sistema en un tiempo inferior a 2 segundos. En requeridos (equipo de medida de potencia o generador) no será preciso comprobar la comunicación entre los elementos integrados en un mismo dispositivo.

Para verificar esta condición se realiza el ensayo de acuerdo con el **apartado 4.4** de la Norma **UNE 217.001:2020**.

Para verificar esta condición se realiza el ensayo con la secuencia de operaciones siguiente:

1) Conectar el generador a ensayar a una fuente de energía que alimente el generador y que sea capaz de suministrar una potencia igual o superior a la potencia del generador a ensayar.

2) Conectar el generador a la red interior a ensayar.

3) Establecer una carga del 60 % y el 70 % de la potencia nominal del generador.

4) Cortar la comunicación entre el elemento de control y el equipo de medida de potencia.

5) Medir el tiempo transcurrido entre el corte de la comunicación y la desconexión del generador o limitación total de potencia del generador (0 %).

6) Medir la potencia generada por el generador, con una precisión de al menos el 0,5 %, realizando medidas cada 50 ms.

La prueba se repetirá **3 veces**.

La prueba se da por válida si el generador se desconecta o reduce hasta cero la potencia generada en menos de 2 segundos.

Repetir la prueba cortando la comunicación entre:

➢ El Elemento de Control y
➢ El Generador.

Nota Los siguientes **apartados 11 y 12** del Borrador del RD, se encuentran en la Guía Técnica de aplicación (también están desarrollados a continuación del apartado 6 de esta instrucción ITC-BT-40).

11. REQUISITOS PARA LA CONFORMIDAD EN LA LIMITACIÓN DE LA INYECCIÓN DE CORRIENTE CONTINUA A LA RED

El generador deberá limitar la corriente continua inyectada a red por debajo de un determinado valor.

Los generadores que incorporan un transformador de baja frecuencia (50 Hz) que proporciona una separación galvánica, garantizan la no inyección de corriente continua a la red, por lo que no necesitan realizar ningún ensayo para demostrar que cumplen con este requerimiento.

Si el generador incorpora un transformador de alta frecuencia (que incorporan en su etapa de conversión un convertidor CC/CC) o no dispone de transformador se deberá demostrar que la corriente continua inyectada a red por el generador no supera el 0,5 % del valor eficaz de la corriente de salida del generador, cuando el generador funciona entre el 25 % y el 100 % de su potencia nominal.

Para verificar esta condición se realiza el ensayo de acuerdo con el **apartado 4.1** de la Norma **UNE 217.002:2020**.

12. REQUISITOS PARA LA CONFORMIDAD EN LA LIMITACIÓN DE SOBRETENSIONES GENERADAS

Un generador no debe provocar sobretensiones cuando se conecta a una red de corriente alterna que alimenta a otras instalaciones eléctricas. En función del tipo de instalación eléctrica a la que se conecta, se establecen dos grupos de generadores:

1. Grupo 1: son los generadores para instalaciones interconectadas de **tipo C1**.

2. Grupo 2: son los generadores para instalaciones interconectadas de **tipo C2**.

El valor máximo de la sobretensión provocada por los generadores del Grupo 1 en la red a la que se conectan, debe ser inferior a los valores indicados de la **Tabla 3**.

El valor máximo de la sobretensión provocada por los generadores del grupo 2, será la indicada en la ITC-RAT-09 del Reglamento sobre condiciones técnicas y garantías de seguridad en instalaciones de alta tensión.

Duración, t, de la sobretensión (ms)	Valor admisible de la sobretensión (% U_n pico)
≤ 0,2	280
≤ 0,6	218
≤ 2	178
≤ 6	145
≤ 20	129
≤ 600	120

Tabla 3 – Borrador RD.: Sobretensiones máximas admisibles para generadores del Grupo 1.

Los ensayos para la verificación de la conformidad se realizarán de acuerdo con el **apartado 4.2** la norma UNE **217.002:2020**.

13. REQUISITOS PARA LA CONFORMIDAD DEL SISTEMA DE DETECCIÓN DE FUNCIONAMIENTO EN ISLA

(BORRADOR RD)

Los inversores que incorporen sistemas de detección de funcionamiento en isla se describen en la Norma **UNE-EN 62.116**. La detección de funcionamiento en isla se debe verificar según lo establecido en esta norma:

- ✓ Con factor de calidad $Q = 1 \pm 0,05$
- ✓ Que detecte el funcionamiento en isla **en menos de 2 s**.

Adicionalmente, se debe verificar el correcto funcionamiento del sistema de detección de funcionamiento en isla cuando dos o más **inversores** trabajen **en paralelo** con la red y no dispongan de un sistema antivertido individual de cada inversor.

Los ensayos para la verificación de la conformidad se realizarán, de acuerdo con el **capítulo 4.3** de la norma **UNE 217.002:2020**.

El ensayo de considera conforme si el inversor ensayado se desconecta en **menos de 2 s** en las situaciones y para los niveles de potencia nominal del ensayo.

14. OTRAS DISPOSICIONES (10)

Todas las actuaciones relacionadas con la fijación del punto de conexión, el proyecto, la puesta en marcha y explotación de las instalaciones generadoras seguirán los criterios que establece la legislación en vigor.

La empresa distribuidora de energía eléctrica podrá, cuando detecte riesgo inmediato para las personas, animales y bienes, desconectar las instalaciones generadoras interconectadas, comunicándolo posteriormente, al órgano competente de la Administración.

I.4 EVALUACIÓN DE LA CONFORMIDAD

(Apartado del actual Anexo I de la ITC-BT-40)

La evaluación de la conformidad con los requisitos del presente anexo de los sistemas para evitar el vertido de energía a la red, tanto si están integrados en el generador, como si son externos, se realizará mediante la **documentación** siguiente:

1. <u>Esquema básico del sistema</u>, incluyendo:

    ✓ la forma de conexión del generador,

    ✓ las protecciones que deben existir o colocar en la instalación y

    ✓ las precauciones aplicables sobre la potencia de las cargas y

    ✓ tipos de receptores que puedan conectarse en los circuitos alimentados simultáneamente por la red y el generador, dependiendo de su conexión a la instalación de autoconsumo.

2. Equipo de medida de potencia y clase de los transformadores de medida para medida de potencia.

3. Elemento de control. En caso de que vaya incluido en alguno de los dispositivos del sistema, por ejemplo, en el equipo de medida de potencia o en el generador, deberá quedar reflejado.

4. Tipo de comunicaciones empleado entre los diferentes elementos.

5. Generadores tipo para los que el sistema es válido.

6. Potencia del generador tipo ensayado y generadores / equipos de medida asimilables.

7. Algoritmo de control.

8. Características eléctricas del generador.

9. Número máximo de generadores a conectar.

10. Informe de ensayos de las pruebas especificadas en el apartado I.3 realizado por un laboratorio de ensayos acreditado según **UNE-EN ISO/IEC 17.025**.

ANOTACIONES

GUIA-BT	Edición	Norma	Apartado	Sustituida por:
No publicada	---	UNE 20.460-7-708	2	UNE-HD 60.364-7-708

Índice

1. OBJETO Y CAMPO DE APLICACIÓN

El objeto de la presente instrucción es determinar los requisitos de instalación de las **caravanas** y los **parques de caravanas**.

Los receptores que se utilicen en dichas instalaciones cumplirán los requisitos de las directivas europeas aplicables conforme a lo establecido en **el artículo 6** del *Reglamento Electrotécnico para Baja Tensión*.

Art.6 Se incluirán junto con los equipos y materiales las **indicaciones necesarias para su correcta instalación y uso**, debiendo marcarse con las siguientes indicaciones mínimas:

a) Identificación del fabricante, representante legal o responsable de la comercialización.
b) Marca y modelo.
c) Tensión y potencia (o intensidad) asignadas.
d) Cualquier otra indicación referente al uso específico del material o equipo, asignado por el fabricante.

2. CONDICIONES GENERALES DE INSTALACIÓN

Las prescripciones particulares para este tipo de establecimientos o instalaciones son las establecidas en la norma **UNE 20.460-7-708***.

* **NOTA A.:** Anulada y sustituida por la **UNE-HD 60.364-7-708**.

UNE

UNE-HD 60364-7-708

ÍNDICE

1. DEFINICIONES
2. OBJETO, ALIMENTACIÓN Y ESTRUCTURA
    2.1 Disposición de los conductores y conexión a tierra. Esquemas de conexión a tierra. Esquemas TN.
    2.2 Alimentación
3. PROTECCIÓN CONTRA CHOQUES ELÉCTRICOS
4. SELECCIÓN DE LOS EQUIPOS ELÉCTRICOS
    4.1 Condiciones de explotación e influencias externas
5. CANALIZACIONES
6. DISPOSITIVOS PARA LA PROTECCIÓN
   EN CASO DE FALTA POR CORTE AUTOMÁTICO DE LA ALIMENTACIÓN
    6.1 Dispositivos de protección por corriente diferencial (DDR)
    6.2 Dispositivos para la protección contra sobreintensidades
    6.3 Seccionamiento y corte
7. TOMAS DE CORRIENTE

UNE

UNE-HD 60364-7-708

Las prescripciones de la presente instrucción son aplicables solamente a los circuitos destinados a la alimentación de los vehículos de ocio, las tiendas o las habitaciones del parque residencial en los parques de caravanas, en os campings y en emplazamientos análogos.

Quedan **excluidas** las instalaciones eléctricas interiores de vehículos de ocio, de unidades móviles o transportables o las habitaciones de parque residencial.

1. DEFINICIONES

1.1 Vehículo de ocio: unidad equipada para alojamiento, para ocupación temporal o estacionaria, y que puede satisfacer los requisitos para la construcción y la utilización de los vehículos de carretera.

1.1 Caravana: vehículo de ocio remolcado, utilizado para el turismo y que cumple con las prescripciones para la construcción y utilización de los vehículos de carretera.

1.2 Caravana con motor: Automóvil de camping. Vehículo de ocio autopropulsado, utilizado para el turismo que cumple con las prescripciones para la construcción y utilización de vehículos móviles. Puede ser una adaptación de un vehículo de serie o construido sobre un chasis ya existente, y el habitáculo puede ser fijo o desmontable.

1.3 Residencia móvil: vehículo de ocio transportable que incluye medios de movimiento para su transporte, pero que no cumple con las normas de construcción y utilización de vehículos de carretera.

1.4 Emplazamiento de caravana/ tienda: emplazamiento de terreno destinado a la instalación de un vehículo equipado para ocio o para tienda.

1.5 Parque de caravanas/ camping: superficie de terreno que contiene varios emplazamientos de caravanas o de tiendas.

1.6 Habitación de parque residencial: habitación desplazable diseñada en fábrica.

2. OBJETO, ALIMENTACIÓN Y ESTRUCTURA

2.1 Disposición de los conductores y conexión a tierra. Esquemas de conexión a tierra. Esquemas TN.

En esquemas TN, el circuito final para la alimentación de los vehículos de ocio, de tiendas o de alojamientos de parques residenciales no debe incluir el conductor PEN.

2.2 Alimentación.

La tensión nominal de la instalación de alimentación no debe ser superior a **230 V** en monofásico o a **400 V** en trifásico.

3. PROTECCIÓN CONTRA CHOQUES ELÉCTRICOS

No debe utilizarse la protección por:

- Obstáculos
- Puesta fuera de alcance
- Emplazamientos no conductores (prohibido utilizar equipos de **clase 0** – ITC 43, apdo. 2.2)
- Conexión equipotencial no unida a tierra

UNE-HD 60364-7-708

4. SELECCIÓN DE LOS EQUIPOS ELÉCTRICOS

4.1 Condiciones de explotación e influencias externas

1) **Presencia de agua (AD):** En los parques de caravanas, los equipos deben ser elegidos con un grado de protección **IPX4** como mínimo, con el fin de estar protegidos frente a las proyecciones de agua (**AD4**).

   Cuando los equipos eléctricos pueden estar sometidos a surtidores de agua para el lavado, etc., conviene contemplar un grado de protección como mínimo **IPX5**, garantizado por el equipo propiamente dicho, o por una envolvente adicional.

2) **Presencia de cuerpos sólidos extraños (AE):** Los equipos instalados en los emplazamientos de caravanas o de tiendas deben ser elegidos con grado mínimo de protección **IP4X** con el fin de impedir la penetración de pequeños objetos (**AE3**).

3) **Choques (AG):** Los equipos instalados en los parques de caravanas deben estar protegidos frente a los daños mecánicos (choques de severidad media AG2). La protección de los equipos debe realizarse por una o varias de las disposiciones siguientes:

   ✓ La posición o el emplazamiento deben ser elegidos con el fin de evitar daños debidos a choques razonablemente previsibles.
   ✓ Debe instalarse una protección mecánica general o local.
   ✓ Deben instalarse equipos que presenten como mínimo un grado de protección a los choques mecánicos exteriores de **IK07** (***NOTA A.:*** véase Anexo I).

5. CANALIZACIONES

Aunque preferentemente se utilizan canalizaciones subterráneas para la alimentación de los puntos de suministro eléctrico de los emplazamientos de caravanas se aceptan las siguientes canalizaciones:

A. Canalizaciones enterradas:

Las canalizaciones de distribución enterradas deben, a menos que no incluyan una protección mecánica complementaria, estar colocadas a una profundidad suficiente para evitar los daños debidos, por ejemplo, a piquetas de tienda o a anclajes o bien al movimiento de vehículos.

Una profundidad de 0,5 m es generalmente la profundidad mínima para satisfacer el requisito anterior. Si no, el cable puede discurrir fuera de estos emplazamientos allá donde no hay picas de tienda o anclajes.

B. Líneas Aéreas

✓ Todos los conductores serán **aislados**.
✓ Los apoyos y otros soportes de las líneas han de estar situados o protegidos de manera que no puedan ser dañados por el movimiento previsible de los vehículos.
✓ Los conductores han de estar situados como mínimo a **6 metros** de altura en lugares donde puedan circular vehículos, y a **3,5 metros** en el resto de lugares.

UNE

UNE-HD 60364-7-708

6. DISPOSITIVOS PARA LA PROTECCIÓN EN CASO DE FALTA POR CORTE AUTOMÁTICO DE LA ALIMENTACIÓN.

6.1 Dispositivos de protección por corriente diferencial (DDR)

Todas las tomas de corriente deben estar **protegidas individualmente** por un DDR de corriente diferencial residual asignada como máximo igual a **30 mA**. Los dispositivos elegidos deben desconectar todos los conductores bajo tensión incluido el neutro (*corte omnipolar*).

Los circuitos terminales destinados a la conexión de residencias móviles o de alojamiento de parque residencial deben estar protegidos individualmente por un DDR de corriente diferencial residual asignada como máximo igual a **30 mA**. Los dispositivos elegidos deben desconectar todos los conductores bajo tensión incluido el neutro (*corte omnipolar*).

6.2 Dispositivos para la protección contra sobreintensidades

Se aplican las disposiciones complementarias siguientes:

✓ **Cada toma de corriente** debe estar protegida por un **dispositivo individual** de protección contra sobreintensidad.

✓ Los circuitos terminales destinados a la conexión fija de residencia móvil o de alojamiento de parque residencial deben estar **protegidos individualmente** por un dispositivo de protección contra las sobreintensidades.

6.3 Seccionamiento y corte

Como mínimo debe ser instalado en cada cuadro de distribución un medio de seccionamiento. Los dispositivos elegidos deben desconectar todos los conductores en tensión, incluido el neutro (*corte omnipolar*).

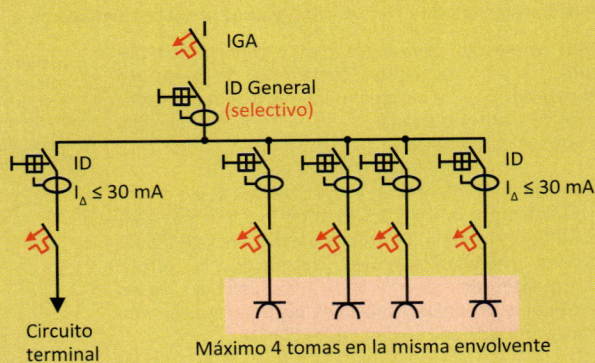

F.A.1: Dispositivos de protección.

UNE-HD 60364-7-708

7. TOMAS DE CORRIENTE

1) Cada toma de corriente deberá estar conforme con la Norma EN 60309-2.

Cada toma de corriente debe tener un grado de protección **IP44** como mínimo. De otro modo tal protección debe estar realizada por una envolvente.

NOTA: Además pueden utilizarse tomas de corriente asignada inferior o igual a 16 A conformes con las normas nacionales.

2) Todas las tomas de corriente deben estar situadas **tan cerca como sea posible** de los emplazamientos de la caravana o tienda a alimentar.

Las tomas de corriente deben estar instaladas en el cuadro de distribución o en envolventes separadas.

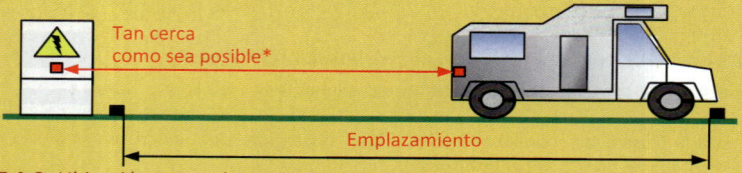

F.A.2: *Ubicación tomas de corriente.*

* **NOTA A.:** En la antigua norma UNE 20460-7-708, se indicaba una distancia máxima al emplazamiento de 20 m que ya **no** se indica en la actual UNE–HD 60364-7-708.

3) Con el fin de evitar los peligros debidos a las largas conexiones, solo un máximo de **4 tomas de corriente** pueden estar reagrupados en una misma envolvente.

4) Cuando un emplazamiento de caravana/tienda tiene una alimentación eléctrica, debe estar equipado como mínimo con una toma de corriente conforme a lo especificado en la norma EN 60309-2 colocado al lado del emplazamiento.

5) En general las tomas de corriente monofásicas que deben suministrarse soportarán una tensión asignada **de 200 V a 250 V** y una corriente asignada de **16 A**.

Si están previstas demandas más importantes de corriente, pueden instalarse tomas de corriente de características superiores. Igualmente se pueden instalar tomas de corriente asignada inferior a 16 A, cumpliendo con la normativa apropiada.

6) Las tomas de corriente deben estar situadas a una altura comprendida entre **0,5 m** y **1,5 m** entre la parte más baja del enchufe y el terreno. En casaos particulares, debido a condiciones medioambientales extremas, la altura máxima puede ser **superior a 1,5 m**. En tales casos deben tomarse medidas especiales para garantizar una inserción y una retirada segura de las clavijas.

Esto último puede ser necesario si el parque de caravanas o el camping presentan riesgos de inundaciones en invierno. También puede ser necesario si el parque de caravanas se utiliza en invierno después de caídas de nieve importantes.

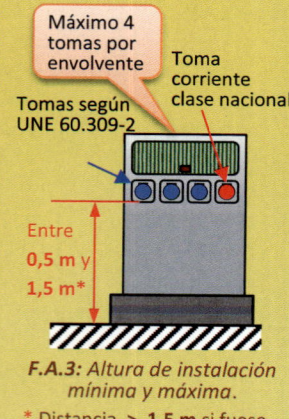

Máximo 4 tomas por envolvente

Toma corriente clase nacional

Tomas según UNE 60.309-2

Entre 0,5 m y 1,5 m*

F.A.3: *Altura de instalación mínima y máxima.*

* Distancia > **1,5 m** si fuese necesario

ITC-BT-42 | Puertos y marinas para barcos de recreo

Norma	Apartado	Sustituida por:
UNE 20.324	4.1	**UNE-EN 60.529**
UNE 21.027-16	4.2	**UNE-EN 50.525-2-21**
UNE 21.166	4.2	**UNE 21.150**
UNE-EN 60.309	4.3.2	--

GUIA-BT	Edición
No publicada	---

Índice

1. OBJETO Y CAMPO DE APLICACIÓN

Las prescripciones de la presente instrucción se aplicarán a las instalaciones eléctricas de puertos y marinas, para la **alimentación de los barcos** de recreo.

Los receptores que se utilicen en dichas instalaciones cumplirán los requisitos de las directivas europeas aplicables conforme a lo establecido en el **artículo 6** del *Reglamento Electrotécnico para Baja Tensión*.

Se excluyen de este campo de aplicación aquellas embarcaciones afectadas por la Directiva 94/25/CEE.

A los efectos de la presente instrucción se entienden como:

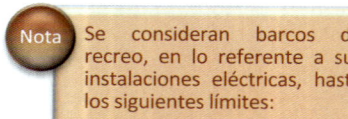

Nota

Se consideran barcos de recreo, en lo referente a sus instalaciones eléctricas, hasta los siguientes límites:
- Longitud ≤ **25 m**; o
- Desplazamiento ≤ **15 m³**.

- ***Barco de recreo:*** toda unidad flotante utilizada exclusivamente para los deportes y el ocio, tales como barcos, yates, casas flotantes, etc.
- ***Puerto marino:*** todo aquel malecón, escollera o pontón flotante apropiado para el fondeo o amarre de barcos de recreo.

2. CARACTERÍSTICAS GENERALES

Las instalaciones eléctricas de puertos y barcos de recreo deben estar dispuestas y los materiales seleccionados, de manera que ninguna persona pueda estar expuesta a peligros y que no exista riesgo de incendio ni explosión.

Con carácter general, la tensión asignada de las instalaciones que alimentan a los barcos de recreo no debe ser superior a **230 V** en corriente alterna monofásica. *Excepcionalmente* se podrán alimentar con corriente alterna *trifásica a **400 V*** aquellos barcos o yates de gran consumo eléctrico.

3. PROTECCIONES DE SEGURIDAD

Las protecciones contra contactos directos e indirectos serán conformes a lo establecido en la **ITC-BT-24**, con las siguientes consideraciones:

■ 3.1 Protección por Muy Baja Tensión de Seguridad (MBTS)

Cuando se utilice Muy Baja Tensión de Seguridad (MBTS), la protección contra los contactos directos debe estar asegurada, cualquiera que sea la tensión asignada, por un aislamiento que pueda soportar un ensayo dieléctrico de 500 V durante un minuto.

■ 3.2 Protección por corte automático de la alimentación

Cualquiera que sea el esquema utilizado, la protección debe estar asegurada por un dispositivo de corte diferencial-residual. En el caso de un esquema TN, se utilizará sólo la variante TN-S.

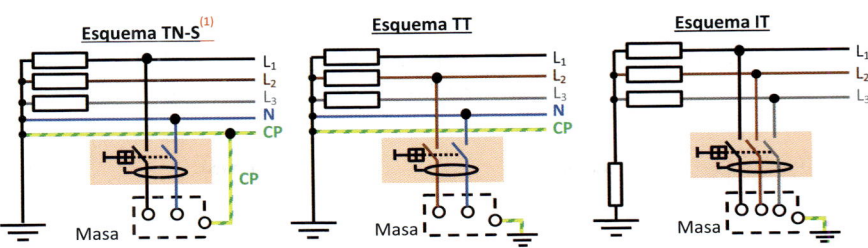

(1) *Tan solo se puede utilizar la variante TN-S.*

F.A.1: *Esquemas de distribución*

3.3 Aplicación de medidas de protección contra los choques eléctricos

3.3.1 Protección por obstáculos

No se admiten las medidas de protección por obstáculos ni por puesta fuera del alcance. *(ITC-BT-24, apartados 3.3 y 3.4).*

3.3.2 Protección contra contactos indirectos

Contra los contactos indirectos en locales no conductores no son admitidas las conexiones equipotenciales no unidas a tierra. *(ITC-BT-24, apartado 4.4).*

4. SELECCIÓN E INSTALACIÓN DE EQUIPOS ELÉCTRICOS

4.1 Generalidades

Los equipos eléctricos deberán poseer al menos, el grado de protección **IP X6**, según **UNE 20.324 (UNE-EN 60.529)**, salvo si están encerrados en un armario que tenga este grado de protección y no pueda abrirse sin el empleo de herramientas o útiles específicos.

4.2 Canalizaciones

En los puertos y marinas deben utilizarse alguna de las canalizaciones siguientes:

a) Cables con conductores de cobre con aislamiento y cubierta dentro de:
1. Conductos flexibles no metálicos.
2. Conductos no metálicos rígidos de resistencia elevada.
3. Conductos galvanizados de resistencia media o elevada.

b) Cables con aislamiento mineral y cubierta de protección en PVC.

c) Cables con armadura y cubierta de material termoplástico o elastómero

d) Otros cables y materiales, con protecciones mecánicas superiores a los citados.

No se utilizará ningún tipo de línea aérea para la alimentación de las instalaciones flotantes o escolleras.

En canalizaciones que se prevea que puedan estar <mark>en contacto con el agua</mark>, los cables a utilizar serán conformes a la norma **UNE 21.166 (UNE 21.150)** o la norma **UNE 21.027-16 (UNE-EN 50.525-2-21)**, según la tensión asignada del cable.

UNE 21.150 / UNE-EN 50.525-2-21

En canalizaciones que se prevea que puedan estar **en contacto con** el agua, cables como mínimo **H07RN8-F**.

✓ Tensión asignada mínima de 450/750 V (-07).
✓ Tendrán aislamiento de goma (-R) y llevarán una cubierta de policloropreno resistente al agua (-N8) o de un elastómero resistente al agua.
✓ Serán cables flexibles y adecuados para usos móviles (-F).

■ 4.3 Aparamenta

4.3.1 Cuadros de distribución

Los cuadros de distribución de los puertos y marinas estarán situados **lo más cerca posible de los amarres** a alimentar.

Los cuadros de distribución y las bases de toma de corriente asociadas colocadas sobre las instalaciones flotantes o escolleras (pantalanes) estarán fijados a <mark>1 m</mark> por encima de las aceras o pasarelas. Esta distancia puede ser reducida a <mark>0,3 m</mark> si se toman medidas complementarias de protección.

Los cuadros de distribución deberán incorporar, *para cada punto de amarre, una base de toma de corriente*.

4.3.2 Bases de toma de corriente

Salvo para los casos excepcionales referidos en el apartado 2 *(trifásica 400 V)*, las bases de toma de corriente deberán ser de uno de los tipos establecidos en la norma **UNE-EN 60.309**, con las características siguientes:

- Tensión asignada: **230 V**
- Intensidad asignada: **16 A**
- Número de polos: **2 y toma tierra**
- Grado de protección: **IP X6**

<mark>Cada base</mark> de toma de corriente debe estar protegida con un dispositivo individual contra sobreintensidades mayores o igual a <mark>16 A</mark>.

Las bases de toma de corriente deberán estar protegidas por un dispositivo de corriente diferencial-residual no mayor a <mark>30 mA</mark>. *Un mismo dispositivo no debe proteger más de una base de toma de corriente.*

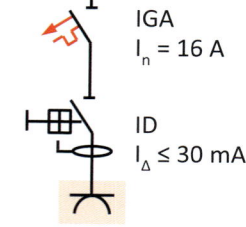

IGA
I_n = 16 A

ID
I_Δ ≤ 30 mA

F.A.2: Protección bases de TC

Las tomas de corriente dispuestas sobre la misma escollera o pantalán deberán estar realizadas sobre la misma fase, a menos que estén alimentadas por medio de transformadores de separación.

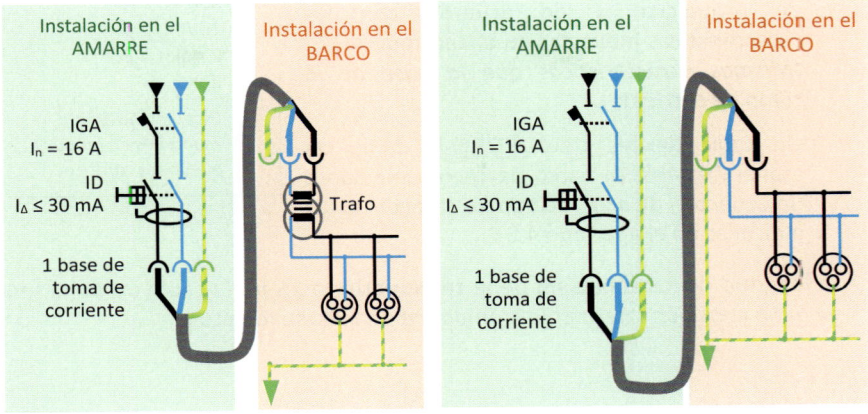

F.A.3: *Protección de bases de toma de corriente*

Nota

Existe la posibilidad de que los cascos de las embarcaciones puedan ser accesibles simultáneamente por una misma persona cuando están amarrados en el mismo pantalán.

Es por esto por lo que la alimentación de las bases de toma de corriente en un mismo pantalán o línea de barcos adyacente deberán estar realizadas sobre la misma fase con el fin de evitar que aparezcan fugas de corriente entre dos fases diferentes que puedan provocar un choque eléctrico a una persona.

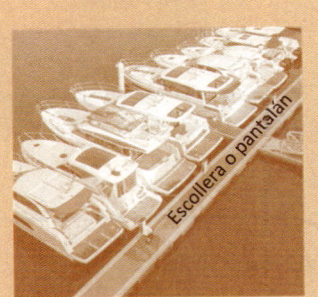

Además, éstas fugas de corriente, si se establecieran a través de las puestas a tierra de los cascos de las embarcaciones, podría iniciarse un proceso de corrosión por electrólisis.

Se puede alimentar un mismo pantalán con fases diferentes cuando las bases de las tomas de corriente de los barcos estén alimentadas a través de transformadores de separación. En este caso, la red equipotencial de la embarcación debe conectarse a uno de los bornes de alimentación del secundario del transformador.

4.3.3 Conexión a los barcos de recreo

El dispositivo de conexión a los barcos de recreo estará compuesto por:

- Una clavija con contacto unido al conductor de protección y de acuerdo con las características indicadas en el apartado 4.3.2. *(Mismas características que la base de la toma de corriente).*

- Un cable flexible tipo **H07RN-F**, unido de manera estable al barco de recreo mediante un conector, de acuerdo con las características indicadas en el apartado 4.3.2.

> ➢ 230 V
> ➢ 16 A
> ➢ 2 polos + PE[1]
> ➢ IP X6
>
> *(1) Excepto en casos especiales en los que pueda ser trifásico.*

La longitud de los cables **no** debe ser **superior a 25 m**. El cable no debe tener *ninguna conexión intermedia o empalme* en toda su longitud.

Máximo **25 m**

1 base de toma de corriente por cada punto de amarre.

1 m
Con medidas complementarias de protección ≥ **0,3 m**

F.A.4: Conexión a los barcos de recreo

ANOTACIONES

ITC-BT-43

Receptores. Prescripciones generales

Norma	Apartado	Sustituida por:
UNE 20.315	2.5	--
UNE-EN 50.075	2.5	--
UNE-EN 60.309	2.5	--
UNE-EN 60.742	2.2	--
UNE-EN 60.831-1	2.7	--
UNE-EN 60.831-2	2.7	--
UNE-EN 61.558-2-4	2.2	--

GUIA-BT	Edición
No publicada	----

Índice

1. INTRODUCCIÓN

La presente instrucción establece los requisitos generales de instalación de receptores dependiendo de su clasificación y utilización que estén destinados a ser alimentados por una red de suministro exterior con tensiones que no excedan de **440 V** en valor eficaz entre fases (**254 V** en valor eficaz entre fase y tierra).

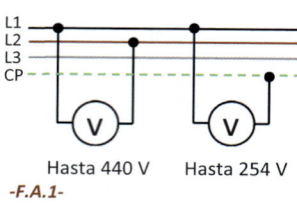

-F.A.1-

De acuerdo al artículo 6 del *Reglamento Electrotécnico para Baja Tensión*, los requisitos de todas las instrucciones relativas a receptores no sustituyen ni eximen el cumplimiento de lo establecido en la Directiva de Baja Tensión (73/23/CEE) y en la Directiva de Compatibilidad Electromagnética (89/336/CEE) para dichos receptores y sus elementos constitutivos, aun cuando los receptores no se suministren totalmente montados y el montaje final se realice durante la instalación, como por ejemplo algunos tipos de luminarias o equipos eléctricos de máquinas industriales, etc.

2. GENERALIDADES

■ 2.1 Condiciones generales de instalación

Los receptores se instalarán de acuerdo con su destino (clase de local, emplazamiento, utilización, etc.), teniendo en cuenta los esfuerzos mecánicos previsibles y las condiciones de ventilación, necesarias para que en funcionamiento no pueda producirse ninguna temperatura peligrosa, tanto para la propia instalación como para objetos próximos. Soportarán la influencia de los agentes exteriores a que estén sometidos en servicio, por ejemplo, polvo, humedad, gases y vapores.

Los circuitos que formen parte de los receptores, salvo las excepciones que para cada caso puedan señalar las prescripciones de carácter particular, deberán estar protegidos contra sobreintensidades, siendo de aplicación, para ello, lo dispuesto en la instrucción **ITC-BT-22**. Se adoptarán las características intensidad-tiempo de los dispositivos, de acuerdo con las características y condiciones de utilización de los receptores a proteger.

SOBREINTENSIDADES (ITC-BT-22)

- Sobrecargas — Térmico
- Cortocircuitos — Fusible
- Interruptor Automático Magnetotérmico
- Sobreintensidades producidas por descargas eléctricas atmosféricas (**ITC-BT-23**, protección contra sobretensiones).

-F.A.2-

2.2 Clasificación de los receptores

La clasificación de los receptores en lo relativo a la protección contra los choques eléctricos (**ITC-BT-24**) es la siguiente:

	Clase 0	Clase I	Clase II	Clase III
Características principales de los aparatos	**Sin** medios de protección por <u>puesta a tierra</u>	Previstos medios de **conexión a tierra**	**Aislamiento suplementario** pero **sin** medios de protección por <u>puesta a tierra</u>	Previstos para ser alimentados con baja tensión de seguridad (**MBTS**)
Precauciones de seguridad	Entorno aislado de tierra	Conexión a la toma de tierra de protección	No es necesaria ninguna protección	Conexión a muy baja tensión de seguridad U ≤ 50 V c.a. U ≤ 75 V c.c.

Tabla 1. Clasificación de los receptores.

Nota A.: *El símbolo de Clase III puede ser un rombo que incluya el valor de la tensión nominal. Por ej.: para 24 V*

Esta clasificación no implica que los receptores puedan ser de cualquiera de los tipos descritos anteriormente. Las condiciones de seguridad del receptor tanto en su uso como en su instalación, de conformidad a lo requerido en la Directiva de Baja Tensión, pueden imponer restricciones al uso de receptores de alguno de los tipos anteriores.

El empleo de aparatos previstos para ser alimentados a muy baja tensión de seguridad (**MBTS**, según **ITC-BT-36**), pero que incorporan circuitos que funcionan a una tensión superior a esta, **no se considerarán de clase III** a menos que las disposiciones constructivas aseguren entre los circuitos a distintas tensiones, un aislamiento equivalente al correspondiente a un transformador de seguridad según **UNE-EN 60.742** o **UNE-EN 61.558-2-4**.

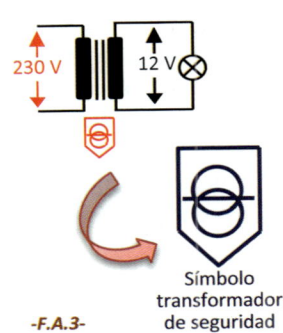

-F.A.3-

Símbolo transformador de seguridad

2.3 Condiciones de utilización

Las condiciones de utilización de los receptores dependerán de su clase y de las características de los locales donde sean instalados. A este respecto se tendrá en cuenta lo dispuesto en la **ITC-BT-24**. Los receptores de la *clase II y los de la clase III se podrán utilizar sin tomar medida de protección adicional contra los contactos indirectos*.

2.4 Tensiones de alimentación

Los receptores no deberán, en general, conectarse a instalaciones cuya tensión asignada sea diferente a la indicada en el mismo. Sobre éstos podrá señalarse una única tensión asignada o una gama de tensiones que señale con sus límites inferior o superior las tensiones para su funcionamiento asignadas por el fabricante del aparato.

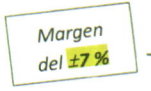
Margen del ±7 %

Los receptores de tensión asignada única, podrán funcionar en relación con ésta, dentro de los límites de variación de tensión admitidos por el **Reglamento por el que se regulan las actividades de transporte, distribución, comercialización, suministro y procedimientos de autorización de instalaciones de energía eléctrica**.

Los receptores podrán estar previstos para el cambio de su tensión asignada de alimentación, y cuando este cambio se realice por medio de dispositivos conmutadores, estarán dispuestos de manera que no pueda producirse una modificación accidental de los mismos.

2.5 Conexión de receptores

Todo receptor será accionado por un dispositivo que puede ir incorporado al mismo o a la instalación alimentadora. Para este accionamiento se utilizará alguno de los dispositivos indicados en la **ITC-BT-19**. *(ITC-BT-19, apartado 2.7)*.

Se admitirá, cuando las prescripciones particulares no señalen lo contrario, que el accionamiento afecte a un conjunto de receptores.

Los receptores podrán conectarse a las canalizaciones directamente o por intermedio de un cable apto para usos móviles, que podrá incorporar una clavija de toma de corriente. Cuando esta conexión se efectúe directamente a una canalización fija, los receptores se situarán de manera que se pueda verificar su funcionamiento, proceder a su mantenimiento y controlar esta conexión. Si la conexión se efectúa por intermedio de un cable movible, éste incluirá el número de conductores necesarios y, si procede, el conductor de protección.

En cualquier caso, los cables en la entrada al aparato estarán protegidos contra los riesgos de tracción, torsión, cizallamiento, abrasión, plegados excesivos, etc., por medio de dispositivos apropiados constituidos por materiales aislantes. No se permitirá anudar los cables o atarlos al receptor.

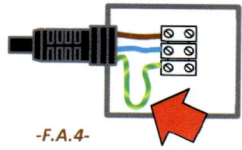
-F.A.4-

Los conductores de protección tendrán una longitud tal que, en caso de fallar el dispositivo impeditivo de tracción, queden únicamente sometidos a ésta después de que la hayan soportado los conductores de alimentación.

En los receptores que produzcan calor, si las partes del mismo que puedan tocar a su cable de alimentación alcanzan más de **85 °C** de temperatura, los aislamientos y cubierta del cable *no serán de **material termoplástico***.

La conexión de los cables aptos para usos móviles a la instalación alimentadora se realizará utilizando:

- ✓ Clavija y toma de corriente
- ✓ Cajas de conexión
- ✓ Trole para el caso de vehículos a tracción eléctrica o aparatos movibles.

La conexión de cables aptos para **usos móviles** a los aparatos destinados a usos domésticos o análogos se realizará utilizando:

- ➤ **Cable flexible**, con cubierta de protección, fijado permanentemente al aparato.
- ➤ **Cable flexible**, con cubierta de protección, fijado al aparato por medio de un conector, de manera que las partes activas del mismo no sean accesibles cuando estén bajo tensión.

La tensión asignada de los cables utilizados será como mínimo la tensión de alimentación y nunca inferior a **300/300 V**. Sus secciones no serán inferiores a **0,5 mm²**. Las características del cable a emplear serán coherentes con su utilización prevista.

Las clavijas utilizadas para la conexión de los receptores a las bases de toma de corriente de la instalación de alimentación serán de los tipos indicados en las figuras ESC 10-1b, C2b, C4, C6 o ESB 25-5b, de la norma **UNE 20.315** o clavija conforme a la norma **UNE EN 50.075**. Adicionalmente, los receptores no destinados a uso en viviendas podrán incorporar clavijas conforme a la serie de normas **UNE EN 60.309**.

- ■ **2.6 Utilización de receptores que desequilibren las fases o produzcan fuertes oscilaciones de la potencia absorbida**

No se podrán instalar sin consentimiento expreso de la Empresa que suministra la energía, aparatos receptores que produzcan **desequilibrios** importantes en las distribuciones polifásicas.

En los motores que accionan máquinas de par resistente muy variable y en otros receptores como hornos, aparatos de soldadura y similares, que puedan producir fuertes oscilaciones por la potencia por ellos absorbida, se tomarán medidas oportunas para que la misma **no** pueda ser **mayor** del **200 %** de la potencia asignada del receptor.

Cuando se compruebe que tales receptores no cumplen la condición indicada, o que producen perturbaciones en la red de distribución de energía de la Empresa distribuidora, ésta podrá, previa autorización del Organismo competente, negar el suministro a tales receptores y solicitar que se instalen los sistemas de corrección apropiados.

2.7 Compensación del factor de potencia

Las instalaciones que suministren energía a receptores de los que resulte un **factor de potencia inferior a 1,** podrán ser **compensadas**, pero sin que **en ningún momento** la energía absorbida por la red pueda ser **capacitiva**.

La compensación del factor de potencia podrá hacerse de una de las dos formas siguientes:

1) **Por cada receptor** o grupo de receptores que funcionen simultáneamente y se conecten por medio de un sólo interruptor. En este caso el interruptor debe cortar la alimentación simultáneamente al receptor o grupo de receptores y al condensador.

2) **Para la totalidad de la instalación.** En este caso, la instalación de compensación ha de estar dispuesta para que, de forma automática, asegure que la variación del factor de potencia no sea mayor de un **± 10 %** del valor medio obtenido durante un prolongado período de funcionamiento.

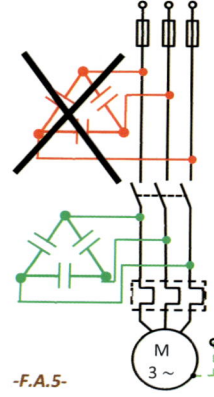

Cuando se instalen **condensadores** y la conexión de éstos con los receptores pueda ser cortada por medio de interruptores, los condensadores irán provistos de **resistencias o reactancias de descarga a tierra**.

Los condensadores utilizados para la mejora del factor de potencia en los **motores asíncronos**, se instalarán de forma que, *al cortar la alimentación de energía eléctrica al motor, queden simultáneamente desconectados los indicados condensadores.*

Las características de los condensadores y su instalación deberán ser conformes a lo establecido en la norma **UNE-EN 60.831-1** y **UNE-EN 60.831-2**.

-F.A.5-

Capacidad CONDENSADORES para corrección cos φ

$$C_\Delta = \frac{P \cdot (tag\ \varphi_1 - tag\ \varphi_2)}{3 \cdot 2\pi f \cdot U^2}$$

$$C_Y = 3 \cdot C_\Delta$$

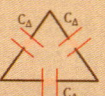

NOTA: Con presencia de armónicos:

Factor de potencia (PF) $\neq$ cos φ

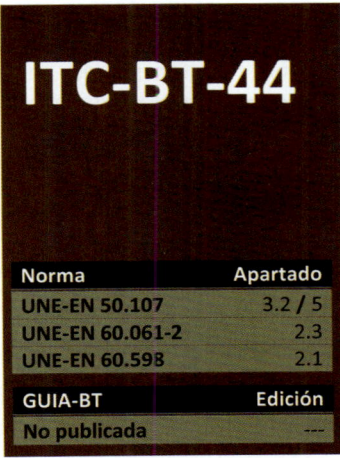

ITC-BT-44

Norma	Apartado
UNE-EN 50.107	3.2 / 5
UNE-EN 60.061-2	2.3
UNE-EN 60.598	2.1
GUIA-BT	Edición
No publicada	---

Receptores para alumbrado

Índice

1. OBJETO Y CAMPO DE APLICACIÓN

La presente instrucción se aplica a las instalaciones de receptores para alumbrado (luminarias). Se entiende como receptor para alumbrado, el equipo o dispositivo que utiliza la energía eléctrica para la iluminación de espacios interiores o exteriores.

En esta instrucción <u>no</u> se incluyen prescripciones relativas al <u>alumbrado exterior recogido en la **ITC-BT-09**</u> ni al <u>alumbrado de emergencia</u> en locales de pública concurrencia recogido en la **ITC-BT-28**.

2. CONDICIONES PARTICULARES PARA LOS RECEPTORES PARA ALUMBRADO Y SUS COMPONENTES

■ 2.1 Luminarias

Las luminarias serán conformes a los requisitos establecidos en las normas de la serie **UNE-EN 60598**.

2.1.1 Suspensiones y dispositivos de regulación

La masa de las <u>luminarias suspendidas</u> excepcionalmente de cables flexibles <u>no deben exceder de **5 kg**</u>.

Los conductores, que deben ser capaces de soportar este peso no deben presentar empalmes intermedios y el esfuerzo deberá realizarse sobre un elemento distinto del borne de conexión. *La sección nominal total de los conductores de los que la luminaria está suspendida será tal que la tracción máxima a la que estén sometidos los conductores sea **inferior a 15 N/mm²**.*

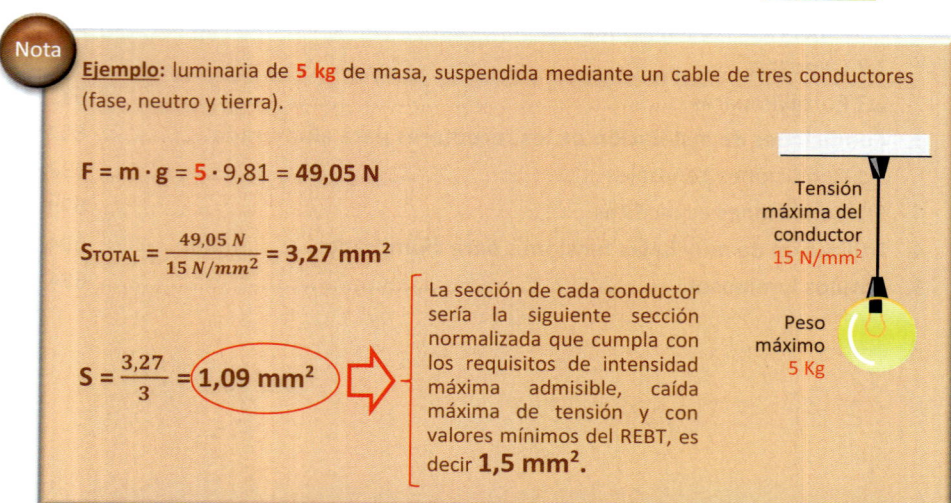

Nota

Ejemplo: luminaria de **5 kg** de masa, suspendida mediante un cable de tres conductores (fase, neutro y tierra).

$$F = m \cdot g = 5 \cdot 9{,}81 = 49{,}05 \text{ N}$$

$$S_{TOTAL} = \frac{49{,}05\ N}{15\ N/mm^2} = 3{,}27 \text{ mm}^2$$

$$S = \frac{3{,}27}{3} = \boxed{1{,}09 \text{ mm}^2}$$

La sección de cada conductor sería la siguiente sección normalizada que cumpla con los requisitos de intensidad máxima admisible, caída máxima de tensión y con valores mínimos del REBT, es decir **1,5 mm²**.

Tensión máxima del conductor
15 N/mm²

Peso máximo
5 Kg

2.1.2 Cableado interno

La tensión asignada de los cables utilizados será ==**como mínimo** la **tensión de alimentación**== y nunca inferior a ==**300/300 V**==.

Además los cables serán de características adecuadas a la utilización prevista, siendo capaces de soportar la temperatura a la que puedan estar sometidas.

2.1.3 Cableado externo

Cuando la luminaria tiene la conexión a la red en su interior, es necesario que el cableado externo que penetra en ella tenga el adecuado aislamiento eléctrico y térmico.

2.1.4 Puesta a tierra

Las **partes metálicas** accesibles de las luminarias _que no sean de clase II o clase III_, deberán tener un elemento de conexión para su puesta a tierra. Se entiende como accesibles aquellas partes incluidas dentro del volumen de accesibilidad definido en la **ITC-BT-24**.

2.2 Lámparas

Queda **prohibido** el uso de lámparas de gases con descargas a alta tensión (como por ejemplo neón) en el interior de las viviendas.

En el interior de locales comerciales y en el interior de edificios, se permitirá su instalación cuando su ubicación esté fuera del volumen de accesibilidad o cuando se instalen barreras o envolventes separadoras, tal como se define en la **ITC-BT-24**.

2.3 Portalámparas

Deberán ser de alguno de los tipos, formas y dimensiones especificados en la norma **UNE-EN 60061-2**.

Cuando en la misma instalación existan lámparas que han de ser alimentadas a distintas tensiones, se recomienda que los portalámparas respectivos sean diferentes entre sí, según el circuito al que deban ser conectados.

Cuando se empleen portalámparas con contacto central, debe conectarse a éste el conductor de fase o polar, y el **neutro** al contacto correspondiente a la parte exterior.

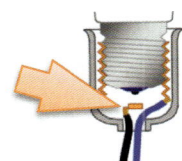

F.A.1: _Colocación Fase y Neutro en portalámparas_

3. CONDICIONES DE INSTALACIÓN DE LOS RECEPTORES PARA ALUMBRADO

■ 3.1 Condiciones generales

En instalaciones de iluminación con lámparas de descarga realizadas en locales en los que funcionen máquinas con movimiento alternativo o rotatorio rápido, se deberán tomar las medidas necesarias para evitar la posibilidad de accidentes causados por ilusión óptica originada por el **efecto estroboscópico**.

> **Nota**
>
> **EFECTO ESTROBOSCÓPICO:** efecto visual a través del cual, nos parece ver un cuerpo que gira como detenido, cuando lo iluminamos con una fuente de luz que se apaga y enciende a la misma frecuencia que la velocidad de giro del cuerpo.
>
> **Ejemplo:** Usando lámparas fluorescentes, se puede observar el efecto estroboscópico en las aspas de un ventilador cuando estas giran a velocidades próximas a la frecuencia de la línea, pareciendo que las mismas no giran o giran lentamente.
>
> **Corrección:** La corrección de este efecto se realiza alternando luminarias sobre las distintas fases con suministros trifásicos con un retraso de 120° respecto al anterior. **También** puede corregirse en las lámparas fluorescentes colocando un condensador en serie con la lámpara.
>
>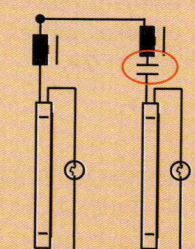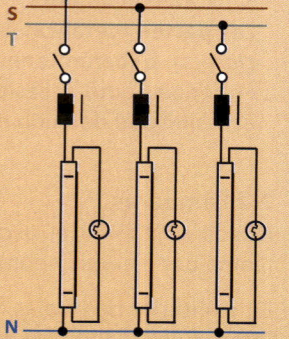

Las **partes metálicas** accesibles de los receptores de alumbrado _que no sean de clase II o clase III_, deberán conectarse de manera fiable y permanente al conductor de protección del circuito. Se entiende como accesibles aquellas partes incluidas dentro del volumen de accesibilidad definido en la **ITC-BT-24**.

Los circuitos de alimentación estarán previstos para transportar la carga debida a los propios receptores, a sus elementos asociados y a sus corrientes armónicas y de arranque.

Para receptores con **lámparas de descarga**:

> La **carga mínima prevista en voltiamperios (VA)**, será 1,8 veces la potencia en vatios de las lámparas.

En el caso de distribuciones monofásicas, el conductor **neutro** tendrá la misma sección que los de fase. Será aceptable un coeficiente diferente para el cálculo de la sección de los conductores, siempre y cuando el **factor de potencia** de cada receptor sea mayor o igual a **0,9** y si se conoce la carga que supone cada uno de los elementos asociados a las lámparas y las corrientes de arranque, que tanto éstas como aquéllos puedan producir. En este caso, el coeficiente será el que resulte.

En el caso de receptores con lámparas de descarga será obligatoria la compensación del <u>factor de potencia hasta un valor mínimo de **0,9**</u>, y no se admitirá compensación en conjunto de un grupo de receptores en una instalación de régimen de carga variable, salvo que dispongan de un sistema de compensación automático con variación de su capacidad siguiendo el régimen de carga.

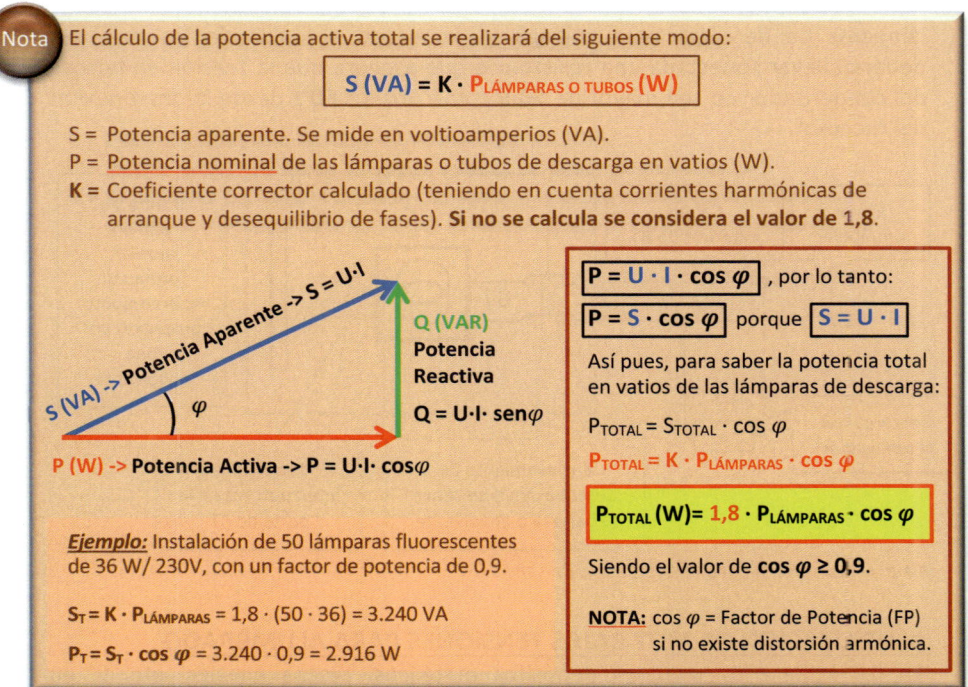

Nota El cálculo de la potencia activa total se realizará del siguiente modo:

$$S \, (VA) = K \cdot P_{\text{LÁMPARAS O TUBOS}} \, (W)$$

S = Potencia aparente. Se mide en voltioamperios (VA).
P = <u>Potencia nominal</u> de las lámparas o tubos de descarga en vatios (W).
K = Coeficiente corrector calculado (teniendo en cuenta corrientes harmónicas de arranque y desequilibrio de fases). **Si no se calcula se considera el valor de 1,8.**

$S \, (VA) \rightarrow$ Potencia Aparente $\rightarrow S = U \cdot I$

φ

Q (VAR)
Potencia Reactiva

$Q = U \cdot I \cdot \text{sen}\varphi$

P (W) $\rightarrow$ **Potencia Activa** $\rightarrow P = U \cdot I \cdot \cos\varphi$

Ejemplo: Instalación de 50 lámparas fluorescentes de 36 W/ 230V, con un factor de potencia de 0,9.

$S_T = K \cdot P_{\text{LÁMPARAS}} = 1,8 \cdot (50 \cdot 36) = 3.240 \, VA$

$P_T = S_T \cdot \cos\varphi = 3.240 \cdot 0,9 = 2.916 \, W$

$P = U \cdot I \cdot \cos\varphi$, por lo tanto:

$P = S \cdot \cos\varphi$ porque $S = U \cdot I$

Así pues, para saber la potencia total en vatios de las lámparas de descarga:

$P_{\text{TOTAL}} = S_{\text{TOTAL}} \cdot \cos\varphi$

$P_{\text{TOTAL}} = K \cdot P_{\text{LÁMPARAS}} \cdot \cos\varphi$

$P_{\text{TOTAL}} \, (W) = 1,8 \cdot P_{\text{LÁMPARAS}} \cdot \cos\varphi$

Siendo el valor de $\cos\varphi \geq 0,9$.

NOTA: $\cos\varphi$ = Factor de Potencia (FP) si no existe distorsión armónica.

■ 3.2 Condiciones específicas

Para instalaciones que alimenten **tubos luminosos de descarga** con tensiones asignadas de salida en vacío comprendidas entre **1 kV** y **10 kV**, se aplicará lo dispuesto en la **UNE-EN 50107**. **No obstante**, se considerarán como instalaciones de baja tensión las destinadas a lámparas o tubos de descarga, cualesquiera que sean las tensiones de funcionamiento de éstas, siempre que constituyan un conjunto o unidad con los transformadores de alimentación y demás elementos, no presenten al exterior más que conductores de conexión en baja tensión y dispongan de barreras o envolventes con sistemas de enclavamiento adecuados, que impidan alcanzar partes interiores del conjunto sin que sea cortada automáticamente la tensión de alimentación al mismo.

La protección contra contactos directos e indirectos se realizará, en su caso, según los requisitos indicados en la instrucción **ITC-BT-24**.

La instalación irá provista de un interruptor de corte ***omnipolar***, situado en la parte de baja tensión. Queda prohibido colocar interruptor, conmutador, seccionador o cortacircuito en la parte de instalación comprendida entre las lámparas y su dispositivo de alimentación.

Todos los condensadores que formen parte del equipo auxiliar eléctrico de las lámparas de descarga para corregir el factor de potencia de los balastos, deberán llevar conectada una **resistencia** que asegure que la tensión en bornes del condensador no sea mayor de **50 V** transcurridos **60 s** desde la desconexión del receptor.

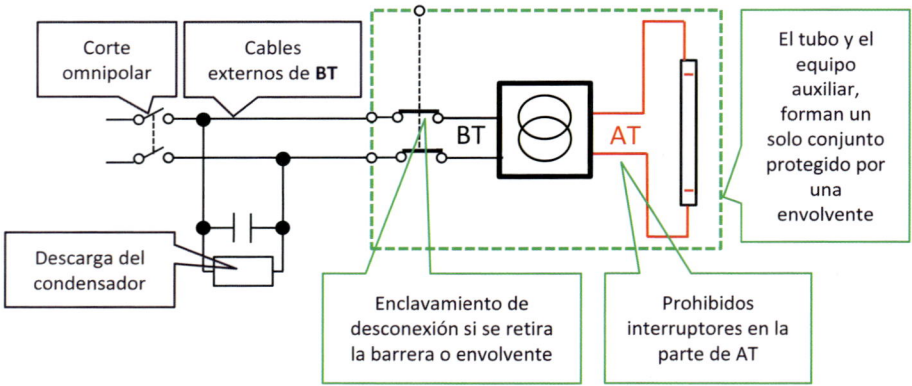

F.A.2: Alimentación tubos de descarga de 1 kV a 10 kV

4. UTILIZACIÓN DE MUY BAJAS TENSIONES PARA ALUMBRADO

En las caldererías, grandes depósitos metálicos, cascos navales, etc. y, en general, en lugares análogos, los aparatos de iluminación portátiles serán alimentados con una tensión de seguridad no superior a **24 V**, excepto si son alimentados por medio de transformadores de separación.

En instalaciones con lámparas de muy baja tensión (p.e. **12 V**) debe preverse la utilización de transformadores adecuados, para asegurar una adecuada protección térmica, contra cortocircuitos y sobrecargas y contra los choques eléctricos.

5. RÓTULOS LUMINOSOS

Para los rótulos luminosos y para instalaciones que los alimentan con tensiones asignadas de salida en vacío comprendidas entre **1 kV y 10 kV** se aplicará lo dispuesto en la norma **UNE-EN 50107**.

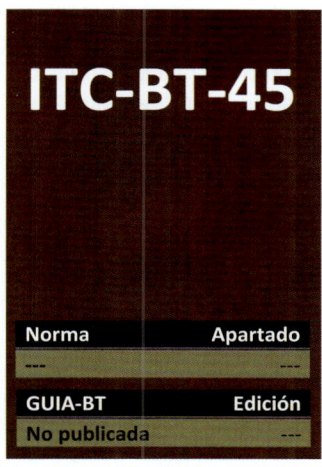

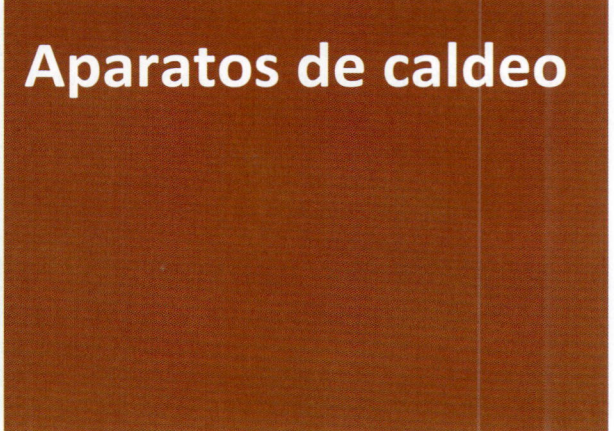

ITC-BT-45   Aparatos de caldeo

Norma	Apartado
---	---

GUIA-BT	Edición
No publicada	---

Índice

1. OBJETO Y CAMPO DE APLICACIÓN

El objeto de la presente instrucción es determinar los requisitos de instalación de los aparatos eléctricos de caldeo, entendiendo como tales aquéllos que transforman la energía eléctrica en calor.

Los aparatos de caldeo objeto de esta instrucción cumplirán los requisitos de las directivas europeas aplicables conforme a lo establecido en el **artículo 6** del *Reglamento Electrotécnico para Baja Tensión*.

2. APARATOS PARA USOS DOMÉSTICO Y COMERCIAL

■ 2.1 Aparatos para el calentamiento de líquidos

Queda **prohibido** el empleo para usos domésticos de aparatos provistos de <u>elementos de caldeo desnudos sumergidos en agua</u>, así como aquellos en los que ésta forme parte del circuito eléctrico.

■ 2.2 Aparatos para el calentamiento de locales

No deberán instalarse en nichos o cajas construidas o revestidas de materiales combustibles.

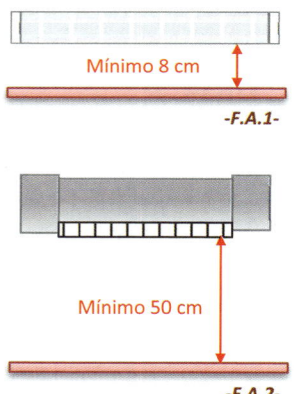

Deberán instalarse de acuerdo a las instrucciones del fabricante en lo relativo a la distancia mínima a las paredes, suelos u otras superficies u objetos combustibles. En ausencia de tales instrucciones deberán instalarse manteniendo una distancia mínima de **8 cm** a las partes anteriores, <u>salvo</u> en el caso de aparatos de calefacción con elementos calefactores luminosos *colocados detrás de aberturas o rejillas*, en los cuales la distancia entre dichas aberturas y elementos combustibles será como mínimo de **50 cm**.

■ 2.3 Cocinas, hornos, hornillos y encimeras

Estos aparatos estarán conectados a su fuente de alimentación por medio de interruptores de corte **omnipolar**, tomas de corriente u otro dispositivo de igual característica destinados únicamente a los mismos.

Los aparatos de cocción y hornos que incorporen elementos incandescentes no cerrados no se instalarán en locales que presenten riesgo de explosión.

3. APARATOS PARA USOS INDUSTRIALES

Los aparatos de caldeo industrial destinados a estar en contacto con materias combustibles o inflamables estarán provistos de un <u>limitador de temperatura</u> que interrumpa o reduzca el caldeo antes de que se alcance una temperatura peligrosa incluso en condiciones de avería o mal uso.

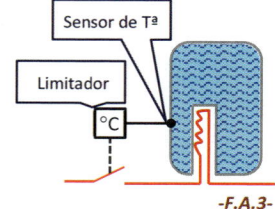

3.1 Aparatos de calentamiento de líquidos

Los aparatos de calentamiento o recalentamiento de líquidos combustibles o inflamables, deberán estar dotados de un <u>limitador de temperaturas</u> que interrumpa o reduzca el calentamiento antes de que se pueda alcanzar una temperatura peligrosa incluso en condiciones de avería o mal uso.

3.1.1. Calentadores de agua en los que esta forma parte del circuito eléctrico

Los calentadores de agua, en los que ésta forma parte del circuito eléctrico, *no serán utilizados en instalaciones **para uso doméstico** ni cuando hayan de ser utilizados por personal no especializado.*

PROHIBIDO en
uso doméstico

-F.A.4-

Para la instalación de estos aparatos, se tendrán en cuenta las siguientes prescripciones:

1. Estos aparatos se alimentarán solamente con corriente alterna a frecuencia igual o superior a *50 hertzios*.

2. La alimentación estará controlada por medio de un ==*interruptor automático*== construido e instalado de acuerdo con las siguientes condiciones:

   ✓ Será de corte omnipolar simultáneo.

   ✓ Estará provisto de dispositivos de protección contra sobrecargas en cada conductor que conecte con un electrodo.

   ✓ Estará colocado de manera que pueda ser accionado fácilmente desde el mismo emplazamiento donde se instale, bien directamente o bien por medio de un dispositivo de mando a distancia. En este caso se instalarán lámparas de señalización que indiquen la posición de abierto o cerrado del interruptor.

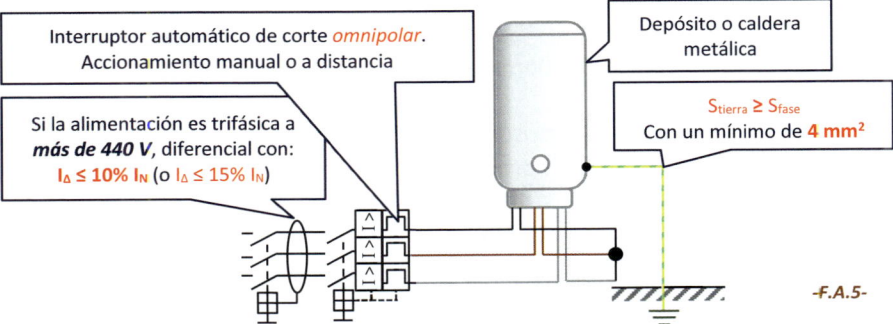

Interruptor automático de corte *omnipolar*. Accionamiento manual o a distancia

Depósito o caldera metálica

Si la alimentación es trifásica a *más de 440 V*, diferencial con: $I_\Delta \leq 10\%\ I_N$ (o $I_\Delta \leq 15\%\ I_N$)

$S_{tierra} \geq S_{fase}$
Con un mínimo de **4 mm²**

-F.A.5-

3. La cuba o caldera metálica se pondrá a tierra y, a la vez, se conectará a la cubierta y armadura metálica, si existen, del cable de alimentación. La sección del ==conductor de puesta a tierra== de la cuba, no será inferior a la del <u>conductor de mayor sección</u> de la alimentación, con un mínimo de ==**4 mm²**==.

4. Según el tipo de aparato se satisfarán, además, los requisitos siguientes:

a) Si los electrodos están conectados directamente a una instalación trifásica a **más de 440 voltios**, debe instalarse un ***interruptor diferencial*** que desconecte la alimentación a los electrodos cuando se produzca una corriente de fuga a tierra superior al **10 %** de la intensidad nominal de la caldera en condiciones normales de funcionamiento. Podrá admitirse hasta un **15 %** en dicho valor si en algún caso fuera necesario para asegurar la estabilidad del funcionamiento de la misma. El dispositivo mencionado debe actuar con retardo para evitar su funcionamiento innecesario en el caso de un desequilibrio de corta duración.

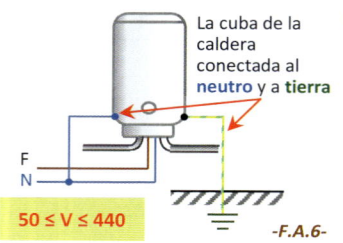

La cuba de la caldera conectada al **neutro** y a **tierra**

50 ≤ V ≤ 440

-F.A.6-

b) Si los electrodos están conectados a una alimentación con tensiones **de 50 V a 440 V**, *la cuba de la caldera estará conectada al **neutro** de la alimentación y a tierra*. La capacidad nominal del conductor neutro no debe ser inferior a la del mayor conductor de alimentación.

3.1.2 Calentadores provistos de elementos de caldeo desnudos sumergidos en el agua

Se admiten en **instalaciones industriales** siempre que no pueda existir una diferencia de potencial superior a **24 V** entre el agua accesible o partes metálicas accesibles en contacto con ella y los elementos conductores situados en su proximidad, que no conste que estén aislados de tierra.

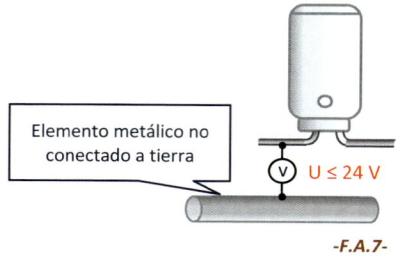

Elemento metálico no conectado a tierra

U ≤ 24 V

-F.A.7-

■ 3.2 Aparatos de cocción y hornos industriales

Las partes accesibles de los hornos que pueden alcanzar una temperatura peligrosa deben estar dotadas de un dispositivo de protección o de visibles señales de atención con una inscripción.

Cuando los <u>hornos presenten corrientes de fuga importantes</u>, como en los hornos de resistencias, deberán ser alimentados según esquema **TN-C**.

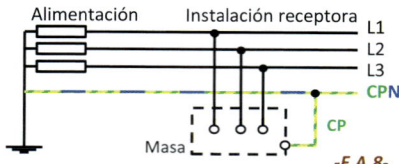

Alimentación   Instalación receptora
L1
L2
L3
CPN
CP
Masa
-F.A.8-

Los aparatos de cocción y los hornos que incorporen elementos incandescentes no cerrados no se instalarán en locales que presenten riesgos de explosión.

3.3. Aparatos para soldadura eléctrica por arco

Los aparatos destinados a la soldadura eléctrica cumplirán en su instalación y utilización las siguientes prescripciones:

a. Las **masas de estos aparatos estarán puestas a tierra**. Será admisible la conexión de uno de los polos del circuito de soldadura a estas masas, cuando, por su puesta a tierra, no se provoquen corrientes vagabundas de intensidad peligrosa. En caso contrario, el circuito de soldadura estará puesto a tierra únicamente en el lugar de trabajo.

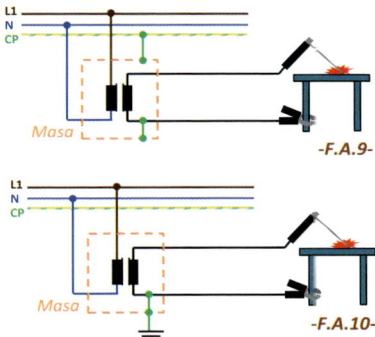

-F.A.9-

-F.A.10-

b. Los bornes de conexión para los circuitos de alimentación de los aparatos manuales de soldar estarán cuidadosamente aislados.

c. Cuando existan en los aparatos ranuras de ventilación estarán dispuestas de forma que no se pueda alcanzar partes bajo tensión en su interior.

d. Cada aparato llevará incorporado: un **interruptor de corte omnipolar** que interrumpa el circuito de alimentación, así como un dispositivo de **protección contra sobrecargas**, regulado, como máximo, al **200 %** de la intensidad nominal de su alimentación, excepto en aquellos casos en que los conductores de este circuito estén protegidos en la instalación por un dispositivo igualmente contra sobrecargas, regulado a la misma intensidad.

e. Las superficies exteriores de los porta-electrodos a mano, y en todo lo posible sus mandíbulas, estarán completamente aisladas. Estos porta-electrodos estarán provistos de discos o pantallas que protejan la mano de los operarios contra el calor proporcionado por los arcos.

f. Las personas que utilicen estos aparatos recibirán las consignas apropiadas para:

> ➤ Hacer inaccesibles las partes bajo tensión de los porta-electrodos cuando no sean utilizados.

> ➤ Evitar que los porta-electrodos entren en contacto con objetos metálicos.

> ➤ Unir al conductor de retorno del circuito de soldadura las piezas metálicas que se encuentren en su proximidad inmediata.

Cuando los trabajos de soldadura se efectúen en locales muy conductores, se recomienda la *utilización de pequeñas tensiones*. **En otro caso**, la tensión en vacío entre el electrodo y la pieza a soldar, **no** será superior a <mark>90 V</mark>, valor eficaz para corriente alterna, y <mark>150 V</mark> en corriente continua.

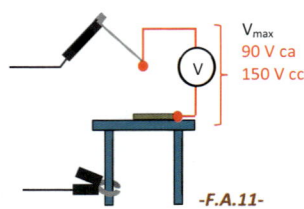

V_{max}
90 V ca
150 V cc

-F.A.11-

ANOTACIONES

ITC-BT-46 | Cables y folios radiantes en viviendas

GUIA-BT	Edición
No publicada	---

Norma	Apartado	Sustituida por:
UNE 20.460-5-523	3.2.1 / 3.5	UNE-HD 60.364-5-52
UNE 21.155-1	1 / 4	

Índice

1. OBJETO Y CAMPO DE APLICACIÓN

La presente instrucción se aplica a las instalaciones de cables eléctricos y folios radiantes calefactores a tensiones nominales de **300/500 V**, empotrados en los suelos forjados y techos.

La Norma **UNE 21155-1**, indica las clases de cables calefactores que se pueden utilizar. En cualquier caso tanto estos como los folios radiantes deberán ser conformes a los requisitos de las Directivas aplicables conforme a lo establecido en el artículo 6 del *Reglamento Electrotécnico para Baja Tensión*.

2. LIMITACIONES DE EMPLEO

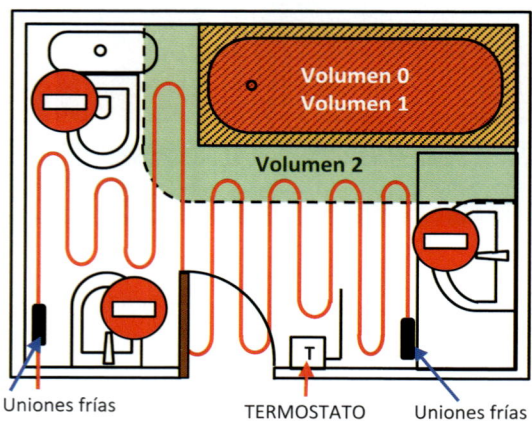

Volumen 0
Volumen 1

Volumen 2

Uniones frías   TERMOSTATO   Uniones frías

-F.A.1-

Estas instalaciones *no deben realizarse dentro de los volúmenes de prohibición** de los cuartos de baño y las **uniones frías** *no deberán encontrarse en el volumen de prohibición* ni en el de protección.**

El elemento calefactor <u>no</u> podrá instalarse por <u>debajo de ninguna unión de las tuberías</u> de distribución de agua o desagües.

* **NOTA A:** Los conceptos de volumen de prohibición y volumen de protección proceden del antiguo REBT de 1973. El **volumen de prohibición** se puede considerar igual a los actuales **volúmenes 0 y 1** definidos en la ITC-BT-27. El **volumen de protección** está limitado por el plano vertical exterior al volumen 1 y el situado a una distancia de **1 m** de este, algo mayor que el volumen 2 definido en la ITC-BT-27 que lo está a **0,6 m.**

3. INSTALACIÓN

■ 3.1 Circuito de alimentación

El circuito de alimentación debe responder a las prescripciones que se establecen en el presente Reglamento, especialmente las concernientes a:

- ✓ canalizaciones y secciones mínimas de conductores; y
- ✓ protección contra sobreintensidades, contactos indirectos y sobretensiones.

Además, los dispositivos de mando y maniobra deben ser de corte **omnipolar** aunque se permite que los dispositivos de control, como termostatos, no lo sean.

3.2 Instalación eléctrica

El **circuito de calefacción** se subdividirá en circuitos según los criterios de **ITC-BT-25**, en función de la simultaneidad de uso, distancia y otros criterios de seguridad etc., con un máximo de **25 A** por fase y circuito. Cada circuito estará protegido por un interruptor automático de corte omnipolar.

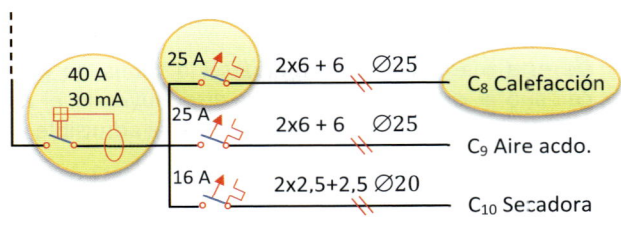

-F.A.2-

Es obligatoria una protección diferencial de alta sensibilidad (**30 mA**) para cada circuito de calefacción por cables calefactores o folio radiante.

Cuando el cable calefactor tenga una **armadura** o cuando el termostato tenga una **envoltura metálica**, ambas deberán conectarse a tierra mediante un _conductor de protección_ de sección _igual_ al _conductor de fase_. $\left.\right\}\ S_{CP} = S_F$

El cable de alimentación al termostato (la fase) tendrá la misma sección que el de la unión fría y se alojará en un tubo de diámetro adecuado.

Antes de cubrir el elemento calefactor, se comprobará la continuidad del circuito. Una vez cubierto el cable, y con anterioridad a la colocación del pavimento se comprobará el _aislamiento eléctrico_ respecto a tierra que deberá ser igual o superior a **250.000 Ω**.

3.2.1 Uniones frías

Las conexiones de los cables calefactores o de los paneles de folio radiante con las uniones frías se deberán realizar y disponer de manera que la transmisión del calor producido por aquellos a las citadas uniones, y al cable de alimentación, permanezca dentro de límites compatibles con las temperaturas máximas admisibles en servicio continuo, fijadas en la norma **UNE 20.460-5-523** (actual **UNE-HD 60.364-5-52**); para ello, y salvo en caso de avería, las uniones frías deberán venir realizadas de fábrica, no autorizándose su ejecución en obra.

Las secciones de las uniones frías estarán determinadas por las intensidades de corriente máximas admisibles fijadas para servicio permanente en la **ITC-BT-19**.

La canalización o tubo deberá terminar a **0,20 m** como mínimo de la conexión con el cable calefactor, debiendo estar esta unión completamente embebida dentro de la masa de hormigón.

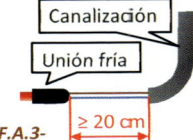

-F.A.3-

3.3 Colocación de los cables calefactores

En la colocación de un elemento o unidad de cable calefactor en el techo o en el suelo, se recomienda que las espiras estén dispuestas paralelamente a la pared que tenga mayores pérdidas.

De esta manera, podrá reforzarse la franja de **0,5 m a 0,6 m** de panel más cercano al cerramiento exterior disminuyendo el paso entre espiras cuidando que no se supere la temperatura máxima admisible por cable.

Se recomienda, cuando sea posible, alejar el cable calefactor, particularmente los del suelo, **0,6 m** de las paredes interiores donde pueda preverse la instalación de muebles.

El cable calefactor deberá estar recubierto en toda su extensión por un material que sea un conductor térmico relativamente bueno como yeso, hormigón, cal, etc., para favorecer la transmisión del calor.

3.4 Fijación de los cables calefactores

El cable calefactor se fijará por medio de distanciadores no metálicos, colocados en las extremidades donde el cable cambia de dirección.

El distanciador será de material resistente a la corrosión y que no pueda producir daños al aislamiento del cable.

El **radio de curvatura** de los cables **no** deberá ser inferior a **6 veces** el diámetro exterior de los mismos, cuando estos no tengan armadura, y a **10 veces** cuando tengan armadura.

3.5 Relación con otras instalaciones

El elemento calefactor deberá instalarse lo más lejos posible de los cables eléctricos de distribución para fuerza y alumbrado, para que estos no reciban calor. En otro caso debe calcularse la temperatura de servicio de los circuitos de fuerza y alumbrado teniendo en cuenta el calor emitido por los elementos calefactores, y adoptar la sección adecuada en función del tipo de cable y de lo indicado en la **UNE 20.460-5-523** (actual **UNE-HD 60.364-5-52**).

4. PARTICULARIDADES PARA INSTALACIONES EN EL SUELO DE LOS CABLES CALEFACTORES

La temperatura de los cables calefactores no deberá ser superior, en las condiciones de utilización previstas, a los límites fijados en las normas del cable aislado de que se trate **UNE 21.155-1**.

La capacidad térmica de los materiales situados en la superficie del aislamiento térmico y la superficie emisora será inferior a **120 kJ/m^2·K** (**29 kcal/m^2·°C**).

4.1 Colocación

Los cables colocados en el suelo, estarán embebidos en el mortero u hormigón. De existir una primera capa de hormigón esta podrá ser del tipo aislante. La segunda capa de hormigón, de tipo no aislante, deberá tener un espesor mínimo de **30 mm** y será en la que se empotrarán los cables calefactores.

El fraguado del hormigón no podrá acelerarse con el elemento calefactor, aunque sí su secado.

Además del material aislante que se instale sobre el forjado, deberá colocarse, en todo el perímetro del local, un **zócalo aislante** de espesor igual o superior a **1 cm**, con una altura igual a la capa de mortero u hormigón en la que esté embebido el elemento calefactor.

En caso de posible humedad, el material aislante deberá ir provisto de una barrera contra la humedad en su parte inferior; si existiese peligro de condensaciones también de una barrera anti-vapor.

El contorno de los cables estará situado a una distancia mínima de **0,2 m** de todas las paredes exteriores del local.

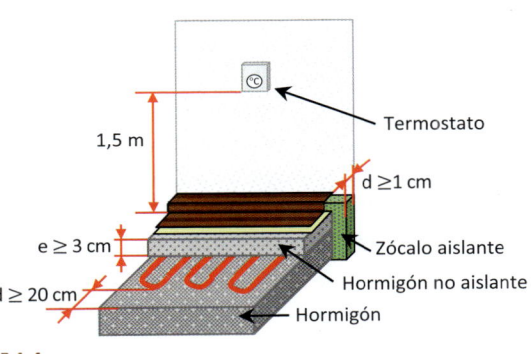

-F.A.4-

5. PARTICULARIDADES PARA INSTALACIONES DE CABLES CALEFACTORES EN EL TECHO

Tratándose de sistemas de calefacción directa, es necesario reducir la masa de materiales de construcción calentada por el cable.

La capacidad térmica de los materiales situados entre la superficie del aislamiento térmico y la superficie emisora será inferior a **180 kJ/m² K** **(43 kcal/m² °C)**.

5.1 Colocación

La altura mínima de los locales acondicionados por este sistema será de **3,5 m**.

El contorno de los cables calefactores instalados en el techo tendrá una distancia mínima de **0,4 m** respecto a las paredes exteriores y de **0,2 m** respecto a las paredes interiores.

Los eventuales **puntos de luz** en el techo, incluida la luminaria si es encastrable, deberá tener a su alrededor un espacio libre de <mark>0,1 m</mark> por lo menos.

Los elementos colocados en el techo estarán embebidos en la capa de recubrimiento que será como mínimo de <mark>15 a 20 mm</mark> de espesor, y se aplicará en sentido paralelo a los cables. Se cuidará mucho que no se formen bolsas de aire en el recubrimiento en contacto con el cable.

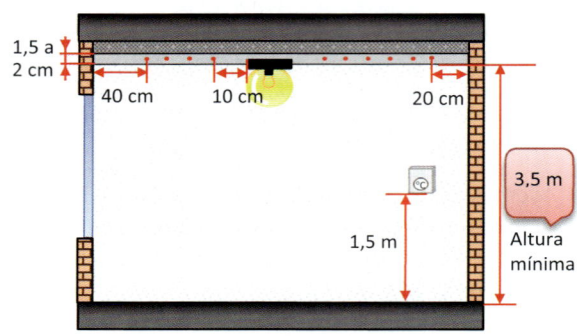

F.A.5: *Calefactor en el techo*

6. CONTROL

El **termostato** de control de las condiciones ambientales se situará preferentemente sobre una pared interior, a <mark>1,5 m</mark> del suelo y no deberá estar expuesto a la radiación bien sea solar, de lámparas, de electrodomésticos, etc., ni a corriente de aire procedentes de puertas, ventanas o ventiladores. El diferencial de temperatura del termostato no deberá ser superior a **1,5 K**.

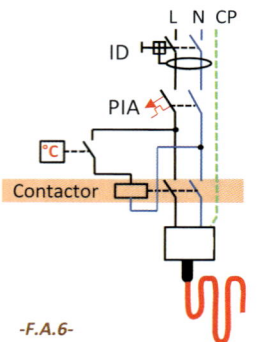

-F.A.6-

Si la intensidad de corriente del elemento calefactor fuera superior al poder de corte del termostato o si el circuito fuera trifásico, el termostato actuará sobre la bobina de un **contactor** de poder de corte suficiente situado en el cuadro de distribución aguas abajo del interruptor automático.

En locales de grandes dimensiones el proyectista justificará la colocación de más de un termostato tratando, en cualquier caso de optimizar el consumo energético.

ANOTACIONES

ITC-BT-47

Motores

GUIA-BT	Edición
No publicada	---

Norma	Apartado	Sustituida por:
UNE 20.460	2	**UNE-HD 60.364**
UNE 20.460-4-45	5	--

Índice

1. OBJETO Y CAMPO DE APLICACIÓN

El objeto de la presente Instrucción es determinar los requisitos de instalación de los motores y herramientas portátiles de uso exclusivamente profesionales.

Los receptores objeto de esta Instrucción cumplirán los requisitos de las Directivas europeas aplicables conforme a lo establecido en el **artículo 6** del *Reglamento Electrotécnico para Baja Tensión*.

2. CONDICIONES GENERALES DE INSTALACIÓN

La instalación de los motores debe ser conforme a las prescripciones de la norma **UNE 20460** (UNE-HD 60.364) y las especificaciones aplicables a los locales (o emplazamientos) donde hayan de ser instalados.

Los motores deben instalarse de manera que la aproximación a sus partes en movimiento no pueda ser causa de accidente.

Los motores no deben estar en contacto con materias fácilmente combustibles y se situarán de manera que no puedan provocar la ignición de estas.

3. CONDUCTORES DE CONEXIÓN

Las secciones mínimas que deben tener los conductores de conexión con objeto de que no se produzca en ellos un calentamiento excesivo, deben ser las siguientes:

■ 3.1 Un solo motor

Los conductores de conexión que alimentan a un solo motor deben estar dimensionados para una intensidad del **125 %** de la intensidad a plena carga del motor. En los motores de rotor devanado, los conductores que conectan el rotor con el dispositivo de arranque (conductores secundarios) deben estar dimensionados, asimismo, para el **125 %** de la intensidad a plena carga del rotor.

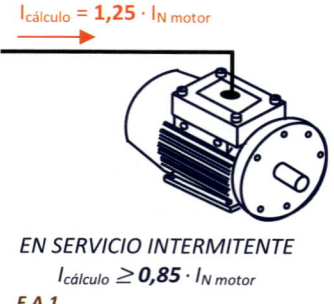

$I_{cálculo} = \mathbf{1,25} \cdot I_{N\ motor}$

EN SERVICIO INTERMITENTE
$I_{cálculo} \geq \mathbf{0,85} \cdot I_{N\ motor}$
F.A.1

Si el motor es para servicio intermitente, los conductores secundarios pueden ser de menor sección según el tiempo de funcionamiento continuo, pero **en ningún caso** tendrán una sección inferior a la que corresponde al **85 %** de la intensidad a plena carga en el rotor.

3.2 Varios motores

Los conductores de conexión que alimentan a varios motores, deben estar dimensionados para una intensidad **no inferior** a la suma del **125 %** de la intensidad a plena carga del **motor de mayor potencia, más** la intensidad a plena carga de todos los demás.

$$I_{cálculo} \geq 1,25 \cdot I_{N\,motor1} + I_{N\,motor2} + I_{N\,motor3}$$

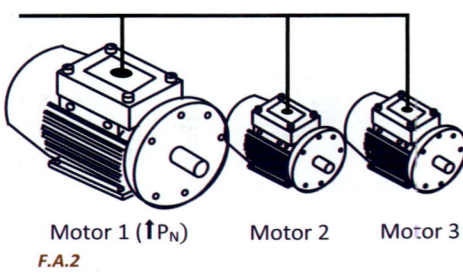

Motor 1 ($\uparrow P_N$)   Motor 2   Motor 3

F.A.2

3.3 Carga combinada

Los conductores de conexión que alimentan a motores y otros receptores, deben estar previstos para la intensidad total requerida por los receptores, más la requerida por los motores, calculada como antes se ha indicado.

$$I_{cálculo} \geq 1,25 \cdot I_{N\,motor1} + I_{N\,motor2} + I_{receptor}$$

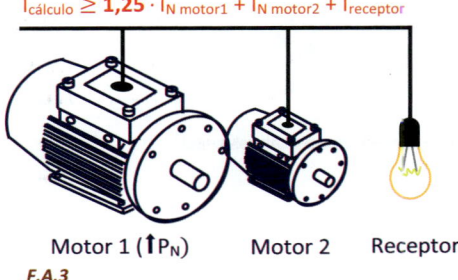

Motor 1 ($\uparrow P_N$)   Motor 2   Receptor

F.A.3

4. PROTECCIÓN CONTRA SOBREINTENSIDADES

Los motores deben estar protegidos contra cortocircuitos y contra sobrecargas en todas sus fases, debiendo esta última protección ser de tal naturaleza que cubra, en los motores trifásicos, el riesgo de la falta de tensión en una de sus fases.

En el caso de motores con ***arrancador estrella-triángulo,*** *se asegurará la protección, tanto para la conexión en estrella como en triángulo*. Las características de los dispositivos de  protección deben estar de acuerdo con las de los motores a proteger y con las condiciones de servicio previstas para estos, debiendo seguirse las indicaciones dadas por el fabricante de los mismos.

5. PROTECCIÓN CONTRA LA FALTA DE TENSIÓN

Los motores deben estar protegidos contra la falta de tensión por un dispositivo de corte automático de la alimentación, cuando el arranque espontáneo del motor, como consecuencia del restablecimiento de la tensión, pueda provocar accidentes, o perjudicar el motor, de acuerdo con la norma **UNE 20460-4-45**.

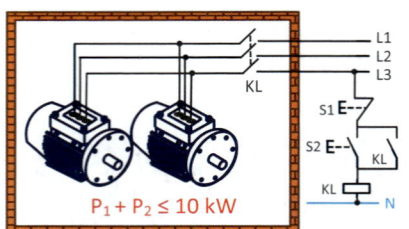

F.A.4

Dicho dispositivo puede formar parte del de protección contra las sobrecargas o del de arranque, y **puede proteger a más de un motor si** se da una de las circunstancias siguientes:

a) Los motores a proteger estén instalados en un mismo local y la suma de potencias absorbidas no es superior a <mark>10 kW</mark>.

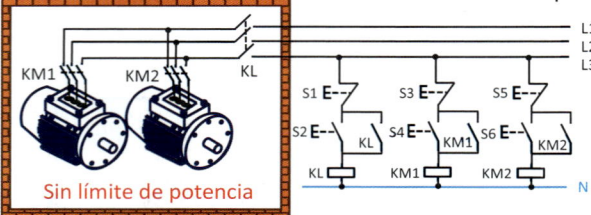

F.A.5

b) Los motores a proteger estén instalados en un mismo local y cada uno de ellos queda automáticamente en el estado inicial de arranque después de una falta de tensión.

Cuando el motor arranque automáticamente en condiciones preestablecidas, no se exigirá el dispositivo de protección contra la falta de tensión, pero debe quedar excluida la posibilidad de un accidente en caso de arranque espontáneo. Si el motor tuviera que llevar dispositivos limitadores de la potencia absorbida en el arranque, es **obligatorio**, para quedar incluidos en la anterior excepción, que los dispositivos de arranque vuelvan automáticamente a la **posición inicial** al originarse una falta de tensión y parada del motor.

6. SOBREINTENSIDAD DE ARRANQUE

Los motores *deben tener limitada la intensidad absorbida en el arranque,* cuando se pudieran producir efectos que perjudicasen a la instalación u ocasionasen perturbaciones inaceptables al funcionamiento de otros receptores o instalaciones.

Cuando los motores vayan a ser alimentados por una red de distribución pública, se necesitará la conformidad de la Empresa distribuidora respecto a la utilización de los mismos, cuando se trate de:

1. Motores de gran inercia.
2. Motores de arranque lento en carga.
3. Motores de arranque o aumentos de carga repetida o frecuente.
4. Motores para frenado.
5. Motores con inversión de marcha.

En general, los motores de <u>potencia superior a <mark>0,75 kW</mark></u> deben estar provistos de reóstatos de arranque o dispositivos equivalentes que no permitan que la relación de corriente entre el periodo de arranque y el de marcha normal que corresponda a su plena carga, según las características del motor que debe indicar su placa, sea superior a la señalada en el cuadro siguiente:

> 0,75 kW

MOTORES DE CORRIENTE CONTINUA		MOTORES DE CORRIENTE ALTERNA	
Potencia nominal del motor	Constante máxima de proporcionalidad entre la intensidad de la corriente de arranque y la de plena carga $$\frac{I_a}{I_{N\,(*)}} \leq$$	**Potencia nominal del motor**	Constante máxima de proporcionalidad entre la intensidad de la corriente de arranque y de la de plena carga $$\frac{I_a}{I_{N\,(*)}} \leq$$
De 0,75 kW a 1,5 kW	2,5	De 0,75 kW a 1,5 kW	4,5
De 1,5 kW a 5,0 kW	2	De 1,5 kW a 5,0 kW	3
De más de 5,0 kW	1,5	De 5,0 kW a 15,0 kW	2
		De más de 15,0 kW	1,5

Tabla 1.

(*) *Motores de elevación:* $I_{cálculo} = \mathbf{1{,}3} \cdot I_{\text{plena carga}}$

En los motores de *ascensores, grúas y aparatos de elevación* en general, tanto de corriente continua como de alterna, se computará como intensidad normal a plena carga, <u>a los efectos de las constantes señaladas en los cuadros anteriores</u>, la necesaria para elevar las cargas fijadas como normales a la velocidad de régimen una vez pasado el periodo de arranque, multiplicada por el coeficiente <mark>1,3</mark>.

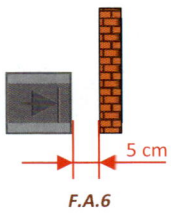
$I_{cálculo} = \mathbf{1{,}3} \cdot I_N$

No obstante lo expuesto, y en casos particulares, podrán las empresas prescindir de las limitaciones impuestas, cuando las corrientes de arranque no perturben el funcionamiento de sus redes de distribución.

7. INSTALACIÓN DE REÓSTATOS Y RESISTENCIAS

Los reóstatos de arranque y regulación de velocidad y las resistencias adicionales de los motores, se colocarán de modo que estén <u>separados de los muros <mark>5 cm</mark> como mínimo.</u>

Deben estar dispuestos de manera que no puedan causar deterioros como consecuencia de la radiación térmica o por acumulación de polvo, tanto en servicio normal como en caso

5 cm

F.A.6

de avería. Se montarán de manera que no puedan quemar las partes combustibles del edificio ni otros objetos combustibles; si esto no fuera posible los elementos combustibles llevarán un revestimiento ignífugo.

Los reóstatos y las resistencias deberán poder ser separadas de la instalación por dispositivos de corte omnipolar, que podrán ser los interruptores generales del receptor correspondiente.

8. HERRAMIENTAS PORTÁTILES

Las herramientas portátiles utilizadas en obras de construcción de edificios, canteras y, en general, en el exterior, deberán ser de **Clase II** o de **Clase III** Las herramientas de **Clase I** pueden ser utilizadas en los emplazamientos citados, debiendo, en este caso, ser alimentadas por intermedio de un transformador de separación de circuitos.

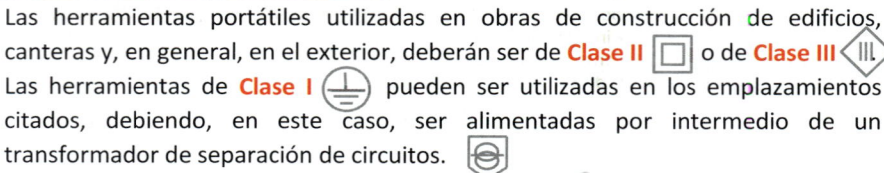

Cuando estas herramientas se utilicen en obras o emplazamientos **muy conductores**, tales como en trabajos de hormigonado, en el interior de calderas o de tuberías metálicas u otros análogos, las herramientas portátiles a mano deben ser de **Clase III**.

NOTA A.: *Clasificación de los receptores en función de la clase (o grado) de protección en el apdo. 2.2 de la ITC-BT-43.*

ANOTACIONES

ITC-BT-48

Transformadores y autotransformadores.

Reactancias y rectificadores.

Condensadores.

Norma	Apartado
UNE-EN 60.831-1	2.3

GUIA-BT	Edición
No publicada	---

Índice

1. OBJETO Y CAMPO DE APLICACIÓN

El objeto de la presente instrucción es determinar los requisitos de instalación de los:

Transformadores, autotransformadores, reactancias, rectificadores y condensadores

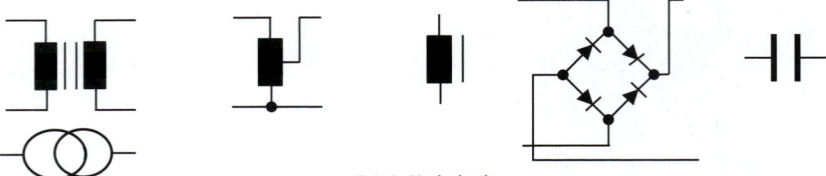

F.A.1: Simbología.

Los receptores objeto de esta instrucción cumplirán los requisitos de las Directivas europeas aplicables conforme a lo establecido en el **artículo 6** del *Reglamento Electrotécnico para Baja Tensión*.

2. CONDICIONES GENERALES DE INSTALACIÓN

La instalación de los receptores incluidos en la presente Instrucción satisfarán, según los casos, las especificaciones aplicables a los locales (o emplazamientos) donde hayan de ser instalados.

Las conexiones de estos receptores se realizarán con los elementos de conexión adecuados a los materiales a unir, es decir, en el caso de bobinados de aluminio, con piezas de conexión bimetálicas.

Estos receptores serán instalados de forma que dispongan de ventilación suficiente para su refrigeración correcta.

■ 2.1 Transformadores y autotransformadores

Los transformadores que puedan estar al alcance de personas no especializadas, estarán construidos o situados de manera, que sus arrollamientos y elementos bajo tensión, si ésta es superior a **50 V**, sean inaccesibles.

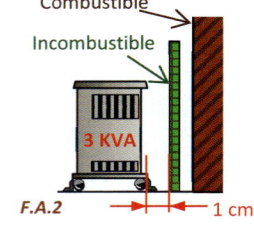

Los transformadores en **instalación fija** no se montarán directamente sobre partes combustibles de un edificio, y cuando sea necesario instalarlos próximos a los mismos, se emplearán **pantallas incombustibles** como elemento de separación.

La separación entre los transformadores y estas pantallas será de **1 cm** cuando la potencia del transformador sea inferior o igual a **3.000 VA**. Esta distancia se aumentará proporcionalmente a la potencia cuando ésta sea mayor. Los transformadores en instalación fija, cuando su potencia no exceda de **3.000 VA**, provistos de un limitador de temperatura apropiado, podrán montarse directamente sobre partes combustibles.

El empleo de **autotransformadores** no será admitido si los dos circuitos conectados a ellos no tienen un aislamiento previsto para la tensión mayor.

En la conexión de un autotransformador a una fuente de alimentación con conductor neutro, el borne del extremo del <u>arrollamiento común al primario y al secundario, se unirá al conductor neutro</u>.

■ 2.2 Reactancias y rectificadores

La instalación de reactancias y rectificadores responderán a los mismos requisitos generales que los señalados para los transformadores.

En relación con los **rectificadores**, se tendrá en cuenta, además:

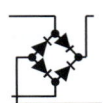

➢ Cuando los rectificadores no se opongan, de por sí, al paso accidental de la corriente alterna al circuito que alimentan en corriente continua o al retorno de ésta al circuito de corriente alterna, se instalarán asociados a un dispositivo adecuado que impida esta eventualidad.

➢ Las canalizaciones correspondientes a las corrientes de diferente naturaleza, serán distintas y estarán convenientemente señalizadas o separadas entre sí.

➢ Los circuitos correspondientes a la corriente continua se instalarán siguiendo las prescripciones que correspondan a su tensión asignada.

■ 2.3 Condensadores

Los condensadores que no lleven alguna indicación de temperatura máxima admisible **no se podrán utilizar** <u>en lugares donde la temperatura ambiente sea 50 °C o mayor</u>.

Si la carga residual de los condensadores pudiera poner en peligro a las personas, llevarán un <u>dispositivo automático de descarga</u> o se colocará una inscripción que advierta este peligro. Los condensadores con dieléctrico líquido combustible cumplirán los mismos requisitos que los reostatos y reactancias.

Para la utilización de condensadores <u>por encima de los 2.000 m de altitud sobre el nivel del mar</u>, deberán tomarse precauciones de acuerdo con el fabricante, según especifica la norma **UNE-EN 60831-1**.

Los condensadores deberán estar adecuadamente **protegidos,** cuando se vayan a utilizar con sobreintensidades superiores a **1,3 veces** la intensidad correspondiente a la tensión asignada a frecuencia de red, excluidos los transitorios.

Los aparatos de mando y protección de los condensadores deberán soportar en régimen permanente, de **1,5 a 1,8 veces** la intensidad nominal asignada del condensador, a fin de tener en cuenta los armónicos y las tolerancias sobre las capacidades.

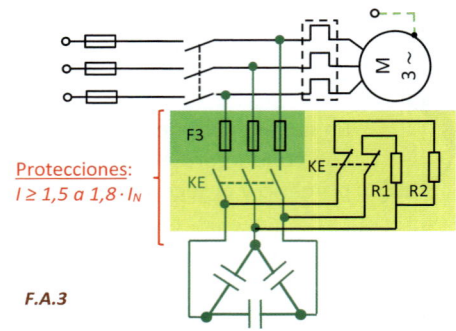

Protecciones:
$I \geq 1,5$ a $1,8 \cdot I_N$

F.A.3

Nota

Capacidad CONDENSADORES para corrección cos φ

$$C_\Delta = \frac{P \cdot (tag\ \varphi_1 - tag\ \varphi_2)}{3 \cdot 2\pi f \cdot U^2}$$

$$C_Y = 3 \cdot C_\Delta$$

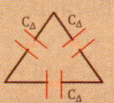

NOTA: Con presencia de armónicos:

Factor de potencia (PF) $\neq$ cos φ.

3. PROTECCIÓN DE LOS TRANSFORMADORES CONTRA SOBREINTENSIDAD

Todo transformador estará protegido por un dispositivo de corte por sobreintensidad u otro sistema equivalente. Este dispositivo estará de acuerdo con las características que figuran en la placa del transformador, y con la utilización de dicho transformador.

ANOTACIONES

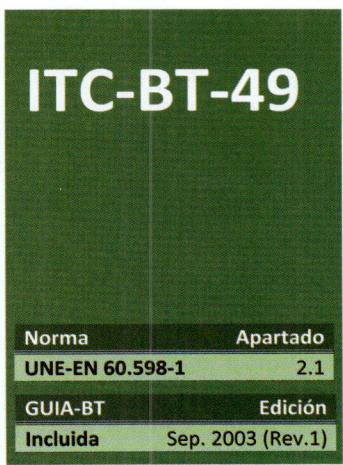

ITC-BT-49

Muebles

Norma	Apartado
UNE-EN 60.598-1	2.1

GUIA-BT	Edición
Incluida	Sep. 2003 (Rev.1)

Índice

1. OBJETO Y CAMPO DE APLICACIÓN

El objeto de la presente Instrucción es determinar los requisitos de las instalaciones eléctricas en los muebles y elementos de mobiliario.

Las prescripciones de esta Instrucción son aplicables a:

1) <u>Muebles</u> de toda clase, incluidos los muebles de despacho, mostradores, expositores, paneles fijos o móviles y análogos.

2) <u>Muebles</u>, espejos y elementos <u>de cuarto de baño</u> en locales que contengan una bañera o ducha.

Los receptores que se utilicen en dichas instalaciones cumplirán los requisitos de las Directivas europeas aplicables conforme a lo establecido en el artículo 6 del Reglamento Electrotécnico para Baja Tensión. A estos efectos <u>cualquier mueble comercializado con un equipo eléctrico</u> montado en él (por ejemplo, luminaria, interruptor, base de toma de corriente, etc.) <u>se considerará como **un receptor**</u>.

2. MUEBLES NO DESTINADOS A INSTALARSE EN CUARTOS DE BAÑO

Se incluyen en este apartado las mesas, camas, armarios, aparadores, muebles de televisión, muebles de cocina, paneles de despacho (incluidos los tabiques movibles y amovibles), y en general muebles no situados en cuartos de baño o locales que contengan una bañera o ducha en los cuales se colocan equipos eléctricos, tales como luminarias, bases de toma de corriente, dispositivos de mando, interruptores, etc.

■ **2.1 Aspectos generales**

Los equipos y accesorios eléctricos que se coloquen en los elementos de mobiliario, estarán situados teniendo en cuenta las solicitaciones mecánicas y térmicas a las que puedan estar sometidos así como a los riesgos de incendio que puedan provocar. En particular las luminarias para instalaciones en superficies inflamables (madera, tela, etc.) deben estar marcadas con el **símbolo F**, según la norma **UNE EN 60598-1**.

Cuando la potencia disipada por los equipos eléctricos pueda producir temperaturas excesivas en un espacio cerrado, deberá instalarse un interruptor accionado por el cierre de la puerta de tal manera que los equipos queden fuera de servicio cuando la puerta esté cerrada (por ejemplo, las luminarias instaladas en las camas plegables).

2.2 Canalizaciones

Los cables se podrán colocar en tubos, canales protectoras o bien conducidos dentro de una canal realizada durante la construcción del elemento de mobiliario. La instalación de **tubos** y canales tiene que ser conforme a lo indicado en la **ITC-BT-21**.

Los cables a instalar dentro de un mueble y hasta su conexión con la instalación interior del local o vivienda serán:

- ➢ cables flexibles aislados con goma (equivalente, como mínimo, al tipo **H05RR-F**);

- ➢ cables flexibles aislados con policloruro de vinilo (PVC) (equivalentes como mínimo, al tipo **H05VV-F**).

 Guía Para las canalizaciones en tubos o en canales protectoras pueden utilizarse conductores unipolares aislados (tipo **H07V** con conductor rígido o flexible).

2.3 Sección de los conductores

La mínima sección de los conductores será de:

a) **0,75 mm²**: De **cobre** para instalación de alumbrado exclusivamente y con conductores flexibles si la longitud entre la conexión en la instalación fija del local o vivienda y el aparato más alejado contenido en el mueble no es superior a **10 m** *y si éste no lleva ninguna base de toma de corriente.*

b) **1,5 mm²**: De **cobre**, flexible o rígido, en los demás casos *si no hay bases de toma de corriente.*

c) **2,5 mm²**:   De **cobre**, flexible o rígido, en cualquier caso, *si hay bases de toma de corriente.*

 Guía Sólo se podrán instalar conductores rígidos (de clase 1 o de clase 2) cuando estén alojados en el interior de tubos o canales protectores.

2.4 Protección mecánica de los cables

Los cables deben estar convenientemente protegidos contra todo daño y en especial contra la tracción y torsión, para lo cual se colocarán dispositivos antitracción en los puntos de penetración de los aparatos y próximos a las conexiones.

Los cables estarán fijados a las paredes de los muebles y en los extremos de los vanos existentes.

2.5 Conexiones

Las conexiones deben efectuarse mediante tomas de corriente o bornes situados en cajas con grado de protección mínimo **IP 3X** y cuya tapa sólo pueda ser abierta con la ayuda de una llave o de un útil.

Las cajas deben estar colocadas de tal manera que estén protegidas contra todo daño mecánico.

3. MUEBLES EN CUARTOS DE BAÑO

Para las instalaciones de muebles con equipo eléctrico en cuartos de baño o aseo o locales que contengan una bañera o ducha, se tendrán en cuenta los volúmenes y prescripciones definidas en la **ITC-BT-27**.

Para la conexión a la instalación fija, los muebles deben llevar una caja de conexión con bornes fija, independientemente de cual sea su equipo eléctrico. Los dispositivos de conexión de los conductores exteriores de la instalación de la edificación no deberán usarse para la conexión de conductores internos. Dicha caja de conexión con bornes debe ser accesible únicamente después de retirar una tapa o cubierta con la ayuda de una herramienta. El borne de tierra, si existe, estará identificado con su símbolo normalizado correspondiente y se conectará a la instalación de tierra del edificio.

Los muebles con equipo eléctrico para instalarse en cuartos de baño o aseo *deberán ser fijos*.

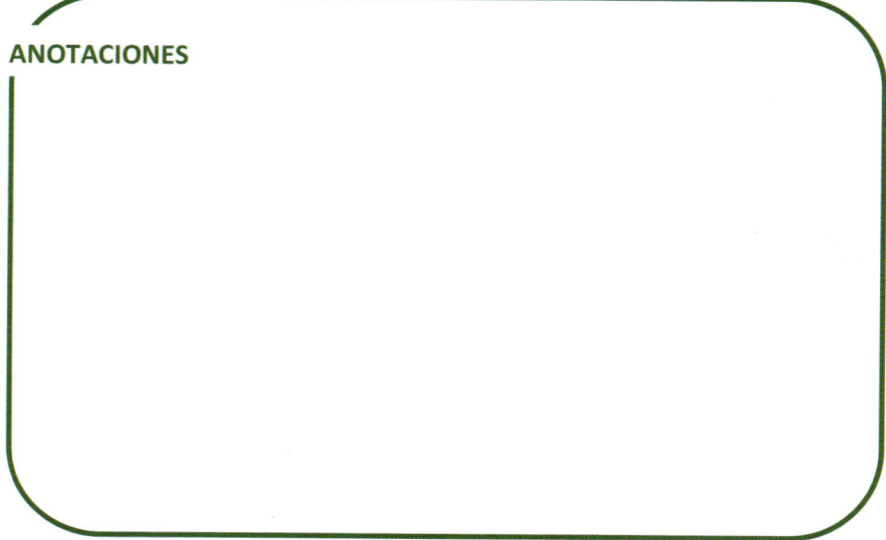

ANOTACIONES

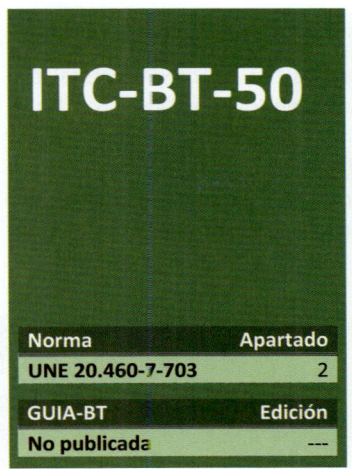

ITC-BT-50

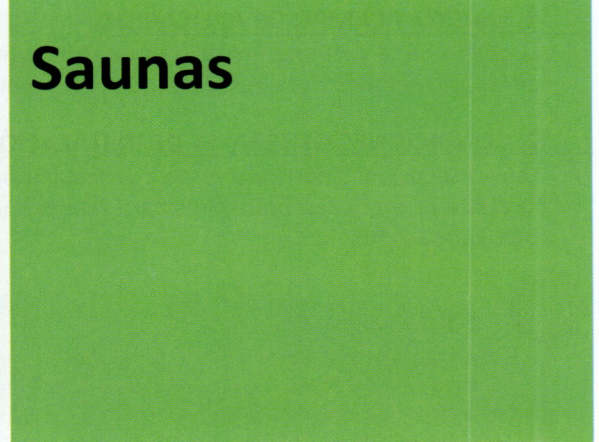

Saunas

Norma	Apartado
UNE 20.460-7-703	2

GUIA-BT	Edición
No publicada	---

Índice

1. OBJETO Y CAMPO DE APLICACIÓN

El objeto de la presente Instrucción es determinar los requisitos de instalación de los equipos eléctricos en locales que contienen radiadores para saunas.

2. CONDICIONES GENERALES DE INSTALACIÓN

Las prescripciones particulares para la instalación de los equipos eléctricos en locales que contienen radiadores para saunas son las establecidas en la norma **UNE 20460-7-703**.

UNE

UNE 20.460-7-703

1. PROTECCIÓN CONTRA CHOQUES ELÉCTRICOS

Cuando se utilice **MBTS** (máximo 50 V en AC y 75 V en DC), la protección contra contactos directos estará asegurada por:
a) Una envolvente con grado de protección mayor o igual a **IP 2X**.
b) O bien tendrán un aislamiento que soporte un ensayo de 500 V durante 1 minuto.

No se admiten las medidas de protección contra **contactos directos** mediante obstáculos, ni por fuera de alcance por alejamiento (**ITC-BT-24**).

No se admiten medidas de protección contra **contactos indirectos** en los locales no conductores, no por conexiones equipotenciales no conectadas a tierra (**ITC-BT-24**).

2. MATERIALES ELÉCTRICOS: deben tener como mínimo un grado de protección **IP 24**.

3. CANALIZACIONES: las canalizaciones deben disponer de aislamiento de **clase II*** o equivalente. Además no deben incluir ningún revestimiento metálico.
  * NOTA A.: Definición nº 95 ITC-BT 01.

4. APARAMENTA: las aparamentas no incorporadas al radiador deben estar situadas fuera del local. No se deben instalar ninguna base de toma de corriente.

5. ZONAS: se definen **4 zonas:**

- **ZONA 1:** solamente se admiten los materiales pertenecientes a los radiadores para saunas.

- **ZONA 2:** no es necesaria ninguna prescripción especial desde el punto de vista de resistencia al calor de los materiales.

- **ZONA 3:** los materiales deben poder soportar una Tª de **125 °C**.

- **ZONA 4:** solo se instalarán luminarias instaladas con sistemas de sobrecalentamiento y su cableado, también se podrán instalar los dispositivos de mando de los radiadores de saunas (termostatos, limitadores de temperatura, etc.) y sus canalizaciones. Todos los materiales deben poder soportar una Tª de **125 °C**.

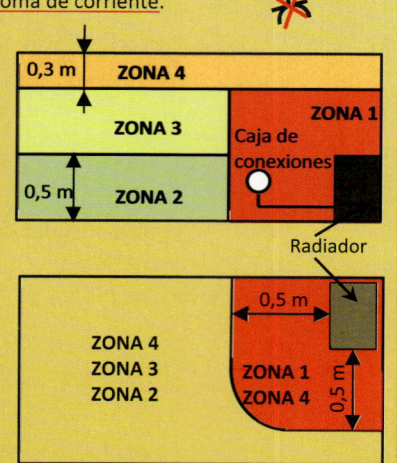

ITC-BT-51

Sistemas de automatización y gestión técnica de la energía y seguridad

Norma	Apartado	Sustituida por:
CEI 60.189-2	5.2	**UNE 212.002-2**
UNE-EN 50.065-1	5.1	--
EN 61.196	5.2	**UNE- EN 61.196**

GUIA-BT	Edición
Incluida	Feb. 2007 (Rev.1)

Índice

1. OBJETO Y CAMPO DE APLICACIÓN

Esta instrucción establece los requisitos específicos de la instalación de los sistemas de automatización, gestión técnica de la energía y seguridad para viviendas y edificios, también conocidos como sistemas domóticos.

El campo de aplicación comprende las instalaciones de aquellos sistemas que realizan una función de automatización para diversos fines, como gestión de la energía, control y accionamiento de receptores de forma centralizada o remota, sistemas de emergencia y seguridad en edificios, entre otros, **con excepción de** aquellos <u>sistemas independientes</u> e instalados como tales, que puedan ser considerados en su conjunto como aparatos, por ejemplo, los sistemas automáticos de elevación de puertas, persianas, toldos, cierres comerciales, sistemas de regulación de climatización, redes privadas independientes para transmisión de datos exclusivamente y otros aparatos, que tienen requisitos específicos recogidos en las Directivas europeas aplicables conforme a lo establecido en el artículo 6 del *Reglamento Electrotécnico para Baja Tensión*.

Quedan **excluidas también** las instalaciones de <u>Redes Comunes de Telecomunicaciones</u> en el interior de los edificios y la instalación de equipos y sistemas de telecomunicaciones a los que se refiere el ***Reglamento de Infraestructura Común de Telecomunicaciones (ICT)***, aprobado por el R.D. 279/1999*.

NOTA A: Nuevo reglamento de ICT: **RD 346/2011 de 11 de marzo de **2011**.*

Igualmente están **excluidos** los <u>sistemas de seguridad</u> reglamentados por el Ministerio del Interior y Sistemas de Protección contra Incendios, reglamentados por el Ministerio de Fomento (NBE-CPI*) y el Ministerio de Industria y Energía (RIPCI).

*NOTA A: Actualmente: CTE-DB-SI.

No obstante, a las instalaciones excluidas anteriormente, cuando formen parte de un sistema más complejo de automatización, gestión de la energía o seguridad de viviendas o edificios, se les aplicarán los requisitos de la presente Instrucción además los requisitos específicos reglamentarios correspondientes.

Guía   Los sistemas de automatización, gestión técnica de la energía y seguridad para viviendas y edificios, se conocen internacionalmente como HBES *(Home and Building Electronic Systems - Sistemas electrónicos para viviendas y edificios)*. La **UNE-EN 50090-2-2** define los requisitos técnicos generales de estos sistemas.

2. TERMINOLOGÍA

- **Sistemas de automatización, gestión de la energía y seguridad para viviendas y edificios:** Son aquellos sistemas centralizados o descentralizados, capaces de recoger información proveniente de unas **entradas** (sensores o mandos), **procesarla** y emitir órdenes a unos **actuadores o salidas**, con el objeto de conseguir confort, gestión de la energía o la protección de personas animales y bienes.

Estos sistemas pueden tener la posibilidad de accesos a redes exteriores de comunicación, información o servicios, como por ejemplo, red telefónica conmutada, servicios INTERNET, etc.

- **Nodo:** Cada una de las unidades del sistema capaces de recibir y procesar información comunicando, cuando proceda con otras unidades o nodos, dentro del mismo sistema.

- **Actuador:** Es el dispositivo encargado de realizar el control de algún elemento del sistema, como por ejemplo, electroválvulas (suministro de agua, gas, etc.), motores (persianas, puertas, etc.), sirenas de alarma, reguladores de luz, etc.

- **Dispositivo de entrada:** Sensor, mando a distancia, teclado u otro dispositivo que envía información al nodo.

Los elementos definidos anteriormente pueden ser independientes o estar combinados en una o varias unidades distribuidas.

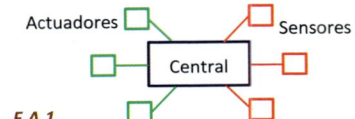

F.A.1

- **Sistemas centralizados:** Sistema en el cual todos los componentes se unen a un nodo central que dispone de funciones de control y mando.

- **Sistema descentralizado:** Sistema en que todos sus componentes comparten la misma línea de comunicación, disponiendo cada uno de ellos de funciones de control y mando.

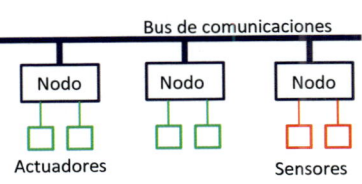

F.A.2

3. TIPOS DE SISTEMAS

Los sistemas de automatización, gestión de la energía y seguridad considerados en la presente instrucción, se clasifican en los siguientes grupos:

1) Sistemas que usan en todo o en parte señales que se acoplan y *transmiten por la instalación eléctrica* de baja tensión, tales como sistemas de **corrientes portadoras**.

2) Sistemas que usan en todo o en parte señales transmitidas por **cables específicos** para dicha función, tales como cables de pares trenzados, paralelo, coaxial, fibra óptica.

3) Sistemas que usan **señales radiadas**, tales como ondas de infrarrojo, radiofrecuencia, ultrasonidos, o sistemas que se conectan a la red de telecomunicaciones.

Un sistema domótico puede combinar varios de los sistemas anteriores, debiendo cumplir los requisitos aplicables en cada parte del sistema. La topología de la instalación puede ser de distintos tipos, tales como, anillo, árbol, bus o lineal, estrella o combinaciones de éstas.

4. REQUISITOS GENERALES DE LA INSTALACIÓN

Todos los nodos, actuadores y dispositivos de entrada *deben cumplir,* una vez instalados, los requisitos de Seguridad y Compatibilidad Electromagnética que le sean de aplicación, conforme a lo establecido en la legislación nacional que desarrolla la Directiva de Baja Tensión (73/23/CEE) y la Directiva de Compatibilidad Electromagnética (89/336/CEE). En el caso de que estén incorporados en otros aparatos se atenderán, en lo que sea aplicable, a lo requisitos establecidos para el producto o productos en los que vayan a ser integrados.

Todos los nodos, actuadores y dispositivos de entrada que se instalen en el sistema, deberán incorporar instrucciones o referencias a las condiciones de instalación y uso que deban cumplirse para garantizar la seguridad y compatibilidad electromagnética de la instalación, como por ejemplo, tipos de cable a utilizar, aislamiento mínimo, apantallamientos, filtros y otras informaciones relevantes para realizar la instalación. En el caso de que no se requieran condiciones especiales de instalación, esta circunstancia deberá indicarse expresamente en las instrucciones.

Dichas instrucciones se incorporarán en el proyecto o memoria técnica de diseño, según lo establecido en la **ITC-BT-04**.

Toda instalación nueva, modificada o ampliada de un sistema de automatización, gestión de la energía y seguridad deberá realizarse conforme a lo establecido en la presente Instrucción y lo especificado en las instrucciones del fabricante, anteriormente citadas.

En lo relativo a la Compatibilidad Electromagnética, las emisiones voluntarias de señal, conducidas o radiadas, producidas por las instalaciones domóticas para su funcionamiento, serán conformes a las normas armonizadas aplicables y, en ausencia de tales normas, las señales voluntarias emitidas en ningún caso superarán los niveles de inmunidad establecidos en las normas aplicables a los aparatos que se prevea puedan ser instalados en el entorno del sistema, según el ambiente electromagnético previsto.

Cuando el sistema domótico esté alimentado por **muy baja tensión** o la interconexión entre nodos y dispositivos de entrada este realizada en muy baja tensión, las instalaciones e interconexiones entre dichos elementos seguirán lo indicado en la **ITC-BT-36**.

Para el resto de los casos, se seguirán los requisitos de instalación aplicables a las tensiones ordinarias.

5. CONDICIONES PARTICULARES DE INSTALACIÓN

Además de las condiciones generales establecidas en el apartado anterior, se establecen los siguientes requisitos particulares.

■ 5.1 Requisitos para sistemas que usan señales que se acoplan y transmiten por la instalación eléctrica de baja tensión

Los nodos que inyectan en la instalación de baja tensión señales de **3 kHz** hasta **148,5 kHz** cumplirán lo establecido en la norma **UNE-EN 50065-1** en lo relativo a compatibilidad electromagnética. Para el resto de frecuencias se aplicará la norma armonizada en vigor y en su defecto se aplicará lo establecido en el apartado 4.

■ 5.2 Requisitos para sistemas que usan señales transmitidas por cables específicos para dicha función

Sin perjuicio de los requisitos que los fabricantes de nodos, actuadores o dispositivos de entrada establezcan para la instalación, cuando el circuito que transmite la señal transcurra por la misma canalización que otro de baja tensión, el nivel de aislamiento de los cables del circuito de señal será equivalente a la de los cables del circuito de baja tensión adyacente, bien en un único o en varios aislamientos.

Los cables coaxiales y los pares trenzados usados en la instalación deberán cumplir con las normas de la serie **EN 61196 (UNE-EN 61196)** y **CEI 60189-2 (UNE 211.002-2)**.

■ 5.3 Requisitos para sistemas que usan señales radiadas

Adicionalmente, los emisores de los sistemas que usan señales de radiofrecuencia o señales de telecomunicación, deberán cumplir la legislación nacional vigente del *"Cuadro Nacional de Atribución de Frecuencias de Ordenación de las Telecomunicaciones"*.

Guía

RECOMENDACIONES PARA LA INSTALACIÓN DE SISTEMAS DOMÓTICOS

En los proyectos de obra nueva en los que no se contemple la instalación de sistemas domóticos se recomienda realizar una preinstalación.

Los elementos y características de la preinstalación recomendada son:

1) *Canalización desde punto de acceso de usuario a las instalaciones de telecomunicación (PAU) hasta la caja de distribución.*

2) *__Caja de distribución:__ el nodo junto con su fuente de alimentación y protecciones, se podrá instalar en el cuadro general de distribución previsto para los dispositivos generales de mando y protección de la instalación eléctrica o en una caja de distribución independiente. Se recomienda que se instale una caja de 24 módulos DIN por cada 100 m² o por planta, si se trata de viviendas de más de una planta.*

3) *__Cajas de registro:__ se instalará una junto a cada caja de empalme y derivación de la instalación eléctrica o bien, la caja de empalme y derivación se ampliará en superficie al menos un 50 %, para poder ubicar los dispositivos del sistema domótico.*

4) *__Canalizaciones:__ se instalará una canalización independiente (de sección equivalente a la de un tubo de diámetro 20 mm) entre las cajas de registro específicas para la instalación domótica o, en caso de utilizarse las cajas de empalme y derivación eléctricas para la instalación domótica, se aumentará la sección de la canalización, como mínimo en 200 mm².*

5) *__Cajas de mecanismos domóticos:__ se instalarán cajas para alojar los componentes domóticos de la instalación (accionamientos, detectores, alarmas, etc.), junto con sus correspondientes canalizaciones, hasta la caja de registro.*

- *En las figuras 2 a 9 se muestra un ejemplo de ==trazado de preinstalación== del sistema domótico en cada estancia de una vivienda, así como el número mínimo de elementos de cada tipo a preinstalar.*

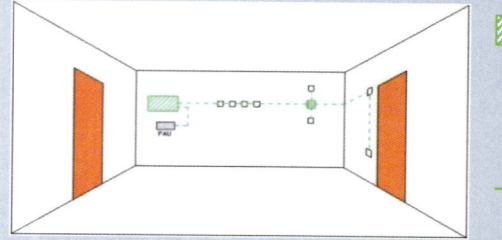

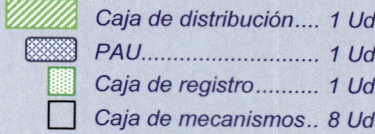

Caja de distribución.... 1 Ud.
PAU........................... 1 Ud.
Caja de registro.......... 1 Ud.
Caja de mecanismos.. 8 Ud.

- - - - Canalización de la
instalación domótica

Figura 2. *Vestíbulo.*

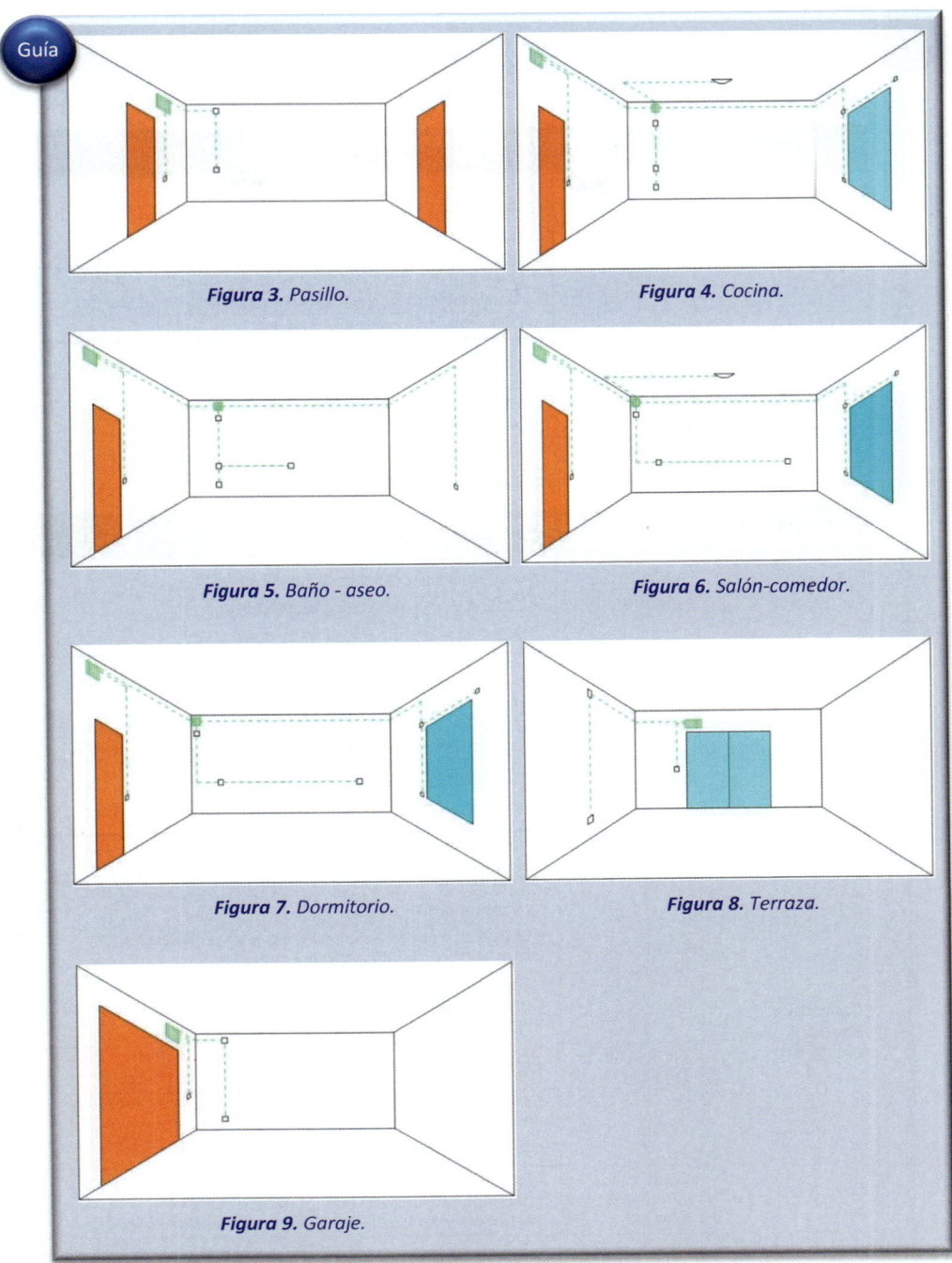

Figura 3. *Pasillo.*

Figura 4. *Cocina.*

Figura 5. *Baño - aseo.*

Figura 6. *Salón-comedor.*

Figura 7. *Dormitorio.*

Figura 8. *Terraza.*

Figura 9. *Garaje.*

Guía ■ *GRADOS DE AUTOMATIZACIÓN*

Se distinguen los grados de automatización, **básico y normal**, con el fin de satisfacer dos niveles de servicios y confort para los usuarios.

Grado de automatización BÁSICO		
FUNCIONALIDAD	*APLICACIÓN*	*DISPOSITIVOS*
Seguridad	Intrusión	• Dos detectores de presencia.
	Alarmas técnicas	• Detección de inundación en zonas húmedas (baños, cocina, lavadero, garaje...) asociada a electroválvula de agua. • Detección de concentraciones de gas butano o natural (si hay suministro de gas), asociada a electroválvula de gas • Detección de incendios en cocina.
Confort y ahorro energético	Control de climatización	• Un crono-termostato o equivalente en salón-comedor.
	Control de iluminación	• Detector de presencia para control de la iluminación en zonas de paso.
	Control de persianas	• Motorización y control de persianas en el salón y dormitorio principal.

Grado de automatización NORMAL		
FUNCIONALIDAD	*APLICACIÓN*	*DISPOSITIVOS*
Seguridad	Intrusión	• Un detector de presencia por estancia. • Contactos magnéticos en las ventanas. • Detectores de impactos en las ventanas.
	Alarmas técnicas	• Detección de inundación en zonas húmedas (baños, cocina, lavadero, garaje...) asociada a electroválvula de agua. • Detección de concentraciones de gas butano o natural (si hay suministro de gas), asociada a electroválvula de gas. • Detectores de humo en todas las estancias.
	Simulación de presencia	• Sistema programable de encendido y apagado de luces
Confort y ahorro energético	Control de climatización	• Varios crono-termostatos (o equivalente) zonificado la vivienda por estancias.
	Control de iluminación	• Detector de presencia para control de la iluminación en zonas de paso. • Regulación luminosa en salas de estar con elección de ambientes de iluminación predefinidos. • Control de los puntos de luz y tomas de corriente más significativas de la vivienda (mínimo 80% de los puntos de luz y el 20 % de las tomas de corriente).
	Control de persianas	• Motorización y control de las persianas.
	Programación	• Posibilidad de realizar programaciones horarias sobre los equipos controlados (mínimo 12 temporizadores) • Sistemas de gestión de energía.
	Control de iluminación exterior	• En viviendas con jardín o grandes terrazas se instalará un detector crepuscular o un interruptor horario astronómico para el control de la iluminación exterior.

ITC-BT-52

Infraestructura para la recarga de vehículos eléctricos

Norma	Apartado	Sustituida por
EN 62.196-3	5.4	**UNE-EN 62.196-3**
UNE 20.315	6.3	**UNE-EN 20.315-1**
UNE 20.315-1-2	Tabla 3	
UNE 20.315-2-11	Tabla 3	
UNE-EN 62.196-2	Tabla 3	

Pto.	RD 1053/2014	RD 542/2020	Nota
3.2	Instalación en apartamentos o estacionamientos colectivos en edificios o conjuntos inmobiliarios de propiedad horizontal	En caso de hacerse una preinstalación eléctrica (ya no obligatoria): **a)** No se establece ninguna longitud máxima en los cables de las derivaciones (anteriormente 20 m). **b)** No se establece ningún porcentaje mínimo de alimentación de plazas de estacionamiento (anteriormente 15 %).	

GUIA-BT	Edición
Incluida	**Sep. 2024 (Rev.2)**

Índice

1. OBJETO Y CAMPO DE APLICACIÓN

1. Constituye el objeto de esta instrucción el establecimiento de las prescripciones aplicables a las instalaciones para la recarga de vehículos eléctricos (VE).

2. Las disposiciones de esta Instrucción se aplicarán a las instalaciones eléctricas incluidas en el ámbito del Reglamento Electrotécnico para Baja Tensión con independencia de si su titularidad es individual, colectiva o corresponde a un gestor de cargas, necesarias para la recarga de los vehículos eléctricos en lugares públicos o privados, tales como:

   a) Aparcamientos de <u>viviendas unifamiliares</u> o de una sola propiedad.

   b) Aparcamientos o <u>estacionamientos colectivos</u> en edificios o conjuntos inmobiliarios de régimen de propiedad horizontal.

   c) Aparcamientos o estacionamientos de <u>flotas privadas</u>, cooperativas o de empresa, o los de oficinas, para su propio personal o asociados, los de talleres, de concesionarios de automóviles o depósitos municipales de vehículos eléctricos y similares.

   d) Aparcamientos o <u>estacionamientos públicos</u>, gratuitos o de pago, sean de titularidad pública o privada.

   e) <u>Vías de dominio público</u> destinadas a la circulación de vehículos eléctricos, situadas en zonas urbanas y en áreas de servicio de las carreteras de titularidad del Estado previstas en el **artículo 28 de la Ley 25/1988**, de 29 de julio, **de Carreteras**.

3. Esta instrucción no es aplicable a los sistemas de recarga por inducción, ni a las instalaciones para la recarga de baterías que produzcan desprendimiento de gases durante su recarga.

2. TÉRMINOS Y DEFINICIONES

A efectos de esta instrucción se entenderá por:

Gestor de cargas: Sociedades mercantiles habilitadas para la reventa de energía eléctrica para servicios de recarga energética. Los gestores de carga del sistema son los únicos sujetos con carácter de cliente mayorista en los términos previstos en la normativa comunitaria de aplicación. (Definición art. 6 ley 24/2013 del Sector eléctrico).

2.1) Circuito de recarga colectivo
Circuito interior de la instalación receptora que partiendo de una centralización de contadores o de un cuadro de mando y protección, está previsto para alimentar dos o más estaciones de recarga del VE.

2.2) Circuito de recarga individual
✓ Circuito interior de la instalación receptora que partiendo de la centralización de contadores está previsto para alimentar una estación de recarga del vehículo eléctrico, o

✓ Circuito de una vivienda que partiendo del cuadro general de mando y protección está destinado a alimentar una estación de recarga del VE, (circuito C_{13}).

2.3) Contador eléctrico principal

Contador de energía eléctrica destinado a la medida de energía consumida por una o varias estaciones de recarga. Estos contadores cumplirán con la reglamentación de metrología legal aplicable y con el reglamento unificado de puntos de medida.

Guía

Los contratos de acceso a la red se realizan siempre sobre un contador principal.

Para los garajes en régimen de condominio si se utilizan los esquemas colectivos (1a, 1b, 1c y 4b) el titular del contrato será la comunidad de vecinos y si se utilizan los esquemas individuales (2, 3a y 3b) cada vecino individual.

Las empresas distribuidoras son las encargadas de la lectura de estos contadores, pero no de los contadores secundarios.

2.4) Contador eléctrico secundario

Sistema de medida individual asociado a una estación de recarga, que permite la repercusión de los costes y la gestión de los consumos. Estos sistemas de medida individuales cumplirán la reglamentación de metrología legal aplicable, pero no están sujetos al reglamento unificado de puntos de medida al no tratarse de puntos frontera del sistema eléctrico.

Guía

A los contadores secundarios no les resultan aplicables los requisitos de telegestión, ya que las empresas distribuidoras no son las encargadas de su lectura.

Reglamentación de metrología aplicable: RD 244/2016, ITC 3022/2007, ITC 3747.

2.5) Estación de movilidad eléctrica

Infraestructura de recarga que cuenta con, al menos, **dos estaciones de recarga,** que permitan la recarga simultánea de vehículo eléctrico con categoría hasta:

✓ **M1** (Vehículo eléctrico de ocho plazas como máximo –excluida la del conductor– diseñados y fabricados para el transporte de pasajeros) y

✓ **N1** (Vehículo eléctrico cuya masa máxima no supere las 3,5 toneladas diseñados y fabricados para el transporte de mercancías),

según la **Directiva 2007/46/CE**. Ha de posibilitar la recarga en corriente alterna (monofásica o trifásica) o en corriente continua.

2.6) Estación de recarga

Conjunto de elementos necesarios para efectuar la conexión del vehículo eléctrico a la instalación eléctrica fija necesaria para su recarga. Las estaciones de recarga se clasifican como:

1. **Punto de recarga simple**, compuesto por las protecciones necesarias, una o varias bases de toma de corriente no específicas para el vehículo eléctrico y, en su caso, la envolvente.

2. **Punto de recarga tipo SAVE (S**istema de **A**limentación específico del **V**ehículo **E**léctrico).

2.7) Función de control piloto

Cualquier medio, ya sea electrónico o mecánico, que asegure que se satisfacen las condiciones relacionadas con la seguridad y con la transmisión de datos requeridas según el modo recarga utilizado.

2.8) Infraestructura de recarga de VE (IVEHICULO ELECTRICO)

Conjunto de dispositivos físicos y lógicos, destinados a la recarga de VE que cumplan los requisitos de seguridad y disponibilidad previstos para cada caso, con capacidad para prestar servicio de recarga de forma completa e integral. Una *IVEHÍCULO ELÉCTRICO* incluye:

1) Las estaciones de recarga,
2) El sistema de control,
3) Canalizaciones eléctricas,
4) Los cuadros eléctricos de mando y protección y
5) Los equipos de medida, cuando éstos sean exclusivos para la recarga del VE.

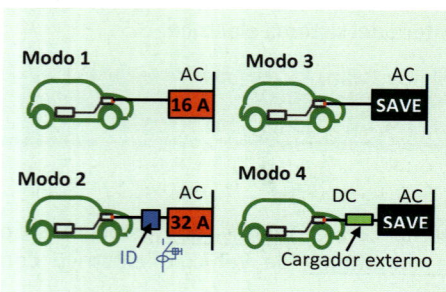

F.A.1: Modos de carga

2.9) Modo de carga 1

Conexión del vehículo eléctrico a la red de alimentación de corriente alterna mediante tomas de corriente normalizadas, con una intensidad no superior a los **16 A** y tensión asignada en el lado de la alimentación no superior a **250 V** de corriente alterna en monofásico o **480 V** de corriente alterna en trifásico y utilizando los conductores activos y de protección.

2.10) Modo de carga 2

Conexión del vehículo eléctrico a la red de alimentación de corriente alterna no excediendo de **32 A** y **250 V** en corriente alterna monofásica o **480 V** en trifásico, utilizando tomas de corriente normalizadas monofásicas o trifásicas y usando los conductores activos y de protección junto con una función de control piloto y un sistema de protección para las personas, contra el choque eléctrico (dispositivo de corriente diferencial), entre el vehículo eléctrico y la clavija o como parte de la caja de control situada en el cable.

2.11) Modo de carga 3

Conexión directa del vehículo eléctrico a la red de alimentación de corriente alterna usando un SAVE, dónde la función de control piloto se amplía al sistema de control del SAVE, estando éste conectado permanentemente a la instalación de alimentación fija.

2.12) Modo de carga 4

Conexión indirecta del vehículo eléctrico a la red de alimentación de corriente alterna usando un SAVE que incorpora un cargador externo en que la función de control piloto se extiende al equipo conectado permanentemente a la instalación de alimentación fija.

2.13) Punto de conexión

Punto en el que el vehículo eléctrico se conecta a la instalación eléctrica fija necesaria para su recarga, ya sea a una toma de corriente o a un conector.

2.14) Sistema de Alimentación específico de Vehículo Eléctrico (SAVE)

Conjunto de equipos, montados con el fin de suministrar energía eléctrica para la recarga de un VE, incluyendo protecciones de la estación de recarga, el cable de conexión, (con conductores de fase, neutro y protección) y la base de toma de corriente o el conector. Este sistema permitirá en su caso la comunicación entre el VE y la instalación fija. En el modo de carga 4 el SAVE incluye también un convertidor alterna continua.

Nota: *Las definiciones de la función de control piloto, de los modos de carga y del sistema de alimentación específico del vehículo eléctrico (SAVE) están basadas en las normas internacionales aplicables.*

2.15) Sistema de protección de la línea general de alimentación (SPL)

Sistema de protección de la línea general de alimentación contra sobrecargas, que evita el fallo de suministro para el conjunto del edificio debido a la actuación de los fusibles de la caja general de protección, mediante la disminución momentánea de la potencia destinada a la recarga del VE. Este sistema puede actuar desconectando cargas, o regulando la intensidad de recarga cuando se utilicen los modos 3 o 4. La orden de desconexión y reconexión podrá actuar sobre un contactor o sistema equivalente.

> **Guía**
>
> Con posterioridad a la publicación del RD 1053/2014 que aprueba la ITC-BT-52 se ha aprobado la Especificación **UNE 0048** "Infraestructura para la recarga de vehículos eléctricos. Sistema de protección de la línea general de alimentación (SPL)" que facilita directrices e información con respecto de las funcionalidades y requisitos de seguridad mínimos de un SPL y es aplicable a todas aquellas soluciones que pretenden realizar la función de SPL.
>
> Un SPL puede presentarse como un producto único, un conjunto de productos y medidas, soluciones de hardware o software o sistemas domóticos o inmóticos.

2.16) Vehículo eléctrico (VE)

Vehículo cuya energía de propulsión procede, total o parcialmente, de la electricidad de sus baterías utilizando para su recarga la energía de una fuente exterior al vehículo, por ejemplo, la red eléctrica

2.17) Tipos de conexión entre la estación de recarga y el VE

La conexión entre la estación de recarga y el VE se podrá realizar según los casos A, B y C descritos en las figuras 1, 2 y 3. Nótese que las figuras 1, 2 y 3 no presuponen ningún diseño específico.

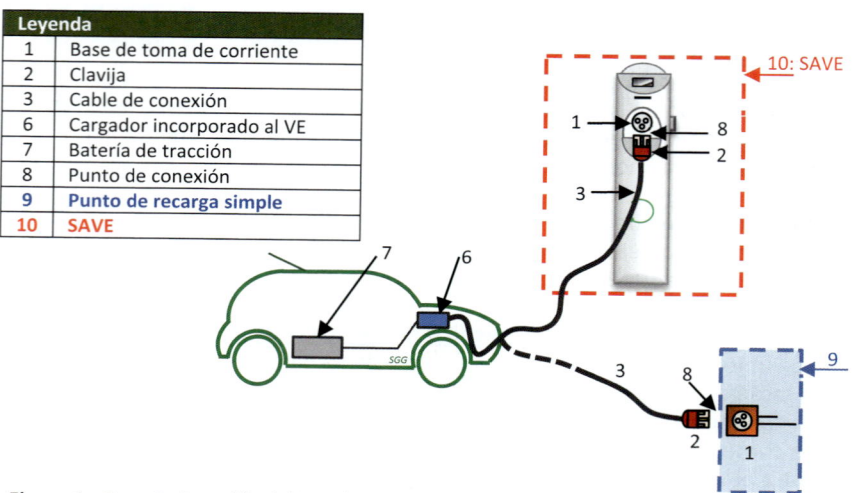

Leyenda	
1	Base de toma de corriente
2	Clavija
3	Cable de conexión
6	Cargador incorporado al VE
7	Batería de tracción
8	Punto de conexión
9	**Punto de recarga simple**
10	**SAVE**

Figura 1. Caso A. *Conexión del VE a la estación de recarga mediante un cable terminado en una clavija con el cable solidario al VE.*

✓ *Caso A1:* Conexión a un punto de recarga simple mediante una toma de corriente para usos domésticos y análogos.

✓ *Caso A2:* Conexión a un punto de recarga tipo SAVE.

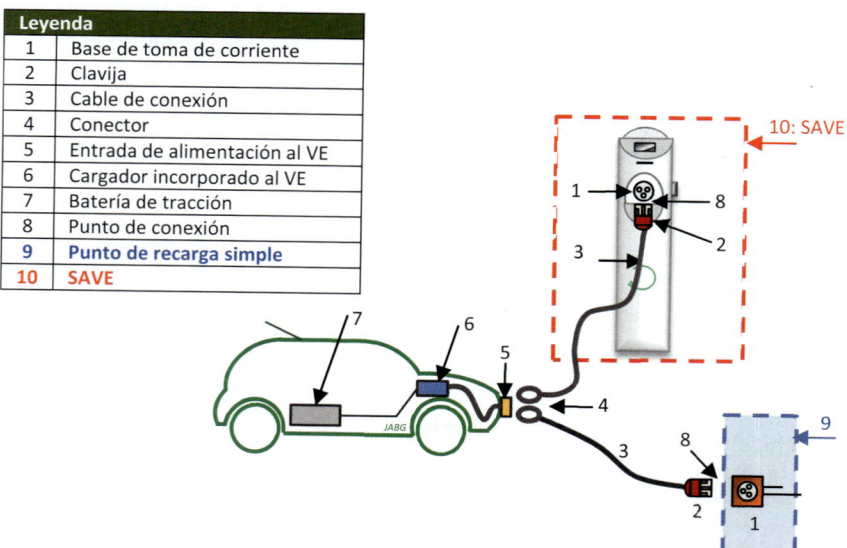

Leyenda	
1	Base de toma de corriente
2	Clavija
3	Cable de conexión
4	Conector
5	Entrada de alimentación al VE
6	Cargador incorporado al VE
7	Batería de tracción
8	Punto de conexión
9	**Punto de recarga simple**
10	**SAVE**

Figura 2. Caso B. *Conexión del VE a la estación de recarga mediante un cable terminado por un extremo en una clavija y por el otro en un conector, donde el cable es un accesorio del VE.*

✓ *Caso B1:* Conexión a un punto de recarga simple mediante una toma de corriente para usos domésticos y análogos.

✓ *Caso B2:* Conexión a un punto de recarga tipo SAVE.

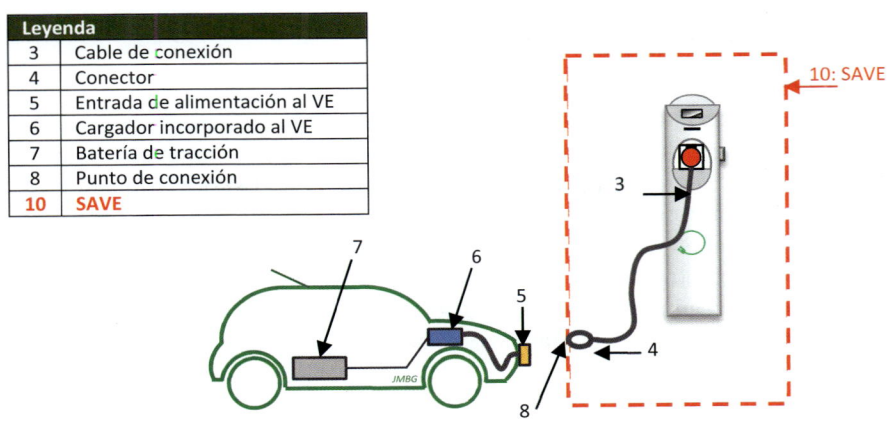

Leyenda	
3	Cable de conexión
4	Conector
5	Entrada de alimentación al VE
6	Cargador incorporado al VE
7	Batería de tracción
8	Punto de conexión
10	**SAVE**

Figura 3. Caso C. Conexión del VE a la estación de recarga mediante un cable terminado en un conector: el cable forma parte de la instalación fija.

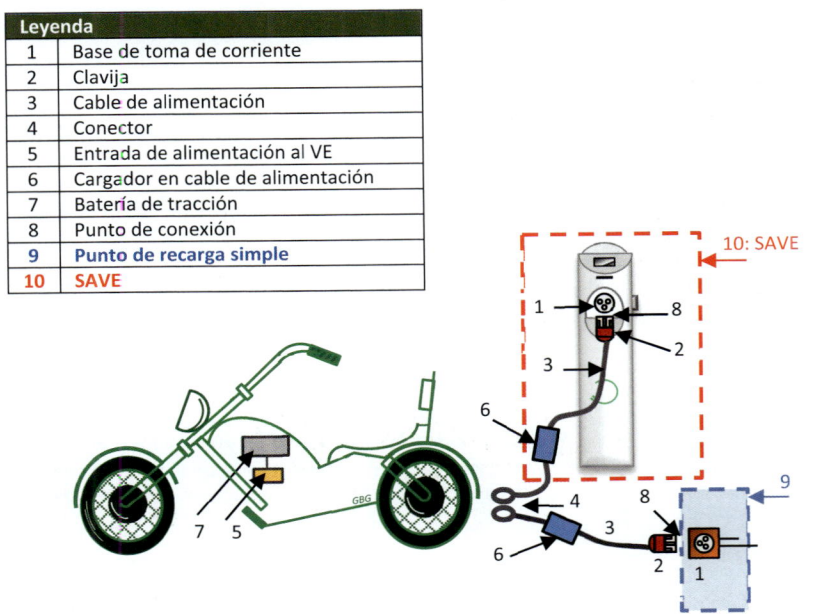

Leyenda	
1	Base de toma de corriente
2	Clavija
3	Cable de alimentación
4	Conector
5	Entrada de alimentación al VE
6	Cargador en cable de alimentación
7	Batería de tracción
8	Punto de conexión
9	**Punto de recarga simple**
10	**SAVE**

Figura 4. Caso D. Conexión de un VE ligero a la estación de recarga mediante un cable terminado en un conector: el cable incorpora el cargador.

3. ESQUEMAS DE INSTALACIÓN PARA LA RECARGA DE VEHÍCULOS ELÉCTRICOS

Las instalaciones nuevas para la alimentación de las estaciones de recarga, así como la modificación de instalaciones ya existentes, que se alimenten de la red de distribución de energía eléctrica, se realizarán según los esquemas de conexión descritos en este apartado. En cualquier caso, antes de la ejecución de la instalación, la persona instaladora o en su caso la persona proyectista, deben preparar una documentación técnica en la forma de memoria técnica de diseño o de proyecto, según proceda en aplicación de la **ITC-BT-04**, en la que se indique el esquema de conexión a utilizar. Los posibles esquemas serán los siguientes:

1. Esquema colectivo o troncal con un contador principal en el origen de la instalación.

2. Esquema individual con un contador común para la vivienda y la estación de recarga.

3. Esquema individual con un contador para cada estación de recarga.

4. Esquema con circuito o circuitos adicionales para la recarga del VE.

Para la **selección entre los** *esquemas 1a y 1b*, se aplicarán los siguientes criterios de prioridad:

1) En primer lugar, se utilizarán los módulos de reserva de la centralización existente (esquema 1a),

2) Si ello no fuera suficiente se ampliará la centralización existente utilizando también el esquema 1a,

3) En último caso y por falta de espacio, se dispondrán una o varias centralizaciones nuevas en armarios o locales (esquema 1b).

Guía Para la selección entre los **esquemas 1a y 1b** se tendrá en cuenta que la centralización de contadores disponga de espacio suficiente la instalación de **<u>filtros PLC</u>** que bloqueen el ruido en el rango de frecuencias PLC, así como para los elementos necesarios para la gestión de cargas desde el SPL o para el funcionamiento correcto de los distintos esquemas de conexión, tales como contactores.

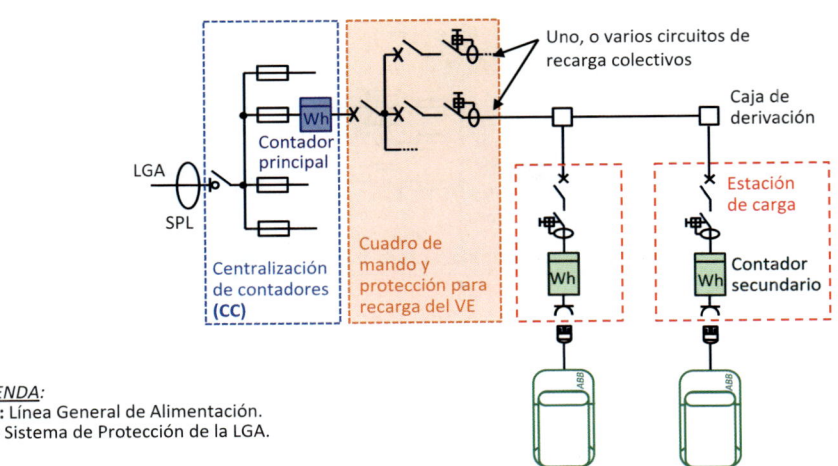

Figura 5. Esquema 1a. *Instalación colectiva troncal con contador principal en el origen de la instalación y contadores secundarios en las estaciones de recarga.*

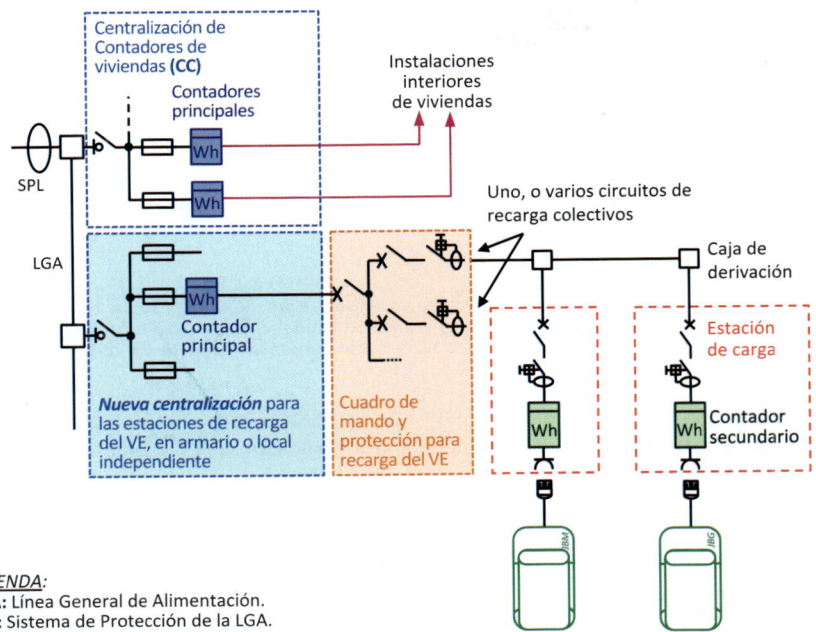

Figura 6. Esquema 1b. *Instalación colectiva troncal con contador principal en el origen de la instalación y contadores secundarios en las estaciones de recarga (con una nueva CC para recarga del VE).*

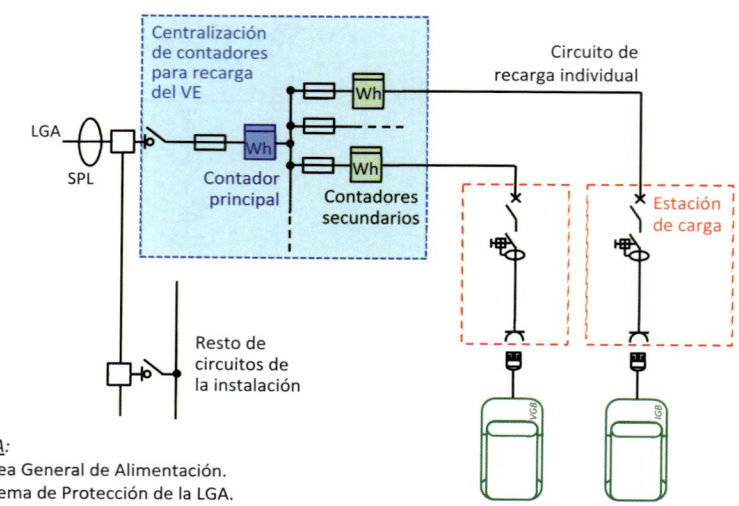

Figura 7. *Esquema 1c. Instalación colectiva con un contador principal y contadores secundarios individuales para cada estación de recarga.*

La **protección de los circuitos de recarga** se puede realizar con fusibles o con interruptores automáticos.

La **centralización de contadores para recarga del VE:**
1) Puede formar parte de la centralización existente o
2) Disponerse en una o varias centralizaciones nuevas en armarios o locales.

Guía

Para la instalación de los circuitos de recarga colectivos según los esquemas **1a, 1b, 1c, o 4b**, se utilizarán *cajas de derivación* de las que partirán las derivaciones que alimentan a cada estación de recarga. Estas cajas de derivación serán *responsabilidad de la comunidad de vecinos* ya que en general afectarán a varios vecinos.

A continuación, se recomiendan algunas características de estas cajas.

✓ Se recomienda su montaje en un paramento vertical (columna o pared), a una altura **superior a 1,8 metros** sobre la cota del suelo del garaje.

✓ Cada caja debe tener la posibilidad de **conectar 3 o 6 derivaciones** a estaciones de carga (múltiplos de tres para facilitar el equilibrado de cargas).

✓ En instalaciones nuevas las cajas deben instalarse a lo largo de todo su recorrido de forma que ninguna plaza de garaje quede a más de **20 metros** de una caja.

✓ Las cajas podrán albergar *pequeños interruptores automáticos* cuando sean necesarios para proteger la derivación frente a cortocircuitos.

✓ Las cajas dispondrán de un sistema de cierre a fin de evitar manipulaciones indebidas de sus conexiones.

Para el *esquema 2* se justificará en el proyecto o memoria técnica de diseño que *el fusible* de la centralización protege contra cortocircuitos tanto a derivación individual, como al circuito de recarga individual, en especial para la intensidad mínima de cortocircuito, incrementando la sección obtenida por aplicación de los criterios de caída de tensión y de protección contra sobrecargas para este circuito, si fuera necesario.

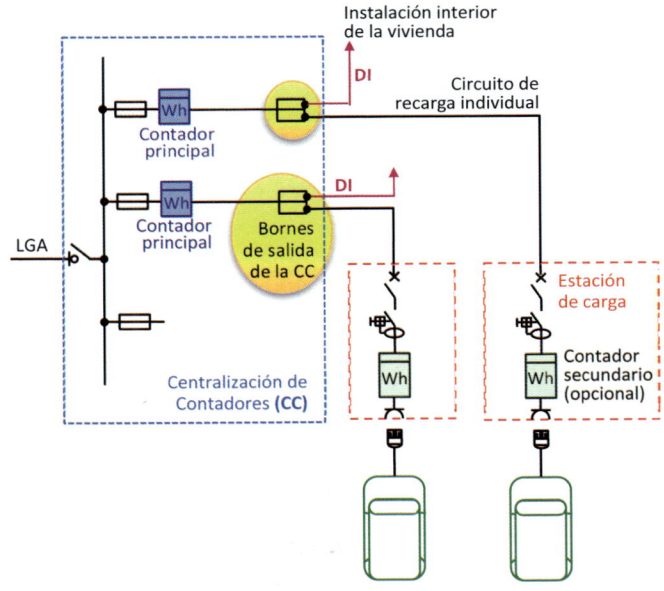

Figura 8. Esquema 2. *Instalación individual con contador principal común para la vivienda y para la estación de recarga.*

La función de **control de potencia** contratada por el cliente será realizada por el contador principal, sin necesidad de instalar un ICP independiente.

En caso de actuación de la función de control de potencia, **su rearme** se realizará directamente desde la vivienda.

> **Nota**
>
> Se plantea una protección de la "doble Derivación Individual" mediante un fusible al que se denomina "bornes de salida de la CC".
>
> Se deberá garantizar, en cualquier caso, la protección de las líneas contra sobreintensidades. En las figuras de la Guía Técnica indicadas a continuación, se ofrecen ejemplos de instalaciones posibles.

Guía

La función de **control de potencia** contratada por el cliente será realizada por el **contador principal** para potencias inferiores a 15 kW, sin necesidad de instalar un ICP independiente.

El rearme, en caso de actuación de la función de control de potencia, se realizará directamente desde la vivienda (tal y como indica el REBT en el anterior apartado de la ITC-BT-52 sobre el esquema 2). Este rearme puede conseguirse mediante diversas soluciones, por ejemplo:

a) **Soluciones que requieren la utilización de uno o dos conductores de mando desde la vivienda hasta un contactor instalado en la centralización de contadores, en el circuito de recarga individual o en la propia estación de recarga.**

- Como ejemplos de tales soluciones se incluyen las figuras **A1** y **A2**.
- Para el hilo de mando se recomienda color rojo y una sección mínima de 1,5 mm^2.
- El contactor se podrá ubicar en la propia estación de carga, o en la centralización de contadores justo en el origen del circuito de recarga.
- Si se ubica en la centralización de contadores la ventaja es que la longitud del hilo de mando será menor, aunque para instalaciones existentes y por falta de espacio puede ser más sencillo ubicarlo en la estación de carga.

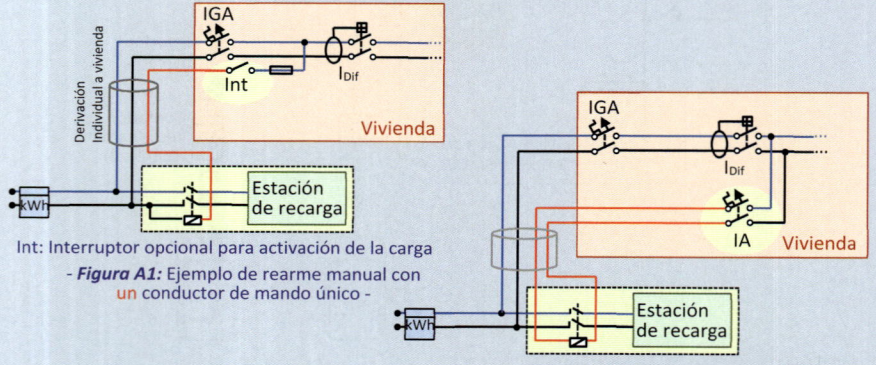

Int: Interruptor opcional para activación de la carga

- *Figura A1:* Ejemplo de rearme manual con un conductor de mando único -

- *Figura A2:* Ejemplo de rearme manual con dos conductores de mando -

b) **Soluciones que utilizan dispositivos adicionales para el rearme del contactor y no requieren de conductores auxiliares desde la vivienda hasta el contactor.**

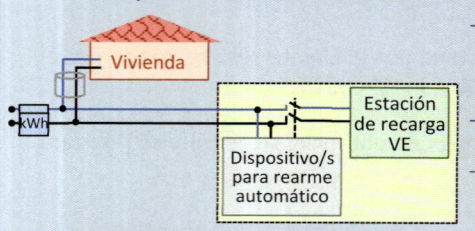

- *Figura A3:* Ejemplo de rearme automático con contactor normalmente abierto -

- Dichos dispositivos pueden estar instalados en la centralización de contadores, en el circuito de recarga individual o en la propia estación de recarga.
- Como ejemplo de tales soluciones se incluye la figura **A3**.
- Una vez interrumpido el circuito de recarga el contador debe apreciar una impedancia infinita que permita su rearme desde la vivienda.

c) Cualquier otro método que tecnológicamente pueda realizar esta función de rearme.

Guía

A modo de ejemplo en la **figura A4** se presenta un ejemplo de centralización de contadores preparada para el **esquema 2**, con un contador principal común para la vivienda y para la estación de recarga, que permite la conexión o desconexión de la recarga del vehículo eléctrico desde la vivienda, así como el rearme de la función de control de potencia también desde la vivienda, para lo cual se utiliza el hilo de mando ya descrito en la figura A1.

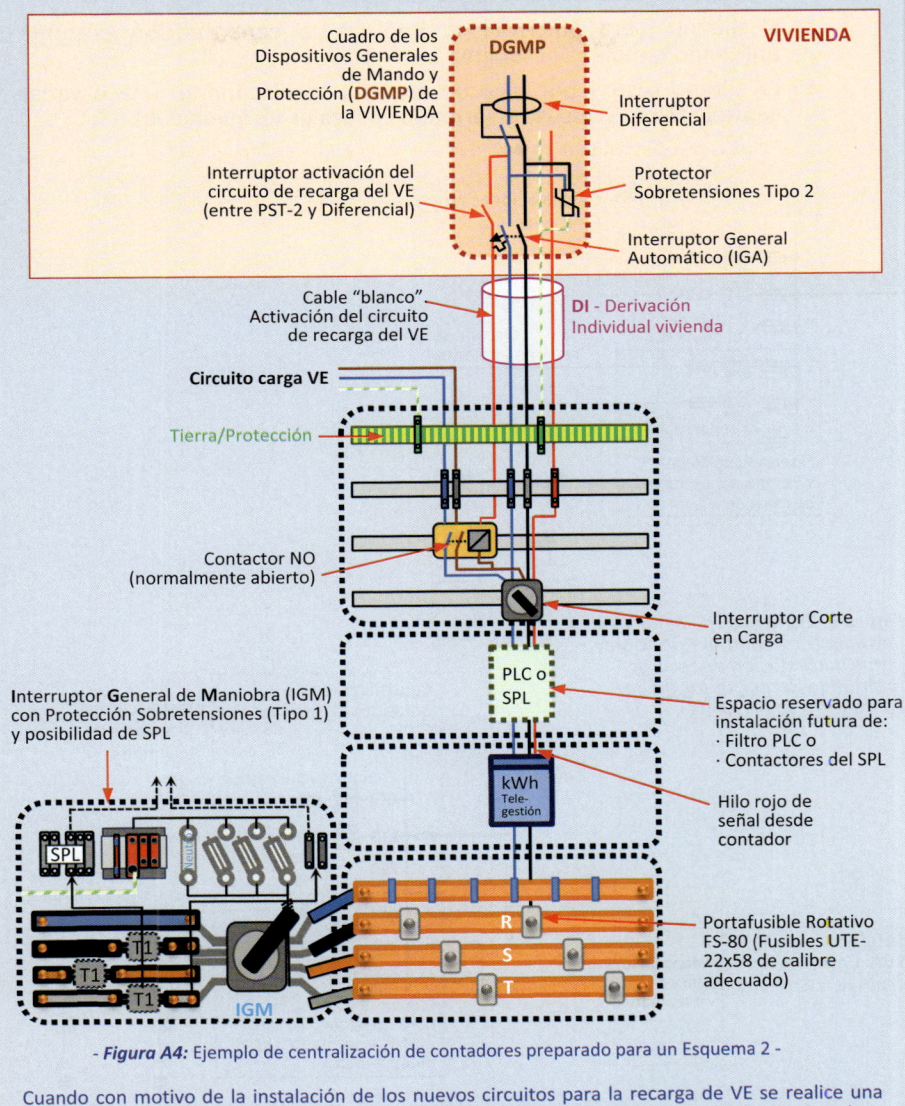

- **Figura A4:** Ejemplo de centralización de contadores preparado para un Esquema 2 -

Cuando con motivo de la instalación de los nuevos circuitos para la recarga de VE se realice una modificación en la instalación interior de la vivienda (por ejemplo, en el cuadro de mando y protección), se recomienda realizar una revisión de la instalación existente, según **UNE 202.008 IN.**

Para la selección entre los *esquemas 3a y 3b*, se aplicarán los siguientes criterios de prioridad:

1) En primer lugar, se utilizarán los módulos de reserva de la centralización existente (esquema 3a),

2) Si ello no fuera suficiente se ampliará la centralización existente utilizando también el esquema 3a,

3) En último caso y por falta de espacio, se dispondrán una o varias centralizaciones nuevas en armarios o locales (esquema 3b).

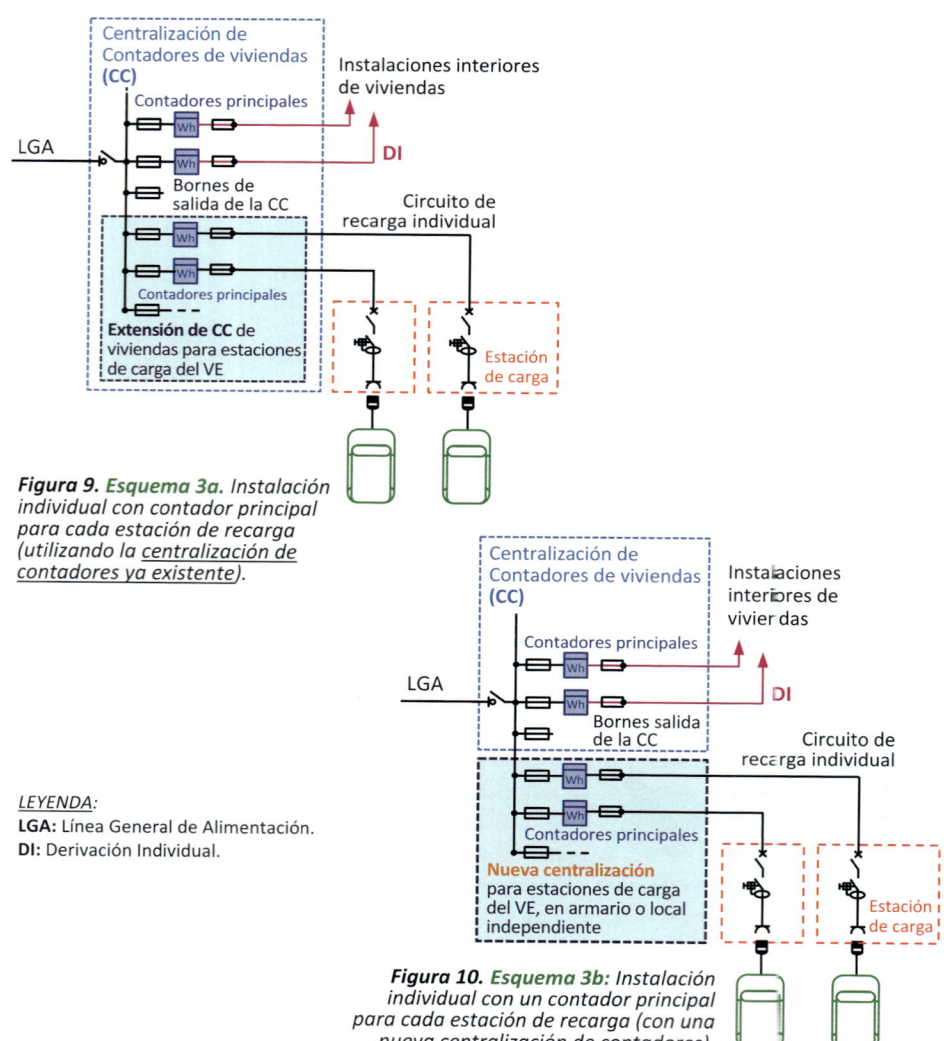

Figura 9. *Esquema 3a. Instalación individual con contador principal para cada estación de recarga (utilizando la <u>centralización de contadores ya existente</u>).*

LEYENDA:
LGA: Línea General de Alimentación.
DI: Derivación Individual.

Figura 10. *Esquema 3b: Instalación individual con un contador principal para cada estación de recarga (con una <u>nueva centralización de contadores</u>).*

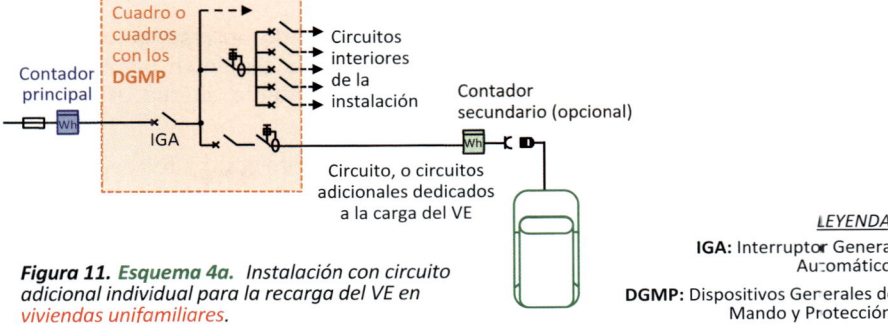

Figura 11. Esquema 4a. *Instalación con circuito adicional individual para la recarga del VE en viviendas unifamiliares.*

LEYENDA:

IGA: Interruptor General Automático.

DGMP: Dispositivos Generales de Mando y Protección.

Guía

El **esquema 4a** también se puede utilizar en instalaciones para la recarga de VE en edificios o conjuntos inmobiliarios en régimen de propiedad horizontal según lo establecido en el 3.2 de la ITC-BT-52, siempre que la infraestructura común del edificio esté preparada para albergar este tipo de instalación.

Su uso generalizado en garajes en régimen de propiedad horizontal supondría **grandes caídas de tensión** y la necesidad de disponer de patinillos para las derivaciones individuales de grandes dimensiones, de forma que...

se recomienda su utilización solo en los siguientes casos:
- ✓ Viviendas unifamiliares
- ✓ Fincas de cualquier tipo con un único suministro

Cuando con motivo de la instalación de los nuevos circuitos para la recarga de vehículos eléctricos se realice una modificación en la instalación interior de la vivienda (por ejemplo, en el cuadro de mando y protección), se recomienda realizar una revisión de la instalación existente, según **UNE 202.008 IN**.

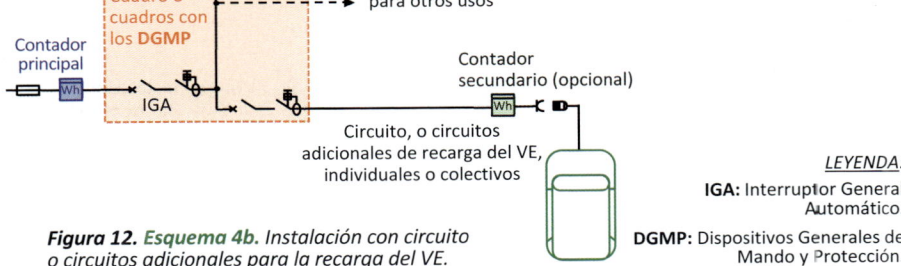

Figura 12. Esquema 4b. *Instalación con circuito o circuitos adicionales para la recarga del VE.*

LEYENDA:

IGA: Interruptor General Automático.

DGMP: Dispositivos Generales de Mando y Protección.

Guía

Según apdo. 3.2 de la ITC-BT-52, este **esquema 4b** se puede utilizar para la recarga de VE en edificios o conjuntos inmobiliarios en régimen de propiedad horizontal, utilizando el cuadro de los servicios generales de los garajes como punto de partida de los circuitos para la recarga del vehículo eléctrico, y utilizando generalmente circuitos de recarga colectivos.

Si en este esquema 4 b o en cualquier otro interviene un **gestor de cargas** cabe recordar que en aplicación del RD 647/2011 tendrán que registrar en cada una de sus instalaciones los consumos destinados a la recarga de vehículos eléctricos de forma diferenciada a los consumos que puedan producirse para otros usos.

Cuando con motivo de la instalación de los nuevos circuitos para la recarga de vehículos eléctricos se realice una modificación en la instalación eléctrica de los aparcamientos se recomienda realizar una revisión de la instalación existente, según la parte aplicable de la serie de normas **UNE 202.009 IN**.

Los esquemas de instalación descritos en este apartado ==no **resultan** *aplicables* **para**== la conexión de las estaciones de recarga que se alimenten mediante una *Red Independiente de la Red de Distribución* de corriente alterna usualmente utilizada, por ejemplo:

a) Mediante una red de corriente continua o corriente alterna ferroviaria, o

b) Mediante una fuente de energía de origen renovable con posible almacenamiento de energía,

En cuyo caso el diseñador de la instalación especificará el esquema eléctrico a utilizar.

Nótese que *las **figuras 5 a 12*** son solamente ejemplos ilustrativos de los distintos esquemas de instalaciones de recarga de vehículos eléctricos y que *no contienen* *todos los elementos de la instalación.*

3.1 Instalación en aparcamientos de viviendas **UNIFAMILIARES**

En las viviendas unifamiliares nuevas que dispongan de aparcamiento o zona prevista para poder albergar un vehículo se instalará un circuito exclusivo para la recarga de VE. Este circuito se denominará circuito C_{13}, según la nomenclatura de la **ITC-BT-25** y seguirá el *esquema de instalación 4a*.

> **Guía**
>
> En todas las viviendas unifamiliares nuevas el circuito C_{13} debe quedar totalmente instalando incluyendo:
>
> 1. los sistemas de canalización,
> 2. los cables,
> 3. las protecciones y
> 4. el punto de recarga.
>
> En las viviendas unifamiliares, o en general en las fincas con un único suministro, tanto **para instalaciones nuevas como ya existentes**, se instalará una **Caja de Protección y Medida (CPM)** que incorpore:
>
> 1. un protector contra sobretensiones transitorias antes del contador y
> 2. un espacio para la instalación en caso necesario de un filtro PLC después del contador.

Las instalaciones existentes en las que se desee instalar una estación de recarga se ajustarán también a lo establecido en este apartado.

La alimentación de este circuito podrá ser monofásica o trifásica y la **potencia instalada** responderá *generalmente* a uno de los escalones de la ***Tabla 1***, según prevea el proyectista de la instalación. No obstante, el proyectista podrá justificar una potencia mayor, en función de la previsión de potencia por estación de recarga o del número de plazas construidas para la vivienda unifamiliar, en cuyo caso el circuito y sus protecciones se dimensionarán acorde con la potencia prevista.

$U_{nominal}$	Interruptor automático de protección en el origen del circuito	Potencia instalada	Estaciones de recarga por circuito
230 V	10 A	2.300 W	1
	16 A	3.680 W	1
	20 A	4.600 W	1
	32 A	7.360 W	1
	40 A	9.200 W	1
230/400 V	16 A	11.085 W	de 1 a 3
	20 A	13.856 W	de 1 a 4
	32 A	22.170 W	de 1 a 6
	40 A	27.713 W	de 1 a 8

*Tabla 1. **Potencias instaladas** normalizadas en un circuito de recarga para una vivienda unifamiliar.*

Para evitar desequilibrios en la red eléctrica los circuitos C_{13} monofásicos no dispondrán de una potencia instalada superior a los **9.200 W**.

Cuando en un **circuito trifásico** se conecten estaciones monofásicas, éstas se repartirán de la forma más equilibrada posible entre las tres fases. El número máximo de estaciones de recarga de la Tabla 1 por cada circuito de recarga trifásico se ha calculado suponiendo *estaciones monofásicas de* una potencia unitaria de ***3.680 W***. El proyectista podrá ampliar o reducir el número máximo si justifica una potencia instalada por estación de recarga inferior o superior respectivamente.

Las bases de toma de corriente o conectores instalados en la estación de recarga y sus interruptores automáticos de protección deberán ser conformes con alguna de las opciones indicadas en el ***apartado 5.4***.

■ **3.2 Instalación en aparcamientos o estacionamientos colectivos interiores o adscritos a edificios o conjuntos inmobiliarios**

Las instalaciones eléctricas para la recarga de vehículos eléctricos ubicadas en aparcamientos o estacionamientos interiores o adscritos a edificios o conjuntos inmobiliarios seguirán cualquiera de los esquemas descritos anteriormente. En un mismo edificio se podrán utilizar *esquemas distintos* siempre que se cumplan todos los requisitos establecidos en esta **ITC-BT-52**.

Guía

En **edificios existentes** que carezcan de instalaciones para recarga de vehículos, cuando sea necesario realizar las instalaciones para la recarga del primer vehículo, se recomienda que el o los vecinos propietarios de los vehículos a recargar y la propia comunidad de vecinos lleguen a un acuerdo en relación al esquema o esquemas de conexión a implementar en el edificio, sin que la decisión individual de una de las dos partes afecte a la otra, puesto que cada una debería asumir los costes correspondientes a la modificación o construcción de las instalaciones de las que sea titular.

En el **esquema 4a**, el circuito de recarga seguirá las condiciones de instalación descritas en la **ITC-BT-15**, utilizando cables y sistemas de conducción de los mismos tipos y características que para una derivación individual; la sección del cable se calculará conforme a los requisitos generales del **apartado 3** de la ITC-BT-15, no siendo necesario prever una ampliación de la sección de los cables para determinar el diámetro o las dimensiones transversales del sistema de conducción a utilizar.

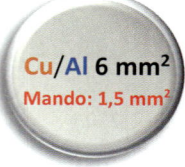

Cu/Al 6 mm²
Mando: 1,5 mm²

F.A.2: Secciones mínimas ITC-BT-15

Guía

Para **instalaciones existentes** en garajes en régimen de **propiedad horizontal** en las que se utilice el **esquema 4a** para la recarga del VE se tendrán en cuenta los siguientes aspectos:

CASO 1: Los cables del circuito de recarga se podrán instalar por el interior del mismo Sistema de Conducción de Cables (SCC) de la Derivación Individual (DI) siempre que haya espacio disponible de acuerdo con la ITC-BT-21. En este caso, los conductores del circuito de recarga utilizarán la reserva de espacio vacío del SCC prescrito en la ITC-BT-15.

CASO 2: No hay suficiente espacio disponible en el interior del SCC de la DI para poder pasar por su interior los conductores del circuito de recarga: se podrá utilizar el tubo o conducción de reserva para DIs siempre que exista la canalización y tenga espacio disponible para ello, de acuerdo con las reglas de la ITC-BT-21.

CASO 3: No es posible instalar el cable del circuito de recarga en el interior del SCC de la DI o por la conducción de reserva para DIs: será posible instalar dicho cable bien en el interior de un SCC adicional o directamente en la canaladura de obra de las DIs siempre y cuando haya espacio disponible para ello.

Cuando el circuito de recarga se instale **directamente en la canaladura** se utilizará **cable multiconductor de 0,6/1 kV**, de acuerdo con la ITC-BT-21.

CASO 4: Ninguna de las anteriores soluciones es posible: se podrá admitir la instalación de los conductores de circuitos de recarga de distintos suministros por el interior de un mismo sistema de conducción de cables (ya sea el tubo de reserva para derivaciones individuales u otro SCC instalado adicionalmente) siempre que exista espacio disponible según la ITC-BT-21. En tal caso, para asegurar la separación necesaria entre suministros, los circuitos C_{13} deberán realizarse utilizando cable **multiconductor de 0,6/1 kV**.

El **esquema 4b** se utilizará cuando la alimentación de las estaciones de recarga se proyecte como parte integrante o ampliación de la instalación eléctrica que atiende a los servicios generales de los garajes.

Tanto en instalaciones existentes como en instalaciones nuevas, y con objeto de facilitar la utilización del esquema eléctrico seleccionado, los cuadros que alberguen las ***protecciones generales*** y otros dispositivos para realizar recarga de vehículos eléctricos se podrán ubicar en los cuartos habilitados para ello o en zonas comunes.

Nota

Conforme el RD 542/2020:
Ya **no es obligatoria** sino recomendada
una preinstalación eléctrica para VE en edificios de nueva construcción.

La **preinstalación eléctrica** para la recarga de vehículo eléctrico en aparcamientos ubicados o adscritos a edificios o conjuntos inmobiliarios facilitará la utilización posterior de cualquiera de los posibles esquemas de instalación.

Para ello se preverán los siguientes elementos:

a. Instalación de *sistemas de conducción de cables* desde la centralización de contadores y por las vías principales del aparcamiento o estacionamiento con objeto de poder alimentar posteriormente las estaciones de recarga que se puedan ubicar en las plazas individuales del aparcamiento o estacionamiento.

- Cuando la preinstalación esté prevista para el 100 % de las plazas, los sistemas de conducción de cables llegarán hasta cada una de las plazas.

- Cuando la preinstalación no esté prevista para el 100 % de las plazas, se definirán las plazas que se consideran para el cumplimiento de la dotación reglamentaria de sistemas de conducción de cables, y dichos sistemas llegarán hasta cada una de esas plazas.

> **Guía**
> Dotaciones mínimas de infraestructura de recarga del VE dentro del ámbito de aplicación del Código Técnico de Edificación se encuentran en el Documento Básico de Ahorro de Energía, sección 6: **CTE DB-HE6 (Resumen en página 774).**

b. La *centralización de contadores* se dimensionará de acuerdo al esquema eléctrico escogido para la recarga del VE y según lo establecido en la **ITC-BT-16**. Se instalarán **módulos de reserva** para al menos el **20 %** de las plazas de garaje no asociadas a una vivienda y, aunque todas las plazas estén asociadas a viviendas, como mínimo un módulo de reserva. Estos módulos de reserva tendrán capacidad para ubicar el contador principal y los dispositivos de protección contra sobreintensidades asociados al contador, bien sea con fusibles o con interruptor automático.

> **Guía**
> Para determinar los porcentajes requeridos en la preinstalación debe consultarse el **CTE DB-HE6**, según sea el uso previsto de los garajes (residencial privado o para otros usos). En relación con las potencias previstas, será de aplicación lo indicado en el Anexo 2.
>
> Se recomienda que los **elementos comunes a instalar** tales como las canalizaciones y los módulos de reserva en la centralización de contadores sigan las siguientes pautas.
>
> **No** es obligatorio que la preinstalación incluya: los cables de los circuitos de alimentación del vehículo eléctrico, ni las estaciones de recarga.
>
> - Cuando en **edificios existentes** se realice la instalación del primer punto de recarga, se dimensionará la canalización para albergar la instalación de futuros puntos de recarga en la zona de influencia del punto a instalar. El criterio anterior deberá aplicarse también cada vez que se realice la instalación de un nuevo punto de recarga. Consultar Anexo 1.
>
> - Cuando en **edificios existentes** se realice la instalación de un punto de recarga utilizando un esquema que precise de contador principal adicional (esquemas 1 o 3) y (por falta de espacio) fuera necesario realizar una nueva centralización de contadores, generalmente en armario, ésta se dimensionará con al menos un módulo de reserva para instalar el contador asociado con un futuro punto de recarga.

Las bases de toma de corriente o conectores instalados en la estación de recarga y sus interruptores automáticos de protección deberán ser conformes con alguna de las opciones indicadas en el apartado 5.4.

■ 3.3 Otras instalaciones de recarga

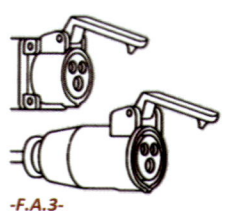

-F.A.3-

Las instalaciones eléctricas para la recarga de vehículos eléctricos distintas de las descritas en 3.1 y 3.2 seguirán los esquemas **1a, 1b, 1c, 3 o 4b** descritos anteriormente.

Las bases de toma de corriente o conectores instalados en la estación de recarga y sus interruptores automáticos de protección deberán ser conformes con alguna de las opciones indicadas en el apartado 5.4.

3.3.1 Estaciones de recarga para autoservicio (uso por personas no adiestradas)

Estas estaciones de recarga, tales como las ubicadas en la vía pública, en aparcamientos o estacionamientos de flotas privadas, cooperativas o de empresa, para su propio personal o asociados y en aparcamientos o estacionamientos públicos, gratuitos o de pago, de titularidad pública o privada, están destinadas a ser utilizadas por usuarios no familiarizados con los riesgos de la energía eléctrica.

Este tipo de instalaciones podrán utilizar *cualquier modo de carga*.

3.3.2 Estaciones de recarga con asistencia para su utilización (uso por personas adiestradas o cualificadas)

Estas estaciones de recarga, tales como las ubicadas en aparcamientos para recarga de flotas, talleres, concesionarios de automóviles, depósitos municipales de VE, así como otras estaciones dedicadas específicamente a la recarga del VE, están destinadas a ser utilizadas o supervisadas por usuarios familiarizados con los riesgos de la energía eléctrica.

Este tipo de instalaciones dispondrán **preferentemente** de los **modos de carga 3 o 4**, aunque *también* podrán equiparse con estaciones de recarga en *modo 1 o 2*, cuando esté previsto recargar VE de baja potencia tales como bicicletas, ciclomotores y cuadriciclos.

<u>**NOTA A.:**</u>   *Las definiciones de los diferentes modos de carga se pueden consultar en el apartado 2 de esta ITC-BT-52.*

4. PREVISIÓN DE CARGAS
SEGÚN EL ESQUEMA DE LA INSTALACIÓN

 Guía

Para realizar la previsión de cargas en garajes de nueva construcción en régimen de condominio* cuando se desee realizar:

* *Condominio: cuando la propiedad de una cosa es compartida por dos o más personas. Se puede aplicar, en este caso, a los garajes de inmuebles en régimen de propiedad horizontal.*

Preinstalación para un número de las plazas elevado:
- ✓ mayor que el mínimo reglamentario y
- ✓ **superior al 50 %** del total de plazas de garaje construidas

⇒ Se podrá seguir lo indicado en el Anexo 2 de la GUÍA ITC-BT-52.

Una vez terminada la instalación, y con objeto de conocer fácilmente la máxima potencia a contratar, el **Certificado de Instalación Eléctrica (CIE)** debería recoger, entre otros valores:

➢ La información actualizada correspondiente a la potencia máxima admisible de la totalidad de la instalación (esto es, potencia máxima admisible de la instalación aguas abajo del punto frontera entre empresa distribuidora y consumidor).

■ **4.1 Esquema colectivo con un contador principal común (esquemas 1a, 1b y 1c)**

La instalación del **SPL** (Sistema de Protección de la LGA) será **opcional**, en edificios de nueva construcción a criterio del promotor y en instalaciones en edificios existentes a criterio del titular del suministro, o, en su caso, de la Junta de Propietarios.

El dimensionamiento de las instalaciones de enlace y la previsión de cargas se realizará considerando un **factor de simultaneidad** de las cargas del VE con el resto de la instalación igual a:

- ✓ **0,3** cuando se instale el SPL y de
- ✗ **1,0** cuando no se instale.

Como entrada de información el SPL recibirá la medida de intensidad que circula por la LGA.

- ✓ Se instala el SPL: $P_{edificio} = (P_1 + P_2 + P_3 + P_4) + 0,3 \cdot P_5$
- ✗ No se instala el SPL: $P_{edificio} = (P_1 + P_2 + P_3 + P_4) + P_5$

Donde:

P_1: Carga correspondiente al conjunto de viviendas obtenida como el número de viviendas por el coeficiente de simultaneidad de la tabla 1 de la ITC-BT-10.

P_2: Carga correspondiente a los servicios generales.

P_3: Carga correspondiente a locales comerciales y oficinas.

P_4: Carga correspondiente a los garajes distintas de la recarga del VE.

P_5: Carga prevista para la recarga del vehículo eléctrico.

→ En el proyecto o memoria técnica de diseño de instalaciones en edificios existentes **se incluirá** el cálculo del número máximo de estaciones de recarga que se pueden alimentar teniendo en cuenta la potencia disponible en la LGA y considerando la suma de la potencia instalada en todas las estaciones de recarga con el factor de simultaneidad que corresponda con el resto de la instalación, según se disponga o no del SPL.

Guía

La previsión de potencia de los puntos de recarga a instalar en aparcamientos o estacionamientos colectivos en:

1. Edificios o conjuntos inmobiliarios en régimen de propiedad horizontal <u>no será inferior a</u> la previsión de potencia mínima para la instalación de recarga de vehículo eléctrico **según el requisito de la ITC-BT-10**:

$$P_{5\ mínimo} = 0,1 \cdot n^{\underline{o}}\ plazas \cdot 3.680\ W \cdot Fs$$

2. Edificios de <u>uso no residencial</u> tales como:
   - los edificios de oficinas u
   - otros de usos comerciales

   Se calculará conforme a la disposición adicional primera del RD 1053/2014 con la siguiente fórmula:

$$P_{5\ mínimo} = \frac{n^{\underline{o}}\ plazas}{40} \cdot 3.680\ W \cdot Fs$$

- P_5 = P_{VE} = Carga prevista para la recarga del vehículo eléctrico
- **Fs = 1** sin SPL* y con los esquemas 2, 3a, 3b, 4a y 4b
- **Fs = 0,3** para esquemas 1a, 1b o 1c con SPL*

* SPL = Sistema de Protección de la Línea General de Alimentación (LGA)

El **número de estaciones** de recarga posibles **para cada circuito** de recarga colectivo y su previsión de carga se calcularán, teniendo en cuenta la potencia prevista de cada estación con un **factor de simultaneidad** entre las estaciones de recarga **igual a la unidad**. No obstante, el número de estaciones por circuito de recarga colectivo podrá aumentarse y el factor de simultaneidad entre ellas disminuirse si se dispone de un sistema de control que mida la intensidad que pasa por el circuito de recarga colectivo y reduzca la intensidad disponible en las estaciones, evitando las sobrecargas en el circuito de recarga colectivo.

Guía

Con sistema de control interno del circuito de recarga colectivo que:
- ✓ mida la intensidad que pasa por dicho circuito y
- ✓ que pueda limitar la potencia disponible en las estaciones

En ese caso, la potencia prevista, P_5, para un número N de estaciones de recarga, podría reducirse, aunque nunca por debajo del umbral mínimo ($P_{5\ mínimo}$).

Si se mantiene la previsión de potencia, la instalación de este sistema de control permitiría la instalación de puntos de recarga adicionales. En todo caso, el sistema optimiza el control de las cargas regulando la disponibilidad de potencia para la carga simultánea de todos los vehículos eléctricos.

4.2 Esquema individual (esquemas 2, 3a y 3b)

El dimensionamiento de las instalaciones de enlace y la previsión de cargas se realizará considerando un ==factor de simultaneidad== de las cargas del vehículo eléctrico con el resto de cargas de la instalación igual a ==1,0==.

En los **esquemas 3a y 3b**, la función de control de potencia contratada para la estación de recarga se realizará con el contador principal, ***sin necesidad de instalar un ICP externo al contador***.

Guía

La carga prevista para el VE, será como mínimo el valor $P_{5\ mínimo}$ indicado en el apartado 4.1.

En caso de utilizar el **esquema 2**:

- Dado que el circuito de alimentación de la estación de recarga no se alimenta de la DI a la vivienda, la previsión de potencia del VE no influye en el dimensionamiento de la DI.

- Respecto a la **previsión de potencia total**, la potencia prevista para la recarga del VE se englobará dentro de la de la vivienda (como parte de P_1 s/fórmula apdo. 4.1 ITC-BT-52).

- No resulta necesario prever un grado de electrificación elevado para las viviendas en todos los casos, ya que la potencia prevista para el vehículo eléctrico se estima de forma independiente a la de la vivienda.

Con el **esquema 3**, como cada punto de recarga de VE cuenta con su propio suministro individual, la recarga de vehículo eléctrico debe considerarse como una carga adicional a las del resto del edificio e incluirse dentro de P_5 (según fórmula apdo. 4.1 ITC-BT-52).

4.3 Esquema 4 (esquemas 4a y 4b)

La previsión de cargas se realizará considerando un ==factor de simultaneidad== de las cargas del vehículo eléctrico con el resto de circuitos de la instalación igual a ==1,0==.

Para calcular el **número de estaciones** de recarga **en un circuito** de recarga colectivo y la simultaneidad entre ellas según el **esquema 4b**, se aplicará lo indicado en el ***apartado 4.1***.

Guía

Esquema 4a en viviendas unifamiliares: la previsión de cargas de la vivienda incluirá el o los puntos de recarga del VE, con una previsión mínima de 9.200 W por vivienda.

Esquema 4a o el 4b para aparcamientos colectivos en régimen de propiedad horizontal o aparcamientos en edificios de uso no residencial: se aplicará la previsión de cargas $P_{5\ mínimo}$ según apdo. 4.1.

Esquema 4a, a diferencia del caso en que se utiliza un esquema 2, la potencia correspondiente a la carga del VE sí influye en el dimensionamiento de la DI a la vivienda.

En instalaciones existentes con el **esquema 4a** la potencia prevista para la recarga del VE englobará dentro de la de la vivienda (como parte de P_1) por lo que la previsión de potencia de la vivienda se incrementará en la potencia prevista para la recarga del VE con Fs =1.

En instalaciones existentes con el **esquema 4b** la potencia prevista para la recarga de VE se sumará con la previsión de potencia del resto de la instalación con Fs =1.

- Con un sistema de control interno del circuito de recarga colectivo que mida la intensidad que pasa por dicho circuito y que pueda limitar la potencia disponible en las estaciones, la previsión de cargas para dicho circuito se podrá reducir, ya que el sistema controlará la disponibilidad de potencia para la recarga simultánea en todos los puntos.

5. REQUISITOS GENERALES DE LA INSTALACIÓN

1 En los locales cerrados de edificios destinados a aparcamientos o estacionamientos colectivos de uso público o privado, se podrá realizar la operación de recarga de baterías siempre que:

1) Dicha operación se realice sin desprendimiento de gases durante la recarga; y,

2) Que dichos locales no estén clasificados como locales con riesgo de incendio o explosión según la **ITC-BT-29**.

-F.A.4-

2 En el local donde se realice la recarga del vehículo eléctrico se colocará un cartel reflectante en el punto de recarga que identifique que no está permitida la recarga de baterías con desprendimiento de gases.

3 Los circuitos de recarga colectivos discurrirán preferentemente por **zonas comunes**.

4 Para los esquemas *1a, 1b, 1c, 2, 3a y 3b*, los **contadores principales** se ubicarán en el propio local o armario destinado a albergar la concentración de contadores o, en caso de que no se disponga de espacio suficiente, se habilitará un nuevo local o armario al efecto de acuerdo con los requisitos de la **ITC-BT-16**. Cuando se instalen **contadores secundarios**, éstos se ubicarán en un armario, en una envolvente o dentro de un SAVE.

> **Guía** En el **esquema 4b**, el contador principal, que será el correspondiente a los servicios generales de la finca, debe ubicarse en la centralización de contadores.

5 Se admitirá que la línea general de alimentación (LGA) tenga derivaciones de menor sección si se garantiza la protección de dichas derivaciones contra sobreintensidades. Para tal fin, en los **esquemas *1b, 1c y 3b***, se podrán incluir en la Caja de Derivación las protecciones necesarias con fusibles o interruptor automático.

> **Guía** La caja en la que se realice la derivación de la LGA debe estar ubicada en un cuarto o armario de contadores o bien en una zona común. La caja estará cerrada y dispondrá de un sistema de cierre similar al utilizado en los armarios de contadores.

6 Cuando se instale un **circuito de recarga colectivo** que alimente a varias estaciones de recarga (según el **esquema *1a, o 1b***), cada circuito partirá de un interruptor automático para su protección contra sobrecargas y cortocircuitos. Aguas arriba de **cada interruptor automático** y en el mismo cuadro se instalará un **IGA** (interruptor general automático) para la protección general de todos los circuitos de recarga.

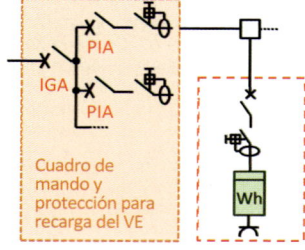

F.A.5: *Protecciones esquema 1a/1b*

7 ➡ En aparcamientos y estacionamientos, el cuadro de mando y protección asociado a cada estación de recarga estará identificado en relación con la plaza de aparcamiento asignada. Los elementos a instalar en dicho cuadro se definen en el apartado 6.

8 Los cuadros de mando y protección, o en su caso *los SAVE* con protecciones integradas, deberán disponer de *sistemas de cierre* a fin de evitar manipulaciones indebidas de los dispositivos de mando y protección.

9 La potencia instalada en los **circuitos de recarga colectivos trifásicos** según el **esquema 1a, 1b o 4b** se ajustará generalmente a uno de los escalones de la tabla siguiente, aunque el proyectista podrá justificar una potencia distinta, en cuyo caso el circuito y sus protecciones se dimensionarán acorde con la potencia prevista.

$3{\sim}$

$U_{nominal}$	Interruptor automático de protección en el origen del circuito	Potencia instalada	Puntos de recarga simultáneos por circuito
230/400 V	16 A	11.085 W	3
	32 A	22.170 W	6
	50 A	34.641 W	9
	63 A	43.647 W	12

Tabla 2. *Potencias instaladas normalizadas de los circuitos de recarga colectivos destinados a alimentar estaciones de recarga.*

10 Las estaciones de recarga monofásicas *se repartirán de forma equilibrada* entre las tres fases del circuito de recarga colectivo. El número máximo de estaciones de recarga por cada circuito de recarga colectivo indicado en la Tabla 2, se ha calculado suponiendo que las *estaciones son monofásicas* y *de una potencia unitaria de 3.680 W*. El proyectista podrá ampliar o reducir el número de estaciones de recarga si justifica una potencia instalada por estación inferior o superior respectivamente.

11 La previsión de potencia y las características del circuito de recarga colectivo o individual previsto para el **modo de carga 4** se determinarán para cada proyecto en particular.

12 El **sistema de iluminación** en la zona donde esté prevista la realización de la recarga garantizará que durante las operaciones y maniobras necesarias para el inicio y terminación de la recarga exista un nivel de iluminancia horizontal mínima a nivel de suelo de **20 lux** para estaciones de recarga de exterior y de **50 lux** para estaciones de recarga de interior.

13 La *caída de tensión máxima admisible* en cualquier circuito desde su origen hasta el punto de recarga no será superior al **5 %***. ΔU_{max}

* **NOTA A.:** Si se trata de un circuito interior de una vivienda, tal y como se indica en la *ITC-BT-19*, apdo. 2.2.2: "para cualquier circuito interior de viviendas" la caída de tensión nominal será menor del **3 %**.

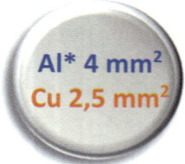

Al* 4 mm²
Cu 2,5 mm²

-F.A.6-

14 Los conductores utilizados serán generalmente de cobre y su sección no será inferior a **2,5 mm²**, aunque podrán ser de **aluminio** en:

* Instalaciones distintas de las viviendas o
* Aparcamientos colectivos en edificios de viviendas,

En cuyo caso la sección mínima será de **4 mm²**. Siempre que se utilicen conductores de aluminio, sus conexiones deberán realizarse utilizando las técnicas apropiadas que eviten el deterioro del conductor debido a la aparición de potenciales peligrosos, originados por pares galvánicos entre metales distintos.

15 En instalaciones para la recarga de VE, que reúnan más de 5 estaciones de recarga, por ejemplo en estaciones dedicadas específicamente a la recarga del vehículo eléctrico, el proyectista *estudiará la necesidad* de instalar *filtros de corrección de armónicos*, con el objeto de garantizar que se mantiene la distorsión armónica de la tensión según los límites característicos de la tensión suministrada por las redes generales de distribución, para que otros usuarios que estén conectados en el mismo punto de la red no se vean perjudicados.

Guía Junto con el contador principal, tanto en cajas de protección y medida, CPM, como en centralizaciones de contadores, se recomienda reservar un espacio adecuado para que la empresa distribuidora pueda instalar **un filtro PLC** que elimine el ruido en el rango de frecuencia PLC que pueden introducir las estaciones de recarga o los propios vehículos y que impiden la telegestión del resto de suministros conectados a la misma red de baja tensión.

16 El circuito que alimenta el punto de recarga debe ser un **circuito dedicado** y no debe usarse para alimentar ningún otro equipo eléctrico **salvo** los consumos auxiliares relacionados con el propio sistema de recarga, entre los que se puede incluir la iluminación de la estación de recarga.

17 La instalación fija para la recarga del VE deberá contar con las bases de toma de corriente que corresponda según el modo de carga y ubicación de la estación de recarga conforme al apartado 5.4, de forma que se evite la utilización de prolongadores o adaptadores por parte de los usuarios de los servicios de recarga.

18 En todos los casos, pero de forma especial en los edificios existentes, el diseñador de la instalación comprobará que no se sobrepasa la intensidad admisible de la línea general de alimentación (o de la derivación individual en caso de viviendas unifamiliares), teniendo en cuenta la potencia prevista de cada estación de recarga y el factor de simultaneidad que proceda según se indica en el apartado 4.

19 La instalación para la recarga del vehículo eléctrico se podrá proyectar como una ampliación de la instalación de baja tensión ya existente o con una alimentación directa de la red de distribución mediante una instalación de enlace propia independiente de la ya existente.

20 Para toda instalación dedicada a la recarga de vehículos eléctricos, se aplicarán las prescripciones generales siguientes:

■ **5.1 Alimentación**

La tensión nominal de las instalaciones eléctricas para la recarga de vehículos eléctricos será de **230/400 V** en corriente alterna para los modos de carga 1, 2 y 3. Cuando se requiera instalar una estación de recarga con alimentación trifásica, y la tensión de alimentación existente sea de 127/220 V, se procederá a su **conversión a trifásica 230/400 V**.

En el _modo de carga 4_, la tensión de alimentación se refiere a la tensión de entrada del convertidor alterna-continua, y podrá llegar hasta _**1.000 V**_ en trifásico corriente alterna y **1.500V** en corriente continua.

■ **5.2 Sistemas de conexión del neutro**

Con objeto de permitir la protección contra contactos indirectos mediante el uso de dispositivos de protección diferencial en los casos especiales en los que la instalación esté alimentada por un esquema TN, solamente se utilizará en la forma **TN-S**.

■ **5.3 Canalizaciones** (Dotaciones mínimas en el ámbito del **CTE DB-HE6**, página 774)

Las canalizaciones necesarias para la instalación de puntos de recarga deberán cumplir con los requerimientos que se establecen en las diferentes ITC del REBT en función del tipo de local donde se vaya a hacer la instalación (local de pública concurrencia, local de características especiales, etc.).

Los cables **desde el SAVE** hasta el punto de conexión que formen parte de la instalación fija (ver figura 3, caso C de forma de conexión), deben ser de tensión asignada mínima **450/750 V**, con _conductor de cobre clase 5 o 6_ (aptos para usos móviles) y resistentes a todas las condiciones previstas en el lugar de la instalación: mecánicas (por ejemplo abrasión e impacto, sacudidas o aplastamiento), ambientales (por ejemplo presencia de aceites, radiación ultravioleta o temperaturas extremas) y de seguridad (por ejemplo deflagración o vandalismo).

Cuando los cables de alimentación de las estaciones de recarga discurran por el **exterior**, estos serán de tensión asignada **0,6/1 kV**.

■ **5.4 Punto de conexión**

El punto de conexión deberá situarse junto a la plaza a alimentar, e instalarse de forma fija en una envolvente.

La **altura mínima** de instalación de las tomas de corriente y conectores será de **60 cm** sobre el nivel del suelo. Si la estación de recarga está prevista para uso público la **altura máxima** será de **120 cm**.

En las plazas de aparcamiento accesibles las tomas de corriente y conectores tendrán contraste cromático respecto del entorno, se situarán a una altura comprendida entre **80 y 120 cm** y la distancia a encuentros en rincón será de, como mínimo, 35 cm.

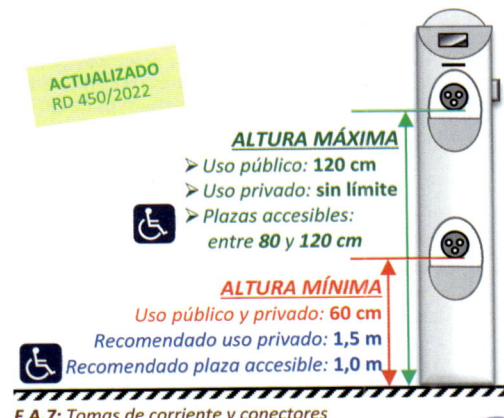

ACTUALIZADO
RD 450/2022

ALTURA MÁXIMA
➤ Uso público: **120 cm**
➤ Uso privado: **sin límite**
➤ Plazas accesibles:
  entre **80** y **120 cm**

ALTURA MÍNIMA
Uso público y privado: **60 cm**
Recomendado uso privado: **1,5 m**
Recomendado plaza accesible: **1,0 m**

F.A.7: Tomas de corriente y conectores

Se recomienda altura mínima, para evitar que las tomas sean golpeadas por los vehículos, de: 1,5 m y en plazas accesibles 1,0 m

Guía

Para garantizar la interconectividad del VE a los puntos de recarga:

➢ Para _potencias mayores de_ **3,7 kW** y _menores o iguales de_ **22 kW** los puntos de recarga de corriente **alterna** estarán equipados _al menos_ con bases o conectores del **tipo 2**.

➢ Para potencias _mayores de_ **22 kW** los puntos de recarga de corriente **alterna** estarán equipados _al menos_ con conectores del **tipo 2**.

➢ En **modo de carga 4** los puntos de recarga de corriente continua estarán equipados _al menos_ con conectores del **tipo combo 2**, de conformidad con la norma **EN 62.196-3 (UNE-EN 61.196-3)**.

➢ En el caso de estaciones de recarga monofásicas de corriente alterna _potencia menor o igual de_ **3,7 kW** instaladas en _viviendas unifamiliares_ o en _aparcamientos para edificios de viviendas_ en régimen de propiedad horizontal el punto de recarga de corriente alterna podrá estar equipado con cualquiera de las bases de toma de corriente o conectores indicados en la **Tabla 3**.

➢ En **modos de carga 3 y 4** las bases y conectores siempre deben estar incorporadas en un **SAVE** o en un sistema equivalente que haga las funciones del SAVE.

Según el **modo de carga (1, 2 o 3)** las bases de toma de corriente o conectores instalados en cada estación de recarga y sus protecciones deberán ser conformes a alguna de las opciones de la **Tabla 3**, en función de la ubicación de la estación de recarga, y de que la alimentación sea monofásica o trifásica.

Indicaciones Tabla 3:

(1) La recarga de autobuses eléctricos puede requerir de estaciones de recarga de muy alta potencia, por lo que en estos casos se podrán utilizar otras bases de toma de corriente y conectores normalizados distintos de los indicados en la tabla.

(2) Se podrá utilizar también un automático de **16 A**, siempre que el fabricante de la base garantice que queda protegida por este automático en las condiciones de funcionamiento previstas para la recarga lenta del VE con recargas diarias de **8 horas**, a la intensidad de **16 A**.

(3) Las estaciones de recarga distintas de las previstas para el modo de **recarga 4** que estén ubicadas en **_lugares públicos_**, tales como centros comerciales, garajes de uso público o vía pública, estarán preparadas para el modo de **recarga 3** con bases de toma de corriente tipo 2, salvo en aquellas plazas destinadas a recargar VE de baja potencia, tales como bicicletas, ciclomotores y cuadriciclos que podrán utilizar otros modos de recarga y bases de toma de corriente según lo previsto en esta tabla.
GUÍA TÉCNICA: Esta excepción debe entenderse como extensiva a cualquier vehículo de categoría L (ciclomotores, motocicletas, vehículos todo terreno, quads y otros vehículos de poca cilindrada de tres o cuatro ruedas). De este modo, mientras los organismos europeos de normalización no desarrollen especificaciones técnicas en materia de puntos de recarga para vehículos de categoría L, debe entenderse que estos puntos de recarga podrán utilizar cualquier base de toma de corriente normalizada de potencia inferior o igual a 3,7 kW.

Alimentación de la estación de recarga	Base de toma de corriente o conector del tipo descrito en: [1]	Intensidad asignada del punto de conexión	Interruptor automático de protección del punto de conexión	Modo de carga previsto	Ubicación posible del punto de conexión		
					Viviendas unifamiliares	Aparcamientos en edificios de viviendas	Otras instalaciones
Monofásica	UNE 20.315-1-2 Fig. C2a	–	10 A [2]	1 o 2	Sí	Sí	No [6]
	UNE 20.315-2-11 Fig. C7a	–	10 A [2]	1 o 2	Sí	Sí	No [6]
	UNE-EN 62.196-2, tipo 2 [3]	16 A	[4]	3	Sí	Sí	Sí
	UNE-EN 62.196-2, tipo 2 [3] [5]	32 A	[4]	3	Sí	Sí	Sí
Trifásica	UNE-EN 62.196-2, tipo 2 [3] [5]	16 A	[4]	3	Sí	Sí	Sí
	UNE-EN 62.196-2, tipo 2 [3] [5]	32 A	[4]	3	Sí	Sí	Sí
	UNE-EN 62.196-2, tipo 2 [3] [5]	63 A	[4]	3	No	No	Sí

Tabla 3. *Puntos de conexión posibles a instalar en función de su ubicación.*

(4) La protección contra sobreintensidades de cada toma de corriente o conector puede estar en el **interior** de la estación de recarga (**SAVE**) por lo que, en tal caso, la elección de sus características es *responsabilidad del fabricante*. Para la protección del circuito de alimentación a la estación de recarga véase el apartado 6.3.

(5) GUÍA TÉCNICA: En estaciones de recarga con puntos de conexión de potencia superior a los 3,7 kW en c.a. también pueden instalarse cualquier tipo de conector normalizado siempre y cuando al menos uno de dichos puntos de conexión sea del Tipo 2 según **UNE-EN 62.196-2.**

(6) GUÍA TÉCNICA: En estaciones de recarga **monofásicas** con potencia **inferior o igual a 3,7 kW** en c.a. en otras ubicaciones (distintas de viviendas y edificios de viviendas: por ejemplo, comercios, vía pública, aparcamientos públicos, empresas, industrias, edificios de oficinas, talleres mecánicos, concesionarios, etc.) también pueden instalarse tomas de los tipos **UNE 20.315-1-2. Fig. C2a** o **UNE 20.315-2-11 Fig. C7a** siempre que al menos exista una toma de corriente o conector de Tipo 2.

GUÍA TÉCNICA: En caso de **modo de carga 4**, puede instalarse cualquier tipo de conector normalizado siempre y cuando al menos uno de los puntos de conexión sea del Tipo Combo 2 (Configuración FF) según UNE-EN 62.196-3.

El contenido de este apartado se adaptará a las prescripciones que de carácter obligatorio dicten las futuras directivas o reglamentos europeos en este campo.

5.5 Contador secundario de medida de energía

Los contadores secundarios de medida de energía eléctrica tendrán al menos la capacidad de medir energía activa y serán de clase A o superior.

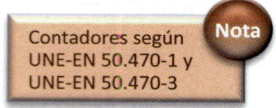

Contadores según UNE-EN 50.470-1 y UNE-EN 50.470-3

Nota

Cuando en los esquemas 1a, 1b, 1c y 4b, exista una transacción comercial que dependa de la medida de energía consumida será obligatoria la instalación de ***contadores secundarios*** para cada una de las estaciones de recarga ubicadas en:

a. Plazas de aparcamiento de aparcamientos o estacionamientos colectivos en edificios o conjuntos inmobiliarios en régimen de propiedad horizontal.

b. En estaciones de movilidad eléctrica para la recarga del VE.

c. En las estaciones de recarga ubicadas en la vía pública.

Para los ***esquemas 1a, 1b, 1c y 4b***, en edificios comerciales, de oficinas o de industrias, también se instalarán contadores secundarios *cuando sea necesario* identificar consumos individuales.

Su instalación será opcional a elección del titular para los esquemas 2 y 4a.

6. PROTECCIÓN PARA GARANTIZAR LA SEGURIDAD

6.1 Medidas de protección contra contactos directos e indirectos

Las medidas generales para la protección contra los contactos directos e indirectos serán las indicadas en la **ITC-BT-24** teniendo en cuenta lo indicado a continuación.

El circuito para la alimentación de las estaciones de recarga de vehículos eléctricos deberá disponer **siempre** de **conductor de protección**, y la instalación general deberá disponer de *toma de tierra*.

En este tipo de instalaciones se admitirán exclusivamente las medidas establecidas en la **ITC-BT-24** contra:

Contactos Directos según los apartados:

✓ **3.1**, protección por aislamiento de las partes activas, o
✓ **3.2**, protección por medio de barreras o envolventes.

Así como las medidas protectoras contra:

Contactos Indirectos según los apartados:

✓ **4.1**, protección por corte automático de la alimentación,
✓ **4.2**, protección por empleo de equipos de la **clase II*** o por aislamiento equivalente, o
✓ **4.5**, protección por separación eléctrica.

* **NOTA A.:** Clasificación en función de la clase de protección: apdo.2.2 ITC-BT-43. Def. nº 95 ITC-BT-01.

Cualquiera que sea el esquema utilizado, la protección de las instalaciones de los equipos eléctricos debe asegurarse mediante dispositivos de protección **diferencial** de corriente diferencial-residual asignada máxima de 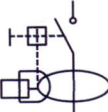 **30 mA**, que podrá formar parte de la instalación fija o estar dentro del SAVE. Con objeto de garantizar la selectividad la protección diferencial instalada en el origen del **circuito de recarga colectivo** será selectiva o retardada con la instalación aguas abajo.

Los dispositivos de protección diferencial serán de **clase A**. Los dispositivos de protección diferencial instalados en la <u>vía pública</u> estarán preparados para que se pueda instalar un dispositivo de rearme automático y los instalados en <u>aparcamientos públicos</u> o en <u>estaciones de movilidad eléctrica</u> dispondrán de:

a) Un sistema de aviso de desconexión o
b) Estarán equipados con un dispositivo de rearme automático.

Guía

Salvo cuando la protección contra contactos indirectos se realiza por **separación eléctrica**, cada punto de conexión debe estar protegido mediante su propio diferencial que será como mínimo de **tipo A**, con una corriente diferencial residual no superior a **30 mA.** Los dispositivos de protección diferencial deberían cumplir con una de las siguientes normas de producto: **EN 61.008-1, EN 61.009-1, EN 60.947-2** o **EN 62.423**.

Cuando la estación de carga de vehículos eléctricos esté equipada con una toma de corriente o un conector de vehículo según la serie de Normas **EN 62.196** (previstas para recarga en modo 3), la normalización internacional más reciente (véase UNE-HD 60.364-7-722) requiere de medidas contra las corrientes de fuga con componente en corriente continua, *salvo cuando estas medidas estuvieran incluidas en la propia estación de carga de vehículos eléctricos*. Las medidas apropiadas, para cada punto de conexión pueden ser:

Imagen A.: Conector Tipo 2 para AC. (principal fabricante Mennekes)

✓ Utilización de <u>diferenciales de tipo B</u>; o

✓ Utilización de diferenciales de <u>tipo A</u> y un equipo que asegure la <u>desconexión</u> de la alimentación en caso de <u>corrientes de defecto con componente en continua</u> superior a los **6 mA** (dispositivo de detección de corriente diferencial continua (RDC-DD)) conforme con la norma **IEC 62.955**.

■ 6.2 Medidas de protección en función de las influencias externas

Las principales influencias externas a considerar en este tipo de instalaciones son:

a. Para las instalaciones en el **exterior:** penetración de cuerpos sólidos extraños, penetración de agua, corrosión y resistencia a los rayos ultravioletas.

b. Para instalaciones en **aparcamientos** o estacionamientos públicos, privados o en vía pública: competencia de las personas que utilicen el equipo.

c. En **todos** los casos, el daño mecánico.

El proyectista deberá prestar especial atención a las influencias externas existentes en el emplazamiento en el que se ubique la instalación a fin de analizar la necesidad de elegir características superiores o adicionales a las que se prescriben en este apartado.

Cuando la estación de recarga esté instalada **en el exterior**, los equipos deben garantizar una adecuada protección contra la corrosión. Para ello se tendrán en cuenta las prescripciones que se incluyen en la **ITC-BT-30**.

> Las instalaciones a la intemperie se consideran como: **LOCALES O EMPLAZAMIENTOS MOJADOS** (ITC-BT-30, apartado 2)
>
> *-F.A.8-*

Los grados de protección contra la penetración de cuerpos sólidos y acceso a partes peligrosas, contra la penetración del agua y contra impactos mecánicos de las estaciones de recarga podrán obtenerse mediante la utilización de envolventes múltiples proporcionando el grado de protección requerido el conjunto de las envolventes completamente montadas. En este caso, en la documentación del fabricante de la estación de recarga deberá estar perfectamente definido el método para la obtención de los diferentes grados de protección IP e IK.

6.2.1 Grado de protección contra penetración de cuerpos sólidos y acceso a partes peligrosas

Cuando la estación de recarga esté instalada en el exterior las canalizaciones deben garantizar una protección mínima **IP 4X** o **IP XXD**.

Las estaciones de recarga y otros cuadros eléctricos tendrán un grado de protección mínimo **IP 4X** o **IP XXD** para aquellas instaladas en el interior e **IP 5X** para aquellas instaladas en exterior.

El **grado de protección** especificado para la estación de recarga *no aplica durante el proceso de recarga*

Guía El grado de protección establecido para la estación de recarga no resulta extensible a la base de toma de corriente o conector tipo 2, **siempre que** exista un elemento de corte en la estación de carga que impida su alimentación cuando el vehículo no está conectado.

Por este motivo no es necesario el uso de obturadores para las bases de toma de corriente o conectores tipo 2 o Combo 2, aunque se recomiendan cuando se prevea su uso por personal no conocedor de los riesgos del manejo de la electricidad.

6.2.2 Grado de protección contra la penetración del agua

Cuando la estación de recarga esté instalada en el exterior, la instalación debe realizarse de acuerdo con lo indicado en el **capítulo 2** de la **ITC-BT-30**, garantizando, por tanto para las canalizaciones un **IP X4**.

Las estaciones de recarga y otros cuadros eléctricos asociados tendrán un grado de protección mínimo **IP X4**. Cuando la base de toma de corriente o el conector no cumpla con el grado IP anterior, éste deberá proporcionarlo la propia estación de recarga mediante su diseño.

El **grado de protección** especificado para la estación de recarga *no aplica durante el proceso de recarga*.

6.2.3 Grado de protección contra impactos mecánicos

Los equipos instalados en emplazamientos en los que circulen VE deberán protegerse frente a daños mecánicos externos del tipo impacto de severidad elevada (**AG3**). La protección del equipo se garantizará a través de alguno de los medios siguientes:

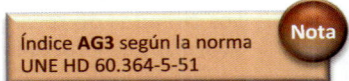

Índice **AG3** según la norma UNE HD 60.364-5-51 — Nota

    a. Emplazando el material eléctrico en una ubicación en la que éste no se encuentre sujeto a un riesgo de impacto previsible.

    b. Disponiendo algún tipo de protección mecánica adicional en aquellas zonas en las que el equipo se encuentre sujeto al riesgo de impacto.

    c. Seleccionando el material eléctrico con un grado de protección contra daños mecánicos de acuerdo con lo especificado en los apartados 6.2.3.1 y 6.2.3.2.

    d. Usando la combinación de alguna o todas las medidas anteriores.

6.2.3.1 Grado de protección de las envolventes

Cuando la protección del equipo eléctrico frente a daños mecánicos se garantice mediante envolventes, una vez instaladas deberán proporcionar un grado de protección mínimo **IK 08** contra impactos mecánicos externos.

El cuerpo de las estaciones de recarga y otros cuadros eléctricos ubicados en el **exterior** tendrán un grado de protección mínimo contra impactos mecánicos externos de **IK 10**.

El cuerpo de las estaciones de recarga excluye partes tales como teclado, leds, pantallas o rejillas de ventilación. El *grado de protección* especificado para la estación de recarga *no aplica durante el proceso de recarga*

6.2.3.2 Grado de protección de las canalizaciones

Cuando las canalizaciones se instalen en una ubicación sujeta a riesgo de daños mecánicos, tales como áreas de circulación de vehículos, éstas presentarán una resistencia adecuada a los daños mecánicos. En estos casos, los tubos presentarán una *resistencia mínima al impacto grado 4* y una *resistencia mínima a la compresión grado 5*.

Si se utilizan canales protectoras, éstas presentarán una resistencia mínima **IK 08** a impactos mecánicos.

En otros sistemas de conducción que no aporten protección mecánica a los cables, la protección se garantizará mediante el uso de medios mecánicos adicionales, por ejemplo, mediante la utilización de cables armados.

Guía — Cuando el proyectista considere que existe un riesgo importante de choque de los vehículos contra la canalización ésta deberá tener una mayor resistencia al impacto:

- En el caso de **tubos**, resistencia mínima al impacto **grado 5** según **UNE-EN 61.386**.
- En el caso de **canales**, resistencia al impacto de **20 J (IK 10)** según **UNE-EN 50.085**.

■ 6.3 Medidas de protección contra sobreintensidades

Los circuitos de recarga, hasta el punto de conexión, deberán protegerse contra **sobrecargas y cortocircuitos** con dispositivos de:

- ✓ **Corte omnipolar**
- ✓ **Curva C**

Dimensionados de acuerdo con los requisitos de la **ITC-BT-22**.

Cada punto de conexión deberá protegerse <u>individualmente</u>. Esta protección podrá formar parte de la instalación fija o estar dentro del **SAVE**.

➢ En instalaciones previstas para ***modo de carga 1 o 2*** en las que el punto de recarga esté constituido por tomas de corriente conformes con la norma **UNE 20.315 (UNE 20.315-1)**, el *interruptor automático* que protege cada toma deberá tener una intensidad asignada máxima de **10 A**, aunque se podrá utilizar una intensidad asignada de **16 A**, siempre que el fabricante de la base garantice que queda protegida por este interruptor automático en las condiciones de funcionamiento previstas para la recarga lenta del vehículo eléctrico con recargas diarias de **8 horas**, a la intensidad de **16 A**.

➢ En las instalaciones previstas para ***modo de carga 3*** la selección del *interruptor automático* que protege el circuito que alimenta la estación de recarga garantizará la correcta protección del circuito, evitando al mismo tiempo el disparo intempestivo de la protección durante el proceso de recarga. Para su selección se puede utilizar como referencia la documentación del fabricante de la estación. La tolerancia de la señal correspondiente a la intensidad de carga, el consumo interno de la propia estación de recarga y las condiciones ambientales de instalación, justifican que la intensidad asignada del interruptor automático sea en algunos casos superior a la suma de intensidades asignadas que pueden suministrar los puntos de conexión de la estación de recarga.

■ 6.4 Medidas de protección contra sobretensiones

Todos los circuitos deben estar protegidos contra sobretensiones:

- ✓ **Temporales y**
- ✓ **Transitorias.**

> **Nota** Protección contra Sobretensiones
> Transitorias = ITC-BT-23
> Temporales = Guía ITC-BT-23

Los dispositivos de protección contra sobretensiones temporales estarán previstos para una máxima sobretensión entre fase y neutro hasta **440 V**. Los dispositivos de protección contra sobretensiones temporales deben ser adecuados a la máxima sobretensión entre fase y neutro prevista.

> **Guía** En el caso en que la máxima sobretensión prevista entre fase y neutro sea 440 V los dispositivos contra sobretensiones temporales deben cumplir con la Norma **UNE-EN 50.550**.
>
> El dispositivo de protección contra sobretensiones temporales puede instalarse: en el circuito de recarga, junto a la estación de recarga o dentro de ella.

Los dispositivos de protección contra sobretensiones transitorias deben ser instalados en la proximidad del origen de la instalación o en el cuadro principal de mando y protección, lo más cerca posible del origen de la instalación eléctrica en el edificio. Según cuál sea la distancia entre la estación de recarga y el dispositivo de protección contra sobretensiones transitorias situado aguas arriba, puede ser necesario proyectar la instalación con un *dispositivo de **protección contra sobretensiones transitorias adicional** junto a la estación de recarga*. En este caso, los dos dispositivos de protección contra sobretensiones transitorias deberán estar coordinados entre sí.

Con el fin de optimizar la continuidad de servicio en caso de destrucción del dispositivo de protección contra sobretensiones transitorias a causa de una descarga de rayo de intensidad superior a la máxima prevista, cuando el dispositivo de protección contra sobretensiones no lleve incorporada su propia protección, se debe instalar el **dispositivo de protección** recomendado por el fabricante, aguas arriba del dispositivo de *protección contra sobretensiones*, con objeto de mantener la continuidad de todo el sistema, evitando así el disparo del interruptor general.

Guía

Se recomienda instalar una **protección contra sobretensiones transitorias de tipo 1 aguas arriba del contador principal**, instalando dicho protector bien:

✓ En la caja de protección y medida, **CPM**, en el caso de suministros individuales, o bien

✓ Junto al interruptor general de maniobra, **IGM**, situado a la entrada de la centralización de contadores.

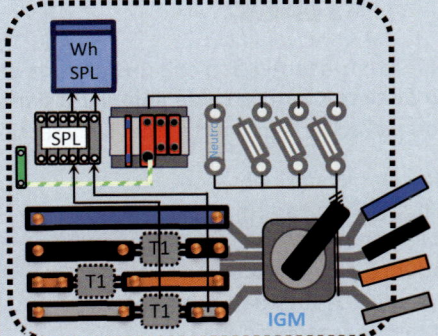

Interruptor **G**eneral de **M**aniobra (**IGM**) para fincas que incorporan circuitos de recarga de Vehículos Eléctricos

Figura A5. Instalación en centralizaciones de contadores de un protector contra sobretensiones transitorias tipo 1, integrado en el módulo del IGM y protegido con fusibles.

Según la norma **UNE-CLC/TS 61.643-12** "Dispositivos de protección contra sobretensiones transitorias de baja tensión. Parte 12: Dispositivos de protección contra sobretensiones transitorias conectados a sistemas eléctricos de baja tensión. Selección y principios de aplicación":

➔ Cuando la distancia entre la estación de recarga y el dispositivo de protección contra sobretensiones transitorias situado aguas arriba sea superior o igual a **10 metros** es recomendable instalar un dispositivo adicional de protección contra sobretensiones transitorias, tipo 2, junto a la estación de recarga o dentro de ella.

7. CONDICIONES PARTICULARES DE INSTALACIÓN

- ### 7.1 Red de tierra para plazas de aparcamiento en el exterior

El presente apartado aplica tanto a la instalación de puntos de recarga en vía pública como a la instalación en aparcamientos o estacionamientos públicos a la *intemperie*.

La instalación de puesta a tierra se realizará de forma tal que la máxima resistencia de puesta a tierra a lo largo de la vida de la instalación y en cualquier época del año, no se puedan producir *tensiones de contacto mayores de* **24 V**, en las partes metálicas accesibles de la instalación (estaciones de recarga, cuadros metálicos, etc.).

Cada poste de recarga dispondrá de **un borne de puesta a tierra**, conectado al circuito general de puesta a tierra de la instalación.

Los **conductores de la Red de Tierra** que unen los electrodos podrán ser:

- a. **Desnudos**, de **cobre**, de **35 mm²** de sección mínima, si forman parte de la propia red de tierra, en cuyo caso irán por fuera de las canalizaciones de los cables de alimentación.

- b. **Aislados**, mediante cables de tensión asignada **450/750 V**, con recubrimiento de color verde-amarillo, con conductores de **cobre**, de sección mínima **16 mm²**.

El conductor de protección que une de cada punto de recarga con el electrodo o con la red de tierra, será de **cable unipolar aislado**, de tensión asignada **450/750 V**, con recubrimiento de color verde-amarillo, y sección mínima de **16 mm²** de **cobre**.

Todas las conexiones de los circuitos de tierra, se realizarán mediante terminales, grapas, soldadura o elementos apropiados que garanticen un buen contacto permanente y protegido contra la corrosión.

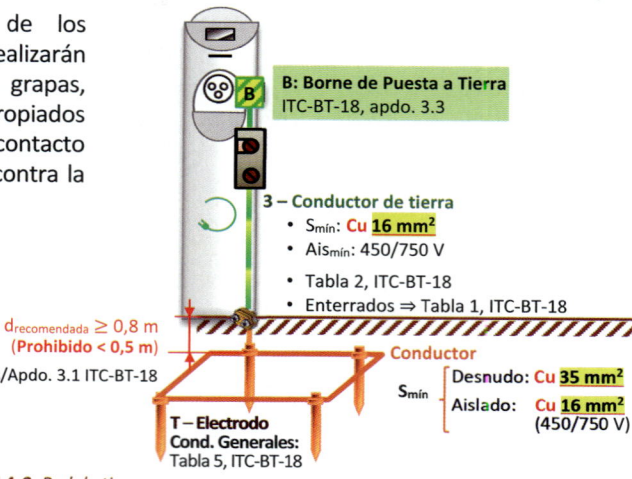

B: Borne de Puesta a Tierra
ITC-BT-18, apdo. 3.3

3 – Conductor de tierra
- $S_{mín}$: **Cu 16 mm²**
- $Ais_{mín}$: 450/750 V
- Tabla 2, ITC-BT-18
- Enterrados ⇒ Tabla 1, ITC-BT-18

$d_{recomendada} \geq 0,8$ m
(Prohibido < 0,5 m)
s/Apdo. 3.1 ITC-BT-18

Conductor

$S_{mín}$ { Desnudo: **Cu 35 mm²**
Aislado: **Cu 16 mm²**
(450/750 V)

T – Electrodo
Cond. Generales:
Tabla 5, ITC-BT-18

F.A.9: *Red de tierra*

Nota

La ITC-BT-52 se aprueba mediante el **RD 1053/2014** y junto con el **RD-ley 29/2021** y el **RD 450/2022** se especifican los puntos siguientes.

▪ **DOTACIONES MÍNIMAS:**

1.	Aparcamientos o estacionamientos colectivos interiores o **adscritos a edificios** o conjuntos inmobiliarios	Si hay preinstalación (apdo. 3.2 ITC-BT-52): - Ejecución de conducción principal por zonas comunitarias - Centralización de contadores: Módulos de reserva para **20 %** de plazas no asociadas a vivienda (mínimo 1 módulo de reserva)
2.	Carácter general	1 estación de recarga por cada **40 plazas***
3.	Estacionamientos de organismos públicos	1 estación de recarga por cada **20 plazas***
4.	*Vía pública*	Según Planes de Movilidad Sostenible supramunicipales o municipales

* La **Ley 7/2021**, de cambio climático y transición energética, en su artículo 15 punto 10, indica que: "El Código Técnico de la Edificación establecerá obligaciones relativas a la instalación de puntos de recarga de VE en edificios de nueva construcción y en intervenciones en edificios existentes". Dotaciones mínimas en Documento Básico de Ahorro de Energía (**DB-HE6**) del **CTE** (página 774).

▪ **CAMBIOS EN EL REBT:**

	REBT - RD 842/2002	Modificaciones según RD 1053/2014
1	**ITC-BT-02:** Normas de referencia	Se añaden nuevas normas que afectan a la ITC-BT-52.
2	**ITC-BT-04 – Apdo. 3.1:** Instalaciones que precisan proyecto	Se añade el **grupo z** y se indican las instalaciones que precisan proyecto.
3	**ITC-BT-05 – Apdo. 4.1:** Inspecciones Iniciales	Se añaden un nuevo tipo de instalación que **precisa inspección**: "las estaciones de recarga para el vehículo eléctrico, que requieran la elaboración de proyecto para su ejecución"
4	**ITC-BT-10 – Apdo. 1:** Clasificación de los lugares de consumo	**Se añade una nueva clasificación** de un lugar de consumo: la de "Aparcamientos o estacionamientos dotados de infraestructura para la recarga de los Vehículos Eléctricos (VE)".
5	**ITC-BT-10 – Apdo. 2.1.2:** Electrificación elevada	Se considerará electrificación elevada con una instalación para la recarga del vehículo eléctrico **en viviendas unifamiliares**.
6	**ITC-BT-10 – Apdo. 5:** Cargas en viviendas de nueva construcción	Apartado nuevo: Se establecen las condiciones para la previsión de carga.
7	**ITC-BT-10 – Apdo. 6:** Previsión de carga	Antiguo apdo. 5 de la ITC-BT-10 Se añaden los puntos de recarga de VE en la previsión de carga para cálculo de acometidas e instalaciones de enlace.
8	**ITC-BT-16 – Apdo. 1:** Generalidades	El hilo de mando **(hilo rojo) se puede suprimir** cuando se instalen contadores con telegestión.
9	**ITC-BT-16 – Apdo. 3:** Concentración de contadores	**Se añaden unidades funcionales de medida** destinadas a los puntos de recarga de VE.
10	**ITC-BT-25 – Apdo. 2.3.2:** Electrificación elevada	Se añade el **circuito C_{13}** para la infraestructura de recarga de VE.
11	**ITC-BT-25 – Apdo. 3 y 4:** Electrificación elevada	Se añade el **circuito C_{13}** en la Tabla 1 y en la Tabla 2.

ANEXOS DE LA GUÍA TÉCNICA DE APLICACIÓN DE LA ITC-BT-52

ANEXO 1: BUENAS PRÁCTICAS PARA LA INSTALACION DE UN PUNTO DE RECARGA EN GARAJES EXISTENTES EN RÉGIMEN DE PROPIEDAD HORIZONTAL

En este anexo se recomiendan buenas prácticas para la instalación de un punto de conexión en instalaciones existentes, de forma que se adecúe la infraestructura para albergar la instalación de futuros puntos de conexión. En estos casos se recomienda instalar los elementos siguientes:

1) **Protector contra sobretensiones transitorias tipo 1,** junto al interruptor general de maniobra IGM (esta protección es necesaria en aplicación del apartado 6.4 de la ITC-BT-52).

   Cuando en la centralización de contadores no exista espacio para instalar este dispositivo, se podrá instalar en el cuadro de mando y protección del circuito de recarga del vehículo eléctrico, de modo que los nuevos circuitos queden protegidos. En este caso será posible combinar los protectores de tipo 1 de tipo 2 en un solo dispositivo.

2) Para reducir el número de sistemas de conducción de cables (tubos, canales o bandejas) con un trazado común y facilitar la instalación de futuros puntos de conexión cuando se realice la instalación de primero, independientemente del esquema de conexión utilizado, se recomienda que:

   ➢ El **sistema de conducción de cables se dimensione de forma que** pueda alojar los cables necesarios para alimentar al menos dos puntos de conexión adicionales que pudieran instalarse en un futuro, próximos al primero instalado, sin que ello suponga incrementar el trazado o recorrido del sistema de conducción de cables necesario para alimentar el primer punto de conexión.

Guía

<u>ANEXO 2:</u> **PREVISIÓN DE CARGAS EN EDIFICIOS DE VIVIENDAS DE NUEVA CONSTRUCCIÓN CON GARAJES EN RÉGIMEN DE CONDOMINIO**

Este anexo establece el procedimiento recomendado para determinar la previsión de cargas en garajes de nueva construcción en régimen de condominio cuando se desee realizar la preinstalación en un número de plazas, N, elevado, **por encima del 50 %** del total de plazas de garaje construidas.

- <u>**CONTADORES:**</u>
En los casos en los que se proyecten dos centralizaciones de contadores (una para las viviendas y otra para las estaciones de carga del vehículo eléctrico) la canalización que las une debería dimensionarse con un espacio suficiente que permita otros esquemas alternativos (por ejemplo, el esquema 1 o el 2).

- <u>**PREVISIÓN DE CARGAS:**</u>
Se agrupan los esquemas en tres casos distintos, suponiendo un **número N de puntos de recarga** de **3.680 W** de potencia instalada en cada uno. No obstante, el procedimiento es generalizable para otras potencias distintas por punto de recarga.

Según **ITC-BT-10** la <u>**carga mínima reglamentaria**</u> de zonas de estacionamiento con infraestructura para la recarga de VE en viviendas de nueva construcción, cuando se trate de plazas de aparcamientos o estacionamientos colectivos en edificios o conjuntos inmobiliarios en régimen de propiedad horizontal, <u>se calculará</u>:

1) Multiplicando 3.680 W, por el 10 % del total de las plazas de aparcamiento construidas.
2) La potencia anterior se multiplicará por el factor de simultaneidad que corresponda y
3) Se sumará con la previsión de potencia del resto de la instalación del edificio, en función del esquema de la instalación y de la disponibilidad de un sistema protección de la LGA.

No obstante el proyectista de la instalación podrá prever una potencia instalada mayor cuando disponga de los datos que lo justifiquen.

- **CASO A: CASO GENERAL, APLICABLES A LOS ESQUEMAS 1A, 1B, 1C Y 4B.**

Es posible separar los consumos del VE de los consumos de las viviendas, ya que estarán asociados a contratos de suministro independientes y sus consumos se medirán con contadores principales diferentes.

No se incluía la posible instalación del SPL para el esquema 4b, sin embargo, tampoco la prohibía expresamente, por lo que el caso general es aplicable los esquemas 1a, 1b, 1c y 4b.

$$P_{edificio} = (P_1 + P_2 + P_3 + P_4) + P_{VE} \qquad (1)$$

$$P_{VE} = FS_1 \cdot P_5 = FS_1 \cdot N \cdot 3.680 \text{ W*} \qquad (2)$$

Siendo:

P_1: Carga correspondiente al conjunto de viviendas (sin VE) obtenida como el número de viviendas por el coeficiente de simultaneidad de la tabla 1 de la ITC-BT-10.
P_2: Carga correspondiente a los servicios generales del edificio.
P_3: Carga correspondiente a locales comerciales y oficinas.
P_4: Carga correspondiente a los garajes, pero distintas de la recarga del VE.
P_{VE}: Carga prevista para la recarga del VE incluyendo el factor de simultaneidad.
P_5: Carga prevista para la recarga del VE, sin factor de simultaneidad.
FS_1: Factor de simultaneidad cuyo valor depende de si se prevé o no el SPL (Sistema de Protección de la LGA)

   ✓ $FS_1 = 0,3$ si se prevé SPL
   ✓ $FS_1 = 1$ si **no** se prevé SPL

N: Número de plazas de garaje en las que se realiza la preinstalación.
*: En caso de instalar puntos de recarga con potencia mayor de 3.680 W, los cálculos se adaptarán al valor concreto de potencia prevista.

Guía

Una preinstalación con una previsión de cargas PVE, calculada según la anterior expresión (2), constituye una **reserva de potencia**, que se irá utilizando a medida que se instalen los puntos de recarga reales. Mientras que la potencia realmente instalada una vez colocados los puntos de recarga no supere el valor de PVE que figure en el proyecto no será necesario reforzar, ampliar, duplicar la LGA o realizar una nueva acometida y se podrá autorizar la instalación de nuevos puntos de recarga **aún sin la instalación del SPL**.

En el proyecto se debe indicar el punto de recarga número Y, a partir del cual será necesario instalar el SPL. El valor de Y se calculará como:

> ➢ la **parte entera** del número que resulte de multiplicar 0,3 por N.

Cada vez que se complete la instalación con uno o varios puntos de recarga la persona instaladora tendrá que realizar una memoria técnica de diseño para el punto o puntos de recarga instalados sin ser necesario un proyecto, salvo que la previsión de carga de los puntos instalados desde el mismo circuito o cuadro superen los 50 kW (o 10 kW en instalaciones de exterior) tal y como se describe en la ITC-BT-04.

En la memoria técnica de diseño, o en su caso en el proyecto, se hará constar:

1) el número de puntos de recarga instalados hasta la fecha
2) así como el valor de Y a partir del cual se debe instalar el SPL

- **CASO B: PREVISIÓN DE CARGAS ESQUEMA 2 O EL 4A.**

La previsión de cargas del VE se debe integrar con la de la vivienda, ya que ambos consumos serán medidos por un mismo contador principal común.

$$P_{edificio} = P_1 + P_2 + P_3 + P_4$$

(3)

Siendo:

P_1: Carga correspondiente al conjunto de viviendas, incluida la carga correspondiente al VE para aquellas viviendas que tengan preinstalación del VE asignada.
P_2: Carga correspondiente a los servicios generales del edificio.
P_3: Carga correspondiente a locales comerciales y oficinas.
P_4: Carga correspondiente a los garajes, pero distintas de la recarga del VE.

La costumbre más extendida para su recarga cuando el usuario del vehículo dispone de una plaza de garaje asociada a la vivienda es la siguiente.

✓ Recargar aprovechando las tarifas supervalle y bajos precios del mercado durante la noche, así como la baja utilización del resto de circuitos de la vivienda.

✓ Utilizar los sistemas de programación del propio vehículo que permiten al conductor seleccionar el tiempo durante el cual se realizará la recarga, en otros casos se puede instalar fácilmente en el punto de recarga un programador / temporizador.

En función de estas premisas y los estudios descritos en el Anexo 3 de esta guía, se propone considerar dos períodos horarios:

a) 🌙 Periodo nocturno y

b) ☀ Periodo diurno

Y considerar como previsión de cargas para las viviendas **el mayor valor** obtenido de los dos períodos.

$$P_1 = máximo [P_1(diurno) , P_1(nocturno)]$$

(4)

Guía

a) **Periodo diurno:** La previsión de cargas para las viviendas sin VE se calcularía según la ITC-BT-10, mientras que la previsión de cargas para viviendas con VE se calcularía con la siguiente expresión:

$$P\_vivienda\_con\_VE = P\_vivienda\_sin\_VE + 0,3 \cdot 3.680 \text{ W} \tag{5}$$

N.A.: La potencia del VE es igual que en la fórmula número (2) de esta Guía, pero con una sola plaza (N=1) y un factor de simultaneidad $FS_1 = 0,3$

Si denominamos A, al número de viviendas con preinstalación para el VE, y B al número de viviendas sin preinstalación, supuestas todas ellas con el mismo nivel de electrificación se puede calcular la potencia media aritmética por vivienda como:

$$P_{\text{med viv}} = \frac{A \cdot P_{Viv\_con\_VE} + B \cdot P_{Viv\_sin\_VE}}{A+B} \tag{6}$$

$$\textbf{P}_1 \textbf{ (diurno)} = \textbf{CS} \cdot \textbf{P}_{\textbf{med viv}} \tag{7}$$

$P_{\text{med viv}}$: Valor medio aritmético de la previsión de carga del conjunto de viviendas.
CS: Coeficiente de simultaneidad de la **tabla 1 de la ITC-BT-10.**

b) **Periodo nocturno:** La previsión de cargas durante el período nocturno se calcularía sumando la carga de las viviendas en consumo nocturno (sin VE), más la carga para el VE.

$$\textbf{P}_1 \textbf{ (nocturno)} = \underbrace{\textbf{0,5} \cdot \textbf{CS} \cdot \textbf{Pviv\_sin\_VE}}_{\text{Pviv-nocturno}} + \underbrace{\textbf{N} \cdot \textbf{3.680 W}}_{P_{VE}} \tag{8,9,10}$$

N: Número de puntos de recarga.
CS: Coeficiente de simultaneidad de la **tabla 1 de la ITC-BT-10.**

En el caso de viviendas previstas para **tarifa nocturna**, <u>no procede realizar la distinción entre consumo diurno y nocturno</u>, ya que el mayor consumo se producirá durante el período nocturno, por lo que la expresión a aplicar para calcular la carga P1 correspondiente al conjunto de viviendas con tarifa nocturna, teniendo en cuenta el apartado 3.1 de la ITC-BT-10 sería la siguiente:

$$\textbf{P}_1 \textbf{ (tarifa nocturna)} = \textbf{NV} \cdot \textbf{Pviv\_sin\_VE} + \textbf{N} \cdot \textbf{3.680 W} \tag{11}$$

NV: Número de viviendas con tarifa nocturna

- **CASO C: PREVISIÓN DE CARGAS ESQUEMA 3A O EL 3B.**

Este caso resulta parecido al caso A por lo que la previsión de cargas del edificio se calcula con la expresión (1):

$$\textbf{P}_{\textbf{edificio}} = (\textbf{P}_1 + \textbf{P}_2 + \textbf{P}_3 + \textbf{P}_4) + \textbf{P}_{\textbf{VE}} \tag{1}$$

En este caso se plaica fcator de simultaciedad (FS) igual a la unidad (FS=1)

$$\textbf{P}_{VE} = \textbf{FS}_1 \cdot \textbf{P}_5 = \textbf{FS}_1 \cdot \textbf{N} \cdot 3680 \text{ W} \quad \rightarrow \quad \textbf{P}_{VE} = \textbf{P}_5 = \textbf{N} \cdot \textbf{3.680 W} \tag{12}$$

En caso de instalar puntos de recarga con potencia superior a 3.680 W, los cálculos de las expresiones (5), (8), (10), (11) y (12) en cuanto a la potencia de recarga del VE se deberán adaptar proporcionalmente a la nueva potencia.

Guía

ANEXO 3: DETERMINACIÓN DE LA CAPACIDAD DISPONIBLE POR UN CONSUMIDOR DOMÉSTICOPARA REALIZAR LA RECARGA DEL VE SIN AMPLIAR LA POTENCIA.

El operador del sistema (Red Eléctrica de España), calcula y publica regularmente las medidas de la demanda del sistema eléctrico peninsular y los perfiles finales de consumo. Gracias al proyecto perfila, estos perfiles de consumo aplicables a los consumidores domésticos se han podido determinar con precisión.

En base a esta información, y con el objetivo de poder estimar de una manera razonable y robusta el margen de capacidad libre o "hueco" que tendrían los consumidores domésticos **para realizar la cargar nocturna del VE,** se han tomado los valores máximos para cada periodo horario del coeficiente de perfilado A publicado por REE durante el año 2015. Estos valores, ajustados en base 100 para el valor máximo de dicho coeficiente horario, han sido representados en la siguiente gráfica.

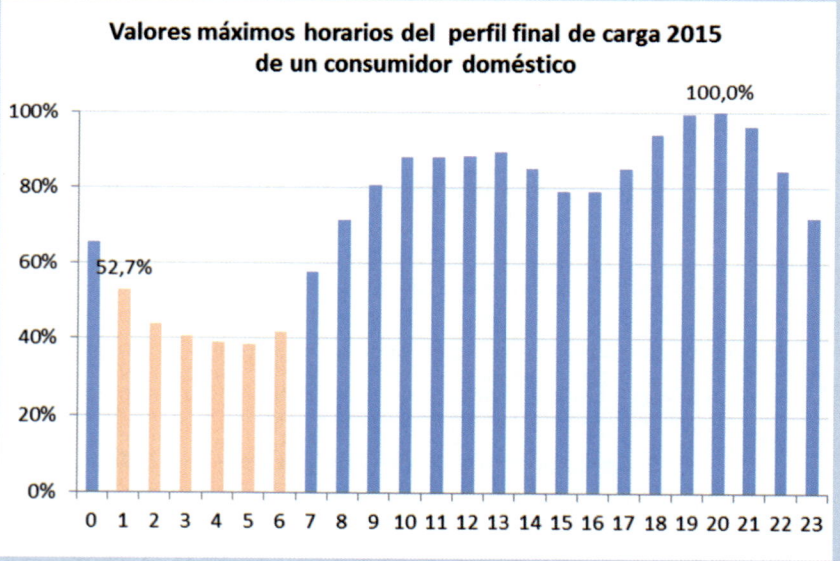

De esta manera, se obtiene el ratio horario de uso de la capacidad disponible por un consumidor doméstico. Suponiendo que los VE fuera programados para que iniciaran su carga a partir de la 1 de la mañana (hora de inicio de la tarifa de acceso **supervalle**, que coincide además con los precios más bajos de la energía en el mercado), un consumidor doméstico tendría disponible en un escenario de máxima demanda para esta hora, prácticamente el **50 %** de su capacidad de punta para poder realizar esta recarga.

En caso el de que se comprobara que los VE conectados a los puntos de recarga de las viviendas no realizan en su mayoría una recarga lenta a partir de esta hora, este coeficiente debería ser recalculado.

Nota

MODOS DE CARGA DEL VE

Modo Salida	Conector específico para VE	Tipo de carga	Corriente máxima	Observaciones
Modo 1	No	Lenta en AC	16 A por fase (3,7 kW – 11 kW)	Conexión del VE a la red AC utilizando una toma de corriente Schuko
Modo 2	No	Lenta en AC	16 A por fase (3,7 kW – 11 kW)	Cable especial con dispositivo electrónico intermedio con funciones de piloto de control y protecciones
Modo 3	Sí	Lenta o semi-rápida / Monofásica o trifásica	Según conector utilizado	Conexión del VE a la red AC utilizando un SAVE
Modo 4	Sí	En DC	Según cargador	Conexión del VE con un cargador fijo externo

TIPOS DE BASES Y CONECTORES

Base	Conector	Tipo / Modelo	Tensión máxima	Corriente máxima
		Schuko	250 V_{AC} Monofásica	16 A monof.
		Cetac	250 V_{AC} Monofásica	16 A monof.
			500 V_{AC} Trifásica	32 A trifásica
		Tipo 1 *Yazaki*	250 V_{AC} Monofásica	32 A monof. (hasta 7,2 kW)
		Tipo 2 *Mennekes* (Conector normalizado en Europa)	250 V_{AC} Monofásica	70 A monof.
			500 V_{AC} Trifásica	63 A trifásica (hasta 43 kW)
		Tipo 4 *Chademo*	500 V_{DC}	120 A_{DC}
		Tipo 4 *Combo*	Tipo 2 y 500 V_{DC}	120 A_{DC}

CÓDIGO TÉCNICO DE EDIFICACIÓN
Documento Básico HE Ahorro de energía (CTE – DB-HE)

<u>**Resumen Sección HE 6**</u>
Dotaciones mínimas para *la infraestructura de recarga de Vehículos Eléctricos*

1. ÁMBITO DE APLICACIÓN

1) Edificios con una zona destinada a aparcamiento, interior o exterior, en los siguientes supuestos:

   a) Edificios de **nueva construcción**;

   b) Edificios existentes, en los siguientes casos:
- Cambios de uso característico del edificio;
- Ampliaciones, que incluyan intervenciones en el aparcamiento y se incremente más de un **10 %** la superficie o volumen construido *de la unidad o unidades de uso sobre las que se intervenga*, siendo, además, la superficie útil ampliada superior a **50 m²**;
- Reformas que incluyan intervenciones en el aparcamiento y en las que se renueve más del **25 %** de la superficie total de la *envolvente térmica* final del edificio.
- <u>Intervenciones en la instalación eléctrica</u> **del edificio** que afecten a más del **50 % de la potencia instalada** en el edificio, cuando el aparcamiento se sitúe en el interior de la edificación,
- <u>Intervenciones en la instalación eléctrica</u> **del aparcamiento** que afecten a más del **50 % de la potencia instalada** en el mismo antes de la intervención;

2) Se excluyen del ámbito de aplicación:

   a) Edificios de <u>uso distinto del residencial privado</u> con una zona de aparcamiento de <u>10 plazas o menos</u>;

   b) Edificios existentes de <u>uso distinto al residencial privado</u> con una zona de aparcamiento de <u>20 plazas o menos</u> **y** <u>edificios *existentes* de *uso residencial privado*</u>, **cuando**, <u>en ambos casos</u>, el coste derivado del cumplimiento de este apartado exceda del **7 % del coste de la intervención de ampliación**, cambio de uso o reforma que genera la obligación de cumplimiento. Para la determinación del coste de las intervenciones anteriormente referidas se considerará su coste real y efectivo, entendiendo como tal, su coste de ejecución material;

   c) Los <u>edificios protegidos</u> oficialmente por ser parte de un entorno declarado o en razón de su particular valor arquitectónico o histórico, en la medida en que el cumplimiento de las exigencias establecidas en esta sección pudiese alterar de manera inaceptable su carácter o aspecto, siendo la autoridad que dicta la protección oficial quien determine los elementos inalterables.

2. CUANTIFICACIÓN DE LA EXIGENCIA

1) **Sistemas de Conducción:**
- <u>Edificios de **uso residencial privado:**</u> se instalarán sistemas de conducción de cables que permitan el futuro suministro a estaciones de recarga **para el 100 % de las plazas de aparcamiento**.
- Edificios de **uso <u>distinto</u> al residencial privado:** se instalarán sistemas de conducción de cables que permitan el futuro suministro a estaciones de recarga para **al menos el 20 % de las plazas** de aparcamiento.

2) **Estaciones de Recarga:**
- **Con carácter general** se instalará *1 estación de recarga por cada **40 plazas** de aparcamiento*, o fracción.
- En **edificios** de uso distinto al residencial privado que sean titularidad de la Administración General del Estado o **de los organismos públicos** vinculados a ella o dependientes de la misma, se instalará *1 estación de recarga por cada **20 plazas** de aparcamiento*, o fracción.

- En caso de que los aparcamientos dispongan de plazas de aparcamiento accesibles, según se establece en el DB SUA, se instalará *1 estación de recarga por cada **5 plazas** de aparcamiento accesibles*. Las estaciones de recarga de estas plazas se **computarán** a efectos de cumplimiento de la cuantificación de la exigencia.

3) En los edificios que tengan unidades de uso residencial privado junto a otras de distinto uso, en los que las zonas de aparcamiento vinculadas a cada uso no estén claramente diferenciadas, se aplicará el criterio correspondiente al uso característico del edificio.

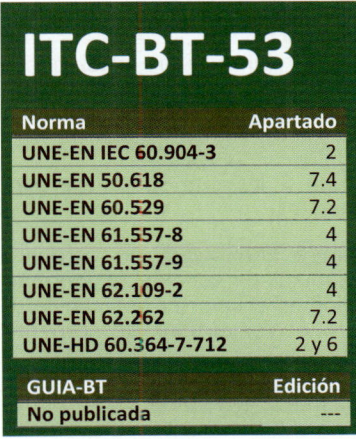

ITC-BT-53

Norma	Apartado
UNE-EN IEC 60.904-3	2
UNE-EN 50.618	7.4
UNE-EN 60.529	7.2
UNE-EN 61.557-8	4
UNE-EN 61.557-9	4
UNE-EN 62.109-2	4
UNE-EN 62.262	7.2
UNE-HD 60.364-7-712	2 y 6
GUIA-BT	**Edición**
No publicada	---

Instalaciones de Sistemas en Corriente Continua

BORRADOR

IMPORTANTE

Tanto el Real Decreto que aprueba esta instrucción, como la ITC-BT-53 **son borradores**.

No son de obligado cumplimiento hasta que no exista una resolución al respecto por parte del Ministerio de Industria, Energía y Turismo, en la que deberá hacerse constar la fecha a partir de la cual serán válidas.

Índice

1. CAMPO DE APLICACIÓN

Las prescripciones particulares de esta instrucción se aplican a las instalaciones eléctricas en **corriente continua**, que formen parte de la instalación interior de un consumidor, o de un generador de electricidad conectado a la red de distribución o a la instalación interior del consumidor.

Las instalaciones o sistemas de corriente continua a los que se refiere esta instrucción son, con carácter no exhaustivo, los siguientes:

1. Las instalaciones eléctricas de un sistema de **generación** en corriente continua, desde un módulo o conjunto de módulos de generación, pasando por sus circuitos de conexión, hasta su conexión en el inversor que convierte la corriente continua en corriente alterna o el convertidor de corriente continua a corriente continua.

2. Las instalaciones eléctricas de un sistema de **almacenamiento** en corriente continua, mediante baterías de uso doméstico, industrial o de automoción, desde un módulo o conjunto de módulos de almacenamiento, pasando por sus circuitos de conexión, hasta su conexión en el inversor que convierte la corriente continua en corriente alterna o el convertidor de corriente continua a corriente continua.

3. Otras tecnologías de sistemas de generación o almacenamiento en corriente continua.

De manera general, cuando en el texto de la presente instrucción se refiera al término "fotovoltaico" cabe entender igualmente cualquier otra fuente de generación o sistema de almacenamiento en corriente continua. No obstante, las definiciones y los requisitos de esta ITC se basan en las tecnologías de generación fotovoltaica y deben adaptarse en la medida que sea aplicable a las particularidades de otras tecnologías.

2. TÉRMINOS Y DEFINICIONES

Para los fines de este documento, se aplican los términos y definiciones incluidos en la ITC-BT-01, además de los siguientes:

2.1. Módulo fotovoltaico: El conjunto más pequeño de células fotovoltaicas interconectadas completamente protegido ambientalmente.

2.2. Cadena fotovoltaica: Circuito de uno o más módulos conectados en serie.

2.3. Grupo fotovoltaico: Conjunto de módulos fotovoltaicos, cadenas fotovoltaicas, subgrupos fotovoltaicos y cajas de conexión de grupos fotovoltaicos interconectados eléctricamente.

Para los propósitos de esta ITC-BT, un grupo fotovoltaico representa todos los componentes hasta los medios de conexión del lado de la corriente continua del inversor u otros equipos eléctricos de conversión de potencia o cargas de corriente continua.

Un grupo fotovoltaico no incluye la estructura de los soportes y sus sistemas de anclaje, el sistema de seguimiento, el control térmico y otros accesorios.

Un grupo fotovoltaico puede consistir en un solo módulo fotovoltaico, una sola cadena fotovoltaica, o varias cadenas conectadas en paralelo, o varios subgrupos fotovoltaicos montados en paralelo y sus componentes eléctricos asociados.

2.4. Generador fotovoltaico: Grupo fotovoltaico que **incluye** el inversor y el circuito de alimentación fotovoltaico de corriente alterna.

2.5. Caja de derivación fotovoltaica: Aparamenta eléctrica donde los subgrupos fotovoltaicos o las cadenas fotovoltaicas están conectados y que pueden contener también otros accesorios eléctricos.

2.6. Subgrupo fotovoltaico: Subconjunto eléctrico de un grupo fotovoltaico formado por cadenas fotovoltaicas conectadas en paralelo.

2.7. Condiciones de ensayo normalizadas, STC: Condiciones de ensayo especificadas en UNE-EN IEC 60.904-3 para células y módulos fotovoltaicos.

2.8. Tensión en circuito abierto en condiciones de ensayo normalizadas, $U_{OC\,STC}$: Tensión en condiciones de ensayo normalizadas a través de un módulo fotovoltaico, una cadena fotovoltaica, un grupo fotovoltaico, un subgrupo fotovoltaico sin carga (abiertos).

2.9. Tensión máxima en circuito abierto, $U_{OC\,MÁX}$: Tensión máxima a través de un módulo fotovoltaico, una cadena fotovoltaica, un grupo fotovoltaico, un subgrupo fotovoltaico sin carga (abiertos).

El método para determinar el $U_{OC\,MÁX}$ se describe en el anexo B de la norma UNE-HD 60.364-7-712.

2.10. Corriente de cortocircuito en condiciones de ensayo normalizadas, $I_{SC\,STC}$: Corriente de cortocircuito bajo condiciones de ensayo normalizadas de un módulo fotovoltaico, cadena fotovoltaica, subgrupo fotovoltaico, grupo fotovoltaico.

2.11. Corriente máxima de cortocircuito de un grupo fotovoltaico, $I_{SC\,MÁX}$: Corriente máxima de cortocircuito de un módulo fotovoltaico, cadena fotovoltaica, grupo fotovoltaico.

El método para determinar $I_{SC\,MÁX}$ se describe en el anexo B de la norma UNE-HD 60.364-7-712.

2.12. Lado corriente continua: Parte de una instalación fotovoltaica situada entre los módulos fotovoltaicos y los medios de conexión en corriente continua del inversor fotovoltaico.

2.13. Lado corriente alterna: Parte de una instalación fotovoltaica situada entre los medios de conexión en corriente alterna del inversor fotovoltaico y el punto de conexión del cable de alimentación fotovoltaico de la instalación eléctrica.

2.14. Seguimiento del punto de funcionamiento a potencia máxima, MPPT: Método de control interno de un inversor que asegura una búsqueda para el funcionamiento a potencia máxima. La abreviatura "MPPT" se deriva del término inglés desarrollado correspondiente a "seguimiento del punto de funcionamiento a potencia máxima".

2.15. MOD_MÁX._OCPR: Valor asignado máximo de protección contra las sobre intensidades del módulo fotovoltaico.

2.16. Conexión funcional: Conexión de uno o varios puntos en un sistema o en el interior de un equipo eléctrico, por razones distintas a la seguridad eléctrica.

3. PROTECCIÓN PARA GARANTIZAR LA SEGURIDAD CONTRA LOS CHOQUES ELÉCTRICOS

El material eléctrico en el lado de la corriente continua debe considerarse bajo tensión:

1) tanto cuando el lado de la corriente alterna esté desconectado de la red,
2) como cuando el inversor esté desconectado del lado de la corriente continua.

Las medidas generales para la protección contra los choques eléctricos serán las indicadas en la **ITC-BT-24** con las siguientes **excepciones**:

➤ Para la protección contra **contactos indirectos** de las instalaciones en corriente continua **solo** estarán permitidas las medidas siguientes:

✓ Protección por aislamiento doble o reforzado (apdo. 4.2 de la **ITC-BT-24**)
✓ Protección por utilización de muy baja tensión de seguridad (**MBTS**)

➤ Para la protección contra los **contactos directos** de las instalaciones en corriente continua, no estarán permitidas las medidas de basadas en:

1) Protección por medio de obstáculos
2) Protección por puesta fuera de alcance por alejamiento
3) Protección en los locales o emplazamientos no conductores
4) Protección mediante conexiones equipotenciales locales no conectadas a tierra
5) Protección por separación eléctrica

Adicionalmente, cuando se utilice la medida de protección por utilización de **aislamiento doble o reforzado**, el material eléctrico (por ejemplo, los módulos fotovoltaicos), el sistema de canalización (por ejemplo, caja de conexiones) utilizados en el lado de la corriente continua (hasta los medios de conexión en corriente continua del inversor o convertidor) debe ser de **aislamiento de clase II** o equivalente.

Cuando se utilice la medida de protección por utilización de muy baja tensión de seguridad (MBTS) en el lado de corriente continua, la tensión máxima en circuito abierto $U_{OC\,MÁX.}$ no debe exceder de **75 V** en corriente continua.

4. PROTECCIÓN PARA GARANTIZAR LA SEGURIDAD CONTRA LOS INCENDIOS CAUSADOS POR EQUIPOS ELÉCTRICOS

El calor generado por los equipos eléctricos no debe causar daños o efectos perjudiciales a los materiales fijos colindantes o a los materiales que previsiblemente puedan estar próximos a dicho equipo. Los equipos eléctricos no deben presentar riesgo de incendio a los materiales colindantes.

Los equipos fijos que causan una concentración de calor deben estar a una distancia suficiente de cualquier objeto fijo o elemento de construcción tal que el objeto o elemento, en condiciones normales, no esté sujeto a temperaturas peligrosas. Por ejemplo, una temperatura superior a su temperatura de ignición.

Se utilizarán **canalizaciones** eléctricas (cables, conductos cerrados de sección no circular, canales, tubos, bandejas para cables, y otros sistemas de canalización eléctrica) no propagadoras de la llama, **excepto** que estén empotradas en material no combustible.

Los **cables** serán de la clase de reacción al fuego mínima E_{ca}.

Con objeto de asegurar la protección contra incendios debidos a la corriente provocada por los defectos de aislamiento, es necesario que el defecto sea detectado y eliminado lo más rápidamente posible, tanto en el lado de corriente continua como en el de corriente alterna.

La forma de detectar y eliminar el defecto depende de las características del inversor.

➢ Si el inversor dispone solamente de **aislamiento básico respecto de tierra** de todos los conductores activos en el lado de corriente continua, debe instalarse un dispositivo controlador del aislamiento (IMD), para verificar el estado de aislamiento durante la vida útil de la instalación, seleccionado de acuerdo con la norma **UNE-EN 61.557-8** o con la norma **UNE-EN 61.557-9**. Cuando el IMD sea una parte integral del inversor, la selección se realizará según la norma **UNE-EN 62.109-2**.

➢ Si el inversor dispone de una **conexión funcional a tierra** para un conductor activo en el lado de corriente continua, debe instalarse un dispositivo automático de desconexión de la corriente de defecto a tierra, **en serie con** el conductor de conexión funcional, cuyos valores asignados se correspondan con la corriente de cortocircuito máxima del grupo fotovoltaico $I_{SC\ MÁX}$, la tensión máxima del grupo fotovoltaico $U_{OC\ MÁX}$ y la corriente nominal máxima indicada en la tabla siguiente.

Potencia asignada total del grupo fotovoltaico (valor cresta)			Corriente nominal asignada máxima I_n del dispositivo de desconexión automático
Menor o igual a 25 kW			1 A
Entre más de 25 kW	y	50 kW	2 A
Entre más de 50 kW	y	100 kW	3 A
Entre más de 100 kW	y	250 kW	4 A
Mayor a 250 kW			5 A

Tabla 1. *Corriente nominal del dispositivo de desconexión automático en el conductor de conexión funcional*

I↑ 5. PROTECCIÓN PARA GARANTIZAR LA SEGURIDAD CONTRA LAS SOBREINTENSIDADES

Las medidas generales para la protección contra las sobreintensidades serán las indicadas en la **ITC-BT-22**, teniendo en cuenta las siguientes particularidades para los sistemas de corriente continua fotovoltaicos.

■ 5.1 Protección contra sobreintensidades de los módulos fotovoltaicos

Todas las cadenas conectadas **en paralelo** deben tener la **misma tensión nominal**. En la práctica esto significa que cada cadena tiene el <u>mismo número de módulos conectados en serie</u>, utilizando módulos equivalentes.

En un grupo fotovoltaico con una o dos cadenas fotovoltaicas en paralelo, N_S, no se requiere un dispositivo protector de sobreintensidad.

En otros casos, cada cadena debe protegerse por un dispositivo de protección, que podrá ser individual de cada cadena o para una agrupación de varias cadenas en paralelo.

Si el inversor tiene varios sistemas independientes de seguimiento del punto de funcionamiento a potencia máxima, **MPPT**, y la corriente inversa no puede circular de una entrada a la otra debido al diseño del inversor, N_S es el número de cadenas conectadas a una entrada individual en corriente continua.

➤ Cuando se utilizan dispositivos de protección individual, su corriente nominal I_n debe cumplir con las siguientes condiciones:

$$1{,}1 \cdot I_{SC\,MÁX} \text{ de la cadena} \leq I_n \leq I_{MOD\_MÁX.\_OCPR}$$

$$1{,}35 \cdot I_{MOD\_MÁX\_OCPR} < (N_S - 1) \cdot I_{SC\,MÁX}$$

El **coeficiente 1,1** se utiliza como margen de seguridad para un funcionamiento inoportuno de los dispositivos de protección, teniendo en cuenta las condiciones de tensión. Dicho coeficiente de 1,1 puede adaptarse en el caso de condiciones especiales, por ejemplo, en caso de reflejos o de tecnologías especiales de módulos fotovoltaicos.

➤ Cuando se utiliza un dispositivo de protección para una agrupación de varias cadenas en paralelo, su corriente nominal, I_n, debe cumplir con la siguiente fórmula, donde N_P es el número de cadenas en paralelo conectadas en el mismo dispositivo de protección de sobreintensidad:

$$N_P \cdot 1{,}1\, I_{SC\,MÁX} \leq I_n \leq I_{MOD\_MÁX.\_OCPR} - (N_P - 1) \cdot I_{SC\,MÁX}$$

Los dispositivos de protección contra sobreintensidades utilizados en el lado de la corriente continua deben proteger ambas polaridades, independientemente de la configuración de la instalación. Los diodos de bloqueo utilizados para conectar las cadenas fotovoltaicas en paralelo no deben considerarse como un medio de protección contra las sobreintensidades.

Los dispositivos de protección contra las sobreintensidades del lado de la corriente continua serán una de las siguientes opciones:

 ✓ **fusibles gPV,** o

 ✓ **interruptores automáticos** de uso industrial o doméstico, adecuados para su funcionamiento con corriente continua, corriente inversa y corriente crítica.

■ 5.2 Protección de los cables contra sobrecargas

5.2.1 Protección de los cables para cadena fotovoltaica

A. En un grupo fotovoltaico con **una o dos cadenas fotovoltaicas** en paralelo, no se requiere dispositivo protector de sobreintensidad. En este caso, la corriente permanente admisible I_Z del cable para cadena fotovoltaica debe ser mayor o igual a la corriente máxima de cortocircuito de la cadena ($I_{SC\,MÁX.}$ de la cadena):

$$I_Z \geq I_{SC\,MÁX} \text{ de la cadena}$$

B. En un grupo fotovoltaico con **más de dos cadenas** (N_S) en paralelo, la corriente máxima inversa que circula en el cable para cadena fotovoltaica es $(N_S - 1) \cdot I_{SC\,MÁX.}$

Cuando el cable no sea capaz de soportar esta corriente máxima inversa, será necesario disponer de un dispositivo de protección que podrá ser el individual de cada cadena o común a una agrupación de cadenas en paralelo, siempre que la corriente nominal del dispositivo de protección I_n sea mayor o igual a la corriente permanente admisible I_Z de los cables para cadena fotovoltaica:

$$I_Z \leq I_n$$

5.2.2 Protección de los cables para el subgrupo fotovoltaico

A. En un **grupo fotovoltaico con dos subgrupos,** no es necesario dispositivo de protección de sobreintensidad de los cables para cada subgrupo fotovoltaico. La corriente permanente admisible I_Z del cable de cada subgrupo fotovoltaico debe ser mayor o igual a la corriente máxima de cortocircuito del subgrupo ($I_{SC\,MÁX}$ del subgrupo):

$$I_Z \geq I_{SC\,MÁX} \text{ del subgrupo}$$

B. En un **grupo fotovoltaico con más de dos subgrupos** (N_a) en paralelo, la corriente máxima inversa que circula en un cable para el subgrupo fotovoltaico es **$(N_a - 1) \cdot I_{SC\ MÁX}$** del subgrupo.

Cuando el cable no sea capaz de soportar esta corriente máxima inversa, será necesario disponer de un dispositivo de protección contra las sobreintensidades de los cables del subgrupo fotovoltaico, su corriente nominal I_n y la corriente permanente admisible I_z de los cables para el subgrupo deben cumplir con las siguientes condiciones:

$$1{,}1\ I_{SC\ MÁX}\ \text{del subgrupo} \le I_n \le I_z$$

5.2.3. Protección del cable para el grupo fotovoltaico

La corriente permanente admisible I_z del cable para el grupo fotovoltaico debe ser mayor o igual a la corriente máxima directa del grupo fotovoltaico:

$$I_{SC\ MÁX}\ \text{del grupo} \le I_z$$

6. PROTECCIÓN CONTRA LAS SOBRETENSIONES DE ORIGEN ATMOSFÉRICO O DEBIDO A CONMUTACIÓN

En general, la protección contra sobretensiones en las instalaciones de corriente continua se realizará en función de la evaluación de riesgo de sobretensiones transitorias.

Para las instalaciones fotovoltaicas, se instalarán <u>dispositivos de protección contra sobretensiones en el lado de corriente continua</u> cuando la longitud máxima L, del itinerario entre el inversor y los puntos de conexión de los módulos fotovoltaicos de las diferentes cadenas, expresada en metros y excluyendo cualquier longitud de cable que tenga armadura, apantalla o envolvente metálica puesta a tierra o enterrada, sea mayor que el valor de la longitud crítica, Lcrit. Dicha longitud critica, será evaluada en función de la densidad de caída de rayos en el terreno (descargas/km²/año) donde se ubique la instalación fotovoltaica, siguiendo el método de evaluación de riesgos de la norma **UNE-HD 60.364-7-712**.

Cuando sea requerido la utilización de dispositivos de protección contra sobretensiones transitorias, DPS, en el lado de continua, éstos deben ser de tipo normalizado para instalaciones fotovoltaicas.

Los **DPS incorporarán** un dispositivo para su **desconexión en caso de fallo del DPS**. No se requiere que este dispositivo de desconexión tenga capacidad de seccionamiento con fines de seguridad. Los dispositivos de desconexión pueden ser internos (incorporados), o externos cuando lo requiera el fabricante del DPS. Puede haber más de una función de desconexión, por ejemplo, una función de protección contra sobreintensidades y una función de protección térmica.

7. SELECCIÓN E INSTALACIÓN DE LOS EQUIPOS ELÉCTRICOS

■ 7.1 Reglas comunes

Todos los elementos y equipos eléctricos de la instalación de corriente continua, incluidos los módulos fotovoltaicos, serán conformes con los objetivos esenciales de seguridad de la directiva de BT, independientemente de su tensión de funcionamiento, y con otras directivas europeas que les sean de aplicación.

■ 7.2 Instalaciones y envolventes

Las envolventes del material eléctrico <u>instalado en el **exterior**</u> deben tener un grado de protección no inferior al <mark>IP 44</mark> de acuerdo con la norma UNE-EN 60.529 y un grado de protección contra el impacto mecánico externo no inferior a <mark>IK 07</mark> de acuerdo con la norma UNE-EN 62.262.

■ 7.3 Condiciones de servicio

Para la selección de dispositivos en los grupos fotovoltaicos:

> ➤ $U_{OC\,MÁX}$ debe considerarse como <u>tensión nominal</u>.
> ➤ $I_{SC\,MÁX}$ debe considerarse como la <u>corriente de diseño</u>.

Si se utilizan los diodos de bloqueo:

> ✓ el valor asignado de su tensión inversa debe corresponder a **2·$U_{OC\,MÁX}$** de la cadena fotovoltaica y
> ✓ su corriente nominal <u>no debe ser inferior</u> a **1,1·$I_{SC\,MÁX}$**

Los diodos de bloqueo deben conectarse en serie con las cadenas fotovoltaicas.

■ 7.4 Cables eléctricos

Los cables en el lado de la corriente continua deben seleccionarse e implementarse de manera que se minimice el riesgo de defectos a tierra y cortocircuitos. Esto debe conseguirse utilizando:

> ✓ Cables **unipolares** con cubierta no metálica; o
> ✓ Conductores aislados (**unipolares**) instalados individualmente en tubos o canales aislantes.

Los cables unipolares <u>con cubierta no metálica</u> no deben instalarse directamente en la superficie del techo.

Cuando discurran por el exterior, los cables a utilizar serán de los tipos normalizados para ser utilizados en el lado de corriente continua (c.c.) de los sistemas fotovoltaicos. Los cables que sean de acuerdo con la norma UNE-EN 50.518 se consideran conformes con los requisitos de esta ITC-BT-53.

Para determinar la <mark>intensidad máxima admisible en régimen permanente I_z</mark>, se seguirá lo establecido en la **ITC-BT-19**. Para los cables sometidos al calentamiento directo de la parte inferior de los módulos fotovoltaicos, se considerará una temperatura ambiente, como mínimo, igual a <mark>70 °C</mark>.

■ **7.5 Canalizaciones**

Las canalizaciones deben estar dispuestas de manera que no se ejerza ningún esfuerzo sobre las conexiones de los cables, a menos que estén previstas especialmente a este efecto. Su instalación será conforme a lo indicado en **ITC-BT-20** e **ITC-BT-21**.

Para minimizar las tensiones inducidas debidas a los rayos, la superficie de todos los bucles debe ser lo más pequeña posible, en particular para el cableado de las cadenas fotovoltaicas. Para este fin, los cables de corriente continua y el conductor equipotencial deberían ir unos al lado del otro.

■ **7.6 Conexiones eléctricas en el lado de corriente continua**

En instalaciones fotovoltaicas los conectores utilizados serán normalizados para aplicaciones de corriente continua en sistemas fotovoltaicos.

Los conectores situados en un **lugar accesible a las personas no cualificadas** o no instruidas deben ser de un tipo que solamente pueda desconectarse por medio de una llave o de una herramienta o estar instalados dentro de una envolvente que solamente pueda abrirse por medio de una llave o herramienta.

■ **7.7 Dispositivos para la protección contra las sobreintensidades en el lado de corriente continua**

Los dispositivos de protección contra sobreintensidades del lado de la corriente continua serán:

✓ fusibles, o

✓ interruptores automáticos, o

✓ unidades combinadas con fusibles.

En instalaciones fotovoltaicas, deberán seleccionarse conforme a las siguientes condiciones:

1) La tensión nominal de operación (U_e) debe ser mayor o igual a la tensión $U_{OC\,MÁX}$ del grupo fotovoltaico;

2) La corriente nominal **In** tal como se define en el **apartado 5**;

3) El poder de corte nominal debe ser al menos igual a $I_{SC\,MÁX}$ del grupo fotovoltaico;

4) Los dispositivos de protección contra las sobreintensidades deben ser **bidireccionales**.

8. SECCIONAMIENTO Y MANIOBRA

Para permitir el mantenimiento de la instalación de corriente continua deben estar previstos medios de **seccionamiento y maniobra**, mediante:

- a) interruptor seccionador,
- b) unidades combinadas seccionador-fusibles, o
- c) interruptor automático adecuado para el seccionamiento.

El seccionamiento no puede ser un dispositivo electrónico integrado en el inversor.

Con objeto de prevenir arcos eléctricos provocados por dispositivos sin poder de corte que pueda utilizarse para abrir un circuito de corriente continua, se deberán adoptar medidas para prevenir la interrupción de la corriente continua en carga, de forma que se evite el funcionamiento intempestivo o no autorizado de dichos dispositivos. *Esto puede conseguirse* ubicando el dispositivo en el interior de un espacio o envolvente que pueda cerrarse con llave o mediante candado.

9. INSTALACIONES DE PUESTA A TIERRA Y CONDUCTORES DE PROTECCIÓN

La puesta a tierra de las instalaciones de corriente continua debe realizarse de acuerdo con las condiciones establecidas en el **apdo. 8.2 de la ITC-BT-40**.

 Para el cálculo de la sección del conductor de puesta a tierra y de los conductores de tierra, se seguirá la **ITC-BT-18**.

Donde sea necesaria una conexión equipotencial de las estructuras metálicas fotovoltaicas, deben conectarse todas las estructuras metálicas de soporte de los módulos fotovoltaicos incluyendo las canalizaciones metálicas. El conductor de conexión equipotencial debe conectarse a cualquier borne de tierra adecuado.

Si estas estructuras metálicas son de aluminio, deben utilizarse dispositivos de conexión apropiados y que tengan en cuenta la aparición de pares electroquímicos, para asegurar una conexión equipotencial adecuada de todas las partes metálicas.

ANOTACIONES

Anexos

Códigos IP - IE - IK

CÓDIGO IP (UNE-EN 60.529)
CÓDIGO IE - Influencias Externas (UNE-HD 60.364-1)

International Protection (protección contra sólidos y líquidos)

1ª Cifra: Sólidos. Del 0 al 6 o letra X (la letra X indica que no ha sido ensayada)
2ª Cifra: Líquidos. Del 0 al 8 o letra X (la letra X indica que no ha sido ensayada)
1ª Letra (Opcional): A, B, C o D.
2ª Letra (Opcional): H, M, S o W.

1ª CIFRA: Protección contra cuerpos sólidos					2ª CIFRA: Protección contra cuerpos líquidos				
IP	Prueba	Descripción	Símbolo	IE	IP	Prueba	Descripción	Símbolo	IE
0		Sin protección.			0		Sin protección.		AD1
1		Protección contra cuerpos sólidos de más de 50 mm. Ej: la mano.		AE1	1		Protección contra las caídas verticales de gotas de agua (condensación).		AD2
2		Protección contra cuerpos sólidos de más de 12,5 mm. Ej: dedos de la mano.			2		Protección contra las caídas de agua hasta 15° de la vertical.		AD3
3		Protección contra cuerpos sólidos de más de 2,5 mm. Ej: herramientas, tornillos.		AE2	3		Protección contra el agua de lluvia hasta 60° de la vertical.		
4		Protección contra cuerpos sólidos de más de 1 mm. Ej: alambres, cables.		AE3	4		Protección contra las proyecciones de agua en todas las direcciones.		AD4
5		Protección contra la penetración de polvo.		AE4 AE5	5		Protección contra chorros de agua en todas las direcciones.		AD5
6		Totalmente estanco al polvo.		AE6	6		Protección contra fuertes chorros de agua o contra mar gruesa.		AD6
					7		Protección contra inmersiones.		AD7
					8		Protección contra inmersiones prolongadas.		AD8

IP - LETRAS ADICIONALES (Optativas)

1ª Letra	La envolvente impide la accesibilidad a partes peligrosas con	2ª Letra	La envolvente protege de
A	Mano de Ø ≥ 50 mm (Pero no impide una penetración deliberada)	H	Alta tensión
B	Dedos u objetos de: Ø = 12 mm y L = 80 mm	M	Penetración de agua en rotación
C	Herramientas, alambres, etc., con: Ø ≥ 2,5 mm y L = 100 mm	S	Penetración de agua en reposo
D	Alambres o cintas de: Ø ≥ 1 mm y L = 100 mm	W	Condiciones atmosféricas específicas

CÓDIGO IK (UNE-EN 62.262)

Grado de protección proporcionado por la envolvente contra impactos mecánicos nocivos.

GRADO	IK 00	IK 01	IK 02	IK 03	IK 04	IK 05	IK 06	IK 07	IK 08	IK 09	IK 10
Energía (J)	--	0,15	0,2	0,35	0,5	0,7	1	2	5	10	20
Masa y altura de la pieza de golpeo	--	0,2 Kg 70 mm	0,2 Kg 100 mm	0,2 Kg 175 mm	0,2 Kg 250 mm	0,2 Kg 350 mm	0,5 Kg 200 mm	0,5 Kg 400 mm	1,7 Kg 295 mm	5 Kg 200 mm	5 Kg 400 mm

ANOTACIONES

Caídas de tensión

1. INTRODUCCIÓN

La sección de un cable consiste en calcular la sección mínima normalizada que satisface simultáneamente las siguientes **tres condiciones**:

1) **Criterio de la intensidad máxima admisible o de calentamiento.**
La temperatura del conductor del cable, trabajando a plena carga y en régimen permanente, no deberá superar en ningún momento la temperatura máxima admisible asignada de los materiales que se utilizan para el aislamiento del cable. Esta temperatura se especifica en las normas particulares de los cables y suele ser de 70 °C para cables con aislamiento termoplásticos (PVC) y de 90 °C para cables con aislamientos termoestables (XLPE o EPR).

2) **Criterio de la caída de tensión.**
La circulación de corriente a través de los conductores ocasiona una pérdida de potencia transportada por el cable, y una caída de tensión o diferencia entre las tensiones en el origen y extremo de la canalización. Esta caída de tensión debe ser inferior a los límites marcados por el Reglamento en cada parte de la instalación, con el objeto de garantizar el funcionamiento de los receptores alimentados por el cable. Este criterio suele ser el determinante cuando las líneas son de larga longitud por ejemplo en derivaciones individuales que alimenten a los últimos pisos en un edificio de cierta altura.

3) **Criterio de la intensidad de cortocircuito.** *(Anexo III de la Guía Técnica)*
La temperatura que puede alcanzar el conductor del cable, como consecuencia de un **cortocircuito o sobreintensidad** de corta duración, no debe sobrepasar la temperatura máxima admisible de corta duración (para menos de 5 segundos) asignada a los materiales utilizados para el aislamiento del cable. Esta temperatura se especifica en las normas particulares de los cables y suele ser de 160 °C para cables con aislamiento termoplásticos (PVC) y de 250 °C para cables con aislamientos termoestables (XLPE o EPR). Este criterio, aunque es determinante en instalaciones de alta y media tensión no lo es en instalaciones de baja tensión ya que por una parte las protecciones de sobreintensidad limitan la duración del cortocircuito a tiempos muy breves, y además las impedancias de los cables hasta el punto de cortocircuito limitan la intensidad de cortocircuito.

Este anexo es un resumen del Anexo II de la Guía Técnica. En el anexo II de la Guía Técnica se presentan las fórmulas aplicables para el cálculo de las caídas de tensión, los límites reglamentarios, así como algunos ejemplos de aplicación.

Nota A.: Además de estas condiciones habría que considerar:

4) **Secciones mínimas** indicadas en las ITC-BT del REBT.
5) **Secciones mínimas** según Normas Técnicas Particulares de la Cía. Suministradora.

2. CÁLCULO DE CAÍDAS DE TENSIÓN

✓ **Línea monofásica:** $\Delta U = 2 \cdot \dfrac{P}{U} \cdot (R_L + X_L \cdot tg\, \varphi_R)$

✓ **Línea trifásica:** $\Delta U = \dfrac{P}{U} \cdot (R_L + X_L \cdot tg\, \varphi_R)$

ΔU: Caída de tensión (V).
P: Potencia activa transportada por la línea (W).
U: Tensión de línea (normalmente 400 V en trifásica y 230 V en monofásica).
$tg\, \varphi_R$: Tangente del ángulo correspondiente al factor de potencia de la carga.
R_L: Resistencia de línea (Ω).
X_L: Reactancia de línea (Ω).

En la práctica para instalaciones de baja tensión tanto interiores como de enlace se trabaja con expresiones simplificadas para determinar la sección del conductor en función de la caída de tensión:

	Líneas Monofásicas	Líneas Trifásicas
En función de la Potencia	$S = \dfrac{2 \cdot P \cdot L}{\gamma \cdot e \cdot U}$	$S = \dfrac{P \cdot L}{\gamma \cdot e \cdot U}$
En función de I y cos φ	$S = \dfrac{2 \cdot L \cdot I \cdot \cos\varphi}{\gamma \cdot e}$	$S = \dfrac{\sqrt{3} \cdot L \cdot I \cdot \cos\varphi}{\gamma \cdot e}$

Tabla A.1

Siendo:

S: Sección de la línea (mm²)
P: Potencia activa transportada por la línea (W)
L: Longitud de la línea (m)
I: Intensidad eficaz por la línea (A)
Cos φ: Factor de potencia de la carga
γ: Conductividad (m/$\Omega \cdot$mm²)
e: Caída de tensión admisible (V)
U: Tensión de línea (normalmente 400V en trifásica y 230 V en monofásica)

Donde la conductividad se puede tomar de la siguiente tabla:

	$\gamma\ 20°$ (cálculos teóricos o simplificados)	$\gamma\ 70°$ (PVC)	$\gamma\ 90°$ (XLPE o EPR)
Cobre	58 (56*)	48,47 (48*)	45,49 (44*)
Aluminio	35,71 (35*)	29,67 (30*)	27,80 (28*)

* Valores de uso generalizado

Tabla 3. *Conductividades (en m/Ω·mm²)*

3. LÍMITES REGLAMENTARIOS DE LAS CAÍDAS DE TENSIÓN

Parte de la instalación	Para alimentar a	Caída de tensión máxima en % de la tensión de suministro	e = ΔU III (trifásica)	e = ΔU I (monofásica)
LGA Línea General de Alimentación	Suministros de un único usuario	No existe LGA	--	--
	Contadores totalmente concentrados	0,50 %	2 V	--
	Centralizaciones parciales de contadores	1,00 %	4 V	--
DI Derivación Individual	Suministros de un único usuario	1,50 %	6 V	3,45 V
	Contadores totalmente concentrados	1,00 %	4 V	2,3 V
	Centralizaciones parciales de contadores	0,50 %	2 V	1,15 V
Circuitos interiores	Circuitos interiores en viviendas	3 %	12 V	6,9 V
	Circuitos de alumbrado que no sean viviendas	3 %	12 V	6,9 V
	Circuitos de fuerza que no sean viviendas	5 %	20 V	11,5 V

Tabla 6. *Límites de caídas de tensión reglamentarios.* **Nota:** *La LGA es siempre trifásica.*

CÁLCULO DE CAÍDAS DE TENSIÓN MEDIANTE VALORES UNITARIOS

1º Calcular la caída de tensión unitaria reglamentaria máxima admisible en unidades (V/A · km).

2º Escoger la sección de conductor cuya caída de tensión unitaria según la tabla sea inferior al valor reglamentario calculado, para la temperatura de servicio máxima admisible del conductor y para el factor de potencia de la instalación.

3º Comprobar que para la sección escogida, el conductor es capaz de soportar la intensidad prevista en función de sus condiciones de instalación.

S mm²	Caída de tensión por A y Km (V/A·Km)								
	Cos φ = 0,8			Cos φ = 1			Cos φ = 0,9		
	40 °C	60 °C	70 °C	40 °C	60 °C	70 °C	40 °C	60 °C	70 °C
0,5	53,906	57,827	59,787	67,253	72,154	74,604	60,603	65,014	67,219
0,75	36,722	39,391	40,725	45,769	49,105	50,772	41,270	44,272	45,773
1	27,150	29,121	30,107	33,813	36,277	37,509	30,504	32,722	33,831
1,5	18,217	19,535	20,194	22,604	24,252	25,075	20,441	21,923	22,665
2,5	11,185	11,992	12,395	13,843	14,852	15,356	12,539	13,447	13,901
4	6,994	7,496	7,747	8,612	9,240	9,553	7,826	8,391	8,674
6	4,702	5,038	5,205	5,754	6,173	6,383	5,251	5,628	5,817
10	2,826	3,026	3,125	3,419	3,668	3,792	3,143	3,367	3,479
16	1,803	1,929	1,991	2,148	2,305	2,383	1,995	2,136	2,206
25	1,169	1,249	1,288	1,358	1,457	1,507	1,283	1,372	1,416
35	0,866	0,923	0,952	0,979	1,050	1,086	0,941	1,005	1,038
50	0,664	0,707	0,728	0,723	0,776	0,802	0,713	0,761	0,784
70	0,485	0,514	0,529	0,501	0,537	0,555	0,512	0,545	0,561
95	0,372	0,393	0,403	0,361	0,387	0,400	0,385	0,409	0,420
120	0,310	0,327	0,335	0,286	0,307	0,317	0,316	0,335	0,345
150	0,268	0,281	0,288	0,232	0,249	0,257	0,268	0,283	0,291
185	0,230	0,241	0,246	0,185	0,199	0,205	0,226	0,238	0,245
240	0,194	0,202	0,206	0,141	0,151	0,156	0,186	0,195	0,200

Tabla 4. Caídas de tensión unitarias por A y Km para cables de **450/750 V**.

S mm²	Caída de tensión por A y Km (V/A·Km)											
	Cos φ = 0,8				Cos φ = 1				Cos φ = 0,9			
	40 °C	60 °C	80 °C	90 °C	40 °C	60 °C	70 °C	90 °C	40 °C	60 °C	70 °C	90 °C
1,5	18,26	19,57	20,89	21,55	22,6	24,25	25,9	26,72	20,47	21,95	23,43	24,18
2,5	11,22	12,02	12,83	13,23	13,84	14,85	15,86	16,37	12,56	13,47	14,38	14,83
4	7,024	7,526	8,028	8,279	8,612	9,24	9,867	10,18	7,848	8,413	8,978	9,261
6	4,732	5,068	5,403	5,571	5,754	6,173	6,592	6,802	5,272	5,65	6,027	6,216
10	2,846	3,045	3,244	3,344	3,419	3,668	3,917	4,042	3,157	3,382	3,606	3,718
16	1,82	1,945	2,07	2,133	2,148	2,305	2,461	2,54	2,007	2,148	2,289	2,359
25	1,184	1,263	1,342	1,382	1,358	1,457	1,556	1,606	1,293	1,382	1,471	1,516
35	0,878	0,935	0,992	1,02	0,979	1,05	1,122	1,157	0,95	1,014	1,078	1,11
50	0,672	0,714	0,757	0,778	0,723	0,776	0,828	0,855	0,719	0,766	0,814	0,837
70	0,491	0,52	0,549	0,564	0,501	0,537	0,574	0,592	0,516	0,549	0,582	0,598
95	0,378	0,399	0,42	0,431	0,361	0,387	0,413	0,426	0,39	0,413	0,437	0,449
120	0,315	0,332	0,349	0,357	0,286	0,307	0,327	0,338	0,32	0,339	0,358	0,367
150	0,271	0,284	0,298	0,304	0,232	0,249	0,265	0,274	0,271	0,286	0,301	0,309
185	0,234	0,244	0,255	0,261	0,185	0,199	0,212	0,219	0,229	0,241	0,253	0,259
240	0,197	0,205	0,213	0,217	0,141	0,151	0,161	0,167	0,188	0,197	0,206	0,211

Tabla 5. Caídas de tensión unitarias por A y Km para cables de **0,6/1 KV**.

Corrientes de cortocircuito

CÁLCULO DE CORRIENTES DE CORTOCIRCUITO

Como generalmente se desconoce la impedancia del circuito de alimentación a la red (impedancia del transformador, red de distribución y acometida) se admite que en caso de cortocircuito la tensión en el inicio de las instalaciones de los usuarios se puede considerar como 0,8 veces la tensión de suministro. Se toma el defecto fase tierra como el más desfavorable, y además se supone despreciable la inductancia de los cables. Esta consideración es válida cuando el Centro de Transformación, origen de la alimentación, está situado fuera del edificio o lugar del suministro afectado, en cuyo caso habría que considerar todas las impedancias.

Por lo tanto se puede emplear la siguiente fórmula simplificada:

$$I_{cc} = \frac{0,8 \cdot U}{R}$$

Donde:
  I_{cc}: intensidad de cortocircuito máxima en el punto considerado
  U: tensión de alimentación fase neutro (230 V)
  R: resistencia del conductor de fase entre el punto considerado y la alimentación.

Normalmente el valor de R deberá tener en cuenta la suma de las resistencias de los conductores entre la Caja General de Protección y el punto considerado en el que se desea calcular el cortocircuito, por ejemplo el punto donde se emplaza el cuadro con los dispositivos generales de mando y protección. Para el cálculo de R se considerará que los conductores se encuentran a una temperatura de 20 °C, para obtener así el valor máximo posible de Icc.

Ejemplo:

Se desea calcular la intensidad de cortocircuito en el cuadro general de una vivienda con grado de electrificación básico. Dicha vivienda está alimentada por una Derivación Individual (DI) de 10 mm^2 de cobre y de longitud de 15 m. Además se conoce que la Línea General de Alimentación (LGA) tiene una sección de 95 mm^2, y una longitud entre la CGP y la Centralización de Contadores de 25 m.

Se comienza por el cálculo de la resistencia de fase de la LGA y de la DI.

$R_{(DI)}$ = ρ $L_{(DI)}$ / $S_{(DI)}$= 0,018 Ω mm^2/m . (15 · 2 m / 10 mm^2)= 0,054 Ω

$R_{(LGA)}$ = ρ $L_{(LGA)}$ /$S_{(LGA)}$ = 0,018 Ω mm^2 /m . (25 · 2 m / 95 mm^2)= 0,0095 Ω

R = $R_{(DI)}$ + $R_{(LGA)}$ = 0,0635 Ω

Nota: *Resistividad del cobre a 20°C, ρ ≈ 0,018 Ω·mm^2/m.*
       Resistividad del aluminio a 20°C, ρ ≈ 0,029 Ω mm^2/m.

I_{cc} = 0,8 U / R = 0,8 (230/0,0635) = **2.898 Amperios**.

ANOTACIONES

Verificación Instalaciones

VERIFICACIÓN DE LAS INSTALACIONES ELÉCTRICAS

Se **resumen** a continuación los distintos tipos de verificaciones que deberán efectuar las personas instaladoras autorizadas. En el Anexo 4 de la Guía Técnica de Aplicación del REBT se desarrollan cada una de las verificaciones.

La verificación de las instalaciones eléctricas previa a su puesta en servicio comprende **dos fases**:

✓ **Primera fase - Verificación por examen:** no requiere efectuar medidas.

✓ **Segunda fase:** requiere utilización de equipos de medida para los ensayos.

El alcance de esta verificación se detalla en la **ITC-BT-19** y en la **UNE 20.460 parte 6-61** (actual **UNE-HD 60.364-6**) y comprende tanto la verificación por examen como la verificación mediante medidas eléctricas.

Adicionalmente la **ITC-BT-18** establece las verificaciones a realizar en las puestas a tierra.

1. Verificación por examen

Debe preceder a los ensayos y medidas, y normalmente se efectuará para el conjunto de la instalación estando ésta sin tensión.

Está destinada a comprobar:

1. Si el material eléctrico instalado permanentemente es conforme con las prescripciones establecidas en el proyecto o memoria técnica de diseño.

2. Si el material ha sido elegido e instalado correctamente conforme a las prescripciones del Reglamento y del fabricante del material.

3. Que el material no presenta ningún daño visible que pueda afectar a la seguridad.

En concreto los **aspectos cualitativos** que este tipo de verificación debe tener en cuenta son los siguientes:

• La existencia de medidas de protección contra los choques eléctricos por contacto de partes bajo tensión o <u>contactos directos</u>, como por ejemplo: el aislamiento de las partes activas, el empleo de envolventes, barreras, obstáculos o alejamiento de las partes en tensión.

- La existencia de medidas de protección contra choques eléctricos derivados del fallo de aislamiento de las partes activas de la instalación, es decir, <u>contactos indirectos</u>. Dichas medidas pueden ser el uso de dispositivos de corte automático de la alimentación tales como interruptores de máxima corriente, fusibles, o diferenciales, la utilización de equipos y materiales de clase II, disposición de paredes y techos aislantes o alternativamente de conexiones equipotenciales en locales que no utilicen conductor de protección, etc.

- La existencia y calibrado de los <u>dispositivos de protección</u> y señalización.

- La presencia de barreras cortafuegos y otras disposiciones que impidan la propagación del fuego, así como protecciones contra efectos térmicos.

- La utilización de materiales y medidas de protección apropiadas a las influencias externas.

- La existencia y disponibilidad de <u>esquemas</u>, advertencias e informaciones similares.

- La <u>identificación de</u> circuitos, fusibles, interruptores, bornes, etc.

- La correcta ejecución de las <u>conexiones</u> de los conductores.

- La accesibilidad para comodidad de funcionamiento y mantenimiento.

2. <u>Verificaciones mediante medidas o ensayos</u>

Las verificaciones descritas en la **ITC-BT-19** e **ITC-BT-18** son las siguientes:

1. Medida de continuidad de los conductores de protección.

2. Medida de la resistencia de puesta a tierra.

3. Medida de la resistencia de aislamiento de los conductores.

4. Medida de la resistencia de aislamiento de suelos y paredes, cuando se utilice este sistema de protección.

5. Medida de la rigidez dieléctrica.

Adicionalmente hay que considerar otras medidas y comprobaciones que son necesarias para garantizar que se han adoptado convenientemente los requisitos de protección contra choques eléctricos:

6. Medida de las corrientes de fuga.

7. Medida de la impedancia de bucle.

8. Comprobación de la intensidad de disparo de los diferenciales.

9. Comprobación de la secuencia de fases.

1. **Medida de continuidad de los conductores de protección y de las uniones equipotenciales principales y suplementarias:**
   Esta medición se efectúa mediante un **ohmímetro** que aplica una intensidad continua del orden de 200 mA con cambio de polaridad, y equipado con una fuente de tensión continua capaz de generar de 4 a 24 voltios de tensión continua en vacío. Los circuitos probados deben estar libres de tensión. La ITC-BT-38, aplicable a quirófanos y salas de intervención, requiere unos límites especiales para los valores de resistencia de los conductores de protección y de conductores de equipotencialidad.

2. **Medida de la resistencia de puesta a tierra:**
   Las condiciones de medida y su periodicidad se indican en la ITC-BT-18. Estas medidas se efectúan mediante un **telurómetro**, que inyecta una intensidad de corriente alterna conocida, a una frecuencia superior a los 50 Hz, y mide la caída de tensión, de forma que el cociente entre la tensión medida y la corriente inyectada nos da el valor de la resistencia de puesta a tierra.

3. **Medida de la resistencia de aislamiento de los conductores:**
   Las instalaciones deberán presentar una resistencia de aislamiento al menos igual a los valores indicados en la tabla 3 del apartado 2.9 de la ITC-BT-19.

4. **Medida de la resistencia de aislamiento de suelos y paredes:**
   Cuando se utilice este sistema de protección, se debe medir con un **megóhmetro** entre un electrodo de unas dimensiones especificadas que se apoya sobre el suelo o la pared a medir y el conductor de protección de tierra de la instalación.

5. **Medida de la rigidez dieléctrica:**
   La rigidez dieléctrica de una instalación ha de ser tal, que desconectados los aparatos de utilización (receptores), resista durante 1 minuto una prueba de tensión de 2U + 1000 voltios a frecuencia industrial (50 Hz), siendo U la tensión máxima de servicio expresada en voltios y con un mínimo de 1.500 voltios.

6. **Medida de las corrientes de fuga:**
   La medida se efectúa mediante una **tenaza amperimétrica de sensibilidad mínima de 1 mA**, que se coloca abrazando los conductores activos (de fase y el neutro), de forma que la tenaza mide la suma vectorial de las corrientes que pasan por los conductores que abraza, *si la suma no es cero* la instalación tiene una intensidad de fuga que circulará por los conductores de puesta a tierra de los receptores instalados aguas abajo del punto de medida.

7. **Medida de la impedancia de bucle:**
   Necesaria para comprobar el correcto funcionamiento de los sistemas de protección basados en la utilización de fusibles o interruptores automáticos en sistemas de distribución **TN**, e **IT** principalmente.

8. **Medida de tensión de contacto y comprobación de interruptores diferenciales:**
   Para garantizar la seguridad de la instalación se tienen que dar dos condiciones, la primera que la tensión de contacto que se pueda presentar en la instalación en función de los diferenciales instalados sea menor que el valor límite convencional (50 V o 24 V), y la segunda que los diferenciales funcionen correctamente.

9. **Comprobación de la secuencia de fases:**
   Esta medida es necesaria por ejemplo si se van a conectar motores trifásicos, de forma que se asegure que la secuencia de fases es directa antes de conectar el motor.

Designación Conductores

DESIGNACIÓN NORMALIZADA PARA CABLES DE TENSIÓN ASIGNADA 450/750 V*

Nº	Referente a:	Símbolo	Significado
1º	Estado de armonización	H	Cable según normas armonizadas
		ES	Cable de tipo nacional (no existe norma armonizada)
2º	Tensión asignada	01	100/100 V
		03	300/300 V
		05	300/500 V
		07	450/750 V
3º	Aislamiento	V	Policloruro de vinilo (PVC)
		V2	Mezcla de PVC (servicio de 90 °C)
		Z	Mezcla reticulada a base de poliolefina con baja emisión de gases corrosivos y humos
		Z1	Mezcla termoplástica a base de poliolefina, con baja emisión de gases corrosivos y humos
		G	Etileno-acetato de vinilo
		R	Goma natural/o goma de estireno-butadieno
		S	Goma de silicona
	Revestimientos metálicos	C4	Pantalla de cobre en forma de trenza, sobre el conjunto de los conductores aislados reunidos
4º	Cubierta	V	Policloruro de vinilo (PVC)
		V2	Mezcla de PVC (servicio de 90 °C)
		N	Policloropreno (o producto equivalente)
		N8	Policloropreno especial, resistente al agua
		Z	Mezcla reticulada a base de poliolefina con baja emisión de gases corrosivos y humos
		Z1	Mezcla termoplástica a base de poliolefina, con baja emisión de gases corrosivos y humos
5º	Forma	(nada)	Cable cilíndrico
		H2	Cables planos cuyos conductores aislados no pueden separarse
6º	Tipo de conductor (separado por un guion)	-D	Flexible para uso en cables de máquinas de soldar
		-E	Muy flexible para uso en cables de máquinas de soldar
		-F	Flexible para servicios móviles (clase 5 de UNE-EN 60.228)
		-H	Extraflexible (clase 6 de UNE-EN 60.228)
		-K	Flexible para instalaciones fijas (clase 5 de UNE-EN 60.228)
		-R	Rígido, de sección circular, de varios alambres cableados
		-U	Rígido, de sección circular, de un solo alambre
		-Y	Formado por cintas de cobre arrolladas en hélice alrededor de un soporte textil (Oropel)
DESIGNACION COMÚN NORMATIVA			
7º	Nº cond.	1, 2, 3 ...	Número de conductores
8º	Signo de multiplicación	x	Ausencia de conductor amarillo/verde. *Ej.: 3 x 1,5 mm² = Manguera de 3 fases (negro, marrón y gris)*
		G	Si existe un conductor amarillo/verde. *Ej.: 3 G 1,5 mm² = Manguera con fase, neutro y cable de tierra (negro, azul y a/v)*
9º	Sección	mm²	Sección nominal en mm²
10º	Resistencia al fuego	(AS)	No propagador de llama, ni incendios, con baja emisión de humos, libre de halógenos + baja corrosividad de gases
		(AS+)	Mismas características AS y resistentes al fuego (continuidad del suministro)
11º	CPR	Cca -s1b, d1, a1	Aplicable en instalaciones prescritas en ITC-BT-14, 15, 16, 28 e ITC-BT-29
		Eca	Aplicable en instalaciones prescritas en ITC-BT-20 e ITC-BT-53

* ***Nota A.:*** En la tabla se han incluido los símbolos de más frecuente utilización. Guía FACEL completa en material web.

DESIGNACIÓN PARA CABLES DE TENSIÓN ASIGNADA 0,6/1 KV*

Nª	Referente a:	Símbolo	Significado
1º	Aislamiento	R	Polietileno reticulado (XLPE)
		X	Polietileno reticulado (XLPE)
		Z1	Poliolefina termoplástica libre de halógenos
		Z	Elastómero termoestable libre de halógenos
		V	Policloruro de vinilo (PVC)
		S	Compuesto termoestable de silicona libre de halógenos
		D	Elastómero de etileno-propileno (EPR)
2º	Pantalla	C3	Pantalla de hilos de cobre dispuestos helicoidalmente
		C4	Pantalla de cobre en forma de trenza, sobre los conductores aislados reunidos
		V	Policloruro de vinilo (PVC)
		Z1	Poliolefina termoplástica libre de halógenos
3º	Armadura	F	Fleje de acero dispuesto helicoidalmente
		FA	Fleje de aluminio dispuesto helicoidalmente
		FA3	Fleje de aluminio corrugado longitudinalmente
		M	Corona de hilos de acero
		MA	Corona de hilos de aluminio
4º	Cubierta Exterior	V	Policloruro de vinilo (PVC)
		Z1	Poliolefina termoplástica libre de halógenos
		Z	Elastómero termoestable libre de halógenos
		N	Polímero clorado vulcanizado
5º	Tipo de conductor	-K	Flexible para instalaciones fijas (clase 5 de UNE 21.022)
		-F	Flexible para servicios móviles (clase 5 de UNE 21.022)
		(nada)	Cuando no lleva ninguna letra, el conductor es de cobre rígido, clase 1 ó 2
6º		Al	Si el conductor es de aluminio, se indica (AL)
	DESIGNACION COMÚN NORMATIVA		
7º	Nº cond.	1, 2, 3 ...	Número de conductores
8º	Signo de multiplicación	x	Ausencia de conductor amarillo/verde. *Ej.: 3 x 1,5 mm² = Manguera de 3 fases (negro, marrón y gris)*
		G	Si existe un conductor amarillo/verde. *Ej.: 3 G 1,5 mm² = Manguera con fase, neutro y cable de tierra (negro, azul y a/v)*
9º	Sección	mm²	Sección nominal en mm²
10º	Resistencia al fuego	(AS)	No propagador de llama, ni incendios, con baja emisión de humos, libre de halógenos + baja corrosividad de gases
		(AS+)	Mismas características AS y resistentes al fuego (continuidad del suministro)
11º	CPR	Cca -s1b, d1, a1	Aplicable en instalaciones prescritas en ITC-BT-14, 15, 16, 28 e ITC-BT-29
		Eca	Aplicable en instalaciones prescritas en ITC-BT-20 e ITC-BT-53

* **_Nota A.:_** Los cables eléctricos aislados de tensión asignada **0,6/1 kV no están armonizados**, por lo que **no** tienen un sistema de designación basado en la norma UNE 20.434 (Documento de armonización HD 361 de CENELEC). En la tabla se incluyen los símbolos de más frecuente utilización.

Para estos cables no existe una norma general de designación, sino que el sistema utilizado es una secuencia de símbolos en el que cada uno de ellos, según su posición, tiene un significado previamente establecido en la propia norma particular.

Existen algunas discrepancias y contradicciones entre ambos sistemas de designación, ya que el mismo símbolo puede tener significados distintos según se trate de un cable 450/750 V o un cable 0,6/1 kV.

Resumen de Tipos de Cable por ITC-BT

Cables de utilización más habitual según la Guía FACEL 2015
(FACEL: Asociación Española de **Fa**bricantes de **C**ables y Conductores **El**éctricos y de Fibra Óptica)

INSTALACIÓN	ITC	TIPO DE INSTALACIÓN		CABLES HABITUALES
DISTRIBUCIÓN	06	Aérea	Conductor aislado	RZ (Cu o Al)
			Conductor desnudo	Cu duro (UNE 21012); AL1/ST1A; AL1/A20SA
	07	Subterránea		RV; XZ1 Al
	11	Acometidas	Aéreas	RZ (Cu o Al)
			Subterráneas	RV; XZ1 (S); XZ1 (AS)
ENLACE Clase CPR mín.: **Cca-s1b, d1, a1**	14	Línea General de Alimentación (LGA)		RZ1-K (AS); *DZ1-K (AS)*
	15	Derivación Individual (DI)		H07Z1-K (AS); RZ1-K (AS); *DZ1-K(AS)*
	16	Centralización de contadores (CC)		H07Z1-R (AS); ES07Z1-R (AS)
ALUMBRADO EXTERIOR	09	Acometidas		Cables aislados (subterráneas o aéreas)
		Red de alimentación	Aérea	RZ (Cu)
			Subterránea	*VV-K*; RV; RV-K; RZ1-K (AS)
		Interior de los soportes		*VV-K*; RV-K; RZ1-K (AS)
		Luminarias suspendidas		*VV-K*; RV-K; RZ1-K (AS)
		Puesta a tierra		Cu desnudo; *H07V-U*; H07V-R; H07V-K; H07Z1-K(AS)
INSTALACIONES INTERIORES O RECEPTORAS Clase CPR mín.: **Eca**	20	Bajo tubo	450/750 V	H07V-K; *H07Z1-K(AS)*
			0,6/1 kV	*VV-K*; RV-K; RZ1-K (AS)
		Sobre paredes		*VV-K*; RV-K; RZ1-K (AS)
		Empotrado		RV-K; RZ1-K (AS)
		Aéreos		RZ (Cu o Al)
		Huecos de la construcción	Tubo o canal	H07V-K; H07Z1-K(AS)
			Directamente	*VV-K*; RV-K; RZ1-K (AS)
		Canal: apertura con herramienta		H07V-K; H07Z1-K(AS)
		Canal: apertura sin herramienta		H05VV-F; *ES05Z1Z1-F*; H07ZZ-F(AS)
		Bajo molduras		H07V-K; ES07Z1-K (AS); H07Z1-K(AS)
		En bandeja		*VV-K*; RV-K; RZ1-K (AS)
VIVIENDAS	26	General		H07V-U; *H07V-R*; H07V-K; H07Z1-K(AS)
	27	Locales con bañera o ducha		H07V-U; *H07V-R*; H07V-K; H05VV-F; H07Z1-K(AS)
LOCALES DE PÚBLICA CONCURRENCIA Clase CPR mín.: **Cca-s1b, d1, a1**	28	General		RZ1-K (AS); H07Z1-K(AS)
		Conexión interior de cuadros		ES05Z1-K(AS)
		Servicios móviles		H07ZZ-F (AS)
		Circuito de servicios de seguridad		Resistentes al fuego: (AS+); SZ1-K

Resumen de Tipos de Cable por ITC-BT

INSTALACIÓN	ITC	TIPO DE INSTALACIÓN		CABLES HABITUALES
LOCALES CON RIESGO DE INCENCIO O EXPLOSIÓN Clase CPR mín.: **Cca-s1b, d1, a1**	29	Instalación fijada bajo tubo		H07V-K (No propagador de incendio) *H07Z1-K (AS)*
		Cables con protección mecánica		RVMV-K; RVMV (No propagador de incendio) RZ1MZ1-K
		Alimentación de equipos portátiles		H07RN-F; H07ZZ-F (AS)
LOCALES ESPECIALES	30	Local o emplazamiento húmedo	Bajo tubo	H07V-K; *H07V-U*; *H07V-R*; H07Z1-K (AS)
			Canal aislante	H05VV-F; *H05Z1Z1-F*; *H07ZZ-F (AS)*
			Sin tubo protector	RVMV-K; *RVMV*; *RZ1MZ1-K (AS)*
		Local o emplazamiento mojado	Bajo tubo	H07VK; *H07V-U*; *H07V-R*; H07Z1-K (AS)
			Canal aislante	RV-K; H07RN-F; RZ1-K(AS); H07ZZ-F (AS)
		Locales o emplazamientos con temperatura (Tª) elevada		Tª < = 50 °C: Se ha de aplicar un factor de reducción para Imáx. Tª > 50 °C: H07V2-K; H07G-K
		Locales o emplazamientos a baja Tª		Consultar con fabricante
PISCINAS Y FUENTES	31	Piscinas volúmenes 0,1 y 2		Igual que en locales mojados
		Fuentes volúmenes 0,1		Igual que en locales mojados
MÁQUINAS DE ELEVACIÓN Y TRANSPORTE	32	General		Consultar con fabricante
		Servicios móviles al exterior		H07RN-F; DN-F
PROVISIONALES Y TEMPORALES DE OBRA	33	Acometidas y exteriores		H07RN-F; DN-F; H07ZZ-F(AS)
		Interiores		H05VV-F; H07RN-F; H07ZZ-F(AS)
FERIAS Y STANDS	34	Interiores		H07ZZ-F (AS); *H05VV-F*; *H05Z1Z1-F*; *H07RN-F*
		Exteriores		H07RN-F; H07ZZ-F (AS); DN-F
		Alumbrados festivos		H03RN-F; H05RN-F; H07RNH2-F; ~~H03VH7-H~~* * *Uso no habitual según última actualización de la Guía FACEL revisión: 01-06-2015.*
CARAVANAS Y PARQUES DE CARAVANAS	41	Dispositivos de conexión		H07RN-F; H07ZZ-F (AS)
		Caravanas		H07V-K; H07V-R; H05RN-F; H07Z1-K (AS),
PUERTOS Y MARINAS	42	Contacto con agua		H07RN8-F
		Conexión a barcos		H07RN-F; H07RN8-F
RECEPTORES PARA ALUMBRADO	44	Suspendidos		Consultar con fabricante
		Cableado interno		Tensión de aislamiento 300/300V
		Rótulos luminosos		Según UNE-EN 50143 (UNE-EN 50107)
MUEBLES	49			H05VV-F; H05RR-F; H07ZZ-F (AS)

NOTA: *Cables en color azul, no incluidos en la Guía FACEL pero indicados en la guía técnica de la ITC-BT correspondiente.*

Simbología Eléctrica

	Identificación de elementos				
	Definición	**Ejemplos**		**Definición**	**Ejemplos**
A	Conjuntos funcionales de serie.	Amplificador, regulador de velocidad, autómatas.	N	Subconjuntos que no sean de serie.	Amplificador, regulador.
B	Convertidores de magnitudes.	Sonda termoeléctrica, célula fotoeléctrica, dinamómetro, micrófono, altavoz.	O	-	-
C	Condensadores		P	Dispositivos de medida y de prueba.	Contacor, reloj, emisor de impulso.
D	Dispositivos de temporización y puesta en memoria.	Circuito de retardo, elemento de enlace, elemento biestable, monoestable, grabador, etc.	Q	Aparatos mecánicos de conexión para circuitos de potencia.	Disyuntor, seccionador, interruptor, int. diferencial, guardamotor.
E	Materiales diversos.	Calefacción, iluminación.	R	Resistencias.	Resistencia, potenciómetro, shunt, reostato.
F	Protección.	Fusible, limitador de sobretensiones, relé de protección, pararrayos.	S	Aparatos mecánicos de accionamiento manual para conexión de circuitos de control.	Interruptor, conmutador, pulsador, selector.
G	Generadores, fuentes de alimentación.	Generador, alternador, batería.	T	Transformadores.	De tensión, de intensidad, de separación.
H	Señalización.	Señalización óptica y acústica, piloto luminoso, LED.	U	Moduladores. Convertidores de magnitudes.	Inversor, demodulador, decodificador.
I	-	-	V	Válvulas electrónicas. Semiconductores.	Diodo, tubo de descarga en gases, tiristor.
J	-	-	W	Antenas. Vías de transmisión guías de ondas.	Dipolo, antena parabólica.
K	Relés y contactores.	**KA:** Auxiliar. **KM:** De potencia (de motor o resistencia).	X	Regletero de bornas, clavijas, zócalos.	Clavija, toma de corriente, enchufe.
L	Inductancias.	Bobina de inducción, de bloqueo, de alisado.	Y	Dispositivos mecánicos accionados eléctricamente.	Freno, electroválvula, aparato de elevación.
M	Motores.		Z	Obturadores, filtros, limitadores.	Ecualizador, corrector, filtro.

Simbología Eléctrica

Descripción	Unifilar	Multifilar	Descripción	Unifilar	Multifilar
Interruptor			Balasto electrónico		
Interruptor bipolar			Cebador		
Interruptor doble			Iluminación de emergencia		
Conmutador			Timbre		
Conmutador de cruzamiento			Zumbador		
Pulsador			Sirena		
Toma de corriente bipolar			Caja de registro		
Toma de corriente bipolar con toma de tierra			Caja de paso		
Toma de corriente bipolar de 25A con TT			Fusible unipolar		
Toma de corriente trifásica con toma de tierra			ICP Interruptor de Control de Potencia F+N		
Clavija de enchufe			Interruptor diferencial F+N		
Punto de luz			Interruptor magnetotérmico bipolar F+N		
Fluorescente			Telerruptor		
Balasto / Reactancia			Automático de escalera		

Documentación Técnica

■ **FORMULARIOS PARA TRAMITACIÓN DE LA PUESTA EN SERVICIO DE INSTALACIONES ELÉCTRICAS DE BAJA TENSIÓN**

Direcciones web de los Organismos Competentes en los que tramitar la documentación técnica de instalaciones eléctricas de Baja Tensión.

NOTA: Toda la documentación por comunidades **disponible en www.marketing.marcombo.com**.

	Portal	URL oficial
Andalucía	Junta de Andalucía – Consejería de Industria, Energía y Minas (Área de Energía Eléctrica)	https://www.juntadeandalucia.es/organismos/ industriaenergiayminas/areas/energia/electricidad.html
Aragón	Gobierno de Aragón – Tramitador online	https://www.aragon.es/tramitador/-/tramite/instalaciones-electricas-baja-tension-comunicacion-puesta-servicio-baja
Asturias	Principado de Asturias – Portal de Industria y Energía	https://www.asturias.es/temas/industria-energia/industria-y-energia-en-asturias/instalaciones-electricas
Islas Baleares	CAIB – Portal de Tramitación UDIT (Baja Tensión)	https://www.caib.es/sites/tramitacioudit/es/baja_tension/
Canarias	Gobierno de Canarias – Sede electrónica	https://sede.gobiernodecanarias.org/sede/tramites/3158#
Cantabria	Gobierno de Cantabria – Sede electrónica (Catálogo de trámites)	https://sede.cantabria.es/sede/catalogo-de-tramites/tramite/inscripcion-en-el-registro-de-instalaciones-electricas-de-baja-tension-no-industriales/180
Castilla-La Mancha	Junta de Castilla-La Mancha - Portal de Trámites	https://www.jccm.es/tramites/1002270
Castilla y León	Junta de Castilla y León – Sede electrónica	https://www.tramitacastillayleon.jcyl.es/web/jcyl/ AdministracionElectronica/es/Plantilla100Detalle/ 1251181050732/1/1240837594471/Tramite
Cataluña	Generalitat de Catalunya – Canal Empresa	https://canalempresa.gencat.cat/es/inici
Comunitat Valenciana	Generalitat Valenciana – Portal de Procedimientos	https://www.gva.es/es/inicio/procedimientos?id_proc=440
Extremadura	Junta de Extremadura – Plataforma KAMINO (Industria)	http://industriaextremadura.juntaex.es/kamino/ index.php/formularios-e-impresos2?id=13854
Galicia	Xunta de Galicia – Sede electrónica	https://sede.xunta.gal/es/ detalle-procedemento?codtram=IN614C
Comunidad de Madrid	Comunidad de Madrid – Sede electrónica	https://sede.comunidad.madrid/autorizaciones-licencias-permisos-carnes/tramitacion-instalaciones-electricas
Región de Murcia	Región de Murcia – Sede electrónica	https://sede.carm.es/web/ pagina?IDCONTENIDO=19&IDTIPO=240
Navarra	Gobierno de Navarra – Tramitación online	https://www.navarra.es/es/tramites/on/-/line/ Registro-de-instalaciones-electricas-de-baja-tension
País Vasco	Gobierno Vasco – Euskadi.eus (Procedimientos)	https://www.euskadi.eus/procedimiento/bt/ web01-tramite/es/
La Rioja	Gobierno de La Rioja – Oficina electrónica	https://web.larioja.org/oficina-electronica/tramite?n=24196
Ceuta	Ciudad Autónoma de Ceuta – Sede electrónica	https://sede.ceuta.es/controlador/ controlador?cmd=tramite&modulo=tramites&tramite=IEDBT
Melilla	Ciudad Autónoma de Melilla – Sede electrónica	https://sede.melilla.es/sta/CarpetaPublic/ ?APP_CODE=STA&DETALLE=62690010242582051D7187&PAGE_ CODE=CATALOGO

Documentación Técnica

■ **FORMULARIOS PARA TRAMITACIÓN DE LA PUESTA EN SERVICIO DE INSTALACIONES ELÉCTRICAS DE BAJA TENSIÓN**

Códigos QR que enlazan a las direcciones web de los Organismos Competentes de cada Comunidad Autónoma y de las Ciudades Autónomas de Ceuta y Melilla, en las que se puede tramitar o consultar la documentación técnica necesaria para la puesta en servicio de instalaciones eléctricas de Baja Tensión.

ANDALUCIA		EXTREMADURA
ARAGÓN		GALICIA
PRINCIPADO DE ASTURIAS		COMUNIDAD DE MADRID
ISLAS BALEARES		REGIÓN DE MURCIA
CANARIAS		COMUNIDAD FORAL DE NAVARRA
CANTABRIA		PAÍS VASCO
CASTILLA - LA MANCHA		LA RIOJA
CASTILLA Y LEÓN		
CATALUÑA		CEUTA
COMUNITAT VALENCIANA		MELILLA

Formulario

MAGNITUD		MONOFÁSICA	TRIFÁSICA
POTENCIA	**P** Activa *Vatios (W)*	$P = U \cdot I \cdot \cos \varphi$	$P = \sqrt{3} \cdot U_L \cdot I_L \cdot \cos \varphi$
	Q Reactiva *Voltamperios reactivos (VAR)*	$Q = U \cdot I \cdot \operatorname{sen} \varphi$	$Q = \sqrt{3} \cdot U_L \cdot I_L \cdot \operatorname{sen} \varphi = P \cdot \operatorname{tg} \varphi$
	S Aparente *Voltamperios (VA)*	$S = U \cdot I$	$S = \sqrt{3} \cdot U_L \cdot I_L = \sqrt{P^2 + Q^2}$
TENSION *Voltios (V)*	**U**	$U = R \cdot I$ $U = \dfrac{P}{I \cdot \cos \varphi}$	$U = \dfrac{P}{\sqrt{3} \cdot I \cdot \cos \varphi} = \dfrac{S}{\sqrt{3} \cdot I}$
INTENSIDAD *Amperios (A)*	**I**	$I = \dfrac{U}{R}$ $I = \dfrac{P}{U \cdot \cos \varphi}$	$I = \dfrac{P}{\sqrt{3} \cdot U \cdot \cos \varphi} = \dfrac{S}{\sqrt{3} \cdot U}$
Sección *(mm²)*	Conocida la POTENCIA	$S = \dfrac{2 \cdot P \cdot L}{\gamma \cdot e \cdot U}$	$S = \dfrac{P \cdot L}{\gamma \cdot e \cdot U}$
	Conocida la INTENSIDAD	$S = \dfrac{2 \cdot L \cdot I \cdot \cos \varphi}{\gamma \cdot e}$	$S = \dfrac{\sqrt{3} \cdot L \cdot I \cdot \cos \varphi}{\gamma \cdot e}$

Fórmulas Generales	**Área** círculo (sección)	$S = \pi \cdot r^2$	Diámetro: $D = \sqrt{\dfrac{S \cdot 4}{\pi}}$
	Perímetro círculo	$P = 2 \cdot \pi \cdot r$	

Motores
1C.V. ≈ 736 W

Potencia absorbida $P_{ab} = \dfrac{P_{útil}}{\eta}$

SISTEMAS TRIFÁSICOS EQUILIBRADOS

$U_L = U_f$
$I_L = \sqrt{3} \cdot I_f$

$U_L = \sqrt{3} \cdot U_f$
$I_L = I_f$

S: Sección de la línea (mm²)
P: Potencia demandada o prevista (W)
P_{ab}: Potencia absorbida (W)
P_{útil} = Potencia útil (W)
L: Longitud de la línea (m)
U: Tensión de alimentación (V)
U_L: Tensión de línea (V) / **U_f:** Tensión de fase (V)
I: Intensidad (A)
I_L: Intensidad de línea (A) / **I_f:** Intensidad de fase (A)
γ: Conductividad (m/Ω · mm²). Valores en interior de cubierta
e: Caída de tensión admisible (V). Valores: pág. 294
Cos φ: Factor de potencia
η: Rendimiento
r: Radio
D: Diámetro

Índice contenido MATERIAL WEB

Código: REBT9

www.marketing.marcombo.com

1. **REBT.**
   1.1 REBT (Publicación del BOE: Edición actualizada a 3 de septiembre de 2025).
   1.2 RD 560/2010 por el que se modifican diversas normas reglamentarias.
   1.3 RD 1053/2014 por el que se aprueba una nueva ITC-BT-52 y se modifican otras ITCs.
   1.4 **Novedad.** RD 770/2025 por el que se modifica la ITC-BT-03.
   1.5 Reglamento Delegado 2016/364 (**CPR**).
   1.6 **Novedad.** Resolución de 20 de marzo de 2025, por la que se actualiza la ITC-BT-02.
   1.7 **Novedad.** Borrador RD por el que se aprueba la ITC-BT-53 y se modifican otras ITCs.

2. **Instrucciones Técnicas Complementarias (ITC-BT).**

3. **Guía Técnica de aplicación del REBT.**

4. **Documentación Técnica por Comunidades Autónomas.**

5. **Código Técnico de la Edificación.**
   5.1 RD 314/2006 por el que se aprueba el Código Técnico de la Edificación.
   5.2 RD 450/2022, por el que se modifica el Código Técnico de la Edificación.
   5.3 Documentos Básicos. *(Docs. actualizados en: https://www.codigotecnico.org/.)*

   - *DB SE:* Seguridad estructural
   - *DB SE-AE:* Acciones Edificación
   - *DB SE-A:* Estructuras de Acero
   - *DB SE-F:* Estructuras de Fábrica
   - *DB SE-M:* Estructuras de Madera
   - *DB SE-C:* Cimentaciones
   - *DB SI:* Seguridad en caso de Incendio
   - *DB SUA:* Seguridad de Utilización y Accesibilidad
   - *DB HE:* Ahorro de Energía
   - *DB HR:* Protección frente al Ruido
   - *DB HS:* Salubridad

6. **Leyes Sector Eléctrico.**
   6.1 Ley 24/2013 del Sector Eléctrico.
   6.2 RD 1995/2000 de Suministro de la Energía Eléctrica.
   6.3 RD 1183/2020 de acceso y conexión a redes de transporte y distribución.

7. **Normativa Seguridad Eléctrica.**
   7.1 RD 614/2001, Salud y Seguridad de los trabajadores frente al riesgo eléctrico.
   7.2 Guía Técnica para la Evaluación y Prevención del Riesgo Eléctrico.
   7.3 Ley de Prevención de Riesgos Laborales.
   7.4 RD 773/1997 sobre Equipos de Protección Individual (EPIs).
   7.5 RD 485/1997 sobre Señalización de seguridad.
   7.6 RD 110/2015 sobre Gestión de residuos (aparatos eléctricos y electrónicos).
   7.7 Seguridad material eléctrico (BOE núm. 269. Resolución de 07-10-2005).
   7.8 RD 542/2020 sobre Calidad y Seguridad Industrial.
   7.9 RD 298/2021 sobre Seguridad Industrial que modifica la ITC-BT-03.
   7.10 **Novedad.** RD 145/2023 sobre Seguridad Industrial que modifica artículo 25 REBT.

8. **Eficiencia Energética.**
   8.1 RD 390/2021, Certificación de la Eficiencia Energética en Edificios.
   8.2 RD 1890/2008, Reglamento de Eficiencia Energética de Alumbrado Exterior.
   8.3 Ley 7-2021 sobre cambio climático y transición energética.

9. **Notas Técnicas de Prevención (NTP).**

10. **Guías FACEL - Asociación española de Fabricantes de Cables Eléctricos y Fibra Óptica.**
   10.1 Resumen de cables utilizados en el REBT.
   10.2 Designación de los cables de energía de Baja Tensión.
   10.3 Aplicación **CPR** a los cables eléctricos.
   10.4 Guía para la implementación del **CPR**.

11. **Normas Técnicas Particulares de Empresas Suministradoras:** IBERDROLA, ENDESA...

Este libro incluye **acceso a un Asistente Digital** que puede ayudarte durante el estudio del Reglamento Electrotécnico para Baja Tensión.

El asistente está pensado como **apoyo al estudio**, al que puedes formular preguntas en lenguaje normal, como si estuvieras consultando a una persona con experiencia y te puede ayudar, por ejemplo, a:

- ✓ comprender artículos e ITC del REBT,
- ✓ aclarar conceptos técnicos,
- ✓ orientarte en el uso del Reglamento y sus guías.

El asistente **no sustituye al texto del Reglamento ni a este libro**, pero puede ayudarte a entender mejor los contenidos mientras estudias o repasas.

Para acceder a él sigue estos pasos:

1) Entra en: www.marketing.marcombo.com
2) Introduce el código: **REBT9**
3) Descarga el documento "*Asistente REBT – Marcombo*"

IMPORTANTE:

El asistente digital está limitado a:

- ✓ Texto oficial del REBT.
- ✓ ITC-BT.
- ✓ Guías técnicas.
- ✓ Normativa publicada en el BOE y organismos oficiales.

No se incluye:

- X Normas UNE por no ser de libre acceso.
- X Contenido exclusivo de este libro.

Por lo tanto, siempre que obtengas una respuesta es importante que la compruebes en este libro pues muchas normas UNE son de obligado cumplimiento y han actualizado el contenido oficial del REBT. El asistente te ayudará a indicarte en qué ITC-BT se encuentra el tema por el que preguntas.

Aviso editorial:
El asistente digital es una herramienta de apoyo al estudio y no sustituye la normativa oficial ni la interpretación de la autoridad competente.